TOTAL
SYNTHESIS
OF
NEW
DRUGS

新药化学全合成路线手册

第二辑

陈清奇　陈清美　主编

化学工业出版社
·北京·

内容简介

《新药化学全合成路线手册》（第二辑）系统全面地归纳总结了小分子新药的化学合成路线，覆盖近5年美国FDA批准上市的新分子实体药共154个。针对每一种药物，书中给出了药物简介、药物化学结构信息、产品上市信息、药品专利保护和市场独占权保护信息、化学全合成路线和参考文献及药物的核磁谱图等。本书介绍的合成工艺，可以从一个侧面反映出人类目前药物合成领域中前沿的理论、先进的技术和里程碑式的进步。

本书适用于任何从事与化学合成、药物合成、精细化工有关的科研人员、企业管理人员，高等院校有机化学、药学、生物制药等专业师生，从事客户委托的药物原料与药物中间体合成的科研人员、企业管理人员。

图书在版编目（CIP）数据

新药化学全合成路线手册．第二辑／陈清奇，陈清美主编．—北京：化学工业出版社，2022.12
ISBN 978-7-122-42225-5

Ⅰ．①新…　Ⅱ．①陈…　②陈…　Ⅲ．①新药－化学合成－手册　Ⅳ．①TQ460.31-62

中国版本图书馆CIP数据核字（2022）第171222号

责任编辑：成荣霞
文字编辑：张瑞霞
责任校对：宋　夏
装帧设计：王晓宇

出版发行：化学工业出版社
（北京市东城区青年湖南街13号　邮政编码100011）
印　　装：中煤（北京）印务有限公司
787mm×1092mm　1/16　印张70¼　字数1996千字
2024年6月北京第1版第1次印刷

购书咨询：010-64518888
售后服务：010-64518899
网　　址：http://www.cip.com.cn
凡购买本书，如有缺损质量问题，本社销售中心负责调换。

定　　价：498.00元　　

前言 PREFACE

药品是人类赖以生存和繁衍的战略物质，其重要性是不言而喻的。没有药品，人类已经无法健康和长久地生存下去了。人类社会发展进化至今，我们的生活越来越好，而且寿命也越来越长，但疾病也越来越多。长寿并且健康地活着是人类自古以来的梦想，从秦始皇寻找长生不老药开始，我们就一直在期盼新药，特别是能够“起死回生的神药”来实现这个梦想。我们对药物的依赖越来越强，对药物的需求也越来越大，这是因为一方面人类寿命越来越长，地球上的人口越来越多，用药人口总数逐年增加；另一方面由于环境恶化，人们的生活习惯和食物结构发生改变，新型疾病层出不穷，而已有药物对这些新出现的疾病疗效低下或者根本无效。因此新药研发一直是发达国家科技发展战略中的重中之重。然而，纵观过去几十年全球新药研发的历史，我们可以看出，新药研发的难度越来越大，费用也越来越高，新药研发的周期也是越来越长。此外，新药研发产业的投入产出比例远低于其他高科技产业的相应比例。因此新药研发也成了风险最大、费用最高、周期最长的高科技产业之一。一种新药被获准上市，往往是历经千锤百炼和优胜劣汰的结果，毫无疑问，一个新药的诞生是人类智慧的结晶，是代表人类医药科技发展水平的一个新的里程碑。

自改革开放以后，医药产业历经 30 多年的发展，我国已经逐步成为化学合成药物的世界强国。我国原料药生产总量在全球化学合成药物市场中占重要地位，原料药出口也成为世界第一，据保守估计，目前全球化学药物的原料供应，60% 以上直接或者间接来源于中国。中国的原料药产品，不但品种门类齐全，而且价格也有绝对竞争优势。中国目前不但拥有全球最多的药物合成化学家和化工工程师，而且还拥有全球最多的药物化学合成企业和产业基地。过去某些极为昂贵的药物原料，由于中国化学家和制药企业的不懈努力和勇于创新，成功地优化了这些原料药的生产工艺，致使这些药物原料的生产成本和售价不断下降，让全球广大患者受益。新药，特别是化学合成药，被获准上市后，就会吸引很多中国药物合成化学家和医药生产企业积极主动地研究开发这些药物的生产工艺。本书就是为了顺应国内的行业要求和广大读者的急切需要而编写的。首先，了解国外最新批准的新药信息，对于我国的新药研发有直接的帮助作用和间接的指导意义。我们可以从中吸取经验和教训，避免走弯路，减少浪费和降低损失。其次，研究已知药物合成路线，对于改善现有的合成工艺路线、降低生产成本、合理地设计新的药物合成路线将有很大帮助。对于制药企业而言，一个好的药物合成路线，可以缩短生产周期，简化生产工艺，降低生产成本，节约能源，减少或消除化学品排放和对环境的化学污染，其经济效益及社会效益都是极为显著的。

书中所选的全合成路线多数是国外制药厂目前正在使用的生产工艺。一个被制药工业最后采用的药物化学全合成路线通常都是从实验室的小规模开始，经过数次优化后，再进行公斤级中试合成。中试成功后，再进行试生产，最后逐步完善到大量生产。整个过程需要有机合成化学家、化工工程师、质量检测和质量控制专家、工厂技术人员和管理人员的密切配合。所以一个成功的药物合成工艺都是众多科学家和工程技术人员共同的智慧结晶。本书所收集和介绍的药品合成路线是全球众多有机化学家及药物化学家的心血与智慧的产物，所以毫不夸张地说，本书可从一个侧面反映出人类迄今为止在药物合成工艺和技术方面的最高水准。

过去 13 年，我先后主编出版了《小分子药物的生产准备与化学全合成路线手册》《新药化学全合成手册（1999—2007）》《新药化学全合成手册（2007—2010）》《新药化学全合成路线手册》（第一辑），受到国内同行的欢迎和肯定。同时一些热心的读者也提出了很多好的建议，并希望我继续编写续集。

本书能够顺利出版，得益于众多朋友和同行的大力支持、热情鼓励和无私帮助。我要特别感谢本书的共同作者陈清美博士，美国北卡大学的 Laydon Hutchins、Nicole Mathews、Justin Restrepo 等实习生在我的指定下编写了部分合成路线。正是由于这些科学家的艰苦努力和对科学的无私奉献，本书才能顺利诞生。此外我还要特别感谢我的同事 Autum Rorrer, Camila Castro, Bonnie Zhao, Jesse Chen 等的热情支持和大力帮助。

按中国的文化传统，我现在已经过了“知天命”的年纪了，在感慨时光快速流逝之余，更怀念和感激那些曾经帮助我成长的多位科学前辈和导师，包括金声、马金石、姜贵吉、李成政、李强国、Heinz Falk, David Lightner, David Dolphin 等。他们有的已经退休，有的已经仙逝。我希望将此书奉献给他们，以表达对恩师们的敬意。此外我还要借此机会感谢所有帮助和关心我的朋友和亲人，他们无私的帮助、热情的鼓励和真挚的友谊成了我坚持为理想而奋斗的动力。最后，我还要特别感谢我的家人，没有他们的大力支持、关心、照顾和鼓励，我不可能在过去的一年内花上大量业余时间潜心编写本书。

虽然我竭尽全力希望把本书编写得尽善至美，但限于知识水平，加之时间仓促，书中不足与疏漏之处难免，恳请同行和读者批评指正。

陈清奇 博士

MedKoo Biosciences, Inc.

于美国北卡罗来纳州教堂山市

（Chapel Hill, North Carolina, USA）

使用说明

本书包含了近 5 年美国 FDA 批准上市的新分子实体药，共 154 个。针对每一个药物，编者在全面而系统的文献检索基础上，从大量的科学论文和专利说明书中精心挑选最新、最好、最有实用价值的化学合成方法。全书以合成路线图的方式描述药物的合成工艺和流程，这些合成路线大多是目前制药工业中正在使用的化学合成工艺，有较高的实用性与可靠性。对参与反应的起始原料、中间体、反应产物都给出了详细的化学结构，每一步化学合成反应都给出了重要的化学试剂、催化剂、所使用的溶剂、合成反应条件及详尽的科技文献出处与专利文献号。除此之外，针对每一个药物分子，本书给出该药物的英文名、中文名、化学结构、分子式、分子量、精确质量、化学元素分析、药物类别、美国化学会登记号 (CAS 号)、申报厂商、批准日期、适应证、药物基本信息等。其中“药物基本信息”简单介绍了该药物的作用机制。全书共包含数千个有机合成反应、数百种药物中间体的合成制造方法、数个非常有用的附录，因此可作为有机合成、药物化学、药物合成、生物制药等专业的科研及教学参考书。为了让读者更好地使用本书，现将本书中的有关条目作详细说明。

1. 本书的读者对象

如果下列任何一条适合于您，本书将对您有参考价值:

- 正在从事新药基础研究和临床研究的科研、生产、管理和教学人员。
- 药物化学专业的科研和教学人员，包括该专业的高年级学生、硕士生、博士生、博士后等；或者生物制药、生物有机、有机合成专业的科研和教学人员，包括该专业的高年级学生、硕士生、博士生、博士后等。
- 科技情报人员、政府管理人员、制药企业的决策人员，而且关心国际上新药研究开发领域中的最新发展动态和发展趋势，并想了解全球同行竞争对手情况。
- 药物合作研究组织（Collaboration Research Organization, CRO）的科研和管理人员，希望了解新的潜在客户，并希望开拓新的业务领域。

2. 药物英文名

本书按药物的英文通用名称的字母顺序编排。药物通用名又称为药物的学名或国际非专有名称，是由各国政府规定的、国家药典或药品标准采用的法定药物名。对某一特定的药物分子，通用名是唯一的。通用名的命名不能暗示该药物的疗效，但一定程度上可隐含或暗示药物分子的化学结构。

3. 药物中文名

中文通用名大多系英文通用名的音译，且以四字居多，现在使用的简体中文通用名均收录在由中华人民共和国国家药典委员会编纂的《中国药品通用名称》中，该文件规定中文药物通用名具有法律性质。本书中的药物中文通用名以《中华人民共和国药典》的现行版和《中国药品通用名称》为准。由于本书的研究对象是新分子实体药，其中有不少药物目前尚未收入《中华人民共和国药典》和《中国药品通用名称》。对于这些药物的中文名称，则主要从医药专业刊物和医药中文网站所提供的中文名称中挑选，选择的依据是国家药典委员会的《中国药品通用名称命名原则》，详见国家药典委员会的相关网页。由于本书的内容主要是新药，有不少药物在《中华人民共和国药典》《中国药品通用名称》、公开刊物及医药网页中没有收入，我们将依据国家药典委员会的《中国药品通用名称命名原则》提供试译名供读者参考，并加注“参考译名”字样。

4. 美国化学会 CAS 登记号❶

CAS 登记号相当于一个化合物的身份证，是该物质的唯一数字识别号码。美国化学会的化学文摘服务社（*Chemical Abstracts Service*，CAS）负责为每一种出现在文献中的化学物质分配一个 CAS 登记号，其目的是避免化学物质因有多种名称而引起的混乱，使数据库的检索更为方便。目前几乎所有的化学数据库都可以使用 CAS 登记号检索。CAS 登记号以流水账形式登记，没有任何内在含义。目前全球很多政府机构都认为 CAS 登记号是追踪和管理化学品的理想选择，因为：① CAS 登记号是唯一的；②可以通过数据库快速可靠地验证；③全球科学界和工业界都认可。

目前很多国家在申报化学物品进出口海关时，也会要求提供化学物质 CAS 登记号，由此可明显看出其重要性。截至 2020 年 5 月 28 日，CAS 已经登记了接近 1.68 亿种有机和无机化合物，0.67 亿种生物序列，并且还以每天 15000 多种的速度增加。

一个 CAS 登记号以连字符“-”分为三部分，第一部分有 2 到 6 位数字，第二部分有 2 位数字，第三部分有 1 位数字作为校验码。校验码的计算方法如下：CAS 顺序号（第一、二部分数字）的最后一位乘以 1，最后第二位乘以 2，依此类推，然后把所有的乘积相加，再把和除以 10，其余数就是第三部分的校验码。举例来说，水（H_2O）的 CAS 登记号前两部分是 7732-18，则其校验码 = (8×1 + 1×2 + 2×3 + 3×4 + 7×5 + 7×6) mod 10 = 105 mod 10 = 5。

---

❶ 本部分内容摘自维基百科和美国化学会（CAS）的官方网页。

（mod 是求余运算符）不同的同分异构体分子有不同的 CAS 登记号。少数情况下也有用同一个 CAS 登记号来表示一类分子。

5. 申报厂商

指该药物临床试验完成后，向 FDA 申请上市的申请人。

6.FDA 批准日期

指该药物获得 FDA 批准上市的日期。

7. 化学结构 , 化学式 , 精确分子量 , 分子量 , 元素组成

药物的化学结构可以从以下几个免费数据库中获得：①美国国家医学图书馆的化学身份证高级数据库 (CHEMIDPLUS ADVACED)，目前该数据库共含有 40 多万种化合物。可使用的检索方法有：药品通用名、学名、商品名、美国化学会登记号、分子式、药物分类号、定位代码等。②药品说明书网页几乎收集了所有药品的说明书，可使用药品的商品名或通用名检索。③药品生产企业的产品介绍网页，及随药品包装的产品说明。④生物大分子药物的化学结构信息可从加拿大的药品银行网页中查找。该数据库目前收集了 FDA 批准的小分子药物 1600 多个，生物大分子药物 160 多个，正在人体临床试验的药物 6000 多个。

化学式、精确分子量和分子量、元素组成是使用美国 Cambridgesoft 公司的 ChemBio-Draw Ultra 2010 软件计算得到的。

8. 其他名称

一般的药品除了具备通用名还拥有商品名，商品名是药品生产厂商为树立品牌形象而编制的，具有商标的性质，也是药物合法的名称，但不是药物的唯一名称。当每一药物的专利过期后就会有很多其他制药厂商仿制该药，通常这些制药厂也会给其仿制的药品申请一个商品名。另外本书还给出了药物的化学名称，需要说明的是，这些化学名称是直接摘自该药的药品说明书，并不一定符合国际纯粹与应用化学联合会 (IUPAC, International Union of Pure and Applied Chemistry) 的统一化学命名法。

9. 药物简介

药物基本信息介绍了该药物的作用机制。这部分内容主要从该药品的生产厂家产品说明书中摘录，药品说明书除了从 FDA 的橙色数据库和生产厂家的官方网页中查阅外，还可以从一些专业网站中查阅。

以下几个网站收集了大量英文药品说明书：

美国处方药名录、美国药品网、美国 FDA 新药数据库入门网页、美国 FDA“橙色药品数据库”入门网页。

10. 药品上市申报信息

这部分内容主要介绍该药物的上市情况，包括剂型、剂量、规格等。这些内容是从美国 FDA 的药品数据库中查阅而来的。

11. 合成路线

化学合成路线主要是依据多种大型化学和药品数据库的系统检索结果，再参考原始研究论文编写而成。全书所有的化学结构和有机合成路线图都采用美国 Cambridgesoft 公司的 ChemOffice Ultra 2010 按统一格式绘制而成。

12. 参考文献

参考文献的格式完全按出版社的统一要求编写。关于参考文献中所使用的期刊和专利代号缩写，本书采用国际上通用的缩写方法。

13. 核磁谱图

为了方便读者合成新药时参考，本书还在每个药物的最后部分附上该药物的核磁共振标准谱图。这些谱图由 MedKoo Biosciecnes 公司提供。

目录 CONTENTS

abaloparatide（阿巴洛肽）

药物基本信息

英文通用名	abaloparatide
英文别名	BA058; BA-058; BA 058; BIM44058; BIM 44058; BIM-44058
中文通用名	阿巴洛肽
商品名	Tymlos
CAS登记号	247062-33-5 (游离碱)，247062-33-5(乙酸盐)
FDA 批准日期	4/28/2017
FDA 批准的API	abaloparatide (游离碱)
化学名	H-Ala-Val-Ser-Glu-His-Gln-Leu-Leu-His-Asp-Lys-Gly-Lys-Ser-Ile-Gln-Asp-Leu-Arg-Arg-Arg-Glu-Leu-Leu-Glu-Lys-Leu-Leu-Aib-Lys-Leu-His-Thr-Ala-NH_2
SMILES代码	C[C@@H](C(N)=O)NC([C@H]([C@H](O)C)NC([C@H](CC1=CNC=N1)NC([C@H](CC(C)C)NC([C@H](CCCCN)NC(C(C)(C)NC([C@H](CC(C)C)NC([C@H](CC(C)C)NC([C@H](CCCCN)NC([C@H](CCC(O)=O)NC([C@H](CC(C)C)NC([C@H](CC(C)C)NC([C@H](CCC(O)=O)NC([C@H](CCCNC(N)=N)NC([C@H](CCCNC(N)=N)NC([C@H](CCCNC(N)=N)NC([C@H](CC(C)C)NC([C@H](CC(O)=O)NC([C@H](CCC(N)=O)NC([C@H]([C@@H](C)CC)NC([C@H](CO)NC([C@H](CCCCN)NC(CNC([C@H](CCCCN)NC([C@H](CC(O)=O)NC([C@H](CC2=CNC=N2)NC([C@H](CC(C)C)NC([C@H](CC(C)C)NC([C@H](CCC(N)=O)NC([C@H](CC3=CNC=N3)NC([C@H](CCC(O)=O)NC([C@H](CO)NC([C@H](C(C)C)NC([C@H](C)N)=O)=O)=O)=O)=O)=O)=O)=O)=O)=O)=O)=O)=O)=O)=O)=O)=O)=O)=O)=O)=O)=O)=O)=O)=O)=O)=O)=O)=O)=O)=O)=O)=O)=O

化学结构和理论分析

化学结构

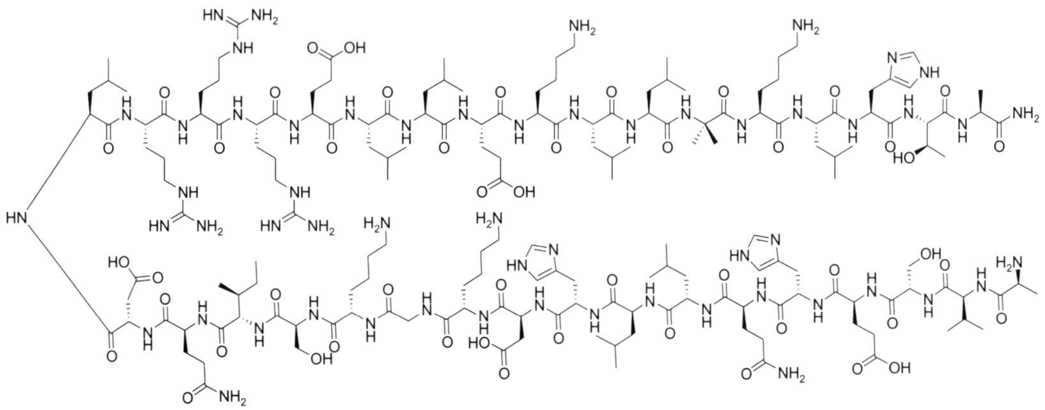

理论分析值
化学式：$C_{174}H_{300}N_{56}O_{49}$ 精确分子量：3958.2705 分子量：3960.65 元素分析：C, 52.77; H, 7.64; N, 19.80; O, 19.79

药品说明书参考网页

生产厂家产品说明书、美国药品网、美国处方药网页。

药物简介

TYMLOS（abaloparatide）注射液可用于治疗患有疏松症风险并且有很高骨折风险的绝经后女性患者，而且其他疗法对这些女性患者无效。Abaloparatide是一种甲状旁腺激素相关蛋白（PTHrP）的类似物，能与甲状旁腺受体1结合，起到调节代谢和促进骨骼形成的作用。

TYMLOS是一种皮下给药的注射剂，有效成分是abaloparatide，它是一种人工合成的含有34个氨基酸肽。Abaloparatide是人类甲状旁腺激素相关肽PTHrP（1-34）的类似物。它与hPTH（1-34）（人甲状旁腺激素1-34）有41%同源性，与hPTHrP（1-34）（人甲状旁腺激素相关肽1-34）有76%同源性。

TYMLOS注射剂是一种无菌、无色、透明溶液，包装在玻璃药筒中，该药筒已预先组装成一次性的单人用笔（disposable single-patient-use pen）。该笔旨在让患者每天以40μL（含80μg的阿巴曲雷肽）的剂量，一共给药30次。每个药筒中装有1.56mL TYMLOS溶液。每毫升含有2000μg的abaloparatide和以下非活性成分：5mg苯酚，5.08mg三水合乙酸钠，6.38mg乙酸和注射用水。

药品上市申报信息

该药物目前有1种产品上市。

药品注册申请号：208743
申请类型：NDA（新药申请）
申请人：RADIUS HEALTH INC
申请人全名：RADIUS HEALTH INC

产品信息

产品号	商品名	活性成分	剂型/给药途径	规格/剂量	参比药物(RLD)	生物等效参考标准(RS)	治疗等效代码
001	TYMLOS	abaloparatide	溶液/皮下注射	3.12mg/1.56mL (2mg/mL)	是	是	否

与本品相关的专利信息（来自FDA橙皮书Orange Book）

关联产品号	专利号	专利过期日	是否物质专利	是否产品专利	专利用途代码	撤销请求	提交日期
001	7803770	2028/03/26			U-2009		2017/05/25
	8148333	2027/11/08		是			2017/05/25
	8748382	2027/10/03			U-2009		2017/05/25

与本品相关的市场独占权保护信息

关联产品号	独占权代码	失效日期	备注
001	NCE	2022/04/28	

合成路线

Abaloparatide 是一种多肽药物，可以按标准的多肽合成方法合成。这里就不做介绍了。

参考文献

[1] Watts N B, Hattersley G, Fitzpatrick L A, et al. Correction to: abaloparatide effect on forearm bone mineral density and wrist fracture risk in postmenopausal women with osteoporosis. Osteoporos Int，2020, 31(5):1017-1018.

[2] Le Henaff C, Ricarte F, Finnie B, et al. Abaloparatide at the same dose has the same effects on bone as PTH (1-34) in mice. J Bone Miner Res, 2020, 35(4):714-724.

abemaciclib（阿贝玛西）

药物基本信息

英文通用名	abemaciclib
英文别名	LY2835219; LY 2835219
中文通用名	阿贝玛西(参考译名)
商品名	Verzenio
CAS登记号	1231929-97-7 (游离); 1231930-82-7 (甲磺酸盐)
FDA 批准日期	9/28/2017
FDA 批准的API	abemaciclib
化学名	*N*-(5-((4-ethylpiperazin-1-yl)methyl)pyridin-2-yl)-5-fluoro-4-(4-fluoro-1-isopropyl-2-methyl-1*H*-benzo[d]imidazol-6-yl)pyrimidin-2-amine
SMILES代码	CC1=NC2=C(F)C=C(C3=NC(NC4=NC=C(CN5CCN(CC)CC5)C=C4)=NC=C3F)C=C2N1C(C)C

化学结构和理论分析

化学结构	理论分析值
N, N, N, N, N, H, N, F, N, N, F	化学式：$C_{27}H_{32}F_2N_8$ 精确分子量：506.2718 分子量：506.6058 元素分析：C, 64.01; H, 6.37; F, 7.50; N, 22.12

药品说明书参考网页

生产厂家产品说明书、美国药品网、美国处方药网页。

药物简介

Abemaciclib 是一种细胞周期蛋白依赖性激酶 4 和 6(CDK4 和 CDK6) 的抑制剂。这些激酶与 D- 细胞周期蛋白结合后会被激活。研究表明，在雌激素受体阳性 (ER+)❶ 的乳腺癌细胞系中，细胞周期蛋白 D1 和 CDK4 / 6 可促进视网膜母细胞瘤蛋白 (Rb)❷ 的磷酸化，加快细胞周期进程和细胞增殖体外研究表明，abemaciclib 可抑制 Rb 磷酸化并阻止细胞周期从 G1 期进入 S 期，从而导致癌细胞衰老和凋亡。在乳腺癌异种移植模型中，abemaciclib 作为单一药剂或与抗雌激素药组合使用，而且每日不间断给药可导致肿瘤尺寸减小。

Abemaciclib 是一种黄色粉末。VERZENIO(abemaciclib) 片剂以速释椭圆形白色、米色或黄色片剂形式提供。无活性成分如下：赋形剂微晶纤维素 102，微晶纤维素 101，乳糖一水合物，交联羧甲基纤维素钠，硬脂富马酸钠，二氧化硅。颜色混合成分聚乙烯醇、二氧化钛、聚乙二醇、滑石粉、氧化铁黄和氧化铁红。

适应证和用途

Abemaciclib 适用：

（1）与氟维司群联合，用于治疗患有激素受体（HR）阳性、人表皮生长因子受体 2（HER2）阴性的晚期或转移性乳腺癌的女性患者，而且该患者在接受内分泌药物治疗后病情仍然恶化。

（2）作为单一疗法，用于治疗患有 HR 阳性、HER2 阴性晚期或转移性乳腺癌的成人患者，该患者接受内分泌药物治疗后和已接受化疗药物治疗后，病情仍然进展和转移。

药品上市申报信息

该药品目前有 4 种规格的产品。

药品注册申请号：208716
申请类型：NDA (新药申请)
申请人：ELI LILLY AND CO
申请人全名：ELI LILLY AND CO

产品信息

产品号	商品名	活性成分	剂型 / 给药途径	规格 / 剂量	参比药物 (RLD)	生物等效参考标准 (RS)	治疗等效代码
001	VERZENIO	abemaciclib	片剂 / 口服	50mg	是	否	否
002	VERZENIO	abemaciclib	片剂 / 口服	100mg	是	否	否
003	VERZENIO	abemaciclib	片剂 / 口服	150mg	是	否	否
004	VERZENIO	abemaciclib	片剂 / 口服	200mg	是	是	否

❶ 其英文全称是：estrogen receptor-positive。

❷ 其英文全称是：retinoblastoma protein。

与本品相关的专利信息（来自 FDA 橙皮书 Orange Book）

关联产品号	专利号	专利过期日	是否物质专利	是否产品专利	专利用途代码	撤销请求	提交日期
001	7855211	2029/12/15	是	是	U-2251 U-2135 U-2132		2017/10/16
002	7855211	2029/12/15	是	是	U-2135 U-2251 U-2132		2017/10/16
003	7855211	2029/12/15	是	是	U-2135 U-2251 U-2132		2017/10/16
004	7855211	2029/12/15	是	是	U-2251 U-1981 U-2132 U-2135		2017/10/16

与本品相关的市场独占权保护信息

关联产品号	独占权代码	失效日期	备注
001	I-768	2021/02/26	
	NCE	2022/09/28	
002	I-768	2021/02/26	
	NCE	2022/09/28	
003	I-768	2021/02/26	
	NCE	2022/09/28	
004	I-768	2021/02/26	
	NCE	2022/09/28	

合成路线 1

该合成路线来源于 Eli Lilly 公司 Chan 等人 2015 年发表的专利申请书。该合成路线以化合物 **1** 作为起始原料，与 *N*- 甲基甲酰胺反应，得到化合物 **2**。后者与硼化合物 **3** 反应得到相应的硼酸化合物 **4**。化合物 **4** 在钯催化剂的作用下同化合物 **5** 反应，得到相应的化合物 **6**。化合物 **7** 同化合物 **8** 发生缩合反应后，经硼氢化钠还原得到化合物 **9**。后者的溴原子在氧化亚铜的催化下，被氨基取代得到相应的氨基化合物 **10**。化合物 **6** 同化合物 **10** 在钯试剂催化下，可得到最终目标化合物 **11**。

t-BuOK

1
CAS号 1807756-77-9

2
CAS号 1231930-33-8

3
CAS号 73183-34-3

AcOK, C:Pd(OAc)$_2$
$(C_6H_{11})_3P$, DMSO
1h, 90°C

4
CAS号 1231930-37-2

5
CAS号 2927-71-1

Na_2CO_3
$PdCl_2(PPh_3)_2$, H_2O
$(CH_2OMe)_2$

6
CAS号 1231930-42-9

7
CAS号 5308-25-8

8
CAS号 149806-06-4

1. CH_2Cl_2, $NaBH_4$
2. NaOH, CH_2Cl_2

9
CAS号 1231930-25-8

NH_3, Cu_2O
MeOH

10
CAS号 1180132-17-5

6
CAS号 1231930-42-9

$Cs_2CO_3Pd_2(dba)_3$

11
abemaciclib CAS号 1231929-97-7

原始文献： WO 2015130540,2015.

合成路线 2

以下合成路线来源于 Eli Lilly 公司 Frederick 等人 2015 年发表的论文。该合成路线的特点是化合物 **4** 的氨基在钯催化剂的作用下亲核取代化合物 **3** 的氯原子，得到相应的化合物 **6**。

1
CAS号 1231930-37-2

2
CAS号 2927-71-1

1. Na_2CO_3, $PdCl_2(PPh_3)_2$,
H_2O, $S:(CH_2OMe)_2$
2. $CH_2(OMe)_2$, 4h
3. H_2O, 25min

3
CAS号 1231930-42-9

4
CAS号 69879-22-7

5
CAS号 166330-10-5

K_2CO_3, $PdCl_2$
$HOCMe_2Et$

6
CAS号 1627082-92-1

7
CAS号 5308-25-8

$CH(OMe)_3$, HCO_2H,
MeCN, $NaBH_4$

8
abemaciclib
CAS号 1231929-97-7

原始文献： Tetrahedron Lett, 2015, 56(7): 949-951.

合成路线 3

以下合成路线来源于 Eli Lilly 公司 Coates 等人 2010 年发表的专利申请书。其特点是化合物 **4** 的氨基在钯催化剂的作用下，亲核取代化合物 **12** 分子中的氯原子，得到相应的化合物 **14**。

$Na^{+}(AcO)_3BH^{-}$, CH_2Cl_2

1. NH_3, MeOH, 40°C; 过夜
2. NaOH, H_2O, pH = 12～14

1 CAS号 5308-25-8　**2** CAS号 149806-06-4　**3** CAS号 1231930-25-8　**4** CAS号 1180132-17-5

Et_3N, $POCl_3$, PhMe, 3h, 回流

t-BuOK, HC(=O)NHMe, 2h, 100°C

5 CAS号 75-31-0　**6** CAS号 108-24-7　**7** CAS号 1118-69-0　**8** CAS号 67567-26-4　**9** CAS号 2177297-18-4

1. Na_2CO_3, $PdCl_2(PPh_3)_2$, H_2O, $S:(CH_2OMe)_2$
2. $CH_2(OMe)_2$, 4h
3. H_2O, 25min

10 CAS号 1231930-33-8　**11** CAS号 2927-71-1　**12** CAS号 1231930-42-9　**4** CAS号 1180132-17-5

Cs_2CO_3, $Pd_2(dba)_3$, 二噁烷, 2h, 110°C

13 CAS号 161265-03-8

14 abemaciclib CAS号 1231929-97-7

原始文献： US 20100160340, 2010.

合成路线 4

以下合成路线来源于 Xinfa Pharmaceutical 公司 Qi 等人 2019 年发表的专利申请书。该合成路线与之前的合成路线有显著不同。关键中间体化合物 **7** 与化合物 **8** 缩合反应得到相应的化合物 **9**，再与化合物 **10** 成环反应，得到目标化合物。

1
CAS号 1123172-88-2

2
CAS号 75-31-0

Na_2CO_3, DMF

3
CAS号 2376109-68-9

4
CAS号 108-24-7

H_2, Ni, DMF
0.3～0.4 MPa

5
CAS号 2376109-69-0

6
CAS号 2376109-71-4

THF → 7

7
CAS号 1708954-84-0

8
CAS号 4637-24-5

DBU

9
CAS号 1708954-85-1

10
CAS号 1708954-87-3

NaOMe, MeOH, DM

11
abemaciclib
CAS号 1231929-97-7

原始文献： CN 110218189, 2019.

合成路线 5

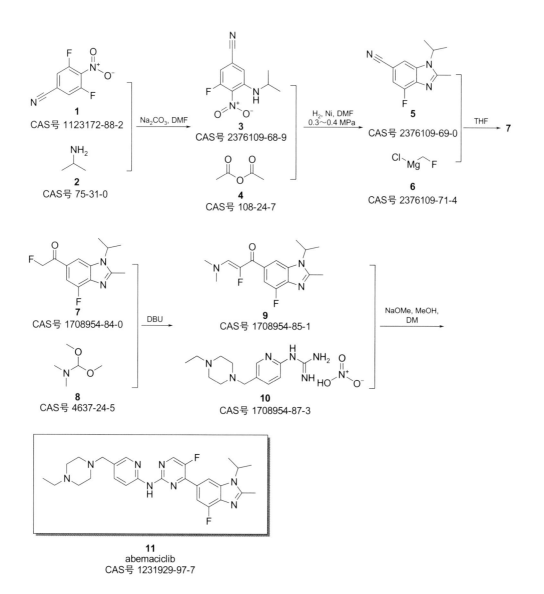

以下合成路线来源于 Mylan Laboratories 公司 Jetti 等人 2019 年发表的专利申请书。其特点在于化合物 **6** 的氨基在钯催化剂作用下亲核取代化合物 **5** 分子中的氯原子，得到相应的目标化合物。

1. $POCl_3$, Et_3N, PhMe
2. H_2O

1. AcOK, $PdCl_2(PPh_3)_2$, PPh_3
2. K_2CO_3
3. CH_2Cl_2, 2h, 40～45°C

→ 5

1
CAS号 67567-26-4

2
CAS号 1118-69-0

3
CAS号 1231930-33-8

4
CAS号 2927-71-1

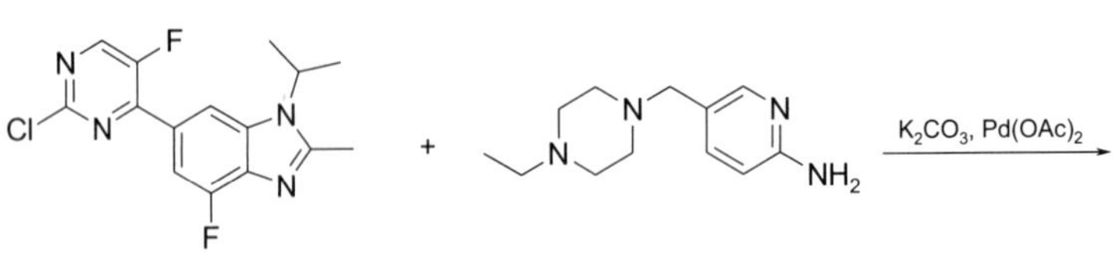

5
CAS号 1231930-42-9

6
CAS号 1180132-17-5

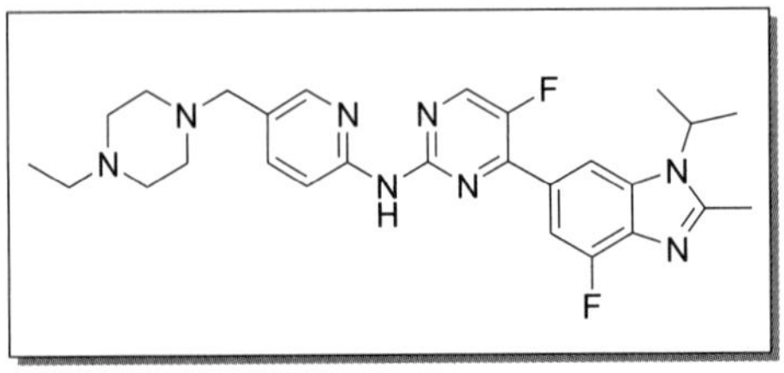

K_2CO_3, $Pd(OAc)_2$

7
abemaciclib
CAS号 1231929-97-7

原始文献： WO 2019102492, 2019.

合成路线 6

以下合成路线来源于 Ratiopharm 公司 Albrecht 等人的专利申请书。其特点与合成路线 5 基本相似。

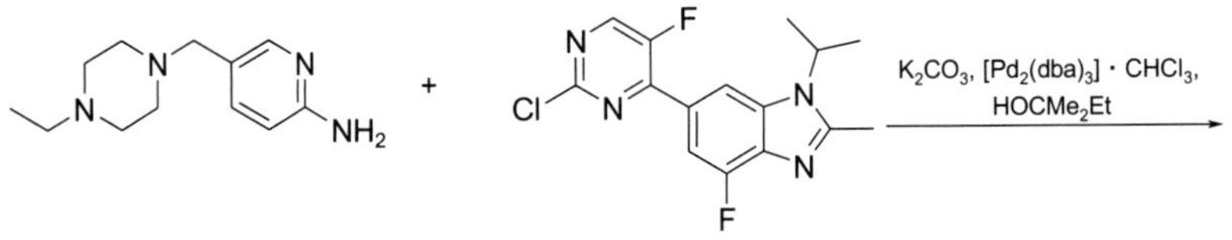

K_2CO_3, $[Pd_2(dba)_3]$ · $CHCl_3$, $HOCMe_2Et$

1
CAS号 1180132-17-5

2
CAS号 1231930-42-9

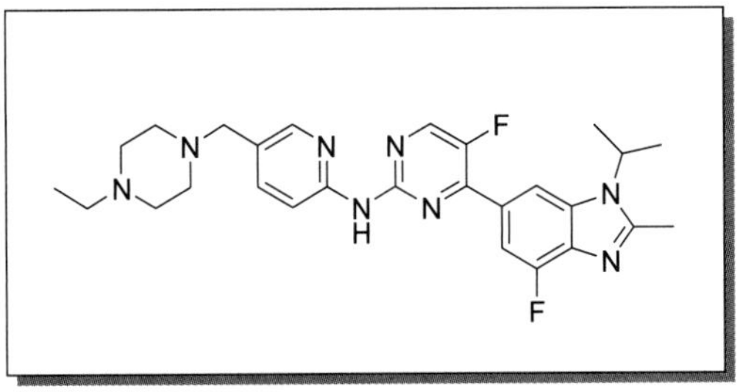

3
abemaciclib
CAS号 1231929-97-7

原始文献： WO 2017108781, 2017.

阿贝玛西核磁谱图

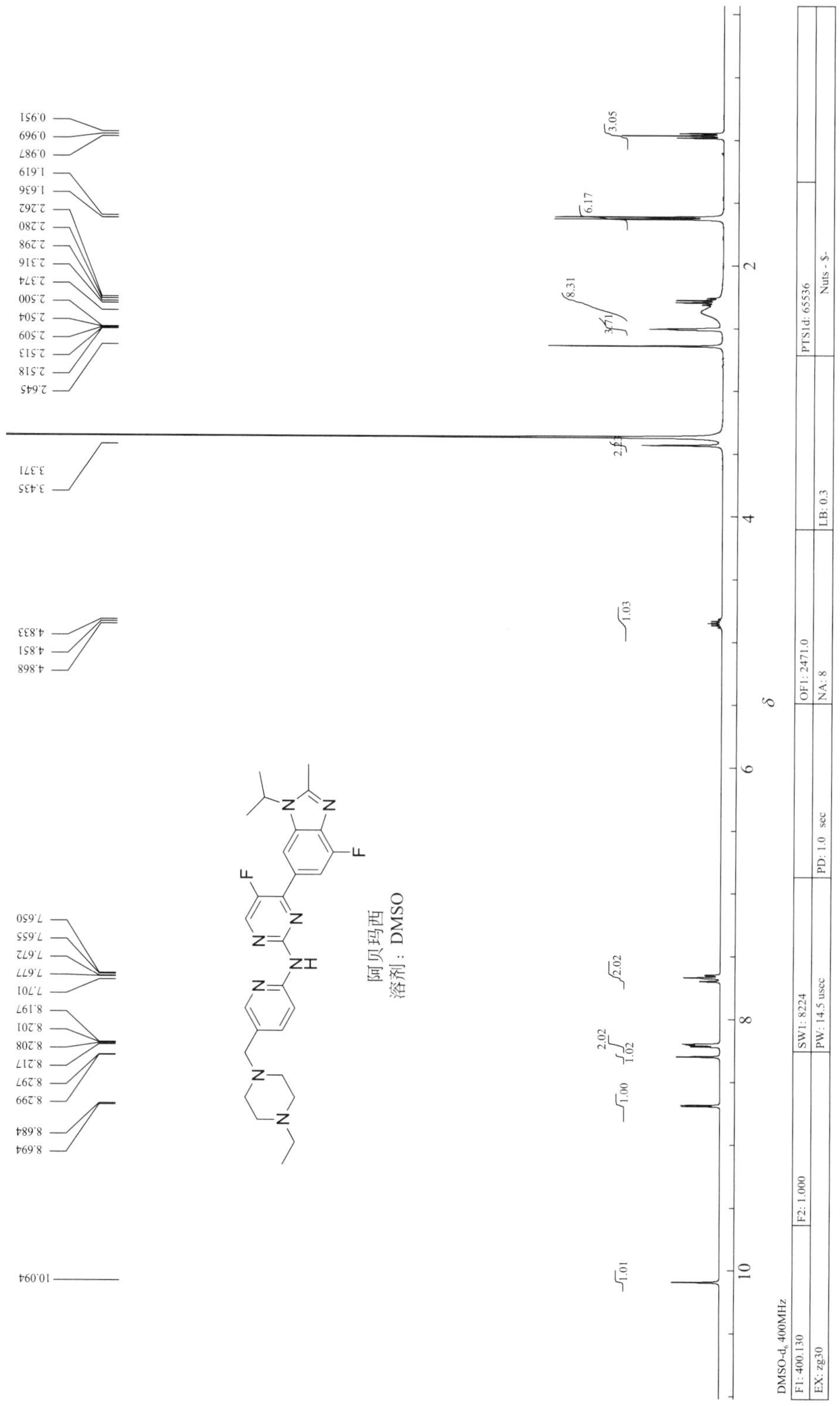
0.951
0.969
0.987
1.619
1.636
2.262
2.280
2.298
2.316
2.374
2.500
2.504
2.509
2.513
2.518
2.645
3.371
3.435
4.833
4.851
4.868
7.650
7.655
7.672
7.677
7.701
8.197
8.201
8.208
8.217
8.297
8.299
8.684
8.694
10.094
阿贝玛西
溶剂：DMSO
DMSO-d6 400MHz
F1: 400.130
F2: 1.000
SW1: 8224
OF1: 2471.0
PTS1d: 65536
EX: zg30
PW: 14.5 usec
PD: 1.0 sec
NA: 8
LB: 0.3
Nuts - $-

参考文献

[1] Martin J M, Goldstein L J. Profile of abemaciclib and its potential in the treatment of breast cancer. Onco Targets Ther，2018, 11:5253-5259.

[2] Dowless M S, Lowery C D, Shackleford T J,et al. Abemaciclib is active in preclinical models of Ewing's Sarcoma via multi-pronged regulation of cell cycle, DNA methylation, and interferon pathway signaling. Clin Cancer Res,2018, 24(23):6028-6039.

acalabrutinib（阿卡拉替尼）

药物基本信息

英文通用名	acalabrutinib
英文别名	ACP-196; ACP196; ACP 196
中文通用名	阿卡拉替尼（参考译名）
商品名	Calquence
CAS登记号	1420477-60-6（游离碱），2242394-65-4 (顺丁烯二酸盐)
FDA 批准日期	10/31/2017
FDA 批准的API	acalabrutinib (游离碱)
化学名	(*S*)-4-(8-amino-3-(1-(but-2-ynoyl)pyrrolidin-2-yl)imidazo[1,5-a]pyrazin-1-yl)-*N*-(pyridin-2-yl)benzamide
SMILES代码	O=C(NC1=NC=CC=C1)C2=CC=C(C3=C4C(N)=NC=CN4C([C@H]5N(C(C#CC)=O)CCC5)=N3)C=C2

化学结构和理论分析

化学结构	理论分析值
O N NH$_2$ N N N HN N	化学式：$C_{26}H_{23}N_7O_2$ 精确分子量：465.1913 分子量：465.52 元素分析：67.08; H, 4.98; N, 21.06; O, 6.87

药品说明书参考网页

生产厂家产品说明书、美国药品网、美国处方药网页。

药物简介

Acalabrutinib 是一种 BTK 抑制剂。Acalabrutinib 及其活性代谢物 ACP-5862 可以与 BTK 活性位点中的半胱氨酸残基形成共价键，进而抑制 BTK 酶的活性。BTK 是 B 细胞抗原受体（BCR）❶和细胞因子受体途径的信号分子。在 B 细胞中，BTK 信号传导可以促进 B 细胞增殖、运输、趋化和黏附。临床前研究发现，acalabrutinib 可抑制 BTK 介导的下游信号蛋白 CD86 和 CD69 的活化，

❶ BCR 的英文全称是 B cell antigen receptor。

进而抑制恶性 B 细胞的增殖和存活。

Acalabrutinib 可用于治疗已接受至少一种先前疗法的外套细胞淋巴瘤（MCL）[1] 的成人患者。

Acalabrutinib 的外观是白色至黄色粉末，具有 pH 依赖性溶解度。在 pH < 3 时可自由溶于水，在 pH > 6 时几乎不溶。

口服的 CALQUENCE 胶囊包含 100mg acalabrutinib 和以下非活性成分：硅化微晶纤维素，部分预糊化淀粉，硬脂酸镁和淀粉羟乙酸钠。 胶囊壳包含明胶、二氧化钛、黄色氧化铁、FD & C 蓝色 2 号，并印有食用黑色墨水。

药品上市申报信息

该药物目前有 1 种产品上市。

药品注册申请号：210259
申请类型：NDA(新药申请)
申请人：ASTRAZENECA
申请人全名：ASTRAZENECA UK LTD

产品信息

产品号	商品名	活性成分	剂型 / 给药途径	规格 / 剂量	参比药物 (RLD)	生物等效参考标准 (RS)	治疗等效代码
001	CALQUENCE	acalabrutinib	胶囊 / 口服	100 mg	是	是	否

与本品相关的专利信息（来自 FDA 橙皮书 Orange Book）

关联产品号	专利号	专利过期日	是否物质专利	是否产品专利	专利用途代码	撤销请求	提交日期
001	10167291	2036/07/01		是	U-2145		2019/01/24
	10272083	2035/01/21			U-2519		2019/05/22
	7459554	2026/11/24	是				2018/04/13
	9290504	2032/07/11	是	是			2017/11/28
	9758524	2032/07/11			U-2145		2017/11/28
	9796721	2036/07/01	是	是	U-2145		2017/11/28

与本品相关的市场独占权保护信息

关联产品号	独占权代码	失效日期	备注
001	ODE-175	2024/10/31	
	NCE	2022/10/31	

合成路线 1

以下合成路线来源于 Suzhou Miracpharma 公司 Xu 等人 2017 年发表的专利申请书。其特点是化合物 **6** 的酰氯与化合物 **4** 的氨基反应得到相应的酰胺化合物 **7**，再在三氯氧磷的催化下分子内成环得到相应的化合物 **8**。后者的氯原子经氨基取代后得到目标化合物 **9**。

[1] MCL 的英文全称是 mantle cell lymphoma。

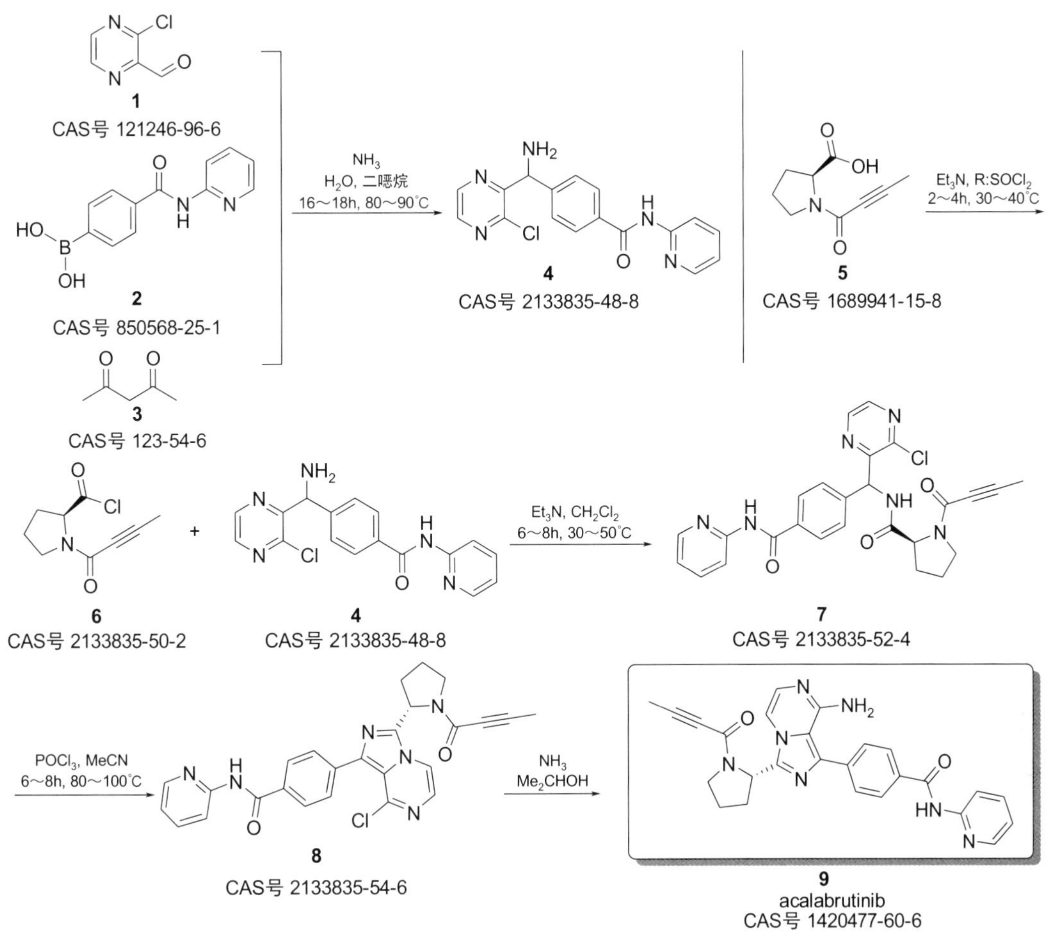

1
CAS号 121246-96-6

2
CAS号 850568-25-1

3
CAS号 123-54-6

NH_3
H_2O, 二噁烷
16～18h, 80～90℃

4
CAS号 2133835-48-8

5
CAS号 1689941-15-8

Et_3N, R:$SOCl_2$
2～4h, 30～40℃

6
CAS号 2133835-50-2

4
CAS号 2133835-48-8

Et_3N, CH_2Cl_2
6～8h, 30～50℃

7
CAS号 2133835-52-4

$POCl_3$, MeCN
6～8h, 80～100℃

8
CAS号 2133835-54-6

NH_3
Me_2CHOH

9
acalabrutinib
CAS号 1420477-60-6

原始文献： CN 107056786, 2017.

合成路线 2

以下合成路线来源于 Suzhou Fushilai Pharmaceutical 公司 Mo 等人 2017 年发表的专利申请书。其特点是化合物 **4** 通过溴代试剂得到相应的化合物 **5**，再与化合物 **6** 在钯催化剂的作用下，偶联得到关键中间体 **8**。

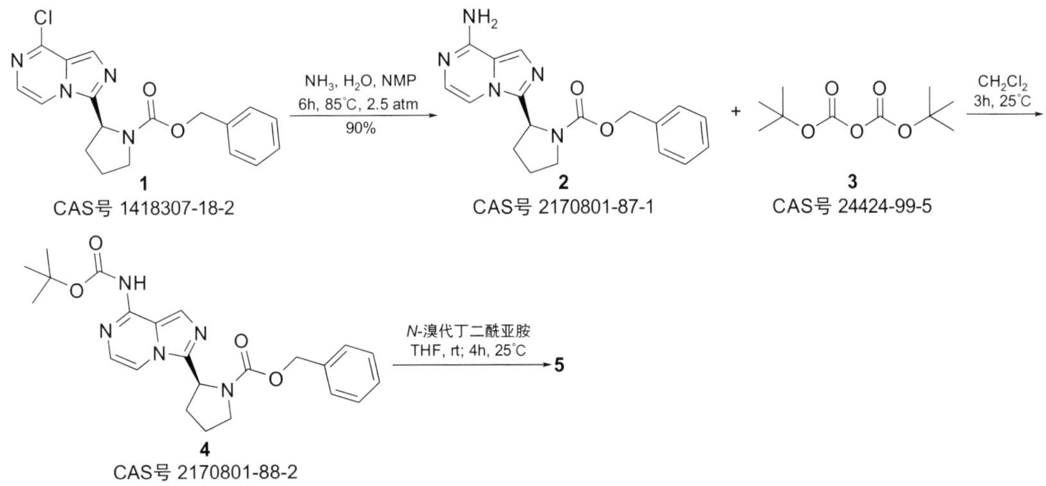

1
CAS号 1418307-18-2

NH_3, H_2O, NMP
6h, 85℃, 2.5 atm
90%

2
CAS号 2170801-87-1

3
CAS号 24424-99-5

CH_2Cl_2
3h, 25℃

4
CAS号 2170801-88-2

N-溴代丁二酰亚胺
THF, rt; 4h, 25℃
→ **5**

5
CAS号 2170801-89-3

6
CAS号 850568-25-1

7
CAS号 72287-26-4

K_2CO_3, H_2O,DMF, 90°C; 20h

8
CAS号 2170801-90-6

H_2, Pd, MeOH, 8h, 35°C, 96% → 9

9
CAS号 2170801-91-7

10
CAS号 39753-54-3

1. EtN(Pr-*i*)$_2$, HF, 8h, 50°C
2. HCl, H_2O
88%

11
CAS号 2170801-92-8

F_3CCO_2H, MeOH, 6h, 65°C, 92%

12
acalabrutinib
CAS号 1420477-60-6

原始文献： CN 107522701, 2017.

合成路线 3

以下合成路线来源于荷兰 MSD OSS 公司 Barf 等人 2013 年发表的专利申请书。其主要合成工艺与合成路线 2 基本相似，其特点是化合物 **7** 的溴原子在钯催化剂作用下与硼化合物 **8** 偶联得到相应的化合物 **10**。

1
CAS号 55557-52-3

1. H_2, Ni, H_2O, AcOH, 4bar
2. HCl, Et_2O, AcOEt
77%

2
CAS号 867165-53-5

3
CAS号 1148-11-4

Et_3N, CH_2Cl_2, HATU, 15min, 0°C, 63%

1. $POCl_3$, MeCN
12h, 60～65°C
2. NH_4OH, H_2O,
15min, pH = 8～9
88%

4
CAS号 1418307-17-1

5
CAS号 1418307-18-2

NBS, DMF
3h, rt
82%

NH_3, Me_2CHOH
4.5bar
86%

6
CAS号 1420478-87-0

7
CAS号 1420478-88-1

8
CAS号 850568-25-1

K_2CO_3, H_2O,
二噁烷
20min, 140°C
77%

9
CAS号 72287-26-4

1. HBr, AcOH, 1h, rt
2. NaOH, H_2O
58%

10
CAS号 1420478-89-2

11
CAS号 1420478-90-5

12
CAS号 39753-54-3

Et_3N, CH_2Cl_2
30min, rt
18%

13
acalabrutinib
CAS号 1420477-60-6

原始文献：WO 2013010868, 2013.

合成路线 4

以下合成路线来源于 IP.com Journal 杂志上发表的文章。其特点是化合物 **3** 在三氯氧磷的作用下分子内环合得到相应的化合物 **4**，其他的合成路线与合成路线 3 基本相似。

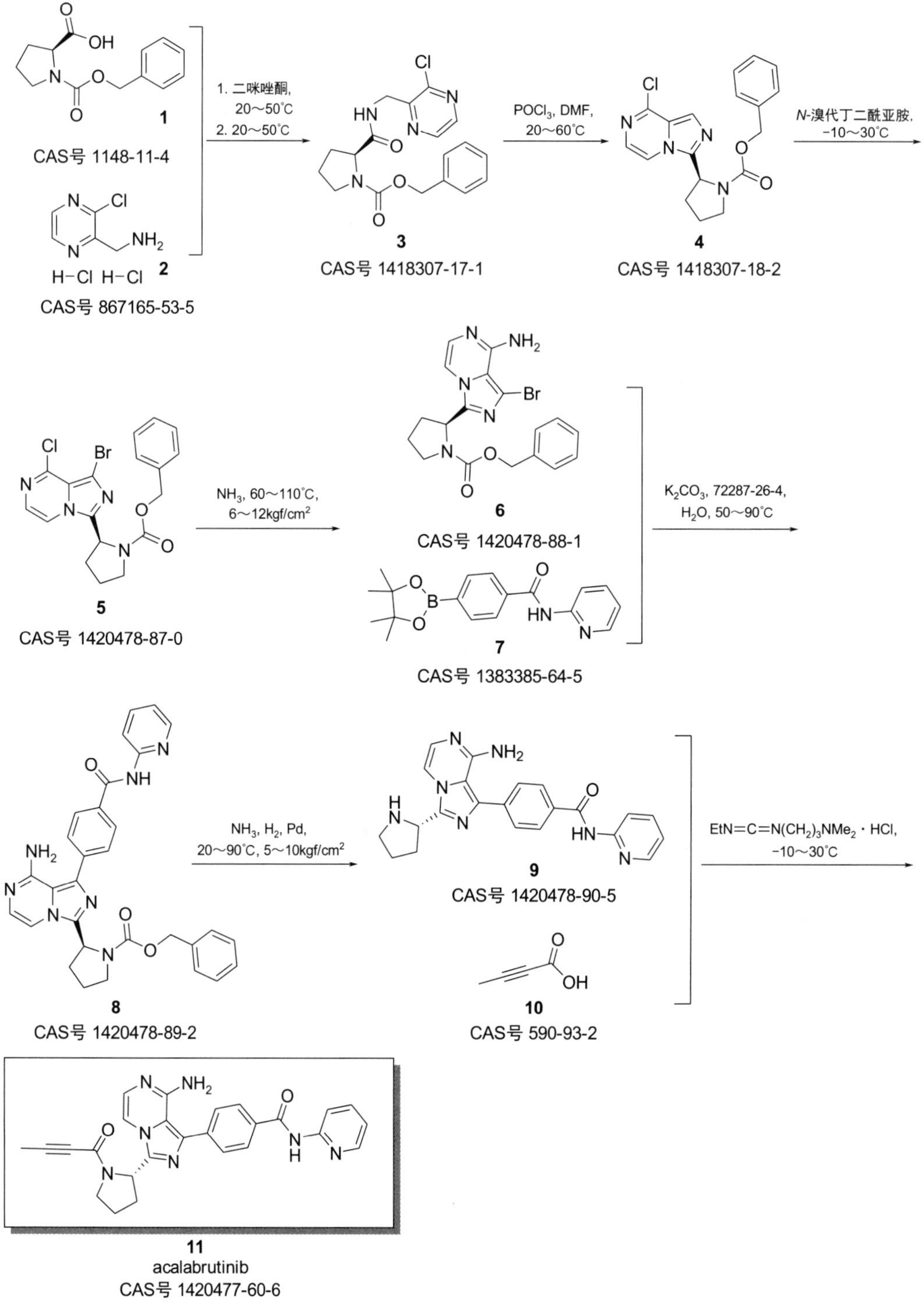

原始文献： IP.com Journal,2019, 19(4B): 1-4.

合成路线 5

以下合成路线来源于 Suzhou Pengxu Pharmatech 公司 Wang 等人 2019 年发表的专利申请书。其特点是化合物 **6** 的氯原子被氨基取代后，得到化合物 **7**，再与化合物 **11** 偶联得到相应的化合物 **12**。

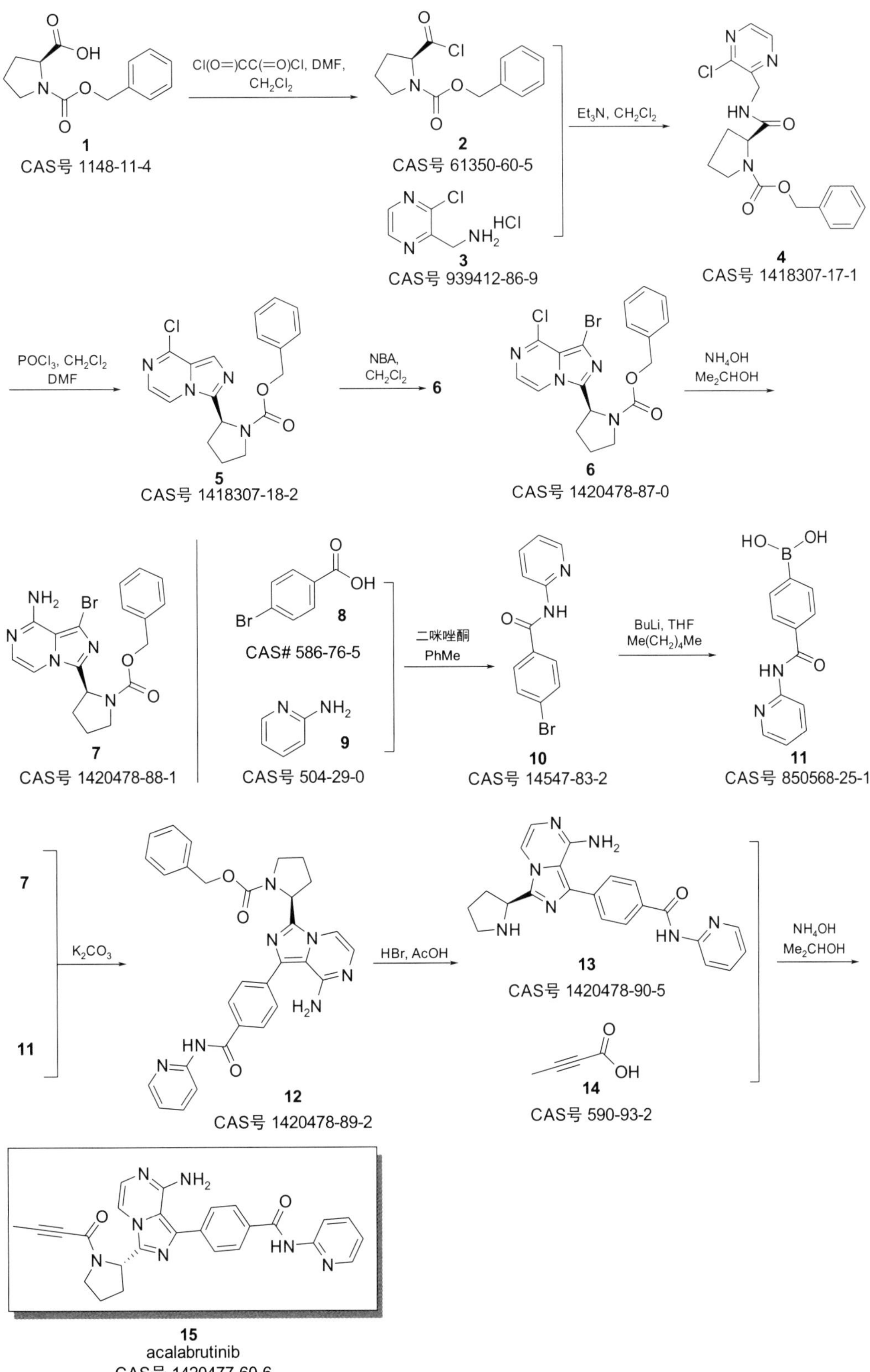

原始文献： WO 2019090269, 2019.

合成路线 6

以下合成路线来源于 Hangzhou Cheminspire Technologies 公司 Zheng 等人 2018 年发表的专利申请书。其特点是化合物 **10** 的合成。该方法以化合物 **4** 和化合物 **5** 为原料合成得到相应的化合物 **6**，溴代后得到相应的化合物 **7**。后者经过两步合成反应后得到相应的化合物 **10**，再在醋酸铵的作用下环合得到关键中间体化合物 **11**。

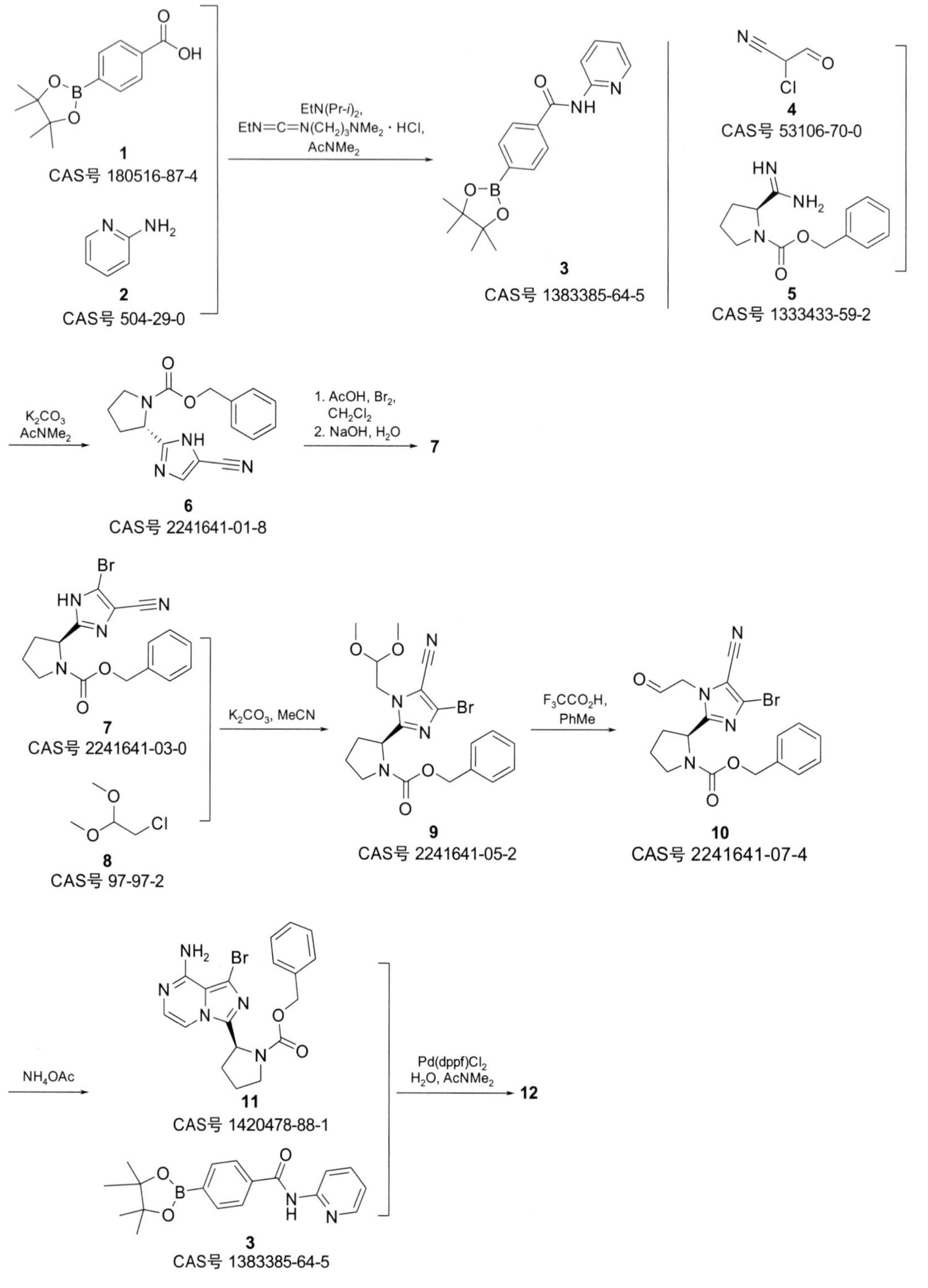

1 CAS号 180516-87-4

2 CAS号 504-29-0

$EtN(Pr\text{-}i)_2$, $EtN{=}C{=}N(CH_2)_3NMe_2 \cdot HCl$, $AcNMe_2$

3 CAS号 1383385-64-5

4 CAS号 53106-70-0

5 CAS号 1333433-59-2

K_2CO_3, $AcNMe_2$

6 CAS号 2241641-01-8

1. AcOH, Br_2, CH_2Cl_2
2. NaOH, H_2O

→ **7**

7 CAS号 2241641-03-0

8 CAS号 97-97-2

K_2CO_3, MeCN

9 CAS号 2241641-05-2

F_3CCO_2H, PhMe

10 CAS号 2241641-07-4

NH_4OAc

11 CAS号 1420478-88-1

3 CAS号 1383385-64-5

$Pd(dppf)Cl_2$, H_2O, $AcNMe_2$

→ **12**

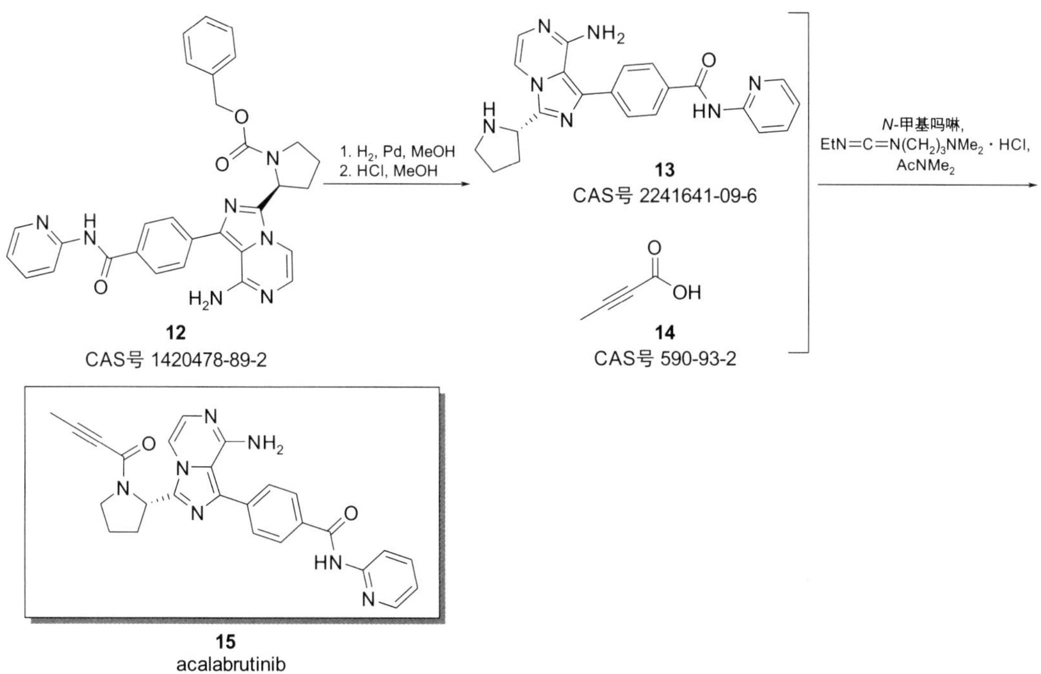

原始文献： CN 108250186,2018.

合成路线 7

以下合成路线来源于 Acerta Pharma 公司 Hamdy 等人 2016 年发表的专利申请书。其工艺特点与合成路线 5 相似。

1. H_2, H_2O, Ni, AcOH, 过夜, rt, 4bar
2. HCl, Et_2O, AcOEt

1 CAS号 55557-52-3 　2 CAS号 939412-86-9 　3 CAS号 1148-11-4

1. Et_3N, HBTU, CH_2Cl_2
2. HCl, H_2O

1. 二甲基咪唑啉酮, $POCl_3$, MeCN
2. NH_4OH, H_2O

4 CAS号 1418307-17-1

1. N-溴代丁二酰亚胺, DMF
2. H_2O

NH_3, Me_2CHOH

5 CAS号 1418307-18-2 　6 CAS号 1420478-87-0 　7 CAS号 1420478-88-1

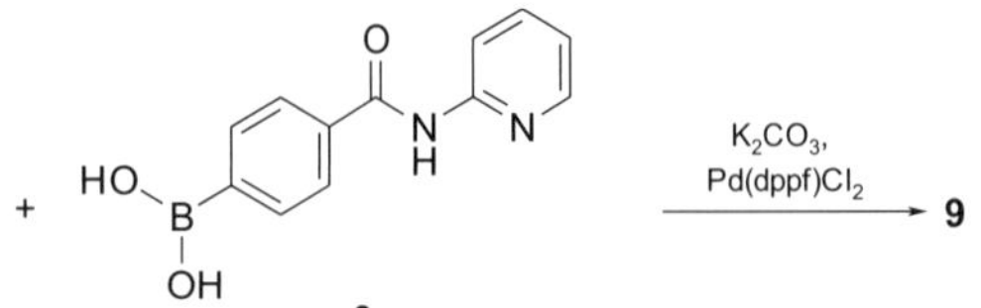

+ 8 CAS号 850568-25-1 —K_2CO_3, $Pd(dppf)Cl_2$→ 9

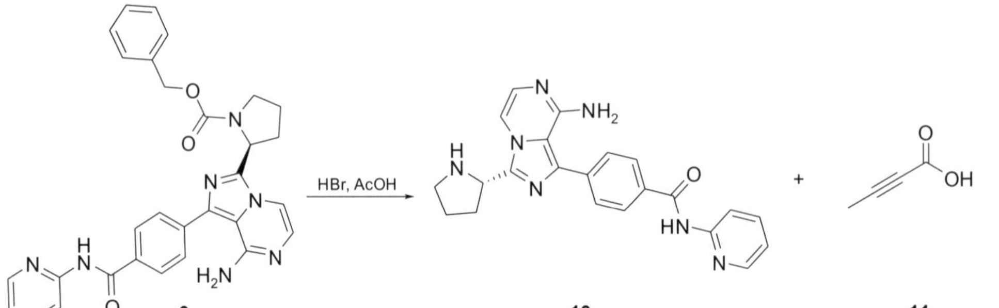

9 CAS号 1420478-89-2 —HBr, AcOH→ 10 CAS号 1420478-90-5 + 11 CAS号 590-93-2

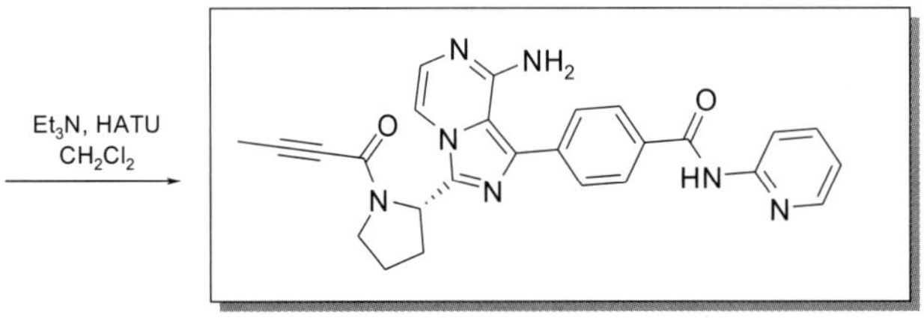

—Et_3N, HATU, CH_2Cl_2→ 12 acalabrutinib CAS号 1420477-60-6

原始文献： WO 2016024228,2016.

合成路线 8

以下合成路线来源于 Anqing CHICO Pharmaceutical 公司 Wu 等人 2018 年发表的专利申请书。其特点是化合物 **3** 的醛基与氨反应得到相应的亚胺化合物 **4**，再与化合物 **5** 的格氏试剂反应，得到化合物 **6**。

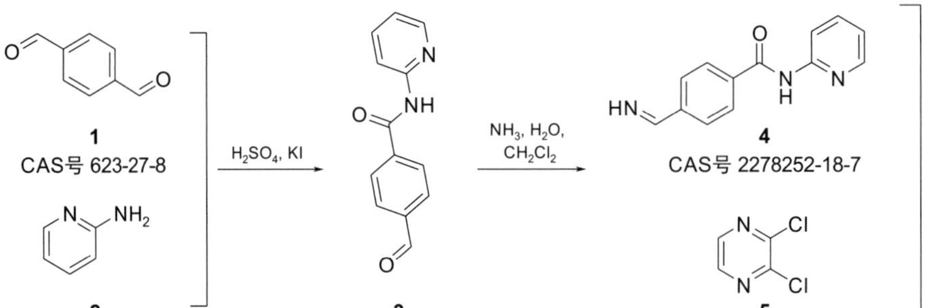

1 CAS号 623-27-8 + 2 CAS号 504-29-0 —H_2SO_4, KI→ 3 CAS号 179057-24-0 —NH_3, H_2O, CH_2Cl_2→ 4 CAS号 2278252-18-7 + 5 CAS号 4858-85-9

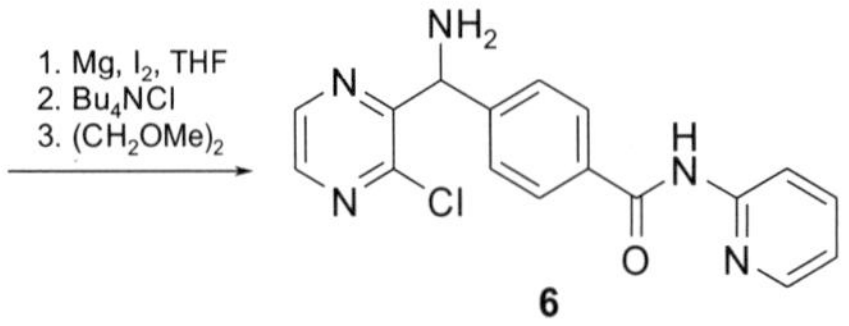

—1. Mg, I_2, THF 2. Bu_4NCl 3. $(CH_2OMe)_2$→ 6 CAS号 2133835-48-8

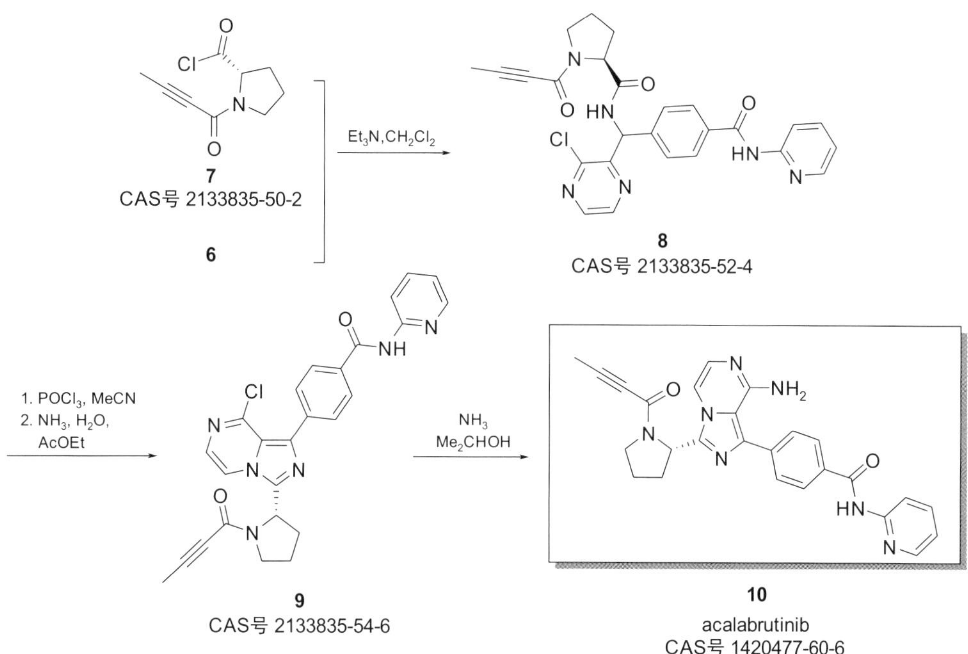

原始文献： CN 109020977,2018.

合成路线 9

以下合成路线来源于 Apotex 公司 Bodhuri、Prabhudas 等人 2018 年发表的专利申请书。其特点是先合成化合物 **6**，其溴原子再与硼化合物 **7** 偶联得到相应的目标化合物。

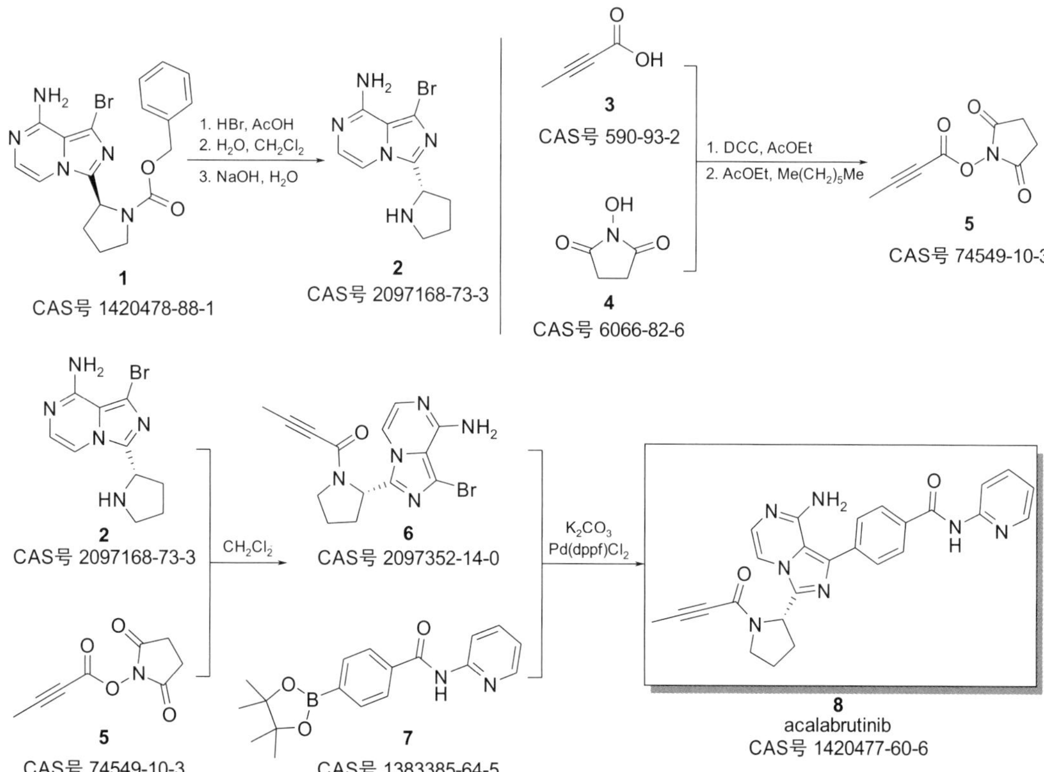

原始文献： WO 2018191815,2018.

阿卡拉替尼核磁谱图

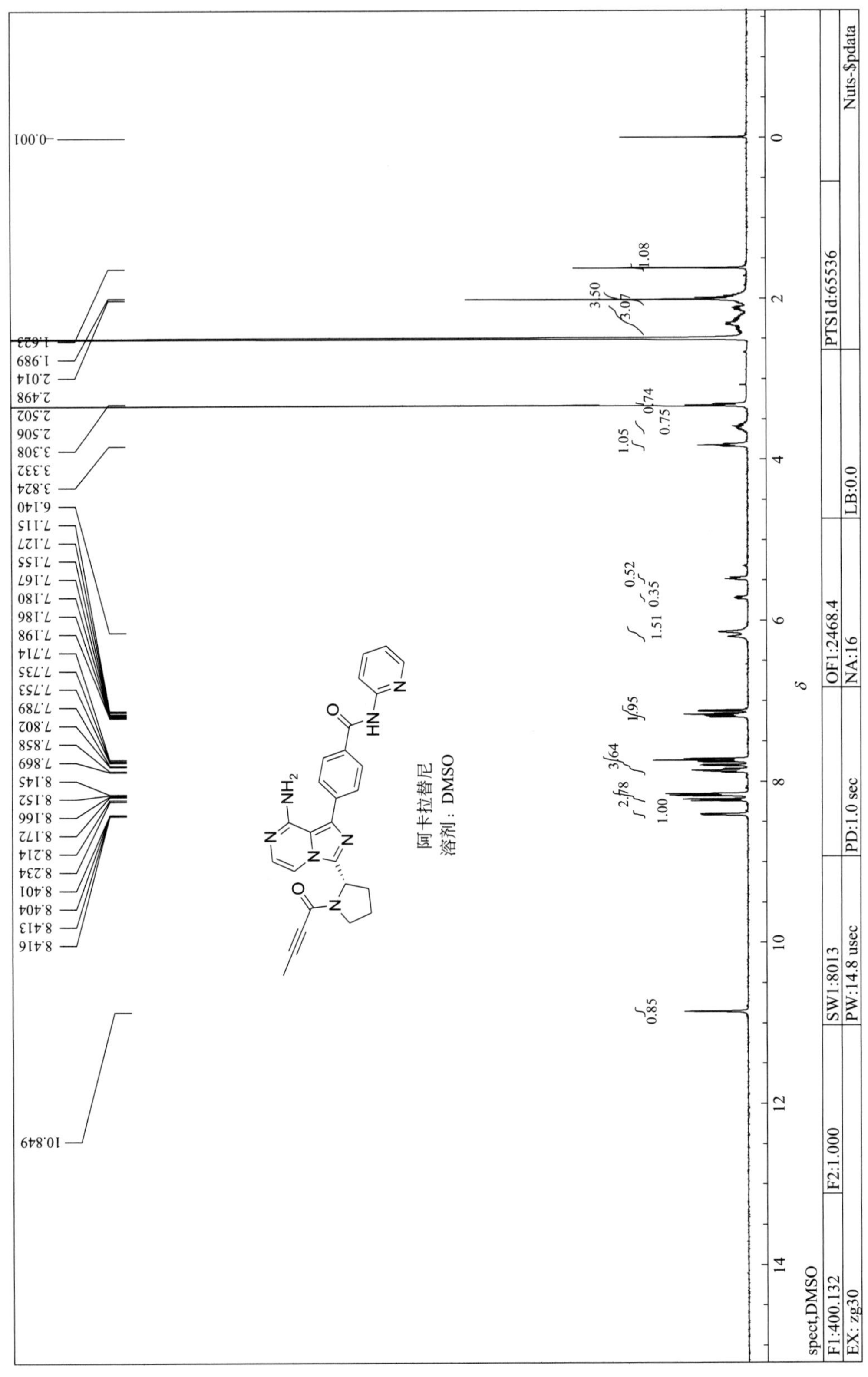
-0.001
1.623
1.989
2.014
2.498
2.502
2.506
3.308
3.332
3.824
6.140
7.115
7.127
7.155
7.167
7.180
7.186
7.198
7.714
7.735
7.753
7.789
7.802
7.858
7.869
8.145
8.152
8.166
8.172
8.214
8.234
8.401
8.404
8.413
8.416
10.849
阿卡拉替尼
溶剂：DMSO
δ
spect,DMSO
F1:400.132
F2:1.000
SW1:8013
OF1:2468.4
PTS1d:65536
Nuts-$pdata
EX: zg30
PW:14.8 usec
PD:1.0 sec
NA:16
LB:0.0

参考文献

[1] Sharman JP, Egyed M, Jurczak W,et al.Acalabrutinib with or without obinutuzumab versus chlorambucil and obinutuzmab for treatment-naive chronic lymphocytic leukaemia (ELEVATE TN): a randomised, controlled, phase 3 trial. Lancet,2020, 395(10232):1278-1291.

[2] Davids M S. Acalabrutinib for the initial treatment of chronic lymphocytic leukaemia. Lancet,2020, 395(10232):1234-1236.

afamelanotide acetate（醋酸阿非美肽）

药物基本信息

英文通用名	afamelanotide acetate
英文别名	CUV1647; CUV 1647; CUV-1647; MBJ 05; MBJ-05; MBJ05;melanotan I; melanotan-1; MT-1 (Nlefmsh); ndp-msh
中文通用名	醋酸阿非美肽
商品名	Scenesse
CAS登记号	75921-69-6（游离碱），1566590-77-9（醋酸盐）
FDA 批准日期	10/8/2019
FDA 批准的API	afamelanotide acetate
化学名	(4*S*,7*S*,10*R*,13*S*,16*S*,22*S*)-7-((1*H*-imidazol-4-yl)methyl)-16-((1*H*-indol-3-yl)methyl)-26-amino-22-((*S*)-2-(((*S*)-1-amino-3-methyl-1-oxobutan-2-yl)carbamoyl)pyrrolidine-1-carbonyl)-10-benzyl-4-((2*S*,5*S*,8*S*,11*S*)-2-butyl-8-(4-hydroxybenzyl)-5,11-bis(hydroxymethyl)-4,7,10,13-tetraoxo-3,6,9,12-tetraazatetradecanamido)-13-(3-guanidinopropyl)-5,8,11,14,17,20-hexaoxo-6,9,12,15,18,21-hexaazahexacosanoic acid compound with acetic acid (1:3)
SMILES代码	O=C(O)CC[C@H](NC([C@H](CCCC)NC([C@H](CO)NC([C@H](CC1=CC=C(O)C=C1)NC([C@H](CO)NC(C)=O)=O)=O)=O)=O)C(N[C@@H](CC2=CNC=N2)C(N[C@H](CC3=CC=CC=C3)C(N[C@@H](CCCNC(N)=N)C(N[C@@H](CC4=CNC5=C4C=CC=C5)C(NCC(N[C@H](C(N6[C@H](C(N[C@@H](C(C)C)C(N)=O)=O)CCC6)=O)CCCCN)=O)=O)=O)=O)=O)=O.CC(O)=O.CC(O)=O.CC(O)=O

化学结构和理论分析

化学结构	理论分析值
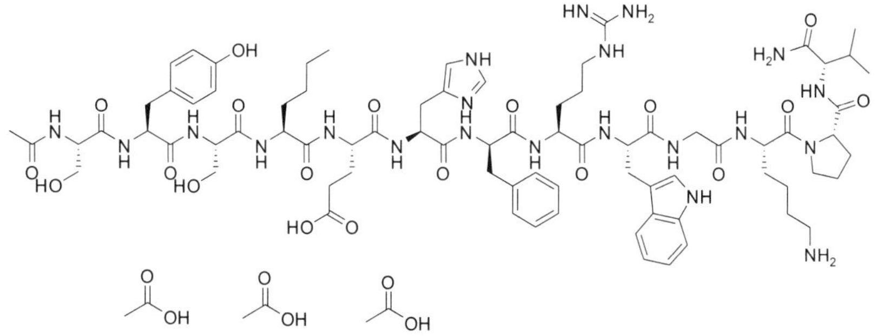	化学式：$C_{84}H_{123}N_{21}O_{25}$ 精确分子量：N/A 分子量：1827.03 元素分析：C, 55.22; H, 6.79; N, 16.10; O, 21.89

药品说明书参考网页

生产厂家产品说明书、美国药品网、美国处方药网页。

药物简介

Afamelanotide 可用于治疗因为红细胞生成性原卟啉病（erythropoietic protoporphyria）而出现皮肤损伤的成年患者，降低他们暴露在阳光下时可能出现的皮肤疼痛和损伤。

Afamelanotide 是一种黑皮质素 -1 受体激动剂。在化学结构上，它是一种合成多肽，属于 α-黑色素细胞刺激激素（α-MSH）的类似物。α-MSH 是人体中天然产生的多肽类激素，它在紫外线的刺激下由皮肤细胞释放。

SCENESSE（afamelanotide）是一种植入型药剂，属于皮下给药的控释剂型。活性成分乙酸阿美那酯是一种合成肽，包含 13 个氨基酸，分子式为 $C_{78}H_{111}N_{21}O_{19}{\cdot}xC_2H_4O_2$（$3 \leqslant x \leqslant 4$）。Afamelanotide 的分子量为 1646.85（无水游离碱）。Afamelanotide acetate 具有以下结构：Ac-Ser-Tyr-Ser-Nle-Glu-His-(D)Phe-Arg-Trp-Gly-Lys-Pro-Val-NH_2 · $x CH_3COOH$。

Afamelanotide 是一种白色至类白色粉末，易溶于水。 每个 SCENESSE 植入物均包含 16mg 的 afamelanotide（相当于 18mg 的 afamelanotide 醋酸盐）和 15.3 ～ 19.5mg 的聚（DL- 丙交酯 - 乙交酯）共聚物。 SCENESSE 植入物是一根长约 1.7cm、直径约 1.45mm 的纯白色至灰白色、可生物吸收的无菌棒。 植入物核心由与聚（DL- 丙交酯 - 乙交酯）共聚可生物吸收共聚物混合的药物物质组成。

药品上市申报信息

该药物目前有 1 种产品上市。

药品注册申请号：210797
申请类型：NDA（新药申请）
申请人：CLINUVEL INC

产品信息

产品号	商品名	活性成分	剂型 / 给药途径	规格 / 剂量	参比药物 (RLD)	生物等效参考标准 (RS)	治疗等效代码
001	SCENESSE	afamelanotide acetate	植入剂 / 皮下	等量 16mg 游离碱	否		否

合成路线

Afamelanotide 是一种多肽药物，可以按标准的多肽合成方法合成。这里就不做介绍了。

参考文献

[1] Wensink D, Wagenmakers M A E M, Barman-Aksözen J,et al.Association of afamelanotide with improved outcomes in patients with prythropoietic protoporphyria in clinical practice. JAMA Dermatol,2020, 156(5):1-6.

[2] Toh J J H, Chuah S Y, Jhingan A,et al. Afamelanotide implants and narrow-band ultraviolet B phototherapy for the treatment of nonsegmental vitiligo in Asians. J Am Acad Dermatol,2020, 82(6):1517-1519.

alectinib hydrochloride（盐酸艾乐替尼）

药物基本信息

英文通用名	alectinib hydrochloride
英文别名	AF-802; AF 802; AF802
中文通用名	盐酸艾乐替尼
商品名	Alecensa
CAS登记号	1256580-46-7 (游离碱)，1256589-74-8（盐酸盐）
FDA 批准日期	12/11/2015
FDA 批准的API	alectinib hydrochloride
化学名	9-ethyl-6,6-dimethyl-8-(4-morpholinopiperidin-1-yl)-11-oxo-6,11-dihydro-5*H*-benzo[b]carbazole-3-carbonitrile hydrochloride
SMILES代码	N#CC1=CC2=C(C=C1)C3=C(C(C)(C)C4=CC(N5CCC(N6CCOCC6)CC5)=C(CC)C=C4C3=O)N2.[H]Cl

化学结构和理论分析

化学结构	理论分析值
O, N, N, H, N, O, N, H—Cl	化学式：$C_{30}H_{35}ClN_4O_2$ 精确分子量：N/A 分子量：519.0860 元素分析：C, 69.42; H, 6.80; Cl, 6.83; N, 10.79; O, 6.16

药品说明书参考网页

生产厂家产品说明书、美国药品网、美国处方药网页。

药物简介

艾乐替尼也叫阿来替尼，可用于克唑替尼耐药或者副作用不耐受的 ALK 融合的肺癌患者，艾乐替尼则更适合用于 ALK 融合基因的患者。Alectinib 是一种酪氨酸激酶抑制剂，靶向作用于 ALK 和 RET。艾乐替尼能够抑制 ALK 磷酸化和 ALK 介导的下游信号蛋白 STAT3 和 AKT 的激活，并且抑制 ALK 融合、扩增等，降低肿瘤细胞的活力，最终促进肿瘤细胞的凋亡。

Alectinib hydrochloride 是一种白色至黄白色粉末或块状粉末，pK_a 为 7.05。

ALECENSA 是一种硬胶囊的制剂，其中包含 150mg alectinib（相当于 161.33mg alectinib hydrochloride）和以下非活性成分：乳糖一水合物，羟丙基纤维素，月桂基硫酸钠，硬脂酸镁和羧甲基纤维素钙。胶囊壳含有羟丙甲纤维素、角叉菜胶、氯化钾、二氧化钛、玉米淀粉和巴西棕榈蜡。印刷油墨包含红色氧化铁（E172）、黄色氧化铁（E172）、FD & C 蓝色 2 号铝色淀（E132）、巴西棕榈蜡、白色紫胶和单油酸甘油酯。

药品上市申报信息

该药物目前有 1 种产品上市。

药品注册申请号：208434
申请类型：NDA（新药申请）
申请人：HOFFMANN-LA ROCHE
申请人全名：HOFFMANN-LA ROCHE INC

产品信息

产品号	商品名	活性成分	剂型 / 给药途径	规格 / 剂量	参比药物 (RLD)	生物等效参考标准 (RS)	治疗等效代码
001	ALECENSA	alectinib hydrochloride	胶囊 / 口服	等量 150mg 游离碱	是	是	否

与本品相关的专利信息（来自 FDA 橙皮书 Orange Book）

关联产品号	专利号	专利过期日	是否物质专利	是否产品专利	专利用途代码	撤销请求	提交日期
001	9126931	2031/05/29	是				2015/12/22
	9365514	2032/03/04		是			2016/07/11
	9440922	2030/06/09		是			2016/10/12

与本品相关的市场独占权保护信息

关联产品号	独占权代码	失效日期	备注
001	NCE	2020/12/11	
	ODE-105	2022/12/11	
	ODE-159	2024/11/06	
	I-756	2020/11/06	

合成路线 1

以下合成路线来源于 Suzhou Miracpharma Technology 公司 Xu 等人 2014 年发表的专利申请书。其特点是化合物 **7** 在三氟化硼的催化作用下亲电取代化合物 **3** 的 *α*- 位得到相应的化合物 **8**，后者经水解、分子内环合后得到目标化合物。

1 CAS号 15861-36-6 + **2** CAS号 76-02-8 —(C_5H_5N, EtOH, 二噁烷)→ **3** CAS号 1357147-35-3

4 CAS号 90841-42-2 + **5** CAS号 53617-35-9 —(*t*-BuOK, DMSO)→ **6**

MeMgCl, THF; BF_3-Et_2O

6 CAS号 1675897-35-4

7 CAS号 1675897-39-8

3 CAS号 1357147-35-3

F_3CCH_2OH, Me_3SiCl

8 CAS号 1675897-22-9

9 CAS号 1256584-78-7

HN(Pr-*i*)2, Ac_2O, $AcNMe_2$

10 alectinib CAS号 1256580-46-7

原始文献： CN 104402862,2014.

合成路线 2

以下合成路线来源于 Hunan Ouya Biological 公司 Liu 等人 2016 年发表的专利申请书。其特点是先通过相应的硼化合物 **3** 与乙基溴偶联后得到相应的化合物 **4**，经双甲基化后得到化合物 **6**。后者经溴代反应后与化合物 **8** 发生亲核取代反应得到相应的化合物 **9**，再与化合物 **10** 反应得到相应的目标化合物。

1 CAS号 4133-35-1

2 CAS号 73183-34-3

BuLi, DMF

3 CAS号 1863150-11-1

K_2CO_3, $Pd(PPh_3)_4$, EtBr

4 CAS号 37436-25-2

6 ← NaOMe — H_3C-I

5 CAS号 74-88-4

NBS　NaOMe

6
CAS号 1975176-20-5

7
CAS号 1975176-21-6

8
CAS号 398137-19-4

9
CAS号 1975176-22-7

9
CAS号 1975176-22-7

10
CAS号 17672-26-3

TFA

11
CAS号 1975176-23-8

DDQ

12
alectinib
CAS号 1256580-46-7

原始文献： CN 105777710,2016.

合成路线 3

以下合成路线来源于 Beijing Wanquan Dezhong Pharmaceutical Biotechnology 公司 Chen 等人 2016 年发表的专利申请书。其特点是化合物 **1** 通过与化合物 **2** 发生亲核取代反应得到相应的化合物 **3**，化合物 **3** 经水解分子内环合后得到相应的化合物 **4**，化合物 **4** 通过两步反应后得到相应的化合物 **8**，再与化合物 **9** 经亲核取代反应得到目标化合物 **10**。

BF_3-Et_2O　1. NaOH　2. DBU, DMF

1
CAS号 1357147-35-3

2
CAS号 2091959-92-9

3
CAS号 2091959-93-0

DCM

4
CAS号 2091959-94-1

5
CAS号 407-25-0

THF

6

7
CAS号 616-38-6

8

NaH, THF

9
CAS号 53617-35-9

10
alectinib
CAS号 1256580-46-7

原始文献： CN 106518842,2016.

合成路线 4

以下合成路线来源于 Hunan Boaode Biopharmaceutical Technology Development 公司 Chen 等人 2010 年发表的专利说明书。其特点是：化合物 **1** 同化合物 **2** 反应得到相应的三氟甲磺酸酯化合物 **3**，化合物 **3** 与化合物 **4** 经亲核取代反应得到相应的化合物 **5**，再经三步合成反应得到相应的化合物 **12**。化合物 **12** 经分子内环合反应得到相应的化合物 **13**，转化为相应的硼酸化合物 **15** 后，与乙基溴偶联反应得到目标化合物。

1
CAS号 1261851-84-6

2
CAS号 358-23-6

$:C_5H_5N$

3
CAS号 2129606-48-8

4
CAS号 53617-35-9

NaOMe
DMF

5
CAS号 2129606-49-9

NaOMe
MeOH

H_3C-I

6
CAS号 74-88-4

7
CAS号 2129606-50-2

7 —NaOH→ 8 CAS号 2129606-51-3

9 CAS号 40052-13-9

—$MgCl_2$, C_5H_5N, $EtN{=}C{=}N(CH_2)_3NMe_2HCl$→ 10 CAS号 2129606-52-4

11 CAS号 17672-26-3

—AcOH→ 12 CAS号 2129606-53-5 —TFA→ 13

13 CAS号 1256579-62-0

14 CAS号 73183-34-3

—BuLi, THF→ 15 CAS号 2129606-54-6 + 16 CAS号 74-96-4

—K_2CO_3, $Pd(PPh_3)_4$→ 17 alectinib CAS号 1256580-46-7

原始文献：CN 106995433,2010.

合成路线 5

以下合成路线来源于 Hunan Boaode Biopharmaceutical Technology Development 公司 Ning 等人 2017 年的专利申请书。其特点是化合物 **1** 的酯基经部分还原后得到相应的醛化合物 **2**，经过 2 步反应后转化为化合物 **6**。后者经分子内环合得到化合物 **7**。三氟乙酸作用下，化合物 **7** 脱去叔丁基保护基后得到化合物 **8**，再在三氟乙酸酐的作用下发生分子内缩合成环反应，得到相应的化合物 **9**。在丁基锂作用下，化合物 **9** 与硼试剂反应，得到相应的硼酸化合物 **10**。在钯催化剂作用下，化合物 **10** 与乙基溴发生偶联反应，得到目标化合物 **12**。

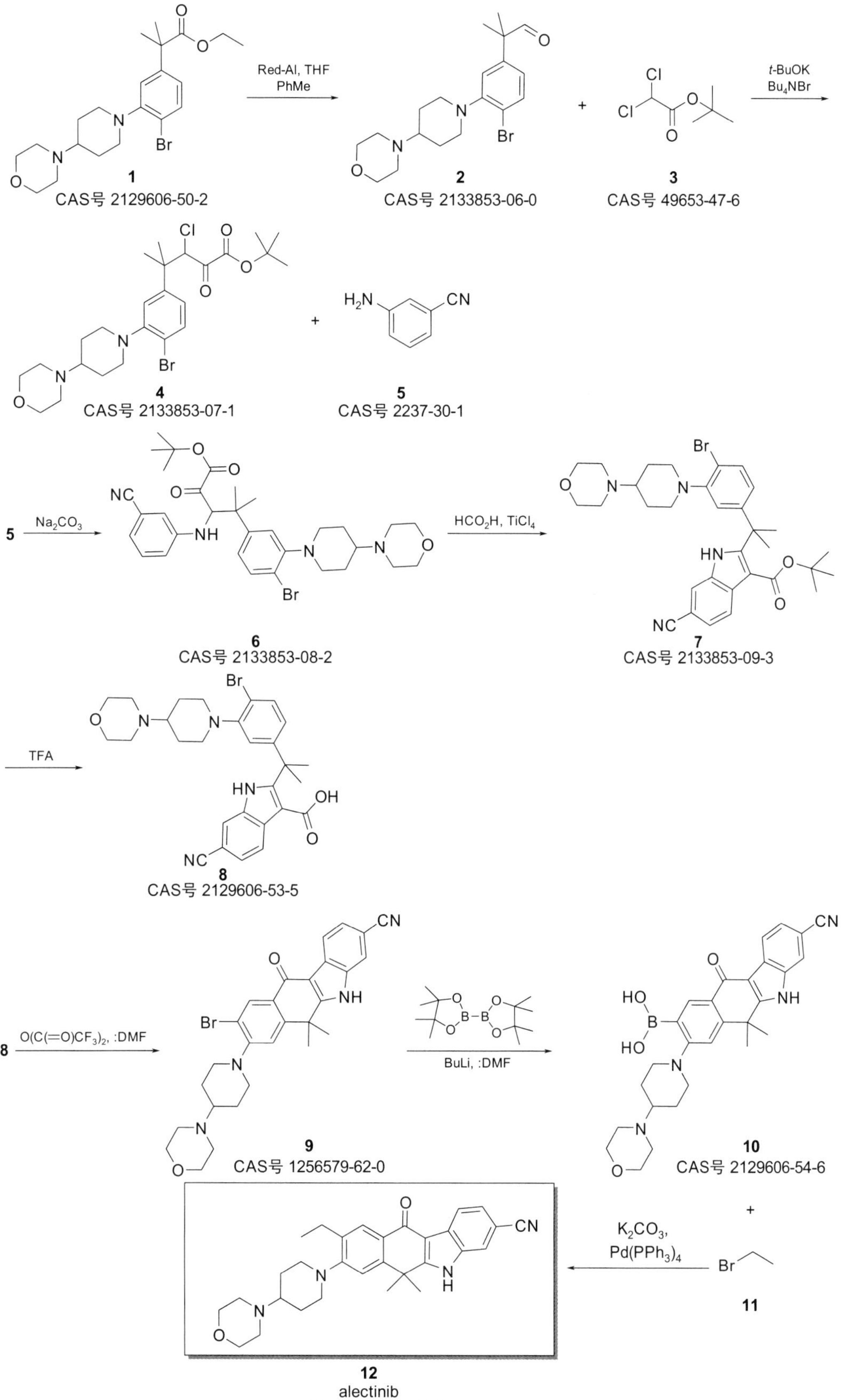

Red-Al, THF
PhMe
1
CAS号 2129606-50-2
2
CAS号 2133853-06-0
3
CAS号 49653-47-6
t-BuOK
Bu4NBr
4
CAS号 2133853-07-1
5
CAS号 2237-30-1
Na2CO3
6
CAS号 2133853-08-2
HCO2H, TiCl4
7
CAS号 2133853-09-3
TFA
8
CAS号 2129606-53-5
O(C(=O)CF3)2, :DMF
9
CAS号 1256579-62-0
BuLi, :DMF
10
CAS号 2129606-54-6
K2CO3,
Pd(PPh3)4
11
12
alectinib
CAS号 1256580-46-7

原始文献： CN 107033125,2017.

合成路线 6

以下合成路线来源于 Hunan Boaode Biopharmaceutical Technology Development 公司 Lin 等人 2017 年发表的专利申请书。其特点是以化合物 **1** 为起始原料，合成得到相应的化合物三氟甲磺酸酯。 后者与碘甲烷发生亲核取代反应后，再与化合物 **7** 经亲核取代反应得到相应的化合物 **8**。中间体化合物 **9** 与化合物 **8** 在乙酸作用下发生成环反应，得到相应的化合物 **10**，后者在 DDQ 催化下被氧化得到相应的酮类化合物 **11**。在丁基锂作用下，化合物 **11** 与硼试剂反应得到相应的硼酸化合物 **12**，再在钯试剂作用下，与乙基溴发生偶联反应，得到目标化合物 **13**。

HBr, H_2O ; EtN(Pr-*i*)$_2$

1 CAS号 1336948-57-2　**2** CAS号 1447435-02-0　**3** CAS号 358-23-6

NaOEt, EtOH → **6**

4 CAS号 2135773-88-3　**5** $H_3C—I$

NaOEt, PhMe ; AcOH

6 CAS号 2135773-89-4　**7** CAS号 53617-35-9　**8** CAS号 2135773-90-7　**9** CAS号 17672-26-3

DDQ → **11**

10 CAS号 2135773-91-8

1. BuLi, THF
2. $(MeO)_3B$

Na_2CO_3
$Pd(dppf)Cl_2$
EBr

11
CAS号 1256579-62-0

12
CAS号 2129606-54-6

13
alectinib
CAS号 1256580-46-7

原始文献： CN 107129488,2017.

合成路线 7

以下合成路线来源于 Dong 等人 2017 年发表的专利申请书。其特点是：以化合物 **1** 为起始原料，经 5 步合成得到化合物 **7**，再在三氯化铝的催化下发生烷基化反应得到相应的化合物 **9**。化合物 **9** 脱去甲氧基上的甲基，再将硝基还原成氨基后，转化为相应的叠氮化合物与 CuCN 反应得到相应的氰基化合物 **12**。后者与化合物 **13** 反应后得到目标化合物 **14**。

$POCl_3$, $O(SO_2CF_3)_2$

H_2SO_4, $Na_2Cr_2O_7$

NH_3, $NaNH_2$

1
CAS号 1262108-69-9

2
CAS号 2226283-95-8

3
CAS号 2226283-96-9

4 + **5** —NaOH→ **6**

4
CAS号 2226283-97-0

5
CAS号 585-79-5

$(PhCO_2)_2$, NMP

$AlCl_3$, HF

6
CAS号 2226283-98-1

7
CAS号 1380611-84-6

8
CAS号 75-00-3

HI, EtOH → **10**

9
CAS号 2226283-99-2

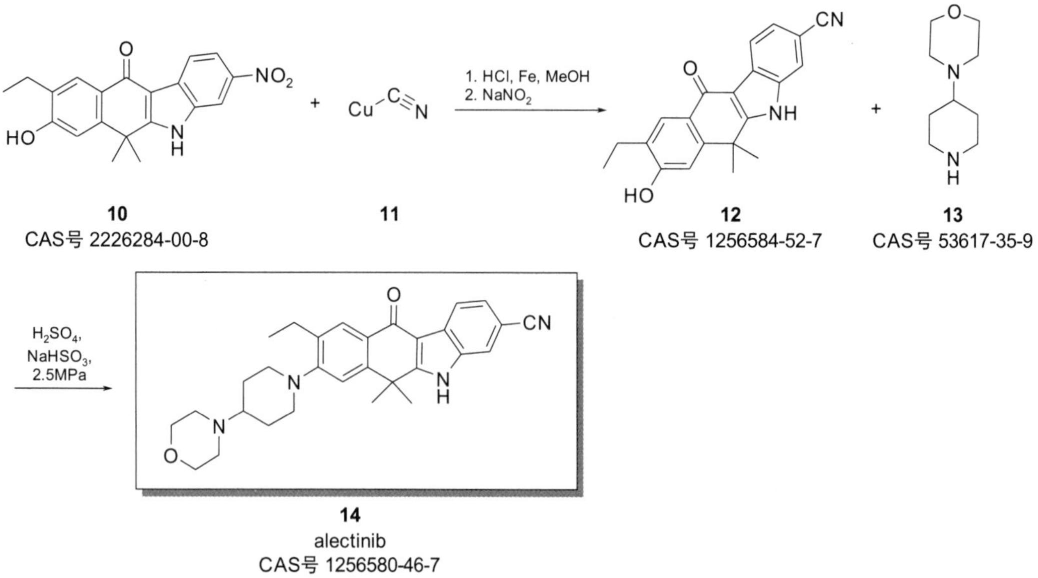

1. HCl, Fe, MeOH
2. $NaNO_2$

10
CAS号 2226284-00-8

11

12
CAS号 1256584-52-7

13
CAS号 53617-35-9

H_2SO_4,
$NaHSO_3$,
2.5MPa

14
alectinib
CAS号 1256580-46-7

原始文献： CN 107987056,2017.

合成路线 8

以下合成路线来源于 Chugai Seiyaku Kabushiki Kaisha 公司 Furumoto 等人 2012 年发表的专利申请书。其特点是：以化合物 **1** 为原料，经 2 步反应后得到相应的化合物 **4**，后者与化合物 **5** 在酸性条件下环合反应得到相应的化合物 **6**，氧化后得到相应的化合物 **7**。 化合物 **7** 的甲氧基脱去甲基后与化合物 **9** 反应得到相应的三氟甲磺酸酯化合物 **10**。后者与化合物 **11** 经亲核反应后得到相应的化合物 **12**，再与乙炔偶联后得到相应的化合物 **14**，催化氢化后得到目标化合物 **15**。

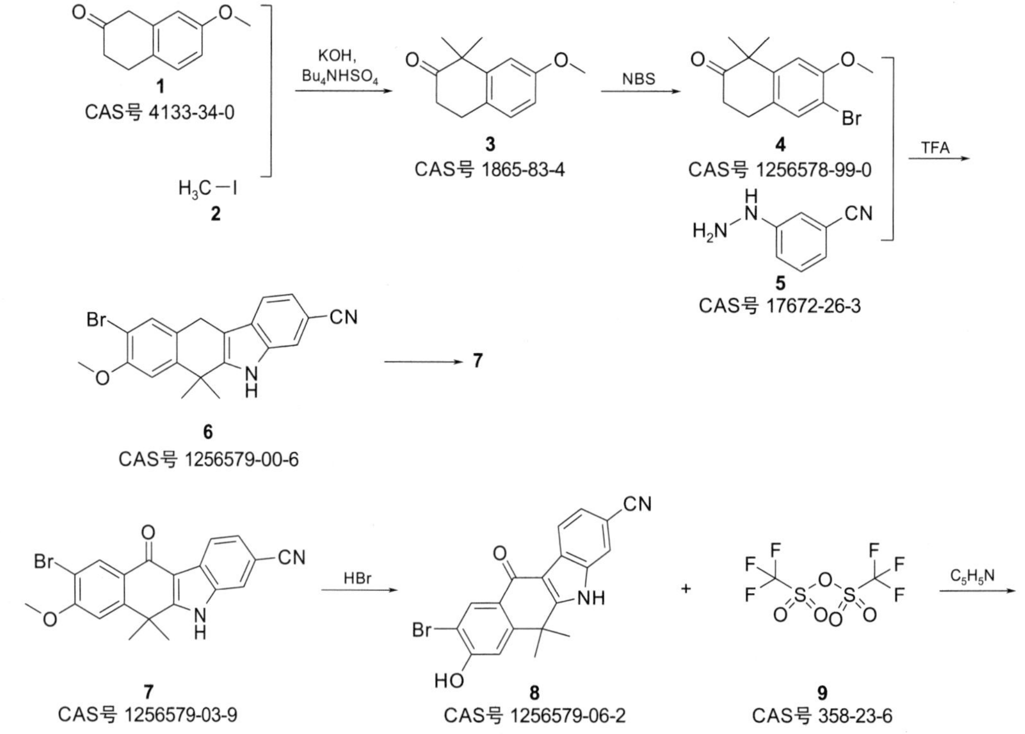

1
CAS号 4133-34-0

H_3C-I
2

KOH,
Bu_4NHSO_4

3
CAS号 1865-83-4

NBS

4
CAS号 1256578-99-0

5
CAS号 17672-26-3

TFA

6
CAS号 1256579-00-6

→ **7**

HBr

7
CAS号 1256579-03-9

8
CAS号 1256579-06-2

9
CAS号 358-23-6

C_5H_5N

10
CAS号 1256579-48-2

11
CAS号 53617-35-9

11 —NMP→ 12 CAS号 1256579-62-0 + 13 —Cs_2CO_3, XPhos, $PdCl_2(CH_3CN)$→ 14 CAS号 1256580-24-1 —H_2, Pd→

15
alectinib
CAS号 1256580-46-7

原始文献： WO 2012023597,2012.

合成路线 9

以下合成路线来源于 Suzhou Miracpharma Technology 公司 Xu 等人 2016 年发表的专利申请书。其特点是化合物 **4** 与化合物 **9** 在三氟化硼的催化下发生亲电取代反应得到相应的化合物 **10**。后者水解后，得到相应的羧基化合物，再发生分子内环合反应，最后得到目标化合物 **12**。

1 CAS号 15861-36-6
2 CAS号 76-02-8
3
—1. C_5H_5N 2. KOH, EtOH→
4 CAS号 1357147-35-3

5 CAS号 90841-42-2
6 CAS号 53617-35-9
—*t*-BuOK→

7 CAS号 1675897-35-4 + 8 → 9 CAS号 1675897-39-8

9 + 4 $\xrightarrow{BF_3}$ 10 $\xrightarrow{NaOH}$ 11 $\xrightarrow{EtN(Pr\text{-}i)_2,\ Ac_2O,\ AcNMe_2}$ 12

4
CAS号 1357147-35-3

10
CAS号 1675897-22-9

11
CAS号 1256584-78-7

12
alectinib
CAS号 1256580-46-7

原始文献： WO 2016074532, 2016.

合成路线 10

以下合成路线来源于Chugai Pharmaceutical公司Kinoshita等人2013年发表的论文。其特点是：化合物**3**的溴原子在钯试剂作用下与化合物**4**偶联得到相应的化合物**5**，再经催化氢化还原后得到目标化合物**6**。

1 + 2 $\xrightarrow{NMP}$ 3

1
CAS号 1256579-48-2

2
CAS号 53617-35-9

3
CAS号 1256579-62-0

4
CAS号 89343-06-6

3
CAS号 1256579-62-0

1. Cs_2CO_3, XPhos $PdCl_2(CH_3CN)_2$
2. Bu_4NF, THF

5
CAS号 1256580-24-1

H_2, Pd MeOH, THF

6
alectinib
CAS号 1256580-46-7

原始文献： Bioorg Med Chem, 2012, 20(3):1271-1280.

盐酸艾乐替尼核磁谱图

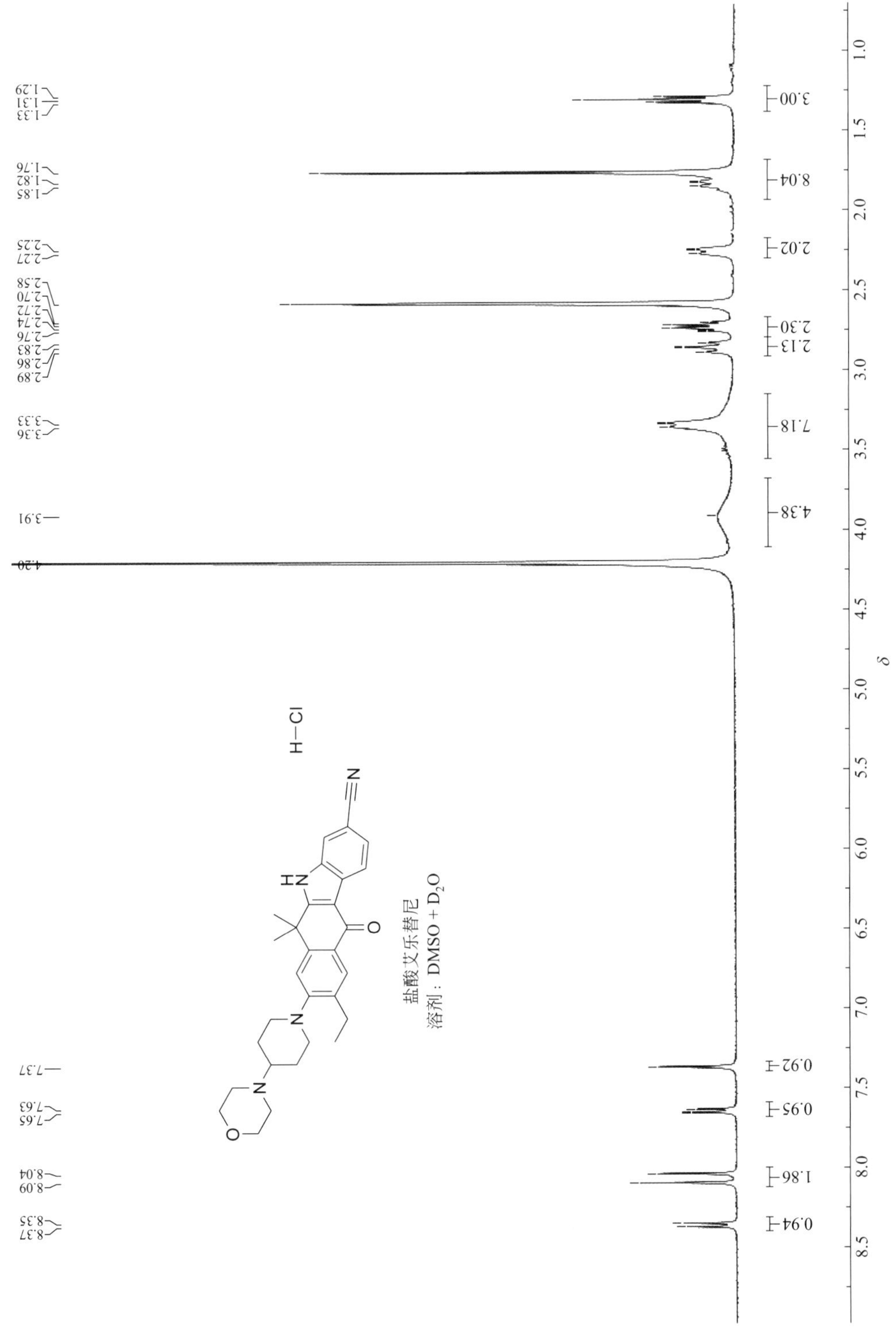

参考文献

[1] Liu M, Zhang L, Huang Q,et al.Cost-effectiveness analysis of ceritinib and alectinib versus crizotinib in the treatment of anaplastic lymphoma kinase-positive advanced non-small cell lung cancer. Cancer Manag Res,2019, 11:9195-9202.

[2] Noé J, Lovejoy A, Ignatius Ou S H, et al. ALK mutation status before and after alectinib treatment in locally advanced or metastatic ALK-positive NSCLC: pooled analysis of two pospective trials. J Thorac Oncol,2020,15(4):601-608.

alpelisib（阿博利布）

药物基本信息

英文通用名	alpelisib
英文别名	BYL-719; BYL 719; BYL719
中文通用名	阿博利布
商品名	Piqray
CAS登记号	1217486-61-7
FDA 批准日期	5/24/2019
FDA 批准的API	alpelisib（游离态）
化学名	(*S*)-N1-(4-methyl-5-(2-(1,1,1-trifluoro-2-methylpropan-2-yl)pyridin-4-yl)thiazol-2-yl)pyrrolidine-1,2-dicarboxamide
SMILES代码	O=C(N1[C@H](C(N)=O)CCC1)NC2=NC(C)=C(C3=CC(C(C)(C)C(F)(F)F)=NC=C3)S2

化学结构和理论分析

化学结构	理论分析值
	化学式：$C_{19}H_{22}F_3N_5O_2S$ 精确分子量：441.1446 分子量：441.4732 元素分析：C, 51.69; H, 5.02; F, 12.91; N, 15.86; O, 7.25; S, 7.26

药品说明书参考网页

生产厂家产品说明书、美国药品网、美国处方药网页。

药物简介

Alpelisib 与氟维司群（fulvestrant）联合使用，用于治疗激素受体（HR）阳性、人表皮生长因子受体 2（HER2）阴性、PIK3C 突变、晚期或转移性乳腺癌的绝经期女性患者。Alpelisib 是一种磷脂酰肌醇 3- 激酶（PI3K）的抑制剂，主要通过一种 PI3Kα 而发挥疗效。

PIQRAY 薄膜包衣片剂用于口服，具有三种强度，分别含有 50mg、150mg 和 200mg alpelisib。片剂还含有羟丙甲纤维素、硬脂酸镁、甘露醇、微晶纤维素和羟乙酸淀粉钠。薄膜包衣包含羟丙甲纤维素、氧化铁黑、氧化铁红、聚乙二醇 / 聚乙二醇（PEG）4000、滑石粉和二氧化钛。

药品上市申报信息

该药物目前有 3 种产品上市。

药品注册申请号：212526
申请类型：NDA（新药申请）
申请人：NOVARTIS
申请人全名：NOVARTIS PHARMACEUTICALS CORP

产品信息

产品号	商品名	活性成分	剂型 / 给药途径	规格 / 剂量	参比药物 (RLD)	生物等效参考标准 (RS)	治疗等效代码
001	PIQRAY	alpelisib	片剂 / 口服	50mg	是	否	否
002	PIQRAY	alpelisib	片剂 / 口服	150mg	是	否	否
003	PIQRAY	alpelisib	片剂 / 口服	200mg	是	是	否

与本品相关的专利信息（来自 FDA 橙皮书 Orange Book）

关联产品号	专利号	专利过期日	是否物质专利	是否产品专利	专利用途代码	撤销请求	提交日期
001	8227462	2030/09/28	是	是	U-2539		2019/06/17
	8476268	2029/09/10	是	是			2019/06/17
002	8227462	2030/09/28	是	是	U-2539		2019/06/17
	8476268	2029/09/10	是	是			2019/06/17
003	8227462	2030/09/28	是	是	U-2539		2019/06/17
	8476268	2029/09/10	是	是			2019/06/17

与本品相关的市场独占权保护信息

关联产品号	独占权代码	失效日期	备注
001	NCE	2024/05/24	
002	NCE	2024/05/24	
003	NCE	2024/05/24	

合成路线 1

以下合成路线来源于 Novartis Institutes for BioMedical Research 公司 Furet 等人 2013 年发表的研究论文。其特点是：化合物 **2** 与化合物 **3** 在锂试剂的作用下环合得到化合物 **4**，后者经过 2 步合成反应后转化为化合物 **6**，再在钯试剂的作用下与化合物 **7** 偶联，得到相应的化合物 **8**。化合物 **8** 经 2 步合成反应后得到相应的化合物 **11**，与化合物 **12** 反应后，得到目标化合物 **13**。

Cl(O=)CC(=O)Cl
$CHCl_3$
100%

1. $(Me_3Si)_2NH$ Li, THF
2. F_3CCO_2H, PhMe
55%

1
CAS号 889940-13-0

2
CAS号 1163707-53-6

3
CAS号 51731-17-0

NH_3, 1h, 65°C
65%

4
CAS号 1357476-64-2

5
CAS号 1357476-66-4

O=PBr_3, $ClCH_2CH_2Cl$,
1h, 85°C
51%

6
CAS号 1357476-67-5

7
CAS号 7336-51-8

Cs_2CO_3, $[(t\text{-Bu})_3PH]BF_4$
$Pd(OAc)_2$,
DMF
88%

8
CAS号 1357476-68-6

HCl, EtOH, 1h, 85°C
95%

9
CAS号 1357476-69-7

CH_2Cl_2
83%

10
CAS号 530-62-1

11
CAS号 1357476-70-0

12
CAS号 7531-52-4

Et_3N, DMF
77%

13
alpelisib
CAS号 1217486-61-7

原始文献： Bioorg Med Chem Lett,2013, 23(13):3741-3748.

合成路线 2

以下合成路线来源于 Novartis 公司 Gallou 等人 2012 年发表的专利申请书。其合成工艺与

Bioorg Med Chem Lett,2013,23(13):3741-3748 发表的工艺基本相似。

1. $(Me_3Si)_2NHLi$, THF, −78℃; 30min,
2. THF, 2h, −78℃
3. NH_4Cl, H_2O

1 CAS号 4652-27-1　**2** CAS号 1163707-53-6　**3** CAS号 1357476-62-0

F_3CCO_2H, 苯, 14h, rt

NH_4OH, H_2O, 1h, 65℃

4 CAS号 1357476-64-2　**5** CAS号 1357476-66-4

1. $O{=}PBr_3$
2. $NaHCO_3$, H_2O

Cs_2CO_3, $[(t\text{-}Bu)_3PH]BF_4$, $Pd(OAc)_2$, DMF

6 CAS号 1357476-67-5　**7** CAS号 7336-51-8

1. HCl, H_2O, EtOH
2. $NaHCO_3$, H_2O

8 CAS号 1357476-68-6

CH_2Cl_2

9 CAS号 1357476-69-7　**10** CAS号 530-62-1　**11** CAS号 1357476-70-0

1. Et_3N, DMF
2. $NaHCO_3$, H_2O

12 alpelisib CAS号 1217486-61-7

原始文献： WO 2012016970,2012.

合成路线 3

以下合成路线来源于 Novartis 公司 Erb 等人 2012 年的专利申请书。其特点是中间体化合物 **10** 的合成是通过化合物 **8** 的甲基在锂试剂作用下与化合物 **9** 的羰基亲核加成 - 消除反应而得到的。化合物 **8** 是以化合物 **1** 和化合物 **2** 为起始原料经过 4 步合成反应而得到的。值得注意的是，化合物 **7** 是一个比较危险的试剂，操作时一定要非常小心。

1
CAS号 59576-26-0

2
CAS号 81290-20-2

AcONa
DMSO

3
CAS号 1396893-42-7

K_2CO_3, MeOH

4
CAS号 1396893-43-8

5
CAS号 124-63-0

NaH, THF

6
CAS号 1396893-44-9

7
CAS号 75-24-1

$Me(CH_2)_4Me$,
环己烷

8
CAS号 1378865-93-0

8

9
CAS号 78191-00-1

$LiN(Pr\text{-}i)_2$
THF

10
CAS号 1396893-39-2

11
CAS号 62-56-6

1. EtOH, PhMe
2. *N*-溴代丁二酰亚胺

12
CAS号 1396893-40-5

13

CDI
C_5H_5N, THF

14
alpelisib
CAS号 1217486-61-7

原始文献： WO 2012117071,2012.

参考文献

[1] Giuliano M, Schettini F, Rognoni C,et al.Endocrine treatment versus chemotherapy in postmenopausal women with hormone receptor-positive, HER2-negative, metastatic breast cancer: a systematic review and network meta-analysis. Lancet Oncol,2019, 20(10):1360-1369.

[2] Choy M. Pharmaceutical Approval Update. P T,2019, 44(9):527-529.

阿博利布核磁谱图

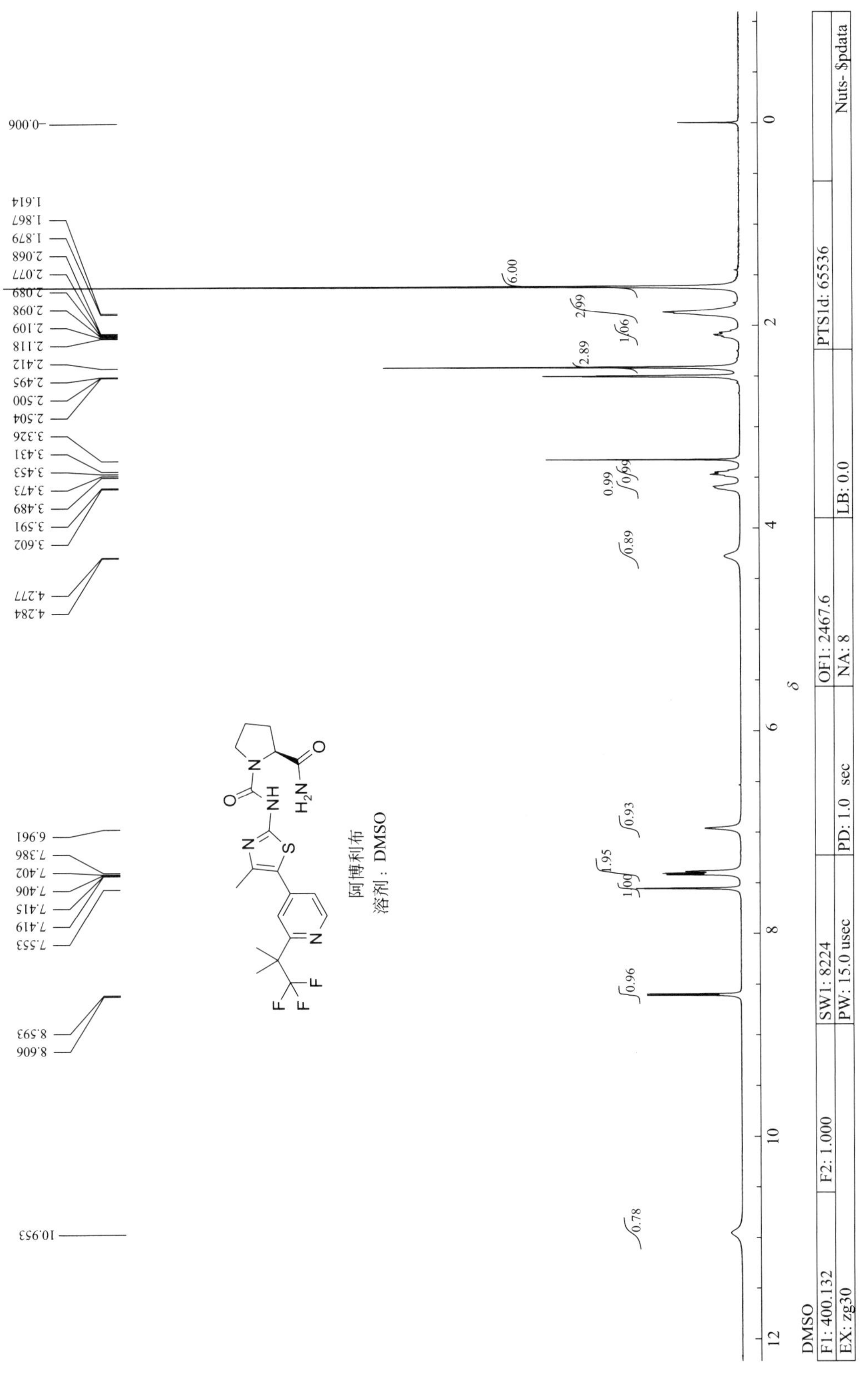

阿博利布
溶剂：DMSO
DMSO
F1: 400.132
F2: 1.000
SW1: 8224
OF1: 2467.6
PTS1d: 65536
Nuts- $pdata
EX: zg30
PW: 15.0 usec
PD: 1.0 sec
NA: 8
LB: 0.0
δ

amifampridine（阿米吡啶）

药物基本信息

英文通用名:	amifampridine
英文别名	NSC 521760; NSC-521760; NSC521760; SC10; SC 10; SC-10
中文通用名	阿米吡啶
商品名	Firdapse
CAS登记号	54-96-6（游离碱），446254-47-3（磷酸盐）
FDA 批准日期	11/28/2018
FDA 批准的API	amifampridine phospate
化学名	3,4-pyridinediamine
SMILES代码	NC1=C(N)C=CN=C1

化学结构和理论分析

化学结构	理论分析值
N, NH_2, NH_2	化学式：$C_5H_7N_3$ 精确分子量：109.0640 分子量：109.1320 元素分析：C, 55.03; H, 6.47; N, 38.50

药品说明书参考网页

生产厂家产品说明书、美国药品网、美国处方药网页。

药物简介

Amifampridine 主要用于治疗许多罕见的肌肉疾病，包括先天性肌无力综合征和兰伯特 - 伊顿肌无力综合征（Lambert-Eaton，LEMS）。

药品上市申报信息

该药物目前有 1 种产品上市。

药品注册申请号: 208078
申请类型: NDA（新药申请）
申请人: CATALYST PHARMS
申请人全名: CATALYST PHARMACEUTICALS INC

产品信息

产品号	商品名	活性成分	剂型 / 给药途径	规格 / 剂量	参比药物 (RLD)	生物等效参考标准 (RS)	治疗等效代码
001	FIRDAPSE	amifampridine phosphate	片剂 / 口服	等量 10mg 游离碱	是	是	否

与本品相关的市场独占权保护信息

关联产品号	独占权代码	失效日期	备注
001	NCE	2023/11/28	
	ODE-223	2025/11/28	

合成路线 1

以下合成路线来源于 Norwegian University of Science and Technology 的 Bakke 等人在 1999 年发表的论文。主要有 3 步合成反应，合成的收率比较高。

N_2O_5, $MeNO_2$ 72%；HCl, H_2O 96%；H_2, Pd, MeOH 98%

1 CAS号 5221-42-1

2 CAS号 79371-42-9

3 CAS号 1681-37-4

4 amifampridine CAS号 54-96-6

原始文献： J Heterocycl Chem,1999,36(15):1143-1145.

合成路线 2

以下合成路线来源于 Campbell 等人 1986 年发表的论文，其特点是：关键中间体化合物 **5** 是通过化合物 **1** 经过 3 步合成而得到的。

$H_2SO_4 \cdot SO_3$, HNO_3, N_2, $ClCH_2CH_2Cl$ 70%；1. PCl5, $ClCH_2CH_2Cl$ 2. EtOH 87%；HCl, EtOH 94%；H_2, Pd, EtOH 74%

1 CAS号 626-64-2

2 CAS号 5435-54-1

3 CAS号 94602-04-7

4 CAS号 100-46-9

5 CAS号 100306-70-5

6 amifampridine CAS号 54-96-6

原始文献： J Heterocycl Chem,1986, 23(3):660-672.

合成路线 3

以下合成路线来源于 Lei 等人 2013 年发表的论文。其特点是：关键中间体化合物 **3** 通过化合物 **1** 经 2 步反应而得到。

KNO_3, H_2SO_4 80%　$POCl_3$ NH_3, EtOH　Pd-C, H_2 80%

1 CAS号 626-64-2　2 CAS号 5435-54-1　3 CAS号 1681-37-4　4 amifampridine CAS号 54-96-6

原始文献： Adv Mater Res,2013, 781:567-570.

合成路线 4

以下合成路线来源于 Amgen 公司 Frohn 等人 2008 年发表的论文。其特点是化合物 **1** 与氨发生亲核取代，得到相应的 4- 氨基 -3- 硝基吡啶中间体化合物 **2**，后者经氢化还原后得到目标化合物 **3**。

NH_3, $MeOCH_2CH_2OH$ 99%　H_2, Pd, MeOH 99%

1 CAS号 13091-23-1　2 CAS号 1681-37-4　3 amifampridine CAS号 54-96-6

原始文献： Bioorg Med Chem Lett,2008, 18(18):5023-5026.

参考文献

[1] Mantegazza R. Amifampridine tablets for the treatment of Lambert-Eaton myasthenic syndrome. Expert Rev Clin Pharmacol, 2019,12(11):1013-1018.

[2] Oh S J. Amifampridine for the treatment of Lambert-Eaton myasthenic syndrome. Expert Rev Clin Immunol,2019, 15(10):991-1007.

angiotensin Ⅱ acetate（醋酸血管紧张素Ⅱ）

药物基本信息

英文通用名	angiotensin Ⅱ
英文别名	5-isoleucine-angiotensin Ⅱ; human angiotensin Ⅱ; isoleucine5-angiotensin Ⅱ
中文通用名	醋酸血管紧张素Ⅱ
商品名	Giapreza
CAS登记号	4474-91-3 (游离碱)，68521-88-0（醋酸盐）
FDA 批准日期	12/21/2017
FDA批准的API	angiotensin Ⅱ acetate
化学名	(2*S*,5*S*,8*S*,11*S*,14*S*,17*S*)-2-((1*H*-imidazol-5-yl)methyl)-17-amino-5-((*S*)-sec-butyl)-1-((*S*)-2-(((*S*)-1-carboxy-2-phenylethyl)carbamoyl)pyrrolidin-1-yl)-14-(3-guanidinopropyl)-8-(4-hydroxybenzyl)-11-isopropyl-1,4,7,10,13,16-hexaoxo-3,6,9,12,15-pentaazanonadecan-19-oic acid compound with acetic acid (1:1)

续表

SMILES代码	O=C(O)C[C@H](N)C(N[C@@H](CCCNC(N)=N)C(N[C@@H](C(C)C)C(N[C@@H](CC1=CC=C(O)C=C1)C(N[C@@H]([C@@H](C)CC)C(N[C@@H](CC2=CN=CN2)C(N3[C@H](C(N[C@H](C(O)=O)CC4=CC=CC=C4)=O)CCC3)=O)=O)=O)=O)=O)=O.CC(O)=O

化学结构和理论分析

化学结构	理论分析值
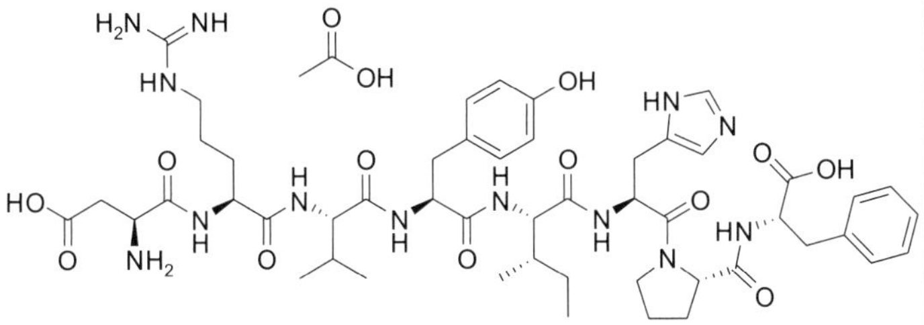	化学式：$C_{52}H_{75}N_{13}O_{14}$ 精确分子量：N/A 分子量：1106.2490 元素分析：C, 56.46; H, 6.83; N, 16.46; O, 20.25

药品说明书参考网页

生产厂家产品说明书、美国药品网、美国处方药网页。

药物简介

血管紧张素Ⅱ是肾素 - 血管紧张素 - 醛固酮系统（RAAS）天然存在的肽激素，可引起血管收缩和血压升高。GIAPREZA 是合成人血管紧张素Ⅱ的无菌水溶液，可通过输液进行静脉内给药。每毫升 GIAPREZA 含 2.5mg 血管紧张素Ⅱ，相当于平均 2.9mg 乙酸血管紧张素Ⅱ、25mg 甘露醇和注射用水，用氢氧化钠和 / 或盐酸调节至 pH 值为 5.5。

GIAPREZA 可提升患有败血症或其他分布性休克成年人的血压。

Angiotensin Ⅱ acetate 的氨基酸序列是乙酸盐 L- 天冬氨酰基 -L- 精氨酰基 -L- 戊酰基 -L- 酪氨酰基 -L- 异亮氨酰基 -L- 组氨酸 -L- 脯氨酰基 -L- 苯丙氨酸（L-aspartyl-L-arginyl-L-valyl-L-tyrosyl-L-isoleucyl-L-histidyl-L-prolyl-L-phenylalanine）。乙酸根离子以非化学计量比存在。Angiotensin Ⅱ acetate 的外观是白色至类白色粉末，可溶于水。

血管紧张素Ⅱ通过血管收缩和醛固酮释放增加血压。血管紧张素Ⅱ在血管壁上的直接作用是通过与血管平滑肌细胞上的 G 蛋白偶联的血管紧张素Ⅱ受体 1 型结合而介导的，它刺激肌球蛋白的 Ca^{2+} / 钙调蛋白依赖性磷酸化并引起平滑肌收缩。

药品上市申报信息

该药物目前有 2 种产品上市。

药品注册申请号：209360
申请类型：NDA（新药申请）
申请人：LA JOLLA PHARMA
申请人全名：LA JOLLA PHARMA LLC

产品信息

产品号	商品名	活性成分	剂型 / 给药途径	规格 / 剂量	参比药物 (RLD)	生物等效参考标准 (RS)	治疗等效代码
001	GIAPREZA	angiotensin Ⅱ acetate	液体 / 静脉注射	等量 2.5mg 游离碱 / mL (等量 2.5mg 游离碱 / mL)	是	是	否
002	GIAPREZA	angiotensin Ⅱ acetate	液体 / 静脉注射	等量 5mg 游离碱 /2mL (等量 2.5mg 游离碱 / mL)	是	否	否

与本品相关的专利信息（来自 FDA 橙皮书 Orange Book）

关联产品号	专利号	专利过期日	是否物质专利	是否产品专利	专利用途代码	撤销请求	提交日期
001	10028995	2034/12/18			U-2338		2018/08/02
	10335451	2029/12/16			U-2581		2019/07/26
	9220745	2034/12/18			U-2218 U-2217		2018/01/22
	9572856	2030/11/20			U-2221		2018/01/22
	9867863	2029/12/16			U-2231		2018/02/14
002	10028995	2034/12/18			U-2338		2018/08/02
	10335451	2029/12/16			U-2581		2019/07/26
	9220745	2034/12/18			U-2217 U-2218		2018/01/22
	9572856	2030/11/20			U-2221		2018/01/22
	9867863	2029/12/16			U-2231		2018/02/14

与本品相关的市场独占权保护信息

关联产品号	独占权代码	失效日期	备注
001	NCE	2022/12/21	
002	NCE	2022/12/21	

合成路线

血管紧张素Ⅱ是一种小分子肽类化合物，可通过标准的和常规的多肽合成方法合成。本文就不多作介绍了。

参考文献

[1] Allen J M, Gilbert B W. Angiotensin Ⅱ: a new vasopressor for the treatment of distributive shock. Clin Ther,2019, S0149-2918(19):30492-30498.

[2] LiverTox: Clinical and Research Information on Drug-Induced Liver Injury [Internet]. Bethesda (MD): National Institute of Diabetes and Digestive and Kidney Diseases, 2012. Available from http://www.ncbi.nlm.nih.gov/books/NBK548642/ PubMed PMID: 31643954.

apalutamide（阿帕鲁胺）

药物基本信息

英文通用名	apalutamide
英文通用名	ARN509; ARN 509; ARN-509; JNJ56021927; JNJ-56021927; JNJ 56021927
中文通用名	阿帕鲁胺
商品名	Erleada
CAS登记号	956104-40-8
FDA 批准日期	2/14/2018
FDA 批准的 API	apalutamide（游离态）
化学名	4-(7-(6-cyano-5-(trifluoromethyl)pyridin-3-yl)-8-oxo-6-thioxo-5,7-diazaspiro(3.4)octan-5-yl)-2-fluoro-*N*-methylbenzamide
SMILES代码	O=C(NC)C1=CC=C(N(C(N(C2=CC(C(F)(F)F)=C(C#N)N=C2)C3=O)=S)C43CCC4)C=C1F

化学结构和理论分析

化学结构	理论分析值
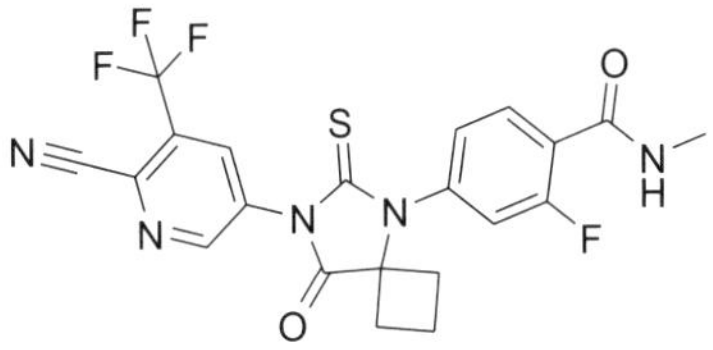	化学式：$C_{21}H_{15}F_4N_5O_2S$ 精确分子量：477.0883 分子量：477.4376 元素分析：C, 52.83; H, 3.17; F, 15.92; N, 14.67; O, 6.70; S, 6.72

药品说明书参考网页

生产厂家产品说明书、美国药品网、美国处方药网页。

药物简介

阿帕鲁胺为白色至浅黄色粉末。阿帕鲁胺在很宽的 pH 值范围内不溶于水。

Erleada 是一种以薄膜包衣片剂，口服片剂为每片 60mg 阿帕鲁胺。片剂内核部分的非活性成分有：无水胶体二氧化硅，交联羧甲基纤维素钠，羟丙基甲基纤维素乙酸琥珀酸酯，硬脂酸镁，微晶纤维素和硅化微晶纤维素。片剂还包含以下赋形剂的薄膜衣成分：氧化铁黑，氧化铁黄，聚乙二醇，聚乙烯醇，滑石粉和二氧化钛。

Apalutamide 是一种雄激素受体（AR）抑制剂，可直接与 AR 的配体活性位点结合。阿帕鲁胺抑制 AR 核转运，抑制 DNA 结合，并阻止 AR 介导的转录。Apalutamide 的主要代谢产物为 *N*-去甲基 -apalutamide，后者也是一种 AR 抑制剂。其活性约为 apalutamide 活性的 1/3。在前列腺癌的小鼠异种移植模型中，阿帕鲁胺可以使肿瘤细胞增殖减少和使凋亡增加，从而导致肿瘤体积减小而发挥疗效。

药品上市申报信息

该药物目前有 1 种产品上市。

药品注册申请号：210951
申请类型：NDA（新药申请）
申请人：JANSSEN BIOTECH
申请人全名：JANSSEN BIOTECH INC

产品信息

产品号	商品名	活性成分	剂型 / 给药途径	规格 / 剂量	参比药物 (RLD)	生物等效参考标准 (RS)	治疗等效代码
001	Erleada	apalutamide	片剂 / 口服	60mg	是	是	否

与本品相关的专利信息（来自 FDA 橙皮书 Orange Book）

关联产品号	专利号	专利过期日	是否物质专利	是否产品专利	专利用途代码	撤销请求	提交日期
001	10052314	2033/09/23			U-2382 U-2381		2018/09/13
	8445507	2030/09/15	是	是	U-2237 U-2624		2018/03/05
	8802689	2027/03/27			U-2237 U-2624		2018/03/05
	9388159	2027/03/27	是	是			2018/03/05
	9481663	2033/06/04	是	是	U-2237 U-2624		2018/03/05
	9884054	2033/09/23			U-2237		2018/03/05
	9987261	2027/03/27		是			2018/10/18

与本品相关的市场独占权保护信息

关联产品号	独占权代码	失效日期	备注
001	NCE	2023/02/14	
	I-808	2022/09/17	

合成路线 1

以下合成路线来源于中国科学院成都有机化学研究所 Pang 等人 2017 年发表的论文。其特点是化合物 **13** 在硫代光气作用下，转化为相应的异硫腈酸酯中间体后直接与化合物 **7** 成环反应得到目标化合物 **14**。关键中间体化合物 **7** 是通过化合物 **1** 经过 3 步合成反应而得。其中化合物 **4** 与化合物 **6** 发生缩合反应得到相应的亚胺，再与氰基化合物 **5** 发生加成反应，得到化合物 **7**。另一个关键中间体化合物 **13** 是以化合物 **8** 为原料经过 4 步合成反应而得。

1 CAS号 403-24-7
2 CAS号 593-51-1
Et_3N, 二咪唑酮, CH_2Cl_2 95%
3 CAS号 915087-24-0
AcOH, Fe, AcOEt 65%
4 CAS号 915087-25-1
5 CAS号 7677-24-9
6 CAS号 1191-95-3
AcOH 90%
7 CAS号 915087-26-2

8
CAS号 22245-83-6

H_2SO_4, HNO_3
74%

9
CAS号 99368-66-8

O=PBr_3, DMF
98%

10
CAS号 956104-42-0

11
CAS号 544-92-3

DMF
52%

12
CAS号 573762-57-9

AcOH, Fe, AcOEt
54%

13
CAS号 573762-62-6

$AcNMe_2$, S=CCl_2

14
apalutamide
CAS号 956104-40-8

原始文献： Bioorg Med Chem Lett,2017, 27(12):2803-2806.

合成路线 2

以下合成路线来源于 ScinoPharm 公司 Chen 等人 2018 年的专利申请书。其特点是化合物 **8** 与化合物 **3** 成环反应得到目标化合物 **9**。关键中间体化合物 **3** 是通过化合物 **1** 与硫代光气反应而得。另一个关键中间体化合物 **8** 是以化合物 **4** 和化合物 **5** 为起始原料，经过 2 步合成反应而得。

1
CAS号 573762-62-6

2
CAS号 463-71-8

MeCN
$NaHCO_3$
100%

3
CAS号 951753-87-0

4
CAS号 749927-69-3

5
CAS号 98071-16-0

K_2CO_3
2-乙酰基环己酮
CuCl, $AcNMe_2$
85%

6
CAS号 2227589-22-0

7
CAS号 74-88-4

K_2CO_3, $AcNMe_2$
89%

8
CAS号 2227589-23-1

MeCN
54%

9
apalutamide
CAS号 956104-40-8

原始文献： US 20180201601,2018.

合成路线 3

以下合成路线来源于 Zheng 等人 2018 年发表的专利申请书。其特点是中间体化合物 **7** 的 NH 基团与化合物 **8** 的 Br 发生亲核取代，得到目标化合物 **9**。关键中间体化合物 7 是以化合物 **1** 和 **2** 为原料，通过 3 步合成反应而得。

1 + 2 —(Cs_2CO_3, CuI, $AcNMe_2$; 79%)→ 3 + 4

1: CAS号 749927-69-3
2: CAS号 98071-16-0
3: CAS号 2227589-22-0
4: CAS号 67-56-1

—($SOCl_2$; 92%)→ 5

5: CAS号 2227589-23-1

5 + 6 —(EtN(Pr-*i*)$_2$, MeOH, 回流; 85%)→ 7

5: CAS号 2227589-23-1
6: CAS号 333-20-0
7: CAS号 2245760-37-4

7 + 8 —(K_2CO_3, CuI, DMF; 76%)→ 9

8: CAS号 1214377-57-7

9
apalutamide
CAS号 956104-40-8

原始文献： CN 108383749,2018.

合成路线 4

以下合成路线来源于 Apotex 公司 Bodhuri 等人 2019 年发表的专利申请书。其特点是化合物 **8** 与化合物 **3** 通过成环反应后得到目标化合物 **9**。其中关键中间体化合物 **8** 是以化合物 **4** 和化合物 **5** 为原料经过 2 步合成反应得到的。

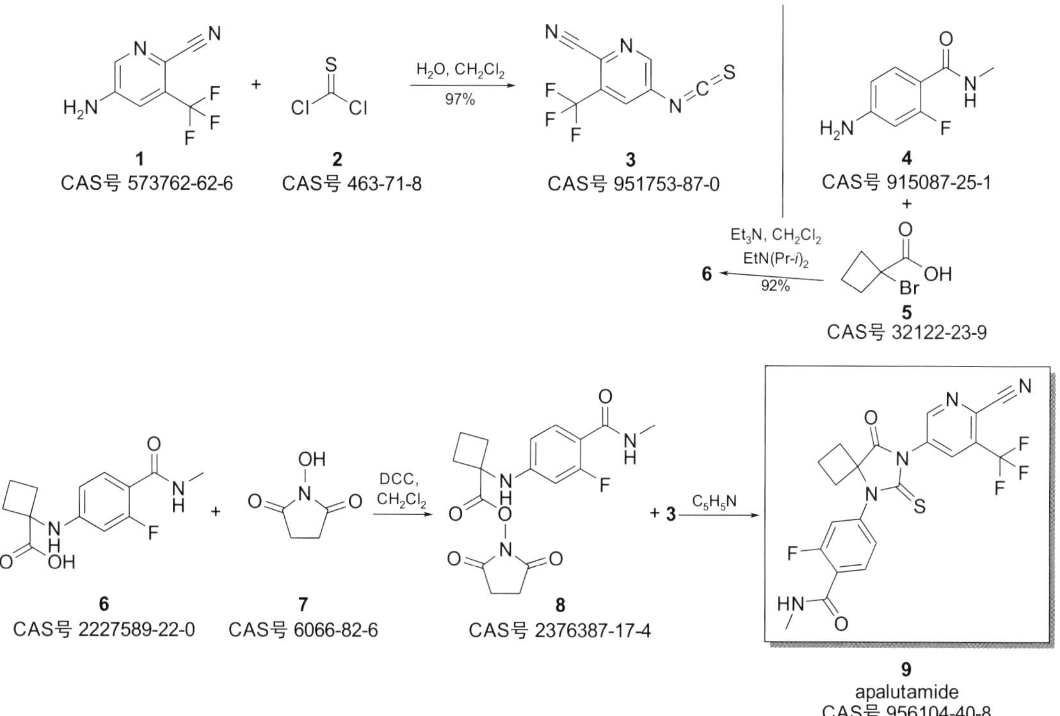

原始文献： US 20190276424,2019.

合成路线 5

以下合成路线来源于 Watson Laboratories 公司 Muthusamy 等人 2018 年发表的专利申请书。其特点是化合物 **6** 与硫代光气反应后转化为相应的硫代异氰酸酯，再与化合物 **5** 发生成环反应得到目标化合物 **8**。其中关键中间体化合物 **5** 是以化合物 **1** 为起始原料经过 3 步合成反应而得。

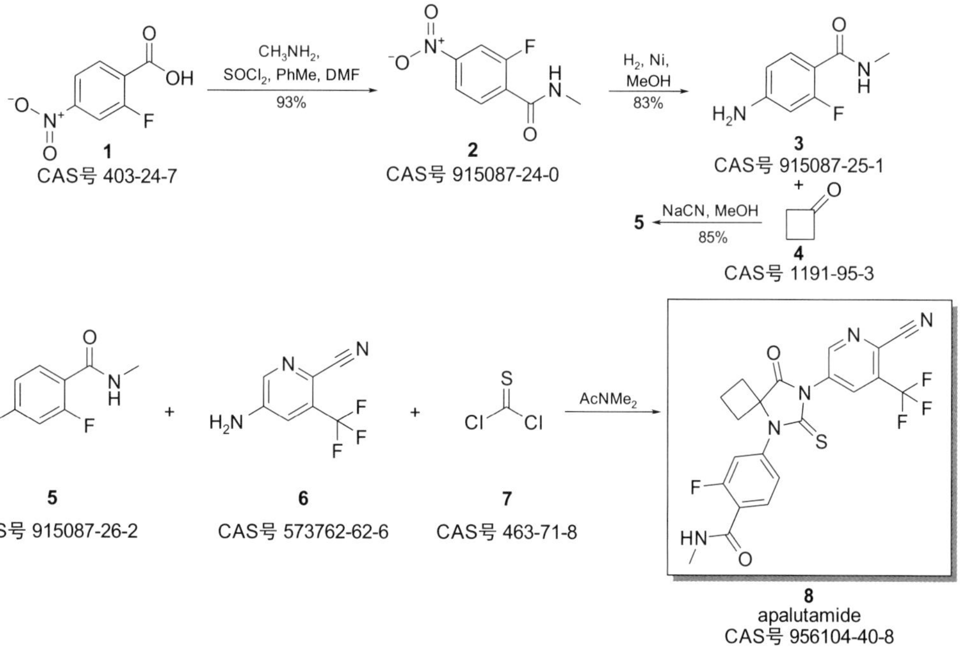

CH_3NH_2, $SOCl_2$, PhMe, DMF, 93%; H_2, Ni, MeOH, 83%; NaCN, MeOH, 85%; $AcNMe_2$

1 CAS号 403-24-7　**2** CAS号 915087-24-0　**3** CAS号 915087-25-1　**4** CAS号 1191-95-3

5 CAS号 915087-26-2　**6** CAS号 573762-62-6　**7** CAS号 463-71-8

8 apalutamide CAS号 956104-40-8

原始文献： WO 2018112001,2018.

合成路线 6

以下合成路线来源于 Aragon Pharmaceuticals 公司 Haim 等人 2016 年发表的专利申请书。其工艺特点与合成路线 5 相似。不同之处在于该合成工艺使用了相应的碘化合物 **7** 在钯试剂 Pd(t-$Bu_3P)_2$ 作用下转化为相应的甲基酰胺化合物 **8**。

1 CAS号 656-66-6 + 2 CAS号 1191-95-3 —NaCN, AcOH→ 3 CAS号 1952341-63-7

4 CAS号 573762-57-9 —1. C:H_2O, O=PH_2OH, Pt; 2. :NH_4VO_3; 3. :H_2, H_2O→ 5 CAS号 573762-62-6

3 CAS号 1952341-63-7 + 5 CAS号 573762-62-6 —6 CAS号 463-71-8, THF→ 7 CAS号 1952341-64-8 —CO, CH_3NH_2, $(C_6H_{11})_2NMe$, Pd(t-$Bu_3P)_2$THF→ 8 apalutamide CAS号 956104-40-8

原始文献： WO 2016100645,2016.

合成路线 7

以下合成路线来源于 Hinova Pharmaceuticals 公司 Chen 等人 2014 年发表的专利申请书。其特点是：化合物 **2** 在硫代光气的作用下，转化为相应的硫代异氰酸酯，再与化合物 **7** 成环反应，得到目标化合物 **9**。

1 CAS号 573762-57-9 —Fe, AcOEt, 53%→ 2 CAS号 573762-62-6

3 CAS号 915087-24-0 —Fe, AcOEt, 62%→ 4 CAS号 915087-25-1

4 CAS号 915087-25-1 + 5 CAS号 1191-95-3 —6, AcOH→ 7 CAS号 915087-26-2

7 + 2 CAS号 573762-62-6 —8 CAS号 463-71-8, $AcNMe_2$→ 9 apalutamide CAS号 956104-40-8

原始文献： WO 2014190895,2014.

参考文献

[1] May M B, Glode A E. Apalutamide: a new agent in the management of prostate cancer. J Oncol Pharm Pract,2019, 25(8):1968-1978.

[2] Apalutamide for prostate cancer. Aust Prescr,2019, 42(1):32-33.

阿帕鲁胺核磁谱图

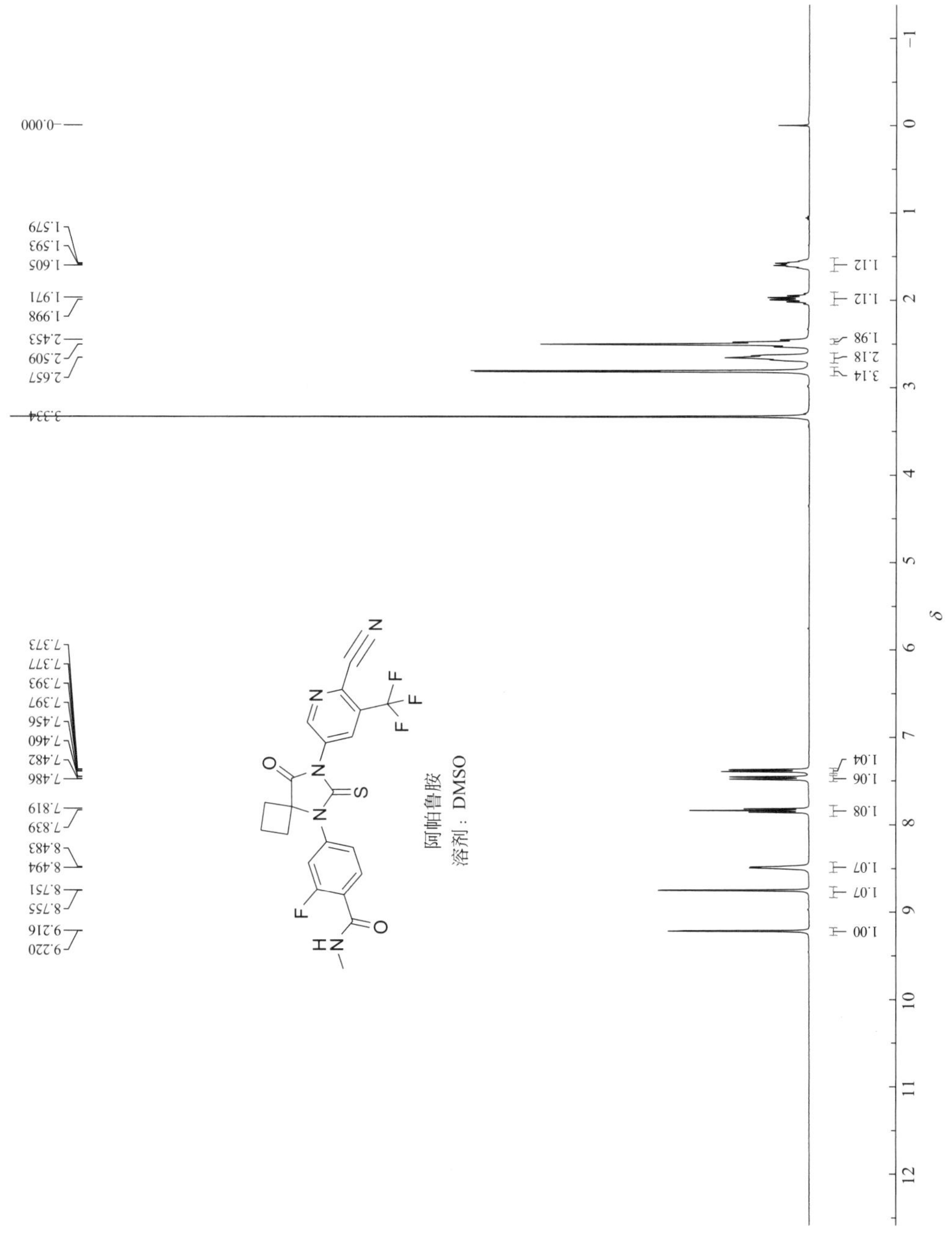

aripiprazole lauroxil（阿立哌唑月桂酯）

药物基本信息

英文通用名	aripiprazole lauroxil
英文别名	RDC 3317; RDC-3317; RDC3317; ALKS9072; ALKS-9072; ALKS 9072
中文通用名	阿立哌唑月桂酯
商品名	Aristada
CAS登记号	1259305-29-7
FDA 批准日期	10/6/2015
FDA 批准的API	aripiprazole lauroxil（游离态）
化学名	(7-(4-(4-(2,3-dichlorophenyl)piperazin-1-yl)butoxy)-2-oxo-3,4-dihydroquinolin-1(2*H*)-yl)methyl dodecanoate
SMILES代码	CCCCCCCCCCCC(OCN1C(CCC2=C1C=C(OCCCCN3CCN(C4=CC=CC(Cl)=C4Cl)CC3)C=C2)=O)=O

化学结构和理论分析

化学结构	理论分析值
	化学式：$C_{36}H_{51}Cl_2N_3O_4$ 精确分子量：659.3257 分子量：660.7210 元素分析：C, 65.44; H, 7.78; Cl, 10.73; N, 6.36; O, 9.69

药品说明书参考网页

生产厂家产品说明书、美国药品网、美国处方药网页。

药物简介

ARISTADA 可作为白色至灰白色无菌水性缓释悬浮液用于肌内注射，具有以下强度的阿立哌唑月桂酯（以及一次性使用的预填充注射器中的输送量）: 441mg（1.6mL），662mg（2.4mL），882mg（3.2mL）和 1064mg（3.9mL）。非活性成分包括脱水山梨糖醇单月桂酸酯（3.8mg/mL），聚山梨酯 20（1.5mg/mL），氯化钠（6.1mg/mL），无水磷酸氢二钠，磷酸氢二钠和注射用水。

阿立哌唑月桂酯是阿立哌唑的前体药。肌内注射后，阿立哌唑月桂酯很可能通过酶介导的水解作用转化为 *N*-羟甲基阿立哌唑，然后水解为阿立哌唑。阿立哌唑在精神分裂症中的作用机理尚不清楚。但是，有可能是通过调节多巴胺 D2 和 5-羟色胺 5-HT1A 受体的部分激动活性和对 5-HT2A 受体的拮抗活性，进而发挥疗效。

药品上市申报信息

该药物目前有 4 种产品上市。

药品注册申请号：207533
申请类型：NDA（新药申请）
申请人：ALKERMES INC
申请人全名：ALKERMES INC

产品信息

产品号	商品名	活性成分	剂型 / 给药途径	规格 / 剂量	参比药物 (RLD)	生物等效参考标准 (RS)	治疗等效代码
001	ARISTADA	aripiprazole lauroxil	悬混液，缓释放 / 肌内注射	441mg/1.6mL (275.63mg/mL)	是	否	否
002	ARISTADA	aripiprazole lauroxil	悬混液，缓释放 / 肌内注射	662mg/2.4mL (275.83mg/ mL)	是	否	否
003	ARISTADA	aripiprazole lauroxil	悬混液，缓释放 / 肌内注射	882mg/3.2mL (275.63mg/ mL)	是	是	否
004	ARISTADA	aripiprazole lauroxil	悬混液，缓释放 / 肌内注射	1064mg/3.9mL (272.82mg/ mL)	是	否	否

与本品相关的专利信息（来自 FDA 橙皮书 Orange Book）

关联产品号	专利号	专利过期日	是否物质专利	是否产品专利	专利用途代码	撤销请求	提交日期
001	10112903	2030/06/24	是		U-543		2018/11/20
	10226458	2032/03/19			U-543		2019/04/08
	10238651	2035/03/19			U-2402		2019/04/08
	8431576	2030/10/26	是				2015/10/14
	8796276	2030/06/24			U-543		2015/10/14
	9034867	2032/11/07		是	U-543		2015/10/14
	9193685	2033/10/24		是	U-543		2015/12/09
	9452131	2035/03/19			U-2402		2016/10/05
002	10112903	2030/06/24	是		U-543		2018/11/20
	10226458	2032/03/19			U-543		2019/04/08
	10238651	2035/03/19			U-2402		2019/04/08
	8431576	2030/10/26	是				2015/10/14
	8796276	2030/06/24			U-543		2015/10/14
	9034867	2032/11/07		是	U-543		2015/10/14
	9193685	2033/10/24		是	U-543		2015/12/09
	9452131	2035/03/19			U-2402		2016/10/05
	9526726	2035/03/19		是			2017/01/19

续表

关联产品号	专利号	专利过期日	是否物质专利	是否产品专利	专利用途代码	撤销请求	提交日期
003	10112903	2030/06/24	是		U-543		2018/11/20
	10226458	2032/03/19			U-543		2019/04/08
	10238651	2035/03/19			U-2402		2019/04/08
	8431576	2030/10/26	是				2015/10/14
	8796276	2030/06/24			U-543		2015/10/14
	9034867	2032/11/07		是	U-543		2015/10/14
	9193685	2033/10/24		是	U-543		2015/12/09
	9452131	2035/03/19			U-2402		2016/10/05
	9526726	2035/03/19		是			2017/01/19
004	10112903	2030/06/24	是		U-543		2018/11/20
	10226458	2032/03/19			U-543		2019/04/08
	10238651	2035/03/19			U-2402		2019/04/08
	8431576	2030/10/26	是				2017/06/27
	8796276	2030/06/24			U-543		2017/06/27
	9034867	2032/11/07		是	U-543		2017/06/27
	9193685	2033/10/24		是	U-543		2017/06/27
	9452131	2035/03/19			U-2402		2017/06/27

与本品相关的市场独占权保护信息

关联产品号	独占权代码	失效日期	备注
001	NCE	2020/10/05	
002	NCE	2020/10/05	
003	NCE	2020/10/05	
004	NCE	2020/10/05	

合成路线 1

以下合成路线来源于 Suzhou Huajian Ruida Pharmaceutical Technology 公司 Yin 等人 2018 年发表的专利申请书。其特点是：关键中间体化合物 **8** 的酚羟基与化合物 **9** 的溴原子发生亲核取代反应，得到相应的化合物其侧链末端为氯原子，后者再与化合物 **10** 反应，得到目标化合物 **11**。中间体化合物 **8** 是以化合物 **1** 和化合物 **2** 为原料，经过 4 步合成反应而得。

1 CAS号 22246-18-0；**2** CAS号 18162-48-6 —— Et_3N, DMF → **3** CAS号 1427053-51-7；**3** + $H_2C{=}O$ **4** —— Et_3N, Me_2CHOH → **5** CAS号 1427053-27-7；**5** + **6** CAS号 112-16-3 —— Et_3N, THF → **7**

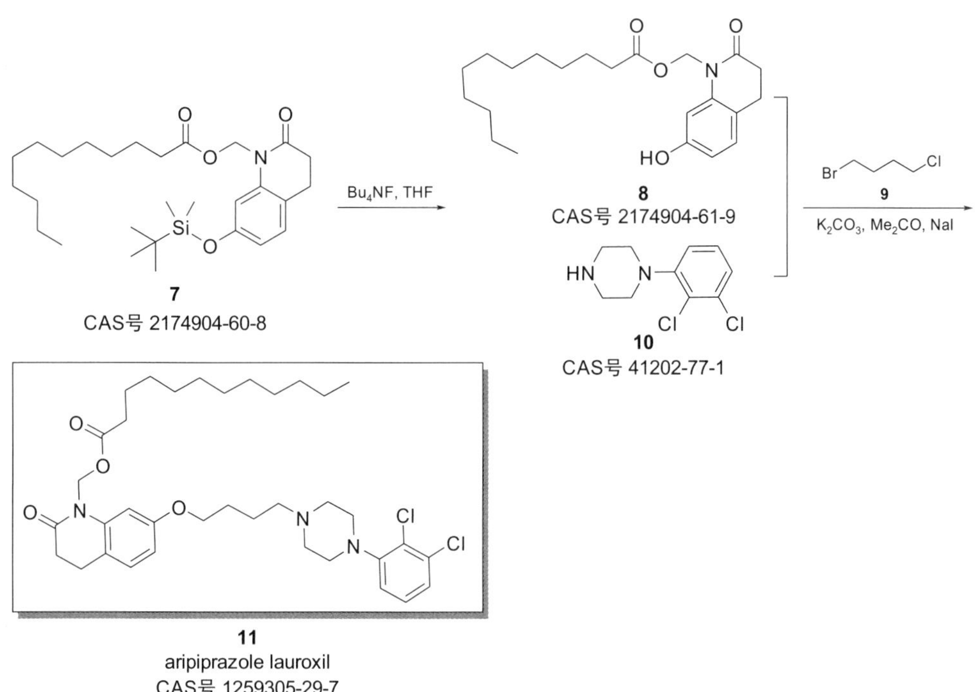

原始文献： CN 107628999,2018.

合成路线 2

以下合成路线来源于 Alkermes Pharma Ireland 公司 Hickey 等人 2015 年发表的专利申请书。其特点是：以中间体 **1** 为原料经 2 步合成反应得到相应的目标化合物 **5**。

$H_2C{=}O$
2
Et_3N, H_2O, DMF

1
CAS号 129722-12-9

3
CAS号 1259312-25-8

4
CAS号 645-66-9

5
aripiprazole lauroxil
CAS号 1259305-29-7

原始文献： WO 2015143145,2015.

合成路线 3

以下合成路线来源于 Interquim S.A. 公司 Marco 等人 2019 年发表的专利申请书。其特点是化合物 **3** 同化合物 **4** 反应得到相应的目标化合物 **5**。

Et_3N, H_2O, DMF

$H_2C{=}O$ **2**

1

CAS号 129722-12-9

3

CAS号 1259312-25-8

DCC, 4-DMAP

4

CAS号 143-07-7

5

aripiprazole lauroxil

CAS号 1259305-29-7

原始文献： WO 2019020821,2019.

合成路线 4

以下合成路线来源于 MSN Laboratories Private 公司 Rajan 等人 2018 年发表的专利申请书。其特点是化合物 **4** 与化合物 **5** 反应得到相应的目标化合物 **6**。

$SOCl_2$, DMF, CH_2Cl_2

1

CAS号 143-07-7

2

CAS号 112-16-3

$ZnCl_2$

$H_2C{=}O$ **3**

4

CAS号 61413-67-0

t-BuOK
4-DMAP, THF

4
CAS号 61413-67-0

5
CAS号 129722-12-9

6
aripiprazole lauroxil
CAS号 1259305-29-7

原始文献： WO 2018104953,2018.

合成路线 5

以下合成路线来源于 Mylan Laboratories 公司 Gore 等人 2017 年发表的专利申请书。其特点是化合物 **2** 与化合物 **5** 反应得到相应的目标化合物 **6**。

$SOCl_2$, DMF, CH_2Cl_2

1
CAS号 143-07-7

2
CAS号 112-16-3

Et_3N, H_2O, DMF
$H_2C{=}O$
4
→ **5**

3
CAS号 129722-12-9

Et_3N, CH_2Cl_2

5
CAS号 1259312-25-8

2
CAS号 112-16-3

6
aripiprazole lauroxil
CAS号 1259305-29-7

原始文献： IN 2015CH01972,2017.

合成路线 6

以下合成路线来源于 Alkermes, Inc 公司 Remenar 等人 2011 年发表的专利申请书。其特点是化合物 **3** 与化合物 **4** 反应得到相应的目标化合物 **5**。

1
CAS号 129722-12-9

2

3
CAS号 1259312-25-8

4
CAS号 112-16-3

5
aripiprazole lauroxil
CAS号 1259305-29-7

原始文献： US 20110275803,2011.

参考文献

[1] Citrome L, Du Y, Weiden P J. Assessing effectiveness of aripiprazole lauroxil vs placebo for the treatment of schizophrenia using number needed to treat and number needed to harm. Neuropsychiatr Dis Treat,2019, 15:2639-2646.

[2] Hard M L, Wehr A, von Moltke L,et al.Pharmacokinetics and safety of deltoid or gluteal injection of aripiprazole lauroxil NanoCrystal(®) Dispersion used for initiation of the long-acting antipsychotic aripiprazole lauroxil. Ther Adv Psychopharmacol,2019, 9.

avatrombopag maleate（马来酸阿曲莫布）

药物基本信息

英文通用名	avatrombopag maleate
英文别名	AKR501; AKR 501; AKR-501; YM477; YM-477; YM 477; AS 1670542; AS1670542; AS-1670542; E5501; E-5501; E 5501
中文通用名	马来酸阿曲莫布
商品名	Doptelet
CAS登记号	677007-74-8 (顺丁烯二酸盐), 570406-98-3 (游离碱)
FDA 批准日期	5/21/2018
FDA 批准的API	avatrombopag maleate
化学名	4-piperidinecarboxylic acid, 1-(3-chloro-5-(((4-(4-chloro-2-thienyl)-5-(4-cyclohexyl-1- piperazinyl)-2-thiazolyl)amino)carbonyl)-2-pyridinyl)-, (2*Z*)-2-butenedioate (1：1)
SMILES代码	O=C(C1CCN(C2=NC=C(C(NC3=NC(C4=CC(Cl)=CS4)=C(N5CCN(C6CCCCC6)CC5)S3)=O)C=C2Cl)CC1)O.O=C(O)/C=C\C(O)=O

化学结构和理论分析

化学结构	理论分析值
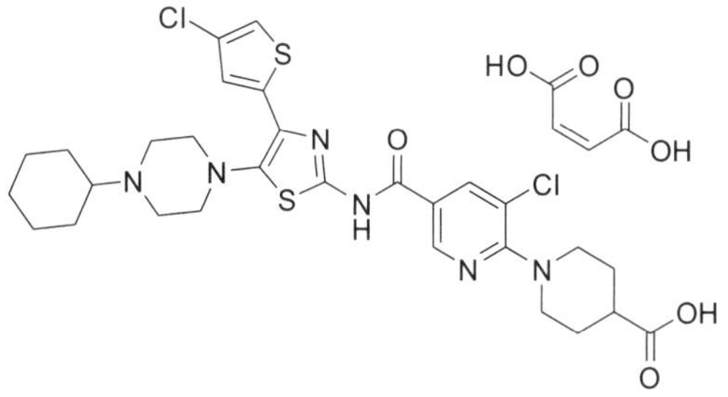 Cl, S, HO, O, O, OH, N, N, N, O, S, N H, Cl, N, N, OH, O	化学式：$C_{33}H_{38}Cl_2N_6O_7S_2$ 精确分子量：N/A 分子量：765.7220 元素分析：C, 51.76; H, 5.00; Cl, 9.26; N, 10.98; O, 14.63; S, 8.37

药品说明书参考网页

生产厂家产品说明书、美国药品网、美国处方药网页。

药物简介

DOPTELET 是一种速释片剂。每片 DOPTELET 片剂均含有 20mg 阿曲莫布（相当于 23.6mg 马来酸阿曲莫布）和以下非活性成分：乳糖一水合物，胶体二氧化硅，交聚维酮，硬脂酸镁和微晶纤维素。涂膜：聚乙烯醇，滑石粉，聚乙二醇，二氧化钛和氧化铁黄。

Avatrombopag maleate 的适应证：

（1）慢性肝病（CLD）患者血小板减少症的治疗：Doptelet 可用于治疗计划接受手术的慢性肝病成年患者的血小板减少症。

（2）慢性免疫性血小板减少症（ITP）患者的血小板减少症的治疗：Doptelet 可用于治疗慢性

免疫性血小板减少症的成年患者的血小板减少症，这些患者对先前的治疗反应不足。

Avatrombopag 是一种口服有效的小分子 TPO 受体激动剂，可刺激巨核细胞从骨髓祖细胞的增殖和分化，从而增加血小板的产生。Avatrombopag 与 TPO 受体结合，但不与 TPO 竞争。

药品上市申报信息

该药物目前有 1 种产品上市。

药品注册申请号: 210238
申请类型: NDA (新药申请)
申请人: AKARX INC
申请人全名: AKARX INC

产品信息

产品号	商品名	活性成分	剂型 / 给药途径	规格 / 剂量	参比药物 (RLD)	生物等效参考标准 (RS)	治疗等效代码
001	DOPTELET	avatrombopag maleate	片剂 / 口服	等量 20mg 游离碱	是	是	否

与本品相关的专利信息 (来自 FDA 橙皮书 Orange Book)

关联产品号	专利号	专利过期日	是否物质专利	是否产品专利	专利用途代码	撤销请求	提交日期
001	7638536	2025/05/05	是	是			2018/06/15
	8338429	2023/06/30			U-2577		2019/07/25
	8765764	2023/01/15			U-2578 U-2314		2018/06/15

与本品相关的市场独占权保护信息

关联产品号	独占权代码	失效日期	备注
001	NCE	2023/05/21	
	ODE-246	2026/06/26	
	I-802	2022/06/26	

合成路线

以下合成路线来源于 Reyoung Pharmaceutical 公司 Miao 等人 2017 年发表的专利申请书。其特点是化合物 **3** 转化为相应的酰氯后再与化合物 **7** 反应得到化合物 **8**，水解后得到目标化合物 **9**。关键中间体化合物 **3** 是以化合物 **1** 和化合物 **2** 为原料经 1 步合成而得。另一个关键中间体化合物 **7** 是以化合物 **4** 为起始原料，经 2 步反应而得。

1
CAS号 41667-95-2

2
CAS号 1126-09-6

DMF, Na_2CO_3
马来酸
89%

3
CAS号 931395-73-2

NBS, t-BuOMe, 94%

4
CAS号 570407-10-2

5
CAS号 2161380-87-4

5 + 6 → THF, $NaHCO_3$, 马来酸, 88%

6
CAS号 17766-28-8

7
CAS号 570407-42-0

3
CAS号 931395-73-2

$SOCl_2$, $PhNMe_2$, DMF, 83%

8
CAS号 570403-14-4

KOH, Me_2CHOH, 95%

9
avatrombopag
CAS号 570406-98-3

原始文献： CN 107383000,2017.

参考文献

[1]Cheloff A Z, Al-Samkari H. Avatrombopag for the treatment of immune thrombocytopenia and thrombocytopenia of chronic liver disease. J Blood Med,2019, 10:313-321.

[2]Hussar D A, Kludjian G A. Prucalopride succinate, fostamatinib disodium hexahydrate, avatrombopag maleate, and lusutrombopag. J Am Pharm Assoc (2003),2019, 59(4):601-604.

avibactam sodium（阿维巴坦钠）

药物基本信息

英文通用名	avibactam sodium
英文别名	NXL104; NXL-104; NXL 104; avibactam;avibactam sodium
中文通用名	阿维巴坦钠
商品名	Avycaz
CAS登记号	1192491-61-4（钠盐），1192500-31-4（游离酸）
FDA 批准日期	2/25/2015
FDA 批准的API	avibactam sodium
化学名	sodium [(2*S*,5*R*)-2-carbamoyl-7-oxo-1,6-diazabicyclo[3.2.1]octan-6-yl] sulfate
SMILES代码	O=S(ON1[C@]2([H])CC[C@@H](C(N)=O)N(C2)C1=O)([O-])=O.[Na+]

化学结构和理论分析

化学结构	理论分析值
	化学式：$C_7H_{10}N_3NaO_6S$ 精确分子量：N/A 分子量：287.2218 元素分析：C, 29.27; H, 3.51; N, 14.63; Na, 8.00; O, 33.42; S, 11.16

药品说明书参考网页

生产厂家产品说明书、美国药品网 、美国处方药网页。

药物简介

AVYCAZ 是一种抗菌组合产品，由半合成的头孢菌素头孢他啶五水合物 (ceftazidime pentahydrate) 和 β- 内酰胺酶抑制剂 avibactam sodium 组成，可用于静脉内给药。

注射用的 AVYCAZ 2.5g（头孢他啶和阿维巴坦）是白色至黄色的无菌粉末，由五水头孢他啶和阿维巴坦钠包装在玻璃小瓶中组成。该制剂还包含碳酸钠。

每个 AVYCAZ 2.5g 单剂量小瓶包含 2g 头孢他啶（相当于 2.635g 无菌头孢他啶五水合物 / 碳酸钠）和 avibactam 0.5g（等同于 0.551g 无菌 avibactam sodium）。混合物的碳酸钠含量为 239.6mg / 小瓶。混合物的总钠含量约为 146mg（6.4mEq）/ 小瓶。

适应证：

（1）复杂的腹腔内感染（cIAI）

AVYCAZ（头孢他啶和阿维巴坦）与甲硝唑联用，可用于治疗由以下易感染的革兰氏阴性微生物引起的 3 个月或更长时间的成年和小儿患者的复杂腹腔内感染（cIAI）：奇异变形杆菌，阴沟肠杆菌，产酸克雷伯菌，弗氏柠檬酸杆菌复合体和铜绿假单胞菌。

（2）复杂性尿路感染（cUTI），包括肾盂肾炎

AVYCAZ（头孢他啶和阿维巴坦）适用于治疗由以下易感的革兰氏阴性微生物引起的成人和小儿 3 个月或以上的复杂尿路感染（cUTI），包括肾盂肾炎 freundii 复合体、奇异变形杆菌和铜绿假单胞菌。

（3）医院获得性细菌性肺炎和呼吸机相关细菌性肺炎（HABP / VABP）

AVYCAZ（头孢他啶和阿维巴坦）用于治疗由以下易感性革兰氏阴性微生物引起的 18 岁或 18 岁以上患者的医院获得性细菌性肺炎和呼吸机相关细菌性肺炎（HABP / VABP）：大肠杆菌，黏质沙雷氏菌，奇异变形杆菌，铜绿假单胞菌和流感嗜血杆菌。

药品上市申报信息

该药物目前有 1 种产品上市。

药品注册申请号：206494
申请类型：NDA(新药申请)
申请人：ALLERGAN
申请人全名：ALLERGAN SALES LLC

产品信息

产品号	商品名	活性成分	剂型 / 给药途径	规格 / 剂量	参比药物 (RLD)	生物等效参考标准 (RS)	治疗等效代码
001	AVYCAZ	avibactam sodium; ceftazidime	粉末剂 / 静脉灌注	等量 0.5g 游离碱；2g/ 瓶	是	是	否

与本品相关的专利信息（来自 FDA 橙皮书 Orange Book）

关联产品号	专利号	专利过期日	是否物质专利	是否产品专利	专利用途代码	撤销请求	提交日期
001	7112592	2022/02/24	是	是	U-282 U-2508 U-2244		2015/03/17
	7612087	2026/11/12		是			2015/03/17
	8178554	2021/07/24	是	是	U-282 U-2509 U-2245		2015/03/17
	8471025	2031/08/12	是				2015/03/17
	8835455	2030/10/08		是			2015/03/17
	8969566	2032/06/15	是				2015/03/17
	9284314	2032/06/15	是				2017/02/24
	9695122	2032/06/15	是				2017/08/08

合成路线 1

该合成路线来源于 Zibo Xinquan Pharmaceutical Technology Service 公司 Liu 等人 2016 年发表的专利说明书。其特点是：关键中间体化合物 **11** 是通过化合物 **9** 与化合物 **10** 成环反应而得。化合物 **8** 是化合物 **1** 和化合物 **2** 通过 4 步合成而得。

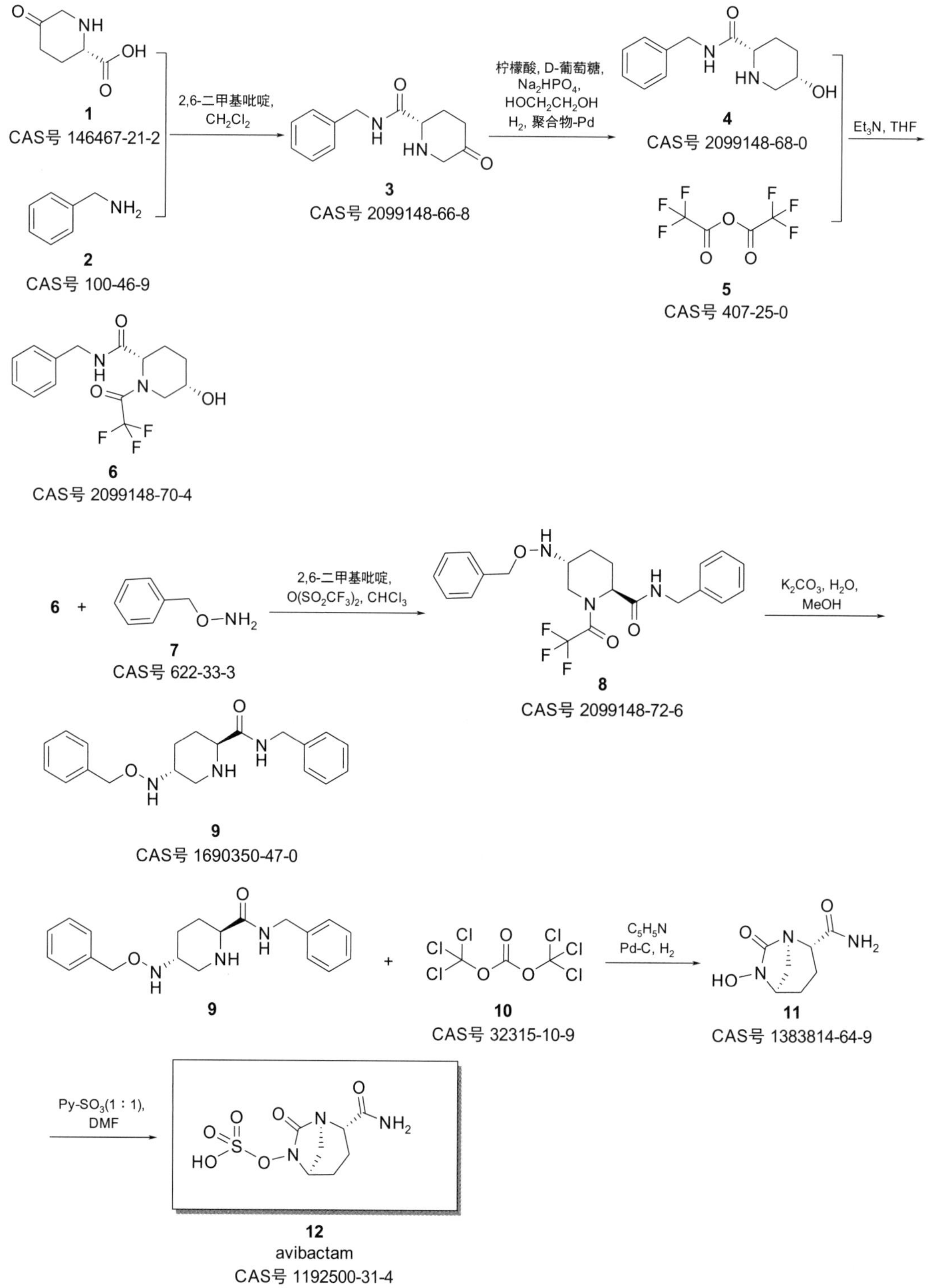

1
CAS号 146467-21-2

2
CAS号 100-46-9

2,6-二甲基吡啶, CH_2Cl_2

3
CAS号 2099148-66-8

柠檬酸, D-葡萄糖, Na_2HPO_4, $HOCH_2CH_2OH$, H_2, 聚合物-Pd

4
CAS号 2099148-68-0

5
CAS号 407-25-0

Et_3N, THF

6
CAS号 2099148-70-4

6 + 7 (CAS号 622-33-3)

2,6-二甲基吡啶, $O(SO_2CF_3)_2$, $CHCl_3$

8
CAS号 2099148-72-6

K_2CO_3, H_2O, MeOH

9
CAS号 1690350-47-0

9 + 10 (CAS号 32315-10-9)

C_5H_5N, Pd-C, H_2

11
CAS号 1383814-64-9

Py-SO_3(1∶1), DMF

12
avibactam
CAS号 1192500-31-4

原始文献： CN 106699756,2016.

合成路线 2

该合成路线来源于 Zhejiang Medicine 公司 Wang 等人 2016 年发表的专利说明书。其特点是：

关键中间体化合物 **11** 是通过化合物 **9** 与化合物 **10** 成环反应而得。化合物 **9** 是化合物 **1** 通过 6 步合成而得。

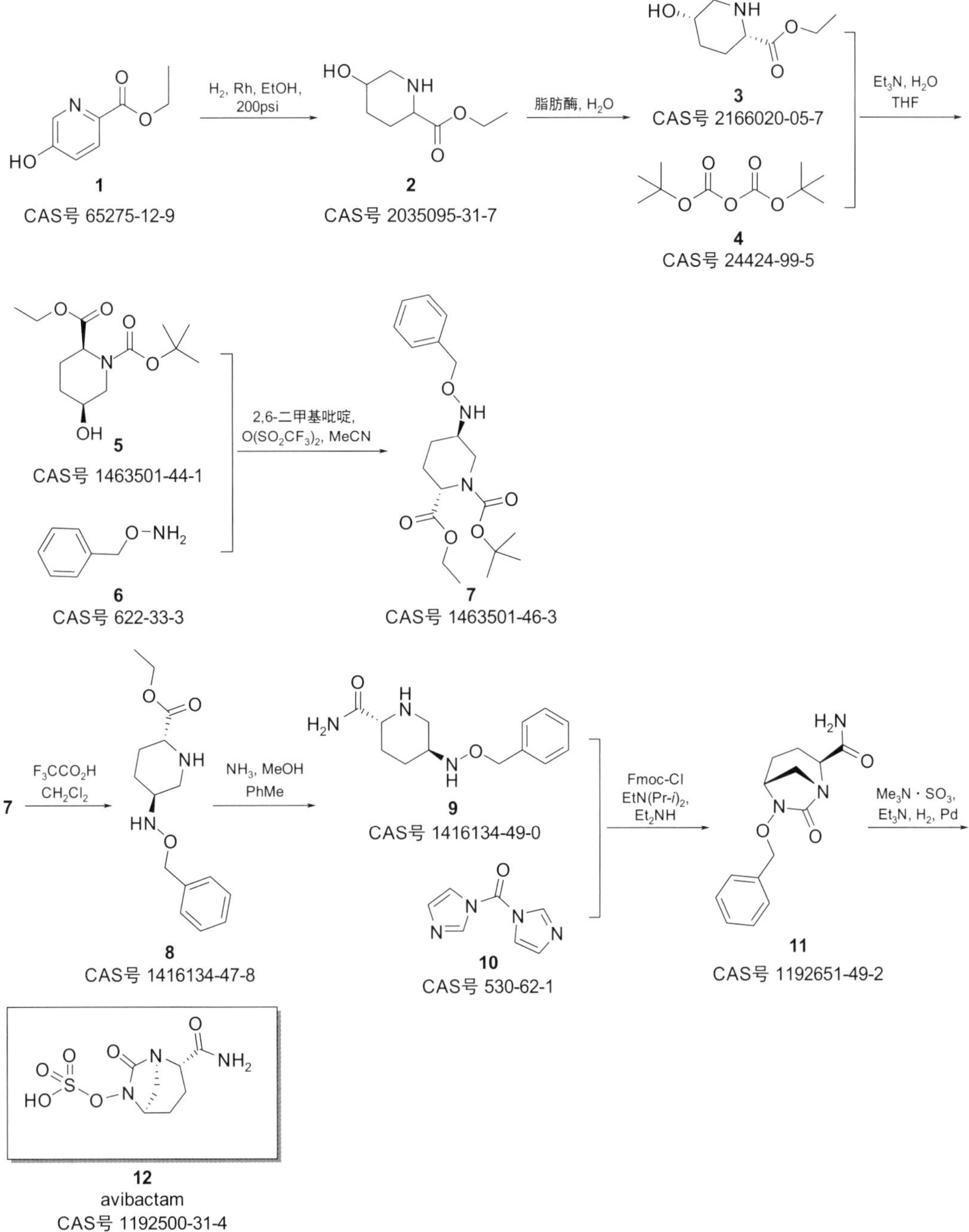

原始文献： CN 108239089,2016.

参考文献

[1] Das S, Zhou D, Nichols W W,et al. Selecting the dosage of ceftazidime-avibactam in the perfect storm of nosocomial pneumonia. Eur J Clin Pharmacol,2020, 76(3):349-361.

[2] Giri P, Patel H, Srinivas N R. Review of clinical pharmacokinetics of avibactam, a newly approved non-β lactam β-lactamase inhibitor drug, in combination use with ceftazidime. Drug Res (Stuttg), 2019, 69(5):245-255.

阿维巴坦钠核磁谱图

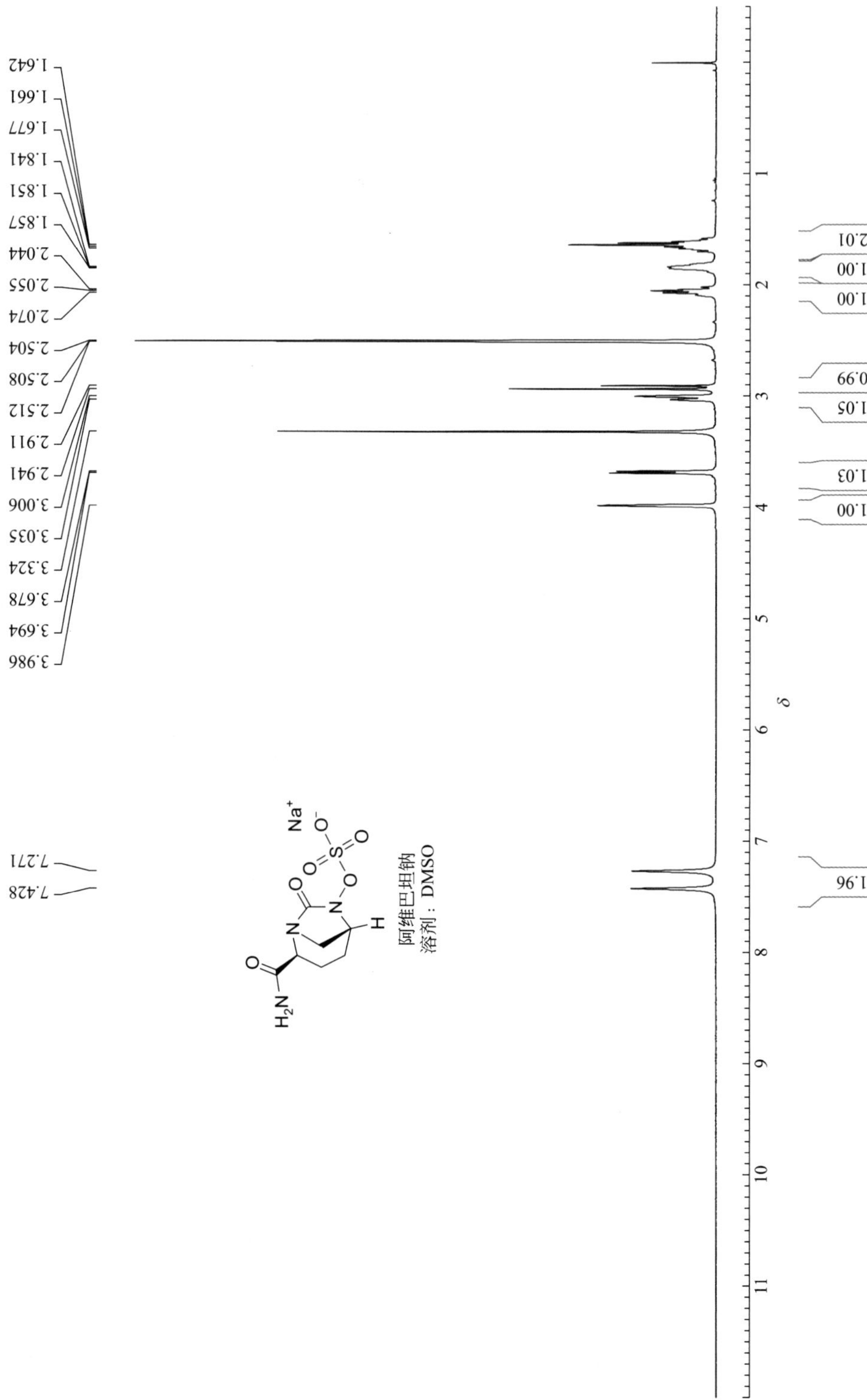

baloxavir marboxil（巴洛沙韦马波地尔）

药物基本信息

英文通用名	baloxavir marboxil
英文别名	S 033188; S-033188; S033188
中文通用名	巴洛沙韦马波地尔
商品名	Xofluza
CAS登记号	1985606-14-1
FDA 批准日期	10/24/2018
FDA 批准的API	baloxavir marboxil (游离态)
化学名	({(12aR)-12-[(11*S*)-7,8-difluoro-6,11-dihydrodibenzo[b,e]thiepin-11-yl]-6,8-dioxo-3,4,6,8,12,12a-hexahydro-1*H*-[1,4]oxazino[3,4-c]pyrido[2,1-f][1,2,4]triazin-7-yl}oxy)methyl methyl carbonate
SMILES代码	O=C(OCOC(C(C=C1)=O)=C(N1N([C@@H]2C3=CC=CC=C3SCC4=C(F)C(F)=CC=C24)[C@@]5([H])N6CCOC5)C6=O)OC

化学结构和理论分析

化学结构	理论分析值
	化学式：$C_{27}H_{23}F_2N_3O_7S$ 精确分子量：571.1225 分子量：571.5518 元素分析：C, 56.74; H, 4.06; F, 6.65; N, 7.35; O, 19.59; S, 5.61

药品说明书参考网页

生产厂家产品说明书、美国药品网、美国处方药网页。

药物简介

XOFLUZA（baloxavir marboxil）是一种抗病毒的 PA 核酸内切酶抑制剂。XOFLUZA 以白色至浅黄色薄膜包衣片剂形式提供，用于口服。

XOFLUZA 的活性成分是 baloxavir marboxil。分配系数（lg*P*）为 2.26。它易溶于二甲基亚砜、乙腈，微溶于甲醇和乙醇，几乎不溶于水。XOFLUZA 的非活性成分为：交联羧甲基纤维素钠，羟丙甲纤维素，乳糖一水合物，微晶纤维素，聚维酮，硬脂富马酸钠，滑石粉和二氧化钛。

适应证：XOFLUZA™ 适用于症状不超过 48h 的 12 岁及以上患者的急性单纯性流感的治疗。

使用限制：流感病毒会随着时间而变化，诸如病毒类型或亚型，耐药性的出现或病毒毒力的变化等因素可能会削弱抗病毒药物的疗效。 在决定是否使用 XOFLUZA 时，请考虑有关循环流感病毒株药物敏感性模式的相关信息。

Baloxavir marboxil 是一种前药，可通过水解转化为 baloxavir，后者是发挥抗流感病毒的活性化合物。baloxavir 抑制聚合酶酸性（polymerase acidic，PA）蛋白的核酸内切酶活性而发挥疗效。PA 蛋白是对病毒基因转录所需的 RNA 聚合酶复合物中的流感病毒有专一性的酶。

在 PA 核酸内切酶测定中，baloxavir 的 50%抑制浓度（IC_{50}）对 A 型流感病毒为 1.4 ～ 3.1nM（n=4），对 B 型流感病毒为 4.5 ～ 8.9nM（n=3）。

药品上市申报信息

该药物目前有 1 种产品上市。

药品注册申请号：210854
申请类型：NDA（新药申请）
申请人：GENENTECH INC
申请人全名：GENENTECH INC

产品信息

产品号	商品名	活性成分	剂型 / 给药途径	规格 / 剂量	参比药物 (RLD)	生物等效参考标准 (RS)	治疗等效代码
001	XOFLUZA	baloxavir marboxil	片剂 / 口服	20mg	是	否	否
002	XOFLUZA	baloxavir marboxil	片剂 / 口服	40mg	是	是	否

与本品相关的专利信息（来自 FDA 橙皮书 Orange Book）

关联产品号	专利号	专利过期日	是否物质专利	是否产品专利	专利用途代码	撤销请求	提交日期
001	10392406	2036/04/27	是				2019/09/20
	8927710	2031/05/05		是			2018/11/16
	8987441	2031/09/21	是	是			2018/11/16
	9815835	2030/06/14		是			2018/11/16
002	10392406	2036/04/27	是				2019/09/20
	8927710	2031/05/05		是			2018/11/16
	8987441	2031/09/21	是	是			2018/11/16
	9815835	2030/06/14		是			2018/11/16

与本品相关的市场独占权保护信息

关联产品号	独占权代码	失效日期	备注
001	NCE	2023/10/24	
	I-811	2022/10/16	
002	NCE	2023/10/24	
	I-811	2022/10/16	

合成路线 1

以下合成路线来源于 Shionogi 公司 Okamoto 等人 2019 年发表的专利申请书。其特点是：关键中间体化合物 **14** 是通过化合物 **12** 和化合物 **13** 反应而得。其中化合物 **12** 是通过化合物 **10** 与化合物 **2** 经过 2 步合成反应而得。化合物 **2** 是通过化合物 **1** 水解而得。化合物 **10** 是化合物 **3** 和化合物 **4** 通过 5 步合成而得。

1 CAS号 2136287-59-5 →(NaOH, H_2O, THF)→ **2** CAS号 2305694-79-3

3 CAS号 141-43-5 + **4** CAS号 100-52-7 →($(CH_2OMe)_2$)→ **5** CAS号 770-37-6

5 CAS号 770-37-6 + **6** CAS号 7252-83-7 →($NaOC(Et)Me_2$, $(CH_2OMe)_2$)→ **7** CAS号 2305694-67-9 →($NaBH_4$, MeOH)→ **8** CAS号 2305694-68-0

8 CAS号 2305694-68-0 →(AcOH, H_2, H_2O, Pd, THF)→ **9** CAS号 1228258-40-9 →(H_3PO_4, THF)→ **10** CAS号 2305694-69-1

10 + **2** CAS号 2305694-79-3 →(HOBt, EDC-HCl, $NaOC(Et)Me_2$, 85%)→ **11**

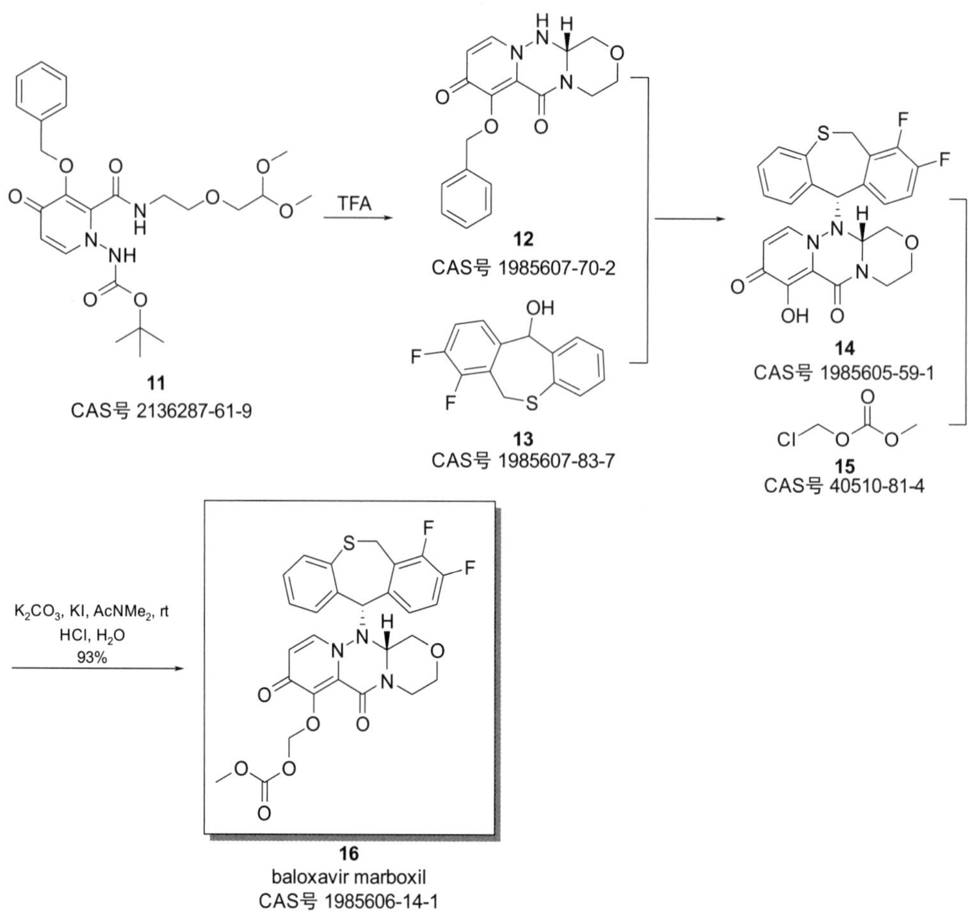

TFA

11
CAS号 2136287-61-9

12
CAS号 1985607-70-2

13
CAS号 1985607-83-7

14
CAS号 1985605-59-1

15
CAS号 40510-81-4

K_2CO_3, KI, $AcNMe_2$, rt
HCl, H_2O
93%

16
baloxavir marboxil
CAS号 1985606-14-1

原始文献： WO 2019070059,2019.

合成路线 2

以下合成路线来源于安帝康（无锡）生物科技有限公司朱孝云和蒋维平等人 2018 年发表的专利申请书。其特点是：关键中间体化合物 **5** 是通过化合物 **2** 和化合物 **4** 反应而得。

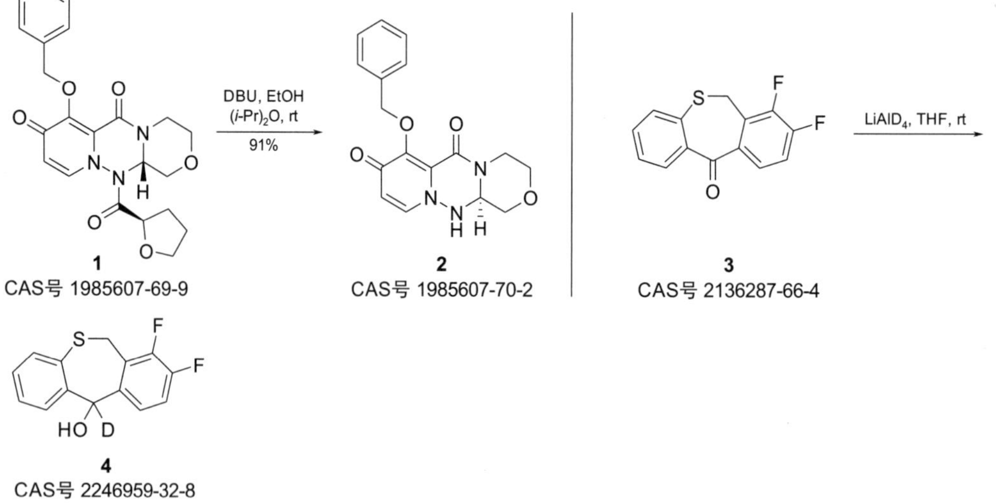

DBU, EtOH
$(i\text{-}Pr)_2O$, rt
91%

1
CAS号 1985607-69-9

2
CAS号 1985607-70-2

$LiAlD_4$, THF, rt

3
CAS号 2136287-66-4

4
CAS号 2246959-32-8

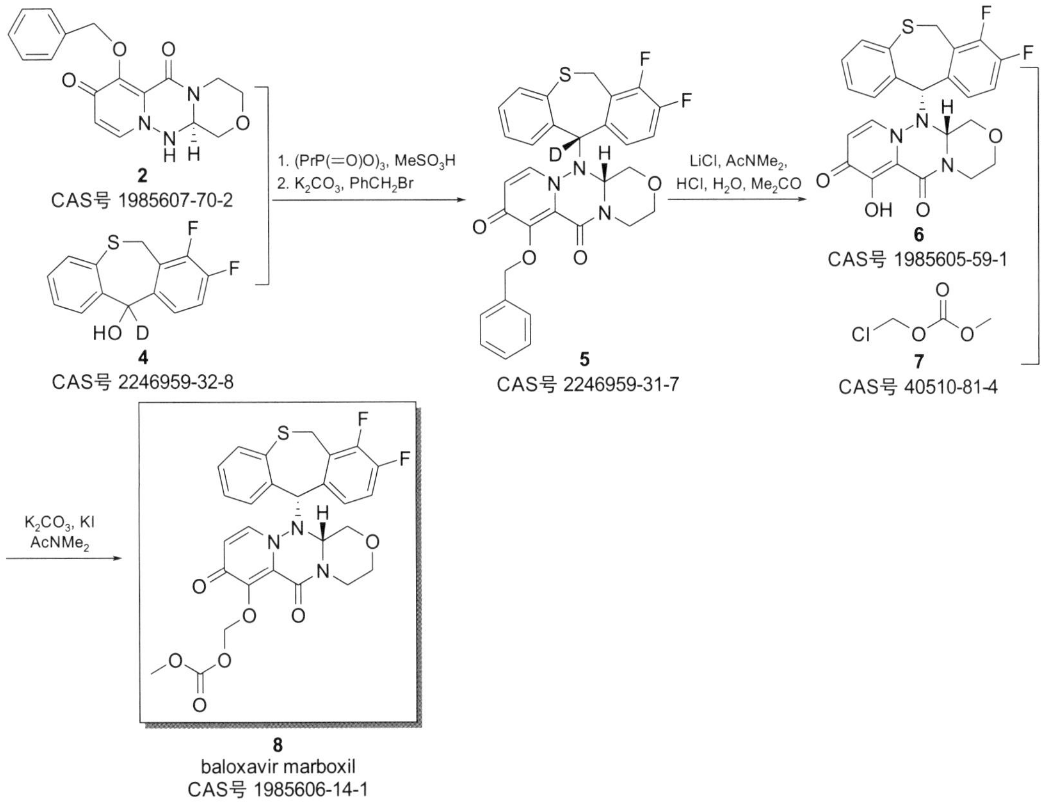

原始文献： CN 108440564,2018.

合成路线 3

以下合成路线来源于 Shionogi 公司 Kawai 等人 2017 年发表的专利申请书。其特点是：关键中间体化合物 **12** 是通过化合物 **10** 和化合物 **11** 反应而得。化合物 **10** 是以化合物 **1** 和化合物 **2** 为原料，经过 6 步反应合成而得。

1
CAS号 1332855-94-3

2
CAS号 870-46-2

Py · *p*-MePhSO$_3$H, AcNMe$_2$ 73%

3
CAS号 1985607-65-5

HCl, AcOEt, rt 99%

4
CAS号 1985607-66-6

5
CAS号 2119729-43-8

SnCl$_4$, MeCN
NaHCO$_3$, H$_2$O

6
CAS号 2119729-44-9

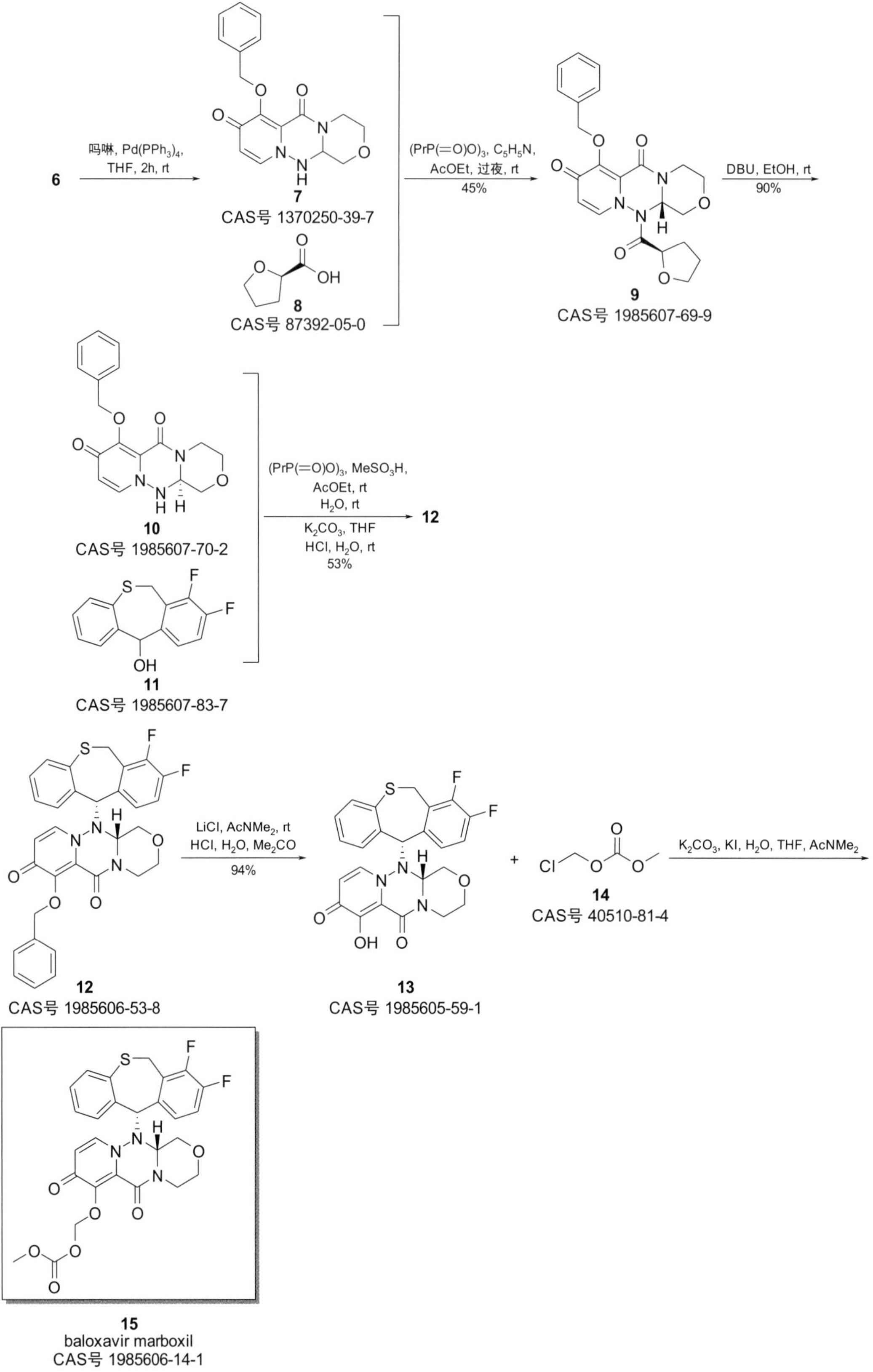

原始文献： JP 6249434,2017.

合成路线 4

以下合成路线来源于 Shionogi 公司 Shibahara 等人 2017 年发表的专利申请书。其特点是：关键中间体化合物 **14** 是通过化合物 **4** 和化合物 **12** 反应而得。化合物 **10** 是以化合物 **1** 和化合物 **2** 为原料，经过 4 步反应合成而得。其中化合物 **4** 是以化合物 **2** 为原料经过 1 步合成反应而得。化合物 **12** 是以化合物 **5** 和化合物 **6** 为原料经过 5 步合成而得。

1 CAS号 111-27-3 + **2** CAS号 1985607-70-2 + **3** CAS号 104-15-4 → (*i*-PrMgCl, THF; 柠檬酸, H_2O; THF; 87%) → **4** CAS号 2136287-68-6

5 CAS号 455-86-7, **6** CAS号 68-12-2 → ($LiN(Pr\text{-}i)_2$, THF; HCl, H_2O) → **7** CAS号 2136287-63-1, **8** CAS号 108-98-5 → (D-樟脑磺酸; PhMe, rt; NaOH, H_2O) → **9** CAS号 2136287-64-2 → ($(Me_2SiH)_2O$, $AlCl_3$, PhMe; 81%) → **10** CAS号 2136287-65-3

10 CAS号 2136287-65-3 → (91%) → **11** CAS号 2136287-66-4 → (NaOH, $NaBH_4$, Me_2CHOH, H_2O; 97%) → **12** CAS号 1985607-83-7, **13** CAS号 75-75-2

+ **4** CAS号 2136287-68-6 → ($(PrP(=O)O)_3$, 环己烷, AcOEt; 85%) → **14**

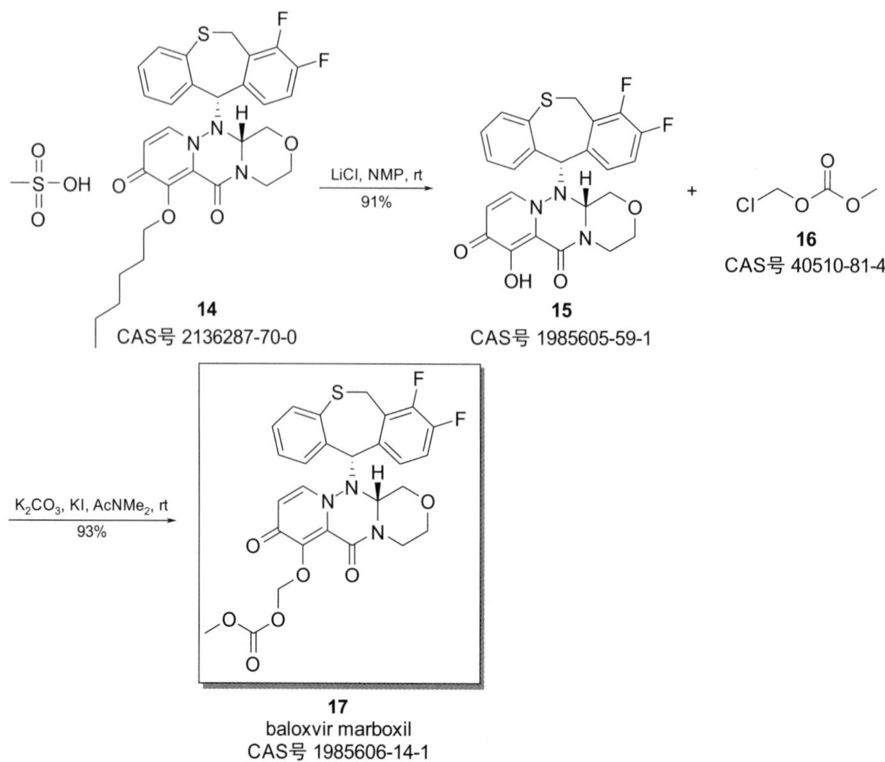

原始文献： JP 6212678,2017.

合成路线 5

以下合成路线来源于 Shionogi 公司 Kawai 等人 2016 年发表的专利申请书。其特点是：关键中间体化合物 **15** 是通过化合物 **12** 和化合物 **13** 反应而得。关键化合物 **12** 是以化合物 **1** 为原料经过 7 步反应而得。

1
CAS号 119736-16-2

2
CAS号 75-03-6

DBU, DMF, rt
NH_4Cl, H_2O
100%

3
CAS号 1332855-94-3

4
CAS号 870-46-2

Py · *p*-$MePhSO_3H$,
$AcNMe_2$
73%

5
CAS号 1985607-65-5

HCl, AcOEt, rt
$NaHCO_3$, H_2O
99%

6
CAS号 1985607-66-6

7
CAS号 2119729-43-8

$SnCl_4$, MeCN,
$NaHCO_3$, H_2O
→ **8**

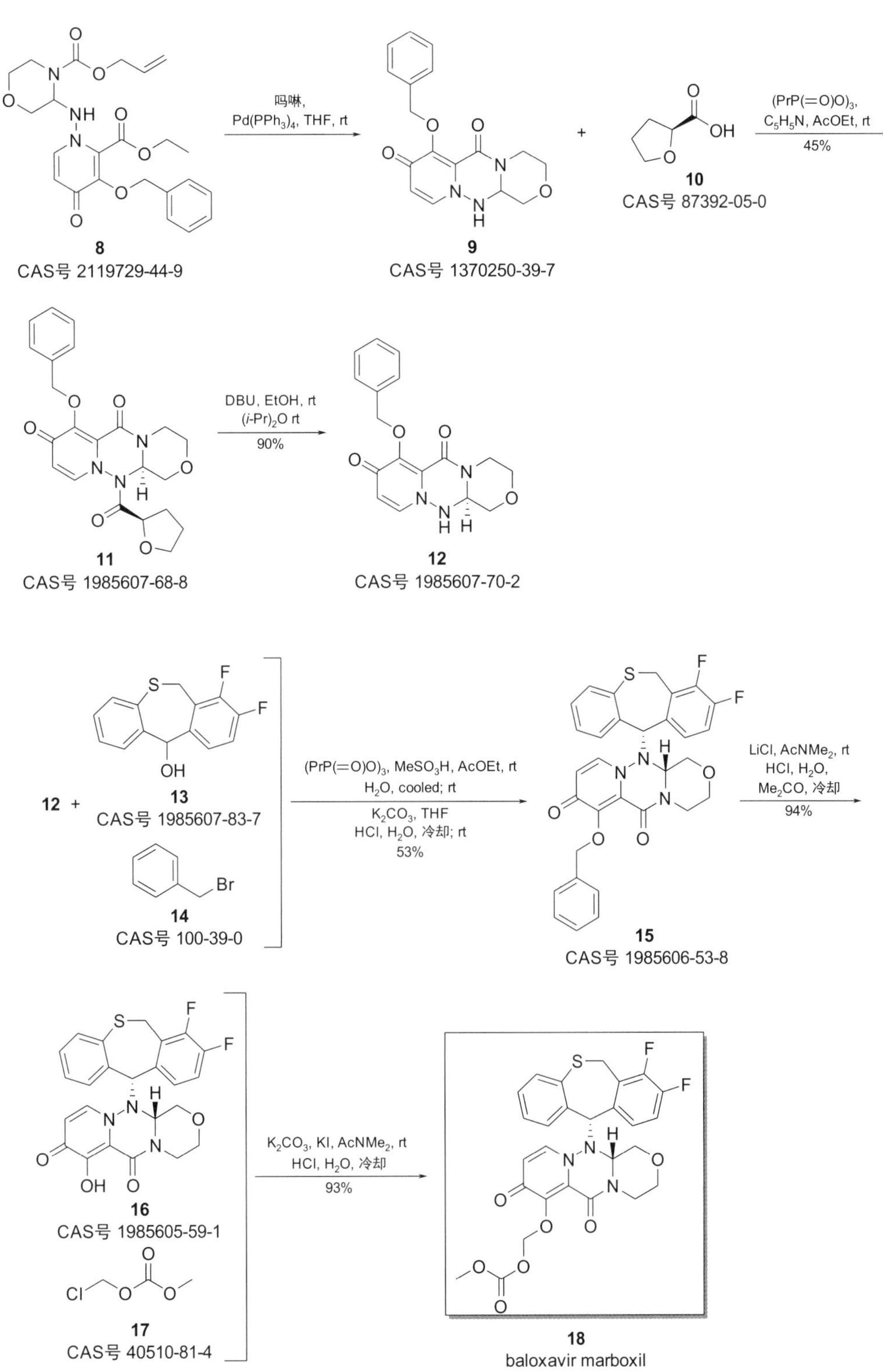

原始文献： JP 5971830,2016.

参考文献

[1] Influenza vaccine for 2019—2020. Med Lett Drugs Ther,2019, 61(1583):161-166.

[2] Imai M, Yamashita M, Sakai-Tagawa Y, et al. Influenza A variants with reduced susceptibility to baloxavir isolated from Japanese patients are fit and transmit through respiratory droplets. Nat Microbiol,2020,5(1):27–33.

巴洛沙韦马波地尔核磁谱图

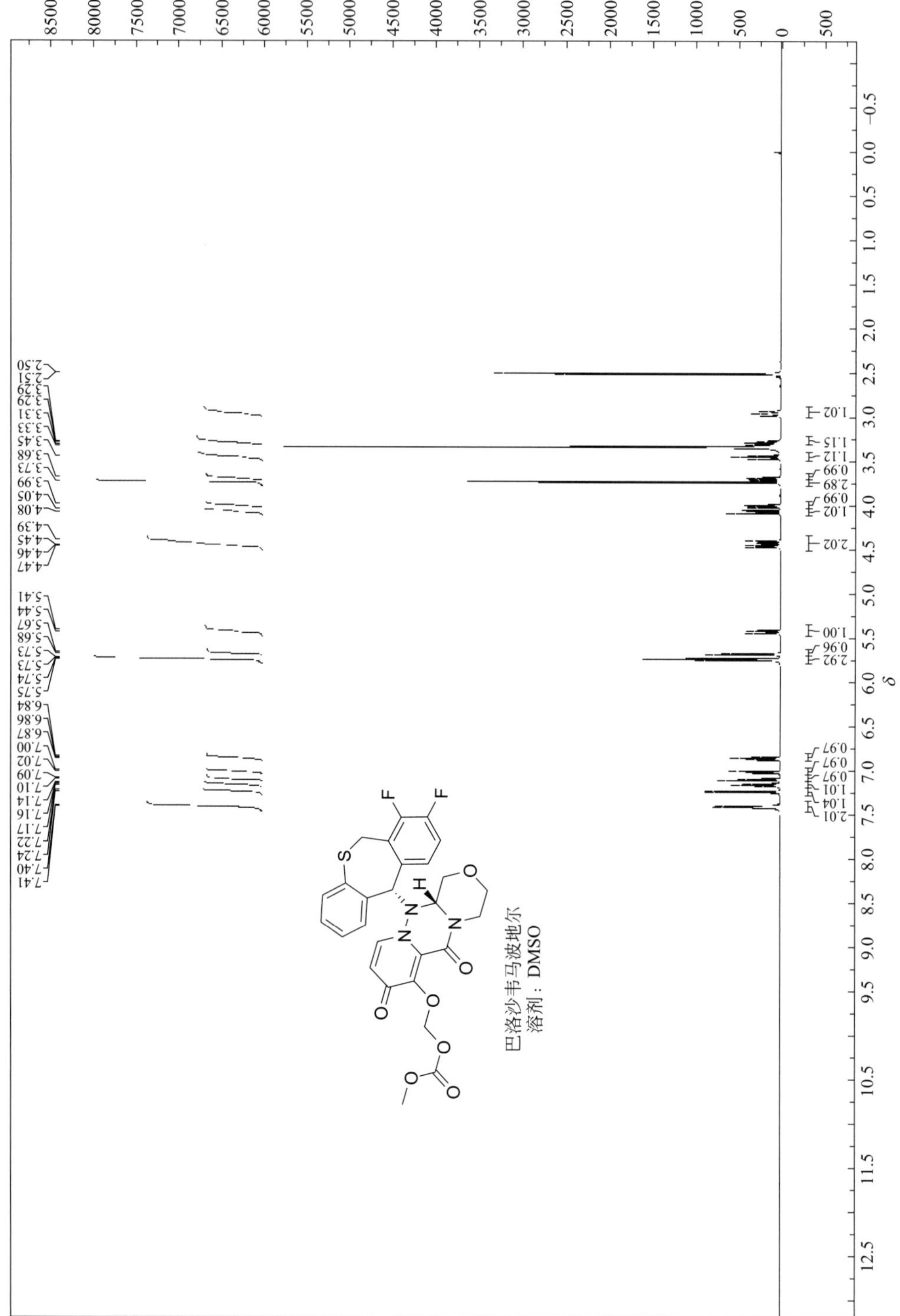

baricitinib（巴利替尼）

药物基本信息

英文通用名	baricitinib
英文别名	INCB-028050; INCB-28050; INCB 28050; INCB28050; LY-3009104; LY 3009104; LY3009104
中文通用名	巴利替尼
商品名	Olumiant
CAS登记号	1187594-09-7 (游离碱), 1187595-84-1 (磷酸盐)
FDA 批准日期	5/31/2018
FDA 批准的API	baricitinib (游离碱)
化学名	2-(3-(4-(7*H*-pyrrolo[2,3-d]pyrimidin-4-yl)-1*H*-pyrazol-1-yl)-1-(ethylsulfonyl)azetidin-3-yl)acetonitrile
SMILES代码	N#CCC1(N2N=CC(C3=C4C(NC=C4)=NC=N3)=C2)CN(S(=O)(CC)=O)C1

化学结构和理论分析

化学结构	理论分析值
	化学式：$C_{16}H_{17}N_7O_2S$ 精确分子量：371.1164 分子量：371.4190 元素分析：C, 51.74; H, 4.61; N, 26.40; O, 8.62; S, 8.63

药品说明书参考网页

生产厂家产品说明书、美国药品网、美国处方药网页。

药物简介

Baricitinib 是一种 janus 激酶（JAK）抑制剂。 JAK 是细胞内酶，可以在细胞膜上传递由细胞因子或生长因子 - 受体相互作用产生的信号，进而影响造血作用和免疫细胞功能的细胞过程。在信号传导途径中，JAK 磷酸化并激活信号转导子和转录激活子（STATs），后者调节细胞内活性，包括基因表达。baricitinib 通过调节 JAK 信号通路，阻断 STAT 的磷酸化和激活，进而发挥疗效。

OLUMIANT 片剂表面的每个面上都有一个凹进区域，可以作为凹坑，薄膜包衣，速释片剂口服给药。2mg 片剂为浅粉红色，长方形，凹陷，一侧带有“ Lilly”，另一侧带有“ 2”。

每片含有 2mg 的 baricitinib 和以下非活性成分：交联羧甲基纤维素钠，硬脂酸镁，甘露醇，微晶纤维素，三氧化二铁，卵磷脂（大豆），聚乙二醇，聚乙烯醇，滑石粉和二氧化钛。

适应证：

（1）类风湿关节炎：OLUMIANT® 可用于治疗中度至重度活动性风湿性关节炎的成年患者，这些患者对一种或多种肿瘤坏死因子（TNF）拮抗剂疗法的反应不足。

（2）使用限制：不建议将 OLUMIANT 与其他可改变生物疾病的抗风湿药（DMARD）或有效的免疫抑制剂（如硫唑嘌呤和环孢霉素）的 JAK 抑制剂组合使用。

药品上市申报信息

该药物目前有 2 种产品上市。

药品注册申请号：207924
申请类型：NDA（新药申请）
申请人：ELI LILLY AND CO
申请人全名：ELI LILLY AND CO

产品信息

产品号	商品名	活性成分	剂型 / 给药途径	规格 / 剂量	参比药物(RLD)	生物等效参考标准(RS)	治疗等效代码
001	OLUMIANT	baricitinib	片剂 / 口服	2mg	是	是	否
002	OLUMIANT	baricitinib	片剂 / 口服	1mg	是	否	否

与本品相关的专利信息（来自 FDA 橙皮书 Orange Book）

关联产品号	专利号	专利过期日	是否物质专利	是否产品专利	专利用途代码	撤销请求	提交日期
001	8158616	2030/06/08	是	是			2018/06/20
	8420629	2029/03/10			U-247		2018/06/20

与本品相关的市场独占权保护信息

关联产品号	独占权代码	失效日期	备注
001	NCE	2023/05/31	

合成路线 1

以下合成路线来源于 Xu 等人 2016 年发表的研究论文。目标化合物 **10** 是通过化合物 **8** 与化合物 **9** 在钯试剂催化下，发生 Suzuki 偶联反应而得。关键中间体化合物 **8** 是以化合物 **1** 和化合物 **2** 为原料，经过 4 步合成反应而得。

1 CAS号 2537-48-6
2 CAS号 398489-26-4
NaH, THF 84%
3 CAS号 1153949-11-1
F_3CCO_2H, CH_2Cl_2, rt
4 CAS号 1315059-55-2
5 CAS号 594-44-5
EtN(Pr-*i*)$_2$, MeCN, rt → **6**

6
CAS号 1187595-85-2

7
CAS号 269410-08-4

DBU, MeCN
84%

8
CAS号 1919837-50-5

+

9
CAS号 3680-69-1

CsF, $Pd(PPh_3)_4$, *t*-BuOH, H_2O, PhMe, rt; 回流
84%

10
baricitinib
CAS号 1187594-09-7

原始文献： J Chem Res,2016, 40(4): 205-208.

合成路线 2

以下合成路线来源于 IP.com Journal 2019 年发表的专利摘要。关键中间体化合物 **3** 是通过化合物 **1** 与化合物 **2** 的共轭加成反应而得。

1
CAS号 1187595-85-2

+

2
CAS号 2231734-28-2

K_2CO_3, MeCN

3
CAS号 2055723-13-0

K_2CO_3, MeOH, MeCN

4
baricitinib
CAS号 1187594-09-7

原始文献： IP com Journal, 2019, 5A:1-5.

合成路线 3

以下合成路线来源于 Jiangsu Zhongbang Pharmaceutical 公司 Xu 等人 2018 年发表的专利申请书。目标化合物 **13** 是通过化合物 **12** 与化合物 **7** 的共轭加成反应而得。化合物 **7** 是以化合物 **1** 和化合物 **2** 为原料，经过 3 步合成反应而得。化合物 **12** 是以化合物 **9** 为原料，经过 2 步合成反应而得。

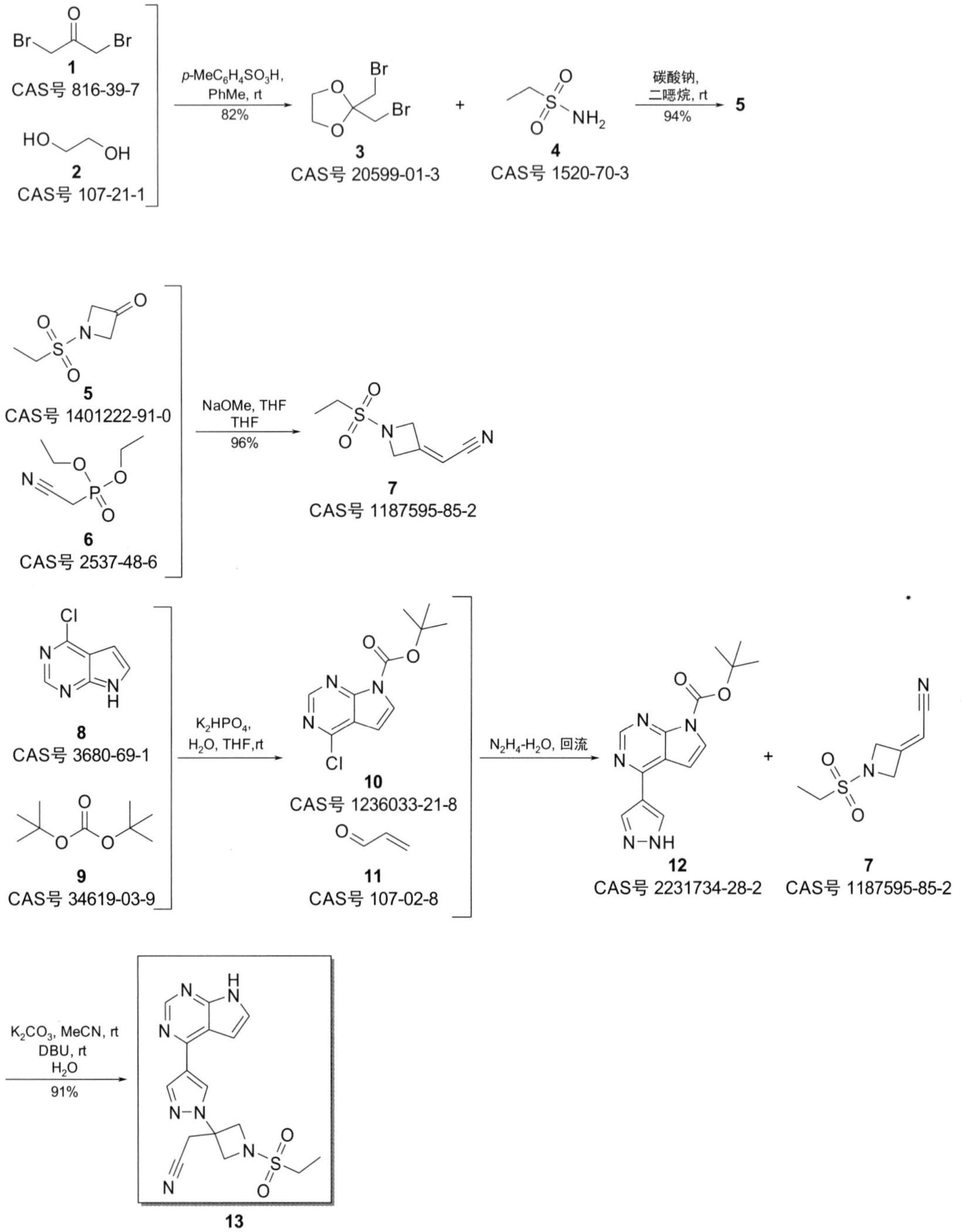

1 CAS号 816-39-7

2 CAS号 107-21-1

p-$MeC_6H_4SO_3H$, PhMe, rt, 82%

3 CAS号 20599-01-3

4 CAS号 1520-70-3

碳酸钠, 二噁烷, rt, 94% → **5**

5 CAS号 1401222-91-0

6 CAS号 2537-48-6

NaOMe, THF, THF, 96%

7 CAS号 1187595-85-2

8 CAS号 3680-69-1

9 CAS号 34619-03-9

K_2HPO_4, H_2O, THF, rt

10 CAS号 1236033-21-8

11 CAS号 107-02-8

N_2H_4-H_2O, 回流

12 CAS号 2231734-28-2

7 CAS号 1187595-85-2

K_2CO_3, MeCN, rt, DBU, rt, H_2O, 91%

13
baricitinib
CAS号 1187594-09-7

原始文献： CN 108129482,2018.

合成路线 4

以下合成路线来源于 Hangzhou Cheminspire Technologies 公司 Zheng 等人 2017 年发表的专利申请书。目标化合物 **14** 是通过中间体化合物 **13** 脱去对甲苯磺酸而得。化合物 **13** 是通过化合物 **11** 与化合物 **12** 在钯试剂作用下，通过 Suzuki 偶联反应而得。

HO OH
1
CAS号 126-30-7

+

O B O
N–N
O
2
CAS号 2124265-67-2

HCl, *t*-BuOMe, H_2O, AcOEt, rt
Et_3N, rt, pH 8～9
H_2O, rt
85%

O B O
N
HN
3
CAS号 2096995-02-5

OH HCl
Cl NH_2
4
CAS号 62037-46-1

O Cl
S
O
5
CAS号 594-44-5

K_2HPO_4, H_2O,
THF, rt
HCl, H_2O, rt

O H OH
S N Cl
O
6
CAS号 2124265-63-8

t-BuOK, DMF, rt
HCl, H_2O, rt

O
S
O N
OH
7
CAS号 1340173-28-5

Py-SO_3(1∶1),
Et_3N, CH_2Cl_2, rt

O
N O
S
O
8
CAS号 1401222-91-0

N
P
9
CAS号 16640-68-9

CH_2Cl_2, rt
H_2O, rt
→ **10**

N
O
N
S
O
10
CAS号 1187595-85-2

O B O
N
HN
3
CAS号 2096995-02-5

DBU, MeCN,
NH_4Cl, H_2O
86%

O
O S
N
O
B N
O N N
11
CAS号 2124265-65-0

N N O
Cl N S
O
12
CAS号 479633-63-1

Cs_2CO_3, $Pd(OAc)_2$,
Xantphos
82%

O S O
N
N
N
N–N
N O
S
N O
13
CAS号 2124265-66-1

$Bu_4N^+ \cdot F^-$, THF
83%

H
N N
N
N–N
N O
S
N O
14
baricitinib
CAS号 1187594-09-7

原始文献： CN 106946917,2017.

合成路线 5

以下合成路线来源于 Nanjing Yoko Biopharmaceutical 公司 Zhang 等人 2017 年发表的专利申请书。目标化合物 **11** 是通过中间体化合物 **10** 脱去对甲苯磺酸而得。关键中间体化合物 **7** 是以化合物 **1** 和化合物 **2** 为原料，经过 3 步合成而得。

1 CAS号 3680-69-1 + **2** CAS号 98-09-9 → (t-BuOK, THF, rt, H_2O, 89%) → **3** CAS号 186519-89-1

3 + **4** CAS号 269410-08-4 → (K_2CO_3, $Pd(PPh_3)_4$, H_2O, DMF, 85%) → **5** CAS号 2138410-60-1

5 + **6** CAS号 1153949-11-1 → (DBU, DMF, rt; H_2O, MeCN, rt, 92%) → **7** CAS号 2138410-61-2

7 → (HCl, H_2O, EtOH, rt; 回流, 98%) → **8** (HCl) CAS号 2138410-63-4

8 + **9** CAS号 594-44-5 → ($EtN(Pr\text{-}i)_2$, CH_2Cl_2, rt, 95%) → **10** CAS号 2138410-64-5

10 → (Me_4NF, MeTHF, 81%) → **11** baricitinib CAS号 1187594-09-7

原始文献： CN 107176955,2017.

合成路线 6

以下合成路线来源于 Egis Gyogyszergyar Zrt. 公司 Simig 等人 2017 年发表的专利申请书。目标化合物 **6** 是通过中间体化合物 **5** 脱去保护基而得。

1
CAS号 1146629-77-7

2
CAS号 1153949-11-1

DBU, MeCN, rt 90%

3
CAS号 2102104-37-8

4
CAS号 594-44-5

EtN(Pr-*i*)$_2$, AcOEt, rt 96%

5
CAS号 1187595-90-9

6
baricitinib
CAS号 1187594-09-7

原始文献：WO 2017109524,2017.

合成路线 7

以下合成路线来源于 Hangzhou Cheminspire Technologies 公司 Zheng 等人 2017 年发表的专利申请书。目标化合物 **12** 是通过中间体化合物 **11** 脱去保护基而得。关键中间体化合物 **11** 是化合物 **9** 与化合物 **10** 在钯试剂作用下通过 Suzuki 偶联反应而得。

1
CAS号 17557-84-5

2
CAS号 594-44-5

EtN(Pr-*i*)$_2$, CH_2Cl_2 87%

3
CAS号 1401222-91-0

4
CAS号 372-09-8

哌啶,PhMe 81%

5
CAS号 1187595-85-2

6
CAS号 2075-45-8

DBU, MeCN, HCl, H_2O 83%

7
CAS号 2089575-87-9

7

AcOK, Pd(dppf)Cl_2, THF

85%

9

CAS号 1919837-50-5

Cs_2CO_3, 2-(二环己基膦基)联苯, $Pd(OAc)_2$, H_2O, DMF

87%

8

CAS号 73183-34-3

10

CAS号 1236033-21-8

11

CAS号 2055723-13-0

HCl, EtOH

93%

12

baricitinib

CAS号 1187594-09-7

原始文献： CN 106496195,2017.

合成路线 8

以下合成路线来源于 Eli Lilly 公司 Kobierski 等人 2016 年发表的专利申请书。目标化合物 **14** 是通过中间体化合物 **13** 脱去保护基而得。关键中间体化合物 **13** 是化合物 **12** 与化合物 **3** 在钯试剂作用下通过 Suzuki 偶联反应而得。

1

CAS号 3680-69-1

2

CAS号 24424-99-5

K_3PO_4, MeTHF

86%

3

CAS号 1236033-21-8

4

CAS号 1029716-44-6

频哪醇, HCl

CPME, Et_3N

100%

5

CAS号 269410-08-4

6 CAS号 18621-18-6 (HCl)

7 CAS号 594-44-5

NaOH, K_3PO_4, H_2O, THF, 85%

8 CAS号 1340173-28-5

AcOH, O_2, 2, 2, 6, 6-四甲基哌啶-1-氧自由基, $NaNO_2$, H_2O, MeCN, rt, 96%

9 CAS号 1401222-91-0

+

10 CAS号 2537-48-6

$EtN(Pr\text{-}i)_2$, Me_2CHOH, 91% → 11

11 CAS号 1187595-85-2

5 CAS号 269410-08-4

DBU, DMF, 83%

12 CAS号 1919837-50-5

+

3 CAS号 1236033-21-8

K_3PO_4, $(Boc)_2O$, $Pd(dppf)Cl_2$, 89%

13 CAS号 2055723-13-0

K_3PO_4, H_2O, BuOH, rt, 93%

14 baricitinib CAS号 1187594-09-7

原始文献： WO 2016205487,2016.

参考文献

[1] Napolitano M, Fabbrocini G, Cinelli E, et al. Profile of baricitinib and its potential in the treatment of moderate to severe atopic dermatitis: a short review on the emerging clinical evidence. J Asthma Allergy, 2020, 13:89-94.

[2] Krutzke S, Rietschel C, Horneff G. Baricitinib in therapy of COPA syndrome in a 15-year-old girl. Eur J Rheumatol, 2019, 7(Suppl 1):1-4.

巴利替尼核磁谱图

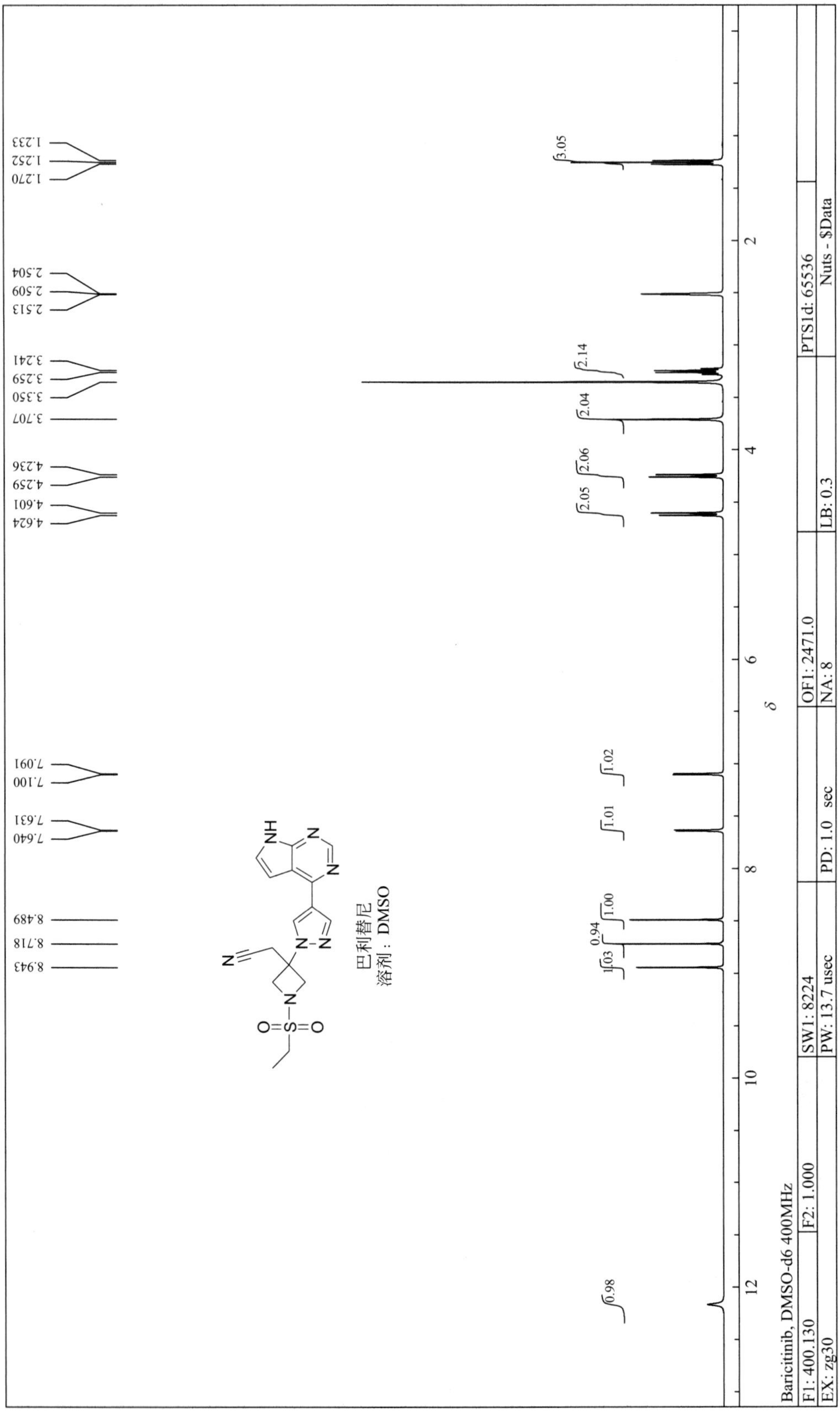

1.233
1.252
1.270
2.504
2.509
2.513
3.241
3.259
3.350
3.707
4.236
4.259
4.601
4.624
7.091
7.100
7.631
7.640
8.489
8.718
8.943
3.05
2.14
2.04
2.06
2.05
1.02
1.01
1.00
0.94
1.03
0.98
2
4
6
8
10
12
δ
巴利替尼
溶剂：DMSO
Baricitinib, DMSO-d6 400MHz
F1: 400.130
F2: 1.000
SW1: 8224
OF1: 2471.0
PTS1d: 65536
EX: zg30
PW: 13.7 usec
PD: 1.0 sec
NA: 8
LB: 0.3
Nuts - $Data

benznidazole（苯硝唑）

药物基本信息

英文通用名	benznidazole
英文别名	NSC 299972; NSC-299972; NSC299972; RO 07-1051; RO-07-1051; RO07-1051; RO 071051; RO-071051; RO071051
中文通用名	苯硝唑
商品名	Rochagan, Radanil
CAS登记号	22994-85-0
FDA 批准日期	8/29/2017
FDA 批准的API	benznidazole（游离态）
化学名	2-nitro-*N*-(phenylmethyl)-1*H*-imidazole-1-acetamide
SMILES代码	O=C(NCC1=CC=CC=C1)CN2C=CN=C2[N+]([O-])=O

化学结构和理论分析

化学结构	理论分析值
	化学式：$C_{12}H_{12}N_4O_3$ 精确分子量：260.0909 分子量：260.2530 元素分析：C, 55.38; H, 4.65; N, 21.53; O, 18.44

药品说明书参考网页

生产厂家产品说明书、美国药品网、美国处方药网页。

药物简介

Benznidazole 是一种抗菌药。Benznidazole 可抑制克氏锥虫寄生虫内 DNA、RNA 和蛋白质的合成。研究表明，benznidazole 可被克鲁氏螺旋体的 I 型硝基还原酶（NTR）还原，产生一系列短寿命的中间体，这些中间体可能会促进包括 DNA 在内的几种大分子的降解。

Benznidazole 是一种微黄色的，几乎是结晶的粉末，几乎不溶于水，几乎不溶于丙酮和乙醇，而微溶于甲醇。

Benznidazole 片为白色圆形片剂，每片含 12.5mg 或 100mg benznidazole，供口服使用。100mg 的白色药片是圆形的，在功能上得分两次，在每个四分之一部分的一侧刻有“E”的两边都有一个十字。12.5mg 白色药片呈圆形且未刻痕，且在一侧刻有“E”字样。

非活性成分如下：硬脂酸镁，NF；微晶纤维素，NF；一水乳糖，NF；预糊化玉米淀粉，NF；交联羧甲基纤维素钠。

适应证：苯硝唑片适用于 2 ～ 12 岁的小儿患者，用于治疗克氏锥虫引起的恰加斯病（美国锥虫病）。

药品上市申报信息

该药物目前有 2 种产品上市。

药品注册申请号：209570
申请类型：NDA（新药申请）
申请人：CHEMO RESEARCH SL
申请人全名：CHEMO RESEARCH SL

产品信息

产品号	商品名	活性成分	剂型 / 给药途径	规格 / 剂量	参比药物 (RLD)	生物等效参考标准 (RS)	治疗等效代码
001	BENZNIDAZOLE	benznidazole	片剂 / 口服	12.5mg	是	否	否
002	BENZNIDAZOLE	benznidazole	片剂 / 口服	100mg	是	是	否

与本品相关的市场独占权保护信息

关联产品号	独占权代码	失效日期	备注
001	ODE-154	2024/08/29	
	NCE	2022/08/29	
002	ODE-154	2024/08/29	
	NCE	2022/08/29	

合成路线 1

以下合成路线来源于 Consejo Nacional de Investigaciones 公司 Donadio 等人 2016 年发表的专利申请书。目标化合物 **12** 是通过中间体化合物 **11** 合成而得。关键中间体化合物 **11** 是以化合物 **5** 为原料，经过 4 步反应而得。

9
CAS号 2097143-86-5
+
10
CAS号 76-05-1
H_2, Pd, MeOH, 2.5～6h, rt, 3atm
11
CAS号 2097143-87-6
HBF_4, H_2O
$NaNO_2$, H_2O
12
benznidazole
CAS号 22994-85-0

原始文献： AR 97991,2016.

合成路线 2

以下合成路线来源于 Handal 等人发表 2015 年发表的专利申请书。目标化合物 **3** 是以化合物 **1** 和化合物 **2** 通过微波加热反应而得。该方法无需使用溶剂。非常环保。

1
CAS号 19340-77-3
+
2
CAS号 527-73-1
微波加热
10min
3
benznidazole
CAS号 22994-85-0

原始文献： WO 2015076760,2015.

合成路线 3

以下合成路线来源于 Savant Neglected Diseases 公司 Watson 等人 2017 年发表的专利申请书。目标化合物 **5** 是以化合物 **3** 和化合物 **4** 反应而得。

1
CAS号 527-73-1
+
2
CAS号 105-36-2
K_2CO_3, EtOH, 110min, 70℃
3
CAS号 161490-37-5
+
4
CAS号 100-46-9
16h, 50℃
H_2O, 50℃; 2h, 5℃
5
benznidazole
CAS号 22994-85-0

原始文献： WO 2017205622,2017.

参考文献

[1] Bellera C L, Alberca L N, Sbaraglini M L,et al. In silico drug repositioning for Chagas disease. Curr Med Chem. 2020, 27(5):662-675.

[2] Villalta F, Rachakonda G. Advances in preclinical approaches to Chagas disease drug discovery. Expert Opin Drug Discov,2019, 14(11):1161-1174.

betrixaban maleate（贝曲沙班马来酸盐）

药物基本信息

英文通用名	betrixaban maleate
英文别名	PRT054021; PRT 054021; PRT-054021; MK-4448; MK 4448; MK4448; PRT-021; PRT 021; PRT021; MLN-1021; MLN 1021; MLN1021
中文通用名	贝曲沙班马来酸盐
商品名	Bevyxxa
CAS登记号	936539-80-9 (马来酸盐), 330942-05-7 (游离碱)
FDA 批准日期	6/23/2017
FDA 批准的API	betrixaban maleate
化学名	benzamide, *N*-(5-chloro-2-pyridinyl)-2-((4-((dimethylamino)iminomethyl) benzoyl)amino)-5-methoxy-, (2*Z*)-2-butenedioate (1 ∶ 1)
SMILES代码	O=C(NC1=NC=C(Cl)C=C1)C2=CC(OC)=CC=C2NC(C3=CC=C(/C=N/N(C)C)C=C3)=O.O=C(O)/C=C\C(O)=O

化学结构和理论分析

化学结构	理论分析值
N, N, H, N, O, H, N, N, Cl, O, O, HO, O, O, OH	化学式：$C_{27}H_{26}ClN_5O_7$ 精确分子量：N/A 分子量：567.9830 元素分析：C, 57.10; H, 4.61; Cl, 6.24; N, 12.33; O, 19.72

药品说明书参考网页

生产厂家产品说明书、美国药品网、美国处方药网页。

药物简介

Betrixaban 是一种口服有效的 FXa 抑制剂，可选择性阻断 FXa 的活性位点，并且不需要辅助因子（例如抗凝血Ⅲ）即可发挥作用。Betrixaban 可抑制游离 FXa 和凝血酶原活性。 通过直接抑制 FXa，betrixaban 可减少凝血酶的产生（TG）。Betrixaban 对血小板聚集没有直接影响。

BEVYXXA 胶囊的口服剂量为 80mg 和 40mg 贝曲沙班，非活性成分为：葡萄糖一水合物，交联羧甲基纤维素钠，硬脂酸镁和硬明胶胶囊。

适应证：

（1）BEVYXXA 适用于预防因急性中度或重度活动受限和其他 VTE 危险因素而有血栓栓塞并发症风险成年患者的静脉血栓栓塞（venous thromboembolism，VTE）。

（2）使用限制：由于目前尚未研究该药物对人工心脏瓣膜患者的影响，BEVYXXA 对这类患者的安全性和有效性尚未确定。

药品上市申报信息

该药物目前有 2 种产品上市。

药品注册申请号：208383
申请类型：NDA（新药申请）
申请人：PORTOLA PHARMS INC
申请人全名：PORTOLA PHARMACEUTICALS INC

产品信息

产品号	商品名	活性成分	剂型 / 给药途径	规格 / 剂量	参比药物 (RLD)	生物等效参考标准 (RS)	治疗等效代码
001	BEVYXXA	betrixaban	胶囊 / 口服	40mg	是	否	否
002	BEVYXXA	betrixaban	胶囊 / 口服	80mg	是	是	否

与本品相关的专利信息（来自 FDA 橙皮书 Orange Book）

关联产品号	专利号	专利过期日	是否物质专利	是否产品专利	专利用途代码	撤销请求	提交日期
001	6376515	2020/09/15	是	是	U-2029 U-1167 U-1502 U-2030		2017/07/21
	6835739	2020/09/15	是	是			2017/07/21
	7598276	2026/11/08	是				2017/07/21
	8404724	2031/03/29		是	U-2034		2017/07/21
	8518977	2020/09/15	是				2017/07/21
	8557852	2028/09/08			U-1167 U-2030		2017/07/21
	8691847	2020/09/15	是	是	U-2035 U-2029		2017/07/21
	8987463	2030/12/28		是			2017/07/21
	9555023	2026/11/07			U-1502		2017/07/21
	9629831	2020/09/15			U-1167 U-2030 U-2035 U-1502		2017/07/21
002	6376515	2020/09/15	是	是	U-2030 U-2029 U-1502 U-1167		2017/07/21
	6835739	2020/09/15	是	是			2017/07/21
	7598276	2026/11/08	是				2017/07/21
	8404724	2031/03/29		是	U-2034		2017/07/21
	8518977	2020/09/15	是				2017/07/21
	8557852	2028/09/08			U-2030 U-1167		2017/07/21
	8691847	2020/09/15	是	是	U-2029 U-2035		2017/07/21
	8987463	2030/12/28		是			2017/07/21
	9555023	2026/11/07			U-1502		2017/07/21
	9629831	2020/09/15			U-1502 U-1167 U-2035 U-2030		2017/07/21

与本品相关的市场独占权保护信息

关联产品号	独占权代码	失效日期	备注
001	NCE	2022/06/23	
002	NCE	2022/06/23	

合成路线 1

以下合成路线来源于 Millennium Pharmaceuticals 公司 Zhang 等人 2009 年发表的论文。目标化合物 **8** 是通过化合物 **7** 与化合物 **6** 的氰基加成反应而得。关键中间体化合物 **6** 是通过化合物 **4** 与酰氯化合物 **5** 反应而得。

1 + **2** —($POCl_3$, C_5H_5N, 0°C)→ **3** —($SnCl_2$, AcOEt, 回流)→ **4**

1 CAS号 1882-69-5

2 CAS号 1072-98-6

3 CAS号 280773-16-2

4 CAS号 280773-17-3

4 + **5** —(THF, rt)→ **6** + **7** —(THF, 0°C; rt)→ **8**

4 CAS号 280773-17-3

5 CAS号 6068-72-0

6 CAS号 330942-01-3

7 CAS号 124-40-3

8
betrixaban
CAS号 330942-05-7

原始文献： Bioorg Med Chem Lett,2009,19(8),2179-2185.

合成路线 2

以下合成路线来源于 Sichuan Haisco Pharmaceutical 公司 Chen 等人 2013 年发表的专利申请书。目标化合物 **8** 是通过化合物 **7** 与化合物 **6** 的氰基加成反应而得。关键中间体化合物 **6** 是通过化合物 **4** 与酰氯化合物 **5** 反应而得。

C_5H_5N, $POCl_3$, MeCN, rt, 1h
H_2O

Fe, AcOEt, rt; 3h, rt

1
CAS号 1072-98-6

2
CAS号 1882-69-5

3
CAS号 280773-16-2

4
CAS号 280773-17-3

Et_3N, THF, 10～20℃

4
CAS号 280773-17-3

5
CAS号 6068-72-0

6
CAS号 330942-01-3

7
CAS号 124-40-3

i-PrMgCl, THF

8
betrixaban
CAS号 330942-05-7

原始文献： CN 104693114,2013.

合成路线 3

以下合成路线来源于重庆医科大学 Yuan 等人 2013 年发表的专利申请书。目标化合物 **8** 是通过化合物 **7** 与化合物 **6** 的氰基加成反应而得。关键中间体化合物 **6** 是化合物 **5** 与酰氯化合物 **2** 反应而得。

CAS号 619-65-8

CAS号 6068-72-0

CAS号 1072-98-6

CAS号 37795-77-0

CAS号 280773-17-3

CAS号 6068-72-0

CAS号 124-40-3

CAS号 330942-01-3

8

betrixaban

CAS号 330942-05-7

原始文献：CN 105732490,2016.

合成路线 4

以下合成路线来源于 Zhejiang Hongyuan Pharmaceutical 公司 Wang 等人 2017 年发表的专利申请书。目标化合物 **8** 是通过化合物 **7** 的氰基与化合物 **2** 加成反应而得。

CAS号 124-40-3

CAS号 14314-59-1

CAS号 6705-03-9

CAS号 64459-25-2

CAS号 2161337-19-3

5 + 6 (CAS号 1072-98-6) —DBU, CH_2Cl_2→ 7 (CAS号 330942-01-3) + 2 (CAS号 14314-59-1) —THF→ 8 betrixaban CAS号 330942-05-7

原始文献： CN 107382897,2017.

合成路线 5

以下合成路线来源于天津大学 Li 等人 2015 年发表的研究论文。目标化合物 **10** 是通过化合物 **9** 与化合物 **8** 的氰基发生加成反应而得。

1 (CAS号 619-65-8) —$SOCl_2$, DMF→ 2 (CAS号 6068-72-0)

3 (CAS号 1882-69-5) —H_2, Pd, THF→ 4 (CAS号 6705-03-9)

4 + 2 (CAS号 6068-72-0) —Et_3N, THF→ 5 (CAS号 2024580-24-1)

5 —$SOCl_2$, DMF→ 6 (CAS号 2024580-26-3)

6 + 7 (CAS号 1072-98-6) —NaH, MeCN→ 8 (CAS号 330942-01-3)

8 + 9 (CAS号 3585-33-9) —THF→ 10 betrixaban CAS号 330942-05-7

原始文献： J Chem Res,2015,39(9): 524-526.

合成路线 6

以下合成路线来源于 Millennium Pharmaceuticals 公司 Sinha 等人 2008 年发表的专利申请书。目标化合物 **7** 是通过二甲氨基锂与化合物 **6** 分子中的氰基加成反应而得。

1 CAS号 1882-69-5

2 CAS号 1072-98-6

C_5H_5N, $POCl_3$

3 CAS号 280773-16-2

H_2, Pt, 30psi

4 CAS号 280773-17-3

5 CAS号 6068-72-0

C_5H_5N THF

6 CAS号 330942-01-3

HCl

Me_2NLi THF

7 betrixaban CAS号 330942-05-7

原始文献： US 20080254036, 2008.

合成路线 7

以下合成路线来源于 Millennium Pharmaceuticals 公司 Scarborough 等人 2008 年发表的专利申请书。目标化合物 **8** 是通过化合物 **7** 与化合物 **6** 的氰基加成反应而得。

1 CAS号 1882-69-5 + **2** CAS号 1072-98-6

C_5H_5N, MeCN $POCl_3$

3 CAS号 280773-16-2

H_2, Pt, CH_2Cl_2, 30psi

4 CAS号 280773-17-3

4 + 5 CAS号 6068-72-0 —C_5H_5N, THF→ 6 CAS号 330942-01-3 + 7 CAS号 3585-33-9 —THF, $NaHCO_3$→ 8 betrixaban CAS号 330942-05-7

原始文献： WO 2008057972, 2008.

合成路线 8

以下合成路线来源于 Millennium Pharmaceuticals 公司 Pandey 等人 2011 年发表的专利申请书。目标化合物 **11** 是通过化合物 **10** 与化合物 **2** 反应而得。化合物 **10** 是以化合物 **3** 和化合物 **4** 为原料，经过 4 步合成反应而得。

1 CAS号 280773-16-2 —H_2, Pt, CH_2Cl_2, 30psi→ 2 CAS号 280773-17-3

3 CAS号 619-65-8 + H_3C-OH 4 CAS号 67-56-1 —H_2SO_4, H_2O, MeOH→ 5 CAS号 1129-35-7

5 + 6 CAS号 64-17-5 —HCl, EtOH→ 7 CAS号 99855-50-2 + 8 CAS号 506-59-2 —EtOH→ 9 CAS号 764659-41-8 —LiOH, H_2O, THF→ 10 CAS号 244257-76-9 + 2 —EDC-HCl, DMF→ 11 betrixaban CAS号 330942-05-7

原始文献： WO 2011084519,2011.

合成路线 9

以下合成路线来源于河北科技大学 Zhao 等人 2014 年发表的论文。目标化合物 **11** 是通过化合物 **10** 的重排反应而得。化合物 **10** 是以化合物 **1** 为原料，经过 5 步合成反应而得。

Cl(O=)CC(=O)Cl
DMF, CH_2Cl_2

K_2CO_3, THF

1
CAS号 1882-69-5

2
CAS号 63932-00-3

3
CAS号 1072-98-6

4
CAS号 280773-16-2

二咪唑酮, DMF

HCl, AcOEt

5
CAS号 619-65-8

6
CAS号 330942-01-3

7
CAS号 67-56-1

8
CAS号 2099719-46-5

MeOH, H_2O

Na_2CO_3

9
CAS号 124-40-3

10
CAS号 1796592-13-6

11
betrixaban
CAS号 330942-05-7

原始文献： 中国新药杂志 , 2015,23(4): 2902-2911.

合成路线 10

以下合成路线来源于 Portola Pharmaceuticals, Inc 公司 Conley 等人 2008 年发表的专利申请书。目标化合物 **8** 是通过化合物 **7** 与化合物 **6** 的氰基加成反应而得。化合物 **6** 是以化合物 **1** 为原料，经过 3 步合成反应而得。

C_5H_5N, $POCl_3$, MeCN

1
CAS号 1882-69-5

2
CAS号 1072-98-6

3
CAS号 280773-16-2

H_2, Pt, CH_2Cl_2
30psi

4
CAS号 280773-17-3

4 + 5 $\xrightarrow{C_5H_5N,\ THF}$ 6 HCl + 7 $\xrightarrow{THF}$ 8

5
CAS号 6068-72-0

6
CAS号 936539-81-0

7
CAS号 3585-33-9

8
betrixaban
CAS号 330942-05-7

原始文献： WO 2008137787,2008.

参考文献

[1] Miller K M, Brenner M J. Betrixaban for extended venous thromboembolism prophylaxis in high-risk hospitalized patients: putting the APEX results into practice. Drugs, 2019, 79(3):291-302.

[2] Scarpa D, Denas G, Babuin L,et al. The benefit of betrixaban for the extended thromboprophylaxis in acutely ill medical patients. Expert Opin Pharmacother,2019, 20(3):261-268.

bictegravir sodium（比西替韦钠）

药物基本信息

英文通用名	bictegravir sodium
英文别名	GS-9883;GS 9883;GS9883;GS-9883-01;GS 9883-01
中文通用名	比西替韦钠
商品名	Biktarvy
CAS登记号	1611493-60-7（游离碱）, 1807988-02-8（钠盐）
FDA 批准日期	2/7/2018
FDA 批准的API	bictegravir sodium
化学名	sodium (2*R*,5*S*,13a*R*)-7,9-dioxo-10-((2,4,6-trifluorobenzyl)carbamoyl)-2,3,4,5,7,9,13,13a-octahydro-2,5-methanopyrido[1′,2′:4,5]pyrazino[2,1-b][1,3]oxazepin-8-olate
SMILES代码	[O-]C(C(C(C(NCC1=C(F)C=C(F)C=C1F)=O)=C2)=O)=C3N2C[C@@]4([H])O[C@](C5)([H])CC[C@]5([H])N4C3=O.[Na+]

化学结构和理论分析

化学结构	理论分析值
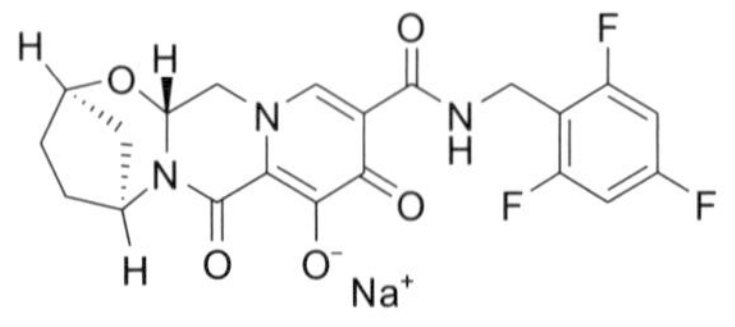	化学式：$C_{21}H_{17}F_3N_3NaO_5$ 精确分子量：N/A 分子量：471.3680 元素分析：C, 53.51; H, 3.64; F, 12.09; N, 8.91; Na, 4.88; O, 16.97

药品说明书参考网页

生产厂家产品说明书、美国药品网、美国处方药网页。

药物简介

BIKTARVY 是一种含有 3 种活性成分的组合药物，主要治疗 HIV-1 病毒感染。其活性成分分别为：bictegravir（BIC）、emtricitabine（FTC）和 tenofovir alafenamide fumarate（TAF）。

BIC 的作用主要是抑制 HIV-1 整合酶（整合酶链转移抑制剂，INSTI）的链转移活性，HIV-1 整合酶是病毒复制所需的 HIV-1 编码酶。抑制整合酶可有效阻止线型 HIV-1 DNA 整合入宿主基因组 DNA，从而阻止 HIV-1 前病毒的形成和病毒的传播。

FTC 是一种核苷类似物，被细胞酶磷酸化后可形成恩曲他滨 5'- 三磷酸。后者通过与天然底物脱氧胞苷 5'- 三磷酸竞争，并嵌入新生病毒 DNA 中，进而导致链终止，同时抑制 HIV-1 逆转录酶的活性。恩曲他滨 5'- 三磷酸酯是哺乳动物 DNA 聚合酶 α、β、ε 和线粒体 DNA 聚合酶弱抑制剂。

TAF 是替诺福韦（2′- 脱氧腺苷一磷酸类似物）的磷酸亚酰铵盐前药。TAF 暴露于血浆中后，可以渗透到细胞中，然后通过组织蛋白酶 A 水解将 TAF 胞内转化为替诺福韦。随后，替诺福韦被细胞激酶磷酸化为活性代谢产物替诺福韦二磷酸。替诺福韦二磷酸酯通过 HIV 逆转录酶掺入病毒 DNA 中而抑制 HIV-1 复制，从而导致 DNA 链终止。

适应证：BIKTARVY 是治疗成人和体重至少 25kg 且无抗逆转录病毒治疗史的儿科患者的 1 型人类免疫缺陷病毒（HIV-1）感染的完整治疗方案，或已接受病毒学替代的现有抗逆转录病毒治疗方案在稳定的抗逆转录病毒治疗方案中被抑制（HIV-1 RNA 少于 50 拷贝 / mL），没有治疗失败的历史，也没有已知的对 BIKTARVY 单个成分具有抗性的替代物。

BIKTARVY 是一种固定剂量的组合片剂，活性成分为 bictegravir（BIC）、emtricitabine（FTC）和 tenofovir alafenamide fumarate（TAF），是一种口服药物。

BIC 是整合酶链转移抑制剂（INSTI）。FTC 是胞苷的合成核苷类似物，是一种 HIV 核苷类似物逆转录酶抑制剂（HIV NRTI）。TAF，一种 HIV NRTI，在体内转化为替诺福韦，替诺福韦是 5′- 单磷酸腺苷的无环核苷磷酸酯（核苷酸）类似物。

每片含有 50mg 的 BIC（相当于 52.5mg 的 bictegravir sodium）、200mg 的 FTC 和 25mg 的 TAF（相当于 28mg 的 tenofovir alafenamide fumarate）和以下非活性成分：交联羧甲基纤维素钠，硬脂酸镁和 微晶纤维素。所述片剂用包含氧化铁黑、氧化铁红、聚乙二醇、聚乙烯醇、滑石粉和二氧化钛的包衣材料薄膜包衣。

Bictegravir sodium 是一种灰白色至黄色固体，在 20℃的水中溶解度为 0.1mg/mL。Emtricitabine 是一种白色至类白色粉末，在 25℃下的水中溶解度约为 112mg/mL。Tenofovir alafenamide fumarate 为白色至类白色或棕褐色粉末，在 20℃下的水中溶解度为 4.7mg/mL。

药品上市申报信息

该药物目前有 1 种产品上市。

药品注册申请号: 210251
申请类型: NDA (新药申请)
申请人: GILEAD SCIENCES INC
申请人全名: GILEAD SCIENCES INC

产品信息

产品号	商品名	活性成分	剂型 / 给药途径	规格 / 剂量	参比药物 (RLD)	生物等效参考标准 (RS)	治疗等效代码
001	BIKTARVY	bictegravir sodium; emtricitabine; tenofovir alafenamide fumarate	片剂 / 口服	等量 50mg 游离碱 ; 200mg; 等量 25mg 游离碱	是	是	否

与本品相关的专利信息 (来自 FDA 橙皮书 Orange Book)

关联产品号	专利号	专利过期日	是否物质专利	是否产品专利	专利用途代码	撤销请求	提交日期
001	10385067	2035/06/19			U-257		2019/08/30
	6642245	2020/11/04			U-257		2018/02/26
	6703396	2021/03/09	是	是			2018/02/26
	7390791	2022/05/07	是	是			2018/02/26
	7803788	2022/02/02			U-257		2018/02/26
	8754065	2032/08/15	是	是	U-257		2018/02/26
	9216996	2033/12/19	是	是			2018/02/26
	9296769	2032/08/15	是	是	U-257		2018/02/26
	9708342	2035/06/19	是	是			2018/02/26
	9732092	2033/12/19	是	是			2018/02/26

与本品相关的市场独占权保护信息

关联产品号	独占权代码	失效日期	备注
001	NCE	2023/02/07	
	NPP	2022/06/18	
	ODE-256	2026/06/18	

合成路线

以下合成路线来源于 Phull 等人 2018 年发表的专利申请书。目标化合物 **7** 是以化合物 **1** 为原料，经过 4 步合成而得。关键中间体化合物 **4** 是通过化合物 **3** 与化合物 **2** 成环反应而得。

R:$MeSO_3H$, S:AcOH, S:MeCN, rt

1
CAS号 1335210-23-5

2
CAS号 1616340-75-0

3
CAS号 1110772-05-8

rt

4
CAS号 1616342-45-0

R:LiBr
S:*t*-BuOH, S:THF

4
CAS号 1616342-45-0

5
CAS号 2255300-75-3

CAS号 214759-21-4
6

R:二咪唑酮,
S:$(MeO)_2CO$, rt

7
bictegravir
CAS号 1611493-60-7

原始文献： WO 2018229798,2018.

参考文献

[1] Zeuli J, Rizza S, Bhatia R,et al. Bictegravir, a novel integrase inhibitor for the treatment of HIV infection. Drugs Today (Barc), 2019, 55(11):669-682.

[2] Yang L L, Li Q, Zhou L B,et al. Meta-analysis and systematic review of the efficacy and resistance for human immunodeficiency virus type 1 integrase strand transfer inhibitors. Int J Antimicrob Agents,2019, 54(5):547-555.

binimetinib（比尼替尼）

药物基本信息

英文通用名	binimetinib
英文别名	MEK162; MEK-162; MEK 162; ARRY162; ARRY-162; ARRY 162; ARRY438162
中文通用名	比尼替尼
商品名	Mektovi
CAS登记号	606143-89-9
FDA 批准日期	6/27/2018
FDA 批准的API	binimetinib
化学名	5-((4-bromo-2-fluorophenyl)amino)-4-fluoro-*N*-(2-hydroxyethoxy)-1-methyl-1*H*-benzo[d]imidazole-6-carboxamide
SMILES代码	O=C(C1=C(NC2=CC=C(Br)C=C2F)C(F)=C3C(N(C)C=N3)=C1)NOCCO

化学结构和理论分析

化学结构	理论分析值
[chemical structure: Br, F, F, NH, N, N, H, N, O, OH, O]	化学式：$C_{17}H_{15}BrF_2N_4O_3$ 精确分子量：440.0296 分子量：441.23 元素分析：C, 46.28; H, 3.43; Br, 18.11; F, 8.61; N, 12.70; O, 10.88

药品说明书参考网页

生产厂家产品说明书、美国药品网、美国处方药网页。

药物简介

Binimetinib 是一种有丝分裂原激活的细胞外信号调节激酶 1（mitogen-activated extracellular signal regulated kinase 1，MEK1）和 MEK2 的可逆抑制剂。MEK 蛋白是细胞外信号相关激酶（ERK）途径的上游调节剂。在体外，Binimetinib 在无细胞试验中可抑制细胞外信号相关激酶（ERK）的磷酸化，并抑制 BRAF 突变型人黑素瘤细胞系的活力和 MEK 依赖性磷酸化。Binimetinib 还可以抑制 BRAF 突变型鼠异种移植模型的体内 ERK 磷酸化和肿瘤生长。

Binimetinib 和 encorafenib 组合用药，可靶向阻断 RAS / RAF / MEK / ERK 通路中的两个不同激酶。与单独使用任何一种药物相比，encorafenib 和 binimetinib 的共同给药在体外对 BRAF 突变阳性细胞系具有更高的抗增殖活性，并且在小鼠中进行的 BRAF V600E 突变型人黑素瘤异种移植研究中对肿瘤生长抑制具有更大的抗肿瘤活性。此外，encorafenib 和 binimetinib 的组合与单独使用任何一种药物相比，都延迟了小鼠 BRAF V600E 突变型人黑素瘤异种移植物中耐药性的出现。

适应证：binimetinib 与 encorafenib 联合用于治疗具有 BRAF V600E 或 V600K 突变的不可切除或转移性黑色素瘤的患者。

Binimetinib 是一种白色至浅黄色粉末。在水性介质中，binimetinib 在 pH=1 时微溶，在 pH=2 时微溶，在 pH=4.5 和更高时几乎不溶。

口服 MEKTOVI（Binimetinib）片含 15mg binimetinib，其中含有以下非活性成分：乳糖一水合物，微晶纤维素，交联羧甲基纤维素钠，硬脂酸镁（植物来源）和胶体二氧化硅。该涂层包含聚乙烯醇、聚乙二醇、二氧化钛、滑石粉、氧化铁黄和四氧化三铁。

药品上市申报信息

该药物目前有 1 种产品上市。

药品注册申请号：210498
申请类型：NDA（新药申请）
申请人：ARRAY BIOPHARMA INC
申请人全名：ARRAY BIOPHARMA INC

产品信息

产品号	商品名	活性成分	剂型 / 给药途径	规格 / 剂量	参比药物 (RLD)	生物等效参考标准 (RS)	治疗等效代码
001	MEKTOVI	binimetinib	片剂 / 口服	15mg	是	是	否

与本品相关的专利信息（来自 FDA 橙皮书 Orange Book）

关联产品号	专利号	专利过期日	是否物质专利	是否产品专利	专利用途代码	撤销请求	提交日期
001	10005761	2030/08/27			U-2331		2018/07/25
	7777050	2023/03/13	是	是			2018/07/25
	8178693	2023/03/13	是	是			2018/07/25
	8193229	2023/03/13			U-2330		2018/07/25
	8513293	2023/03/13			U-2331		2018/07/25
	9314464	2031/07/04			U-2332		2018/07/25
	9562016	2033/10/18	是	是			2018/07/25
	9593100	2030/08/27		是			2018/07/25
	9598376	2033/10/18			U-2330		2018/07/25
	9850229	2030/08/27			U-2333		2018/07/25
	9980944	2033/10/18			U-2334		2018/07/25

与本品相关的市场独占权保护信息

关联产品号	独占权代码	失效日期	备注
001	NCE	2023/06/27	
	ODE-194	2025/06/27	

合成路线 1

以下合成路线来源于 IP.com Journal. 介绍的专利合成方法。目标化合物 **7** 以化合物 **1** 和化合物 **2** 为原料经过 5 步合成而得。值得注意的是，化合物 **3** 的一个氟原子可以被氨取代，得到相应的化合物 **4**。

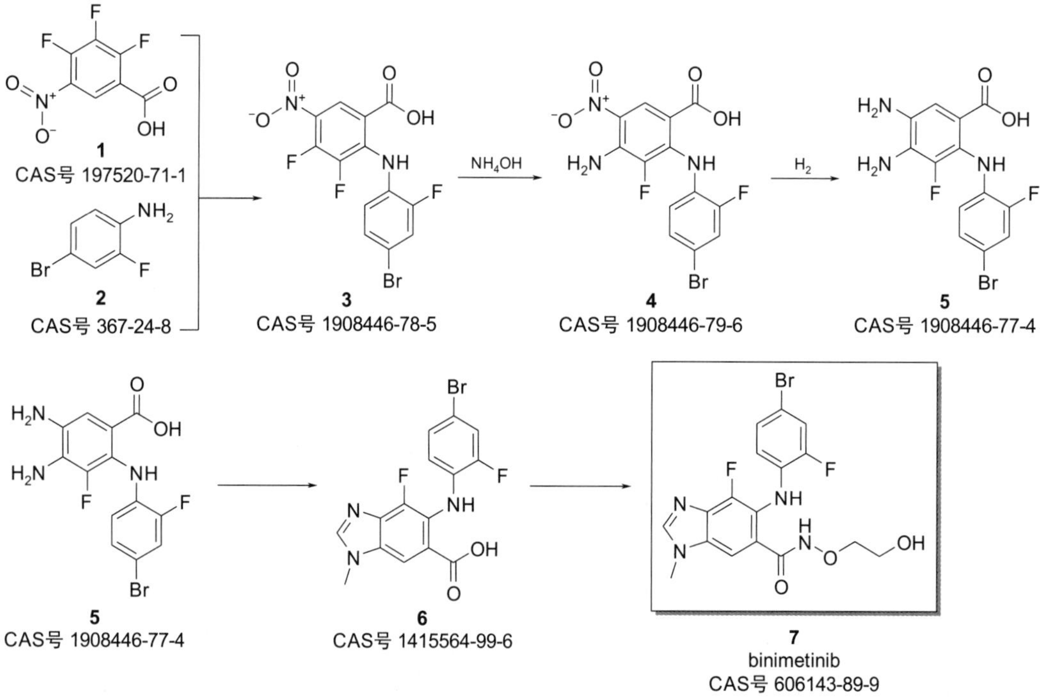

原始文献： IP.com Journal，2015，15(12B):1-2.

合成路线 2

以下合成路线来源于 Hunan Ouya Biological 公司 Chen 等人 2016 年发表的专利申请书。目标化合物 **11** 以化合物 **1** 和化合物 **2** 为原料经过 6 步合成而得。值得注意的是，化合物 **4** 的硝基经氢化还原后，与甲酸 **5** 反应成环得到相应的化合物 **6**。

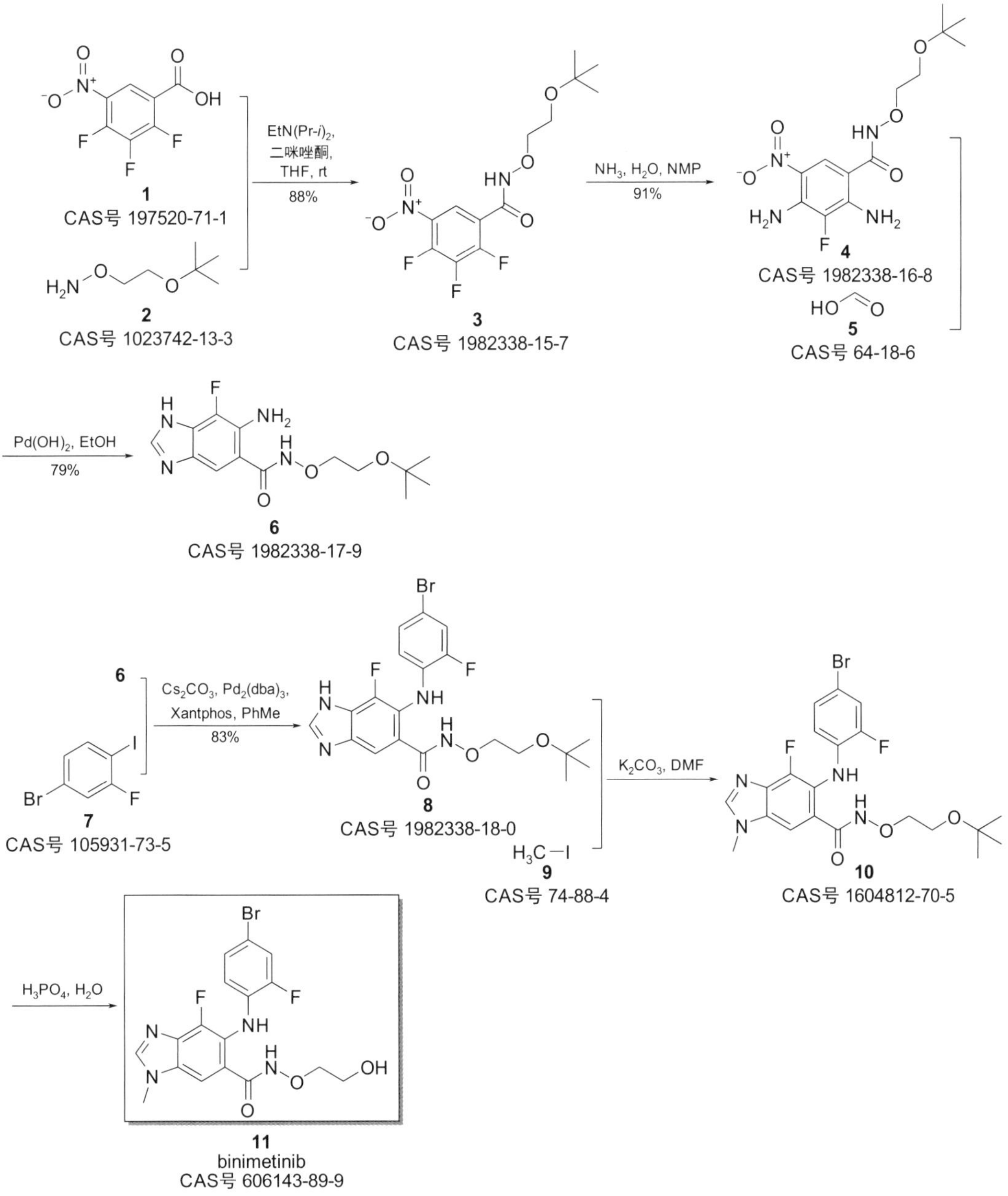

原始文献： CN 105820124，2016.

合成路线 3

以下合成路线来源于 Novartis Pharma AG, Switz 公司 Huang 等人 2013 年发表的专利申请书。目标化合物 **14** 以化合物 **1** 为原料经过 9 步合成而得。值得注意的是化合物 **8** 是化合物 **7** 经过硝基还原，再与甲酸缩合反应而得。

1

CAS号 61079-72-9

$HNO_3 \cdot NO_2$, H_2SO_4, H_2O

92%

2

CAS号 197520-71-1

NH_4OH

95%

3

CAS号 284030-57-5

4

CAS号 18107-18-1

MeOH, THF, $Me(CH_2)_4Me$

92%

5

CAS号 284030-58-6

6

CAS号 348-54-9

二甲苯

52%

7

7

CAS号 606143-94-6

1. Pd-C, H_2
2. HCO_2H
3. Br_2

8

CAS号 606143-48-0

H_3C-I

9

CAS号 74-88-4

K_2CO_3, DMF

10

CAS号 1415559-93-1

NaOH, H_2O, THF, rt
HCl, H_2O, rt, pH2

11

CAS号 1415564-99-6

11

CAS号 1415564-99-6

+

12

CAS号 391212-29-6

Et_3N, 1-羟基苯并三唑,
$EtN{=}C{=}N(CH_2)_3NMe_2 \cdot HCl$, DMF, rt

13

CAS号 1459118-03-6

HCl, H_2O, EtOH, rt

14

binimetinib

CAS号 606143-89-9

原始文献： WO 2013142182，2013.

合成路线 4

以下合成路线来源于 Array BioPharma 公司 Wallace 等人 2014 年发表的专利申请书。目标化合物 **10** 以化合物 **1** 为原料经过 6 步合成而得。值得注意的是化合物 **8** 是化合物 **7** 经过硝基还原，再与甲酸缩合反应而得。

1
CAS号 61079-72-9

$HNO_3 \cdot NO_2$, H_2SO_4, H_2O
92%

2
CAS号 197520-71-1

NH_4OH
95%

3
CAS号 284030-57-5

4
CAS号 18107-18-1

MeOH, THF, $Me(CH_2)_4Me$
AcOH
92%

5
CAS号 284030-58-6

6
CAS号 348-54-9

二甲苯
52%
→ **7**

7
CAS号 606143-94-6

1. HCOOH, $Pd(OH)_2$, EtOH
2. *N*-溴代琥珀酰亚胺
3. MeOH, THF
$Na_2S_2O_4$

8
CAS号 606143-48-0

\+

9
CAS号 391212-29-6

1. CH_3I, K_2CO_3, DMF
2. Et_3N, 1-羟基苯并三唑
EDC-HCl

10
binimetinib
CAS号 606143-89-9

原始文献： US 20040116710, 2004.

参考文献

[1] Shahjehan F, Kamatham S, Chandrasekharan C,et al.Binimetinib, encorafenib and cetuximab (BEACON Trial) combination therapy for

patients with BRAF V600E-mutant metastatic colorectal cancer. Drugs Today (Barc),2019,55(11):683-693.

[2] Carr M J, Sun J, Eroglu Z,et al.An evaluation of encorafenib for the treatment of melanoma. Expert Opin Pharmacother,2020, 21(2):155-161.

比尼替尼核磁谱图

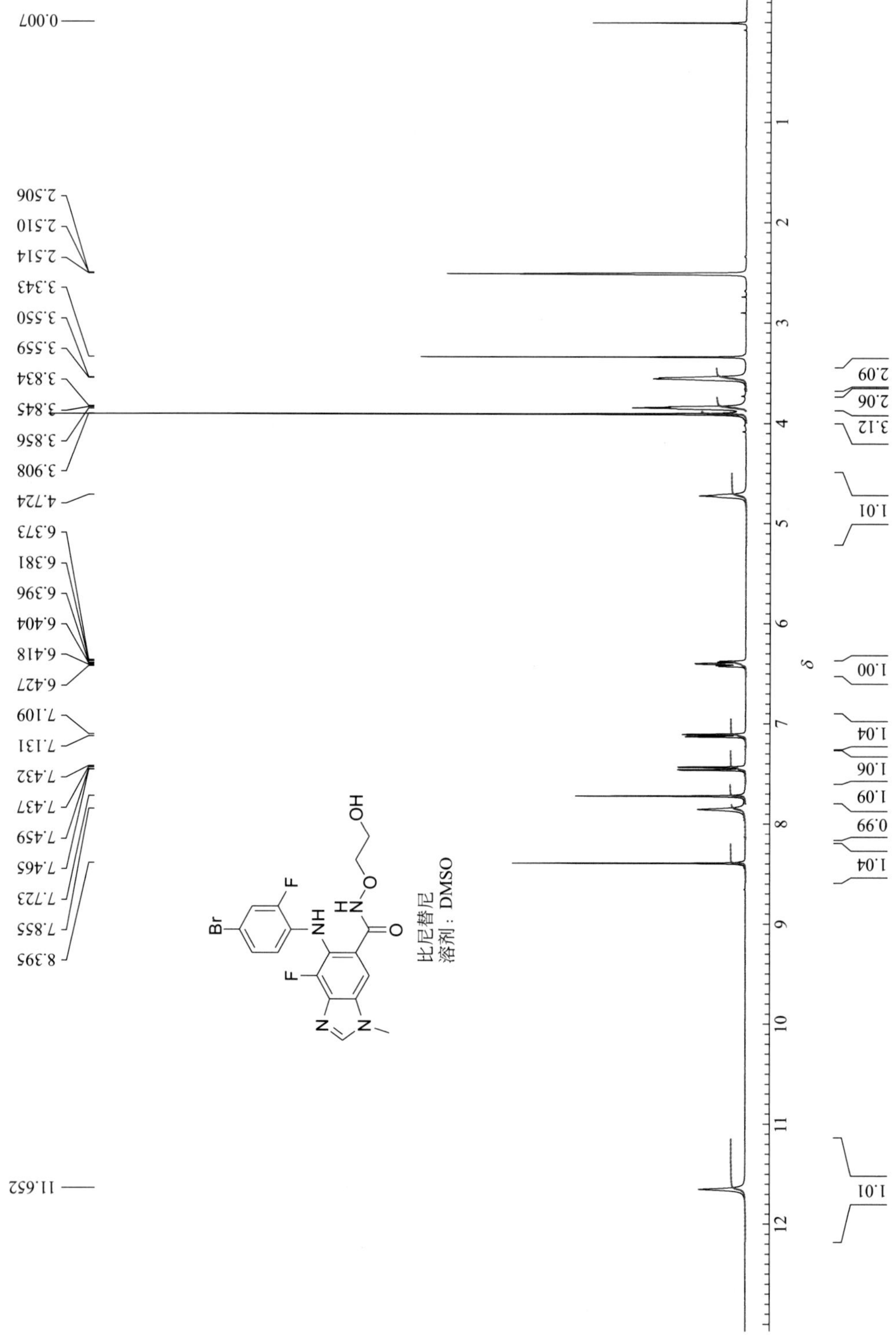

bremelanotide acetate（醋酸布雷美肽）

药物基本信息

英文通用名	bremelanotide acetate
英文别名	PT 141; PT-141; PT141
中文通用名	醋酸布雷美肽
商品名	Vyleesi
CAS登记号	1607799-13-2 (醋酸盐), 189691-06-3 (游离碱)
FDA 批准日期	6/21/2018
FDA 批准的API	bremelanotide acetate
化学名	(3*S*,6*S*,9*R*,12*S*,15*S*,23*S*)-12-((1*H*-imidazol-5-yl)methyl)-3-((1*H*-indol-3-yl)methyl)-15-((*S*)-2-acetamidohexanamido)-9-benzyl-6-(3-guanidinopropyl)-2,5,8,11,14,17-hexaoxo-1,4,7,10,13,18-hexaazacyclotricosane-23-carboxylic acid compound with acetic acid (1:1)
SMILES代码	O=C([C@@H](NC([C@H](CC1=CNC2=C1C=CC=C2)NC([C@H](CCCNC(N)=N)NC([C@@H](CC3=CC=CC=C3)NC([C@H](CC4=CN=CN4)NC([C@@H](NC([C@@H](NC(C)=O)CCCC)=O)C5)=O)=O)=O)=O)=O)CCCCNC5=O)O.CC(O)=O

化学结构和理论分析

化学结构	理论分析值
	化学式：$C_{52}H_{72}N_{14}O_{12}$ 精确分子量：1084.5454 分子量：1085.2340 元素分析：C, 57.55; H, 6.69; N, 18.07; O, 17.69

药品说明书参考网页

生产厂家产品说明书、美国药品网、美国处方药网页。

药物简介

Bremelanotide 是一种黑皮质素受体（melanocortin receptor, MCR）激动剂，它可以通过非选择性方式激活几种受体亚型，其活性顺序为：MC1R，MC4R，MC3R，MC5R，MC2R。在治疗剂量水平下，bremelanotide 与 MC1R 和 MC4R 的结合最强。Bremelanotide 的精确作用机制尚不清楚。

适应证：VYLEESI 适用于治疗获得性和广泛性性欲减退（hypoactive sexual desire disorder,

HSDD）的绝经前妇女，其特征是性欲低下会引起明显的困扰或人际交往困难，其原因不是：①同时存在的医学或精神疾病；②人际关系问题；③药物副作用。

获得性 HSDD 是后天的，是指先前没有性欲问题的患者患病后发展而成的 HSDD。广义 HSDD 是先天的，指无论是否有性刺激，是否有性伴侣都会发生的 HSDD。

使用限制：① VYLEESI 不适用于绝经后女性或男性的 HSDD 治疗；②没有证据表明 VYLEESI 可增强性能力。

药品上市申报信息

该药物目前有 1 种产品上市。

药品注册申请号：210557
申请类型：NDA（新药申请）
申请人：AMAG PHARMS INC
申请人全名：AMAG PHARMACEUTICALS INC

产品信息

产品号	商品名	活性成分	剂型 / 给药途径	规格 / 剂量	参比药物 (RLD)	生物等效参考标准 (RS)	治疗等效代码
001	VYLEESI (AUTOINJECTOR)	bremelanotide acetate	溶液 / 皮下注射	等量 1.75mg 游离碱 /0.3mL（等量 1.75mg 游离碱 /0.3mL)	是	是	否

与本品相关的专利信息（来自 FDA 橙皮书 Orange Book）

关联产品号	专利号	专利过期日	是否物质专利	是否产品专利	专利用途代码	撤销请求	提交日期
001	10286034	2033/11/05			U-2568		2019/07/10
	6579968	2020/06/28	是	是			2019/07/10
	6794489	2020/06/28	是	是			2019/07/10
	9352013	2033/11/05			U-2568		2019/07/10
	9700592	2033/11/05			U-2568		2019/07/10

与本品相关的市场独占权保护信息

关联产品号	独占权代码	失效日期	备注
001	NCE	2024/06/21	

合成路线

该药物是一种多肽药物，可按标准的多肽合成方法合成。在此不再描述。

参考文献

[1] Simon J A, Kingsberg S A, Portman D, et al.Long-term safety and efficacy of bremelanotide for hypoactive sexual desire disorder. Obstet Gynecol,2019, 134(5):909-917.

[2] Miller M K, Smith J R, Norman J J,et al. Expert opinion on existing and developing drugs to treat female sexual dysfunction. Expert Opin Emerg Drugs,2018, 23(3):223-230.

brexanolone（布瑞诺龙）

药物基本信息

英文通用名	brexanolone
英文别名	allotetrahydroprogesterone; allopregnanolone; 3a5a-allopregnanolone; SAGE-547; SAGE547; SAGE 547; SGE-102; SGE102; SGE 102
中文通用名	布瑞诺龙
商品名	Zulresso
CAS登记号	516-54-1
FDA 批准日期	3/19/2019
FDA 批准的API	brexanolone
化学名	1-((3*R*,5*S*,8*R*,9*S*,10*S*,13*S*,14*S*,17*S*)-3-hydroxy-10,13-dimethylhexadecahydro-1*H*-cyclopenta[a]phenanthren-17-yl)ethan-1-one
SMILES代码	CC([C@H]1CC[C@@]2([H])[C@]3([H])CC[C@@]4([H])C[C@H](O)CC[C@]4(C)[C@@]3([H])CC[C@]12C)=O

化学结构和理论分析

化学结构	理论分析值
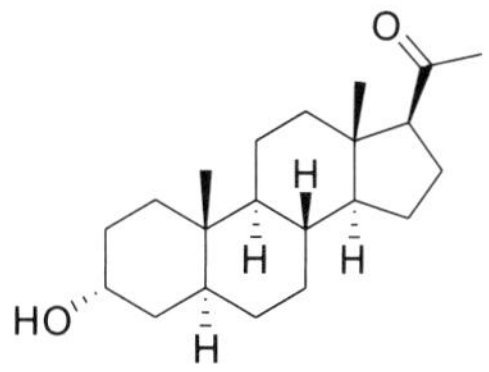	化学式：$C_{21}H_{34}O_2$ 精确分子量：318.2559 分子量：318.5010 元素分析：C, 79.19; H, 10.76; O, 10.05

药品说明书参考网页

生产厂家产品说明书、美国药品网、美国处方药网页。

药物简介

Brexanolone（布瑞诺龙，商品名 ZULRESSO）注射剂用于治疗成年女性产后抑郁症。这是历史上首个专门针对产后抑郁症（PPD）的药物。

Brexanolone 是一种神经活性类固醇 γ- 氨基丁酸（GABA）A 受体阳性调节剂，在化学结构上与内源性 allopregnanolone 相同。

ZULRESSO（brexanolone）注射液是一种无菌、透明、无色、无防腐剂的溶液。 ZULRESSO 5mg/mL 具有高渗性，必须在静脉输注之前稀释。 每毫升溶液包含 5mg brexanolone、250mg Betadex 磺基丁基醚钠、0.265mg 柠檬酸一水合物、2.57mg 柠檬酸钠二水合物和注射用水。 在制造过程中可以使用盐酸或氢氧化钠调节 pH 值。

Brexanolone 治疗成人 PPD 的作用机理尚未完全了解，但被认为与它对 GABA A 受体的正向变构调节（positive allosteric modulation）有关。

药品上市申报信息

该药物目前有 1 种产品上市。

药品注册申请号：211371
申请类型：NDA（新药申请）
申请人：SAGE THERAP
申请人全名：SAGE THERAPEUTICS INC

产品信息

产品号	商品名	活性成分	剂型 / 给药途径	规格 / 剂量	参比药物 (RLD)	生物等效参考标准 (RS)	治疗等效代码
001	ZULRESSO	brexanolone	液体 / 静脉注射	100mg/20mL (5mg/mL)	是	是	否

与本品相关的专利信息（来自 FDA 橙皮书 Orange Book）

关联产品号	专利号	专利过期日	是否物质专利	是否产品专利	专利用途代码	撤销请求	提交日期
001	10117951	2029/03/13		是			2019/06/27
	10251894	2033/11/27			U-2552		2019/06/27
	10322139	2033/01/23		是			2019/06/27
	7635773	2029/03/13		是			2019/06/27
	8410077	2029/03/13		是			2019/06/27
	9200088	2029/03/13		是			2019/06/27
	9750822	2029/03/13		是			2019/06/27

与本品相关的市场独占权保护信息

关联产品号	独占权代码	失效日期	备注
001	NCE	2024/06/17	

合成路线 1

以下合成路线来源于 Emory University MacNevin 等人 2009 年发表的论文。目标化合物 **3** 是以化合物 **1** 为原料经过 2 步合成而得。

H_2, Pd, EtOH, rt
90%

F_3CCO_2H, PPh_3, $EtO_2CN{=}NCO_2Et$, $PhCO_2Na$, THF, PhMe, rt
MeOH, rt, 回流
92%

1
CAS号 145-13-1

2
CAS号 516-55-2

3
brexanolone
CAS号 516-54-1

原始文献： J Med Chem,2009,52(19):6012–6023.

合成路线 2

以下合成路线来源于 Kapras 等人 2009 年发表的论文。目标化合物 **4** 是以化合物 **1** 为原料经过 2 步合成而得。值得注意的是，化合物 **1** 的羟基在催化剂作用下与甲酸反应，构型发生转化，得到相应的化合物 **3**。

1 CAS号 516-55-2 + 2 CAS号 64-18-6 → (PPh_3, $EtO_2CN{=}NCO_2Et$, 苯, 加热, rt; HCl, H_2O; $NaHCO_3$, H_2O, 中和; 71%) 3 CAS号 95462-24-1 → (K_2CO_3, MeOH, rt; 82%)

4
brexanolone
CAS号 516-54-1

原始文献： Coll Czech Chem Comm,2009,74(4): 643-650.

合成路线 3

以下合成路线来源于 Jiangsu Jiaerke Pharmaceutical 公司 Gu 等人 2018 年发表的专利申请书。目标化合物 **8** 是以化合物 **1** 为原料经过 5 步合成而得。值得注意的是，化合物 **1** 的甲磺酸酯基在催化剂作用下与醋酸铯反应，构型发生转化，得到相应的化合物 **2**，水解后得到化合物 **3**，后者再与甲磺酰氯反应得到化合物 **5**，与醋酸铯反应，构型发生转化，得到化合物 **7**。

1 CAS号 2260997-70-2 → (CH_3CO_2Cs, 18-冠-6, *N*-甲基吗啉, rt) 2 CAS号 906-83-2 → (NaOH, MeOH,rt; 88%) 3 CAS号 516-55-2

+ 4 CAS号 124-63-0 → (C_5H_5N; 98%) 5

18-冠-6, N-甲基吗啉, rt

NaOH, MeOH, rt 93%

5 CAS号 78445-82-6

6 CAS号 3396-11-0

7 CAS号 6003-24-3

8 brexanolone CAS号 516-54-1

原始文献： CN 108864237,2018.

合成路线 4

以下合成路线来源于 Shanghai Xingling Pharmaceutical 公司 Wu 等人 2013 年发表的专利申请书。目标化合物 **4** 以化合物 **1** 为原料，经过 2 步合成反应而得。值得注意的是化合物 **1** 的羟基与化合物 **2** 反应后，构型发生翻转，得到相应的化合物 **3**。

PPh_3, $N_2(CO_2CHMe_2)_2$, PhMe, rt

1 CAS号 516-55-2

2 CAS号 579-75-9

3 CAS号 1492763-19-5

NaOH, MeOH

4 brexanolone CAS号 516-54-1

原始文献： CN 103396467,2013.

合成路线 5

以下合成路线来源于 Universite de Strasbourg，Mensah-Nyagan 等人 2012 年发表的专利申请书。目标化合物 **6** 以化合物 **1** 为原料，经过 4 步合成反应而得。 值得注意的是化合物 **3** 的羟基与化合物 **4** 反应后，构型发生翻转，得到相应的化合物 **5**。

1
CAS号 1778-02-5

H_2, Pd, AcOEt, rt
100%

2
CAS号 906-83-2

K_2CO_3, MeOH, THF, rt
91%

3
CAS号 516-55-2

3 + 4
CAS号 65-85-0

PPh_3, $N_2(CO_2CHMe_2)_2$,
THF, rt
100%

5
CAS号 148256-35-3

KOH, MeOH, 回流
81%

6
brexanolone
CAS号 516-54-1

原始文献： WO 2012127176,2012.

合成路线 6

以下合成路线来源于 Emory University，MacNevin 等人 2009 年发表的专利申请书。目标化合物 **4** 以化合物 **1** 为原料，经过 3 步合成反应而得。值得注意的是最后一步反应化合物 **3** 的羟基构型发生翻转，得到相应的化合物 **4**。

1
CAS号 57-83-0

$CeCl_3 \cdot 7H_2O$,
MeOH, rt
$NaBH_4$
H_2O, Me_2CO, rt
44%

2
CAS号 566-66-5

H_2, Pd,
EtOH, rt
90%

3
CAS号 516-55-2

F_3CCO_2H,
$EtO_2CN{=}NCO_2Et$,
THF, PhMe, rt
PPh_3, $PhCO_2Na$, rt
MeOH, 回流
92%

4
brexanolone
CAS号 516-54-1

原始文献： WO 2009108804,2009.

参考文献

[1] Scarff J R. Use of brexanolone for postpartum depression. Innov Clin Neurosci,2019,16(11-12):32-35.

[2] Leader L D, O' Connell M, VandenBerg A. Brexanolone for postpartum depression: clinical evidence and practical considerations. Pharmacotherapy,2019, 39(11):1105-1112.

布瑞诺龙核磁谱图

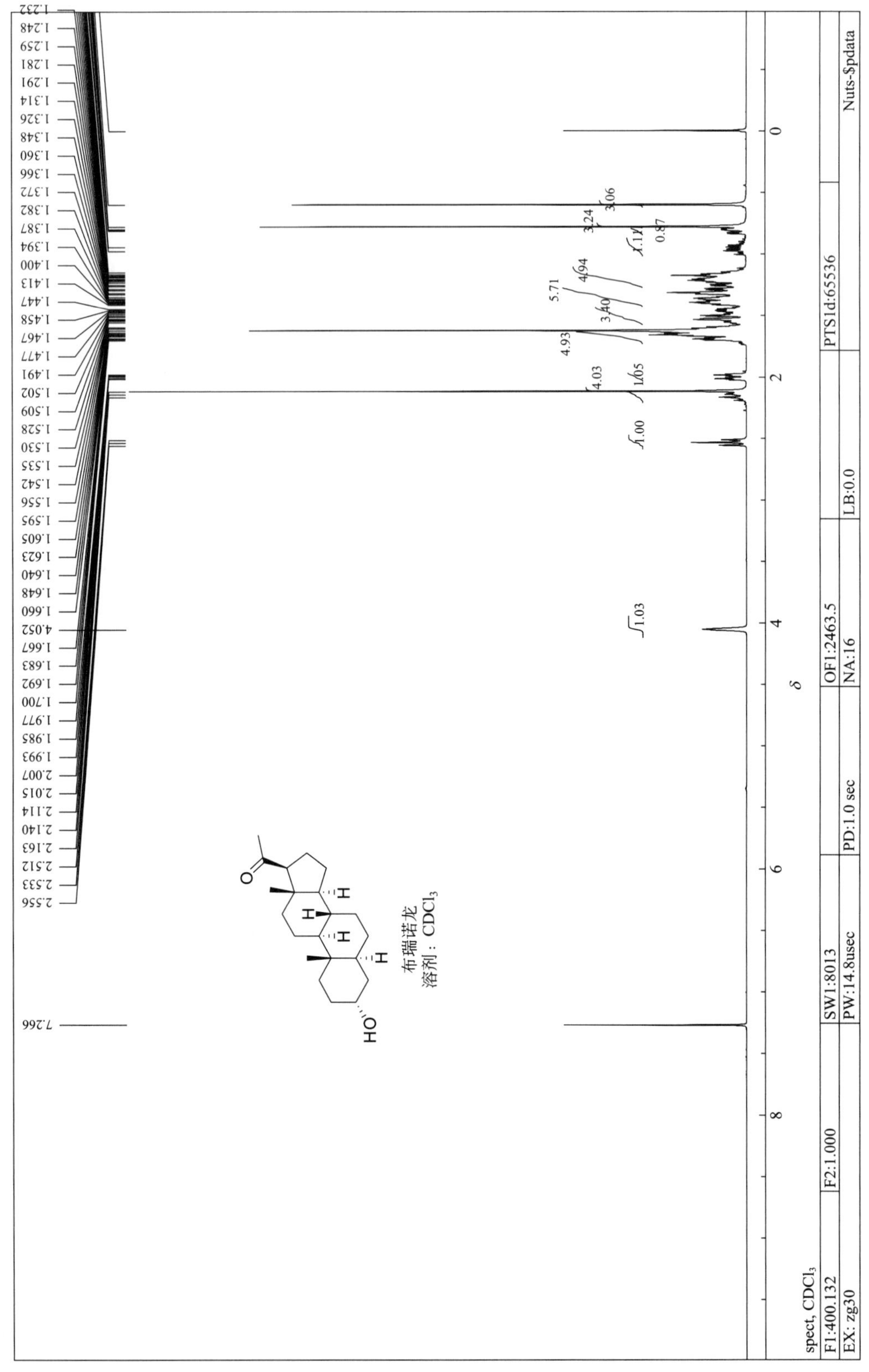

布瑞诺龙
溶剂：CDCl3
spect, CDCl3
F1:400.132
EX: zg30
F2:1.000
SW1:8013
PW:14.8usec
PD:1.0 sec
OF1:2463.5
NA:16
LB:0.0
PTS1d:65536
Nuts-$pdata
δ

brexpiprazole（布雷哌拉唑）

药物基本信息

英文通用名	brexpiprazole
英文别名	OPC-34712; OPC 34712; OPC34712
中文通用名	布雷哌拉唑
商品名	Rexulti
CAS登记号	913611-97-9
FDA 批准日期	7/10/2015
FDA 批准的API	brexpiprazole
化学名	7-(4-(4-(1-benzothiophen-4-yl)piperazin-1-yl)butoxy)quinolin-2(1*H*)-one
SMILES代码	O=C1NC2=C(C=CC(OCCCCN3CCN(C4=C5C=CSC5=CC=C4)CC3)=C2)C=C1

化学结构和理论分析

化学结构	理论分析值
S N N O N H O	化学式：$C_{25}H_{27}N_3O_2S$ 精确分子量：433.1824 分子量：433.5700 元素分析：C, 69.26; H, 6.28; N, 9.69; O, 7.38; S, 7.39

药品说明书参考网页

生产厂家产品说明书、美国药品网、美国处方药网页。

药物简介

Brexpiprazole 是一种非典型抗精神病药。Brexpiprazole 的商品名是 REXULTI®，是一种口服片剂药物。REXULTI 片剂规格有 0.25mg、0.5mg、1mg、2mg、3mg 和 4mg brexpiprazole。 非活性成分包括乳糖一水合物、玉米淀粉、微晶纤维素、羟丙基纤维素、低取代羟丙基纤维素、硬脂酸镁、羟丙甲纤维素和滑石粉。 着色剂包括二氧化钛、氧化铁和三氧化二铁。

REXULTI 可用于：①重症抑郁症（MDD）的辅助治疗；②精神分裂症的治疗。

Brexpiprazole 在治疗重度抑郁症或精神分裂症中的作用机制尚不清楚。 但是 brexpiprazole 的功效可能是通过对 5- 羟色胺 5-HT1A 和多巴胺 D2 受体的部分激动剂活性和对 5- 羟色胺 5-HT2A 受体的拮抗剂活性的组合来介导的。

药品上市申报信息

该药物目前有 1 种产品上市。

药品注册申请号：205422
申请类型：NDA（新药申请）
申请人：OTSUKA PHARM CO LTD
申请人全名：OTSUKA PHARMACEUTICAL CO LTD

产品信息

产品号	商品名	活性成分	剂型 / 给药途径	规格 / 剂量	参比药物 (RLD)	生物等效参考标准 (RS)	治疗等效代码
001	REXULTI	brexpiprazole	片剂 / 口服	0.25mg	是	否	
002	REXULTI	brexpiprazole	片剂 / 口服	0.5mg	是	否	
003	REXULTI	brexpiprazole	片剂 / 口服	1mg	是	否	
004	REXULTI	brexpiprazole	片剂 / 口服	2mg	是	是	
005	REXULTI	brexpiprazole	片剂 / 口服	3mg	是	否	
006	REXULTI	brexpiprazole	片剂 / 口服	4mg	是	否	

与本品相关的专利信息（来自 FDA 橙皮书 Orange Book）

关联产品号	专利号	专利过期日	是否物质专利	是否产品专利	专利用途代码	撤销请求	提交日期
001	10307419	2032/10/12		是			2019/06/14
	7888362	2026/04/12	是				2015/07/17
	8349840	2026/04/12		是	U-1529		2015/07/17
	8618109	2026/04/12			U-543		2015/07/17
	9839637	2026/04/12		是	U-543 U-1529		2018/01/09
002	10307419	2032/10/12		是			2019/06/14
	7888362	2026/04/12	是				2015/07/17
	8349840	2026/04/12		是	U-1529		2015/07/17
	8618109	2026/04/12			U-543		2015/07/17
	9839637	2026/04/12		是	U-543 U-1529		2018/01/09
003	10307419	2032/10/12		是			2019/06/14
	7888362	2026/04/12	是				2015/07/23
	8349840	2026/04/12		是	U-1529		2015/07/23
	8618109	2026/04/12			U-543		2015/07/23
	9839637	2026/04/12		是	U-1529 U-543		2018/01/09
004	10307419	2032/10/12		是			2019/06/14
	7888362	2026/04/12	是				2015/07/23
	8349840	2026/04/12		是	U-1529		2015/07/23
	8618109	2026/04/12			U-543		2015/07/23
	9839637	2026/04/12		是	U-1529 U-543		2018/01/09

续表

关联产品号	专利号	专利过期日	是否物质专利	是否产品专利	专利用途代码	撤销请求	提交日期
005	10307419	2032/10/12		是			2019/06/14
	7888362	2026/04/12	是				2015/07/23
	8349840	2026/04/12		是	U-1529		2015/07/23
	8618109	2026/04/12			U-543		2015/07/23
	9839637	2026/04/12		是	U-1529 U-543		2018/01/09
006	7888362	2026/04/12	是				2015/07/23
	8349840	2026/04/12		是	U-1529		2015/07/23
	8618109	2026/04/12			U-543		2015/07/23
	9839637	2026/04/12		是	U-543 U-1529		2018/01/09

与本品相关的市场独占权保护信息

关联产品号	独占权代码	失效日期	备注
001	NCE	2020/07/10	
	M-186	2019/09/23	
002	NCE	2020/07/10	
	M-186	2019/09/23	
003	NCE	2020/07/10	
	M-186	2019/09/23	
004	NCE	2020/07/10	
	M-186	2019/09/23	
005	NCE	2020/07/10	
	M-186	2019/09/23	
006	NCE	2020/07/10	
	M-186	2019/09/23	

合成路线 1

以下合成路线来源于 Nifty Labs 公司 Reddy 等人 2018 年发表的论文。目标化合物 **9** 是通过化合物 **8** 与化合物 **7** 的烷基化反应而得的。而化合物 **7** 是以化合物 **1** 和化合物 **2** 为原料经过 4 步合成而得。

HO NH$_2$ + Cl Cl (O) —$NaHCO_3$, CH_2Cl_2→ HO N(H) Cl (O) —$AlCl_3$, $AcNMe_2$→

1 CAS号 591-27-5　**2** CAS号 625-36-5　**3** CAS号 50297-40-0

HO N(H) O —DDQ, THF→ **5**

4 CAS号 22246-18-0

5
CAS号 70500-72-0

6
CAS号 6940-78-9

K_2CO_3, DMF

7
CAS号 913613-82-8

8
CAS号 846038-18-4

K_2CO_3, NaI, DMF

9
brexpiprazole
CAS号 913611-97-9

原始文献： Asia J Chem,2018, 30(4): 834-836.

合成路线 2

以下合成路线来源于 Zhejiang Liaoyuan Pharmaceutical 公司 Song 等人 2017 年发表的专利申请书。目标化合物 **8** 是通过化合物 **7** 与化合物 **2** 的成环反应而得的。

1
CAS号 10133-34-3

H_2, Pd, Me_2CHOH
0.4MPa

2
CAS号 17402-83-4

3
CAS号 70500-72-0

4
CAS号 6940-78-9

$KHCO_3$, MeCN → 5

5
CAS号 913613-82-8

6
CAS号 111-42-2

$KHCO_3$, $AcNMe_2$

7
CAS号 2103892-84-6

2
CAS号 17402-83-4

7
CAS号 2103892-84-6

Et_3N
$MeSO_2Cl$, $CHCl_3$

8
brexpiprazole
CAS号 913611-97-9

原始文献： CN 106831739,2017.

合成路线 3

以下合成路线来源于 Shanghai Bozhi Yanxin Pharmaceutical Technology 公司 Gong 等人 2018 年发表的专利申请书。目标化合物 **8** 是通过化合物 **7** 与化合物 **3** 的取代反应而得的。

原始文献： CN 107674067,2018.

合成路线 4

以下合成路线来源于 Mylan Laboratories 公司 Vellanki 等人 2017 年发表的专利申请书。目标化合物 **11** 是通过化合物 **9** 与化合物 **10** 的取代反应而得的。化合物 **9** 是以化合物 **1** 为原料，经过 5 步合成而得。

4
CAS号 1886188-97-1

5
CAS号 124-63-0

Me_3N, THF

6
CAS号 1886188-98-2

7
CAS号 57260-71-6

K_2CO_3, KI
MeCN

8
CAS号 2081876-02-8

8
CAS号 2081876-02-8

HCl,
Me_2CHOH

2HCl
9
CAS号 1849603-59-3

10
CAS号 5118-13-8

Me_3N, 二噁烷
$Pd(OAc)_2$, rac-BINAP

11
brexpiprazole
CAS号 913611-97-9

原始文献： IN 2015CH04179,2017.

合成路线 5

以下合成路线来源于 IP.com Journal 介绍的专利合成方法。目标化合物 **9** 是通过化合物 **8** 与化合物 **4** 的取代反应而得的。化合物 **4** 是以化合物 **1** 为原料，经过 2 步合成而得。化合物 **8** 是以化合物 **5** 和化合物 **6** 为原料经过 2 步合成而得。

$PhNH_2$, $AlCl_3$, PhMe

K_2CO_3, H_2O

1
CAS号 127033-74-3

2
CAS号 70500-72-0

3
CAS号 6940-78-9

4
CAS号 913613-82-8

5
CAS号 5118-13-8

6
CAS号 57260-71-6

NaOBu-*t*, Pd, rac-BINAP, PhMeC

7
CAS号 1191901-07-1

HCl, Me_2CHOH, PhMe

8
CAS号 1677681-05-8

2HCl + 4

Na_2CO_3, $AcNMe_2$, NaI

9
brexpiprazole
CAS号 913611-97-9

原始文献： IP.com Journal,2017, 7B:1-5.

合成路线 6

以下合成路线来源于 Dr. Reddy's Institute of Life Sciences 公司 Kumar 等人 2018 年发表的论文。目标化合物 **11** 是通过化合物 **10** 与化合物 **2** 的取代反应而得的。化合物 **10** 是以化合物 **3** 为原料，经过 5 步合成而得。化合物 **2** 是以化合物 **1** 为原料经过脱氢反应而得。

1
CAS号 129722-34-5

DDQ, THF

2
CAS号 203395-59-9

3
CAS号 13414-95-4

$1PhMe_3N^+Br^-$, THF

4
CAS号 2513-49-7

4 LiBr, Li_2CO_3, DMF

5
CAS号 3610-02-4

6
CAS号 358-23-6

Et_3N, CH_2Cl_2

7
CAS号 195520-04-8

+

8
CAS号 57260-71-6

Cs_2CO_3, $Pd_2(dba)_3$, rac-BINAP, PhMe

9
CAS号 1191901-07-1

9
CAS号 1191901-07-1

HCl, H_2O, THF

10
CAS号 1677681-05-8

2 HCl

+

2
CAS号 203395-59-9

K_2CO_3, DMF
KI

11
brexpiprazole
CAS号 913611-97-9

原始文献： J Chem Sci,2018, 130(6): 1-10.

合成路线 7

以下合成路线来源于 Honour R&D 公司 Reddy 等人 2017 年发表的专利申请书。目标化合物 **9** 是通过化合物 **8** 与化合物 **4** 的取代反应而得的。化合物 **8** 是以化合物 **5** 为原料，经过 2 步合成而得。化合物 **4** 是以化合物 **1** 和化合物 **2** 为原料经过 2 步反应而得。

1
CAS号 5118-13-8

2
CAS号 110-85-0

NaOBu-*t*
$(Ph_2P)_2$-联萘,
$Pd_2(dba)_3$, PhMe

3
CAS号 846038-18-4

HCl,
MeOH

4
CAS号 913614-08-1

5
CAS号 22246-18-0

DDQ,
THF

6
CAS号 70500-72-0

6
CAS号 70500-72-0

7
CAS号 6940-78-9

KOH, MeOH

8
CAS号 913613-82-8

+

4
CAS号 913614-08-1

K_2CO_3, NaI, DMF

9
brexpiprazole
CAS号 913611-97-9

原始文献： WO 2017115287,2017.

合成路线 8

以下合成路线来源于 Adamed Sp. z o.o. 公司 Rusiecki 等人 2018 年发表的专利申请书。目标化合物 **6** 是通过化合物 **5** 与化合物 **4** 的取代反应而得的。化合物 **4** 是以化合物 **1** 为原料，经过 2 步合成而得。

1 CAS号 70500-72-0 + **2** CAS号 6139-83-9 —(Na_2CO_3, $Bu_4N^+Br^-$, DMSO)→ **3** CAS号 2173541-46-1 —(HCl, Me_2CHOH)→ **4** CAS号 2097436-76-3

4 CAS号 2097436-76-3 + **5** HCl CAS号 913614-18-3 —(AcONa, Me_2CHOH, $Na^+(AcO)_3BH^-$)→ **6** brexpiprazole CAS号 913611-97-9

原始文献： WO 2018015354,2018.

合成路线 9

以下合成路线来源于 MSN Laboratories 公司 Rajan 等人 2018 年发表的专利申请书。目标化合物 **8** 是通过化合物 **7** 与化合物 **2** 的取代反应而得的。化合物 **2** 是以化合物 **1** 为原料，经过 1 步合成而得。化合物 **7** 是以化合物 **3** 为原料经过 3 步反应而得。

1 HCl CAS号 913614-18-3 —(K_2CO_3, H_2O, CH_2Cl_2)→ **2** CAS号 846038-18-4

3 CAS号 22246-18-0 —(THF, DDQ, MeOH)→ **4** CAS号 70500-72-0

4 + **5** CAS号 2969-81-5 —(K_2CO_3, DMF)→ **6** CAS号 2226010-21-3 —(K_2CO_3, DMF)→ **7**

7
CAS号 62969-59-9

2
CAS号 846038-18-4

BH_3-Me_2S, THF

8
brexpiprazole
CAS号 913611-97-9

原始文献： WO 2018087775,2018.

合成路线 10

以下合成路线来源于 Xinjiang Technical Institute of Physics and Chemistry 公司 Chen 等人 2019 年发表的论文。目标化合物 **6** 是通过化合物 **4** 与化合物 **5** 的取代反应而得的。化合物 **3** 是以化合物 **1** 和化合物 **2** 为原料，经过 1 步合成而得。

1
CAS号 22246-18-0

2
CAS号 6940-78-9

K_2CO_3, DMF, 24h, 20～30℃

3
CAS号 120004-79-7

DDQ, THF
$NaHCO_3$, H_2O,

4
CAS号 913614-18-3

5
CAS号 913613-82-8

K_2CO_3, H_2O, EtOH

6
brexpiprazole
CAS号 913611-97-9

原始文献： Org Proc Res Dev,2019, 23(1): 852-857.

参考文献

[1] Fornaro M, Fusco A, Anastasia A,et al. Brexpiprazole for treatment-resistant major depressive disorder. Expert Opin Pharmacother, 2019, 20(16):1925-1933.

[2] Thase M E, Zhang P, Weiss C,et al. Efficacy and safety of brexpiprazole as adjunctive treatment in major depressive disorder: overview of four short-term studies. Expert Opin Pharmacother,2019, 20(15):1907-1916.

布雷哌拉唑核磁谱图

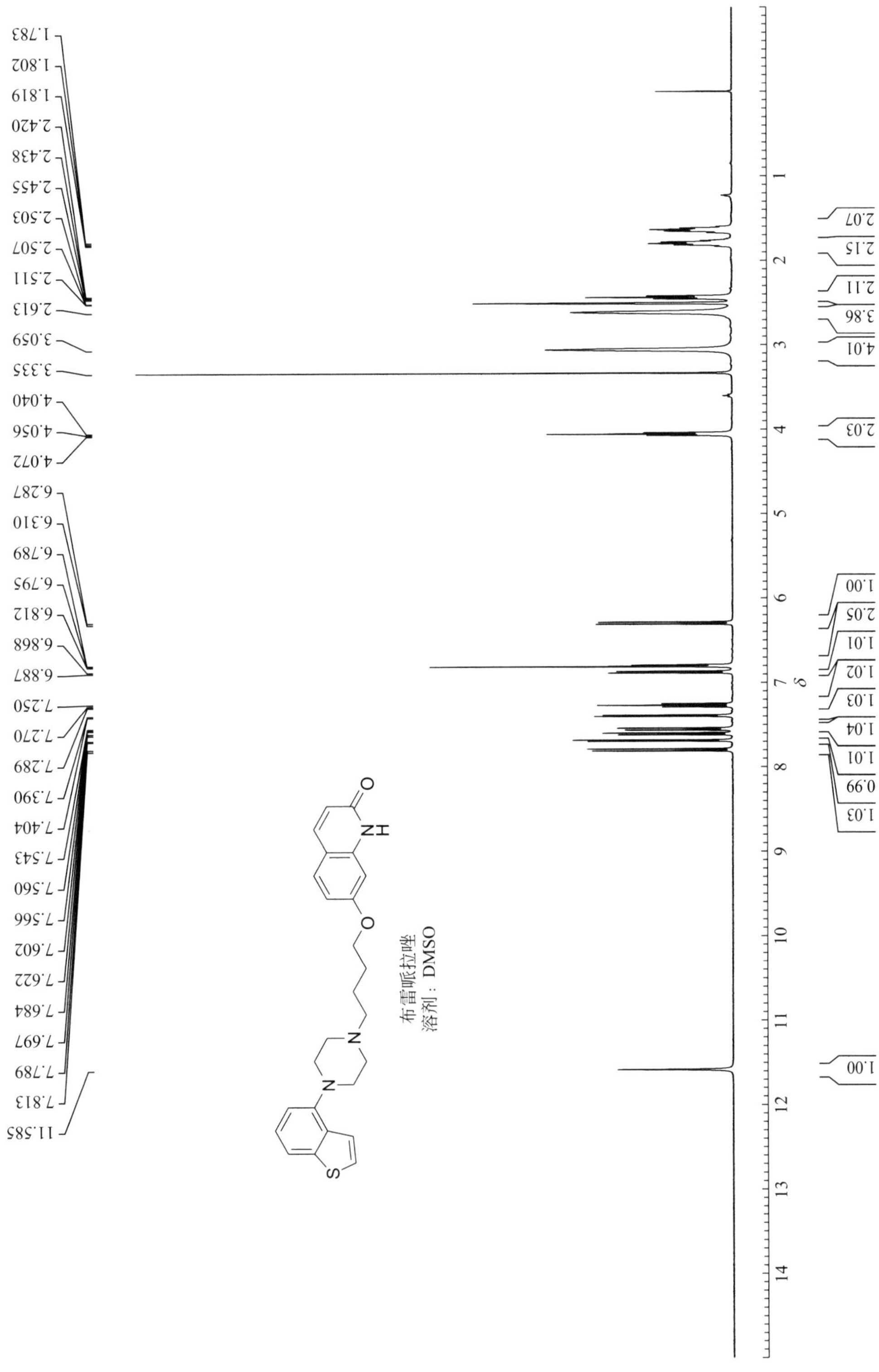

1.783
1.802
1.819
2.420
2.438
2.455
2.503
2.507
2.511
2.613
3.059
3.335
4.040
4.056
4.072
6.287
6.310
6.789
6.795
6.812
6.868
6.887
7.250
7.270
7.289
7.390
7.404
7.543
7.560
7.566
7.602
7.622
7.684
7.697
7.789
7.813
11.585
O
N
H
O
N
N
S
布雷哌拉唑
溶剂：DMSO
2.07
2.15
2.11
3.86
4.01
2.03
1.00
2.05
1.01
1.02
1.03
1.04
1.01
0.99
1.03
1.00
δ
1 2 3 4 5 6 7 8 9 10 11 12 13 14

brigatinib（布加替尼）

药物基本信息

英文通用名	brigatinib
英文别名	AP26113; AP-26113; AP 2611
中文通用名	布加替尼(布吉他滨,布格替尼)
商品名	Alunbrig
CAS登记号	1197953-54-0
FDA 批准日期	4/28/2017
FDA 批准的API	brigatinib
化学名	(2-((5-chloro-2-((2-methoxy-4-(4-(4-methylpiperazin-1-yl)piperidin-1-yl)phenyl)amino)pyrimidin-4-yl)amino)phenyl)dimethylphosphine oxide
SMILES代码	CP(C)(C1=CC=CC=C1NC2=NC(NC3=CC=C(N4CCC(N5CCN(C)CC5)CC4)C=C3OC)=NC=C2Cl)=O

化学结构和理论分析

化学结构	理论分析值
	化学式：$C_{29}H_{39}ClN_7O_2P$ 精确分子量：583.2591 分子量：584.1018 元素分析：C, 59.63; H, 6.73; Cl, 6.07; N, 16.79; O, 5.48; P, 5.30

药品说明书参考网页

生产厂家产品说明书、美国药品网、美国处方药网页。

药物简介

Brigatinib 是一种灰白色至米色或者棕褐色固体。测定的 pK_a 为：1.73 ± 0.02，3.65 ± 0.01，4.72 ± 0.01 和 8.04 ± 0.01。

药品 ALUNBRIG 的活性成分是 brigatinib，目前有 3 种剂量规格：30mg 或 90mg，180mg 和以下非活性成分的薄膜包衣片剂口服提供：乳糖一水合物，微晶纤维素，羟乙酸淀粉钠（A 型），硬脂酸镁和疏水性胶体二氧化硅。片剂包衣由滑石粉、聚乙二醇、聚乙烯醇和二氧化钛组成。

ALUNBRIG 用于治疗已发展或不耐受克唑替尼的间变性淋巴瘤激酶（anaplastic lymphoma kinase，ALK）阳性转移性非小细胞肺癌（NSCLC）患者。

Brigatinib 是一种酪氨酸激酶抑制剂，在临床上可达到的浓度下对多种激酶具有体外活性，所述多种激酶包括 ALK、ROS1、胰岛素样生长因子 -1 受体（IGF-1R）和 FLT-3 以及 EGFR 缺失和点突变。在体外和体内测定中，brigatinib 抑制 ALK 的自磷酸化和 ALK 介导的下游信号蛋白 STAT3、AKT、ERK1/2 和 S6 的磷酸化。Brigatinib 还可抑制表达 E mL4-ALK 和 NPM-ALK 融合蛋白的细胞系的体外增殖，brigatinib 可通过剂量依赖性方式抑制小鼠 E mL4-ALK 阳性 NSCLC 异种移植物的生长。

在临床上可达到的浓度（≤ 500nmol/L）下，brigatinib 抑制表达 E mL4-ALK 的细胞和 17 种对其他 ALK 抑制剂（包括克唑替尼）耐药相关的基因突变细胞。Brigatinib 还可抑制 EGFR-Del（E746-A750）、ROS1-L2026M、FLT3-F691L 和 FLT3-D835Y 等耐药性相关的细胞。Brigatinib 对 E mL4-ALK 的 4 种突变体表现出体内抗肿瘤活性，包括 G1202R 和 L1196M 突变体。这些突变体存在于曾经接受 crizotinib 药物治疗的 NSCLC 肿瘤患者。Brigatinib 还可减轻颅内植入 ALK 相关肿瘤细胞系的小鼠肿瘤负担并延长其生存期。

药品上市申报信息

该药物目前有 3 种产品上市。

药品注册申请号: 208772
申请类型: NDA (新药申请)
申请人: ARIAD
申请人全名: ARIAD PHARMACEUTICALS INC

产品信息

产品号	商品名	活性成分	剂型 / 给药途径	规格 / 剂量	参比药物 (RLD)	生物等效参考标准 (RS)	治疗等效代码
001	ALUNBRIG	brigatinib	片剂 / 口服	30mg	是	否	否
002	ALUNBRIG	brigatinib	片剂 / 口服	90mg	是	否	否
003	ALUNBRIG	brigatinib	片剂 / 口服	180mg	是	是	否

与本品相关的专利信息（来自 FDA 橙皮书 Orange Book）

关联产品号	专利号	专利过期日	是否物质专利	是否产品专利	专利用途代码	撤销请求	提交日期
001	10385078	2035/11/10	是	是	U-1927		2019/09/10
	9012462	2030/07/31	是				2017/05/26
	9273077	2029/05/21			U-1927		2017/05/26
	9611283	2034/04/10			U-1927		2017/05/26
002	10385078	2035/11/10	是	是	U-1927		2019/09/10
	9012462	2030/07/31	是				2017/05/26
	9273077	2029/05/21			U-1927		2017/05/26
	9611283	2034/04/10			U-1927		2017/05/26
003	10385078	2035/11/10	是	是	U-1927		2019/09/10
	9012462	2030/07/31	是				2017/10/23
	9273077	2029/05/21			U-1927		2017/10/23
	9611283	2034/04/10			U-1927		2017/10/23

与本品相关的市场独占权保护信息

关联产品号	独占权代码	失效日期	备注
001	NCE	2022/04/28	
	ODE-142	2024/04/28	
002	NCE	2022/04/28	
	ODE-142	2024/04/28	
003	ODE-142	2024/04/28	
	NCE	2022/04/28	

合成路线 1

以下合成路线来源于 ARIAD Pharmaceuticals 公司 Huang 等人 2016 年发表的论文。目标化合物 **10** 是通过化合物 **9** 的氨基与化合物 **5** 的氯原子发生亲核取代反应而得到的。化合物 **5** 是以化合物 **1** 和化合物 **2** 为原料经过 2 步合成反应而得。另外一个关键中间体化合物 **9** 是以化合物 **6** 和化合物 **7** 为原料经过 2 步合成反应而得到的。

K_3PO_4, $Pd(OAc)_2$, Xantphos, DMF

K_2CO_3, DMF, Bu_4NHSO_4

1 CAS号 615-43-0　**2** CAS号 7211-39-4　**3** CAS号 1197953-47-1　**4** CAS号 5750-76-5　**5** CAS号 1197953-49-3

K_2CO_3, MeCN, 13h, 80°C

H_2, Pd, EtOH, 2.5h, 20psi

6 CAS号 448-19-1　**7** CAS号 53617-36-0　**8** CAS号 1259274-15-1　**9** CAS号 877676-39-6

HCl, EtOH, $MeOCH_2CH_2OH$, 6h, 120°C

9 CAS号 877676-39-6　**5** CAS号 1197953-49-3

10
brigatinib
CAS号 1197953-54-0

原始文献：. J Med Chem,2016, 59(10):4948-4964.

合成路线 2

以下合成路线来源于 ARIAD Pharmaceuticals 公司 Zhang 等人 2014 年发表的专利。目标化合物 **10** 是通过化合物 **4** 的氨基与化合物 **9** 的氯原子发生亲核取代反应而得到的。化合物 **4** 是以化合物 **1** 和化合物 **2** 为原料经过 2 步合成反应而得。另外一个关键中间体化合物 **9** 是以化合物 **5** 和化合物 **6** 为原料经过 2 步合成反应而得到的。

原始文献： US 9611283,2014.

合成路线 3

以下合成路线来源于 Anqing CHICO Pharmaceutical 公司 Wu 等人 2018 年发表的专利。目标化合物 **9** 是通过化合物 **8** 的氨基与化合物 **7** 的碘原子发生亲核取代反应而得到的。化合物 **7** 是以化合物 **1** 和化合物 **2** 为原料经过 4 步合成反应而得。

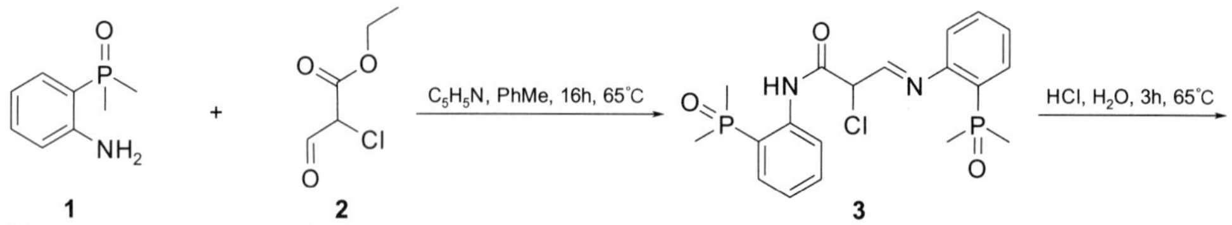

C_5H_5N, PhMe, 16h, 65°C

HCl, H_2O, 3h, 65°C

1
CAS号 1197953-47-1

2
CAS号 33142-21-1

3
CAS号 2229976-29-6

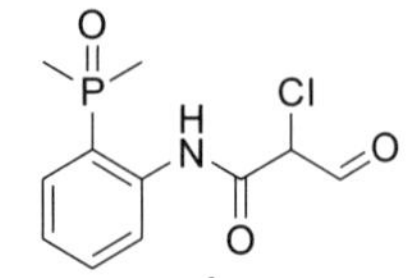

4
CAS号 2229976-31-0

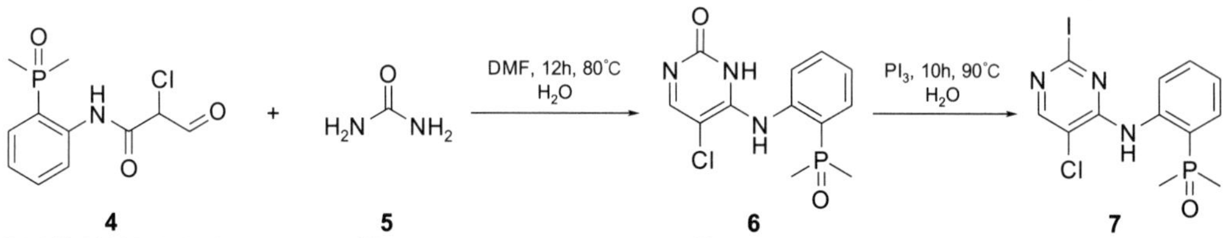

DMF, 12h, 80°C
H_2O

PI_3, 10h, 90°C
H_2O

4
CAS号 2229976-31-0

5
CAS号 57-13-6

6
CAS号 2229976-32-1

7
CAS号 2248647-29-0

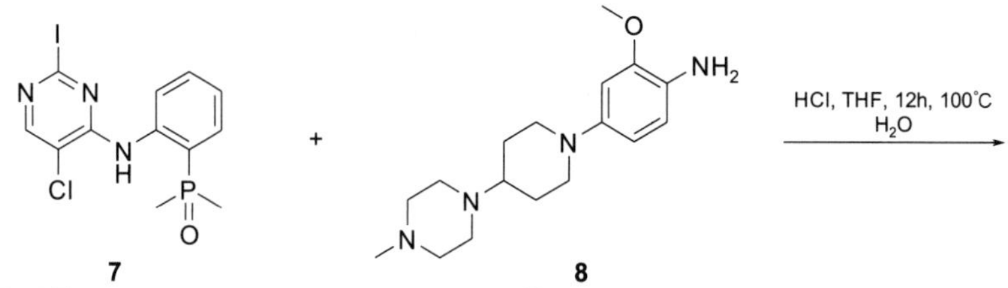

HCl, THF, 12h, 100°C
H_2O

7
CAS号 2248647-29-0

8
CAS号 761440-75-9

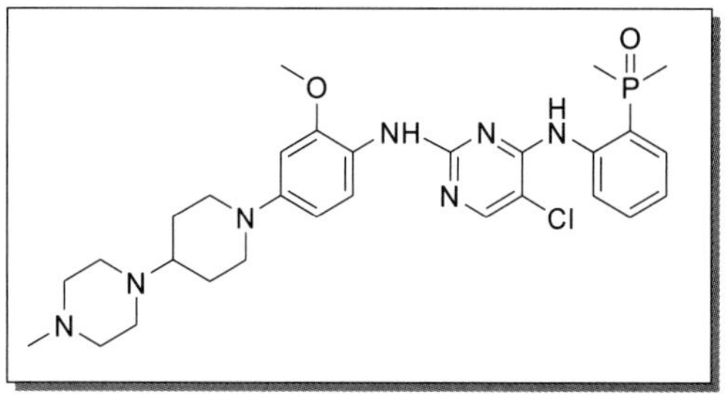

9
brigatinib
CAS号 1197953-54-0

原始文献： CN 108129513,2018.

参考文献

[1] Hamilton G, Hochmair M J. An evaluation of brigatinib as a promising treatment option for non-small cell lung cancer. Expert Opin Pharmacother, 2019, 20(13):1551-1561.

[2] Ali R, Arshad J, Palacio S, et al. Brigatinib for ALK-positive metastatic non-small-cell lung cancer: design, development and place in therapy. Drug Des Devel Ther, 2019, 13:569-580.

布加替尼核磁谱图

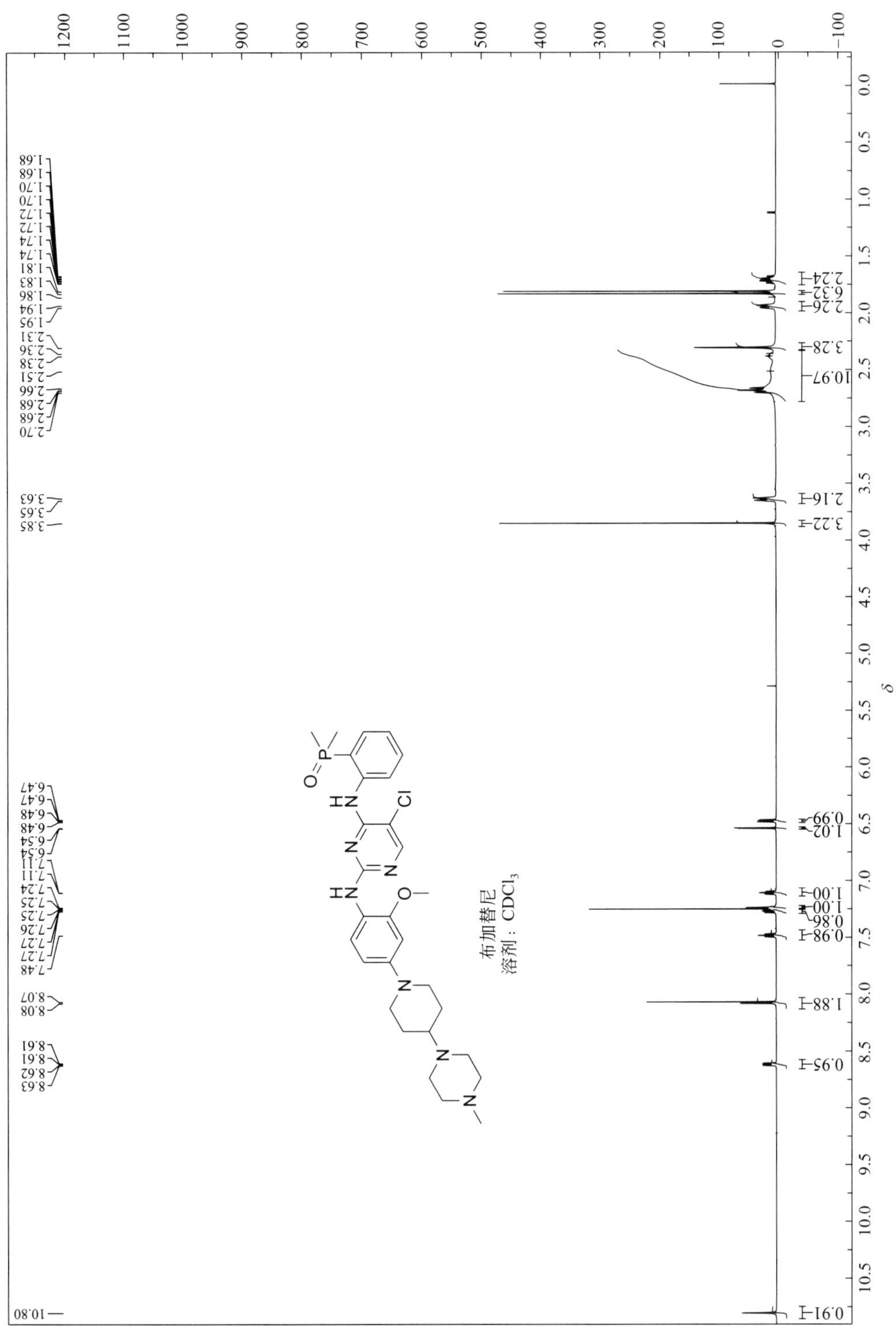

brivaracetam（布立西坦）

药物基本信息

英文通用名	brivaracetam
英文别名	UCB 34714; UCB-34714; UCB34714
中文通用名	布立西坦
商品名	Briviact
CAS登记号	357336-20-0
FDA 批准日期	2/18/2016
FDA 批准的API	brivaracetam
化学名	(2*S*)-2-[(4*R*)-2-oxo-4-propylpyrrolidin-1-yl]butanamide
SMILES代码	CC[C@H](N1C(C[C@@H](CCC)C1)=O)C(N)=O

化学结构和理论分析

化学结构	理论分析值
O, NH2, N, O	化学式：$C_{11}H_{20}N_2O_2$ 精确分子量：212.1525 分子量：212.2930 元素分析：C, 62.24; H, 9.50; N, 13.20; O, 15.07

药品说明书参考网页

生产厂家产品说明书、美国药品网、美国处方药网页。

药物简介

BRIVIACT® 的活性成分是 brivaracetam。目前有口服片剂、口服液和注射液、静脉灌注液等。

Brivaracetam 一种白色至类白色结晶性粉末。 它极易溶于水、缓冲液（pH=1.2、4.5 和 7.4）、乙醇、甲醇和冰醋酸。Brivaracetam 可自由溶于乙腈和丙酮，可溶于甲苯。 在正己烷中微溶。

口服片剂:

BRIVIACT 片剂可口服，含有以下非活性成分：交联羧甲基纤维素钠，乳糖一水合物，β- 环糊精，无水乳糖，硬脂酸镁和以下指定的薄膜包衣剂:

10mg 片剂：聚乙烯醇，滑石粉，聚乙二醇 3350，二氧化钛;

25mg 片剂：聚乙烯醇，滑石粉，聚乙二醇 3350，二氧化钛，黄色氧化铁，黑色氧化铁;

50mg 片剂：聚乙烯醇，滑石粉，聚乙二醇 3350，二氧化钛，黄色氧化铁，红色氧化铁;

75mg 片剂：聚乙烯醇，滑石粉，聚乙二醇 3350，二氧化钛，黄色氧化铁，红色氧化铁，黑色氧化铁;

100mg 片剂：聚乙烯醇，滑石粉，聚乙二醇 3350，二氧化钛，黄色氧化铁，黑色氧化铁。

口服液：BRIVIACT 口服溶液每毫升含 10mg 布立西坦。非活性成分是柠檬酸钠、无水柠檬酸、对羟基苯甲酸甲酯、羧甲基纤维素钠、三氯蔗糖、山梨糖醇溶液、甘油、树莓味香精和纯净水。

注射剂：BRIVIACT 注射剂是无色透明液体，以无菌、无防腐剂的溶液形式提供。BRIVIACT 注射液每毫升含 10mg 布立西坦，用于静脉内给药。一小瓶包含 50mg 的布立西坦原料药。它包含以下非活性成分：乙酸钠（三水合物），冰醋酸（pH 值调节至 5.5），氯化钠和注射用水。

药品上市申报信息

该药物目前有口服片剂、口服液和注射液等。

药品注册申请号：205836
申请类型：NDA（新药申请）
申请人：UCB INC
申请人全名：UCB INC

产品信息

产品号	商品名	活性成分	剂型 / 给药途径	规格 / 剂量	参比药物 (RLD)	生物等效参考标准 (RS)	治疗等效代码
001	BRIVIACT	brivaracetam	片剂 / 口服	10mg	是	否	否
002	BRIVIACT	brivaracetam	片剂 / 口服	25mg	是	否	否
003	BRIVIACT	brivaracetam	片剂 / 口服	50mg	是	否	否
004	BRIVIACT	brivaracetam	片剂 / 口服	75mg	是	否	否
005	BRIVIACT	brivaracetam	片剂 / 口服	100mg	是	是	否

与本品相关的专利信息（来自 FDA 橙皮书 Orange Book）

关联产品号	专利号	专利过期日	是否物质专利	是否产品专利	专利用途代码	撤销请求	提交日期
001	6784197	2021/02/21	是	是	U-2295		2016/02/25
	6911461	2021/02/21	是	是	U-2295		2016/02/25
	8492416	2021/02/21			U-2295		2016/02/25
002	6784197	2021/02/21	是	是	U-2295		2016/02/25
	6911461	2021/02/21	是	是	U-2295		2016/02/25
	8492416	2021/02/21			U-2295		2016/02/25
003	6784197	2021/02/21	是	是	U-2295		2016/02/25
	6911461	2021/02/21	是	是	U-2295		2016/02/25
	8492416	2021/02/21			U-2295		2016/02/25
004	6784197	2021/02/21	是	是	U-2295		2016/02/25
	6911461	2021/02/21	是	是	U-2295		2016/02/25
	8492416	2021/02/21			U-2295		2016/02/25
005	6784197	2021/02/21	是	是	U-2295		2016/02/25
	6911461	2021/02/21	是	是	U-2295		2016/02/25
	8492416	2021/02/21			U-2295		2016/02/25

与本品相关的市场独占权保护信息

关联产品号	独占权代码	失效日期	备注
001	NCE	2021/05/12	
002	NCE	2021/05/12	
003	NCE	2021/05/12	
004	NCE	2021/05/12	
005	NCE	2021/05/12	

药品注册申请号：205837
申请类型：NDA（新药申请）
申请人：UCB INC
申请人全名：UCB INC

产品信息

产品号	商品名	活性成分	剂型 / 给药途径	规格 / 剂量	参比药物 (RLD)	生物等效参考标准 (RS)	治疗等效代码
001	BRIVIACT	brivaracetam	液体 / 静脉注射	50mg/5mL (10mg/mL)	是	是	否

与本品相关的专利信息（来自 FDA 橙皮书 Orange Book）

关联产品号	专利号	专利过期日	是否物质专利	是否产品专利	专利用途代码	撤销请求	提交日期
001	6784197	2021/02/21	是	是	U-2130 U-1815		2016/02/25
	6911461	2021/02/21	是	是	U-1815 U-2130		2016/02/25
	8492416	2021/02/21			U-2130 U-1815		2016/02/25

与本品相关的市场独占权保护信息

关联产品号	独占权代码	失效日期	备注
001	NCE	2021/05/12	

与本品治疗等效的药品

本品无治疗等效药品

药品注册申请号：205838
申请类型：NDA（新药申请）
申请人：UCB INC
申请人全名：UCB INC

产品信息

产品号	商品名	活性成分	剂型 / 给药途径	规格 / 剂量	参比药物 (RLD)	生物等效参考标准 (RS)	治疗等效代码
001	BRIVIACT	brivaracetam	液体 / 口服	10mg/mL	是	是	否

与本品相关的专利信息（来自 FDA 橙皮书 Orange Book）

关联产品号	专利号	专利过期日	是否物质专利	是否产品专利	专利用途代码	撤销请求	提交日期
001	6784197	2021/02/21	是	是	U-2295		2016/02/25
	6911461	2021/02/21	是	是	U-2295		2016/02/25
	8492416	2021/02/21			U-2295		2016/02/25

与本品相关的市场独占权保护信息

关联产品号	独占权代码	失效日期	备注
001	NCE	2021/05/12	

合成路线 1

以下合成路线来源于 University of Antwerp，Ghent University 和 UCB Pharma 公司 Qiu Shi 等人 2016 年发表的文章。目标化合物 **3** 是以化合物 **1** 为原料，经过 2 步合成，得到相应的对映异构体，再经过手性分离而得。

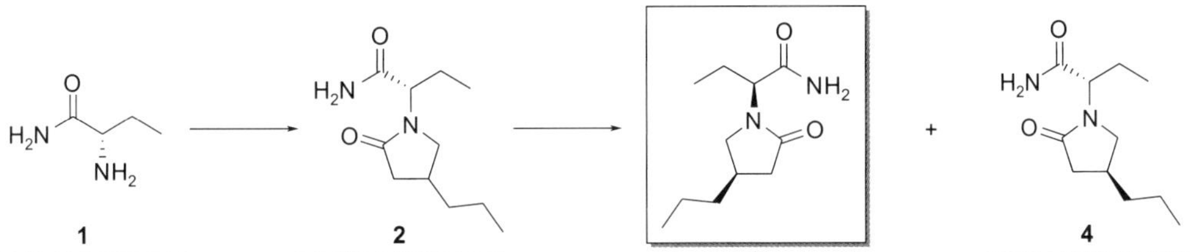

1
CAS号 1314950-31-6

2
CAS号 943986-70-7

3
brivaracetam
CAS号 357336-20-0

4
CAS号 357336-19-7

原始文献： Chirality，2016,28(3):215-225.

合成路线 2

以下合成路线来源于 Foshan Longxin Pharmaceutical Science and Technology 公司 Huang 等人 2016 年发表的专利申请书。目标化合物 **9** 是以化合物 **1** 和化合物 **2** 为原料，经过 5 步合成而得。值得注意的是，化合物 **1** 和化合物 **2** 在氨基钠的作用下，生成环丙烷中间体化合物 **3**，再与格氏试剂 4 发生开环反应，得到化合物 **5**。后者经水解脱羧后，得到关键中间体化合物 **6**。

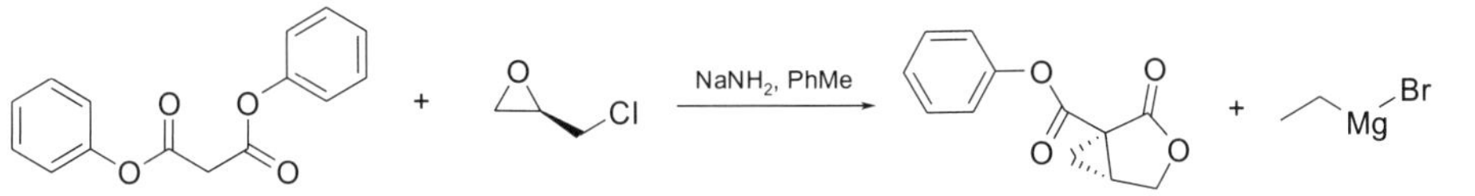

$NaNH_2$, PhMe

1
CAS号 1969-44-4

2
CAS号 51594-55-9

3
CAS号 203175-37-5

4
CAS号 925-90-6

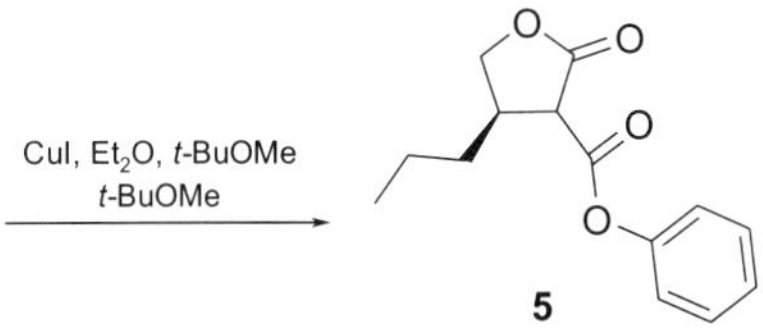

CuI, Et_2O, *t*-BuOMe
t-BuOMe

5
CAS号 1942054-58-1

5 —LiCl, H_2O, DMSO→ 6 CAS号 63095-51-2 —HBr, AcOH, $Na_2S_2O_3$→ 7 CAS号 1942054-60-5 + 8 CAS号 7324-11-0 —$EtN(Pr\text{-}i)_2$, 1-羟基苯并三唑, EDC-HCl, DMF→ 9 brivaracetam CAS号 357336-20-0

原始文献： CN 105646319,2016.

合成路线 3

以下合成路线来源于 Chengdu Miracle Pharmaceutical 公司 Wang 等人 2017 年发表的专利申请书。目标化合物 **11** 是以化合物 **1** 和化合物 **2** 为原料，经过 7 步合成而得。

值得注意的是，化合物 **5** 经氢化还原后，得到对映异构体化合物 **6**，通过与手性氨基化合物 **8** 共结晶方法得到光学纯化合物 **9**。

1 CAS号 298-12-4 + 2 CAS号 110-62-3 —H_2O, $Me(CH_2)_5Me$→ 3 CAS号 357338-44-4 + 4 HCl CAS号 56545-22-3 —Et_3N, PhMe→ 5 CAS号 2101506-17-4 —NH_4HCO_2, Pd, H_2, EtOH→ 6 CAS号 2170761-56-3

6 —LiOH, H_2O, MeOH→ 7 CAS号 2170761-55-2 + 8 CAS号 3886-69-9 —Me_2CHOH→ 9 CAS号 2101506-16-3 —LiOH, H_2O→ 10 CAS号 2170761-55-2

—$EtN(Pr\text{-}i)_2$, NH_4Cl, HATU, THF→ 11 brivaracetam CAS号 357336-20-0

原始文献： CN 106748950,2017.

合成路线 4

以下合成路线来源于 AstaTech（Chengdu）Biopharmaceutical 公司 Liu 等人 2017 年发表的专利申请书。目标化合物 **12** 是以化合物 **1** 和化合物 **2** 为原料，经过 8 步合成而得。

值得注意的是，化合物 **3** 与化合物 **4** 的亲核取代反应是立体专一性反应，产物化合物 **5** 是光学纯的单一对映异构体。化合物 **5** 开环反应后得到化合物 **6**，还原后转化为化合物 **7**，再发生分子内环合反应，得到相应的关键中间体化合物 **8**。

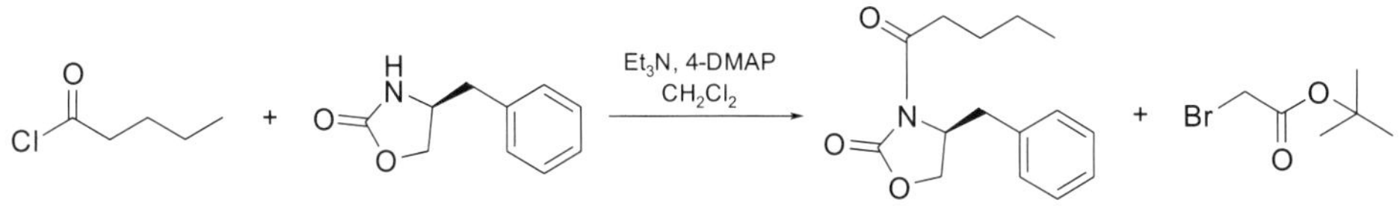

Et_3N, 4-DMAP, CH_2Cl_2

1 CAS号 638-29-9

2 CAS号 90719-32-7

3 CAS号 143868-89-7

4 CAS号 5292-43-3

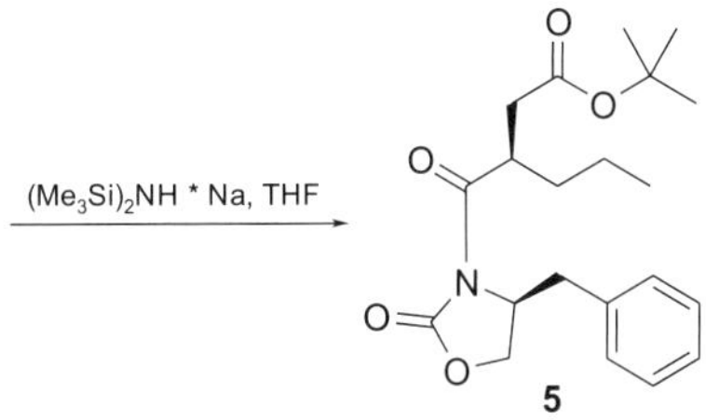

$(Me_3Si)_2NH$ * Na, THF

5 CAS号 225377-55-9

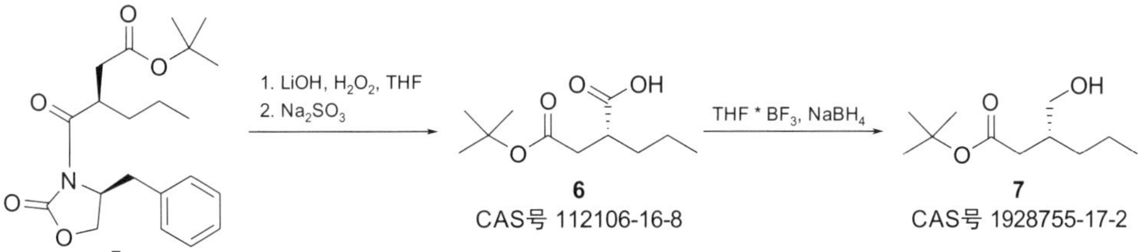

5 CAS号 225377-55-9

1. LiOH, H_2O_2, THF
2. Na_2SO_3

6 CAS号 112106-16-8

THF * BF_3, $NaBH_4$

7 CAS号 1928755-17-2

TFA

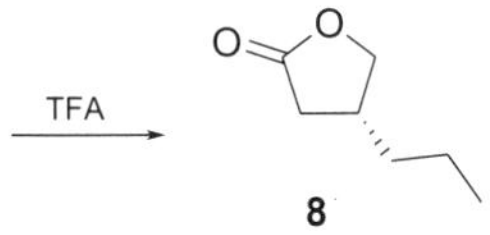

8 CAS号 63095-51-2

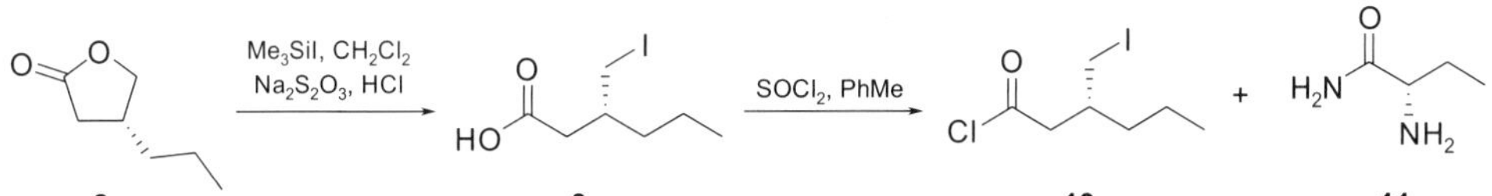

8 CAS号 63095-51-2

Me_3SiI, CH_2Cl_2, $Na_2S_2O_3$, HCl

9 CAS号 2096508-76-6

$SOCl_2$, PhMe

10 CAS号 2096508-78-8

11 CAS号 7324-11-0

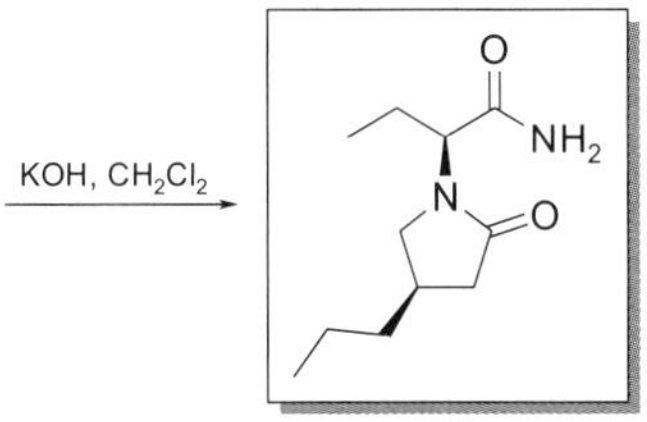

KOH, CH_2Cl_2

12 brivaracetam CAS号 357336-20-0

原始文献：CN 107216276,2017.

合成路线 5

以下合成路线来源于 UCB Pharma 公司 Kenda 等人 2004 年发表的论文。目标化合物 **7** 是以化合物 **1** 和化合物 **2** 为原料，经过 4 步合成而得。最后一步需要手性分离。

CuI, Me_3SiCl, Et_2O; Me_3SiI, CH_2Cl_2; $SOCl_2$, 苯

1 CAS号 927-77-5　**2** CAS号 497-23-4　**3** CAS号 72397-60-5　**4** CAS号 664305-06-0　**5** CAS号 664305-08-2

KOH, Na_2SO_4, $Bu_4N^{+}Br^{-}$, CH_2Cl_2

5 CAS号 664305-08-2　**6** CAS号 7324-11-0　**7** brivaracetam CAS号 357336-20-0　**8** CAS号 357336-19-7

原始文献： J Med Chem,2004, 47(3):530-549.

合成路线 6

以下合成路线来源于 UCB Pharma 公司 Ates 等人 2007 年发表的专利申请书。目标化合物 **10** 是以化合物 **1** 和化合物 **2** 为原料，经过 7 步合成而得。化合物 **3** 经过氢化还原后，得到对映异构体混合物，经过手性分离得到化合物 **5**。

DBU, 0°C; rt; HCl, H_2O, pH 4; H_2, Ni, MeOH, 28h, 55°C, 50bar

1 CAS号 27829-72-7　**2** CAS号 75-52-5　**3** CAS号 128013-61-6

4 CAS号 89895-19-2　**5** CAS号 930123-37-8

NaH, THF, 15min, 0°C; THF, 20min, 0°C; NH_4OH, H_2O, 0°C; 5.5h, rt

5 CAS号 930123-37-8　**6** CAS号 3196-15-4　**7** CAS号 930123-52-7　**8** CAS号 930123-53-8

NaOBu-*t*, Me_2CHOH, 18h, rt

9
CAS号 357337-00-9

10
brivaracetam
CAS号 357336-20-0

原始文献： WO 2007031263,2007.

合成路线 7

以下合成路线来源于 UCB Pharma 公司 Schule 等人 2016 年发表的专利申请书。目标化合物 **11** 是以化合物 **1** 和化合物 **2** 为原料，经过 7 步合成而得。关键中间体化合物 **6**，是通过化合物 **4** 的手性分离得到对映异构体化合物 **5**，再脱去保护基，环合反应而得的。

1 CAS号 2163-48-6 + **2** CAS号 5292-43-3 —$(Me_3Si)_2NH^*$ Na, THF→ **3** CAS号 1997309-45-1

—KOH, EtOH, H_2O→ **4** CAS号 1997309-39-3

4 —NaOH, Dispase® II→ **5** CAS号 112106-16-8 —TFA→ **6** CAS号 63095-51-2 —HBr, AcOH→ **7**

7 CAS号 1942054-60-5 + **8** CAS号 64-17-5 —HCl, H_2O→ **9** CAS号 1956435-91-8 + **10** CAS号 7324-11-0

—Na_2CO_3, $Bu_4N^{+*}I^-$→ **11** brivaracetam CAS号 357336-20-0

原始文献： Org Proc Res Dev, 2016, 20 (9): 1566-1575.

合成路线 8

以下合成路线来源于 UCB Pharma 公司 Ates 等人 2007 年发表的专利申请书。目标化合物 **11** 是以化合物 **1** 为原料，经过 7 步合成而得。关键中间体分子内酸酐化合物 **8**，是通过化合物 **6** 与化合物 **7** 反应得到的。

H_2O, Na_2SO_3

$SOCl_2$, $CHCl_3$
$NaIO_4$, $RuCl_3$

NaH, $(CH_2OMe)_2$
$(CH_2OMe)_2$

1
CAS号 109-67-1

2
CAS号 5343-92-0

3
CAS号 941290-02-4

4
CAS号 108-59-8

5
CAS号 72397-59-2

NaOH, H_2O

H_2SO_4, H_2O, Me_2CO

5
CAS号 72397-59-2

6
CAS号 941290-04-6

7
CAS号 108-24-7

8
CAS号 575456-69-8

MeCN
HCl, H_2O

i-BuC(=O)Me

8
CAS号 575456-69-8

9
CAS号 7324-11-0

10
CAS号 941289-95-8

11
brivaracetam
CAS号 357336-20-0

原始文献： WO 2007065634,2007.

合成路线 9

以下合成路线来源于 Wang 等人 2017 年发表的专利申请书。目标化合物 **11** 是以化合物 **1** 为原料，经过 7 步合成而得。关键中间体化合物 **7** 的手性建立，是通过化合物 **3** 与化合物 **4** 反应的开环反应而得到的。

NaOMe, EtOH

CuI, MeTHF

1
CAS号 105-53-3

2
CAS号 30608-62-9

3
CAS号 145032-58-2

4
CAS号 925-90-6

5
CAS号 2052297-73-9

NaOH

PhMe, 2h, 120°C

$SOCl_2$, $ZnCl_2$, 85°C

5
CAS号 2052297-73-9

6
CAS号 2052297-76-2

7
CAS号 63095-51-2

8
CAS号 2052297-75-1

8
CAS号 2052297-75-1

9
CAS号 7682-20-4

Et_3N, CH_2Cl_2

10
CAS号 2052297-74-0

KOH, Na_2SO_4, Bu_4NCl

11
brivaracetam
CAS号 357336-20-0

原始文献： WO 2016191435,2017.

合成路线 10

以下合成路线来源于 UCB Biopharma Sprl 公司 Defrance 等人 2017 年发表的专利申请书。目标化合物 **7** 是以化合物 **2** 和化合物 **5** 为原料，经过 2 步合成而得。最后一步需要手性分离，得到光学纯的目标化合物 **7**。

1
CAS号 7682-20-4

NH_3, Me_2CHOH

2
CAS号 7324-11-0

3
CAS号 298-12-4

4
CAS号 110-62-3

吗啉, H_2O
$Me(CH_2)_5Me$

5
CAS号 78920-10-2

5
CAS号 78920-10-2

2
CAS号 7324-11-0

Me_2CHOH
NaOH, $NaBH_4$

6
CAS号 357338-13-7

HCO_2H, H_2O
Pt, H_2, 9～10bar

7
brivaracetam
CAS号 357336-20-0

8
CAS号 357336-19-7

原始文献： WO 2017076738,2017.

合成路线 11

以下合成路线来源于 Micro Labs 公司 Kumar 等人 2018 年发表的专利申请书。目标化合物 **10** 是以化合物 **1** 和化合物 **2** 为原料，经过 5 步合成而得。值得注意的是，化合物 **3** 与化合物 **4** 的亲核取代反应是立体专一的，得到产物 **5** 是光学纯的单一立体异构体。

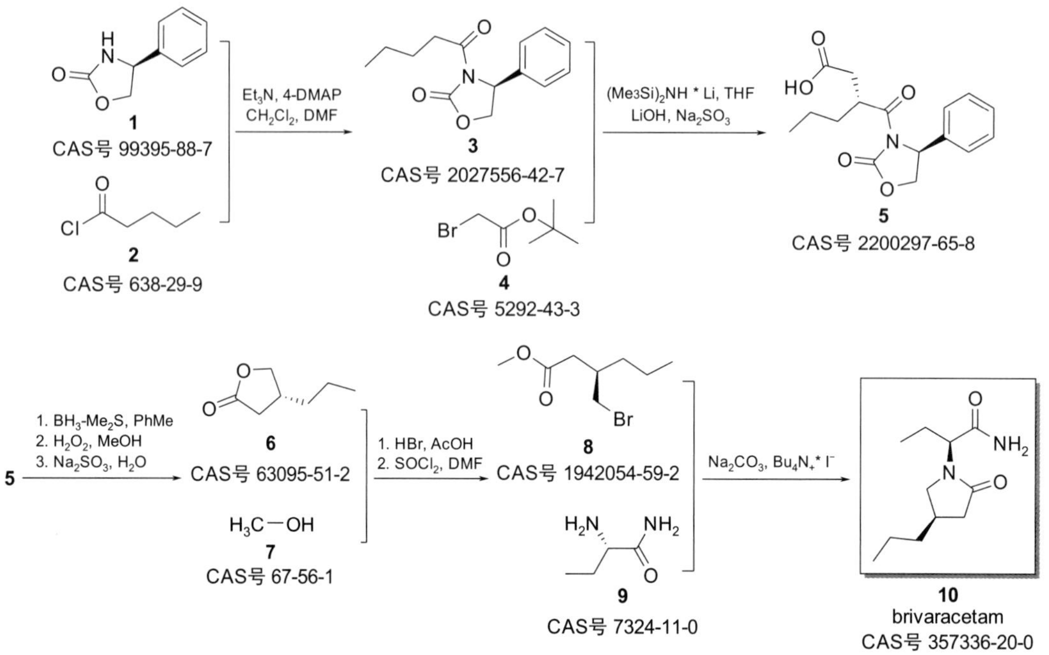

原始文献： WO 2018042393,2018.

合成路线 12

以下合成路线来源于 Ciceri 等人 2018 年发表的论文。目标化合物 **18** 是以化合物 **1** 和化合物 **2** 为原料，经过 11 步合成而得。

值得注意的是，化合物 **10** 在催化剂作用下，转化为关键中间体化合物 **11** 是一个不常见的合成反应。在文献里描述的反应条件下，化合物 **10** 的苯环被羧基取代。化合物 **11** 经水解成环得到化合物 **13**。

6

7
CAS号 108-05-4

脂肪酶, PhMe

8
CAS号 1821823-54-4

9
CAS号 108-24-7

HF-吡啶

10
CAS号 2250128-46-0

$NaIO_4$, $RuCl_3$, H_2O, $ClCH_2CH_2Cl$, MeCN

11
CAS号 2250128-48-2

K_2CO_3, MeOH, 3h, 回流

12

12
CAS号 2096999-79-8

HCl, H_2O

13
CAS号 63095-51-2

HBr, AcOH

14
CAS号 1942054-60-5

15
CAS号 64-17-5

HCl, H_2O, 40°C

16
CAS号 1956435-91-8

17
CAS号 7682-20-4

Na_2CO_3, $Bu_4N^+ \cdot I^-$

18
brivaracetam
CAS号 357336-20-0

原始文献： Molecules,2018,23 (9): 2206/1-2206/11.

参考文献

[1] Brigo F, Lattanzi S, Nardone R,et al. Intravenous brivaracetam in the treatment of status epilepticus: a systematic review. CNS Drugs,2019, 33(8):771-781.

[2] Willems L M, Bauer S, Rosenow F,et al. Recent advances in the pharmacotherapy of epilepsy: brivaracetam and perampanel as broad-spectrum antiseizure drugs for the treatment of epilepsies and status epilepticus. Expert Opin Pharmacother,2019, 20(14):1755-1765.

布立西坦核磁谱图

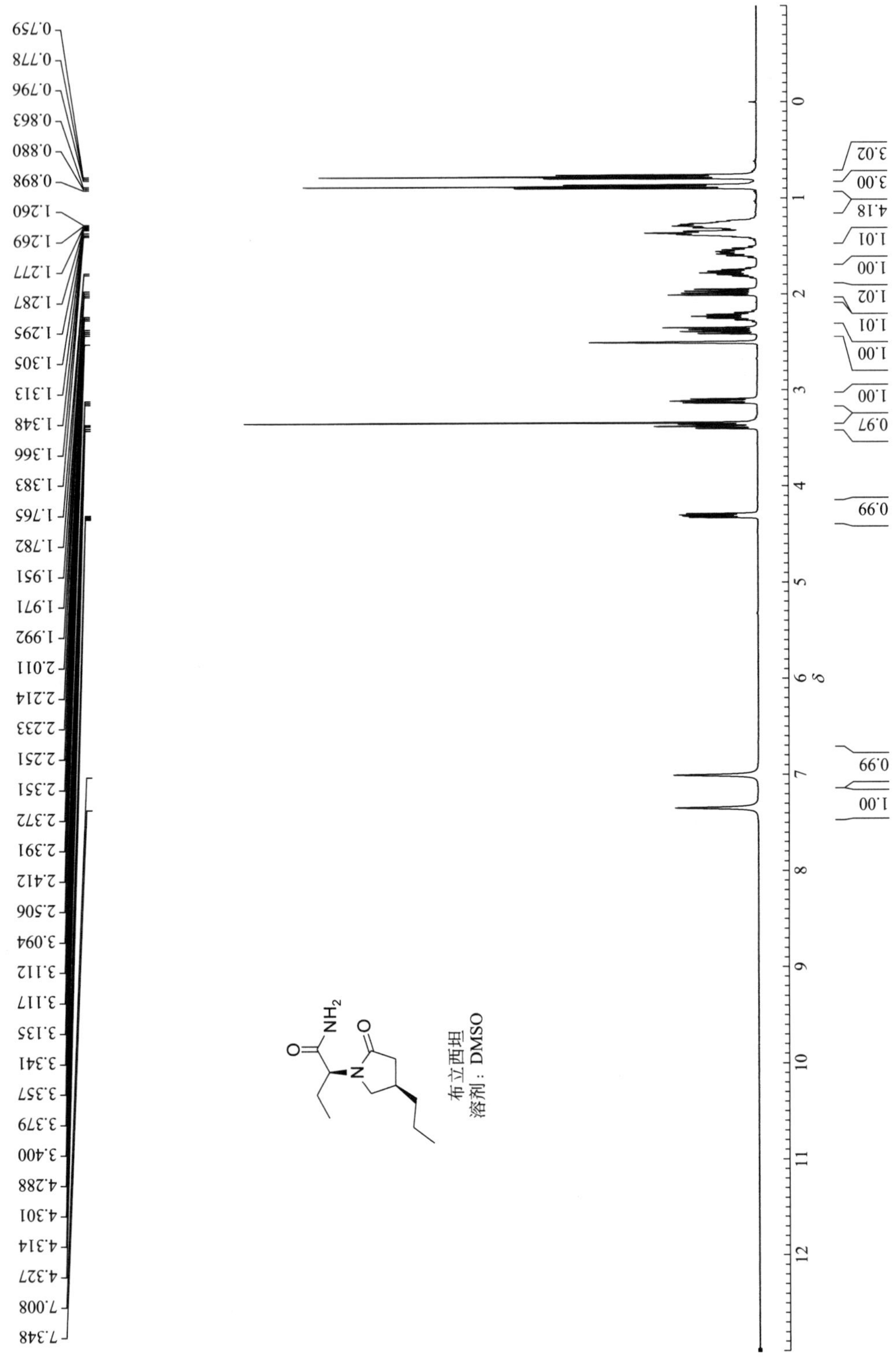

0.759
0.778
0.796
0.863
0.880
0.898
1.260
1.269
1.277
1.287
1.295
1.305
1.313
1.348
1.366
1.383
1.765
1.782
1.951
1.971
1.992
2.011
2.214
2.233
2.251
2.351
2.372
2.391
2.412
2.506
3.094
3.112
3.117
3.135
3.341
3.357
3.379
3.400
4.288
4.301
4.314
4.327
7.008
7.348
3.02
3.00
4.18
1.01
1.00
1.02
1.01
1.00
1.00
0.97
0.99
0.99
1.00
NH2
O
N
布立西坦
溶剂：DMSO
δ

cangrelor sodium（坎格雷洛钠）

药物基本信息

英文通用名	cangrelor sodium
英文别名	AR-C69931MX; AR C69931MX; ARC69931MX; AR-C69931; AR C69931; ARC69931; cangrelor; cangrelor tetrasodium salt
中文通用名	坎格雷洛钠(坎格雷洛四钠盐)
商品名	Kengreal
CAS登记号	163706-06-7(游离酸), 163706-36-3(四钠盐)
FDA 批准日期	6/22/2015
FDA 批准的API	cangrelor sodium
化学名	(dichloro((((((2*R*,3*S*,4*R*,5*R*)-3,4-dihydroxy-5-(6-((2-(methylthio)ethyl)amino)-2-((3,3,3-trifluoropropyl)thio)-9*H*-purin-9-yl)tetrahydrofuran-2-yl)methoxy)(hydroxy)phosphoryl)oxy)(hydroxy)phosphoryl)methyl)phosphonic acid, tetrasodium salt
SMILES代码	O=P(C(Cl)(P([O-])([O-])=O)Cl)(OP([O-])(OC[C@H]1O[C@@H](N2C=NC3=C(NCCSC)N=C(SCCC(F)(F)F)N=C23)[C@H](O)[C@@H]1O)=O)[O-].[Na+].[Na+].[Na+].[Na+]

化学结构和理论分析

化学结构	理论分析值
	化学式：$C_{17}H_{21}Cl_2F_3N_5Na_4O_{12}P_3S_2$ 精确分子量：N/A 分子量：864.2736 元素分析：C, 23.63; H, 2.45; Cl, 8.20; F, 6.59; N, 8.10; Na, 10.64; O, 22.21; P, 10.75; S, 7.42

药品说明书参考网页

生产厂家产品说明书、美国药品网、美国处方药网页。

药物简介

注射用 cangrelor sodium 是一种用于静脉输注的无菌白色至灰白色冻干粉末。除活性成分坎格雷洛外，每个一次性小瓶均包含甘露醇、山梨糖醇和氢氧化钠以调节 pH 值。

KENGREAL 可用于经皮冠状动脉介入治疗（percutaneous coronary intervention, PCI）的辅助疗法，可降低未接受 P2Y12 血小板抑制剂治疗且未接受糖蛋白Ⅱb/Ⅲa 抑制剂治疗的患者的围手术期心肌梗死（periprocedural myocardial infarction, MI），重复冠状动脉血运重建和支架血栓形成（stent thrombosis, ST）的风险。

Cangrelor 是一种直接作用于 P2Y12 的血小板受体抑制剂，可阻断 ADP 诱导的血小板活化和聚集。Cangrelor 选择性和可逆地与 P2Y12 受体结合，以防止进一步的信号传导和血小板活化。

药品上市申报信息

该药物目前有 1 种产品上市。

药品注册申请号: 204958
申请类型: NDA (新药申请)
申请人: CHIESI USA INC
申请人全名: CHIESI USA INC

产品信息

产品号	商品名	活性成分	剂型 / 给药途径	规格 / 剂量
001	KENGREAL	cangrelor	粉末剂 / 静脉注射	50mg/ 瓶

与本品相关的专利信息（来自 FDA 橙皮书 Orange Book）

关联产品号	专利号	专利过期日	是否物质专利	是否产品专利	专利用途代码	撤销请求	提交日期
001	10039780	2035/07/10			U-2260		2018/08/30
	6130208	2023/06/29		是	U-1715		2015/07/16
	8680052	2033/03/09			U-1715		2015/07/16
	9295687	2035/07/10		是			2016/03/29
	9427448	2030/11/10			U-1926		2016/12/09
	9439921	2035/07/10		是			2016/12/09
	9700575	2035/07/10		是			2017/07/28
	9925265	2029/05/13			U-2260		2018/04/11

与本品相关的市场独占权保护信息

关联产品号	独占权代码	失效日期	备注
001	NCE	2020/06/22	

合成路线 1

以下合成路线来源于 Jiangsu Hengrui Medicine 公司 Xiao 等人 2017 年发表的专利申请书。目标化合物 **11** 是以化合物 **1** 和化合物 **2** 为原料，经 6 步合成反应而得到的。值得注意的是，化合物 **7** 是通过化合物 **6** 脱去乙酰基的硫原子与化合物 **5** 的氯原子发生亲核取代反应得到的。化合物 **7** 水解脱去乙酰基，得到化合物 **8**。后者与三氯氧磷反应得到相应的磷酸酯化合物 **9**，再与化合物 **10** 偶联得到目标化合物 **11**。

AcONa 99%

1 CAS号 146-77-0 + **2** → **3** CAS号 2097366-68-0 + **4**

K_2CO_3, DMF
100%

5
CAS号 2097366-69-1

5
CAS号 2097366-69-1

\+

6
CAS号 1097630-65-3

K_2CO_3, DMF
100%

7
CAS号 1830294-26-2

NaOH, MeOH
70%

8
CAS号 163706-58-9

8
CAS号 163706-58-9

$POCl_3$
$(EtO)_3P{=}O$
65%

9
CAS号 847460-53-1

10
CAS号 10596-23-3

Bu_3N, C_5H_5N
二咪唑酮
DMF
48%

11
cangrelor
CAS号 163706-06-7

原始文献： WO 2017076266,2017.

合成路线 2

以下合成路线来源于 Pharmaster (Ningbo) Technology 公司 Wang 等人 2018 年发表的专利申请书。目标化合物 **10** 是以化合物 **1** 和化合物 **2** 为原料，经 5 步合成反应而得到的。关键中间体化合物 **7** 是通过在化合物 **5** 嘌呤环上 NH 基团上引入核糖化合物 **6** 而得的。化合物 **7** 脱去保护基后，与化合物 **9** 反应，得到目标化合物。

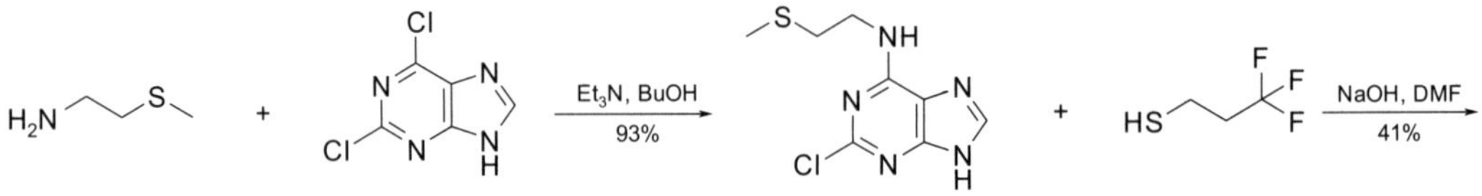

Et_3N, BuOH, 93%；NaOH, DMF, 41%

1 CAS号 18542-42-2　**2** CAS号 5451-40-1　**3** CAS号 1565733-37-0　**4** CAS号 69412-76-6

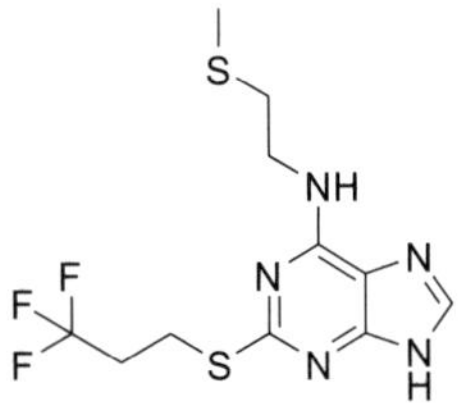

5 CAS号 1830294-25-1

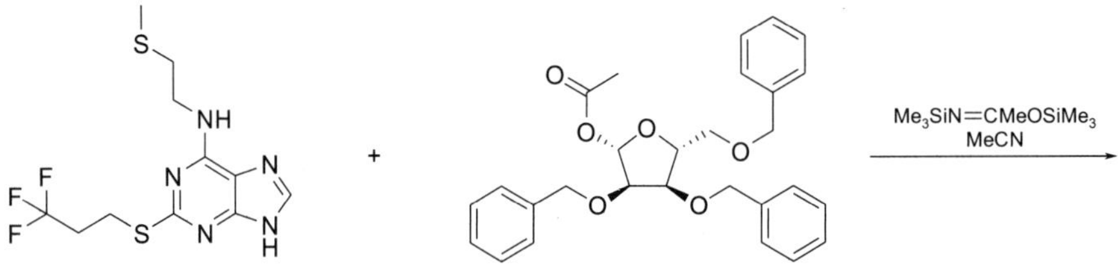

$Me_3SiN{=}CMeOSiMe_3$, MeCN

5 CAS号 1830294-25-1　**6** CAS号 91110-24-6

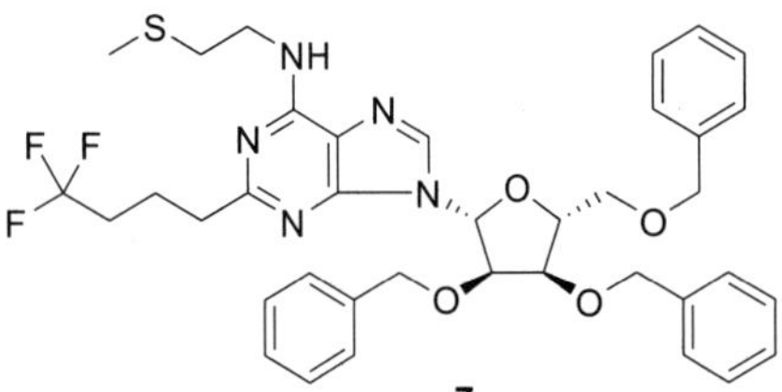

7 CAS号 2250279-53-7

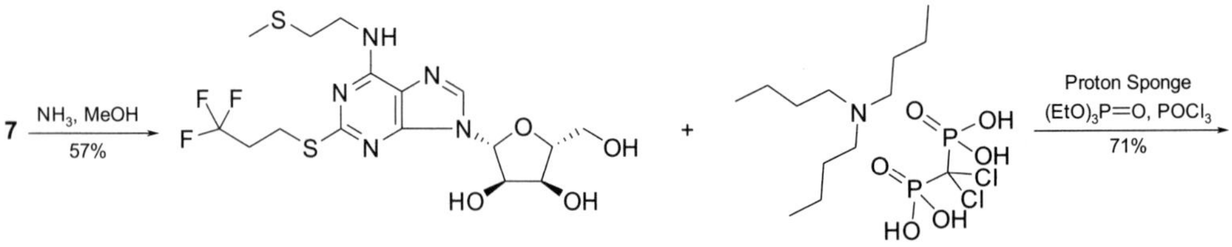

NH_3, MeOH, 57%；Proton Sponge, $(EtO)_3P{=}O$, $POCl_3$, 71%

8 CAS号 163706-58-9　**9** CAS号 163706-61-4

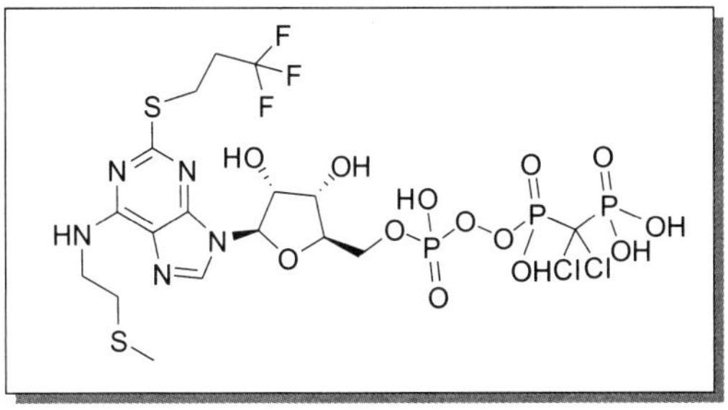

10
cangrelor
CAS号 163706-06-7

原始文献： CN 108658989,2018.

合成路线 3

以下合成路线来源于 MSN Laboratories 公司 Rajan 等人 2018 年发表的专利申请书。目标化合物 **10** 是以硫代嘌呤酮化合物 **1** 和化合物 **2** 为原料，经 5 步合成反应而得到的。

值得注意的是，化合物 **6** 的磷酸基团是通过与吗啉 **7** 反应，得到相应的吗啉磷酸酯 **8** 而活化的。化合物 **8** 与化合物 **9** 反应，得到目标化合物。

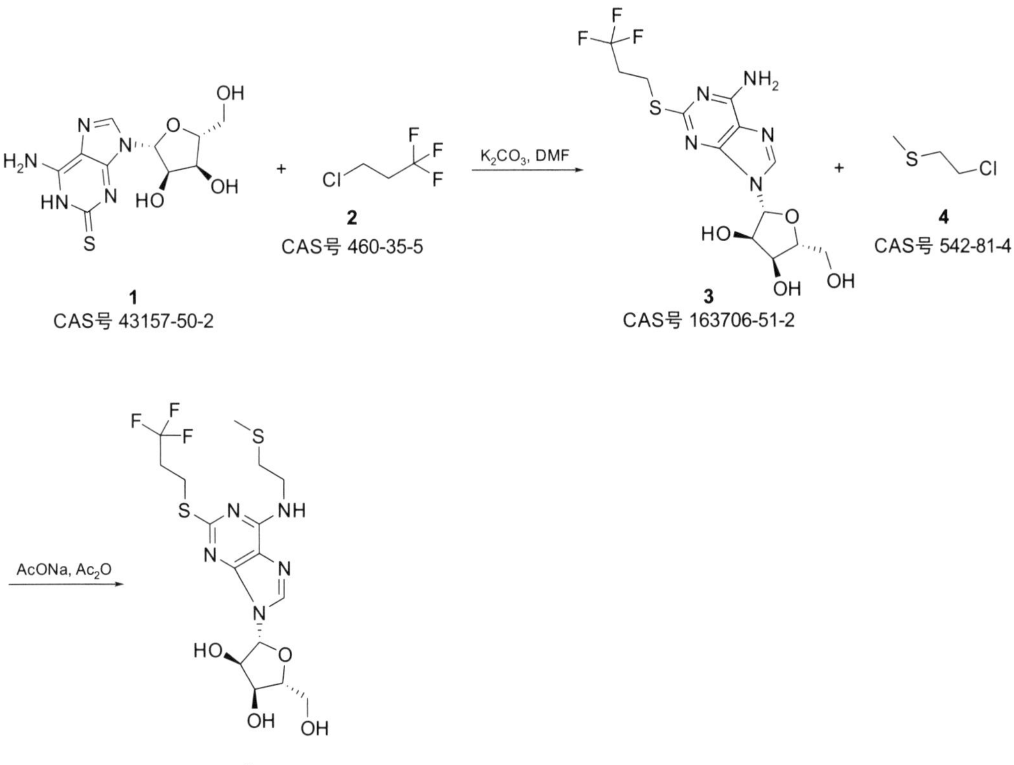

1
CAS号 43157-50-2

2
CAS号 460-35-5

K_2CO_3, DMF

3
CAS号 163706-51-2

4
CAS号 542-81-4

AcONa, Ac_2O

5
CAS号 163706-58-9

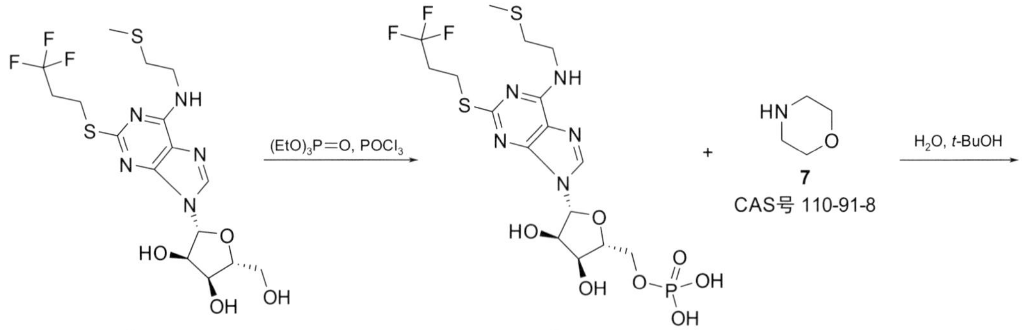

$(EtO)_3P{=}O$, $POCl_3$

5
CAS号 163706-58-9

6
CAS号 847460-53-1

\+

7
CAS号 110-91-8

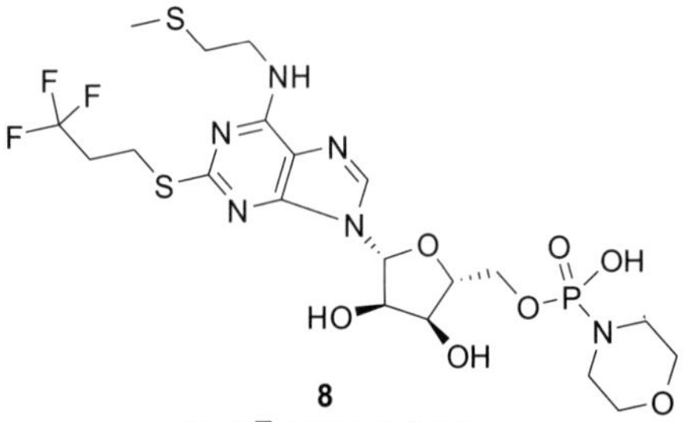

H_2O, *t*-BuOH

8
CAS号 2247200-66-2

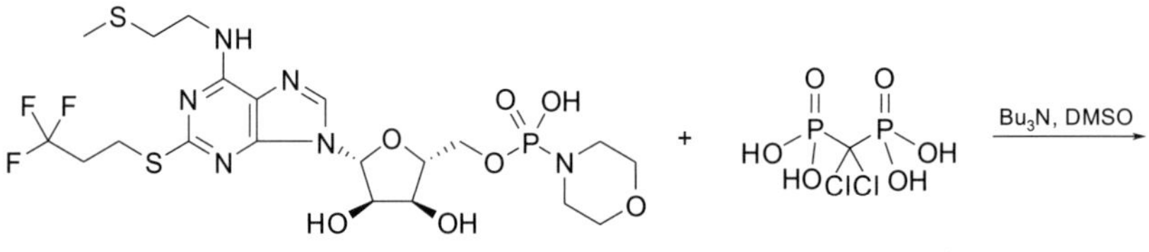

8
CAS号 2247200-66-2

\+

9
CAS号 10596-23-3

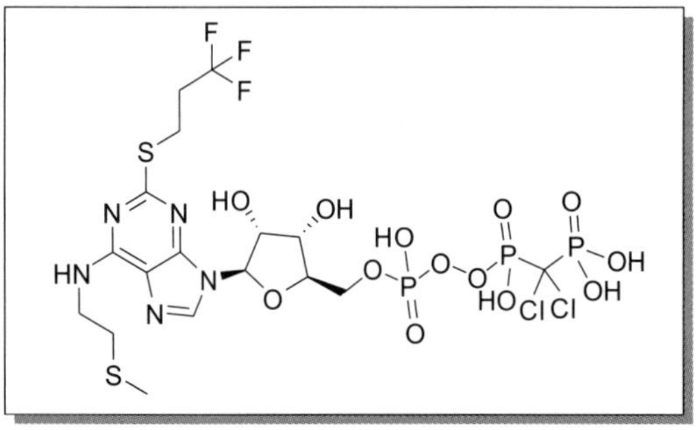

Bu_3N, DMSO

10
cangrelor
CAS号 163706-06-7

原始文献： WO 2018185715,2018.

参考文献

[1] Majmundar M, Kansara T, Jain A, et al.Meta-analysis of the role of cangrelor for patients undergoing percutaneous coronary intervention. Am J Cardiol, 2019, 123(7):1069-1075.

[2] van Tuyl J S, Newsome A S, Hollis I B. Perioperative bridging with glycoprotein Ⅱb/Ⅲa inhibitors versus cangrelor: balancing efficacy and safety. Ann Pharmacother, 2019, 53(7):726-737.

cannabidiol（大麻二酚）

药物基本信息

英文通用名	cannabidiol
英文别名	(−)-cannabidiol; (−)-*trans*-cannabidiol; CBD; (−)-CBD; GWP42003-P; GWP-42003-P; GWP 42003-P; ZYN002; ZYN-002; ZYN 002; delta1(2)-*trans*-cannabidiol
中文通用名	大麻二酚
商品名	Epidiolex
CAS登记号	13956-29-1
FDA 批准日期	6/25/2018
FDA 批准的API	cannabidiol
化学名	(1'*R*,2'*R*)-5'-methyl-4-pentyl-2'-(prop-1-en-2-yl)-1',2',3',4'-tetrahydro-[1,1'-biphenyl]-2,6-diol
SMILES代码	OC1=CC(CCCCC)=CC(O)=C1[C@@H]2C=C(C)CC[C@H]2C(C)=C

化学结构和理论分析

化学结构	理论分析值
OH OH	化学式：$C_{21}H_{30}O_2$ 精确分子量：314.2246 分子量：314.4690 元素分析：C, 80.21; H, 9.62; O, 10.18

药品说明书参考网页

生产厂家产品说明书、美国药品网、美国处方药网页。

药物简介

大麻二酚是 EPIDIOLEX 中的活性成分，是一种天然存在于大麻植物中的大麻素。大麻二酚是白色至浅黄色的结晶固体。不溶于水，可溶于有机溶剂。

EPIDIOLEX（大麻二酚）口服溶液是一种透明、无色至黄色的液体，其中含有浓度为 100mg /mL 的大麻二酚。非活性成分包括无水酒精、芝麻籽油、草莓味香精和三氯蔗糖。EPIDIOLEX 不包含由含麸质的谷物（小麦、大麦或黑麦）制成的成分。

EPIDIOLEX 适用于 2 岁及 2 岁以上患者的 Lennox-Gastaut 综合征（LGS）或 Dravet 综合征（DS）相关的癫痫发作的治疗。

EPIDIOLEX 在人中发挥其抗惊厥作用的确切机制尚不清楚。大麻二酚似乎没有通过与大麻素受体相互作用而发挥抗惊厥作用。

药品上市申报信息

该药物目前有 1 种产品上市。

药品注册申请号：210365
申请类型：NDA（新药申请）
申请人：GW RES LTD
申请人全名：GW RESEARCH LTD

产品信息

产品号	商品名	活性成分	剂型 / 给药途径	规格 / 剂量
001	EPIDIOLEX	cannabidiol	液体 / 口服	100mg/mL

与本品相关的专利信息（来自 FDA 橙皮书 Orange Book）

关联产品号	专利号	专利过期日	是否物质专利	是否产品专利	专利用途代码	撤销请求	提交日期
001	10092525	2035/06/17			U-2427		2018/10/25
	10111840	2035/06/17			U-2443 U-2442		2018/11/27
	10137095	2035/06/17			U-2454 U-2455		2018/12/17
	10195159	2022/05/07	是				2019/06/26
	9949937	2035/06/17			U-2421		2018/10/25
	9956183	2035/06/17			U-2422 U-2423		2018/10/25
	9956184	2035/06/17			U-2424		2018/10/25
	9956185	2035/06/17			U-2425		2018/10/25
	9956186	2035/06/17			U-2426		2018/10/25

与本品相关的市场独占权保护信息

关联产品号	独占权代码	失效日期	备注
001	NCE	2023/09/28	
	ODE-216	2025/09/28	

合成路线 1

以下合成路线来源于 University of South Florida，Shultz 等人 2018 年发表的论文。目标化合物 **17** 是以化合物 **1** 和化合物 **2** 为原料，经 10 步合成反应而得到的。

这个合成工艺有几个值得注意的地方是：①化合物 **8** 与化合物 **7** 在枯草杆菌蛋白酶（subtilisin）催化下发生酯化反应，可得到光学纯的化合物 **9**。②化合物 **9** 经过分子内亲核加成 - 消除反应，得到立体选择性的化合物 **10**。在反应过程中，化合物 **9** 的 α- 碳原子变成碳负离子，然后分子内加成发生在靠近苯环双键的碳原子上，生成环状中间体，然后开环消除得到相应的化合物 **10**。③化合物 **12** 在镍催化剂的催化作用下，发生分子内双键交叉复分解反应（cross-metathesis）成环，转化为相应的化合物 **14**。

1
CAS号 105-53-3

2
CAS号 80352-66-5

NaH, NaI
THF
93%

3
CAS号 176376-86-6

1. LiOH, MeOH
2. HCl

4
CAS号 343271-32-9

C_5H_5N
79%

5
CAS号 55170-74-6

5

6
CAS号 75-89-8

DCC, 4-DMAP,
CH_2Cl_2
AcOH
78%

7
CAS号 2170309-48-3

+

8
CAS号 2170309-44-9

Et_3N, subtilisin,
THF
42%

9
CAS号 2170309-38-1

9
CAS号 2170309-38-1

1. K [$N(SiMe_3)_2$], PhMe, C_5H_5N,
2. Me_3SiCl, PhMe, HCl
79%

10
CAS号 2170309-37-0

+ Li—

11
CAS号 917-54-4

Et_2O, NH_4Cl,
H_2O
72%

12
CAS号 2170309-43-8

12

13
CAS号 19232-05-4

CH_2Cl_2
70%

14
CAS号 1310045-84-1

15
CAS号 1779-49-3

t-BuOK, THF
82%

16
CAS号 1242-67-7

MeMgI, Et_2O,
NH_4Cl
62%

17
cannabidiol
CAS号 13956-29-1

原始文献： Org Lett, 2018, 20(2): 381-384.

合成路线 2

以下合成路线来源于 Wayne State University，Vaillancourt 等人 1992 年发表的论文。目标化合物 **7** 是以化合物 **1** 和化合物 **2** 为原料，经 3 步合成反应而得到的。

值得注意的是，化合物 **1** 在丁基锂的作用下，生成碳负离子，与化合物 **2** 发生亲核反应得到相应的化合物 **3**。后者在催化剂的作用下开环，再与化合物 **4** 反应，得到化合物 **5**，经金属锂还原反应后，得到化合物 **6** 和化合物 **7**。经分离后，可得到相应的目标化合物 **7**。

1 CAS号 22976-40-5 + **2** CAS号 10293-10-4 —— *t*-BuLi, THF, $Me(CH_2)_4Me$, CuI_2, DMSO; 71% → **3** CAS号 140633-46-1

3 + **4** CAS号 814-49-3 —— THF, 萘钠, $MeO(CH_2CH_2O)_4Me$, $(Me_2N)_3P$ O; 89% → **5** CAS号 140633-48-3

5 —— *t*-BuOH, Li, $MeNH_2$, THF; 43%/35% → **6** CAS号 1972-05-0 + **7** cannabidiol CAS号 13956-29-1

原始文献： J Org Chem,1992,57(13):3627-3631.

合成路线 3

以下合成路线来源于 Symrise 公司 Erfurt 等人 2017 年发表的专利申请书。目标化合物 **7** 是以化合物 **1** 和化合物 **2** 为原料，经 4 步合成反应而得到的。关键中间体化合物 **5** 是化合物 **3** 经溴代-脱氢，再还原除掉溴原子而得。化合物 **5** 在三氟化硼的作用下与化合物 **6** 反应，可得到目标化合物 **7**。

1 CAS号 105-53-3 + **2** CAS号 14309-57-0 —— NaOEt, H_2O; 82% → **3** CAS号 2163787-63-9 —— AcONa, AcOH, Br_2, H_2O; 80% → **4** CAS号 58497-40-8

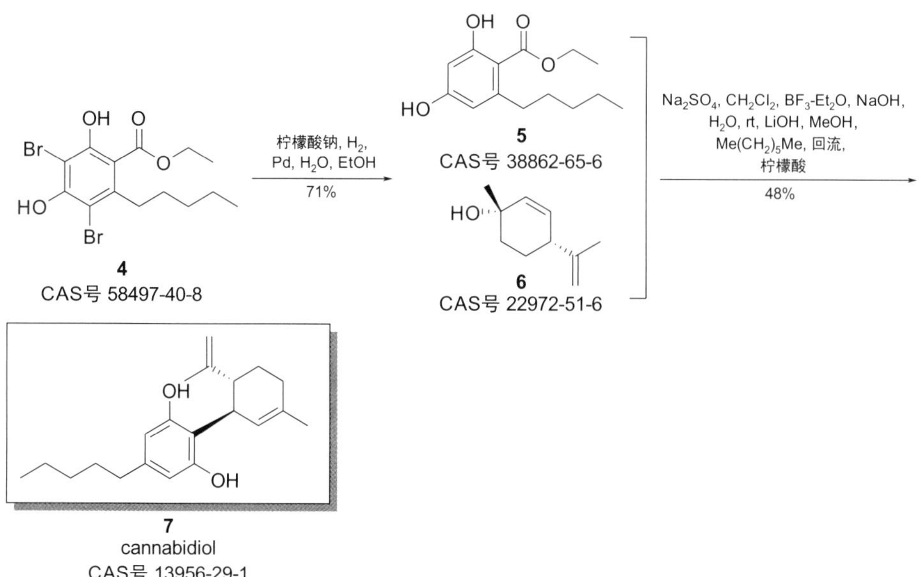

原始文献： US 20170349518,2017.

合成路线 4

以下合成路线来源于 Symrise 公司 Erfurt 等人 2017 年发表的专利申请书。目标化合物 **6** 是以化合物 **1** 和化合物 **2** 为原料，经 3 步合成反应而得到的。其特点是：化合物 **2** 与化合物 **1** 在三氟化硼的作用下，发生亲电反应得到化合物 **3**，再经过 2 步反应得到目标化合物 **6**。

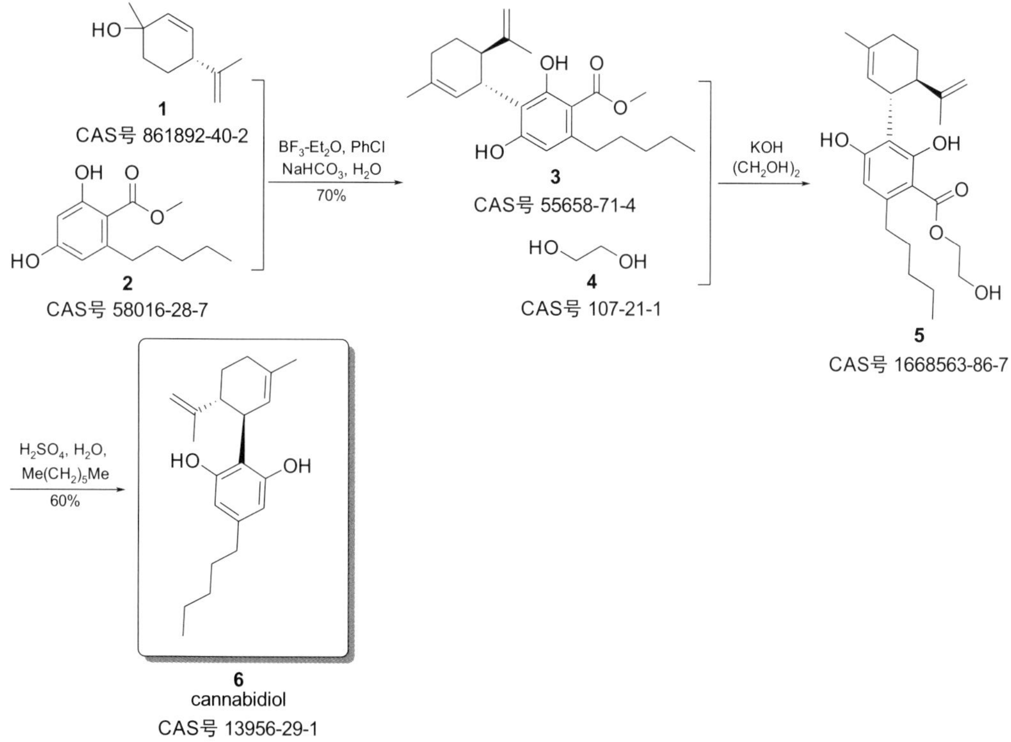

原始文献： WO 2017194173,2017.

合成路线 5

以下合成路线来源于 Agno Pharma Tech (Suzhou) 公司 Chen 等人 2017 年发表的专利申请书。目标化合物 **6** 是以化合物 **1** 和化合物 **2** 为原料，经 3 步合成反应而得到的。

1 CAS号 58016-28-7

2 CAS号 3238-75-3

KOH, HCl, H_2O, 81%

3 CAS号 2102661-06-1

4 CAS号 22972-51-6

1. $ZnCl_2$, H_2O, CH_2Cl_2 2. H_2SO_4, 41%

5 CAS号 2102661-07-2

NaOH, H_2O, MeOH, 88%

6 cannabidiol CAS号 13956-29-1

原始文献： CN 106810426,2017.

合成路线 6

以下合成路线来源于 Crombie 等人 1988 年发表的论文。目标化合物 **9** 是以化合物 **1** 为原料，经 4 步合成反应而得的。但最后一步合成反应会产生 4 个化合物，需要分离提纯才能获得所需要的目标化合物 **9**。

1 CAS号 498-15-7

t-BuOK, DMSO, 15%

2 CAS号 4497-92-1

m-CPBA, Et_2O

3 CAS号 20053-58-1

4 CAS号 500-66-3

p-$MeC_6H_4SO_3H$, 二十二烷, 苯, 8%

5 CAS号 52154-82-2

HO 5 CAS号 52154-82-2

OH 4 CAS号 500-66-3

p-MeC$_6$H$_4$SO$_3$H, 二十二烷, 苯 67% (27,9,45,19)

6 CAS号 1972-08-3 + 7 CAS号 5957-75-5 + 8 CAS号 22972-55-0

+ 9 cannabidiol CAS号 13956-29-1

原始文献： J Chem Soc Perkin Trans I: Org Bio-Org Chem,1988, 5:1243-1250.

参考文献

[1] Nichols J M, Kaplan B L F. Immune responses regulated by cannabidiol. Cannabis Cannabinoid Res,2020, 5(1):12-31.

[2] Larsen C, Shahinas J. Dosage,efficacy and safety of cannabidiol administration in adults: a systematic review of human trials. J Clin Med Res,2020, 12(3):129-141.

cariprazine hydrochloride（盐酸卡利拉嗪）

药物基本信息

英文通用名	cariprazine hydrochloride
英文别名	RGH-188; RGH188; RGH 188; MP-214; MP 214; MP214; cariprazine
中文通用名	盐酸卡利拉嗪
商品名	Vraylar
CAS登记号	1083076-69-0 (盐酸盐), 839712-12-8 (自由碱)
FDA 批准日期	9/17/2015
FDA 批准的API	cariprazine hydrochloride
化学名	3-((1r,4r)-4-(2-(4-(2,3-dichlorophenyl)piperazin-1-yl)ethyl)cyclohexyl)-1,1-dimethylurea hydrochloride
SMILES代码	O=C(N[C@H]1CC[C@H](CCN2CCN(C3=CC=CC(Cl)=C3Cl)CC2)CC1)N(C)C.[H]Cl

化学结构和理论分析

化学结构	理论分析值
Cl Cl N N H—Cl O N N H	化学式：$C_{21}H_{33}Cl_3N_4O$ 精确分子量：N/A 分子量：463.87 元素分析：C, 54.38; H, 7.17; Cl, 22.93; N, 12.08; O, 3.45

药品说明书参考网页

生产厂家产品说明书、美国药品网、美国处方药网页。

药物简介

VRAYLAR 的活性成分是 cariprazine hydrochloride，一种非典型的抗精神病药。

VRAYLAR 胶囊仅用于口服。每个胶囊均含有 cariprazine hydrochloride, 后者是一种白色至灰白色粉末，目前有几种规格的胶囊上市，其所含活性成分分别相当于 1.5mg、3mg、4.5mg 或 6mg cariprazine 游离碱。此外，胶囊还包含以下非活性成分：明胶，硬脂酸镁，预胶化淀粉，虫胶和二氧化钛。着色剂包括黑色氧化铁（1.5mg、3mg 和 6mg）、FD & C 蓝色 1（3mg、4.5mg 和 6mg）、FD & C 红色 3 号（6mg）、FD & C 红色 40 号（3mg 和 4.5mg）或黄色氧化铁（3mg 和 4.5mg）。

VRAYLAR® 用于治疗：①成人精神分裂症；②急性躁狂或混合发作与成人双相性 I 型障碍有关的成人。

Cariprazine 在精神分裂症和双相性 I 障碍中的作用机制尚不清楚。但 cariprazine 的功效可能是通过对中央多巴胺 D2 和 5- 羟色胺 5-HT1A 受体的部分激动剂活性与对 5- 羟色胺 5-HT2A 受体的拮抗剂活性的组合来介导的。Cariprazine 形成两种主要代谢产物，desmethyl cariprazine（DCAR）和 didesmethyl cariprazine（DDCAR），它们具有与母体药物相似的体外受体结合特性。

药品上市申报信息

该药物目前有 4 种产品上市。

药品注册申请号：204370
申请类型：NDA（新药申请）
申请人：ALLERGAN
申请人全名：ALLERGAN SALES LLC

产品信息

产品号	商品名	活性成分	剂型 / 给药途径	规格 / 剂量
001	VRAYLAR	cariprazine hydrochloride	胶囊 / 口服	等量 1.5mg 游离碱
002	VRAYLAR	cariprazine hydrochloride	胶囊 / 口服	等量 3mg 游离碱
003	VRAYLAR	cariprazine hydrochloride	胶囊 / 口服	等量 4.5mg 游离碱
004	VRAYLAR	cariprazine hydrochloride	胶囊 / 口服	等量 6mg 游离碱

与本品相关的专利信息（来自 FDA 橙皮书 Orange Book）

关联产品号	专利号	专利过期日	是否物质专利	是否产品专利	专利用途代码	撤销请求	提交日期
001	7737142	2027/03/27	是	是	U-2544 U-2545 U-2543 U-1750		2015/10/16
	7943621	2028/12/16	是	是			2015/10/16
	RE47350	2029/07/16			U-2545 U-2544 U-1750 U-2543		2019/05/15
002	7737142	2027/03/27	是	是	U-2545 U-2544 U-2543 U-1750		2015/10/16
	7943621	2028/12/16	是	是			2015/10/16
003	7737142	2027/03/27	是	是	U-1750 U-2543 U-2544		2015/10/16
	7943621	2028/12/16	是	是			2015/10/16
004	7737142	2027/03/27	是	是	U-2543 U-1750 U-2544		2015/10/16
	7943621	2028/12/16	是	是			2015/10/16

与本品相关的市场独占权保护信息

关联产品号	独占权代码	失效日期	备注
001	NCE	2020/09/17	
	M-213	2020/11/09	
	I-798	2022/05/24	
002	NCE	2020/09/17	
	M-213	2020/11/09	
	I-798	2022/05/24	
003	NCE	2020/09/17	
	M-213	2020/11/09	
	I-798	2022/05/24	
004	NCE	2020/09/17	
	M-213	2020/11/09	
	I-798	2022/05/24	

合成路线 1

以下合成路线来源于 Budapest University of Technology and Economics，Péter 等人 2017 年发表的论文。目标化合物 **3** 是以化合物 **1** 和化合物 **2** 为原料经过 1 步合成而得。

K_3PO_4, $O(SO_2CF_3)_2$, CH_2Cl_2, 83%

1 CAS号 506427-91-4

2 CAS号 506-59-2

3 cariprazine CAS号 839712-12-8

原始文献： Org Proc Res Dev,2017, 21(4): 611-622.

合成路线 2

以下合成路线来源于 Monash University (Parkville Campus)，Shonberg 等人 2013 年发表的论文。目标化合物 **11** 是以化合物 **1** 和化合物 **2** 为原料经过 6 步合成而得。

该合成工艺的特点可归纳如下：①化合物 **3** 是通过高压氢化将化合物 **1** 的苯环和硝基还原。在该条件在羧基没有被还原。②化合物 **5** 被铝试剂选择性部分还原得到相应的醛化合物 **6**。

1 CAS号 104-03-0

2 CAS号 64-17-5

H_2, Pd, H_2O, HCl, EtOH, 回流, 22%

3 CAS号 76308-26-4 + **4** CAS号 24424-99-5

Et_3N, CH_2Cl_2, 94%

5 CAS号 946598-34-1

$AlH(Bu\text{-}i)_2$, MeOH, PhMe, 89%

6 CAS号 215790-29-7 + **7** CAS号 41202-77-1

$Na(AcO)_3BH$, $ClCH_2CH_2Cl$, 69%

8 CAS号 506427-91-4

F_3CCO_2H, CH_2Cl_2, NH_4OH, H_2O, 99%

9 CAS号 791778-53-5 + **10** CAS号 79-44-7

Et_3N, CH_2Cl_2, 56%

11 cariprazine CAS号 839712-12-8

原始文献： J Med Chem,2013,56(22):9199-9221.

合成路线 3

以下合成路线来源于 Gedeon Richter 公司 Agai-Csongor 等人 2012 年发表的论文。目标化合物 **5** 是以化合物 **1** 和化合物 **2** 为原料经过 2 步合成而得。

1 CAS号 215790-29-7 + **2** CAS号 41202-77-1 —— $Na^+ \cdot (AcO)_3BH^-$, CH_2Cl_2 → **3** CAS号 506427-91-4

3 + **4** CAS号 79-44-7 —— HCl, AcOEt; Et_3N, CH_2Cl_2 → **5**

5
cariprazine
CAS号 839712-12-8

原始文献： Bioorg Med Chem Lett,2012, 22(10):3437-3440.

合成路线 4

以下合成路线来源于 Shanghai Jiao Tong University Chen 等人 2016 年发表的论文。目标化合物 **11** 是以化合物 **1** 和化合物 **2** 为原料经过 5 步合成而得。该合成工艺的特点可归纳如下：①化合物 **1** 和化合物 **2** 发生缩合反应，得到相应环外双键化合物，催化氢化后，得到立体异构体化合物 **3** 和化合物 **4**。②经分离提纯后，化合物 **3** 与化合物 **5** 反应，得到关键中间体化合物 **6**。

1 CAS号 867-13-0 + **2** CAS号 179321-49-4 —— 1. *t*-BuOK, THF; 2. H_2O, H_2, Pd, AcOEt → **3** CAS号 946598-34-1 + **4** CAS号 1480743-83-6

3 + **5** CAS号 79-44-7 —— F_3CCO_2H, CH_2Cl_2, NaOH, H_2O, 88% → **6** CAS号 1642586-63-7

1. $NaBH_4$, THF, 回流
2. MeOH HCl, H_2O, 冷却, NaOH, 调成碱性
98%

Et_3N, CH_2Cl_2, $NaHCO_3$, H_2O
92%

6
CAS号 1642586-63-7

7
CAS号 1698050-40-6

8
CAS号 124-63-0

9
CAS号 1698050-45-1

10
CAS号 41202-77-1

Na_2CO_3
KI, MeCN,
回流
82%

11
cariprazine
CAS号 839712-12-8

原始文献： Synthesis,2016, 48(10): 1055-1561.

合成路线 5

以下合成路线来源于 Chemo Research 公司 Taddei 等人 2015 年发表的专利申请书。目标化合物 **8** 是以化合物 **1** 和化合物 **2** 为原料经过 4 步合成而得。该合成工艺的特点可归纳如下：①反式立体异构体化合物 **2** 为原料，后续的合成反应无需分离立体异构体。②最后一步合成反应采用金属催化剂 $Ru_3(CO)_{12}$，将化合物 **6** 的羟基活化，再与化合物 **7** 的 NH 基团反应得到目标化合物 **8**。

DMF, MeCN
36%

Et_3N, CH_2Cl_2
78%

1
CAS号 530-62-1

2
CAS号 76308-26-4

3
CAS号 1702725-98-1

4
CAS号 506-59-2

5
CAS号 1642586-63-7

5
CAS号 1642586-63-7

$AlH(Bu\text{-}i)_2$,THF, Na_2SO_4
84%

6
CAS号 1698050-40-6

+

7
CAS号 41202-77-1

$Ru_3(CO)_{12}$, Xantphos
PhMe, 回流
52%

8
cariprazine
CAS号 839712-12-8

原始文献： WO 2015056164,2015.

合成路线 6

以下合成路线来源于 Richter Gedeon 公司 Csongor 等人 2010 年发表的专利申请书。目标化合物 **3** 是以化合物 **1** 和化合物 **2** 为原料经过 1 步合成而得。

1
CAS号 79-44-7

+

2
CAS号 506428-04-2

NaOH, $Bu_4N^+Br^-$, H_2O, CH_2Cl_2, 回流
92%

3
cariprazine
CAS号 839712-12-8

原始文献： WO 2010070371,2010.

合成路线 7

以下合成路线来源于 Richter Gedeon 公司 Czibula 等人 2011 年发表的专利申请书。目标化合物 **5** 是以化合物 **1** 和化合物 **2** 为原料经过 2 步合成而得。

1
CAS号 506428-04-2

+

2
CAS号 79-22-1

Et_3N, CH_2Cl_2
72%

3
CAS号 1231947-89-9

+

4
CAS号 124-40-3

Me_2CHOH, CH_2Cl_2, HCl, H_2O
95%

5
cariprazine
CAS号 839712-12-8

原始文献： WO 2011073705,2011.

合成路线 8

以下合成路线来源于 Richter Gedeon 公司 Csongor 等人 2006 年发表的专利申请书。目标化合物 **4** 是以化合物 **1**、化合物 **2** 和化合物 **3** 为原料经过 1 步合成而得。

1 CAS号 839712-13-9 + **2** CAS号 32315-10-9 + **3** CAS号 124-40-3 —(Et_3N, CH_2Cl_2, 52%)→ **4** cariprazine CAS号 839712-12-8

原始文献： US 20060229297,2006.

合成路线 9

以下合成路线来源于 Chengdu Focus Pharmaceutical Technology 公司 Huang 等人 2018 年发表的专利申请书。目标化合物 **6** 是以化合物 **1** 和化合物 **2** 为原料经过 3 步合成而得。该合成工艺的特点可归纳如下：选择反式立体异构体化合物 **1** 为原料，使合成工艺简化。

1 CAS号 1957145-59-3 + **2** CAS号 543-27-1 —(Et_3N, CH_2Cl_2)→ **3** CAS号 2248097-19-8；**3** + **4** CAS号 119532-26-2 —(1. Et_3N, CH_2Cl_2, 2. HCl)→ **5** CAS号 2171074-48-7 —(1. $NaBH_4$, BF_3-Et_2O, THF, 2. HCl, H_2O, 93%)→ **6** cariprazine CAS号 839712-12-8

原始文献： CN 108586389,2018.

合成路线 10

以下合成路线来源于 Jiangsu Nhwa Pharmaceutical 公司 Cao 等人 2017 年发表的专利申请书。目标化合物 **12** 是以化合物 **1** 和化合物 **2** 为原料经过 7 步合成而得。该合成工艺的特点可归纳如下：①选择报价便宜的化合物 **1** 和化合物 **2** 为原料，可降低合成成本。②反式立体异构体化合物 **4** 是通过钯试剂催化还原化合物 **3** 而得到的。

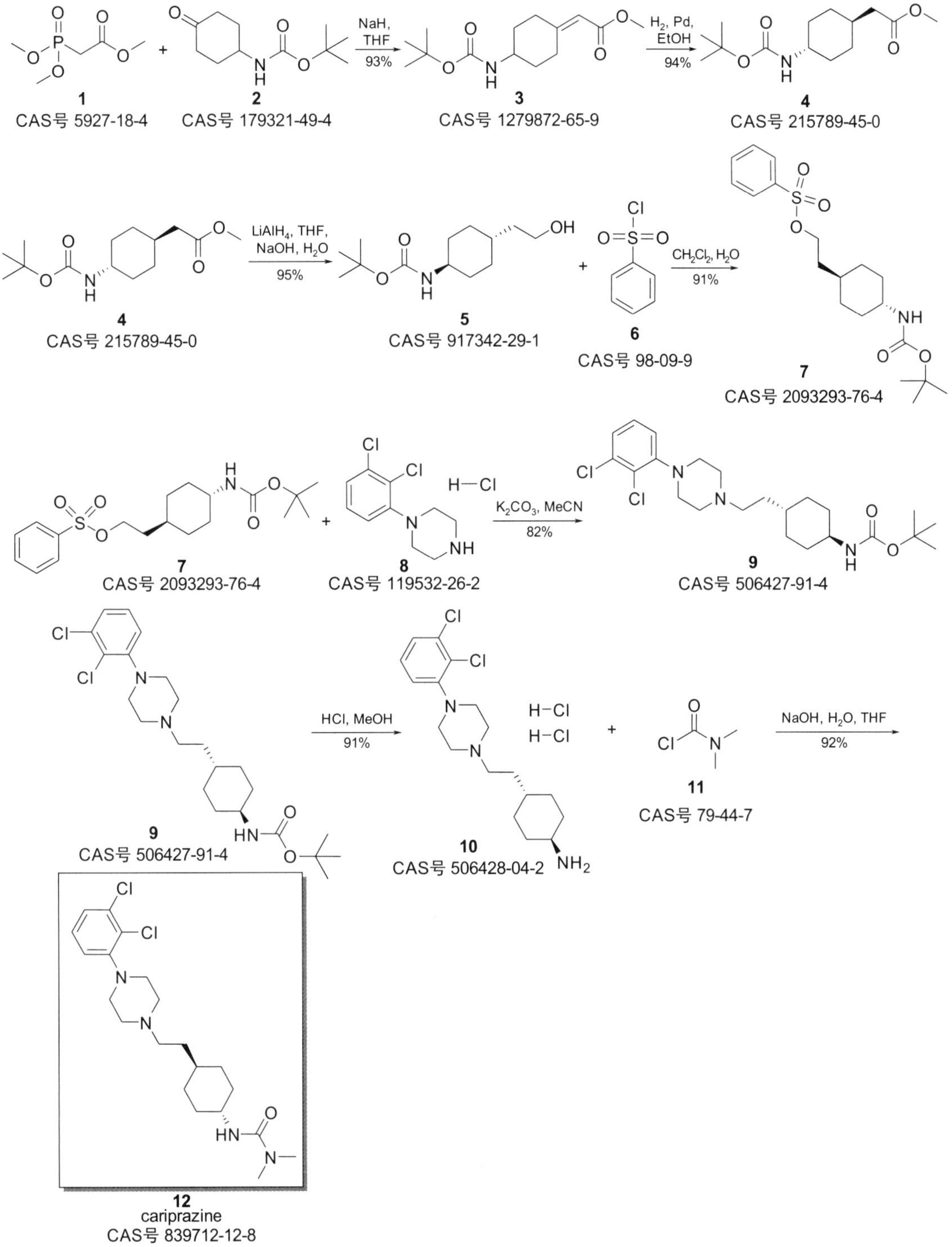

1 CAS号 5927-18-4 + **2** CAS号 179321-49-4 → (NaH, THF, 93%) → **3** CAS号 1279872-65-9 → (H_2, Pd, EtOH, 94%) → **4** CAS号 215789-45-0

4 CAS号 215789-45-0 → ($LiAlH_4$, THF, NaOH, H_2O, 95%) → **5** CAS号 917342-29-1

5 + **6** CAS号 98-09-9 → (CH_2Cl_2, H_2O, 91%) → **7** CAS号 2093293-76-4

7 CAS号 2093293-76-4 + **8** CAS号 119532-26-2 (H—Cl) → (K_2CO_3, MeCN, 82%) → **9** CAS号 506427-91-4

9 CAS号 506427-91-4 → (HCl, MeOH, 91%) → **10** CAS号 506428-04-2 (H—Cl, H—Cl)

10 + **11** CAS号 79-44-7 → (NaOH, H_2O, THF, 92%) → **12** cariprazine CAS号 839712-12-8

原始文献： CN 106543039, 2017.

参考文献

[1] Saraf G, Pinto J V, Yatham L N. Efficacy and safety of cariprazine in the treatment of bipolar disorder. Expert Opin Pharmacother,2019, 20(17):2063-2072.

[2] Misiak B, Bie ń kowski P, Samochowiec J. Cariprazine - a novel antipsychotic drug and its place in the treatment of schizophrenia. Psychiatr Pol,2018, 52(6):971-981.

cefiderocol（头孢地洛尔）

药物基本信息

英文通用名	cefiderocol
英文别名	S-649266; S 649266; S649266; GSK2696266D; GSK-2696266D; GSK 2696266D; S-649266D; S 649266D; S649266D
中文通用名	头孢地洛尔
商品名	Fetroja
CAS登记号	1883830-01-0 (ditosylate hydrate), 1225208-94-5 (free base), 2009350-94-9 (sulfate tosylate 3:1:4), 2135543-94-9 (sulfate tosylate hydrate 3:1:4:1)
FDA 批准日期	11/14/2019
FDA 批准的API	cefiderocol sulfate tosylate hydrate
化学名	(6*R*,7*R*)-7-[(2*Z*)-2-(2-amino-1,3-thiazol-4-yl)-2-{[(2-carboxypropan-2-yl)oxy]imino}acetamido]-3-({1-[2-(2-chloro-3,4-dihydroxybenzamido)ethyl]pyrrolidin-1-ium-1-yl}methyl)-8-oxo-5-thia-1-azabicyclo[4.2.0]oct-2-ene-2-carboxylate
SMILES代码	O=S(C1=CC=C(C)C=C1)(O)=O.O=S(O)(O)=O.[H]O[H].O=C(C(N23)=C(C[N+]4(CCNC(C5=CC=C(C(O)=C5Cl)O)=O)CCCC4)CS[C@]3([H])[C@H](NC(/C(C6=CSC(N)=N6)=N\OC(C)(C(O)=O)C)=O)C2=O)[O-].O=S(C7=CC=C(C)C=C7)(O)=O.O=S(C8=CC=C(C)C=C8)(O)=O.O=S(C9=CC=C(C)C=C9)(O)=O.O=C(C(N%10%11)=C(C[N+]%12(CCNC(C%13=CC=C(C(O)=C%13Cl)O)=O)CCCC%12)CS[C@]%11([H])[C@H](NC(/C(C%14=CSC(N)=N%14)=N\OC(C)(C(O)=O)C)=O)C%10=O)[O-].O=C(C(N%15%16)=C(C[N+]%17(CCNC(C%18=CC=C(C(O)=C%18Cl)O)=O)CCCC%17)CS[C@]%16([H])[C@H](NC(/C(C%19=CSC(N)=N%19)=N\OC(C)(C(O)=O)C)=O)C%15=O)[O-]

化学结构和理论分析

化学结构	理论分析值
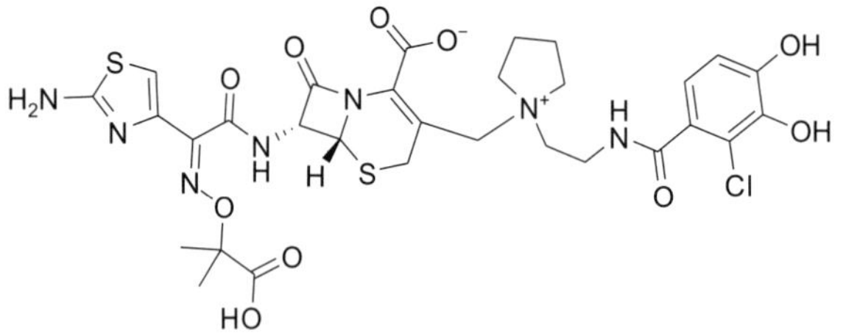	化学式：$C_{30}H_{34}ClN_7O_{10}S_2$ 精确分子量：751.1497 分子量：752.21 元素分析：C, 47.90; H, 4.56; Cl, 4.71; N, 13.03; O, 21.27; S, 8.52

药品说明书参考网页

生产厂家产品说明书、美国药品网 、美国处方药网页。

药物简介

FETROJA 是一种头孢菌素抗菌药物产品，其活性成分是 cefiderocol sulfate tosylate，用于静脉输液。

注射用 FETROJA 是白色至灰白色的无菌冻干粉，由 1g 头孢地洛尔（相当于 1.6g 硫酸头孢地洛尔甲苯磺酸盐）、蔗糖（900mg）、氯化钠（216mg）和氢氧化钠配制而成。钠含量约为 176mg/瓶。溶于 10mL 水中的 1g 头孢地洛尔（1 瓶）的重构溶液的 pH=5.2 ～ 5.8。

FETROJA 可用于复杂的尿路感染（complicated urinary tract infections，cUTI），包括肾盂肾炎。FETROJA® 适用于 18 岁以上的患者，这些患者对复杂的尿路感染（cUTI）的治疗选择有限或没有替代治疗方法，包括由以下易感染的革兰氏阴性微生物引起的肾盂肾炎：大肠埃希菌，肺炎克雷伯菌，变形杆菌，铜绿假单胞菌和阴沟肠杆菌复合体。

FETROJA 是一种头孢菌素抗菌剂，对革兰氏阴性需氧菌具有活性。Cefiderocol 可发挥铁载体的作用，并与细胞外游离铁结合。除通过孔蛋白通道的被动扩散外，cefiderocol 还通过铁载体吸收铁蛋白，通过细菌的细胞外膜主动转运到周质空间（periplasmic space）。Cefiderocol 通过与青霉素结合蛋白（PBPs）结合抑制细胞壁的生物合成而发挥杀菌作用。

Cefiderocol 对大多数革兰氏阳性菌和厌氧菌没有临床相关的体外活性。Cefiderocol 对一些嗜麦芽孢杆菌和耐美罗培南肠杆菌铜绿假单胞菌和鲍曼不动杆菌的分离株具有体外活性。Cefiderocol 可以有效抑制某些抗美罗培南、抗环丙沙星和抗丁胺卡那霉素的铜绿假单胞菌及鲍曼不动杆菌。Cefiderocol 对某些含有 mcr-1 的大肠杆菌分离物具有活性。

Cefiderocol 显示出对某些肠杆菌科细菌具有体外活性，该细菌经基因证实包含以下几类：ESBLs（TEM，SHV，CTX-M，草酸酶 [OXA]），AmpC，AmpC 型 ESBL（CMY），丝氨酸碳宾烯瘤（例如 KPC，OXA-48），以及金属 - 碳烯化合物（例如 NDM 和 VIM）。头孢地洛尔显示出对某些铜绿假单胞菌的体外活性，该铜绿假单胞菌经遗传学证实含有 VIM、GES、AmpC 及某些含有 OXA-23、OXA-24/40、OXA-51、OXA-58 的鲍曼不动杆菌。头孢地洛尔已证明对具有 OmpK35/36 孔蛋白缺失的某些肺炎克雷伯菌分离株和具有 OprD 孔蛋白缺失的铜绿假单胞菌分离株具有体外活性。

药品上市申报信息

该药物目前有 1 种产品上市。

药品注册申请号：209445
申请类型：NDA（新药申请）
申请人：SHIONOGI INC

产品信息

产品号	商品名	活性成分	剂型 / 给药途径	规格 / 剂量
001	FETROJA	cefiderocol sulfate tosylate	粉末剂 / 静脉注射	1g/ 瓶

合成路线 1

以下合成工艺来源于 Shionogi 公司 Aoki 等人 2018 年发表的论文。目标化合物 **16** 是以化合物 **1** 和化合物 **2** 为原料，经过 9 步合成反应而得到的。其工艺特点可归纳如下：①关键中间体化合物 **6** 可通过化合物 **3** 的羧基与化合物 **4** 的氨基反应而得到。②另一个关键中间体化合物 **15** 以化合物 **7** 为原料，经过 5 步合成反应而得。③最后一步：化合物 **15** 与化合物 **6** 的烷基化反应难度大，产率低，分离比较困难。这也是造成这个药物生产成本较高的主要原因。

1 CAS号 73181-56-3

2 CAS号 504436-46-8

MeOH, CH_2Cl_2

3 CAS号 134203-48-8

4 CAS号 113479-65-5

1. $PhOP(=O)Cl_2$, *N*-甲基吗啉
2. HCl, H_2O, *m*CPBA, CH_2Cl_2

86% → **5**

5 CAS号 2243393-72-6

NaI, THF, $NaHSO_3$, H_2O, AcOEt, 95%

6 CAS号 1225208-48-9

7 CAS号 5417-17-4

H_2NSO_3H, NaOClO, 二噁烷, $NaHSO_3$, H_2O, 96%

8 CAS号 2009-53-7

9 CAS号 67-56-1

BBr_3, CH_2Cl_2, 97%

10 CAS号 890926-98-4

10 CAS号 890926-98-4

11 CAS号 824-94-2

K_2CO_3, NaI, DMF

12 CAS号 1338705-74-0

NaOH, MeOH, H_2O, THF, 回流

13 CAS号 137054-46-7

14 CAS号 7154-73-6

Et_3N, $MeSO_2Cl$, DMF, 89% → **15**

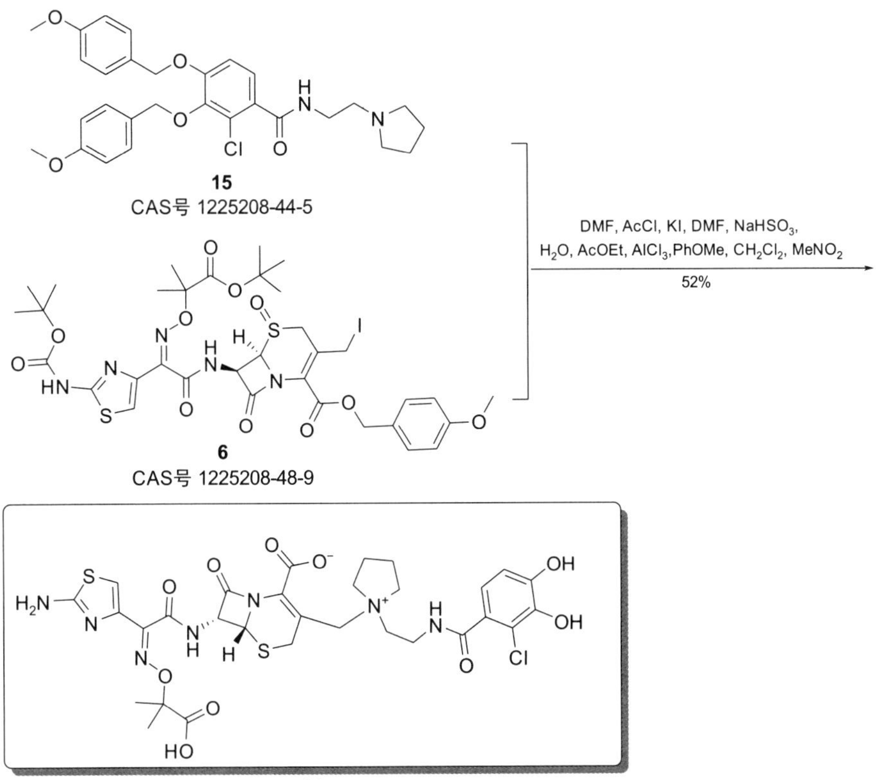

15
CAS号 1225208-44-5

6
CAS号 1225208-48-9

DMF, AcCl, KI, DMF, $NaHSO_3$, H_2O, AcOEt, $AlCl_3$, PhOMe, CH_2Cl_2, $MeNO_2$
52%

16
cefiderocol
CAS号 1225208-94-5

原始文献： Eur J Med Chem,2018,155:847–868.

合成路线 2

以下合成工艺来源于 Wockhardt 公司 Bhagwat 等人 2017 年发表的专利申请书。目标化合物 **8** 是以化合物 **1** 和化合物 **2** 为原料，经过 5 步合成反应而得到的。其工艺特点与合成路线 1 相似。关键中间体化合物 **5** 是化合物 **1** 和化合物 **2** 为原料，经过 3 步合成而得。

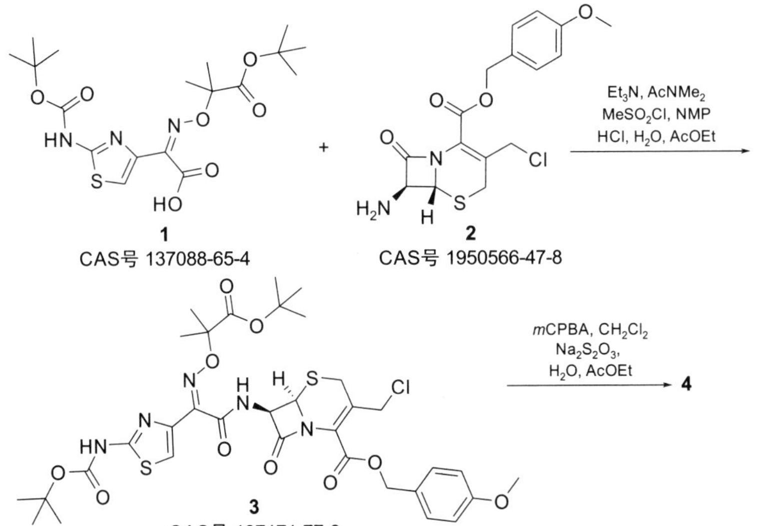

1
CAS号 137088-65-4

+

2
CAS号 1950566-47-8

Et_3N, $AcNMe_2$, $MeSO_2Cl$, NMP, HCl, H_2O, AcOEt

3
CAS号 137171-77-8

*m*CPBA, CH_2Cl_2, $Na_2S_2O_3$, H_2O, AcOEt → **4**

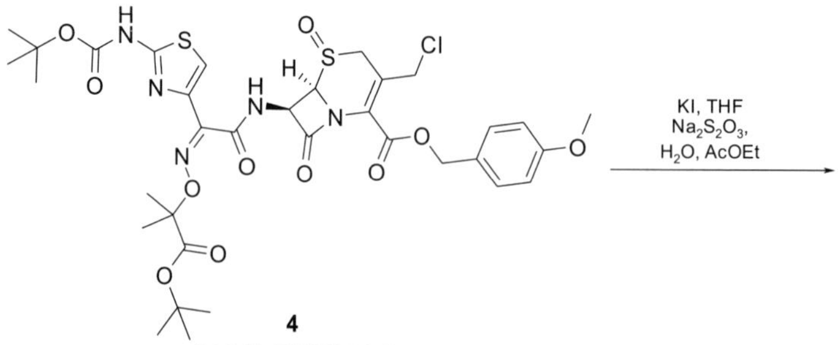

KI, THF
$Na_2S_2O_3$,
H_2O, AcOEt

4
CAS号 137171-80-3

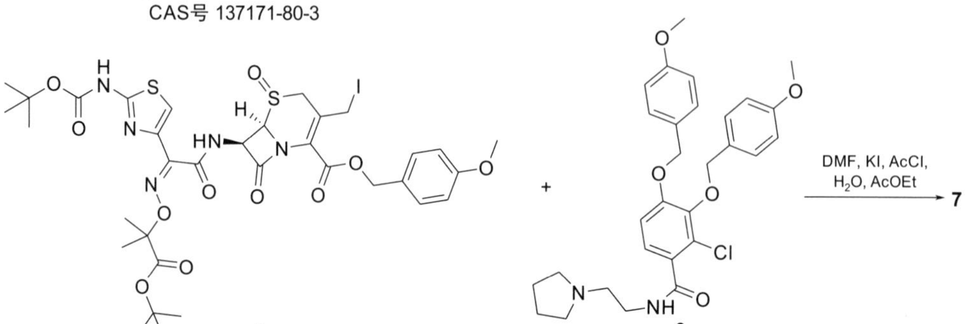

DMF, KI, AcCl
H_2O, AcOEt

5
CAS号 1225208-48-9

6
CAS号 1225208-44-5

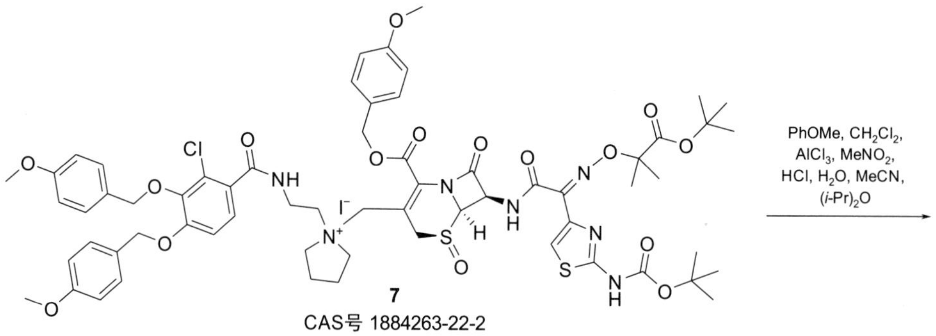

PhOMe, CH_2Cl_2,
$AlCl_3$, $MeNO_2$,
HCl, H_2O, MeCN,
$(i\text{-Pr})_2O$

7
CAS号 1884263-22-2

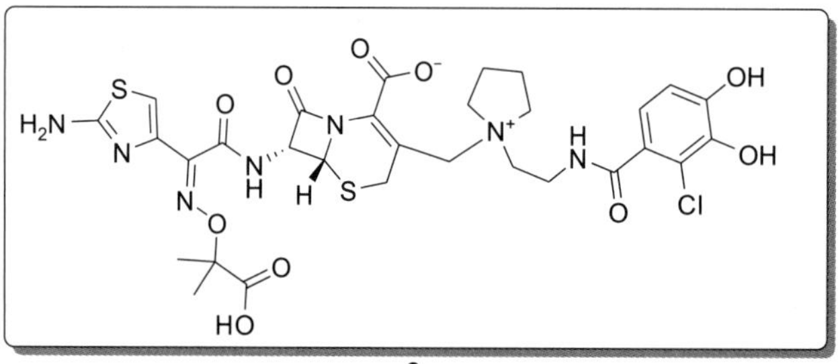

8
cefiderocol
CAS号 1225208-94-5

原始文献： WO 2017216765,2017.

合成路线 3

以下合成工艺来源于 Shionogi 公司 Fukuda 等人 2016 年发表的专利申请书。该合成工艺的关键步骤是化合物 **9** 的合成。化合物 **8** 的氯甲基与化合物 **7** 的吡咯烷反应，得到相应的正离子中间体化合物 **9**。化合物 **7** 是以化合物 **1** 为原料经过 4 步合成而得。

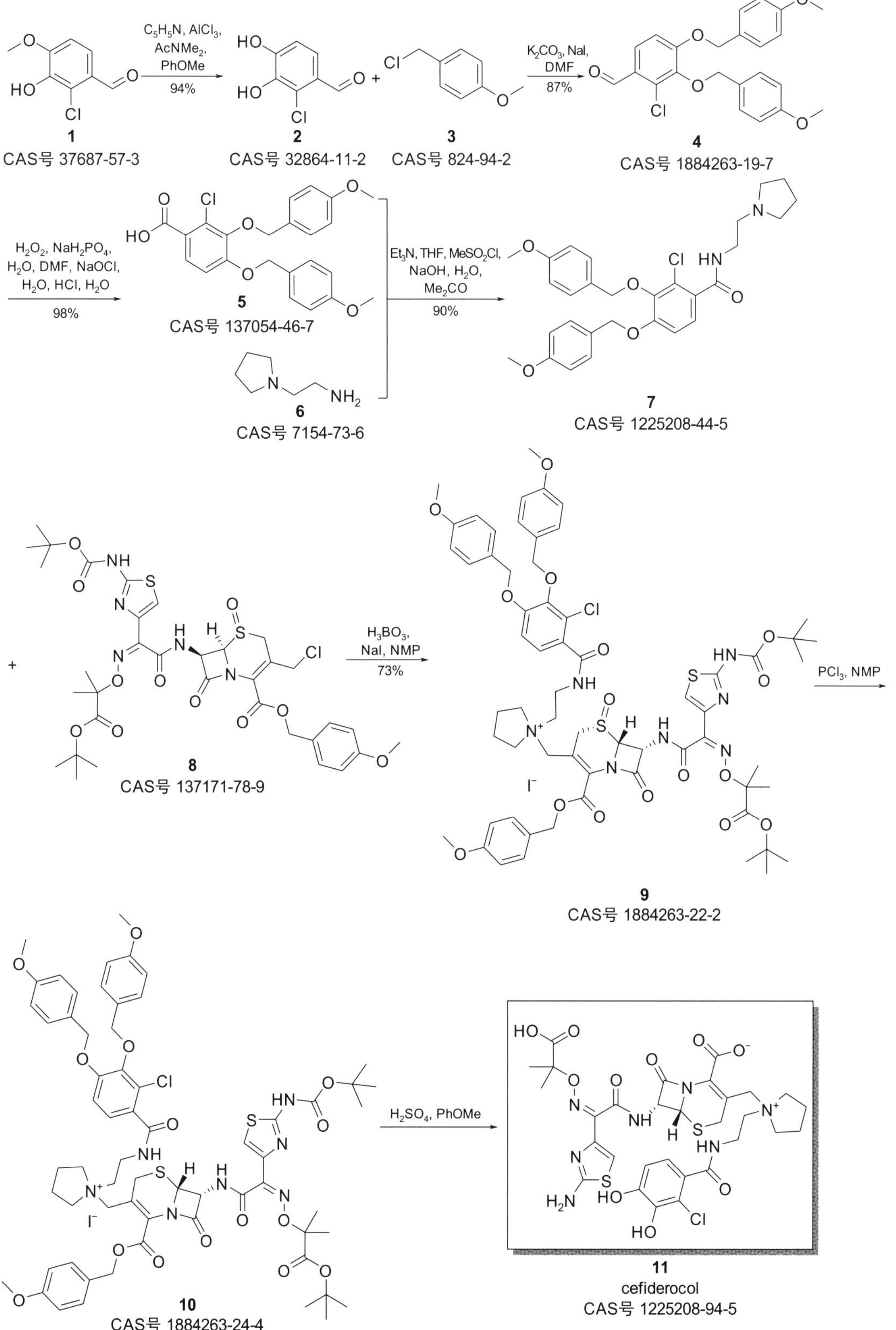

原始文献： WO 2016035847,2016.

合成路线 4

以下合成工艺来源于 Shionogi 公司 Nishitani 等人 2001 年发表的专利申请书。该合成工艺路线与合成路线 3 非常相似，不同的是该工艺采用了碘甲基化合物 **8** 为原料与化合物 **7** 的吡咯烷反应，得到相应的烷基化中间体化合物，再经过去保护基反应步骤，最终得到目标化合物 **9**。

1
CAS号 52009-53-7

BBr_3, CH_2Cl_2
58%

2
CAS号 87932-50-1

3
CAS号 824-94-2

K_2CO_3, KI, DMF
86%

4
CAS号 137054-45-6

NaOH, H_2O, MeOH, THF
81%

5
CAS号 137054-46-7

+

6
CAS号 7154-73-6

Et_3N, $AcNMe_2$, $MeSO_2Cl$
67%

7
CAS号 1225208-44-5

+

8
CAS号 1225208-48-9

DMF, AcCl, KI, $AlCl_3$, PhOMe, CH_2Cl_2, $MeNO_2$

9
cefiderocol
CAS号 1225208-94-5

原始文献： WO 2010050468,2001.

参考文献

[1] Wu J Y, Srinivas P, Pogue J M. Cefiderocol: a novel agent for the management of multidrug-resistant gram-negative organisms. Infect Dis Ther, 2020, 9(1):17-40.

[2] Gudiol C, Cuervo G, Carratalà J. Optimizing therapy of bloodstream infection due to extended-spectrum β-lactamase-producing Enterobacteriaceae. Curr Opin Crit Care,2019,25(5):438-448.

头孢地洛尔核磁谱图

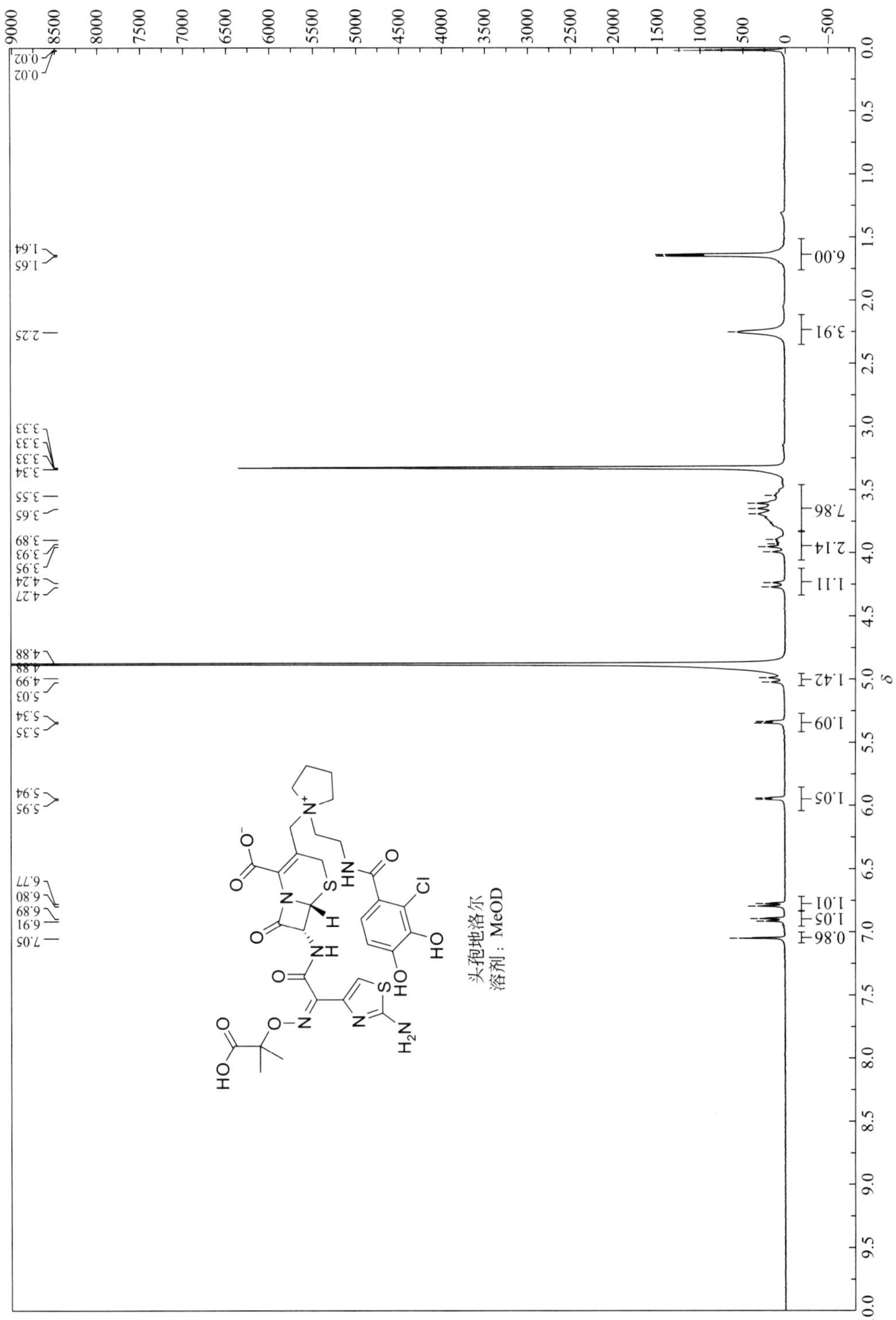

ceftazidime pentahydrate（头孢他啶）

药物基本信息

英文通用名	ceftazidime pentahydrate
英文别名	ceftazidime; fortaz; fortum; GR 20263; GR-20263; GR20263; LY 139381; LY-139381; LY139381; tazidime
中文通用名	头孢他啶
商品名	Avycaz
CAS登记号	72558-82-8 (游离碱), 73547-70-3 (HCl), 73547-61-2 (钠盐), 78439-06-2 (游离碱水合物)
FDA 批准日期	2/25/2015
FDA 批准的API	ceftazidime pentahydrate
化学名	(6*R*,7*R*)-7-[[(2*Z*)-2-(2-amino-1,3-thiazol-4-yl)-2-(2-carboxypropan-2-yloxyimino)acetyl]amino]-8-oxo-3-(pyridin-1-ium-1-ylmethyl)-5-thia-1-azabicyclo[4.2.0]oct-2-ene-2-carboxylate pentahydrate
SMILES代码	O=C(C(N12)=C(C[N+]3=CC=CC=C3)CS[C@]2([H])[C@H](NC(/C(C4=CSC(N)=N4)=N\OC(C)(C(O)=O)C)=O)C1=O)[O-].[H]O[H].[H]O[H].[H]O[H].[H]O[H].[H]O[H]

化学结构和理论分析

化学结构	理论分析值
	化学式：$C_{22}H_{32}N_6O_{12}S_2$ 精确分子量：N/A 分子量：636.6480 元素分析：C, 41.51; H, 5.07; N, 13.20; O, 30.16; S, 10.07

药品说明书参考网页

生产厂家产品说明书、美国药品网、美国处方药网页。

药物简介

AVYCAZ 是一种抗菌组合产品，由半合成的头孢菌素头孢他啶五水合物 (ceftazidime pentahydrate) 和 β- 内酰胺酶抑制剂 avibactam sodium 组成，可用于静脉内给药。

注射用的 AVYCAZ 2.5g（头孢他啶和阿维巴坦）是白色至黄色的无菌粉末，由五水头孢他啶和阿维巴坦钠包装在玻璃小瓶中组成。该制剂还包含碳酸钠。

每个 AVYCAZ 2.5g 单剂量小瓶包含 2g 头孢他啶（相当于 2.635g 无菌头孢他啶五水合物 / 碳酸钠）和 avibactam 0.5g（等同于 0.551g 无菌 avibactam sodium）。混合物的碳酸钠含量为 239.6mg/ 小瓶。混合物的总钠含量约为 146mg（6.4mEq）/ 小瓶。

适应证：

① 复杂的腹腔内感染（cIAI）：AVYCAZ（头孢他啶和阿维巴坦）与甲硝唑联用，可用于治疗由以下易感染的革兰氏阴性微生物引起的 3 个月或更长时间的成年和小儿患者的复杂腹腔内感染（cIAI），包括奇异变形杆菌、阴沟肠杆菌、产酸克雷伯菌、弗氏柠檬酸杆菌复合体和铜绿假单胞菌。

② 复杂性尿路感染（cUTI），包括肾盂肾炎：AVYCAZ（头孢他啶和阿维巴坦）适用于治疗由以下易感的革兰氏阴性微生物引起的成人和小儿 3 个月或以上的复杂尿路感染（cUTI），包括肾盂肾炎 freundii 复合体、奇异变形杆菌和铜绿假单胞菌。

③ 医院获得性细菌性肺炎和呼吸机相关细菌性肺炎（HABP / VABP）：AVYCAZ（头孢他啶和阿维巴坦）用于治疗由以下易感性革兰氏阴性微生物引起的 18 岁或 18 岁以上患者的医院获得性细菌性肺炎和呼吸机相关细菌性肺炎（HABP / VABP），包括大肠杆菌、黏质沙雷氏菌、奇异变形杆菌、铜绿假单胞菌和流感嗜血杆菌。

药品上市申报信息

该药物目前有 1 种产品上市。

药品注册申请号：206494
申请类型：NDA（新药申请）
申请人：ALLERGAN
申请人全名：ALLERGAN SALES LLC

产品信息

产品号	商品名	活性成分	剂型 / 给药途径	规格 / 剂量	参比药物 (RLD)	生物等效参考标准 (RS)	治疗等效代码
001	AVYCAZ	avibactam sodium; ceftazidime	粉末剂 / 静脉灌注	等量 0.5g 游离碱；2g/ 瓶	是	是	否

与本品相关的专利信息（来自 FDA 橙皮书 Orange Book）

关联产品号	专利号	专利过期日	是否物质专利	是否产品专利	专利用途代码	撤销请求	提交日期
001	7112592	2022/02/24	是	是	U-282 U-2508 U-2244		2015/03/17
	7612087	2026/11/12		是			2015/03/17
	8178554	2021/07/24	是	是	U-282 U-2509 U-2245		2015/03/17
	8471025	2031/08/12	是				2015/03/17
	8835455	2030/10/08		是			2015/03/17
	8969566	2032/06/15	是				2015/03/17
	9284314	2032/06/15	是				2017/02/24
	9695122	2032/06/15	是				2017/08/08

合成路线 1

以下合成路线来源于 Lupin Laboratories 公司 Datta 等人 1999 年发表的专利申请书。该方法的特点是：①关键中间体化合物 **3** 是通过化合物 **1** 的氨基与化合物 **2** 的羧基反应而得。②目标化合物 **6** 是通过化合物 **4** 同吡啶反应，在碘化钠的催化下而得。

$(Me_3Si)_2NH$, CH_2Cl_2, 回流, $PhNMe_2$, SO_2Cl_2, DMF, Et_3N, H_2O; 80%

F_3CCO_2H, H_2O

1 CAS号 957-68-6　**2** CAS号 86299-47-0　**3** CAS号 98382-95-7　**4** CAS号 73443-60-4

NaI, H_2O

4 CAS号 73443-60-4　**5** CAS号 110-86-1

6 ceftazidime CAS号 72558-82-8

原始文献： IN 182120,1999.

合成路线 2

以下合成路线来源于 Hanmi Fine Chemicals 公司 Yoon 等人 2002 年发表的专利申请书。该方法的特点是化合物 **2** 的酰氯与化合物 **1** 的氨基反应得到目标化合物 **3**。

Et_3N, CH_2Cl_2; 80%

1 CAS号 100988-63-4　**2** CAS号 354808-44-9

3 ceftazidime CAS号 72558-82-8

原始文献： US 20020016457,2002.

合成路线 3

以下合成路线来源于 Suzhou Zhonglian Chemical Pharmaceutical 公司 Zhou 等人 2017 年发表的专利申请书。

Na_2HPO_4, H_2O, H_3PO_4

80%

1

CAS号 759419-46-0

2

ceftazidime

CAS号 72558-82-8

原始文献： CN 107266473,2017.

合成路线 4

以下合成路线来源于 Zhongshan Jincheng Dobfar Pharmaceutical 公司 Fu 等人 2016 年发表的专利申请书。该合成工艺的特点是关键中间体化合物 **5** 是以化合物 **1** 为原料，经过 2 步合成而得。

1

CAS号 86299-47-0

2

CAS号 120-78-5

$PhNH_2$, $P(OEt)_3$, 2-MeC_5H_4N, PhMe, MeCN

95%

3

CAS号 89604-92-2

4

CAS号 3432-88-0

Et_3N, MeOH, CH_2Cl_2

87%

5

CAS号 102772-66-7

HCl, HCO_2H, H_2O, NaOH

6

ceftazidime

CAS号 72558-82-8

原始文献： CN 105646541,2016.

合成路线 5

以下合成路线来源于波兰 Instytut Chemii Organicznej 公司 Korda 等人 2007 年发表的专利申请书。

$(Me_3Si)_2NH$, CH_2Cl_2
NaI, Me_3SiI, MeCN
70%

1
CAS号 73443-60-4

2
CAS号 110-86-1

3
ceftazidime
CAS号 72558-82-8

原始文献： PL 172379,2007.

合成路线 6

以下合成路线来源于 Shanghai Asia Pioneer Pharmaceutical 公司 Zheng 等人 2010 年发表的论文。关键中间体化合物 **5** 是通过化合物 **3** 的氨基与化合物 **4** 的羧基（经苯并 [d] 噻唑 -2- 硫醇活化）反应而得。

2
CAS号 110-86-1

1. $(Me_3Si)_2NH$, Me_3SiCl, CH_2Cl_2, 回流, $PhNEt_2$
2. Me3SiI,
3. HCl, $Na_2S_2O_5$, MeOH, H_2O, Et_3N, Me_2CO
83%

1
CAS号 957-68-6

3
CAS号 3432-88-0

4
CAS号 89604-92-2

Et_3N, $Na_2S_2O_5$, $Bu_4N^+ \cdot Br^-$, CH_2Cl_2, MeOH
76%
5

5
CAS号 102772-66-7

HCl, HCO_2H, H_2O, Me_2CO
82%

6
CAS号 73547-70-3

1. $Na_2S_2O_5$, H_2O
2. NaOH
92%

7
ceftazidime
CAS号 72558-82-8

原始文献： Zhongguo Yaowu Huaxue Zazhi,2010, 20 (3): 198-200.

参考文献

[1] Das S, Zhou D, Nichols W W,et al. Selecting the dosage of ceftazidime-avibactam in the perfect storm of nosocomial pneumonia. Eur J Clin Pharmacol,2020, 76(3):349-361.

[2] Jones T E, Selby P R, Mellor C S,et al. Ceftazidime stability and pyridine toxicity during continuous i.v. infusion. Am J Health Syst Pharm,2019, 76(4):200-205.

cenobamate（西诺巴酯）

药物基本信息

英文通用名	cenobamate
英文别名	YKP-3089; YKP3089; YKP3089
中文通用名	西诺巴酯
商品名	Xcopri
CAS登记号	913088-80-9
FDA 批准日期	11/21/2019
FDA 批准的API	cenobamate
化学名	(*R*)-1-(2-chlorophenyl)-2-(2*H*-tetrazol-2-yl)ethyl carbamate
SMILES代码	NC(O[C@H](C1=CC=CC=C1Cl)CN2N=CN=N2)=O

化学结构和理论分析

化学结构	理论分析值
	化学式：$C_{10}H_{10}ClN_5O_2$ 精确分子量：267.0523 分子量：267.6730 元素分析：C, 44.87; H, 3.77; Cl, 13.24; N, 26.16; O, 11.95

药品说明书参考网页

生产厂家产品说明书、美国药品网、美国处方药网页。

药物简介

XCOPRI 的活性成分是 cenobamate，后者是一种白色至类白色结晶性粉末。它微溶于水溶液（1.7mg/mL），并在乙醇中具有较高的溶解度（209.4mg/mL）。

XCOPRI 片剂用于口服给药，包含以下非活性成分：胶体二氧化硅，乳糖一水合物，硬脂酸镁，微晶纤维素和羟乙酸淀粉钠及以下指定的薄膜包衣剂：

12.5mg 片剂：无未包衣剂。

25mg 和 100mg 片剂：FD & C 蓝色 2 号 / 靛红色胭脂红铝色淀，氧化铁红，氧化铁黄，聚乙二醇 3350，经聚乙烯醇部分水解的滑石和二氧化钛。

50mg 片剂：氧化铁黄，聚乙二醇 3350，部分水解的聚乙烯醇，滑石粉和二氧化钛。

150mg 和 200mg 片剂：氧化铁红，氧化铁黄，聚乙二醇 3350，水解的聚乙烯醇，滑石粉和二氧化钛。

XCOPRI 适用于治疗成年患者的局灶性癫痫（partial-onset seizures）。

Cenobamate 在治疗局灶性癫痫中作用机制尚不完全清楚。目前已经证明，cenobamate 是通过抑制电压门控钠电流来减少重复性神经元放电。它也是 γ- 氨基丁酸（GABAA）离子通道的正变构调节剂。

药品上市申报信息

该药物目前有 6 种产品上市。

药品注册申请号：212839
申请类型：NDA（新药申请）
申请人：SK LIFE SCIENCE INC

产品信息

产品号	商品名	活性成分	剂型 / 给药途径	规格 / 剂量	参比药物 (RLD)	生物等效参考标准 (RS)	治疗等效代码
001	XCOPRI	cenobamate	片剂 / 口服	12.5mg	待定		待定
002	XCOPRI	cenobamate	片剂 / 口服	25mg	待定		待定
003	XCOPRI	cenobamate	片剂 / 口服	50mg	待定		待定
004	XCOPRI	cenobamate	片剂 / 口服	100mg	待定		待定
005	XCOPRI	cenobamate	片剂 / 口服	150mg	待定		待定
006	XCOPRI	cenobamate	片剂 / 口服	200mg	待定		待定

与本品治疗等效的药品

申请号	产品号	申请类型	商品名	活性成分	剂型 / 给药途径	规格	申请人
212839	001	NDA	XCOPRI	cenobamate	片剂 / 口服	12.5mg	SK LIFE SCIENCE INC
212839	002	NDA	XCOPRI	cenobamate	片剂 / 口服	25mg	SK LIFE SCIENCE INC
212839	003	NDA	XCOPRI	cenobamate	片剂 / 口服	50mg	SK LIFE SCIENCE INC
212839	004	NDA	XCOPRI	cenobamate	片剂 / 口服	100mg	SK LIFE SCIENCE INC
212839	004	NDA	XCOPRI	cenobamate	片剂 / 口服	100mg	SK LIFE SCIENCE INC
212839	005	NDA	XCOPRI	cenobamate	片剂 / 口服	150mg	SK LIFE SCIENCE INC
212839	006	NDA	XCOPRI	cenobamate	片剂 / 口服	200mg	SK LIFE SCIENCE INC

合成路线 1

以下合成路线来源于 SK Biopharmaceuticals 公司 Lim 等人 2010 年发表的专利申请书。目标化合物 **6** 是以化合物 **1** 和化合物 **2** 为原料，经过 3 步合成反应而得。最关键的合成反应是化合物 **3** 的羰基在酶的催化下，立体选择性还原成相应的羟基化合物 **4**。

1
CAS号 5000-66-8

2
CAS号 288-94-8

K_2CO_3, MeCN, DMF

3
CAS号 1259059-71-6

脱氢辅酶Ⅰ，甘油，氧化还原酶，H_2O

4
CAS号 1259059-77-2

5
CAS号 1189-71-5

THF, H_2O

6
cenobamate
CAS号 913088-80-9

原始文献： US 20100323410,2010.

合成路线 2

以下合成路线来源于 SK Corporation 公司 Choi 等人 2005 年发表的专利申请书。目标化合物 **4** 是以化合物 **1**、化合物 **2** 和化合物 **3** 为原料，经过 1 步合成反应而得。

1
CAS号 62566-66-9

2
CAS号 288-94-8

3
CAS号 530-62-1

Li_2CO_3, DMF, CH_2Cl_2, NH_4OH

4
cenobamate
CAS号 913088-80-9

原始文献： WO 2006112685,2005.

参考文献

[1] Nakamura M, Cho J H, Shin H,et al. Effects of cenobamate (YKP3089), a newly developed anti-epileptic drug, on voltage-gated sodium channels in rat hippocampal CA3 neurons. Eur J Pharmacol, 2019, 855:175-182.

[2] Kasteleijn-Nolst Trenite D G A, DiVentura B D, Pollard J R,et al. Suppression of the photoparoxysmal response in photosensitive epilepsy with cenobamate (YKP3089). Neurology,2019, 93(6):e559-e567.

cilastatin sodium（西司他丁钠）

药物基本信息

英文通用名	cilastatin sodium
英文别名	cilastatin; cilastatine; cilastatinum; cilastatin monosodium salt ; MK 0791; MK0791; M K-0791;MK791; MK-791; MK-791; cilastatin monosodium
中文通用名	西司他丁钠
商品名	Recarbrio
CAS登记号	81129-83-1 (钠盐), 82009-34-5 (游离酸)
FDA 批准日期	7/16/2019
FDA 批准的API	cilastatin sodium
化学名	sodium *S*-((*Z*)-6-carboxy-6-((*S*)-2,2-dimethylcyclopropane-1-carboxamido)hex-5-en-1-yl)-L-cysteinate
SMILES代码	N[C@@H](CSCCCC/C=C(C(O)=O)\NC([C@@H]1C(C)(C)C1)=O)C([O-])=O.[Na+]

化学结构和理论分析

化学结构	理论分析值
	化学式：$C_{16}H_{25}N_2NaO_5S$ 精确分子量：N/A 分子量：380.4348 元素分析：C, 50.51; H, 6.62; N, 7.36; Na, 6.04; O, 21.03; S, 8.43

药品说明书参考网页

生产厂家产品说明书 、美国药品网、美国处方药网页。

药物简介

注射用 RECARBRIO（活性成分：imipenem, cilastatin, relebactam）是一种抗菌组合产品，由静脉给药的亚胺培南（一种碳青霉烯抗菌药）、西司他丁（一种肾脱氢肽酶抑制剂）和雷巴坦（一种二氮杂双环辛烷 β- 内酰胺酶抑制剂）组成。

Imipenem：亚胺培南是一种 β- 内酰胺抗菌药物。Cilastatin sodium：西司他丁钠是一种庚烯酸衍生物的钠盐。Relebactam 是一种 β- 内酰胺酶抑制剂。它是结晶的一水合物。

RECARBRIO 是一种白色至浅黄色无菌粉末剂，可装在单剂量小瓶中，该小瓶包含 500mg 亚胺培南（相当于 530mg 亚胺培南一水合物）、500mg 西司他丁（相当于 531mg 西司他丁钠）和 250mg relebactam（相对于 263mg Relebactam 一水合物）。每瓶 RECARBRIO 均用 20mg 碳酸氢钠缓冲，使药液的 pH 值保持为 6.5 至 7.6。小瓶中混合物的总钠含量为 37.5mg（1.6mmol）。RECARBRIO 溶液外观范围为从无色到黄色。在此范围内的颜色变化不会影响产品的效力。

RECARBRIO 的适应证：

（1）复杂的尿路感染（cUTI），包括肾盂肾炎：RECARBRIO ™适用于 18 岁以上的患者，他们的替代疗法选择有限或没有替代疗法，用于治疗由以下易感的革兰氏阴性微生物引起的复杂的尿路感染（cUTI），包括肾盂肾炎：泄殖腔肠杆菌，大肠埃希氏菌，产气克雷伯菌，肺炎克雷伯菌和铜绿假单胞菌。

（2）复杂的腹腔内感染（cIAI）：RECARBRIO 适用于 18 岁及以上的患者，对于由以下易感的革兰氏阴性微生物引起的复杂腹腔内感染（cIAI）的治疗选择有限或没有其他治疗选择：stercoides stercoris，bacteroides thetaiotaomicron，unique bacteroides unidis，vulgatus vulgatus，弗氏柠檬酸杆菌，阴沟肠杆菌，大肠埃希氏菌，核梭杆菌，产氧假单胞菌，副产细菌假单胞菌，肺炎双歧杆菌，肺炎球菌。

RECARBRIO 是一种三组分药物，分别为：imipenem, cilastatin, relebactam。imipenem 是一种 penem 抗菌药物，cilastatin 是一种肾脱氢肽酶抑制剂，relebactam 是一种 β- 内酰胺酶抑制剂。cilastatin 限制了 imipenem 的肾脏代谢，并且不具有抗菌活性。亚胺培南的杀菌活性来自肠杆菌科细菌和铜绿假单胞菌中 PBP 2 和 PBP 1B 的结合以及随后对青霉素结合蛋白（PBPs）的抑制。PBP 的抑制导致细菌细胞壁合成的破坏。imipenem 在某些 β- 内酰胺酶存在下稳定。Relebactam 没有固有的抗菌活性。Relebactam 可保护亚胺培南免受某些丝氨酸 β- 内酰胺酶的降解，例如丝氨酰可变（SHV）、temoneira（TEM）、头孢噻肟酶（CTX-M）、阴沟肠杆菌（P99）、假单胞菌衍生的头孢菌素酶（PDC）和克雷伯菌肺炎碳青霉烯酶（KPC）。

药品上市申报信息

该药物目前有 12 种产品上市。

药品注册申请号：050587

申请类型：NDA（新药申请）

申请人：MERCK

申请人全名：MERCK AND CO INC

产品信息

产品号	商品名	活性成分	剂型 / 给药途径	规格 / 剂量	参比药物 (RLD)	生物等效参考标准 (RS)	治疗等效代码
001	PRIMAXIN	cilastatin sodium; imipenem	粉末剂 / 静脉注射	等量 250mg 游离碱 / 瓶；250mg/ 瓶	是	否	否
002	PRIMAXIN	cilastatin sodium; imipenem	粉末剂 / 静脉注射	等量 500mg 游离碱 / 瓶；500mg/ 瓶	是	是	AP

与本品相关的专利信息（来自 FDA 橙皮书 Orange Book）

关联产品号	专利号	专利过期日	是否物质专利	是否产品专利	专利用途代码	撤销请求	提交日期
001	5147868	2009/09/15	是	是	U-928		
002	5147868	2009/09/15	是	是	U-928		

与本品治疗等效的药品

申请号	产品号	申请类型	商品名	活性成分	剂型 / 给药途径	规格	产品号批准日期	申请人
050587	002	NDA	PRIMAXIN	cilastatin sodium; imipenem	粉末剂 / 静脉注射	等量 500mg 游离碱 / 瓶 ; 500mg/ 瓶	1985/11/26	MERCK
090577	002	ANDA	IMIPENEM AND CILASTATIN	cilastatin sodium; imipenem	粉末剂 / 静脉注射	等量 500mg 游离碱 / 瓶 ; 500mg/ 瓶	2011/12/21	ACS DOBFAR

药品注册申请号: 062756
申请类型: ANDA (仿制药申请)
申请人: MERCK
申请人全名: MERCK AND CO INC

产品信息

产品号	商品名	活性成分	剂型 / 给药途径	规格 / 剂量	参比药物 (RLD)	生物等效参考标准 (RS)	治疗等效代码
001	PRIMAXIN	cilastatin sodium; imipenem	注射剂 / 注射	等量 250mg 游离碱 / 瓶 ; 250mg/ 瓶	否	否	否
002	PRIMAXIN	cilastatin sodium; imipenem	注射剂 / 注射	等量 500mg 游离碱 / 瓶 ; 500mg/ 瓶	否	否	否

药品注册申请号: 050630
申请类型: NDA (新药申请)
申请人: MERCK
申请人全名: MERCK AND CO INC

产品信息

产品号	商品名	活性成分	剂型 / 给药途径	规格 / 剂量	参比药物 (RLD)	生物等效参考标准 (RS)	治疗等效代码
001	PRIMAXIN	cilastatin sodium; imipenem	粉末剂 / 肌内注射	等量 500mg 游离碱 / 瓶 ; 500mg/ 瓶	否	否	否
002	PRIMAXIN	cilastatin sodium; imipenem	粉末剂 / 肌内注射	等量 750mg 游离碱 / 瓶 ; 50mg/ 瓶	否	否	否

与本品相关的专利信息 (来自 FDA 橙皮书 Orange Book)

关联产品号	专利号	专利过期日	是否物质专利	是否产品专利	专利用途代码	撤销请求	提交日期
001	5147868	2009/09/15	是	是	U-928		
002	5147868	2009/09/15	是	是	U-928		

药品注册申请号: 090825
申请类型: ANDA (仿制药申请)
申请人: HOSPIRA INC
申请人全名: HOSPIRA INC

产品信息

产品号	商品名	活性成分	剂型 / 给药途径	规格 / 剂量	参比药物 (RLD)	生物等效参考标准 (RS)	治疗等效代码
001	IMIPENEM AND CILASTATIN	cilastatin sodium; imipenem	粉末剂 / 静脉注射	等量 250mg 游离碱 / 瓶 ; 250mg/ 瓶	否	否	AP
002	IMIPENEM AND CILASTATIN	cilastatin sodium; imipenem	粉末剂 / 静脉注射	等量 500mg 游离碱 / 瓶 ; 500mg/ 瓶	否	否	否

与本品治疗等效的药品

申请号	产品号	申请类型	商品名	活性成分	剂型 / 给药途径	规格	市场状态	产品号批准日期	申请人
090825	001	ANDA	IMIPENEM AND CILASTATIN	cilastatin sodium; imipenem	粉末剂 \ 静脉注射	等量 250mg 游离碱 / 瓶 ; 250mg/ 瓶	处方药	2011/11/16	HOSPIRA INC

药品注册申请号：091007
申请类型：ANDA (仿制药申请)
申请人：HOSPIRA INC
申请人全名：HOSPIRA INC

产品信息

产品号	商品名	活性成分	剂型 / 给药途径	规格 / 剂量	参比药物 (RLD)	生物等效参考标准 (RS)	治疗等效代码
001	IMIPENEM AND CILASTATIN	cilastatin sodium; imipenem	粉末剂 / 静脉注射	等量 500mg 游离碱 / 瓶 ;500mg/ 瓶	否	否	否

药品注册申请号：090577
申请类型：ANDA (仿制药申请)
申请人：ACS DOBFAR
申请人全名：ACS DOBFAR SPA

产品信息

产品号	商品名	活性成分	剂型 / 给药途径	规格 / 剂量	参比药物 (RLD)	生物等效参考标准 (RS)	治疗等效代码
001	IMIPENEM AND CILASTATIN	cilastatin sodium; imipenem	粉末剂 / 静脉注射	等量 250mg 游离碱 / 瓶 ; 250mg/ 瓶	否	是	否
002	IMIPENEM AND CILASTATIN	cilastatin sodium; imipenem	粉末剂 / 静脉注射	等量 500mg 游离碱 / 瓶 ; 500mg/ 瓶	否	否	AP

与本品治疗等效的药品

申请号	产品号	申请类型	商品名	活性成分	剂型 / 给药途径	规格	产品号批准日期	申请人
050587	002	NDA	PRIMAXIN	cilastatin sodium; imipenem	粉末剂 / 静脉注射	等量 500mg 游离碱 / 瓶 ;500mg/ 瓶	1985/11/26	MERCK
090577	002	ANDA	IMIPENEM AND CILASTATIN	cilastatin sodium; imipenem	粉末剂 / 静脉注射	等量 500mg 游离碱 / 瓶 ; 500mg/ 瓶	2011/12/21	ACS DOBFAR

药品注册申请号：212819

申请类型：NDA（新药申请）

申请人：MSD MERCK CO

申请人全名：MERCK SHARP AND DOHME CORP A SUB OF MERCK AND CO INC

产品信息

产品号	商品名	活性成分	剂型 / 给药途径	规格 / 剂量	参比药物 (RLD)	生物等效参考标准 (RS)	治疗等效代码
001	RECARBRIO	cilastatin sodium; imipenem;relebactam	粉末剂 / 静脉注射	等量 500mg 游离碱 / 瓶 ;500mg/ 瓶 ;250mg/ 瓶	是	是	否

与本品相关的专利信息（来自 FDA 橙皮书 Orange Book）

关联产品号	专利号	专利过期日	是否物质专利	是否产品专利	专利用途代码	撤销请求	提交日期
001	8487093	2029/11/19	是	是	U-2587 U-2586		2019/08/13

合成路线 1

以下合成路线来源于 Merch Sharp Dohm Research laboratories 公司 Graham 等人 1987 年发表的论文。目标化合物 **12** 是通过化合物 **10** 的溴原子与化合物 **11** 的巯基反应而得。关键中间体化合物 **10** 是通过化合物 **4** 的酰氨基与化合物 **9** 的羰基反应而得，这类反应并不多见，产率比较低。化合物 **4** 是以化合物 **1** 和化合物 **2** 为原料经过 2 步合成反应而得。化合物 **9** 是以化合物 **5** 和化合物 **6** 为原料经过 3 步合成反应而得。

1 CAS号 14590-53-5 + **2** CAS号 5672-89-9 →(C_5H_5N, 93%) **3** CAS号 107871-21-6 →(NH_3, EtOH, 83%) **4** CAS号 75885-58-4

5 CAS号 20462-00-4 + **6** CAS号 111-24-0 →(PhMe,DMF) **7** CAS号 107871-16-9 →(*N*-溴代琥珀酰亚胺, MeCN) **8** CAS号 107871-17-0

→(HBr, H_2O, AcOH, 70%) **9** CAS号 107872-93-5 + **4** CAS号 75885-58-4 →(PhMe, 28%) **10** CAS号 78834-80-7 + **11** CAS号 52-90-4 →(Na, NH_3, MeOH, 63%)

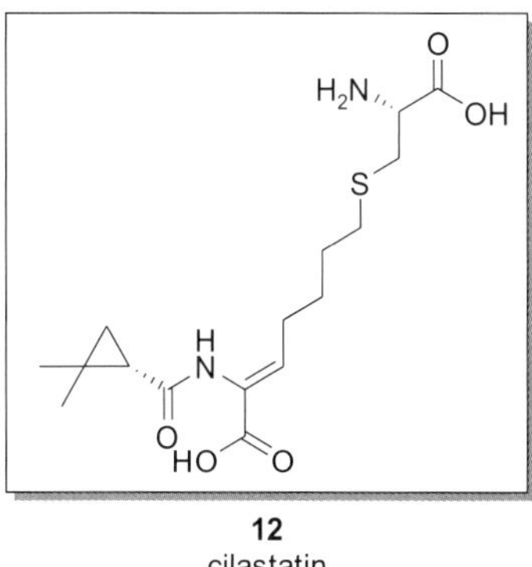

12
cilastatin
CAS号 82009-34-5

原始文献： J Med Chem,1987,30(6):1074–1090.

合成路线 2

以下合成路线来源于俄罗斯 Institut Organicheskoi Khimii im. 研究所 Vinogradov 等人 1995 年发表的论文。目标化合物 **15** 是通过化合物 **13** 的氯原子与化合物 **14** 的巯基反应而得。该方法没有立体选择性。所以最后得到的产品并不是单一的立体异构体。

关键中间体化合物 **13** 是以化合物 **4** 为原料，经过 8 步合成而得。该合成路线有几个地方是值得注意的：①化合物 **4** 氧化开环转化为开环化合物 **5**，属于经典的 Baeyer–Villiger 氧化反应；②化合物 **11** 是通过化合物 **9** 与甲醇钠反应而得；③化合物 **11** 脱去甲氧基后，得到相应的双键化合物 **12**。

1 CAS号 6832-16-2 + **2** CAS号 115-11-7 —— $Rh_2(OAc)_4$, CH_2Cl_2, NaOH, H_2O, $SOCl_2$；70% → **3** CAS号 50675-57-5

4 CAS号 502-42-1 —— H_2O_2, H_2O, MeOH, $CuCl_2$, NaCl；40% → **5** CAS号 821-57-8 —— $SOCl_2$, Br_2；74% → **6** CAS号 51237-40-2 —— NH_3, H_2O, EtOH；75% →

7 CAS号 19376-13-7 —— HCl, MeOH；90% → **8** CAS号 166037-16-7 (H−Cl) + **3** CAS号 50675-57-5 —— Et_3N, MeOH, Et_2O；75% →

9 CAS号 166037-18-9 + **10** CAS号 124-41-4 —— *t*-BuOCl, MeOH；88% → **11** CAS号 166037-19-0 —— HCl, Et_2O；91% →

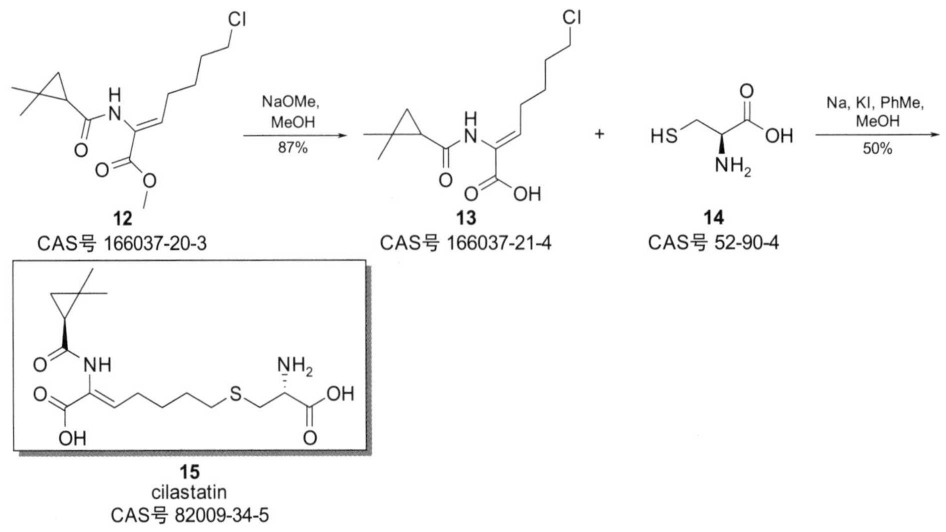

原始文献： Izvestiya Akademii Nauk, Seriya Khimicheskaya,1995,1:171-175.

合成路线 3

以下合成路线来源于 Jiangxi Jindun Flavor 公司 Li 等人 2013 年发表的专利申请书。该合成工艺主要部分与合成路线 1 非常相似。不同的地方在于化合物 **4** 的合成。它是通过格氏试剂化合物 **2** 和化合物 **3** 反应而得。

Mg, $BrCH_2CH_2Br$, THF

THF, HCl, H_2O, 66%

1 CAS号 54512-75-3

2 CAS号 278605-08-6

3 CAS号 95-92-1

4 CAS号 78834-75-0

4 CAS号 78834-75-0

5 CAS号 75885-58-4

p-$MeC_6H_4SO_3H$, PhMe, 回流, NaOH, H_2O, 70%

6 CAS号 877674-77-6

7 CAS号 52-89-1

NaOH, H_2O, 73%

8
cilastatin
CAS号 82009-34-5

原始文献： CN 102875433,2013.

合成路线 4

以下合成路线来源于 Ranbaxy Laboratories 公司 Jayachandra 等人 2011 年发表的专利申请书。该合成工艺主要部分与合成路线 1 非常相似。不同的地方在于化合物 **3** 的合成。它是通过化合物 **1** 和化合物 **2** 反应而得。该合成反应在有机合成中并不常见。

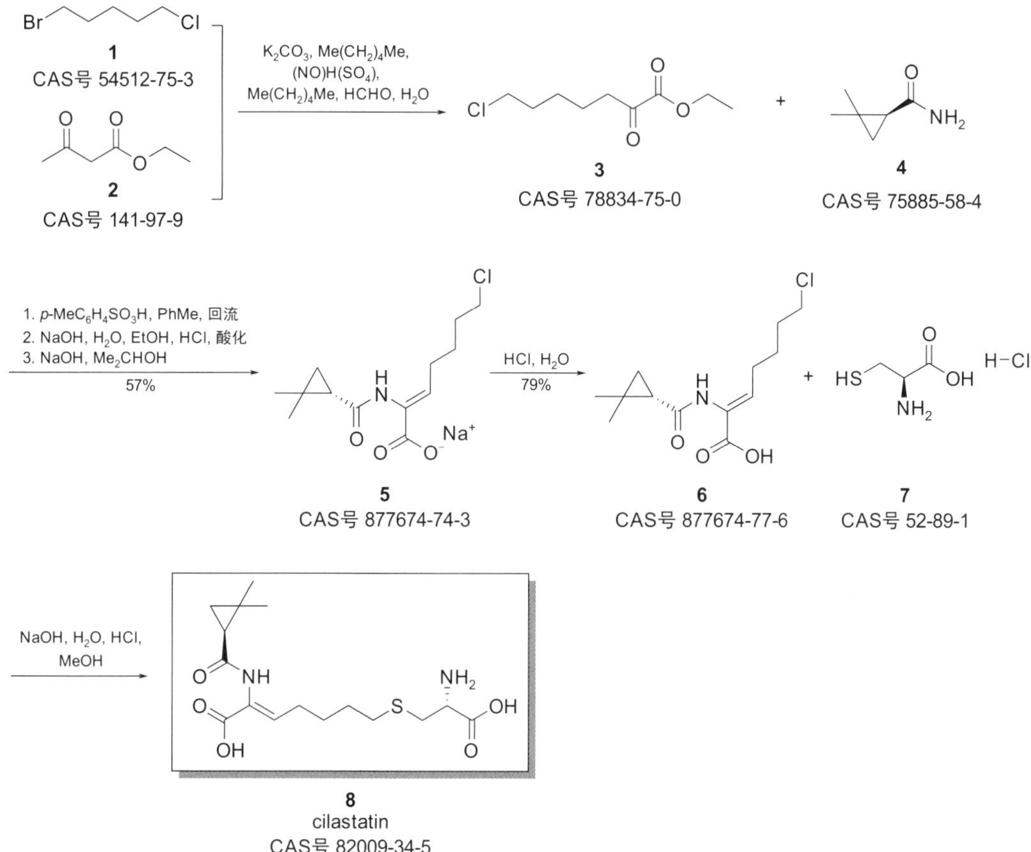

原始文献： WO 2011061609,2011.

参考文献

[1] Salmon-Rousseau A, Martins C, Blot M,et al. Comparative review of imipenem/cilastatin versus meropenem. Med Mal Infect,2020, 50(4):316-322.

[2] McCarthy M W. Clinical pharmacokinetics and pharmacodynamics of imipenem- cilastatin/relebactam combination therapy. Clin Pharmacokinet,2020, 59(5):567-573.

cobicistat（科比司他）

药物基本信息

英文通用名	cobicistat
英文别名	GS9350; GS-9350; GS 9350
中文通用名	科比司他
商品名	Genvoya
CAS登记号	1004316-88-4
FDA 批准日期	11/5/2015
FDA 批准的API	cobicistat
化学名	thiazol-5-ylmethyl ((2*R*,5*R*)-5-((S)-2-(3-((2-isopropylthiazol-4-yl)methyl)-3-methylureido)-4-morpholinobutanamido)-1,6-diphenylhexan-2-yl)carbamate
SMILES代码	O=C(OCC1=CN=CS1)N[C@H](CC[C@@H](NC([C@@H](NC(N(CC2=CSC(C(C)C)=N2)C)=O)CCN3CCOCC3)=O)CC4=CC=CC=C4)CC5=CC=CC=C5

化学结构和理论分析

化学结构	理论分析值
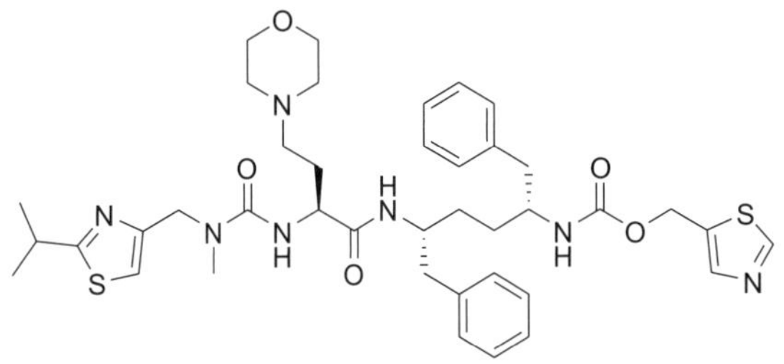	化学式：$C_{40}H_{53}N_7O_5S_2$ 精确分子量：775.3550 分子量：776.0280 元素分析：C, 61.91; H, 6.88; N, 12.63; O, 10.31; S, 8.26

药品说明书参考网页

生产厂家产品说明书、美国药品网、美国处方药网页。

药物简介

GENVOYA是一种固定剂量的组合片剂，包含elvitegravir、cobicistat、emtricitabine和tenofovir alafenamide 四种活性成分，用于口服。

Elvitegravir 是一种 HIV-1 整合酶链转移抑制剂。Cobicistat 是一种 CYP3A 家族细胞色素 P450（CYP）酶抑制剂。Emtricitabine 属于胞苷的合成核苷类似物，是一种 HIV 核苷类似物逆转录酶抑制剂（HIV NRTI）。Ttenofovir alafenamide（一种 HIV NRTI）在体内转化为替诺福韦，即一种 5'-单磷酸腺苷的无环核苷磷酸酯（核苷酸）类似物。

每片含 150mg elvitegravir、150mg cobicistat、200mg emtricitabine 和 10mg tenofovir alafenamide

（相当于 11.2mg tenofovir alafenamide 富马酸酯）。片剂包含以下非活性成分：交联羧甲基纤维素钠，羟丙基纤维素，乳糖一水合物，硬脂酸镁，微晶纤维素，二氧化硅和十二烷基硫酸钠。所述片剂用包含 FD & C 蓝色 2 号 / 靛蓝胭脂红铝色淀、氧化铁黄、聚乙二醇、聚乙烯醇、滑石粉和二氧化钛的包衣材料薄膜包衣。

Elvitegravir 是一种白色至浅黄色粉末，在 20℃下的水中溶解度小于 0.3μg/ mL。Cobicistat 是一种白色至浅黄色粉末，在 20℃下的水中溶解度为 0.1mg/mL。Emtricitabine 是一种白色至类白色粉末，在 25℃下的水中溶解度约为 112mg/mL。Tenofovir alafenamide 富马酸酯为白色至类白色或棕褐色粉末，在 20℃下的水中溶解度为 4.7mg/mL。

GENVOYA 可用于治疗成人和体重至少 25kg 且无抗逆转录病毒治疗史的儿科患者的完整 HIV-1 感染的治疗方案。GENVOYA 也可以用于替代某些患者的抗逆转录病毒治疗方案，这些患者已经接受了至少 6 个月的一套完整的抗逆转录病毒治疗方案，而且没有治疗失败的经历，也没有出现与 GENVOYA 各个成分耐药相关的情况。

药品上市申报信息

该药物目前有 6 种产品上市。

药品注册申请号：203100
申请类型：NDA（新药申请）
申请人：GILEAD SCIENCES INC
申请人全名：GILEAD SCIENCES INC

产品信息

产品号	商品名	活性成分	剂型 / 给药途径	规格 / 剂量	参比药物(RLD)	生物等效参考标准(RS)	治疗等效代码
001	STRIBILD	cobicistat;elvitegravir;emtricitabine;tenofovir disoproxil fumarate	片剂 / 口服	150mg/150mg;200mg/300mg	是	是	否

与本品相关的专利信息（来自 FDA 橙皮书 Orange Book）

关联产品号	专利号	专利过期日	是否物质专利	是否产品专利	专利用途代码	撤销请求	提交日期
001	10039718	2032/10/04		是			2018/09/04
	6642245	2020/11/04			U-257		
	6642245*PED	2021/05/04					
	6703396	2021/03/09	是	是			
	6703396*PED	2021/09/09					
	7176220	2026/08/27	是	是	U-257		
	7635704	2026/10/26	是	是	U-257		
	8148374	2029/09/03	是	是	U-1279		
	8592397	2024/01/13		是	U-257		
	8633219	2030/04/24		是	U-257		2014/01/24
	8716264	2024/01/13		是	U-257		2014/06/02
	8981103	2026/10/26	是	是			2015/04/14
	9457036	2024/01/13		是	U-257		2016/11/10
	9744181	2024/01/13		是	U-257		2017/09/19
	9891239	2029/09/03		是	U-257		2018/03/06

续表

关联产品号	专利号	专利过期日	是否物质专利	是否产品专利	专利用途代码	撤销请求	提交日期
001	5814639	2015/09/29	是	是			
	5814639*PED	2016/03/29					
	5914331	2017/07/02	是				
	5914331*PED	2018/01/02					
	5922695	2017/07/25	是		U-257		
	5922695*PED	2018/01/25					
	5935946	2017/07/25	是	是	U-257		
	5935946*PED	2018/01/25					
	5977089	2017/07/25	是	是	U-257		
	5977089*PED	2018/01/25					
	6043230	2017/07/25			U-257		
	6043230*PED	2018/01/25					

与本品相关的市场独占权保护信息

关联产品号	独占权代码	失效日期	备注
001	NPP	2020/01/27	
001	NP	2015/08/27	

药品注册申请号: 203094
申请类型: NDA (新药申请)
申请人: GILEAD SCIENCES INC
申请人全名: GILEAD SCIENCES INC

产品信息

产品号	商品名	活性成分	剂型 / 给药途径	规格 / 剂量	参比药物 (RLD)	生物等效参考标准 (RS)	治疗等效代码
001	TYBOST	cobicistat	片剂 / 口服	150mg	是	是	否

与本品相关的专利信息(来自 FDA 橙皮书 Orange Book)

关联产品号	专利号	专利过期日	是否物质专利	是否产品专利	专利用途代码	撤销请求	提交日期
001	10039718	2032/10/04		是			2018/09/04
	8148374	2029/09/03	是	是	U-1279		2014/10/16

与本品相关的市场独占权保护信息

关联产品号	独占权代码	失效日期	备注
001	ODE-260	2026/08/22	
	NPP	2022/08/22	

与本品治疗等效的药品
本品无治疗等效药品

药品注册申请号: 205395
申请类型: NDA (新药申请)

申请人：JANSSEN PRODS
申请人全名：JANSSEN PRODUCTS LP

产品信息

产品号	商品名	活性成分	剂型 / 给药途径	规格 / 剂量	参比药物 (RLD)	生物等效参考标准 (RS)	治疗等效代码
001	PREZCOBIX	cobicistat darunavir	片剂 / 口服	150mg; 800mg	是	是	否

与本品相关的专利信息（来自 FDA 橙皮书 Orange Book）

关联产品号	专利号	专利过期日	是否物质专利	是否产品专利	专利用途代码	撤销请求	提交日期
001	10039718	2032/10/04		是			2018/09/05
	7470506	2019/06/23			U-1660		2015/02/26
	7470506*PED	2019/12/23					
	7700645	2026/12/26	是	是			2015/02/26
	7700645*PED	2027/06/26					
	8148374	2029/09/03	是	是	U-1279		2015/02/26
	8518987	2024/02/16	是	是			2015/02/26
	8518987*PED	2024/08/16					
	8597876	2019/06/23			U-1660		2015/02/26
	8597876*PED	2019/12/23					
	9889115	2019/06/23			U-1660		2018/03/09

药品注册申请号：206353
申请类型：NDA（新药申请）
申请人：BRISTOL-MYERS SQUIBB
申请人全名：BRISTOL-MYERS SQUIBB CO

产品信息

产品号	商品名	活性成分	剂型 / 给药途径	规格 / 剂量	参比药物 (RLD)	生物等效参考标准 (RS)	治疗等效代码
001	EVOTAZ	atazanavir sulfate cobicistat	片剂 / 口服	等量 300mg 游离碱；150mg	是	是	否

与本品相关的专利信息（来自 FDA 橙皮书 Orange Book）

关联产品号	专利号	专利过期日	是否物质专利	是否产品专利	专利用途代码	撤销请求	提交日期
001	10039718	2032/10/04		是			2018/09/05
	6087383*PED	2019/06/21					
	8148374	2029/09/03	是	是	U-1279		2015/02/25

药品注册申请号：207561
申请类型：NDA（新药申请）
申请人：GILEAD SCIENCES INC

申请人全名：GILEAD SCIENCES INC

产品信息

产品号	商品名	活性成分	剂型 / 给药途径	规格 / 剂量	参比药物 (RLD)	生物等效参考标准 (RS)	治疗等效代码
001	GENVOYA	cobicistat; elvitegravir;emtricitabine; tenofovir alafenamide fumarate	片剂 / 口服	150mg; 150mg; 200mg; 等量 10mg 游离碱	是	是	否

与本品相关的专利信息（来自 FDA 橙皮书 Orange Book）

关联产品号	专利号	专利过期日	是否物质专利	是否产品专利	专利用途代码	撤销请求	提交日期
001	10039718	2032/10/04		是			2018/08/28
	6642245	2020/11/04			U-257		2015/12/01
	6642245*PED	2021/05/04					
	6703396	2021/03/09	是	是			2015/12/01
	6703396*PED	2021/09/09					
	7176220	2026/08/27	是	是	U-257		2015/12/01
	7390791	2022/05/07	是	是			2015/12/01
	7635704	2026/10/26	是	是	U-257		2015/12/01
	7803788	2022/02/02			U-257		2015/12/01
	8148374	2029/09/03	是	是	U-1279		2015/12/01
	8633219	2030/04/24		是	U-257		2015/12/01
	8754065	2032/08/15	是	是	U-257		2015/12/01
	8981103	2026/10/26	是	是			2015/12/01
	9296769	2032/08/15	是	是	U-257		2016/04/22
	9891239	2029/09/03		是	U-257		2018/02/27

与本品相关的市场独占权保护信息

关联产品号	独占权代码	失效日期	备注
001	NCE	2020/11/05	
	NPP	2020/09/25	
	D-173	2021/12/10	

与本品治疗等效的药品
本品无治疗等效药品

药品注册申请号：210455
申请类型：NDA（新药申请）
申请人：JANSSEN PRODS
申请人全名：JANSSEN PRODUCTS LP

产品信息

产品号	商品名	活性成分	剂型 / 给药途径	规格 / 剂量	参比药物(RLD)	生物等效参考标准(RS)	治疗等效代码
001	SYMTUZA	cobicistat;darunavir ; emtricitabine;tenofovir alafenamide fumarate	片剂 / 口服	150mg; 800mg; 200mg; 等量 10mg 游离碱	是	是	否

与本品相关的专利信息（来自 FDA 橙皮书 Orange Book）

关联产品号	专利号	专利过期日	是否物质专利	是否产品专利	专利用途代码	撤销请求	提交日期
001	10039718	2032/10/04		是			2018/09/05
	6642245	2020/11/04			U-2352		2018/08/15
	6703396	2021/03/09	是	是			2018/08/15
	7390791	2022/05/07	是	是			2018/08/15
	7470506	2019/06/23			U-2352		2018/08/15
	7700645	2026/12/26	是	是			2018/08/15
	7803788	2022/02/02			U-2352		2018/08/15
	8148374	2029/09/03	是	是	U-2364 U-2365 U-2353		2018/08/15
	8518987	2024/02/16	是	是			2018/08/15
	8597876	2019/06/23			U-2352		2018/08/15
	8754065	2032/08/15	是	是	U-2352		2018/08/15
	9296769	2032/08/15	是	是	U-2352		2018/08/15
	9889115	2019/06/23			U-2352		2018/08/15

与本品相关的市场独占权保护信息

关联产品号	独占权代码	失效日期	备注
001	NC	2020/07/17	
	NCE	2020/11/05	

合成路线 1

以下合成路线来源于 Gilead Sciences 公司 Xu 等人 2013 年发表的论文。目标化合物 **6** 是通过化合物 **4** 与化合物 **3** 反应而得到的。

1
CAS号 40516-57-2

2
CAS号 74-89-5

3
CAS号 154212-60-9

4
CAS号 1051463-12-7

5
CAS号530-62-1

HCl, 二噁烷
$EtN(Pr\text{-}i)_2$

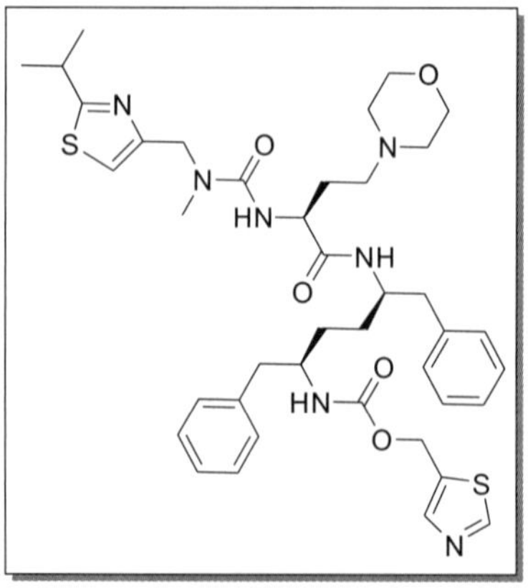

6
cobicistat
CAS号 1004316-88-4

原始文献： Bioorg Med Chem Lett,2014, 24(3):995-999.

合成路线 2

以下合成路线来源于 Gilead Sciences 公司 Xu 等人 2010 年发表的论文。目标化合物 **14** 是通过化合物 **13** 脱去羧基保护基，羧基被活化后，再与化合物 **5** 的氨基反应而得到。该合成工艺特点可归纳如下：①关键中间体化合物 **5** 是以化合物 **1** 为原料经过 3 步合成反应而得。其中化合物 **2** 是通过化合物 **1** 在氧化剂催化条件下，靠近羟基的碳原子二聚反应而得。化合物 **2** 分子中的 2 个羟基经活化后，被催化氢化转化为化合物 **3**。②化合物 **13** 是以化合物 **6**、化合物 **7** 和化合物 **8** 为原料，经过 3 步合成反应而得。

Py-SO_3(1：1), Et_3N, DMSO, $(THF)_3VCl_3$, Zn,THF 60%

1. $(imidazolyl)_2CS$, THF
2. $P(OEt)_3$
3. H_2, Pd, MeOH
75%

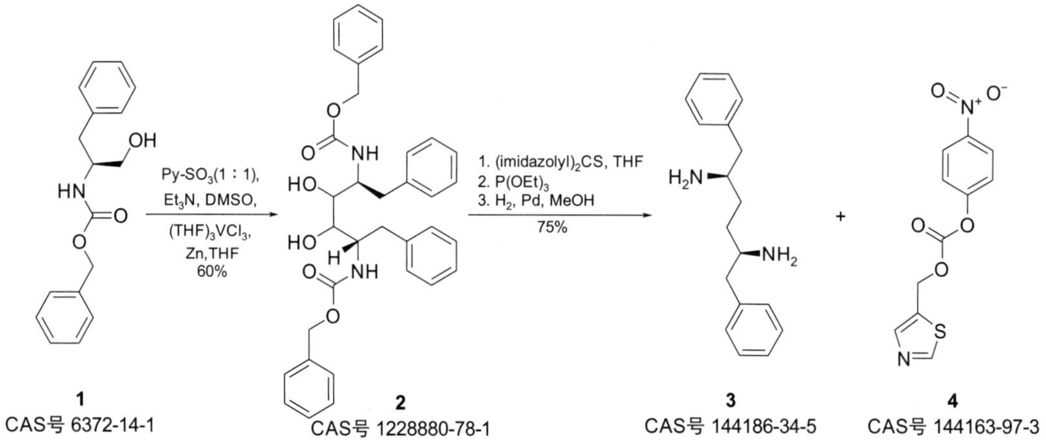

1
CAS号 6372-14-1

2
CAS号 1228880-78-1

3
CAS号 144186-34-5

\+

4
CAS号 144163-97-3

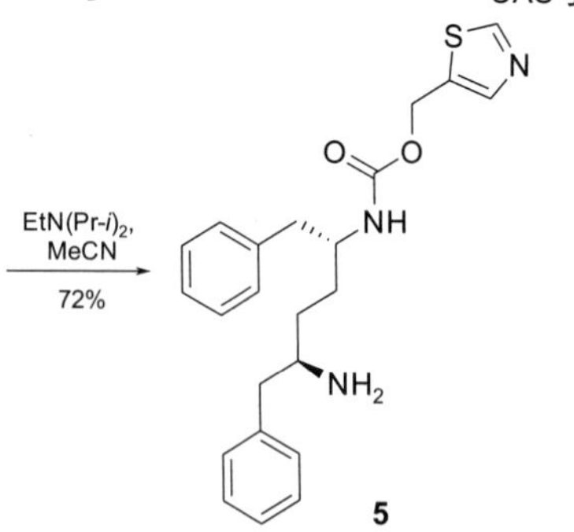

$EtN(Pr\text{-}i)_2$, MeCN 72%

5
CAS号 1004316-18-0

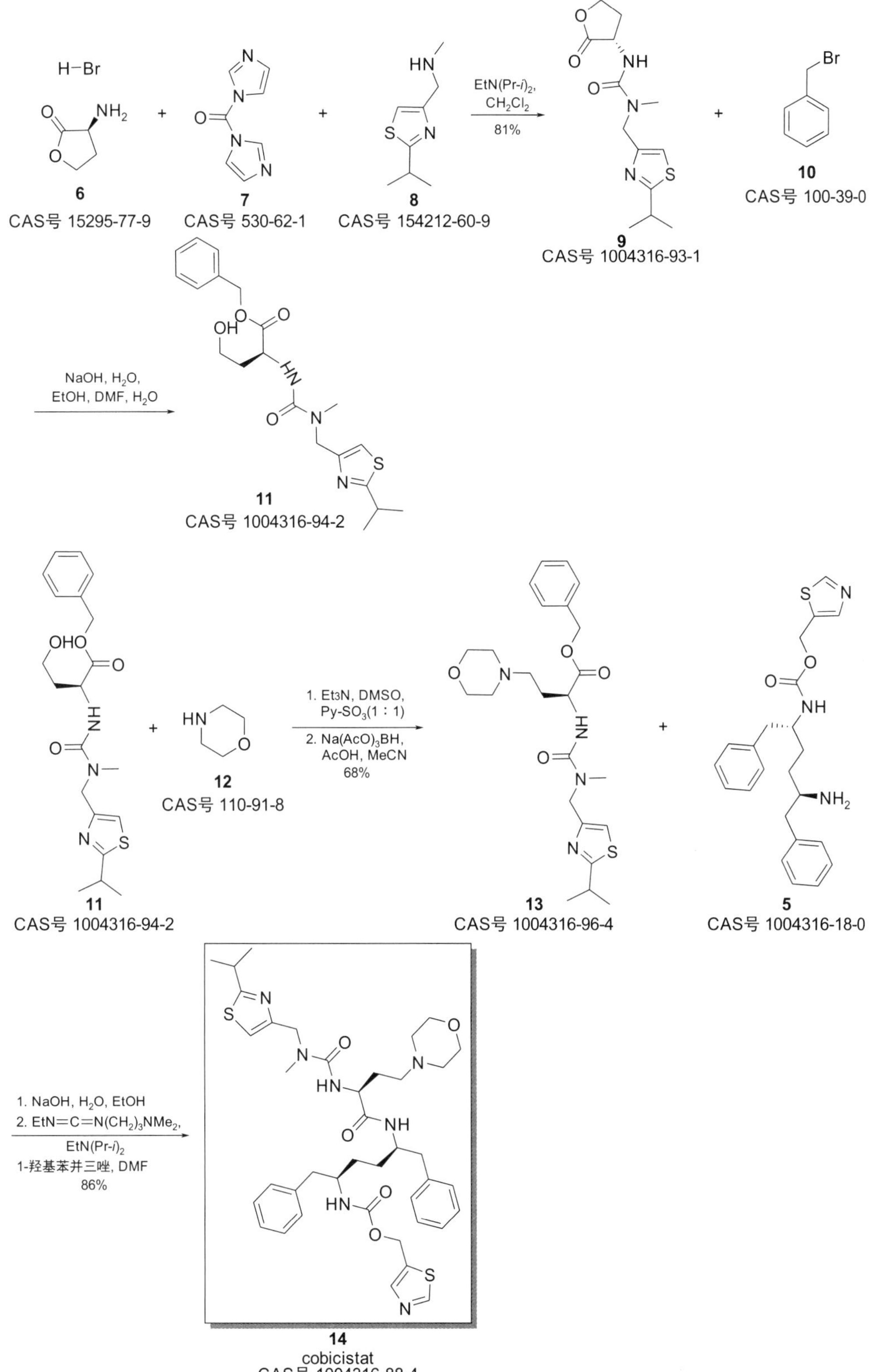

原始文献： ACS Med Chem Lett,2010,1(5):209-213.

合成路线 3

以下合成路线来源于 Mylan Laboratories 公司 Rama 等人 2014 年发表的专利申请书。目标化合物 **21** 是通过化合物 **9** 的酯基水解转化为羧基后，经活化与化合物 **20** 的氨基反应而得。化合物 **9** 是以化合物 **1** 为原料，经过 3 步合成反应而得。关键化合物 **20** 是以化合物 **10** 为原料，经过 8 步合成反应而得。值得注意的是，化合物 **15** 是通过化合物 **14** 的开环二聚合而得。

$BrCH_2CO_2H$, AcOH, H_2O, Me_2CHOH, HCl, 二噁烷；CH_2Cl_2, Et_3N

1 CAS号 63-68-3　**2** CAS号 15295-77-9　**3** CAS号 530-62-1　**4** CAS号 908591-25-3　**5** CAS号 1004316-93-1

Me_3SiBr, CH_2Cl_2

5 CAS号 1004316-93-1　**6** CAS号 64-17-5　**7** CAS号 110-91-8　**8** CAS号 6153-56-6　**9** CAS号 1598413-77-4

$NaBH_4$, H_2O；EtN(Pr-*i*)$_2$；NaH, THF

10 CAS号 7524-50-7　**11** CAS号 3182-95-4　**12** CAS号 13360-57-1　**13** CAS号 1247119-25-0　**14** CAS号 902146-43-4

四甲基哌啶锂, THF, $Me(CH_2)_4Me$；$H_2N(CH_2)_3NH_2$

14 CAS号 902146-43-4　**15** CAS号 1247119-27-2　**16** CAS号 144163-57-5

H_2, Pd, MeOH

17 CAS号 144186-34-5

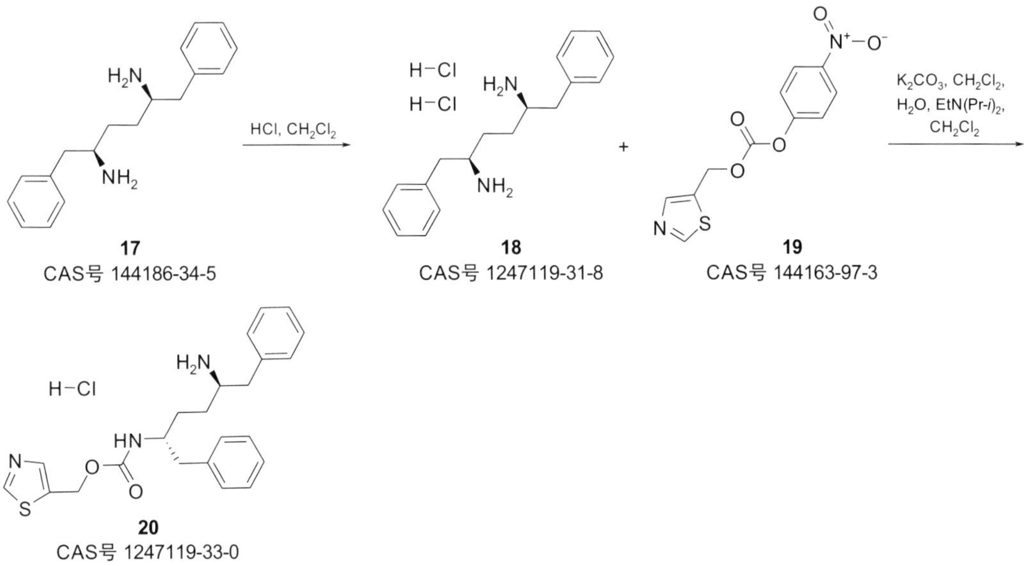

HCl, CH_2Cl_2

K_2CO_3, CH_2Cl_2, H_2O, EtN(Pr-*i*)$_2$, CH_2Cl_2

17
CAS号 144186-34-5

18
CAS号 1247119-31-8

19
CAS号 144163-97-3

20
CAS号 1247119-33-0

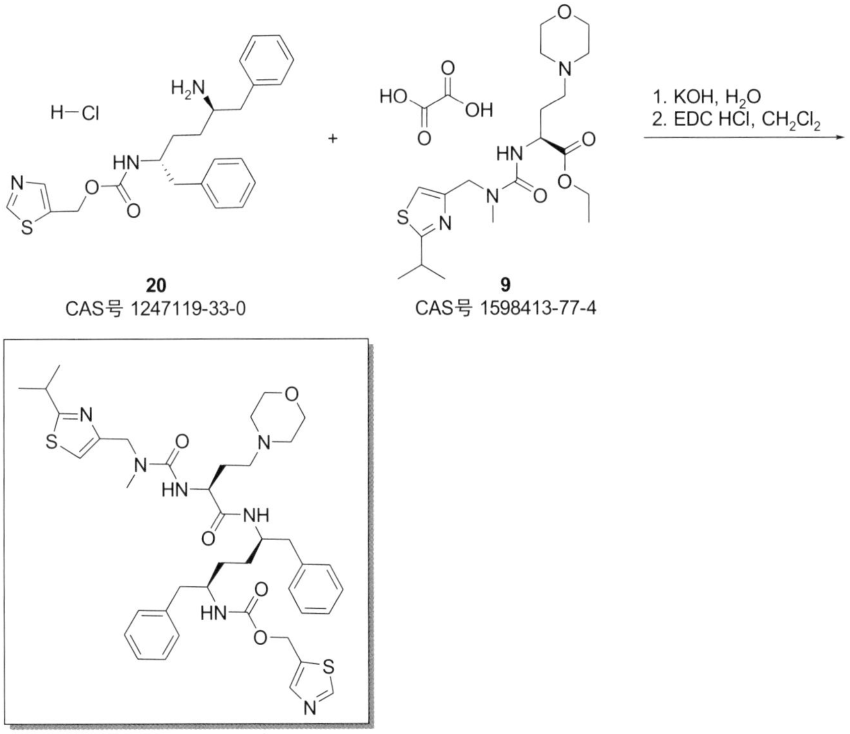

1. KOH, H_2O
2. EDC HCl, CH_2Cl_2

20
CAS号 1247119-33-0

9
CAS号 1598413-77-4

21
cobicistat
CAS号 1004316-88-4

原始文献： WO 2014057498,2014.

合成路线 4

以下合成路线来源于 Gilead Sciences 公司 Koziara M. 等人 2009 年发表的专利申请书。目标化合物 **3** 是通过化合物 **1** 和化合物 **2** 的反应而得。

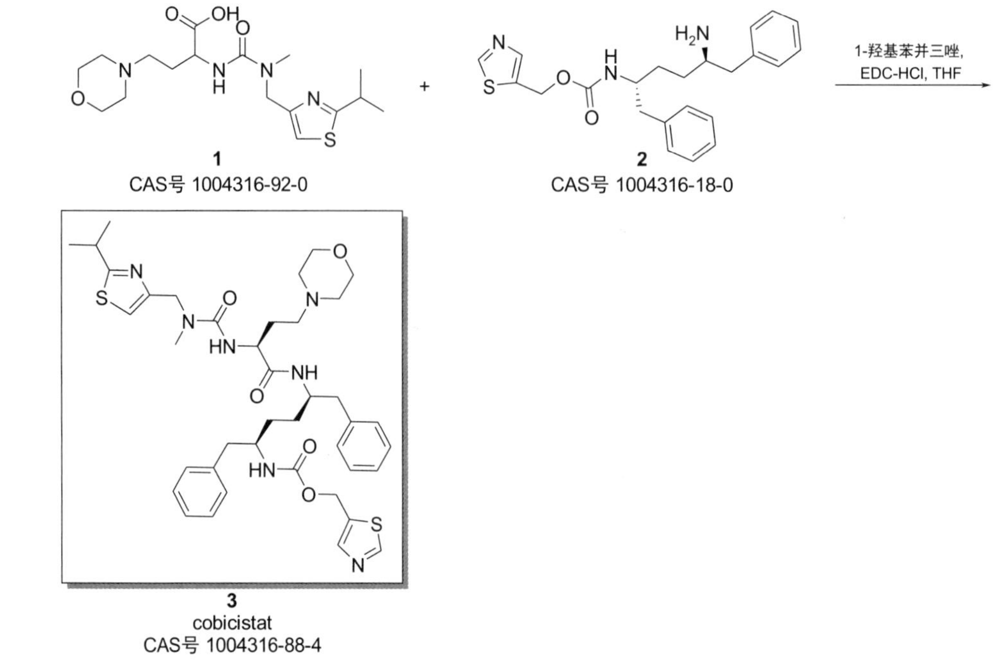

1-羟基苯并三唑, EDC-HCl, THF

1
CAS号 1004316-92-0

2
CAS号 1004316-18-0

3
cobicistat
CAS号 1004316-88-4

原始文献：WO 2009135179,2009.

合成路线 5

以下合成路线来源于 Gilead Sciences 公司 Desai 等人 2008 年发表的专利申请书。目标化合物 **14** 是通过化合物 **12** 的氨基和化合物 **13** 的羰基缩合反应然后还原而得。关键化合物 **12** 是以化合物 **1** 和化合物 **2** 为原料，经过 8 步合成反应而得。化合物 **2** 在碱性条件下，与化合物 **1** 的醛基发生亲核加成反应，得到化合物 **3**，消除反应得到相应的双键化合物 **4**，后者经过 2 次去保护基后，得到化合物 **6**。其他的合成反应都是比较经典的反应。

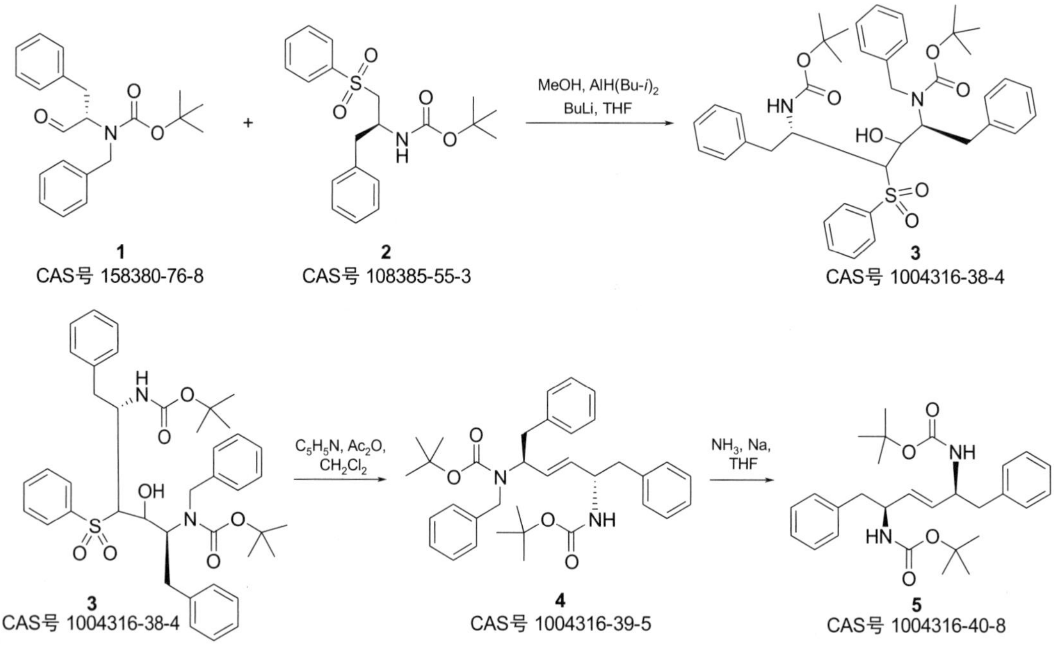

MeOH, AlH(Bu-*i*)$_2$
BuLi, THF

1
CAS号 158380-76-8

2
CAS号 108385-55-3

3
CAS号 1004316-38-4

C_5H_5N, Ac_2O, CH_2Cl_2

NH_3, Na, THF

3
CAS号 1004316-38-4

4
CAS号 1004316-39-5

5
CAS号 1004316-40-8

H_2, Pd, MeOH, F_3CCO_2H, CH_2Cl_2

$EtN(Pr\text{-}i)_2$, MeCN

5
CAS号 1004316-40-8

6
CAS号 144186-34-5

7
CAS号 144163-97-3

8
CAS号 1004316-18-0

$EtN{=}C{=}N(CH_2)_3NMe_2$, $EtN(Pr\text{-}i)_2$, 1-羟基苯并三唑, THF

HCl, 二噁烷
100%

8
CAS号 1004316-18-0

9
CAS号 1004316-84-0

10
CAS号 1004316-85-1

11
CAS号 1004316-86-2

Na_2CO_3, H_2O, 81%

11
CAS号 1004316-86-2

12
CAS号 1004316-87-3

13
CAS号 7456-83-9

$NaBH_3CN$, H_2O, $CHCl_3$, MeCN, Na_2CO_3, 调成碱性

14
cobicistat
CAS号 1004316-88-4

原始文献： WO 2008103949,2008.

合成路线 6

以下合成路线来源于Jiangsu Furui Biopharmaceutical公司Chen等人2017年发表的专利申请书。目标化合物**5**是通过化合物**3**的氨基和化合物**4**反应而得。关键中间体化合物**3**是通过化合物**2**的氨基与化合物为**1**的羧基通过1∶1反应的方式得到的。

CH_2Cl_2, 1-羟基苯并三唑, EDC-HCl, 96%

1
CAS号 1004316-92-0

2
CAS号 1247119-31-8

3
CAS号 1992785-25-7

3

CAS号 1992785-25-7

\+

4

CAS号 144163-97-3

EtN(Pr-*i*)$_2$, THF

95%

5

cobicistat

CAS号 1004316-88-4

原始文献： CN 107513046,2017.

合成路线 7

以下合成路线来源于 Laurus Labs 公司 Chava 等人 2016 年发表的专利申请书。目标化合物 **14** 是通过化合物 **11** 与化合物 **12** 反应后，再与化合物 **13** 的甲氨基反应而得。关键中间体化合物 **11** 是以化合物 **1** 为原料，经过 6 步合成而得。值得注意的是化合物 **7** 的合成，它是通过化合物 **4** 在三甲基硅碘的催化下，与乙醇发生开环反应，再与化合物 **6** 反应而得到。其他的合成反应基本上都是比较经典的反应。

1 CAS号 63-68-3

$BrCH_2CO_2H$, H_2O

2 CAS号 15295-77-9

\+

3 CAS号 3282-30-2

Et_3N, CH_2Cl_2

4 CAS号 1569266-39-2

4 CAS号 1569266-39-2

\+

5 CAS号 64-17-5

\+

6 CAS号 110-91-8

Me_3SiI, CH_2Cl_2

7 CAS号 1984002-04-1

KOH, H_2O, CH_2Cl_2

8 CAS号 1984002-08-5

8
CAS号 1984002-08-5

9
CAS号 1247119-33-0

Na_2SO_4, CH_2Cl_2
1-羟基苯并三唑,
EDC-HCl

10
CAS号 1984002-06-3

10
CAS号 1984002-06-3

HCl, MeOH

11
CAS号 1051463-15-0

11
CAS号 1051463-15-0

12
CAS号 530-62-1

13
CAS号 1185167-55-8

EtN(Pr-*i*)$_2$, CH_2Cl_2

14
cobicistat
CAS号 1004316-88-4

原始文献： IN 2015CH00619,2016.

合成路线 8

以下合成路线来源于 MSN Laboratories Private 公司 Rajan 等人 2016 年发表的专利申请书。目标化合物 **5** 是通过化合物 **3** 与化合物 **4** 反应而得。

Et_3N, $CH_2Cl_2H_2O$

1
CAS号 38585-74-9

2
CAS号 5070-13-3

3
CAS号 144163-97-3

Na_2CO_3,
$EtN(Pr\text{-}i)_2$

3
CAS号 144163-97-3

4
CAS号 1992785-26-8

5
cobicistat
CAS号 1004316-88-4

原始文献： WO 2016132378,2016.

合成路线 9

以下合成路线来源于 Hangzhou Pushai Pharmaceutical Technology 公司 Song 等人 2018 年发表的专利申请书。目标化合物 **3** 是通过化合物 **1** 与化合物 **2** 反应而得。

1-羟基苯并三唑,
EDC-HCl

1
CAS号 1169870-16-9

2
CAS号 1247119-33-0

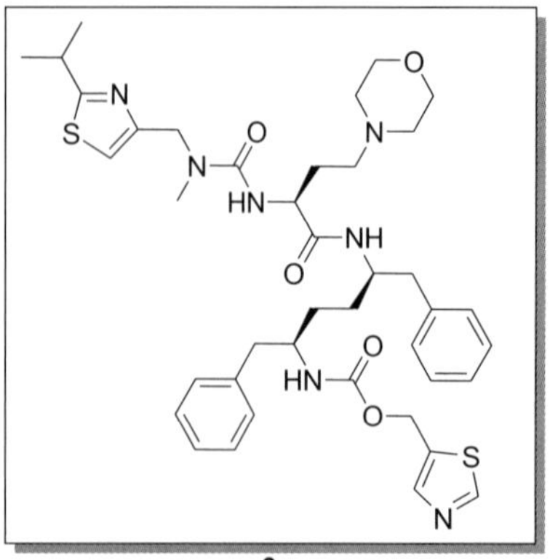

3
cobicistat
CAS号 1004316-88-4

原始文献： CN 105732538,2018.

参考文献

[1] Cattaneo D, Cossu M V, Rizzardini G. Pharmacokinetic drug evaluation of ritonavir (versus cobicistat) as adjunctive therapy in the treatment of HIV. Expert Opin Drug Metab Toxicol, 2019, 15(11):927-935.

[2] Giacomet V, Cossu M V, Capetti A F,et al. An evaluation of elvitegravir plus cobicistat plus tenofovir alafenamide plus emtricitabine as a single-tablet regimen for the treatment of HIV in children and adolescents. Expert Opin Pharmacother,2019, 20(3):269-276.

科比司他核磁谱图

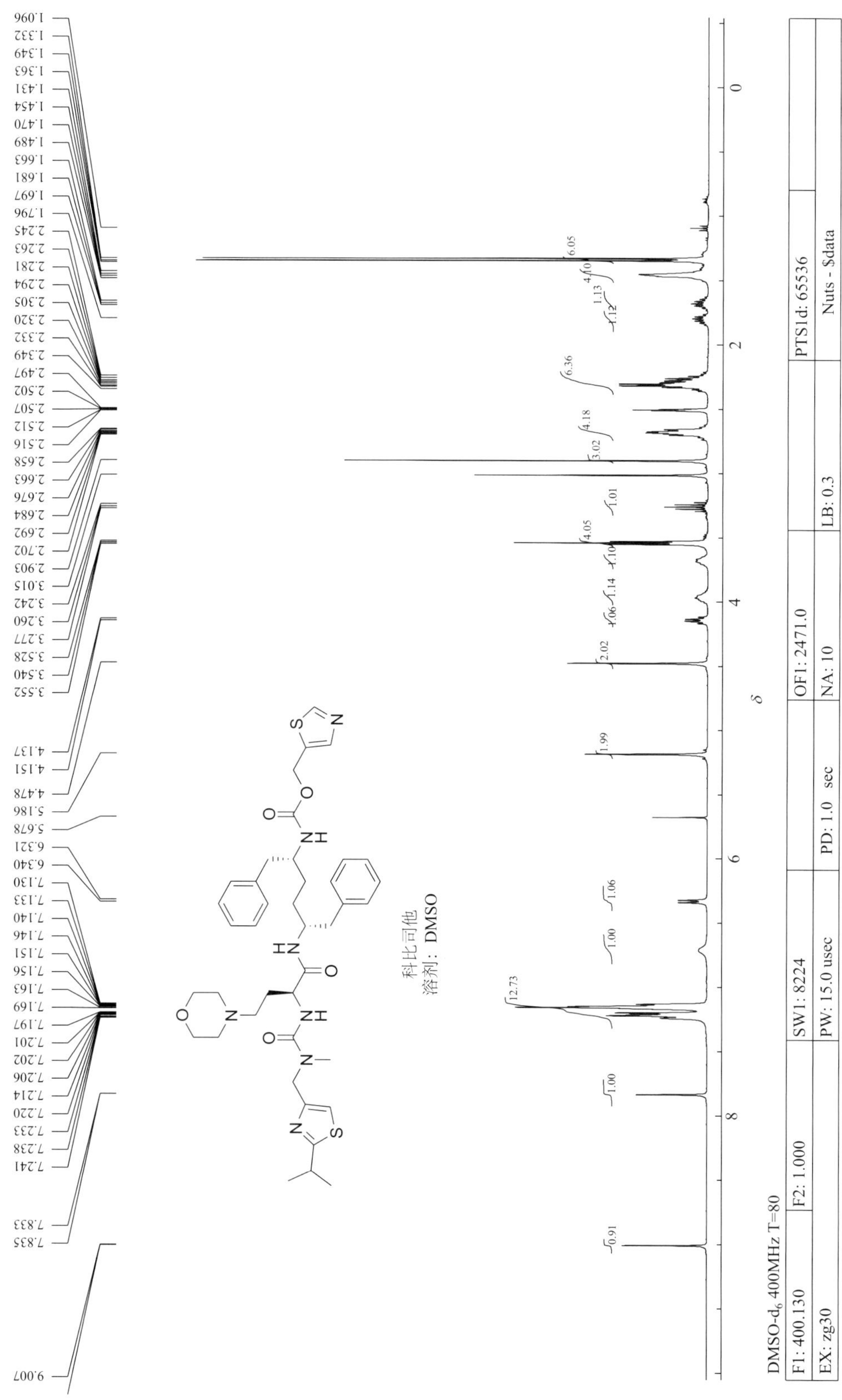

1.096
1.332
1.349
1.363
1.431
1.454
1.470
1.489
1.663
1.681
1.697
1.796
2.245
2.263
2.281
2.294
2.305
2.320
2.332
2.349
2.497
2.502
2.507
2.512
2.516
2.658
2.663
2.676
2.684
2.692
2.702
2.903
3.015
3.242
3.260
3.277
3.528
3.540
3.552
4.137
4.151
4.478
5.186
5.678
6.321
6.340
7.130
7.133
7.140
7.146
7.151
7.156
7.163
7.169
7.197
7.201
7.202
7.206
7.214
7.220
7.233
7.238
7.241
7.833
7.835
9.007
科比司他
溶剂：DMSO
δ
DMSO-d6 400MHz T=80
F1: 400.130
F2: 1.000
SW1: 8224
OF1: 2471.0
PTS1d: 65536
EX: zg30
PW: 15.0 usec
PD: 1.0 sec
NA: 10
LB: 0.3
Nuts - $data

cobimetinib hemifumarate（考比替尼）

药物基本信息

英文通用名	cobimetinib hemifumarate
英文别名	XL518; XL 518; XL-518; GDC0973; GDC 0973; GDC-0973; RG 7420; RG-7420; RG7420; cobimetinib; cobimetinib fumarate
中文通用名	考比替尼半富马酸盐
商品名	Cotellic
CAS登记号	1369665-02-0 (半富马酸盐), 934660-93-2 (游离碱)
FDA 批准日期	11/10/2015
FDA 批准的API	cobimetinib hemifumarate
化学名	(*S*)-(3,4-difluoro-2-((2-fluoro-4-iodophenyl)amino)phenyl)(3-hydroxy-3-(piperidin-2-yl)azetidin-1-yl)methanone hemifumarate
SMILES代码	O=C(/C=C/C(O)=O)O.O=C(N1CC(O)(C1)[C@H]2NCCCC2)C3=CC=C(C(F)=C3NC4=CC=C(C=C4F)I)F.O=C(N5CC(O)(C5)[C@H]6NCCCC6)C7=CC=C(C(F)=C7NC8=CC=C(C=C8F)I)F

化学结构和理论分析

化学结构	理论分析值
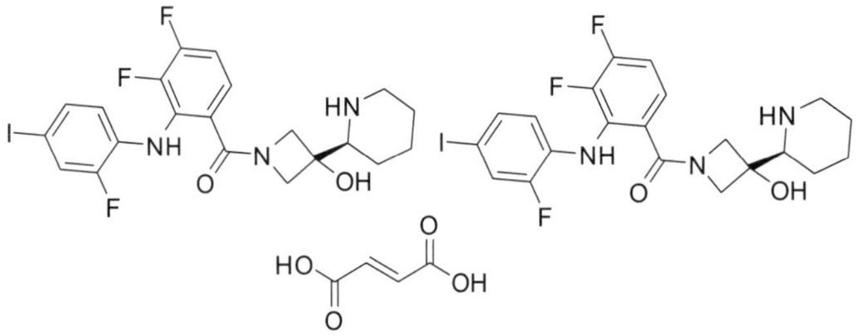	化学式：$C_{46}H_{46}F_6I_2N_6O_8$ 精确分子量：N/A 分子量：1178.71 元素分析：C, 46.87; H, 3.93; F, 9.67; I, 21.53; N, 7.13; O, 10.86

药品说明书参考网页

生产厂家产品说明书 、美国药品网、美国处方药网页。

药物简介

Cobimetinib hemifumarate 是药品 COTELLIC 的活性成分，是一种半富马酸盐，呈白色至类白色固体。COTELLIC（cobimetinib）片剂以白色、圆形、薄膜包衣的 20mg 片剂形式提供，用于口服给药，一侧用“ COB”压花。每片 20mg 的片剂含有 22mg cobimetinib hemifumarate，相当于 20mg 的 cobimetinib 游离碱。COTELLIC 的非活性成分有片剂核心：微晶纤维素，乳糖一水合物，交联羧甲基纤维素钠，硬脂酸镁；涂层：聚乙烯醇，二氧化钛，聚乙二醇 3350，滑石粉。

COTELLIC® 可与 vemurafenib 联合用于治疗具有 BRAF V600E 或 V600K 突变的不可切除或转移性黑色素瘤患者。

Cobimetinib 是一种有丝分裂原活化蛋白激酶（MAPK）/ 细胞外信号调节激酶 1（MEK1）和 MEK2 的可逆抑制剂。MEK 蛋白是细胞外信号相关激酶（ERK）通路的上游调节剂，可促进细胞增殖。BRAF V600E 和 K 突变可激活包括 MEK1 和 MEK2 在内的 BRAF 途径。在植入表达 BRAF V600E 的肿瘤细胞系的小鼠中，cobimetinib 可有效抑制肿瘤细胞的生长。

Cobimetinib 和 vemurafenib 靶向作用于 RAS / RAF / MEK / ERK 途径中的两个不同的激酶。与单独使用任何一种药物相比，在带有 BRAF V600E 突变的肿瘤细胞系的小鼠植入模型中，cobimetinib 和 vemurafenib 的共同给药导致体外凋亡增加，肿瘤生长减少。Cobimetinib 还可以在体内小鼠植入模型中阻止 vemurafenib 介导的野生型 BRAF 肿瘤细胞系的生长。

药品上市申报信息

该药物目前有 1 种产品上市。

药品注册申请号：206192
申请类型：NDA（新药申请）
申请人：GENENTECH INC
申请人全名：GENENTECH INC

产品信息

产品号	商品名	活性成分	剂型 / 给药途径	规格 / 剂量	参比药物 (RLD)	生物等效参考标准 (RS)	治疗等效代码
001	COTELLIC	cobimetinib fumarate	片剂 / 口服	等量 20mg 游离碱	是	是	否

与本品相关的专利信息（来自 FDA 橙皮书 Orange Book）

关联产品号	专利号	专利过期日	是否物质专利	是否产品专利	专利用途代码	撤销请求	提交日期
001	7803839	2027/02/01	是	是			2015/12/09
	8362002	2026/10/05			U-1776		2015/12/09

与本品相关的市场独占权保护信息

关联产品号	独占权代码	失效日期	备注
001	NCE	2020/11/10	
	ODE-101	2022/11/10	

合成路线 1

以下合成路线来源于 University of Bristol 化学系 Fawcett 等人 2019 年发表的论文。关键中间体化合物 **7** 是通过化合物 **5** 与化合物 **3** 成环反应后再与化合物 **6** 反应而得。中间体化合物 **3** 是以化合物 **1** 为原料，在手性催化剂作用下，通过立体选择性方式，与硼酸酯化合物 **2** 反应而得。

1
CAS号 75844-69-8

2
CAS号 61676-62-8

1. s-BuLi, Et_2O
2. $Me(CH_2)_4Me$
89%

3
CAS号 2296776-01-5

4
CAS号 107-11-9

Br_2, EtOH
66%

5
CAS号 6963-32-2

3
CAS号 2296776-01-5

6
CAS号 934664-19-4

PhLi, THF, Bu_2O
TMEDA, s-BuLi
$Me(CH_2)_4Me$
62%

7
CAS号 2296776-02-6

7
CAS号 2296776-02-6

NaOH, H_2O_2,
H_2O, THF
89%

8
CAS号 934663-52-2

F_3CCO_2H, Et_3SiH,
CH_2Cl_2
94%

9
cobimetinib
CAS号 934660-93-2

原始文献： J Am Chem Soc,2019,141(11):4573-4578.

合成路线 2

以下合成路线来源于 Exelixis 公司 Rice 等人 2012 年发表的论文。目标化合物 **6** 是通过化合物 **5** 与化合物 **2** 反应而得。关键中间体化合物 **5** 是以化合物 **3** 为原料，经过 2 步反应而得。

C_5H_5N,
CH_2Cl_2
97%

1
CAS号 391211-97-5

2
CAS号 934664-19-4

3
CAS号 934665-53-9

NaOH, H_2O,
MeOH
75%
→ **4**

4
CAS号 934665-55-1

H_2, Pd
MeOH

5
CAS号 934666-39-4

+

2
CAS号 934664-19-4

EtN(Pr-*i*)$_2$, THF

6
cobimetinib
CAS号 934660-93-2

原始文献：ACS Med Chem Lett,2012,3(5):416-21.

合成路线 3

以下合成路线来源于 Exelixis 公司 Naganathan 等人 2014 年发表的专利申请书。目标化合物 **11** 是通过化合物 **10** 的氨基与化合物 **9** 苯环上的氟原子发生亲核取代反应而得。关键中间体化合物 **9** 是以化合物 **3** 和化合物 **4** 为原料，经过 5 步合成反应而得。值得注意的是化合物 **5** 的合成。它是化合物 **3** 在碱性条件下，与氰基相连的碳原子变成碳负离子后，再亲核加成到化合物 **4** 的羰基上而得到的。化合物 **5** 经过开环反应，脱去保护基后，转化为化合物 **7**。其余的反应都是比较经典的合成反应。

1
CAS号 61079-72-9

C_5H_5N
Cl(O=)CC(=O)Cl
PhMe

2
CAS号 157373-08-5

3
CAS号 106565-71-3

4
CAS号 398489-26-4

LiN(Pr-*i*)$_2$, DMPU

5
CAS号 1597407-55-0

5 NaBH$_3$CN
EtOH

6
CAS号 1597407-56-1

HCl, PhMe

7
CAS号 1597407-57-2

+

2
CAS号 157373-08-5

K_3PO_4, H_2O
EtOH

8
CAS号 1597407-58-3

HCl, AcOH, H_2, Pd, H_2O, EtOH

$(Me_3Si)_2NHLi$

8
CAS号 1597407-58-3

9
CAS号 1597407-59-4

10
CAS号 29632-74-4

11
cobimetinib
CAS号 934660-93-2

原始文献： WO 2014059422,2014.

合成路线 4

以下合成路线来源于 Shanghai Haoyuan Chemexpress 公司 Li 等人 2015 年发表的专利申请书。目标化合物 **13** 是通过化合物 **10** 的氨基与化合物 **11** 的酰氯反应得到化合物 **12**，然后再脱去保护基而得到的。关键中间体化合物 **10** 是以化合物 **1** 和化合物 **2** 为原料经过 6 步合成而得。

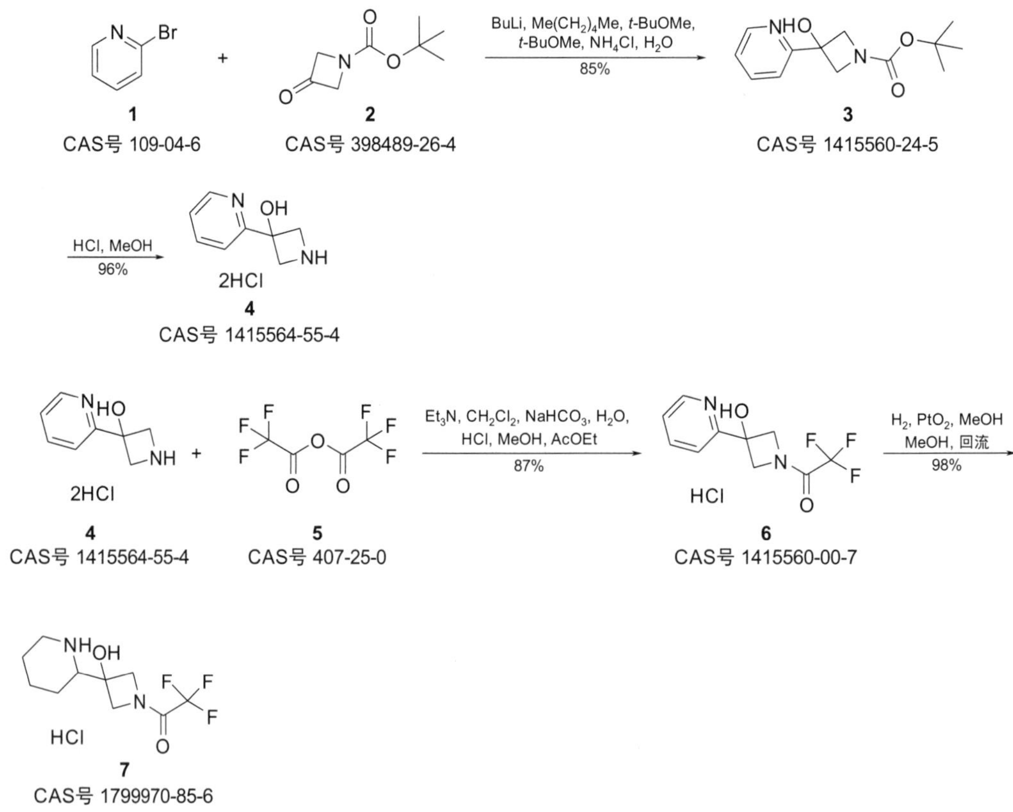

7
CAS号 1799970-85-6

8
CAS号 24424-99-5

9
CAS号 1799970-86-7

10
CAS号 934666-06-5

10
CAS号 934666-06-5

11
CAS号 833451-96-0

12
CAS号 934663-52-2

13
cobimetinib
CAS号 934660-93-2

原始文献： CN 104725352,2015.

合成路线 5

以下合成路线来源于 Suzhou Miracpharma Technology 公司 Xu 等人 2016 年发表的专利申请书。目标化合物 **11** 是通过化合物 **9** 的氨基与化合 **10** 的羧基反应得到的。关键中间体化合物 **9** 是以化合物 **1** 为原料经过 4 步合成而得。

1

2
CAS号 544-92-3

3

4
CAS号 24424-99-5

5
CAS号 1882059-86-0

6
CAS号 75-52-5

7
CAS号 1882059-83-7

7
CAS号 1882059-83-7

$LiAlH_4$, THF
78%

8
CAS号 1882059-82-6

PPh_3
$EtO_2CN=NCO_2Et$
84%

9
CAS号 934666-39-4

+

10
CAS号 391211-97-5

PyBOP, DMF
EtN(Pr-*i*)$_2$
70%

11
cobimetinib
CAS号 934660-93-2

原始文献： WO 2017096996,2016.

合成路线 6

以下合成路线来源于 Hunan Ouya Biological 公司 Chen 等人 2016 年发表的专利申请书。目标化合物 **9** 是通过化合物 **8** 的氨基与化合物 **7** 苯环上的氟原子发生亲核取代反应而得。关键中间体化合物 **7** 是以化合物 **1** 为原料经过 4 步合成而得。

1
CAS号 28697-17-8

KOH, $AgNO_3$,
CCl_4, Br_2
86%

2
CAS号 2035072-27-4

+

3
CAS号 105258-93-3

Mg, THF
88%

4
CAS号 934665-55-1

4
CAS号 934665-55-1

H_2, Pd, MeOH
96%

5
CAS号 934666-39-4

+

6
CAS号 157373-08-5

EtN(Pr-*i*)$_2$, THF
88%

7
CAS号 2035072-28-5

7
CAS号 2035072-28-5

+

8
CAS号 29632-74-4

EtN(Pr-*i*)$_2$, THF
88%

9
cobimetinib
CAS号 934660-93-2

原始文献： CN 106045969,2016.

合成路线 7

以下合成路线来源于 Chengdu Baishixing Science and Technology Industry 公司 Shi 等人 2016 年发表的专利申请书。目标化合物 **11** 是通过化合物 **8** 的氨基与化合物 **9** 的酰氯反应，再脱去保护基而得。关键中间体化合物 **8** 是以化合物 **1** 和化合物 **2** 为原料经过 4 步合成而得。

1 CAS号 26250-84-0 + **2** CAS号 530-62-1 —(THF, 96%)→ **3** CAS号 1470031-47-0

3 + **4** CAS号 75-52-5 —(t-BuOK, DMSO, 94%)→ **5** CAS号 1470031-48-1

5 CAS号 1470031-48-1 + **6** CAS号 1068-55-9 —(CH_2Br_2, THF, 80%)→ **7** CAS号 2055732-90-4 —(H_2, Ni, EtOH, 95%)→ **8** CAS号 934666-39-4

8 CAS号 934666-39-4 + **9** CAS号 833451-96-0 —(Et_3N, CH_2Cl_2)→ **10** CAS号 934663-52-2 —(HCl, H_2O, MeOH, 86%)→ **11** cobimetinib CAS号 934660-93-2

原始文献： CN 106220607,2016.

合成路线 8

以下合成路线来源于 Exelixis 公司 St. Clair Brown 等人 2017 年发表的专利申请书。目标化合物 **11** 是通过化合物 **10** 的氨基与化合物 **9** 苯环上的一个氟原子发生亲核取代反应而得。关键中间体化合物 **9** 是以化合物 **3** 和化合物 **4** 为原料经过 5 步合成而得。

1 CAS号 61079-72-9 —(C_5H_5N, 草酰氯, PhMe)→ **2** CAS号 157373-08-5

3 CAS号 106565-71-3 + **4** CAS号 398489-26-4 —(DMPU, LiN(Pr-i)$_2$)→ **5** CAS号 1597407-55-0 —(AcOH, $NaBH_3CN$)→ **6**

HCl, H_2O, PhMe

K_3PO_4, EtOH

6 CAS号 1597407-56-1 **7** CAS号 2058310-62-4 **2** CAS号 157373-08-5 **8** CAS号 1597407-58-3

1. HCl, AcOH, H_2, Pd 2. MeOH

1. $(Me_3Si)_2NH·Li$, THF 2. H_2SO_4

9 CAS号 2065147-70-6 **10** CAS号 29632-74-4

11 cobimetinib CAS号 934660-93-2

原始文献： WO 2017004393,2017.

合成路线 9

以下合成路线来源于 Jining Medical University, Shi 等人 2017 年发表的专利申请书。目标化合物 **8** 是通过化合物 **7** 的碘原子在金属锌的作用下转化为相应的有机锌试剂，再亲核加成到化合物 **6** 的羰基上而得。关键中间体化合物 **6** 是以化合物 **1** 和化合物 **2** 为原料经过 3 步合成而得。

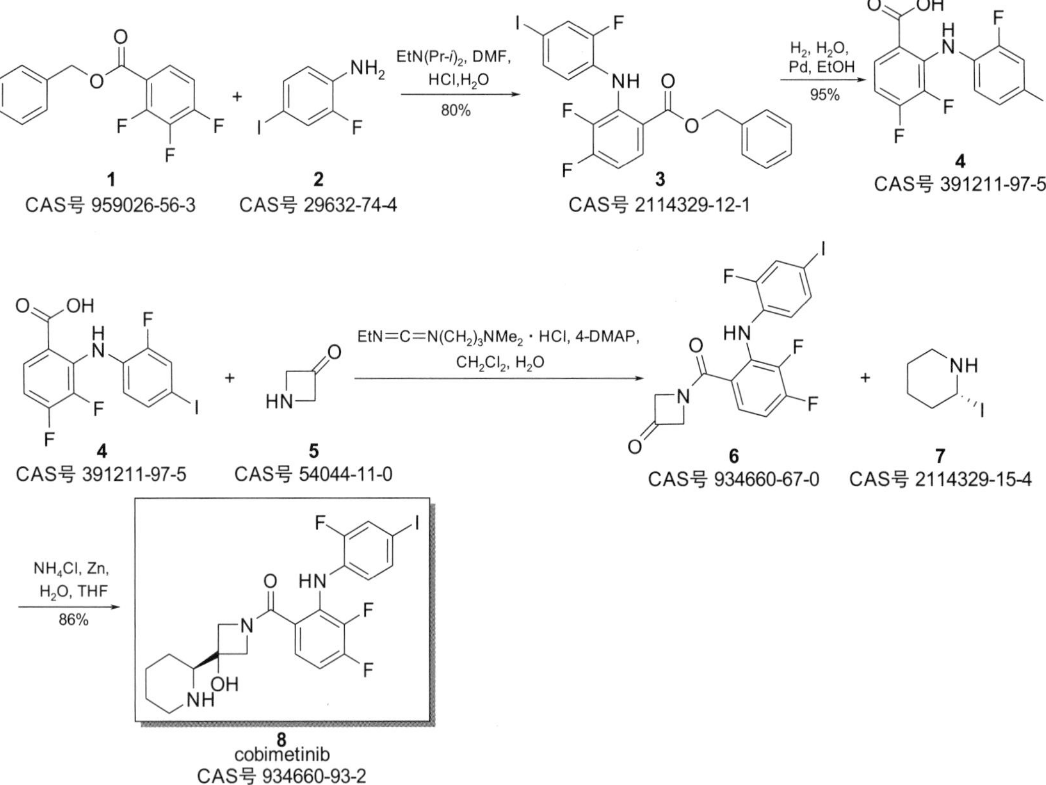

原始文献： CN 106866624,2017.

合成路线 10

以下合成路线来源于 Anqing CHICO Pharmaceutical 公司 Wu 等人 2019 年发表的专利申请书。目标化合物 **6** 是通过化合物 **5** 的氯原子在金属锌的作用下转化为相应的有机锌试剂，再亲核加成到化合物 **4** 的羰基上而得。关键中间体化合物 **4** 是以化合物 **1** 为原料经过 2 步合成而得。

1. NH_3, H_2O_2
2. H_2SO_4, KI,
85%

1
CAS号 67-64-1

2
CAS号 54044-11-0

3
CAS号 833451-96-0

Et_3N, CH_2Cl_2
92%

4
CAS号 934660-67-0

\+

5
CAS号 2114329-13-2

NH_4Cl, Zn,
H_2O, THF

6
cobimetinib
CAS号 934660-93-2

原始文献： CN 109232531,2019.

参考文献

[1] Indini A, Tondini C A, Mandalà M. Cobimetinib in malignant melanoma: how to MEK an impact on long-term survival. Future Oncol,2019, 15(9):967-977.

[2] Andrlová H, Zeiser R, Meiss F. Cobimetinib (GDC-0973, XL518). Recent Results Cancer Res,2018, 211:177-186.

copanlisib（库潘西布）

药物基本信息

英文通用名	copanlisib
英文别名	copanlisib HCl; BAY 80-6946; BAY80-6946; BAY-80-6946; BAY806946; BAY-806946; BAY 806946; copanlisib HCl hydrate
中文通用名	库潘西布
商品名	Aliqopa
CAS登记号	1402152-13-9 (盐酸盐), 1032568-63-0 (游离碱), 1402152-46-8 (盐酸盐水合物)
FDA 批准日期	9/14/2017
FDA 批准的API	copanlisib dihydrochloride hydrate
化学名	5-pyrimidinecarboxamide, 2-amino-*N*-(2,3-dihydro-7-methoxy-8-(3-(4-morpholinyl)propoxy)imidazo(1,2-C)quinazolin-5-yl)-, hydrochloride, hydrate (1:2:4)
SMILES代码	O=C(C1=CN=C(N)N=C1)NC2=NC3=C(C=CC(OCCCN4CCOCC4)=C3OC)C5=NCCN25.[H]Cl.[H]Cl.[H]O[H].[H]O[H].[H]O[H].[H]O[H]

化学结构和理论分析

化学结构	理论分析值
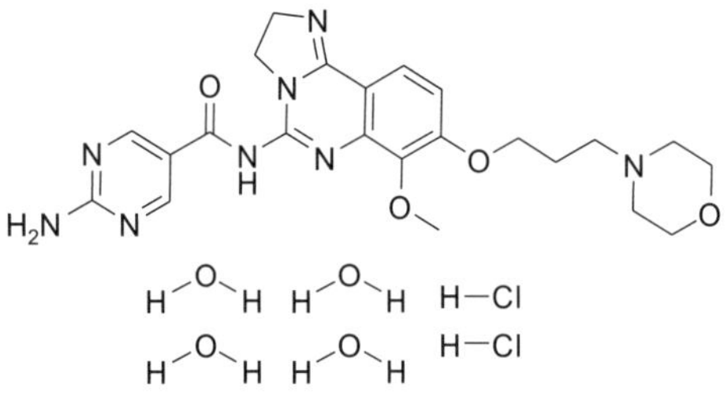	化学式：$C_{23}H_{38}Cl_2N_8O_8$ 精确分子量：N/A 分子量：625.50 元素分析：C, 44.16; H, 6.12; Cl, 11.33; N, 17.91; O, 20.46

药品说明书参考网页

生产厂家产品说明书、美国药品网、美国处方药网页。

药物简介

ALIQOPA 是一种用于静脉输注的激酶抑制剂。活性药物成分为 copanlisib dihydrochloride hydrate，以非化学计量水合物形式存在。

ALIQOPA 以无菌冻干固体形式提供在单剂量小瓶中，用于重组和进一步稀释以进行静脉输注。产品为白色至微黄色。复溶后，溶液无色至微黄色。每个小瓶包含 60mg copanlisib 游离碱（相当于 69.1mg copanlisib dihydrochloride hydrate）。复溶后，每毫升含有 15mg 的 copanlisib 游离碱（相当于 17.3mg 的 copanlisib dihydrochloride hydrate）。ALIQOPA 的非活性成分：无水柠檬酸，甘露醇，氢氧化钠。

ALIQOPA 可用于治疗复发性滤泡性淋巴瘤（FL）的成年患者，这些患者之前已接受至少两种疗法。

Copanlisib 是磷脂酰肌醇 3- 激酶（PI3K）的抑制剂，主要具有抑制在恶性 B 细胞中表达的 PI3K-α 和 PI3K-δ 同工型活性。研究显示，copanlisib 可通过凋亡和抑制原发性恶性 B 细胞系的增殖来诱导肿瘤细胞死亡。Copanlisib 抑制了几个关键的细胞信号传导途径，包括 B 细胞受体（BCR）信号传导，CXCR12 介导的恶性 B 细胞趋化性以及淋巴瘤细胞系中的 NFκB 信号传导。

药品上市申报信息

该药物目前有 1 种产品上市。

药品注册申请号：209936
申请类型：NDA（新药申请）
申请人：BAYER HEALTHCARE
申请人全名：BAYER HEALTHCARE PHARMACEUTICALS INC

产品信息

产品号	商品名	活性成分	剂型 / 给药途径	规格 / 剂量	参比药物 (RLD)	生物等效参考标准 (RS)	治疗等效代码
001	ALIQOPA	copanlisib dihydrochloride	粉末剂 / 静脉注射	60mg/ 瓶	是	是	否

与本品相关的专利信息（来自 FDA 橙皮书 Orange Book）

关联产品号	专利号	专利过期日	是否物质专利	是否产品专利	专利用途代码	撤销请求	提交日期
001	10383876	2032/03/29	是	是			2019/09/18
	7511041	2024/05/13	是	是			2017/10/10
	9636344	2032/03/29			U-2124		2017/10/10
	RE46856	2029/10/22	是	是	U-2124		2018/06/15

与本品相关的市场独占权保护信息

关联产品号	独占权代码	失效日期	备注
001	NCE	2022/09/14	
	ODE-155	2024/09/14	

合成路线 1

以下合成路线来源于 Bayer HealthCare Pharmaceuticals 公司 Scott 等人 2016 年发表的论文。目标化合物 **22** 是通过化合物 **21** 的氨基与化合物 **4** 的羧基反应而得。重要中间体化合物 **4** 是以化合物 **1** 和化合物 **2** 为原料经过 2 步合成反应而得。关键中间体化合物 **21** 是以化合物 **8** 为原料，经过 10 步合成反应而得。该合成工艺有几个值得注意的特点：①化合物 **13** 的合成，它是通过将化合物 **12** 分子中的醛基转化为氰基而得到的。②化合物 **16** 与化合物 **17** 发生成环反应，得到化合物 **18**。

DMF 50%

LiOH, H_2O MeOH 90%

1 CAS号 50-01-1 **2** CAS号 927806-95-9 **3** CAS号 308348-93-8 **4** CAS号 3167-50-8

PhMe, HCl 二噁烷 90%

5 CAS号 109-70-6 **6** CAS号 110-91-8 **7** CAS号 57616-74-7

HNO_3-NO_2 41%

K_2CO_3 MeOH 88% **10**

8 CAS号 881-68-5 **9** CAS号 2698-69-3

K_2CO_3, DMF 97%

1. NH_4OH, I_2, THF 2. Na_2SO_3 95%

AcOH, Fe 88%

10 CAS号 2450-26-2 **11** CAS号 100-39-0 **12** CAS号 2450-27-3 **13** CAS号 1019115-11-7

86% **16**

14 CAS号 1032570-65-2 **15** CAS号 107-15-3

Et_3N, CH_2Cl_2 100%

TFA 100%

Et_3N, CH_2Cl_2

16 CAS号 887202-50-8 **17** CAS号 506-68-3 **18** CAS号 1032570-69-6 **19** CAS号 1032570-71-0 **20** CAS号 1957133-31-1

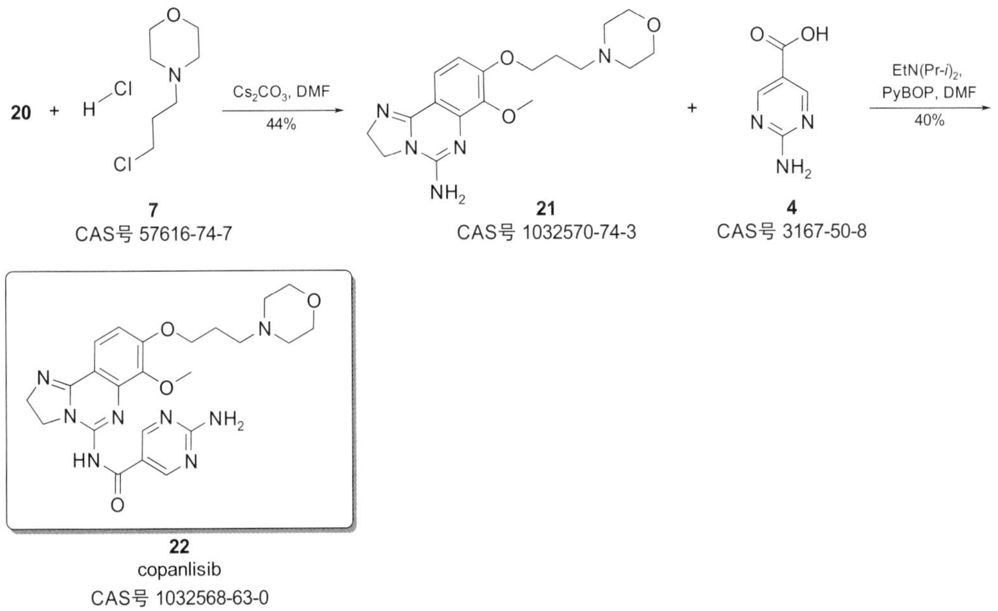

20 + 7 (CAS号 57616-74-7) —Cs_2CO_3, DMF, 44%→ 21 (CAS号 1032570-74-3) + 4 (CAS号 3167-50-8) —EtN(Pr-*i*)$_2$, PyBOP, DMF, 40%→

22
copanlisib
CAS号 1032568-63-0

原始文献： ChemMedChem,2016,11(14):1517-1530.

合成路线 2

以下合成路线来源于 Bayer Pharmaceuticals 公司 Hentemann 等人 2008 年发表的专利申请书。目标化合物 **18** 是通过化合物 **17** 的氨基与化合物 **4** 的羧基反应而得。重要中间体化合物 **4** 是以化合物 **1** 和化合物 **2** 为原料经过 2 步合成反应而得。关键中间体化合物 **17** 是以化合物 **8** 为原料，经过 7 步合成反应而得。

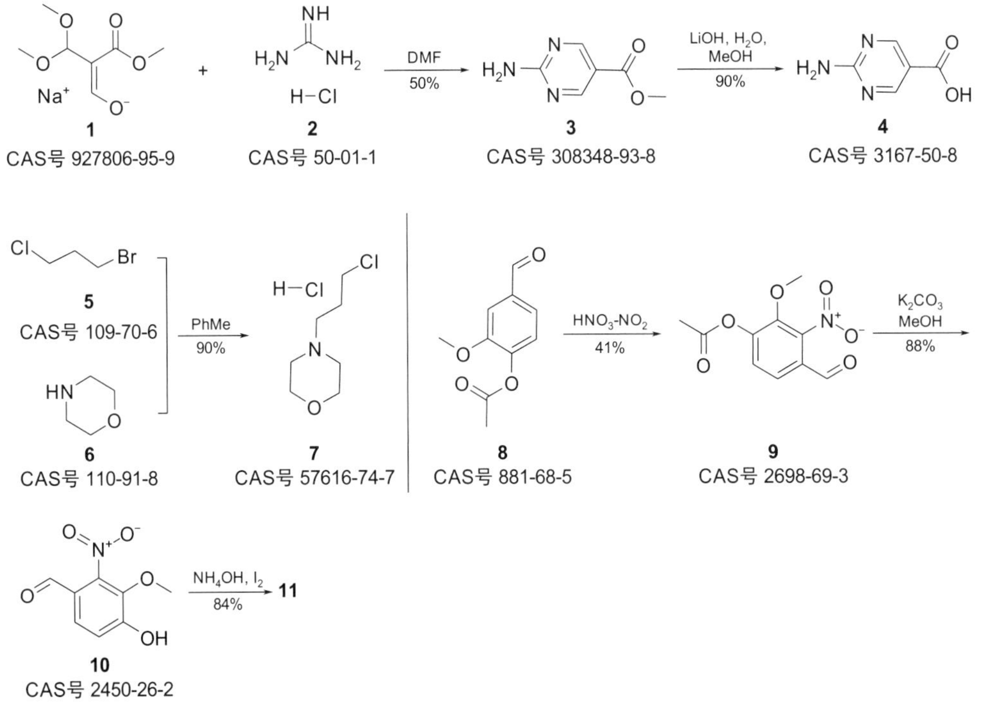

1 (CAS号 927806-95-9) + 2 (CAS号 50-01-1) —DMF, 50%→ 3 (CAS号 308348-93-8) —LiOH, H_2O, MeOH, 90%→ 4 (CAS号 3167-50-8)

5 (CAS号 109-70-6) + 6 (CAS号 110-91-8) —PhMe, 90%→ 7 (CAS号 57616-74-7)

8 (CAS号 881-68-5) —HNO_3-NO_2, 41%→ 9 (CAS号 2698-69-3) —K_2CO_3, MeOH, 88%→

10 (CAS号 2450-26-2) —NH_4OH, I_2, 84%→ 11

11 CAS号 677335-32-9 + 7 CAS号 57616-74-7 —(Cs_2CO_3, DMF)→ 12 CAS号 1032570-96-9 —(AcOH, Fe; 92%)→ 13 CAS号 1032570-98-1

13 CAS号 1032570-98-1 + 14 CAS号 107-15-3 —(43%)→ 15 CAS号 1032571-01-9 + 16 CAS号 506-68-3 —(Et_3N, H_2Cl; 71%)→ 17 CAS号 1032570-74-3 + 4 CAS号 3167-50-8

—($EtN(Pr\text{-}i)_2$, PyBOP, DMF; 40%)→ 18 copanlisib CAS号 1032568-63-0

原始文献： WO 2008070150,2008.

合成路线 3

以下合成路线来源于 Suzhou Lixin Pharmaceutical 公司 Xu 等人 2015 年发表的专利申请书。目标化合物 **8** 是通过化合物 **6** 的氨基与化合物 **7** 的羧基反应而得。重要中间体化合物 **6** 是以化合物 **1** 和化合物 **2** 为原料经过 3 步合成反应而得。

1 CAS号 1032570-98-1 + 2 CAS号 1189-71-5 —(二噁烷; 76%)→ 3 CAS号 1842372-68-2 + 4 CAS号 540-51-2 —(Cs_2CO_3, DMSO; 64%)→ 5 CAS号 1842372-69-3

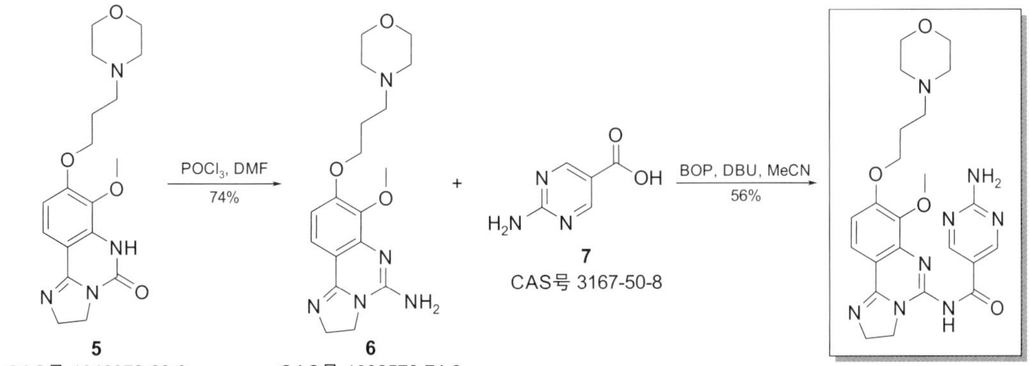

POCl$_3$, DMF
74%

5
CAS号 1842372-69-3

6
CAS号 1032570-74-3

BOP, DBU, MeCN
56%

7
CAS号 3167-50-8

8
copanlisib
CAS号 1032568-63-0

原始文献： CN 105130998,2015.

合成路线 4

以下合成路线来源于 Bayer Pharma 公司 Peters 等人 2016 年发表的专利申请书。目标化合物 **14** 是通过化合物 **13** 的氨基与化合物 **4** 的羧基反应而得。重要中间体化合物 **4** 是以化合物 **1** 和化合物 **2** 为原料经过 1 步合成反应而得。关键中间体化合物 **13** 是以化合物 **5** 为原料，经过 5 步合成反应而得。

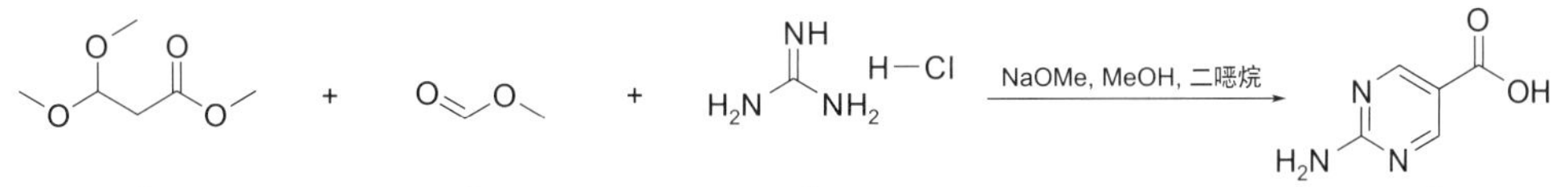

NaOMe, MeOH, 二噁烷

1
CAS号 7424-91-1

2
CAS号 107-31-3

3
CAS号 50-01-1

4
CAS号 3167-50-8

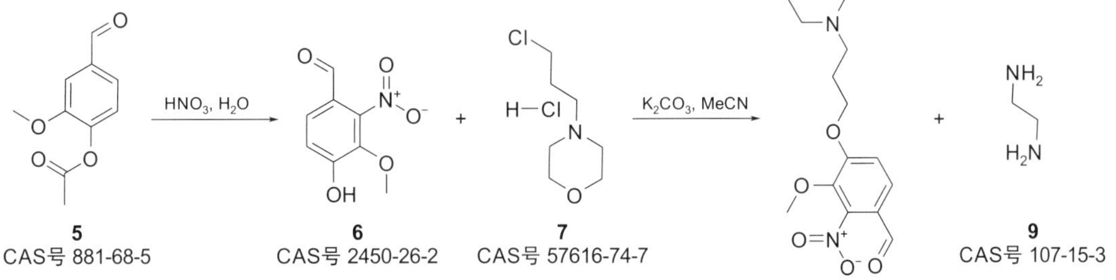

HNO$_3$, H$_2$O

K_2CO_3, MeCN

5
CAS号 881-68-5

6
CAS号 2450-26-2

7
CAS号 57616-74-7

8
CAS号 1922200-80-3

9
CAS号 107-15-3

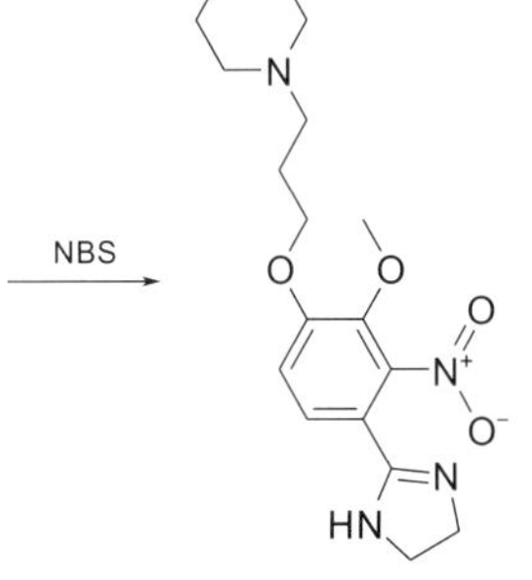

NBS

10
CAS号 1922200-81-4

K_2CO_3, H_2, Pd, Fe, H_2O, MeOH

10 CAS号 1922200-81-4

11 CAS号 1032571-01-9

12 CAS号 506-68-3

CH_2Cl_2

13 CAS号 1032570-74-3

4 CAS号 3167-50-8

EtN=C=N$(CH_2)_3$NMe_2, HCl, 4-DMAP, DMF

14 copanlisib CAS号 1032568-63-0

原始文献： EP 3018131,2016.

合成路线 5

以下合成路线来源于 Suzhou Miracpharma Technology 公司 Xu 等人 2015 年发表的专利申请书。目标化合物 **7** 是通过化合物 **5** 与化合物 **6** 的成环反应而得。重要中间体化合物 **5** 是以化合物 **1** 和化合物 **2** 为原料经过 2 步合成反应而得。

1 CAS号 50-01-1

2 CAS号 1032570-98-1

NaOH, EtOH 65%

3 CAS号 1839613-32-9

3 CAS号 1839613-32-9

4 CAS号 3167-50-8

BOP, DBN 61%

5 CAS号 1839613-33-0

6 CAS号 870-24-6

$POCl_3$ 65%

7 copanlisib CAS号 1032568-63-0

原始文献： CN 105130997,2015.

合成路线 6

以下合成路线来源于 Bayer Pharma 公司 Peters 等人 2016 年发表的专利申请书。目标化合物 **17** 是通过化合物 **16** 的氨基与化合物 **4** 的羧基反应而得。重要中间体化合物 **4** 是以化合物 **1** 和化合物 **2** 为原料经过 1 步合成反应而得。关键中间体化合物 **16** 是以化合物 **5** 为原料，经过 8 步合成反应而得。

1 CAS号 7424-91-1 + **2** CAS号 107-31-3 + **3** CAS号 50-01-1 —NaOMe, MeOH, 二噁烷; 65%→ **4** CAS号 3167-50-8

5 CAS号 881-68-5 —H_2SO_4, HNO_3→ **6** CAS号 2698-69-3 —K_2CO_3, MeOH; 62%→ **7** CAS号 2450-26-2 + **8** CAS号 100-39-0 —K_2CO_3, DMF; 97%→ **9** CAS号 2450-27-3

9 CAS号 2450-27-3 + **10** CAS号 107-15-3 —CH_2Cl_2, *N*-溴代琥珀酰亚胺; 81%→ **11** CAS号 1918982-87-2 —H_2, Pt, Fe, H_2O, THF; 99%→ **12** CAS号 887202-50-8

12 CAS号 887202-50-8 + **10** CAS号 107-15-3 —Et_3N, CH_2Cl_2; 95%→ **13** CAS号 1032570-69-6 —Pd, $AcNMe_2$; 65%→ **14** CAS号 1032570-71-0

14 + **15** CAS号 57616-74-7 —K_2CO_3, H_2O, DMF, BuOH; 92%→ **16** CAS号 1032570-74-3 + **4** CAS号 3167-50-8 —EDC-HCl, 4-DMAP, DMF; 96%→ **17** copanlisib CAS号 1032568-63-0

原始文献： WO 2016071435,2016.

参考文献

[1] García-Valverde A, Rosell J, Serna G,et al. Preclinical activity of PI3K inhibitor copanlisib in gastrointestinal stromal tumor. Mol Cancer Ther,2020, 19(6):1289-1297.

[2] Tarantelli C, Lange M, Gaudio E, et al. Copanlisib synergizes with conventional and targeted agents including venetoclax in B- and T-cell lymphoma models. Blood Adv,2020,4(5):819-829.

库潘西布核磁谱图

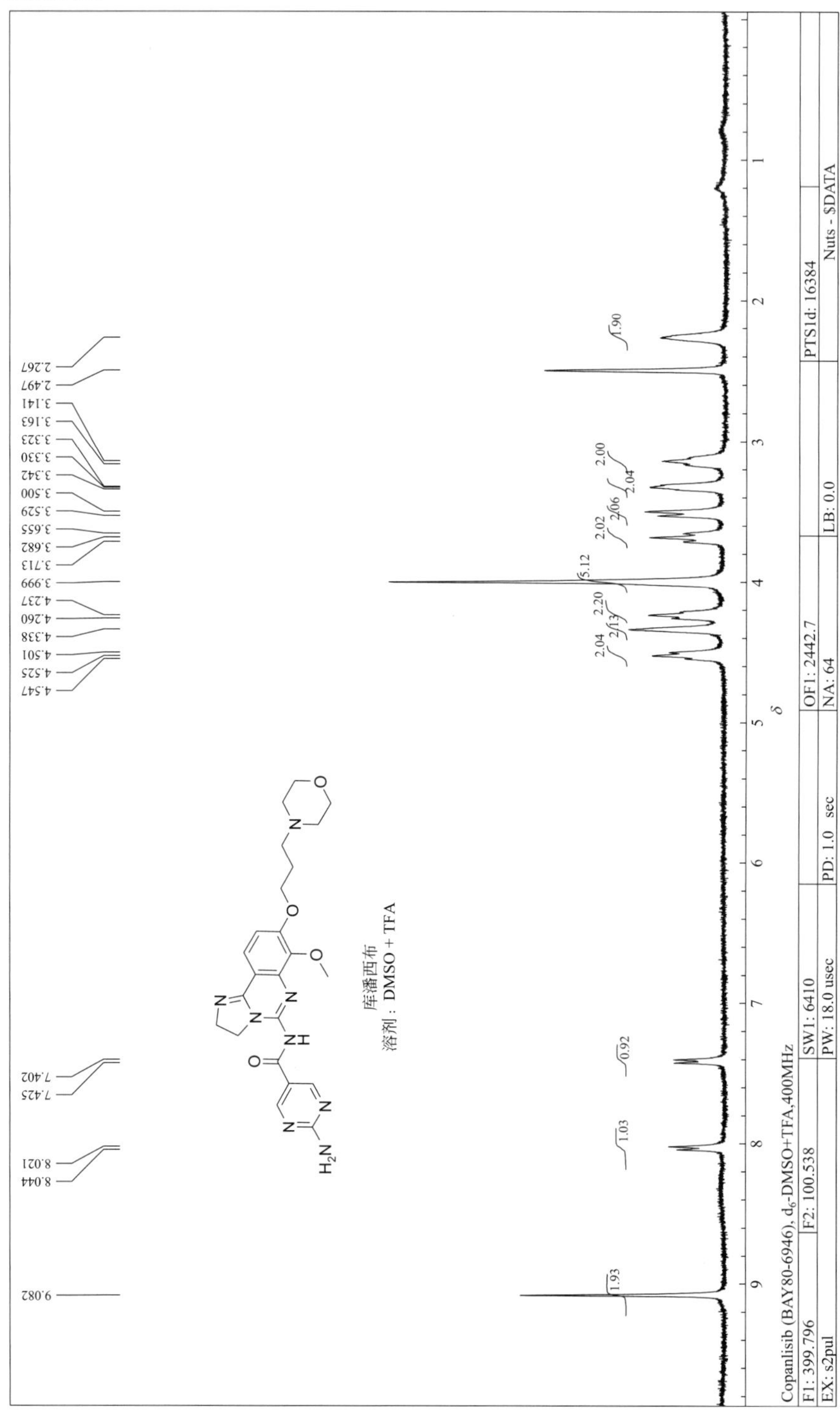

crisaborole（克立硼罗）

药物基本信息

英文通用名	crisaborole
英文别名	AN2728; AN-2728; AN 2728
中文通用名	克立硼罗
商品名	Eucrisa
CAS登记号	906673-24-3
FDA 批准日期	12/14/2016
FDA 批准的API	crisaborole
化学名	4-((1-hydroxy-1,3-dihydrobenzo[c][1,2]oxaborol-6-yl)oxy)benzonitrile
SMILES代码	N#CC1=CC=C(OC2=CC=C3C(B(O)OC3)=C2)C=C1

化学结构和理论分析

化学结构	理论分析值
OH O B O N	化学式：$C_{14}H_{10}BNO_3$ 精确分子量：251.0754 分子量：251.05 元素分析：C, 66.98; H, 4.02; B, 4.31; N, 5.58; O, 19.12

药品说明书参考网页

生产厂家产品说明书、美国药品网、美国处方药网页。

药物简介

EUCRISA 是一种用凡士林配制的白色至灰白色软膏，含有 2%（质量分数）的 crisaborole，可局部使用。Crisaborole 是磷酸二酯酶 4（PDE-4）抑制剂。 Crisaborole 可自由溶于常见的有机溶剂，例如异丙醇和丙二醇，并且不溶于水。 每克 EUCRISA 在含有白色凡士林、丙二醇、单和双甘油酯、石蜡、丁基化羟基甲苯和乙二胺四乙酸二钠的药膏中含有 20mg 的 crisaborole。

EUCRISA 适用于 2 岁及 2 岁以上患者的轻度至中度特应性皮炎的局部治疗。

Crisaborole 是磷酸二酯酶 4（PDE-4）抑制剂。PDE-4 抑制导致细胞内环状单磷酸腺苷（cAMP）水平升高。Crisaborole 治疗特应性皮炎的作用机制尚未完全明确。

药品上市申报信息

该药物目前有 1 种产品上市。

药品注册申请号: 207695
申请类型: NDA（新药申请）
申请人: ANACOR PHARMS INC
申请人全名: ANACOR PHARMACEUTICALS INC

产品信息

产品号	商品名	活性成分	剂型 / 给药途径	规格 / 剂量	参比药物 (RLD)	生物等效参考标准 (RS)	治疗等效代码
001	EUCRISA	crisaborole	外用软膏	2%	是	是	否

与本品相关的专利信息（来自 FDA 橙皮书 Orange Book）

关联产品号	专利号	专利过期日	是否物质专利	是否产品专利	专利用途代码	撤销请求	提交日期
001	8039451	2026/06/11	是	是			2017/01/12
	8168614	2030/01/20			U-1932		2017/01/12
	8501712	2027/02/16			U-1932		2017/01/12
	9682092	2027/02/16			U-1932		2017/07/14

与本品相关的市场独占权保护信息

关联产品号	独占权代码	失效日期	备注
001	NCE	2021/12/14	

合成路线 1

以下合成路线来源于 Anacor Pharmaceuticals 公司 Akama 等人于 2009 年发表的论文。目标化合物 **10** 是通过化合物 **9** 与 B(OPr-*i*)$_3$ 在丁基锂的作用下合成而得。关键中间体化合物 **9** 是以化合物 **1** 和化合物 **2** 为原料经过 5 步合成反应而得。所涉及的合成反应都是比较常见的经典合成反应。

1 CAS号 2973-80-0 + **2** CAS号 107-21-1 —[p-MeC$_6$H$_4$SO$_3$H, PhMe, 100%]→ **3** CAS号 1160182-44-4; **3** + **4** CAS号 1194-02-1 —[K$_2$CO$_3$, DMF, 96%]→ **5** CAS号 1217366-74-9

5 CAS号 1217366-74-9 —[HCl, H$_2$O, THF, 回流, 100%]→ **6** CAS号 906673-54-9 —[NaBH$_4$, MeOH, 100%]→ **7** CAS号 906673-45-8

7 CAS号 906673-45-8 + **8** CAS号 110-87-2 —[D-樟脑磺酸, CH$_2$Cl$_2$, 100%]→ **9** CAS号 943311-78-2 —[B(OPr-*i*)$_3$, BuLi, THF, 44%]→ **10** crisaborole CAS号 906673-24-3

原始文献： Bioorg Med Chem Lett,2009, 19(8):2129-2132.

合成路线 2

以下合成路线来源于 Anacor Pharmaceuticals 公司 J.Baker 等人于 2007 年发表的专利说明书。目标化合物 **5** 是通过化合物 **4** 与 $B(OMe)_3$ 在丁基锂的作用下合成而得。关键中间体化合物 **4** 是以化合物 **1** 为原料经过 2 步合成反应而得。所涉及的合成反应都是比较常见的经典合成反应。

$NaBH_4$, MeOH,

$EtN(Pr\text{-}i)_2$, CH_2Cl_2

t-BuLi, THF, $(MeO)_3B$

1 CAS号 906673-54-9

2 CAS号 906673-45-8

3 CAS号 107-30-2

4 CAS号 947162-14-3

5 crisaborole CAS号 906673-24-3

原始文献： WO 2007095638,2007.

合成路线 3

以下合成路线来源于 Pliva Hrvatska 公司 Ceric 等人于 2017 年发表的专利说明书。目标化合物 **4** 是通过化合物 **3** 的硼氢化还原后合成而得。关键中间体化合物 **3** 是以化合物 **1** 为原料经过 1 步合成反应而得。所涉及的合成反应都是比较常见的经典合成反应。

AcOK, $Pd(dppf)Cl_2$, Me-THF, 78%

1 CAS号 1217366-74-9

2 CAS号 73183-34-3

3 CAS号 2141947-89-7

$NaBH_4$, EtOH, 89%

4 crisaborole CAS号 906673-24-3

原始文献： US 20170305936,2017.

合成路线 4

以下合成路线来源于 Wavelength Enterprises Ltd 公司 Li 等人于 2018 年发表的专利说明书。目标化合物 **6** 是通过化合物 **4** 与硼试剂 **5** 反应而得。关键中间体化合物 **4** 是以化合物 **1** 为原料经过 2 步合成反应而得。所涉及的合成反应都是比较常见的经典合成反应。

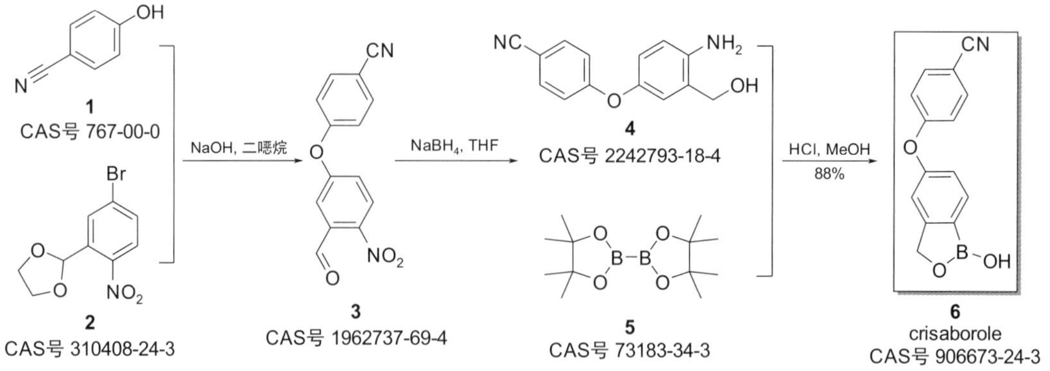

原始文献： WO 2018150327,2018.

合成路线 5

以下合成路线来源于 Anacor Pharmaceuticals 公司 Baker 等人于 2007 年发表的专利说明书。目标化合物 **2** 是通过化合物 **1** 与硼试剂 $B(OMe)_3$ 反应而得。

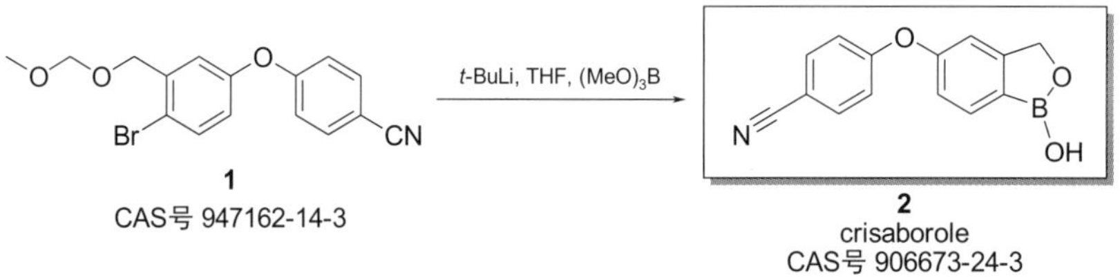

原始文献： WO 2007078340,2007.

合成路线 6

以下合成路线来源于 Hunan Zhongzhi Youku Technology 公司 Zhao 等人于 2017 年发表的专利说明书。目标化合物 **6** 是通过化合物 **4** 与化合物 **5** 反应而得。关键中间体化合物 **4** 是以化合物 **1** 为原料经过 2 步合成反应而得。所涉及的合成反应都是比较常见的经典合成反应。

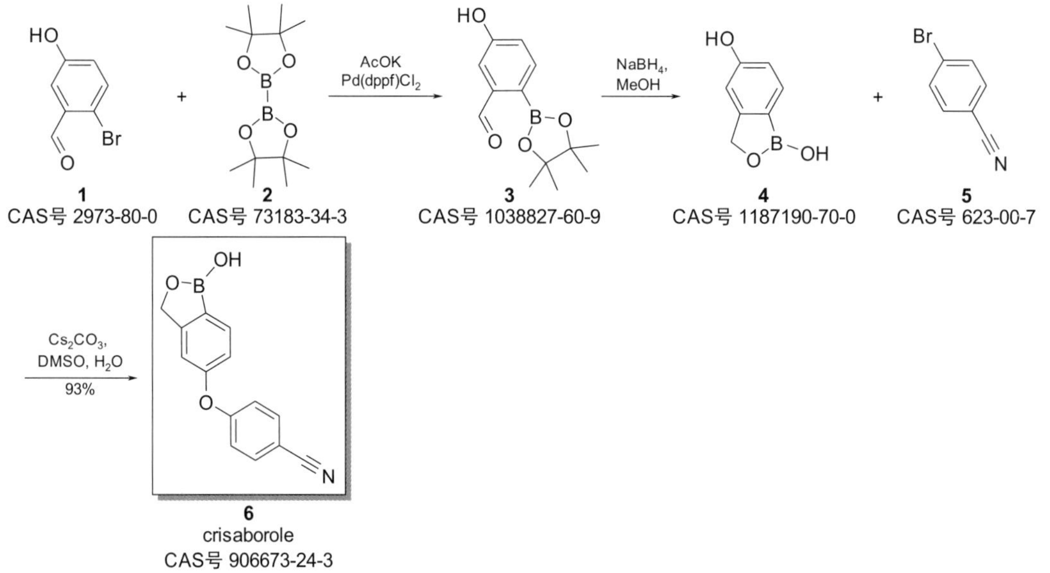

原始文献： CN 106928264,2017.

合成路线 7

以下合成路线来源于西班牙 Laboratorios Lesvi 公司 Huguet Clotet 等人于 2018 年发表的专利说明书。目标化合物 **5** 是通过化合物 **4** 与硼试剂及钯催化剂作用转化而得。关键中间体化合物 **4** 是以化合物 **1** 为原料经过 2 步合成反应而得。所涉及的合成反应都是比较常见的经典合成反应。

1 CAS号 2973-80-0; 2 CAS号 1194-02-1 —(K_2CO_3, PhMe, DMF; 71%)→ 3 CAS号 906673-54-9 —(NaOH, $NaBH_4$; 80%)→ 4 CAS号 906673-45-8 —($(CH_2OH)_2$, AcOK, $(HO)_2B-B(OH)_2$, XPhos, XPhos-Pd-G_2; 80%)→ 5 crisaborole CAS号 906673-24-3

原始文献： WO 2018115362,2018.

合成路线 8

以下合成路线来源于 Biophore India Pharmaceuticals Pvt. Ltd., 公司 Pullagurla 等人于 2018 年发表的专利说明书。目标化合物 **8** 是通过化合物的反应而得。关键中间体化合物 **7** 是以化合物 **1** 为原料经过 4 步合成反应而得。所涉及的合成反应都是比较常见的经典合成反应。

1 CAS号 906673-54-9 —($NaBH_4$, MeOH; 99%)→ 2 CAS号 906673-45-8 + 3 CAS号 108-24-7 —(C_5H_5N, CH_2Cl_2, H_2O; 97%)→ 4 CAS号 2227126-09-0

4 CAS号 2227126-09-0 + 5 CAS号 73183-34-3 —(AcOK, Pd(dppf)Cl_2; 95%)→ 6 CAS号 2227126-13-6

6 CAS号 2227126-13-6 —(NaOH, MeOH; 95%)→ 7 CAS号 2250222-38-7 —(HCl, H_2O; 93%)→ 8 crisaborole CAS号 906673-24-3

原始文献： WO 2018207216,2018.

合成路线 9

以下合成路线来源于 MSN Laboratories Private 公司 Srinivasan 等人于 2018 年发表的专利说明书。目标化合物 **9** 是通过化合物 **8** 转化而得。关键中间体化合物 **8** 是以化合物 **1** 为原料经过 4 步合成反应而得。所涉及的合成反应都是比较常见的经典合成反应。

NaBH$_4$, THF

Et$_3$N, AcOEt

1 CAS号 2973-80-0

2 CAS号 2737-20-4

3 CAS号 108-24-7

4 CAS号 2251695-12-0

5 CAS号 1194-02-1

K$_2$CO$_3$, DMSO

6 CAS号 2227126-09-0

AcOK, Pd(dppf)Cl$_2$

HCl, H$_2$O

6 CAS号 2227126-09-0

7 CAS号 73183-34-3

8 CAS号 2227126-13-6

9 crisaborole CAS号 906673-24-3

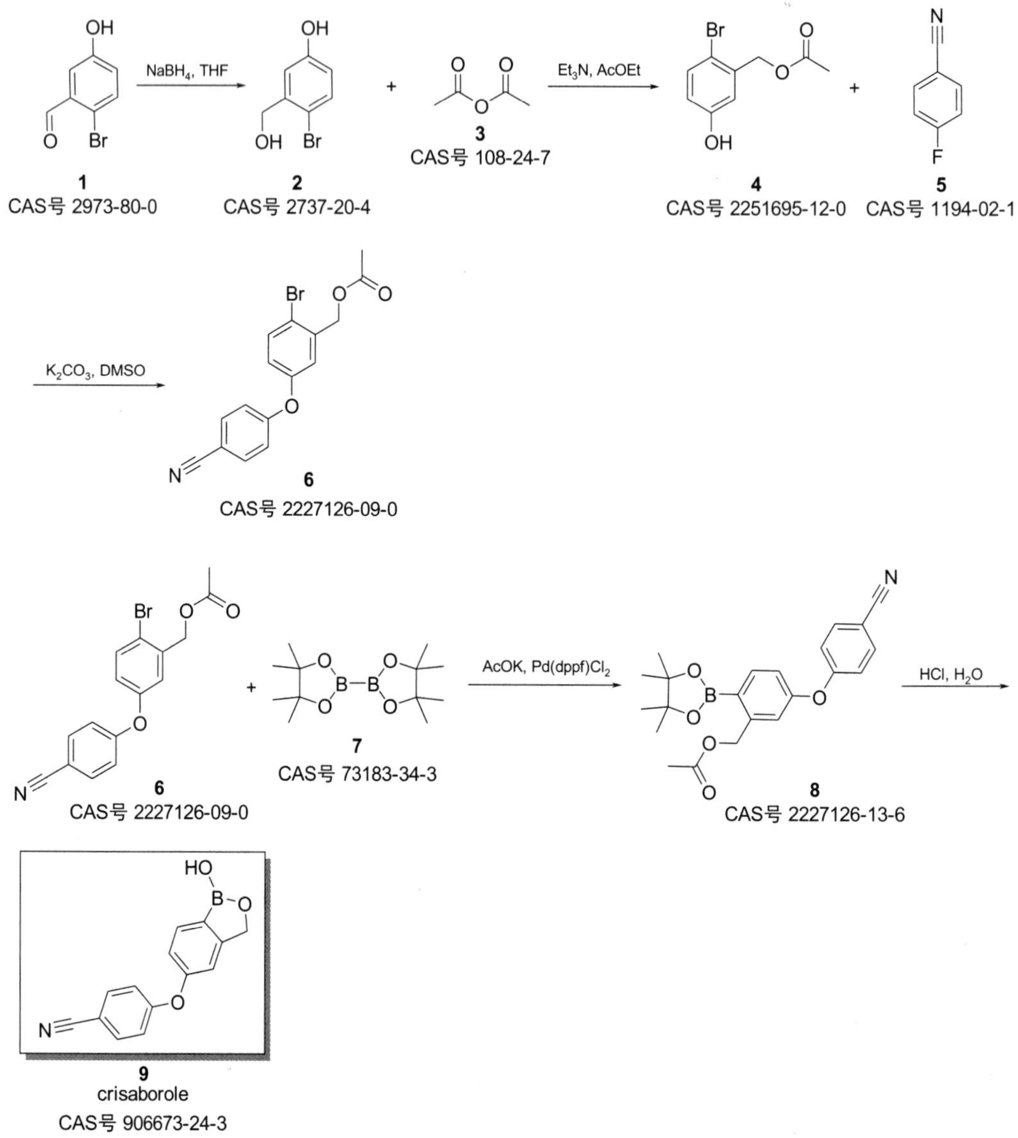

原始文献： WO 2018216032,2018.

合成路线 10

以下合成路线来源于 Glenmark Pharmaceuticals 公司 Bhirud 等人于 2018 年发表的专利说明书。目标化合物 **6** 是通过化合物 **5** 的硼氢化还原反应而得。关键中间体化合物 **5** 是以化合物 **1** 和化合物 **2** 为原料经过 2 步合成反应而得。所涉及的合成反应都是比较常见的经典合成反应。

1
CAS号 1194-02-1

2
CAS号 2973-80-0

K_2CO_3, DMF

3
CAS号 906673-54-9

4
CAS号 73183-34-3

AcOK, Pd(dppf)Cl_2, 74%

5
CAS号 2141947-89-7

$NaBH_4$, MeOH, 77%

6
crisaborole
CAS号 906673-24-3

原始文献： WO 2018224923,2018.

参考文献

[1] Schlessinger J, Shepard J S, Gower R, et al. CARE 1 Investigators. safety, effectiveness, and pharmacokinetics of crisaborole in infants aged 3 to<24 months with mild-to-moderate atopic dermatitis: a phase Ⅳ open-label study (CrisADe CARE 1). Am J Clin Dermatol,2020, 21(2):275-284.

[2] Makins C, Sanghera R, Grewal P S. Off-label therapeutic potential of crisaborole. J Cutan Med Surg,2020, 24(3):292-296.

daclatasvir（达卡他韦）

药物基本信息

英文通用名	daclatasvir
英文别名	daclatasvir HCl; daclatasvir 2HCl; BMS790052; BMS 790052; BMS-790052; EBP883; EBP 883; EBP-883
中文通用名	盐酸达卡他韦
商品名	Daklinza
CAS登记号	1009119-65-6(盐酸盐), 1009119-64-5 (游离碱)
FDA 批准日期	7/24/2015
FDA 批准的API	daclatasvir dihydrochloride
化学名	methyl *N*-[(2*S*)-1-[(2*S*)-2-[5-[4-[4-[2-[(2*S*)-1-[(2*S*)-2-(methoxycarbonylamino)-3-methylbutanoyl]pyrrolidin-2-yl]-1*H*-imidazol-5-yl]phenyl]phenyl]-1*H*-imidazol-2-yl]pyrrolidin-1-yl]-3-methyl-1-oxobutan-2-yl]carbamate dihydrochloride
SMILES代码	O=C(OC)N[C@@H](C(C)C)C(N1[C@H](C2=NC=C(C3=CC=C(C4=CC=C(C5=CN=C([C@H]6N(C([C@@H](NC(OC)=O)C(C)C)=O)CCC6)N5)C=C4)C=C3)N2)CCC1)=O.[H]Cl.[H]Cl

化学结构和理论分析

化学结构	理论分析值
H−Cl H−Cl	化学式：$C_{40}H_{52}Cl_2N_8O_6$ 精确分子量：N/A 分子量：811.81 元素分析：C, 59.18; H, 6.46; Cl, 8.73; N, 13.80; O, 11.82

药品说明书参考网页

生产厂家产品说明书、美国药品网、美国处方药网页。

药物简介

DAKLINZA 是一种 HCV 非结构蛋白 5A（NS5A）的抑制剂，其活性成分是 daclatasvir dihydrochloride。原料药 daclatasvir dihydrochloride 为白色至黄色。Daclatasvir dihydrochloride 可自由溶于水（>700mg/mL）。

DAKLINZA 60mg 片剂含有 60mg daclatasvir（相当于 66mg daclatasvir dihydrochloride）和无活性成分无水乳糖（116mg）、微晶纤维素、交联羧甲基纤维素钠、二氧化硅、硬脂酸镁和欧巴代绿

opadry green)。

DAKLINZA 30mg 片剂含有 30mg daclatasvir（相当于 33mg daclatasvir dihydrochloride）和非活性成分无水乳糖（58mg）、微晶纤维素、交联羧甲基纤维素钠、二氧化硅、硬脂酸镁和欧巴代绿。

DAKLINZA 90mg 片剂包含 90mg daclatasvir（相当于 99mg daclatasvir dihydrochloride）和非活性成分无水乳糖（173mg）、微晶纤维素、交联羧甲基纤维素钠、二氧化硅、硬脂酸镁和欧巴代绿。

欧巴代绿包含羟丙甲纤维素、二氧化钛、聚乙二醇 400、FD & C 蓝色 2 号 / 靛蓝胭脂红铝色淀和黄色氧化铁。

DAKLINZA 可以在有或者没有 ribavirin（利巴韦林）的情况下，与 sofosbuvir(索非布韦）同时使用，用于治疗基因型 1 或基因型 3 慢性 C 型肝炎病毒（HCV）的患者。

Daclatasvir 是一种 NS5A 的抑制剂。NS5A 是 HCV 编码的非结构蛋白。Daclatasvir 通过与 NS5A 的 N 末端结合，可抑制病毒 RNA 复制和病毒体组装。Daclatasvir 抑制含有基因型 1a、1b 和 3a 的受试者来源 NS5A 序列的杂合复制子（hybrid replicon）的 EC_{50} 中位数分别为: 0.008*n*mol/L（0.002 ～ 0.03*n*mol/L; *n*=35）、0.002*n*mol/L（0.0007 ～ 0.006*n*mol/L; *n* = 30）和 0.2*n*mol/L（0.006 ～ 3.2*n*mol/L; *n* = 17）。而且在 NS5A 氨基酸位置 28、30、31 或 93 处，没有检测到 Daclatasvir 抗药性相关的多态性（resistance-associated polymorphisms）。

Daclatasvir 对于基因型 1a、1b 以及 3a 受试者衍生的复制子（subject-derived replicon）的活性会降低。而这些复制子在位置 28、30、31 或 93 处具有抗性相关的多态性，其 EC_{50} 的中位数分别为 76*n*mol/L（4.6 ～ 2409*n*mol/L; *n* = 5）、0.05*n*mol/L（0.002 ～ 10*n*mol/L; *n* = 12）和 13.5*n*mol/L（1.3 ～ 50*n*mol/L; *n* = 4）。

药品上市申报信息

该药物目前有 3 种产品上市。

药品注册申请号: 206843
申请类型: NDA（新药申请）
申请人: BRISTOL-MYERS SQUIBB
申请人全名: BRISTOL-MYERS SQUIBB CO

产品信息

产品号	商品名	活性成分	剂型 / 给药途径	规格 / 剂量	参比药物 (RLD)	生物等效参考标准 (RS)	治疗等效代码
001	DAKLINZA	daclatasvir dihydrochloride	片剂 / 口服	等量 30mg 游离碱	是	否	否
002	DAKLINZA	daclatasvir dihydrochloride	片剂 / 口服	等量 60mg 游离碱	是	否	否
003	DAKLINZA	daclatasvir dihydrochloride	片剂 / 口服	等量 90mg 游离碱	是	否	否

与本品相关的专利信息（来自 FDA 橙皮书 Orange Book）

关联产品号	专利号	专利过期日	是否物质专利	是否产品专利	专利用途代码	撤销请求	提交日期
001	8329159	2028/04/13	是				2015/08/21
	8629171	2031/06/13	是	是	U-1724		2015/08/21
	8642025	2027/08/11	是	是	U-1725 U-1724		2015/08/21
	8900566	2027/08/08			U-1725 U-1724		2015/08/21
	9421192	2027/08/08	是		U-1724 U-1725		2016/09/21
002	8329159	2028/04/13	是				2015/08/21
	8629171	2031/06/13	是	是	U-1724		2015/08/21
	8642025	2027/08/11	是	是	U-1725 U-1724		2015/08/21
	8900566	2027/08/08			U-1725 U-1724		2015/08/21
	9421192	2027/08/08	是		U-1725 U-1724		2016/09/21
003	9421192	2027/08/08	是		U-1725 U-1724		2016/09/21

与本品相关的市场独占权保护信息

关联产品号	独占权代码	失效日期	备注
001	NCE	2020/07/24	
	I-727	2019/02/05	
	I-726	2019/02/05	
	D-161	2019/02/05	
	D-162	2019/02/05	
002	NCE	2020/07/24	
	I-727	2019/02/05	
	I-726	2019/02/05	
	D-161	2019/02/05	
	D-162	2019/02/05	

合成路线 1

以下合成路线来源于中国东南大学化学系 Zong 等人 2015 年发表的论文。目标化合物 **8** 是通过化合物 **6** 分子中 2 个 NH 基团与化合物 **7** 的羧基反应而得。关键中间体化合物 **6** 是以化合物 **1** 为原料，经过 4 步合成而得。该合成工艺中，值得注意的化合物 **5** 的合成，它是通过化合物 **4** 的分子内环合反应而得到的。

Br_2, H_2O, CH_2Cl_2, 冷却

Br

OH

N

O

+

Et_3N, MeCN

1
CAS号 787-69-9

2
CAS号 4072-67-7

3
CAS号 15761-39-4

4

CAS号 1009119-82-7

NH$_4$OAc, PhMe

NaHCO$_3$, H$_2$O

4

CAS号 1009119-82-7

HCl, H$_2$O,

MeOH

6

5

CAS号 1007882-23-6

1. EtN(Pr-*i*)$_2$

2. HTBU

3. DMF

6

CAS号 1007882-27-0

7

CAS号 74761-42-5

8

daclatasvir

CAS号 1009119-64-5

原始文献： Bioorg Med Chem Lett, 2015,25(16):3147-3150.

合成路线 2

以下合成路线来源于 University of Sussex, Moore 等人 2016 年发表的论文。目标化合物 **11** 是通过化合物 **9** 分子中的 2 个溴原子在钯试剂 Pd(dppf)Cl_2 的催化下分别与化合物 **8** 发生偶联反应，再脱去保护基而得。关键中间体化合物 **8** 是以化合物 **1** 和化合物 **2** 为原料，经过 4 步合成而得。该合成工艺中，值得注意的化合物 **8** 的保护基团，它是通过化合物 **6** 与化合物 **7** 反应而得到的。

1 CAS号 69610-41-9

2 CAS号 107-22-2

NH_3, H_2O, MeOH

3 CAS号 1007882-58-7

F_3CCO_2H, CH_2Cl_2

4 CAS号 1234710-07-6

\+

5 CAS号 74761-42-5

1. Cl(O=)CC(=O)Cl, 2. NH_3, H_2O, Me_2CHOH

6 CAS号 1887031-72-2

6 CAS号 1887031-72-2

7 CAS号 76513-69-4

NaH, THF

8 CAS号 1887031-73-3

9 CAS号 92-86-4

K_2CO_3, *t*-BuCO_2H, Pd(dppf)Cl_2

10 CAS号 1887031-76-6

10
CAS号 1887031-76-6

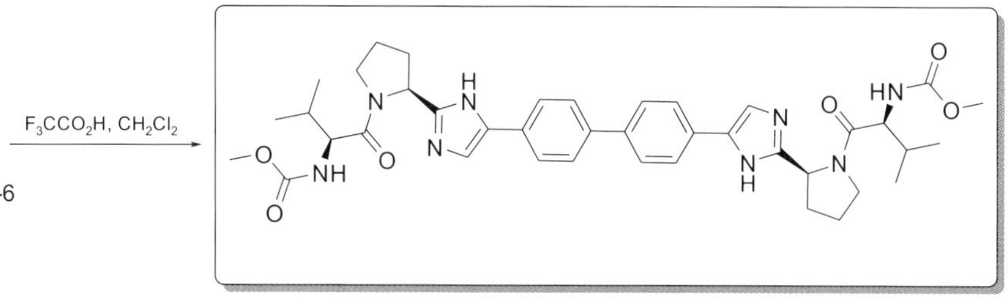

F_3CCO_2H, CH_2Cl_2

11
daclatasvir
CAS号 1009119-64-5

原始文献： Org Biomol Chem, 2016, 14(12):3307-3313.

合成路线 3

以下合成路线来源于 Bristol-Myers Squibb 公司 Pack 等人 2009 年发表的专利申请书。目标化合物 **6** 是通过化合物 **4** 分子内成环后，脱去保护基，再与化合物 **5** 反应而得。关键中间体化合物 **4** 是以化合物 **1** 为原料，经过 2 步合成而得。

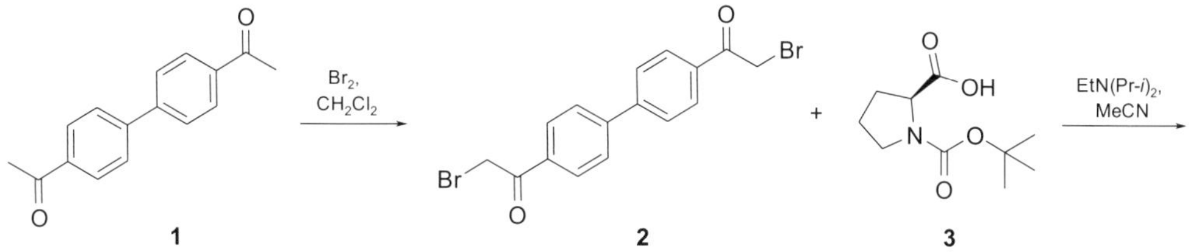

Br_2, CH_2Cl_2

$EtN(Pr\text{-}i)_2$, MeCN

1
CAS号 787-69-9

2
CAS号 4072-67-7

3
CAS号 15761-39-4

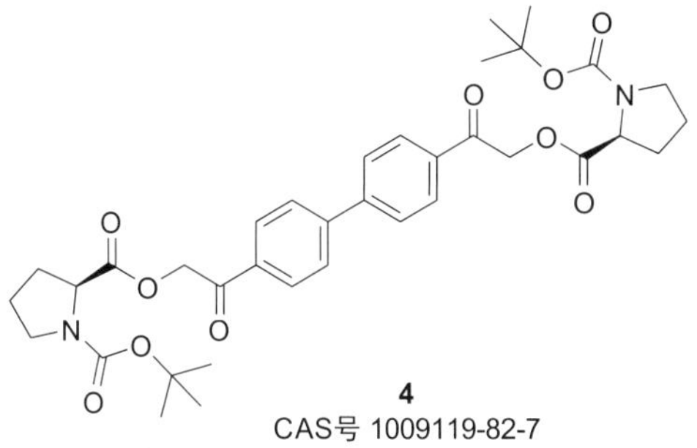

4
CAS号 1009119-82-7

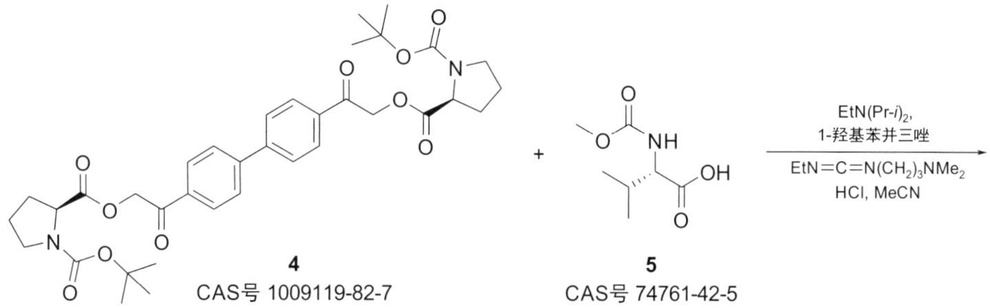

$EtN(Pr\text{-}i)_2$, 1-羟基苯并三唑
$EtN{=}C{=}N(CH_2)_3NMe_2$ HCl, MeCN

4
CAS号 1009119-82-7

5
CAS号 74761-42-5

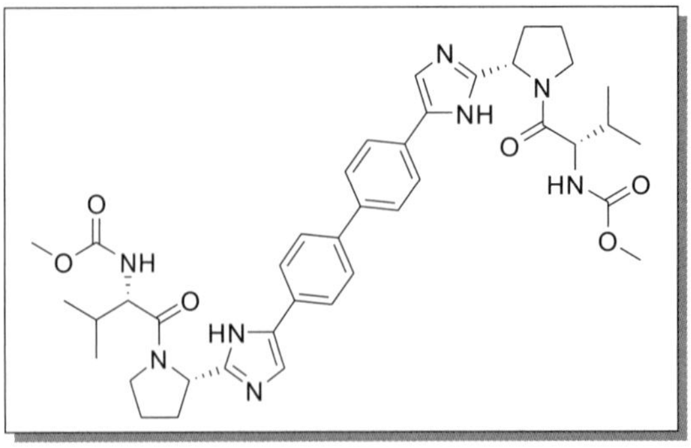

6
daclatasvir
CAS号 1009119-64-5

原始文献： WO 2009020825, 2009.

合成路线 4

以下合成路线来源于 Boehringer Ingelheim International 公司 Thibeault 等人 2012 年发表的专利申请书。目标化合物 **9** 是通过化合物 **8** 分子中硼酸酯基团与化合物 **6** 分子中的溴原子在钯催化剂的作用下偶联反应而得。关键中间体化合物 **6** 是以化合物 **1** 和化合物 **2** 为原料，经过 3 步合成而得。化合物 **8** 是通过化合物 **6** 与化合物 **7** 反应而得。

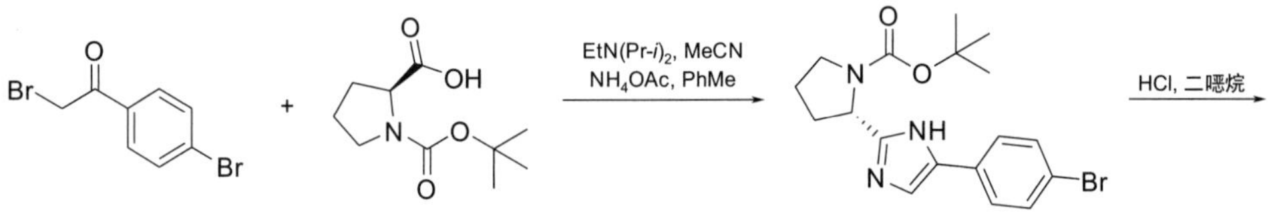

Br O Br + O OH N O O

EtN(Pr-*i*)$_2$, MeCN
NH_4OAc, PhMe

O N O NH N Br

HCl, 二噁烷

1
CAS号 99-73-0

2
CAS号 15761-39-4

3
CAS号 1007882-04-3

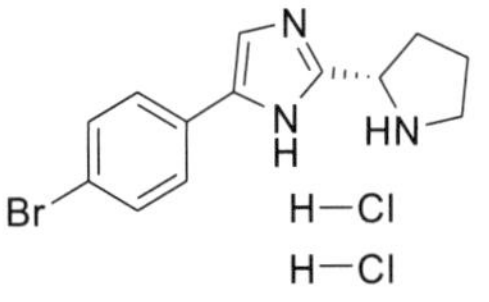

N Br N H HN H—Cl H—Cl

4
CAS号 1373165-18-4

NH H N N Br H—Cl H—Cl + O H N O OH O

HTBU
EtN(Pr-*i*)$_2$, DMF

O O HN O N H N N Br

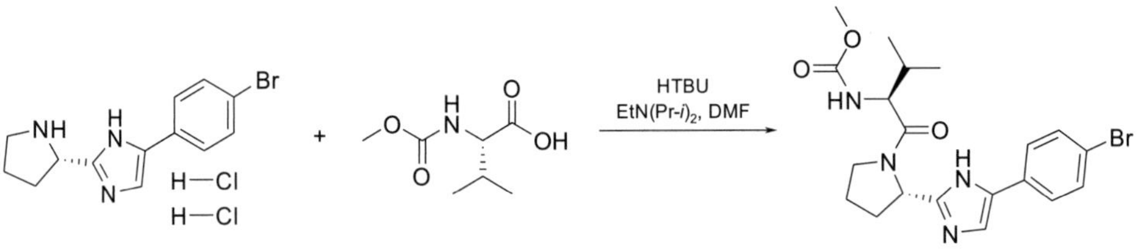

4
CAS号 1373165-18-4

5
CAS号 74761-42-5

6
CAS号 1228552-27-9

+

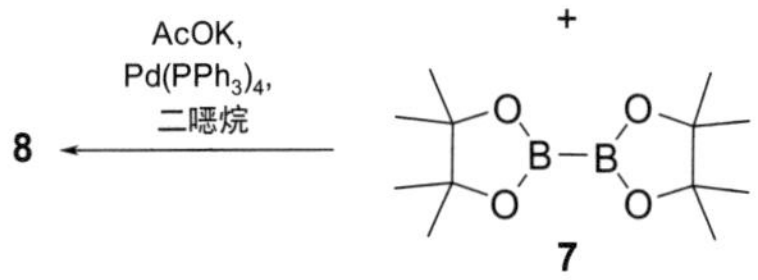

AcOK,
$Pd(PPh_3)_4$,
二噁烷

8

O B—B O O O

7
CAS号 73183-34-3

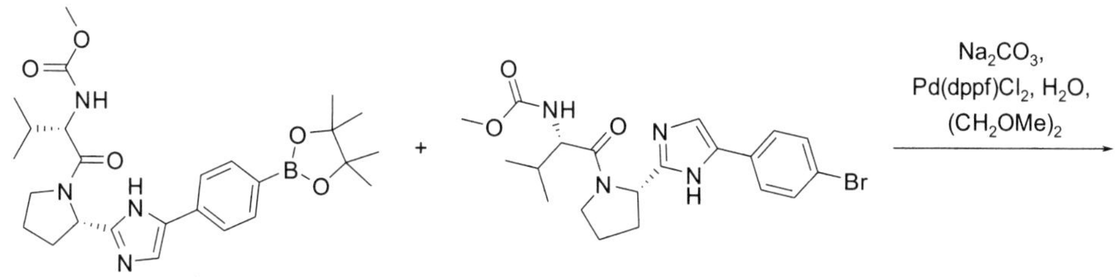

Na_2CO_3, $Pd(dppf)Cl_2$, H_2O, $(CH_2OMe)_2$

8
CAS号 1228553-33-0

6
CAS号 1228552-27-9

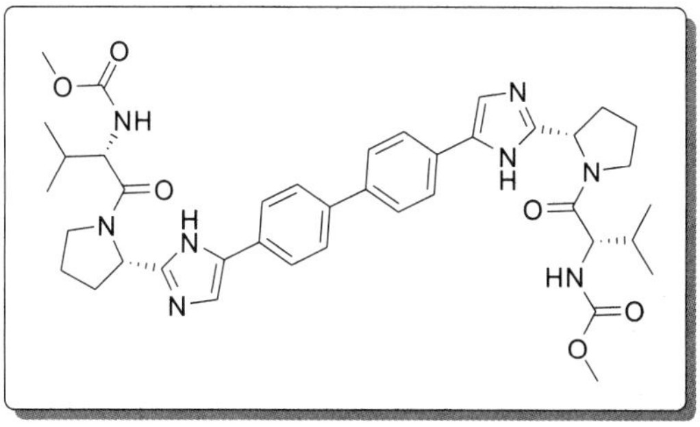

9
daclatasvir
CAS号 1009119-64-5

原始文献： WO 2012048421, 2012.

合成路线 5

以下合成路线来源于 Chia Tai Tianqing Pharmaceutical 公司 Ji 等人 2016 年发表的专利申请书。目标化合物 **5** 是以化合物 **1** 为原料经过 2 步合成而得。

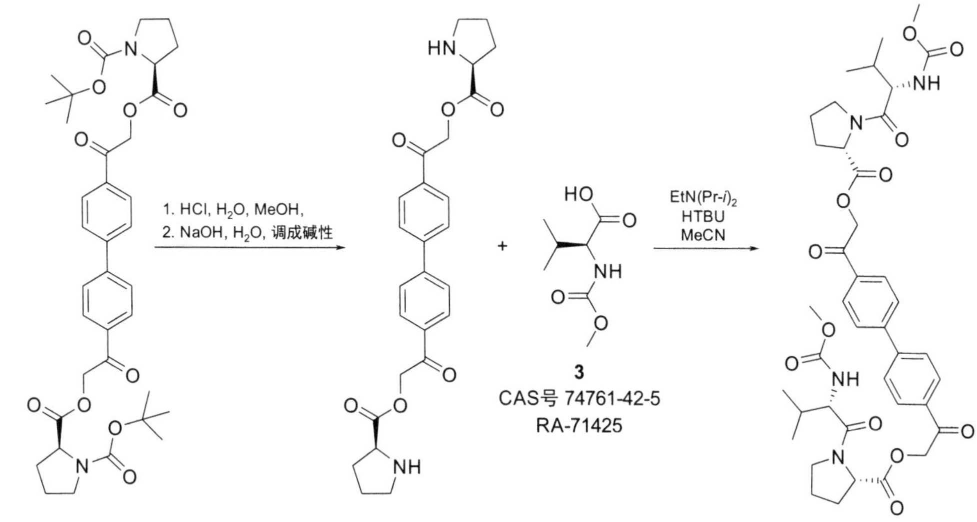

1. HCl, H_2O, MeOH,
2. NaOH, H_2O, 调成碱性

EtN(Pr-*i*)$_2$
HTBU
MeCN

1
CAS号 1009119-82-7

2
CAS号 1969317-76-7

3
CAS号 74761-42-5
RA-71425

4
CAS号 1895903-53-3

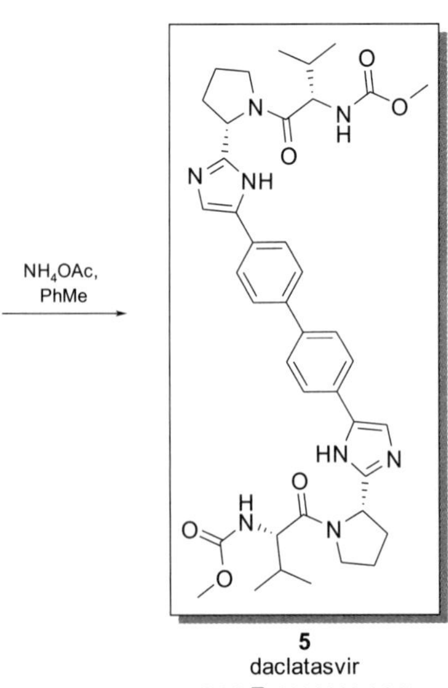

5
daclatasvir
CAS号 1009119-64-5

原始文献： CN 105753944, 2016.

合成路线 6

以下合成路线来源于 Cipla 公司 Rao 等人 2016 年发表的专利申请书。目标化合物 **3** 是以化合物 **1** 和化合物 **2** 为原料经过 1 步合成而得。

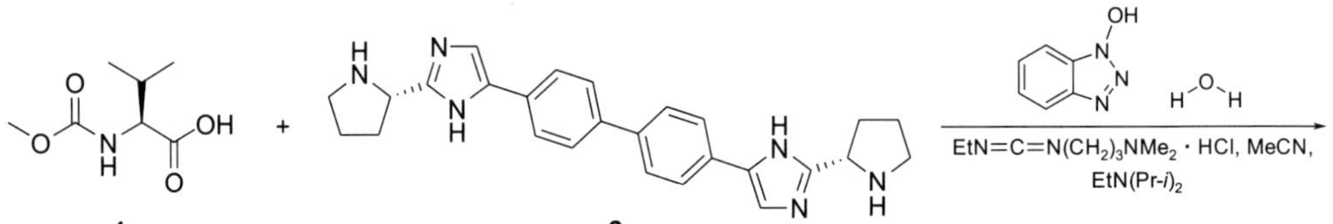

HOBt, H_2O

$EtN{=}C{=}N(CH_2)_3NMe_2 \cdot HCl$, MeCN, $EtN(Pr\text{-}i)_2$

1
CAS号 74761-42-5

2
CAS号 1007882-27-0

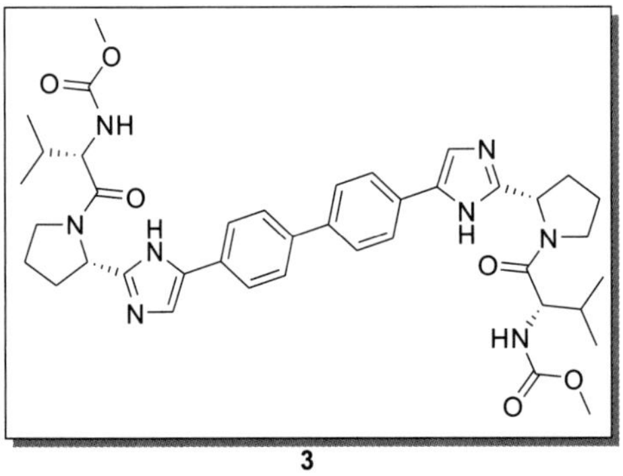

3
daclatasvir
CAS号 1009119-64-5

原始文献： WO 2016102979, 2016.

合成路线 7

以下合成路线来源于 Mylan Laboratories Ltd., 公司 Vadali 等人 2016 年发表的专利申请书。目

标化合物 **15** 是通过化合物 **13** 分子中的 NH 基团与化合物 **14** 分子中的羧基反应而得。关键中间体化合物 **13** 是以化合物 **1** 和化合物 **2** 为原料，经过 8 步合成而得。化合物 **8** 是通过化合物 **5** 与化合物 **6** 通过两步反应而得。

$AlCl_3$, CH_2Cl_2, H_2O, 冷却

1 CAS号 75-36-5
2 CAS号 92-52-4
3 CAS号 92-91-1
4 CAS号 598-21-0

$AlCl_3$, CH_2Cl_2, H_2O, 冷却

5 CAS号 36934-45-9

5 CAS号 36934-45-9
6 CAS号 15761-39-4

EtN(Pr-*i*)$_2$, MeCN

7

Py · HBr_3, MeOH, CH_2Cl_2

H—Br

8 CAS号 2036363-71-8

8 CAS号 2036363-71-8
9 CAS号 24424-99-5

Et_3N, CH_2Cl_2

10 CAS号 1228215-09-5
6 CAS号 15761-39-4

EtN(Pr-*i*)$_2$, MeCN → **11**

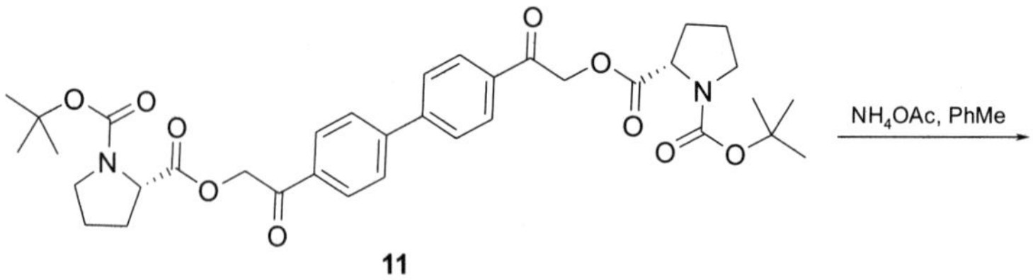

NH$_4$OAc, PhMe

11
CAS号 1009119-82-7

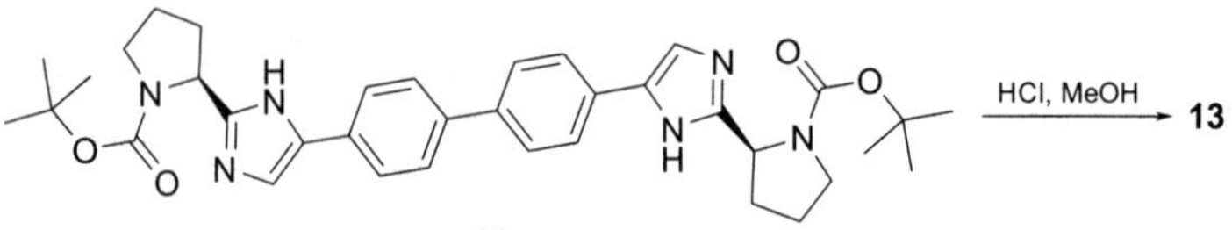

HCl, MeOH → **13**

12
CAS号 1007882-23-6

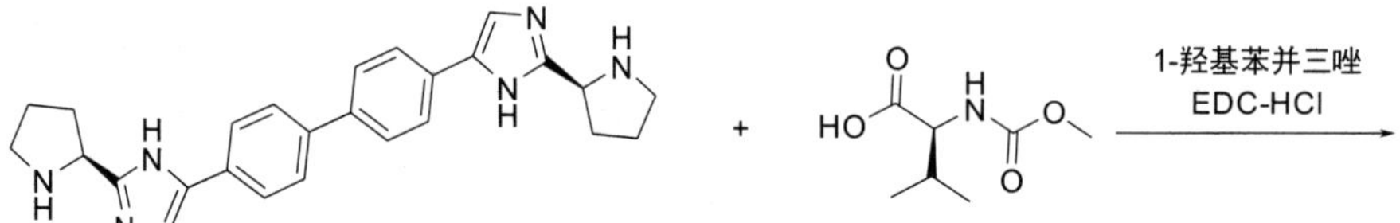

1-羟基苯并三唑
EDC-HCl

13
CAS号 1009119-83-8

14
CAS号 74761-42-5

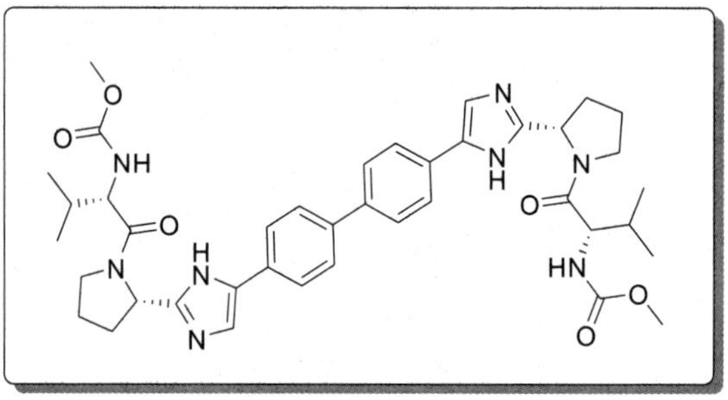

15
daclatasvir
CAS号 1009119-64-5

原始文献：WO 2016178250, 2016.

合成路线 8

以下合成路线来源于 Sunshine Lake Pharma 公司 Kou 等人 2016 年发表的专利申请书。目标化合物 **3** 是通过化合物 **1** 分子中的 NH 基团与化合物 **2** 分子中的羧基反应而得。

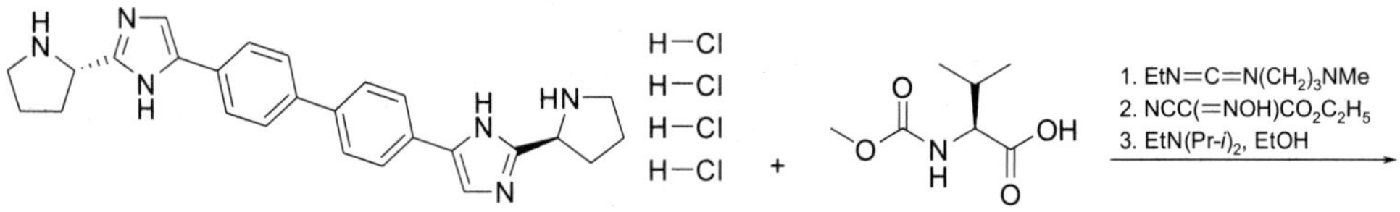

H—Cl
H—Cl
H—Cl
H—Cl

1. EtN=C=N$(CH_2)_3$NMe
2. NCC(=NOH)$CO_2C_2H_5$
3. EtN(Pr-*i*)$_2$, EtOH

1
CAS号 1009119-83-8

2
CAS号 74761-42-5

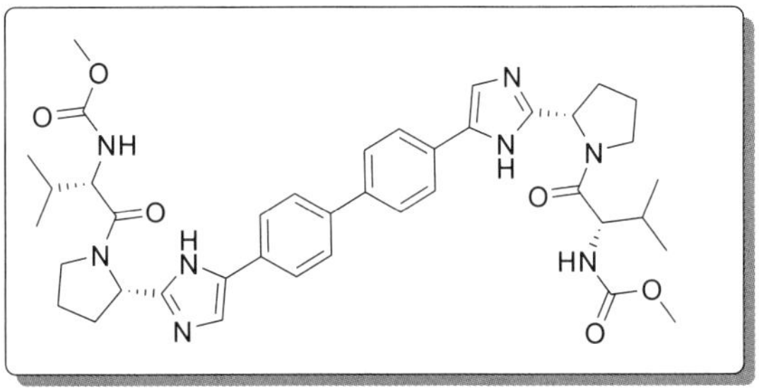

3
daclatasvir
CAS号 1009119-64-5

原始文献： CN 106188015, 2016.

合成路线 9

以下合成路线来源于 Sichuan Tongsheng Biopharmaceutical 公司 Yan 等人 2016 年发表的专利申请书。目标化合物 **4** 是通过化合物 **3** 分子内成环反应而得。化合物 **3** 是通过化合物 **1** 与化合物 **2** 为原料经过 1 步反应而得。

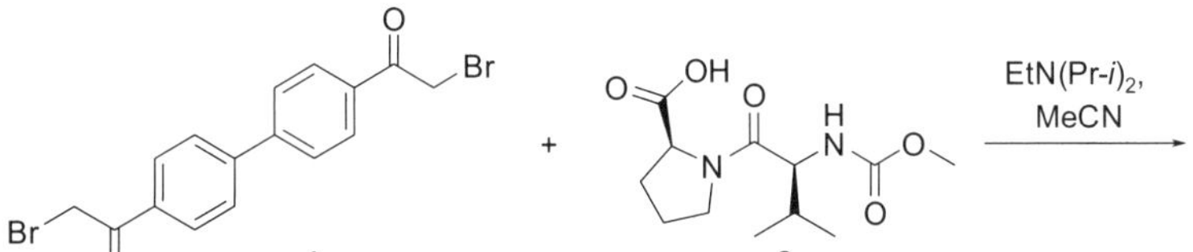

$EtN(Pr\text{-}i)_2$, MeCN

1
CAS号 4072-67-7

2
CAS号 181827-47-4

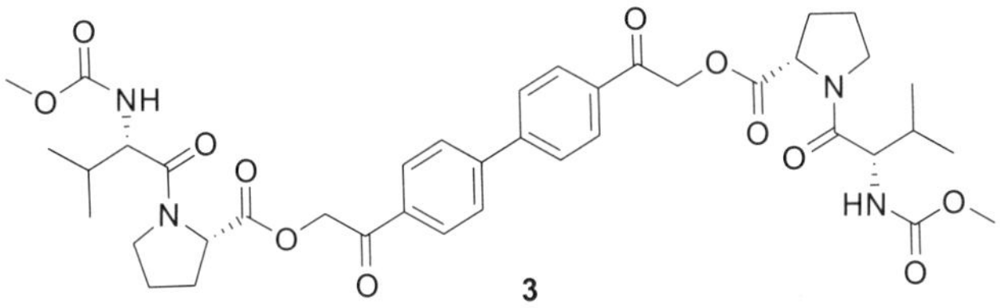

3
CAS号 1895903-53-3

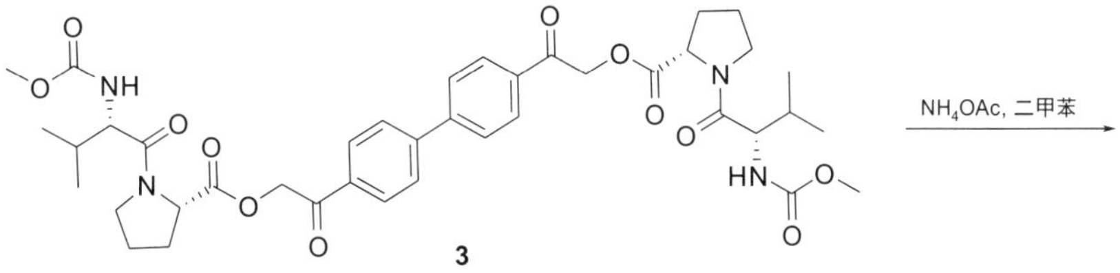

NH_4OAc, 二甲苯

3
CAS号 1895903-53-3

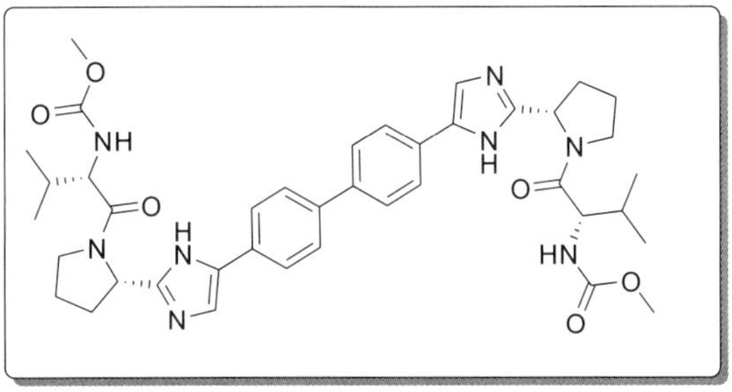

4
daclatasvir
CAS号 1009119-64-5

原始文献： CN 106256825, 2016.

参考文献

[1] Zappulo E, Scotto R, Buonomo A R, et al. Efficacy and safety of a fixed dose combination tablet of asunaprevir + beclabuvir + daclatasvir for the treatment of Hepatitis C. Expert Opin Pharmacother, 2020, 21(3):261-273.

[2] Rivero-Juarez A, Brieva T, Frias M, et al. Pharmacodynamic and pharmacokinetic evaluation of the combination of daclatasvir/sofosbuvir/ribavirin in the treatment of chronic hepatitis C. Expert Opin Drug Metab Toxicol, 2018, 14(9):901-910.

dacomitinib（达可替尼）

药物基本信息

英文通用名	dacomitinib hydrate
英文别名	PF-00299804; PF00299804; PF 00299804; PF299804; PF-299804; PF 299804; PF-299; PF299; PF 299; dacomitinib; dacomitinib monohydrate; PF-00299804-03
中文通用名	达可替尼水合物
商品名	Vizimpro
CAS登记号	1110813-31-4 (游离态), 1042385-75-0 (水合物), 1262034-38-7（代谢物）
FDA 批准日期	9/27/2018
FDA 批准的API	dacomitinib hydrate
化学名	(*E*)-*N*-(4-((3-chloro-4-fluorophenyl)amino)-7-methoxyquinazolin-6-yl)-4-(piperidin-1-yl)but-2-enamide hydrate
SMILES代码	O=C(NC1=CC2=C(NC3=CC=C(F)C(Cl)=C3)N=CN=C2C=C1OC)/C=C/CN4CCCCC4.[H]O[H]

化学结构和理论分析

化学结构	理论分析值
[化学结构式]	化学式：$C_{24}H_{27}ClFN_5O_3$ 精确分子量：N/A 分子量：487.96 元素分析：C, 59.08; H, 5.58; Cl, 7.26; F, 3.89; N, 14.35; O, 9.84

药品说明书参考网页

生产厂家产品说明书、美国药品网、美国处方药网页。

药物简介

Dacomitinib 是一种白色至浅黄色粉末。VIZIMPRO 片剂中含有 45mg、30mg 或 15mg 的 dacomitinib 和以下非活性成分，包括乳糖一水合物、微晶纤维素、羟乙酸淀粉钠和硬脂酸镁。薄膜涂料由 OpadryII®Blue 85F30716 组成，其中包含：聚乙烯醇（部分水解）、滑石粉、二氧化钛、Macrogol / PEG 3350 和 FD ＆ C 蓝色 2 号 /Indigo Carmine Aluminium Lake。

VIZIMPRO 适用于一线治疗具有表皮生长因子受体（EGFR）外显子 19 缺失（exon 19 deletion）或外显子 21 L858R 取代突变（exon 21 L858R substitution mutation）的转移性非小细胞肺癌（NSCLC）患者。

Dacomitinib 是人类 EGFR 家族的激酶活性（EGFR / HER1、HER2 和 HER4）和某些 EGFR 激活突变（外显子 19 缺失或外显子 21 L858R 取代突变）的不可逆抑制剂。在临床相关浓度下，体外 dacomitinib 还抑制 DDR1、EPHA6、LCK、DDR2 和 MNK1 的活性。

在携带由突变的 EGFR 家族的 HER 家族靶标驱动的皮下植入人肿瘤异种移植物的小鼠中，dacomitinib 显示出对 EGFR 和 HER2 自磷酸化以及肿瘤生长的呈现剂量依赖性抑制。Dacomitinib 可特异性且不可逆地结合并抑制人 EGFR 亚型，从而抑制表达 EGFR 的肿瘤细胞的增殖并诱导凋亡。EGFR 在肿瘤细胞增殖和肿瘤血管形成中起主要作用，并且通常在多种肿瘤细胞类型中过表达或突变。

药品上市申报信息

该药物目前有 3 种产品上市。
药品注册申请号：211288
申请类型：NDA（新药申请）
申请人：PFIZER INC
申请人全名：PFIZER INC

产品信息

产品号	商品名	活性成分	剂型 / 给药途径	规格 / 剂量	参比药物 (RLD)	生物等效参考标准 (RS)	治疗等效代码
001	VIZIMPRO	dacomitinib	片剂 / 口服	15mg	是	否	否
002	VIZIMPRO	dacomitinib	片剂 / 口服	30mg	是	否	否
003	VIZIMPRO	dacomitinib	片剂 / 口服	45mg	是	是	否

与本品相关的专利信息（来自 FDA 橙皮书 Orange Book）

关联产品号	专利号	专利过期日	是否物质专利	是否产品专利	专利用途代码	撤销请求	提交日期
001	7772243	2028/08/26	是	是			2018/10/25
	8623883	2025/05/05			U-1403		2018/10/25
002	7772243	2028/08/26	是	是			2018/10/25
	8623883	2025/05/05			U-1403		2018/10/25
003	7772243	2028/08/26	是	是			2018/10/25
	8623883	2025/05/05			U-1403		2018/10/25

与本品相关的市场独占权保护信息

关联产品号	独占权代码	失效日期	备注
001	ODE-206	2025/09/27	
	NCE	2023/09/27	
	ODE-213	2025/09/27	
002	ODE-206	2025/09/27	
	NCE	2023/09/27	
	ODE-213	2025/09/27	
003	ODE-206	2025/09/27	
	NCE	2023/09/27	
	ODE-213	2025/09/27	

合成路线 1

以下合成路线来源于 Pfizer Global Research and Development 公司 Yu 等人 2016 年发表的论文。目标化合物 **9** 是通过化合物 **8** 的重排反应而得。关键中间体化合物 **8** 是以化合物 **1** 为原料，经过 5 步反应而得。

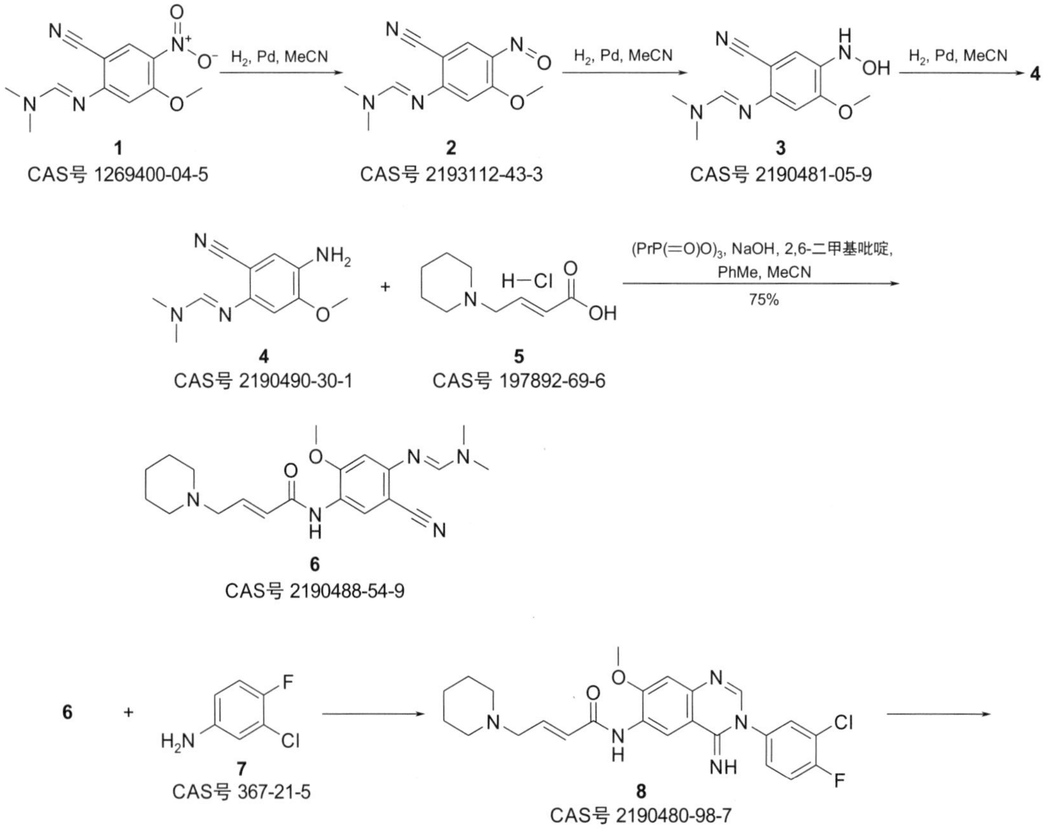

H_2, Pd, MeCN

1 CAS号 1269400-04-5

2 CAS号 2193112-43-3

3 CAS号 2190481-05-9

4 CAS号 2190490-30-1

5 CAS号 197892-69-6

(PrP(=O)O)$_3$, NaOH, 2,6-二甲基吡啶, PhMe, MeCN 75%

6 CAS号 2190488-54-9

7 CAS号 367-21-5

8 CAS号 2190480-98-7

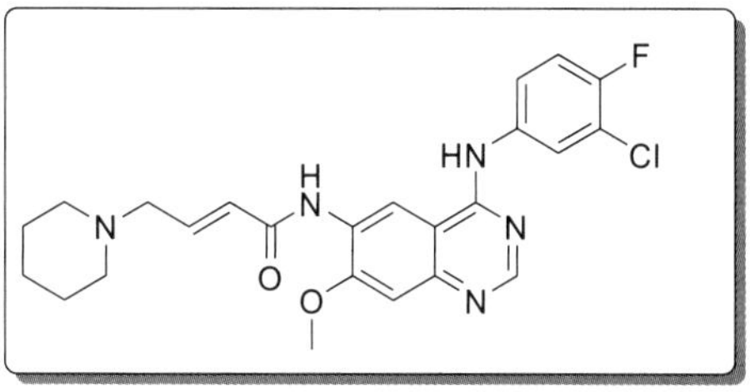

9
dacomitinib
CAS号 1110813-31-4

原始文献： ACS Symposium Series, 2016, 1239 (1): 235-252.

合成路线 2

以下合成路线来源于 The University of Auckland 医学院 Smaill 等人 2016 年发表的论文。目标化合物 **10** 是通过化合物 **8** 与化合物 **9** 反应而得。关键中间体化合物 **8** 是以化合物 **1** 和化合物 **2** 为原料，经过 4 步反应而得。

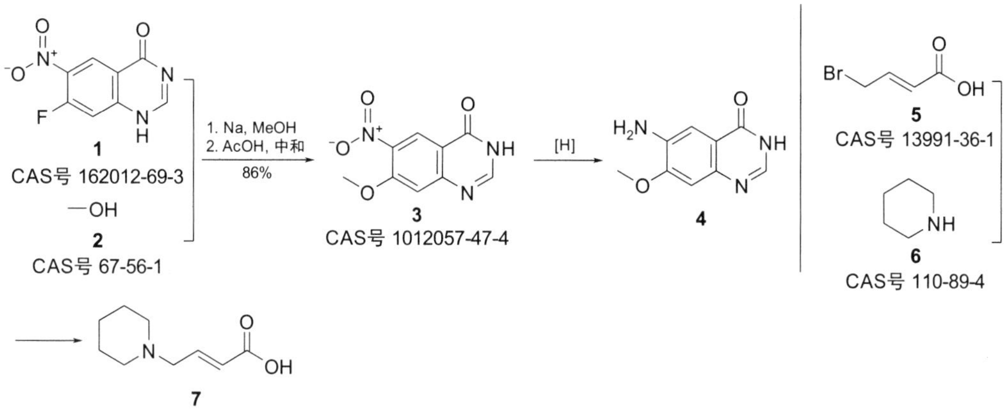

1
CAS号 162012-69-3

—OH
2
CAS号 67-56-1

1. Na, MeOH
2. AcOH, 中和
86%

3
CAS号 1012057-47-4

[H]

4

5
CAS号 13991-36-1

6
CAS号 110-89-4

7

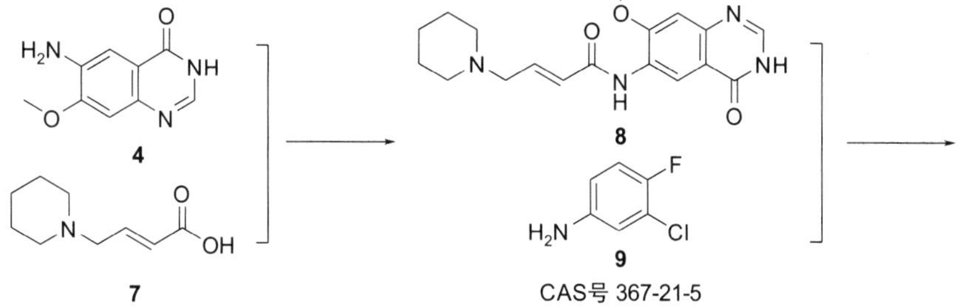

4

7

8

9
CAS号 367-21-5

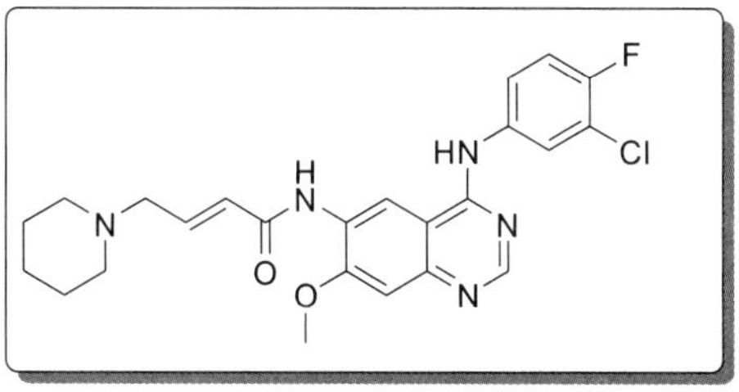

10
dacomitinib
CAS号 1110813-31-4

原始文献： J Med Chem, 2016, 59(17): 8103-8124.

合成路线 3

以下合成路线来源于 Hunan Ouya Biological 公司 Lin 等人 2013 年发表的专利申请书。目标化合物 **16** 是通过化合物 **15** 分子中的氨基与化合物 **14** 分子中的氯原子发生亲核反应而得。关键中间体化合物 **14** 是以化合物 **1** 和化合物 **2** 为原料，经过 9 步反应而得。

1 CAS号 6000-00-6 + **2** CAS号 110-89-4 —(K_2CO_3, CH_2Cl_2, 93%)→ **3** CAS号 1458047-79-4 —(HCl, H_2O, 二噁烷, 回流, 81%)→ **4** (H—Cl) CAS号 197892-69-6 —(Cl(O=)CC(=O)Cl, DMF, CH_2Cl_2, 99%)→ **5** CAS号 1369372-07-5

6 (H_2N, O) CAS号 75-12-7 + **7** (F, OH, NH_2) CAS号 446-32-2 —(rt, 88%)→ **8** CAS号 16499-57-3 —($HNO_3 \cdot NO_2$, H_2SO_4, H_2O, 82%)→ **9** CAS号 162012-69-3 —(HCl, Pd, H_2O, MeOH, 97%)→ **10** CAS号 877825-72-4

10 CAS号 877825-72-4 + **5** CAS号 1369372-07-5 —(Et_3N, CH_2Cl_2, 95%)→ **11** CAS号 1458047-80-7 + **12** ($Na^+ {}^-O$) CAS号 124-41-4 —(1. MeOH, 回流 2. HCl, H_2O, 93%)→ **13** CAS号 1456520-25-4

POCl₃, 回流 74%

Et₃N, Me₂CHOH, 回流 84%

13
CAS号 1456520-25-4

14
CAS号 1456722-92-1

15
CAS号 367-21-5

16
dacomitinib
CAS号 1110813-31-4

原始文献： CN 103304492, 2013.

合成路线 4

以下合成路线来源于 Suzhou Miracpharma Technology 公司 Xu 等人 2013 年发表的专利申请书。目标化合物 **7** 是通过化合物 **6** 分子中的氨基与化合物 **5** 分子中的氯原子发生亲核反应而得。关键中间体化合物 **5** 是以化合物 **1** 和化合物 **2** 为原料，经过 2 步反应而得。

NaOH, H_2O, $BMIMBF_4$ 91%

1
CAS号 1451008-28-8

2
CAS号 74-88-4

3
CAS号 1456722-91-0

Et_3N, CH_2Cl_2 88%

4
CAS号 1369372-07-5

1. Et_3N, Me_2CHOH
2. H_2O, 冷却
86%

5
CAS号 1456722-92-1

6
CAS号 367-21-5

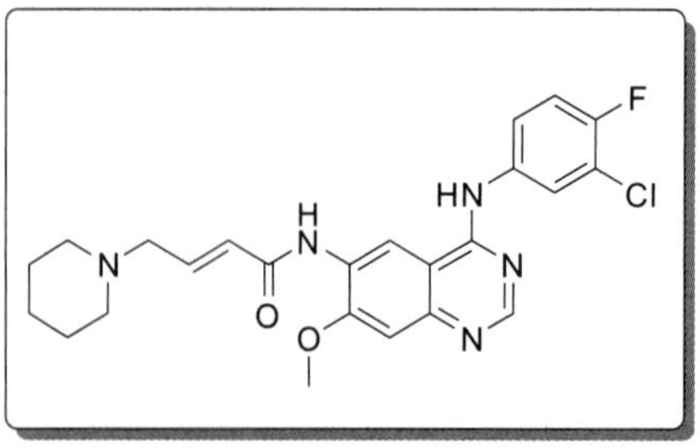

7
dacomitinib
CAS号 1110813-31-4

原始文献： CN 103288759, 2013.

合成路线 5

以下合成路线来源于 Cheng、Haibo 等人 2014 年发表的论文。目标化合物 **15** 是通过化合物 **14** 分子中的氨基与化合物 **6** 分子中的酰氯反应而得。

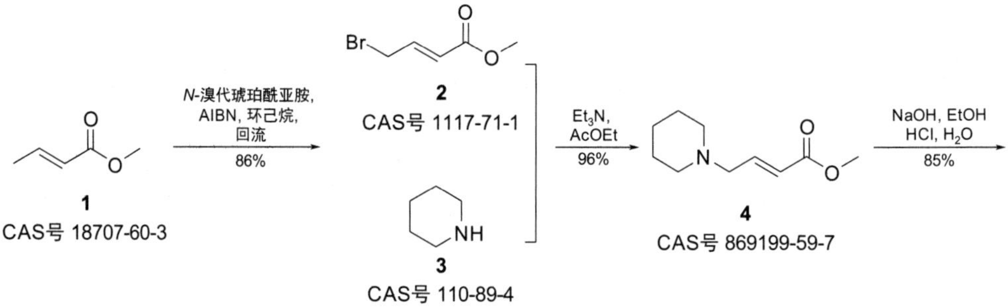

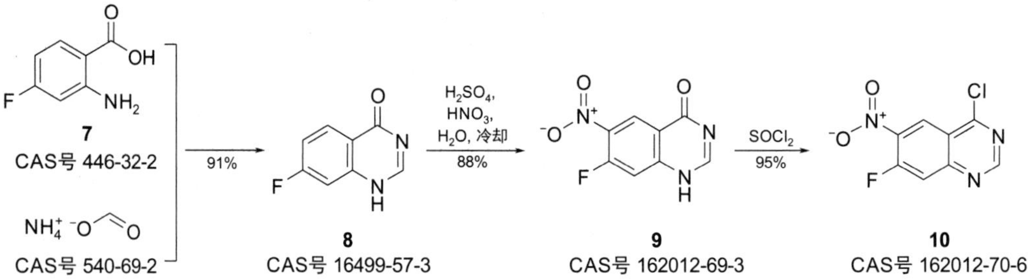

1 CAS号 18707-60-3 —— *N*-溴代琥珀酰亚胺, AIBN, 环己烷, 回流, 86% → **2** CAS号 1117-71-1

2 + **3** (CAS号 110-89-4) —— Et_3N, AcOEt, 96% → **4** CAS号 869199-59-7 —— NaOH, EtOH, HCl, H_2O, 85% →

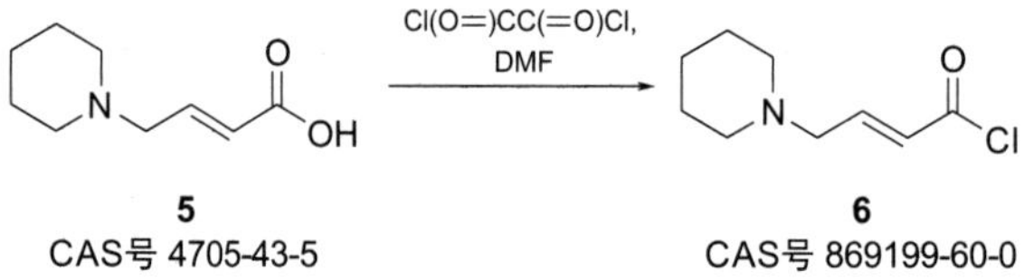

5 CAS号 4705-43-5 —— Cl(O=)CC(=O)Cl, DMF → **6** CAS号 869199-60-0

7 CAS号 446-32-2 + NH_4^+ ^-O—CHO CAS号 540-69-2 —— 91% → **8** CAS号 16499-57-3 —— H_2SO_4, HNO_3, H_2O, 冷却, 88% → **9** CAS号 162012-69-3 —— $SOCl_2$, 95% → **10** CAS号 162012-70-6

Me$_2$CHOH

CH_3ONa, THF, rt
88%

10
CAS号 162012-70-6

11
CAS号 367-21-5

12
CAS号 162012-67-1

13
CAS号 179552-74-0

H_2, Ni, EtOH
99%

EtN(Pr-*i*)$_2$,
CH_2Cl_2

13
CAS号 179552-74-0

14
CAS号 179552-75-1

6
CAS号 869199-60-0

15
dacomitinib
CAS号 1110813-31-4

原始文献： Zhongguo Yaoke Daxue Xuebao, 2014, 45(2): 165-169.

参考文献

[1] Lavacchi D, Mazzoni F, Giaccone G. Clinical evaluation of dacomitinib for the treatment of metastatic non-small cell lung cancer (NSCLC): current perspectives. Drug Des Devel Ther, 2019, 13:3187-3198.

[2] Sun H, Wu Y L. Dacomitinib in non-small-cell lung cancer: a comprehensive review for clinical application. Future Oncol, 2019, 15(23):2769-2777.

达可替尼核磁谱图

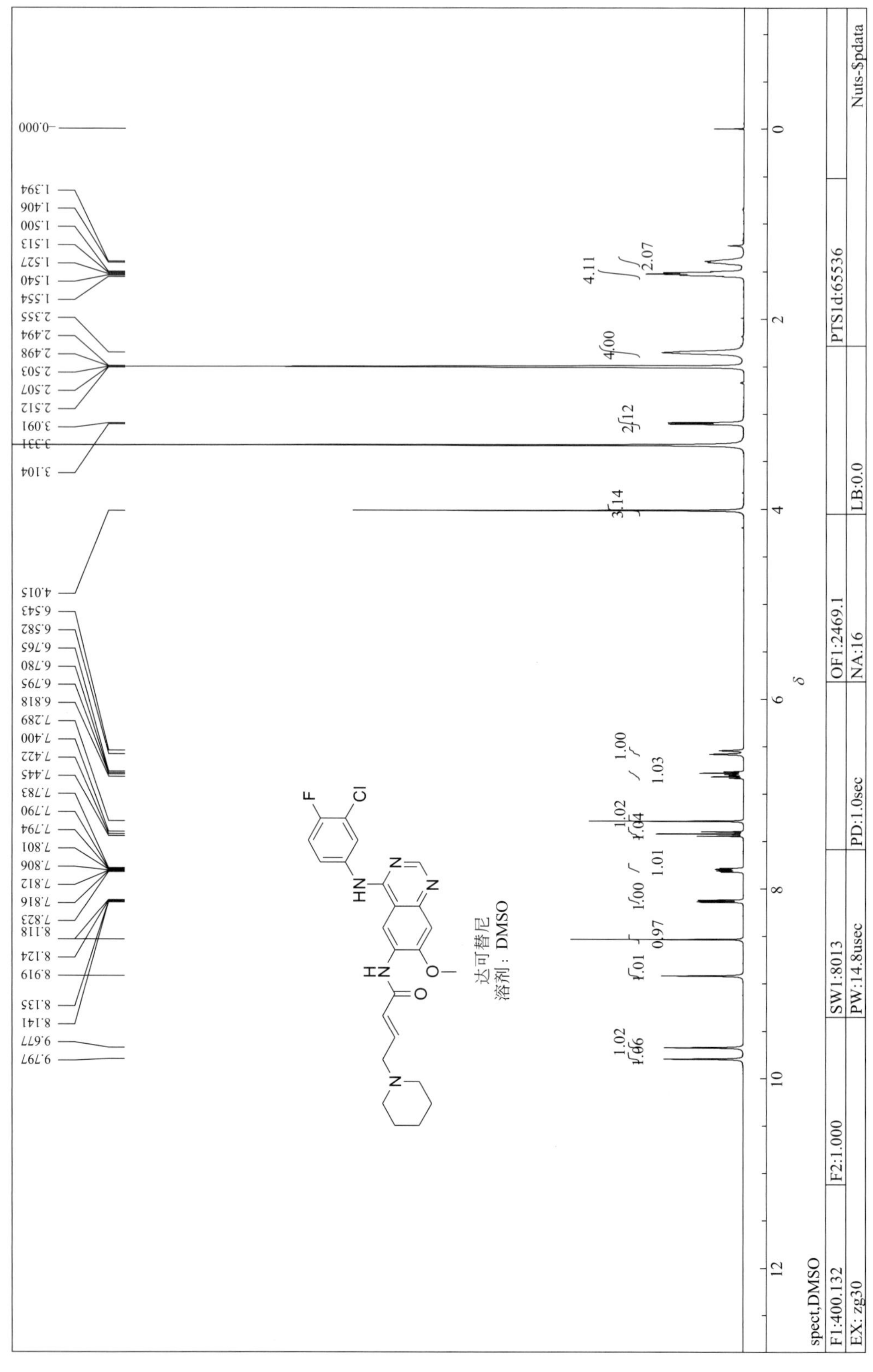

darolutamide（达洛鲁胺）

药物基本信息

英文通用名	darolutamide
英文别名	ODM-201; ODM 201; ODM201
中文通用名	达洛鲁胺
商品名	Nubeqa
CAS登记号	1297538-32-9
FDA 批准日期	7/30/2019
FDA 批准的 API	darolutamide
化学名	*N*-((*S*)-1-(3-(3-chloro-4-cyanophenyl)-1*H*-pyrazol-1-yl)propan-2-yl)-5-(1-hydroxyethyl)-1*H*-pyrazole-3-carboxamide
SMILES代码	O=C(C1=NNC(C(O)C)=C1)N[C@@H](C)CN2N=C(C3=CC=C(C#N)C(Cl)=C3)C=C2

化学结构和理论分析

化学结构	理论分析值
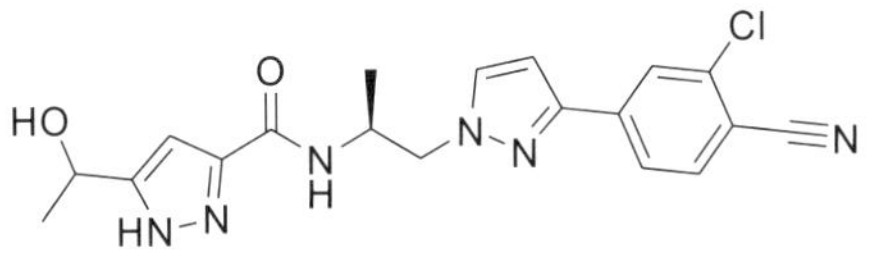	化学式：$C_{19}H_{19}ClN_6O_2$ 精确分子量：398.1258 分子量：398.85 元素分析：C, 57.22; H, 4.80; Cl, 8.89; N, 21.07; O, 8.02

药品说明书参考网页

生产厂家产品说明书、美国药品网、美国处方药网页。

药物简介

Darolutamide 是一种旋光性化合物，具有特定的旋光值 $[\alpha]^{d}_{20} = 72.2^{o}$。Darolutamide 外观为白色至灰白色或淡黄色结晶性粉末，可溶于四氢呋喃，基本上不溶于水。Darolutamide 的 pK_a 为 11.75。

NUBEQA 是一种薄膜包衣片剂口服药物，每片含有 300mg darolutamide。片剂的非活性成分为：磷酸氢钙，交联羧甲基纤维素钠，乳糖一水合物，硬脂酸镁，聚维酮 K30，羟丙甲纤维素 15cP，聚乙二醇 3350 和二氧化钛。

NUBEQA 可用于治疗非转移性去势抵抗性前列腺癌（non-metastatic castration resistant prostate cancer，nmCRPC）的患者。

Darolutamide 是一种雄激素受体（AR）抑制剂。Darolutamide 通过竞争性方式抑制雄激素结合、AR 核易位和 AR 介导的转录。Darolutamide 的主要代谢物 keto-darolutamide 显示出与 darolutamide

类似的体外活性。此外，darolutamide 在体外起孕激素受体（PR）拮抗剂的作用（与 AR 相比，活性约为 1%）。在小鼠前列腺癌异种移植模型中，darolutamide 可降低前列腺癌细胞的体外增殖和肿瘤体积。

药品上市申报信息

该药物目前有 1 种产品上市。

药品注册申请号: 212099
申请类型: NDA(新药申请)
申请人: BAYER HEALTHCARE
申请人全名: BAYER HEALTHCARE PHARMACEUTICALS INC

产品信息

产品号	商品名	活性成分	剂型 / 给药途径	规格 / 剂量	参比药物 (RLD)	生物等效参考标准 (RS)	治疗等效代码
001	NUBEQA	darolutamide	片剂 / 口服	300mg	是	是	否

与本品相关的专利信息（来自 FDA 橙皮书 Orange Book）

关联产品号	专利号	专利过期日	是否物质专利	是否产品专利	专利用途代码	撤销请求	提交日期
001	10010530	2036/01/28	是				2019/08/27
	10383853	2036/01/28	是				2019/08/27
	8975254	2030/10/27	是	是	U-2605		2019/08/27
	9657003	2030/10/27	是	是	U-2605		2019/08/27

与本品相关的市场独占权保护信息

关联产品号	独占权代码	失效日期	备注
001	NCE	2024/07/30	

合成路线 1

以下合成路线来源于 Lianyungang Runzhong Pharmaceutical 公司 Pan 等人 2018 年的专利申请。目标化合物 **11** 是通过化合物 **9** 分子中的氨基与化合物 **8** 分子中的羧基反应后，再脱去保护基而得。关键中间体化合物 **8** 是以化合物 **1** 和化合物 **2** 为原料，经过 5 步合成反应而得。该合成路线中，值得注意的合成反应有：①化合物 **5** 在锂试剂的作用下，亲核加成到化合物 **4** 的醛基，得到相应的加成化合物 **6**；②化合物 **7** 在加热条件下分子内成环，再水解得到相应的吡唑化合物 **8**。

1 CAS号 1487-49-6
2 CAS号 18162-48-6
1*H*-咪唑, CH_2Cl_2, H_2O, 95%
3 CAS号 116414-91-6
$AlH(Bu\text{-}i)_2$, CH_2Cl_2, MeOH, 90%
4 CAS号 92775-37-6
5 CAS号 623-73-4

6
CAS号 2230652-52-3

6
CAS号 2230652-52-3

7
CAS号 2230652-53-4

8
CAS号 2230652-54-5

8
CAS号 2230652-54-5

9
CAS号 1297537-41-7

10
CAS号 2230652-55-6

11
darolutamide
CAS号 1297538-32-9

原始文献： CN 108218908, 2018.

合成路线 2

以下合成路线来源于 Orion 公司 Laitinen, Ilpo 等人 2016 年的专利申请。目标化合物 **12** 是通过化合物 **10** 分子中的氨基与化合物 **2** 分子中的羧基反应后，再将羰基还原而得。关键中间体化合物 **10** 是以化合物 **3** 和化合物 **4** 为原料，经过 4 步合成反应而得。该合成路线中，值得注意的合成反应有：①化合物 **3** 在锂试剂的作用下，与化合物 **4** 反应，得到相应的硼酸酯化合物 **5**；②化合物 **9** 分子中的羟基经活化后，与化合物 **8** 吡唑环上 NH 反应得到化合物 **10**。

1
CAS号 684236-66-6

KOH
HCl, H_2O
93%

2
CAS号 1297537-45-1

3
CAS号 449758-17-2

+

4
CAS号 73183-34-3

BuLi, THF,
PhMe, $Me(CH_2)_4Me$
硼酸三异丙酯
AcOH
H_2O
68%

5
CAS号 903550-26-5

5 +

6
CAS号 154607-01-9

K_2CO_3, H_2O,
MeCN回流,
PPh_3, $Pd(OAc)_2$
92%

7
CAS号 1297537-35-9

H_2O, HCl,
MeOH
NH_3
96%

8
CAS号 1297537-37-1

9
CAS号 79069-13-9

PPh_3, AcOEt,
$N_2(CO_2CHMe_2)_2$
HCl, H_2O
82%

10
CAS号 1297537-41-7

10
CAS号 1297537-41-7

2
CAS号 1297537-45-1

$EtN(Pr\text{-}i)_2$, CH_2Cl_2
$(PrP(=O)O)_3$, AcOEt
88%

11
CAS号 1297537-33-7

$NaBH_4$,
EtOH
HCl, H_2O
76%

12
darolutamide
CAS号 1297538-32-9

原始文献：. WO 2016162604，2016.

合成路线 3

以下合成路线来源于 Orion 公司 Tormakangas 等人 2012 年的专利申请。目标化合物 **10** 是通过化合物 **7** 分子中的氨基与化合物 **8** 分子中的羧基反应后，再将羰基还原而得。关键中间体化合物 **7** 是以化合物 **1** 和化合物 **2** 为原料，经过 4 步合成反应而得。

1
CAS号 154607-01-9

2
CAS号 903550-26-5

Na_2CO_3, $PdCl_2(PPh_3)_2$, $Bu_4N^+ \cdot Br^-$, H_2O, THF, PhMe

3
CAS号 1297537-35-9

HCl, EtOH

4
CAS号 1297537-39-3

NaOH, H_2O, MeOH

5
CAS号 1297537-37-1

5
CAS号 1297537-37-1

6
CAS号 79069-13-9

1. PPh_3, AcOEt, 2. $N_2(CO_2CHMe_2)_2$, 3. HCl, H_2O 4. CH_2Cl_2

7
CAS号 1297537-41-7

8
CAS号 1297537-45-1

HBTU, $EtN(Pr\text{-}i)_2$, $EtN{=}C{=}N(CH_2)_3NMe_2 \cdot HCl$, CH_2Cl_2 → 9

9
CAS号 1297537-33-7

$NaBH_4$, EtOH, HCl, H_2O

10
darolutamide
CAS号 1297538-32-9

原始文献：WO 2012143599, 2012.

参考文献

[1] Morsy A, Trippier P C. Reversal of apalutamide and darolutamide aldo-keto reductase 1C3-mediated resistance by a small molecule inhibitor. ACS Chem Biol, 2020, 15(3):646-650.

[2] Darolutamide (Nubeqa) for prostate cancer. Med Lett Drugs Ther, 2019, 61(1587):201-202.

达洛鲁胺核磁谱图

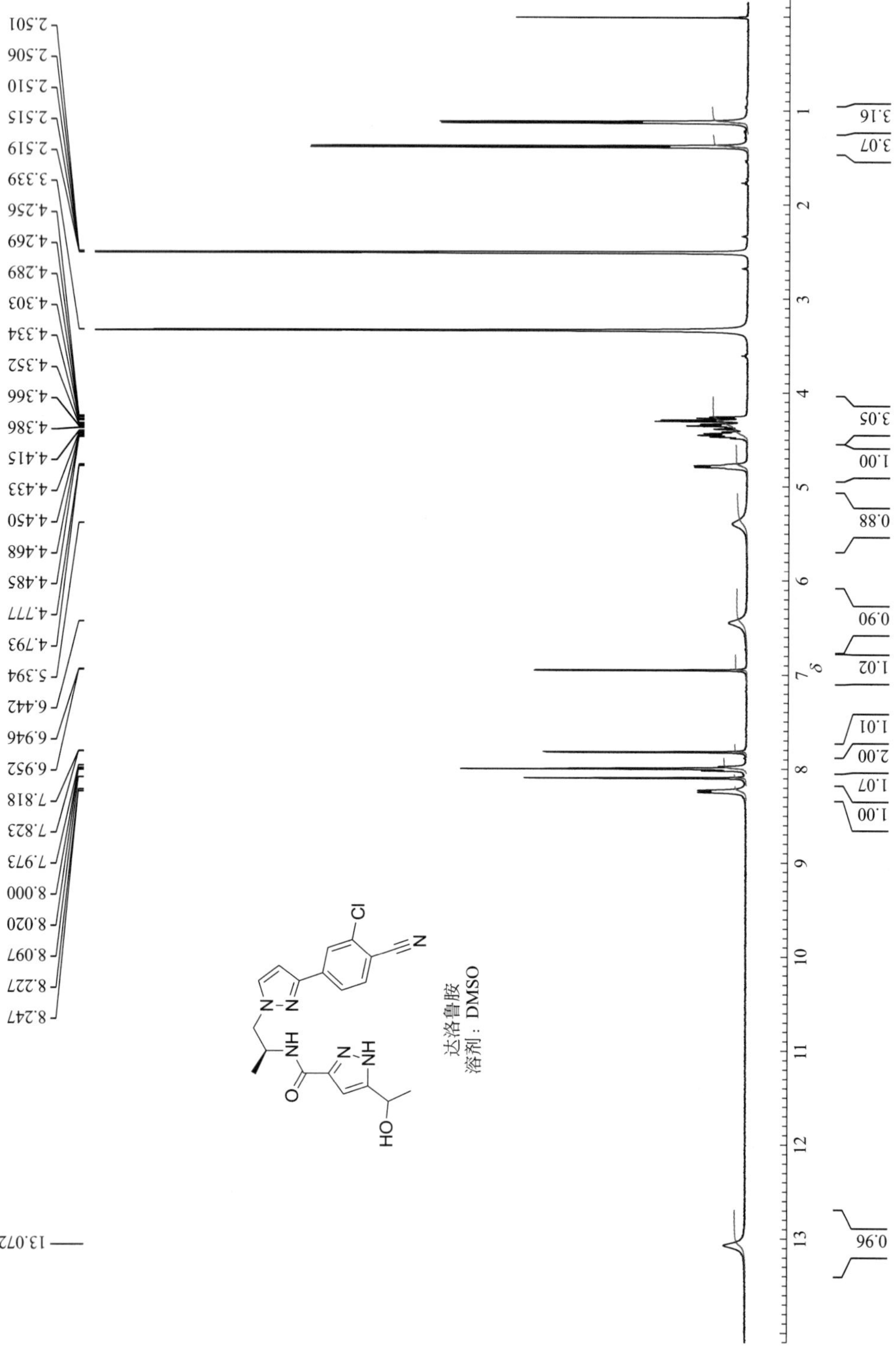

deflazacort（地夫可特）

药物基本信息

英文通用名	deflazacort
英文别名	azacort; calcort; deflan; cortax; DL-458-IT; DL 458-IT; DL458-IT; enzocort; flantadin; L-5458; lantadin; MDL 458; MDL-458; MDL458; oxazacort
中文通用名	地夫可特
商品名	Emflaza
CAS登记号	14484-47-0
FDA 批准日期	2/9/2017
FDA 批准的API	deflazacort
化学名	2-((6a*R*,7*S*,8a*S*)-7-hydroxy-6a,8a,10-trimethyl-4-oxo-2,4,6a,6b,7,8,8a,8b,11a,12,12a,12b-dodecahydro-1H-naphtho[2',1':4,5]indeno[1,2-d]oxazol-8b-yl)-2-oxoethyl acetate
SMILES代码	CC(OCC([C@@]12N=C(C)O[C@]1([H])C[C@@]3([H])[C@@](CCC4=CC(C=C[C@@]45C)=O)([H])[C@]5([H])[C@@H](O)C[C@@]32C)=O)=O

化学结构和理论分析

化学结构	理论分析值
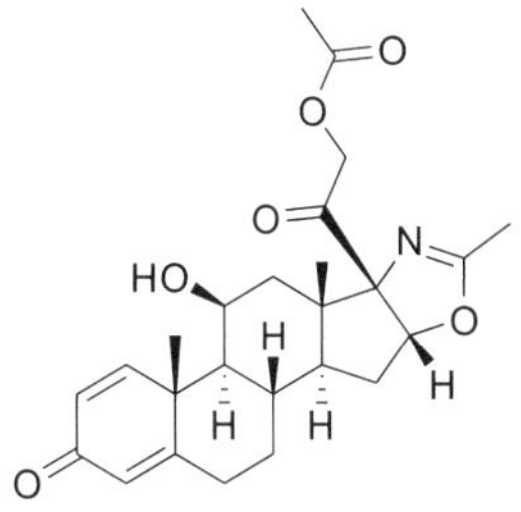	化学式：$C_{25}H_{31}NO_6$ 精确分子量：441.2151 分子量：441.52 元素分析：C, 68.01; H, 7.08; N, 3.17; O, 21.74

药品说明书参考网页

生产厂家产品说明书、美国药品网、美国处方药网页。

药物简介

Deflazacort 是一种白色至灰白色，无味的细粉。Deflazacort 可自由溶于乙酸和二氯甲烷，可溶于甲醇和丙酮。口服 EMFLAZA 可以制成速释片剂，剂量分别为 6mg、18mg、30mg 和 36mg，也可以制成速释口服混悬剂，浓度为 22.75mg/mL。每片含有去黄精和以下非活性成分：胶体二氧化硅，乳糖一水合物，硬脂酸镁和预糊化玉米淀粉。口服混悬液含有去黄精和以下非活性成分：乙酸，硅酸镁铝，苯甲醇，羧甲基纤维素钠，聚山梨酯 80，纯净水和山梨糖醇。

EMFLAZA 适用于治疗 5 岁及以上患者的 Duchenne 肌营养不良症（DMD）。

Deflazacort 是一种皮质类固醇的前药，其活性代谢产物 21-desDFZ 通过糖皮质激素受体发挥疗效，具有抗炎和免疫抑制作用。Deflazacort 对 DMD 患者发挥治疗作用的确切机制尚不清楚。

药品上市申报信息

该药物目前有 5 种产品上市。

药品注册申请号：208684
申请类型：NDA（新药申请）
申请人：PTC THERAP
申请人全名：PTC THERAPEUTICS INC

产品信息

产品号	商品名	活性成分	剂型 / 给药途径	规格 / 剂量	参比药物 (RLD)	生物等效参考标准 (RS)	治疗等效代码
001	EMFLAZA	deflazacort	片剂 / 口服	6mg	是	否	否
002	EMFLAZA	deflazacort	片剂 / 口服	18mg	是	否	否
003	EMFLAZA	deflazacort	片剂 / 口服	30mg	是	否	否
004	EMFLAZA	deflazacort	片剂 / 口服	36mg	是	是	否

与本品相关的市场独占权保护信息

关联产品号	独占权代码	失效日期	备注
001	ODE-130	2024/02/09	
	NCE	2022/02/09	
	ODE-252	2026/06/07	
002	ODE-130	2024/02/09	
	NCE	2022/02/09	
	ODE-252	2026/06/07	
003	ODE-130	2024/02/09	
	NCE	2022/02/09	
	ODE-252	2026/06/07	
004	ODE-130	2024/02/09	
	NCE	2022/02/09	
	ODE-252	2026/06/07	

药品注册申请号：208685
申请类型：NDA（新药申请）
申请人：PTC THERAP
申请人全名：PTC THERAPEUTICS INC

产品信息

产品号	商品名	活性成分	剂型 / 给药途径	规格 / 剂量	参比药物 (RLD)	生物等效参考标准 (RS)	治疗等效代码
001	EMFLAZA	deflazacort	混悬剂 / 口服	22.75mg/mL	是	是	否

与本品相关的市场独占权保护信息

关联产品号	独占权代码	失效日期	备注
001	ODE-130	2024/02/09	
	NCE	2022/02/09	
	ODE-252	2026/06/07	

合成路线 1

以下合成路线来源于 Nathansohn 等人 1969 年发表的合成论文。目标化合物 **2** 以化合物 **1** 为原料经过 1 步合成反应而得。

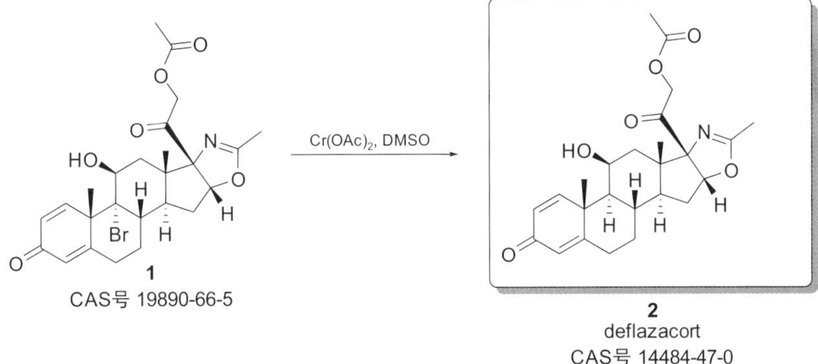

1
CAS号 19890-66-5

2
deflazacort
CAS号 14484-47-0

原始文献： Steroids, 1969, 13(3):383-397.

合成路线 2

以下合成路线来源于 Yueyang Huanyu Pharmaceutical 公司 Xu 等人 2018 年发表的专利申请书。目标化合物 **7** 是以化合物 **1** 为原料经过 4 步合成反应而得。

CrO_3, AcOH

1. MeO_2CNHNH_2, H_2O
2. $NaBH_4$, MeOH
3. HCHO

1
CAS号 111137-66-7

2
CAS号 111585-15-0

3
CAS号 64-19-7

4
CAS号 2245763-03-3

CaO, I_2, MeOH, CH_2Cl_2

4
CAS号 2245763-03-3

5
CAS号 2245763-04-4

6
CAS号 127-08-2

Me_2CO, 回流

7
deflazacort
CAS号 14484-47-0

原始文献： CN 108484714, 2018.

合成路线 3

以下合成路线来源于 Kamp Pharmaceuticals 公司 Liu 等人 2016 年发表的专利申请书。目标化合物 **9** 是以化合物 **1** 为原料经过 7 步合成反应而得。

1
CAS号 1097-51-4

2
CAS号 906336-08-1

3
CAS号 111585-15-0

4
CAS号 1424921-03-8

4
CAS号 1424921-03-8

5
CAS号 108-24-7

1. DMF
2. AcOH
3. Na_2CO_3, H_2O

6
CAS号 1424921-01-6

1. KBH_4, MeOH
2. AcOH, HCl, H_2O
3. HCHO, NaOH

7
CAS号 13649-88-2

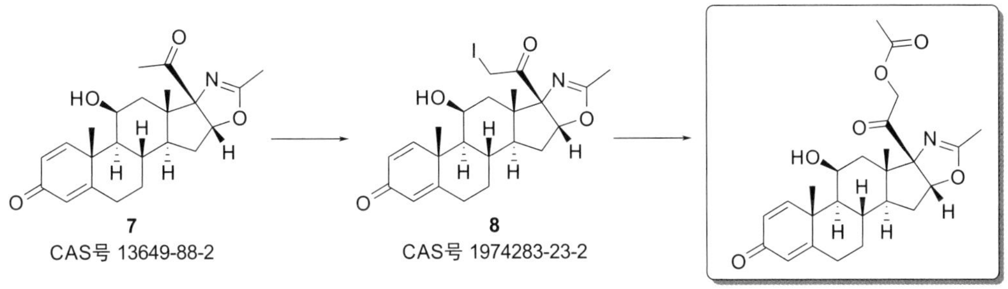

7
CAS号 13649-88-2

8
CAS号 1974283-23-2

9
deflazacort
CAS号 14484-47-0

原始文献： CN 105777852, 2016.

合成路线 4

以下合成路线来源于 Gruppo Lepetit 公司 Forte、Luigi 等人 1997 年发表的专利申请书。目标化合物 **4** 是以化合物 **1** 为原料经过 2 步合成反应而得。

4-DMAP, AcOEt

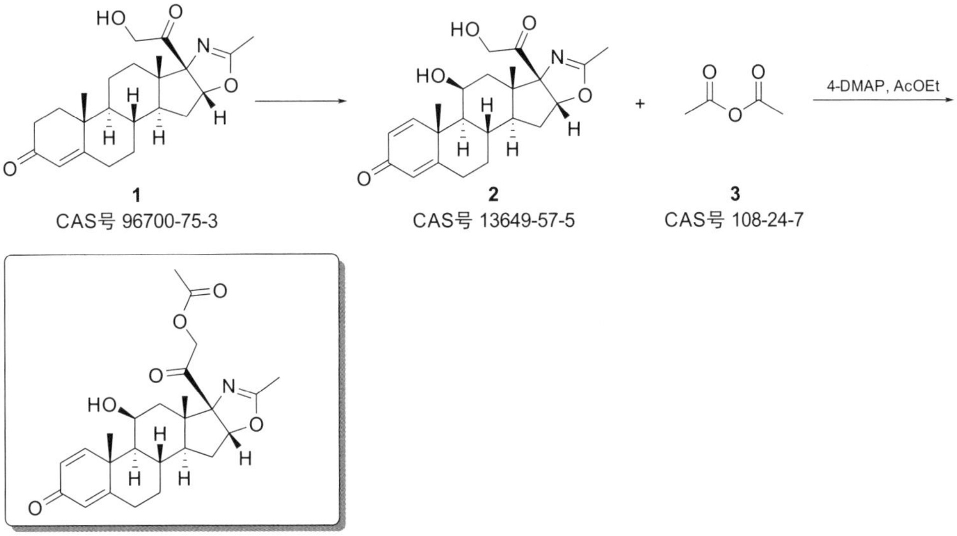

1
CAS号 96700-75-3

2
CAS号 13649-57-5

3
CAS号 108-24-7

4
deflazacort
CAS号 14484-47-0

原始文献： WO 9721722，1997.

合成路线 5

以下合成路线来源于 Hunan Steroid Chemicals 公司 Liu 等人 2009 年发表的专利申请书。目标化合物 **4** 是以化合物 **1** 为原料经过 2 步合成反应而得。

N-溴代琥珀酰亚胺, NH_4OAc, Et_2O

$Bu_4N^+ \cdot I^-$, MeCN, 回流

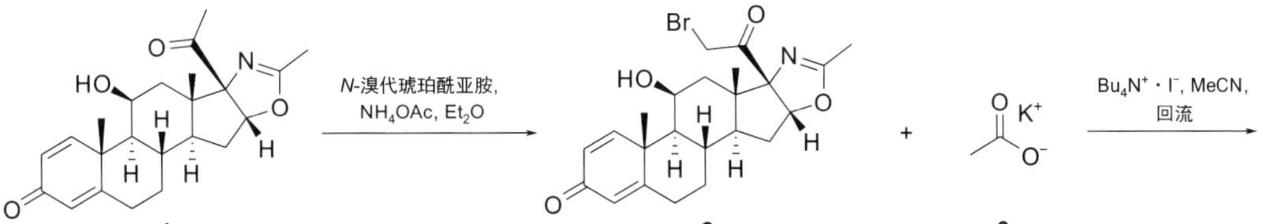

1
CAS号 13649-88-2

2
CAS号 1153808-15-1

3
CAS号 127-08-2

4
deflazacort
CAS号 14484-47-0

原始文献： CN 101418032, 2009.

合成路线 6

以下合成路线来源于 Tianjin Derchemist Science & Technology 公司 Zhang 等人 2013 年发表的专利申请书。目标化合物 **4** 是以化合物 **1** 为原料经过 2 步合成反应而得。

1. $CaCl_2$, CH_2Cl_2
2. I_2, MeOH

Et_3N, Me_2CO

1
CAS号 13649-88-2

2
CAS号 1425664-43-2

3
CAS号 64-19-7

4
deflazacort
CAS号 14484-47-0

原始文献： CN 102942613, 2013.

合成路线 7

以下合成路线来源于 Hunan Kerey Pharmaceutical 公司 Hu 等人 2016 年发表的专利申请书。目标化合物 **4** 是以化合物 **1** 为原料经过 2 步合成反应而得。

NH$_3$, CHCl$_3$, DMF

1
CAS号 111186-92-6

2
CAS号 761351-65-9

3
CAS号 108-24-7

H_2SO_4, AcOH

4
deflazacort
CAS号 14484-47-0

原始文献： CN 106008660, 2016.

合成路线 8

以下合成路线来源于 Jiangxi Yuneng Pharmaceutical 公司 Deng 等人 2017 年发表的专利申请书。目标化合物 **18** 是以化合物 **1** 为原料经过 13 步合成反应而得。该合成工艺的特点可归纳如下：①化合物 **4** 分子中的氰基是通过化合物 **3** 与化合物 **2** 分子中的羰基加成反应而得的。采用化合物 **3** 作为氰基来源的试剂在有机合成中比较少见。②化合物 **7** 是通过化合物 **6** 在锂试剂作用下转化而得。③化合物 **14** 是通过化合物 **12** 与醋酸酐发生分子内环化反应而形成的。

1
CAS号 898-84-0

Ac_2O, H_2SO_4

2
CAS号 15375-21-0

3
CAS号 75-86-5

K_2CO_3, H_2O, MeOH

4
CAS号 116816-71-8

5
CAS号 1719-57-9

1*H*-咪唑, THF → 6

6
CAS号 116816-16-1

LiN(Pr-*i*)$_2$, Me_3SiCl

7
CAS号 4380-55-6

AcONa, DMF

8
CAS号 90039-93-3

H_2O_2 → 9

9
CAS号 1621682-39-0

10
CAS号 6294-89-9

AcOH, H_2O →

11
CAS号 2083576-71-8

NH_3, DMF, AcOH, 中和 →

12
CAS号 2083576-72-9

13
CAS号 108-24-7

1. AcOH
2. NaOH, H_2O
→ **14**

14
CAS号 2083576-73-0

1. HCl, H_2O, MeOH
2. NH_4OH, 中和
→

15
CAS号 2083576-74-1

1. $HClO_4$, H_2O, Me_2CO
2. 1, 3-二溴-5,5-二甲基乙内酰脲
AcOH
→

16
CAS号 2083576-75-2

16
CAS号 2083576-75-2

HCl, Zn, $CrCl_3$
$HSCH_2CO_2H$, EtOH,
→

17
CAS号 13649-57-5

+

13
CAS号 108-24-7

p-$MeC_6H_4SO_3H$ →

18
deflazacort
CAS号 14484-47-0

原始文献： CN 106397532, 2017.

参考文献

[1] McDonald C M, Sajeev G, Yao Z, et al. Deflazacort vs prednisone treatment for Duchenne muscular dystrophy: a meta-analysis of disease progression rates in recent multicenter clinical trials. Muscle Nerve, 2020, 61(1):26-35.

[2] Sardana K, Bajaj S, Bose S K. Successful treatment of PAPA syndrome with minocycline, dapsone, deflazacort and methotrexate: a cost-effective therapy with a 2-year follow-up. Clin Exp Dermatol, 2019, 44(5):577-579.

delafloxacin（地拉沙星）

药物基本信息

英文通用名	delafloxacin meglumine
英文别名	delafloxacin; ABT-492; ABT 492; ABT492; RX-3341; RX 3341; RX3341; WQ-3034; WQ 3034; WQ3034; baxdela
中文通用名	地拉沙星葡甲胺
商品名	Baxdela
CAS登记号	189279-58-1 (游离酸), 352458-37-8 (葡甲胺盐)
FDA 批准日期	6/19/2017
FDA 批准的API	delafloxacin meglumine
化学名	(2*R*,3*R*,4*R*,5*S*)-6-(methylamino)hexane-1,2,3,4,5-pentaol 1-(6-amino-3,5-difluoropyridin-2-yl)-8-chloro-6-fluoro-7-(3-hydroxyazetidin-1-yl)-4-oxo-1,4-dihydroquinoline-3-carboxylic acid (1：1)
SMILES代码	CNC[C@H](O)[C@@H](O)[C@H](O)[C@H](O)CO.O=C(C1=CN(C2=NC(N)=C(F)C=C2F)C3=C(C=C(F)C(N4CC(O)C4)=C3Cl)C1=O)O

化学结构和理论分析

化学结构	理论分析值
	化学式：$C_{25}H_{29}ClF_3N_5O_9$ 精确分子量：N/A 分子量：635.98 元素分析：C, 47.21; H, 4.60; Cl, 5.57; F, 8.96; N, 11.01; O, 22.64

药品说明书参考网页

生产厂家产品说明书、美国药品网、美国处方药网页。

药物简介

BAXDELA 目前有静脉输注或口服片剂两种制剂，用于注射和口服片剂。BAXDELA 注射剂：每个小瓶的 BAXDELA 注射剂的剂量均为 300mg，是无菌冻干粉剂，含有 300mg delafloxacin（相当于 433mg delafloxacin meglumine）和以下非活性成分：乙二胺四乙酸二钠（EDTA）（3.4mg）；葡甲胺（59mg）；磺丁基醚 -*β*- 环糊精（2400mg）。BAXDELA 片剂：每个口服的 BAXDELA 片剂均含有 450mg delafloxacin（相当于 649mg delafloxacin meglumine）和以下非活性成分：无水柠檬酸（5.5mg）；交聚维酮（109mg）；硬脂酸镁（10mg）；微晶纤维素（417mg）；聚维酮（34mg）；碳酸氢钠（140mg）；磷酸二氢钠一水合物（5.5mg）。

BAXDELA 适用于治疗由以下易感分离物引起的急性细菌性皮肤和皮肤结构感染（ABSSSI）：

① 革兰氏阳性生物：金黄色葡萄球菌（包括耐甲氧西林的 [MRSA] 和耐甲氧西林的 [MSSA] 分离株），溶血性葡萄球菌，卢氏葡萄球菌，无乳链球菌。

② 革兰氏阴性生物：大肠杆菌，阴沟肠杆菌，肺炎克雷伯菌和铜绿假单胞菌。

Delafloxacin 属于氟喹诺酮类抗菌药物，本质上是阴离子性的。Delafloxacin 的抗菌活性来源于该药物对细菌拓扑复制异构酶Ⅳ和 DNA 促旋酶（拓扑异构酶Ⅱ）的抑制。后者是细菌 DNA 复制、转录、修复和重组所必需的。Delafloxacin 在体外对革兰氏阳性和革兰氏阴性细菌表现出浓度依赖性的杀菌活性。

药品上市申报信息

该药物目前有 2 种产品上市。

药品注册申请号：208610
申请类型：NDA（新药申请）
申请人：MELINTA
申请人全名：MELINTA SUBSIDIARY CORP

产品信息

产品号	商品名	活性成分	剂型 / 给药途径	规格 / 剂量	参比药物 (RLD)	生物等效参考标准 (RS)	治疗等效代码
001	BAXDELA	delafloxacin meglumine	片剂 / 口服	等量 450mg 游离碱	是	是	否

与本品相关的专利信息（来自 FDA 橙皮书 Orange Book）

关联产品号	专利号	专利过期日	是否物质专利	是否产品专利	专利用途代码	撤销请求	提交日期
001	7728143	2027/11/20	是				2017/07/18
	8252813	2026/10/02		是	U-2028		2017/07/18
	8273892	2026/08/06	是				2017/07/18
	8648093	2025/10/07		是	U-2028		2017/07/18
	8871938	2029/09/23	是				2017/07/18
	8969569	2025/10/07		是	U-2028		2017/07/18
	9539250	2025/10/07	是	是	U-2028		2017/07/18
	RE46617	2029/12/28	是				2017/12/21

与本品相关的市场独占权保护信息

关联产品号	独占权代码	失效日期	备注
001	NCE	2022/06/19	
	GAIN	2027/06/19	

药品注册申请号：208611
申请类型：NDA（新药申请）
申请人：MELINTA
申请人全名：MELINTA SUBSIDIARY CORP

产品信息

产品号	商品名	活性成分	剂型/给药途径	规格/剂量	参比药物(RLD)	生物等效参考标准(RS)	治疗等效代码
001	BAXDELA	delafloxacin meglumine	粉末剂/静脉注射	等量 300mg 游离碱/瓶	是	是	否

与本品相关的专利信息（来自 FDA 橙皮书 Orange Book）

关联产品号	专利号	专利过期日	是否物质专利	是否产品专利	专利用途代码	撤销请求	提交日期
001	7635773	2029/03/13		是			2017/12/21
	7728143	2027/11/20	是				2017/07/18
	8252813	2026/10/02		是	U-2028		2017/07/18
	8273892	2026/08/06	是				2017/07/18
	8410077	2029/03/13		是			2017/12/21
	8648093	2025/10/07		是	U-2028		2017/07/18
	8871938	2029/09/23	是				2017/07/18
	9200088	2029/03/13		是			2017/12/21
	9493582	2033/02/27		是			2017/12/21
	9539250	2025/10/07	是	是	U-2028		2017/07/18
	9750822	2029/03/13		是			2017/12/21
	RE46617	2029/12/28	是				2017/12/21

与本品相关的市场独占权保护信息

关联产品号	独占权代码	失效日期	备注
001	NCE	2022/06/19	
	GAIN	2027/06/19	

合成路线 1

以下合成路线来源于 Rib-X Pharmaceuticals 公司 Hanselmann 等人 2009 年发表的论文。目标化合物 **2** 是通过化合物 **1** 氯代再水解后而得。

1. N-氯代琥珀酰亚胺, H_2SO_4, AcOMe
2. KOH, H_2O, Me_2CHOH

1
CAS号 442526-91-2

2
delafloxacin
CAS号 189279-58-1

原始文献： Org Proc Res Dev, 2009, 13(1):50-54.

合成路线 2

以下合成路线来源于 Abbott Laboratories 公司 Barnes 等人 2006 年发表的论文。目标化合物 **10** 是以化合物 **1** 和化合物 **2** 为原料，经过 4 步合成而得。关键中间体化合物 **9** 是以化合物 **6** 为原料与化合物 **7** 和化合物 **8** 发生成环反应而得。

1
CAS号 446-17-3

2
CAS号 6148-64-7

$SOCl_2$, PhMe

3
CAS号 98349-24-7

4
CAS号 122-51-0

5
CAS号 247069-27-8

Ac_2O, MeCN, NMP → 6

6
CAS号 875712-88-2

7
CAS号 18621-18-6

8
CAS号 97-72-3

DBU, LiCl, NMP

9
CAS号 442526-91-2

1. H_2SO_4, N-氯代琥珀酰亚胺, AcOMe, AcOEt
2. NaOH, H_2O, Me_2CHOH

10
delafloxacin
CAS号 189279-58-1

原始文献： Org Proc Res Dev, 2006, 10(4):803-807.

合成路线 3

以下合成路线来源于 Beijing Voban Pharmaceutical Technology 公司 Zhang、Weifeng 等人 2018 年发表的专利申请书。目标化合物 **10** 是以化合物 **1** 为原料经过 6 步合成反应后而得。关键中间体化合物 **9** 是通过化合物 **8** 分子中的 NH 基团与化合物 **7** 苯环上的一个氟原子发生亲电取代反应而得到的。

$SOCl_2$, CH_2Cl_2, DMF
回流

1
CAS号 101513-77-3

2
CAS号 101513-78-4

3
CAS号 1117-37-9

Et_3N, CH_2Cl_2

4
CAS号 2230546-05-9

4
CAS号 2230546-05-9

5
CAS号 247069-27-8

MeCN, AcOH

6
CAS号 2227359-21-7

K_2CO_3, DMSO

7
CAS号 189279-51-4

7
CAS号 189279-51-4

8
CAS号 18621-18-6

K_2CO_3, DMSO

9
CAS号 1620905-72-7

NaOH, H_2O, EtOH,
AcOH

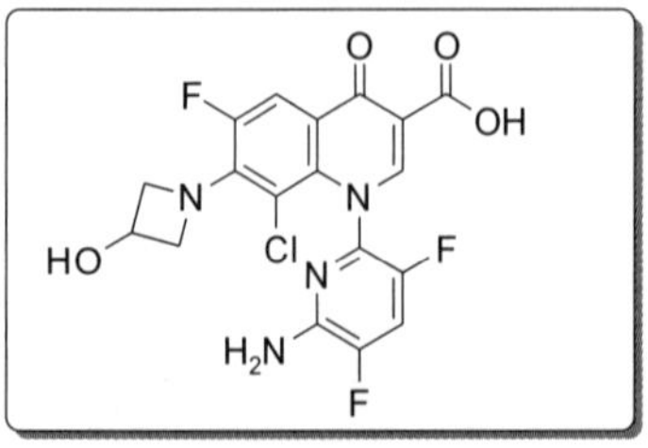

10
delafloxacin
CAS号 189279-58-1

原始文献：CN 108084161, 2018.

合成路线 4

以下合成路线来源于 Shanghai Institute of Pharmaceutical Industry 公司 Kong 等人 2014 年发表的专利申请书。目标化合物 **10** 是以化合物 **1** 和化合物 **2** 为原料经过 6 步合成反应后而得。关键中间体化合物 **8** 是通过化合物 **7** 分子中的 NH 基团与化合物 **6** 苯环上的一个氟原子发生亲电取代反应而得到的。

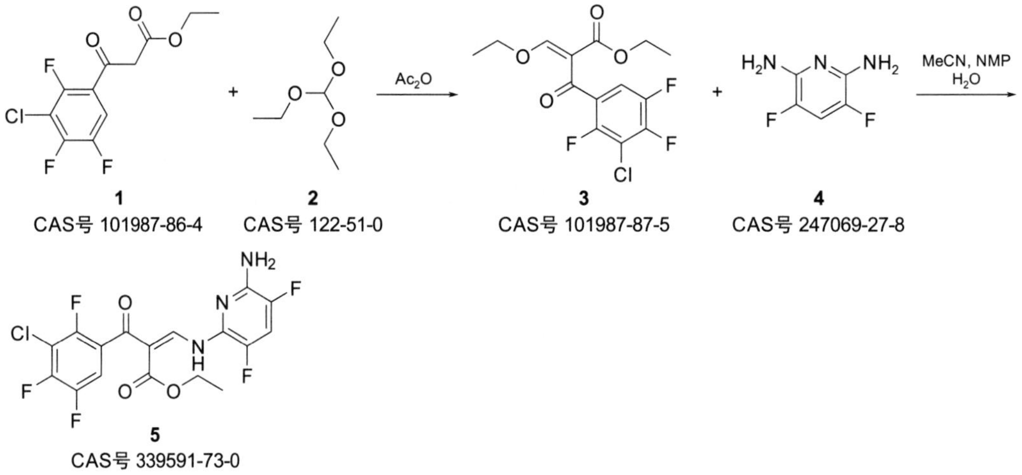

Ac$_2$O; MeCN, NMP, H_2O

1 CAS号 101987-86-4
2 CAS号 122-51-0
3 CAS号 101987-87-5
4 CAS号 247069-27-8
5 CAS号 339591-73-0

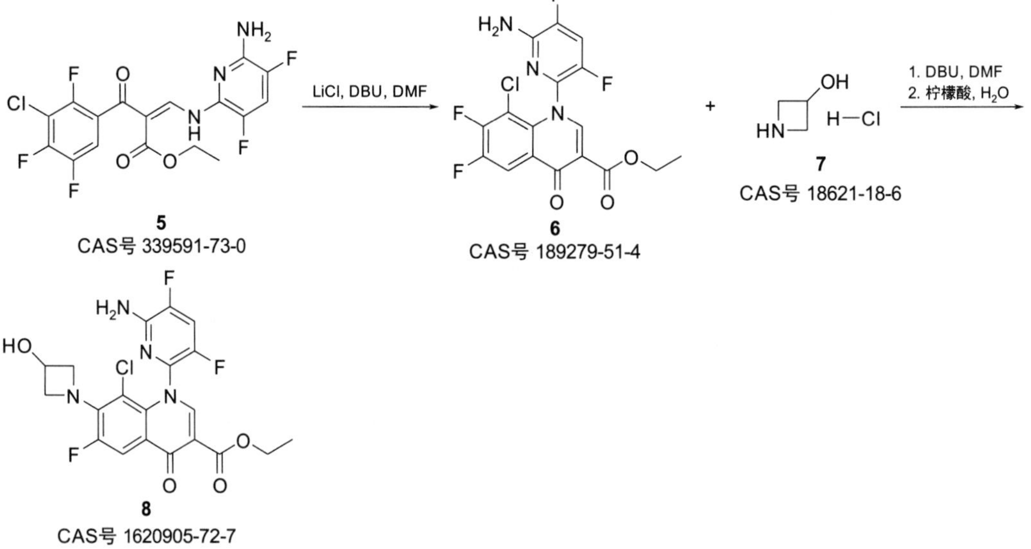

LiCl, DBU, DMF; 1. DBU, DMF 2. 柠檬酸, H_2O

5 CAS号 339591-73-0
6 CAS号 189279-51-4
7 CAS号 18621-18-6
8 CAS号 1620905-72-7

NaOH, H_2O, EtOH

8
CAS号 1620905-72-7

AcOH, DMF, H_2O

9
CAS号 339591-82-1

10
delafloxacin
CAS号 189279-58-1

原始文献： CN 103936717, 2014.

合成路线 5

以下合成路线来源于 Chongqing Pharmaceutical Research Institute 公司 Pan 等人 2016 年发表的专利申请书。目标化合物 **3** 是以化合物 **1** 为原料经过 2 步合成反应后而得。

1. H_2SO_4, *N*-氯代琥珀酰亚胺, AcOEt,
2. H_2O, MeOH

1
CAS号 442526-91-2

2
CAS号 875712-90-6

NaOH, H_2O, Me_2CHOH

3
delafloxacin
CAS号 189279-58-1

原始文献： CN 106256824, 2016.

合成路线 6

以下合成路线来源于 Lunan Pharmaceutical 公司 Zhang 等人 2018 年发表的专利申请书。目标化合物 **9** 是以化合物 **1** 和化合物 **2** 为原料经过 4 步合成反应后而得。

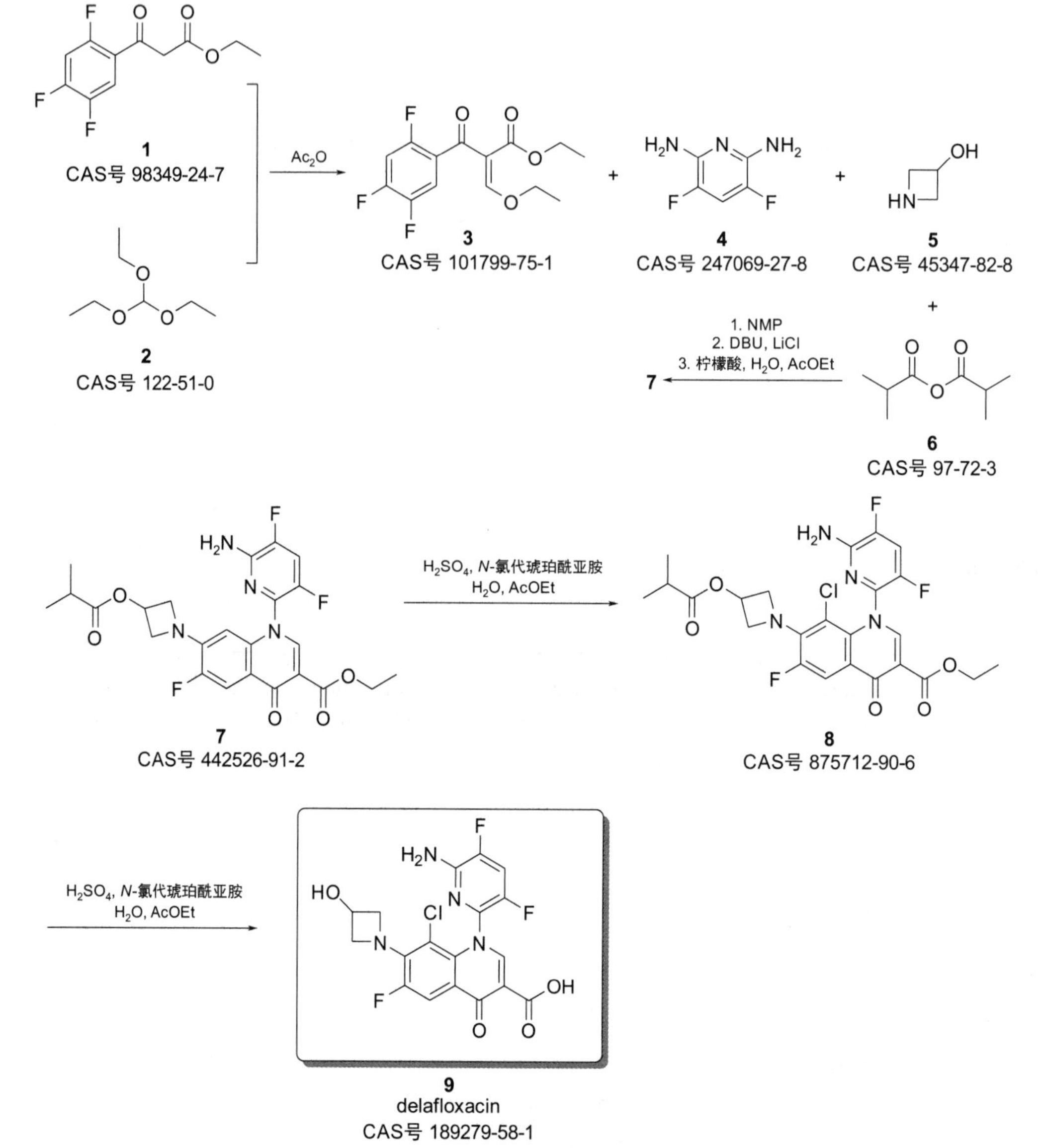

1
CAS号 98349-24-7

2
CAS号 122-51-0

Ac_2O

3
CAS号 101799-75-1

4
CAS号 247069-27-8

5
CAS号 45347-82-8

6
CAS号 97-72-3

1. NMP
2. DBU, LiCl
3. 柠檬酸, H_2O, AcOEt

7
CAS号 442526-91-2

H_2SO_4, *N*-氯代琥珀酰亚胺
H_2O, AcOEt

8
CAS号 875712-90-6

H_2SO_4, *N*-氯代琥珀酰亚胺
H_2O, AcOEt

9
delafloxacin
CAS号 189279-58-1

原始文献： CN 107778293, 2018.

参考文献

[1] Saravolatz L D, Stein G E. Delafloxacin: a new anti-methicillin-resistant staphylococcus aureus fluoroquinolone. Clin Infect Dis, 2019, 68(6):1058-1062.

[2] Ocheretyaner E R, Park T E. Delafloxacin: a novel fluoroquinolone with activity against methicillin-resistant staphylococcus aureus (MRSA) and pseudomonas aeruginosa. Expert Rev Anti Infect Ther, 2018, 16(7):523-530.

地拉沙星核磁谱图

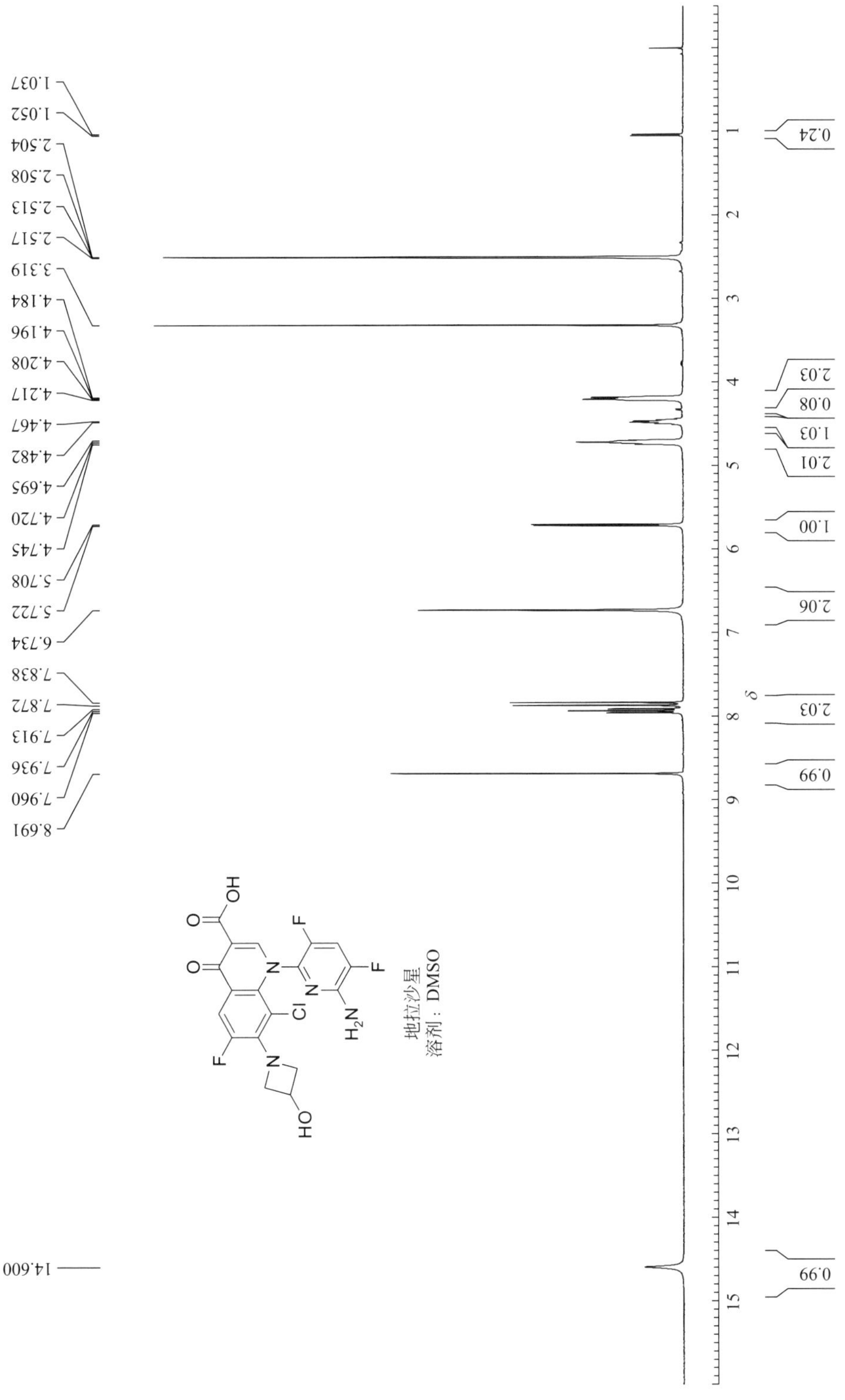

1.037
1.052
2.504
2.508
2.513
2.517
3.319
4.184
4.196
4.208
4.217
4.467
4.482
4.695
4.720
4.745
5.708
5.722
6.734
7.838
7.872
7.913
7.936
7.960
8.691
14.600
0.24
2.03
0.08
1.03
2.01
1.00
2.06
2.03
0.99
0.99
δ
地拉沙星
溶剂：DMSO

deutetrabenazine（氘代丁苯那嗪）

药物基本信息

英文通用名	deutetrabenazine
英文别名	SD809; SD-809; SD 809; GTPL8707; GTPL-8707; GTPL 8707; tetrabenazine-d6
中文通用名	氘代丁苯那嗪
商品名	Austedo
CAS登记号	1392826-25-3
FDA 批准日期	4/3/2017
FDA 批准的API	deutetrabenazine
化学名	rel-(3*R*,11b*R*)-3-isobutyl-9,10-bis(methoxy-d3)-1,3,4,6,7,11b-hexahydro-2*H*-pyrido[2,1-a]isoquinolin-2-one
SMILES代码	O=C([C@H](CC(C)C)C1)C[C@@]2([H])N1CCC3=C2C=C(OC([2H])([2H])[2H])C(OC([2H])([2H])[2H])=C3

化学结构和理论分析

化学结构	理论分析值
D D D O O D D D H O N	化学式：$C_{19}H_{21}D_6NO_3$ 精确分子量：323.2368 分子量：323.47 元素分析：C, 70.55; H, 10.28; N, 4.33; O, 14.84

药品说明书参考网页

生产厂家产品说明书、美国药品网、美国处方药网页。

药物简介

Deutetrabenazine 是一种白色至微黄色的结晶性粉末，微溶于水，溶于乙醇。

AUSTEDO 片剂包含 6mg、9mg 或 12mg deutetrabenazine 三种规格，以及以下非活性成分：氢氧化铵，黑色氧化铁，正丁醇，丁基化羟基茴香醚，丁基化羟基甲苯，硬脂酸镁，甘露醇，微晶纤维素，聚乙二醇，聚乙烯氧化物，聚山梨酯 80，聚乙烯醇，聚维酮，丙二醇，虫胶，滑石粉，二氧化钛和 FD & C 蓝色号 2 色淀。6mg 片剂还含有 FD & C 红色号 40 湖色。12mg 片剂还含有 FD & C 黄色 6 号色淀。

Deutetrabenazine 可用于治疗与亨廷顿舞蹈病相关的舞蹈病及成人迟发性运动障碍。

Deutetrabenazine 在亨廷顿氏病患者的迟发性运动障碍和舞蹈症的治疗中发挥其确切作用的确切机制尚不清楚，但据悉与它作为可逆性单胺消耗剂可消耗神经末梢的单胺（如多巴胺、5- 羟色胺、去甲肾上腺素和组胺）的作用有关。Deutetrabenazine 的主要循环代谢产物（α-HTBZ 和 β-HTBZ）都是 VMAT2 的可逆抑制剂，导致单胺对突触小泡的吸收减少和单胺储存的消耗。

药品上市申报信息

该药物目前有 6 种产品上市。

药品注册申请号: 208082
申请类型: NDA (新药申请)
申请人: TEVA BRANDED PHARM
申请人全名: TEVA BRANDED PHARMACEUTICAL PRODUCTS R AND D INC

产品信息

产品号	商品名	活性成分	剂型 / 给药途径	规格 / 剂量	参比药物 (RLD)	生物等效参考标准 (RS)	治疗等效代码
001	AUSTEDO	deutetrabenazine	片剂 / 口服	6 mg	是	否	否
002	AUSTEDO	deutetrabenazine	片剂 / 口服	9 mg	是	否	否
003	AUSTEDO	deutetrabenazine	片剂 / 口服	12 mg	是	是	否

与本品相关的专利信息（来自 FDA 橙皮书 Orange Book）

关联产品号	专利号	专利过期日	是否物质专利	是否产品专利	专利用途代码	撤销请求	提交日期
001	8524733	2031/03/27	是	是			2017/04/04
	9233959	2033/09/18		是			2017/04/04
	9296739	2033/09/18		是			2017/04/04
	9550780	2033/09/18	是	是	U-1995 U-1846		2017/04/04
	9814708	2033/09/18		是			2017/11/16
002	8524733	2031/03/27	是	是			2017/04/04
	9233959	2033/09/18		是			2017/04/04
	9296739	2033/09/18		是			2017/04/04
	9550780	2033/09/18	是	是	U-1846 U-1995		2017/04/04
	9814708	2033/09/18		是			2017/11/16
003	8524733	2031/03/27	是	是			2017/04/04
	9233959	2033/09/18		是			2017/04/04
	9296739	2033/09/18		是			2017/04/04
	9550780	2033/09/18	是	是	U-1846 U-1995		2017/04/04
	9814708	2033/09/18		是			2017/11/16

与本品相关的市场独占权保护信息

关联产品号	独占权代码	失效日期	备注
001	ODE-134	2024/04/03	
	NCE	2022/04/03	
	I-751	2020/08/30	
002	ODE-134	2024/04/03	
	NCE	2022/04/03	
	I-751	2020/08/30	
003	ODE-134	2024/04/03	
	NCE	2022/04/03	
	I-751	2020/08/30	

药品注册申请号：209885
申请类型：NDA（新药申请）
申请人：TEVA BRANDED PHARM

产品信息

产品号	商品名	活性成分	剂型 / 给药途径	规格 / 剂量	参比药物 (RLD)	生物等效参考标准 (RS)	治疗等效代码
001	AUSTEDO	deutetrabenazine	片剂 / 口服	6mg	否		否
002	AUSTEDO	deutetrabenazine	片剂 / 口服	9mg	否		否
003	AUSTEDO	deutetrabenazine	片剂 / 口服	12mg	否		否

合成路线 1

以下合成路线来源于 Lupin 公司 Ray 等人 2018 年发表的论文。目标化合物 **5** 是以化合物 **1** 和化合物 **2** 为原料，经过 2 步合成反应而得。

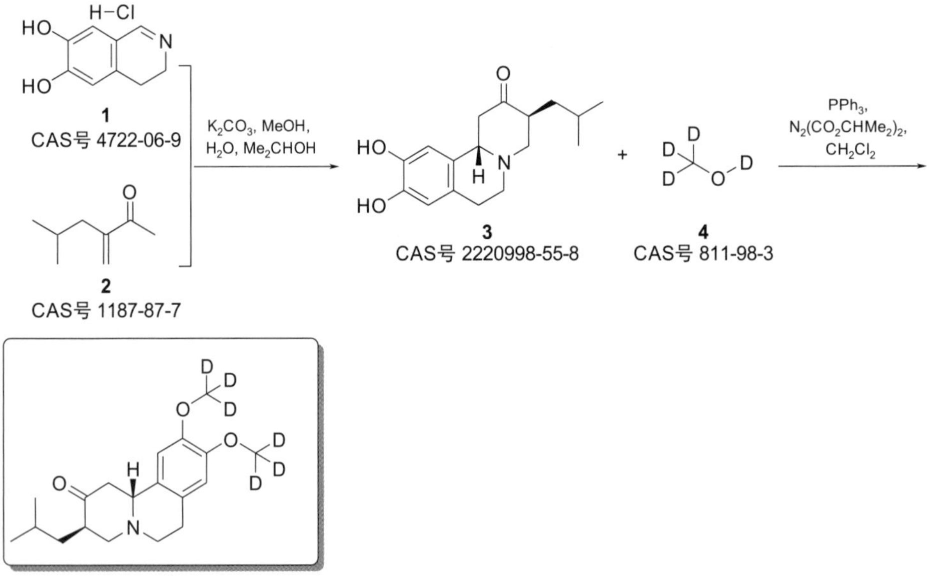

1 CAS号 4722-06-9
2 CAS号 1187-87-7
K_2CO_3, MeOH, H_2O, Me_2CHOH
3 CAS号 2220998-55-8
4 CAS号 811-98-3
PPh_3, $N_2(CO_2CHMe_2)_2$, CH_2Cl_2
5 deutetrabenazine CAS号 1392826-25-3

原始文献： Org Proc Res Dev, 2018, 22 (4): 520-526.

合成路线 2

以下合成路线来源于 Auspex Pharmaceuticals 公司 Shah 等人 2015 年发表的专利申请书。目标化合物 **18** 是通过化合物 **17** 与化合物 **8** 发生成环反应而得。关键中间体化合物 **8** 是以化合物 **1**、化合物 **2** 和化合物 **3** 为原料，经过 3 步合成反应而得。另外一个重要中间体化合物 **17** 是以化合物 **9** 和化合物 **10** 为原料经过 5 步合成而得。

CuI, THF, $(Me_2N)_3P{=}O$, Et_3N

1 CAS号 920-39-8　**2** CAS号 78-94-4　**3** CAS号 75-77-4　**4** CAS号 1778686-19-3　**5** CAS号 73505-44-9　**6** CAS号 33797-51-2

MeCN　　CH_3I, CH_2Cl_2

7 CAS号 91342-74-4　**8** CAS号 1069-62-1

Na_2CO_3, H_2O, THF

9 CAS号 62-31-7　**10** CAS号 24424-99-5　**11** CAS号 37034-31-4　**12** CAS号 865-50-9

K_2CO_3, 18-冠-6, Me_2CO

13 CAS号 1351951-81-9

1. HCl, AcOEt　2. NaOH, H_2O

13 CAS号 1351951-81-9　**14** CAS号 1162658-07-2　**15** CAS号 109-94-4

HCO_2Et, 回流

16 CAS号 1351951-84-2

1. $POCl_3$
2. K_2CO_3, H_2O, 调成碱性

MeOH, 回流

16
CAS号 1351951-84-2

17
CAS号 1221885-61-5

8
CAS号 1069-62-1

18
deutetrabenazine
CAS号 1392826-25-3

原始文献： WO 2015077521, 2015.

合成路线 3

以下合成路线来源于 Auspex Pharmaceuticals 公司 Zhang 等人 2015 年发表的专利申请书。目标化合物 **13** 是通过化合物 **12** 与化合物 **6** 发生成环反应而得。关键中间体化合物 **6** 是以化合物 **1** 和化合物 **2** 为原料，经过 3 步合成反应而得。另外一个重要中间体化合物 **12** 是以化合物 **7** 和化合物 **8** 为原料经过 3 步合成而得。

K_2CO_3, KI, Bu_4NBr

CH_2O, KOH

1
CAS号 141-97-9

2
CAS号 78-77-3

3
CAS号 1522-34-5

4
CAS号 506-59-2

5
CAS号 91342-74-4

CH_3I, *t*-BuOMe

6
CAS号 1069-62-1

NaOBu-*t*

K_2CO_3, Me_2CO

7
CAS号 62-31-7

8
CAS号 109-94-4

9
CAS号 282721-27-1

10
CAS号 865-50-9

11
CAS号 1351951-84-2

POCl$_3$, MeCN

K$_2$CO$_3$, MeOH

11
CAS号 1351951-84-2

12
CAS号 1783808-87-6

6
CAS号 1069-62-1

13
deutetrabenazine
CAS号 1392826-25-3

原始文献： US 20150152099, 2015.

合成路线 4

以下合成路线来源于 Lupin 公司 Despande 等人 2017 年发表的专利申请书。目标化合物 **5** 是通过化合物 **1** 与化合物 **2** 为原料经过 2 步合成反应得。

CH_2Cl_2

MeOH, 回流

1
CAS号 91342-74-4

2
CAS号 74-88-4

3
CAS号 1069-62-1

4
CAS号 1221885-61-5

5
deutetrabenazine
CAS号 1392826-25-3

原始文献： WO 2017182916, 2017.

合成路线 5

以下合成路线来源于 Mylan Laboratories Ltd., 公司 Jayachandra 等人 2019 年发表的专利申请书。目标化合物 **12** 是通过化合物 **11** 与化合物 **2** 发生成环反应而得。重要中间体化合物 **11** 是以化合物 **3** 和化合物 **4** 为原料经过 5 步合成而得。

K_2CO_3, H_2O, $Me(CH_2)_5Me$

1
CAS号 2361009-48-3

2
CAS号 91342-74-4

H−Cl

3
CAS号 62-31-7

4
CAS号 85-44-9

DMF

5
CAS号 57894-18-5

5
CAS号 57894-18-5

6
CAS号 865-50-9

K_2CO_3, DMF

7
CAS号 2361009-47-2

N_2H_4-H_2O, MeOH

8
CAS号 1162658-07-2

8
CAS号 1162658-07-2

9
CAS号 109-94-4

HCO_2Et,
回流

10
CAS号 1351951-84-2

$POCl_3$,
MeCN

Cl−H

11
CAS号 1783808-87-6

2
CAS号 91342-74-4

H_2O
$Me(CH_2)_5Me$

12
deutetrabenazine
CAS号 1392826-25-3

原始文献： IN 201741047280, 2019.

合成路线 6

以下合成路线来源于 Mylan Laboratories Ltd. 公司 Alaparthi 等人 2019 年发表的专利申请书。目标化合物 **9** 是通过化合物 **7** 与化合物 **8** 发生成环反应而得。重要中间体化合物 **7** 是以化合物 **1** 和化合物 **2** 为原料经过 4 步合成而得。

Et_3N

1 CAS号 62-31-7　**2** CAS号 109-94-4　**3** CAS号 282721-27-1　**4** CAS号 811-98-3

PPh_3, $N_2(CO_2CHMe_2)_2$, THF

5 CAS号 1351951-84-2

PCl_5, CH_2Cl_2 / KOH, H_2O, 调成酸性 → **6**

HCl, Me_2CHOH

6 CAS号 1221885-61-5　**7** CAS号 1783808-87-6　**8** CAS号 1069-62-1

K_2CO_3, H_2O, MeOH

9
deutetrabenazine
CAS号 1392826-25-3

原始文献： WO 2019150387, 2019.

参考文献

[1] Khorassani F, Luther K, Talreja O. Valbenazine and deutetrabenazine: vesicular monoamine transporter 2 inhibitors for tardive dyskinesia. Am J Health Syst Pharm, 2020, 77(3):167-174.

[2] Claassen D O, Philbin M, Carroll B. Deutetrabenazine for tardive dyskinesia and chorea associated with Huntington's disease: a review of clinical trial data. Expert Opin Pharmacother, 2019, 20(18):2209-2221.

doravirine（多拉维林）

药物基本信息

英文通用名	doravirine
英文别名	MK 1439; MK-1439; MK1439
中文通用名	多拉维林
商品名	Pifeltro
CAS登记号	1338225-97-0
FDA 批准日期	8/30/2018
FDA 批准的API	doravirine
化学名	3-chloro-5-((1-((4-methyl-5-oxo-4,5-dihydro-1*H*-1,2,4-triazol-3-yl)methyl)-2-oxo-4-(trifluoromethyl)-1,2-dihydropyridin-3-yl)oxy)benzonitrile
SMILES代码	N#CC1=CC(OC2=C(C(F)(F)F)C=CN(CC(N3C)=NNC3=O)C2=O)=CC(Cl)=C1

化学结构和理论分析

化学结构	理论分析值
Cl, O, N, N-NH, O, N, N, O, F, F, F	化学式：$C_{17}H_{11}ClF_3N_5O_3$ 精确分子量：425.0503 分子量：425.75 元素分析：C, 47.96; H, 2.60; Cl, 8.33; F, 13.39; N, 16.45; O, 11.27

药品说明书参考网页

生产厂家产品说明书、美国药品网、美国处方药网页。

药物简介

PIFELTRO 是一种含有 doravirine 的薄膜包衣片剂，用于口服。Doravirine 是一种 HIV-1 非核苷逆转录酶抑制剂（NNRTI）。每片含 100mg doravirine 作为活性成分。片剂包含以下非活性成分：胶体二氧化硅，交联羧甲基纤维素钠，醋酸羟丙甲纤维素琥珀酸酯，乳糖一水合物，硬脂酸镁和微晶纤维素。所述片剂用包含以下非活性成分的包衣材料薄膜包衣：羟丙甲纤维素，乳糖一水合物，二氧化钛和三醋精。包衣的片剂用巴西棕榈蜡抛光。Doravirine 实际上不溶于水。

PIFELTRO ™与其他抗逆转录病毒药物联合用于治疗成人患者的 HIV-1 感染。附件条件如下：①没有先前的抗逆转录病毒治疗史；②替代目前的抗逆转录病毒治疗方案，条件是该患者接受过抗逆转录病毒疗法，在病毒学上属于被抑制（HIV-1 RNA 少于每毫升 50 拷贝），且无治疗失败的历史，也没有已知的对 doravirine 耐药。

Doravirine 是一种 HIV-1 的吡啶酮（pyridinone）类非核苷逆转录酶抑制剂，可通过非竞争性方式抑制 HIV-1 逆转录酶（RT）的活性，进而抑制 HIV-1 的复制。Doravirine 不会抑制人细胞 DNA 聚合酶 α、β 和线粒体 DNA 聚合酶 γ。

细胞培养中的抗病毒活性：当在 100% 正常人血清（NHS）的存在下使用 MT4-GFP 报告细胞进行测试时，doravirine 对 HIV-1 的野生型实验室菌株显示 EC_{50} 值为（12.0 ± 4.4）nM。Doravirine 对多种主要的 HIV-1 分离株（A，A1，AE，AG，B，BF，C，D，G，H）表现出抗病毒活性，EC_{50} 值为 1.2nM 至 10.0nM。

研究发现，与其他 HIV 抗病毒药合用时，doravirine 在细胞培养物中的抗病毒活性不会拮抗。这些药物包括：① NNRTI 类药物如 delavirdine, efavirenz, etravirine, nevirapine, rilpivirine; ② NRTI 类药物如 abacavir, didanosine, emtricitabine, lamivudine, stavudine, tenofovir DF, zidovudine; ③ PI 类药物如 darunavir, indinavir; ④ GP41 融合抑制剂类药物（fusion inhibitor）如 enfuvirtide; ⑤ CCR5 共同受体拮抗剂（CCR5 co-receptor antagonist）类药物如 maraviroc; ⑥整合酶链转移抑制剂类药物（integrase strand transfer inhibitor）如 raltegravir。

药品上市申报信息

该药物目前有 2 种产品上市。

药品注册申请号：210806
申请类型：NDA（新药申请）
申请人：MSD MERCK CO
申请人全名：MERCK SHARP AND DOHME CORP A SUB OF MERCK AND CO INC

产品信息

产品号	商品名	活性成分	剂型 / 给药途径	规格 / 剂量	参比药物 (RLD)	生物等效参考标准 (RS)	治疗等效代码
001	PIFELTRO	doravirine	片剂 / 口服	100 mg	是	是	否

与本品相关的专利信息（来自 FDA 橙皮书 Orange Book）

关联产品号	专利号	专利过期日	是否物质专利	是否产品专利	专利用途代码	撤销请求	提交日期
001	8486975	2031/10/07	是	是	U-2394 U-2630		2018/09/17

与本品相关的市场独占权保护信息

关联产品号	独占权代码	失效日期	备注
001	NCE	2023/08/30	

药品注册申请号：210807
申请类型：NDA（新药申请）
申请人：MSD MERCK CO
申请人全名：MERCK SHARP AND DOHME CORP A SUB OF MERCK AND CO INC

产品信息

产品号	商品名	活性成分	剂型 / 给药途径	规格 / 剂量	参比药物 (RLD)	生物等效参考标准 (RS)	治疗等效代码
001	DELSTRIGO	doravirine; lamivudine; tenofovir disoproxil fumarate	片剂 / 口服	100mg;300mg	是	是	否

与本品相关的专利信息（来自 FDA 橙皮书 Orange Book）

关联产品号	专利号	专利过期日	是否物质专利	是否产品专利	专利用途代码	撤销请求	提交日期
001	8486975	2031/10/07	是	是	U-2395 U-2629		2018/09/17

与本品相关的市场独占权保护信息

关联产品号	独占权代码	失效日期	备注
001	NCE	2023/08/30	
	I-806	2022/09/19	

合成路线 1

以下合成路线来源于 Merck & Co. 公司 Gauthier 等人 2015 年发表的论文。目标化合物 **14** 是通过化合物 **13** 分子中的 NH 基团在碱性条件下与化合物 **6** 分子中的氯甲基发生亲核反应而得。关键中间体化合物 **6** 是以化合物 **1** 为原料，经过 4 步合成反应而得。另一个关键中间体化合物 **13** 是以化合物 **7** 和化合物 **8** 为原料，经过 4 步合成而得。该合成工艺中，值得注意的特点有：①化合物 **4** 在碱性条件下发生分子内环合反应得到化合物 **5**；②化合物 **9** 的 α-CH_2 基团在碱性条件下亲核加成到化合物 **10** 分子中的羰基上，得到化合物 **11**；③化合物 **12** 与 NH_3 反应，发生分子内环合，得到化合物 **13**。

1 CAS号 1885-14-9 → (CH_3NH_2, H_2O, 96%) → **2** CAS号 1943-79-9

2 + **3** CAS号 79-14-1 → (N_2H_4-H_2O, Me_2CHOH, 81%) → **4** CAS号 1613307-26-8

4 → (1. NaOH, H_2O, PrOH; 2. HCl; 85%) → **5** CAS号 1182358-83-3

5 → ($SOCl_2$, AcOEt, 87%) → **6** CAS号 1338226-21-3

7 CAS号 473923-97-6 + **8** CAS号 5292-43-3 → (K_2CO_3, Me_2CO, 94%) → **9** CAS号 1673510-95-6

\+ **10** CAS号 59938-06-6

(Me$_3$Si)$_2$NH · Na, PhMe
H_2O
72%

11
CAS号 1673510-98-9

Et$_3$N,
O(C(=O)CF$_3$)$_2$, PhMe

NH$_3$, MeOH,
PhMe

11
CAS号 1673510-98-9

12
CAS号 1673511-03-9

13
CAS号 1155846-86-8

6
CAS号 1338226-21-3

EtN(Pr-*i*)$_2$, NMP,
HOCMe$_2$Et
AcOH, H_2O
90%

14
doravirine
CAS号 1338225-97-0

原始文献： Org Lett, 2015, 17(6):1353-1356.

合成路线 2

以下合成路线来源于 Merck & Co. 公司 Zhang 等人 2016 年发表的论文。目标化合物 **8** 是通过化合物 **7** 分子中的 NH 基团在碱性条件下与化合物 **2** 分子中的氯甲基发生亲核反应而得。关键中间体化合物 **7** 是以化合物 **3** 和化合物 **4** 为原料，经过 3 步合成反应而得。另一个关键中间体化合物 **2** 是以化合物 **1** 为原料，经过 1 步合成而得。

SOCl$_2$, NMP

1
CAS号 1182358-83-3

2
CAS号 1338226-21-3

3
CAS号 1613307-27-9

4
CAS号 17129-06-5

KOC(Et)Me_2, PhMe

5

CAS号 2054541-25-0

CF_3CO_2K, Et_3N, $O(C(=O)CF_3)_2$, PhMe

5 CAS号 2054541-25-0

6 CAS号 2054541-27-2

NH_3, MeOH

7 CAS号 1155846-86-8

2 CAS号 1338226-21-3

$HOCMe_2Et$, EtN(Pr-*i*)$_2$, NMP, AcOH, H_2O

8

doravirine

CAS号 1338225-97-0

原始文献： J Mass Spectr, 2016, 51(10): 956-968.

合成路线 3

以下合成路线来源于 Merck & Co. 公司 Campeau 等人 2016 年发表的论文。该工艺属于中试规模的生产工艺。目标化合物 **11** 是通过化合物 **7** 分子中的 NH 基团在碱性条件下，与化合物 **8** 分子中的氯甲基发生亲核反应，再甲基化而得。关键中间体化合物 **7** 是以化合物 **1** 为原料，经过 4 步合成反应而得。另一个关键中间体化合物 **2** 是以化合物 **1** 为原料，经过 1 步合成而得。

双(频哪醇)二硼，(1,5-环辛二烯)(甲氧基)铱(Ⅰ)二聚体，4, 4′-$(C_5H_4N)_2$，环己烷；过硫酸钾，Me_2CO，$NaHSO_3$，H_2O；98%

K_2CO_3, NMP；92%

1 CAS号 625-99-0

2 CAS号 861347-86-6

3 CAS号 628692-22-8

4 CAS号 1338226-06-4

t-BuOH, NaOH
HCl, H_2O
85%

4
CAS号 1338226-06-4

5
CAS号 1338226-07-5

+ Cu—≡N
6
CAS号 544-92-3

NMP
90%

7
CAS号 1155846-86-8

7
CAS号 1155846-86-8

+

8
CAS号 252742-72-6

K_2CO_3, DMF
81%

9
CAS号 1338226-05-3

—I
10
CAS号 74-88-4

K_2CO_3, H_2O,
NMP
68%

11
doravirine
CAS号 1338225-97-0

原始文献： Org Process Res Dev, 2016, 20(8):1476-1481.

合成路线 4

以下合成路线来源于 Merck Sharp & Dohme 公司 Cao 等人 2015 年发表的专利申请书。目标化合物 **16** 是通过化合物 **10** 分子中的 NH 基团在碱性条件下与化合物 **15** 分子中的氯甲基发生亲核反应，再甲基化而得。关键中间体化合物 **10** 是以化合物 **1** 和化合物 **2** 为原料，经过 6 步合成反应而得。另一个关键中间体化合物 **15** 是以化合物 **11** 和化合物 **12** 为原料，经过 3 步合成而得。

1
CAS号 60-12-8

2
CAS号 6575-00-4

NaOBu-t, BHT,
DMF

3
CAS号 1789739-07-6

4
CAS号 1789739-08-7

5
CAS号 105-36-2

6
CAS号 1613307-27-9

Cl

N

O

O

O

6

CAS号 1613307-27-9

O

F

F

F

O

7

CAS号 17129-06-5

KOC(Et)Me_2, PhMe

8

CAS号 1613307-29-1

O(C(=O)$CF_3)_2$, Et_3N, CF_3CO_2K, PhMe

9

CAS号 1613307-28-0

NH_3, PhMe, MeOH, 65%

10

CAS号 1155846-86-8

11

CAS号 1943-79-9

\+

12

CAS号 79-14-1

N_2H_4-H_2O, Me_2CHOH, 81%

13

CAS号 1613307-26-8

1. NaOH, H_2O, PrOH, 回流
2. HCl

85%

14

CAS号 1182358-83-3

14

CAS号 1182358-83-3

$SOCl_2$, NMP, 97%

15

CAS号 1338226-21-3

\+

10

CAS号 1155846-86-8

EtN(Pr-i)$_2$, HOCMe_2Et, NMP, AcOH, 90%

16

doravirine

CAS号 1338225-97-0

原始文献： WO 2015084763, 2015.

合成路线 5

以下合成路线来源于 Merck Sharp & Dohme 公司 Itoh 等人 2015 年发表的专利申请书。目标化合物 **15** 是通过化合物 **13** 分子中的羟基与化合物 **12** 分子中的氟原子发生亲核取代反应后，再脱去保护基而得。关键中间体化合物 **12** 是以化合物 **3** 为原料，经过 7 步合成反应而得。另一个关键中间体化合物 **2** 是以化合物 **1** 为原料，经过 1 步合成而得。

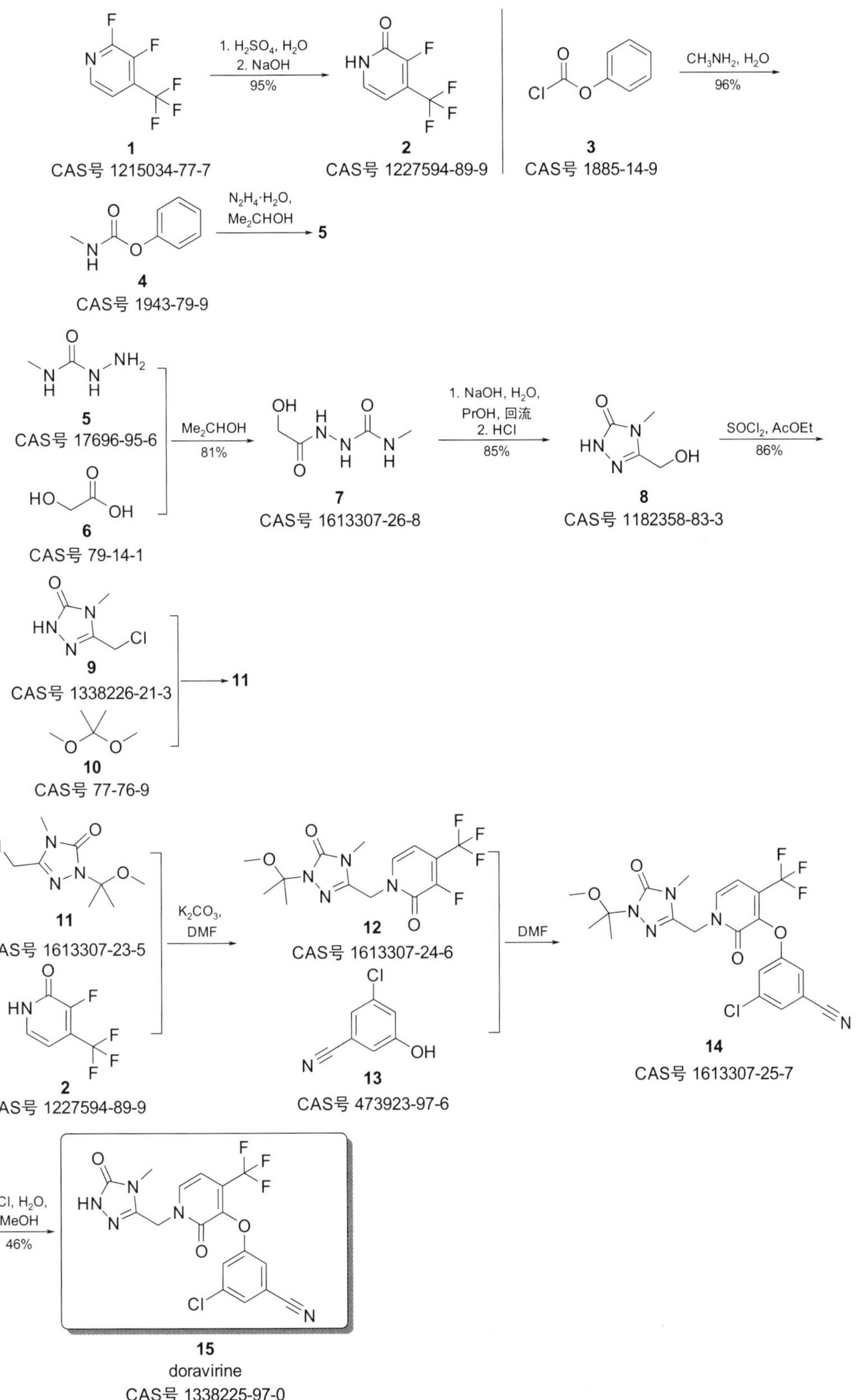

原始文献： WO 2014089140, 2015.

参考文献

[1] Wang X, Milinkovic A, Pereira B, et al. Pharmacokinetics of once-daily doravirine over 72 h following drug cessation. J Antimicrob Chemother, 2020, 75(6):1658-1660.

[2] Hwang C, Lai M T, Hazuda D. Rational design of doravirine: from bench to patients. ACS Infect Dis, 2020, 6(1):64-73.

多拉维林核磁谱图

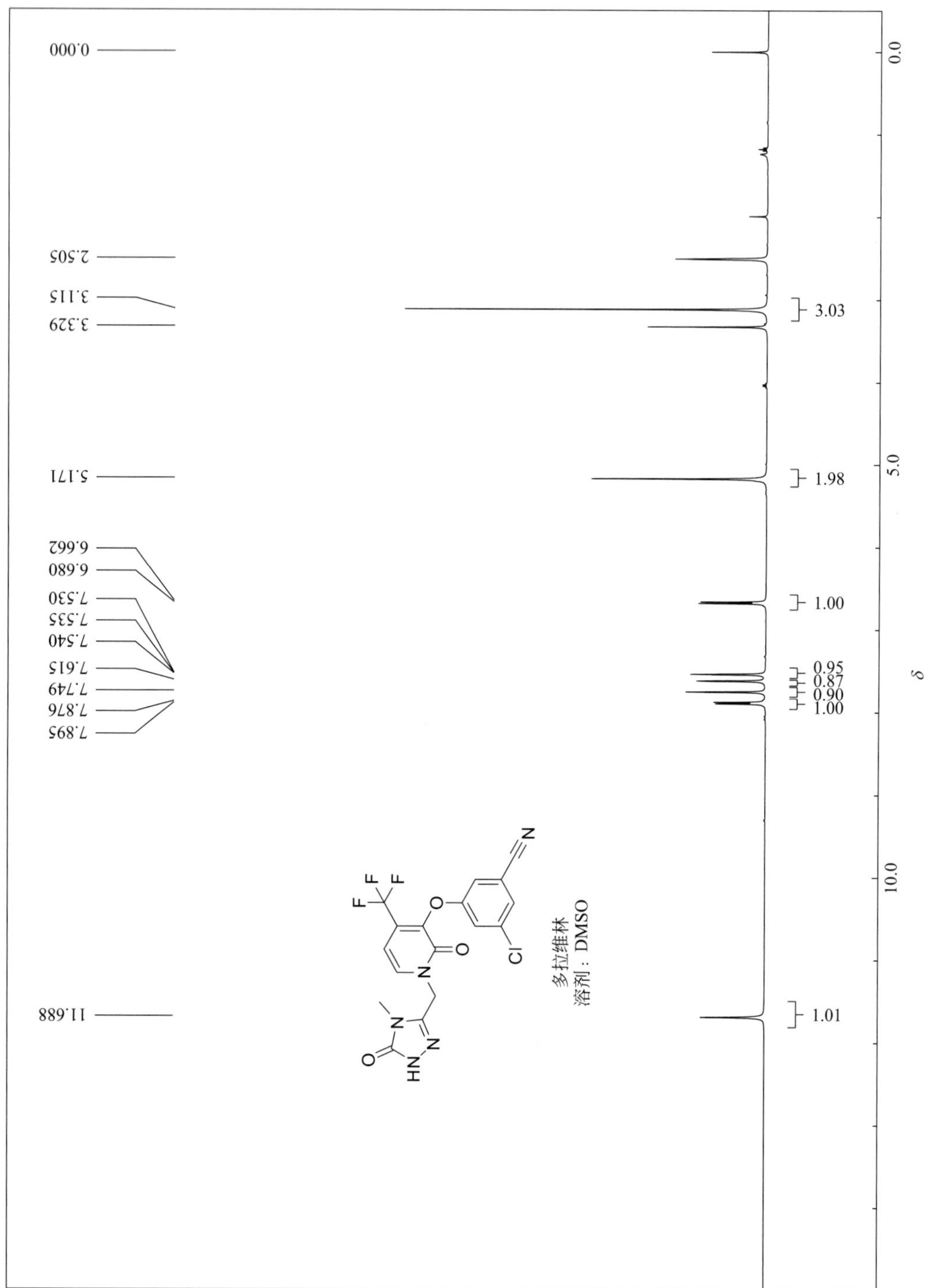

duvelisib（杜韦利西布）

药物基本信息

英文通用名	duvelisib
英文别名	IPI145; IPI 145; IPI-145; INK1197; INK 1197; INK-1197
中文通用名	杜韦利西布水合物
商品名	Copiktra
CAS登记号	1386861-49-9 (水合物), 1201438-56-3 (游离态)
FDA 批准日期	9/24/2018
FDA 批准的API	duvelisib hydrate
化学名	(*S*)-3-(1-((9*H*-purin-6-yl)amino)ethyl)-8-chloro-2-phenylisoquinolin-1(2*H*)-one hydrate
SMILES代码	O=C1N(C2=CC=CC=C2)C([C@@H](NC3=C4N=CNC4=NC=N3)C)=CC5=C1C(Cl)=CC=C5.[H]O[H]

化学结构和理论分析

化学结构	理论分析值
	化学式：$C_{22}H_{19}ClN_6O_2$ 精确分子量：N/A 分子量：434.88 元素分析：C, 60.76; H, 4.40; Cl, 8.15; N, 19.33; O, 7.36

药品说明书参考网页

生产厂家产品说明书、美国药品网、美国处方药网页。

药物简介

COPIKTRA（duvelisib）是磷脂酰肌醇 3 激酶 PI3K-δ 和 PI3K-γ 的双重抑制剂。

Duvelisib 是一种白色至灰白色结晶固体，经验式为 $C_{22}H_{17}ClN_6O \cdot H_2O$，分子量为 434.88。Duvelisib 含有一个手性中心，即（*S*）- 对映异构体。Duvelisib 可溶于乙醇，几乎不溶于水。

COPIKTRA 胶囊可口服，有白色至灰白色不透明和瑞典橙色不透明胶囊（25mg，无水）或粉红色不透明胶囊（15mg，无水），并且含有以下非活性成分：胶体二氧化硅，交聚维酮，硬脂酸镁和微晶纤维素。胶囊壳包含明胶、二氧化钛、黑色墨水和红色氧化铁。

药品上市申报信息

该药物目前有 2 种产品上市。

药品注册申请号：211155

申请类型: NDA (新药申请)
申请人: VERASTEM INC
申请人全名: VERASTEM INC

产品信息

产品号	商品名	活性成分	剂型 / 给药途径	规格 / 剂量	参比药物 (RLD)	生物等效参考标准 (RS)	治疗等效代码
001	COPIKTRA	duvelisib	胶囊 / 口服	15mg	是	否	
002	COPIKTRA	duvelisib	胶囊 / 口服	25mg	是	是	

与本品相关的专利信息(来自 FDA 橙皮书 Orange Book)

关联产品号	专利号	专利过期日	是否物质专利	是否产品专利	专利用途代码	撤销请求	提交日期
001	8193182	2030/02/13	是				2018/10/23
	9216982	2029/01/05			U-2413 U-2412		2018/10/23
	9840505	2032/01/10			U-2413 U-2412		2018/10/23
	RE46621	2032/05/17	是	是			2018/10/23
002	8193182	2030/02/13	是				2018/10/23
	9216982	2029/01/05			U-2413 U-2412		2018/10/23
	9840505	2032/01/10			U-2412 U-2413		2018/10/23
	RE46621	2032/05/17	是	是			2018/10/23

与本品相关的市场独占权保护信息

关联产品号	独占权代码	失效日期	备注
001	NCE	2023/09/24	
	ODE-208	2025/09/24	
	ODE-209	2025/09/24	
002	NCE	2023/09/24	
	ODE-208	2025/09/24	
	ODE-209	2025/09/24	

合成路线

以下合成路线来源于 Ren 等人 2012 年的专利申请书。目标化合物 **12** 是通过化合物 **10** 分子中的氨基在碱性条件下与化合物 **3** 分子中的氯原子发生亲电取代反应，得到化合物 **11**，然后再脱去保护基而得。关键中间体化合物 **10** 是以化合物 **4** 和化合物 **5** 为原料，经过 3 步合成反应而得。另一个关键中间体化合物 **3** 是以化合物 **1** 和化合物 **2** 为原料经过 1 步合成反应而得。

p-$MeC_6H_4SO_3H$, AcOEt, 80%

1 CAS号 87-42-3 + **2** CAS号 110-87-2 → **3** CAS号 7306-68-5

4 CAS号 21327-86-6 + **5** CAS号 62-53-3

SOCl$_2$, DMF, CH_2Cl_2 81%

6
CAS号 1386861-46-6

Et$_3$N, 1-羟基苯并三唑, EtN=C=N(CH$_2$)$_3$NMe$_2$ · HCl, AcNMe$_2$ 95%

7

H—Cl
8
CAS号 6638-79-5

9
CAS号 87694-49-3

6
CAS号 1386861-46-6

1. *i*-PrMgCl, THF $CH_3(CH_2)_5Li$ 2.HCl, Me$_2$CHOH 85%

10
CAS号 1350643-72-9

10
CAS号 1350643-72-9

3
CAS号 7306-68-5

Et$_3$N, Me$_2$CHOH 94%

11
CAS号 1350643-73-0

HCl, EtOH 92%

12
duvelisib
CAS号 1201438-56-3

原始文献： WO 2012097000, 2012.

参考文献

[1] Davids M S, Kuss B J, Hillmen P, et al. Efficacy and safety of duvelisib following disease progression on ofatumumab in patients with relapsed/refractory CLL or SLL in the DUO crossover extension study. Clin Cancer Res, 2020, 26(9):2096-2103.

[2] Patel K, Danilov A V, Pagel J M. Duvelisib for CLL/SLL and follicular non- Hodgkin lymphoma. Blood, 2019, 134(19):1573-1577.

杜韦利西布核磁谱图

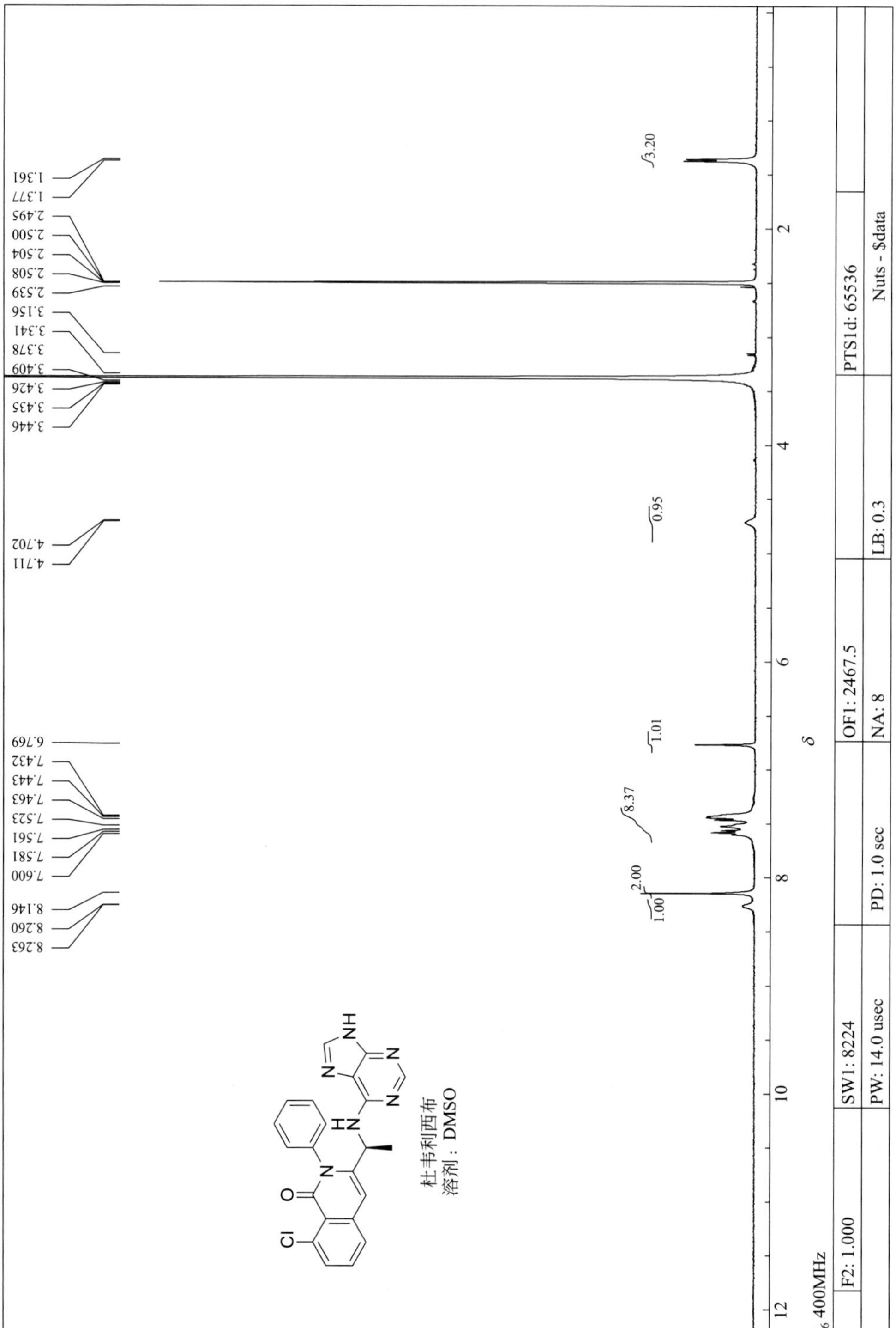

杜韦利西布
溶剂：DMSO
IP1-145, DMSO-d6 400MHz
F1: 400.130
F2: 1.000
SW1: 8224
OF1: 2467.5
PTS1d: 65536
EX: zg30
PW: 14.0 usec
PD: 1.0 sec
NA: 8
LB: 0.3
Nuts - $data

edaravone（依达拉奉）

药物基本信息

英文通用名	edaravone
英文别名	methylphenylpyrazolone; NCI-C03952; MCI-186; MCI 186; MCI186; norantipyrine; norphenazone; NSC 12; phenylmethylpyrazolon; radicava; radicut; radicut; arone
中文通用名	依达拉奉
商品名	Radicava
CAS登记号	89-25-8
FDA 批准日期	5/5/2017
FDA 批准的API	edaravone
化学名	5-methyl-2-phenyl-2,4-dihydro-3*H*-pyrazol-3-one
SMILES代码	O=C1N(C2=CC=CC=C2)N=C(C)C1

化学结构和理论分析

化学结构	理论分析值
	化学式：$C_{10}H_{10}N_2O$ 精确分子量：174.0793 分子量：174.20 元素分析：C, 68.95; H, 5.79; N, 16.08; O, 9.18

药品说明书参考网页

生产厂家产品说明书、美国药品网、美国处方药网页。

药物简介

Edaravone 是一种白色结晶性粉末，熔点为 129.7℃。自由溶于乙酸、甲醇或乙醇，微溶于水或乙醚。

RADICAVA 注射剂是一种无菌无色透明液体。体积为 100mL 等渗、无菌水溶液，含有 30mg edaravone，置于聚丙烯袋中进行静脉输注。该药液进一步用聚乙烯醇（PVA）进行二级包装包裹。外包装还包含氧气吸收剂和氧气指示剂，以便最大程度地减少药物被氧化。每个袋子里包含以下非活性成分：盐酸 L- 半胱氨酸水合物（10mg），亚硫酸氢钠（20mg）。添加氯化钠以实现等渗，添加磷酸和氢氧化钠将 pH 值调节至 4。

RADICAVA 适用于治疗肌萎缩性侧索硬化症（ALS）。

Edaravone，也称为 radicut 和 MCI-186，是一种新型高效的自由基清除剂，在临床上用于减少缺血性卒中后的神经元损害。依达拉奉通过抑制内皮损伤和减轻脑缺血中的神经元损伤而发挥神经保护作用。

药品上市申报信息

该药物目前有 2 种产品上市。

药品注册申请号: 209176
申请类型: NDA (新药申请)
申请人: MITSUBISHI TANABE
申请人全名: MITSUBISHI TANABE PHARMA CORP

产品信息

产品号	商品名	活性成分	剂型 / 给药途径	规格 / 剂量	参比药物 (RLD)	生物等效参考标准 (RS)	治疗等效代码
001	RADICAVA	edaravone	液体 / 静脉注射	30mg/100mL (0.3mg/mL)	是	是	否
002	RADICAVA	edaravone	液体 / 静脉注射	60mg/100mL(0.6mg/mL)	是	是	否

与本品相关的专利信息 (来自 FDA 橙皮书 Orange Book)

关联产品号	专利号	专利过期日	是否物质专利	是否产品专利	专利用途代码	撤销请求	提交日期
001	6933310	2020/11/13			U-2013		2017/05/31
002	6933310	2020/11/13			U-2013		2018/12/04

与本品相关的市场独占权保护信息

关联产品号	独占权代码	失效日期	备注
001	NCE	2022/05/05	
	ODE-144	2024/05/05	

合成路线 1

以下合成路线来源于 Dalhousie University MacLean 等人 2016 年发表的论文。目标化合物 **4** 是以化合物 **1** 为原料通过 2 步合成反应而得。

肉桂基氯化钯二聚体
Mor-DalPhos
$N_2H_4 \cdot H_2O$, NaOBu-*t*
AcOH

1
CAS号 640-60-8

2
CAS号 100-63-0

3
CAS号 141-97-9

4
edaravone
CAS号 89-25-8

原始文献： Bioorg Med Chem Lett, 2016, 26(1):100-104.

合成路线 2

以下合成路线来源于 Shanghai Institute of Materia Medica Zhu 等人 2019 年发表的论文。目标化合物 **6** 是以化合物 **1** 和化合物 **2** 为原料通过 3 步合成反应而得。

1
CAS号 10487-71-5

2
CAS号 95-14-7

CH_2Cl_2, overnight

3
CAS号 55889-32-2

4
CAS号 100-63-0

Et_3N, THF, 回流

5
CAS号 13292-56-3

K_2CO_3, $Pd(OAc)_2$, 9,10-蒽醌, PhCl

6
edaravone
CAS号 89-25-8

原始文献： Tetrahedron Lett, 2019, 60(17):1202-1205.

合成路线 3

以下合成路线来源于 Institut Pasteur Janin 等人 2010 年发表的专利申请书。目标化合物 **5** 是以化合物 **1** 为原料经过 3 步合成反应而得。

1
CAS号 542-08-5

$H_2NNH_2 \cdot xHCl$, Me_2CHOH, 回流

2
CAS号 1116655-93-6

3
CAS号 98-80-6

C_5H_5N, $Cu(OAc)_2 \cdot H_2O$, CH_2Cl_2

4
CAS号 188985-51-5

HBr, AcOH

5
edaravone
CAS号 89-25-8

原始文献： WO 2010015657, 2010.

合成路线 4

以下合成路线来源于 Wuhan University of Science and Technology Min 等人 2013 年发表的论文。目标化合物 **3** 是以化合物 **1** 为原料经过 1 步合成反应而得。

磷钨酸, H_2O, 回流

1 CAS号 100-63-0

2 CAS号 141-97-9

3 edaravone CAS号 89-25-8

原始文献： Asian J Chem, 2013, 25(13): 7290–7292.

参考文献

[1] Matsumoto S, Murozono M, Kanazawa M, et al. Edaravone and cyclosporine A as neuroprotective agents for acute ischemic stroke. Acute Med Surg, 2018, 5(3):213-221.

[2] Bhandari R, Kuhad A, Kuhad A. Edaravone: a new hope for deadly amyotrophic lateral sclerosis. Drugs Today (Barc), 2018, 54(6):349-360.

edoxaban（依度沙班）

药物基本信息

英文通用名	edoxaban tosylate hydrate
英文别名	DU-176; DU 176; DU176; DU176b; DU-176b; DU 176b; edoxaban; edoxaban tosylate monohydrate
中文通用名	依度沙班对甲苯磺酸水合物
商品名	Savaysa
CAS登记号	1229194-11-9 (对甲苯磺酸水合物), 480449-71-6 (对甲苯磺酸), 480448-29-1 (HCl), 480449-70-5 (游离碱)
FDA 批准日期	1/8/2015
FDA 批准的API	edoxaban tosylate hydrate
化学名	N1-(5-chloropyridin-2-yl)-N2-((1*S*,2*R*,4*S*)-4-(dimethylcarbamoyl)-2-(5-methyl-4,5,6,7-tetrahydrothiazolo[5,4-c]pyridine-2-carboxamido)cyclohexyl) oxalamide 4-methylbenzenesulfonate hydrate
SMILES代码	O=C(NC1=NC=C(Cl)C=C1)C(N[C@@H]2[C@H](NC(C(S3)=NC4=C3CN(C)CC4)=O)C[C@@H](C(N(C)C)=O)CC2)=O.O=S(C5=CC=C(C)C=C5)(O)=O.[H]O[H]

化学结构和理论分析

化学结构	理论分析值
	化学式：$C_{31}H_{40}ClN_7O_8S_2$ 精准分子量：N/A 分子量：738.27 元素分析：C, 50.43; H, 5.46; Cl, 4.80; N, 13.28; O, 17.34; S, 8.69

药品说明书参考网页

生产厂家产品说明书、美国药品网、美国处方药网页。

药物简介

Edoxaban 是一种 Xa 因子抑制剂。SAVAYSA 药品中的活性成分是 edoxaban tosylate hydrate。它是白色至浅黄白色晶体粉末。Edoxaban tosylate（pK_a 6.7）的溶解度随 pH 值的升高而降低。微溶于水和 pH=3 ～ 7 的缓冲液，在 pH=8 ～ 9 时几乎不溶。

SAVAYSA 是一种口服片剂，有 60mg、30mg 或 15mg 三种规格的圆形薄膜衣片，上面带有产品识别标记。每片 60mg 的片剂含有 80.82mg 的 edoxaban tosylate hydrate，相当于 60mg 的 edoxaban。每片 30mg 的片剂含有 40.41mg 的 edoxaban tosylate hydrate，相当于 30mg 的 edoxaban。每片 15mg 的片剂含有 20.20mg 的 edoxaban tosylate hydrate，相当于 15mg 的 edoxaban。非活性成分为：甘露醇，预胶化淀粉，交聚维酮，羟丙基纤维素，硬脂酸镁，滑石粉和巴西棕榈蜡。彩色涂料包含羟丙甲纤维素，二氧化钛，滑石粉，聚乙二醇 8000，氧化铁黄（60mg 片剂和 15mg 片剂）和氧化铁红（30mg 片剂和 15mg 片剂）。

SAVAYSA 可用以治疗：①减少非瓣膜性房颤的卒中和全身性栓塞的风险。SAVAYSA 可以降低非瓣膜性房颤（NVAF）患者卒中和全身性栓塞（SE）的风险。②深静脉血栓形成和肺栓塞的治疗。

SAVAYSA 适用于肠胃外抗凝剂初始治疗后 5 ～ 10d 治疗深静脉血栓形成（DVT）和肺栓塞（PE）。

Edoxaban 是一种高效和专一的 Xa 抑制剂，具有良好的口服生物利用度。Edoxaban 是一种抗凝血药，可作为直接 Xa 因子抑制剂。

药品上市申报信息

该药物目前有 3 种产品上市。

药品注册申请号：206316
申请类型：NDA（新药申请）
申请人：DAIICHI SANKYO INC
申请人全名：DAIICHI SANKYO INC

产品信息

产品号	商品名	活性成分	剂型 / 给药途径	规格 / 剂量	参比药物 (RLD)	生物等效参考标准 (RS)	治疗等效代码
001	SAVAYSA	edoxaban tosylate	片剂 / 口服	等量 15mg 游离碱	是	否	
002	SAVAYSA	edoxaban tosylate	片剂 / 口服	等量 30mg 游离碱	是	否	
003	SAVAYSA	edoxaban tosylate	片剂 / 口服	等量 60mg 游离碱	是	是	

与本品相关的专利信息（来自 FDA 橙皮书 Orange Book）

关联产品号	专利号	专利过期日	是否物质专利	是否产品专利	专利用途代码	撤销请求	提交日期
001	7365205	2023/06/12	是				2015/01/30
	9149532	2028/03/28		是			2015/12/17
002	7365205	2023/06/12	是				2015/01/30
	9149532	2028/03/28		是			2015/12/17
003	7365205	2023/06/12	是				2015/01/30
	9149532	2028/03/28		是			2015/12/17

与本品相关的市场独占权保护信息

关联产品号	独占权代码	失效日期	备注
001	NCE	2020/01/08	
	M-243	2022/08/09	
002	NCE	2020/01/08	
	M-243	2022/08/09	
003	NCE	2020/01/08	
	M-243	2022/08/09	

合成路线 1

以下合成路线来源于 Daiichi Sankyo 公司 Noguchi 等人 2018 年发表的专利申请书。目标化合物 **10** 是通过化合物 **8** 与二甲氨 **9** 反应而得。关键中间体化合物 **8** 是以化合物 **4** 和化合物 **5** 为原料，经过 2 步合成反应而得。

1. NaN_3, NMP
2. $NaBH_4$

1
CAS号 365997-36-0

2
CAS号 6915-15-7

3
CAS号 1093351-25-7

7
CAS号 720720-96-7

4
CAS号 5781-53-3

Et_3N, CH_2Cl_2

6
CAS号 480450-68-8

Et_3N, MeCN
EDC-HCl
Et_3N, 1-羟基苯并三唑

5
CAS号 1072-98-6

3
CAS号 1093351-25-7

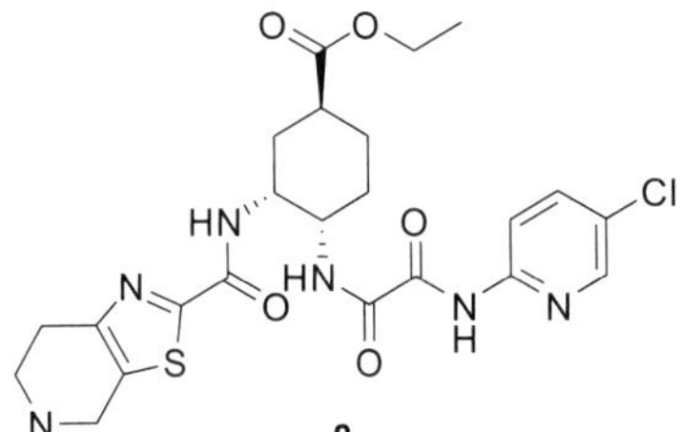

8
CAS号 1093351-29-1

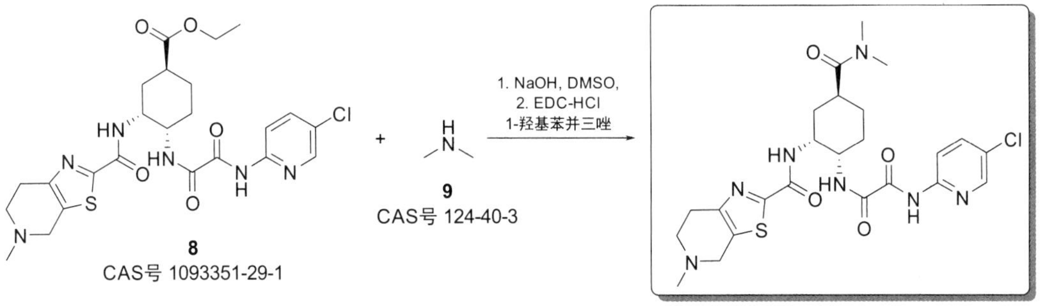

8
CAS号 1093351-29-1

+

9
CAS号 124-40-3

1. NaOH, DMSO,
2. EDC-HCl
1-羟基苯并三唑

10
edoxaban
CAS号 480449-70-5

原始文献： WO 2008156159, 2018.

合成路线 2

以下合成路线来源于 Daiichi Sankyo 公司 Kawanami 等人 2010 年发表的专利申请书。目标化合物 **13** 是通过化合物 **11** 脱去氨基保护基后，再与化合物 **12** 的羧基反应而得。关键中间体化合物 **11** 是以化合物 **4** 为原料，经过 4 步合成反应而得。

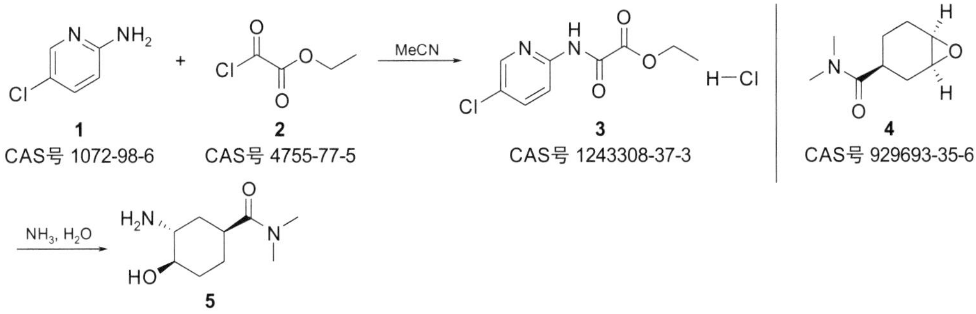

1
CAS号 1072-98-6

+

2
CAS号 4755-77-5

MeCN

3
CAS号 1243308-37-3

4
CAS号 929693-35-6

NH_3, H_2O

5
CAS号 929693-36-7

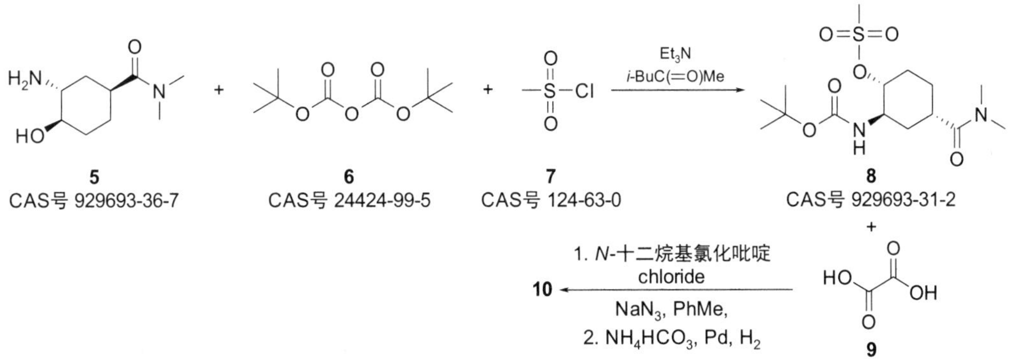

5
CAS号 929693-36-7

+

6
CAS号 24424-99-5

+

7
CAS号 124-63-0

Et_3N
i-BuC(=O)Me

8
CAS号 929693-31-2

+

9
CAS号 144-62-7

10 ←
1. *N*-十二烷基氯化吡啶
chloride
NaN_3, PhMe,
2. NH_4HCO_3, Pd, H_2

Et_3N, MeCN

10
CAS号 1210348-34-7

3
CAS号 1243308-37-3

11
CAS号 480452-36-6

$MeSO_3H$, MeCN
1-羟基苯并三唑, EDC-HCl

11
CAS号 480452-36-6

12
CAS号 720720-96-7

13
edoxaban
CAS号 480449-70-5

原始文献： WO 2010104106, 2010.

合成路线 3

以下合成路线来源于 Apotex 公司 Bodhuri 等人 2018 年发表的专利申请书。目标化合物 **19** 是通过化合物 **17** 分子中的氨基与化合物 **18** 分子中的乙酯基反应而得。关键中间体化合物 **17** 是以化合物 **1** 为原料，经过 10 步合成反应而得。该合成路线的特点可归纳如下：①关键中间体化合物 **7** 的立体构型是通过化合物 **1** 的一系列合成反应而确定的，这些合成反应都是比较经典的反应，可重复性高；②化合物 **14** 的立体化学结构是通过化合物 **7** 的一系列合成反应而确定的；③该合成工艺选择化合物 **11** 作为羧基保护基，其性质与叔丁醇相似。

$NaHCO_3$,
N-溴代琥珀酰亚胺,
CH_2Cl_2

1
CAS号 5708-19-0

2
CAS号 139893-81-5

3

H_2O, AcOEt

4
CAS号 1629245-79-9

NaOH, H_2O,
CH_2Cl_2

5
CAS号 929693-35-6

5
CAS号 929693-35-6

6
CAS号 100-46-9

H_2O

7
CAS号 2230882-10-5

8
CAS号 75-75-2

AcOEt

9
CAS号 2230882-11-6

9
CAS号 2230882-11-6

10
CAS号 1189-71-5

11
CAS号 590-67-0

Et_3N, MeCN

12
CAS号 2230882-20-7

HCO_2Na, Pd, H_2, MeOH

13
CAS号 2230882-24-1

13
CAS号 2230882-24-1

C_5H_5N, H_2O, MeCN

14
CAS号 2230882-32-1

15
CAS号 720720-96-7

Et_3N, 1-羟基苯并三唑, EDC-HCl

16
CAS号 2230882-38-7

$MeSO_3H$, MeCN

16
CAS号 2230882-38-7

17
CAS号 480450-71-3

18
CAS号 1243308-37-3

Et_3N, MeCN

19
edoxaban
CAS号 480449-70-5

原始文献： US 20180179226, 2018.

合成路线 4

以下合成路线来源于 Daiichi Sankyo 公司 Koyama 等人 2010 年发表的专利申请书。目标化合物 **13** 是通过化合物 **11** 脱去氨基保护基后，再与化合物 **12** 的羧基反应而得。关键中间体化合物 **11** 是以化合物 **4** 和化合物 **5** 为原料，经过 4 步合成反应而得。

MeCN

1
CAS号 1072-98-6

2
CAS号 4755-77-5

3
CAS号 1243308-37-3

4
CAS号 929693-35-6

5
CAS号 24424-99-5

NH_4OH, H_2O

6
CAS号 929693-30-1

6
CAS号 929693-30-1

7
CAS号 124-63-0

Et$_3$N, i-BuC(=O)Me

8
CAS号 929693-31-2

+

9
CAS号 144-62-7

1. NaN$_3$, AcNMe$_2$
2. NH$_4$HCO$_3$, Pd, H$_2$

10

10
CAS号 1210348-34-7

3
CAS号 1243308-37-3

Et$_3$N, MeCN

11
CAS号 480452-36-6

12
CAS号 720720-96-7

1. MeSO$_3$H, MeCN, 2h, rt
2. Et$_3$N, 1-羟基苯并三唑, EDC-HCl

13
edoxaban
CAS号 480449-70-5

原始文献： WO 2010104078, 2010.

合成路线 5

以下合成路线来源于 Daiichi Sankyo 公司 Nakamura 等人 2014 年发表的专利申请书。目标化合物 **12** 是通过化合物 **10** 脱去氨基保护基后，再与化合物 **11** 的羧基反应而得。关键中间体化合物 **10** 是以化合物 **1** 为原料，经过 4 步合成反应而得。

1
CAS号 5708-19-0

N-溴代琥珀酰亚胺

2
CAS号 139893-81-5

3
CAS号 124-40-3

4
CAS号 24424-99-5

5
CAS号 124-63-0

1. H$_2$O, MeCN
2. NaOH, H$_2$O

6

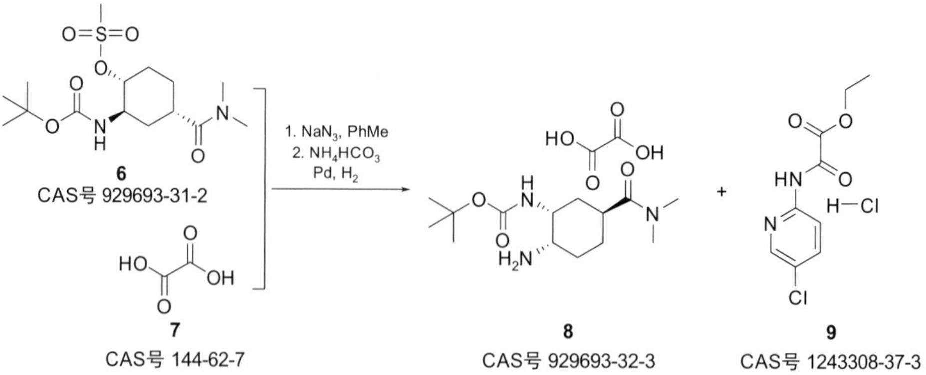

6
CAS号 929693-31-2

7
CAS号 144-62-7

1. NaN_3, PhMe
2. NH_4HCO_3
Pd, H_2

8
CAS号 929693-32-3

9
CAS号 1243308-37-3

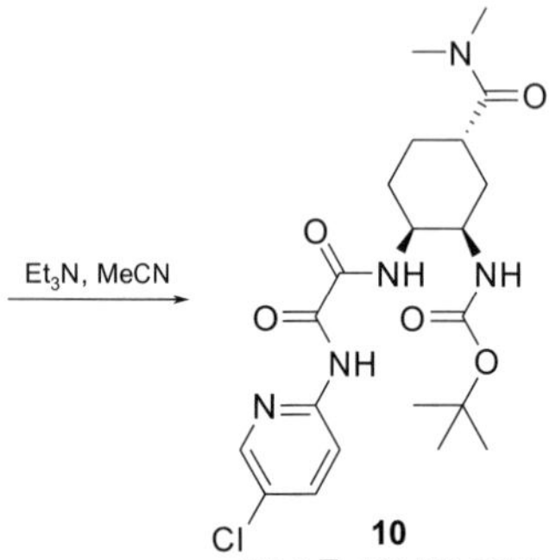

Et_3N, MeCN

10
CAS号 480452-36-6

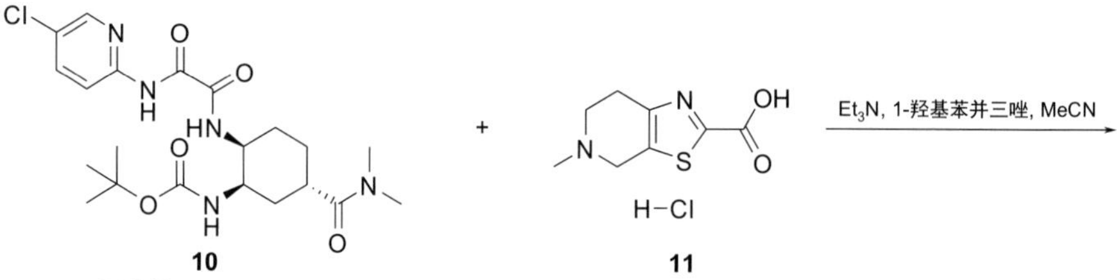

10
CAS号 480452-36-6

11
CAS号 720720-96-7

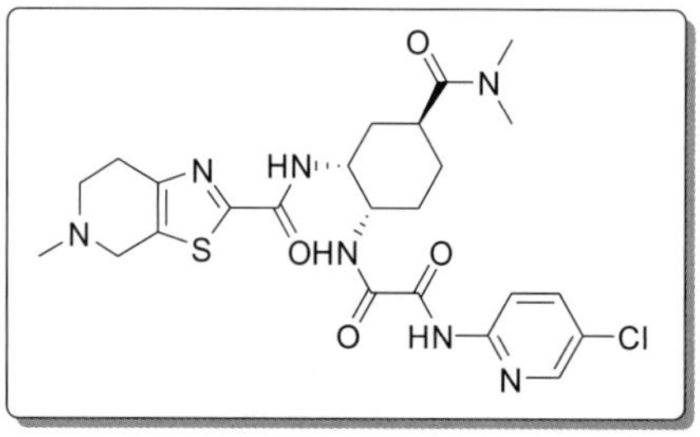

Et_3N, 1-羟基苯并三唑, MeCN

12
edoxaban
CAS号 480449-70-5

原始文献： WO 2014081047, 2014.

合成路线 6

以下合成路线来源于 Daiichi Sankyo 公司 Nakamura 等人 2014 年发表的专利申请书。目标化合物 **20** 是通过化合物 **18** 脱去氨基保护基后，再与化合物 **19** 的羧基反应而得。关键中间体化合物 **18** 是以化合物 **4** 为原料，经过 9 步合成反应而得。

$H-Cl$

MeCN

1 CAS号 1072-98-6 + **2** CAS号 4755-77-5 → **3** CAS号 1243308-37-3

4 CAS号 67976-82-3

1, 3-二溴-5, 5-二甲基乙内酰脲, MeCN

5 CAS号 139893-81-5

5 CAS号 139893-81-5

6 CAS号 124-40-3

H_2O, AcOEt

7 CAS号 1629245-79-9

NaOH, H_2O, CH_2Cl_2

8 CAS号 929693-35-6

NH_3, H_2O

9 CAS号 929693-36-7

9 CAS号 929693-36-7 + **10** CAS号 75-65-0 + **11** CAS号 1189-71-5

MeCN, Et_3N

12 CAS号 1629245-68-6

13 CAS号 124-63-0

N-甲基吗啉, MeCN → **14**

14 CAS号 1629245-70-0

Et_3N, MeCN

15 CAS号 1629245-73-3 + **16** CAS号 144-62-7

C_5H_5N, H_2O, MeCN → **17**

17 CAS号 1210348-34-7

3 CAS号 1243308-37-3

$H-Cl$

Et_3N, MeCN

18 CAS号 480452-36-6 + **19** CAS号 720720-96-7

$H-Cl$

1. $MeSO_3H$, MeCN
2. Et_3N, 1-羟基苯并三唑, EDC-HCl

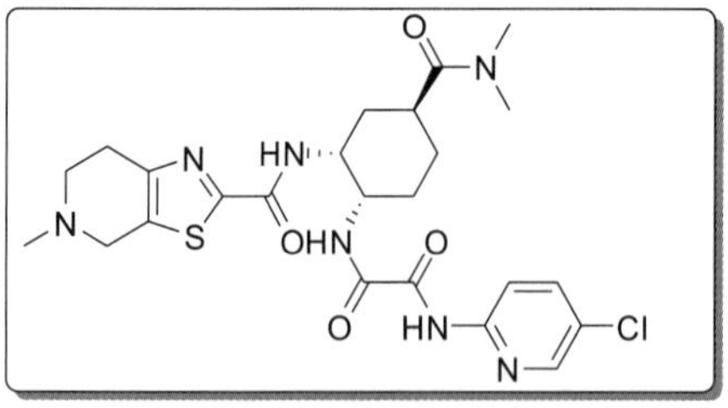

20
edoxaban
CAS号 480449-70-5

原始文献： WO 2014157653, 2014.

合成路线 7

以下合成路线来源于 Daiichi Sankyo 公司 Takayanagi 等人 2014 年发表的专利申请书。目标化合物 **14** 是通过化合物 **12** 脱去氨基保护基后，再与化合物 **13** 的羧基反应而得。关键中间体化合物 **12** 是以化合物 **1** 和化合物 **2** 为原料，经过 5 步合成反应而得。

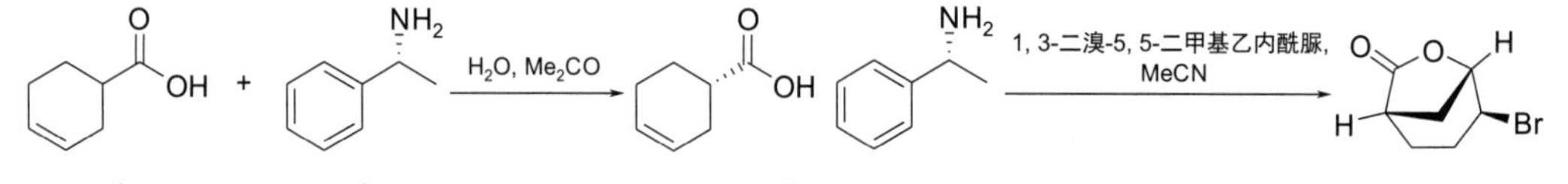

H_2O, Me_2CO

1, 3-二溴-5, 5-二甲基乙内酰脲, MeCN

1 CAS号 5708-19-0 **2** CAS号 3886-69-9 **3** CAS号 67976-82-3 **4** CAS号 139893-81-5

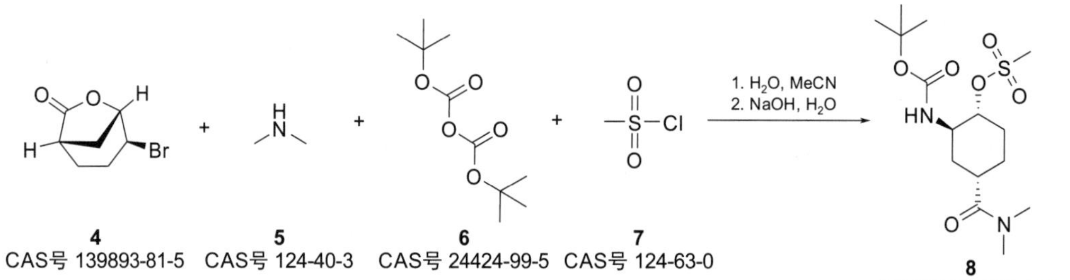

1. H_2O, MeCN
2. NaOH, H_2O

4 CAS号 139893-81-5 **5** CAS号 124-40-3 **6** CAS号 24424-99-5 **7** CAS号 124-63-0 **8** CAS号 929693-31-2

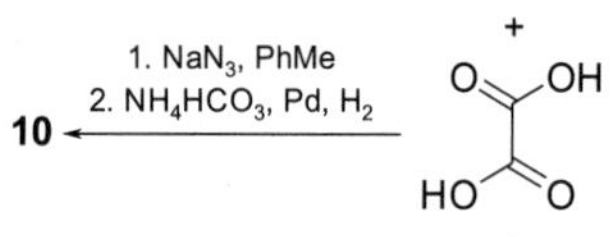

1. NaN_3, PhMe
2. NH_4HCO_3, Pd, H_2

9 CAS号 144-62-7 → **10**

Et_3N, MeCN

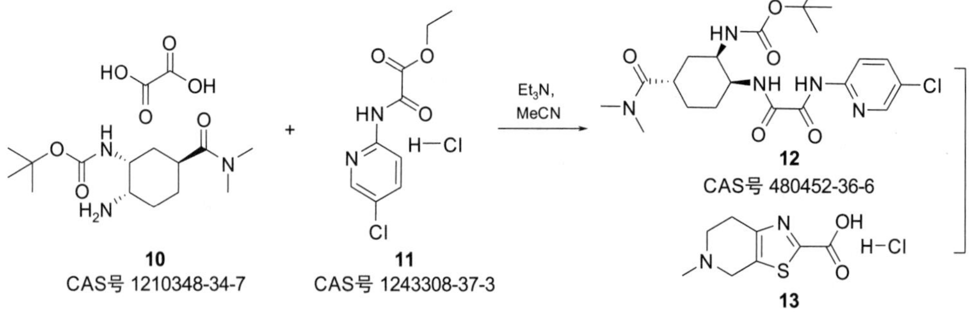

10 CAS号 1210348-34-7 **11** CAS号 1243308-37-3 **12** CAS号 480452-36-6 **13** CAS号 720720-96-7

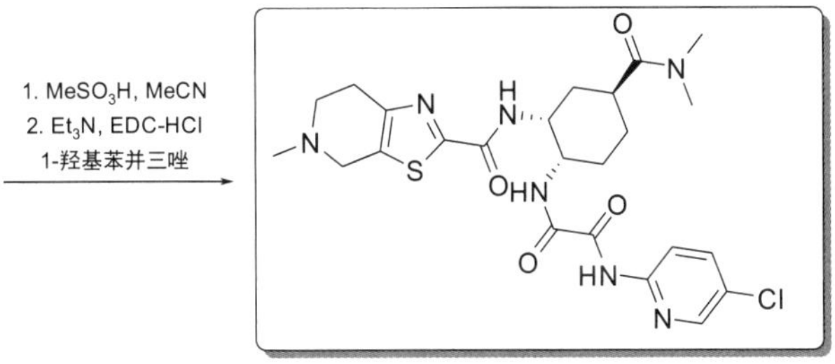

1. $MeSO_3H$, MeCN
2. Et_3N, EDC-HCl
1-羟基苯并三唑

14
edoxaban
CAS号 480449-70-5

原始文献： WO 2014157612, 2014.

合成路线 8

以下合成路线来源于 Daiichi Sankyo 公司 Ueda 等人 2015 年发表的专利申请书。目标化合物 **14** 是通过化合物 **5** 的氨基与化合物 **13** 的三氯苯酚酯反应而得。关键中间体化合物 **5** 是以化合物 **1** 和化合物 **2** 为原料，经过 2 步合成反应而得；另一个关键中间体化合物 **13** 是以化合物 **6** 和化合物 **7** 为原料，经过 4 步合成反应而得。

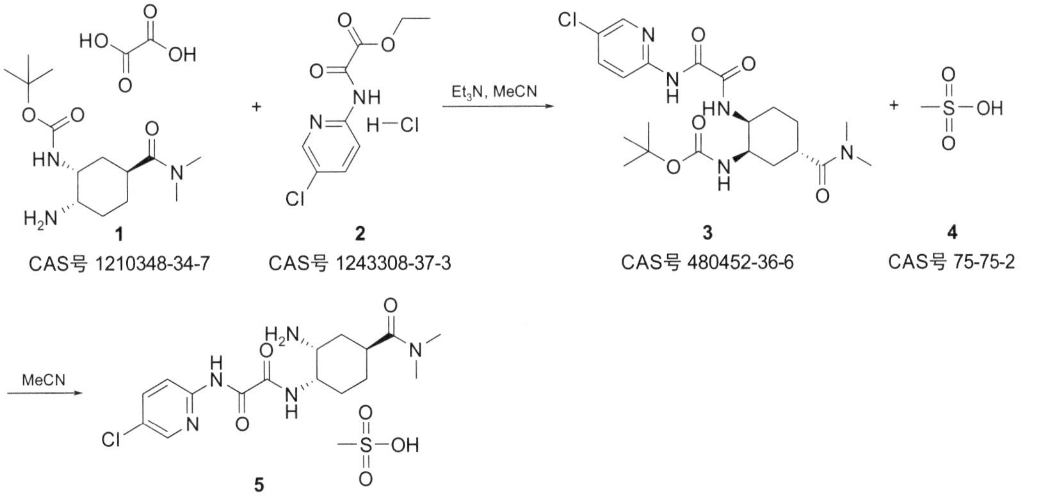

1 CAS号 1210348-34-7 + **2** CAS号 1243308-37-3 —(Et_3N, MeCN)→ **3** CAS号 480452-36-6 + **4** CAS号 75-75-2

—(MeCN)→ **5** CAS号 1807315-98-5

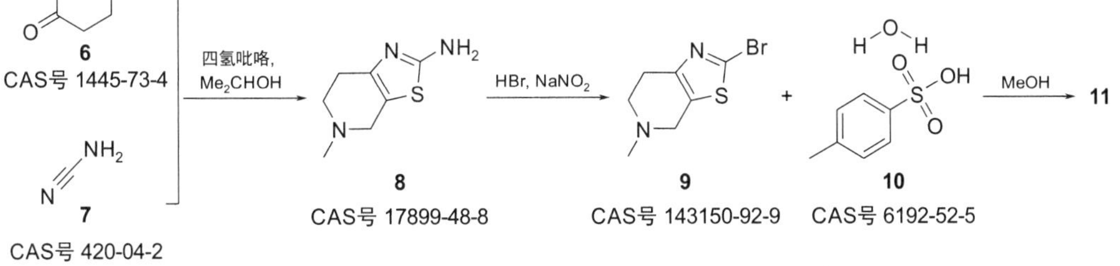

6 CAS号 1445-73-4 + **7** CAS号 420-04-2 —(四氢吡咯, Me_2CHOH)→ **8** CAS号 17899-48-8 —(HBr, $NaNO_2$)→ **9** CAS号 143150-92-9 + **10** CAS号 6192-52-5 —(MeOH)→ **11**

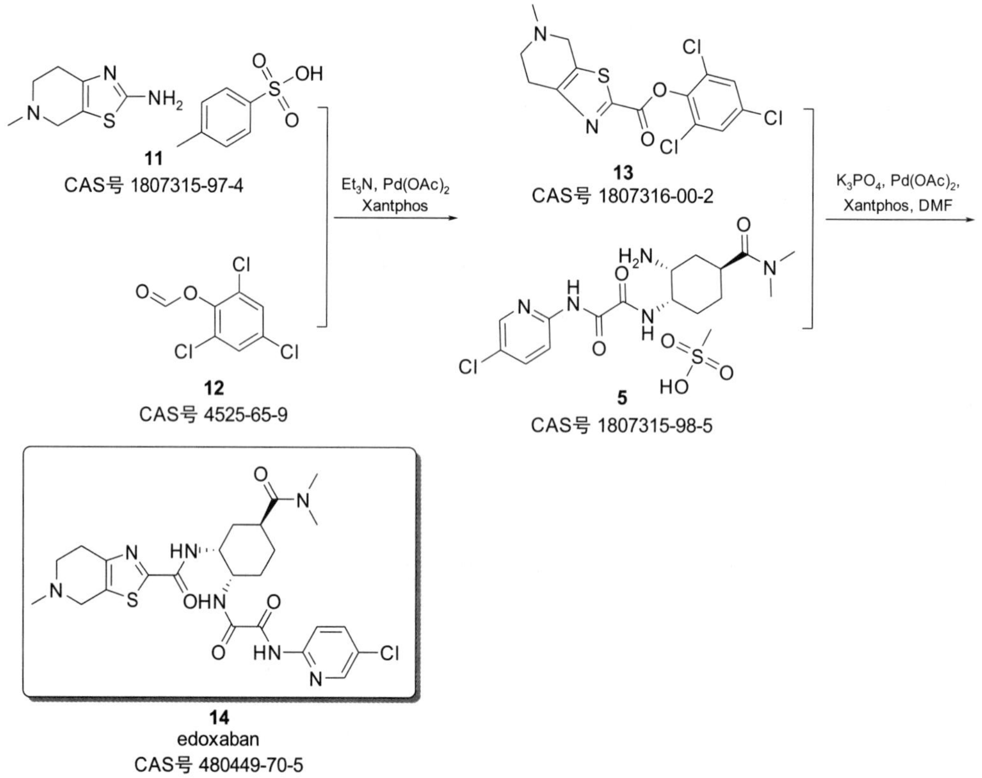

11
CAS号 1807315-97-4

12
CAS号 4525-65-9

Et_3N, $Pd(OAc)_2$
Xantphos

13
CAS号 1807316-00-2

5
CAS号 1807315-98-5

K_3PO_4, $Pd(OAc)_2$,
Xantphos, DMF

14
edoxaban
CAS号 480449-70-5

原始文献： WO 2015125710, 2015.

合成路线 9

以下合成路线来源于 Lepu Pharmaceutical 公司 Li 等人 2016 年发表的专利申请书。目标化合物 **6** 是通过化合物 **4** 分子中的氨基与化合物 **5** 分子中的羧基反应而得。关键中间体化合物 **4** 是以化合物 **1** 和化合物 **2** 为原料，经过 2 步合成反应而得。

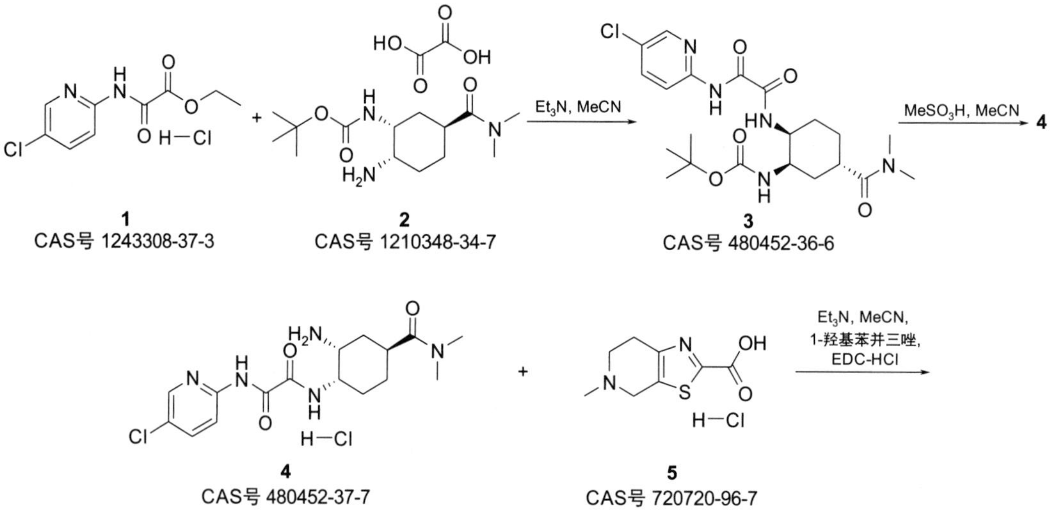

Et_3N, MeCN

$MeSO_3H$, MeCN → **4**

1
CAS号 1243308-37-3

2
CAS号 1210348-34-7

3
CAS号 480452-36-6

Et_3N, MeCN,
1-羟基苯并三唑,
EDC-HCl

4
CAS号 480452-37-7

5
CAS号 720720-96-7

N
HN
N
S
O HN
O
N
O
O
HN
N
Cl

6
edoxaban
CAS号 480449-70-5

原始文献： CN 105753888, 2016.

参考文献

[1] Raskob G E, van Es N, Verhamme P, et al. Edoxaban for the treatment of cancer-associated venous thromboembolism. N Engl J Med, 2018, 378(7):615-624.

[2] Giugliano R P, Ruff CT, Braunwald E, et al. Edoxaban versus warfarin in patients with atrial fibrillation. N Engl J Med, 2013, 369(22):2093-2104.

elagolix（艾拉高利）

药物基本信息

英文通用名	elagolix sodium
英文别名	NBI56418 Na; NBI-56418; NBI 56418; ABT-620; ABT 620; ABT620
中文通用名	艾拉高利
商品名	Orilissa
CAS登记号	834153-87-6（游离酸），832720-36-2（钠盐）
FDA 批准日期	7/23/2018
FDA 批准的API	elagolix sodium
化学名	sodium (*R*)-4-((2-(5-(2-fluoro-3-methoxyphenyl)-3-(2-fluoro-6-(trifluoromethyl) benzyl)-4-methyl-2,6-dioxo-2,3-dihydropyrimidin-1(6*H*)-yl)-1-phenylethyl)amino) butanoate
SMILES代码	O=C([O-])CCCN[C@H](C1=CC=CC=C1)CN(C(N(CC2=C(C(F)(F)F) C=CC=C2F)C(C)=C3C4=CC=CC(OC)=C4F)=O)C3=O.[Na+]

化学结构和理论分析

化学结构	理论分析值
	化学式：$C_{32}H_{29}F_5N_3NaO_5$ 精准分子量：N/A 分子量：653.58 元素分析：C, 58.81; H, 4.47; F, 14.53; N, 6.43; Na, 3.52; O, 12.24

药品说明书参考网页

生产厂家产品说明书、美国药品网、美国处方药网页。

药物简介

Elagolix sodium 是一种白色至类白色或浅黄色粉末，易溶于水。ORILISSA 150mg 片剂为浅粉红色，椭圆形，薄膜衣片，一侧凹陷有“EL 150”。每片含有 155.2mg elagolix sodium（相当于 150mg elagolix）作为有效成分和以下非活性成分：甘露醇，一水碳酸钠，预糊化淀粉，聚维酮，硬脂酸镁，聚乙烯醇，二氧化钛，聚乙二醇，滑石粉和胭脂红高色调。ORILISSA 200mg 片剂为浅橙色，椭圆形，薄膜衣片，一侧凹陷有“EL 200”。每片含有 207.0mg elagolix sodium（相当于 200mg Elagolix）作为有效成分和以下非活性成分：甘露醇，一水碳酸钠，预糊化淀粉，聚维酮，硬脂酸镁，聚乙烯醇，二氧化钛，聚乙二醇，滑石粉和氧化铁红。

ORILISSA 适用于治疗与子宫内膜异位相关的中度至重度疼痛。

ORILISSA 是一种 GnRH 受体拮抗剂，通过与垂体中的 GnRH 受体竞争性结合来抑制内源性 GnRH 信号传导。服用 ORILISSA 会导致剂量依赖性抑制黄体生成素（LH）和促卵泡激素（FSH），从而导致卵巢性激素、雌二醇和孕酮的血药浓度降低。

药品上市申报信息

该药物目前有 2 种产品上市。

药品注册申请号: 210450
申请类型: NDA（新药申请）
申请人: ABBVIE INC
申请人全名: ABBVIE INC

产品信息

产品号	商品名	活性成分	剂型 / 给药途径	规格 / 剂量	参比药物 (RLD)	生物等效参考标准 (RS)	治疗等效代码
001	ORILISSA	elagolix sodium	片剂 / 口服	等量 150mg 游离碱	是	否	否
002	ORILISSA	elagolix sodium	片剂 / 口服	等量 200mg 游离碱	是	是	否

与本品相关的专利信息（来自 FDA 橙皮书 Orange Book）

关联产品号	专利号	专利过期日	是否物质专利	是否产品专利	专利用途代码	撤销请求	提交日期
001	6872728	2021/01/25	是	是			2018/08/20
	7056927	2024/09/10	是	是			2018/08/20
	7176211	2024/07/06			U-2360		2018/08/20
	7179815	2021/03/07			U-2360		2018/08/20
	7419983	2024/07/06	是	是	U-2360		2018/08/20
	7462625	2021/01/25	是	是	U-2360		2018/08/20
002	6872728	2021/01/25	是	是			2018/08/20
	7056927	2024/09/10	是	是			2018/08/20
	7176211	2024/07/06			U-2360		2018/08/20
	7179815	2021/03/07			U-2360		2018/08/20
	7419983	2024/07/06	是	是	U-2360		2018/08/20
	7462625	2021/01/25	是	是	U-2360		2018/08/20

与本品相关的市场独占权保护信息

关联产品号	独占权代码	失效日期	备注
001	NCE	2023/07/23	
002	NCE	2023/07/23	

合成路线 1

以下合成路线来源于 Neurocrine Biosciences 公司 Chen 等人 2008 年发表的论文。目标化合物 **5** 是以化合物 **1** 和化合物 **2** 为原料，经过 3 步合成反应而得。

1
CAS号 830346-50-4

2
CAS号 4897-84-1

$EtN(Pr\text{-}i)_2$, MeCN, 回流, 50%

3
CAS号 1092070-97-7

LiOH, H_2O, MeOH

4
CAS号 834153-87-6

1. NaOH, H_2O, THF
2. 柠檬酸
62%

4
CAS号 834153-87-6

5
elagolix sodium
CAS号 832720-36-2

原始文献： J Med Chem, 2008, 51(23): 7478-7485.

合成路线 2

以下合成路线来源于 Synthon 公司 Bartos、Petr 等人 2019 年发表的专利申请书。目标化合物 **10** 是以化合物 **1** 和化合物 **2** 为原料，经过 6 步合成反应而得。该合成反应有几个地方值得注意：①化合物 **3** 在 NBS 作用下，溴代反应发生在嘧啶二酮杂环上。②化合物 **4** 分子中的溴原子与化合物 **5** 分子中的硼酸基团在钯催化剂作用下，发生偶联反应得到相应的化合物 **6**。

K_2CO_3, DMF
95%

1
CAS号 830346-47-9

2
CAS号 102089-75-8

3
CAS号 2351194-11-9

N-溴代琥珀酰亚胺, MeCN
92%

4
CAS号 830346-49-1

K_3PO_4, XPhos Pd G4
H_2O, 二噁烷
89%

4
CAS号 830346-49-1

5
CAS号 352303-67-4

6
CAS号 830346-51-5

MeSO$_3$H
醋酸异丙酯
K_2CO_3, H_2O
89%

7
CAS号 830346-50-4

7
CAS号 830346-50-4

8
CAS号 2969-81-5

EtN(Pr-*i*)$_2$,
乙酸异丙酯,
DMF
76%

9
CAS号 832720-84-0

NaOH,
H_2O, EtOH
80%

10
elagolix sodium
CAS号 832720-36-2

原始文献： WO 2019115019, 2019.

合成路线 3

以下合成路线来源于 Lupin 公司 Sulake 等人 2018 年发表的专利申请书。目标化合物 **14** 是以化合物 **1** 和化合物 **2** 为原料，经过 8 步合成反应而得。该合成反应有几个地方值得注意：①化合物 **3** 与化合物 **4** 反应生成相应的嘧啶二酮化合物 **5**。②化合物 **6** 分子中的溴原子与化合物 **7** 分子中的硼酸基团在钯催化剂作用下，发生偶联反应得到相应的化合物 **8**。

1
CAS号 1694-31-1

2
CAS号 67-64-1

Ac_2O, H_2SO_4
98%

3
CAS号 5394-63-8

4
CAS号 830346-46-8

PhMe, *p*-$MeC_6H_4SO_3H$
Me_2CHOH
86%

→ **5**

Br$_2$, AcOH
87%

5
CAS号 830346-47-9

6
CAS号 830346-48-0

7
CAS号 352303-67-4

KOH, Pd(OAc)$_2$, TTBP · HBF$_4$
Me$_2$CO
76%

8
CAS号 1150560-59-0

8
CAS号 1150560-59-0

9
CAS号 2247912-12-3

K_2CO_3, DMF
87%

10
CAS号 2247912-11-2

H_2, Pd, MeOH,rt
97%

11
CAS号 830346-50-4

11
CAS号 830346-50-4

12
CAS号 2969-81-5

EtN(Pr-*i*)$_2$, DMF
83%

13
CAS号 832720-84-0

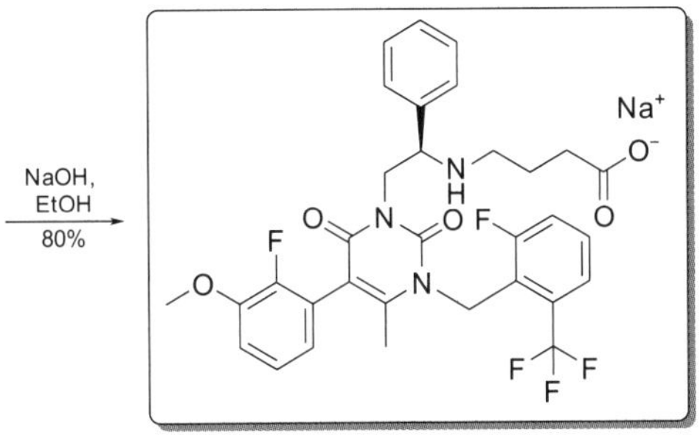

NaOH, EtOH 80%

14
elagolix sodium
CAS号 832720-36-2

原始文献： WO 2018198086, 2018.

参考文献

[1] Taylor H S, Giudice L C, Lessey B A, et al. Treatment of endometriosis-associated pain with elagolix, an oral GnRH antagonist. N Engl J Med, 2017, 377(1):28-40.

[2] Lamb Y N. Elagolix: first global approval. Drugs, 2018, 78(14):1501-1508.

elbasvir（依巴司韦）

药物基本信息

英文通用名	elbasvir
英文别名	MK8742; MK-8742; MK 8742
中文通用名	依巴司韦
商品名	Zepatier
CAS登记号	1444832-51-2
FDA 批准日期	1/28/2016
FDA 批准的API	elbasvir
化学名	methyl ((1*S*)-1-(((2*S*)-2-(4-((6*S*)-10-(2-((2*S*)-1-((2*S*)-2-((methoxycarbonyl)amino)-3-methylbutanoyl)pyrrolidin-2-yl)-1*H*-imidazol-4-yl)-6-phenyl-6H-indolo(1,2-c)(1,3)benzoxazin-3-yl)-1H-imidazol-2-yl)pyrrolidin-1-yl)carbonyl)-2-methylpropyl)carbamate
SMILES代码	O=C(OC)N[C@H](C(N1[C@H](C2=NC(C3=CC=C4C(N5[C@H](C6=CC=CC=C6)OC4=C3)=CC7=C5C=CC(C8=CNC([C@H]9N(C([C@@H](NC(OC)=O)C(C)C)=O)CCC9)=N8)=C7)=CN2)CCC1)=O)C(C)C

化学结构和理论分析

化学结构	理论分析值
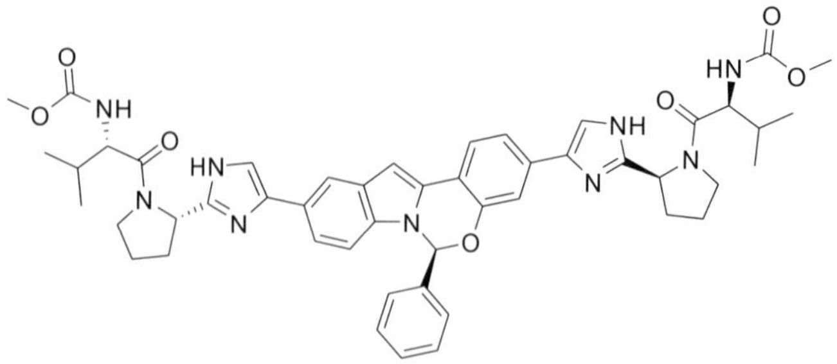	化学式：$C_{49}H_{55}N_9O_7$ 精确分子量：881.4224 分子量：882.03 元素分析：C, 66.73; H, 6.29; N, 14.29; O, 12.70

药品说明书参考网页

生产厂家产品说明书、美国药品网、美国处方药网页。

药物简介

ZEPATIER® 是含有 elbasvir 和 grazoprevir 的口服片剂药物。

警告：丙型肝炎病毒和乙型肝炎病毒合并感染患者，其乙型肝炎病毒再激活的风险在开始使用 ZEPATIER 治疗之前，请对所有患者进行测试，以检查是否存在当前或先前的乙型肝炎病毒（HBV）感染的证据。HCV / HBV 合并感染的患者中已有 HBV 重新激活的报道，这些患者正在接受 HCV 直接作用抗病毒药物治疗或已完成治疗，但未接受 HBV 抗病毒治疗。一些病例导致急性重型肝炎、肝衰竭和死亡。在 HCV 治疗期间和治疗后的随访期间，监测 HCV / HBV 合并感染的患者的肝炎发作或 HBV 重新激活。按照临床指示对 HBV 感染进行适当的患者管理。

ZEPATIER 是包含 elbasvir 和 grazoprevir 的口服固定剂量组合片剂。Elbasvir 是 HCV NS5A 抑制剂，而 grazoprevir 是 HCV NS3 / 4A 蛋白酶抑制剂。

每片含 50mg elbasvir 和 100mg grazoprevir。片剂包含以下非活性成分：胶体二氧化硅，共聚维酮，交联羧甲基纤维素钠，羟丙甲纤维素，乳糖一水合物，硬脂酸镁，甘露醇，微晶纤维素，氯化钠，十二烷基硫酸钠和维生素 E，聚乙二醇琥珀酸酯。所述片剂用包含以下非活性成分的包衣材料薄膜包衣：巴西棕榈蜡，四氧化三铁，羟丙甲纤维素，氧化铁红，氧化铁黄，一水合乳糖，二氧化钛和三醋精。

Elbasvir 几乎不溶于水（每毫升少于 0.1mg），而在乙醇中则很少溶解（每毫升 0.2mg），但易溶于乙酸乙酯和丙酮。Grazoprevir 几乎不溶于水（每毫升少于 0.1mg），但可自由溶于乙醇和某些有机溶剂（例如丙酮、四氢呋喃和 *N*，*N*- 二甲基甲酰胺）。

ZEPATIER® 可用于治疗成人的慢性 C 型肝炎病毒（HCV）基因型 1 或 4。ZEPATIER 被指定在某些患者人群中与 ribavirin 一起使用。

ZEPATIER 结合了两种直接作用的抗病毒药物，它们具有独特的作用机制和不重叠的耐药性，可在病毒生命周期的多个步骤中靶向 HCV。

Elbasvir 是 HCV NS5A 的抑制剂，它对病毒 RNA 复制和病毒体组装至关重要。Grazoprevir 是

HCV NS3 / 4A 蛋白酶的抑制剂。HCV NS3 / 4A 蛋白酶对于蛋白水解切割 HCV 编码的多蛋白（分解为成熟的 NS3、NS4A、NS4B、NS5A 和 NS5B 蛋白）是必需的，并且对病毒复制也至关重要。在生化分析中，grazoprevir 抑制了重组 HCV 基因型 1a、1b 和 4a NS3 / 4A 蛋白酶的蛋白水解活性，IC_{50} 值分别为 7pM、4pM 和 62pM。

抗病毒活性：在 HCV 复制子测定中，elbasvir 对基因型 1a、1b 和 4 的全长复制子的 EC_{50} 值分别为 4pmol/L、3pmol/L 和 0.3pmol/L。Elbasvir 对编码来自临床分离株的 NS5A 序列的嵌合复制子的 EC_{50} 中值，基因型 1a 为 5pmol/L（范围 3 ～ 9pmol/L; n = 5），基因型 1b 为 9pmol/L（范围 5 ～ 10pmol/L; n = 4），基因型 4a 为 0.2pmol/L（n = 2），基因型 4b 为 3600pmol/L（范围 17 ～ 34000pmol/L; n = 3），基因型 4d 为 0.45pmol/L（范围 0.4 ～ 0.5pmol/L; n = 2），基因型 4f（n = 1）1.9pmol/L，基因型 4g 36.3pmol/L（范围 0.6 ～ 72pmol/L; n = 2），基因型 4m 0.6pmol/L（范围 0.4 ～ 0.7pmol/L; n = 2），基因型 4n（2.2pmol/L），基因型 4o（n = 1）、基因型 4q（n = 1）为 0.5pmol/L。在 HCV 复制子测定中，grazoprevir 对基因型 1a、1b 和 4 的全长复制子的 EC_{50} 值分别为 0.4nmol/L、0.5nmol/L 和 0.3nmol/L。对于基因分离株 1a，grazoprevir 对编码 NS3 / 4A 序列的嵌合复制子的 EC_{50} 为 1a（0.4 ～ 5.1nmol/L; n = 10），基因型 1b 为 0.3nmol/L（0.2 ～ 5.9nmol/L; n = 9），基因型 4a（n = 1）0.3nmol/L，基因型 4b 0.16nmol/L（范围 0.11 ～ 0.2nmol/L; n = 2）和基因型 4g 0.24nmol/L（范围 0.15 ～ 0.33nmol/L; n = 2）。

联合抗病毒活性：评估 elbasvir 与 grazoprevir 或 ribavirin 的组合药物在降低复制子细胞中 HCV RNA 水平方面后，没有发现拮抗作用。Grazoprevir 与 ribavirin 联用的评估显示，在复制子细胞中可降低 HCV RNA 水平，而且没有发现拮抗作用。

药品上市申报信息

该药物目前有 1 种产品上市。

药品注册申请号：208261
申请类型：NDA（新药申请）
申请人：MERCK SHARP DOHME
申请人全名：MERCK SHARP AND DOHME CORP

产品信息

产品号	商品名	活性成分	剂型 / 给药途径	规格 / 剂量	参比药物 (RLD)	生物等效参考标准 (RS)	治疗等效代码
001	ZEPATIER	elbasvir; grazoprevir	片剂 / 口服	50mg; 100mg	是	是	否

与本品相关的专利信息（来自 FDA 橙皮书 Orange Book）

关联产品号	专利号	专利过期日	是否物质专利	是否产品专利	专利用途代码	撤销请求	提交日期
001	7973040	2029/07/24	是	是	U-1813		2016/02/25
	8871759	2031/05/04	是	是	U-1813		2016/02/25

与本品相关的市场独占权保护信息

关联产品号	独占权代码	失效日期	备注
001	NCE	2021/01/28	

合成路线 1

以下合成路线来源于 Merck 公司 Coburn 等人 2013 年发表的论文。目标化合物 **17** 是通过化合物 **15** 分子中 2 个 NH 基团与化合物 **16** 的羧基反应而得。关键中间体化合物 **15** 是以化合物 **13** 和化合物 **8** 为原料，经过 2 步合成反应而得。中间体化合物 **8** 是以化合物 **1** 和化合物 **2** 为原料，经过 4 步合成反应而得。中间体化合物 **13** 是以化合物 **9** 和化合物 **10** 为原料，通过 3 步合成反应而得。

该合成工艺中有几个地方值得注意：①化合物 **4** 是通过化合物 **3** 分子成环反应而得。②化合物 **6** 是通过化合物 **4** 与二溴化合物中间体 **5** 反应成环而得。③化合物 **11** 的溴代反应没有选择性，产物是二溴代得到化合物 **12**。④化合物 **12** 可以被 Na_2SO_3 选择性还原 1 个溴原子。

1 CAS号 30186-18-6

2 CAS号 589-21-9

EtOH, AcOH, 回流, 94%

3 CAS号 1369594-43-3

4 CAS号 1246471-94-2

K_2CO_3, DMF, 61%

5 CAS号 618-31-5

6 CAS号 1369594-56-8

7 CAS号 73183-34-3

AcOK, Pd(dppf)Cl_2, 二噁烷, 87%

8 CAS号 1369594-57-9

9 CAS号 69610-41-9

10 CAS号 107-22-2

NH_3, MeOH, 70%

11 CAS号 1007882-58-7

NBS, THF

12 CAS号 1240893-76-8

Na_2SO_3, H_2O, EtOH, 回流

13 CAS号 1007882-59-8

13
CAS号 1007882-59-8

Na_2CO_3,
$Pd(dppf)Cl_2$,
H_2O, THF, 回流

8
CAS号 1369594-57-9

HCl, MeOH
15

14
CAS号 1369595-07-2

EtN(Pr-*i*)2,
MeCN
31%/ 30%

15
CAS号 1369996-04-2

16
CAS号 74761-42-5

17
elbasvir
CAS号 1370468-36-2

原始文献： ChemMedChem, 2013, 8(12):1930-1940.

合成路线 2

以下合成路线来源于 Merck 公司 Li 等人 2015 年发表的论文。目标化合物 **11** 是通过化合物 **9**

分子中 2 个硼酸酯基团分别与化合物 **10** 的溴原子偶联反应而得。关键中间体化合物 **9** 是以化合物 **1** 和化合物 **2** 为原料，经过 5 步合成反应而得。

1
CAS号 81682-38-4

2
CAS号 108-43-0

TfOH, H_2O

3
CAS号 1810854-03-5

NH_3, MeOH

4
CAS号 1810854-04-6

+

5
CAS号 100-52-7

TfOH
82%

6

6
CAS号 1810853-87-2

K_3PO_4, $Pd(OAc)_2$, (*R*, *R*)-QuinoxP
PhMe
96%

7
CAS号 1810853-69-0

+

8
CAS号 73183-34-3

H_2O, AcOK, $Pd(OAc)_2$, XPhos
2-甲基四氢呋喃
85%

9

9
CAS号 1713286-22-6

+

10
CAS号 1292836-05-5

K_2CO_3, $Pd_2(dba)_3$, APho, $(CH_2OMe)_2$
82%

11
elbasvir
CAS号 1370468-36-2

原始文献： J Am Chem Soc, 2015, 137(43): 13728-13731.

合成路线 3

以下合成路线来源于 Merck 公司 Mangion 等人 2014 年发表的论文。目标化合物 **17** 是通过化合物 **15** 分子中 2 个 NH 基团分别与化合物 **16** 分子中的羰基反应而得。关键中间体化合物 **15** 是以化合物 **1** 和化合物 **2** 为原料，经过 9 步合成反应而得。该合成路线中，有几个合成反应是值得注意的：①化合物 **4** 通过化合物 **3** 氧化而得。②化合物 **5** 在 $RuCl_3$ 和手性配体化合物 **6** 的催化作用下还原为单一立体异构体化合物 **7**。③化合物 **10** 是通过化合物 **8** 与化合物 **9** 的成环反应而得。④化合物 **14** 是通过化合物 **11** 分子中的 2 个溴原子分别与化合物 **12** 分子中的溴原子在钯催化剂的作用下发生偶联反应而得。

CH_2Cl_2, Cl(O=)CC(=O)Cl, DMF, 2,6-二甲基吡啶, HCl, H_2O, 91%

1 CAS号 203314-28-7 + **2** CAS号 591-20-8 → **3** CAS号 1403991-82-1

$O(SO_2Me)_2$, $MeSO_3H$, 82% → **4** CAS号 1585969-20-5

4 → NH_3, MeOH, 91% → **5** CAS号 1585969-22-7

6 CAS号 1119898-35-9

$NH_4^+ \cdot HCO_3^-$, $RuCl_3$, CH_2Cl_2, $NaHCO_3$, H_2O, 96% → **7** CAS号 1585969-24-9

Cs_2CO_3, CuI, DMF, NH_4Cl, H_2O, 91% → **8**

8 CAS号 1585969-17-0 + **9** CAS号 100-52-7 → F_3CCO_2H, MeCN, $NaHCO_3$, H_2O, 93% → **10** CAS号 1585969-16-9

$NaHCO_3$, $KMnO_4$, H_2O, $AcNMe_2$, 83% → **11** CAS号 1392102-38-3

11
CAS号 1392102-38-3

12
CAS号 1007882-59-8

13
CAS号 62-23-7

双(频哪醇)二硼
AcOK, $(CH_2OMe)_2$
cataCXium® A
$Pd_2(dba)_3$, MeTHF
K_2CO_3, $Pd_2(dba)_3$,
MeTHF, PhMe
82%

14
CAS号 1585969-26-1

14

1. K_2CO_3,
H_2O, AcOEt
2. HCl
92%

15
CAS号 1585969-27-2

MeCN
N-甲基吗啉
1-羟基苯并三唑
$EtN=C=N(CH_2)_3NMe_2 \cdot HCl$
93%

16
CAS号 74761-42-5

17
elbasvir
CAS号 1370468-36-2

原始文献： Org Lett, 2014, 16(9):2310-2313.

合成路线 4

以下合成路线来源于 Merck Sharp & Dohme 公司 Yin 等人 2016 年发表的专利申请书。目标化合物 **12** 是通过化合物 **9** 分子中 2 个硼酸酯基团分别与化合物 **10** 分子中的溴原子发生偶联反应而得。关键中间体化合物 **11** 是以化合物 **1** 和化合物 **2** 为原料，经过 5 步合成反应而得。

F_3CCO_2H
74%

NH_3, MeOH
86%

Cl O OH Br HO Br

1
CAS号 177985-34-1

2
CAS号 591-20-8

3
CAS号 1855942-77-6

4
CAS号 1855942-78-7

2-甲基四氢呋喃,
TfOH,
$NaHCO_3$, H_2O
66%

4
CAS号 1855942-78-7

5
CAS号 100-52-7

6
CAS号 1855942-79-8

7
CAS号 73183-34-3

t-BuOK,
$Pd(OAc)_2$, $(CH_2OMe)_2$
→ **9**

HBF_4

8
CAS号 1239332-30-9

K_3PO_4,
H_2O, THF
[1, 1′-双(二叔丁基膦)二茂铁]二氯化钯

9
CAS号 1855942-80-1

10
CAS号 1292836-05-5

11
CAS号 1855942-81-2

(R, R)-BenzP
Pd(OAc)$_2$, PhMe
K_3PO_4

11
CAS号 1855942-81-2

12
elbasvir
CAS号 1370468-36-2

原始文献： WO 2016196932, 2016.

参考文献

[1] Cada D J, Kim A P, Baker D E. Elbasvir/grazoprevir. Hosp Pharm, 2016, 51(8):665-686.

[2] Kiang T K L. Clinical pharmacokinetics and drug-drug interactions of elbasvir/grazoprevir. Eur J Drug Metab Pharmacokinet, 2018, 43(5):509-531.

elexacaftor（艾乐卡托）

药物基本信息

英文通用名	elexacaftor
英文别名	WHO 11180; WHO11180; VX-445; VX 445; VX445
中文通用名	艾乐卡托
商品名	Trikafta
CAS登记号	2216712-66-0
FDA 批准日期	10/21/2019
FDA 批准的API	elexacaftor
化学名	(*S*)-*N*-((1,3-dimethyl-1*H*-pyrazol-4-yl)sulfonyl)-6-(3-(3,3,3-trifluoro-2,2-dimethylpropoxy)-1*H*-pyrazol-1-yl)-2-(2,2,4-trimethylpyrrolidin-1-yl)nicotinamide
SMILES代码	O=C(C1=CC=C(N2N=C(OCC(C)(C)C(F)(F)F)C=C2)N=C1N3C(C)(C)C[C@H](C)C3)NS(=O)(C4=CN(C)N=C4C)=O

化学结构和理论分析

化学结构	理论分析值
	化学式：$C_{26}H_{34}F_3N_7O_4S$ 精确分子量：597.2345 分子量：597.66 元素分析：C, 52.25; H, 5.73; F, 9.54; N, 16.41; O, 10.71; S, 5.36

药品说明书参考网页

生产厂家产品说明书、美国药品网、美国处方药网页。

药物简介

TRIKAFTA 有 2 种包装形式：一种是含有 elexacaftor、tezacaftor 和 ivacaftor 固定剂量的组合片剂，另一种是与 ivacaftor 片剂的联合包装。两种片剂均用于口服。

Elexacaftor、tezacaftor 和 ivacaftor 片剂为橙色，胶囊状，薄膜包衣的固定剂量组合片剂，其中包含 100mg elexacaftor、50mg tezacaftor、75mg ivacaftor 和以下非活性成分：羟丙甲纤维素，羟丙甲纤维素琥珀酸乙酸酯，十二烷基硫酸钠，羧甲基纤维素钠，微晶纤维素和硬脂酸镁。片剂薄膜衣包含羟丙甲纤维素、羟丙基纤维素、二氧化钛、滑石粉、氧化铁黄和氧化铁红。

Ivacaftor 片剂为浅蓝色胶囊状薄膜衣片，其中包含 150mg 的 ivacaftor 和以下非活性成分：胶体二氧化硅，交联羧甲基纤维素钠，醋酸羟丙甲纤维素琥珀酸酯，乳糖一水合物，硬脂酸镁，微晶纤维素和月桂基硫酸钠。片剂薄膜衣包含巴西棕榈蜡、FD & C 蓝色 2 号、PEG 3350、聚乙烯醇、滑石粉和二氧化钛。印刷油墨包含氢氧化铵、氧化铁黑、丙二醇和紫胶。

TRIKAFTA 的活性成分如下所述：elexacaftor 是一种白色结晶固体，几乎不溶于水（<1mg/mL）。Tezacaftor 是一种白色至类白色粉末，几乎不溶于水（<5μg/mL）。Ivacaftor 是一种白色至类白色粉末，几乎不溶于水（<0.05μg/mL）。药理上它是 CFTR 增强剂。

TRIKAFTA 可用于治疗 12 岁及以上且囊性纤维化跨膜电导调节剂（CFTR）基因中至少有一个 F508del 突变的患者。如果患者的基因型未知，则应使用 FDA 批准的 CF 突变测试来确认是否存在至少一个 F508del 突变。

药品上市申报信息

该药物目前有 1 种产品上市。

药品注册申请号：212273
申请类型：NDA（新药申请）
申请人：VERTEX PHARMS INC
申请人全名：VERTEX PHARMACEUTICALS INC

产品信息

产品号	商品名	活性成分	剂型 / 给药途径	规格 / 剂量	参比药物 (RLD)	生物等效参考标准 (RS)	治疗等效代码
001	TRIKAFTA (COPACKAGED)	elexacaftor,ivacaftor,tezacaftor	片剂 / 口服	100mg,75mg,50mg;N/A,150mg,N/A	是	是	否

与本品相关的市场独占权保护信息

关联产品号	独占权代码	失效日期	备注
001	NCE	2023/02/12	
	NCE	2024/10/21	

合成路线 1

以下合成方法来源于 Vertex Pharmaceuticals 公司 Haseltine、L. Eric 等人 2019 年发表的专利申请书。目标化合物 **17** 是通过化合物 **8** 分子中的 NH 基团，与化合物 **16** 分子中嘧啶环上的氯原子发生亲核取代反应而得。重要中间体化合物 **8** 是以化合物 **3** 和化合物 **4** 为原料，经过 4 步合成反应而得。另一个重要中间体化合物 **16** 是以化合物 **9** 和化合物 **10** 为原料，经过 5 步合成反应而得。该合成路线的特点可归纳如下：①化合物 **6** 分子中的硝基被还原成氨基后，经分子内环合反应得到相应的酰胺化合物 **7**。②化合物 **13** 分子的吡唑环上 NH 基团与化合物 **11** 分子中嘧啶环上氯原子发生亲核取代反应生成化合物 **14**。

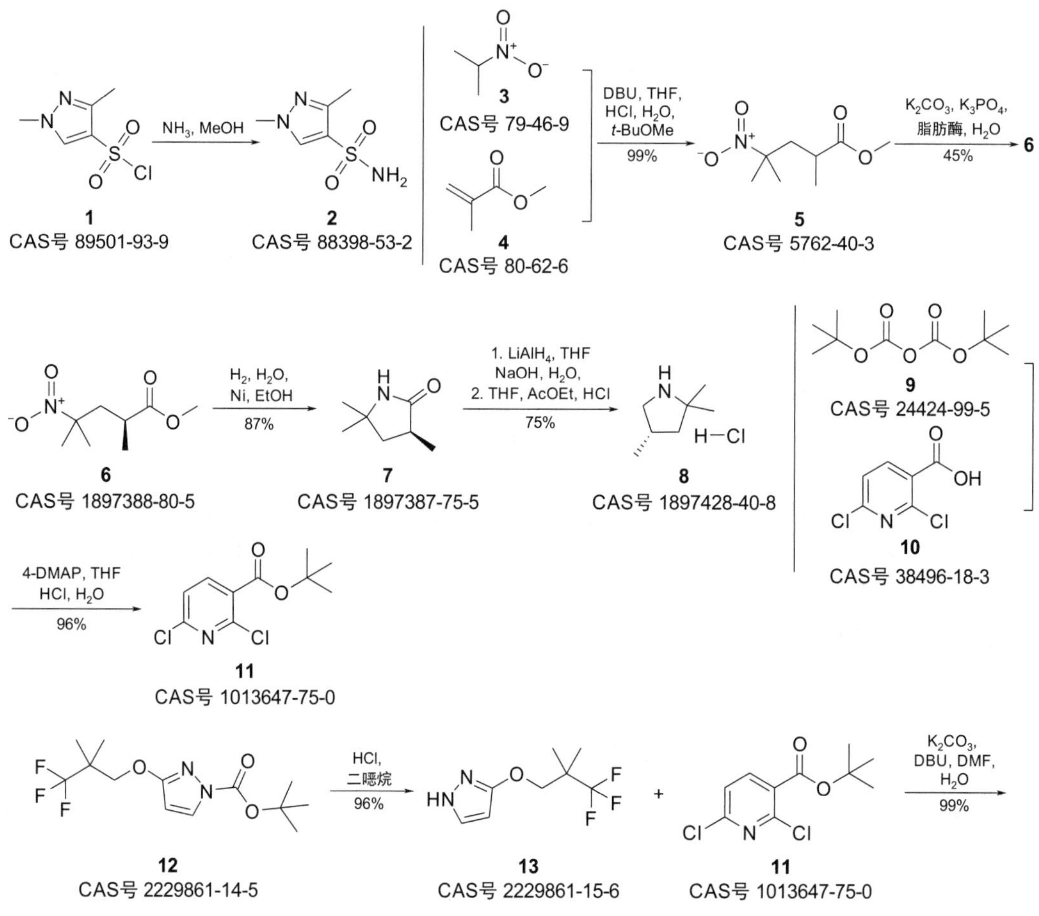

14
CAS号 2229861-16-7

14
CAS号 2229861-16-7

HCl, H_2O, Me_2CHOH, 回流
91%

15
CAS号 2229861-17-8

+

2
CAS号 88398-53-2

二咪唑酮, THF, DBU
99%

16

16
CAS号 2229861-18-9

+

8
CAS号 1897428-40-8

K_2CO_3, DMSO, H_2O
41%

17
elexacaftor
CAS号 2216712-66-0

原始文献： WO 2019018395, 2019.

合成路线 2

以下合成方法来源于 Vertex Pharmaceuticals 公司 Abela 等人 2018 年发表的专利申请书。目标化合物 **13** 是通过化合物 **12** 分子中的 NH 基团，与化合物 **11** 分子中嘧啶环上的氯原子发生亲核取代反应而得。

1
CAS号 889940-13-0

Red-Al, PhMe
H_2O
82%

2
CAS号 1895296-01-1

3
CAS号 178424-17-4

PPh_3, $N_2(CO_2CHMe_2)_2$, PhMe

4
CAS号 2229861-19-0

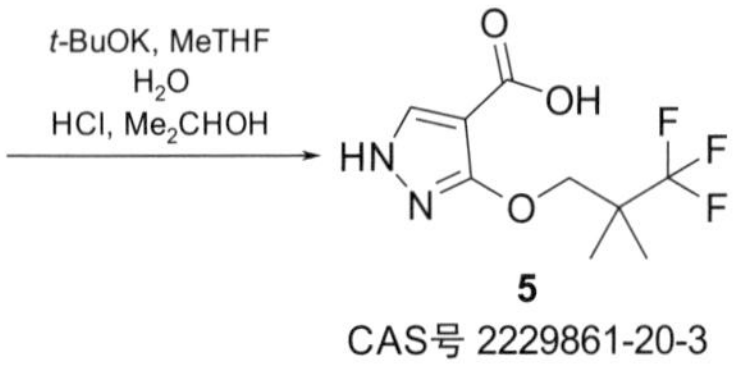

t-BuOK, MeTHF
H_2O
HCl, Me_2CHOH

5
CAS号 2229861-20-3

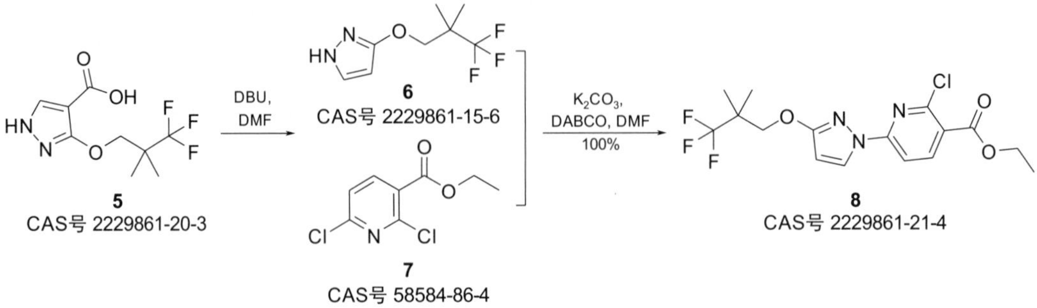

5
CAS号 2229861-20-3

DBU, DMF

6
CAS号 2229861-15-6

7
CAS号 58584-86-4

K_2CO_3, DABCO, DMF
100%

8
CAS号 2229861-21-4

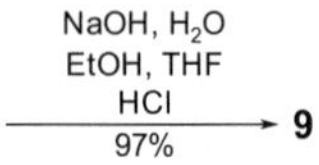

NaOH, H_2O
EtOH, THF
HCl
97%
9

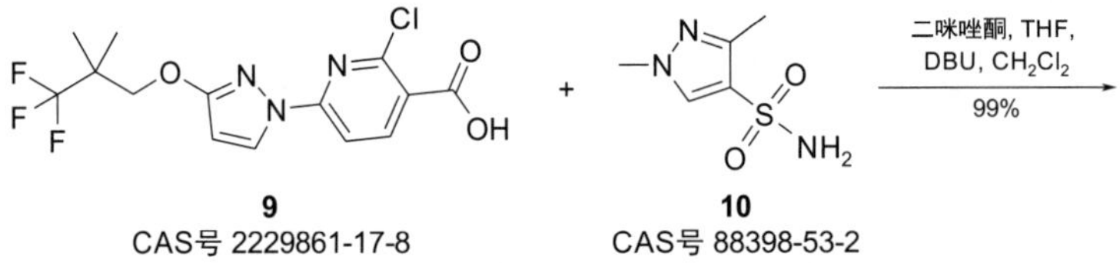

9
CAS号 2229861-17-8

10
CAS号 88398-53-2

二咪唑酮, THF, DBU, CH_2Cl_2
99%

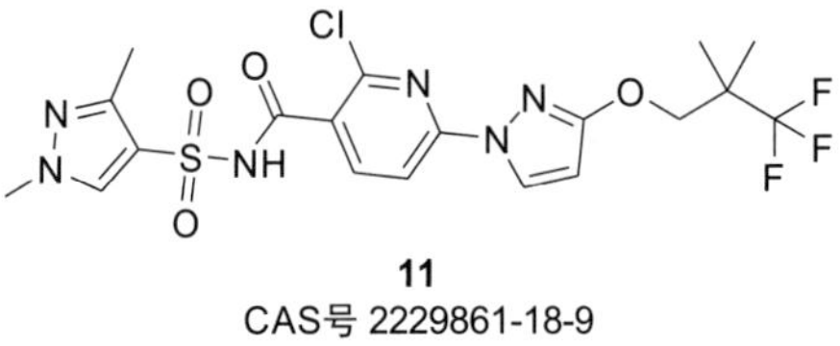

11
CAS号 2229861-18-9

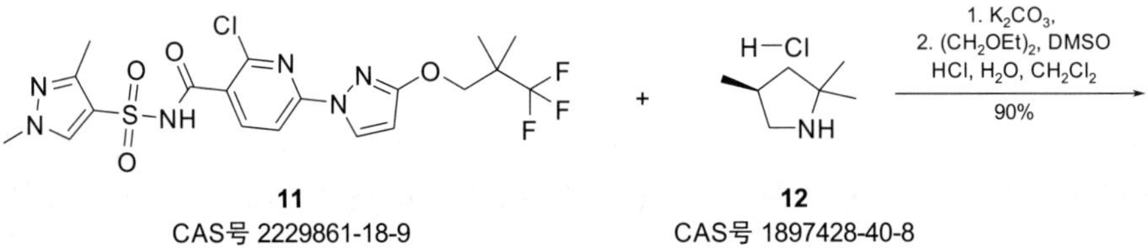

11
CAS号 2229861-18-9

12
CAS号 1897428-40-8

1. K_2CO_3,
2. $(CH_2OEt)_2$, DMSO
HCl, H_2O, CH_2Cl_2
90%

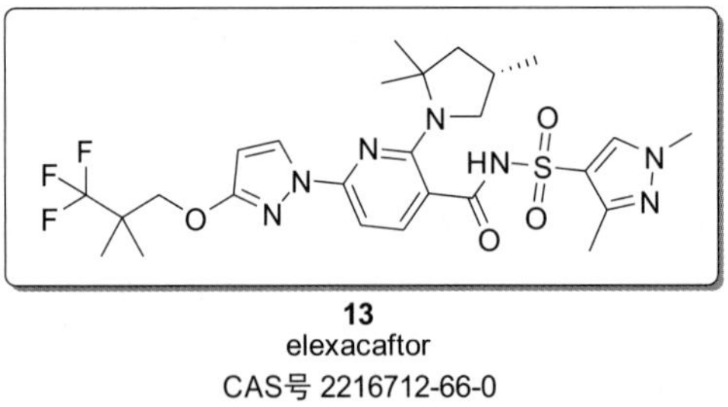

13
elexacaftor
CAS号 2216712-66-0

原始文献： WO 2018107100, 2018.

参考文献

[1] Hoy S M. Elexacaftor/ivacaftor/tezacaftor: first approval. Drugs, 2019, 79(18):2001-2007.

[2] Middleton P G, Mall M A, Dřevínek P, et al. Elexacaftor-tezacaftor-ivacaftor for cystic fibrosis with a single Phe508del allele. N Engl J Med, 2019, 381(19):1809-1819.

eluxadoline（艾沙度林）

药物基本信息

英文通用名	eluxadoline
英文别名	JNJ-27018966; JNJ27018966; JNJ 27018966
中文通用名	艾沙度林
商品名	Viberzi
CAS登记号	864825-13-8 (盐酸盐), 864821-90-9 (游离碱)
FDA 批准日期	5/27/2015
FDA 批准的API	eluxadoline
化学名	5-(((*S*)-2-amino-3-(4-carbamoyl-2,6-dimethylphenyl)-*N*-((*S*)-1-(5-phenyl-1*H*-imidazol-2-yl)ethyl)propanamido)methyl)-2-methoxybenzoic acid
SMILES代码	O=C(O)C1=CC(CN([C@H](C2=NC=C(C3=CC=CC=C3)N2)C)C([C@@H](N)CC4=C(C)C=C(C(N)=O)C=C4C)=O)=CC=C1OC

化学结构和理论分析

化学结构	理论分析值
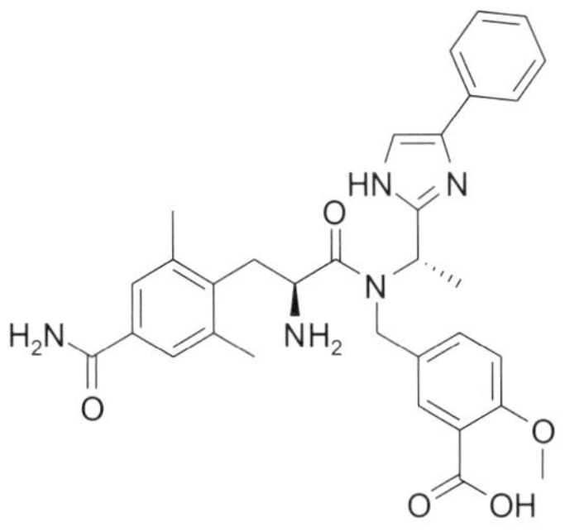	化学式：$C_{32}H_{35}N_5O_5$ 精确分子量：569.2638 分子量：569.6620 元素分析：C, 67.47; H, 6.19; N, 12.29; O, 14.04

药品说明书参考网页

生产厂家产品说明书、美国药品网、美国处方药网页。

药物简介

VIBERZI 中的活性成分是 eluxadoline，一种 μ 阿片受体激动剂。VIBERZI 有 75mg 和 100mg 规格的片剂，可口服。除了活性成分 eluxadoline 之外，每片均包含以下非活性成分：硅化微晶纤维素，胶体二氧化硅，交聚维酮，甘露醇，硬脂酸镁和 Opadry Ⅱ（部分水解的聚乙烯醇，二氧化钛，聚乙二醇，滑石粉，氧化铁黄，氧化铁红）。

VIBERZI 适用于成人腹泻型肠易激综合征（IBS-D）。

Eluxadoline 是一种 μ 阿片受体激动剂，也是 δ 阿片受体拮抗剂和 κ 阿片受体激动剂。Eluxadoline 对人 mu 和阿片类阿片受体的结合亲和力（K_i）分别为 1.8nmol/L 和 430nmol/L。Eluxadoline 在肠道神经系统中局部起作用，可能减少对中枢神经系统的不良影响。

药品上市申报信息

该药物目前有 2 种产品上市。

药品注册申请号：206940
申请类型：NDA（新药申请）
申请人：ALLERGAN HOLDINGS
申请人全名：ALLERGAN HOLDINGS UNLTD CO

产品信息

产品号	商品名	活性成分	剂型 / 给药途径	规格 / 剂量	参比药物 (RLD)	生物等效参考标准 (RS)	治疗等效代码
001	VIBERZI	eluxadoline	片剂 / 口服	75mg	是	否	否
002	VIBERZI	eluxadoline	片剂 / 口服	100mg	是	是	否

与本品相关的专利信息（来自 FDA 橙皮书 Orange Book）

关联产品号	专利号	专利过期日	是否物质专利	是否产品专利	专利用途代码	撤销请求	提交日期
001	10188632	2033/03/14		是			2019/02/28
	10213415	2025/03/14	是		U-2152		2019/03/21
	7741356	2028/03/25	是	是			2015/06/26
	7786158	2025/03/14	是				2015/06/26
	8344011	2025/03/14			U-1709		2015/06/26
	8609709	2025/03/14	是				2015/06/26
	8691860	2028/07/07	是		U-1709		2015/06/26
	8772325	2025/03/14			U-1709		2017/02/16
	9115091	2028/07/07	是	是	U-1738		2015/09/23
	9205076	2025/03/14			U-1709		2015/12/30
	9364489	2028/07/07			U-1709		2016/07/14
	9675587	2033/03/14		是			2017/08/07
	9700542	2025/03/14		是			2017/08/07
	9789125	2028/07/07		是	U-2152 U-1709		2017/11/01

续表

关联产品号	专利号	专利过期日	是否物质专利	是否产品专利	专利用途代码	撤销请求	提交日期
002	10188632	2033/03/14		是			2019/02/28
	10213415	2025/03/14	是		U-2152		2019/03/21
	7741356	2028/03/25	是	是			2015/06/26
	7786158	2025/03/14	是				2015/06/26
	8344011	2025/03/14			U-1709		2015/06/26
	8609709	2025/03/14	是				2015/06/26
	8691860	2028/07/07	是		U-1709		2015/06/26
	8772325	2025/03/14			U-1709		2017/02/16
	9115091	2028/07/07	是	是	U-1738		2015/09/23
	9205076	2025/03/14			U-1709		2015/12/30
	9364489	2028/07/07			U-1709		2016/07/14
	9675587	2033/03/14		是			2017/08/07
	9700542	2025/03/14		是			2017/08/07
	9789125	2028/07/07		是	U-1709 U-2152		2017/11/01

与本品相关的市场独占权保护信息

关联产品号	独占权代码	失效日期	备注
001	NCE	2020/05/27	
002	NCE	2020/05/27	

合成路线 1

以下合成路线来源于Sun Pharmaceutical Industries公司Inamdar等人2018年发表的专利申请书。目标化合物 **8** 是以化合物 **1**、化合物 **2** 和化合物 **3** 为原料，经过 4 步合成反应而得。

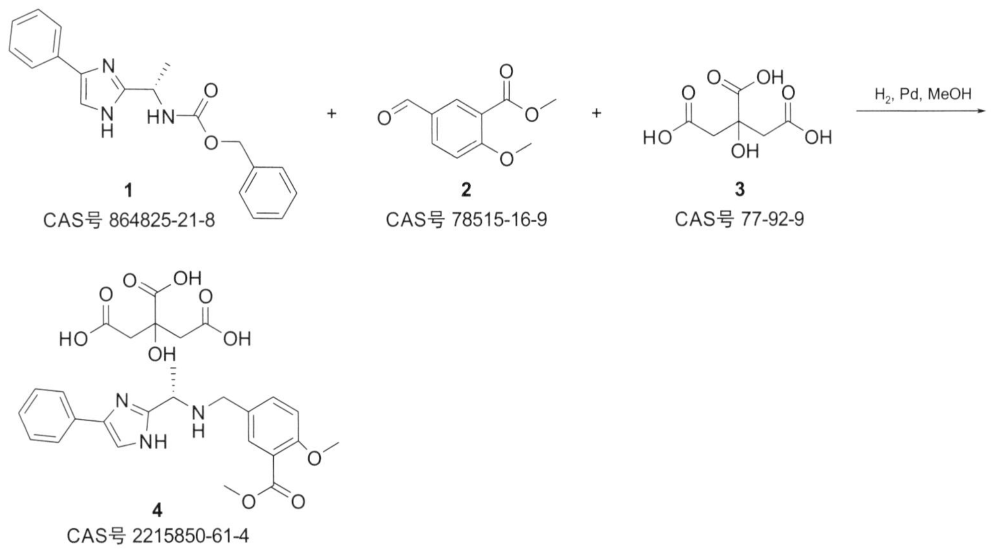

1
CAS号 864825-21-8

2
CAS号 78515-16-9

3
CAS号 77-92-9

H_2, Pd, MeOH

4
CAS号 2215850-61-4

4 $\xrightarrow{NaOH, H_2O}$

5
CAS号 1391712-57-4

6
CAS号 623950-02-7

$\xrightarrow{EDC, DMF}$

7
CAS号 1137026-67-5

$\xrightarrow{TFA}$

8
eluxadoline
CAS号 864821-90-9

原始文献： WO 2018055528, 2018.

合成路线 2

以下合成路线来源于 MSN Laboratories 公司 Rajan 等人 2017 年发表的专利申请书。目标化合物 **9** 是以化合物 **1** 和化合物 **2** 为原料，经过 **5** 步合成反应而得。

1
CAS号 864825-23-0

2
CAS号 78515-16-9

$\xrightarrow{MeOH, NaBH_4, H_2O}$

3
CAS号 1391712-57-4

+

4
CAS号 144-62-7

$\xrightarrow{Me_2CHOH}$

5
CAS号 2148309-26-4

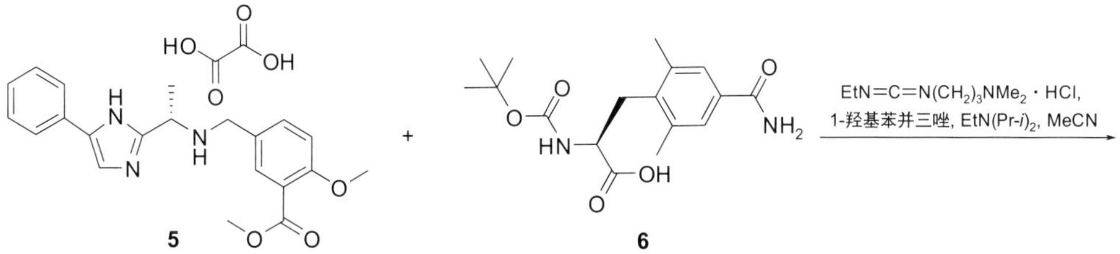

5
CAS号 2148309-26-4

+

6
CAS号 623950-02-7

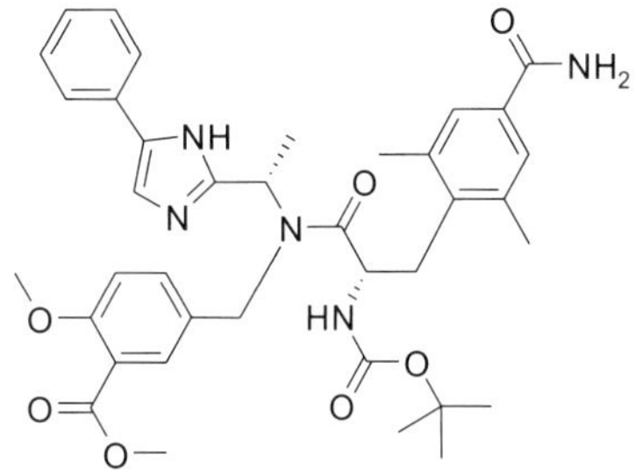

$EtN{=}C{=}N(CH_2)_3NMe_2 \cdot HCl$,
1-羟基苯并三唑, $EtN(Pr\text{-}i)_2$, MeCN

7
CAS号 1137026-67-5

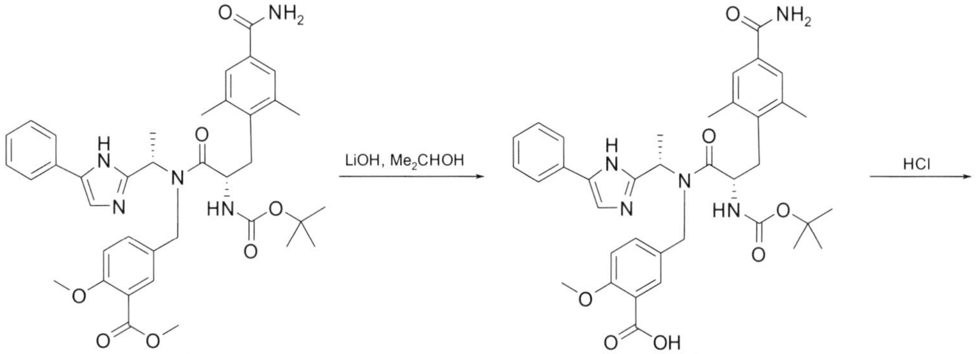

7
CAS号 1137026-67-5

LiOH, Me_2CHOH

8
CAS号 2148309-21-9

HCl

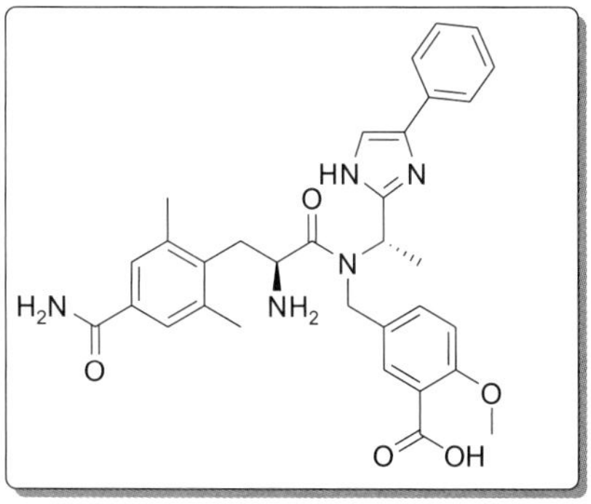

9
eluxadoline
CAS号 864821-90-9

原始文献： WO 2017191650, 2017.

合成路线 3

以下合成路线来源于 Lupin 公司 Mawale 等人 2018 年发表的专利申请书。目标化合物 **7** 是以化合物 **1** 和化合物 **2** 为原料，经过 4 步合成反应而得。

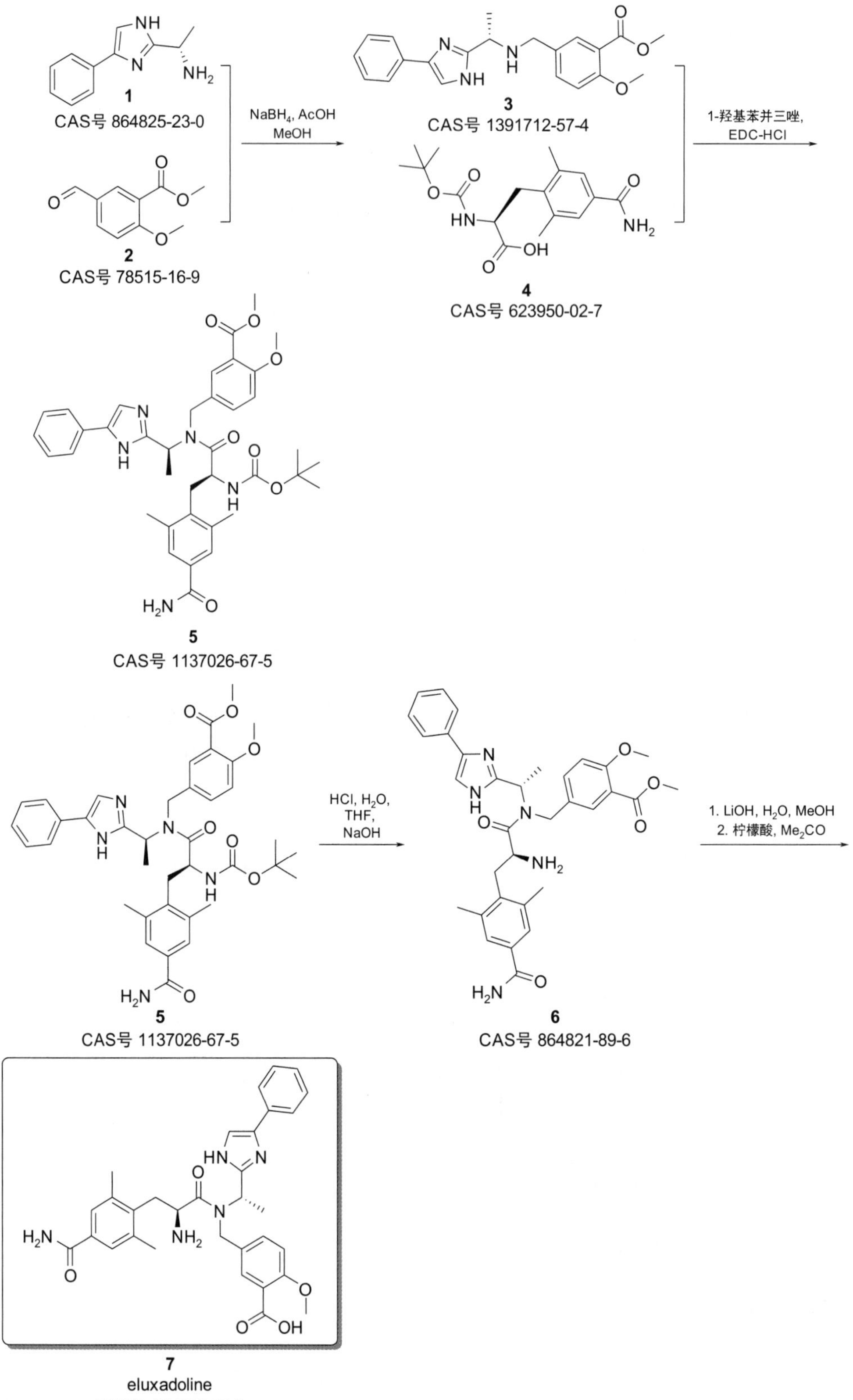

原始文献： WO 2018020450, 2018.

参考文献

[1] Lembo A J, Lacy B E, Zuckerman M J, et al. Eluxadoline for irritable bowel syndrome with diarrhea. N Engl J Med, 2016, 374(3):242-253.

[2] Lacy B E, Chey W D, Cash B D, et al. Eluxadoline efficacy in IBS-D patients who report prior loperamide use. Am J Gastroenterol, 2017, 112(6):924-932.

艾沙度林核磁谱图

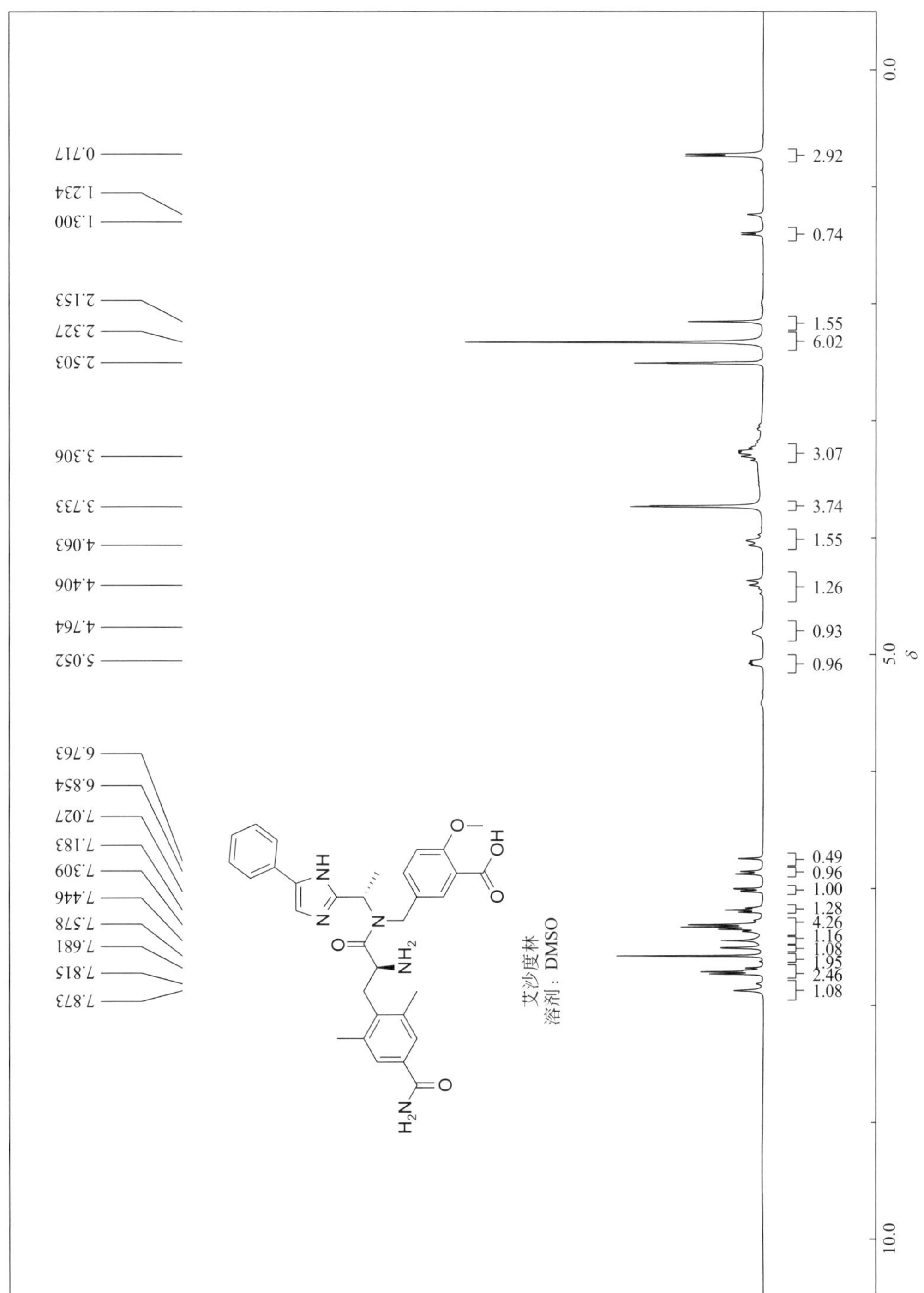

elvitegravir（埃替拉韦）

药物基本信息

英文通用名	elvitegravir
英文别名	GS-9137; GS9137; GS 9137; JTK 303; JTK-303; JTK303; EVG
中文通用名	埃替拉韦
商品名	Genvoya
CAS登记号	697761-98-1
FDA 批准日期	11/5/2015
FDA 批准的API	elvitegravir
化学名	6-[(3-chloro-2-fluorophenyl)methyl]-1-[(2*S*)-1-hydroxy-3-methylbutan-2-yl]-7-methoxy-4-oxoquinoline-3-carboxylic acid
SMILES代码	O=C(C1=CN([C@@H](C(C)C)CO)C2=C(C=C(CC3=CC=CC(Cl)=C3F)C(OC)=C2)C1=O)O

化学结构和理论分析

化学结构	理论分析值
HO, N, O, OH, F, O, O, Cl	化学式：$C_{23}H_{23}ClFNO_5$ 精确分子量：447.1249 分子量：447.89 元素分析：C, 61.68; H, 5.18; Cl, 7.91; F, 4.24; N, 3.13; O, 17.86

药品说明书参考网页

生产厂家产品说明书、美国药品网、美国处方药网页。

药物简介

GENVOYA 是一种固定剂量的组合片剂，包含 elvitegravir、cobicistat、emtricitabine 和 tenofovir alafenamide 四种活性成分，用于口服。

Elvitegravir 是一种 HIV-1 整合酶链转移抑制剂。Cobicistat 是一种 CYP3A 家族细胞色素 P450（CYP）酶抑制剂。Emtricitabine 属于胞苷的合成核苷类似物，是一种 HIV 核苷类似物逆转录酶抑制剂（HIV NRTI）。Ttenofovir alafenamide（一种 HIV NRTI）在体内转化为替诺福韦，即一种 5′-单磷酸腺苷的无环核苷膦酸酯（核苷酸）类似物。

每片含 150mg elvitegravir、150mg cobicistat、200mg emtricitabine 和 10mg tenofovir alafenamide（相当于 11.2mg tenofovir alafenamide 富马酸酯）。片剂包含以下非活性成分：交联羧甲基纤维素钠，羟丙基纤维素，乳糖一水合物，硬脂酸镁，微晶纤维素，二氧化硅和十二烷基硫酸钠。所述片剂用包含 FD & C 蓝色 2 号 / 靛蓝胭脂红铝色淀、氧化铁黄、聚乙二醇、聚乙烯醇、滑石粉和二氧化钛的包衣材料薄膜包衣。

Elvitegravir 是一种白色至浅黄色粉末，在 20℃下的水中溶解度小于 0.3μg/mL。Cobicistat 是一种白色至浅黄色粉末，在 20℃下的水中溶解度为 0.1mg/mL。Emtricitabine 是一种白色至类白色粉末，在 25℃下的水中溶解度约为 112mg/mL。Tenofovir alafenamide 富马酸酯为白色至类白色或棕褐色粉末，在 20℃下的水中溶解度为 4.7mg/mL。

GENVOYA 可用于治疗成人和体重至少 25kg 且无抗逆转录病毒治疗史的儿科患者的完整 HIV-1 感染的治疗方案。GENVOYA 也可以用于替代某些患者的抗逆转录病毒治疗方案，这些患者已经接受了至少 6 个月的一套完整的抗逆转录病毒治疗方案，而且没有治疗失败的经历，也没有出现与 GENVOYA 各个成分耐药相关的情况。

药品上市申报信息

该药物目前有 6 种产品上市。

药品注册申请号：203100
申请类型：NDA（新药申请）
申请人：GILEAD SCIENCES INC
申请人全名：GILEAD SCIENCES INC

产品信息

产品号	商品名	活性成分	剂型 / 给药途径	规格 / 剂量	参比药物 (RLD)	生物等效参考标准 (RS)	治疗等效代码
001	STRIBILD	cobicistat; elvitegravir; emtricitabine; tenofovir disoproxil fumarate	片剂 / 口服	150mg; 150mg; 200mg; 300mg	是	是	否

与本品相关的专利信息（来自 FDA 橙皮书 Orange Book）

关联产品号	专利号	专利过期日	是否物质专利	是否产品专利	专利用途代码	撤销请求	提交日期
001	10039718	2032/10/04		是			2018/09/04
	6642245	2020/11/04			U-257		
	6642245*PED	2021/05/04					
	6703396	2021/03/09	是	是			
	6703396*PED	2021/09/09					
	7176220	2026/08/27	是	是	U-257		
	7635704	2026/10/26	是	是	U-257		
	8148374	2029/09/03	是	是	U-1279		
	8592397	2024/01/13		是	U-257		
	8633219	2030/04/24		是	U-257		2014/01/24
	8716264	2024/01/13		是	U-257		2014/06/02
	8981103	2026/10/26	是	是			2015/04/14
	9457036	2024/01/13		是	U-257		2016/11/10
	9744181	2024/01/13		是	U-257		2017/09/19
	9891239	2029/09/03		是	U-257		2018/03/06

续表

关联产品号	专利号	专利过期日	是否物质专利	是否产品专利	专利用途代码	撤销请求	提交日期
001	5814639	2015/09/29	是	是			
	5814639*PED	2016/03/29					
	5914331	2017/07/02	是				
	5914331*PED	2018/01/02					
	5922695	2017/07/25	是		U-257		
	5922695*PED	2018/01/25					
	5935946	2017/07/25	是	是	U-257		
	5935946*PED	2018/01/25					
	5977089	2017/07/25	是	是	U-257		
	5977089*PED	2018/01/25					
	6043230	2017/07/25			U-257		
	6043230*PED	2018/01/25					

与本品相关的市场独占权保护信息

关联产品号	独占权代码	失效日期	备注
001	NPP	2020/01/27	
001	NP	2015/08/27	

药品注册申请号：203094
申请类型：NDA（新药申请）
申请人：GILEAD SCIENCES INC
申请人全名：GILEAD SCIENCES INC

产品信息

产品号	商品名	活性成分	剂型 / 给药途径	规格 / 剂量	参比药物 (RLD)	生物等效参考标准 (RS)	治疗等效代码
001	TYBOST	cobicistat	片剂 / 口服	150mg	是	是	否

与本品相关的专利信息（来自 FDA 橙皮书 Orange Book）

关联产品号	专利号	专利过期日	是否物质专利	是否产品专利	专利用途代码	撤销请求	提交日期
001	10039718	2032/10/04		是			2018/09/04
	8148374	2029/09/03	是	是	U-1279		2014/10/16

与本品相关的市场独占权保护信息

关联产品号	独占权代码	失效日期	备注
001	ODE-260	2026/08/22	
	NPP	2022/08/22	

与本品治疗等效的药品

本品无治疗等效药品

药品注册申请号：205395
申请类型：NDA（新药申请）
申请人：JANSSEN PRODS
申请人全名：JANSSEN PRODUCTS LP

产品信息

产品号	商品名	活性成分	剂型 / 给药途径	规格 / 剂量	参比药物 (RLD)	生物等效参考标准 (RS)	治疗等效代码
001	PREZCOBIX	cobicistat; darunavir	片剂 / 口服	150mg; 800mg	是	是	否

与本品相关的专利信息（来自 FDA 橙皮书 Orange Book）

关联产品号	专利号	专利过期日	是否物质专利	是否产品专利	专利用途代码	撤销请求	提交日期
001	10039718	2032/10/04		是			2018/09/05
	7470506	2019/06/23			U-1660		2015/02/26
	7470506*PED	2019/12/23					
	7700645	2026/12/26	是	是			2015/02/26
	7700645*PED	2027/06/26					
	8148374	2029/09/03	是	是	U-1279		2015/02/26
	8518987	2024/02/16	是	是			2015/02/26
	8518987*PED	2024/08/16					
	8597876	2019/06/23			U-1660		2015/02/26
	8597876*PED	2019/12/23					
	9889115	2019/06/23			U-1660		2018/03/09

药品注册申请号：206353
申请类型：NDA（新药申请）
申请人：BRISTOL-MYERS SQUIBB
申请人全名：BRISTOL-MYERS SQUIBB CO

产品信息

产品号	商品名	活性成分	剂型 / 给药途径	规格 / 剂量	参比药物 (RLD)	生物等效参考标准 (RS)	治疗等效代码
001	EVOTAZ	atazanavir sulfate; cobicistat	片剂 / 口服	等量 300mg 游离碱；150mg	是	是	否

与本品相关的专利信息（来自 FDA 橙皮书 Orange Book）

关联产品号	专利号	专利过期日	是否物质专利	是否产品专利	专利用途代码	撤销请求	提交日期
001	10039718	2032/10/04		是			2018/09/05
	6087383*PED	2019/06/21					
	8148374	2029/09/03	是	是	U-1279		2015/02/25

药品注册申请号：207561

申请类型：NDA（新药申请）
申请人：GILEAD SCIENCES INC
申请人全名：GILEAD SCIENCES INC

产品信息

产品号	商品名	活性成分	剂型 / 给药途径	规格 / 剂量	参比药物 (RLD)	生物等效参考标准 (RS)	治疗等效代码
001	GENVOYA	cobicistat; elvitegravir; emtricitabine; tenofovir alafenamide fumarate	片剂 / 口服	150mg; 150mg; 200mg; 等量 10mg 游离碱	是	是	否

与本品相关的专利信息（来自 FDA 橙皮书 Orange Book）

关联产品号	专利号	专利过期日	是否物质专利	是否产品专利	专利用途代码	撤销请求	提交日期
001	10039718	2032/10/04		是			2018/08/28
	6642245	2020/11/04			U-257		2015/12/01
	6642245*PED	2021/05/04					
	6703396	2021/03/09	是	是			2015/12/01
	6703396*PED	2021/09/09					
	7176220	2026/08/27	是	是	U-257		2015/12/01
	7390791	2022/05/07	是	是			2015/12/01
	7635704	2026/10/26	是	是	U-257		2015/12/01
	7803788	2022/02/02			U-257		2015/12/01
	8148374	2029/09/03	是	是	U-1279		2015/12/01
	8633219	2030/04/24		是	U-257		2015/12/01
	8754065	2032/08/15	是	是	U-257		2015/12/01
	8981103	2026/10/26	是	是			2015/12/01
	9296769	2032/08/15	是	是	U-257		2016/04/22
	9891239	2029/09/03		是	U-257		2018/02/27

与本品相关的市场独占权保护信息

关联产品号	独占权代码	失效日期	备注
001	NCE	2020/11/05	
	NPP	2020/09/25	
	D-173	2021/12/10	

药品注册申请号：210455
申请类型：NDA（新药申请）
申请人：JANSSEN PRODS
申请人全名：JANSSEN PRODUCTS LP

产品信息

产品号	商品名	活性成分	剂型 / 给药途径	规格 / 剂量	参比药物 (RLD)	生物等效参考标准 (RS)	治疗等效代码
001	SYMTUZA	cobicistat; darunavir; emtricitabine; tenofovir alafenamide fumarate	片剂 / 口服	150mg; 800mg; 200mg; 等量 10mg 游离碱	是	是	否

与本品相关的专利信息（来自 FDA 橙皮书 Orange Book）

关联产品号	专利号	专利过期日	是否物质专利	是否产品专利	专利用途代码	撤销请求	提交日期
001	10039718	2032/10/04		是			2018/09/05
	6642245	2020/11/04			U-2352		2018/08/15
	6703396	2021/03/09	是	是			2018/08/15
	7390791	2022/05/07	是	是			2018/08/15
	7470506	2019/06/23			U-2352		2018/08/15
	7700645	2026/12/26	是	是			2018/08/15
	7803788	2022/02/02			U-2352		2018/08/15
	8148374	2029/09/03	是	是	U-2364 U-2365 U-2353		2018/08/15
	8518987	2024/02/16	是	是			2018/08/15
	8597876	2019/06/23			U-2352		2018/08/15
	8754065	2032/08/15	是	是	U-2352		2018/08/15
	9296769	2032/08/15	是	是	U-2352		2018/08/15
	9889115	2019/06/23			U-2352		2018/08/15

与本品相关的市场独占权保护信息

关联产品号	独占权代码	失效日期	备注
001	NC	2020/07/17	
	NCE	2020/11/05	

合成路线 1

以下合成路线来源于 Sanofi 公司 Douša 等人 2016 年发表的论文。目标化合物 **11** 是以化合物 **1** 为原料经过 6 步合成而得。该合成路线中有几个地方值得注意：①化合物 **7** 分子中的氨基亲核加成到化合物 **6** 的双键上，再消除，得到化合物 **8**。②化合物 **8** 在碱性条件下，分子中的 NH 基团亲核取代苯环上的甲氧基后得到化合物 **9**。③锌试剂 **10** 与化合物 **9** 分子中的溴原子偶联得到目标化合物 **11**。

Br_2, MeCN

1
CAS号 829-20-9

2
CAS号 182056-48-0

3
CAS号 616-38-6

NaH

4
CAS号 1598387-86-0

5
CAS号 4637-24-5

6
CAS号 1598387-89-3

6
CAS号 1598387-89-3

7
CAS号 2026-48-4

MeOH

8
CAS号 1598387-92-8

1. $Me_3SiN{=}CMeOSiMe_3$
KOH
2. AcOH

9
CAS号 1809220-11-8

10
CAS号 869893-91-4

$Me_3SiN{=}CMeOSiMe_3$
HCl, H_2O

11
elvitegravir
CAS号 697761-98-1

原始文献： J Sep Sci, 2016, 39(5):851-856.

合成路线 2

以下合成路线来源于 Sanofi 公司 Rádl 等人 2016 年发表的论文。目标化合物 **14** 是以化合物 **4** 为原料经过 6 步合成而得。该合成路线中有几个地方值得注意：①化合物 **9** 分子中的氨基亲核加成到化合物 **8** 的双键上，再消除，得到化合物 **10**。②化合物 **10** 在碱性条件下，分子中的 NH 基团亲核取代苯环上的甲氧基后，其羟基与硅试剂 **11** 反应得到化合物 **12**。③锌试剂 **2** 在钯催化剂的作用下与化合物 **12** 分子中的碘原子偶联得到目标化合物 **14**。

1
CAS号 85070-47-9

Zn, Me_3SiCl,
$BrCH_2CH_2Br$, THF

2
CAS号 869893-91-4

3
CAS号 829-20-9

ICl, MeCN

4
CAS号 3153-75-1

4
CAS号 3153-75-1

5

NaH, THF, PhMe

6
CAS号 1598387-87-1

7
CAS号 4637-24-5

8
CAS号 1598387-90-6

MeOH

8
CAS号 1598387-90-6

9
CAS号 4276-09-9

10
CAS号 1809219-85-9

11
CAS号 10416-59-8

DMF

12
CAS号 1598419-24-9

$PdCl_2(PPh_3)_2$, THF

12
CAS号 1598419-24-9

2
CAS号 869893-91-4

13
CAS号 1350172-03-0

NaOH, H_2O
MeOH

14
elvitegravir
CAS号 697761-98-1

原始文献： J Hetercycl Chem, 2016, 53 (6): 1738-1749.

合成路线 3

以下合成路线来源于 Central Pharmaceutical Research Institute, Sato 等人 2009 年发表的论文。目标化合物 **12** 是以化合物 **1** 为原料经过 7 步合成而得。该合成路线中有几个地方值得注意：①化合物 **6** 分子中的氨基亲核加成到化合物 **5** 的双键上，再消除，得到化合物 **7**。②化合物 **7** 在碱性条件下，分子中的 NH 基团亲核取代苯环上的氟原子后得到化合物 **8**。③锌试剂 **11** 在钯催化剂的作用下与化合物 **10** 分子中的碘原子偶联得到目标化合物 **12**。

碘代琥珀酰亚胺, 三氟甲磺酸

$SOCl_2$

Et_3N, THF

1 CAS号 1583-58-0

2 CAS号 161531-51-7

3

4 CAS号 924-99-2

5

Et_3N, THF

K_2CO_3, DMF

5

6 CAS号 2026-48-4

7

8

咪唑, DMF

10

9 CAS号 18162-48-6

三(2-呋喃膦), $Pd_2(dba)_3$, THF

10 CAS号 870294-02-3

11 CAS号 869893-91-4

12 elvitegravir CAS号 697761-98-1

原始文献： J Med Chem, 2009, 52(15):4869-4882.

合成路线 4

以下合成路线来源于 Japan Tobacco 公司 Satoh 等人 2005 年发表的专利申请书。目标化合物 **11** 是以化合物 **1** 为原料经过 6 步合成而得。

$SOCl_2$, DMF, PhMe

EtN(Pr-i)$_2$, PhMe

1 CAS号 28314-83-2

2 CAS号 26394-96-7

3 CAS号 2026-48-4

DBU, H_2O, DMF

4
CAS号 934161-34-9

5
CAS号 934161-50-9

6
CAS号 18162-48-6

1*H*-咪唑, PhMe

7
CAS号 934161-52-1

8
CAS号 869893-91-4

PPh_3, $Pd_2(dba)_3$THF

9
CAS号 697762-66-6

NaOH, H_2O, Me_2CHOH

10
CAS号 869893-92-5

MeOH, NaOMe

11
elvitegravir
CAS号 697761-98-1

原始文献： WO 2005113508, 2005.

合成路线 5

以下合成路线来源于 Gilead Sciences 公司 Dowdy 等人 2008 年发表的专利申请书。目标化合物 **12** 是以化合物 **1** 为原料经过 6 步合成而得。

1
CAS号 24988-36-1

2
CAS号 85070-48-0

3
CAS号 124-38-9

i-PrMgC, THF

4
CAS号 1011732-91-4

TFA, Et_3SiH

5
CAS号 949465-79-6

5
CAS号 949465-79-6

+

6
CAS号 6148-64-7

二咪唑酮，
1*H*-咪唑，THF
H_3PO_4, H_2O

7
CAS号 949465-81-0

+

8
CAS号 4637-24-5

→ **9**

9

+

10
CAS号 2026-48-4

$(Me_3Si)_2NH$, KCl

11
CAS号 949465-91-2

KOH, H_2O,
Me_2CHOH

12
elvitegravir
CAS号 697761-98-1

原始文献： WO 2008033836, 2008.

合成路线 6

以下合成路线来源于 Matrix Laboratories 公司 Vellanki 等人 2011 年发表的专利申请书。目标化合物 **16** 是以化合物 **1** 为原料经过 10 步合成而得。该合成路线值得注意地方有：①酰氯化合物 **7** 与化合物 **8** 反应得到化合物 **9**。②化合物 **11** 的羟基与化合物 **12** 反应，将羟基保护，得到相应的化合物 **13**。

Zn, Me_3SiCl
I_2, THF

1
CAS号 85070-47-9

2
CAS号 869893-91-4

$NaBH_4$, THF

3
CAS号 72-18-4

4
CAS号 2026-48-4

H_2SO_4, H_2O, CH_2Cl_2
碘代琥珀酰亚胺

$SOCl_2$, DMF
PhMe

5
CAS号 1583-58-0

6
CAS号 161531-51-7

7
CAS号 1131640-48-6

8
CAS号 924-99-2

$EtN(Pr\text{-}i)_2$
PhMe

9
CAS号 697762-39-3

PhMe

K_2CO_3, DMF

9
CAS号 697762-39-3

4
CAS号 2026-48-4

10
CAS号 697762-59-7

11
CAS号 697762-60-0

p-$MeC_6H_4SO_3H$,
CH_2Cl_2

11
CAS号 697762-60-0

12
CAS号 110-87-2

13
CAS号 1261283-89-9

2
CAS号 869893-91-4

$Pd(PPh_3)_4$,
THF

14
CAS号 1261283-91-3

p-$MeC_6H_4SO_3H$, MeOH

14
CAS号 1261283-91-3

15
CAS号 124-41-4

16
elvitegravir
CAS号 697761-98-1

原始文献： WO 2011004389, 2011.

合成路线 7

以下合成路线来源于 Shanghai Desano Chemical Pharmaceutical 公司 Li 等人 2014 年发表的专利申请书。目标化合物 **7** 是以化合物 **1** 为原料经过 4 步合成而得。该合成路线值得注意地方有：①化合物 **1** 的羟基用乙酰基保护。②化合物 **4** 转化为相应的锌试剂后，与化合物 **3** 分子中的溴原子偶联得到化合物 **5**。③化合物 **6** 分子中的中间苯环上的氟原子与甲醇钠反应，得到目标化合物 **7**。

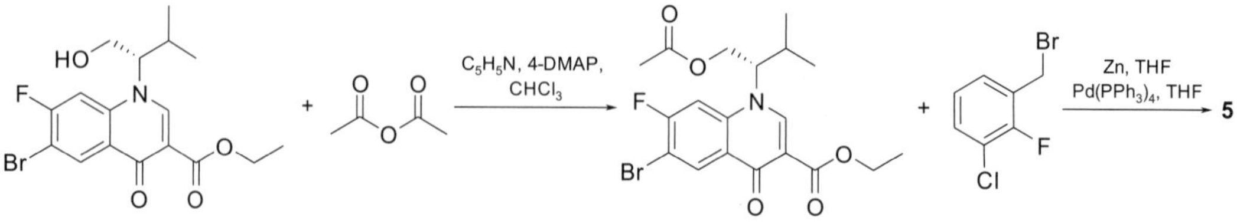

C_5H_5N, 4-DMAP, $CHCl_3$

Zn, THF

$Pd(PPh_3)_4$, THF

1
CAS号 934161-50-9

2
CAS号 108-24-7

3
CAS号 1612793-46-0

4
CAS号 85070-47-9

NaOH, H_2O, $CHCl_3$

NaOMe

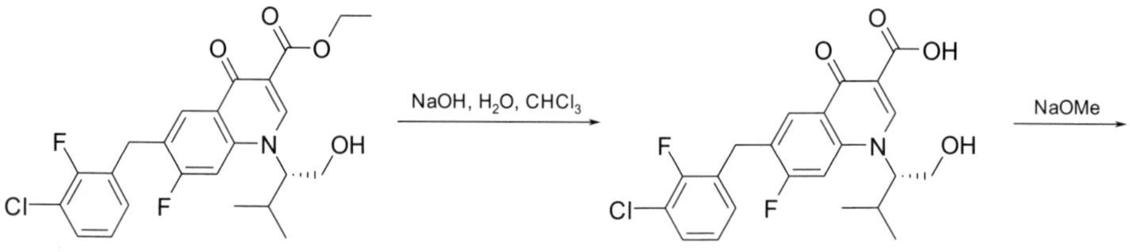

5
CAS号 869893-92-5

6
CAS号 869893-92-5

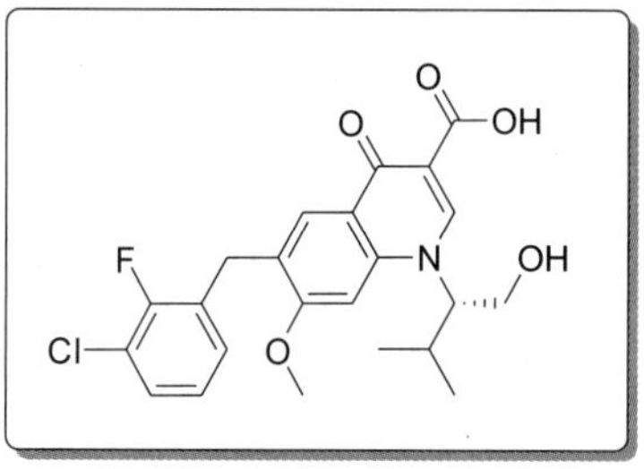

7
elvitegravir
CAS号 697761-98-1

原始文献： CN 103819402, 2014.

合成路线 8

以下合成路线来源于 MSN Laboratories 公司 Rajan 等人 2016 年发表的专利申请书。目标化合物 **13** 是以化合物 **3** 为原料经过 8 步合成而得。

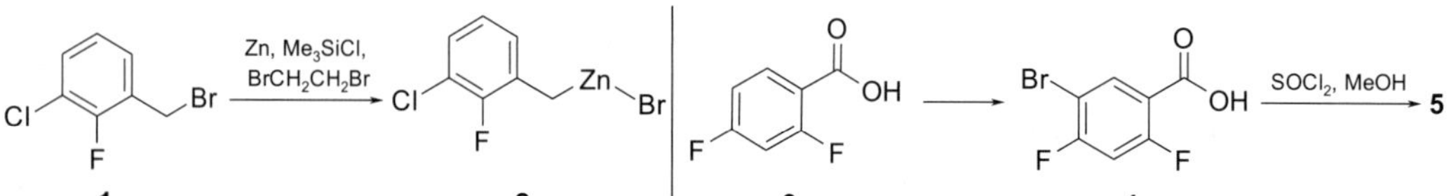

Zn, Me_3SiCl, $BrCH_2CH_2Br$

$SOCl_2$, MeOH

1
CAS号 85070-47-9

2
CAS号 869893-91-4

3
CAS号 1583-58-0

4
CAS号 28314-83-2

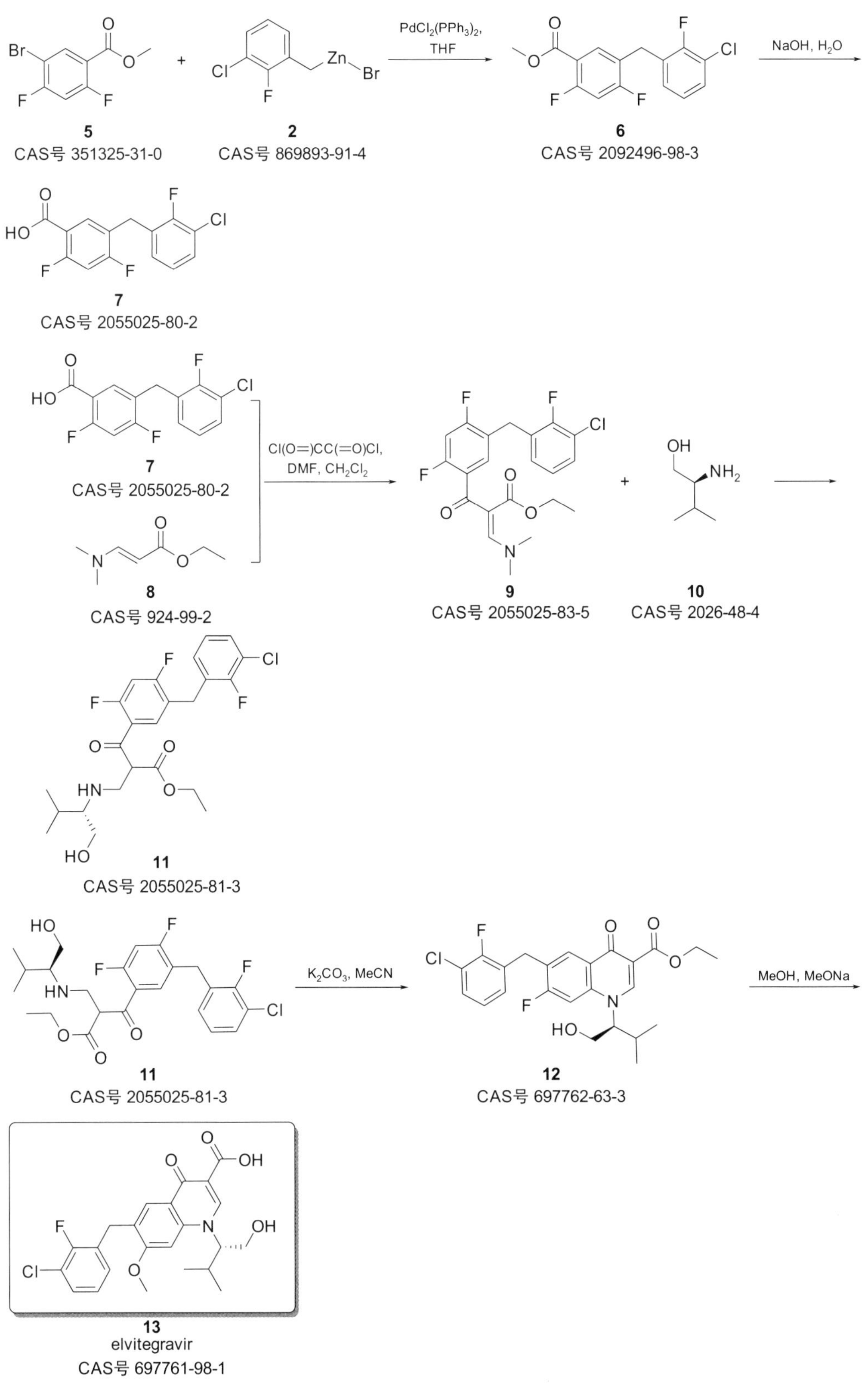

原始文献： WO 2016193997, 2016.

参考文献

[1] Momper J D, Best B M, Wang J, et al. Elvitegravir/cobicistat pharmacokinetics in pregnant and postpartum women with HIV. AIDS, 2018, 32(17):2507-2516.

[2] Greig S L, Deeks E D. Elvitegravir/cobicistat/emtricitabine/tenofovir alafenamide: a review in HIV-1 infection. Drugs, 2016, 76(9):957-968.

埃替拉韦核磁谱图

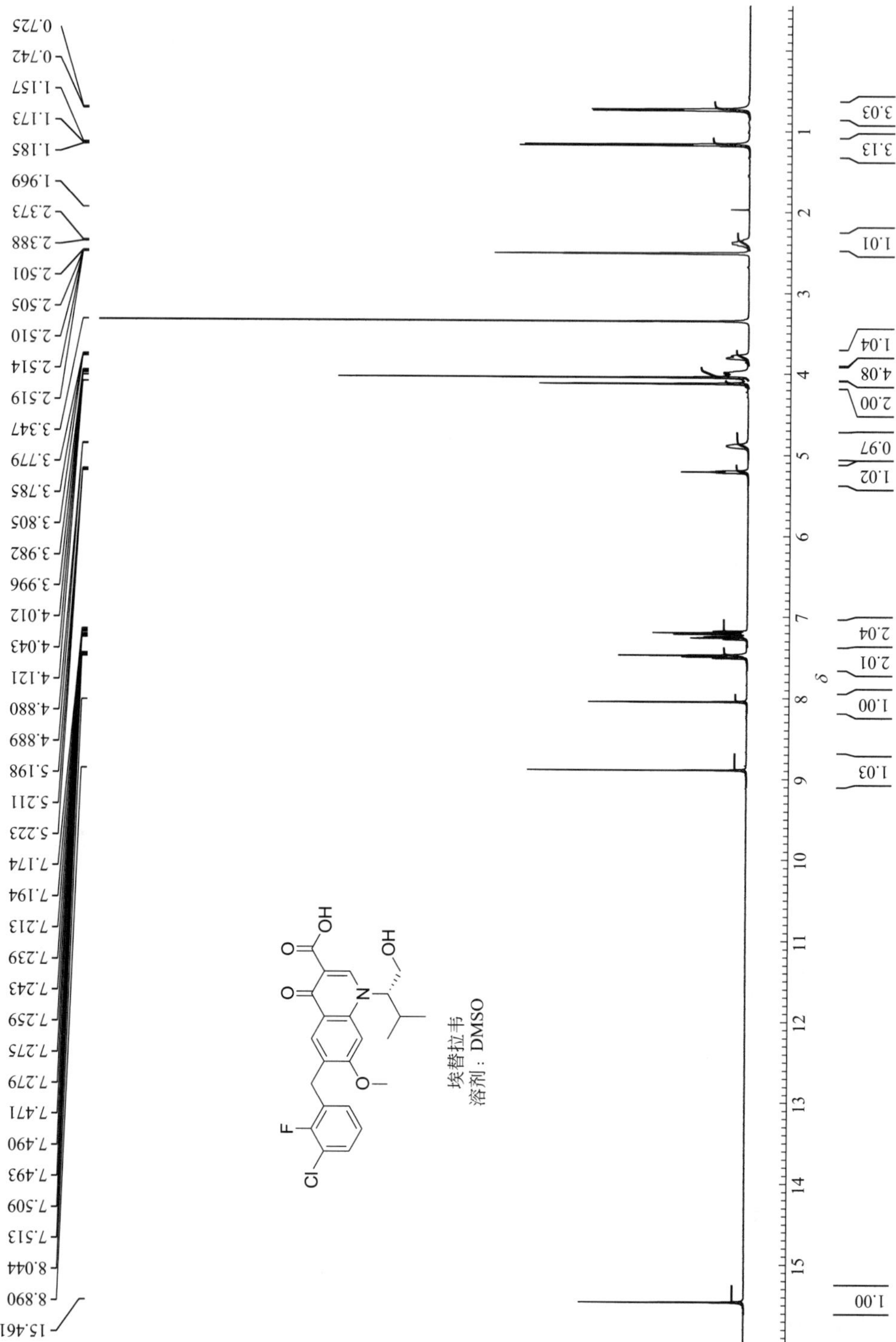

emtricitabine（恩曲他滨）

药物基本信息

英文通用名	emtricitabine
英文别名	2-FTC; 524W91; BW 1592; BW-1592; BW1592; BW 524W91; BW-524W91; BW524W91; coviracil; dOTFC; DRG-0208; DRG 0208; DRG0208; emtriva
中文通用名	恩曲他滨
商品名	Genvoya, Biktarvy
CAS登记号	143491-57-0
FDA 批准日期	11/5/2015
FDA 批准的API	emtricitabine
化学名	4-amino-5-fluoro-1-[(2*R*,5*S*)-2-(hydroxymethyl)-1,3-oxathiolan-5-yl]pyrimidin-2-one
SMILES代码	O=C1N=C(N)C(F)=CN1[C@@H]2CS[C@H](CO)O2

化学结构和理论分析

化学结构	理论分析值
	化学式：$C_8H_{10}FN_3O_3S$ 精确分子量：247.0427 分子量：247.24 元素分析：C, 38.86; H, 4.08; F, 7.68; N, 17.00; O, 19.41; S, 12.97

药品说明书参考网页

生产厂家产品说明书、美国药品网、美国处方药网页。

药物简介

BIKTARVY 是一种含有 3 种活性成分的组合药物，主要治疗 HIV-1 病毒感染。其活性成分分别为：bictegravir（BIC），emtricitabine（FTC）和 tenofovir alafenamide fumarate（TAF）。

BIC 的作用主要是抑制 HIV-1 整合酶（整合酶链转移抑制剂，INSTI）的链转移活性，HIV-1 编码酶是病毒复制所需的 HIV-1 编码酶。抑制整合酶可有效阻止线型 HIV-1 DNA 整合入宿主基因组 DNA，从而阻止 HIV-1 前病毒的形成和病毒的传播。

FTC 是一种核苷类似物，被细胞酶磷酸化后可形成恩曲他滨 5′ - 三磷酸。后者通过与天然底物脱氧胞苷 5′ - 三磷酸竞争，并嵌入新生病毒 DNA 中，进而导致链终止，同时抑制 HIV-1 逆转录酶的活性。恩曲他滨 5′ - 三磷酸酯是哺乳动物 DNA 聚合酶 α，β，ε 和线粒体 DNA 聚合酶弱抑制剂。

TAF 是替诺福韦（2′ - 脱氧腺苷一磷酸类似物）的磷酸亚酰铵盐前药。TAF 暴露于血浆中后，可以渗透到细胞中，然后通过组织蛋白酶 A 水解将 TAF 胞内转化为替诺福韦。随后，替诺福韦被细胞激酶磷酸化为活性代谢产物替诺福韦二磷酸。替诺福韦二磷酸酯通过 HIV 逆转录酶掺入病毒 DNA 中而抑制 HIV-1 复制，从而导致 DNA 链终止。

适应证：BIKTARVY 是治疗成人和体重至少 25kg 且无抗逆转录病毒治疗史的儿科患者的 1 型人类免疫缺陷病毒（HIV-1）感染的完整治疗方案，或已接受病毒学替代的现有抗逆转录病毒治疗方案在稳定的抗逆转录病毒治疗方案中被抑制（HIV-1 RNA 少于 50 拷贝 / mL），没有治疗失败的历史，也没有已知的对 BIKTARVY 单个成分具有抗性的替代物。

BIKTARVY 是一种固定剂量的组合片剂，活性成分为 bictegravir（BIC）、emtricitabine（FTC）和 tenofovir alafenamide fumarate（TAF），是一种口服药物。

BIC 是整合酶链转移抑制剂（INSTI）。FTC 是胞苷的合成核苷类似物，是一种 HIV 核苷类似物逆转录酶抑制剂（HIV NRTI）。TAF 是一种 HIV NRTI，在体内转化为替诺福韦，替诺福韦是 5'-单磷酸腺苷的无环核苷磷酸酯（核苷酸）类似物。

每片含有 50mg 的 BIC（相当于 52.5mg 的 bictegravir sodium）、200mg 的 FTC 和 25mg 的 TAF（相当于 28mg 的 tenofovir alafenamide fumarate）和以下非活性成分：交联羧甲基纤维素钠，硬脂酸镁和微晶纤维素。所述片剂用包含氧化铁黑、氧化铁红、聚乙二醇、聚乙烯醇、滑石粉和二氧化钛的包衣材料薄膜包衣。

Bictegravir sodium 是一种灰白色至黄色固体，在 20℃的水中溶解度为 0.1mg/mL。Emtricitabine 是一种白色至类白色粉末，在 25℃下的水中溶解度约为 112mg/mL。Tenofovir alafenamide fumarate 为白色至类白色或棕褐色粉末，在 20℃下的水中溶解度为 4.7mg/mL。

药品上市申报信息

该药物目前有 41 种产品上市。这里只列出目前尚有专利保护的药品。

药品注册申请号：021500
申请类型：NDA（新药申请）
申请人：GILEAD
申请人全名：GILEAD SCIENCES INC

产品信息

产品号	商品名	活性成分	剂型 / 给药途径	规格 / 剂量	参比药物 (RLD)	生物等效参考标准 (RS)	治疗等效代码
001	EMTRIVA	emtricitabine	胶囊 / 口服	200mg	是	是	AB

与本品相关的专利信息（来自 FDA 橙皮书 Orange Book）

关联产品号	专利号	专利过期日	是否物质专利	是否产品专利	专利用途代码	撤销请求	提交日期
001	6642245	2020/11/04			U-541 U-257		
	6642245*PED	2021/05/04					
	6703396	2021/03/09	是	是			
	6703396*PED	2021/09/09					

续表

关联产品号	专利号	专利过期日	是否物质专利	是否产品专利	专利用途代码	撤销请求	提交日期
001	5210085	2010/05/11			U-257		
	5210085*PED	2010/11/11					
	5814639	2015/09/29	是	是			
	5814639*PED	2016/03/29					
	5914331	2015/09/29	是				
	5914331	2017/07/02	是				
	5914331*PED	2016/03/29					
	5914331*PED	2018/01/02					
	6642245	2020/11/04			U-257 U-541		
	7402588	2010/02/01		是	U-257		
	7402588*PED	2010/08/01					

与本品相关的市场独占权保护信息

关联产品号	独占权代码	失效日期	备注
001	NCE	2008/07/02	
	PED	2009/01/02	

与本品治疗等效的药品

申请号	产品号	申请类型	商品名	活性成分	剂型 / 给药途径	规格	市场状态	RLD	RS	TE Code
021500	001	NDA	EMTRIVA	emtricitabine	胶囊 / 口服	200mg	处方药	是	是	AB
091168	001	ANDA	EMTRICITABINE	emtricitabine	胶囊 / 口服	200mg	处方药	否	否	AB

药品注册申请号：021752

申请类型：NDA（新药申请）

申请人：GILEAD

申请人全名：GILEAD SCIENCES INC

产品信息

产品号	商品名	活性成分	剂型 / 给药途径	规格 / 剂量	参比药物 (RLD)	生物等效参考标准 (RS)	治疗等效代码
001	TRUVADA	emtricitabine; tenofovir disoproxil fumarate	片剂 / 口服	200mg; 300mg	是	是	AB
002	TRUVADA	emtricitabine; tenofovir disoproxil fumarate	片剂 / 口服	100mg; 150mg	是	否	否
003	TRUVADA	emtricitabine; tenofovir disoproxil fumarate	片剂 / 口服	133mg; 200mg	是	否	否
004	TRUVADA	emtricitabine; tenofovir disoproxil fumarate	片剂 / 口服	167mg; 250mg	是	否	否

与本品相关的专利信息（来自 FDA 橙皮书 Orange Book）

关联产品号	专利号	专利过期日	是否物质专利	是否产品专利	专利用途代码	撤销请求	提交日期
001	6642245	2020/11/04			U-541 U-1170 U-248		
	6642245*PED	2021/05/04					
	6703396	2021/03/09	是	是			
	6703396*PED	2021/09/09					
	8592397	2024/01/13		是	U-248 U-541 U-1170		
	8716264	2024/01/13		是	U-257		2014/05/30
	9457036	2024/01/13		是	U-257		2016/11/10
	9744181	2024/01/13		是	U-257		2017/09/18
002	6642245	2020/11/04			U-248 U-541 U-1170		2016/03/31
	6642245*PED	2021/05/04					
	6703396	2021/03/09	是	是			2016/03/31
	6703396*PED	2021/09/09					
003	6642245	2020/11/04			U-248 U-541 U-1170		2016/03/31
	6642245*PED	2021/05/04					
	6703396	2021/03/09	是	是			2016/03/31
	6703396*PED	2021/09/09					
004	6642245	2020/11/04			U-248 U-1170 U-541		2016/03/31
	6642245*PED	2021/05/04					
	6703396	2021/03/09	是	是			2016/03/31
	6703396*PED	2021/09/09					
001	5210085	2010/05/11			U-248 U-541		
	5210085*PED	2010/11/11					
	5814639	2015/09/29	是	是			
	5814639*PED	2016/03/29					
	5914331	2015/09/29	是	是	U-248		
	5914331	2017/07/02	是	是	U-248		
	5914331*PED	2016/03/29					
	5914331*PED	2018/01/02					
	5914331*PED	2018/01/02	是				
	5922695	2017/07/25	是		U-1170 U-1259 U-248 U-541		
	5922695*PED	2018/01/25					
	5935946	2017/07/25	是	是	U-1170 U-1259 U-248 U-541		
	5935946*PED	2018/01/25					
	5977089	2017/07/25	是	是	U-1170 U-1259 U-248 U-541		
	5977089*PED	2018/01/25					
	6043230	2017/07/25		是	U-1170 U-1259 U-248 U-541		
	6043230*PED	2018/01/25					
	6642245	2020/11/04			U-1170 U-248 U-541		
	7402588	2010/02/01		是	U-257		
	7402588*PED	2010/08/01					
	8592397	2024/01/13		是	U-1170 U-248 U-541		

与本品相关的市场独占权保护信息

关联产品号	独占权代码	失效日期	备注
001	NCE	2006/10/26	
	NCE	2008/07/02	
	PED	2009/01/02	

药品注册申请号：021896
申请类型：NDA（新药申请）
申请人：GILEAD
申请人全名：GILEAD SCIENCES INC

产品信息

产品号	商品名	活性成分	剂型 / 给药途径	规格 / 剂量	参比药物 (RLD)	生物等效参考标准 (RS)	治疗等效代码
001	EMTRIVA	emtricitabine	液体 / 口服	10mg/mL	是	是	否
002	EMTRIVA	emtricitabine	液体 / 口服	10mg/mL	否		否

与本品相关的专利信息（来自 FDA 橙皮书 Orange Book）

关联产品号	专利号	专利过期日	是否物质专利	是否产品专利	专利用途代码	撤销请求	提交日期
001	6642245	2020/11/04			U-257		
	6642245*PED	2021/05/04					
	6703396	2021/03/09	是	是			
	6703396*PED	2021/09/09					
001	5210085	2010/05/11			U-257		
	5210085*PED	2010/11/11					
	5814639	2015/09/29	是	是			
	5814639*PED	2016/03/29					
	5914331	2015/09/29	是				
	5914331	2017/07/02	是				
	5914331*PED	2016/03/29					
	5914331*PED	2018/01/02					

与本品相关的市场独占权保护信息

关联产品号	独占权代码	失效日期	备注
001	NCE	2008/07/02	
	NDF	2008/09/27	
	NPP	2009/12/22	
	PED	2009/01/02	
	PED	2009/03/27	
	PED	2010/06/22	

与本品治疗等效的药品

本品无治疗等效药品
药品注册申请号：021937
申请类型：NDA（新药申请）
申请人：GILEAD SCIENCES
申请人全名：GILEAD SCIENCES LLC

产品信息

产品号	商品名	活性成分	剂型 / 给药途径	规格 / 剂量	参比药物(RLD)	生物等效参考标准 (RS)	治疗等效代码
001	ATRIPLA	efavirenz; emtricitabine; tenofovir disoproxil fumarate	片剂 / 口服	600mg; 200mg; 300mg	是	是	AB

与本品相关的专利信息（来自 FDA 橙皮书 Orange Book）

关联产品号	专利号	专利过期日	是否物质专利	是否产品专利	专利用途代码	撤销请求	提交日期
001	6642245	2020/11/04			U-1170 U-750		
	6642245*PED	2021/05/04					
	6703396	2021/03/09	是	是			
	6703396*PED	2021/09/09					
	8592397	2024/01/13		是	U-1170 U-750		
	8598185	2029/04/28		是			
	8716264	2024/01/13		是	U-257		2014/05/30
	9018192	2026/06/13			U-750 U-1170		2015/05/28
	9457036	2024/01/13		是	U-257		2016/11/10
	9545414	2026/06/13		是	U-750 U-1170		2017/02/13
	9744181	2024/01/13		是	U-257		2017/09/19
	5210085	2010/05/11			U-750		
	5210085*PED	2010/11/11					
	5519021	2013/05/21	是	是			
	5519021*PED	2013/11/21					
	5663169	2014/09/02			U-1170 U-750		
	5663169*PED	2015/03/02					
	5811423	2012/08/07			U-750		
	5814639	2015/09/29	是	是			
	5814639*PED	2016/03/29					
	5914331	2015/09/29	是				
	5914331	2017/07/02	是				
	5914331*PED	2016/03/29					
	5914331*PED	2018/01/02					

续表

关联产品号	专利号	专利过期日	是否物质专利	是否产品专利	专利用途代码	撤销请求	提交日期
001	5922695	2017/07/25	是		U-1170 U-750		
	5922695*PED	2018/01/25					
	5935946	2017/07/25	是	是	U-1170 U-750		
	5935946*PED	2018/01/25					
	5977089	2017/07/25	是	是	U-1170 U-750		
	5977089*PED	2018/01/25					
	6043230	2017/07/25			U-1170 U-750		
	6043230*PED	2018/01/25					
	6639071	2018/02/14	是				
	6639071*PED	2018/08/14					
	6939964	2018/01/20	是				
	6939964*PED	2018/07/20					
	7402588	2010/02/01		是	U-257		
	7402588*PED	2010/08/01					

与本品相关的市场独占权保护信息

关联产品号	独占权代码	失效日期	备注
001	NCE	2008/07/02	
	PED	2009/01/02	

与本品治疗等效的药品

药品注册申请号：202123

申请类型：NDA（新药申请）

申请人：GILEAD SCIENCES INC

申请人全名：GILEAD SCIENCES INC

产品信息

产品号	商品名	活性成分	剂型 / 给药途径	规格 / 剂量	参比药物 (RLD)	生物等效参考标准 (RS)	治疗等效代码
001	COMPLERA	emtricitabine; rilpivirine hydrochloride; tenofovir disoproxil fumarate	片剂 / 口服	200mg; 等量 25mg 游离碱；300mg	是	是	否

与本品相关的专利信息（来自 FDA 橙皮书 Orange Book）

关联产品号	专利号	专利过期日	是否物质专利	是否产品专利	专利用途代码	撤销请求	提交日期
001	6642245	2020/11/04			U-257		2011/09/06
	6642245*PED	2021/05/04					

续表

关联产品号	专利号	专利过期日	是否物质专利	是否产品专利	专利用途代码	撤销请求	提交日期
001	6703396	2021/03/09	是	是			2011/09/06
	6703396*PED	2021/09/09					
	6838464	2021/02/26	是	是			2011/09/06
	7067522	2019/12/20	是	是			2011/09/06
	7125879	2025/04/21	是	是	U-257		2011/09/06
	8080551	2023/04/11	是	是			2012/06/15
	8101629	2022/08/09		是			2012/06/15
	8592397	2024/01/13		是	U-257		
	8716264	2024/01/13		是	U-257		2014/05/30
	8841310	2025/12/09		是	U-257		2014/10/20
	9457036	2024/01/13		是	U-257		2016/11/10
	9744181	2024/01/13		是	U-257		2017/09/19
	5814639	2015/09/29	是	是			
	5814639*PED	2016/03/29					
	5914331	2017/07/02	是				
	5914331*PED	2018/01/02					
	5922695	2017/07/25	是		U-257		
	5922695*PED	2018/01/25					
	5935946	2017/07/25	是	是	U-257		
	5935946*PED	2018/01/25					
	5977089	2017/07/25	是	是	U-257		
	5977089*PED	2018/01/25					
	6043230	2017/07/25			U-257		
	6043230*PED	2018/01/25					

与本品相关的市场独占权保护信息

关联产品号	独占权代码	失效日期	备注
001	NCE	2016/05/20	
	NPP	2016/12/13	

药品注册申请号：203100

申请类型：NDA（新药申请）

申请人：GILEAD SCIENCES INC

申请人全名：GILEAD SCIENCES INC

产品信息

产品号	商品名	活性成分	剂型 / 给药途径	规格 / 剂量	参比药物 (RLD)	生物等效参考标准 (RS)	治疗等效代码
001	STRIBILD	cobicistat; elvitegravir; emtricitabine; tenofovir disoproxil fumarate	片剂 / 口服	150mg; 150mg; 200mg; 300mg	是	是	否

与本品相关的专利信息（来自 FDA 橙皮书 Orange Book）

关联产品号	专利号	专利过期日	是否物质专利	是否产品专利	专利用途代码	撤销请求	提交日期
001	10039718	2032/10/04		是			2018/09/04
	6642245	2020/11/04			U-257		
	6642245*PED	2021/05/04					
	6703396	2021/03/09	是	是			
	6703396*PED	2021/09/09					
	7176220	2026/08/27	是	是	U-257		
	7635704	2026/10/26	是	是	U-257		
	8148374	2029/09/03	是	是	U-1279		
	8592397	2024/01/13		是	U-257		
	8633219	2030/04/24		是	U-257		2014/01/24
	8716264	2024/01/13		是	U-257		2014/06/02
	8981103	2026/10/26	是	是			2015/04/14
	9457036	2024/01/13		是	U-257		2016/11/10
	9744181	2024/01/13		是	U-257		2017/09/19
	9891239	2029/09/03		是	U-257		2018/03/06
001	5814639	2015/09/29	是	是			
	5814639*PED	2016/03/29					
	5914331	2017/07/02	是				
	5914331*PED	2018/01/02					
	5922695	2017/07/25	是		U-257		
	5922695*PED	2018/01/25					
	5935946	2017/07/25	是	是	U-257		
	5935946*PED	2018/01/25					
	5977089	2017/07/25	是	是	U-257		
	5977089*PED	2018/01/25					
	6043230	2017/07/25			U-257		
	6043230*PED	2018/01/25					

与本品相关的市场独占权保护信息

关联产品号	独占权代码	失效日期	备注
001	NPP	2020/01/27	
001	NP	2015/08/27	

药品注册申请号：207561

申请类型：NDA（新药申请）

申请人：GILEAD SCIENCES INC

申请人全名：GILEAD SCIENCES INC

产品信息

产品号	商品名	活性成分	剂型 / 给药途径	规格 / 剂量	参比药物 (RLD)	生物等效参考标准 (RS)	治疗等效代码
001	GENVOYA	cobicistat; elvitegravir; emtricitabine; tenofovir alafenamide fumarate	片剂 / 口服	150mg; 150mg; 200mg; 等量 10mg 游离碱	是	是	否

与本品相关的专利信息（来自 FDA 橙皮书 Orange Book）

关联产品号	专利号	专利过期日	是否物质专利	是否产品专利	专利用途代码	撤销请求	提交日期
001	10039718	2032/10/04		是			2018/08/28
	6642245	2020/11/04			U-257		2015/12/01
	6642245*PED	2021/05/04					
	6703396	2021/03/09	是	是			2015/12/01
	6703396*PED	2021/09/09					
	7176220	2026/08/27	是	是	U-257		2015/12/01
	7390791	2022/05/07	是	是			2015/12/01
	7635704	2026/10/26	是	是	U-257		2015/12/01
	7803788	2022/02/02			U-257		2015/12/01
	8148374	2029/09/03	是	是	U-1279		2015/12/01
	8633219	2030/04/24		是	U-257		2015/12/01
	8754065	2032/08/15	是	是	U-257		2015/12/01
	8981103	2026/10/26	是	是			2015/12/01
	9296769	2032/08/15	是	是	U-257		2016/04/22
	9891239	2029/09/03		是	U-257		2018/02/27

与本品相关的市场独占权保护信息

关联产品号	独占权代码	失效日期	备注
001	NCE	2020/11/05	
	NPP	2020/09/25	
	D-173	2021/12/10	

药品注册申请号：208351
申请类型：NDA（新药申请）
申请人：GILEAD SCIENCES INC
申请人全名：GILEAD SCIENCES INC

产品信息

产品号	商品名	活性成分	剂型 / 给药途径	规格 / 剂量	参比药物 (RLD)	生物等效参考标准 (RS)	治疗等效代码
001	ODEFSEY	emtricitabine; rilpivirine hydrochloride; tenofovir alafenamide fumarate	片剂 / 口服	200mg; 等量 25mg 游离碱；等量 25mg 游离碱	是	是	否

与本品相关的专利信息（来自 FDA 橙皮书 Orange Book）

关联产品号	专利号	专利过期日	是否物质专利	是否产品专利	专利用途代码	撤销请求	提交日期
001	6642245	2020/11/04			U-257		2016/03/24
	6642245*PED	2021/05/04					
	6703396	2021/03/09	是	是			2016/03/24
	6703396*PED	2021/09/09					
	6838464	2021/02/26	是	是			2016/03/24
	7067522	2019/12/20	是	是			2016/03/24
	7125879	2025/04/21	是	是	U-257		2016/03/24
	7390791	2022/05/07	是	是			2016/03/24
	7803788	2022/02/02			U-257		2016/03/24
	8080551	2023/04/11	是	是			2016/03/24
	8101629	2022/08/09		是			2016/03/24
	8754065	2032/08/15	是	是	U-257		2016/03/24
	9296769	2032/08/15	是	是	U-257		2016/04/19

与本品相关的市场独占权保护信息

关联产品号	独占权代码	失效日期	备注
001	NCE	2020/11/05	
	M-207	2020/08/21	
	M-206	2020/08/21	

药品注册申请号：208215
申请类型：NDA（新药申请）
申请人：GILEAD SCIENCES INC
申请人全名：GILEAD SCIENCES INC

产品信息

产品号	商品名	活性成分	剂型 / 给药途径	规格 / 剂量	参比药物 (RLD)	生物等效参考标准 (RS)	治疗等效代码
001	DESCOVY	emtricitabine; tenofovir alafenamide fumarate	片剂 / 口服	200mg; 等量 25mg 游离碱	是	是	否

与本品相关的专利信息（来自 FDA 橙皮书 Orange Book）

关联产品号	专利号	专利过期日	是否物质专利	是否产品专利	专利用途代码	撤销请求	提交日期
001	6642245	2020/11/04			U-257		2016/05/02
	6642245*PED	2021/05/04					
	6703396	2021/03/09	是	是			2016/05/02
	6703396*PED	2021/09/09					
	7390791	2022/05/07	是	是			2016/05/02
	7803788	2022/02/02			U-257		2016/05/02
	8754065	2032/08/15	是	是	U-257		2016/05/02
	9296769	2032/08/15	是	是	U-257		2016/04/26

与本品相关的市场独占权保护信息

关联产品号	独占权代码	失效日期	备注
001	NCE	2020/11/05	
	NPP	2020/09/25	
	I-812	2022/10/03	

药品注册申请号: 210251
申请类型: NDA (新药申请)
申请人: GILEAD SCIENCES INC
申请人全名: GILEAD SCIENCES INC

产品信息

产品号	商品名	活性成分	剂型 / 给药途径	规格 / 剂量	参比药物 (RLD)	生物等效参考标准 (RS)	治疗等效代码
001	BIKTARVY	bictegravir sodium; emtricitabine; tenofovir alafenamide fumarate	片剂 / 口服	等量 50mg 游离碱 ; 200mg; 等量 25mg 游离碱	是	是	否

与本品相关的专利信息 (来自 FDA 橙皮书 Orange Book)

关联产品号	专利号	专利过期日	是否物质专利	是否产品专利	专利用途代码	撤销请求	提交日期
001	10385067	2035/06/19			U-257		2019/08/30
	6642245	2020/11/04			U-257		2018/02/26
	6703396	2021/03/09	是	是			2018/02/26
	7390791	2022/05/07	是	是			2018/02/26
	7803788	2022/02/02			U-257		2018/02/26
	8754065	2032/08/15	是	是	U-257		2018/02/26
	9216996	2033/12/19	是	是			2018/02/26
	9296769	2032/08/15	是	是	U-257		2018/02/26
	9708342	2035/06/19	是	是			2018/02/26
	9732092	2033/12/19	是	是			2018/02/26

与本品相关的市场独占权保护信息

关联产品号	独占权代码	失效日期	备注
001	NCE	2023/02/07	
	NPP	2022/06/18	
	ODE-256	2026/06/18	

药品注册申请号：210455
申请类型：NDA（新药申请）
申请人：JANSSEN PRODS
申请人全名：JANSSEN PRODUCTS LP

产品信息

产品号	商品名	活性成分	剂型 / 给药途径	规格 / 剂量	参比药物 (RLD)	生物等效参考标准 (RS)	治疗等效代码
001	SYMTUZA	cobicistat; darunavir; emtricitabine; tenofovir alafenamide fumarate	片剂 / 口服	150mg; 800mg; 200mg; 等量 10mg 游离碱	是	是	否

与本品相关的专利信息（来自 FDA 橙皮书 Orange Book）

关联产品号	专利号	专利过期日	是否物质专利	是否产品专利	专利用途代码	撤销请求	提交日期
001	10039718	2032/10/04		是			2018/09/05
	6642245	2020/11/04			U-2352		2018/08/15
	6703396	2021/03/09	是	是			2018/08/15
	7390791	2022/05/07	是	是			2018/08/15
	7470506	2019/06/23			U-2352		2018/08/15
	7700645	2026/12/26	是	是			2018/08/15
	7803788	2022/02/02			U-2352		2018/08/15
	8148374	2029/09/03	是	是	U-2364 U-2365 U-2353		2018/08/15
	8518987	2024/02/16	是	是			2018/08/15
	8597876	2019/06/23			U-2352		2018/08/15
	8754065	2032/08/15	是	是	U-2352		2018/08/15
	9296769	2032/08/15	是	是	U-2352		2018/08/15
	9889115	2019/06/23			U-2352		2018/08/15

与本品相关的市场独占权保护信息

关联产品号	独占权代码	失效日期	备注
001	NC	2020/07/17	
	NCE	2020/11/05	

合成路线 1

以下合成路线来源于 Nelson Mandela Metropolitan University 的 Mandala 等人 2017 年发表的论文。目标化合物 **13** 是以化合物 **1** 和化合物 **2** 为原料，经过 7 步合成反应而得。该合成路线值得注意的地方有：①关键中间体化合物 **8** 是通过化合物 **6** 与化合物 **7** 反应而得。②化合物 **12** 是通过化合物 **11** 与化合物 **3** 反应而得。

1
CAS号 2022-85-7

2
CAS号 10416-59-8

MeCN

3
CAS号 111878-21-8

4
CAS号 2216-51-5

5

p-$MeC_6H_4SO_3H$,
环己烷

6
CAS号 111969-64-3

6
CAS号 111969-64-3

7
CAS号 40018-26-6

AcOH
Et_3N, $Me(CH_2)_5Me$

8
CAS号 200396-19-6

9
CAS号 108-24-7

$NaHCO_3$,
MeCN

10
CAS号 200396-20-9

10

Et_3N,
$Me(CH_2)_4Me$

11
CAS号 147027-09-6

3
CAS号 111878-21-8

MeCN

12
CAS号 764659-72-5

1. K_2HPO_4, H_2O,
2. MeOH, $NaBH_4$

13
emtricitabine
CAS号 143491-57-0

原始文献： Chemistry Select, 2017, 2(1): 1102-1105.

合成路线 2

以下合成路线来源于niversità degli Studi di Napoli Federico II大学Caso等人2015年发表的论文。目标化合物 **11** 是以化合物 **1** 和化合物 **2** 为原料，经过 6 步合成反应而得。关键中间体化合物 **9** 是通过化合物 **8** 与化合物 **3** 在 Et_3SiH 催化剂的作用下反应而得。

1 CAS号 2022-85-7

2 CAS号 98-88-4

C_5H_5N, NH_4OH →

3 CAS号 10357-07-0

4 CAS号 111969-64-3 + **5** CAS号 40018-26-6

AcOH, PhMe →

6

6 + **7** CAS号 108-24-7

C_5H_5N, CH_2Cl_2 →

8 CAS号 147027-09-6

3 CAS号 10357-07-0

Et_3SiH, I_2, CH_2Cl_2 →

9 CAS号 1773498-62-6

9 CAS号 1773498-62-6

MeOH →

10 CAS号 764659-72-5

1. MeOH, NaOH, K_2HPO_4, 2. $NaBH_4$ →

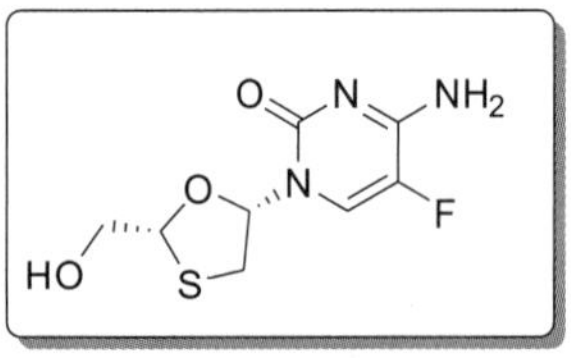

11
emtricitabine
CAS号 143491-57-0

原始文献： Org Lett, 2015,17(11):2626-2629.

合成路线 3

以下合成路线来源于 University of Georgia 药学院 Jeong 等人 1993 年发表的论文。目标化合物 **10** 是以化合物 **1** 和化合物 **2** 为原料，经过 6 步合成反应而得。关键中间体化合物 **9** 是通过化合物 **8** 与化合物 **3** 反应而得。

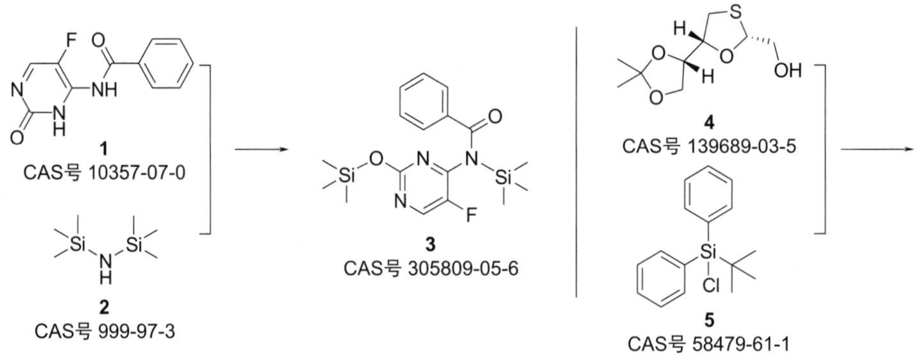

1
CAS号 10357-07-0

2
CAS号 999-97-3

3
CAS号 305809-05-6

4
CAS号 139689-03-5

5
CAS号 58479-61-1

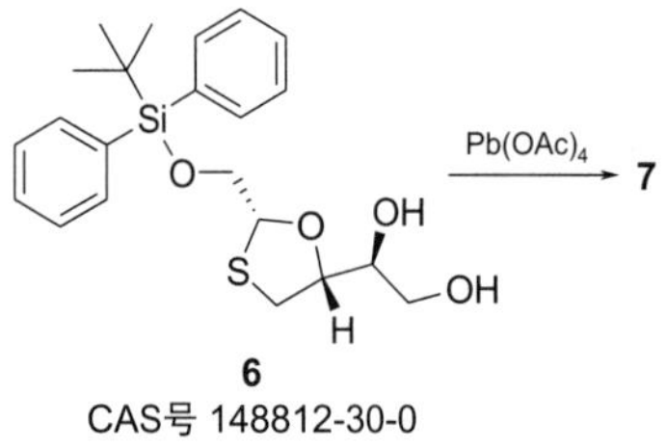

$Pb(OAc)_4$ → **7**

6
CAS号 148812-30-0

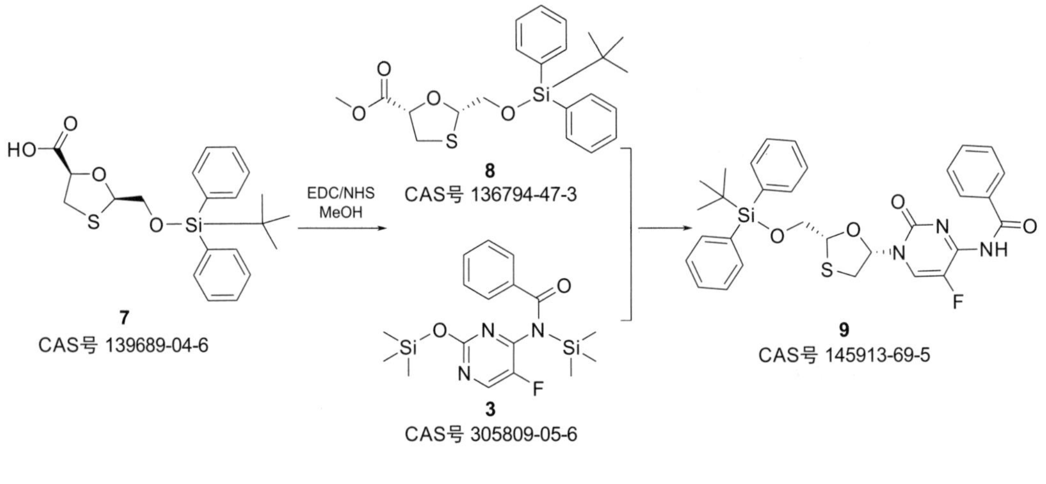

EDC/NHS
MeOH

7
CAS号 139689-04-6

8
CAS号 136794-47-3

3
CAS号 305809-05-6

9
CAS号 145913-69-5

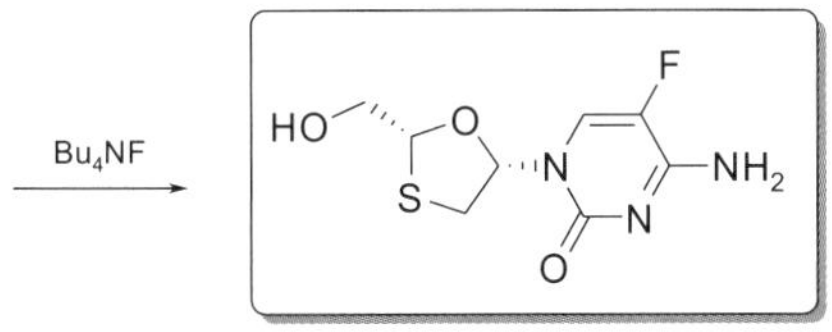

Bu$_4$NF

10
emtricitabine
CAS号 143491-57-0

原始文献： J Med Chem, 1993, 36(2):181-195.

合成路线 4

以下合成路线来源于 Shanghai Desano Pharmaceuticals Holding 公司 Li 等人 2006 年发表的专利申请书。目标化合物 **12** 是以化合物 **1** 和化合物 **2** 为原料，经过 7 步合成反应而得。关键中间体化合物 **11** 是通过化合物 **9** 与化合物 **10** 反应而得。

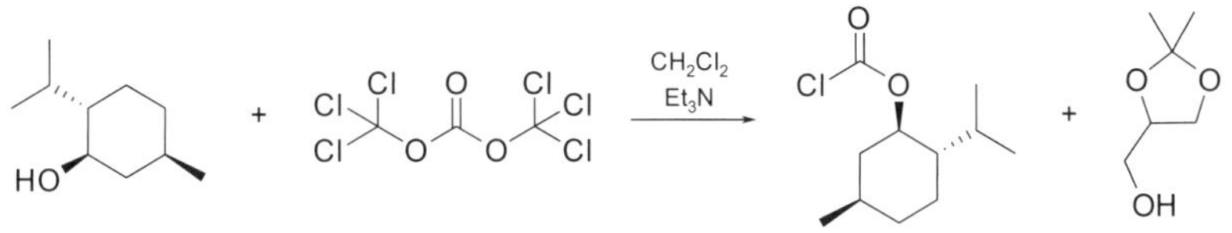

CH_2Cl_2, Et_3N

1 CAS号 2216-51-5
2 CAS号 32315-10-9
3 CAS号 14602-86-9
4 CAS号 100-79-8

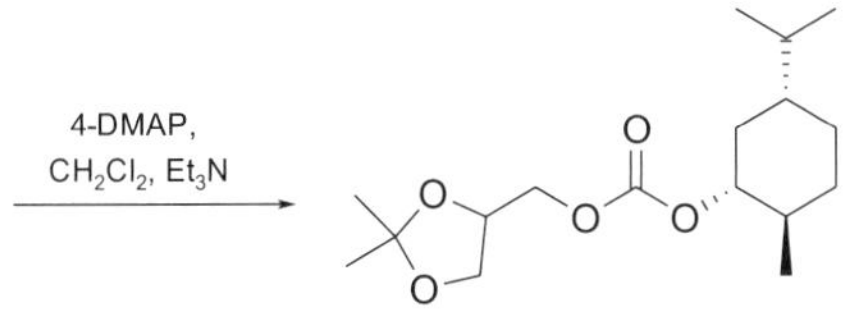

4-DMAP, CH_2Cl_2, Et_3N

5 CAS号 1012053-47-2

p-$MeC_6H_4SO_3H$, MeOH

$NaIO_4$, SiO_2, Me_2CO, H_2O

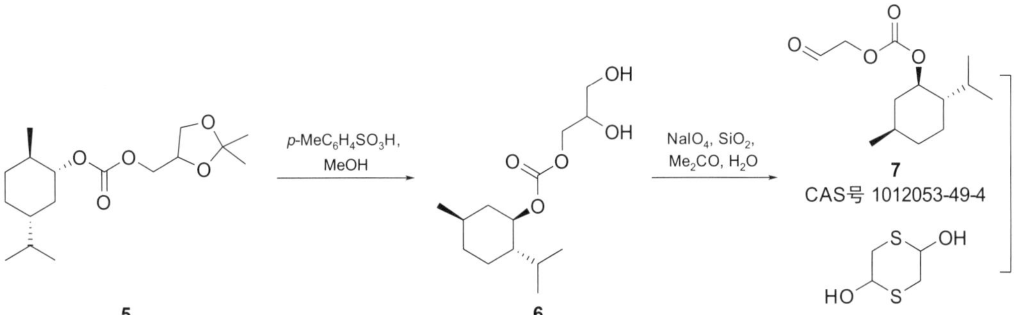

5 CAS号 1012053-47-2
6 CAS号 1012053-63-2
7 CAS号 1012053-49-4
8 CAS号 40018-26-6

BF_3-Et_2O, THF, Et_2O

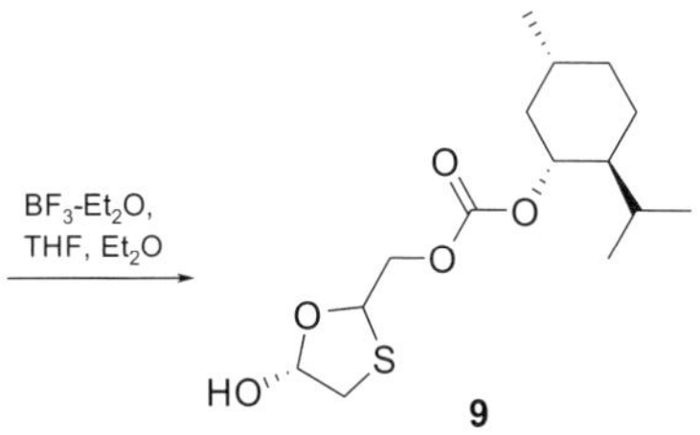

9 CAS号 1012053-52-9

9
CAS号 1012053-52-9

10
CAS号 2022-85-7

1. $SOCl_2$, DMF, CH_2Cl_2
2. $(Me_3Si)_2NH$

11
CAS号 1012053-60-9

K_2CO_3, MeOH

12
emtricitabine
CAS号 143491-57-0

原始文献： CN 101125872, 2006.

合成路线 5

以下合成路线来源于 Meng 等人 2005 年发表的论文。目标化合物 **8** 是以化合物 **1** 和化合物 **2** 为原料，经过 4 步合成反应而得。关键中间体化合物 **7** 是通过化合物 **5** 与化合物 **6** 反应而得。

1
CAS号 298-12-4

2
CAS号 2216-51-5

H_2SO_4, H_2O, 环己烷

3
CAS号 111969-64-3

4
CAS号 40018-26-6

AcOH, PhMe

5
CAS号 147126-62-3

5
CAS号 147126-62-3

6
CAS号 2022-85-7

1. $SOCl_2$, CH_2Cl_2, DMF
2. $(Me_3Si)_2NH$

7
CAS号 764659-72-5

K_2HPO_4, KBH_4

8
emtricitabine
CAS号 143491-57-0

原始文献： Zhongguo Yiyao Gongye Zazhi, 2005, 36(10): 589-591.

合成路线 6

以下合成路线来源于 Chongqing Pharmaceutical Research Institute 公司 Li 等人 2011 年发表的专利申请书。目标化合物 **6** 是以化合物 **1** 和化合物 **2** 为原料，经过 3 步合成反应而得。关键中间体化合物 **5** 是通过化合物 **3** 与化合物 **4** 反应而得。

4-DMAP, CH_2Cl_2, Na_2CO_3, H_2O

1
CAS号 147126-62-3

2
CAS号 123-62-6

3
CAS号 1202681-62-6

3
CAS号 1202681-62-6

4
CAS号 2022-85-7

4a
CAS号 692-56-8

$CHCl_3$

5
CAS号 764659-72-5

1. KH_2PO_4, H_2O, EtOH,
2. KBH_4

6
emtricitabine
CAS号 143491-57-0

原始文献： CN 102101856, 2011.

合成路线 7

以下合成路线来源于 Gong 等人 2002 年发表的论文。目标化合物 **9** 是以化合物 **1** 和化合物 **2** 为原料，经过 4 步合成反应而得。关键中间体化合物 **8** 是通过化合物 **7** 与化合物 **6** 反应而得。

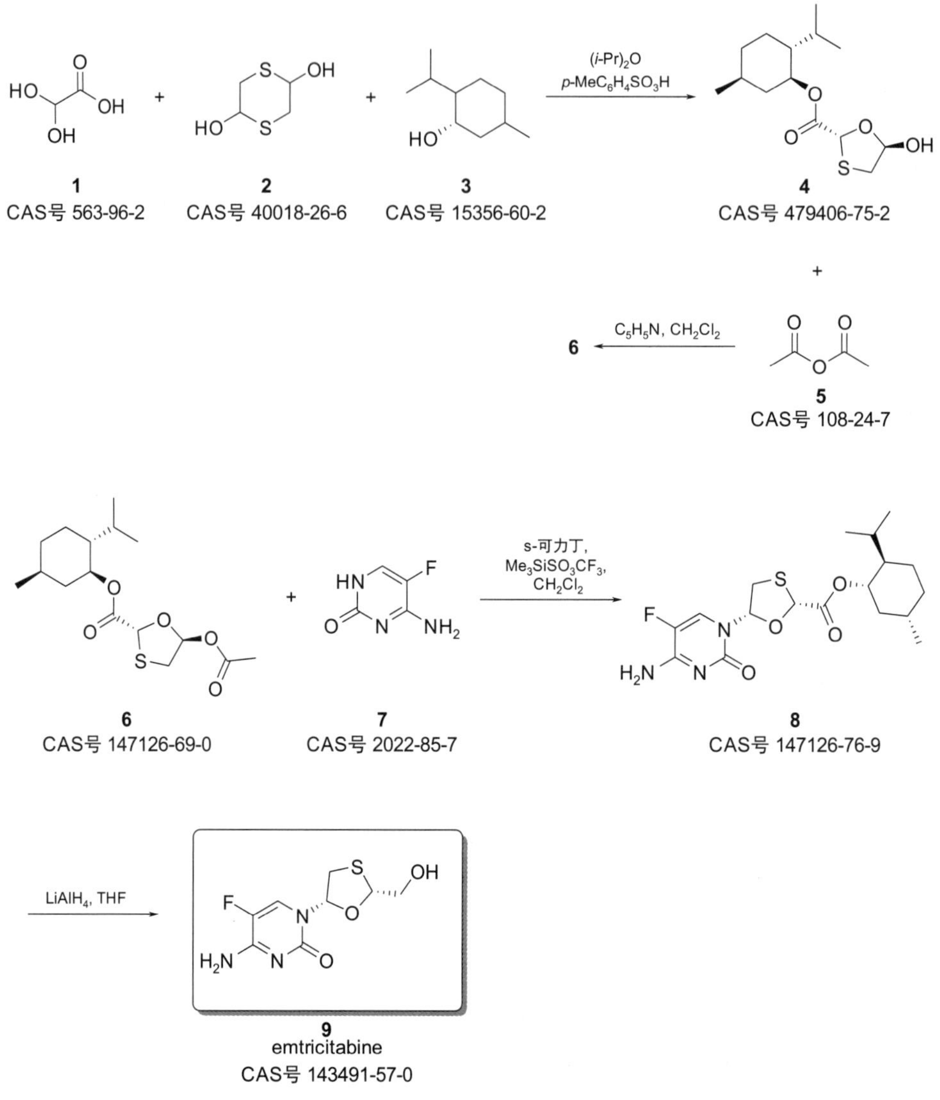

1 CAS号 563-96-2 + **2** CAS号 40018-26-6 + **3** CAS号 15356-60-2 →[$(i\text{-Pr})_2O$, $p\text{-MeC}_6H_4SO_3H$] **4** CAS号 479406-75-2

4 + **5** CAS号 108-24-7 →[C_5H_5N, CH_2Cl_2] **6**

6 CAS号 147126-69-0 + **7** CAS号 2022-85-7 →[s-可力丁, $Me_3SiSO_3CF_3$, CH_2Cl_2] **8** CAS号 147126-76-9

→[$LiAlH_4$, THF] **9** emtricitabine CAS号 143491-57-0

原始文献： Zhongguo Yaowu Huaxue Zazhi, 2002, 12(1):34-36.

参考文献

[1] Deeks E D. Bictegravir/emtricitabine/tenofovir alafenamide: a review in HIV-1 infection. Drugs, 2018, 78(17):1817-1828.

[2] Bictegravir/emtricitabine/tenofovir alafenamide for HIV infection. Aust Prescr, 2019, 42(2):68-69.

enasidenib mesylate（依那尼布）

药物基本信息

英文通用名	enasidenib mesylate
英文别名	AG-221; AG 221; AG221; CC-90007; CC 90007; CC90007
中文通用名	依那尼布
商品名	Idhifa
CAS登记号	1650550-25-6（甲磺酸盐），1446502-11-9（游离碱）
FDA 批准日期	8/1/2017
FDA 批准的API	enasidenib mesylate
化学名	2-methyl-1-[4-(6-trifluoromethyl-pyridin-2-yl)-6-(2-trifluoromethyl-pyridin-4-ylamino)-[1,3,5]triazin-2-ylamino]-propan-2-ol mesylate
SMILES代码	CC(O)(C)CNC1=NC(C2=NC(C(F)(F)F)=CC=C2)=NC(NC3=CC(C(F)(F)F)=NC=C3)=N1.OS(=O)(C)=O

化学结构和理论分析

化学结构	理论分析值
	化学式：$C_{20}H_{21}F_6N_7O_4S$ 精确分子量：N/A 分子量：569.4834 元素分析：C, 42.18; H, 3.72; F, 20.02; N, 17.22; O, 11.24; S, 5.63

药品说明书参考网页

生产厂家产品说明书、美国药品网、美国处方药网页。

药物简介

Enasidenib 是一种异柠檬酸脱氢酶 2（IDH2）酶的抑制剂。Enasidenib 在水溶液中几乎不溶（溶解度≤ 74 μg/mL）。

IDHIFA 药品目前有两种规格的产品：50mg 片剂（相当于 60mg enasidenib mesylate）和 100mg（相当于 120mg enasidenib mesylate）口服。每个片剂均含有胶体二氧化硅、羟丙基纤维素、醋酸羟丙甲纤维素琥珀酸酯、氧化铁黄、硬脂酸镁、微晶纤维素、聚乙二醇、聚乙烯醇、月桂基硫酸钠、淀粉羟乙酸钠、滑石粉和二氧化钛等非活性成分。

IDHIFA 适用于治疗通过 FDA 批准的测试检测到的具有异柠檬酸脱氢酶 2（IDH2）突变的复发性或难治性急性髓细胞性白血病（AML）的成年患者。

Enasidenib 是一种异柠檬酸脱氢酶 2（IDH2）酶的小分子抑制剂。在体外，enasidenib 靶向突变 IDH2 变体 R140Q，R172S 和 R172K 的浓度约为野生型酶的 1/40。依那尼布对突变 IDH2 酶的抑制导致 2- 羟基戊二酸（2-HG）水平降低，并在 IDH2 突变 AML 的小鼠异种移植模型中体外和体内诱导了髓样分化。在患有 IDH2 突变的 AML 患者的血液样本中，依那西尼降低了 2-HG 的水平，减少了胚盘计数并增加了成熟髓样细胞的百分比。

药品上市申报信息

该药物目前有 2 种产品上市。

药品注册申请号: 209606
申请类型: NDA (新药申请)
申请人: CELGENE CORP
申请人全名: CELGENE CORP

产品信息

产品号	商品名	活性成分	剂型 / 给药途径	规格 / 剂量	参比药物 (RLD)	生物等效参考标准 (RS)	治疗等效代码
001	IDHIFA	enasidenib mesylate	片剂 / 口服	等量 50mg 游离碱	是	否	否
002	IDHIFA	enasidenib mesylate	片剂 / 口服	等量 100mg 游离碱	是	是	否

与本品相关的专利信息（来自 FDA 橙皮书 Orange Book）

关联产品号	专利号	专利过期日	是否物质专利	是否产品专利	专利用途代码	撤销请求	提交日期
001	10093654	2034/08/01	是	是	U-2087		2018/11/07
	10294215	2033/01/07		是	U-2087		2019/06/20
	9512107	2033/01/07	是	是	U-2087		2017/08/29
	9732062	2034/09/16	是				2017/08/29
	9738625	2034/08/01	是				2017/08/29
002	10093654	2034/08/01	是	是	U-2087		2018/11/07
	10294215	2033/01/07		是	U-2087		2019/06/20
	9512107	2033/01/07	是	是	U-2087		2017/08/29
	9732062	2034/09/16	是				2017/08/29
	9738625	2034/08/01	是				2017/08/29

与本品相关的市场独占权保护信息

关联产品号	独占权代码	失效日期	备注
001	ODE-151	2024/08/01	
	NCE	2022/08/01	
002	ODE-151	2024/08/01	
	NCE	2022/08/01	

合成路线 1

以下合成路线来源于 Agios Pharmaceuticals 公司 Cianchetta、Giovanni 等人 2013 年发表的专利申请书。目标化合物 **10** 是以化合物 **1** 和化合物 **2** 为原料经过 5 步合成而得。该合成路线中，值得注意的合成反应有：①化合物 **5** 是通过化合物 **3** 与化合物 **4** 成环反应而得。②化合物 **8** 是通过化合物 **7** 分子中的氨基亲核取代化合物 **6** 分子中的一个氯原子而得。

HCl, H_2O, MeOH

1 CAS号 131747-42-7

2 CAS号 67-56-1

3 CAS号 155377-05-2

4 CAS号 108-19-0

Na, EtOH
$NaHCO_3$, H_2O

5 CAS号 1446507-38-5

$POCl_3$, PCl_5

6 CAS号 1446507-40-9

7 CAS号 2854-16-2

THF, H_2O

8 CAS号 1446507-48-7

9 CAS号 147149-98-2

NaOBu-*t*
Pd(dppf)Cl_2
二噁烷

10
enasidenib
CAS号 1446502-11-9

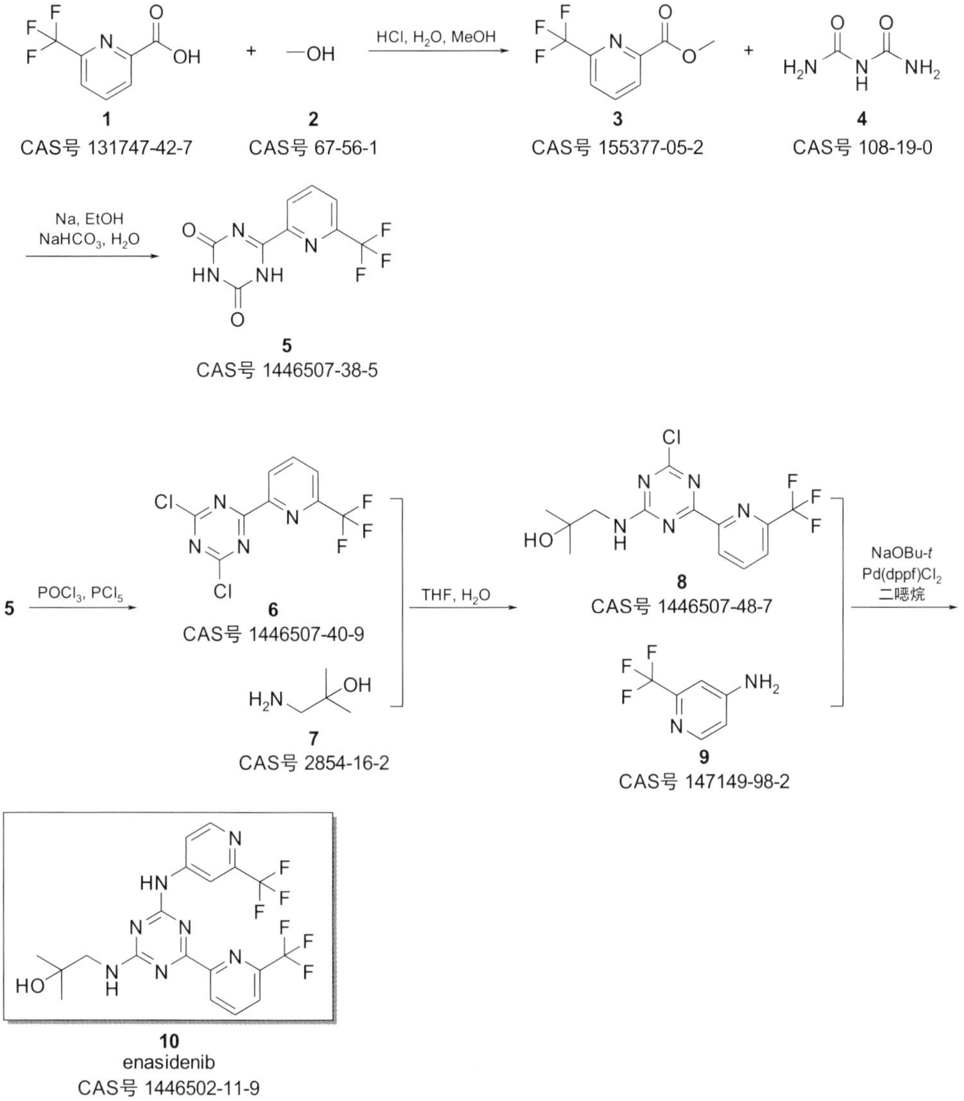

原始文献： WO 2013102431, 2013.

合成路线 2

以下合成路线来源于 Celgene 公司 Chopra、Vivek Saroj Kumar 等人 2017 年发表的专利申请书。目标化合物 **12** 是以化合物 **1** 和化合物 **2** 为原料经过 6 步合成而得。该合成路线中，值得注意的合成反应有：①化合物 **7** 是通过化合物 **5** 与化合物 **6** 成环反应而得。②化合物 **10** 是通过化合物 **9** 分子中的氨基亲核取代化合物 **8** 分子中的一个氯原子而得。

1
CAS号 368-48-9

2
CAS号 124-38-9

BuLi, Et_2O, $Me(CH_2)_4Me$
$Me_2NCH_2CH_2OH$

3
CAS号 131747-42-7

4
CAS号 67-56-1

AcCl, MeOH

5
CAS号 155377-05-2

6
CAS号 108-19-0

NaOEt, EtOH

7
CAS号 1446507-38-5

$POCl_3$, PCl_5

8
CAS号 1446507-40-9

9
CAS号 147149-98-2

$NaHCO_3$, THF

10
CAS号 1446507-68-1

11
CAS号 2854-16-2

$NaHCO_3$, THF

12
enasidenib
CAS号 1446502-11-9

原始文献： WO 2017066611, 2017.

合成路线 3

以下合成路线来源于 Agios Pharmaceuticals 公司 Agresta、V. Samuel 等人 2015 年发表的专利申请书。目标化合物 **12** 是以化合物 **1** 和化合物 **2** 为原料经过 6 步合成而得。该合成路线中，值得注意的合成反应有：①化合物 **7** 是通过化合物 **5** 与化合物 **6** 成环反应而得。②化合物 **10** 是通过化合物 **9** 分子中的氨基亲核取代化合物 **8** 分子中的一个氯原子而得。

1
CAS号 108-01-0

2
CAS号 368-48-9

BuLi, Et_2O, CO_2
$Me(CH_2)_4Me$

3
CAS号 131747-42-7

4
CAS号 75-36-5

MeOH

5
CAS号 155377-05-2

6
CAS号 108-19-0

Na, EtOH

7
CAS号 1446507-38-5

7 $\xrightarrow{POCl_3,\ PCl_5}$

8
CAS号 1446507-40-9

9
CAS号 147149-98-2

$NaHCO_3$, THF

10
CAS号 1446507-68-1

11
CAS号 2854-16-2

$NaHCO_3$, THF

12
enasidenib
CAS号 1446502-11-9

原始文献： WO 2015017821, 2015.

参考文献

[1] Stein E M, Fathi A T, DiNardo C D, et al. Enasidenib in patients with mutant IDH2 myelodysplastic syndromes: a phase 1 subgroup analysis of the multicentre, AG221-C-001 trial. Lancet Haematol, 2020, 7(4): e309-e319.

[2] Santini V. Enasidenib: a magic bullet for myelodysplastic syndromes. Lancet Haematol, 2020, 7(4): 275-276.

依那尼布核磁谱图

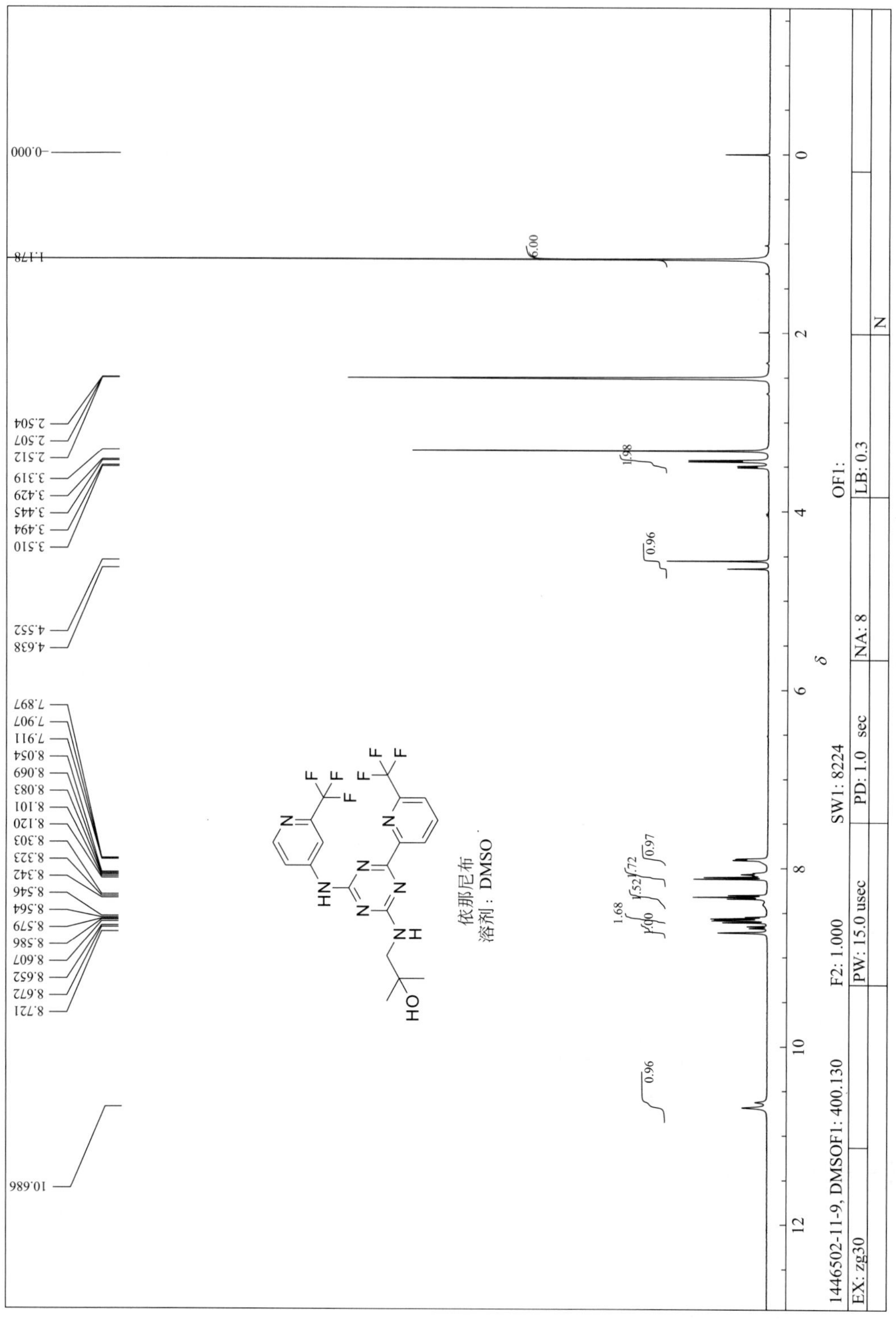

依那尼布
溶剂：DMSO
1446502-11-9, DMSOF1: 400.130
F2: 1.000
SW1: 8224
OF1:
EX: zg30
PW: 15.0 usec
PD: 1.0 sec
NA: 8
LB: 0.3
N
δ

encorafenib（恩哥非尼）

药物基本信息

英文通用名	encorafenib
英文别名	LGX818; LGX-818; LGX 818
中文通用名	恩哥非尼
商品名	Braftovi
CAS登记号	1269440-17-6
FDA 批准日期	6/27/2018
FDA 批准的API	encorafenib
化学名	(*S*)-methyl (1-((4-(3-(5-chloro-2-fluoro-3-(methylsulfonamido)phenyl)-1-isopropyl-1*H*-pyrazol-4-yl)pyrimidin-2-yl)amino)propan-2-yl)carbamate
SMILES代码	O=C(OC)N[C@@H](C)CNC1=NC=CC(C(C(C2=CC(Cl)=CC(NS(C)(=O)=O)=C2F)=N3)=CN3C(C)C)=N1

化学结构和理论分析

化学结构	理论分析值
	化学式：$C_{22}H_{27}ClFN_7O_4S$ 精确分子量：539.1518 分子量：540.0114 元素分析：C, 48.93; H, 5.04; Cl, 6.56; F, 3.52; N, 18.16; O, 11.85; S, 5.94

药品说明书参考网页

生产厂家产品说明书、美国药品网、美国处方药网页。

药物简介

Encorafenib 是一种白色至几乎白色的粉末。在水性介质中，encorafenib 在 pH=1 时微溶，在 pH=2 时微溶，在 pH=3 或更高时不溶。

口服的 BRAFTOVI（encorafenib）胶囊含有 50mg 或 75mg 的 encorafenib 及以下非活性成分：copovidone，poloxamer 188，微晶纤维素，琥珀酸，crospovidone，胶体二氧化硅，硬脂酸镁（植物来源）。胶囊壳包含明胶、二氧化钛、氧化铁红、氧化铁黄、四氧化三铁、会标油墨（药用釉）、四氧化三铁、丙烯。

BRAFTOVI® 与 binimetinib 结合使用，可用于治疗具有 BRAF V600E 或 V600K 突变的无法切除或转移性黑色素瘤的患者。使用限制：BRAFTOVI 不适用于野生型 BRAF 黑色素瘤患者的治疗。

Encorafenib 是一种激酶抑制剂。在体外无细胞试验中，encorafenib 可靶向抑制 BRAF V600E 以及野生型 BRAF 和 CRAF，IC_{50} 值分别为 0.35nM、0.47nM 和 0.3nM。BRAF 基因中的突变（例如 BRAF V600E）会导致组成型激活的 BRAF 激酶，从而刺激肿瘤细胞的生长。Encorafenib 还能够在体外与其他激酶结合，包括 JNK1、JNK2、JNK3、LIMK1、LIMK2、MEK4 和 STK36，并在临床上可达到的浓度（≤ 0.9μM）下大幅降低配体与这些激酶的结合。

Encorafenib 可有效抑制表达 BRAF V600 E、D 和 K 突变的肿瘤细胞系的体外生长。在植入表达 BRAF V600E 的肿瘤细胞的小鼠中，encorafenib 可诱导与 RAF / MEK / ERK 途径抑制相关的肿瘤消退。

Encorafenib 和 binimetinib 靶向 RAS / RAF / MEK / ERK 途径中的两个不同的激酶。与单独使用两种药物相比，encorafenib 和 binimetinib 的共同给药在 BRAF V600E 突变型人黑素瘤异种移植研究中产生了更大的体外抗 BRAF 突变阳性细胞系抗增殖活性，并具有更大的抗肿瘤活性。另外，与单独使用任一药物相比，encorafenib 和 binimetinib 的组合延迟了小鼠中 BRAF V600E 突变型人黑素瘤异种移植物中抗药性的出现。

药品上市申报信息

该药物目前有 2 种产品上市。

药品注册申请号: 210496
申请类型: NDA (新药申请)
申请人: ARRAY BIOPHARMA INC
申请人全名: ARRAY BIOPHARMA INC

产品信息

产品号	商品名	活性成分	剂型 / 给药途径	规格 / 剂量	参比药物 (RLD)	生物等效参考标准 (RS)	治疗等效代码
001	BRAFTOVI	encorafenib	胶囊 / 口服	50mg	是	否	否
002	BRAFTOVI	encorafenib	胶囊 / 口服	75mg	是	是	否

与本品相关的专利信息（来自 FDA 橙皮书 Orange Book）

关联产品号	专利号	专利过期日	是否物质专利	是否产品专利	专利用途代码	撤销请求	提交日期
001	10005761	2030/08/27			U-2335		2018/07/25
	8501758	2031/03/04	是	是			2018/07/25
	8541575	2030/02/26	是	是	U-2335		2018/07/25
	8946250	2029/07/23	是	是			2018/07/25
	9314464	2031/07/04			U-2336		2018/07/25
	9387208	2032/11/21		是			2018/07/25
	9593099	2030/08/27	是				2018/07/25
	9593100	2030/08/27		是			2018/07/25
	9763941	2032/11/21			U-2335		2018/07/25
	9850229	2030/08/27			U-2337		2018/07/25
	9850230	2030/08/27			U-2334		2018/07/25

续表

关联产品号	专利号	专利过期日	是否物质专利	是否产品专利	专利用途代码	撤销请求	提交日期
002	10005761	2030/08/27			U-2335		2018/07/25
	8501758	2031/03/04	是	是			2018/07/25
	8541575	2030/02/26	是	是	U-2335		2018/07/25
	8946250	2029/07/23	是	是			2018/07/25
	9314464	2031/07/04			U-2336		2018/07/25
	9387208	2032/11/21		是			2018/07/25
	9593099	2030/08/27	是				2018/07/25
	9593100	2030/08/27		是			2018/07/25
	9763941	2032/11/21			U-2335		2018/07/25
	9850229	2030/08/27			U-2337		2018/07/25
	9850230	2030/08/27			U-2334		2018/07/25

与本品相关的市场独占权保护信息

关联产品号	独占权代码	失效日期	备注
001	NCE	2023/06/27	
	ODE-194	2025/06/27	
002	NCE	2023/06/27	
	ODE-194	2025/06/27	

合成路线

以下合成路线来源于 IRM 公司 Huang、Shenlin 等人 2011 年发表的专利申请书。目标化合物 **18** 是以化合物 **1** 和化合物 **2** 为原料通过 10 步合成反应而得。该合成路线中，值得注意的合成反应有：①化合物 **3** 是通过化合物 **1** 的 Curtius 重排反应而得。②化合物 **4** 选择性取代化合物 **3** 分子中的溴原子。③化合物 **14** 是通过化合物 **10** 分子中的氨基亲核取代化合物 **13** 分子中的氯原子而得。

$EtN(Pr\text{-}i)_2$, $(PhO)_2P(=O)N_3$, PhMe

1 CAS号 1269232-93-0 + **2** CAS号 75-65-0 → **3** CAS号 1269232-94-1 + **4** CAS号 73183-34-3

AcOK, $PdCl_2(dppf)\cdot CH_2Cl_2$, 二噁烷

→ **5** CAS号 1269440-69-8

H—Cl H—Cl

6 CAS号 19777-66-3 + **7** CAS号 501-53-1 + **8** CAS号 79-22-1

K_2CO_3, CH_2Cl_2, Et_3N, rt, H_2O

→ **9** CAS号 1229025-68-6

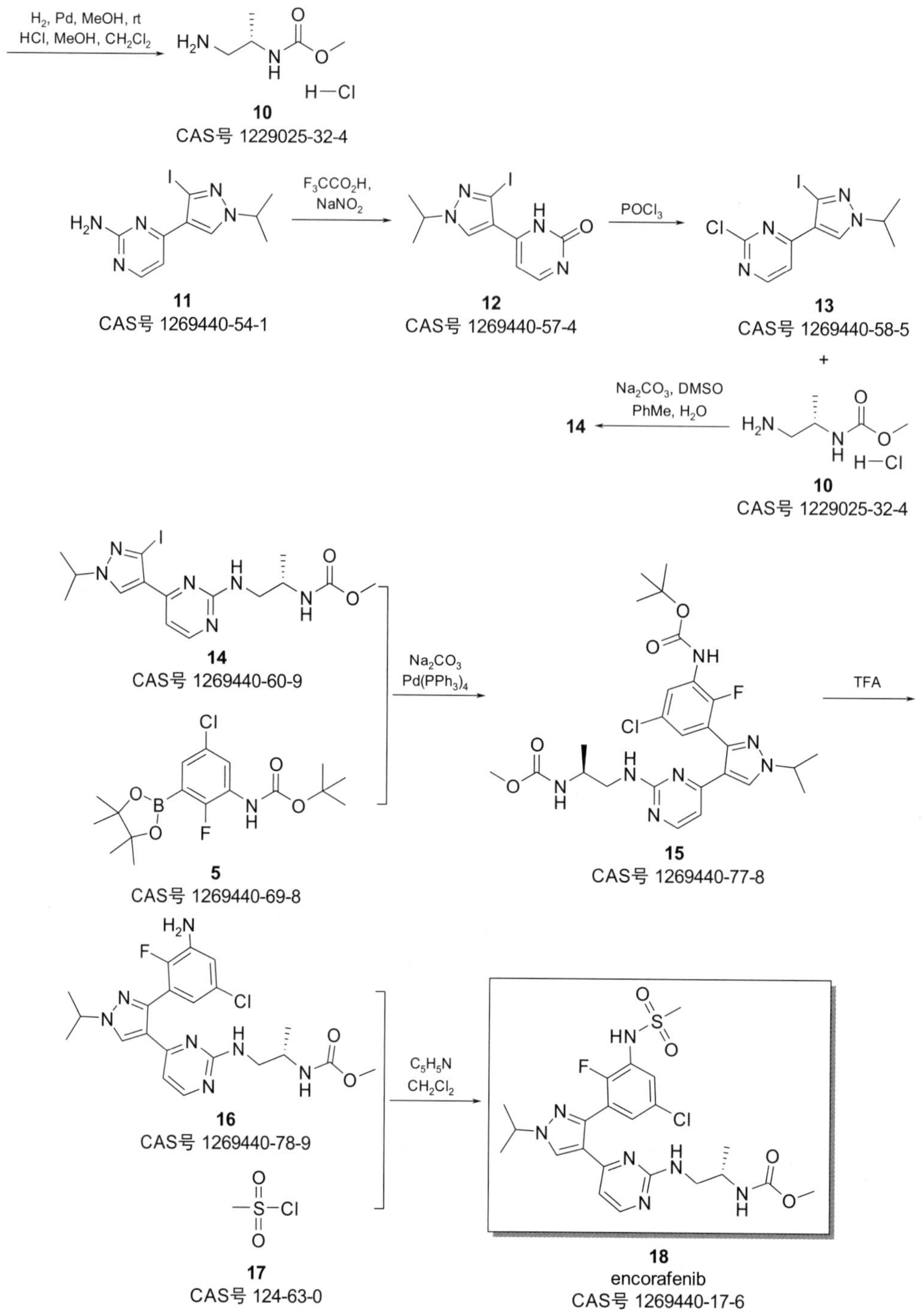

H_2, Pd, MeOH, rt
HCl, MeOH, CH_2Cl_2

10
CAS号 1229025-32-4

F_3CCO_2H, $NaNO_2$

$POCl_3$

11
CAS号 1269440-54-1

12
CAS号 1269440-57-4

13
CAS号 1269440-58-5

+

Na_2CO_3, DMSO
PhMe, H_2O

14

10
CAS号 1229025-32-4

14
CAS号 1269440-60-9

Na_2CO_3
$Pd(PPh_3)_4$

TFA

15
CAS号 1269440-77-8

5
CAS号 1269440-69-8

16
CAS号 1269440-78-9

C_5H_5N
CH_2Cl_2

17
CAS号 124-63-0

18
encorafenib
CAS号 1269440-17-6

原始文献： WO 2011025927, 2011.

参考文献

[1] Kopetz S, Grothey A, Tabernero J. Encorafenib, binimetinib, and cetuximab in BRAF V600E-mutated colorectal cancer. reply. N Engl J Med, 2020, 382(9):877-878.

[2] Pietrantonio F. Encorafenib, binimetinib, and cetuximab in BRAF V600E-mutated colorectal cancer. N Engl J Med, 2020, 382(9):876-877.

恩哥非尼核磁谱图

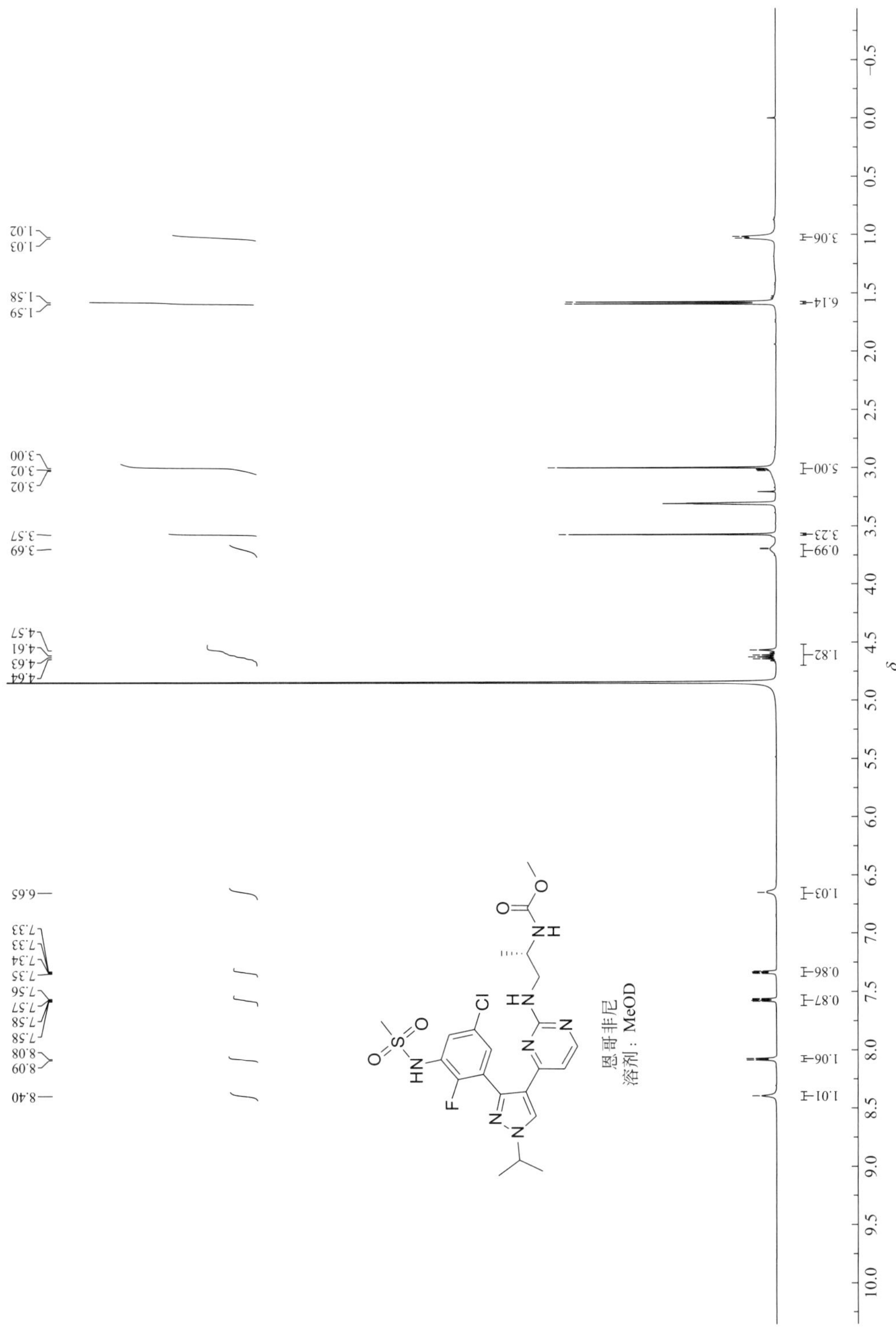

entrectinib（恩曲替尼）

药物基本信息

英文通用名	entrectinib
英文别名	RXDX101; RXDX 101; RXDX-101; NMS E628; NMSE628; NMS-E628
中文通用名	恩曲替尼
商品名	Rozlytrek
CAS登记号	1108743-60-7
FDA 批准日期	8/15/2019
FDA 批准的API	entrectinib
化学名	*N*-(5-(3,5-difluorobenzyl)-1*H*-indazol-3-yl)-4-(4-methylpiperazin-1-yl)-2-((tetrahydro-2H-pyran-4-yl)amino)benzamide
SMILES代码	O=C(NC1=NNC2=C1C=C(CC3=CC(F)=CC(F)=C3)C=C2)C4=CC=C(N5CCN(C)CC5)C=C4NC6CCOCC6

化学结构和理论分析

化学结构	理论分析值
F, F, HN, O, HN, N, N, H, N, N, O	化学式：$C_{31}H_{34}F_2N_6O_2$ 精确分子量：560.2711 分子量：560.65 元素分析：C, 66.41; H, 6.11; F, 6.78; N, 14.99; O, 5.71

药品说明书参考网页

生产厂家产品说明书、美国药品网、美国处方药网页。

药物简介

Entrectinib 是一种白色至浅粉红色粉末。口服 ROZLYTREK（entrectinib）胶囊为印刷硬壳胶囊，其中包含 100mg（黄色不透明 HPMC 胶囊）或 200mg entrectinib（橙色不透明 HPMC 胶囊）。非活性成分为酒石酸、无水乳糖、羟丙甲纤维素、交聚维酮、微晶纤维素、胶体二氧化硅和硬脂酸镁。黄色的不透明胶囊壳包含羟丙甲纤维素、二氧化钛和黄色的氧化铁。橙色不透明的胶囊壳包含羟丙甲纤维素、二氧化钛和 FD & C 黄色 6 号。印刷油墨包含虫胶、丙二醇、强氨溶液和 FD & C 蓝色 2 号铝色淀。

ROZLYTREK 的适应证：① ROS1 阳性非小细胞肺癌。ROZLYTREK 用于治疗转移性非小细胞肺癌（NSCLC）的成年患者，其 ROS1 阳性。② NTRK 基因融合阳性实体瘤。ROZLYTREK 适用于治疗 12 岁及以上患有实体瘤的成人和儿童：a. 具有神经营养性酪氨酸受体激酶（neurotrophic tyrosine receptor kinase, NTRK）基因融合，而没有已知的获得性耐药突变；b. 转移或可能导致严重发病的手术切除；c. 在治疗后进展或没有令人满意的替代疗法。

Entrectinib 是一种高效 ROS1 和 ALK 抑制剂，IC_{50} 值为 0.1 ～ 2nmol/L。Entrectinib 还可抑制 JAK2 和 TNK2，IC_{50} 值 > 5nmol/L。Entrectinib 具有对多种肿瘤类型（包含 NTRK、ROS1 和 ALK 融合基因）的癌细胞系的体外和体内抑制作用。

Entrectinib 在多种动物物种（小鼠、大鼠和狗）中表现出稳态的脑血浆浓度比为 0.4 ～ 2.2，并在颅内植入 TRKA 和 ALK 驱动的肿瘤细胞的小鼠体内表现出体内抗肿瘤活性。

药品上市申报信息

该药物目前有 4 种产品上市。

药品注册申请号：212725
申请类型：NDA（新药申请）
申请人：GENENTECH INC
申请人全名：GENENTECH INC

产品信息

产品号	商品名	活性成分	剂型 / 给药途径	规格 / 剂量	参比药物 (RLD)	生物等效参考标准 (RS)	治疗等效代码
001	ROZLYTREK	entrectinib	胶囊 / 口服	100mg	是	否	否
002	ROZLYTREK	entrectinib	胶囊 / 口服	200mg	是	是	否

与本品相关的专利信息（来自 FDA 橙皮书 Orange Book）

关联产品号	专利号	专利过期日	是否物质专利	是否产品专利	专利用途代码	撤销请求	提交日期
001	10231965	2035/02/17			U-2618 U-2617		2019/09/13
	10398693	2038/07/18		是			2019/09/13
	8299057	2029/03/01	是	是			2019/09/13
	8673893	2028/07/08			U-2618 U-2617		2019/09/13
	9029356	2028/07/08	是	是			2019/09/13
	9085558	2028/07/08		是			2019/09/13
	9085565	2033/05/22	是	是			2019/09/13
	9255087	2028/07/08			U-2618 U-2617		2019/09/13
	9616059	2028/07/08			U-2618		2019/09/13
	9649306	2033/05/22			U-2618 U-2617		2019/09/13
002	10231965	2035/02/17			U-2618 U-2617		2019/09/13
	10398693	2038/07/18		是			2019/09/13
	8299057	2029/03/01	是	是			2019/09/13
	8673893	2028/07/08			U-2618 U-2617		2019/09/13
	9029356	2028/07/08	是	是			2019/09/13
	9085558	2028/07/08		是			2019/09/13
	9085565	2033/05/22	是	是			2019/09/13
	9255087	2028/07/08			U-2618 U-2617		2019/09/13
	9616059	2028/07/08			U-2618		2019/09/13
	9649306	2033/05/22			U-2618 U-2617		2019/09/13

与本品相关的市场独占权保护信息

关联产品号	独占权代码	失效日期	备注
001	ODE-265	2026/08/15	
	NCE	2024/08/15	
002	ODE-265	2026/08/15	
	NCE	2024/08/15	

药品注册申请号：212726
申请类型：NDA（新药申请）
申请人：GENENTECH INC

产品信息

产品号	商品名	活性成分	剂型/给药途径	规格/剂量	参比药物(RLD)	生物等效参考标准(RS)	治疗等效代码
001	ROZLYTREK	entrectinib	胶囊/口服	100mg	待定		待定
002	ROZLYTREK	entrectinib	胶囊/口服	200mg	待定		待定

与本品治疗等效的药品

申请号	产品号	申请类型	商品名	活性成分	剂型/给药途径	规格	市场状态
212726	001	NDA	ROZLYTREK	entrectinib	胶囊/口服	100mg	处方药
212726	002	NDA	ROZLYTREK	entrectinib	胶囊/口服	200mg	处方药

合成路线 1

以下合成路线来源于 Nerviano Medical Sciences 公司 Menichincheri、Maria 等人 2016 年发表的论文。目标化合物 **7** 是以化合物 **1** 为原料，经过 4 步合成反应而得。该合成路线中，值得注意的合成反应有：①化合物 **3** 分子中的硼酸基团在钯催化剂的作用下，与化合物 **4** 分子中的溴原子发生 Suzuki 偶联反应生成相应的化合物 **5**。②化合物 **5** 与水合肼反应成环得到化合物 **6**。

Cl(O=)CC(=O)Cl
DMF, CH_2Cl_2

K_3PO_4, $Pd(PPh_3)_4$, PhMe
90%

1
CAS号 1889328-86-2

2
CAS号 1889329-44-5

3
CAS号 214210-21-6

4
CAS号 141776-91-2

5
CAS号 1108745-25-0

5 → (N_2H_4-H_2O, BuOH, 90%) 6 + 2 → ($EtN(Pr\text{-}i)_2$, THF, H_2O, AcOEt, Et_3N, MeOH) 7

6
CAS号 1108745-30-7

2
CAS号 1889329-44-5

7
entrectinib
CAS号 1108743-60-7

原始文献： J Med Chem, 2016, 59(7): 3392-3408.

合成路线 2

以下合成路线来源于 Shenzhen TargetRx Biomedical 公司 Wang、Yihan 等人 2018 年发表的专利说明书。目标化合物 **16** 是以化合物 **1** 和化合物 **2** 为原料，经过 9 步合成反应而得。该合成路线中，值得注意的合成反应有：①化合物 **4** 分子中的 NH 基团与化合物 **3** 分子中的氟原子发生亲核取代反应得到相应的化合物 **5**。②化合物 **6** 分子中的氨基与化合物 **7** 分子中的羰基缩合，再经硼氢化试剂还原得到化合物 **8**。③化合物 **15** 分子中的三氟乙酰基通过比较温和的碱性条件脱去，得到目标化合物 **16**。

1 + 2 → (4-DMAP, CH_2Cl_2, t-BuOH, 54%) 3 + 4 → 5

1
CAS号 394-01-4

2
CAS号 24424-99-5

3
CAS号 942271-60-5

4
CAS号 109-01-3

5
CAS号 942271-61-6

5 —(H_2, Pd, MeOH; 90%)→ 6 (CAS号 1034975-35-3) + 7 (CAS号 29943-42-8) —(F_3CCO_2H, CH_2Cl_2, $Me_4N^+ \cdot (AcO)_3BH^-$; 78%)→ 8 (CAS号 1034975-40-0) + 9 (CAS号 407-25-0) —(Et_3N, CH_2Cl_2)→ 10 (CAS号 1034975-53-5)

6
CAS号 1034975-35-3

7
CAS号 29943-42-8

8
CAS号 1034975-40-0

9
CAS号 407-25-0

10
CAS号 1034975-53-5

10 + 11 —(CH_2Cl_2, Et_2O; 84%)→ 12 —(Cl(O=)CC(=O)Cl, DMF, CH_2Cl_2)→ 13

11
CAS号 76-05-1

12
CAS号 2251774-80-6

13
CAS号 1034976-52-7

13 + 14 —($EtN(Pr\text{-}i)_2$, THF; 57%)→ 15 —(H_2O, K_2CO_3, MeOH; 71%)→ 16

14
CAS号 1108745-30-7

15
CAS号 1108745-38-5

16
entrectinib
CAS号 1108743-60-7

原始文献： CN 108623576, 2018.

合成路线 3

以下合成路线来源于 Nerviano Medical Sciences 公司 Lombardi-Borgia Andreq 等人 2009 年发表的专利说明书。目标化合物 **15** 是以化合物 **1** 和化合物 **2** 为原料，经过 **10** 步合成反应而得。该合成路线中，值得注意的合成反应有：①化合物 **3** 与水合肼成环反应得到化合物 **4**。②化合物 **9** 杂环上的 NH 基团用三苯甲基保护后，与化合物 **2** 的羧基发生缩合反应，得到相应的酰胺化合物 **10**。③硼氢化钠只选择性地还原化合物 **11** 分子中的羰基，得到化合物 **12**。

HCl, 二噁烷, 88%

1 CAS号 942271-61-6 → **2** CAS号 942271-64-9

N_2H_4-H_2O, THF, 80%

3 CAS号 1108745-09-0 → **4** CAS号 1108745-11-4

4 + **5** (CAS号 407-25-0) —THF, 88%→ **6** CAS号 1108745-14-7

6 + **7** (CAS号 76-83-5) —Et_3N, CH_2Cl_2, rt, 86%→ **8** CAS号 1108745-16-9

8 —Et_3N, Me_2CHOH, 99%→ **9** CAS号 1108745-18-1

9 + **2** (CAS号 942271-64-9) —Cl(O=)CC(=O)Cl, DMF, THF, 92%→

F_3CCO_2H, CH_2Cl_2, 78% → **11**

10
CAS号 1108745-20-5

1. F_3CCO_2H, $NaBH_4$, CH_2Cl_2
2. NaOH, H_2O, MeOH
92%

11
CAS号 1108745-22-7

环己烷, Pd, 二噁烷, 83% → **13**

12
CAS号 1108743-56-1

$Me_4N^+ \cdot (AcO)_3BH^-$, F_3CCO_2H, CH_2Cl_2, 72%

13
CAS号 1108743-96-9

14
CAS号 29943-42-8

15
entrectinib
CAS号 1108743-60-7

原始文献： WO 2009013126, 2009.

参考文献

[1] MacFarland S P, Naraparaju K, Iyer R, et al. Mechanisms of entrectinib resistance in a neuroblastoma xenograft model. Mol Cancer Ther, 2020, 19(3):920-926.

[2]Drilon A, Siena S, Dziadziuszko R, et al. Entrectinib in ROS1 fusion-positive non-small-cell lung cancer: integrated analysis of three phase 1-2 trials. Lancet Oncol, 2020, 21(2):261-270.

恩曲替尼核磁谱图

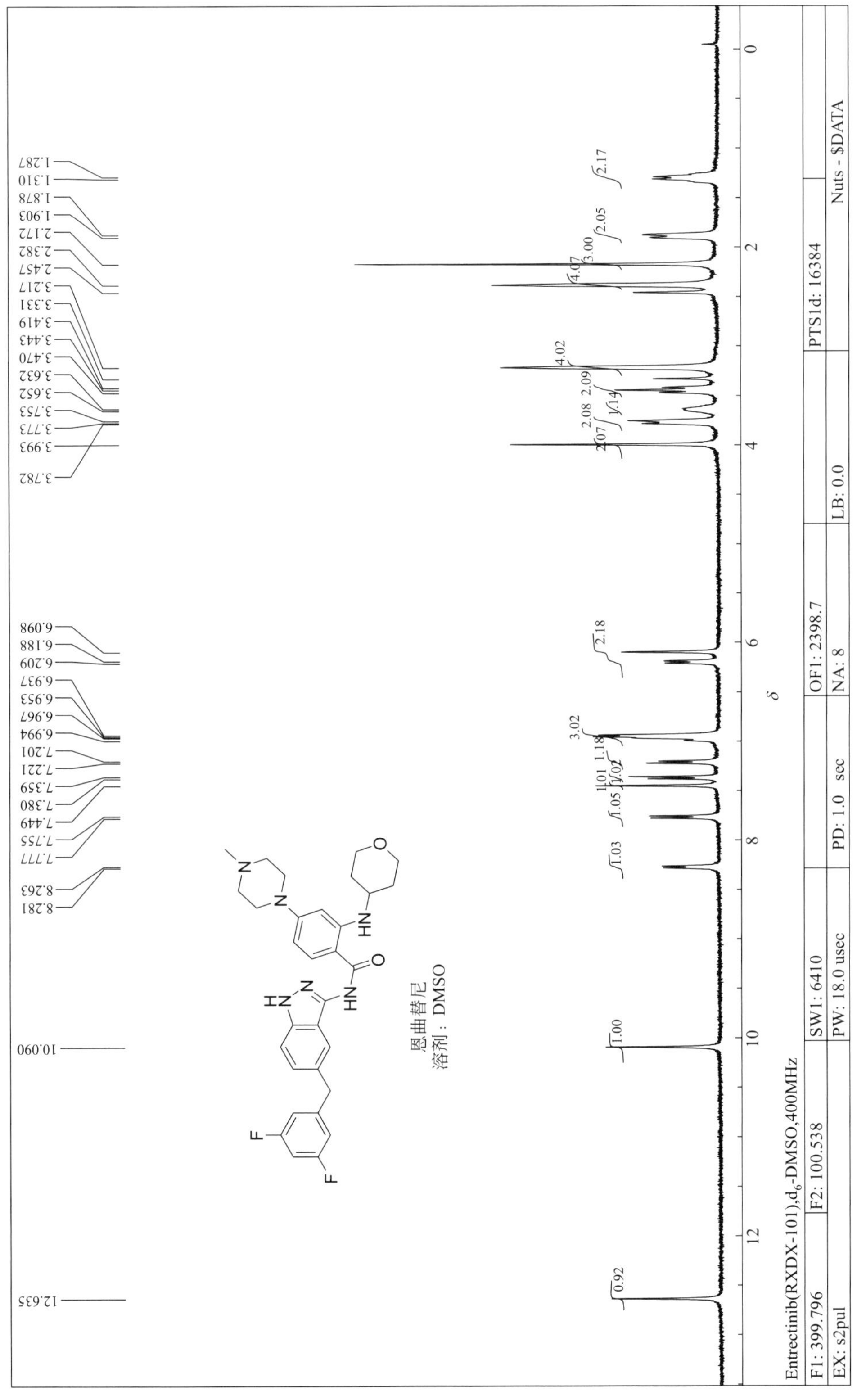

恩曲替尼
溶剂：DMSO
Entrectinib(RXDX-101),d6-DMSO,400MHz
F1: 399.796
F2: 100.538
SW1: 6410
OF1: 2398.7
PTS1d: 16384
EX: s2pul
PW: 18.0 usec
PD: 1.0 sec
NA: 8
LB: 0.0
Nuts - $DATA

eravacycline dihydrochloride（艾拉环素）

药物基本信息

英文通用名	eravacycline dihydrochloride
英文别名	TP-434-046; TP 434-046; TP434-046; TP-434; TP 434; TP434; Eravacycline HCl
中文通用名	盐酸艾拉环素
商品名	Xerava
CAS登记号	1207283-85-9 (游离碱), 1334714-66-7 (盐酸盐)
FDA 批准日期	8/27/2018
FDA 批准的API	eravacycline dihydrochloride
化学名	(4*S*,4a*S*,5a*R*,12a*S*)-4-(dimethylamino)-7-fluoro-3,10,12,12a-tetrahydroxy-1,11-dioxo-9-((pyrrolidin-1-ylacetyl)amino)-1,4,4a,5,5a,6,11,12a-octahydrotetracene-2-carboxamide dihydrochloride
SMILES代码	O=C(C1=C(O)[C@@H](N(C)C)[C@@](C[C@@]2([H])C(C(C3=C(O)C(NC(CN4CCCC4)=O)=CC(F)=C3C2)=O)=C5O)([H])[C@@]5(O)C1=O)N.[H]Cl.[H]Cl

化学结构和理论分析

化学结构	理论分析值
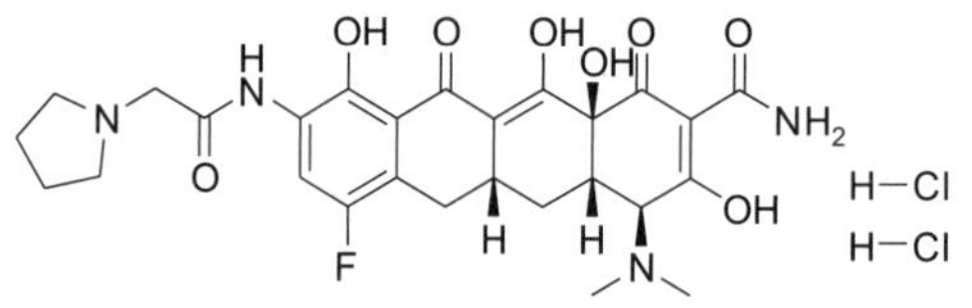	化学式：$C_{27}H_{33}Cl_2FN_4O_8$ 精确分子量：N/A 分子量：631.48 元素分析：C, 51.36; H, 5.27; Cl, 11.23; F, 3.01; N, 8.87; O, 20.27

药品说明书参考网页

生产厂家产品说明书、美国药品网、美国处方药网页。

药物简介

XERAVA 的活性成分是 eravacycline，是一种用于静脉内给药的合成四环素类抗菌剂。XERAVA 是一种无菌、不含防腐剂、黄色至橙色的冻干粉末，装在玻璃单剂量小瓶中，稀释后可用于静脉输注。每个 XERAVA 小瓶均含有 50mg 的 eravacycline（相当于 63.5mg 的 eravacycline dihydrochloride）和赋形剂甘露醇（150mg）。根据需要用氢氧化钠和盐酸将 pH 值调节至 5.5 ～ 7.0。

XERAVA 可以用治疗复杂的腹腔内感染。XERAVA 适用于治疗由易感微生物引起的复杂腹腔内感染（cIAI）：大肠杆菌，弗氏肺炎克雷伯菌，弗氏柠檬酸杆菌，阴沟肠杆菌，产氧克雷伯菌，粪链球菌，金黄色葡萄球菌，拟杆菌属和副细菌杆菌。使用限制：XERAVA 不适用于治疗复杂的尿路感染（cUTI）。

用法：为减少耐药菌的产生并保持 XERAVA 和其他抗菌药物的有效性，XERAVA 仅应用于治疗或预防已证实或强烈怀疑由易感细菌引起的感染。当可获得培养物和药敏性信息时，在选择或修改抗菌疗法时应考虑它们。

Eravacycline 是四环素类抗菌药物中的一种，属于氟环素类抗菌剂。Eravacycline 通过与 30S 核糖体亚基结合来破坏细菌蛋白质的合成，从而防止氨基酸残基掺入延长的肽链中。

药品上市申报信息

该药物目前有 1 种产品上市。

药品注册申请号: 211109
申请类型: NDA (新药申请)
申请人: TETRAPHASE PHARMS
申请人全名: TETRAPHASE PHARMACEUTICALS INC

产品信息

产品号	商品名	活性成分	剂型 / 给药途径	规格 / 剂量	参比药物 (RLD)	生物等效参考标准 (RS)	治疗等效代码
001	XERAVA	eravacycline dihydrochloride	粉末剂 / 静脉注射	等量 50mg 游离碱 / 瓶	是	是	否

与本品相关的专利信息（来自 FDA 橙皮书 Orange Book）

关联产品号	专利号	专利过期日	是否物质专利	是否产品专利	专利用途代码	撤销请求	提交日期
001	8796245	2029/08/07			U-2380		2018/09/13
	8906887	2030/12/28		是			2018/09/13

与本品相关的市场独占权保护信息

关联产品号	独占权代码	失效日期	备注
001	NCE	2023/08/27	
	GAIN	2028/08/27	

合成路线 1

以下合成路线来源于 Tetraphase Pharmaceuticals 公司 Ronn、Magnus 等人 2013 年发表的论文。目标化合物 **8** 是以化合物 **3** 为原料，经过 4 步合成而得。关键中间体化合物 **5** 是通过化合物 **3** 与化合物 **4** 成环反应而得。

Cl(O=)CC(=O)Cl, CH_2Cl_2, 90%

1 CAS号 6628-74-6 → **2** CAS号 1225331-88-3

3
CAS号 1253799-29-9

4
CAS号 852821-06-8

LiN(Pr-*i*)$_2$, THF, (Me$_3$Si)$_2$NH · Li, 94% → 5

5
CAS号 1431558-60-9

HF, H_2O, MeCN, KH_2PO_4, H_2O →

6
CAS号 1431558-61-0

HCl, H_2, Pd, H_2O, MeOH, THF, 87% → 7

7
CAS号 1431558-59-6

2
CAS号 1225331-88-3

NaOH, H_2O, MeCN, 89% →

8
eravacycline
CAS号 1207283-85-9

原始文献： Org Proc Res Dev, 2013, 17(5): 838-845.

合成路线 2

以下合成路线来源于 Tetraphase Pharmaceuticals 公司 Xiao、Xiao Yi 等人 2012 年发表的论文。目标化合物 **13** 是以化合物 **1** 为原料，经过 7 步合成而得。关键中间体化合物 **8** 是通过化合物 **6** 与化合物 **7** 成环反应而得。化合物 **10** 是通过化合物 **9** 硝基化后，再催化氢化还原而得。

1
CAS号 394-04-7

CH_3I, s-BuLi, THF, TMEDA, 94% →

2
CAS号 220901-72-4

3
CAS号 108-95-2

1. DMF, Cl(O=)CC(=O)Cl; 2. CH_2Cl_2, 2,4-DMAP, Et_3N, 52% →

4

CAS号 1207283-54-2

4

CAS号 1207283-54-2

+

5

CAS号 24424-99-5

CH_2Cl_2

BBr_3, CH_2Cl_2

$NaHCO_3$, H_2O

CH_2Cl_2

4-DMAP

75%

6

CAS号 1207283-56-4

+

7

CAS号 852821-06-8

THF

LiN(Pr-*i*)$_2$, Me(CH$_2$)$_4$Me

TMEDA

THF

NH_4Cl, H_2O

35%

8

8

CAS号 1207283-57-5

1. TFAMeCN

2. Pd-C, H_2

41%

9

CAS号 61618-26-6

H_2SO_4, HNO_3

MeOH

Pd-C, H_2

81%

10

10

CAS号 1207283-60-0

+

11

CAS号 598-21-0

+

12

CAS号 123-75-1

MeCN, DMPU

13

eravacycline

CAS号 1207283-85-9

原始文献： J Med Chem, 2012, 55(2):597-605.

合成路线 3

以下合成路线来源于 Tetraphase Pharmaceuticals 公司 Zhang、Wu Yan 等人 2016 年发表的专利申请书。目标化合物 **12** 是以化合物 **1** 为原料，经过 10 步合成而得。该合成路线中，值得注意的合成反应有：①化合物 **1** 分子中的氨基通过叠氮化反应而消除，得到化合物 **3**。②化合物 **3** 的溴代反应发生在酚羟基的对位，得到化合物 **4**。

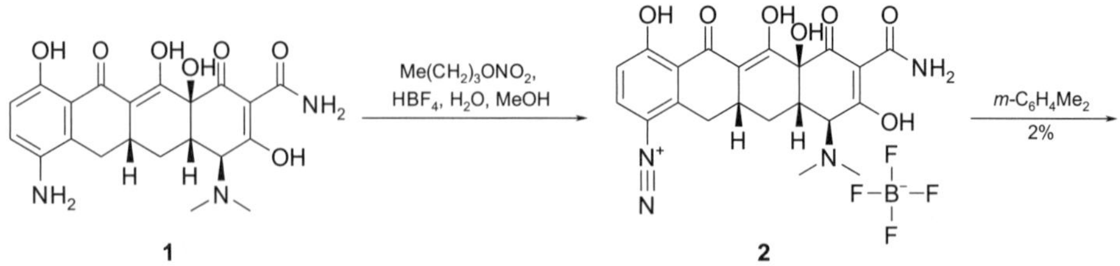

1 CAS号 5679-00-5 —— $Me(CH_2)_3ONO_2$, HBF_4, H_2O, MeOH → **2** CAS号 577795-66-5 —— m-$C_6H_4Me_2$, 2% →

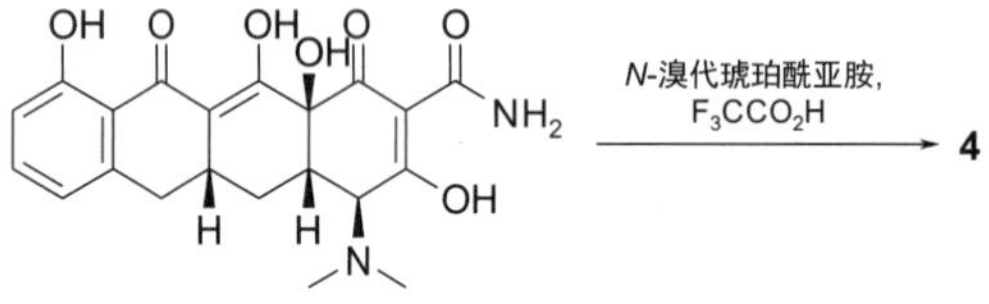

3 CAS号 808-26-4 —— N-溴代琥珀酰亚胺, F_3CCO_2H → **4**

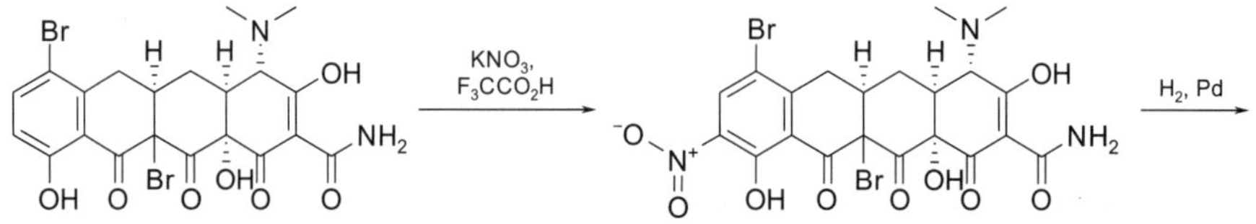

4 CAS号 1911590-01-6 —— KNO_3, F_3CCO_2H → **5** CAS号 1911590-02-7 —— H_2, Pd →

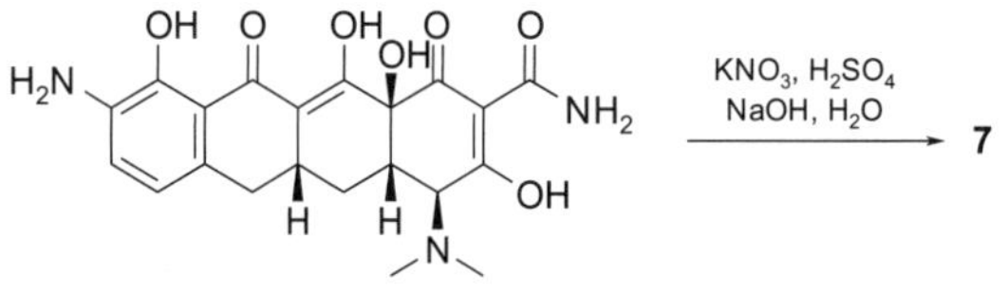

6 CAS号 5874-95-3 —— KNO_3, H_2SO_4; NaOH, H_2O → **7**

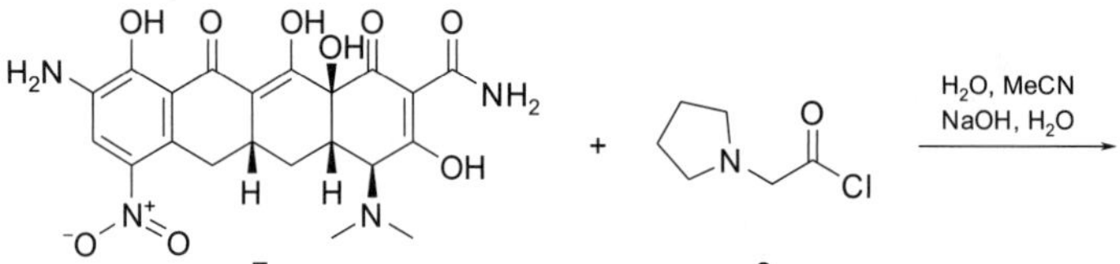

7 CAS号 47741-18-4 + **8** CAS号 238090-51-2 —— H_2O, MeCN; NaOH, H_2O →

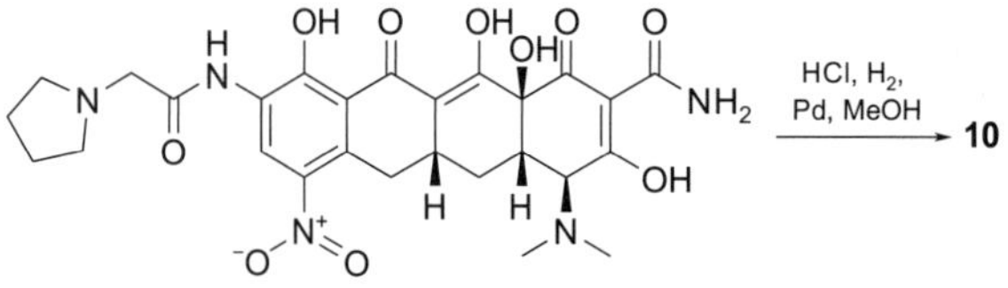

9 CAS号 1911590-03-8 —— HCl, H_2, Pd, MeOH → **10**

10
CAS号 1911590-04-9

HBF$_4$, NaNO$_2$

11
CAS号 1911590-06-1

HBF$_4$
28%

12
eravacycline
CAS号 1207283-85-9

原始文献： WO 2016065290, 2016.

参考文献

[1] Alosaimy S, Abdul-Mutakabbir J C, Kebriaei R, et al. Evaluation of eravacycline: a novel fluorocycline. Pharmacotherapy, 2020, 40(3):221-238.

[2] Morrissey I, Olesky M, Hawser S, et al. In vitro activity of eravacycline against gram-negative bacilli isolated in clinical laboratories worldwide from 2013 to 2017. Antimicrob Agents Chemother, 2020, 64(3).

erdafitinib（厄达替尼）

药物基本信息

英文通用名	erdafitinib
英文别名	JNJ-42756493; JNJ 42756493; JNJ42756493
中文通用名	厄达替尼
商品名	Balversa
CAS登记号	1346242-81-6
FDA 批准日期	4/12/2019
FDA 批准的API	erdafitinib
化学名	N1-(3,5-dimethoxyphenyl)-N2-isopropyl-N1-(3-(1-methyl-1*H*-pyrazol-4-yl)quinoxalin-6-yl)ethane-1,2-diamine
SMILES代码	CN1N=CC(C2=NC3=CC(N(C4=CC(OC)=CC(OC)=C4)CCNC(C)C)=CC=C3N=C2)=C1

化学结构和理论分析

化学结构	理论分析值
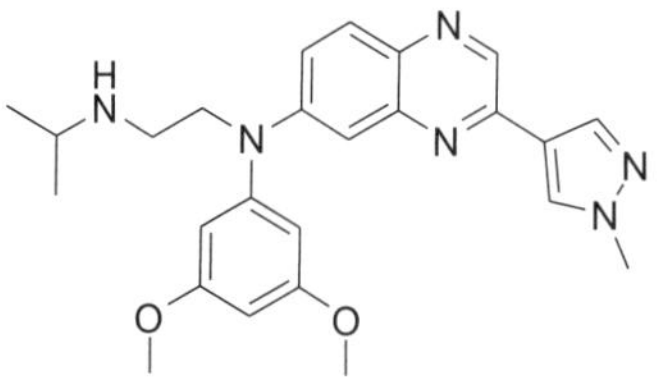	化学式：$C_{25}H_{30}N_6O_2$ 精确分子量：446.2430 分子量：446.55 元素分析：C, 67.24; H, 6.77; N, 18.82; O, 7.17

药品说明书参考网页

生产厂家产品说明书、美国药品网、美国处方药网页。

药物简介

Erdafitinib 是 BALVERSA 中的活性成分，是一种激酶抑制剂。Erdafitinib 是一种黄色粉末。在很宽的 pH 值范围内，它几乎不溶于水。Erdafitinib 可溶于有机溶剂。BALVERSA（erdafitinib）目前有 3 种剂量规格的产品，分别是 3mg、4mg 或 5mg 薄膜包衣片剂，并含有以下非活性成分：片剂核心为交联羧甲基纤维素钠、硬脂酸镁（来自植物）、甘露醇、葡甲胺和微晶纤维素；薄膜包衣（欧巴代 Amb Ⅱ）为一类甘油单辛酸酯氧化物（仅适用于棕色药片）。

BALVERSA ™用于治疗患有局部晚期或转移性尿路上皮癌（mUC）的成年患者，该患者具有：敏感的 FGFR3 或 FGFR2 遗传改变，以及先前接受过至少一种含铂化疗药物的治疗之后，病情仍然进展，包括患者在 12 个月内接受新辅助或含铂辅助化疗。

Erdafitinib 是一种激酶抑制剂，可与 FGFR1、FGFR2、FGFR3 和 FGFR4 结合并抑制其酶促活性。Erdafitinib 还与 RET、CSF1R、PDGFRA、PDGFRB、FLT4、KIT 和 VEGFR2 结合并抑制其活性。Erdafitinib 可抑制 FGFR 磷酸化和信号转导，并降低表达 FGFR 遗传改变（包括点突变、扩增和融合）的细胞系中的细胞活力。Erdafitinib 在表达 FGFR 的细胞系和源自包括膀胱癌在内的肿瘤类型的异种移植模型中显示出抗肿瘤活性。

药品上市申报信息

该药物目前有 3 种产品上市。

药品注册申请号：212018
申请类型：NDA（新药申请）
申请人：JANSSEN BIOTECH
申请人全名：JANSSEN BIOTECH INC

产品信息

产品号	商品名	活性成分	剂型 / 给药途径	规格 / 剂量	参比药物 (RLD)	生物等效参考标准 (RS)	治疗等效代码
001	BALVERSA	erdafitinib	片剂 / 口服	3mg	是	否	否
002	BALVERSA	erdafitinib	片剂 / 口服	4mg	是	否	否
003	BALVERSA	erdafitinib	片剂 / 口服	5mg	是	是	否

与本品相关的专利信息（来自 FDA 橙皮书 Orange Book）

关联产品号	专利号	专利过期日	是否物质专利	是否产品专利	专利用途代码	撤销请求	提交日期
001	8895601	2031/05/22	是	是			2019/05/03
	9464071	2031/04/28			U-2518		2019/05/03
	9902714	2035/03/26		是			2019/05/03
002	8895601	2031/05/22	是	是			2019/05/03
	9464071	2031/04/28			U-2518		2019/05/03
	9902714	2035/03/26		是			2019/05/03
003	8895601	2031/05/22	是	是			2019/05/03
	9464071	2031/04/28			U-2518		2019/05/03
	9902714	2035/03/26		是			2019/05/03

与本品相关的市场独占权保护信息

关联产品号	独占权代码	失效日期	备注
001	NCE	2024/04/12	
002	NCE	2024/04/12	
003	NCE	2024/04/12	

合成路线 1

以下合成路线来源于 Astex Therapeutics 公司 Saxty、Gordon 等人 2011 年发表的专利申请书。目标化合物 **15** 是以化合物 **1** 和化合物 **2** 为原料，经过 8 步合成反应而得。关键中间体化合物 **10** 是通过化合物 **5** 分子中的 NH 基团在钯试剂的催化下取代化合物 **9** 分子中的溴原子而得。其中化合物 **9** 是以化合物 **6** 为原料，经过 2 步合成反应而得。化合物 **5** 是以化合物 **1** 和化合物 **2** 为原料，经过 2 步合成反应而得。

Cs_2CO_3, H_2O, $(CH_2OMe)_2$; KOH, H_2O; 75%

1 CAS号 10272-07-8 + **2** CAS号 627-11-2 → **3** CAS号 1021002-43-6 + **4** CAS号 18162-48-6

1*H*-咪唑, CH_2Cl_2; 96%

→ **5** CAS号 1346245-09-7

6 CAS号 82031-32-1 —$POCl_3$, 96%→ **7** CAS号 89891-65-6 + **8** CAS号 761446-44-0 —Na_2CO_3, PPh_3, $Pd(OAc)_2$, H_2O, $(CH_2OMe)_2$; 89%→

9
CAS号 1083325-87-4

Cs$_2$CO$_3$, rac-BINAP, Pd(OAc)$_2$, (CH$_2$OMe)$_2$

9
CAS号 1083325-87-4

5
CAS号 1346245-09-7

10
CAS号 1346245-08-6

Bu$_4$N$^+$F$^-$,THF
K$_2$CO$_3$, H$_2$O, AcOEt,
调为碱性
75%
→ **11**

Et$_3$N, CH$_2$Cl$_2$
94%

11
CAS号 1346242-78-1

12
CAS号 124-63-0

13
CAS号 1346245-10-0

MeCN
87%

14
CAS号 75-31-0

15
erdafitinib
CAS号 1346242-81-6

原始文献： WO 2011135376, 2011.

合成路线 2

以下合成路线来源于 Astex Therapeutics 公司 Saxty、Gordon 等人 2011 年发表的专利申请书。

目标化合物 **9** 是通过中间体化合物 **7** 分子中的 NH 基团与化合物 **8** 分子中的氯原子发生亲核取代反应而得。

1 CAS号 82031-32-1 → ($POCl_3$, 96%) → **2** CAS号 89891-65-6 + **3** CAS号 761446-44-0 → (Na_2CO_3, PPh_3, $Pd(OAc)_2$, 89%) → **4** CAS号 1083325-87-4 → (NH_4OH, Cu_2O, 62%) → **5**

5 CAS号 1346245-04-2 + **6** CAS号 20469-65-2 → (NaOBu-*t*, rac-BINAP, $Pd(OAc)_2$, $(CH_2OMe)_2$, 74%) → **7** CAS号 1346133-39-8

7 + **8** CAS号 6306-61-2 → (KOH, $Bu_4N^+Br^-$, HCl, H_2O, CH_2Cl_2) → **9**

9
erdafitinib
CAS号 1346242-81-6

原始文献： WO 2011135376, 2011.

参考文献

[1] Nauseef J T, Villamar D M, Lebenthal J, et al. An evaluation of the efficacy and safety of erdafitinib for the treatment of bladder cancer. Expert Opin Pharmacother, 2020, 21(8): 863-870.

[2] Roubal K, Myint Z W, Kolesar J M. Erdafitinib: a novel therapy for FGFR-mutated urothelial cancer. Am J Health Syst Pharm, 2020, 77(5):346-351.

厄达替尼核磁谱图

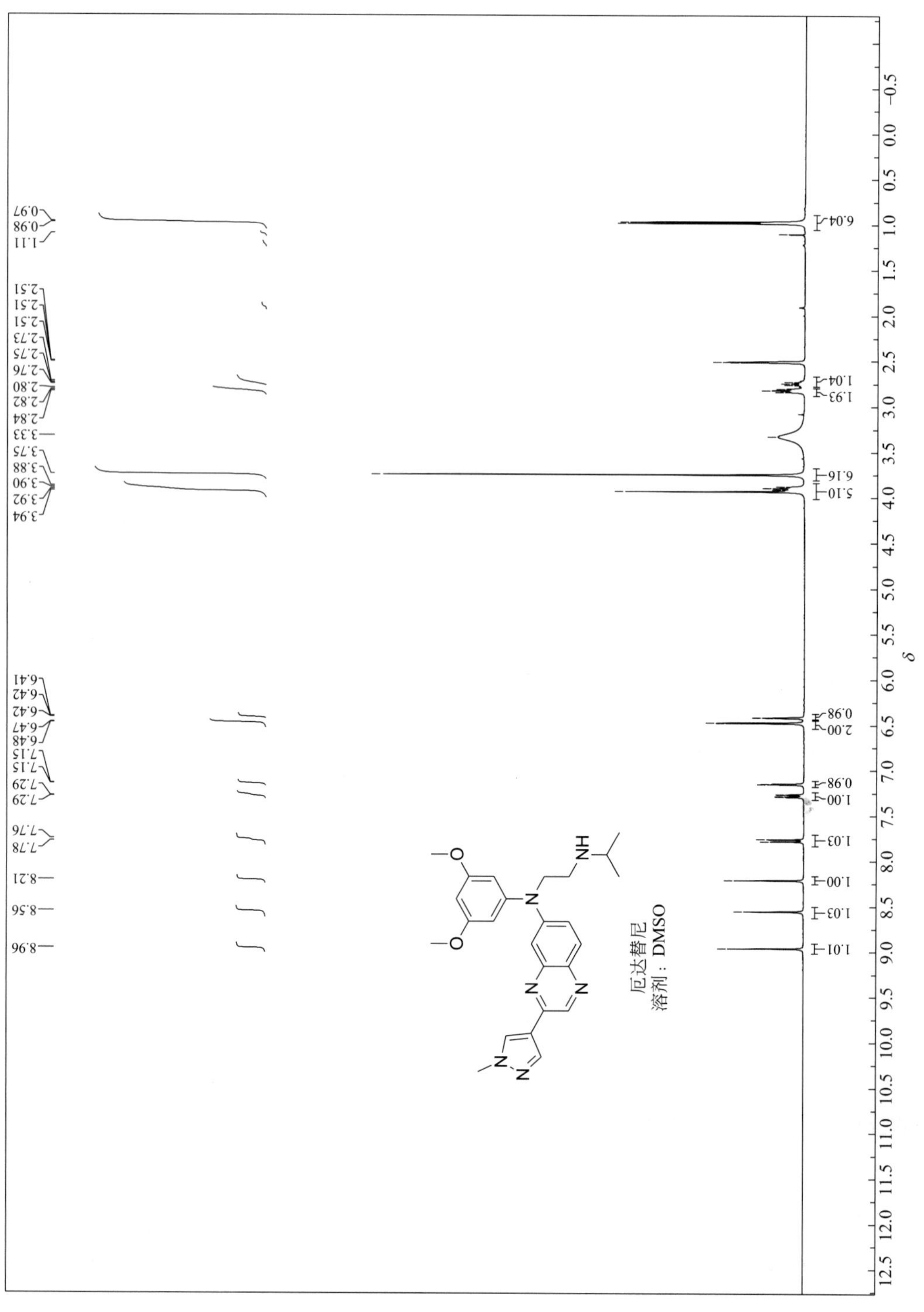

ertugliflozin（艾格列净）

药物基本信息

英文通用名	ertugliflozin
英文别名	PF-04971729; PF 04971729; PF04971729; PF-4971729; PF 4971729; PF4971729; PF-04971729-00; PF 04971729-00; PF04971729-00
中文通用名	艾格列净
商品名	Steglatro
CAS登记号	1210344-83-4（吡酮酸盐）, 1210344-57-2（游离碱）
FDA 批准日期	12/19/2017
FDA 批准的API	ertugliflozin pidolate
化学名	(*S*)-5-oxopyrrolidine-2-carboxylic acid compound with (1*S*,2*S*,3*S*,4*R*,5*S*)-5-(4-chloro-3-(4-ethoxybenzyl)phenyl)-1-(hydroxymethyl)-6,8-dioxabicyclo[3.2.1]octane-2,3,4-triol (1:1)
SMILES代码	O=C([C@H](CC1)NC1=O)O.OC2[C@](O3)(CO)CO[C@]3(C4=CC=C(Cl)C(CC5=CC=C(C(=C5)OCC)=C4)[C@H](O)[C@H]2O

化学结构和理论分析

化学结构	理论分析值
HO OH OH O HO O Cl O H N O O OH	化学式：$C_{27}H_{32}ClNO_{10}$ 精确分子量：N/A 分子量：566.0000 元素分析：C, 57.30; H, 5.70; Cl, 6.26; N, 2.47; O, 28.27

药品说明书参考网页

生产厂家产品说明书、美国药品网、美国处方药网页。

药物简介

STEGLATRO 是一种口服片剂药物，活性成分为 ertugliflozin pidolate，是一种 SGLT2 抑制剂。

Ertugliflozin pidolate 是一种白色至类白色粉末，可溶于乙醇和丙酮，微溶于乙酸乙酯和乙腈，极微溶于水。STEGLATRO 以薄膜包衣片剂形式提供，包含 6.48mg 或 19.43mg 的 ertugliflozin pidolate，相当于 5mg 和 15mg 的 ertugliflozin。

非活性成分是微晶纤维素、乳糖一水合物、羟乙酸淀粉钠和硬脂酸镁。薄膜包衣包含：羟丙甲纤维素、乳糖一水合物、聚乙二醇、三乙酸甘油酯、二氧化钛和氧化铁红。

STEGLATRO ™可以作为饮食和运动的辅助手段，以改善 2 型糖尿病成年人的血糖控制。使用限制：不建议 1 型糖尿病患者或糖尿病酮症酸中毒患者使用 STEGLATRO。

SGLT2 是主要的转运蛋白，负责将葡萄糖从肾小球滤液中重新吸收回循环系统。Ertugliflozin 是 SGLT2 的抑制剂，通过抑制 SGLT2，可降低肾脏对过滤后葡萄糖的重吸收，并降低肾脏的葡萄糖阈值，从而增加尿中葡萄糖的排泄量。

药品上市申报信息

该药物目前有 8 种产品上市。

药品注册申请号: 209803
申请类型: NDA (新药申请)
申请人: MERCK SHARP DOHME
申请人全名: MERCK SHARP AND DOHME CORP

产品信息

产品号	商品名	活性成分	剂型 / 给药途径	规格 / 剂量	参比药物 (RLD)	生物等效参考标准 (RS)	治疗等效代码
001	STEGLATRO	ertugliflozin	片剂 / 口服	5mg	是	否	否
002	STEGLATRO	ertugliflozin	片剂 / 口服	15mg	是	是	否

与本品相关的专利信息 (来自 FDA 橙皮书 Orange Book)

关联产品号	专利号	专利过期日	是否物质专利	是否产品专利	专利用途代码	撤销请求	提交日期
001	8080580	2030/07/13	是	是	U-2214		2018/01/16
002	8080580	2030/07/13	是	是	U-2214		2018/01/16

与本品相关的市场独占权保护信息

关联产品号	独占权代码	失效日期	备注
001	NCE	2022/12/19	
002	NCE	2022/12/19	

药品注册申请号: 209805
申请类型: NDA (新药申请)
申请人: MERCK SHARP DOHME
申请人全名: MERCK SHARP AND DOHME CORP

产品信息

产品号	商品名	活性成分	剂型 / 给药途径	规格 / 剂量	参比药物 (RLD)	生物等效参考标准 (RS)	治疗等效代码
001	STEGLUJAN	ertugliflozin; sitagliptin phosphate	片剂 / 口服	5mg; 等量 100mg 游离碱	是	否	否
002	STEGLUJAN	ertugliflozin; sitagliptin phosphate	片剂 / 口服	15mg; 等量 100mg 游离碱	是	是	否

与本品相关的专利信息（来自 FDA 橙皮书 Orange Book）

关联产品号	专利号	专利过期日	是否物质专利	是否产品专利	专利用途代码	撤销请求	提交日期
001	6699871	2022/07/26	是	是	U-2214		2018/01/16
	6890898	2019/02/02			U-2215		2018/01/16
	7078381	2019/02/02			U-2216		2018/01/16
	7326708	2026/11/24	是	是	U-2214		2018/01/16
	7459428	2019/02/02			U-2215		2018/01/16
	8080580	2030/07/13	是	是	U-2214		2018/01/16
	9308204	2030/10/21		是			2018/01/16
	9439901	2030/10/21			U-2214		2018/01/16
002	6699871	2022/07/26	是	是	U-2214		2018/01/16
	6890898	2019/02/02			U-2215		2018/01/16
	7078381	2019/02/02			U-2216		2018/01/16
	7326708	2026/11/24	是	是	U-2214		2018/01/16
	7459428	2019/02/02			U-2215		2018/01/16
	8080580	2030/07/13	是	是	U-2214		2018/01/16
	9308204	2030/10/21		是			2018/01/16
	9439901	2030/10/21			U-2214		2018/01/16

与本品相关的市场独占权保护信息

关联产品号	独占权代码	失效日期	备注
001	NCE	2022/12/19	
002	NCE	2022/12/19	

药品注册申请号：209806
申请类型：NDA（新药申请）
申请人：MERCK SHARP DOHME
申请人全名：MERCK SHARP AND DOHME CORP

产品信息

产品号	商品名	活性成分	剂型 / 给药途径	规格 / 剂量	参比药物 (RLD)	生物等效参考标准 (RS)	治疗等效代码
001	SEGLUROMET	ertugliflozin; metformin hydrochloride	片剂 / 口服	2.5mg; 500mg	是	否	否
002	SEGLUROMET	ertugliflozin; metformin hydrochloride	片剂 / 口服	2.5mg; 1g	是	否	否
003	SEGLUROMET	ertugliflozin; metformin hydrochloride	片剂 / 口服	7.5mg; 500mg	是	否	否
004	SEGLUROMET	ertugliflozin; metformin hydrochloride	片剂 / 口服	7.5mg; 1g	是	是	否

与本品相关的专利信息（来自 FDA 橙皮书 Orange Book）

关联产品号	专利号	专利过期日	是否物质专利	是否产品专利	专利用途代码	撤销请求	提交日期
001	8080580	2030/07/13	是	是	U-2214		2018/01/16
	9308204	2030/10/21		是			2018/01/16
	9439902	2030/10/21			U-2214		2018/01/16
002	8080580	2030/07/13	是	是	U-2214		2018/01/16
	9308204	2030/10/21		是			2018/01/16
	9439902	2030/10/21			U-2214		2018/01/16
003	8080580	2030/07/13	是	是	U-2214		2018/01/16
	9308204	2030/10/21		是			2018/01/16
	9439902	2030/10/21			U-2214		2018/01/16
004	8080580	2030/07/13	是	是	U-2214		2018/01/16
	9308204	2030/10/21		是			2018/01/16
	9439902	2030/10/21			U-2214		2018/01/16

与本品相关的市场独占权保护信息

关联产品号	独占权代码	失效日期	备注
001	NCE	2022/12/19	
002	NCE	2022/12/19	
003	NCE	2022/12/19	
004	NCE	2022/12/19	

合成路线 1

以下合成路线来源于 Pfizer 公司 Bernhardson、David 等人 2014 年发表的论文。目标化合物 **9** 是通过化合物 **8** 分子中的 CH_2OH 发生分子内环合而得。化合物 **8** 是以化合物 **1** 和化合物 **2** 为原料，经过 5 步合成反应而得。

$CH_3(CH_2)_5Li$, THF, PhMe, $Me(CH_2)_4Me$, MeOH; $MeSO_3H$, NaOH, H_2O, MeOH,

1
CAS号 461432-23-5

2
CAS号 32384-65-9

1*H*-咪唑, CH_2Cl_2 → **5**

3
CAS号 1528636-07-8

4
CAS号 75-77-4

Py/*p*-MePhSO$_3$H, H_2O

5
CAS号 1528636-28-3

6
CAS号 1528636-29-4

DMSO, CH_2Cl_2, Py-SO$_3$(1 : 1), Et_3N

7
CAS号 1528636-33-0

CH_2O, CH_3OH
NaOEt, EtOH
$NaHSO_3$

7
CAS号 1528636-33-0

8
CAS号 1528636-40-9

p-MeC$_6$H$_4$SO$_3$H, CH_2Cl_2

9
ertugliflozin
CAS号 1210344-57-2

原始文献： Org Process Res Dev, 2014,18(1): 57-65.

合成路线 2

以下合成路线来源于 Pfizer 公司 Bowles Paul 等人 2014 年发表的论文。该合成工艺适合于商业规模的生产。目标化合物 **20** 是以化合物 **17** 和化合物 **5** 为原料，经过 3 步合成反应而得。该合成工艺的特点如下：①该合成工艺虽然合成步数多，但是关键中间体是通过平行的合成路线获得，进而降低了难度。②关键中间体化合物 **5** 以化合物 **1** 和化合物 **2** 为原料，经过 2 步合成反应而得。③中间体化合物 **17** 是以化合物 **8** 为原料经过 6 步合成反应而得。④化合物 **13** 和化合物 **14** 是一组异构体，化合物 **15** 和化合物 **16** 也是一组异构体，无需分离，可直接用于合成反应。

1 CAS号 41842-30-2 + **2** CAS号 189628-37-3 → **3** CAS号 1280647-32-6 + **4** CAS号 100-51-6

$\xrightarrow[H_2O]{H_2SO_4}$ **5** CAS号 1298086-15-3

6 CAS号 53064-79-2 $\xrightarrow{i\text{-PrMgCl, THF}}$ **7** CAS号 1610793-15-1

8 CAS号 59531-24-7 $\xrightarrow{Ac_2O,\ DMSO,\ HCl,\ H_2O,\ PhMe}$ **9** CAS号 13096-62-3

[**9** + **10** CAS号 109-01-3] $\xrightarrow{PhMe}$ **11** CAS号 1431329-04-2 $\xrightarrow{Py\text{-}SO_3(1:1),\ EtN(Pr\text{-}i)_2,\ PhMe,\ DMSO}$ [**12** CAS号 1520112-88-2 + **7** CAS号 1610793-15-1] $\xrightarrow{PhMe,\ AcOH}$ [**13 + 14**]

NaOMe, PhMe

13
CAS号 1520113-02-3

14
CAS号 1520113-04-5

15
CAS号 1520112-94-0

16
CAS号 1520112-97-3

$(CH_3)_2C(OCH_3)_2$, HO_2CCO_2H, $MeSO_3H$, CPME

[15 + 16]

17
CAS号 1431329-08-6

5
CAS号 1298086-15-3

PhMe, BuLi

18
CAS号 1520113-20-5

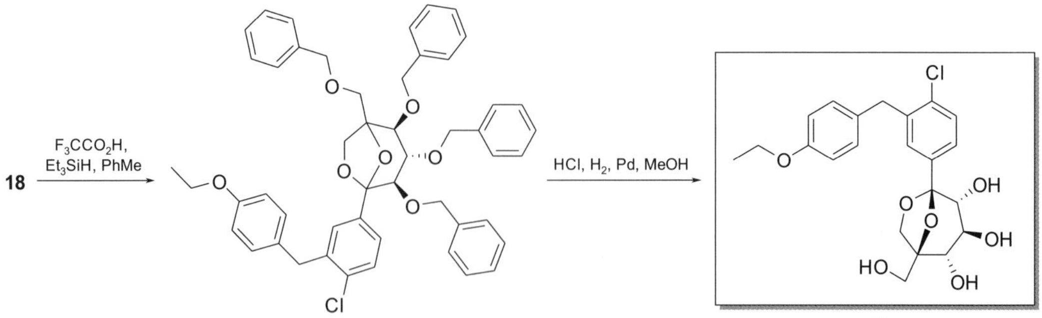

18 —(F_3CCO_2H, Et_3SiH, PhMe)→ 19 —(HCl, H_2, Pd, MeOH)→ 20

19
CAS号 1520113-21-6

20
ertugliflozin
CAS号 1210344-57-2

原始文献： Org Process Res Dev, 2014, 18(1): 66-81.

合成路线 3

以下合成路线来源于 Pfizer 公司 Vincent Mascitti 等人 2010 年发表的论文。目标化合物 **4** 是以化合物 **1** 和化合物 **2** 为原料经过 2 步合成反应而得。不过该合成路线所采用的原料化合物 **1** 和化合物 **2** 都不是简单易得的商业试剂，需要自己合成。

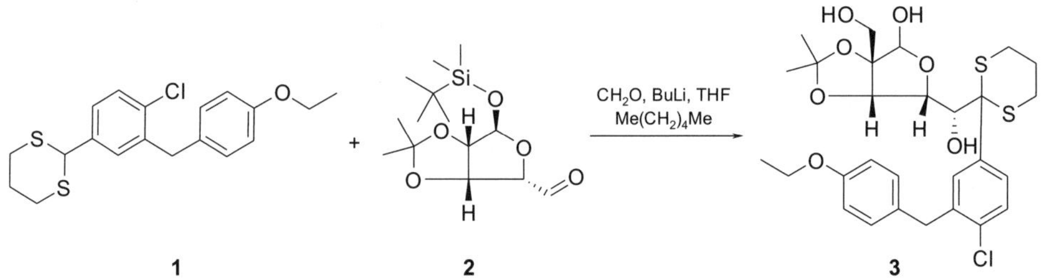

1 + 2 —(CH_2O, BuLi, THF, $Me(CH_2)_4Me$)→ 3 —($NaBH_4$, MeOH, F_3CCO_2H, H_2O)→ 4

1
CAS号 1233481-95-2

2
CAS号 111000-76-1

3
CAS号 1233481-99-6

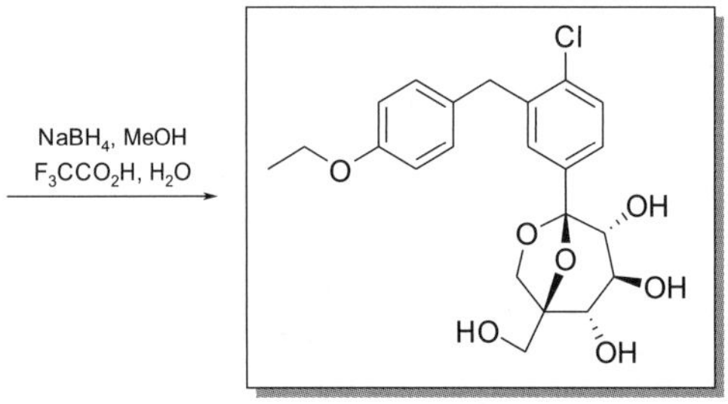

4
ertugliflozin
CAS号 1210344-57-2

原始文献： Org Lett, 2010, 12(13):2940-2943.

合成路线 4

以下合成路线来源于 Pfizer 公司 Mascitti、Vincent 等人 2011 年发表的专利申请书。目标化合物 **3** 是以化合物 **1** 为原料经过 2 步合成反应而得。

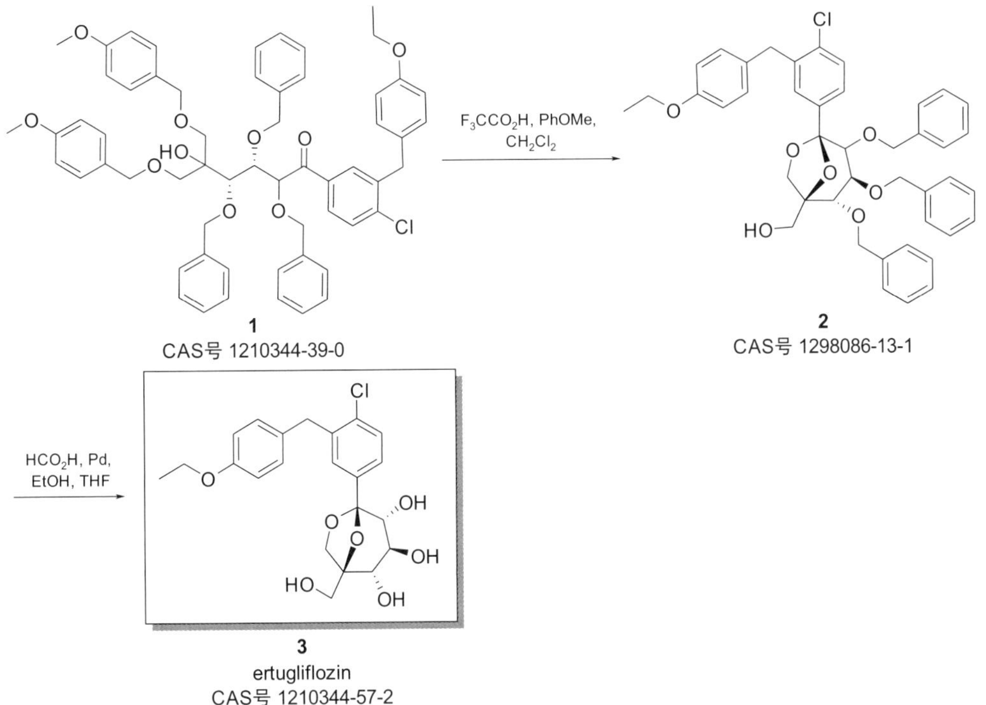

1 CAS号 1210344-39-0

2 CAS号 1298086-13-1

3 ertugliflozin CAS号 1210344-57-2

原始文献： WO 2011051864, 2011.

合成路线 5

以下合成路线来源于 MSD International 公司 Brenek、J.Steven 等人 2014 年发表的专利申请书。目标化合物 **4** 是以化合物 **1** 和化合物 **2** 为原料经过 2 步合成反应而得。

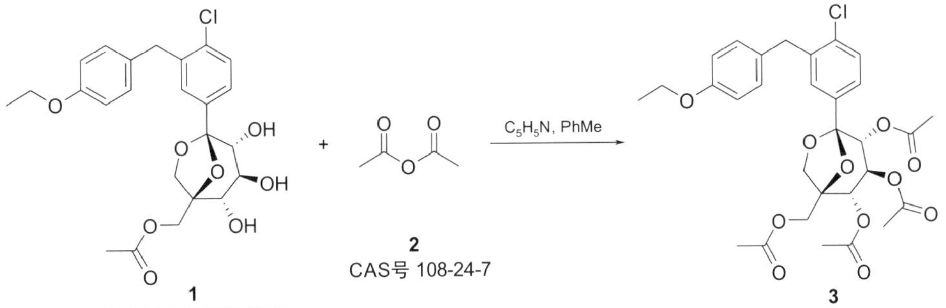

C_5H_5N, PhMe

1 CAS号 1298086-20-0

2 CAS号 108-24-7

3 CAS号 1298086-18-6

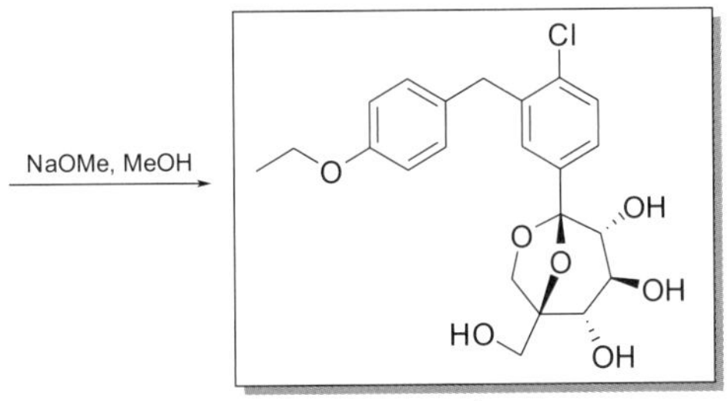

NaOMe, MeOH

4 ertugliflozin CAS号 1210344-57-2

原始文献： WO 2014159151, 2014.

合成路线 6

以下合成路线来源于 SUN Pharmaceutical Industries 公司 Ali、Israr 等人 2016 年发表的专利申请书。目标化合物 **19** 是以化合物 **1** 和化合物 **2** 为原料经过 12 步合成反应而得。该合成工艺值得注意的合成反应有：①化合物 **2** 的羟基采用三甲基硅烷保护后，得到化合物 **3**。②化合物 **7** 分子中的溴原子在锂试剂作用下离去，变成负碳离子，再亲核加成到化合物 **3** 的羰基上，脱去保护基后得到化合物 **8**。③化合物 **17** 在酸性条件下 CH_2OH 基团进行分子内环合得到化合物 **18**。

1
CAS号 75-77-4

2
CAS号 90-80-2

N-甲基吗啉
THF
H_2O, AcOEt

3
CAS号 32384-65-9

4
CAS号 103-73-1

5
CAS号 21739-92-4

Cl(O=)CC(=O)Cl,
DMF
$AlCl_3$, CH_2Cl_2

6
CAS号 461432-22-4

6 → $NaBH_4$, $AlCl_3$, Et_2O

7
CAS号 461432-23-5

3
CAS号 32384-65-9

BuLi, THF
PhMe

8
CAS号 714269-57-5

9
CAS号 18162-48-6

Et_3N, CH_2Cl_2
NH_4Cl, H_2O
→ **10**

10
CAS号 1687737-73-0

11
CAS号 100-39-0

NaH, DMF
NH_4Cl, H_2O, AcOEt

12
CAS号 1687737-74-1

13
CAS号 75-36-5

MeOH, CH_2Cl_2
→ **14**

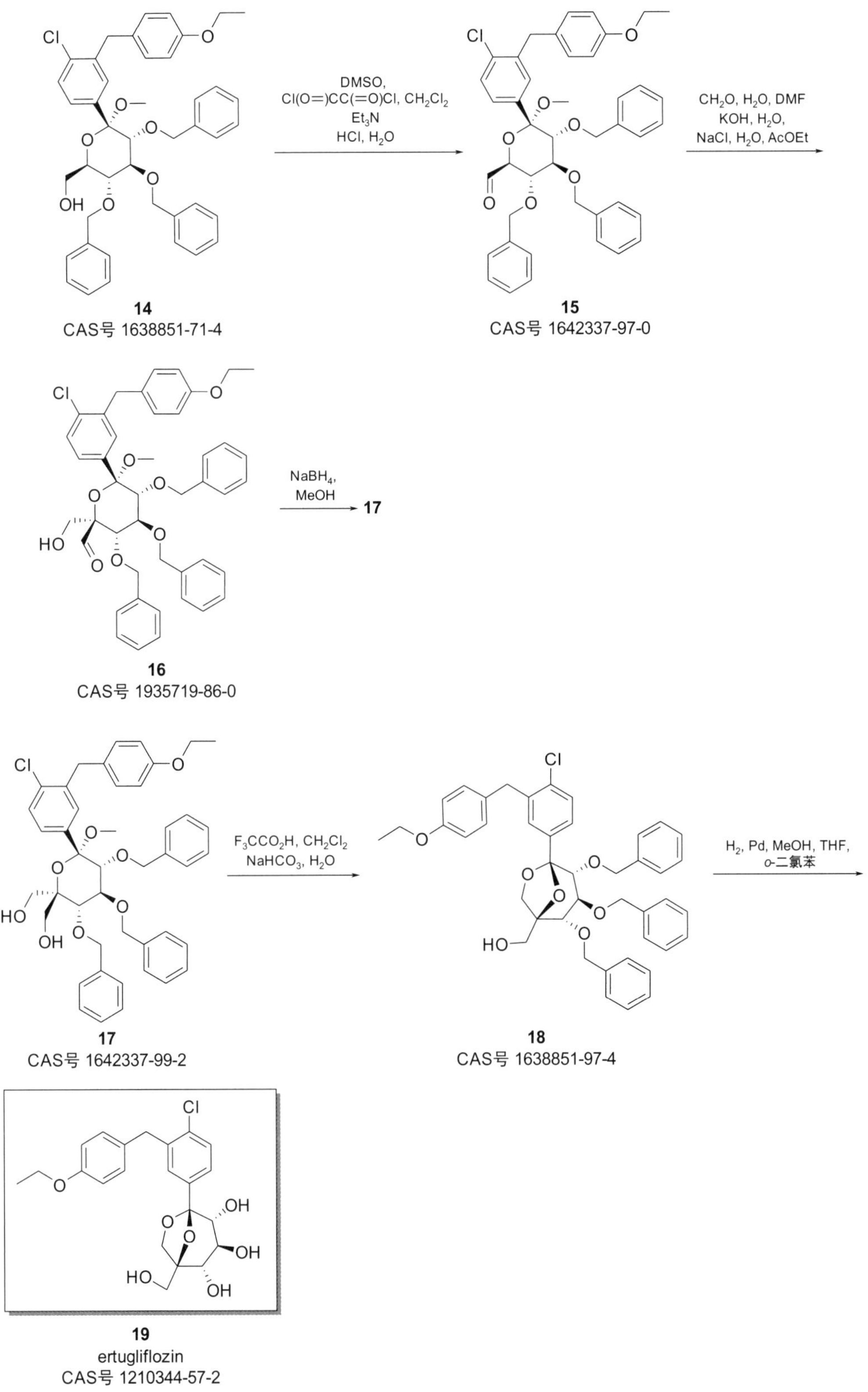

原始文献： WO 2016088081, 2016.

合成路线 7

以下合成路线来源于 Merck Sharp & Dohme 公司 Lauring、Brett 等人 2017 年发表的专利申请书。目标化合物 **10** 是以化合物 **1** 为原料经过 7 步合成反应而得。关键中间体化合物 **4** 是通过化合物 **2** 的碳负离子与化合物 **3** 分子中的羰基发生加成反应而得。

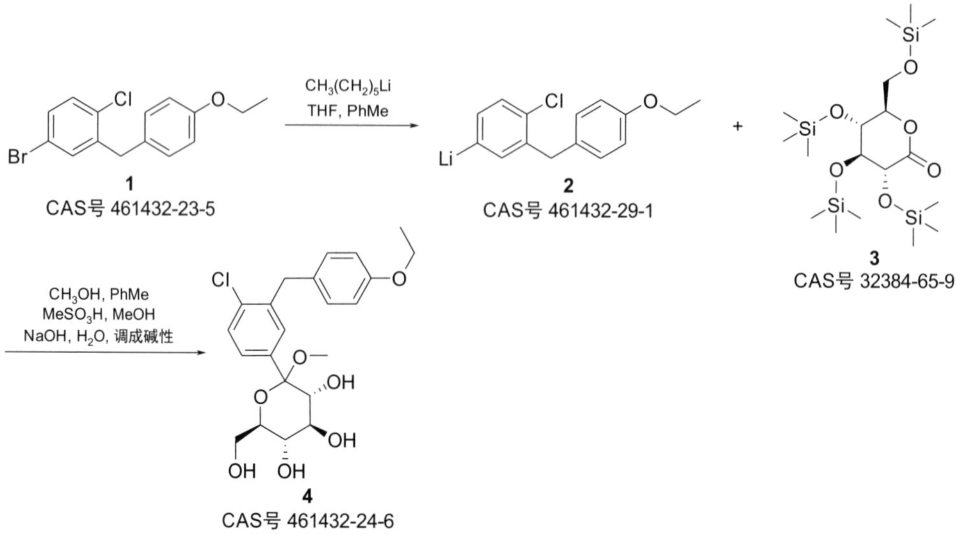

1 CAS号 461432-23-5 → ($CH_3(CH_2)_5Li$, THF, PhMe) → **2** CAS号 461432-29-1 + **3** CAS号 32384-65-9

→ (CH_3OH, PhMe; $MeSO_3H$, MeOH; NaOH, H_2O, 调成碱性) → **4** CAS号 461432-24-6

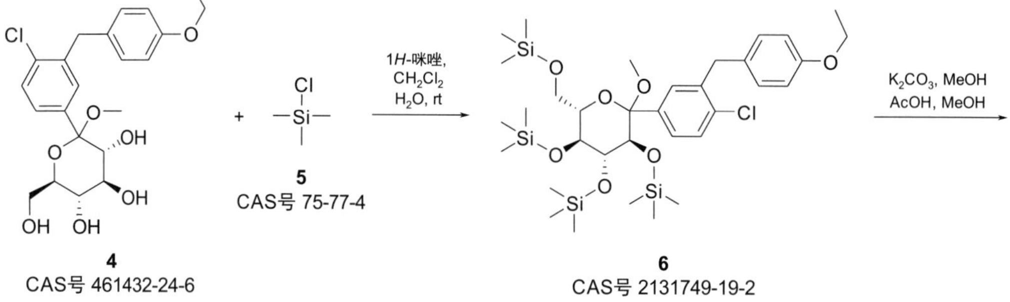

4 CAS号 461432-24-6 + **5** CAS号 75-77-4 → (1*H*-咪唑, CH_2Cl_2, H_2O, rt) → **6** CAS号 2131749-19-2 → (K_2CO_3, MeOH; AcOH, MeOH) → **7** CAS号 2131749-20-5

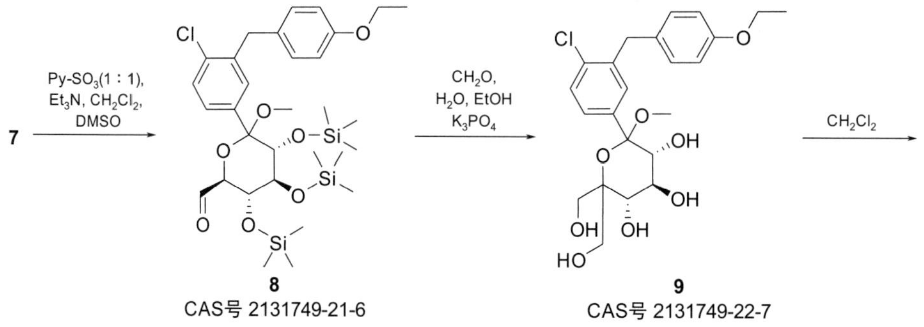

7 → (Py-SO_3(1∶1), Et_3N, CH_2Cl_2, DMSO) → **8** CAS号 2131749-21-6 → (CH_2O, H_2O, EtOH, K_3PO_4) → **9** CAS号 2131749-22-7 → (CH_2Cl_2) →

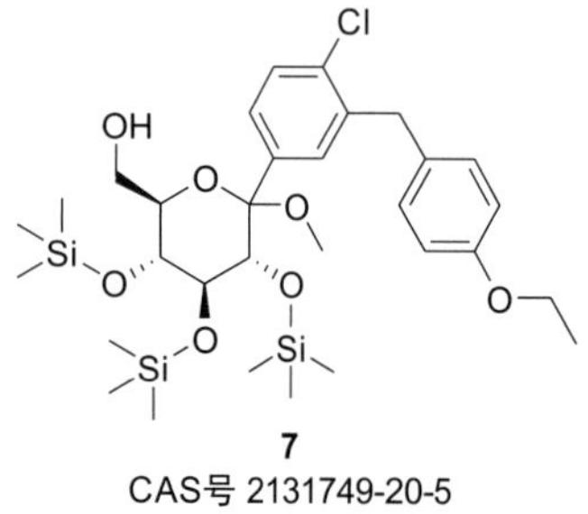

10
ertugliflozin
CAS号 1210344-57-2

原始文献： WO 2017155841, 2017.

合成路线 8

以下合成路线来源于 Hangzhou Cheminspire Technologies 公司 Zheng、Xuchun 等人 2017 年发表的专利申请书。目标化合物 **6** 是以化合物 **1** 和化合物 **2** 为原料经过 3 步合成反应而得。关键中间体化合物 **3** 是通过化合物 **1** 分子中的碘原子催化离去后形成的碳负离子与化合物 **2** 分子中的酰胺羰基发生加成反应而得。

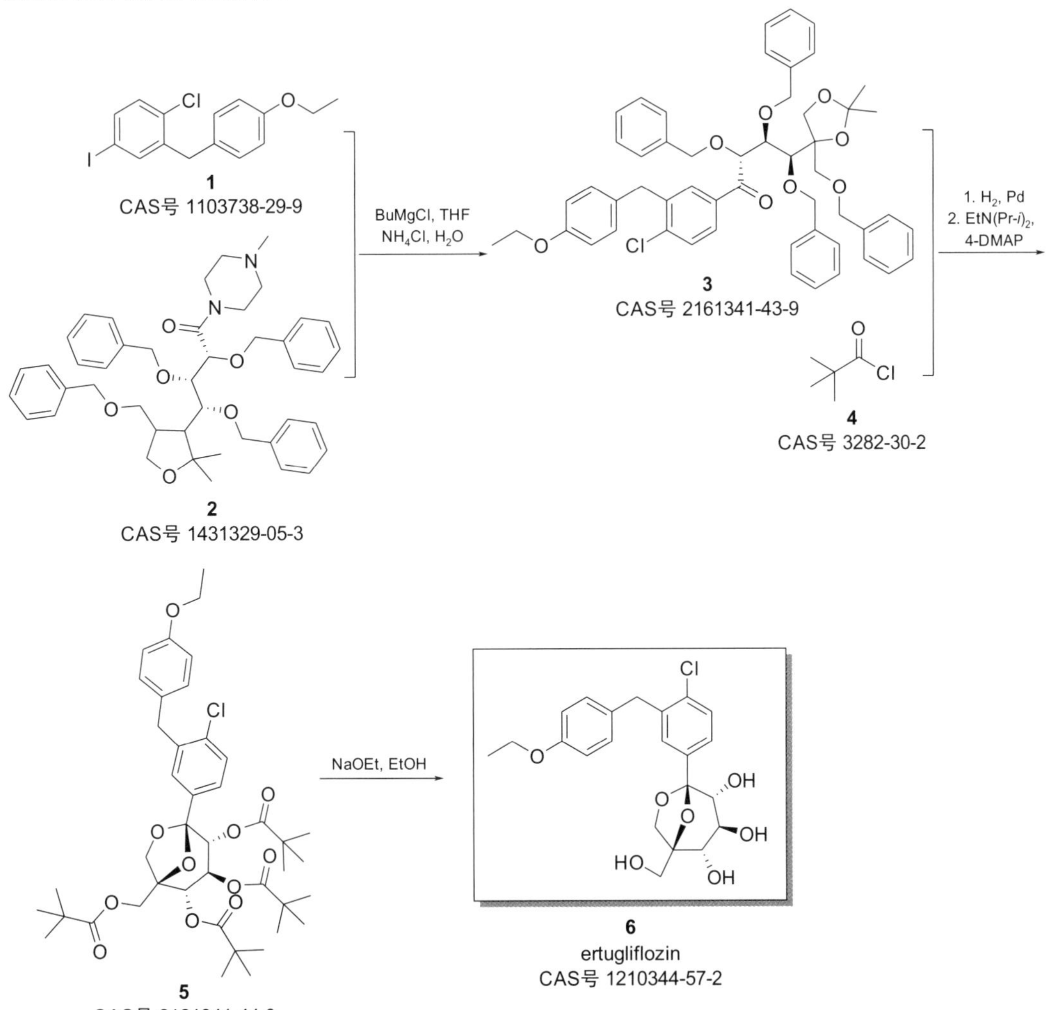

原始文献： CN 107382952, 2017.

合成路线 9

以下合成路线来源于 Aristotle University of Thessaloniki 化学系 Virginia V.Triantakonstanti 等人 2018 年发表的论文。目标化合物 **24** 是以化合物 **1** 和化合物 **2** 为原料经过 13 步合成反应而得。该合成路线中，值得注意的合成反应有：①化合物 **1** 和化合物 **2** 反应后，得到对映异构体化合物 **3** 和化合物 **4**。随后的 2 步合成反应都是对映异构体化合物。②化合物 **8** 和化合物 **9** 经过开环反应再硼氢化还原得到单一立体异构体化合物 **10**。③化合物 **10** 与化合物 **11** 反应后，选择性地保护立体位阻小的 CH_2OH 基团。④化合物 **18** 的烯键与化合物 **19** 的烯键在 Grubb 催化剂作用下，发生 Cross Metathesis 反应后得到化合物 **20**。⑤化合物 **22** 的双键氧化后，得到相应的二羟基化合物 **23**。⑥化合物 **23** 开环后，发生分子内环合反应，得到目标化合物 **24**。

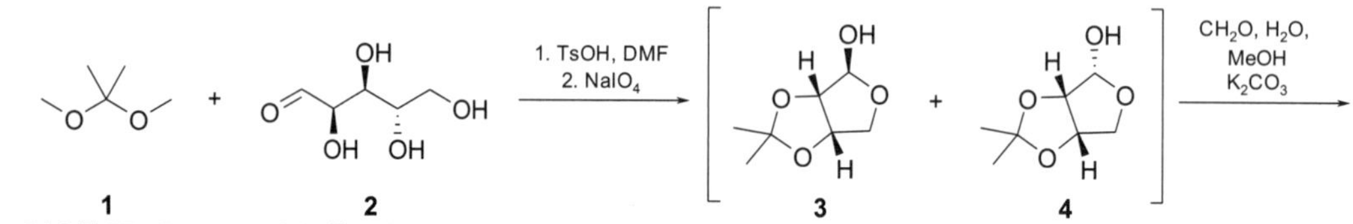

1 CAS号 77-76-9 + **2** CAS号 5328-37-0 —— 1. TsOH, DMF; 2. $NaIO_4$ → [**3** CAS号 23262-84-2 + **4** CAS号 108268-24-2] —— CH_2O, H_2O, MeOH, K_2CO_3 →

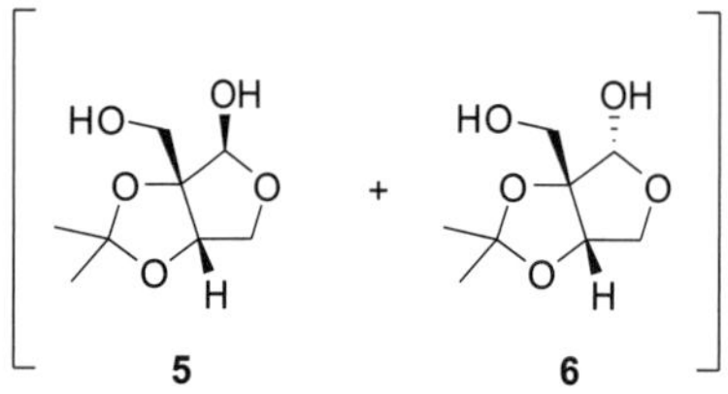

[**5** CAS号 864181-48-6 + **6** CAS号 2242891-02-5]

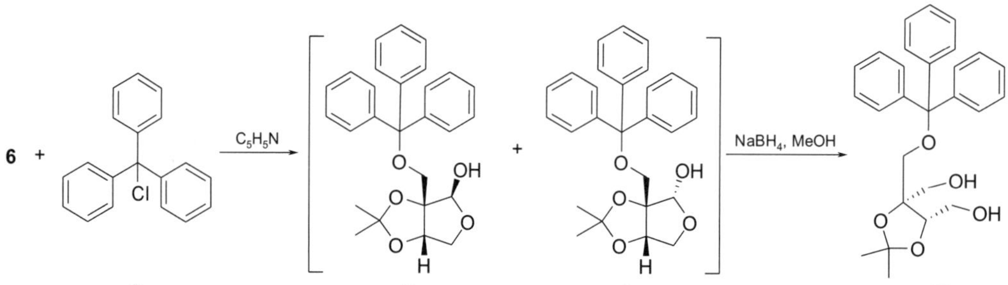

6 + **7** CAS号 76-83-5 —— C_5H_5N → [**8** CAS号 864181-49-7 + **9** CAS号 2242891-03-6] —— $NaBH_4$, MeOH → **10** CAS号 2242891-04-7

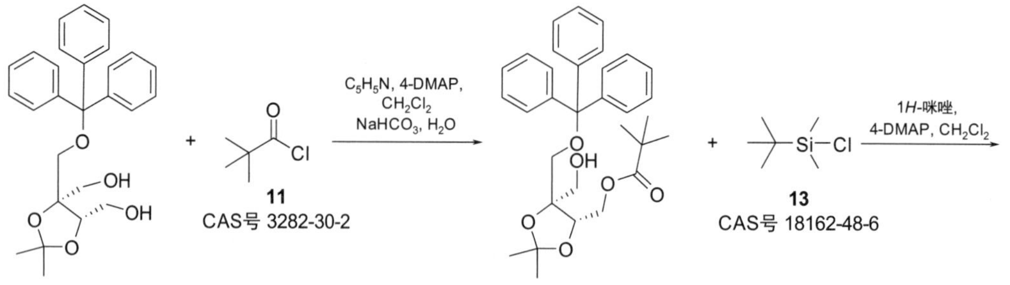

10 CAS号 2242891-04-7 + **11** CAS号 3282-30-2 —— C_5H_5N, 4-DMAP, CH_2Cl_2, $NaHCO_3$, H_2O → **12** CAS号 2242891-05-8 + **13** CAS号 18162-48-6 —— 1*H*-咪唑, 4-DMAP, CH_2Cl_2 →

KOH, MeOH → 15

14
CAS号 2242891-08-1

PDC, CH_2Cl_2,
回流

Br⁻

BuLi, 12-冠-4, THF,
$Me(CH_2)_4Me$

15
CAS号 2242891-09-2

16
CAS号 2242891-10-5

17
CAS号 1779-49-3

18
CAS号 2242891-23-0

18 +

Grubbs
催化剂 M2a
THF, 回流

19
CAS号 193634-77-4

20
CAS号 2242891-24-1

21
CAS号 461432-23-5

BuLi, THF,
$Me(CH_2)_4Me$

22
CAS号 2242891-14-9

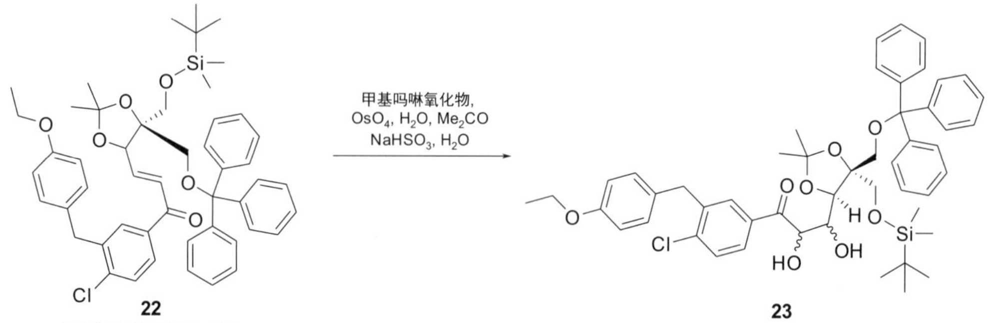

甲基吗啉氧化物,
OsO_4, H_2O, Me_2CO
$NaHSO_3$, H_2O

22
CAS号 2242891-14-9

23
CAS号 2242891-17-2

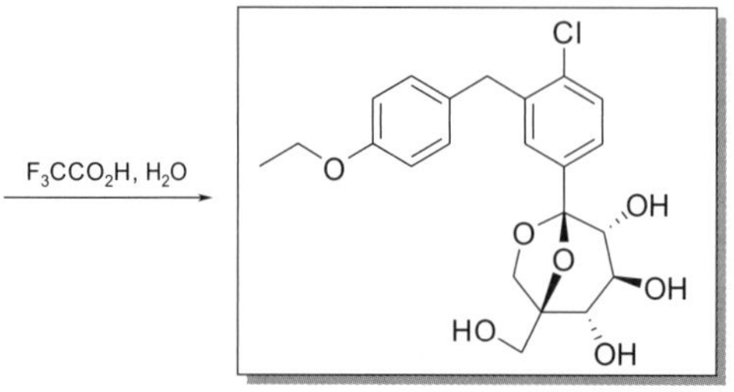

F_3CCO_2H, H_2O

24
ertugliflozin
CAS号 1210344-57-2

原始文献：Tetrahedron, 2018, 74(39): 5700-5708.

合成路线 10

以下合成路线来源于 Aristotle University of Thessaloniki 化学系 Virginia V.Triantakonstanti 等人 2019 年发表的论文。目标化合物 **17** 以简单易得的化合物 **1**（葡萄糖）为原料经过 12 步合成反应而得。该合成路线中，值得注意的合成反应有：①化合物 **8** 与 Mg 反应后得到相应的格氏试剂，与化合物 **7** 分子中的羰基反应得到化合物 **9**（2 个对映异构体化合物）。②随后的化合物 **11**、**12**、**13**、**14**、**15** 都是含有 2 个对映异构体的混合物。③化合物 **12** 分子中的 CH_2OH 基团经 DMSO 氧化后转化为相应的醛基化合物 **13**。④化合物 **16** 开环后发生分子内成环反应，得到目标化合物 **17**。

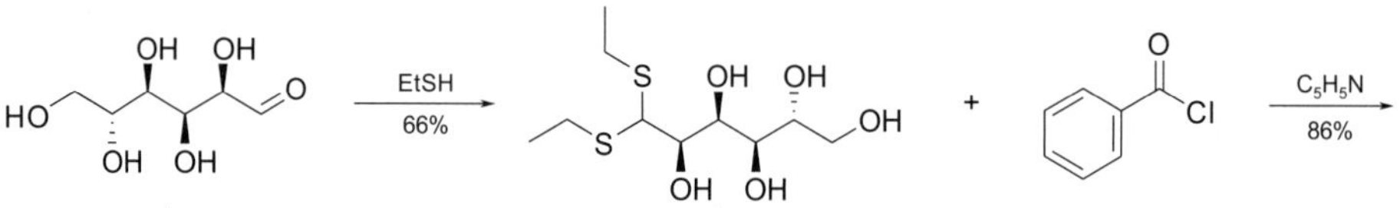

EtSH 66%

1
CAS号 50-99-7

2
CAS号 1941-52-2

3
CAS号 98-88-4

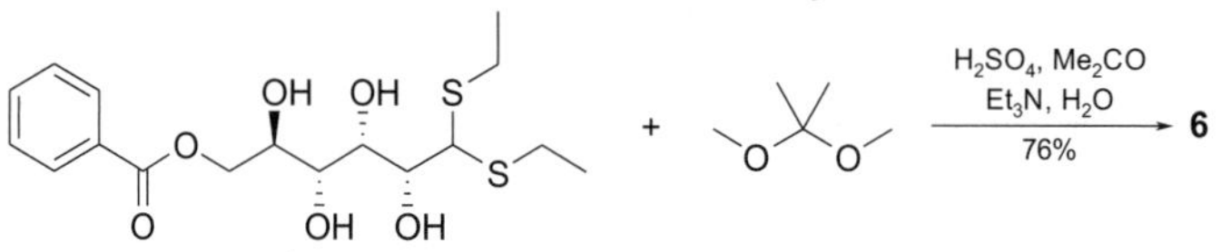

C_5H_5N 86%

H_2SO_4, Me_2CO
Et_3N, H_2O
76%
→ 6

4
CAS号 60405-33-6

5
CAS号 77-76-9

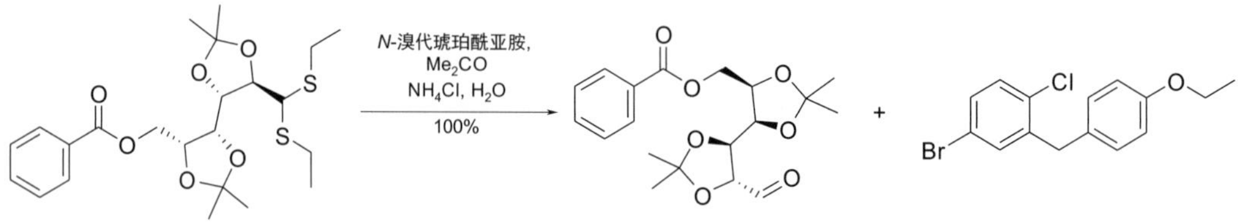

N-溴代琥珀酰亚胺,
Me_2CO
NH_4Cl, H_2O
100%

6
CAS号 60405-34-7

7
CAS号 127138-50-5

8
CAS号 461432-23-5

Mg, I_2, THF, 回流
THF, 冷却
NH_4Cl, H_2O
58%
→ **9**

9
CAS号 2304366-40-1
CAS号 2304366-41-2

\+

10
CAS号 69739-34-0

DTBS 二(三氟甲磺酸)
2,6-二甲基吡啶, 4-DMAP
CH_2Cl_2
NH_4Cl, H_2O
92%

11
CAS号 2304366-42-3
CAS号 2304366-43-4

K_2CO_3,
MeOH
NH_4Cl, H_2O
80%
→ **12**

12
CAS号 2304366-44-5
CAS号 2304366-45-6

DMSO,
Cl(O═)CC(═O)Cl, CH_2Cl_2
CH_2Cl_2
Et_3N, rt
NH_4Cl, H_2O
97%

13
CAS号 2304366-46-7

CH_2O, H_2O, MeOH, 回流
K_2CO_3, 回流
NH_4Cl, H_2O
72%

14
CAS号 2304366-47-8
CAS号 2304366-48-9

14 → $Bu_4N^+ \cdot F^-$, THF
NH_4Cl, H_2O
68%

15
CAS号 2304366-49-0
CAS号 2304366-50-3

MnO_2, CH_2Cl_2
87%

16
CAS号 2304366-51-4

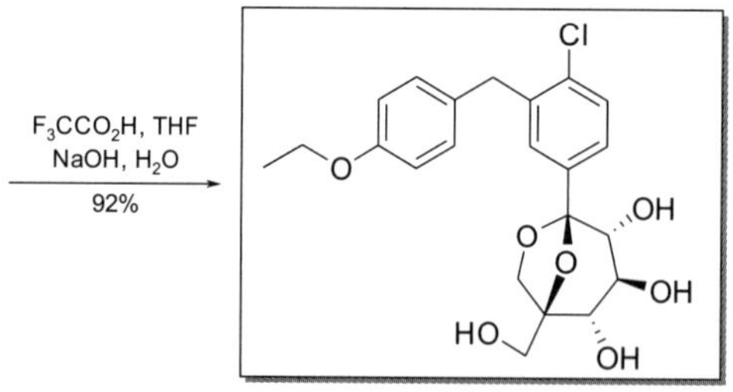

F_3CCO_2H, THF
NaOH, H_2O
92%

17
ertugliflozin
CAS号 1210344-57-2

原始文献：Tetrahedron Letters, 2019, 60(14): 994-996.

合成路线 11

以下合成路线来源于 Pfizer 公司 Vincent Mascitti 等人 2011 年发表的论文。目标化合物 **12** 以简单易得的化合物 **1** 为原料经过 8 步合成反应而得。

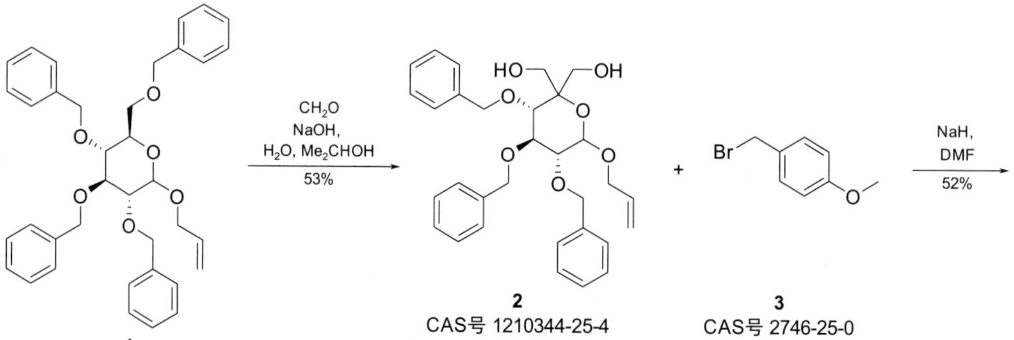

CH_2O, NaOH, H_2O, Me_2CHOH, 53%

1
CAS号 6207-44-9

2
CAS号 1210344-25-4

3
CAS号 2746-25-0

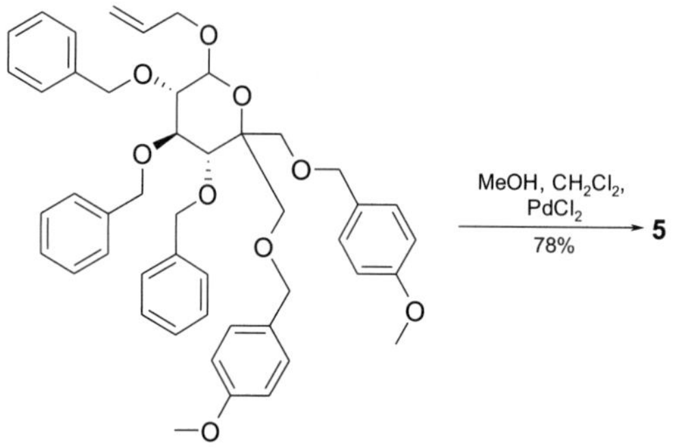

NaH, DMF, 52%

MeOH, CH_2Cl_2, $PdCl_2$, 78% → **5**

4
CAS号 1210344-28-7

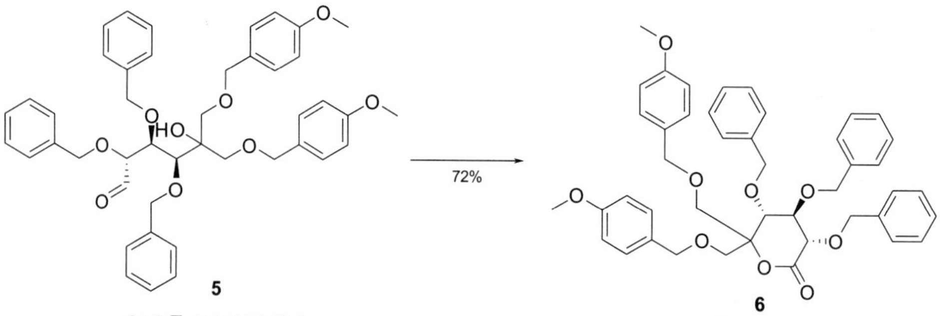

72%

5
CAS号 1210344-29-8

6
CAS号 1210344-30-1

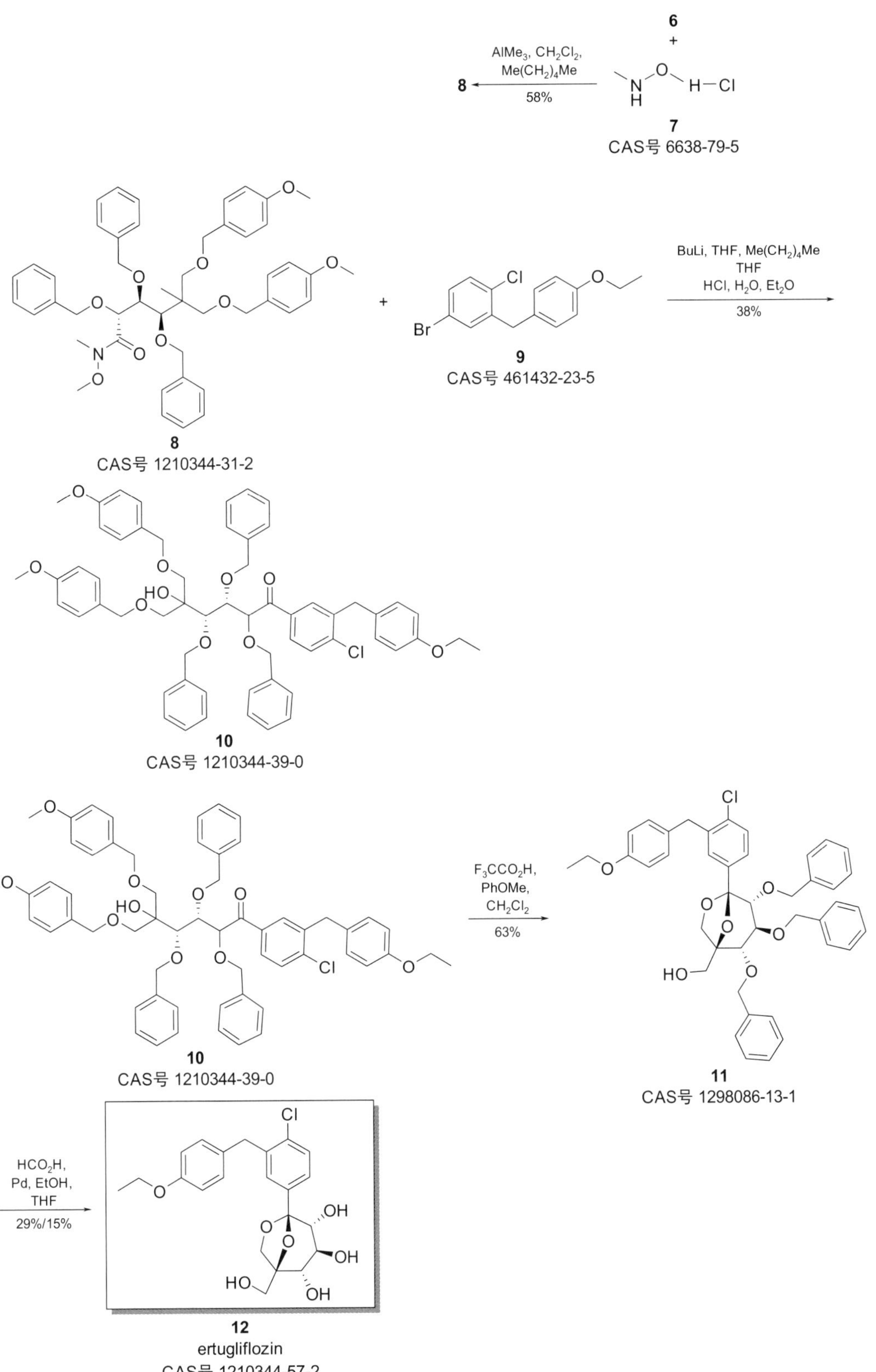

原始文献： J Med Chem, 2011, 54(8):2952-2960.

参考文献

[1] Heymsfield S B, Raji A, Gallo S, et al. Efficacy and safety of ertugliflozin in patients with overweight and obesity with type 2 diabetes mellitus. Obesity (Silver Spring), 2020, 28(4):724-732.

[2] Liu J, Patel S, Cater N B, et al. Efficacy and safety of ertugliflozin in East/Southeast Asian patients with type 2 diabetes mellitus. Diabetes Obes Metab, 2020, 22(4):574-582.

艾格列净核磁谱图

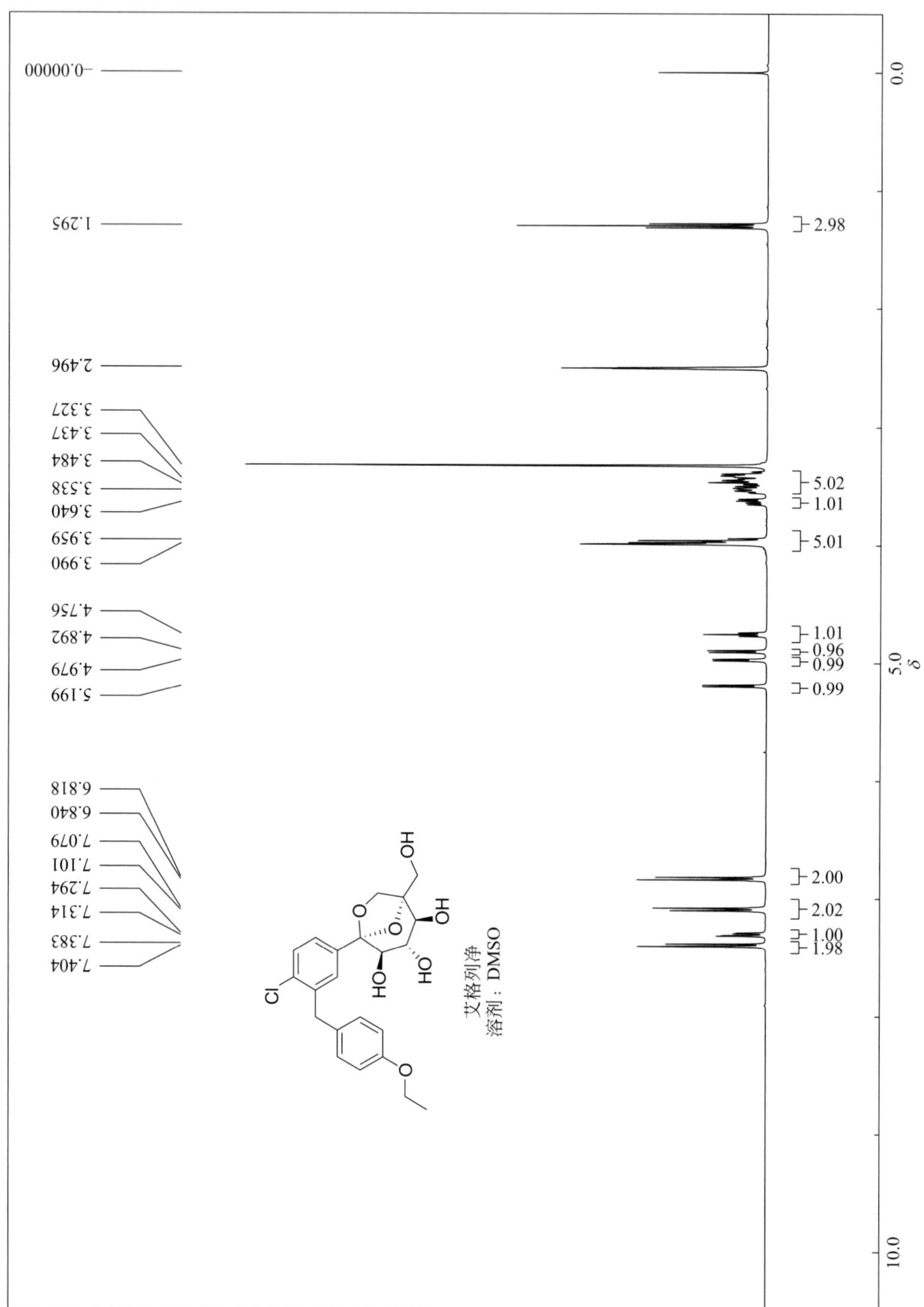

etelcalcetide（依替卡肽）

药物基本信息

英文通用名	etelcalcetide
英文别名	A mg-416, A mg416, A mg 416, KAI-4169, KAI 4169, KAI4169, ONO5163, ONO-5163, ONO 5163, velcalcetide, telcalcetide, Ac-D-Cys-D-Ala-D-Arg-D-Arg-D-Arg-D-Ala-D-Arg-NH2, etelcalcetide HCl
中文通用名	依替卡肽
商品名	Parsabiv
CAS登记号	1334237-71-6（盐酸盐）, 1262780-97-1（游离碱）
FDA 批准日期	2/7/2017
FDA 批准的API	etelcalcetide hydrochloride
化学名	*S*-(((*S*)-2-acetamido-3-(((*R*)-1-(((*R*)-1-(((*R*)-1-(((*R*)-1-(((*R*)-1-(((*R*)-1-amino-5-guanidino-1-oxopentan-2-yl)amino)-1-oxopropan-2-yl)amino)-5-guanidino-1-oxopentan-2-yl)amino)-5-guanidino-1-oxopentan-2-yl)amino)-5-guanidino-1-oxopentan-2-yl)amino)-1-oxopropan-2-yl)amino)-3-oxopropyl)thio)-L-cysteine tetrahydrochloride
SMILES代码	C[C@H](C(N[C@H](CCCNC(N)=N)C(N)=O)=O)NC([C@@H](CCCNC(N)=N)NC([C@@H](CCCNC(N)=N)NC([C@@H](CCCNC(N)=N)NC([C@@H](C)NC([C@@H](CSSC[C@@H](C(O)=O)N)NC(C)=O)=O)=O)=O)=O)=O.Cl.Cl.Cl.Cl

化学结构和理论分析

化学结构	理论分析值
[结构式] HCl HCl HCl HCl	化学式：$C_{38}H_{77}Cl_4N_{21}O_{10}S_2$ 精确分子量：N/A 分子量：1194.09 元素分析：C, 38.22; H, 6.50; Cl, 11.88; N, 24.63; O, 13.40; S, 5.37

药品说明书参考网页

生产厂家产品说明书、美国药品网、美国处方药网页。

药物简介

PARSABIV（etelcalcetide）是一种合成的肽钙敏感受体激动剂。Etelcalcetide 是白色至类白色粉末，分子式为 $C_{38}H_{73}N_{21}O_{10}S_2 \cdot xHCl$（$4 \leqslant x \leqslant 5$），摩尔质量为 1047.5g / mol（单同位素；游离碱）。易溶于水。

依替卡肽的盐酸盐在化学上被描述为 *N*- 乙酰基 -D- 半胱氨酰基 -*S*-(L- 半胱氨酸二硫化物)-D- 丙氨酰基 -D- 精氨酸基 -D- 精氨酸基 -D- 精氨酸基 -D- 丙氨酰基 -D- 精氨酸酰胺盐酸盐。

PARSABIV（依替卡肽）注射液在单剂量小瓶中提供，该小瓶包含 5mg/mL 依替卡肽，作为无菌、不含防腐剂、易于使用的透明无色溶液用于静脉注射。

每个 PARSABIV 单剂量小瓶均包含 2.5mg 依替卡肽（相当于 2.88mg 依替卡肽盐酸盐）或 5mg 依替卡肽（相当于 5.77mg 依替卡肽盐酸盐）或 10mg 依替卡西肽（相当于 11.54mg 依替卡泊酸盐酸盐）。PARSABIV 单剂量小瓶用 8.5g/L 氯化钠、10mmol/L 琥珀酸配制，并用氢氧化钠和 / 或盐酸调节至 pH=3.3。

PARSABIV 适用于血液透析的慢性肾脏病（CKD）成人患者的继发性甲状旁腺功能亢进（SHPT）治疗。

Etelcalcetide 是拟钙剂，能变构调节钙敏感受体（CaSR）。Etelcalcetide 与 CaSR 结合并通过细胞外钙增强受体的激活。CaSR 在甲状旁腺主细胞上的激活可减少 PTH 的分泌。

药品上市申报信息

该药物目前有 3 种产品上市。

药品注册申请号：208325
申请类型：NDA（新药申请）
申请人：KAI PHARMS INC
申请人全名：KAI PHARMACEUTICALS INC A WHOLLY OWNED SUBSIDIARY OF AMGEN INC

产品信息

产品号	商品名	活性成分	剂型 / 给药途径	规格 / 剂量	参比药物 (RLD)	生物等效参考标准 (RS)	治疗等效代码
001	PARSABIV	etelcalcetide	液体 / 静脉注射	2.5mg/0.5mL (2.5mg/0.5mL)	是	是	否
002	PARSABIV	etelcalcetide	液体 / 静脉注射	5mg/mL(5mg/mL)	是	是	否
003	PARSABIV	etelcalcetide	液体 / 静脉注射	10mg/2mL (5mg/mL)	是	是	否

与本品相关的专利信息（来自 FDA 橙皮书 Orange Book）

关联产品号	专利号	专利过期日	是否物质专利	是否产品专利	专利用途代码	撤销请求	提交日期
001	10344765	2034/06/27		是			2019/07/19
	8377880	2030/07/29	是	是			2017/06/01
	8999932	2030/07/29	是	是	U-2014		2017/06/01
	9278995	2030/07/29	是				2017/06/01
	9701712	2030/07/29	是	是	U-2014		2017/07/14
	9820938	2034/06/27		是			2017/11/29

续表

关联产品号	专利号	专利过期日	是否物质专利	是否产品专利	专利用途代码	撤销请求	提交日期
002	10344765	2034/06/27		是			2019/07/19
	8377880	2030/07/29	是	是			2017/06/01
	8999932	2030/07/29	是	是	U-2014		2017/06/01
	9278995	2030/07/29	是				2017/06/01
	9701712	2030/07/29	是	是	U-2014		2017/07/14
	9820938	2034/06/27		是			2017/11/29
003	10344765	2034/06/27		是			2019/07/19
	8377880	2030/07/29	是	是			2017/06/01
	8999932	2030/07/29	是	是	U-2014		2017/06/01
	9278995	2030/07/29	是				2017/06/01
	9701712	2030/07/29	是	是	U-2014		2017/07/14
	9820938	2034/06/27		是			2017/11/29

与本品相关的市场独占权保护信息

关联产品号	独占权代码	失效日期	备注
001	NCE	2022/02/07	
002	NCE	2022/02/07	
003	NCE	2022/02/07	

合成路线

该药物属于多肽类药物，可按标准的多肽合成方法生产和制备。本文不再讨论。

参考文献

[1] Dörr K, Kammer M, Reindl-Schwaighofer R, et al. Effect of etelcalcetide on cardiac hypertrophy in hemodialysis patients: a randomized controlled trial (ETECAR-HD). Trials, 2019, 20(1):601.

[2] Russo D, Tripepi R, Malberti F, et al. Etelcalcetide in patients on hemodialysis with severe secondary hyperparathyroidism. multicenter study in "real life". J Clin Med, 2019, 8(7):1066.

fedratinib（费达替尼）

药物基本信息

英文通用名	fedratinib
英文别名	fedratinib HCl; fedratinib HCl hydrate; SAR302503; SAR-302503; SAR 302503; TG101348; TG-101348; TG 101348
中文通用名	费达替尼

续表

商品名	Inrebic
CAS登记号	936091-26-8 (游离碱), 1374744-69-0 (盐酸水合物)
FDA 批准日期	8/16/2019
FDA 批准的API	fedratinib dihydrochloride hydrate
化学名	*N*-tert-butyl-3-{5-methyl-2-[4-(2-pyrrolidin-1-yl-ethoxy)-phenylamino]-pyrimidin-4-ylamino}-benzenesulfonamide dihydrochloride monohydrate
SMILES代码	O=S(C1=CC=CC(NC2=NC(NC3=CC=C(OCCN4CCCC4)C=C3)=NC=C2C)=C1)(NC(C)(C)C)=O.[H]Cl.[H]Cl.[H]O[H]

化学结构和理论分析

化学结构	理论分析值
	化学式：$C_{27}H_{40}Cl_2N_6O_4S$ 精确分子量：N/A 分子量：615.61 元素分析：C, 52.68; H, 6.55; Cl, 11.52; N, 13.65; O, 10.40; S, 5.21

药品说明书参考网页

生产厂家产品说明书、美国药品网、美国处方药网页。

药物简介

INREBIC 是一种激酶抑制剂，其活性成分是 fedratinib dihydrochloride hydrate。Fedratinib 表现出 pH 依赖性的水溶性；它在酸性条件下可自由溶解（pH=1 时＞ 100mg/mL），而在中性条件下几乎不溶（pH=7.4 时 4μg/mL）。

INREBIC 为 100mg fedratinib（相当于 117.3mg fedratinib dihydrochloride hydrate）硬明胶胶囊，用于口服。每个胶囊含有硅化微晶纤维素和硬脂富马酸钠的非活性成分。胶囊壳包含明胶、红色氧化铁、二氧化钛和白色墨水。

INREBIC® 适用于治疗患有中度 2 或高危原发性或继发性（真性红细胞增多症或实质性血小板增多症）骨髓纤维化（MF）的成年患者。

Fedratinib 是一种口服激酶抑制剂，具有抗野生型和突变激活的 Janus 相关激酶 2（JAK2）和 FMS 样酪氨酸激酶 3（FLT3）的活性。Fedratinib 是一种 JAK2 选择性抑制剂，对 JAK2 的抑制活性高于其家族成员 JAK1、JAK3 和 TYK2。JAK2 的异常激活与骨髓增生性肿瘤（MPN）相关，包括骨髓纤维化和真性红细胞增多症。在表达具有突变活性的 JAK2V617F 或 FLT3ITD 的细胞模型中，Fedratinib 降低了信号转导子和转录激活子（STAT3 / 5）蛋白的磷酸化，抑制了细胞增殖，并诱导了凋亡性细胞死亡。在 JAK2V617F 驱动的骨髓增生性疾病的小鼠模型中，Fedratinib 可阻断 STAT3 / 5 的磷酸化，并改善生存率、白细胞计数、血细胞比容、脾肿大和纤维化。

药品上市申报信息

该药物目前有 1 种产品上市。

药品注册申请号: 212327
申请类型: NDA (新药申请)
申请人: IMPACT
申请人全名: IMPACT BIOMEDICINES INC A WHOLLY OWNED SUB OF CELGENE CORP

产品信息

产品号	商品名	活性成分	剂型 / 给药途径	规格 / 剂量	参比药物 (RLD)	生物等效参考标准 (RS)	治疗等效代码
001	INREBIC	fedratinib hydrochloride	胶囊 / 口服	等量 100 mg 游离碱	是	是	否

与本品相关的专利信息 (来自 FDA 橙皮书 Orange Book)

关联产品号	专利号	专利过期日	是否物质专利	是否产品专利	专利用途代码	撤销请求	提交日期
001	10391094	2032/05/29		是	U-2607		2019/09/04
	7528143	2026/12/16	是				2019/08/27
	7825246	2026/12/16	是				2019/08/27
	8138199	2028/06/30			U-2607		2019/08/27

与本品相关的市场独占权保护信息

关联产品号	独占权代码	失效日期	备注
001	ODE-259	2026/08/16	
	NCE	2024/08/16	

合成路线 1

以下合成路线来源于 TargeGen 公司 Tefferi、Ayalew 等人 2012 年发表的专利申请书。目标化合物 **5** 以化合物 **1** 和化合物 **2** 为原料，经过 2 步合成反应而得。

H_2O, MeOH, 79%

1
CAS号 1780-31-0

2
CAS号 608523-94-0

3
CAS号 936092-53-4

4
CAS号 265654-78-2

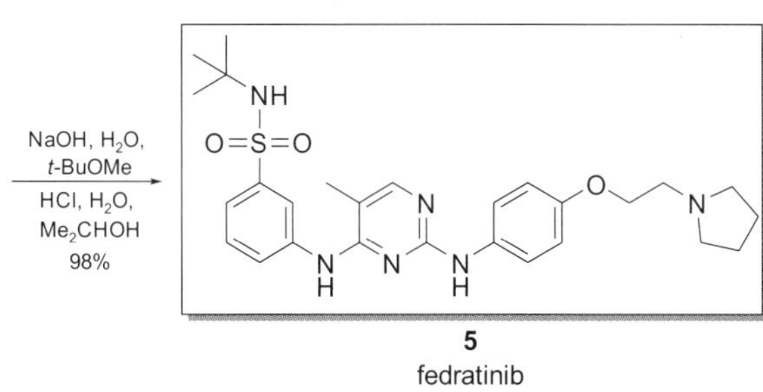

5
fedratinib
CAS号 936091-26-8

原始文献： WO 2012060847, 2012.

合成路线 2

以下合成路线来源于 TargeGen 公司 Noronha、Glenn 等人 2011 年发表的专利申请书。目标化合物 **8** 以化合物 **1** 和化合物 **2** 为原料，经过 3 步合成反应而得。

Cs_2CO_3, $Pd_2(dba)_3$
二噁烷，回流
98%

1
CAS号 14394-70-8

2
CAS号 308283-47-8

3
CAS号 161265-03-8

4
CAS号 936092-53-4

5
CAS号 100-02-7

6
CAS号 5050-41-9

7
CAS号 50609-01-3

4
CAS号 936092-53-4

AcOH, rt
27%

8
fedratinib
CAS号 936091-26-8

原始文献： US 20110212077, 2011.

参考文献

[1] Ragheb M, Harrison C N, McLornan D P. Current and future role of fedratinib in the treatment of myelofibrosis. Future Oncol, 2020, 16(6):175-186.

[2] Bewersdorf J P, Jaszczur S M, Afifi S, et al. Beyond ruxolitinib: fedratinib and other emergent treatment options for myelofibrosis. Cancer Manag Res, 2019, 11:10777-10790.

费达替尼核磁谱图

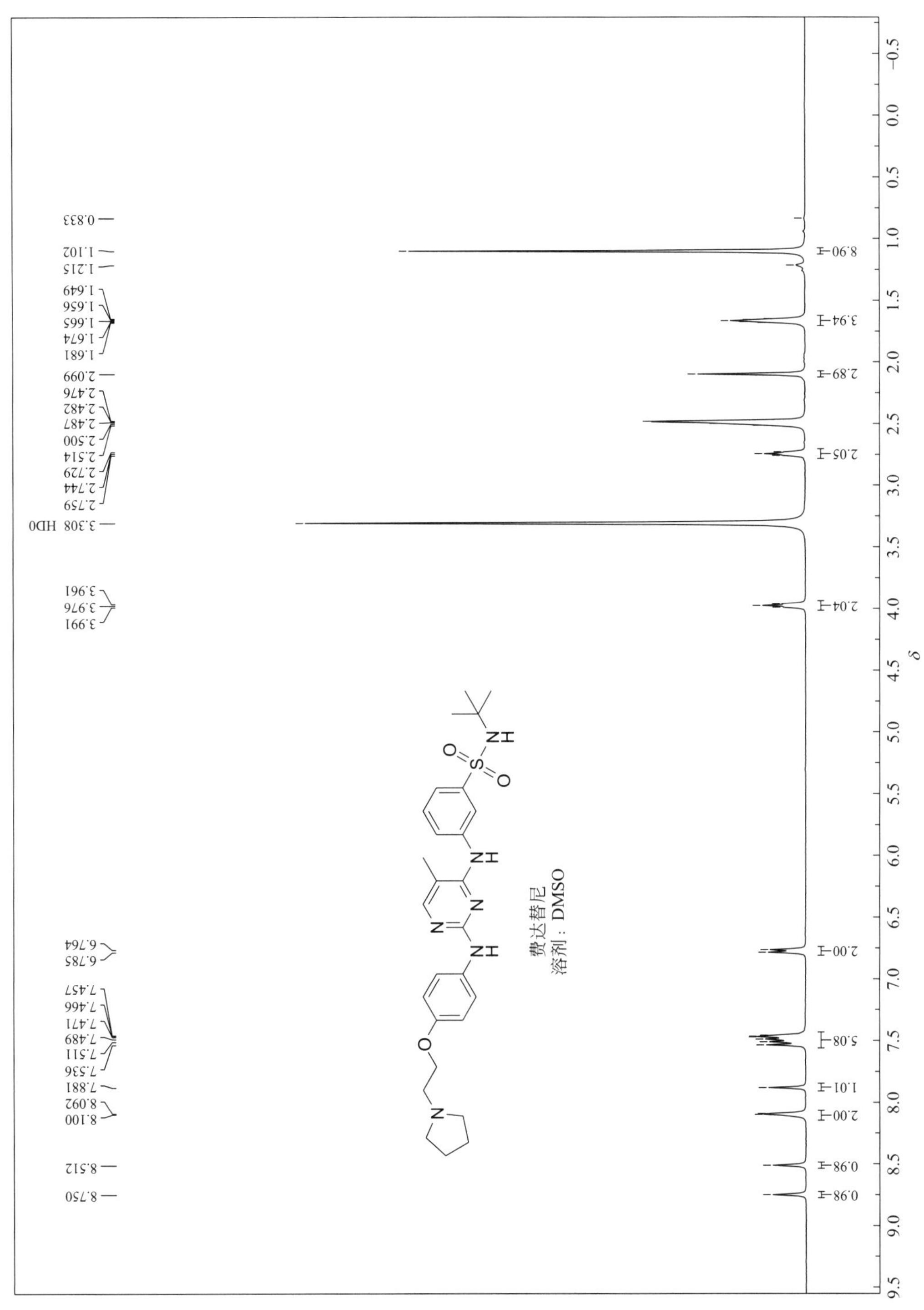

ferric maltol（麦芽酚铁）

药物基本信息

英文通用名	ferric maltol
英文别名	iron（Ⅲ）maltol; ST10; ST-10; ST 10; ST10-021; ST-10-021; ST 10-021; ST10021; ST-10021; ST 10021; WHO 9974; WHO-9974; WHO9974
中文通用名	麦芽酚铁
商品名	Accrufer
CAS登记号	33725-54-1
FDA 批准日期	7/25/2019
FDA 批准的API	ferric maltol
化学名	iron(Ⅲ) 2-methyl-4-oxo-4*H*-pyran-3-olate
SMILES代码	CC(OC=C1)=C2C1=[O+][Fe]34([O+]=C5C([O-]3)=C(C)OC=C5)([O-]C6=C(C)OC=CC6=[O+]4)[O-]2

化学结构和理论分析

化学结构	理论分析值
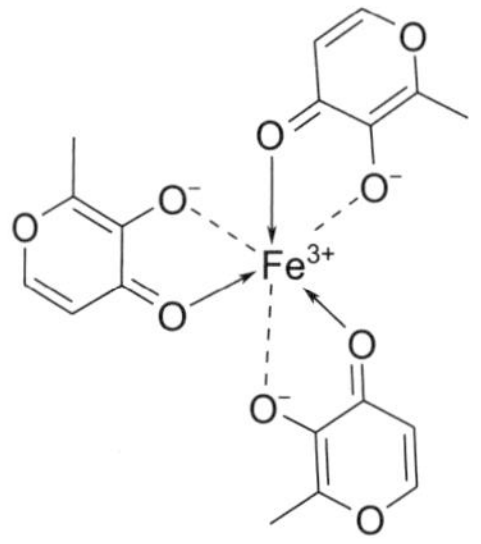	化学式：$C_{18}H_{15}FeO_9$ 精确分子量：N/A 分子量：431.15 元素分析：C, 50.14; H, 3.51; Fe, 12.95; O, 33.40

药品说明书参考网页

生产厂家产品说明书、美国药品网、美国处方药网页。

药物简介

ACCRUFER 胶囊是一种用于口服的补铁产品，包含 30mg 铁和 201.5mg 麦芽酚。麦芽酚铁含有与三甲酚配体配合的稳定态铁。每个带有“30”字样的红色胶囊均包含无水胶体二氧化硅、交聚维酮（A 型）、乳糖一水合物、硬脂酸镁和十二烷基硫酸钠作为非活性成分。此外，胶囊壳还包含 FD & C 蓝色 1 号、FD & C 红色 40 号、FD & C 黄色 6 号、明胶和二氧化钛。用于打印标记的油墨包含氢氧化铵、乙醇、氧化铁黑和丙二醇。

ACCRUFER 适用于成人铁缺乏症的治疗。ACCRUFER 输送铁以通过肠壁吸收，并转移至运铁蛋白。

药品上市申报信息

该药物目前有 1 种产品上市。

药品注册申请号：212320
申请类型：NDA（新药申请）
申请人：SHIELD TX
申请人全名：SHIELD TX UK LTD

产品信息

产品号	商品名	活性成分	剂型 / 给药途径	规格 / 剂量	参比药物(RLD)	生物等效参考标准(RS)	治疗等效代码
001	ACCRUFER	ferric maltol	胶囊 / 口服	30 mg IRON	是	是	否

与本品相关的专利信息（来自 FDA 橙皮书 Orange Book）

关联产品号	专利号	专利过期日	是否物质专利	是否产品专利	专利用途代码	撤销请求	提交日期
001	10179120	2035/01/06			U-2603		2019/08/22
	9248148	2031/03/29			U-2603		2019/08/22
	9802973	2035/10/23	是	是	U-2603		2019/08/22

与本品相关的市场独占权保护信息

关联产品号	独占权代码	失效日期	备注
001	NCE	2024/07/25	

合成路线 1

以下合成路线来源于 Medical Research Council 公司 Powell、Jonathan Joseph 等人 2017 年发表的专利申请书。目标化合物 **2** 是通过化合物 **1** 与 $Fe(OH)_2$ 在碱性条件下反应而得。

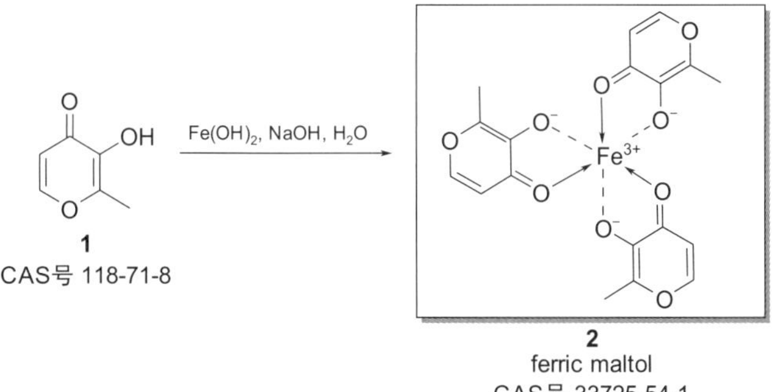

原始文献： WO 2017167970, 2017.

合成路线 2

以下合成路线来源于 Medical Research Council 公司 Powell、Jonathan Joseph 等人 2017 年发表的专利申请书。目标化合物 **2** 是通过化合物 **1** 与 $FeCl_3$ 在碱性条件下反应而得。

$FeCl_3$, NaOH, L-赖氨酸,
$H_2NC(=O)NH_2 \cdot H_2O_2$, H_2O
NaOH, H_2O

1
CAS号 118-71-8

2
ferric maltol
CAS号 33725-54-1

原始文献： WO 2017167963, 2017.

合成路线 3

以下合成路线来源于 Iron Therapeutics Holdings AG 公司 Childs、David Paul 等人 2016 年发表的专利申请书。目标化合物 **2** 是通过化合物 **1** 与柠檬酸铁在碱性条件下反应而得。

柠檬酸铁
NaOH, H_2O

1
CAS号 118-71-8

2
ferric maltol
CAS号 33725-54-1

原始文献： WO 2016066555, 2016.

参考文献

[1] Pergola P E, Fishbane S, Ganz T. Novel oral iron therapies for iron deficiency anemia in chronic kidney disease. Adv Chronic Kidney Dis, 2019, 26(4):272-291.

[2] Stein J, Aksan A, Farrag K, et al. Management of inflammatory bowel disease-related anemia and iron deficiency with specific： to the role of intravenous iron in current practice. Expert Opin Pharmacother, 2017, 18(16):1721-1737.

flibanserin（氟班色林）

药物基本信息

英文通用名	flibanserin
英文别名	BIMT 17; BIMT-17; BIMT17; BIMT 17BS; BIMT-17BS; BIMT17BS; EBD6396; EBD 6396; EBD-6396
中文通用名	氟班色林

商品名	Addyi
CAS登记号	167933-07-5
FDA 批准日期	8/18/2015
FDA 批准的API	flibanserin
化学名	1-(2-{4-[3-(trifluoromethyl)phenyl]piperazin-1-yl}ethyl)-1,3-dihydro-2*H*-benzimidazol-2-one
SMILES代码	O=C1NC2=CC=CC=C2N1CCN3CCN(CC3)C4=CC=CC(C(F)(F)F)=C4

化学结构和理论分析

化学结构	理论分析值
HN N O N N F F F	化学式：$C_{20}H_{21}F_3N_4O$ 精确分子量：390.1667 分子量：390.4102 元素分析：C, 61.53; H, 5.42; F, 14.60; N, 14.35; O, 4.10

药品说明书参考网页

生产厂家产品说明书、美国药品网、美国处方药网页。

药物简介

ADDYI 是一种口服片剂药物，活性成分为 flibanserin，它是一种白色至类白色粉末，不溶于水，微溶于甲醇、乙醇、乙腈和甲苯，溶于丙酮，易溶于氯仿，极易溶于二氯甲烷。

每个 ADDYI 片剂含 100mg flibanserin。非活性成分包括乳糖一水合物、微晶纤维素、羟丙甲纤维素、交联羧甲纤维素钠、硬脂酸镁、滑石粉、聚乙二醇和着色剂、二氧化钛和氧化铁。

ADDYI 适应证用于治疗患有后天性、广泛性性欲低下的性欲障碍（HSDD）的绝经前妇女，其特征是性欲低下会引起明显的困扰或人际交往困难，其原因不是：并存的医学或精神病和夫妻关系中的问题，或药物或其他药物的影响。

ADDYI 在治疗性欲减退的绝经前妇女中的作用机理尚不清楚。

药品上市申报信息

该药物目前有 1 种产品上市。

药品注册申请号：022526
申请类型：NDA（新药申请）
申请人：SPROUT PHARMS
申请人全名：SPROUT PHARMACEUTICALS INC

产品信息

产品号	商品名	活性成分	剂型 / 给药途径	规格 / 剂量	参比药物 (RLD)	生物等效参考标准 (RS)	治疗等效代码
001	ADDYI	flibanserin	片剂 / 口服	100mg	是	是	否

与本品相关的专利信息（来自 FDA 橙皮书 Orange Book）

关联产品号	专利号	专利过期日	是否物质专利	是否产品专利	专利用途代码	撤销请求	提交日期
001	7151103	2023/05/09			U-1734		2015/09/14
	7420057	2022/08/01	是	是			2015/09/14
	8227471	2023/05/09			U-1734		2015/09/14
	9468639	2022/10/16			U-1734		2016/11/08

与本品相关的市场独占权保护信息

关联产品号	独占权代码	失效日期	备注
001	NCE	2020/08/18	

合成路线 1

以下合成路线来源于中科院上海药物研究所 Yang、Feipu 等人 2016 年发表的论文。目标化合物 **8** 是以化合物 **1** 和化合物 **2** 为原料，经过 4 步合成反应而得。该合成路线所涉及的反应都是比较经典的反应，因此可重复性高。是一条值得参考的路线。

1 + **2** → ($AcOH$, KOH, H_2O) → **3**; **3** + **4** → (K_2CO_3, Me_2CO, 回流) → **5**

1 CAS号 95-54-5　**2** CAS号 78-09-1　**3** CAS号 22219-23-4　**4** CAS号 107-04-0　**5** CAS号 1971858-37-3

5 + **6** (HCl) → (K_2CO_3, NaI, H_2O, 回流) → **7** → (HCl, H_2O, Me_2CHOH, 冷却; NaOH, AcOEt) → **8**

6 CAS号 16015-69-3　**7** CAS号 1971858-38-4

8
flibanserin
CAS号 167933-07-5

原始文献： Org Proc Res Dev, 2016, 20(9): 1576-1580.

合成路线 2

以下合成路线来源于 Symed Research Centre Hyderabad 公司 Krishna Reddy 等人 2016 年发表的专利申请书。目标化合物 **6** 是以化合物 **1** 和化合物 **2** 为原料，经过 3 步合成反应而得。

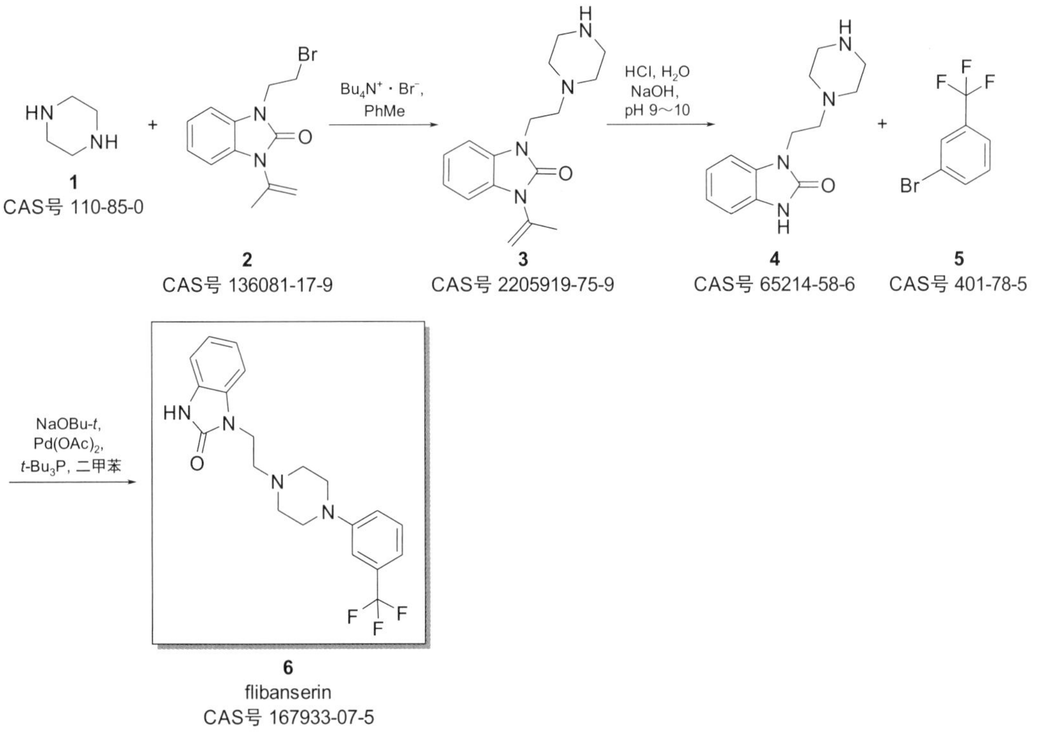

$Bu_4N^+ \cdot Br^-$, PhMe

HCl, H_2O
NaOH,
pH 9～10

1
CAS号 110-85-0

2
CAS号 136081-17-9

3
CAS号 2205919-75-9

4
CAS号 65214-58-6

5
CAS号 401-78-5

NaOBu-*t*,
$Pd(OAc)_2$,
t-Bu_3P, 二甲苯

6
flibanserin
CAS号 167933-07-5

原始文献： Int J Curr Res Chem Pharm Sci, 2016, 3: 71-74.

合成路线 3

以下合成路线来源于 CSIR-National Chemical Laboratory Rahul D. Shingare 等人 2017 年发表的论文。目标化合物 **5** 是以化合物 **1** 和化合物 **2** 为原料，经 3 步合成反应而得。

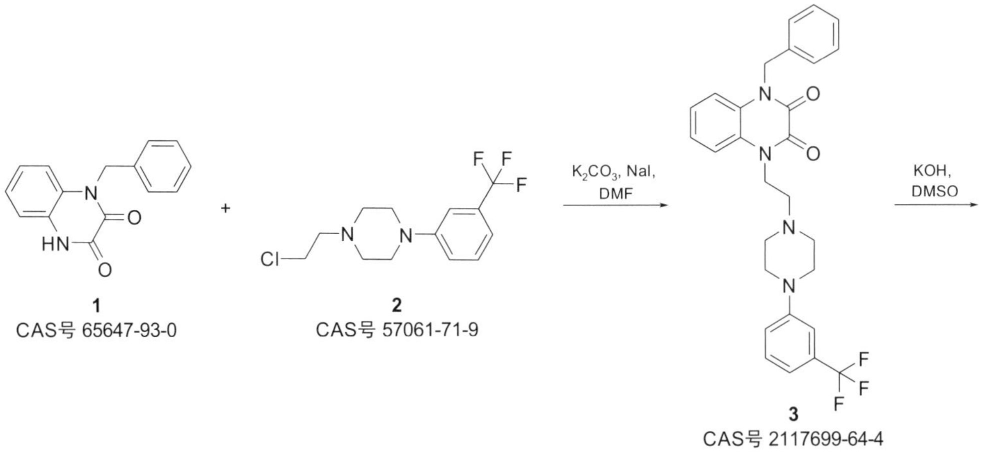

K_2CO_3, NaI,
DMF

KOH,
DMSO

1
CAS号 65647-93-0

2
CAS号 57061-71-9

3
CAS号 2117699-64-4

4
CAS号 2117699-65-5

CF_3SO_3H, PhMe

5
flibanserin
CAS号 167933-07-5

原始文献： ACS Omega, 2017, 2(8):5137-5141.

合成路线 4

以下合成路线来源于 Symed Labs 公司 Rao、Dodda Mohan 等人 2010 年发表的专利申请书。目标化合物 **10** 是以化合物 **1** 和化合物 **2** 为原料，经 5 步合成反应而得。值得注意的是化合物 **7** 分子中的 2 个苯磺酸酯与化合物 **8** 分子中的氨基反应环合得到相应的化合物 **9**。

1
CAS号 52099-72-6

2
CAS号 106-93-4

NaOH, DMF

3
CAS号 1254273-23-8

4
CAS号 111-42-2

Na_2CO_3, KI

5
CAS号 1254273-25-0

5

6
CAS号 98-09-9

Na_2CO_3

7
CAS号 1254273-34-1

8
CAS号 98-16-8

Na_2CO_3, DMF

9
CAS号 1254273-36-3

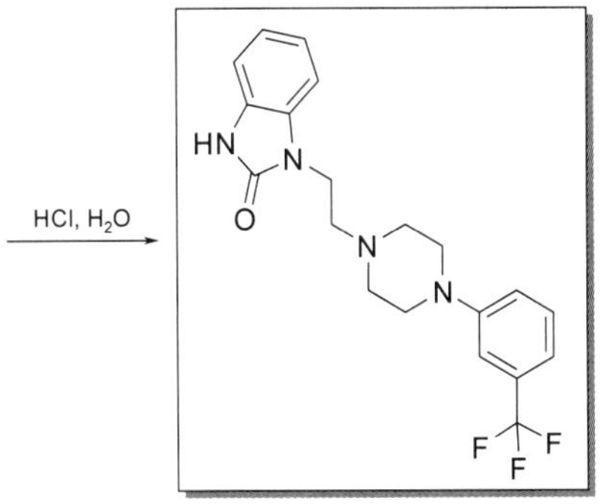

HCl, H_2O

10
flibanserin
CAS号 167933-07-5

原始文献： WO 2010128516, 2010.

合成路线 5

以下合成路线来源于 Suzhou Lixin Pharmaceutical 公司 Xu、Xuenong 等人 2015 年发表的专利申请书。目标化合物 **8** 是以化合物 **1** 和化合物 **2** 为原料，经 4 步合成反应而得。值得注意的是化合物 **7** 分子中的 2 个 NH 基团与化合物 **6** 反应环合得到目标化合物 **8**。

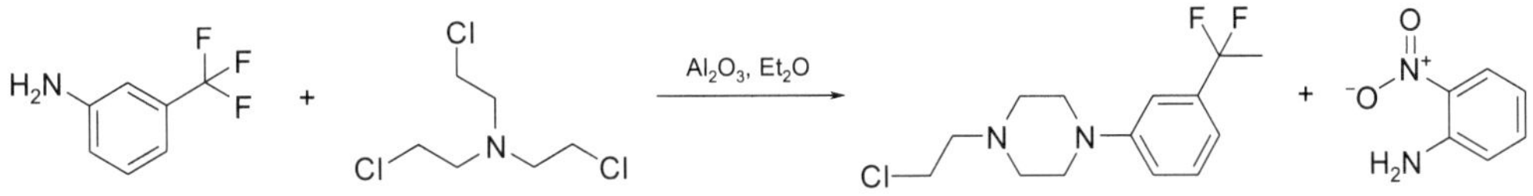

Al_2O_3, Et_2O

1
CAS号 98-16-8

2
CAS号 555-77-1

3
CAS号 57061-71-9

4
CAS号 88-74-4

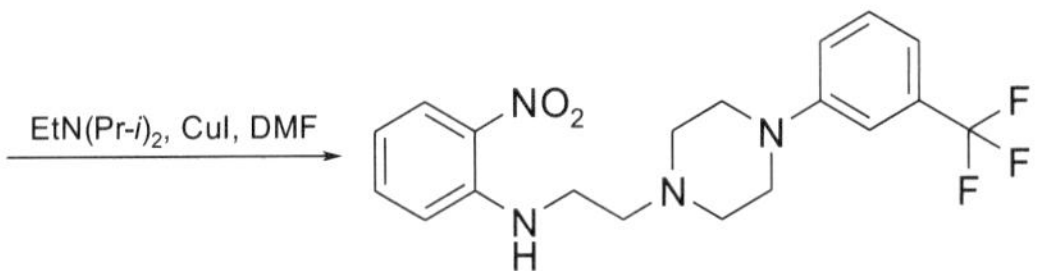

$EtN(Pr\text{-}i)_2$, CuI, DMF

5
CAS号 1810735-32-0

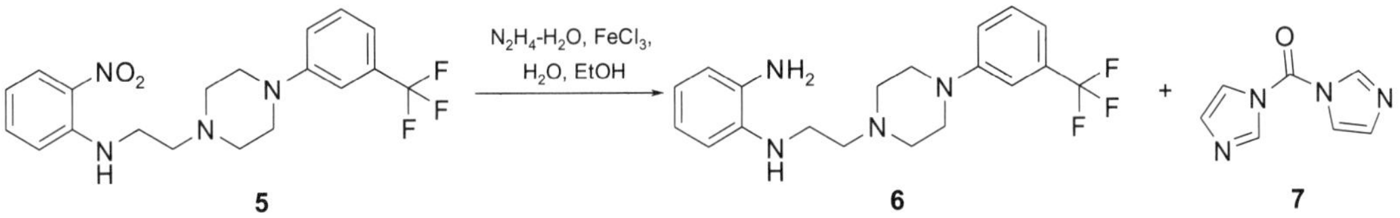

$N_2H_4\text{-}H_2O$, $FeCl_3$, H_2O, EtOH

5
CAS号 1810735-32-0

6
CAS号 1810735-33-1

7
CAS号 530-62-1

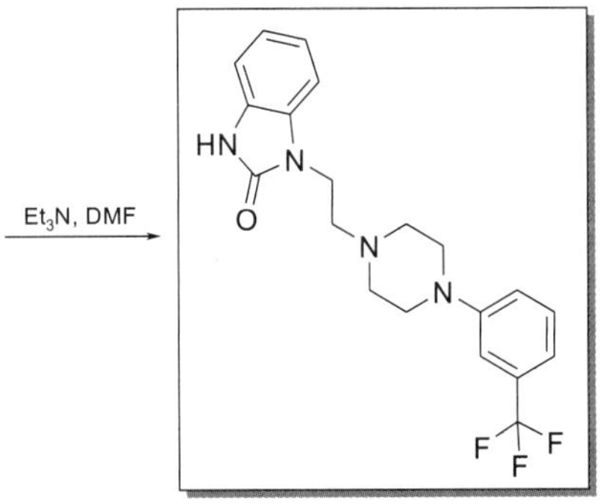

Et_3N, DMF

8
flibanserin
CAS号 167933-07-5

原始文献： CN 104926734, 2015.

合成路线 6

以下合成路线来源于中科院上海药物研究所 Wu Chunhui 等人 2017 年发表的专利申请书。目标化合物 **9** 是以化合物 **1** 和化合物 **2** 为原料，经 5 步合成反应而得。

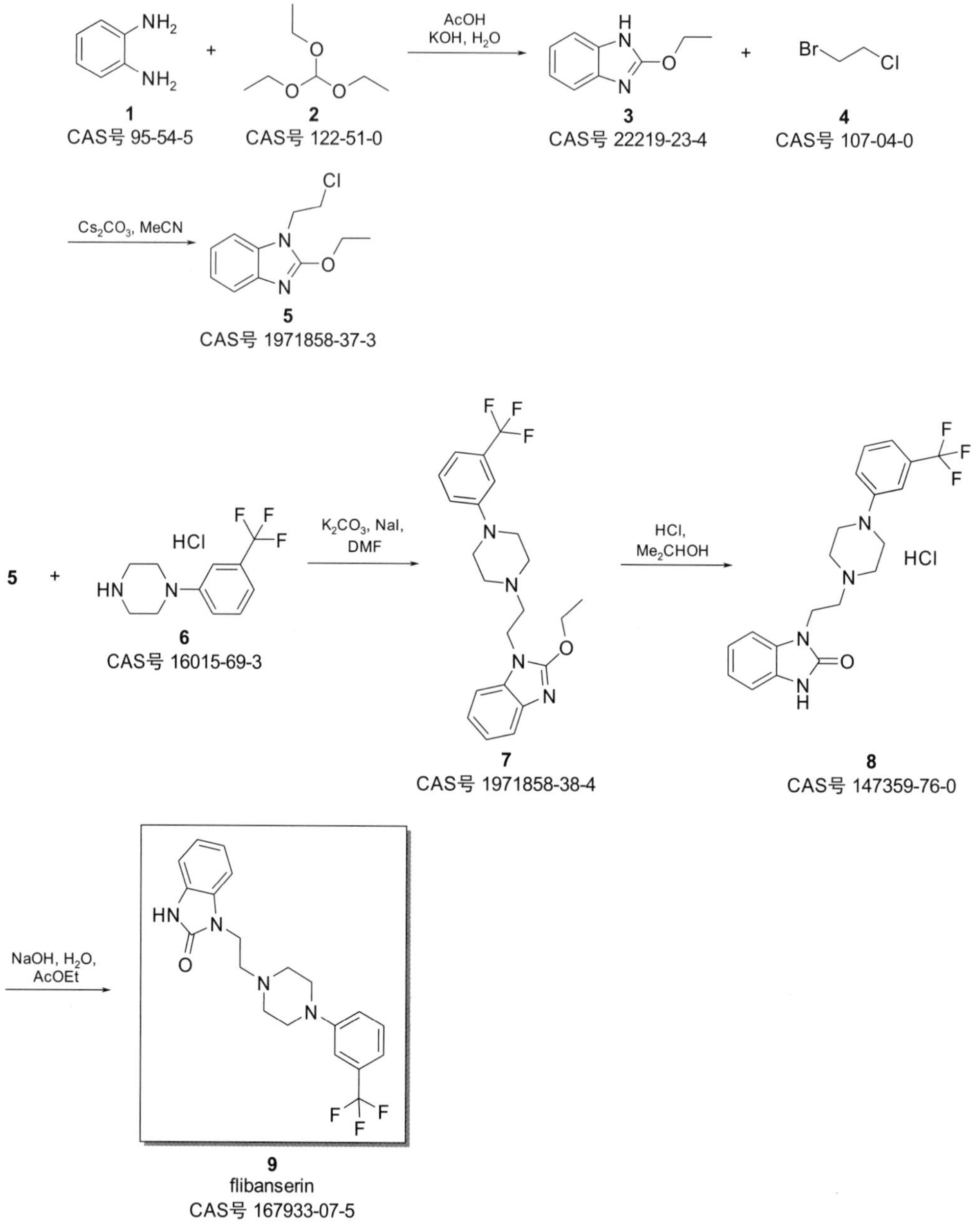

AcOH
KOH, H_2O

1
CAS号 95-54-5

2
CAS号 122-51-0

3
CAS号 22219-23-4

4
CAS号 107-04-0

Cs_2CO_3, MeCN

5
CAS号 1971858-37-3

5 + HCl **6**
CAS号 16015-69-3

K_2CO_3, NaI, DMF

7
CAS号 1971858-38-4

HCl, Me_2CHOH

8
CAS号 147359-76-0

NaOH, H_2O, AcOEt

9
flibanserin
CAS号 167933-07-5

原始文献： CN 106632066, 2017.

合成路线 7

以下合成路线来源于中科院上海药物研究所 Wu Chunhui 等人 2017 年发表的专利申请书。目

标化合物 **7** 是以化合物 **1** 和化合物 **2** 为原料，经 4 步合成反应而得。

NaOH, $Bu_4N^+ \cdot Br^-$, $ClCH_2CH_2Cl$, 回流

1 CAS号 52099-72-6　**2** CAS号 107-06-2　**3** CAS号 136702-12-0　**4** CAS号 16015-69-3

K_2CO_3, KI, H_2O, DMF

5 CAS号 1971858-36-2

HCl, H_2O, MeOH, 回流

K_2CO_3, H_2O, EtOH

6 CAS号 147359-76-0

7 flibanserin CAS号 167933-07-5

原始文献： CN 106749038, 2017.

合成路线 8

以下合成路线来源于 Moscow State University Dmitry I. Bugaenko 等人 2018 年发表的论文。目标化合物 **8** 是以化合物 **1** 和化合物 **2** 为原料，经 3 步合成反应而得。值得注意的是化合物 **6** 开环后与化合物 **7** 分子中的 NH 基团反应环合得到目标化合物 **8**。

过硫酸钾, CH_2Cl_2, MeCN

1 CAS号 1493-13-6　**2** CAS号 401-81-0　**3** CAS号 108-67-8　**4** CAS号 1204518-08-0　**5** CAS号 280-57-9

MeCN

6 CAS号 37181-39-8

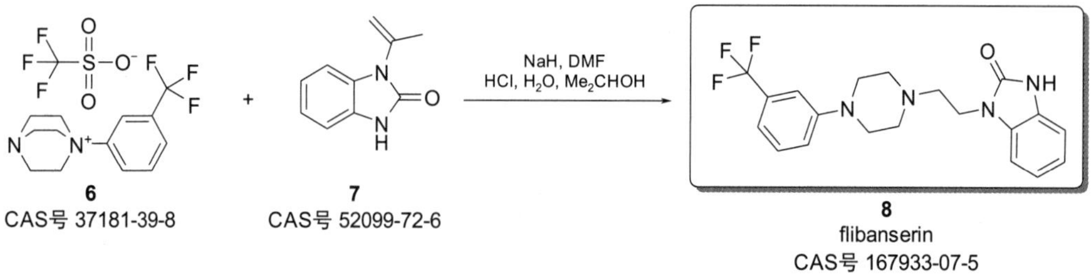

6
CAS号 37181-39-8

7
CAS号 52099-72-6

NaH, DMF
HCl, H_2O, Me_2CHOH

8
flibanserin
CAS号 167933-07-5

原始文献： Org Lett, 2018, 20(20):6389-6393.

合成路线 9

以下合成路线来源于 Sunflower Pharmaceutical 公司 Yan Qiqiang 等人 2017 年发表的专利申请书。目标化合物 **8** 是以化合物 **1** 和化合物 **2** 为原料，经 4 步合成反应而得。

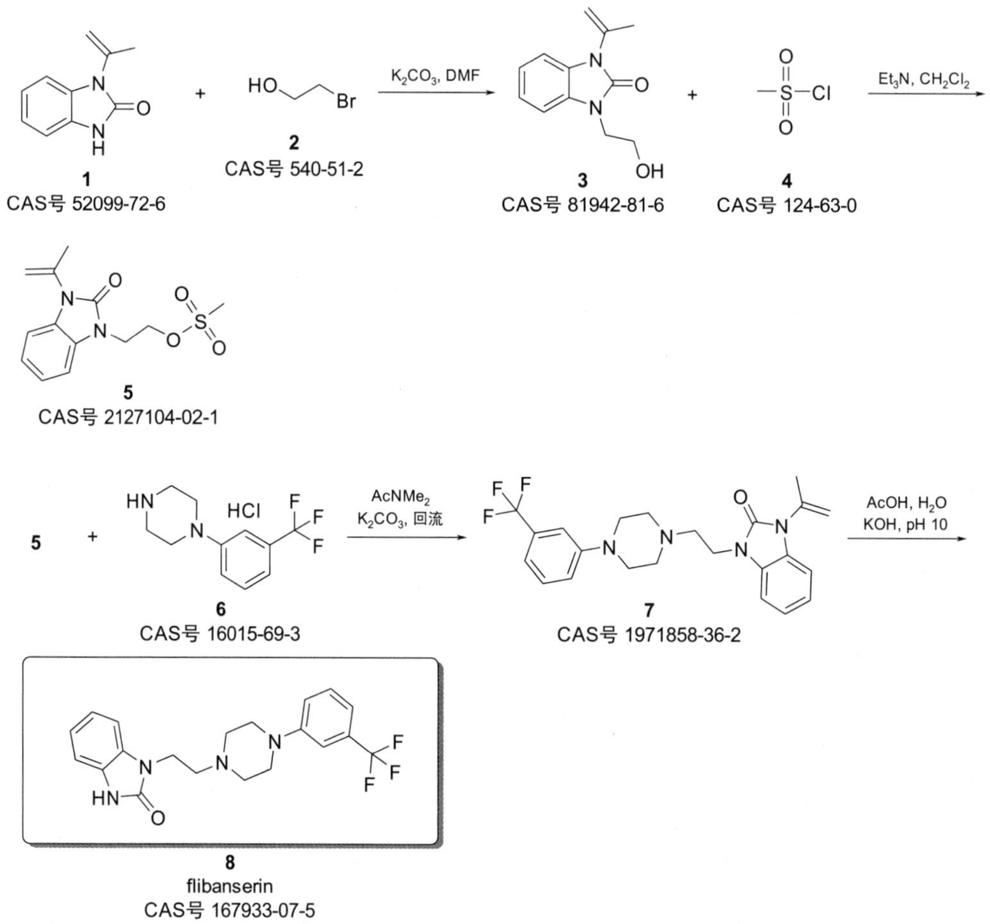

1
CAS号 52099-72-6

2
CAS号 540-51-2

K_2CO_3, DMF

3
CAS号 81942-81-6

4
CAS号 124-63-0

Et_3N, CH_2Cl_2

5
CAS号 2127104-02-1

6
CAS号 16015-69-3

$AcNMe_2$
K_2CO_3, 回流

7
CAS号 1971858-36-2

AcOH, H_2O
KOH, pH 10

8
flibanserin
CAS号 167933-07-5

原始文献： CN 106966991, 2017.

合成路线 10

以下合成路线来源于 Gedeon Richter 公司 Bana Peter 等人 2019 年发表的论文。目标化合物 **9** 是以化合物 **1** 和化合物 **2** 为原料，经 5 步合成反应而得。

1 CAS号 95-54-5 + 2 CAS号 24424-99-5 —THF→ 3 CAS号 146651-75-4 + 4 CAS号 51673-84-8

—Pd, 乙酸异丙酯, H_2O→ 5 CAS号 1697405-86-9 —DBU→ 6 CAS号 2290571-61-6

6 —HCl→ 7 CAS号 1558163-68-0 + 8 CAS号 15532-75-9 —$NaBH_4$→ 9 flibanserin CAS号 167933-07-5

原始文献： React Chem & Eng, 2019, 4(4): 652-657.

参考文献

[1] Sharma M K, Shah R P, Sengupta P. Amalgamation of stress degradation and metabolite profiling in rat urine and feces for characterization of oxidative metabolites of flibanserin using UHPLC-Q-TOF-MS/MS, H/D exchange and NMR technique. J Chromatogr B Analyt Technol Biomed Life Sci, 2020, 1139:121993.

[2] Clayton A H, Brown L, Kim N N. Evaluation of safety for flibanserin. Expert Opin Drug Saf, 2020, 19(1):1-8.

fluorodopa F18（氟[^{18}F]多巴）

药物基本信息

英文通用名	fluorodopa F18
英文别名	fluorodopa F 18; F-DOPA; fluorodopa (18F); L-6-(18F)fluoro-DOPA; 6-(18F) fluorodopamine; 6-(18F)fluoro-L-DOPA
中文通用名	氟[^{18}F]多巴
商品名	Fluorodopa 18
CAS登记号	92812-82-3
FDA 批准日期	10/10/2019
FDA 批准的API	fluorodopa 18
化学名	(*S*)-2-amino-3-(2-(fluoro-18F)-4,5-dihydroxyphenyl)propanoic acid
SMILES代码	N[C@H](C(O)=O)CC1=CC(O)=C(C=C1[18F])O

化学结构和理论分析

化学结构	理论分析值
[chemical structure]	化学式：$C_9H_{10}{}^{18}FNO_4$ 精确分子量：214.0619 分子量：214.1829 元素分析：C, 50.47; H, 4.71; F, 8.40; N, 6.54; O, 29.88

药品说明书参考网页

美国药品网。

药物简介

氟 [^{18}F] 多巴注射液是一种用于 PET 成像的放射性诊断剂。活性成分为 6-[^{18}F] 氟 -L-3,4- 二羟基苯丙氨酸，分子式为 $C_9H_{10}{}^{18}FNO_4$，分子量为 214.18。氟 [^{18}F] 多巴注射液是一种无菌、无热原、澄清、无色的溶液。每毫升包含 15.5MBq/mL 至 308.2MBq/mL（0.42mCi/mL 至 8.33mCi/mL）氟 [^{18}F] 多巴。该注射液并且不含任何防腐剂。每支药液的体积为 12mL ± 1mL，含有 12.72mg 乙酸和 108mg 氯化钠。溶液的 pH 值为 3 ～ 5。

药品上市申报信息

该药物目前有 1 种产品上市。

药品注册申请号: 200655
申请类型: NDA (新药申请)
申请人: FEINSTEIN
申请人全名: FEINSTEIN INSTITUTE MEDICAL RESEARCH

产品信息

产品号	商品名	活性成分	剂型 / 给药途径	规格 / 剂量	参比药物 (RLD)	生物等效参考标准 (RS)	治疗等效代码
001	FLUORODOPA F18	fluorodopa F18	液体 / 静脉注射	0.42 ～ 8.33mCi/ mL	是	是	否

与本品相关的市场独占权保护信息

关联产品号	独占权代码	失效日期	备注
001	W	2024/10/10	
	NCE	2024/10/10	

合成路线 1

以下合成路线来源于法国 Université Clermont Auvergne 大学 Maisonial-Besset 等人 2018 年发表的论文。目标化合物 **20** 以化合物 **1** 和化合物 **2** 为原料，经过 11 步合成反应而得。该合成路线值得注意的合成反应有：①化合物 **5** 在氧化剂 2- 碘氧基苯甲酸作用下，被氧化成相应的苯二酚化合物 **6**。②化合物 **8** 的碘代反应是选择性的，主要产物是化合物 **9**。③化合物 **11** 分子中的碘原子在钯催化剂作用下，被 MeSn 基团取代，得到化合物 **13**。④化合物 **13** 与化合物 **14** 反应后，得到相应的碘化合物 **16**。⑤化合物 **18** 与 F18 试剂 [^{18}F]potassium Kryptofix 222 反应得到相应的 ^{18}F 取代化合物。

1
CAS号 60-18-4

2
CAS号 540-88-5

$HClO_4$, t-BuOAc, 45%

3
CAS号 16874-12-7

4
CAS号 24424-99-5

K_2CO_3, H_2O, THF, 71%

5
CAS号 18938-60-8

5 → 2-碘氧基苯甲酸, DMF, (L)-抗坏血酸, H_2O, 97%

6
CAS号 897403-99-5

7
CAS号 3188-13-4

$EtN(Pr\text{-}i)_2$, THF, 62%

8
CAS号 2256054-01-8

$PhI(O_2CCF_3)_2$, K_2CO_3, I_2, CH_2Cl_2, 58% → 9

9
CAS号 2256054-02-9

10
CAS号 24424-99-5

Et_3N, 4-DMAP, MeCN, 61%

11
CAS号 2256054-03-0

12
CAS号 661-69-8

$Pd(PPh_3)_4$, 二噁烷，回流, 76% → 13

13
CAS号 2256054-04-1

14
CAS号 16308-14-8

15
CAS号 76-05-1

CH_2Cl_2, 67%

+

H_2O, CH_2Cl_2, 85% → **18**

16
CAS号 2256054-06-3

17
CAS号 2926-30-9

[^{18}F]4, 7, 13, 16, 21, 24-六氧代-1, 10-二氮双环[8, 8, 8]十六烷, PhMe, 50%

18
CAS号 2256054-13-2

19
CAS号 2256054-16-5

HCl, H_2O, 38%

20
fluorodopa F 18
CAS号 92812-82-3

原始文献：European J Org Chem, 2018, 48: 7058-7065.

合成路线 2

以下合成路线来源于 University of Oxford 大学 Preshlock Sean 等人 2016 年发表的论文。目标化合物 **7** 以化合物 **1** 为原料，经过 4 步合成反应而得。该合成路线值得注意的合成反应有：目标化合物 **7** 是通过化合物 **6** 分子中的硼酸酯与 F18 试剂 [^{18}F]potassium Kryptofix 222 反应得到的。

33%

1
CAS号 59-92-7

2
CAS号 1421282-25-8

+

3
CAS号 73183-34-3

AcOK, Pd(dppf)Cl_2, DMF, 62%

4
CAS号 1644527-04-7

4
CAS号 1644527-04-7

\+

5
CAS号 24424-99-5

Et_3N, 4-DMAP, MeCN
53%

6
CAS号 1644527-05-8

四(吡啶)铜(Ⅱ)三氟甲磺酸盐
[^{18}F]4, 7, 13 16, 21, 24-六氧代-1, 10-二氮双环[8, 8, 8]十六烷
DMF, HI, H_2O

7
fluorodopa F 18
CAS号 92812-82-3

原始文献： Chemical Comm, 2016, 52(54): 8361-8364.

合成路线 3

以下合成路线来源于 Eberhard Karls University Tübingen 大学 B.Shen 等人 2009 年发表的论文。目标化合物 **7** 以化合物 **1** 为原料，经过 4 步合成反应而得。该合成路线值得注意的合成反应有：① ^{18}F 是通过 F18 试剂取代化合物 **1** 分子中的硝基而引入的。②化合物 **4** 分子中的 α-CH_2 基团在碱性条件下变成碳负离子，然后亲电取代化合物 **3** 分子中的碘原子。该反应在催化剂 **5** 的作用下是立体专一的，得到的化合物 **6** 是单一立体异构体。

1
CAS号 20357-25-9

DMF
^{18}F试剂

2
CAS号 129841-06-1

SiH_2I_2

3
CAS号 160850-59-9

\+

4
CAS号 81477-94-3

Br^-

5
CAS号 200132-54-3

CsOH

6
CAS号 184955-99-5

HBr, KI

7
fluorodopa F 18
CAS号 92812-82-3

原始文献：Applied Rad Isotop, 2009, 67(9): 1650-1653.

合成路线 4

以下合成路线来源于中科院上海核研究所 Yin Duanzhi 等人 2003 年发表的论文。目标化合物 **15** 以化合物 **1** 为原料，经过 9 步合成反应而得。该合成路线值得注意的合成反应有：① ^{18}F 是通过 ^{18}F 试剂取代化合物 **9** 分子中的三甲基铵离子而引入的。②化合物 **12** 分子中的 α-CH_2 基团在碱性条件下变成碳负离子，然后亲电取代化合物 **11** 分子中的碘原子。该反应在催化剂 **13** 的作用下是立体专一的，得到的化合物 **14** 是单一立体异构体。

HBF$_4$, MeOH; Me(CH$_2$)$_3$ONO$_2$; 90%

35%

TiCl$_4$, CH$_2$Cl$_2$; 60%

1 CAS号 6315-89-5

2 CAS号 450-57-7

3 CAS号 398-62-9

4 CAS号 4885-02-3

5 CAS号 71924-62-4

K$_2$CO$_3$, H$_2$O, DMSO; 75%

CH$_2$Cl$_2$; 64%

^{18}F, 2,2,2-Cryptand, K$_2$CO$_3$

5

6 CAS号 506-59-2

7 CAS号 62970-08-5

8 CAS号 333-27-7

9 CAS号 160850-57-7

10 CAS号 129841-06-1

PhSiH$_3$, I$_2$, AcOEt, CH$_2$Cl$_2$; Na$_2$S$_2$O$_3$, NaHCO$_3$, H$_2$O

CsOH, CH$_2$Cl$_2$

10

11 CAS号 160850-59-9

12 CAS号 81477-94-3

13 CAS号 200132-54-3

14 CAS号 625831-88-1

HI
NaOH, H_2O,
中性

15
fluorodopa F 18
CAS号 92812-82-3

原始文献： J Radioanal Nucl Chem, 2003, 257 (1): 179-185.

合成路线 5

以下合成路线来源于 Johns HopkinsUniversity Horti Andrew 等人 1995 年发表的论文。目标化合物 **5** 以化合物 **1** 和化合物 **2** 为原料，经过 3 步合成反应而得。

NaH, THF

三仲丁基硼氢化锂, *t*-BuOH, THF, Et_2O

1
CAS号 120239-95-4

2
CAS号 129841-06-1

3
CAS号 169267-04-3

HCl, H_2O

4
CAS号 169267-06-5

5
fluorodopa F 18
CAS号 92812-82-3

原始文献： J Label Comp & Radiopharm, 1995, 36(5): 409-423.

合成路线 6

以下合成路线来源于 Wang Lu 等人 2017 年发表的专利申请书。目标化合物 **11** 以化合物 **1** 和化合物 **2** 为原料，经过 6 步合成反应而得。该合成路线值得注意的合成反应有：① ^{18}F 是通过 ^{18}F 试剂取代化合物 **9** 分子中的碘正离子而引入的。②化合物 **5** 的碘代反应是专一的，主要产物是化合物 **7**。

$SOCl_2$, 回流

1
CAS号 59-92-7

2
CAS号 64-17-5

3
CAS号 39740-30-2

4
CAS号 24424-99-5

Et_3N, DMF

5
CAS号 1313214-06-0

5 + H_3C-I → [$PhI(O_2CCF_3)_2$, I_2, CH_2Cl_2, 70%] 7 + 8 → [$Rh_2(OAc)_4$, PhMe, rt, 96%] 9

6
CAS号 74-88-4

7
CAS号 1421282-25-8

8
CAS号 119804-23-8

9 → [甲磺酸, DMF, [^{18}F]4, 7, 13, 16, 21, 24-六氧代-1, 10-二氮双环[8, 8, 8]十六烷] 10 → [HI, H_2O] 11

9
CAS号 2148955-98-8

10
CAS号 2148956-46-9

11
fluorodopa F 18
CAS号 92812-82-3

原始文献： CN 107311877, 2017.

合成路线 7

以下合成路线来源于 Trasis S.A. 公司 Otabashi Muhammad 等人 2016 年发表的专利申请书。目标化合物 **4** 以化合物 **1** 为原料，经过 3 步合成反应而得。该合成路线值得注意的合成反应有：① ^{18}F 是通过 ^{18}F 试剂取代化合物 **1** 分子中的氟原子而引入的。②化合物 **3** 脱去保护基团，再水解开环得到目标化合物 **4**。

1 → [[^{18}F]4, 7, 13, 16, 21, 24-六氧代-1, 10-二氮双环[8, 8, 8]十六烷] 2 → [*m*-CPBA] 3 → [HBr] 4

1
CAS号 1628611-97-1

2
CAS号 1628611-99-3

3
CAS号 1628612-00-9

4
fluorodopa F 18
CAS号 92812-82-3

原始文献： US 20160075615, 2016.

合成路线 8

以下合成路线来源于 ABX Advanced Biochemical Compounds 公司 Hoepping Alexander 等人 2014 年发表的专利申请书。目标化合物 **13** 以化合物 **1** 为原料，经过 9 步合成反应而得。该合成路线值得注意的合成反应有：① ^{18}F 是通过 ^{18}F 试剂取代化合物 **12** 分子中的硝基而引入的。②化合物 **6** 分子中的碘原子与化合物 **7** 分子中的碘原子在锌粉的催化下发生偶联反应得到相应的化合物 **8**。

1 CAS号 137832-56-5 → (t-BuOOH, KI, H_2O, MeCN; 35%) → **2** CAS号 1614253-51-8 → (BBr_3, CH_2Cl_2; $NaHCO_3$, H_2O, 中和; 88%) → **3** CAS号 1614253-52-9

3 + **4** CAS号 13057-17-5 → ($EtN(Pr\text{-}i)_2$, Bu_4NCl, CH_2Cl_2, H_2O, rt; 98%) → **5** CAS号 1614253-53-0

5 → ($AlH(Bu\text{-}i)_2$, PhMe; 83%) → **6** CAS号 1614253-54-1

6 + **7** CAS号 282734-33-2 → (Zn, I_2, DMF, SPhos, $Pd_2(dba)_3$; 45%) → **8** CAS号 1614253-55-2 → (吗啉, DMF; 91%) → **9**

9 CAS号 1614253-56-3 + **10** CAS号 76-83-5 → (Et_3N, DMF; 75%) → **11** CAS号 1614253-57-4 → (Martin试剂, CH_2Cl_2; 65%) →

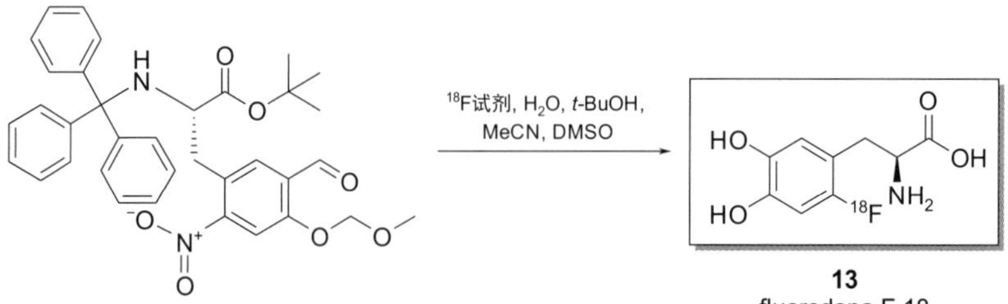

12
CAS号 1614253-58-5

^{18}F试剂, H_2O, t-BuOH, MeCN, DMSO

13
fluorodopa F 18
CAS号 92812-82-3

原始文献： EP 2746250, 2014.

合成路线 9

以下合成路线来源于 University of California Nagichettiar Satyamurthy 等人 2010 年发表的专利申请书。目标化合物 **11** 以化合物 **1** 和 **2** 为原料，经过 7 步合成反应而得。该合成路线值得注意的合成反应有：① ^{18}F 是通过 ^{18}F 试剂取代化合物 **8** 分子中的 IO_2 基团而引入的。②化合物 **10** 脱去保护基团，再水解开环得到目标化合物 **11**。

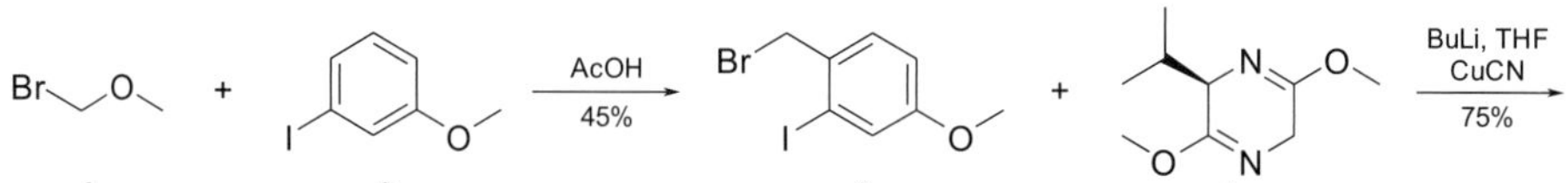

1
CAS号 13057-17-5

2
CAS号 766-85-8

AcOH
45%

3
CAS号 332124-25-1

4
CAS号 109838-85-9

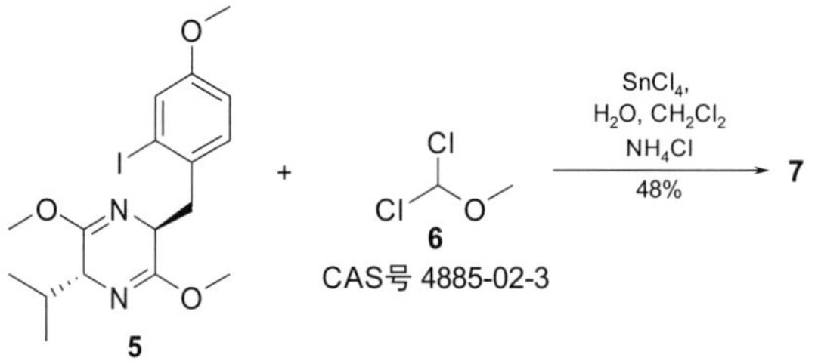

BuLi, THF
CuCN
75%

5
CAS号 1206189-87-8

6
CAS号 4885-02-3

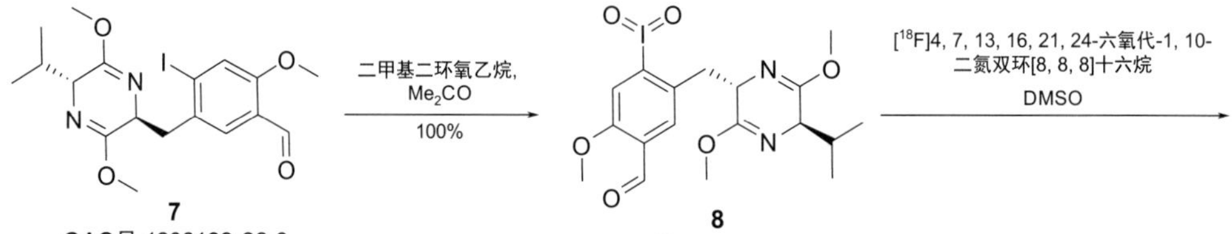

$SnCl_4$, H_2O, CH_2Cl_2, NH_4Cl
48%

7
CAS号 1206189-88-9

二甲基二环氧乙烷, Me_2CO
100%

8
CAS号 1206189-89-0

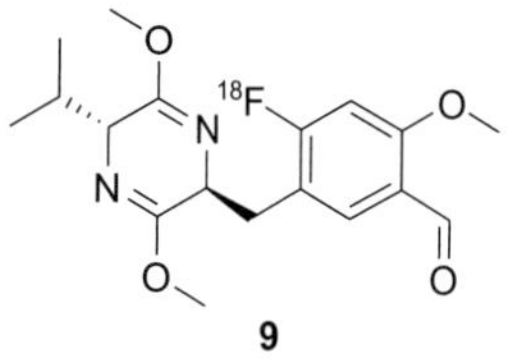

[^{18}F]4, 7, 13, 16, 21, 24-六氧代-1, 10-二氮双环[8, 8, 8]十六烷
DMSO

9
CAS号 504414-31-7

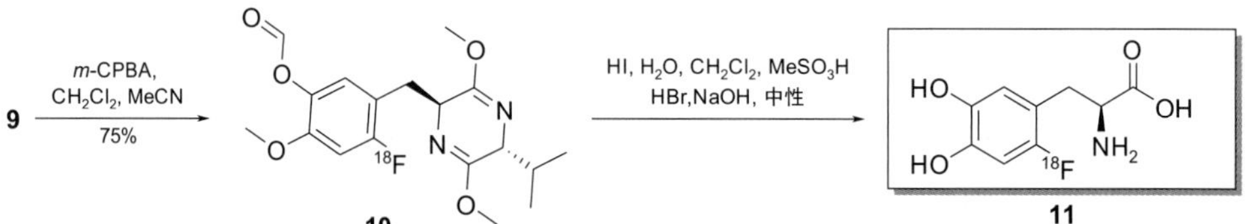

m-CPBA, CH_2Cl_2, MeCN
75%

10
CAS号 1206189-95-8

HI, H_2O, CH_2Cl_2, $MeSO_3H$
HBr,NaOH, 中性

11
fluorodopa F 18
CAS号 92812-82-3

原始文献： WO 2010008522, 2010.

参考文献

[1] Petzold J, Lee Y, Pooseh S, et al. Presynaptic dopamine function measured with [18F]fluorodopa and L-DOPA effects on impulsive choice. Sci Rep, 2019, 9(1):17927.

[2] Yanagisawa D, Oda K, Inden M, et al. Fluorodopa is a promising fluorine-19 MRI probe for evaluating striatal dopaminergic function in a rat model of parkinson's disease. J Neurosci Res, 2017, 95(7):1485-1494.

fosnetupitant（福沙吡坦）

药物基本信息

英文通用名	fosnetupitant
英文别名	07-PNET; fosnetupitant chloride
中文通用名	福沙吡坦
商品名	Akynzeo
CAS登记号	1643757-72-5 (HCl), 1703748-89-3 (游离态), 1643757-79-2 (柠檬酸盐), 1643757-81-6 (甲磺酸盐), 1643757-83-8 (钙盐), 1643757-84-9 (钠盐)
FDA 批准日期	4/19/2018
FDA 批准的API	fosnetupitant chloride
化学名	4-[5-{2-[3,5-bis(trifluoromethyl)phenyl]-*N*,2-dimethylpropanamido}-4-(2-methylphenyl)pyridin-2-yl]-1-methyl-1-[(phosphonooxy)methyl] piperaziniumchloride monohydrochloride
SMILES代码	O=P(OC[N+]1(C)CCN(C2=NC=C(N(C)C(C(C)(C3=CC(C(F)(F)F)=CC(C(F)(F)F)=C3)C)=O)C(C4=CC=CC=C4C)=C2)CC1)(O)O.[H]Cl.[Cl-]

化学结构和理论分析

化学结构	理论分析值
O P O HO OH N⁺ Cl⁻ N N N O H—Cl F F F F F F	化学式：$C_{31}H_{37}Cl_2F_6N_4O_5P$ 精确分子量：N/A 分子量：761.5242 元素分析：C, 48.89; H, 4.90; Cl, 9.31; F, 14.97; N, 7.36; O, 10.50; P, 4.07

药品说明书参考网页

生产厂家产品说明书、美国药品网、美国处方药网页。

药物简介

药品 AKYNZEO® 目前有两种型号的产品：① AKYNZEO® 胶囊，用于口服，活性成分是：netupitant 和 palonosetron。② AKYNZEO® 注射液，静脉使用，活性成分为 fosnetupitant 和 palonosetron。

AKYNZEO® 胶囊含有 300mg netupitant、0.5mg palonosetron。Netupitant 是一种 P / 神经激肽 1（NK-1）受体拮抗剂。Palonosetron 是一种 5- 羟色胺 3（5-HT3）受体拮抗剂。Netupitant 和 palonosetron 都是抗恶心和止吐药。Netupitant 是一种白色至类白色结晶性粉末。它易溶于甲苯和丙酮，易溶于异丙醇和乙醇，微溶于水。

Palonosetron 是一种白色至类白色结晶性粉末。它易溶于水，可溶于丙二醇，微溶于乙醇和 2-丙醇。每个 AKYNZEO 胶囊的非活性成分为丁基化羟基茴香醚（BHA）、交联羧甲基纤维素钠、明胶、甘油、硬脂酸镁、微晶纤维素、辛酸 / 癸酸的甘油单酯和甘油二酯、聚甘油二油酸酯、聚维酮 K-30、纯净水、红色氧化铁、二氧化硅、硬脂富马酸钠、山梨糖醇、蔗糖脂肪酸酯、二氧化钛和黄色氧化铁。它可能含有微量的中链甘油三酸酯、卵磷脂和变性乙醇。

注射用的 AKYNZEO 的活性成分是 235mg fosnetupitant/0.25mg palonosetron。Fosnetupitant 是 netupitant 的前药，它是 P/ 神经激肽 1（NK-1）受体拮抗剂。

Palonosetron HCl 是一种白色至类白色至淡黄色固体或粉末。其溶解度取决于 pH 值：在酸性 pH（pH=2）下，其溶解度为 1.4mg/mL；在碱性 pH 值（pH=10）下，其溶解度为 11.5mg / mL。注射用 AKYNZEO 可用于静脉输注，并以无菌冻干粉形式提供在单剂量小瓶中。每个小瓶包含 235mg 的 fosnetupitant（相当于 260mg fosnetupitant chloride）和 0.25mg 的 palonosetron（相当于 0.28mg 的 palonosetron HCl）。非活性成分为乙二胺四乙酸二钠（6.4mg）、甘露醇（760mg）、氢氧化钠和 / 或盐酸（用于调节 pH 值）。

AKYNZEO 胶囊与地塞米松 (dexamethasone) 联合使用，可预防与癌症化疗的初始和重复过程相关的急性和延迟的恶心和呕吐，包括但不限于高致呕性化疗。

注射用 AKYNZEO 与地塞米松合用可预防急性和延迟的恶心和呕吐。

药品上市申报信息

该药物目前有 1 种产品上市。

药品注册申请号：210493
申请类型：NDA（新药申请）
申请人：HELSINN HLTHCARE
申请人全名：HELSINN HEALTHCARE SA

产品信息

产品号	商品名	活性成分	剂型 / 给药途径	规格 / 剂量	参比药物 (RLD)	生物等效参考标准 (RS)	治疗等效代码
001	AKYNZEO	fosnetupitant chloride hydrochloride; palonosetron hydrochloride	粉末剂 / 静脉注射	等量 235mg 游离碱；等量 0.25mg 游离碱	是	是	否

与本品相关的专利信息（来自 FDA 橙皮书 Orange Book）

关联产品号	专利号	专利过期日	是否物质专利	是否产品专利	专利用途代码	撤销请求	提交日期
001	10208073	2032/05/23			U-2301		2019/03/08
	8426450	2032/05/23	是	是			2018/05/17
	8895586	2032/05/23			U-2301		2018/05/17
	9186357	2030/11/18			U-2301		2018/05/17
	9403772	2032/05/23	是		U-2301		2018/05/17
	9908907	2032/05/23	是	是			2018/05/17

与本品相关的市场独占权保护信息

关联产品号	独占权代码	失效日期	备注
001	NCE	2023/04/19	

合成路线

以下合成路线来源于 Helsinn Healthcare 公司 Fadini Luca 等人 2013 年的专利申请书。目标化合物 **18** 以化合物 **1** 和化合物 **2** 为原料，经过 12 步合成反应而得。该合成路线中，值得注意的合成反应有：①化合物 **1** 与格式试剂化合物 **2** 反应，反应产物是化合物 **3**，格式试剂 **2** 不与化合物 **1** 分子中的羧基反应。②化合物 **6** 的酰胺基团在 NBS 的作用下发生 Hoffman 重排反应，得到相应的化合物 **8**。③化合物 **8** 分子中的 *N*- 甲酸甲酯基团被还原后，变成 *N*-CH_3 基团。

1 CAS号 5326-23-8 + **2** CAS号 33872-80-9 → (THF, 51%) **3** CAS号 342416-99-3 → ($SOCl_2$, NH_3, H_2O, 98%) **4** CAS号 342417-00-9

4 + **5** CAS号 109-01-3 → (95%) **6**

6 CAS号 342417-01-0 + **7** CAS号 128-08-5 → (MeONa, MeOH, DCM, 100%) **8** CAS号 342417-02-1 → (DCM, Red-Al, 89%) **9** CAS号 290297-25-5

草酰氯, DCM, 86%

10 CAS号 289686-70-0

11 CAS号 289686-69-7

9 CAS号 290297-25-5

DCM, EDPA, 81%

12 CAS号 290297-26-6

$KMnO_4$, HCl

NBu_4OH, MeOH

CH_2ICl

13 CAS号 13086-84-5

14 CAS号 33494-81-4

15 CAS号 34075-24-6

16 CAS号 229625-50-7

16 + 12

NaI, Acetate, N_2, 50%

HCl, MeOH, 回流, 88%

12 CAS号 290297-26-6

17 CAS号 1703749-32-9

18 fosnetupitant HCl CAS号 1643757-72-5

原始文献： WO2013082102, 2013.

参考文献

[1] Schwartzberg L, Navari R, Clark-Snow R, et al. Phase Ⅲb safety and efficacy of intravenous NEPA for prevention of chemotherapy-induced nausea and vomiting (CINV) in patients with breast cancer receiving initial and repeat cycles of anthracycline and cyclophosphamide (AC) chemotherapy. Oncologist, 2020, 25(3):e589-e597.

[2] Kurteva G, Chilingirova N, Rizzi G, et al. Pharmacokinetic profile and safety of intravenous NEPA, a fixed combination of fosnetupitant and palonosetron, in cancer patients: prevention of chemotherapy- induced nausea and vomiting associated with highly emetogenic chemotherapy. Eur J Pharm Sci, 2019, 139:105041.

fostamatinib（福沙替尼）

药物基本信息

英文通用名	fostamatinib
英文别名	R935788; R-935788; R 935788; R788; R 788; R-788 sodium; R935788 sodium; fostamatinib sodium; fostamatinib disodium hexahydrate; prodrug of R-406
中文通用名	福沙替尼
商品名	Tavalisse
CAS登记号	1025687-58-4 (钠盐), 901119-35-5 (游离态), 914295-16-2 (钠盐水合物)
FDA 批准日期	4/17/2018
FDA 批准的API	fostamatinib disodium hexahydrate
化学名	(6-((5-fluoro-2-((3,4,5-trimethoxyphenyl)amino)pyrimidin-4-yl)amino)-2,2-dimethyl-3-oxo-2,3-dihydro-4*H*-pyrido(3,2-b)-1,4-oxazin-4-yl)methyl disodium phosphate hexahydrate
SMILES代码	O=P([O-])([O-])OCN1C2=NC(NC3=NC(NC4=CC(OC)=C(OC)C(OC)=C4)=NC=C3F)=CC=C2OC(C)(C)C1=O.[H]O[H].[H]O[H].[H]O[H].[H]O[H].[H]O[H].[H]O[H].[Na+].[Na+]

化学结构和理论分析

化学结构	理论分析值
OH HO−P=O O H N N H N N N O O O N F O O	化学式：$C_{23}H_{26}FN_6O_9P$ 精确分子量：580.1483 分子量：580.4662 元素分析：C, 47.59; H, 4.51; F, 3.27; N, 14.48; O, 24.81; P, 5.34

药品说明书参考网页

生产厂家产品说明书、美国药品网、美国处方药网页。

药物简介

TAVALISSE ™是一种口服片剂药物，活性成分是 fostamatinib disodium hexahydrate。

Fostamatinib 是酪氨酸激酶抑制剂。Fostamatinib 是一种磷酸盐前药，可在体内转化为其药理活性代谢物 R406。Fostamatinib disodium hexahydrate 是一种白色至类白色粉末，几乎不溶于 pH=1.2 的水性缓冲液，微溶于水，可溶于甲醇。每种 TAVALISSE 口服片剂含有 100mg 或 150mg 的 fostamatinib，分别相当于 126.2mg 或 189.3mg 的 fostamatinib disodium hexahydrate。

片剂核心中的非活性成分是甘露醇、碳酸氢钠、羟乙酸淀粉钠、聚维酮和硬脂酸镁。薄膜包衣中的非活性成分是聚乙烯醇、二氧化钛、聚乙二醇 3350、滑石粉、氧化铁黄和氧化铁红。

TAVALISSE 用于治疗慢性免疫性血小板减少症（ITP）的成年患者的血小板减少症，他们对先前的治疗反应不足。

Fostamatinib 是一种酪氨酸激酶抑制剂，具有抗脾酪氨酸激酶（SYK）的活性。Fostamatinib 的主要代谢产物 R406 抑制 Fc 激活受体和 B 细胞受体的信号转导。Fostamatinib 代谢物 R406 可减少抗体介导的血小板破坏。

药品上市申报信息

该药物目前有 2 种产品上市。

药品注册申请号: 209299
申请类型: NDA (新药申请)
申请人: RIGEL PHARMS INC
申请人全名: RIGEL PHARMACEUTICALS INC

产品信息

产品号	商品名	活性成分	剂型 / 给药途径	规格 / 剂量	参比药物 (RLD)	生物等效参考标准 (RS)	治疗等效代码
001	TAVALISSE	fostamatinib disodium	片剂 / 口服	等量 100mg 游离碱	是	否	否
002	TAVALISSE	fostamatinib disodium	片剂 / 口服	等量 150mg 游离碱	是	是	否

与本品相关的专利信息（来自 FDA 橙皮书 Orange Book）

关联产品号	专利号	专利过期日	是否物质专利	是否产品专利	专利用途代码	撤销请求	提交日期
001	7449458	2026/09/04	是				2018/05/16
	7538108	2026/03/28	是		U-2294		2018/05/16
	7989448	2026/06/12	是		U-2294		2018/05/16
	8163902	2026/06/17	是		U-2294		2018/05/16
	8211889	2026/01/19	是				2018/05/16
	8263122	2030/11/24		是			2018/05/16
	8445485	2026/06/17		是			2018/05/16
	8652492	2028/11/06		是			2018/05/16
	8771648	2032/07/27		是			2018/05/16
	8912170	2026/06/17			U-2294		2018/05/16
	8951504	2032/07/27			U-2294		2018/05/16
	9266912	2026/01/19			U-2294		2018/05/16
	9283238	2026/06/17			U-2294		2018/05/16
	9737554	2026/01/19		是			2018/05/16

续表

关联产品号	专利号	专利过期日	是否物质专利	是否产品专利	专利用途代码	撤销请求	提交日期
002	7449458	2026/09/04	是				2018/05/16
	7538108	2026/03/28	是		U-2294		2018/05/16
	7989448	2026/06/12	是		U-2294		2018/05/16
	8163902	2026/06/17	是		U-2294		2018/05/16
	8211889	2026/01/19	是				2018/05/16
	8263122	2030/11/24		是			2018/05/16
	8445485	2026/06/17		是			2018/05/16
	8652492	2028/11/06		是			2018/05/16
	8771648	2032/07/27		是			2018/05/16
	8912170	2026/06/17			U-2294		2018/05/16
	8951504	2032/07/27			U-2294		2018/05/16
	9266912	2026/01/19			U-2294		2018/05/16
	9283238	2026/06/17			U-2294		2018/05/16
	9737554	2026/01/19		是			2018/05/16

与本品相关的市场独占权保护信息

关联产品号	独占权代码	失效日期	备注
001	ODE-174	2025/04/17	
	NCE	2023/04/17	
002	ODE-174	2025/04/17	
	NCE	2023/04/17	

合成路线 1

以下合成路线来源于 Rigel Pharmaceuticals 公司 Felfer Ulfried 等人 2011 年发表的专利申请书。目标化合物 **6** 是以化合物 **1** 和化合物 **2** 为原料，经过 3 步合成反应而得。

1 CAS号 33494-80-3 + **2** CAS号 49715-04-0 → ($Bu_4N^+ \cdot HSO_4^-$, H_2O, CH_2Cl_2, 91%) **3** CAS号 229625-50-7

3 + **4** CAS号 841290-80-0 → (Cs_2CO_3, $AcNMe_2$, 74%) **5**

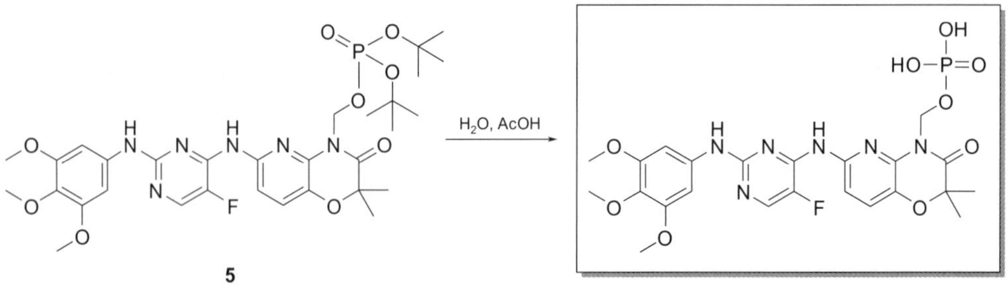

H_2O, AcOH

5
CAS号 901119-38-8

6
fostamatinib
CAS号 901119-35-5

原始文献：WO 2011002999, 2011.

合成路线 2

以下合成路线来源于 Rigel Pharmaceuticals 公司 Grossbard Elliott 等人 2015 年发表的论文。目标化合物 **13** 是以化合物 **1** 为原料，经过 8 步合成反应而得。该合成路线中值得注意的合成反应有：①化合物 **1** 的溴代反应发生在羟基的对位，这主要是由于化合物 **1** 分子中的硝基吸电子效应所致。②化合物 **4** 分子中的硝基被还原成氨基后，马上与分子中的酯基发生分子内环合，得到化合物 **5**。③化合物 **6** 分子中的氨基选择性与化合物 **7** 分子中的一个氯原子（邻近氟原子）亲核取代，得到化合物 **8**。④化合物 **9** 分子中的氨基与化合物 **8** 分子中的氯原子在酸性条件下发生亲核取代反应，得到化合物 **10**。

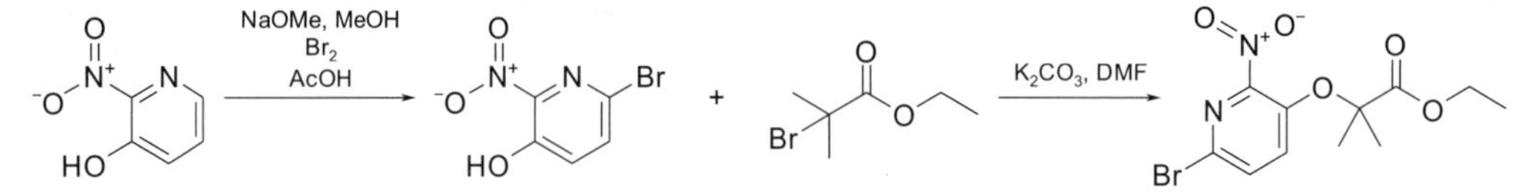

NaOMe, MeOH, Br_2, AcOH; K_2CO_3, DMF

1
CAS号 15128-82-2

2
CAS号 443956-08-9

3
CAS号 600-00-0

4
CAS号 1303588-10-4

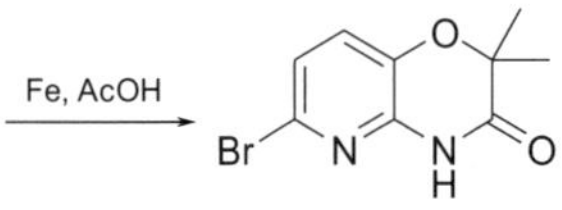

Fe, AcOH

5
CAS号 1196153-28-2

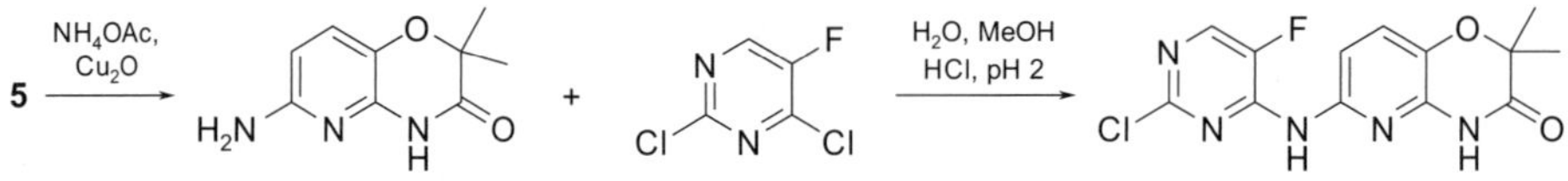

NH_4OAc, Cu_2O; H_2O, MeOH, HCl, pH 2

6
CAS号 1002726-62-6

7
CAS号 2927-71-1

8
CAS号 575484-83-2

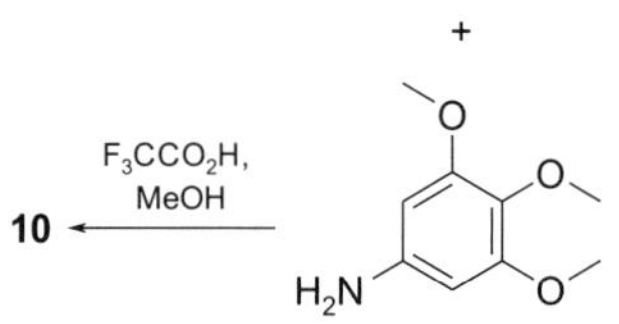

F_3CCO_2H, MeOH

9
CAS号 24313-88-0

Cs_2CO_3, DMF, 55%

10
CAS号 841290-80-0

11
CAS号 229625-50-7

H_2O, AcOH, 100%

12
CAS号 901119-38-8

13
fostamatinib
CAS号 901119-35-5

原始文献： Bioorg & Med Chem Lett, 2015, 25(10), 2122-2128.

参考文献

[1] McBride A, Nayak P, Kreychman Y, et al. Fostamatinib disodium hexahydrate: a novel treatment for adult immune thrombocytopenia. Am J Manag Care, 2019, 25(19 Suppl):S347-S358.

[2] Kang Y, Jiang X, Qin D, et al. Efficacy and safety of multiple dosages of fostamatinib in adult patients with rheumatoid arthritis: a systematic review and meta-analysis. Front Pharmacol, 2019, 10:897.

Ga-68-dotatoc（镓 68- 依曲肽）

药物基本信息

英文通用名	Ga-68-dotatoc
英文别名	Ga68-edotreotide; Ga68-SMT-487; Ga68-SMT 487; Ga68-SMT487; 68Ga-DOTA-d-Phe1-Tyr3-octreotide; 68Ga-DOTA-TOC Ga-68 DOTA0-Tyr3-octreotide; Ga-68 dotatoc; Ga-68-[Tyr3]-octreotide; Ga-68-DOTA-TOC; Ga-68-DOTA-tyr(3)-octreotide; gallium Ga 68-dotatoc
中文通用名	镓68-依曲肽
商品名	Gallium dotatoc Ga 68
CAS登记号	459831-08-4 (G68络合物), 204318-14-9 (配体)
FDA 批准日期	8/21/2019
FDA 批准的API	Ga-68-dotatoc

化学名	Gallium-68 labeled 2-[4-[2-[[(2*R*)-1-[[(4*R*,7*S*,10*S*,13*R*,16*S*,19*R*)-10-(4-aminobutyl)-4-[[(2*R*,3*R*)-1,3dihydroxybutan-2-yl]carbamoyl]-7-[(1*R*)-1-hydroxyethyl]-16-[(4-hydroxyphenyl)methyl]-13-(1*H*-indol3-ylmethyl)-6,9,12,15,18-pentaoxo-1,2-dithia-5,8,11,14,17-pentazacycloicos-19-yl]amino]-1-oxo-3phenylpropan-2-yl]amino]-2-oxoethyl]-7,10-bis(carboxymethyl)-1,4,7,10-tetrazacyclododec-1-yl]acetic acid
SMILES代码	O=C([O-])C[N@@]12CC[N](CC(N[C@H](CC3=CC=CC=C3)C(N[C@@H]4C(N[C@@H](CC5=CC=C(O)C=C5)C(N[C@H](CC6=CNC7=C6C=CC=C7)C(N[C@@H](CCCCN)C(N[C@@H]([C@H](O)C)C(N[C@H](C(N[C@@H]([C@H](O)C)CO)=O)CSSC4)=O)=O)=O)=O)=O)=O)=O)([Ga+3]892)CC[N@]8(CC([O-])=O)CC[N]9(CC([O-])=O)CC1

化学结构和理论分析

化学结构	理论分析值
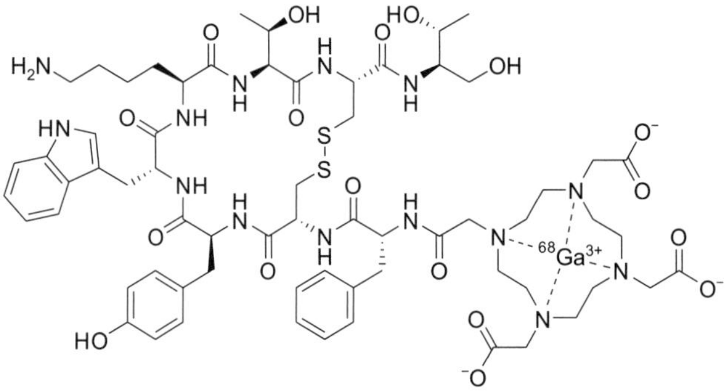	化学式：$C_{65}H_{89}GaN_{14}O_{18}S_2$ 精确分子量：N/A 分子量：1488.3500 元素分析：C, 52.46; H, 6.03; Ga, 4.68; N, 13.18; O, 19.35; S, 4.31

药品说明书参考网页

美国药品网、美国处方药网页。

药物简介

Ga 68 dotatoc 注射剂是用于静脉内给药的放射性诊断剂。它在校准时含有 3.6μg / mL（DOTA-0-Phe1-Tyr3）奥曲肽，18.5MBq/mL 至 148MBq/mL（0.5 ～ 4mCi/mL）的 Ga 68 dotatoc 和乙醇（10%，体积分数）在氯化钠（9mg/mL）溶液（约 14mL 体积）中。Ga 68 dotatoc 注射液是一种无菌、无热原、澄清、无色的缓冲溶液，pH 值为 4 ～ 8。

Ga 68 dotatoc，也称为镓 68（DOTA0-Phe1-Tyr3）奥曲肽，是具有共价结合螯合剂（DOTA）的环状 8 个氨基酸的肽。该肽具有氨基酸序列：H-D-PheCys-Tyr-D-Trp-Lys-Thr-Cys-Thr-OH，并含有一个二硫键。

Ga 68 dotatoc 注射剂可与正电子发射断层扫描（PET）一起用于成人和儿科患者中生长抑素受体阳性神经内分泌肿瘤（NETs）的定位。

药品上市申报信息

该药物目前有 1 种产品上市。

药品注册申请号：210828
申请类型：NDA（新药申请）
申请人：UIHC PET IMAGING
申请人全名：UNIV IOWA HOSPS AND CLINICS PET IMAGING CENTER

产品信息

产品号	商品名	活性成分	剂型 / 给药途径	规格 / 剂量	参比药物 (RLD)	生物等效参考标准 (RS)	治疗等效代码
001	GALLIUM DOTATOC Ga 68	gallium dotatoc Ga-68	液体 / 静脉注射	0.5 ～ 4mCi/mL	是	是	否

与本品相关的市场独占权保护信息

关联产品号	独占权代码	失效日期	备注
001	W	2024/08/21	
	NCE	2024/08/21	

合成路线

Ga 68-dotatoc 是一种环肽和金属离子 Ga-68 的络合物。按标准多肽合成方法合成相应的环肽后，再与 Ga-68 盐反应就可获得目标产品。本文就不再介绍其合成方法。

参考文献

[1] Kim M R, Shim H K. Long-term follow-up of a patient with primary presacral neuroendocrine tumor: a case report with literature review. Am J Case Rep, 2019, 20:1969-1975.
[2] Graf J, Pape U F, Jann H, et al. Prognostic significance of somatostatin receptor heterogeneity in progressive neuroendocrine tumor treated with Lu-177 DOTATOC or Lu-177 DOTATATE. Eur J Nucl Med Mol Imaging, 2020, 47(4):881-894.

gilteritinib（吉利替尼）

药物基本信息

英文通用名	gilteritinib
英文别名	gilteritinib hemifumarate; gilteritinib fumarate; ASP-2215; ASP2215; ASP 2215
中文通用名	吉利替尼
商品名	Xospata
CAS登记号	1254053-43-4 (游离碱), 1254053-84-3 (富马酸盐)
FDA 批准日期	11/28/2018

FDA 批准的API	gilteritinib hemifumarate
化学名	6-ethyl-3-((3-methoxy-4-(4-(4-methylpiperazin-1-yl)piperidin-1-yl)phenyl)amino)-5-((tetrahydro-2H-pyran-4-yl)amino)pyrazine-2-carboxamide hemifumarate
SMILES代码	O=C(C1=NC(CC)=C(NC2CCOCC2)N=C1NC3=CC=C(N4CCC(N5CCN(C)CC5)CC4)C(OC)=C3)N.O=C(O)/C=C/C(O)=O.O=C(C6=NC(CC)=C(NC7CCOCC7)N=C6NC8=CC=C(N9CCC(N%10CCN(C)CC%10)CC9)C(OC)=C8)N

化学结构和理论分析

化学结构	理论分析值
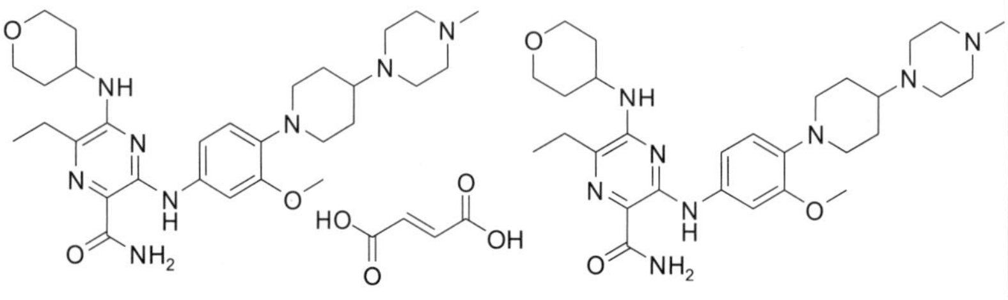	化学式：$C_{62}H_{92}N_{16}O_{10}$ 精确分子量：N/A 分子量：1221.52 元素分析：C, 60.96; H, 7.59; N, 18.35; O, 13.10

药品说明书参考网页

生产厂家产品说明书、美国药品网、美国处方药网页。

药物简介

Gilteritinib 是一种酪氨酸激酶抑制剂。Gilteritinib hemifumarate 为淡黄色至黄色粉末或结晶，微溶于水，微溶于无水乙醇。

XOSPATA 是一种口服片剂。每片含有 40mg 的 gilteritinib 游离碱（相当于 44.2mg gilteritinib hemifumarate）。非活性成分是甘露醇、羟丙基纤维素、低取代的羟丙基纤维素、硬脂酸镁、羟丙甲纤维素、滑石粉、聚乙二醇、二氧化钛和三氧化二铁。

XOSPATA 适用于治疗已复发或难治性急性髓性白血病（AML）且具有 FMS 样酪氨酸激酶 3（FLT3）突变的成年患者。

Gilteritinib 是一种抑制多种受体酪氨酸激酶 [包括 FMS 样酪氨酸激酶 3（FLT3）] 的小分子。

Gilteritinib 具有抑制外源表达 FLT3 的细胞 [包括 FLT3-ITD，酪氨酸激酶结构域突变（TKD）FLT3-D835Y 和 FLT3-ITD-D835Y]，进而抑制 FLT3 受体信号转导和增殖的能力，并能诱导表达 FLT3-ITD 的白血病细胞凋亡。

药品上市申报信息

该药物目前有 1 种产品上市。

药品注册申请号：211349
申请类型：NDA（新药申请）

申请人：ASTELLAS
申请人全名：ASTELLAS PHARMA US INC

产品信息

产品号	商品名	活性成分	剂型 / 给药途径	规格 / 剂量	参比药物 (RLD)	生物等效参考标准 (RS)	治疗等效代码
001	XOSPATA	gilteritinib fumarate	片剂 / 口服	等量 40mg 游离碱	是	是	否

与本品相关的专利信息（来自 FDA 橙皮书 Orange Book）

关联产品号	专利号	专利过期日	是否物质专利	是否产品专利	专利用途代码	撤销请求	提交日期
001	8969336	2031/01/27	是	是			2018/12/18
	9487491	2030/07/28			U-2456		2018/12/18

与本品相关的市场独占权保护信息

关联产品号	独占权代码	失效日期	备注
001	ODE-222	2025/11/28	
	NCE	2023/11/28	

合成路线 1

以下合成路线来源于 Shanghai Haoyuan Medchemexpress 公司 Yue Qinglei 等人 2016 年的专利申请书。目标化合物 **6** 以化合物 **1** 和化合物 **2** 为原料，经过 3 步合成反应而得。

1
CAS号 2043020-03-5

2
CAS号 33024-60-1

$EtN(Pr\text{-}i)_2$, THF, 87%

3
CAS号 2043019-98-1

4
CAS号 1254058-34-8

K_2CO_3, Xantphos, $Pd(OAc)_2$, 二噁烷, 80%

5
CAS号 2043019-99-2

NaOH, H_2O_2, EtOH, DMSO, 85%

6
gilteritinib
CAS号 1254053-43-4

原始文献： CN 106083821, 2016.

合成路线 2

以下合成路线来源于 Astellas Pharma 公司 Shimada Itsuro 等人 2011 年的专利申请书。目标化合物 **7** 以化合物 **1** 和化合物 **2** 为原料，经过 4 步合成反应而得。

原始文献： WO 2010128659, 2011.

参考文献

[1] Levis M, Perl A E. Gilteritinib: potent targeting of FLT3 mutations in AML. Blood Adv, 2020, 4(6):1178-1191.

[2] Tarver T C, Hill J E, Rahmat L, et al. Gilteritinib is a clinically active FLT3 inhibitor with broad activity against FLT3 kinase domain mutations. Blood Adv, 2020, 4(3):514-524.

吉利替尼核磁谱图

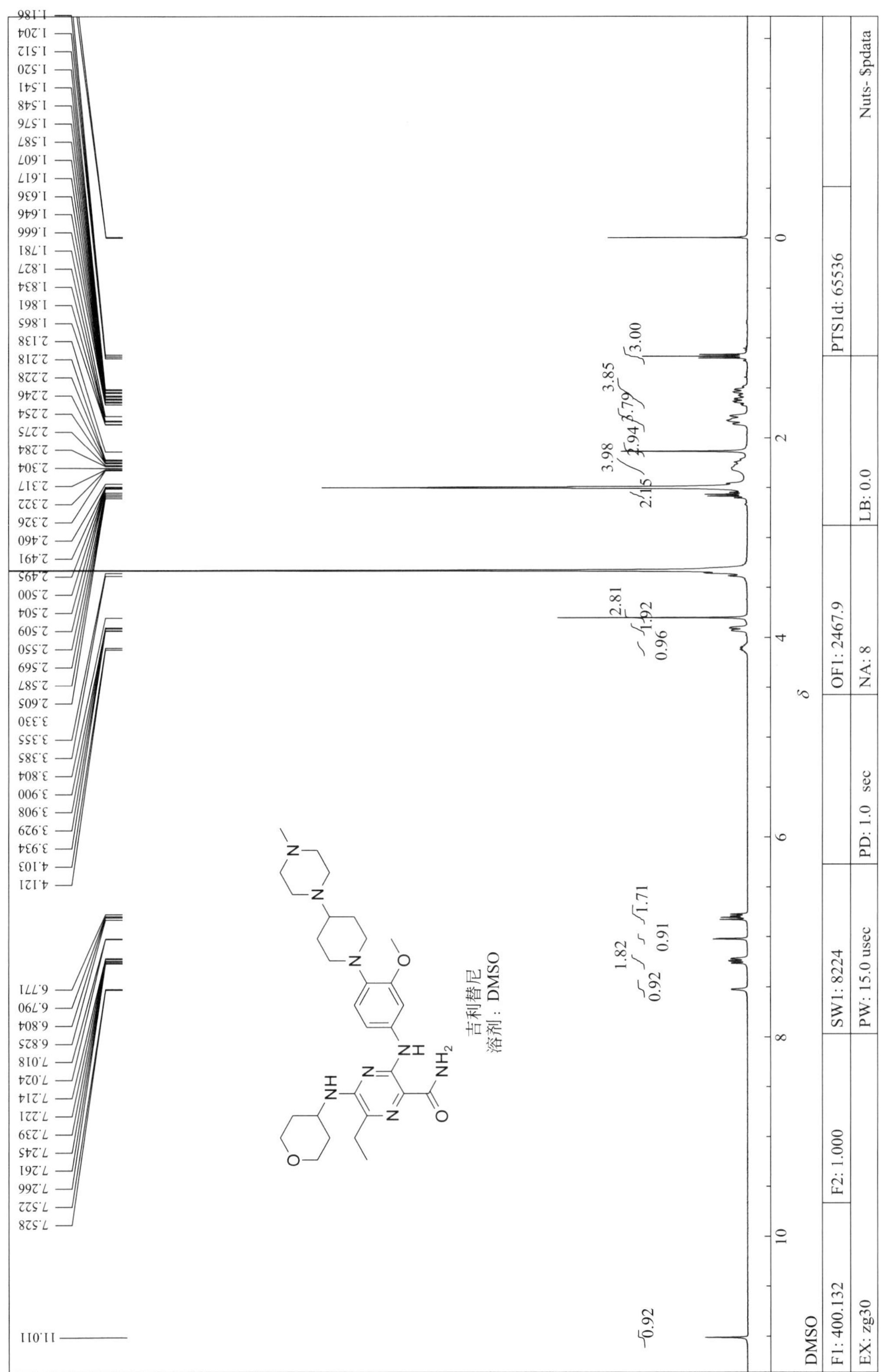

吉利替尼
溶剂：DMSO
DMSO
F1: 400.132
F2: 1.000
SW1: 8224
OF1: 2467.9
PTS1d: 65536
EX: zg30
PW: 15.0 usec
PD: 1.0 sec
NA: 8
LB: 0.0
Nuts- $pdata

glasdegib（吉拉吉布）

药物基本信息

英文通用名	glasdegib
英文别名	PF04449913; PF-04449913; PF 04449913; PF4449913; PF-4449913; PF 4449913
中文通用名	吉拉吉布
商品名	Daurismo
CAS登记号	1095173-27-5 (游离碱), 2030410-25-2 (马来酸盐), 1095173-64-0 (盐酸盐), 1352568-48-9 (二盐酸盐)
FDA 批准日期	11/21/2018
FDA 批准的API	glasdegib maleate
化学名	1-((2*R*,4*R*)-2-(1*H*-benzo[d]imidazol-2-yl)-1-methylpiperidin-4-yl)-3-(4-cyanophenyl)urea maleate
SMILES代码	O=C(NC1=CC=C(C#N)C=C1)N[C@H]2C[C@H](C3=NC4=CC=CC=C4N3)N(C)CC2.O=C(O)/C=C\C(O)=O

化学结构和理论分析

化学结构	理论分析值
	化学式：$C_{25}H_{26}N_6O_5$ 精确分子量：N/A 分子量：490.52 元素分析：C, 61.22; H, 5.34; N, 17.13; O, 16.31

药品说明书参考网页

生产厂家产品说明书、美国药品网、美国处方药网页。

药物简介

DAURISMO 的活性成分是 glasdegib maleate。纯的 glasdegib maleate 是一种白色至浅色粉末，pK_a 值为 1.7 和 6.1。Glasdegib maleate 的水溶性为 1.7mg/mL。

DAURISMO 是一种薄膜包衣片剂，供口服使用，其中包含 100mg glasdegib（相当于 131.1mg glasdegib maleate）或 25mg glasdegib（相当于 32.8mg glasdegib maleate）以及微晶纤维素、无水磷酸氢钙、乙醇酸淀粉钠和硬脂酸镁作为片剂中的非活性成分。薄膜包衣由 OpadryII®Beige（33G170003）和 OpadryII®Yellow（33G120011）组成，其中包含：羟丙甲纤维素，二氧化钛，乳糖一水合物，聚乙二醇，三乙酸甘油酯，氧化铁黄和氧化铁红。

DAURISMO 与低剂量阿糖胞苷（cytarabine）合用，可用于治疗≥ 75 岁或患有合并症而不能使用强化诱导化疗的成年患者中的新诊断的急性髓细胞性白血病（AML）。

Glasdegib 是一种 hedgehog 信号通路抑制剂。Glasdegib 可结合并抑制“Smoothened”蛋白（一种参与 hedgehog 信号转导的跨膜蛋白）。

在人 AML 的小鼠异种移植模型中，glasdegib 与低剂量阿糖胞苷合用，比单独使用 glasdegib 或低剂量阿糖胞苷具有更大的抑制肿瘤效果，同时可减少 CD45 + / CD33 + 母细胞的增殖百分比。

药品上市申报信息

该药物目前有 2 种产品上市。

药品注册申请号: 210656
申请类型: NDA（新药申请）
申请人: PFIZER INC
申请人全名: PFIZER INC

产品信息

产品号	商品名	活性成分	剂型 / 给药途径	规格 / 剂量	参比药物 (RLD)	生物等效参考标准 (RS)	治疗等效代码
001	DAURISMO	glasdegib maleate	片剂 / 口服	等量 25mg 游离碱	是	否	否
002	DAURISMO	glasdegib maleate	片剂 / 口服	等量 100mg 游离碱	是	是	否

与本品相关的专利信息（来自 FDA 橙皮书 Orange Book）

关联产品号	专利号	专利过期日	是否物质专利	是否产品专利	专利用途代码	撤销请求	提交日期
001	10414748	2036/04/13	是	是			2019/10/11
	8148401	2031/01/30	是	是			2018/12/18
	8431597	2028/06/29		是			2018/12/18
002	10414748	2036/04/13	是	是			2019/10/11
	8148401	2031/01/30	是	是			2018/12/18
	8431597	2028/06/29		是			2018/12/18

与本品相关的市场独占权保护信息

关联产品号	独占权代码	失效日期	备注
001	NCE	2023/11/21	
	ODE-224	2025/11/21	
002	NCE	2023/11/21	
	ODE-224	2025/11/21	

合成路线 1

以下合成路线来源于 Pfizer 公司 Peng Zhihui 等人 2014 年发表的论文。目标化合物 **21** 以化合物 **1** 和化合物 **2** 为原料，经过 11 步合成反应而得。该合成路线中，值得注意的合成反应有：①化合物 **9** 分子中咪唑环上的 CH 基因在锂试剂作用下，变成碳负离子，再与化合物 **6** 发生亲核加成反应，得到化合物 **10**。②化合物 **13** 与化合物 **14** 的反应在转氨酶的作用下，得到立体专一的产物

15。③化合物 **15** 与化合物 **16** 反应，得到 2 个化合物：**17** 和 **18**。

1 CAS号 873-74-5 + **2** CAS号 530-62-1 —(DBU, PhMe, 99%)→ **3** CAS号 204390-13-6

3 + **4** CAS号 620-08-6, **5** CAS号 333-27-7 —(CH_2Cl_2, *t*-BuOMe, 99%)→ **6** CAS号 1542131-22-5

7 CAS号 51-17-2 + **8** CAS号 98-59-9 —(Et_3N, AcOEt, H_2O, 90%)→ **9** CAS号 15728-44-6 + **6** CAS号 1542131-22-5

—($LiN(Pr\text{-}i)_2$, PhEt, THF, $Me(CH_2)_5Me$)→ **10** CAS号 1542131-25-8 —(H_3PO_4, H_2O, KOH)→ **11**

11 CAS号 1542131-23-6 —($(t\text{-BuO})_3AlH\cdot Li$, CuBr, THF; 柠檬酸, NaOH, H_2O, 90%)→ **12** CAS号 1542131-24-7 —(HCl, H_2O, THF, 95%)→ **13** (2 HCl) CAS号 1542131-27-0

13 + **14** CAS号 75-31-0 —(甲酸钠, NaOH, 转氨酶, 磷酸吡哆醛, H_2O, DMSO, 85%)→ **15**

15 CAS号 1352568-44-5 + **16** CAS号 24424-99-5 —(Et_3N, H_2O, THF, DMSO)→

17 + 18 + 19 —AcOEt→ 20

17
CAS号 1542131-31-6

18
CAS号 1542131-30-5

19
CAS号 104-15-4

20 + 3 —1*H*-咪唑, Et_3N, THF, 90%→

20
CAS号 1542131-32-7

3
CAS号 204390-13-6

21
glasdegib
CAS号 1095173-27-5

原始文献： Org Let, 2014, 16(3):860-863.

合成路线 2

以下合成路线来源于 Munchhof LLC 公司 Michael J. Munchhof 等人 2012 年发表的论文。目标化合物 **11** 以化合物 **1** 和化合物 **2** 为原料，经过 7 步合成反应而得。该合成路线中，值得注意的合成反应主要有：①叠氮负离子与化合物 **3** 分子中的甲磺酸酯基团发生亲核取代反应，同时构型翻转，得到相应的叠氮化合物 **4**。②化合物 **10** 分子中的氨基与酰胺基团上的羰基发生分子内环合反应，得到相应的苯并咪唑化合物，在 TFA 作用下脱去叔丁氧羰基保护基后，经过硼氢化试剂还原得到目标化合物 **11**。

1 + 2 —4-DMAP, C_5H_5N, 98%→ 3 —NaN_3, DMF, 98%→

1
CAS号 321744-26-7

2
CAS号 124-63-0

3
CAS号 405229-64-3

4 —H_2, Pd, MeOH, 96%→ 5

4
CAS号 1095173-08-2

5
CAS号 778646-95-0

6
CAS号 40465-45-0

Et_3N, THF
NH_3, MeOH
90%

7
CAS号 1095173-19-5

LiOH, H_2O,
MeOH, THF
HCl, pH=3
99%

8
CAS号 1095173-20-8

BOP试剂,
EtN(Pr-*i*)$_2$, DMF
93%

9
CAS号 95-54-5

10
CAS号 1095173-26-4

AcOH, CH_2O
F_3CCO_2H
H_2O, MeOH
$NaBH_3CN$, THF
73%

11
glasdegib
CAS号 1095173-27-5

原始文献： ACS Med Chem Lett, 2012, 3(2): 106-111.

合成路线 3

以下合成路线来源于 Pfizer 公司 Michael J. Munchhof 等人 2009 年发表的论文。目标化合物 **9** 以化合物 **1** 为原料，经过 6 步合成反应而得。

NaN_3, DMF
98%

1
CAS号 321744-26-7

2
CAS号 1095173-08-2

H_2, Pd, MeOH
96%

3
CAS号 778646-95-0

Et_3N, THF
NH_3, MeOH
90%

4
CAS号 40465-45-0

LiOH, H_2O, MeOH, THF, HCl, pH 3, 99%

BOP试剂, $EtN(Pr\text{-}i)_2$, DMF, 93%

5
CAS号 1095173-19-5

6
CAS号 1095173-20-8

7
CAS号 95-54-5

8
CAS号 1095173-26-4

CH_2O, AcOH, F_3CCO_2H, H_2O, MeOH; $NaBH_3CN$, THF, $NaHCO_3$, AcOEt, 73%

9
glasdegib
CAS号 1095173-27-5

原始文献： US 20090005416, 2009.

参考文献

[1] Thomas X, Heiblig M. An evaluation of glasdegib for the treatment of acute myelogenous leukemia. Expert Opin Pharmacother, 2020:1-8.

[2] Cortes J E, Dombret H, Merchant A. Glasdegib plus intensive/nonintensive chemotherapy in untreated acute myeloid leukemia: BRIGHT AML 1019 Phase III trials. Future Oncol, 2019, 15(31):3531-3545.

glecaprevir（格列卡韦）

药物基本信息

英文通用名	glecaprevir
英文别名	ABT-493; ABT493; ABT 493; A-1282576; A 1282576; A1282576; A-1282576.0
中文通用名	格列卡韦
商品名	Mavyret
CAS登记号	1365970-03-1 (游离态), 1838572-01-2 (水合物)
FDA 批准日期	8/3/2017
FDA 批准的API	glecaprevir hydrate

化学名	(3a*R*,7*S*,10*S*,12*R*,21E,24a*R*)-7-tert-butyl-*N*-{(1*R*,2*R*)-2(difluoromethyl)-1-[(1-methylcyclopropane-1-sulfonyl)carbamoyl]cyclopropyl}-20,20-difluoro5,8-dioxo-2,3,3a,5,6,7,8,11,12,20,23,24a-dodecahydro-1*H*,10*H*-9,12methanocyclopenta[18,19][1,10,17,3,6]trioxadiazacyclononadecino[11,12-b]quinoxaline-10carboxamide hydrate
SMILES代码	O=C([C@H]1N(C2)C([C@H](C(C)(C)C)NC(O[C@@](CCC3)([H])[C@]3([H])OC/C=C/C(F)(F)C4=NC5=CC=CC=C5N=C4O[C@]2([H])C1)=O)=O)N[C@@]6(C(NS(=O)(C7(C)CC7)=O)=O)[C@H](C(F)F)C6.[H]O[H]

化学结构和理论分析

化学结构	理论分析值
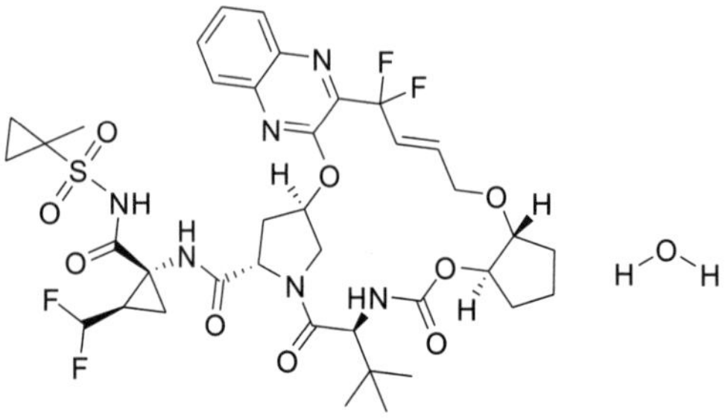	化学式：$C_{38}H_{48}F_4N_6O_{10}S$ 精确分子量：N/A 分子量：856.89 元素分析：C, 53.26; H, 5.65; F, 8.87; N, 9.81; O, 18.67; S, 3.74

药品说明书参考网页

生产厂家产品说明书、美国药品网、美国处方药网页。

药物简介

MAVYRET 是一种固定剂量的组合片剂，含有 glecaprevir 和 pibrentasvir，可以口服。Glecaprevir 是 HCV NS3 / 4A PI，而 pibrentasvir 是 HCV NS5A 抑制剂。

Glecaprevir / Pibrentasvir 薄膜包衣速释片每片含有 100mg 的 glecaprevir 和 40mg 的 pibrentasvir。Glecaprevir 和 pibrentasvir 以共同配制的固定剂量组合速释双层片剂形式提供。

片剂含有以下非活性成分：胶体二氧化硅，共聚维酮（K 型 28），交联羧甲基纤维素钠，羟丙甲纤维素 2910，氧化铁红，乳糖一水合物，聚乙二醇 3350，丙二醇单辛酸酯（Ⅱ型），硬脂富马酸钠，二氧化钛，以及维生素 E（生育酚）聚乙二醇琥珀酸酯。

Glecaprevir 是一种白色至类白色结晶性粉末，37℃下在 2 ～ 7 的 pH 值范围内溶解度小于 0.1 ～ 0.3mg/mL，几乎不溶于水，但微溶于乙醇。

Pibrentasvir 是一种白色、类白色至浅黄色的结晶性粉末，在 37℃ pH 值范围为 1 ～ 7 时，溶解度小于 0.1mg/mL，几乎不溶于水，但可自由溶于乙醇。

MAVYRET 适用于治疗 12 岁及 12 岁以上或体重至少 45kg 的慢性 C 型肝炎病毒（HCV）基因型 1、2、3、4、5 或 6 感染而无肝硬化或代偿性肝硬化的成人和儿童患者（儿童 -Pugh A）。

MAVYRET 适应证用于治疗 12 岁及以上或体重至少 45kg 的 HCV 基因 1 型感染的成年和儿科患者，这些患者先前曾接受过 HCV NS5A 抑制剂或 NS3 / 4A 蛋白酶抑制剂（PI）的治疗方案，但不能同时使用。

Glecaprevir 是一种 HCV NS3 / 4A 蛋白酶的抑制剂。HCV NS3 / 4A 蛋白酶对于 HCV 编码的多蛋白水解（即分解为 NS3、NS4A、NS4B、NS5A 和 NS5B 蛋白）是必需的，并且对病毒复制也至关重要。在生化分析中，glecaprevir 可抑制临床分离的 HCV 基因型 1a、1b、2a、2b、3a、4a、5a 和 6a 的临床分离株中重组 NS3 / 4A 酶的蛋白水解活性，IC_{50} 值在 3.5 ～ 11.3nmol/L 之间。

Pibrentasvir 是一种 HCV NS5A 的抑制剂。HCV NS5A 对病毒 RNA 复制和病毒体组装至关重要。

抗病毒活性：在 HCV 复制子测定中，glecaprevir 相对于实验室亚型和临床亚型 1a、1b、2a、2b、3a、4a、4d、5a 和 6a 的 EC_{50} 值，中值 EC_{50} 值为 0.08 ～ 4.6nmol/L。相对于来自亚型 1a、1b、2a、2b、3a、4a、4b、4d、5a、6a、6e 和 6p 的实验室和临床分离株，pibrentasvir 的 EC_{50} 值中位数为 0.5 ～ 4.3pmol/L。

联合抗病毒活性：在 HCV 基因 1 型复制子细胞培养试验中，glecaprevir 和 pibrentasvir 的组合评估显示抗病毒活性，而且无拮抗作用。

药品上市申报信息

该药物目前有 1 种产品上市。

药品注册申请号：209394
申请类型：NDA（新药申请）
申请人：ABBVIE INC
申请人全名：ABBVIE INC

产品信息

产品号	商品名	活性成分	剂型 / 给药途径	规格 / 剂量	参比药物 (RLD)	生物等效参考标准 (RS)	治疗等效代码
001	MAVYRET	glecaprevir; pibrentasvir	片剂 / 口服	100mg; 40mg	是	是	否

与本品相关的专利信息（来自 FDA 橙皮书 Orange Book）

关联产品号	专利号	专利过期日	是否物质专利	是否产品专利	专利用途代码	撤销请求	提交日期
001	10028937	2030/06/10			U-2532 U-2141		2018/08/24
	10039754	2030/06/10			U-2532 U-2141		2018/09/06
	10286029	2034/03/14			U-2532		2019/05/31
	8648037	2032/01/19	是	是	U-2141 U-2532		2017/08/29
	8937150	2032/05/18	是	是			2017/08/29
	9321807	2035/06/05	是				2017/08/29
	9586978	2030/06/10			U-2532 U-2141		2017/08/29

与本品相关的市场独占权保护信息

关联产品号	独占权代码	失效日期	备注
001	NCE	2022/08/03	
	M-230	2021/08/06	
	NPP	2022/04/30	
	ODE-232	2026/04/30	
	ODE-233	2026/04/30	
	D-175	2022/09/26	

合成路线 1

以下合成路线来源于 Enanta Pharmaceuticals 公司 Or Yat Sun 等人 2012 年的专利申请书。目标化合物 **3** 是以化合物 **1** 和化合物 **2** 为原料，经过 1 步合成反应而得。

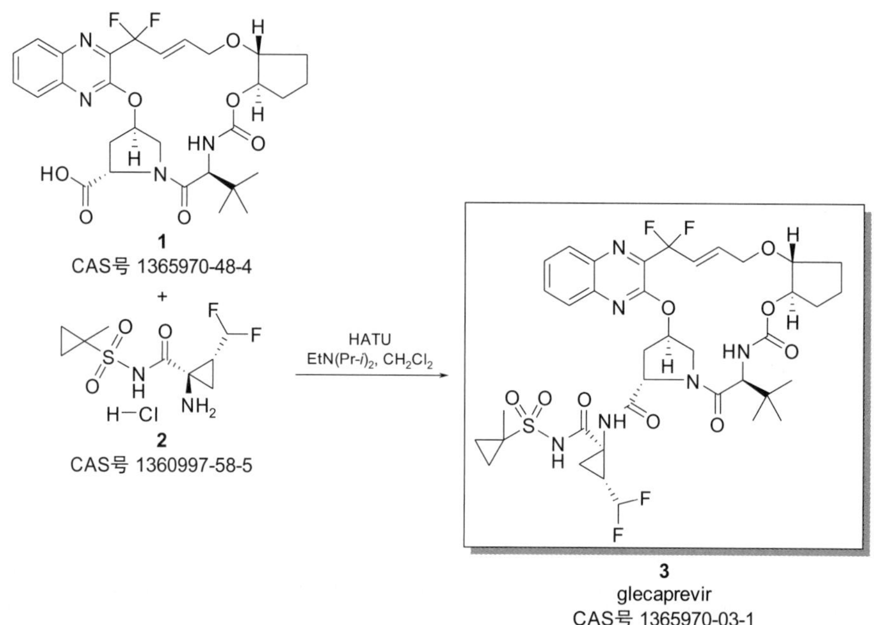

1 CAS号 1365970-48-4 + **2** CAS号 1360997-58-5

3 glecaprevir CAS号 1365970-03-1

原始文献： US 20120070416, 2012.

合成路线 2

以下合成路线来源于 Anhui Twisun Hi-tech Pharmaceutical 公司 Ye Fangguo 等人 2018 年的专利申请书。目标化合物 **10** 是以化合物 **1** 和化合物 **2** 为原料，经过 6 步合成反应而得。该合成路线中，值得注意的合成反应有：①化合物 **1** 分子中的羟基在碱性条件下与化合物 **2** 分子中的氯原子发生亲核取代反应，得到相应的化合物 **3**。②化合物 **4** 分子中的氨基与化合物 **5** 分子中的羧基反应得到相应的酰胺类化合物 **6**。③化合物 **7** 在金属钌（Ru- 催化剂，Grubbs Catalyst® M204）的催化下，发生 Olefin Metathesis 反应（又称 Grubbs 反应），得到相应的分子内环合产品化合物 **8**。

K_2CO_3, DMF

1 CAS号 74844-91-0　**2** CAS号 1365970-41-7　**3** CAS号 1365970-42-8

F_3CCO_2H, CH_2Cl_2

4
CAS号 1628420-35-8

4 + **5**

1-羟基苯并三唑, $EtN{=}C{=}N(CH_2)_3NMe_2 \cdot HCl$, CH_2Cl_2, $EtN(Pr\text{-}i)_2$, H_2O

5
CAS号 1365970-45-1

6
CAS号 1365970-46-2

LiOH, H_2O, MeOH, HCl, pH 1～2 → **7**

7
CAS号 2243065-39-4

$NaBH_4$, $ClCH_2CH_2Cl$, Grubbs催化剂 $ClCH_2CH_2Cl$

8
CAS号 1365970-48-4

\+ **9**
CAS号 1360997-58-5

C_5H_5N, MeCN, $EtN{=}C{=}N(CH_2)_3NMe_2 \cdot HCl$, H_2O

10
glecaprevir
CAS号 1365970-03-1

原始文献： CN 108329332, 2018.

参考文献

[1] Kwong A J, Kwo P Y. Editorial: glecaprevir/pibrentasvir for the treatment of hepatitis C virus-do baseline resistance-associated substitutions matter? Aliment Pharmacol Ther, 2020, 51(7):739-740.

[2] Schmidbauer C, Schubert R, Schütz A, et al. Directly observed therapy for HCV with glecaprevir/pibrentasvir alongside opioid substitution in people who inject drugs-First real world data from Austria. Plos One, 2020, 15(3):e0229239.

格列卡韦核磁谱图

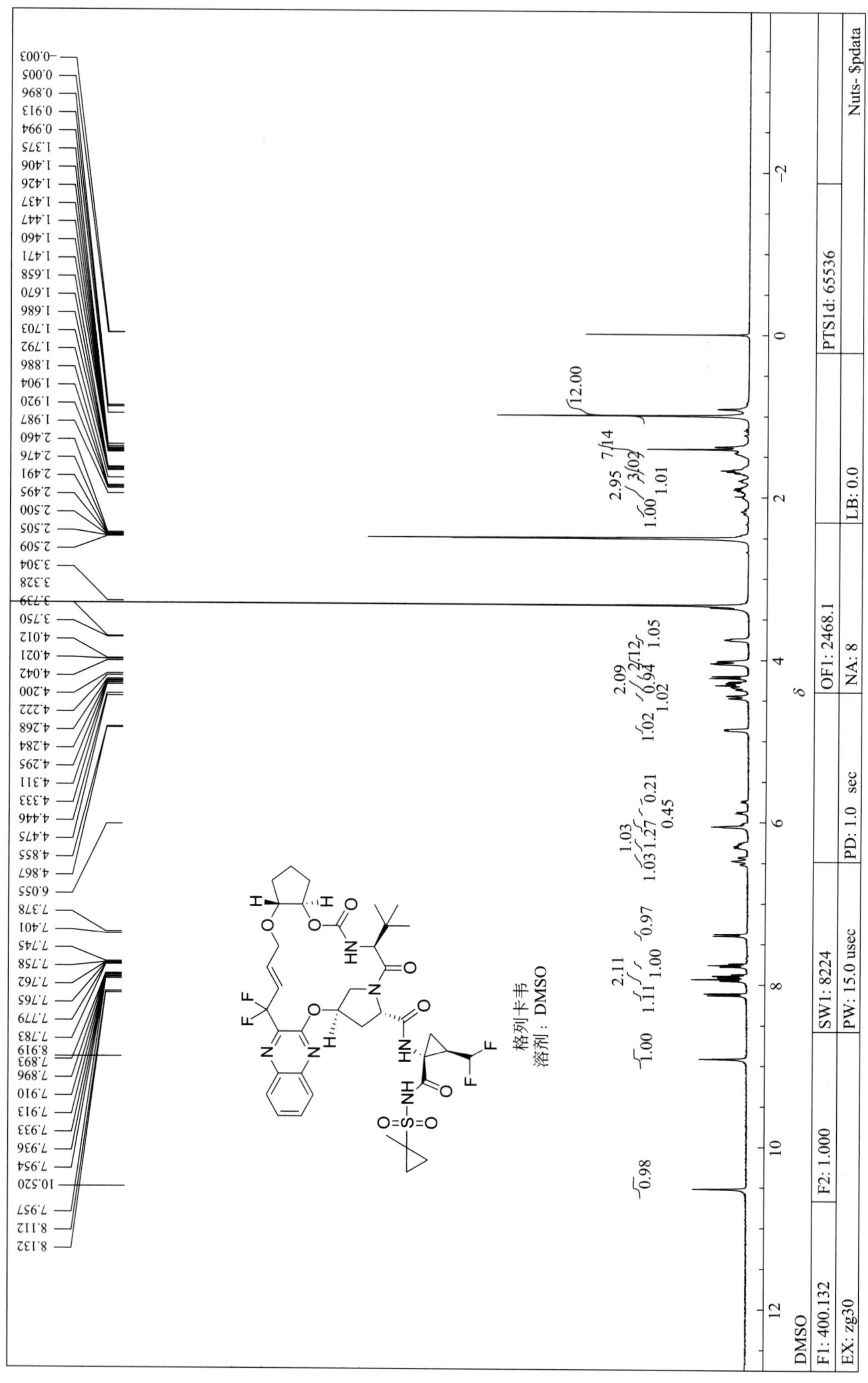

grazoprevir（格拉瑞韦）

药物基本信息

英文通用名	grazoprevir
英文别名	MK-5172; MK 5172; MK5172
中文通用名	格拉瑞韦
商品名	Zepatier
CAS登记号	1350514-68-9 (游离态), 1350462-55-3 (水合物), 1206524-86-8 (钾盐)
FDA 批准日期	1/28/2016
FDA 批准的API	grazoprevir
化学名	(33*R*,35*S*,91*R*,92*R*,5*S*)-5-(tert-butyl)-*N*-((1*R*,2*S*)-1-((cyclopropylsulfonyl)carbamoyl)-2-vinylcyclopropyl)-17-methoxy-4,7-dioxo-2,8-dioxa-6-aza-1(2,3)-quinoxalina-3(3,1)-pyrrolidina-9(1,2)-cyclopropanacyclotetradecaphane-35-carboxamide
SMILES代码	O=C([C@H]1N2C([C@H](C(C)(C)C)NC(O[C@]3([H])C[C@@]3([H])CCCCCC4=NC5=CC=C(OC)C=C5N=C4O[C@](C2)([H])C1)=O)=O)N[C@@]6(C(NS(=O)(C7CC7)=O)=O)[C@H](C=C)C6

化学结构和理论分析

化学结构	理论分析值
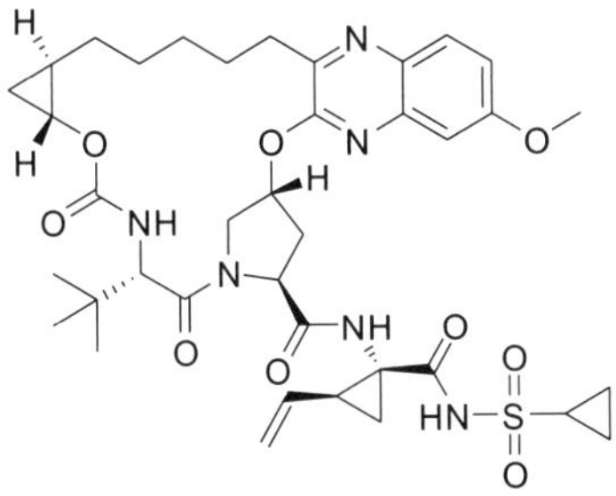	化学式：$C_{38}H_{50}N_6O_9S$ 精确分子量：766.3360 分子量：766.91 元素分析：C, 59.51; H, 6.57; N, 10.96; O, 18.78; S, 4.18

药品说明书参考网页

生产厂家产品说明书、美国药品网、美国处方药网页。

药物简介

ZEPATIER® 是含有 elbasvir 和 grazoprevir 口服片剂药物。

ZEPATIER 是包含 elbasvir 和 grazoprevir 的口服固定剂量组合片剂。Elbasvir 是 HCV NS5A 抑制剂，而 grazoprevir 是 HCV NS3 / 4A 蛋白酶抑制剂。

每片含 50mg elbasvir 和 100mg grazoprevir。片剂包含以下非活性成分：胶体二氧化硅，共聚维酮，交联羧甲基纤维素钠，羟丙甲纤维素，乳糖一水合物，硬脂酸镁，甘露醇，微晶纤维素，氯化钠，十二烷基硫酸钠和维生素 E 聚乙二醇琥珀酸酯。所述片剂用包含以下非活性成分的包衣材料薄膜包衣：巴西棕榈蜡，四氧化三铁，羟丙甲纤维素，氧化铁红，氧化铁黄，一水合乳糖，二氧化钛和三乙酸甘油酯。

Elbasvir 几乎不溶于水（每毫升少于 0.1mg），而在乙醇中则很少溶解（每毫升 0.2mg），但非常易溶于乙酸乙酯和丙酮。Grazoprevir 几乎不溶于水（每毫升少于 0.1mg），但可自由溶于乙醇和某些有机溶剂（例如丙酮、四氢呋喃和 *N*，*N*- 二甲基甲酰胺）。

ZEPATIER® 可用于治疗成人的慢性 C 型肝炎病毒（HCV）基因型 1 或 4。ZEPATIER 被指定在某些患者人群中与 ribavirin 一起使用。

ZEPATIER 结合了两种直接作用的抗病毒药物，它们具有独特的作用机制和不重叠的耐药性，可在病毒生命周期的多个步骤中靶向 HCV。

Elbasvir 是 HCV NS5A 的抑制剂，它对病毒 RNA 复制和病毒体组装至关重要。 Grazoprevir 是 HCV NS3 / 4A 蛋白酶的抑制剂。HCV NS3 / 4A 蛋白酶对于蛋白水解切割 HCV 编码的多蛋白（分解成成熟的 NS3、NS4A、NS4B、NS5A 和 NS5B 蛋白）是必需的，并且对病毒复制也至关重要。在生化分析中，grazoprevir 抑制了重组 HCV 基因型 1a、1b 和 4a NS3 / 4A 蛋白酶的蛋白水解活性，IC_{50} 值分别为 7pM4 pM 和 62pM。

抗病毒活性：在 HCV 复制子测定中，elbasvir 对基因型 1a、1b 和 4 的全长复制子的 EC_{50} 值分别为 4pM 3pM 和 0.3pM。Elbasvir 对编码来自临床分离株的 NS5A 序列的嵌合复制子的 EC_{50} 中值，基因型 1a 为 5pM（范围 3 ～ 9pmol/L; $n = 5$），基因型 1b 为 9pmol/L（范围 5 ～ 10pmol/L; n=4），基因型 4a 为 0.2pmol/L（范围 0.2 ～ 0.2pmol/L;$n = 2$），基因型 4b 为 3600pmol/L（范围 17 ～ 34000pmol/L; $n = 3$），基因型 4d 为 0.45pmol/L（范围 0.4 ～ 0.5pmol/L; $n = 2$），基因型 4f（$n = 1$）1.9pmol/L，基因型 4g 36.3pmol/L（范围 0.6 ～ 72pmol/L; $n = 2$），基因型 4m 0.6pmol/L（范围 0.4 ～ 0.7pmol/L; $n = 2$），基因型 4m（2.2pmol/L），基因型 4o（$n = 1$）、基因型 4q（$n= 1$）为 0.5pmol/L。在 HCV 复制子测定中，grazoprevir 对基因型 1a、1b 和 4 的全长复制子的 EC_{50} 值分别为 0.4nmol/L，0.5nmol/L 和 0.3nmol/L。对于基因分离株 1a，grazoprevir 对编码 NS3 / 4A 序列的嵌合复制子的 EC_{50} 的中值 EC_{50} 值为 1a（0.4 ～ 5.1nmol/L; $n = 10$），基因型 1b 为 0.3nmol/L（0.2 ～ 5.9nmol/L; $n = 9$），基因型 4a（$n = 1$）0.3nmol/L，基因型 4b 0.16nmol/L（范围 0.11 ～ 0.2nmol/L; $n = 2$）和基因型 4g 0.24nmol/L（范围 0.15 ～ 0.33nmol/L; $n = 2$）。

联合抗病毒活性：评估 elbasvir 与 grazoprevir 或 ribavirin 的组合药物在降低复制子细胞中 HCV RNA 水平方面后，没有发现拮抗作用。Grazoprevi 与 ribavirin 联用的评估显示，在复制子细胞中可降低 HCV RNA 水平，而且没有发现拮抗作用。

药品上市申报信息

该药物目前有 1 种产品上市。

药品注册申请号：208261
申请类型：NDA（新药申请）
申请人：MERCK SHARP DOHME
申请人全名：MERCK SHARP AND DOHME CORP

产品信息

产品号	商品名	活性成分	剂型 / 给药途径	规格 / 剂量	参比药物 (RLD)	生物等效参考标准 (RS)	治疗等效代码
001	ZEPATIER	elbasvir; grazoprevir	片剂 / 口服	50mg; 100mg	是	是	否

与本品相关的专利信息（来自 FDA 橙皮书 Orange Book）

关联产品号	专利号	专利过期日	是否物质专利	是否产品专利	专利用途代码	撤销请求	提交日期
001	7973040	2029/07/24	是	是	U-1813		2016/02/25
	8871759	2031/05/04	是	是	U-1813		2016/02/25

与本品相关的市场独占权保护信息

关联产品号	独占权代码	失效日期	备注
001	NCE	2021/01/28	

合成路线 1

以下合成路线来源于 Merck Research Laboratories 公司 Kuethe Jeffrey 等人 2013 年发表的论文。目标化合物 **14** 以化合物 **1**、**2**、**3**、**4** 为原料，经过 7 步合成反应而得。该合成路线中，值得注意的合成反应有：①化合物 **7** 分子中的羟基在碱性条件下与化合物 **6** 分子中的氯原子发生亲核取代反应，得到相应的化合物 **8**。但化合物 **6** 分子中有 2 个氯原子，其性质相似，所以除了主要产品化合物 **8**，还会有副产物。②化合物 **5** 分子中的炔键 CH 在钯催化剂作用下，与化合物 **8** 分子中的氯原子发生 Suzuki 偶联反应，得到化合物 **9**。③化合物 **10** 分子中的叔丁氧羰基保护基脱去后，NH 基团与分子中的羧基反应形成分子内酰胺化合物 **11**。

1 CAS号 1350619-77-0 + **2** CAS号 530-62-1 + **3** CAS号 20859-02-3 + **4** CAS号 124-40-3 → (i-Pr_2NH, H_2O; HCl, H_2O, pH 1.5～2.0, DMF) **5** CAS号 1425038-19-2

6 CAS号 39267-04-4 + **7** CAS号 74844-91-0 → (DBU, $AcNMe_2$) **8** CAS号 1206524-79-9

8 + **5** CAS号 1425038-19-2 → (K_2CO_3, $[(t\text{-}Bu)_3PH]BF_4$, $Pd(OAc)_2$, MeCN, H_3PO_4, H_2O, Me_2CHOH) **9**

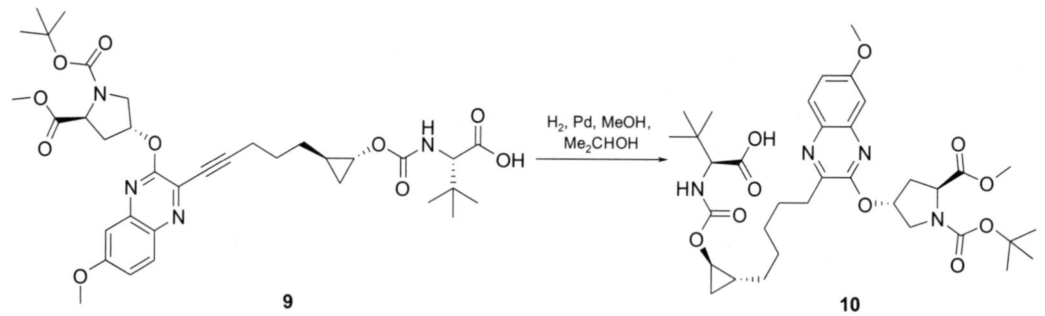

9
CAS号 1425704-74-0

H_2, Pd, MeOH, Me_2CHOH

10
CAS号 1425704-76-2

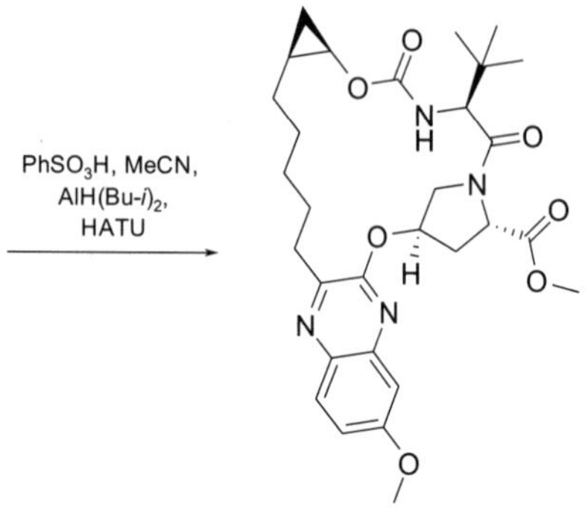

$PhSO_3H$, MeCN, $AlH(Bu\text{-}i)_2$, HATU

11
CAS号 1206524-84-6

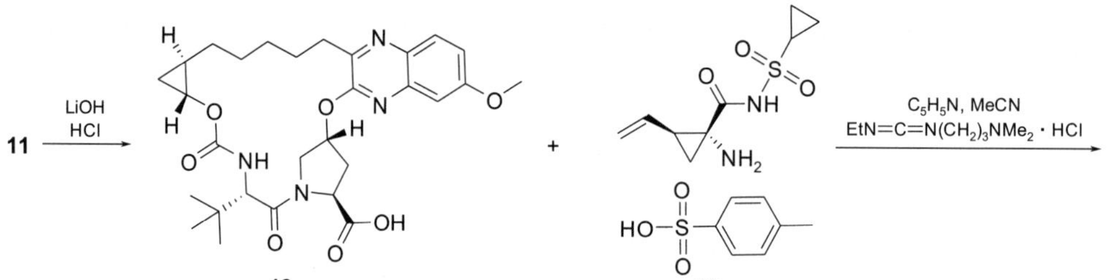

11 LiOH HCl

12
CAS号 1206524-85-7

+

13
CAS号 1028252-16-5

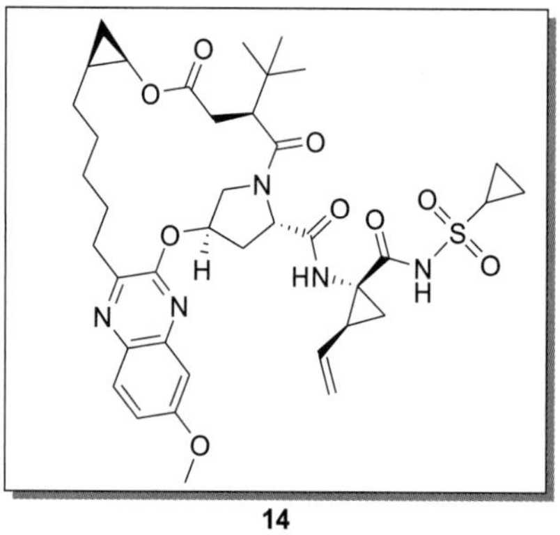

C_5H_5N, MeCN
$EtN{=}C{=}N(CH_2)_3NMe_2 \cdot HCl$

14
grazoprevir
CAS号 1350514-68-9

原始文献： Org Lett, 2013 15(16): 4174-4177.

合成路线 2

以下合成路线来源于 Merck Research Laboratories 公司 Kuethe Jeffrey 等人 2013 年发表的论文。目标化合物 **14** 以化合物 **1** 和化合物 **2** 为原料，经过 8 步合成反应而得。该合成路线中，值得注意的合成反应有：①化合物 **2** 分子中的羟基在碱性条件下与化合物 **1** 分子中的酰胺羰基发生亲核加成和消除反应，得到相应化合物 **3**。在该条件下，化合物 **1** 分子的氯原子不反应。②化合物 **5** 分子中的 NH 基团与化合物 **6** 分子中的羧基反应得到相应的酰胺化合物 **7**。③化合物 **8** 在 Ir- 金属催化剂的作用下与化合物 **7** 的烯键发生加成反应，得到化合物 **9**。④化合物 **10** 分子中的 BF_2 基团与氯原子在金属催化剂的作用下发生分子内偶联反应得到大环化合物 **11**。

1 + **2** —(DBU, $AcNMe_2$)→ **3**

1
CAS号 1263814-66-9

2
CAS号 74844-91-0

3
CAS号 1206524-79-9

3 + **4** —(MeCN, *t*-BuOMe)→ **5**

4
CAS号 75-75-2

5 + **6** —(C_5H_5N, $EtN{=}C{=}N(CH_2)_3NMe_2 \cdot HCl$, MeCN)→ **7**

5
CAS号 1425038-20-5

6
CAS号 1026200-27-0

7
CAS号 1206524-81-3

7 + **8** —($[Ir(cod)Cl]_2$, $Ph_2PCH_2CH_2PPh_2$)→ **9** —(KHF_2)→

8
CAS号 25015-63-8

9
CAS号 2248666-13-7

10
CAS号 2248666-15-9

10 $\xrightarrow[\text{THF}]{Cs_2CO_3,\ \text{BBBPY},\ [Ir(C_{10}H_8N_2)(C_{11}H_8N)_2]PF_6}$ **11**

11
CAS号 1206524-84-6

NaOH, H_2O, MeOH

12
CAS号 1206524-85-7

13
CAS号 1028252-16-5

C_5H_5N, THF, EDC-HCl

14
grazoprevir
CAS号 1350514-68-9

原始文献： Org Lett, 2018, 20(22): 7261-7265.

合成路线 3

以下合成路线来源于 Merck 公司 Harper Steven 等人 2010 年发表的专利申请书。目标化合物 **24** 以化合物 **1** 和化合物 **2** 为原料，经过 13 步合成反应而得。该合成路线中，值得注意的合成反应有：①化合物 **3** 分子中的羟基与化合物 **4** 发生 S_N2 亲核取代反应，再与 $SOCl_2$ 反应，得到化合物 **5**。②化合物 **13** 和化合物 **14** 的反应是立体选择性的，产物为化合物 **15**。③化合物 **6** 分子中的氨基与化合物 **17** 的羧基反应得到化合物 **18**。④化合物 **18** 分子中的烯键在金属催化剂的作用下氯原子发生分子内成环反应得到大环化合物 **20**。

H_2N 2 HCl
H_2N
1
CAS号 59548-39-9

2
CAS号 95-92-1

Et_3N, $(CO_2Et)_2$

3
CAS号 31910-18-6

4
CAS号 438452-29-0

$SOCl_2$, DMF, Cs_2CO_3, NMP

5
CAS号 1206524-79-9

HCl, 二噁烷
CH_2Cl_2

H—Cl
6
CAS号 1206524-80-2

7
CAS号 63038-26-6

8
CAS号 32315-10-9

$NaHCO_3$, H_2O, CH_2Cl_2

9
CAS号 144164-32-9

10
CAS号 7103-09-5

11
CAS号 107-02-8

12
CAS号 75-77-4

$(Me_2N)_3P=O$,
Me_2S-CuBr
THF

13
CAS号 124471-63-2

13 + **14**
CAS号 75-11-6

Et_2Zn, PhMe
$Me(CH_2)_4Me$

15
CAS号 1206524-77-7

9
CAS号 144164-32-9

4-DMAP, PhMe

16
CAS号 1026200-25-8

LiOH, H_2O, MeOH

17
CAS号 1026200-27-0

17 + **6** (H—Cl) —HATU, $EtN(Pr\text{-}i)_2$, DMF→ **18** + **19** —Et_3N, $Pd(dppf)Cl_2$-DCM, EtOH, Zhan催化剂-1B→

6
CAS号 1206524-80-2

18
CAS号 1206524-81-3

19
CAS号 13682-77-4

20 —H_2, Pd, MeOH, 二噁烷, 4h, rt→ **21**

20
CAS号 1206524-83-5

21 —LiOH, H_2O, THF, 18h, 20°C; HCl, H_2O, 酸化→ **22** + **23** (H—Cl)

21
CAS号 1206524-84-6

22
CAS号 1206524-85-7

23
CAS号 630421-49-7

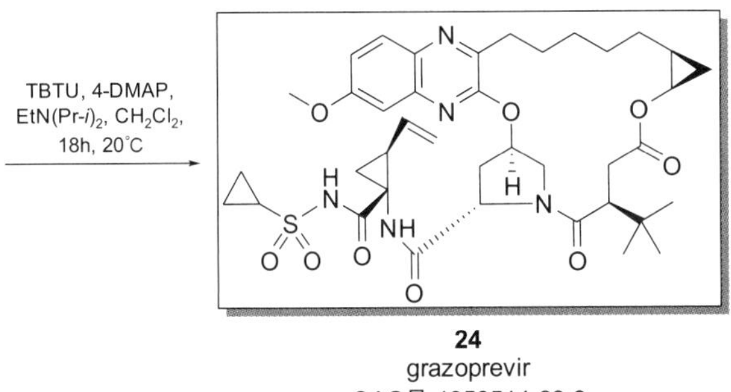

24
grazoprevir
CAS号 1350514-68-9

原始文献： WO 2010011566, 2010.

合成路线 4

以下合成路线来源于 Merck Sharp & Dohme 公司 Yasuda Nobuyoshi 等人 2013 年发表的专利申请书。目标化合物 **26** 以化合物 **1** 和化合物 **2** 为原料，经过 15 步合成反应而得。该合成路线中，值得注意的合成反应有：①化合物 **4** 与化合物 **5** 发生环合反应得到化合物 **6**。②化合物 **8** 分子中的羟基在碱性条件下与化合物 **7** 分子中的氯原子反应得到化合物 **9** 和化合物 **9a**，其中化合物 **9a** 是副产物。③化合物 **11** 在锌试剂作用下与化合物 **10** 反应得到相应的环丙烷化合物 **12**。④化合物 **15** 是 SS 构型，化合物为 **18** 是 RR 构型。⑤化合物 **21** 分子中的末端 CH 基团在钯催化剂作用下偶联到化合物 **9** 分子中的氯原子，得到化合物 **22**。⑥化合物 **23** 分子中的 NH 基团脱去叔丁氧羰基保护基后，再发生羧基（注：羧基经过活化剂活化）反应，得到相应的分子内酰胺大环化合物 **24**。

1
CAS号 630421-48-6

2
CAS号 104-15-4

AcOEt

3
CAS号 1028252-16-5

2 HCl
4
CAS号 59548-39-9

5
CAS号 144-62-7

HCl, H_2O

6
CAS号 31910-18-6

$POCl_3$ → **7**

DBU, $AcNMe_2$
20～30h, 50°C

7
CAS号 39267-04-4

8
CAS号 74844-91-0

9
CAS号 1206524-79-9

9a
CAS号 1425704-85-3

10
CAS号 75-11-6

11
CAS号 126688-98-0

F_3CCO_2H, Et_2Zn,
CH_2Cl_2, $Me(CH_2)_5Me$

12
CAS号 126726-63-4

1. NaOH, MeOH,
H_2O_2, H_2O
2. HCl, H_2O
Na_2SO_3, H_2O

13
CAS号 136835-38-6

14
CAS号 6867-30-7

THF,
DMPU
→ **15**

15
CAS号 1350619-75-8

16
CAS号 75-36-5

Et_3N, *t*-BuOMe

17
CAS号 1350619-76-9

H_2O, *t*-BuOMe,
4h, 10°C

18
CAS号 1350619-77-0

19
CAS号 530-62-1

20
CAS号 20859-02-3

EtN(Pr-*i*)$_2$
→ **21**

21
CAS号 1425038-19-2

9
CAS号 1206524-79-9

1. 环戊基甲醚, t-BuOMe
2. K_2CO_3
3. HBF_4, $[(t\text{-Bu})_3PH]BF_4$
$Pd(OAc)_2$

22
CAS号 1425704-74-0

H_2, MeOH,
Me_2CHOH,
2h, rt

23
CAS号 1425704-76-2

$PhSO_3H$, MeCN
$EtN(Pr\text{-}i)_2$
HATU, MeCN, 8h, rt
24

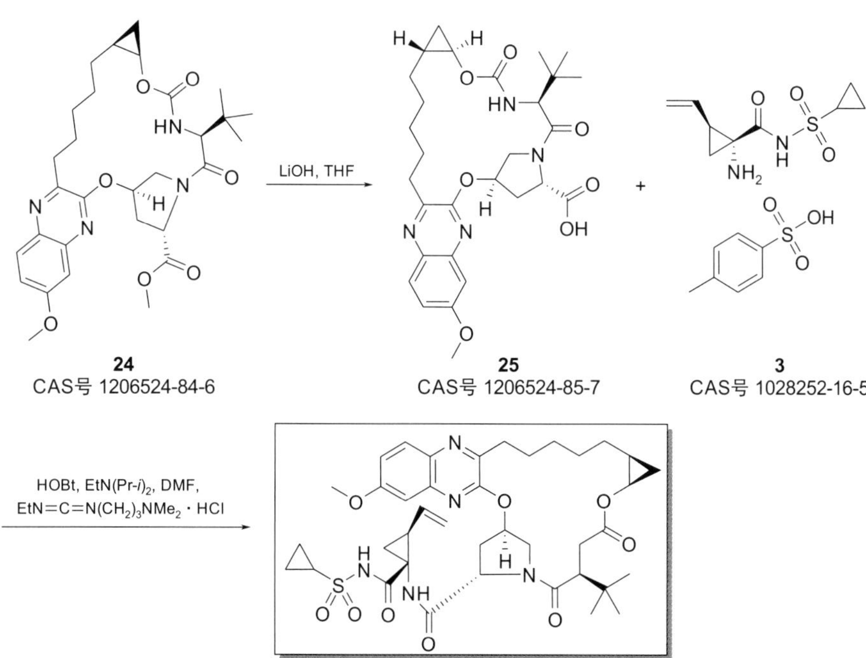

24
CAS号 1206524-84-6

25
CAS号 1206524-85-7

3
CAS号 1028252-16-5

26
grazoprevir
CAS号 1350514-68-9

原始文献： WO 2013028471, 2013.

合成路线 5

以下合成路线来源于 Merck Sharp & Dohme 公司 Xu Feng 等人 2013 年发表的专利申请书。目标化合物 **14** 以化合物 **1** 和化合物 **2** 为原料，经过 8 步合成反应而得。

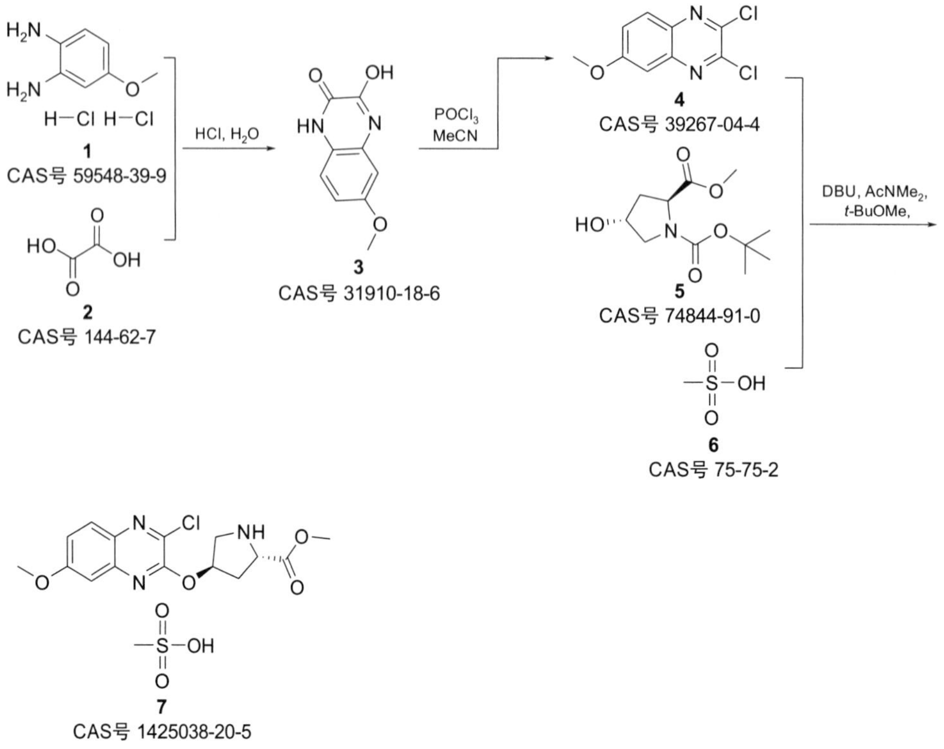

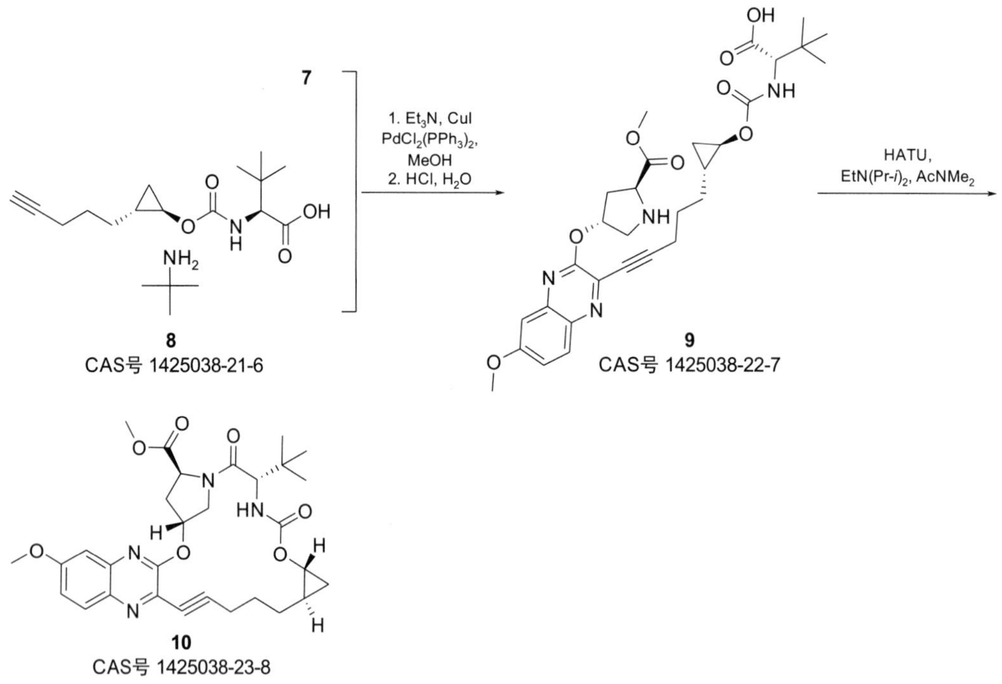

H_2N H_2N H—Cl H—Cl
1
CAS号 59548-39-9

HO OH O O
2
CAS号 144-62-7

HCl, H_2O

O OH HN N O
3
CAS号 31910-18-6

$POCl_3$
MeCN

N Cl N Cl O
4
CAS号 39267-04-4

O O HO N O O
5
CAS号 74844-91-0

O —S—OH O
6
CAS号 75-75-2

DBU, $AcNMe_2$,
t-BuOMe,

N Cl NH O O N O O
O —S—OH O
7
CAS号 1425038-20-5

7

O O N H OH O NH_2
8
CAS号 1425038-21-6

1. Et_3N, CuI
$PdCl_2(PPh_3)_2$,
MeOH
2. HCl, H_2O

OH O O NH O O O O NH O N N O
9
CAS号 1425038-22-7

HATU,
$EtN(Pr\text{-}i)_2$, $AcNMe_2$

O O O N HN O H O O N N O H H
10
CAS号 1425038-23-8

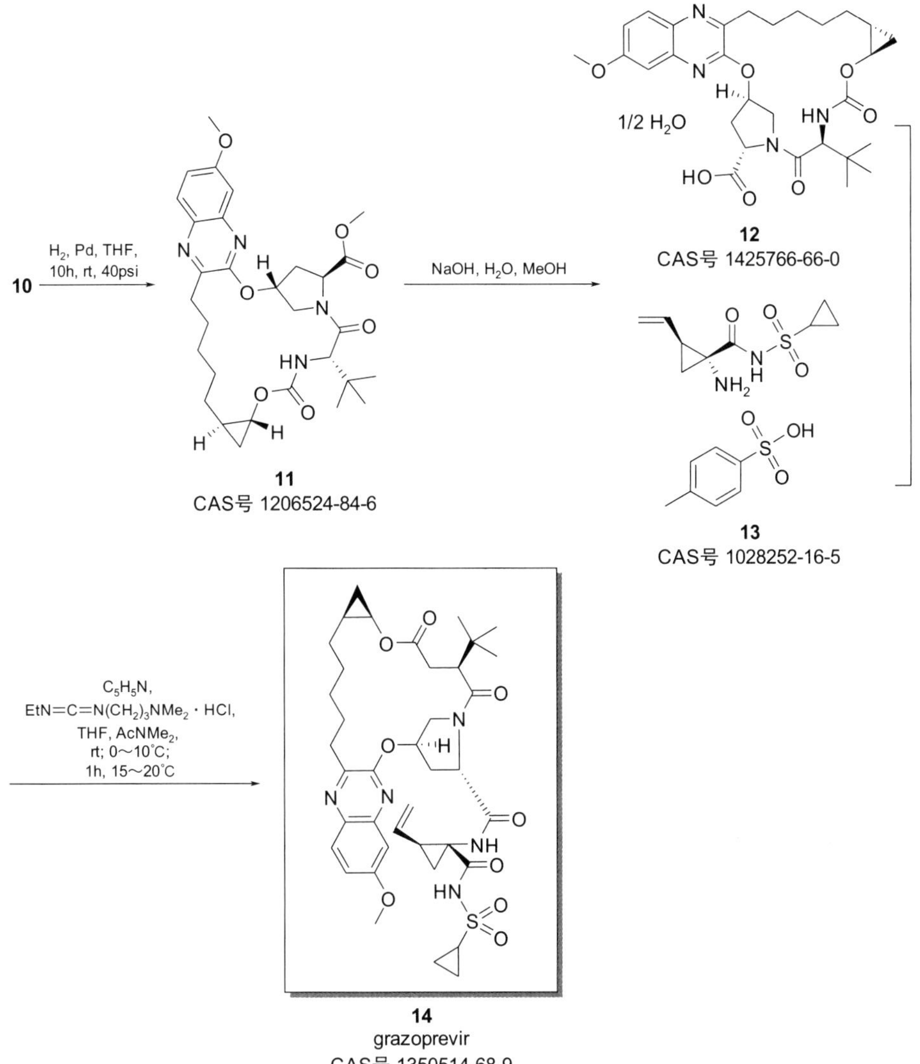

原始文献： WO 2013028470, 2013.

参考文献

[1] Li H, Yang Z, Zhang S, et al. A single- and multiple-dose study to evaluate the pharmacokinetics of fixed-dose grazoprevir/elbasvir in healthy Chinese participants. Clin Pharmacol, 2020, 12:1-11.

[2] Hézode C, Kwo P, Sperl J, et al. Elbasvir/grazoprevir in women with hepatitis C virus infection taking oral contraceptives or hormone replacement therapy. Int J Womens Health, 2019, 11:617-628.

格拉瑞韦核磁谱图

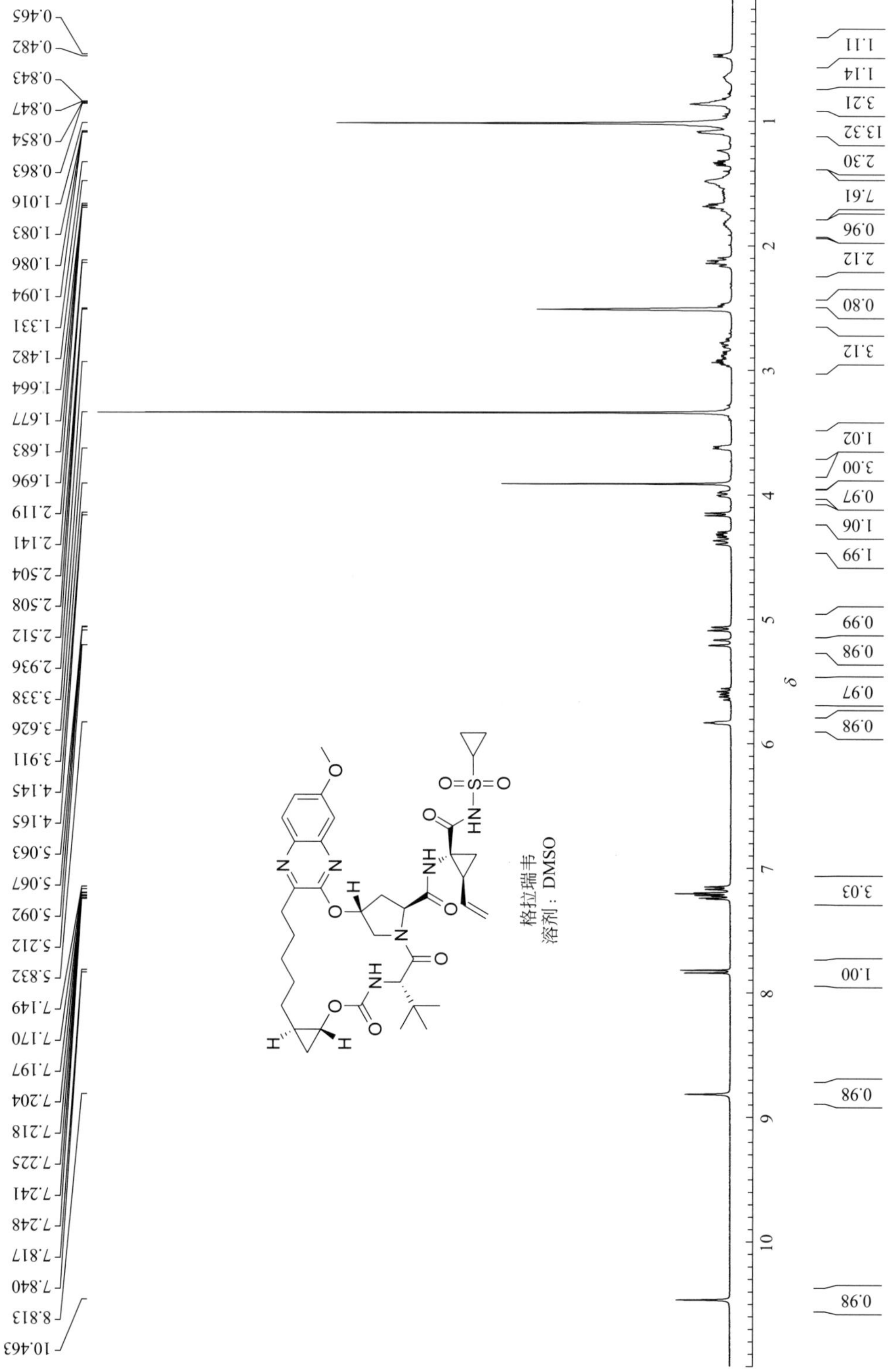

0.465
0.482
0.843
0.847
0.854
0.863
1.016
1.083
1.086
1.094
1.331
1.482
1.664
1.677
1.683
1.696
2.119
2.141
2.504
2.508
2.512
2.936
3.338
3.626
3.911
4.145
4.165
5.063
5.067
5.092
5.212
5.832
7.149
7.170
7.197
7.204
7.218
7.225
7.241
7.248
7.817
7.840
8.813
10.463
1.11
1.14
3.21
13.32
2.30
7.61
0.96
2.12
0.80
3.12
1.02
3.00
0.97
1.06
1.99
0.99
0.98
0.97
0.98
3.03
1.00
0.98
0.98
1
2
3
4
5
δ
6
7
8
9
10
格拉瑞韦
溶剂：DMSO

imipenem（亚胺培南）

药物基本信息

英文通用名	imipenem
英文别名	primaxin, MK-0787; MK 0787; MK0787; MK-787; MK787; MK 787; *N*-formimidoylthienamycin; tienamycin; imipemide; imipenem hydrate
中文通用名	亚胺培南
商品名	Recarbrio
CAS登记号	74431-23-5 (水合物), 64221-86-9 (游离态)
FDA 批准日期	7/16/2019
FDA 批准的API	imipenem hydrate
化学名	(5*R*,6*S*)-3-((2-((*E*)-(aminomethylene)amino)ethyl)thio)-6-((*R*)-1-hydroxyethyl)-7-oxo-1-azabicyclo[3.2.0]hept-2-ene-2-carboxylic acid hydrate
SMILES代码	O=C(C(N12)=C(SCC/N=C/N)C[C@]2([H])[C@@H]([C@H](O)C)C1=O)O.[H]O[H]

化学结构和理论分析

化学结构	理论分析值
	化学式：$C_{12}H_{19}N_3O_5S$ 精确分子量：N/A 分子量：317.36 元素分析：C, 45.42; H, 6.03; N, 13.24; O, 25.21; S, 10.10

药品说明书参考网页

生产厂家产品说明书、美国药品网、美国处方药网页。

药物简介

注射用 RECARBRIO 是一种抗菌药组合的静脉给药产品。其活性成分是：imipenem hydrate（一种碳青霉烯抗菌药）、cilastatin sodium（一种肾脱氢肽酶抑制剂）和 relebactam hydrate（一种二氮杂双环辛烷 *β*- 内酰胺酶抑制剂）。

Imipenem hydrate 是一种 *β*- 内酰胺抗菌药物，外观呈灰白色，是一种不吸湿的结晶化合物，微溶于水。Cilastatin sodium 是一种灰白色至白色的吸湿性无定形化合物，非常易溶于水。Relebactam hydrate 是一种 *β*- 内酰胺酶抑制剂。它是结晶的一水合物，是一种白色至类白色粉末，可溶于水。

RECARBRIO 以白色至浅黄色无菌粉末的形式提供，可装在单剂量小瓶中，该小瓶包含

500mg imipenem（相当于 530mg imipenem hydrate）、500mg cilastatin（相当于 531mg cilastatin sodium）和 250mg relebactam（相当于 263mg relebactam hydrate）。每瓶 RECARBRIO 均用 20mg 碳酸氢钠缓冲，以提供 pH 值为 6.5 至 7.6 的溶液。小瓶中混合物的总钠含量为 37.5mg（1.6mEq）。

RECARBRIO 的外观可以从无色到黄色，在此范围内的颜色变化不会影响产品的效力。

RECARBRIO 适用于：① 18 岁以上的患者，他们的替代疗法选择有限或没有替代疗法，用于治疗由以下易感的革兰氏阴性微生物引起的复杂的尿路感染（cUTI），包括肾盂肾炎、泄殖腔肠杆菌、大肠埃希氏菌、产气克雷伯菌、肺炎克雷伯菌和铜绿假单胞菌。该适应证的批准是基于 RECARBRIO 的有限临床安全性和有效性数据。② 18 岁及以上的患者，这些患者对于由以下易感的革兰氏阴性微生物引起的复杂腹腔内感染（cIAI）的治疗选择有限或没有其他治疗选择：拟杆菌，脆弱拟杆菌，卵形拟杆菌，stercoides stercoris，bacteroides thetaiotaomicron，unique bacteroides unidis，vulgatus vulgatus，弗氏柠檬酸杆菌，阴沟肠杆菌，大肠埃希氏菌，核梭菌，产氧假单胞菌，产氧假单胞菌，副产细菌假单胞菌，肺炎双歧杆菌，肺炎球菌。

RECARBRIO 是含有 3 种抗菌药的组合药物。Imipenem 是一种碳青霉烯抗菌药，cilastatin 是一种肾脏脱氢肽酶抑制剂，而 relebactam 是一种 β- 内酰胺酶抑制剂。Cilastatin 的主要作用是限制 imipenem 的肾脏代谢，其本身并不具有抗菌活性。Imipenem 的杀菌活性来自肠杆菌科细菌和铜绿假单胞菌中 PBP 2 和 PBP 1B 的结合以及随后对青霉素结合蛋白（PBPs）的抑制。PBP 的抑制导致细菌细胞壁合成的破坏。Imipenem 在某些 β- 内酰胺酶存在下稳定。Relebactam 没有固有的抗菌活性。Relebactam 可保护亚胺培南免受某些丝氨酸 β- 内酰胺酶的降解，例如丝氨酰可变（SHV）、temoneira（TEM）、头孢噻肟酶（CTX-M）、阴沟肠杆菌 P99（P99）、假单胞菌衍生的头孢菌素酶（PDC）和克雷伯菌肺炎碳青霉烯酶（KPC）。

药品上市申报信息

该药物目前有 1 种产品上市。

药品注册申请号：212819
申请类型：NDA（新药申请）
申请人：MSD MERCK CO
申请人全名：MERCK SHARP AND DOHME CORP A SUB OF MERCK AND CO INC

产品信息

产品号	商品名	活性成分	剂型 / 给药途径	规格 / 剂量	参比药物 (RLD)
001	RECARBRIO	cilastatin sodium;imipenem; relebactam	粉末剂 / 静脉注射	等量 500mg 游离碱 / 瓶；500mg/ 瓶；250mg/ 瓶	是

与本品相关的专利信息（来自 FDA 橙皮书 Orange Book）

关联产品号	专利号	专利过期日	是否物质专利	是否产品专利	专利用途代码	撤销请求	提交日期
001	8487093	2029/11/19	是	是	U-2587 U-2586		2019/08/13

合成路线

以下合成路线来源于 Ranbaxy Laboratories 公司 Kumar Yatendra 等人 2002 年发表的专利申请

书。目标化合物 **6** 以化合物 **1** 和化合物 **2** 为原料，经过 3 步合成反应而得。值得注意的合成反应有：①化合物 **1** 五元环上的羰基和化合物 **2** 反应得到相应的化合物 **3**。②化合物 **4** 分子中的巯基与化合物 **3** 发生亲核取代反应，磷酸酯离去，得到相应的化合物 **5**。③化合物 **5** 在钯催化作用下，去保护基，得到目标化合物 **6**。分子中的 CH=NH 基团没有被还原。

4-DMAP, CH_2Cl_2, $AcNMe_2$

1
CAS号 78184-67-5

2
CAS号 2524-64-3

3
CAS号 75321-08-3

$AcNMe_2$

4
CAS号 156-57-0

H_2, *N*-甲基吗啉, Pd, Me_2CHOH, H_2O

5
CAS号 127608-39-3

6
imipenem
CAS号 64221-86-9

原始文献： WO 2002094828, 2002.

参考文献

[1] Chiu C H, Lee Y T, Lin Y C, et al. Bacterial membrane vesicles from Acinetobacter baumannii induced by ceftazidime are more virulent than those induced by imipenem. Virulence, 2020, 11(1):145-158.

[2] Pahlavanzadeh F, Kalantar-Ne yes tanaki D, Motamedifar M, Mansouri S. In vitro reducing effect of cloxacillin on minimum inhibitory concentrations to imipenem, meropenem, ceftazidime, and cefepime in carbapenem-resistant pseudomonas aeruginosa isolates. Yale J Biol Med, 2020, 93(1):29-34.

isavuconazonium sulfate（硫酸艾沙康唑）

药物基本信息

英文通用名	isavuconazonium sulfate
英文别名	BAL4815; ; BAL-4815; BAL 4815; RO 0094815; RO-0094815; RO0094815; BAL-8557-002; BAL 8557-002; BAL8557-002
中文通用名	硫酸艾沙康唑
商品名	Cresemba
CAS登记号	338990-84-4 (氯化物), 497235-79-7 (盐酸氯化物), 742049-41-8 (阳离子), 946075-13-4 (硫酸盐)
FDA 批准日期	3/6/2015
FDA 批准的API	isavuconazonium sulfate
化学名	1-((2*R*,3*R*)-3-(4-(4-cyanophenyl)thiazol-2-yl)-2-(2,5-difluorophenyl)-2-hydroxybutyl)-4-(1-((methyl(3-(((methylglycyl)oxy)methyl)pyridin-2-yl)carbamoyl)oxy)ethyl)-1*H*-1,2,4-triazol-4-ium hydrogen sulfate
SMILES代码	CC([N+]1=CN(C[C@](O)(C2=CC(F)=CC=C2F)[C@H](C3=NC(C4=CC=C(C#N)C=C4)=CS3)C)N=C1)OC(N(C)C5=NC=CC=C5COC(CNC)=O)=O.O=S(O)([O-])=O

化学结构和理论分析

化学结构	理论分析值
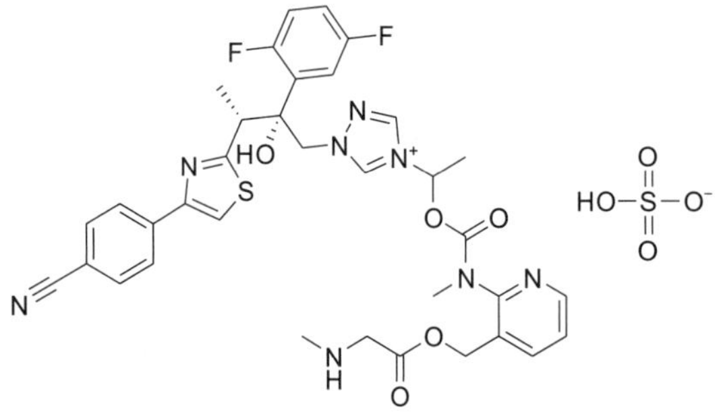	化学式：$C_{35}H_{36}F_2N_8O_9S_2$ 精确分子量：N/A 分子量：814.84 元素分析：C, 51.59; H, 4.45; F, 4.66; N, 13.75; O, 17.67; S, 7.87

药品说明书参考网页

生产厂家产品说明书、美国药品网、美国处方药网页。

药物简介

CRESEMBA 含有 isavuconazonium sulfate，这是一种 isavuconazole（一种唑类抗真菌药）的前药。Isavuconazonium sulfate 是一种无定形的白色至黄白色粉末。CRESEMBA 胶囊可口服。每个 CRESEMBA 胶囊均含 186mg isavuconazonium sulfate，相当于 100mg isavuconazole。非活性成分包括：柠檬酸镁，微晶纤维素，滑石粉，胶体二氧化硅，硬脂酸，羟丙甲纤维素，红色氧化铁，二氧化钛，纯净水，吉兰糖胶，乙酸钾，乙二胺四乙酸二钠，月桂基硫酸钠，虫胶，丙二醇，强氨溶液，氢氧化钾和黑色氧化铁。

注射用的 CRESEMBA 可用于静脉内给药。注射用的 CRESEMBA 是白色至黄色的无菌冻干粉，每小瓶包含 372mg isavuconazonium sulfate，相当于 200mg isavuconazole。每个小瓶中包含的非活性成分是 96mg 甘露醇和用于调节 pH 值的硫酸。

CRESEMBA 的适应证：①侵袭性曲霉病，CRESEMBA 是一种唑类抗真菌药，适用于 18 岁及以上的患者，用于治疗侵袭性曲霉病。②侵袭性毛霉菌病，CRESEMBA 是一种唑类抗真菌药，适用于 18 岁以上的患者，用于治疗浸润性毛霉菌病。

Isavuconazonium sulfate 是 isavuconazole（一种唑类抗真菌药）的前药。Isavuconazole 通过抑制细胞色素 P-450 依赖性酶羊毛甾醇 14-α- 脱甲基酶来抑制麦角固醇（真菌细胞膜的关键成分）的合成。该酶负责羊毛甾醇向麦角固醇的转化。真菌细胞膜内甲基化固醇前体的积累和麦角固醇的消耗，削弱了膜的结构和功能。哺乳动物细胞去甲基化对 isavuconazole 抑制作用较不敏感。

体外和临床感染活动：isavuconazole 在体外和临床感染中均对下列微生物的大多数菌株具有活性：黄曲霉，烟曲霉，黑曲霉和毛霉菌，例如米根霉和毛霉菌种。

药品上市申报信息

该药物目前有 2 种产品上市。

药品注册申请号：207500
申请类型：NDA（新药申请）
申请人：ASTELLAS
申请人全名：ASTELLAS PHARMA US INC

产品信息

产品号	商品名	活性成分	剂型 / 给药途径	规格 / 剂量	参比药物 (RLD)	生物等效参考标准 (RS)	治疗等效代码
001	CRESEMBA	isavuconazonium sulfate	胶囊 / 口服	186mg	是	是	否

与本品相关的专利信息（来自 FDA 橙皮书 Orange Book）

关联产品号	专利号	专利过期日	是否物质专利	是否产品专利	专利用途代码	撤销请求	提交日期
001	6812238	2020/10/31	是				2015/04/01
	7459561	2020/10/31	是				2015/04/01

与本品相关的市场独占权保护信息

关联产品号	独占权代码	失效日期	备注
001	ODE-90	2022/03/06	
	NCE	2020/03/06	
	GAIN	2027/03/06	
	GAIN	2025/03/06	

合成路线 1

以下合成路线来源于 Wockhardt 公司 Khunt Rupesh Chhaganbhai 等人 2016 年发表的专利申请书。目标化合物 **5** 以化合物 **1** 和化合物 **2** 为原料，经过 3 步合成反应而得。

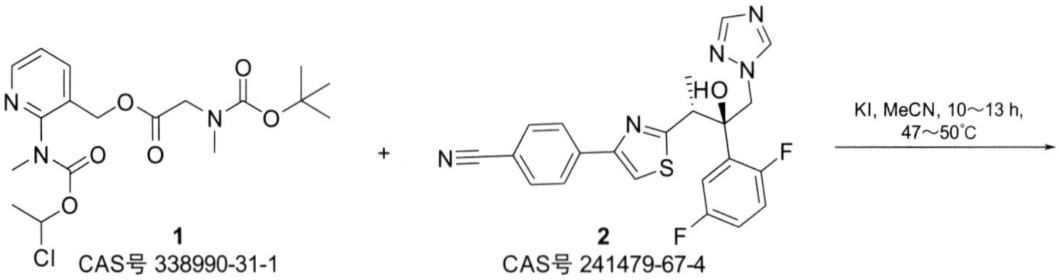

KI, MeCN, 10～13 h, 47～50℃

1
CAS号 338990-31-1

2
CAS号 241479-67-4

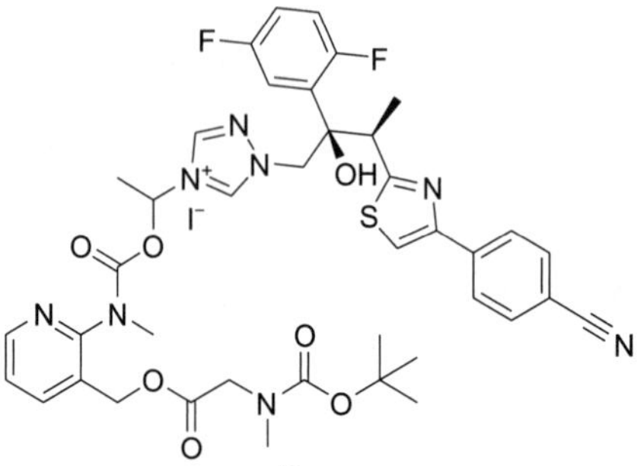

3
CAS号 338990-64-0

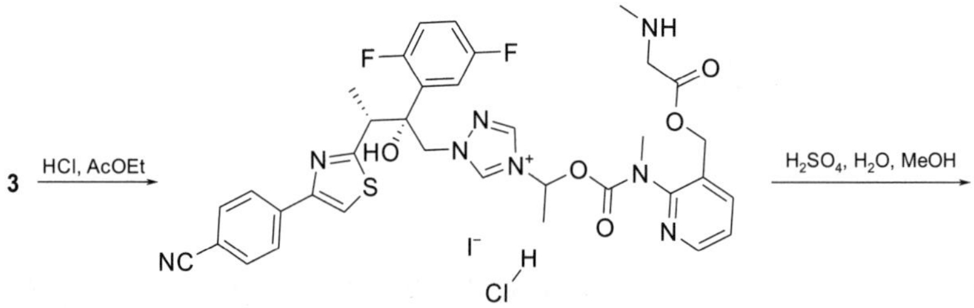

HCl, AcOEt

H_2SO_4, H_2O, MeOH

4
CAS号 1872395-39-5

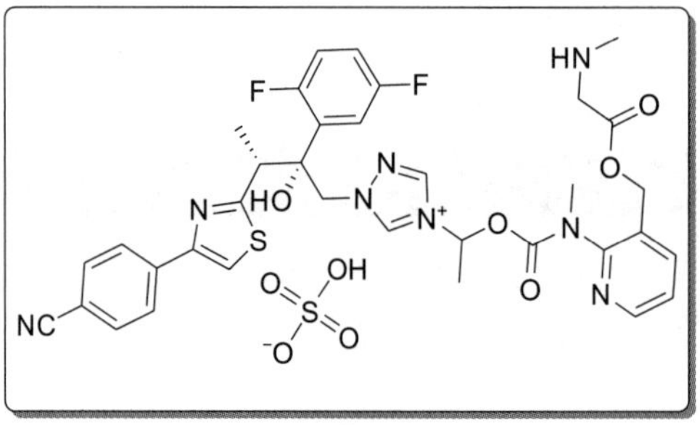

5
isavuconazonium sulfate
CAS号 946075-13-4

原始文献： WO 2016016766, 2016.

合成路线 2

以下合成路线来源于 Chengdu Lvlin Technology 公司 Zhou Caie 等人 2017 年发表的专利申请书。

目标化合物 **3** 以化合物 **1** 为原料，经过 2 步合成反应而得。

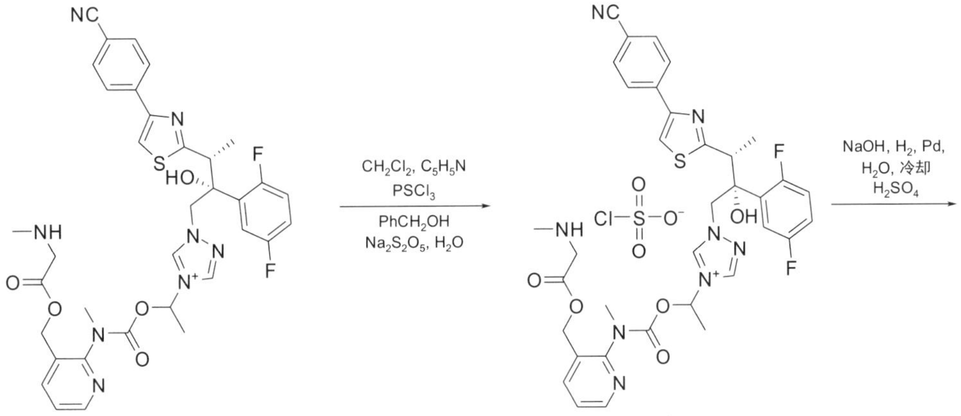

CH_2Cl_2, C_5H_5N
$PSCl_3$
$PhCH_2OH$
$Na_2S_2O_5$, H_2O

NaOH, H_2, Pd,
H_2O, 冷却
H_2SO_4

1
CAS号 742049-41-8

2
CAS号 2116562-65-1

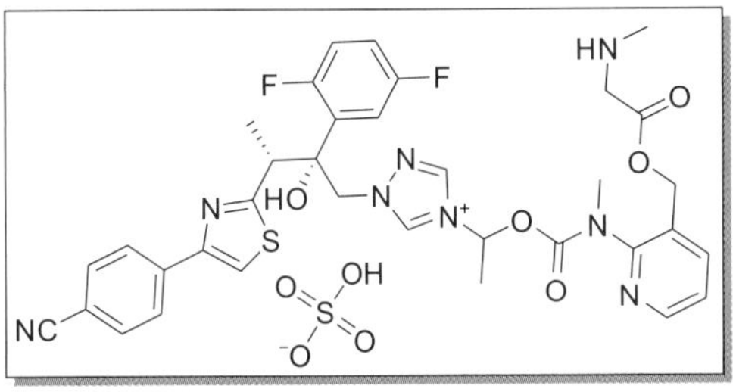

3
isavuconazonium sulfate
CAS号 946075-13-4

原始文献： CN 106883226, 2017.

合成路线 3

以下合成路线来源于 Yangtze River Pharmaceutical 公司 Zhou Waihai 等人 2017 年发表的专利申请书。目标化合物 **8** 以化合物 **1** 为原料，经过 5 步合成反应而得。该合成路线中，值得注意的合成反应有：①化合物 **1** 分子中的氰基在 $(EtO)_2PS_2H$ 作用下，水解得到相应的硫代酰胺化合物 **2**。②化合物 **2** 分子中的硫代酰胺基团和化合物 **3** 分子中的溴甲基酮基团发生成环反应，得到相应的化合物 **4**。

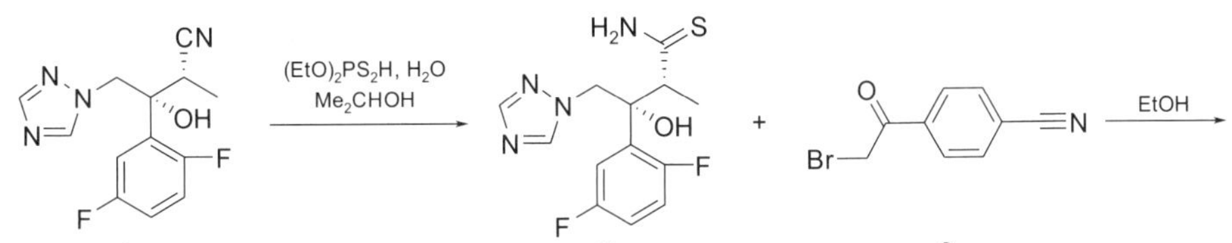

$(EtO)_2PS_2H$, H_2O
Me_2CHOH

EtOH

1
CAS号 241479-74-3

2
CAS号 368421-58-3

3
CAS号 20099-89-2

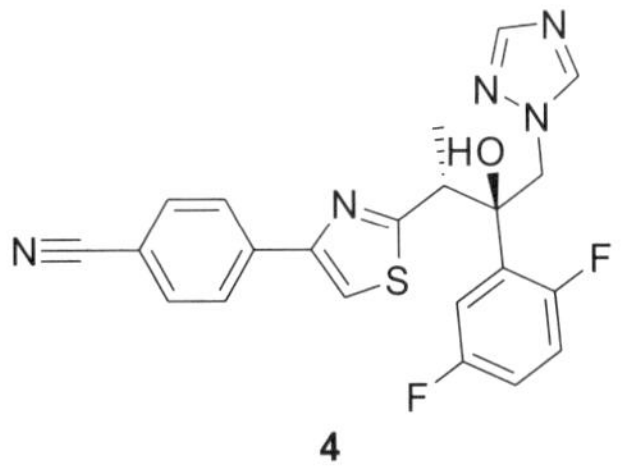

4
CAS号 241479-67-4

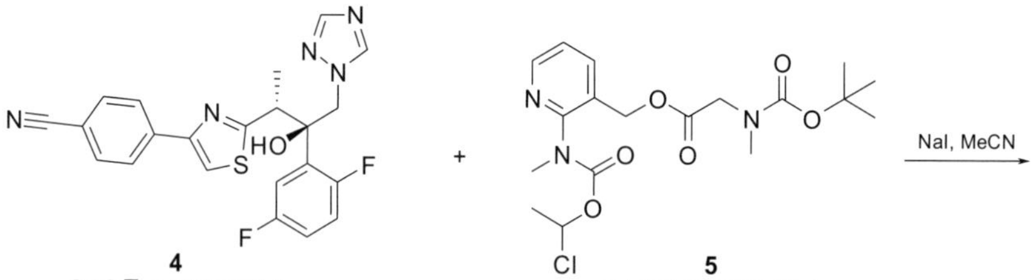

NaI, MeCN

4
CAS号 241479-67-4

5
CAS号 338990-31-1

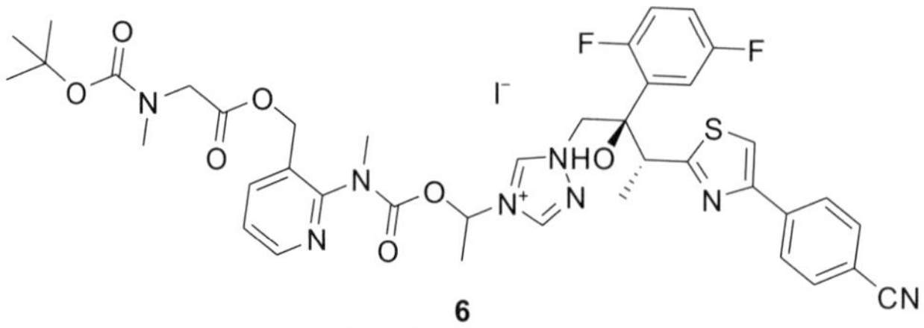

6
CAS号 338990-64-0

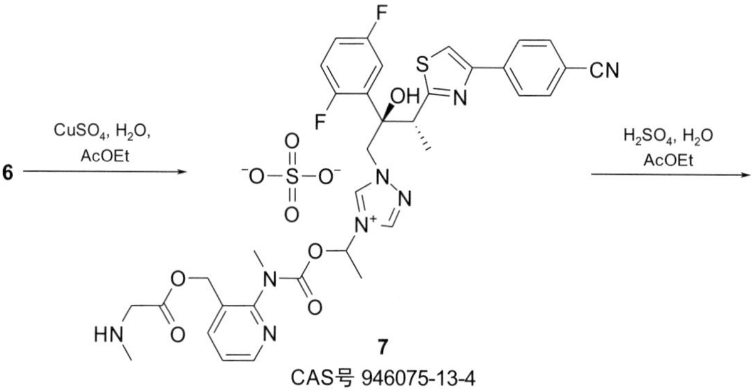

$CuSO_4$, H_2O, AcOEt

H_2SO_4, H_2O AcOEt

7
CAS号 946075-13-4

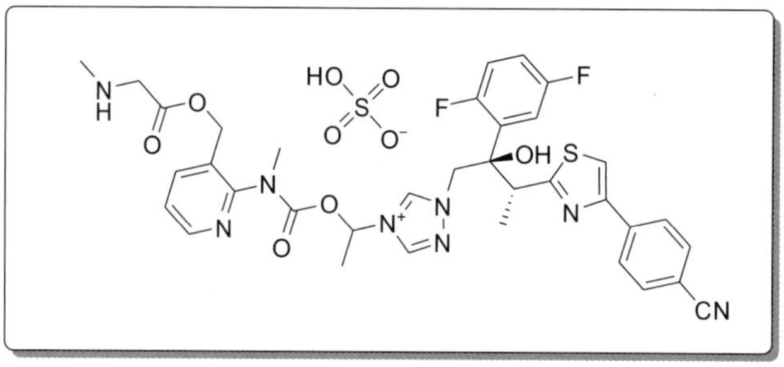

8
isavuconazonium sulfate
CAS号 946075-13-4

原始文献： CN 106916152, 2017.

参考文献

[1] Petraitis V, Petraitiene R, Katragkou A, et al. Combination therapy with ibrexafungerp (formerly SCY-078), a first-in-class triterpenoid inhibitor of (1→3)-β-D-glucan synthesis, and isavuconazole for treatment of experimental invasive pulmonary aspergillosis. Antimicrob Agents Chemother, 2020, 64(6).

[2] Brunet K, Eestermans R, Rodier M H, et al. In vitro activity of isavuconazole against three species of Acanthamoeba. Journal Français d'ophtalmologie, 2020, 43(4).

硫酸艾沙康唑核磁谱图

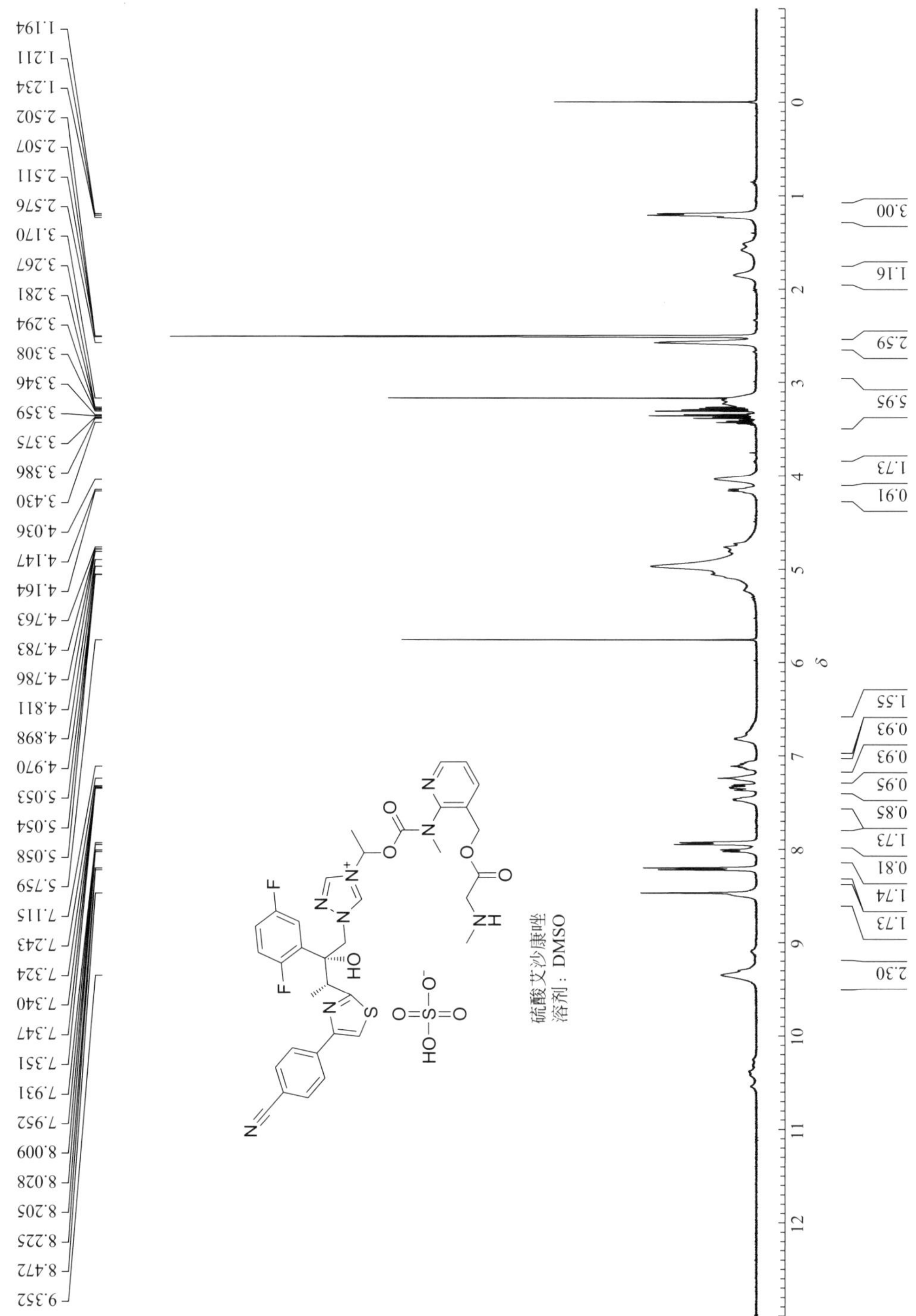

istradefylline（伊司茶碱）

药物基本信息

英文通用名	istradefylline
英文别名	KW6002; KW 6002; KW-6002
中文通用名	伊司茶碱
商品名	Nourianz
CAS登记号	155270-99-8
FDA 批准日期	8/27/2019
FDA 批准的API	istradefylline
化学名	8-[(*E*)-2-(3,4-dimethoxyphenyl)vinyl]-1,3-diethyl-7-methyl-3,7-dihydro-1*H*-purine-2,6-dione
SMILES代码	O=C(N1CC)N(CC)C2=C(N(C)C(/C=C/C3=CC=C(OC)C(OC)=C3)=N2)C1=O

化学结构和理论分析

化学结构	理论分析值
	化学式：$C_{20}H_{24}N_4O_4$ 精确分子量：384.1798 分子量：384.44 元素分析：C, 62.49; H, 6.29; N, 14.57; O, 16.65

药品说明书参考网页

生产厂家产品说明书、美国药品网、美国处方药网页。

药物简介

NOURIANZ 的活性成分是 istradefylline，是一种腺嘌呤受体拮抗剂。Istradefylline 是一种浅黄绿色结晶粉末。Istradefylline 的解离常数（pK_a）为 0.78。在整个生理 pH 值范围内，istradefylline 的水溶性约为 0.5μg/ mL，在水中为 0.6μg/ mL。

NOURIANZ 片剂仅用于口服。每片含有 20mg 或 40mg istradefylline 和以下非活性成分：交聚维酮，乳糖一水合物，硬脂酸镁，微晶纤维素和聚乙烯醇。薄膜包衣含有羟丙甲纤维素、乳糖一水合物、聚乙二醇 3350、二氧化钛、三乙酸甘油酯和染料（氧化铁红、氧化铁黄）。巴西棕榈蜡用于抛光。

NOURIANZ 可作为帕金森病（PD）成人患者左旋多巴 / 卡比多巴（levodopa/carbidopa）治疗方案中的辅助治疗。

Istradefylline 在帕金森病中发挥治疗作用的确切机制尚不清楚。在体外研究和体内动物研究中，科学家发现 istradefylline 是腺苷 A2A 受体拮抗剂。

药品上市申报信息

该药物目前有 2 种产品上市。

药品注册申请号：022075
申请类型：NDA（新药申请）
申请人：KYOWA KIRIN
申请人全名：KYOWA KIRIN INC

产品信息

产品号	商品名	活性成分	剂型 / 给药途径	规格 / 剂量	参比药物 (RLD)	生物等效参考标准 (RS)	治疗等效代码
001	NOURIANZ	istradefylline	片剂 / 口服	20mg	是	否	否
002	NOURIANZ	istradefylline	片剂 / 口服	40mg	是	是	否

与本品相关的专利信息（来自 FDA 橙皮书 Orange Book）

关联产品号	专利号	专利过期日	是否物质专利	是否产品专利	专利用途代码	撤销请求	提交日期
001	7541363	2024/11/13	是	是			2019/09/25
	7727993	2023/01/28			U-2623		2019/09/25
	7727994	2023/01/18			U-2623		2019/09/25
	8318201	2027/09/05		是			2019/09/25
002	7541363	2024/11/13	是	是			2019/09/25
	7727993	2023/01/28			U-2623		2019/09/25
	7727994	2023/01/18			U-2623		2019/09/25
	8318201	2027/09/05		是			2019/09/25

与本品相关的市场独占权保护信息

关联产品号	独占权代码	失效日期	备注
001	NCE	2024/08/27	
002	NCE	2024/08/27	

合成路线 1

以下合成路线来源于 Hebei Medical University 药学院 Li Fan 等人 2010 年发表的论文。目标化合物 **14** 以化合物 **1** 和化合物 **2** 为原料，经过 8 步合成而得。该合成路线所采用的合成反应都是传统的合成反应，成本低，实用性高。

Ac_2O, NaOH, H_2O, 95%; $NaNO_2$, AcOH, H_2O, 98%

1 CAS号 623-76-7
2 CAS号 372-09-8
3 CAS号 41740-15-2
4 CAS号 146946-10-3

NaOH, H_2O, 回流, 88%

5 CAS号 121-33-5 + 6 CAS号 77-78-1 → 7 CAS号 120-14-9

$H_2NCH_2CH_2CO_2H$, C_5H_5N,回流, HCl, H_2O, 98%

7 + 8 CAS号 141-82-2 → 9 CAS号 14737-89-4

$SOCl_2$, DMF, CH_2Cl_2

9 CAS号 14737-89-4 → 10 CAS号 141236-46-6

$Na_2(S_2O_4)$, K_2CO_3, H_2O, CH_2Cl_2, 91%

10 + 4 CAS号 146946-10-3 → 11 CAS号 187393-68-6

NaOH, EtOH, H_2O, 回流, HCl, pH 2, 84%

11 CAS号 187393-68-6 → 12 CAS号 155270-98-7

K_2CO_3, DMF

12 + 13 CAS号 74-88-4 → 14 istradefylline CAS号 155270-99-8

原始文献： 中国医药工业杂志，2010, 41(4): 241-243.

合成路线 2

以下合成路线来源于 Northeastern University 化学与生物系 LaBeaume Paul 等人 2010 年发表的论文。目标化合物 **9** 以化合物 **1** 和化合物 **2** 为原料，经过 5 步合成而得。该合成路线所采用的合成反应都是传统的合成反应，成本低，实用性高。

1
CAS号 14737-89-4

2
CAS号 67-56-1

$SOCl_2$, MeOH, rt, 回流
Et_3N, 中和, 回流
98%

3
CAS号 30461-77-9

$AlH(Bu\text{-}i)_2$,
CH_2Cl_2, $Me(CH_2)_4Me$
MeOH
H_2O

4
CAS号 40918-90-9

4 PCC, CH_2Cl_2, rt 73%

5
CAS号 58045-88-8

6
CAS号 52998-22-8

$Me_2BrS^+ \cdot Br^-$:MeCN
58%

7
CAS号 155270-98-7

8
CAS号 74-88-4

K_2CO_3, DMF, rt
95%

9
istradefylline
CAS号 155270-99-8

原始文献： Org & Biomol Chem, 2010, 8(18): 4155-4157.

合成路线 3

以下合成路线来源于 Monash Institute of Pharmaceutical Sciences 公司 Jorg Manuela 等人 2013 年发表的论文。目标化合物 **11** 以化合物 **1** 为原料，经过 7 步合成而得。该合成路线所采用的合成反应都是传统的合成反应，成本低，实用性高。该合成路线中，值得注意的合成反应有：①化合物 **6** 分子中的硝基是通过 $Na_2(S_2O_4)$ 还原成氨基的。②化合物 **7** 分子中有 2 个氨基，靠近羰基的氨基优先与酰氯化合物 **2** 反应得到化合物 **8**。

$SOCl_2$, PhMe
97%

1
CAS号 14737-89-4

2
CAS号 141236-46-6

3
CAS号 372-09-8

4
CAS号 623-76-7

Ac_2O
NaOH, H_2O,
调至碱性
83%

5
CAS号 41740-15-2

5 → $NaNO_2$, H_2O, AcOH, 86% → **6** → NH_4OH, $Na_2(S_2O_4)$, H_2O, 98% → **7** + **2** → C_5H_5N, CH_2Cl_2, rt, 66% → **8**

6
CAS号 146946-10-3

7
CAS号 52998-22-8

2
CAS号 141236-46-6

8 → $(Me_3Si)_2NH$, $(NH_4)_2SO_4$, MeCN, 100% → **9**

8
CAS号 187393-68-6

9
CAS号 155270-98-7

10
CAS号 74-88-4

K_2CO_3, DMF, rt
75%

11
istradefylline
CAS号 155270-99-8

原始文献： Bioorg & Med Chem Lett, 2013, 23(11):3427-3433.

合成路线 4

以下合成路线来源于 Hangzhou SIMBOS Pharmaceutical 公司 Wang Zhenyu 等人 2017 年发表的专利说明书。目标化合物 **9** 以化合物 **1** 为原料，经过 5 步合成而得。该合成路线所采用的合成反应都是传统的合成反应，成本低，实用性高。

1 → H_2, $Pd(PPh_3)_4$, MeOH, HCl, EtOH, 84% → **2** (H—Cl) + **3** → $EtN(Pr\text{-}i)_2$, CH_2Cl_2, 94% → **4**

1
CAS号 146946-10-3

2
CAS号 1785764-26-2

3
CAS号 75-36-5

4
CAS号 2097809-32-8

NaOH, H_2O,
PrOH, rt, 回流
HCl, H_2O, pH 9～11
94%

5
CAS号 189215-32-5

K$_2$CO$_3$, DMF, rt
NH$_4$OH
95%

AcOH, Ac$_2$O, rt
NaOH, H$_2$O, pH 8~9
92%

5
CAS号 189215-32-5

6
CAS号 74-88-4

7
CAS号 2097809-33-9

8
CAS号 120-14-9

9
istradefylline
CAS号 155270-99-8

原始文献： CN 106632332, 2017.

参考文献

[1] Deutschländer A B. Treatment with istradefylline for postural abnormalities in Parkinson's disease. Neurol Neurochir Pol, 2019, 53(4):239-241.

[2] Fujioka S, Yoshida R, Hayashi Y, et al. A new therapeutic strategy with istradefylline for postural deformities in Parkinson's disease. Neurol Neurochir Pol, 2019, 53(4):291-295.

ivabradine（伊伐布雷定）

药物基本信息

英文通用名	ivabradine
英文别名	S16257; S 16257; S-16257; S 16257-2; S-16257-2; S16257-2; ivabradine HCl; corlentor; procoralan; coralan; coraxan; ivabid; bradia
中文通用名	伊伐布雷定
商品名	Corlanor
CAS登记号	155974-00-8 (游离碱), 1202000-62-1 (硫酸盐), 148849-67-6 (盐酸盐), 1086026-42-7 (草酸盐)
FDA 批准日期	4/15/2015
FDA 批准的API	ivabradine hydrochloride（盐酸伊伐布雷定）
化学名	(*S*)-3-(3-(((3,4-dimethoxybicyclo[4.2.0]octa-1,3,5-trien-7-yl)methyl)(methyl)amino)propyl)-7,8-dimethoxy-1,3,4,5-tetrahydro-2*H*-benzo[d]azepin-2-one hydrochloride
SMILES代码	O=C1N(CCCN(C[C@@H]2C3=CC(OC)=C(OC)C=C3C2)C)CCC4=CC(OC)=C(OC)C=C4C1.[H]Cl

化学结构和理论分析

化学结构	理论分析值
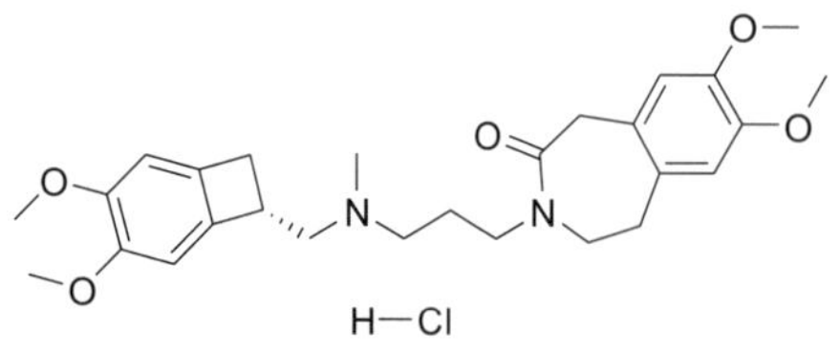 H—Cl	化学式：$C_{27}H_{37}ClN_2O_5$ 精确分子量：N/A 分子量：505.05 元素分析：C, 64.21; H, 7.38; Cl, 7.02; N, 5.55; O, 15.84

药品说明书参考网页

生产厂家产品说明书、美国药品网、美国处方药网页。

药物简介

CORLANOR 是一种超极化激活的环状核苷酸门控通道阻滞剂，可通过选择性抑制 If-current（If）来降低心脏窦房结的自发起搏器活动，从而降低心率，而且不会影响心室再极化（ventricular repolarization）和心肌收缩（myocardial contractility）。

CORLANOR 片剂外观颜色为鲑鱼色，是一种薄膜包衣片剂，口服剂量为 5mg 和 7.5mg ivabradine。

非活性成分：①核心为一水乳糖、玉米淀粉、麦芽糊精、硬脂酸镁、胶体二氧化硅。②薄膜包衣为羟丙甲纤维素、二氧化钛、甘油、硬脂酸镁、聚乙二醇 6000、黄色氧化铁、红色氧化铁

Corlanor 适应证：

（1）CORLANOR 可用于降低患者因心力衰竭恶化而住院的风险。这些患者具有下列特征：正在使用最大耐受剂量的 β- 受体阻滞剂，或者不再耐受 β- 受体阻滞剂，左心室射血分数 ≤ 35%，稳定但有症状的慢性心力衰竭，处于窦性心律，静息心率≥ 70 次 / 分钟。

（2）小儿心力衰竭：CORLANOR 适用于治疗窦性心律增高且心率加快的 6 个月及以上的小儿患者因扩张型心肌病（dilated cardiomyopathy，DCM）引起的稳定症状性心力衰竭。

CORLANOR 可以阻断负责心脏起搏器 If-current 的超极化激活环核苷酸门控（HCN）通道，该通道可调节心率。CORLANOR 还可以抑制视网膜电流 Ih。Ih 参与减少视网膜对强光刺激的反应。在触发条件下（例如，亮度快速变化），CORLANOR 对 Ih 的部分抑制可能是患者经历的发光现象的基础。发光现象（磷光体）是指在视野的有限区域中短暂增强的亮度。

药品上市申报信息

该药物目前 3 种产品上市。

药品注册申请号：206143
申请类型：NDA（新药申请）
申请人：AMGEN INC
申请人全名：AMGEN INC

产品信息

产品号	商品名	活性成分	剂型 / 给药途径	规格 / 剂量	参比药物(RLD)	生物等效参考标准 (RS)	治疗等效代码
001	CORLANOR	ivabradine hydrochloride	片剂 / 口服	等量 5mg 游离碱	是	否	否
002	CORLANOR	ivabradine hydrochloride	片剂 / 口服	等量 7.5mg 游离碱	是	是	否

与本品相关的专利信息（来自 FDA 橙皮书 Orange Book）

关联产品号	专利号	专利过期日	是否物质专利	是否产品专利	专利用途代码	撤销请求	提交日期
001	7361649	2026/02/22	是	是	U-1694		2015/05/11
	7361649*PED	2026/08/22					
	7361650	2026/02/22	是	是	U-1694		2015/05/11
	7361650*PED	2026/08/22					
	7867996	2026/02/22	是	是	U-1694		2015/05/11
	7867996*PED	2026/08/22					
	7879842	2026/02/22	是	是	U-1694		2015/05/11
	7879842*PED	2026/08/22					
002	7361649	2026/02/22	是	是	U-1694		2015/05/11
	7361649*PED	2026/08/22					
	7361650	2026/02/22	是	是	U-1694		2015/05/11
	7361650*PED	2026/08/22					
	7867996	2026/02/22	是	是	U-1694		2015/05/11
	7867996*PED	2026/08/22					
	7879842	2026/02/22	是	是	U-1694		2015/05/11
	7879842*PED	2026/08/22					

与本品相关的市场独占权保护信息

关联产品号	独占权代码	失效日期	备注
001	NCE	2020/04/15	
	PED	2020/10/15	
002	NCE	2020/04/15	
	PED	2020/10/15	

药品注册申请号：209964
申请类型：NDA（新药申请）
申请人：AMGEN INC
申请人全名：AMGEN INC

产品信息

产品号	商品名	活性成分	剂型 / 给药途径	规格 / 剂量	参比药物 (RLD)	生物等效参考标准 (RS)	治疗等效代码
001	CORLANOR	ivabradine	液体 / 口服	5mg/5mL(1mg/mL)	是	是	否

与本品相关的专利信息（来自 FDA 橙皮书 Orange Book）

关联产品号	专利号	专利过期日	是否物质专利	是否产品专利	专利用途代码	撤销请求	提交日期
001	7361649	2026/02/22	是	是	U-1694		2019/05/03
	7361650	2026/02/22	是	是	U-1694		2019/05/03
	7867996	2026/02/22	是	是	U-1694		2019/05/03
	7879842	2026/02/22	是	是	U-1694		2019/05/03

与本品相关的市场独占权保护信息

关联产品号	独占权代码	失效日期	备注
001	NCE	2020/04/15	
	NP	2022/04/22	
	ODE-234	2026/04/22	
	PED	2026/10/22	
	PED	2022/10/22	
	PED	2020/10/15	

合成路线 1

以下合成路线来源于 Beijing Shenlanhai Bio-Pharmaceutical Science and Technology 公司 Pang Yalong 等人 2009 年发表的专利申请书。目标化合物 **3** 以化合物 **1** 和化合物 **2** 为原料经过 1 步合成反应而得。

K_2CO_3, Me_2CO, 回流

NaOH, H_2O, pH 8～10

1
CAS号 866783-12-2

2
CAS号 1192174-73-4

3
ivabradine
CAS号 155974-00-8

原始文献： CN 101544605, 2009.

合成路线 2

以下合成路线来源于 Les Laboratoires Servier 公司 Lerestif Jean-Michel 等人 2005 年发表的专利申请书。目标化合物 **3** 以化合物 **1** 和化合物 **2** 为原料经过 1 步合成反应而得。

1
CAS号 866462-52-4

2
CAS号 866783-13-3

H_2, Pd, EtOH
H_2O

3
ivabradine
CAS号 155974-00-8

原始文献： US 20050228177, 2005.

合成路线 3

以下合成路线来源于 Cadila Healthcare 公司 Dwivedi Shriprakash Dhar 等人 2008 年发表的专利申请书。目标化合物 **5** 以化合物 **1** 和化合物 **2** 为原料经过 2 步合成反应而得。

1
CAS号 866783-12-2

2
CAS号 109-70-6

K_2CO_3,
$Br(CH_2)_3Cl$

3
CAS号 1031767-71-1

4
CAS号 20925-64-8

t-BuOK,
DMSO

5
ivabradine
CAS号 155974-00-8

原始文献： WO 2008065681, 2008.

合成路线 4

以下合成路线来源于 UTOpharm (Shanghai) 公司 Luo Junzhi 等人 2008 年发表的专利申请书。目标化合物 **4** 以化合物 **1** 为原料经过 2 步合成反应而得。

1
CAS号 85175-59-3

H_2, Pd, EtOH

2
CAS号 85175-65-1

3
CAS号 866783-12-2

Et_3N, MeCN

4
ivabradine
CAS号 155974-00-8

原始文献： WO 2008125006, 2008.

合成路线 5

以下合成路线来源于 Krka d.d. Slovenia 公司 Bose Prosenjit 等人 2010 年发表的专利申请书。目标化合物 **8** 以化合物 **1** 为原料经过 5 步合成反应而得。

1 CAS号 93-40-3 → ($SOCl_2$, CH_2Cl_2) → **2** CAS号 10313-60-7 + **3** CAS号 645-36-3 → (Et_3N, CH_2Cl_2) → **4** CAS号 73954-34-4 → (HCl, H_2O, AcOH, 冷却) → **5** CAS号 73942-87-7

5 CAS号 73942-87-7 → (*t*-BuOK, DMSO, H_2O, 冷却) → **6** CAS号 85175-59-3 + **7** (HCl) CAS号 866783-13-3 → (NaI, Me_2CO) → **8** ivabradine CAS号 155974-00-8

原始文献： WO 2010072409, 2010.

合成路线 6

以下合成路线来源于 Krka d.d. Slovenia 公司 Bose Prosenjit 等人 2010 年发表的专利申请书。目标化合物**16**以化合物**1**为原料经过11步合成反应而得。该合成路线中，值得注意的合成反应有：①关键中间体化合物 **14** 以化合物 **8** 为原料，经过 4 步合成反应而得。②关键中间体化合物 **7** 以化合物 **1** 为原料经过 5 步合成反应而得。

1 CAS号 93-40-3 → ($SOCl_2$, CH_2Cl_2, 15min, 25℃; 15min, 25℃) → **2** CAS号 10313-60-7 + **3** CAS号 645-36-3 → (Et_3N, CH_2Cl_2, 25℃, 10℃; CH_2Cl_2, 30min, 10℃; 1h, 25℃) → **4** CAS号 73954-34-4

HCl, H_2O, AcOH, 17h, 25℃
H_2O, 30min, 冷却 → **5**

t-BuOK, DMSO, 30min, 25℃
DMSO, 25℃, 18℃; 20min
15～18℃; 30min, 15～18℃
H_2O, 3～4h, 冷却

5
CAS号 73942-87-7

6
CAS号 85175-59-3

NaI, Me_2CO, 25℃, 65℃; 30h, 60～65℃

7
CAS号 148870-57-9

1. $NiCl_2$, MeOH
2. $NaBH_4$

8
CAS号 35202-54-1

9
CAS号 24424-99-5

10
CAS号 1233201-59-6

$LiAlH_4$, THF

11
CAS号 148870-56-8

11 + **12** → EtOH → **13**

NaOH, H_2O, AcOEt

12
CAS号 17199-29-0

13
CAS号 1233201-55-2

14
CAS号 866783-12-2

7 + **14** → K_2CO_3, DMF

15
CAS号 1086026-31-4

H_2, Pd, EtOH
50psi

16
ivabradine
CAS号 155974-00-8

原始文献： WO 2010072409, 2010.

合成路线 7

以下合成路线来源于 Les Laboratoires Servier 公司 Peglion Jean-Louis 等人 2011 年发表的专利申请书。目标化合物 **6** 以化合物 **1** 和化合物 **2** 为原料经过 3 步合成反应而得。

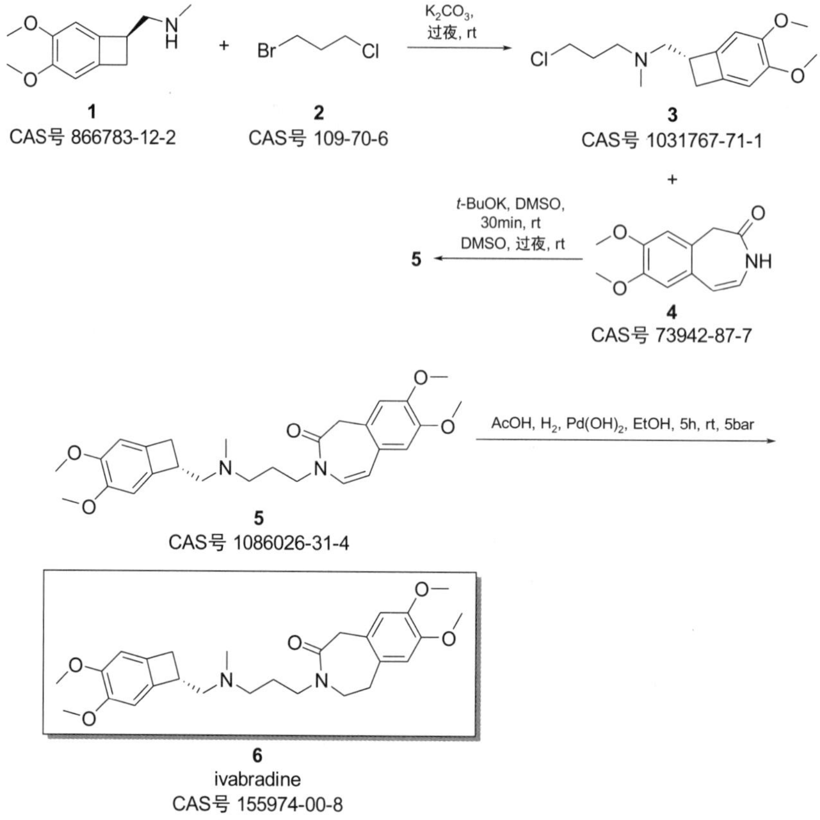

K_2CO_3, 过夜, rt

1 CAS号 866783-12-2

2 CAS号 109-70-6

3 CAS号 1031767-71-1

t-BuOK, DMSO, 30min, rt; DMSO, 过夜, rt

4 CAS号 73942-87-7

AcOH, H_2, $Pd(OH)_2$, EtOH, 5h, rt, 5bar

5 CAS号 1086026-31-4

6 ivabradine CAS号 155974-00-8

原始文献： WO 2011033194, 2011.

合成路线 8

以下合成路线来源于 Les Laboratoires Servier 公司 Peglion Jean-Louis 等人 2011 年发表的专利申请书。目标化合物 **13** 以化合物 **1** 为原料经过 8 步合成反应而得。 该合成路线中值得注意的地方有：①关键中间体化合物 **9** 是以化合物 **1** 为原料，经过 6 步合成反应而得。②化合物 **9** 分子中的 NH 基团与化合物 **10** 分子中的氯原子发生亲核取代反应，得到化合物 **12**。

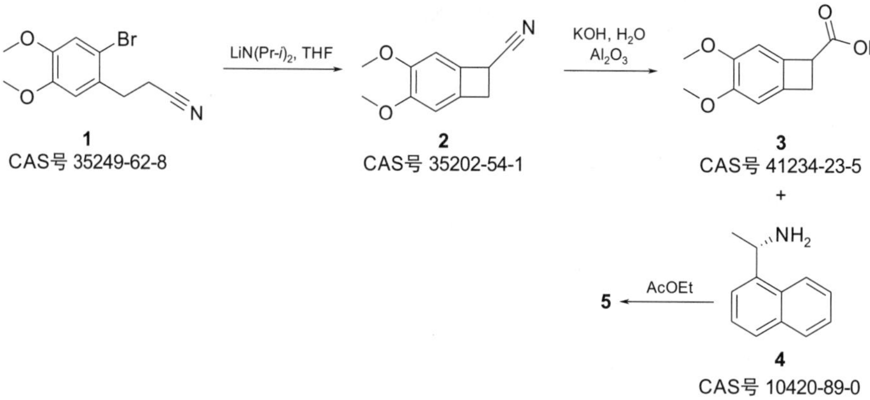

LiN(Pr-*i*)$_2$, THF

KOH, H_2O, Al_2O_3

AcOEt

1 CAS号 35249-62-8

2 CAS号 35202-54-1

3 CAS号 41234-23-5

4 CAS号 10420-89-0

5

CAS号 1346558-07-3

HCl, H_2O, CH_2Cl_2

H−Cl

6

CAS号 1220993-44-1

$-NH_2$

7

CAS号 74-89-5

Cl(O=)CC(=O)Cl, CH_2Cl_2, DMF

8

CAS号 1220993-43-0

BH_3-THF, MeOH → 9

9

CAS号 866783-13-3

10

CAS号 85175-59-3

11

CAS号 144-62-7

K_2CO_3, NaI, S:NMP, rt; 60℃ MeOH, 2h, rt

12

CAS号 1346558-08-4

Pd-C, H_2 K_2CO_3, H_2O

13

ivabradine

CAS号 155974-00-8

原始文献：WO 2011138625, 2011.

合成路线 9

以下合成路线来源于 Biogena (A.P.I) Ltd 公司 Ioannou Savvas 等人 2018 年发表的专利申请书。目标化合物 **5** 以化合物 **1** 和化合物 **2** 为原料经过 2 步合成反应而得。

1
CAS号 866783-13-3

2
CAS号 109-70-6

K_2CO_3, H_2O
NaOH, pH 13

3
CAS号 1031767-71-1

4
CAS号 20925-64-8

t-BuOK, DMSO
NaOH, H_2O,
pH 10

5
ivabradine
CAS号 155974-00-8

原始文献： WO 2018115181, 2018.

合成路线 10

以下合成路线来源于 Yangtze River Pharmaceutical Group 公司和 Beijing Haiyan Pharmaceutical 公司 Sun Haiyu 等人 2018 年发表的专利申请书。目标化合物 **4** 以化合物 **1** 和化合物 **2** 为原料经过 2 步合成反应而得。

1
CAS号 85175-59-3

2
CAS号 866783-13-3

K_2CO_3, NaI,
Me_2CO,
回流

3
CAS号 1086026-31-4

H_2, Pd, AcOH
NaOH, H_2O,
pH 9～10

4
ivabradine
CAS号 155974-00-8

原始文献： CN 108424390, 2018.

参考文献

[1] Gammone M A, Riccioni G, Massari F, et al. Beneficial effect of ivabradine against cardiovascular diseases. Front Biosci (Schol Ed), 2020, 12:161-172.

[2] Mentz R J, Devore A D, Tasissa G, et al. Predischarge initiation of ivabradine in the management of heart failure: results of the PRIME-HF trial. Am Heart J, 2020, 223:98-105.

伊伐布雷定核磁谱图

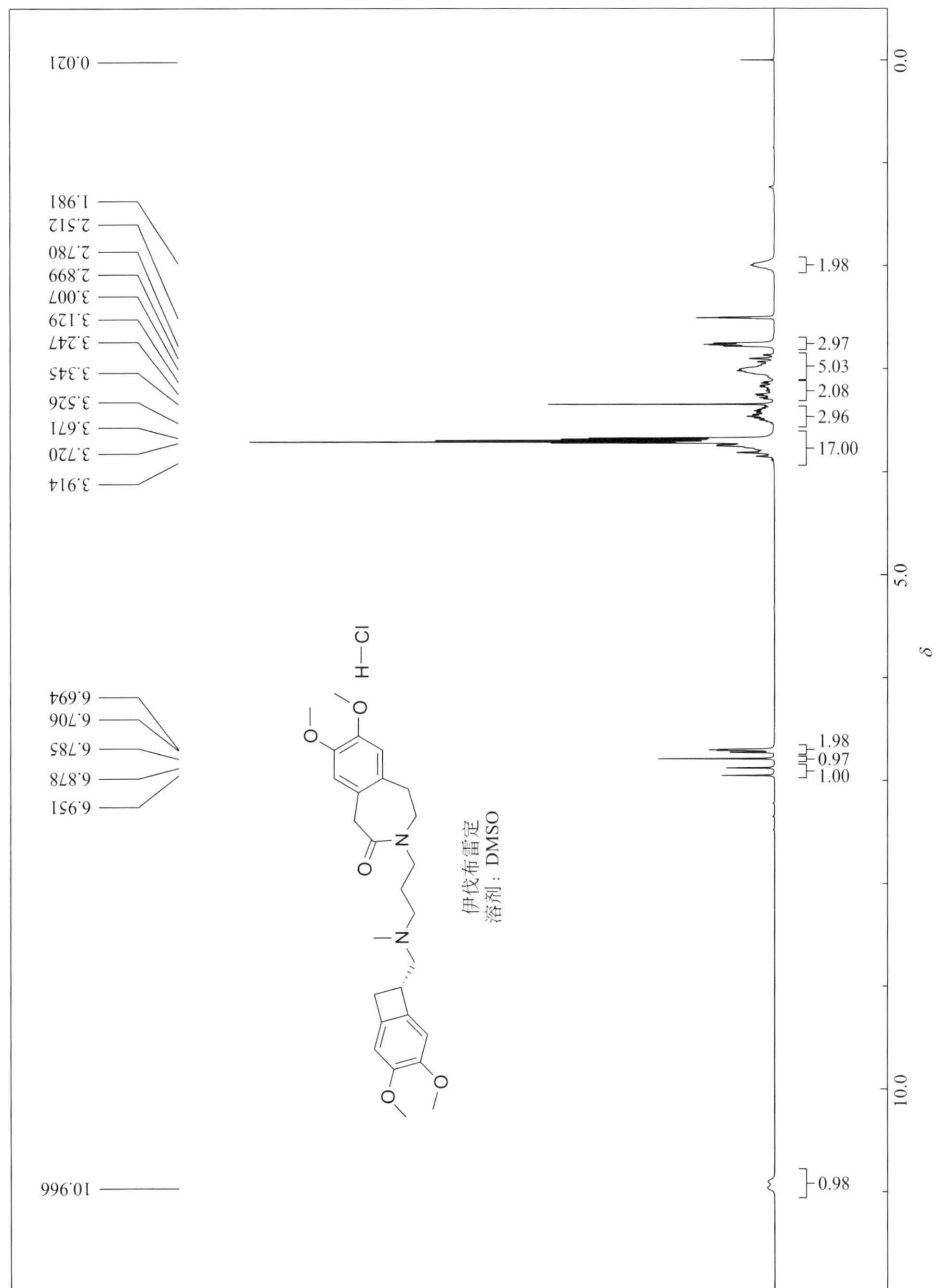
0.021
1.981
2.512
2.780
2.899
3.007
3.129
3.247
3.345
3.526
3.671
3.720
3.914
6.694
6.706
6.785
6.878
6.951
10.966
1.98
2.97
5.03
2.08
2.96
17.00
1.98
0.97
1.00
0.98
0.0
5.0
10.0
δ
H—Cl
伊伐布雷定
溶剂：DMSO

ivacaftor（依伐卡托）

药物基本信息

英文通用名	ivacaftor
英文别名	VX770; VX 770; VX-770; KALYDECO; orkambi
中文通用名	依伐卡托
商品名	Orkambi
CAS登记号	873054-44-5
FDA 批准日期	7/2/2015
FDA 批准的API	ivacaftor
化学名	*N*-(2,4-di-tert-butyl-5-hydroxyphenyl)-4-oxo-1,4-dihydroquinoline-3-carboxamide
SMILES代码	O=C(C1=CNC2=C(C=CC=C2)C1=O)NC3=CC(O)=C(C(C)(C)C)C=C3C(C)(C)C

化学结构和理论分析

化学结构	理论分析值
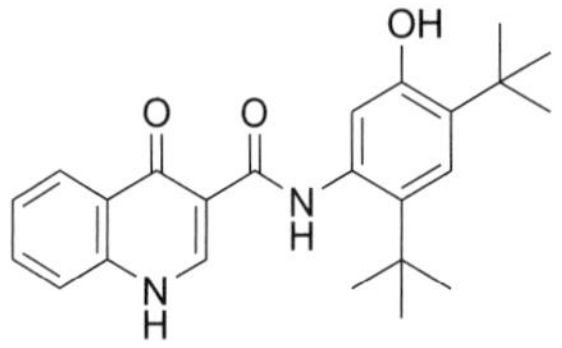	化学式：$C_{24}H_{28}N_2O_3$ 精确分子量：392.2100 分子量：392.50 元素分析：C, 73.44; H, 7.19; N, 7.14; O, 12.23

药品说明书参考网页

生产厂家产品说明书、美国药品网、美国处方药网页。

药物简介

ORKAMBI® 的活性成分是：lumacaftor 和 ivacaftor，目前有口服片剂和口服颗粒剂。

Lumacaftor 是一种白色至类白色粉末，几乎不溶于水（0.02mg/mL）。ivacaftor 是白色至类白色粉末，几乎不溶于水（<0.05μg/mL）。

ORKAMBI（200mg/125mg）片剂外观为粉红色，呈椭圆形，是一种薄膜包衣口服片剂，每片 ORKAMBI 片剂均含有 200mg 的 lumacaftor 和 125mg 的 ivacaftor，以及以下非活性成分：纤维素微晶；交联羧甲基纤维素钠；醋酸羟丙甲纤维素琥珀酸酯；硬脂酸镁；聚维酮和十二烷基硫酸钠。片剂薄膜衣包含胭脂红、FD & C 蓝色 1 号、FD & C 蓝色 2 号、聚乙二醇、聚乙烯醇、滑石粉和二氧化钛。印刷油墨包含氢氧化铵、氧化铁黑、丙二醇和紫胶。

ORKAMBI（100mg/125mg）片剂外观也是粉红色，呈椭圆形，是一种薄膜包衣的片剂，每个

ORKAMBI 片剂均含有 100mg 的 lumacaftor 和 125mg 的 ivacaftor，以及以下非活性成分：纤维素微晶；交联羧甲基纤维素钠；醋酸羟丙甲纤维素琥珀酸酯；硬脂酸镁；聚维酮和十二烷基硫酸钠。片剂薄膜衣包含胭脂红、FD & C 蓝色 1 号、FD & C 蓝色 2 号、聚乙二醇、聚乙烯醇、滑石粉和二氧化钛。印刷油墨包含氢氧化铵、氧化铁黑、丙二醇和紫胶。

ORKAMBI 颗粒剂也是一种口服药。ORKAMBI 颗粒剂目前有 2 种剂量规格，分别为 lumacaftor 100mg/ivacaftor 125mg 和 lumacaftor 150mg/ivacaftor 188mg。非活性成分如下：纤维素微晶；交联羧甲基纤维素钠；醋酸羟丙甲纤维素琥珀酸酯；聚维酮月桂基硫酸钠。

ORKAMBI 可用于治疗 CFTR 基因的 F508del 突变的 2 岁及以上的患者的囊性纤维化（CF）。如果患者的基因型未知，则应使用 FDA 批准的 CF 突变测试来检测 CFTR 基因的两个等位基因上是否存在 F508del 突变。

CFTR 蛋白是存在于多个器官的上皮细胞表面的氯离子通道。F508del 突变导致蛋白质错误折叠，从而导致细胞加工和运输缺陷，使蛋白质靶向降解，因此减少了细胞表面 CFTR 的数量。与野生型 CFTR 蛋白相比，到达细胞表面的少量 F508del-CFTR 不稳定，通道开放可能性低（有缺陷的门控活性）。

Lumacaftor 可改善 F508del-CFTR 的构象稳定性，从而增加成熟蛋白向细胞表面的加工和运输。ivacaftor 是一种 CFTR 增强剂，可通过增强 CFTR 蛋白在细胞表面的通道开放可能性（或门控）来促进氯离子的转运。体外研究表明，lumacaftor 和 ivacaftor 均可直接作用于人支气管上皮培养物和其他带有 F508del-CFTR 突变的细胞系中的 CFTR 蛋白，从而增加 F508del-CFTR 在细胞表面的数量、稳定性和功能，导致氯离子转运增加。

药品上市申报信息

该药物目前有 12 种产品上市。

药品注册申请号：203188
申请类型：NDA（新药申请）
申请人：VERTEX PHARMS
申请人全名：VERTEX PHARMACEUTICALS INC

产品信息

产品号	商品名	活性成分	剂型 / 给药途径	规格 / 剂量	参比药物 (RLD)	生物等效参考标准 (RS)	治疗等效代码
001	KALYDECO	ivacaftor	片剂 / 口服	150mg	是	是	否
002	KALYDECO	Ivacaftor	片剂 / 口服	75mg	是	否	否

与本品相关的专利信息（来自 FDA 橙皮书 Orange Book）

关联产品号	专利号	专利过期日	是否物质专利	是否产品专利	专利用途代码	撤销请求	提交日期
001	7495103	2027/05/20	是	是			
	8324242	2027/08/05			U-1311 U-1906		2013/01/03
	8354427	2026/07/06			U-1311 U-1905		2015/01/26
	8410274	2026/12/28		是			2013/12/01

续表

关联产品号	专利号	专利过期日	是否物质专利	是否产品专利	专利用途代码	撤销请求	提交日期
001	8629162	2025/06/24			U-2234		2018/02/22
	8754224	2026/12/28	是	是			2014/07/17
	9670163	2026/12/28		是	U-1311		2017/07/05
	8324242	2027/04/18			U-1311		

与本品相关的市场独占权保护信息

关联产品号	独占权代码	失效日期	备注
001	ODE-20	2019/01/31	
	NPP	2020/07/31	
	ODE-186	2021/02/21	
	ODE-187	2021/12/29	
	ODE-189	2024/07/31	
	ODE-190	2024/05/17	
	ODE-199	2025/08/15	
002	ODE-199	2025/08/15	
	ODE-187	2021/12/29	
	ODE-190	2024/05/17	
	ODE-186	2021/02/21	
	ODE-189	2024/07/31	
	NPP	2020/07/31	
001	NCE	2017/01/31	
	ODE	2019/01/31	

药品注册申请号：207925

申请类型：NDA（新药申请）

申请人：VERTEX PHARMS INC

申请人全名：VERTEX PHARMACEUTICALS INC

产品信息

产品号	商品名	活性成分	剂型 / 给药途径	规格 / 剂量	参比药物 (RLD)	生物等效参考标准 (RS)	治疗等效代码
001	KALYDECO	ivacaftor	颗粒 / 口服	50mg/ 包	是	否	否
002	KALYDECO	ivacaftor	颗粒 / 口服	75mg/ 包	是	是	否
003	KALYDECO	ivacaftor	颗粒 / 口服	25mg/ 包	是	否	否

与本品相关的专利信息（来自 FDA 橙皮书 Orange Book）

关联产品号	专利号	专利过期日	是否物质专利	是否产品专利	专利用途代码	撤销请求	提交日期
001	10272046	2033/02/27		是	U-2531		2019/05/29
	7495103	2027/05/20	是	是			2015/04/14
	8324242	2027/08/05			U-2527 U-1906 U-1311		2015/04/14
	8354427	2026/07/06			U-1311 U-2528 U-1905		2015/04/14
	8410274	2026/12/28		是			2015/04/14
	8629162	2025/06/24			U-2529 U-2234		2018/02/22
	8754224	2026/12/28	是	是			2015/04/14
	8883206	2033/02/27		是			2015/04/14
	9670163	2026/12/28		是	U-1311 U-2530		2017/07/05
002	10272046	2033/02/27		是	U-2531		2019/05/29
	7495103	2027/05/20	是	是			2015/04/14
	8324242	2027/08/05			U-1311 U-2527 U-1906		2015/04/14
	8354427	2026/07/06			U-1311 U-2528 U-1905		2015/04/14
	8410274	2026/12/28		是			2015/04/14
	8629162	2025/06/24			U-2234 U-2529		2018/02/22
	8754224	2026/12/28	是	是			2015/04/14
	8883206	2033/02/27		是			2015/04/14
	9670163	2026/12/28		是	U-1311 U-2530		2017/07/05
003	10272046	2033/02/27		是	U-2531		2019/05/29
	7495103	2027/05/20	是	是			2019/05/29
	8324242	2027/08/05			U-1311 U-1906 U-2527		2019/05/29
	8354427	2026/07/06			U-2528 U-1311 U-1905		2019/05/29
	8410274	2026/12/28		是			2019/05/29
	8629162	2025/06/24			U-2234 U-2529		2019/05/29
	8754224	2026/12/28	是	是			2019/05/29
	8883206	2033/02/27		是			2019/05/29
	9670163	2026/12/28		是	U-2530 U-1311		2019/05/29

与本品相关的市场独占权保护信息

关联产品号	独占权代码	失效日期	备注
001	ODE-20	2019/01/31	
	NPP	2020/07/31	
	ODE-188	2022/03/17	
	ODE-189	2024/07/31	
	ODE-190	2024/05/17	
	ODE-199	2025/08/15	
	ODE-236	2026/04/29	
	NPP	2022/04/29	
002	ODE-20	2019/01/31	
	NPP	2020/07/31	
	ODE-188	2022/03/17	
	ODE-189	2024/07/31	
	ODE-190	2024/05/17	
	ODE-199	2025/08/15	
	ODE-236	2026/04/29	
	NPP	2022/04/29	
003	ODE-236	2026/04/29	
	NPP	2022/04/29	
	ODE-190	2024/05/17	
	ODE-199	2025/08/15	
	ODE-189	2024/07/31	
	ODE-188	2022/03/17	
	NPP	2020/07/31	

药品注册申请号：206038
申请类型：NDA（新药申请）
申请人：VERTEX PHARMS INC
申请人全名：VERTEX PHARMACEUTICALS INC

产品信息

产品号	商品名	活性成分	剂型 / 给药途径	规格 / 剂量	参比药物 (RLD)	生物等效参考标准 (RS)	治疗等效代码
001	ORKAMBI	ivacaftor; lumacaftor	片剂 / 口服	125mg; 200mg	是	是	否
002	ORKAMBI	ivacaftor; lumacaftor	片剂 / 口服	125mg; 100mg	是	否	否

与本品相关的专利信息（来自 FDA 橙皮书 Orange Book）

关联产品号	专利号	专利过期日	是否物质专利	是否产品专利	专利用途代码	撤销请求	提交日期
001	10076513	2028/12/04		是	U-2411		2018/10/18
	7495103	2027/05/20	是	是			2015/07/22
	7973038	2026/11/08			U-1973		2016/10/21
	8324242	2027/08/05			U-1311 U-1911		2015/07/22
	8410274	2026/12/28		是			2015/07/22
	8507534	2030/09/20	是	是			2015/07/22
	8653103	2028/12/04		是			2015/07/22
	8716338	2030/09/20		是	U-1718 U-1910		2015/07/22
	8741933	2026/11/08			U-1909 U-1717		2015/07/22
	8754224	2026/12/28	是	是			2015/07/22
	8846718	2028/12/04			U-1717 U-1908		2015/07/22
	8993600	2030/12/11		是			2015/07/22
	9150552	2028/12/04			U-1908		2016/10/21
	9192606	2029/09/29		是	U-1912		2016/10/21
	9216969	2026/11/08	是	是			2016/03/15
	9670163	2026/12/28		是	U-1911		2017/07/05
	9931334	2026/12/28		是	U-2276		2018/05/02
002	7495103	2027/05/20	是	是			2016/10/21
	7973038	2026/11/08			U-1973		2016/10/21
	8324242	2027/08/05			U-1911		2016/10/21
	8410274	2026/12/28		是			2016/10/21
	8507534	2030/09/20	是	是			2016/10/21
	8653103	2028/12/04		是			2016/10/21
	8716338	2030/09/20		是	U-1910		2016/10/21
	8741933	2026/11/08			U-1909		2016/10/21
	8754224	2026/12/28	是	是			2016/10/21
	8846718	2028/12/04			U-1908		2016/10/21
	8993600	2030/12/11		是			2016/10/21
	9150552	2028/12/04			U-1908		2016/10/21
	9192606	2029/09/29		是	U-1912		2016/10/21
	9216969	2026/11/08		是			2016/10/21
	9670163	2026/12/28		是	U-1911		2017/07/05
	9931334	2026/12/28		是	U-2276		2018/05/02

与本品相关的市场独占权保护信息

关联产品号	独占权代码	失效日期	备注
001	ODE-93	2022/07/02	
	NCE	2020/07/02	
	ODE-123	2023/09/28	
	M-218	2021/01/25	
002	NPP	2019/09/28	
	ODE-93	2022/07/02	
	NCE	2020/07/02	
	ODE-123	2023/09/28	
	M-218	2021/01/25	

药品注册申请号：210491
申请类型：NDA（新药申请）
申请人：VERTEX PHARMS INC
申请人全名：VERTEX PHARMACEUTICALS INC

产品信息

产品号	商品名	活性成分	剂型 / 给药途径	规格 / 剂量	参比药物 (RLD)	生物等效参考标准 (RS)	治疗等效代码
001	SYMDEKO (COPACKAGED)	ivacaftor; ivacaftor, tezacaftor	TABLET，片剂 / 口服	150mg,N/A; 150mg, 100mg	是	是	否
002	SYMDEKO (COPACKAGED)	ivacaftor; ivacaftor, tezacaftor	TABLET，片剂 / 口服	75mg,N/A; 75mg, 50mg	是	是	否

与本品相关的专利信息（来自 FDA 橙皮书 Orange Book）

关联产品号	专利号	专利过期日	是否物质专利	是否产品专利	专利用途代码	撤销请求	提交日期
001	10022352	2027/04/09		是	U-2573 U-2343		2018/08/08
	10058546	2033/07/15			U-2572 U-2399		2018/09/21
	10081621	2031/03/25		是	U-2571 U-2420		2018/10/25
	10206877	2035/04/14		是	U-2498 U-2570		2019/03/20
	10239867	2027/04/09	是	是	U-2512 U-2569		2019/04/19
	7495103	2027/05/20	是	是			2018/03/09
	7645789	2027/05/01	是	是			2018/03/09
	7776905	2027/06/03	是	是			2018/03/09
	8324242	2027/08/05			U-2246		2018/03/09

续表

关联产品号	专利号	专利过期日	是否物质专利	是否产品专利	专利用途代码	撤销请求	提交日期
001	8410274	2026/12/28		是			2018/03/09
	8415387	2027/11/12			U-2246		2018/03/09
	8598181	2027/05/01			U-2246		2018/03/09
	8623905	2027/05/01	是	是			2018/03/09
	8629162	2025/06/24			U-2247		2018/03/09
	8754224	2026/12/28	是	是			2018/03/09
	9012496	2033/07/15			U-2248		2018/03/09
	9670163	2026/12/28		是	U-2246		2018/03/09
	9931334	2026/12/28		是	U-2575 U-2275		2018/05/01
	9974781	2027/04/09		是	U-2318 U-2574		2018/06/20
002	10022352	2027/04/09		是	U-2573 U-2343		2019/07/17
	10058546	2033/07/15			U-2572 U-2399		2019/07/17
	10081621	2031/03/25		是	U-2571 U-2420		2019/07/17
	10206877	2035/04/14		是	U-2570 U-2498		2019/07/17
	10239867	2027/04/09	是	是	U-2569 U-2512		2019/07/17
	7495103	2027/05/20	是	是			2019/07/17
	7645789	2027/05/01	是	是			2019/07/17
	7776905	2027/06/03	是	是			2019/07/17
	8324242	2027/08/05			U-2246		2019/07/17
	8410274	2026/12/28		是			2019/07/17
	8415387	2027/11/12			U-2246		2019/07/17
	8598181	2027/05/01			U-2246		2019/07/17
	8623905	2027/05/01	是	是			2019/07/17
	8629162	2025/06/24			U-2247		2019/07/17
	8754224	2026/12/28	是	是			2019/07/17
	9012496	2033/07/15			U-2248		2019/07/17
	9670163	2026/12/28		是	U-2246		2019/07/17
	9931334	2026/12/28		是	U-2575 U-2275		2019/07/17
	9974781	2027/04/09		是	U-2318 U-2574		2019/07/17

与本品相关的市场独占权保护信息

关联产品号	独占权代码	失效日期	备注
001	NCE	2023/02/12	
	ODE-173	2025/02/12	
	ODE-247	2026/06/21	
	NPP	2022/06/21	
002	ODE-247	2026/06/21	
	NCE	2023/02/12	
	ODE-173	2025/02/12	
	NPP	2022/06/21	

药品注册申请号：211358
申请类型：NDA（新药申请）
申请人：VERTEX PHARMS INC
申请人全名：VERTEX PHARMACEUTICALS INC

产品信息

产品号	商品名	活性成分	剂型 / 给药途径	规格 / 剂量	参比药物 (RLD)	生物等效参考标准 (RS)	治疗等效代码
001	ORKAMBI	ivacaftor; lumacaftor	颗粒 / 口服	125mg/PACKET; 100mg/PACKET	是	否	否
002	ORKAMBI	ivacaftor; lumacaftor	颗粒 / 口服	188mg/PACKET; 150mg/PACKET	是	是	否

与本品相关的专利信息（来自 FDA 橙皮书 Orange Book）

关联产品号	专利号	专利过期日	是否物质专利	是否产品专利	专利用途代码	撤销请求	提交日期
001	7495103	2027/05/20	是	是			2018/09/06
	7973038	2026/11/08			U-2374		2018/09/06
	8324242	2027/08/05			U-2374		2018/09/06
	8410274	2026/12/28		是			2018/09/06
	8507534	2030/09/20	是	是			2018/09/06
	8653103	2028/12/04		是			2018/09/06
	8716338	2030/09/20		是	U-2396		2018/09/06
	8741933	2026/11/08			U-2374		2018/09/06
	8754224	2026/12/28	是	是			2018/09/06
	8846718	2028/12/04			U-2375		2018/09/06
	8993600	2030/12/11		是			2018/09/06

续表

关联产品号	专利号	专利过期日	是否物质专利	是否产品专利	专利用途代码	撤销请求	提交日期
001	9150552	2028/12/04			U-2375		2018/09/06
	9192606	2029/09/29		是	U-2397		2018/09/06
	9216969	2026/11/08		是			2018/09/06
	9670163	2026/12/28		是	U-2376		2018/09/06
	9931334	2026/12/28		是	U-2376		2018/09/06
002	7495103	2027/05/20	是	是			2018/09/06
	7973038	2026/11/08			U-2374		2018/09/06
	8324242	2027/08/05			U-2374		2018/09/06
	8410274	2026/12/28		是			2018/09/06
	8507534	2030/09/20	是	是			2018/09/06
	8653103	2028/12/04		是			2018/09/06
	8716338	2030/09/20		是	U-2396		2018/09/06
	8741933	2026/11/08			U-2374		2018/09/06
	8754224	2026/12/28	是	是			2018/09/06
	8846718	2028/12/04			U-2375		2018/09/06
	8993600	2030/12/11		是			2018/09/06
	9150552	2028/12/04			U-2375		2018/09/06
	9192606	2029/09/29		是	U-2397		2018/09/06
	9216969	2026/11/08		是			2018/09/06
	9670163	2026/12/28		是	U-2376		2018/09/06
	9931334	2026/12/28		是	U-2376		2018/09/06

与本品相关的市场独占权保护信息

关联产品号	独占权代码	失效日期	备注
001	NP	2021/08/07	
	NCE	2020/07/02	
	ODE-195	2025/08/07	
002	NP	2021/08/07	
	NCE	2020/07/02	
	ODE-195	2025/08/07	

药品注册申请号：212273

申请类型：NDA（新药申请）

申请人：VERTEX PHARMS INC

申请人全名：VERTEX PHARMACEUTICALS INC

产品信息

产品号	商品名	活性成分	剂型 / 给药途径	规格 / 剂量	参比药物 (RLD)	生物等效参考标准 (RS)	治疗等效代码
001	TRIKAFTA (COPACKAGED)	elexacaftor, ivacaftor, tezacaftor; ivacaftor	片剂 / 口服	100mg,75mg, 50mg; N/A, 150mg, N/A	是	是	否

与本品相关的市场独占权保护信息

关联产品号	独占权代码	失效日期	备注
001	NCE	2023/02/12	
	NCE	2024/10/21	

合成路线 1

以下合成路线来源于 Zhang Rui 等人 2017 年发表的论文。目标化合物 **14** 以化合物 **1** 和化合物 **2** 为原料，经过 8 步合成反应而得。

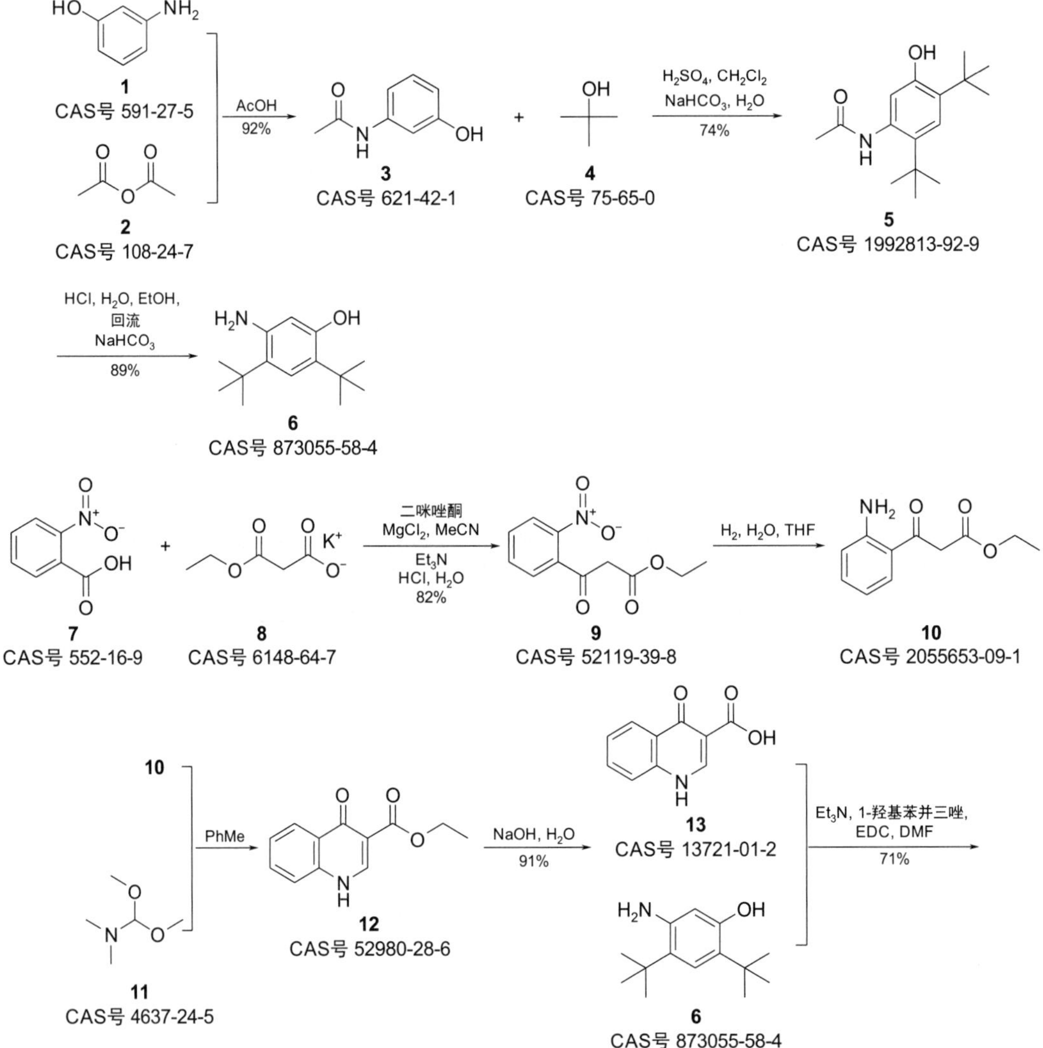

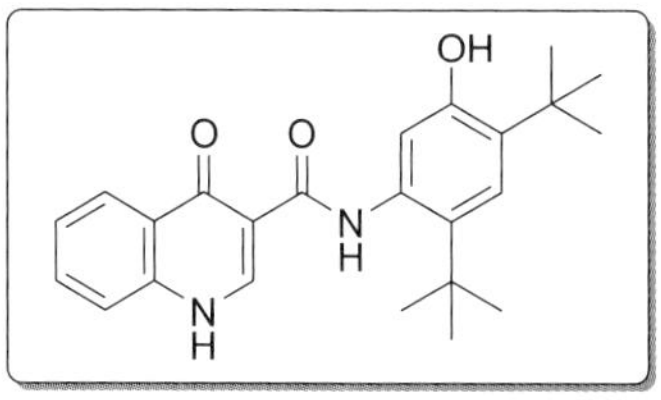

14
ivacaftor
CAS号 873054-44-5

原始文献： J Heterocycl Chem, 2017, 54(6): 3169-3173.

合成路线 2

以下合成路线来源于 Vertex Pharmaceuticals 公司 Hadida Sabine 等人 2014 年发表的论文。目标化合物 **9** 以化合物 **1** 和化合物 **2** 为原料，经过 5 步合成反应而得。

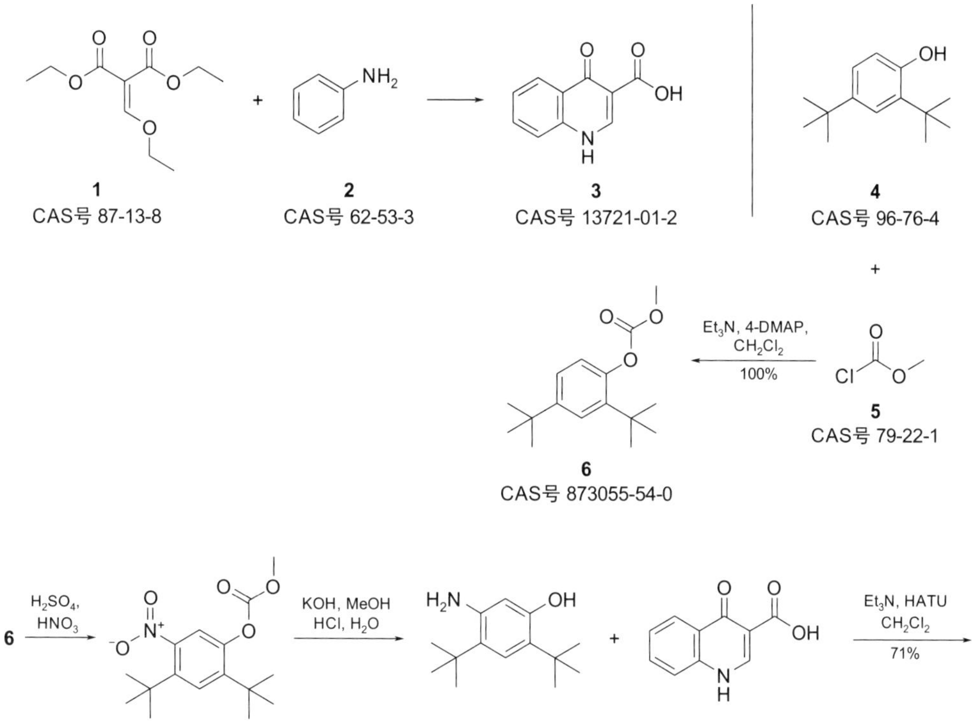

1 CAS号 87-13-8 + **2** CAS号 62-53-3 → **3** CAS号 13721-01-2

4 CAS号 96-76-4 + **5** CAS号 79-22-1 → **6** CAS号 873055-54-0 (Et_3N, 4-DMAP, CH_2Cl_2, 100%)

6 → **7** CAS号 873055-55-1 (H_2SO_4, HNO_3)

7 → **8** CAS号 873055-58-4 (KOH, MeOH; HCl, H_2O)

8 + **3** CAS号 13721-01-2 → **9** (Et_3N, HATU, CH_2Cl_2, 71%)

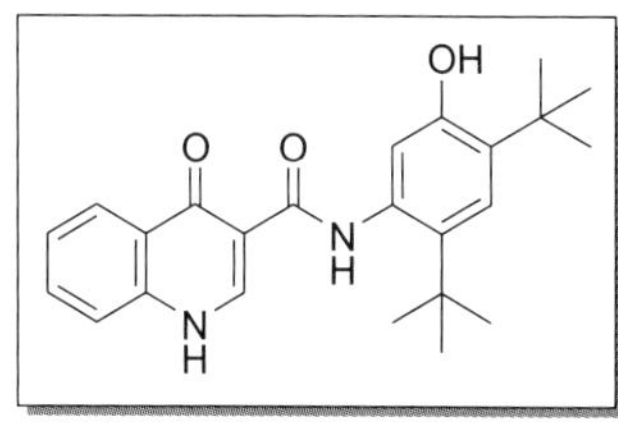

9
ivacaftor
CAS号 873054-44-5

原始文献： J Med Chem, 2014, 57(23): 9776-9795.

合成路线 3

以下合成路线来源于 He Yang 等人 2014 年发表的论文。目标化合物 **10** 以化合物 **1** 和化合物 **2** 为原料，经过 6 步合成反应而得。

1
CAS号 105-53-3

2
CAS号 610-14-0

$MgCl_2$, MeCN
Et_3N
CH_2Cl_2
HCl, H_2O
100%

3
CAS号 106718-56-3

H_2O
95%

4
CAS号 52119-39-8

5
CAS号 1182822-31-6

PhMe
65%

6
CAS号 1624596-06-0

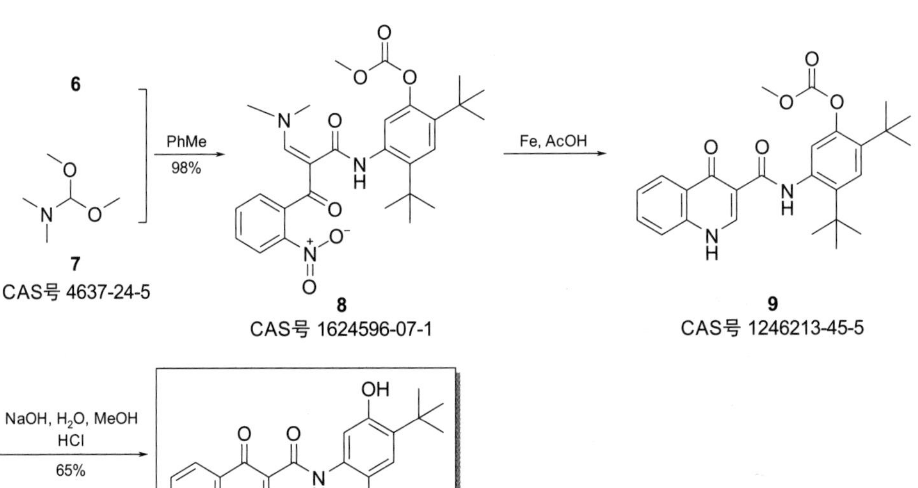

10
ivacaftor
CAS号 873054-44-5

原始文献： Heterocycles, 2014, 89(4): 1035-1040.

合成路线 4

以下合成路线来源于 CSIR–National Chemical Laboratory 公司 Vasudevan 等人 2015 年发表的论文。目标化合物 **5** 以化合物 **1** 和化合物 **2** 为原料，经过 3 步合成反应而得。

1
CAS号 87-51-4

2
CAS号 1182822-31-6

$EtN(Pr\text{-}i)_2$,
1-羟基苯并三唑,
EDC-HCl
79%

3
CAS号 1826104-50-0

O_3, MeOH
CH_2Cl_2, O_2
40%

4
CAS号 1246213-45-5

NaOH, H_2O,
MeOH, rt
HCl, H_2O, rt
76%

5
ivacaftor
CAS号 873054-44-5

原始文献：. European J Org Chem, 2015, 34: 7433-7437.

参考文献

[1] Misgault B, Chatron E, Reynaud Q, et al. Effect of one-year lumacaftor-ivacaftor treatment on glucose tolerance abnormalities in cystic fibrosis patients. J Cyst Fibros, 2020, 19(5).

[2] Hussar D A, Chahine E B. Imipenem monohydrate/cilastatin sodium/relebactam monohydrate, pretomanid, and elexacaftor/tezacaftor/ivacaftor. J Am Pharm Assoc (2003), 2020, 60(2):411-415.

依伐卡托核磁谱图

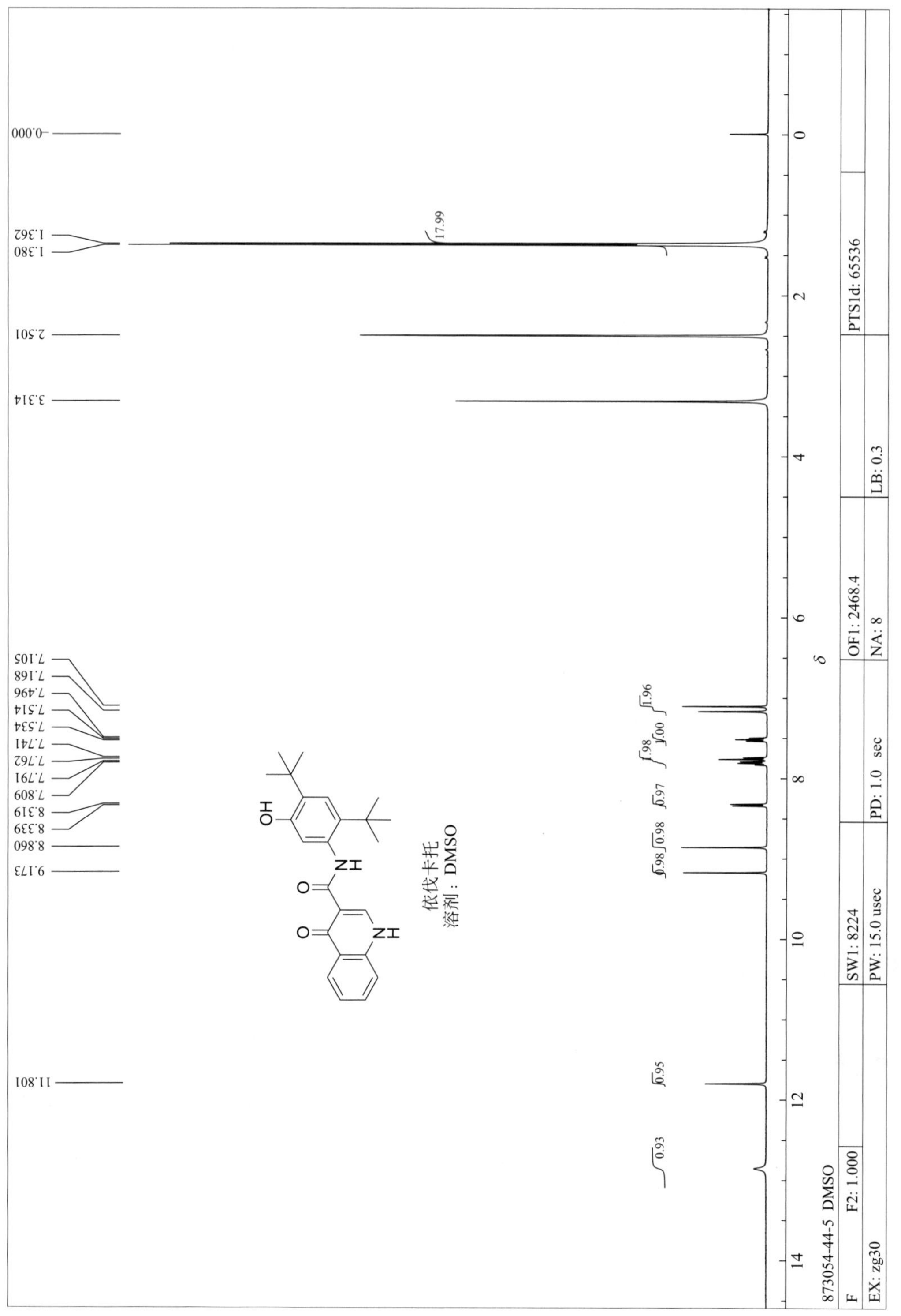

-0.000
1.362
1.380
2.501
3.314
7.105
7.168
7.496
7.514
7.534
7.741
7.762
7.791
7.809
8.319
8.339
8.860
9.173
11.801
17.99
0.93
0.95
0.98
0.98
0.97
0.98
1.00
1.96
依伐卡托
溶剂：DMSO
14
12
10
8
6
4
2
0
δ
873054-44-5 DMSO
F
F2: 1.000
SW1: 8224
OF1: 2468.4
PTS1d: 65536
EX: zg30
PW: 15.0 usec
PD: 1.0 sec
NA: 8
LB: 0.3

ivosidenib（依伏尼布）

药物基本信息

英文通用名	ivosidenib
英文别名	AG-120; AG120; AG 120; RG-120; RG 120; RG120
中文通用名	依伏尼布
商品名	Tibsovo
CAS登记号	1448347-49-6
FDA 批准日期	7/20/2018
FDA 批准的API	ivosidenib
化学名	(*S*)-*N*-((*S*)-1-(2-chlorophenyl)-2-((3,3-difluorocyclobutyl)amino)-2-oxoethyl)-1-(4-cyanopyridin-2-yl)-*N*-(5-fluoropyridin-3-yl)-5-oxopyrrolidine-2-carboxamide
SMILES代码	O=C([C@H](CC1)N(C2=NC=CC(C#N)=C2)C1=O)N([C@@H](C3=CC=CC=C3Cl)C(NC4CC(F)(F)C4)=O)C5=CC(F)=CN=C5

化学结构和理论分析

化学结构	理论分析值
	化学式：$C_{28}H_{22}ClF_3N_6O_3$ 精确分子量：582.1394 分子量：582.97 元素分析：C, 57.69; H, 3.80; Cl, 6.08; F, 9.78; N, 14.42; O, 8.23

药品说明书参考网页

生产厂家产品说明书、美国药品网、美国处方药网页。

药物简介

TIBSOVO 的活性成分是 ivosidenib，属于异柠檬酸脱氢酶 1（IDH1）酶的抑制剂。Ivosidenib 基本上不溶于 pH=1.2 ～ 7.4 的水溶液。

TIBSOVO 是一种薄膜包衣的口服片剂药物，每片的剂量为 250mg ivosidenib。每片含有以下非活性成分：胶体二氧化硅，交联羧甲基纤维素钠，醋酸羟丙甲纤维素琥珀酸酯，硬脂酸镁，微晶纤维素和月桂基硫酸钠。片剂包衣包含 FD & C 蓝色 2 号、羟丙甲纤维素、乳糖一水合物、二氧化钛和三乙酸甘油酯。

TIBSOVO 的适应证：

（1）新诊断的急性粒细胞白血病：TIBSOVO 用于治疗具有易感的异柠檬酸脱氢酶 -1（IDH1）基因突变的新诊断急性髓细胞性白血病（AML），适用于≥ 75 岁或患有合并症的成年人强化诱导化疗的使用。IDH1 基因突变必须是通过 FDA 批准的测试检测出的。

（2）复发或难治性急性髓性白血病：TIBSOVO 适用于治疗具有易感的异柠檬酸脱氢酶 -1（IDH1）基因突变的复发或难治性急性髓细胞性白血病（AML）的成年患者。IDH1 基因突变必须是通过 FDA 批准的测试检测出的。

Ivosidenib 是靶向基因突变异柠檬酸脱氢酶 1（IDH1）酶抑制剂。易感的 IDH1 基因突变是指导致白血病细胞中 2- 羟基戊二酸（2-HG）水平升高的基因突变。研究表明，在体外，ivosidenib 抑制 IDH1 R132 突变体的浓度比野生型 IDH1 低得多。Ivosidenib 对突变 IDH1 酶的抑制作用会导致 2-HG 水平降低，并在 IDH1 突变 AML 的小鼠异种移植模型中体外和体内诱导髓样分化。在 IDH1 突变的 AML 患者的血液样本中，ivosidenib 可降低 2-HG 体内水平，并增加成熟髓样细胞的百分比。

药品上市申报信息

该药物目前有 1 种产品上市。

药品注册申请号：211192
申请类型：NDA（新药申请）
申请人：AGIOS PHARMS INC
申请人全名：AGIOS PHARMACEUTICALS INC

产品信息

产品号	商品名	活性成分	剂型 / 给药途径	规格 / 剂量	参比药物 (RLD)	生物等效参考标准 (RS)	治疗等效代码
001	TIBSOVO	ivosidenib	片剂 / 口服	250mg	是	是	否

与本品相关的专利信息（来自 FDA 橙皮书 Orange Book）

关联产品号	专利号	专利过期日	是否物质专利	是否产品专利	专利用途代码	撤销请求	提交日期
001	10449184	2035/03/13		是			2019/11/12
	9474779	2033/08/19	是	是	U-2534 U-2350 U-2533		2018/08/13
	9850277	2033/01/18	是	是	U-2534 U-2350 U-2533		2018/08/13
	9968595	2035/03/13		是	U-2351 U-2534 U-2533		2018/08/13

与本品相关的市场独占权保护信息

关联产品号	独占权代码	失效日期	备注
001	NCE	2023/07/20	
	ODE-203	2025/07/20	
	ODE-242	2026/05/02	

合成路线 1

以下合成路线来源于 Agios Pharmaceuticals 公司 Popovici-Muller Janeta 等人 2018 年发表的论文。目标化合物 **12** 以化合物 **1** 和化合物 **2** 为原料，经过 4 步合成反应而得。该合成路线值得注意的合成反应有：①化合物 **4** 与化合物 **5** ～ **7** 发生反应后得到对映异构体混合物 **8** 和 **9**。②混合物 **8** 和 **9** 分别与化合物 **10** 反应后，得到对映异构体化合物。目标化合物 **12** 需要经过手性分离才能得到。

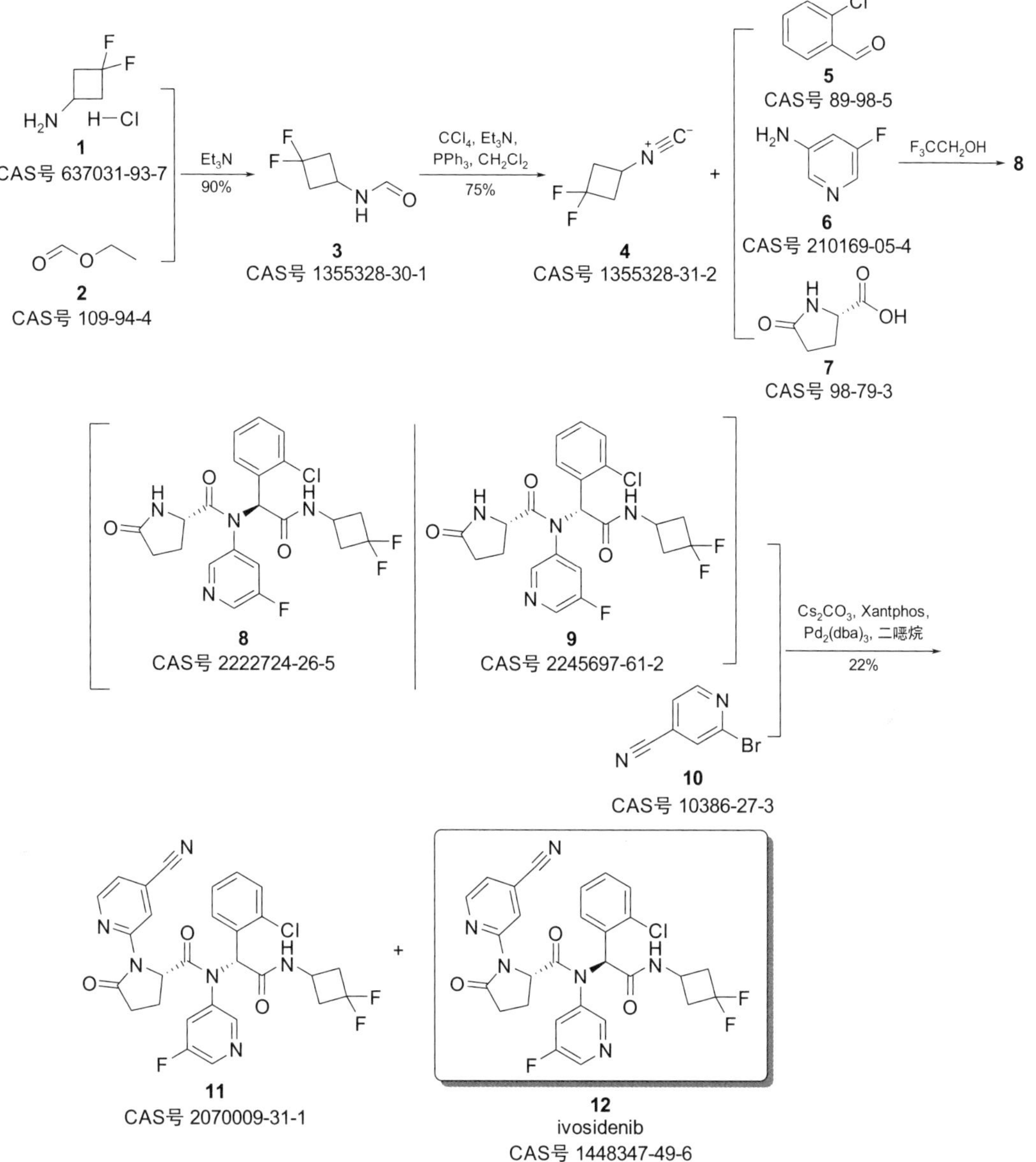

原始文献： ACS Med Chem Let, 2018, 9(4): 300-305.

合成路线 2

以下合成路线来源于 Agios Pharmaceuticals 公司 Lemieux Rene M. 等人 2015 年发表的专利说明书。目标化合物 **16** 以化合物 **1** 和化合物 **2** 为原料，经过 8 步合成反应而得。

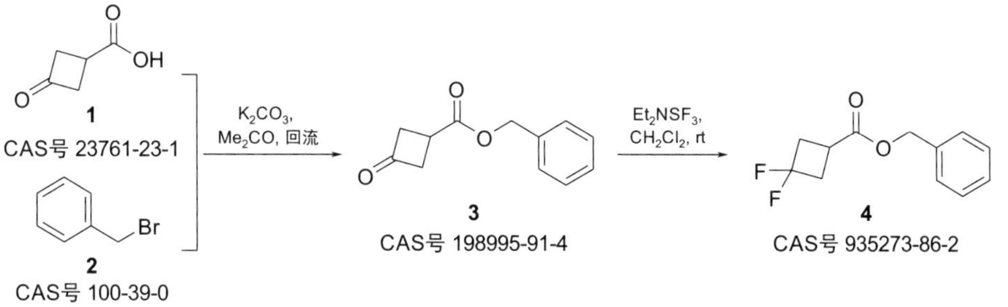

1
CAS号 23761-23-1
2
CAS号 100-39-0
K_2CO_3,
Me_2CO, 回流
3
CAS号 198995-91-4
Et_2NSF_3,
CH_2Cl_2, rt
4
CAS号 935273-86-2

H_2, Pd, EtOH, rt →

5
CAS号 107496-54-8

5 + **6** (CAS号 75-65-0) → Et_3N, $(PhO)_2P(=O)N_3$, *t*-BuOH, 回流 → **7** (CAS号 1029720-19-1) → AcCl, MeOH, rt → **8** (CAS号 637031-93-7)

8 + **9** (CAS号 109-94-4) → Et_3N, HCO_2Et →

10 (CAS号 1355328-30-1) → CCl_4, Et_3N, PPh_3, CH_2Cl_2, Et_2O → **11**

12 (CAS号 10386-27-3) + **11** (CAS号 1355328-31-2) + **13** (CAS号 89-98-5) + **14** (CAS号 210169-05-4) + **15** (CAS号 98-79-3)

→ MeOH, H_2O, rt, Cs_2CO_3, Xantphos, $Pd_2(dba)_3$, 二噁烷 →

16
ivosidenib
CAS号 1448347-49-6

原始文献： WO 2015010626, 2015.

参考文献

[1] Roboz G J, DiNardo C D, Stein E M, et al. Ivosidenib induces deep durable remissions in patients with newly diagnosed IDH1-mutant acute myeloid leukemia. Blood, 2020, 135(7):463-471.

[2] Pasquier F, Lecuit M, Broutin S, et al. Ivosidenib to treat adult patients with relapsed or refractory acute myeloid leukemia. Drugs Today (Barc), 2020, 56(1):21-32.

依伏尼布核磁谱图

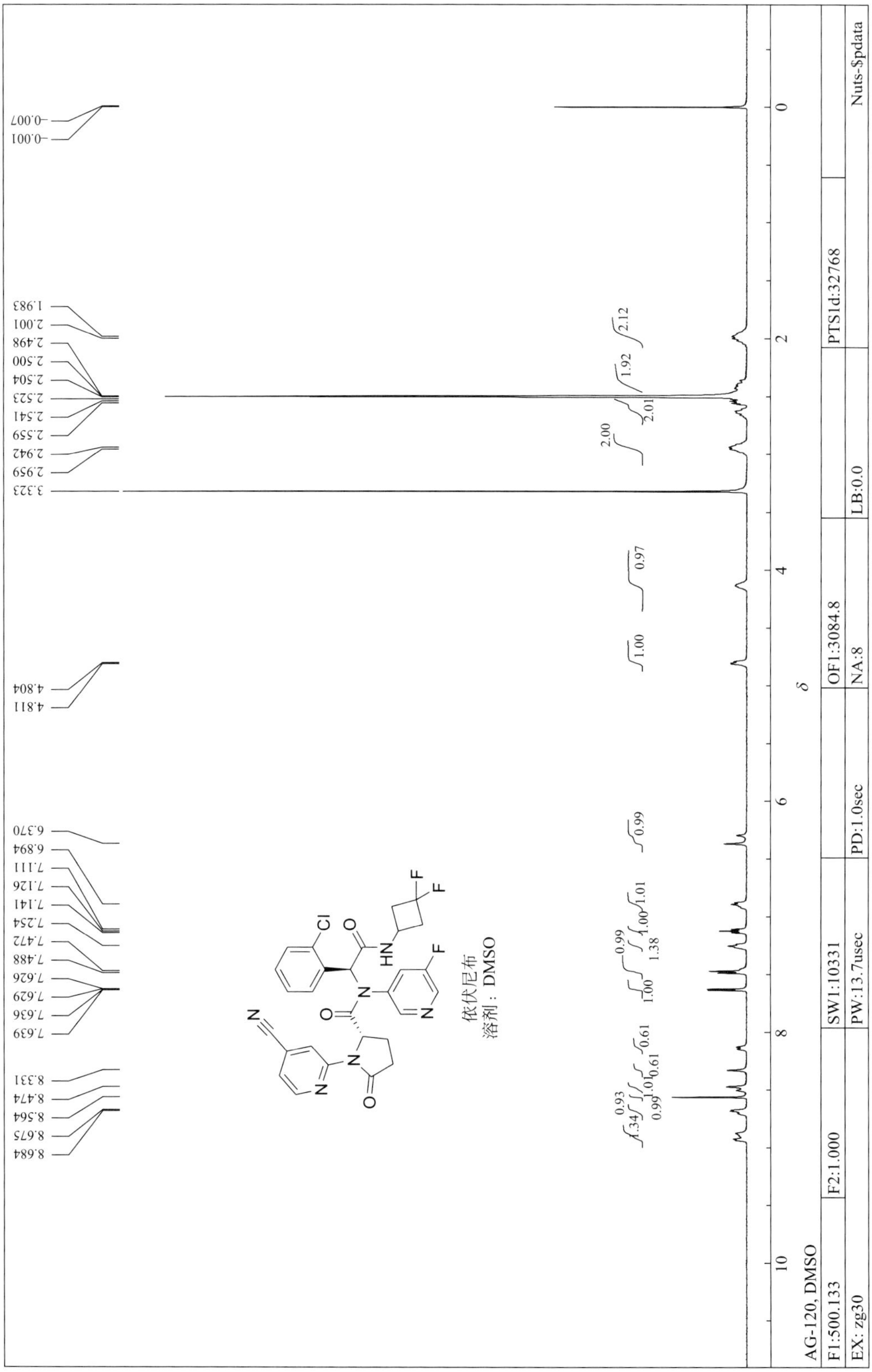

依伏尼布
溶剂：DMSO
AG-120, DMSO
F1:500.133
F2:1.000
SW1:10331
OF1:3084.8
PTS1d:32768
EX: zg30
PW:13.7usec
PD:1.0sec
NA:8
LB:0.0
Nuts-$pdata

ixazomib（伊沙佐米）

药物基本信息

英文通用名	ixazomib
英文别名	MLN9708; MLN-9708; MLN 9708; MLN-2238-prodrug. MLN 2238-prodrug; MLN2238-prodrug; ixazomib-prodrug
中文通用名	伊沙佐米
商品名	Ninlaro
CAS登记号	1072833-77-2（游离态），1239908-20-3（柠檬酸盐），1201902-80-8
FDA 批准日期	11/20/2015
FDA 批准的API	ixazomib citrate（伊沙佐米柠檬酸酯）
化学名	4-(carboxymethyl)-2-((*R*)-1-(2-(2,5-dichlorobenzamido)acetamido)-3-methylbutyl)-6-oxo-1,3,2-dioxaborinane-4-carboxylic acid
SMILES代码	O=C(C(C1)(CC(O)=O)OB([C@@H](NC(CNC(C2=CC(Cl)=CC=C2Cl)=O)=O)CC(C)C)OC1=O)O

化学结构和理论分析

化学结构	理论分析值
	化学式：$C_{20}H_{23}BCl_2N_2O_9$ 精确分子量：516.0874 分子量：517.12 元素分析：C, 46.45; H, 4.48; B, 2.09; Cl, 13.71; N, 5.42; O, 27.84

药品说明书参考网页

生产厂家产品说明书、美国药品网、美国处方药网页。

药物简介

NINLARO 是一种抗肿瘤药，其活性成分是 ixazomib citrate，属于 ixazomib 前药，在生理条件下可迅速水解成其生物活性形式 ixazomib。 Ixazomib citrate 分子中有一个手性中心，是 *R*- 立体异构体。

ixazomib citrate 在 37℃的 0.1mol/L HCl（pH=1.2）中的溶解度为 0.61mg/mL（按 ixazomib 计量）。溶解度随着 pH 值的增加而增加。

口服 NINLARO 胶囊分别含有 4mg、3mg 或 2.3mg ixazomib，分别相当于 5.7mg、4.3mg 或 3.3mg ixazomib citrate。非活性成分包括微晶纤维素、硬脂酸镁和滑石粉。胶囊壳含有明胶和二氧化钛。4mg 胶囊壳包含红色和黄色的氧化铁，3mg 胶囊壳包含黑色的氧化铁，而 2.3mg 胶囊壳包含红色的氧化铁。印刷油墨包含虫胶、丙二醇、氢氧化钾和黑色氧化铁。

NINLARO 可与 lenalidomide 和 dexamethasone 联合用于治疗已接受至少一种先前治疗的多发性骨髓瘤患者。

伊沙佐米是一种可逆的蛋白酶体抑制剂。伊沙佐米优先结合并抑制 20S 蛋白酶体 β5 亚基的胰凝乳蛋白酶样活性。

Ixazomib 在体外可诱导多发性骨髓瘤细胞凋亡。对多种之前接受过治疗包括 bortezomib、lenalidomide 和 dexamethasone 等药物治疗，但病情复发的患者，ixazomib 表现出对骨髓瘤细胞的体外细胞毒性。Ixazomib 和 lenalidomide 的组合在多发性骨髓瘤细胞系中表现出协同的细胞毒性作用。在体内，ixazomib 在小鼠多发性骨髓瘤异种移植模型中显示出抗肿瘤活性。

药品上市申报信息

该药物目前有 3 种产品上市。

药品注册申请号: 208462
申请类型: NDA (新药申请)
申请人: MILLENNIUM PHARMS
申请人全名: MILLENNIUM PHARMACEUTICALS INC

产品信息

产品号	商品名	活性成分	剂型 / 给药途径	规格 / 剂量	参比药物 (RLD)	生物等效参考标准 (RS)	治疗等效代码
001	NINLARO	ixazominb citrate	胶囊 / 口服	等量 2.3mg 游离碱	是	否	否
002	NINLARO	ixazominb citrate	胶囊 / 口服	等量 3mg 游离碱	是	否	否
003	NINLARO	ixazominb citrate	胶囊 / 口服	等量 4mg 游离碱	是	是	否

与本品相关的专利信息 (来自 FDA 橙皮书 Orange Book)

关联产品号	专利号	专利过期日	是否物质专利	是否产品专利	专利用途代码	撤销请求	提交日期
001	7442830	2029/11/20	是	是	U-2434		2015/12/14
	7687662	2027/08/06	是	是			2015/12/14
	8003819	2027/08/06	是	是	U-2434		2015/12/14
	8530694	2027/08/06	是	是	U-2434		2015/12/14
	8546608	2024/08/12	是				2015/12/14
	8859504	2029/06/16	是	是			2015/12/14
	8871745	2027/08/06			U-2434		2015/12/14
	9175017	2029/06/16			U-2434		2015/12/14
	9233115	2024/08/12			U-2434		2016/02/08
002	7442830	2029/11/20	是	是	U-2434		2015/12/14
	7687662	2027/08/06	是	是			2015/12/14
	8003819	2027/08/06	是	是	U-2434		2015/12/14

续表

关联产品号	专利号	专利过期日	是否物质专利	是否产品专利	专利用途代码	撤销请求	提交日期
002	8530694	2027/08/06	是	是	U-2434		2015/12/14
	8546608	2024/08/12	是				2015/12/14
	8859504	2029/06/16	是	是			2015/12/14
	8871745	2027/08/06			U-2434		2015/12/14
	9175017	2029/06/16			U-2434		2015/12/14
	9233115	2024/08/12			U-2434		2016/02/08
003	7442830	2029/11/20	是	是	U-2434		2015/12/14
	7687662	2027/08/06	是	是			2015/12/14
	8003819	2027/08/06	是	是	U-2434		2015/12/14
	8530694	2027/08/06	是	是	U-2434		2015/12/14
	8546608	2024/08/12	是				2015/12/14
	8859504	2029/06/16	是	是			2015/12/14
	8871745	2027/08/06			U-2434		2015/12/14
	9175017	2029/06/16			U-2434		2015/12/14
	9233115	2024/08/12			U-2434		2016/02/08

与本品相关的市场独占权保护信息

关联产品号	独占权代码	失效日期	备注
001	NCE	2020/11/20	
	ODE-103	2022/11/20	
002	NCE	2020/11/20	
	ODE-103	2022/11/20	
003	NCE	2020/11/20	
	ODE-103	2022/11/20	

合成路线 1

以下合成路线来源于 Chunghwa Chemical Synthesis & Biotech 公司 Lee 等人 2017 年发表的专利申请书。目标化合物 **6** 以化合物 **1** 和化合物 **2** 为原料，经过 3 步合成反应而得。

1
CAS号 56-40-6

2
CAS号 2905-61-5

NaOH, H_2O
HCl

3
CAS号 667403-46-5

4
CAS号 179324-86-8

F_3CCO_2H, TBTU
DMF
$EtN(Pr\text{-}i)_2$

5
CAS号 1201903-02-7

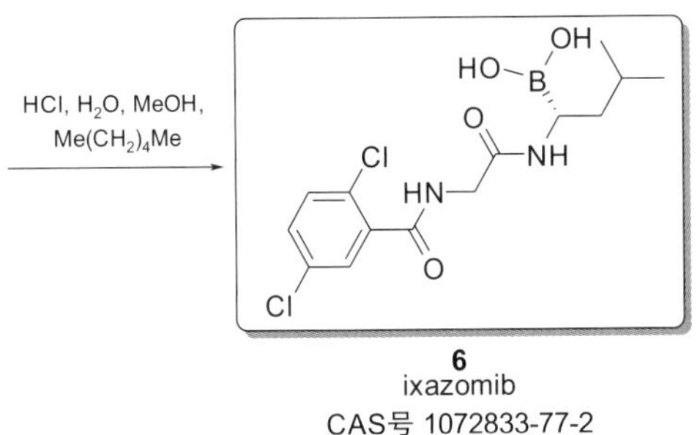

6
ixazomib
CAS号 1072833-77-2

原始文献： TW I599571, 2017.

合成路线 2

以下合成路线来源于 Nanjing Forestry University Lei 等人 2016 年发表的专利申请书。目标化合物 **9** 以化合物 **1** 和化合物 **2** 为原料，经过 5 步合成反应而得。

1 CAS号 56-40-6

2 CAS号 67-56-1

$SOCl_2$, MeOH
HCl

3 CAS号 5680-79-5

4 CAS号 50-79-3

1-羟基苯并三唑, CH_2Cl_2
EtN=C=N$(CH_2)_3NMe_2$ · HCl
EtN(Pr-*i*)$_2$

5 CAS号 338965-44-9

LiOH, H_2O,
MeOH → **6**

6 CAS号 667403-46-5

\+

7 CAS号 179324-87-9

1-羟基苯并三唑, CH_2Cl_2,
EtN=C=N$(CH_2)_3NMe_2$ · HCl

8 CAS号 1201903-02-7

硼酸三异丁酯
HCl, H_2O, MeOH
$Me(CH_2)_4Me$

9
ixazomib
CAS号 1072833-77-2

原始文献： CN 105732683, 2016.

合成路线 3

以下合成路线来源于 Chengdu Beisi Kairui Biotechnology 公司 Li Dequn 等人 2017 年发表的专

利申请书。目标化合物 **9** 以化合物 **1** 和化合物 **2** 为原料，经过 5 步合成反应而得。

1 CAS号 50-79-3

2 CAS号 5680-79-5

TBTU, THF, $EtN(Pr\text{-}i)_2$

3 CAS号 338965-44-9

LiOH, H_2O, Me_2CO, HCl

4 CAS号 667403-46-5

5 CAS号 1459141-05-9

TBTU, CH_2Cl_2, $EtN(Pr\text{-}i)_2$ → **6**

6 CAS号 2088749-45-3

7 CAS号 111-42-2

CH_2Cl_2

8 CAS号 2088749-40-8

HCl, H_2O, MeOH, $NaHCO_3$

9 ixazomib CAS号 1072833-77-2

原始文献： CN 106518902, 2017.

合成路线 4

以下合成路线来源于 Peking University Li 等人 2017 年发表的专利申请书。目标化合物 **8** 以化合物 **1** 和化合物 **2** 为原料，经过 4 步合成反应而得。

1 CAS号 50-79-3

2 CAS号 616-34-2

1-羟基苯并三唑, $EtN{=}C{=}N(CH_2)_3NMe_2 \cdot HCl$, $EtN(Pr\text{-}i)_2$; LiOH, HCl, H_2O

3 CAS号 667403-46-5

4 CAS号 1243174-57-3

DCC, 1-羟基苯并三唑, $EtN(Pr\text{-}i)_2$ → **5**

5
CAS号 2020087-10-7

6
CAS号 111-42-2

AcOEt

7
CAS号 2088749-40-8

HCl, H_2O, AcOEt

8
ixazomib
CAS号 1072833-77-2

原始文献： CN 106608883, 2017.

合成路线 5

以下合成路线来源于 MSN Laboratories 公司 Rajan 等人 2018 年发表的专利申请书。目标化合物 **8** 以化合物 **1** 和化合物 **2** 为原料，经过 4 步合成反应而得。

1
CAS号 50-79-3

2
CAS号 616-34-2

1-羟基苯并三唑, $EtN{=}C{=}N(CH_2)_3NMe_2 \cdot HCl$
CH_2Cl_2, $EtN(Pr\text{-}i)_2$, LiOH, H_2O, THF, HCl

3
CAS号 667403-46-5

DCC, 1-羟基苯并三唑, CH_2Cl_2
$EtN(Pr\text{-}i)_2$

4
CAS号 1243174-57-3

5
CAS号 2020087-10-7

6
CAS号 111-42-2

AcOEt

7
CAS号 2088749-40-8

HCl, H_2O, AcOEt

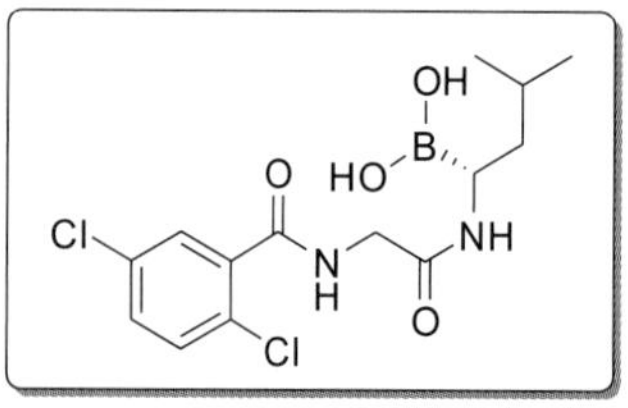

8
ixazomib
CAS号 1072833-77-2

原始文献： IN 201641044033, 2018.

合成路线 6

以下合成路线来源于 Fresenius Kabi Oncology 公司 Pandey 等人 2018 年发表的专利申请书。目标化合物 **9** 以化合物 **1** 和化合物 **2** 为原料，经 5 步合成反应而得。

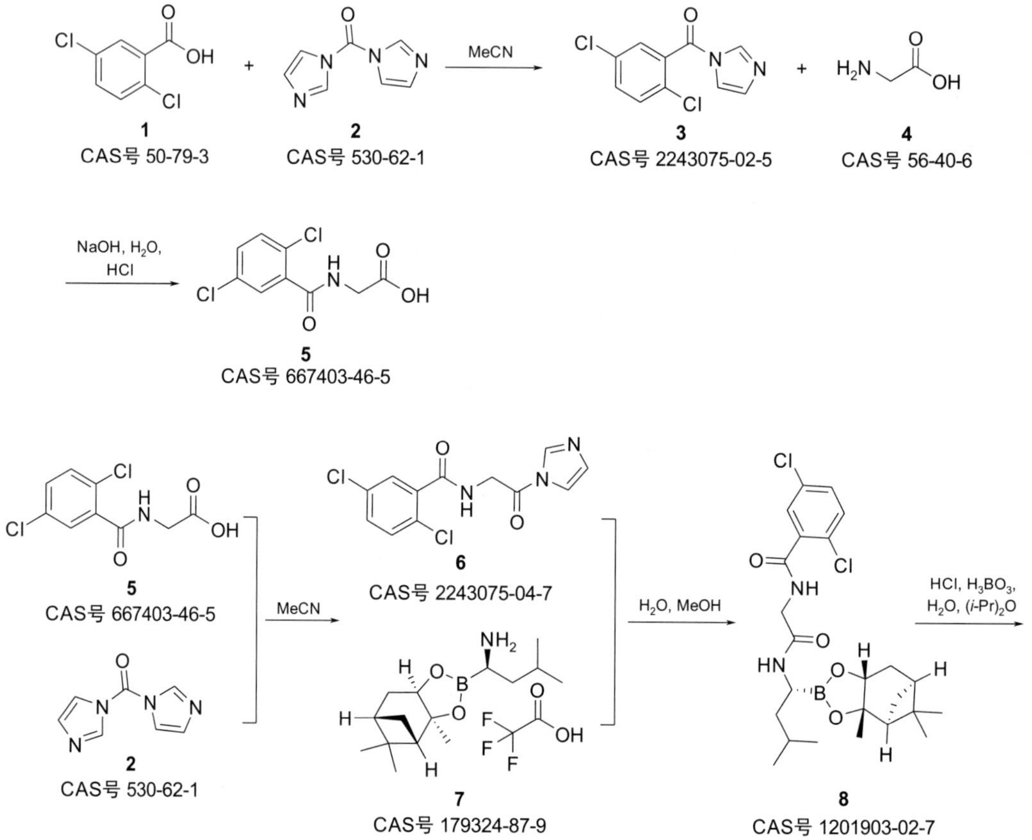

1 CAS号 50-79-3 + **2** CAS号 530-62-1 —MeCN→ **3** CAS号 2243075-02-5 + **4** CAS号 56-40-6 —NaOH, H_2O, HCl→ **5** CAS号 667403-46-5

5 CAS号 667403-46-5 + **2** CAS号 530-62-1 —MeCN→ **6** CAS号 2243075-04-7 + **7** CAS号 179324-87-9 —H_2O, MeOH→ **8** CAS号 1201903-02-7 —HCl, H_3BO_3, H_2O, $(i\text{-Pr})_2O$→

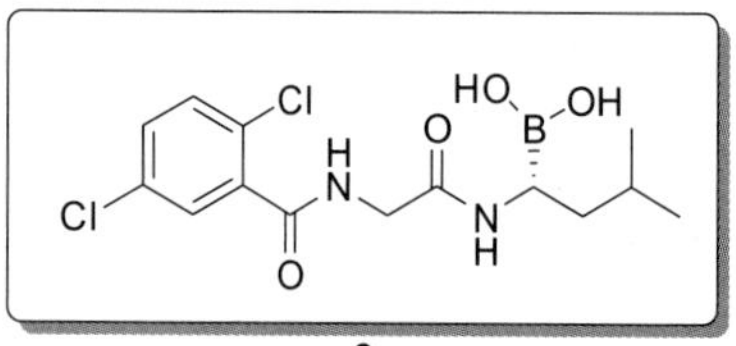

9
ixazomib
CAS号 1072833-77-2

原始文献： WO 2018158697, 2018.

合成路线 7

以下合成路线来源于 Nanjing Lingrui Pharmaceutical Technology 公司 Zhu 等人 2018 年发表的专利申请书。目标化合物 **7** 以化合物 **1** 和化合物 **2** 为原料，经 4 步合成反应而得。

1-羟基苯并三唑, CH_2Cl_2, $EtN{=}C{=}N(CH_2)_3NMe_2 \cdot HCl$, $EtN(Pr\text{-}i)_2$

LiOH, H_2O, MeOH, HCl

1 CAS号 50-79-3

2 CAS号 5680-79-5

3 CAS号 338965-44-9

4 CAS号 667403-46-5

1-羟基苯并三唑, CH_2Cl_2, $EtN{=}C{=}N(CH_2)_3NMe_2 \cdot HCl$, $EtN(Pr\text{-}i)_2$

5 CAS号 179324-87-9

6 CAS号 1201903-02-7

异丁基硼酸, HCl, H_2O, MeOH, $Me(CH_2)_4Me$

7 ixazomib CAS号 1072833-77-2

原始文献： WO 2018171816, 2018.

参考文献

[1] Sanchorawala V, Palladini G, Kukreti V, et al. A phase 1/2 study of the oral proteasome inhibitor ixazomib in relapsed or refractory AL amyloidosis. Blood, 2017, 130(5):597-605.

[2] Wang Y, Janku F, Piha-Paul S, et al. Phase I studies of vorinostat with ixazomib or pazopanib imply a role of antiangiogenesis-based therapy for TP53 mutant malignancies. Sci Rep, 2020, 10(1):3080.

伊沙佐米核磁谱图

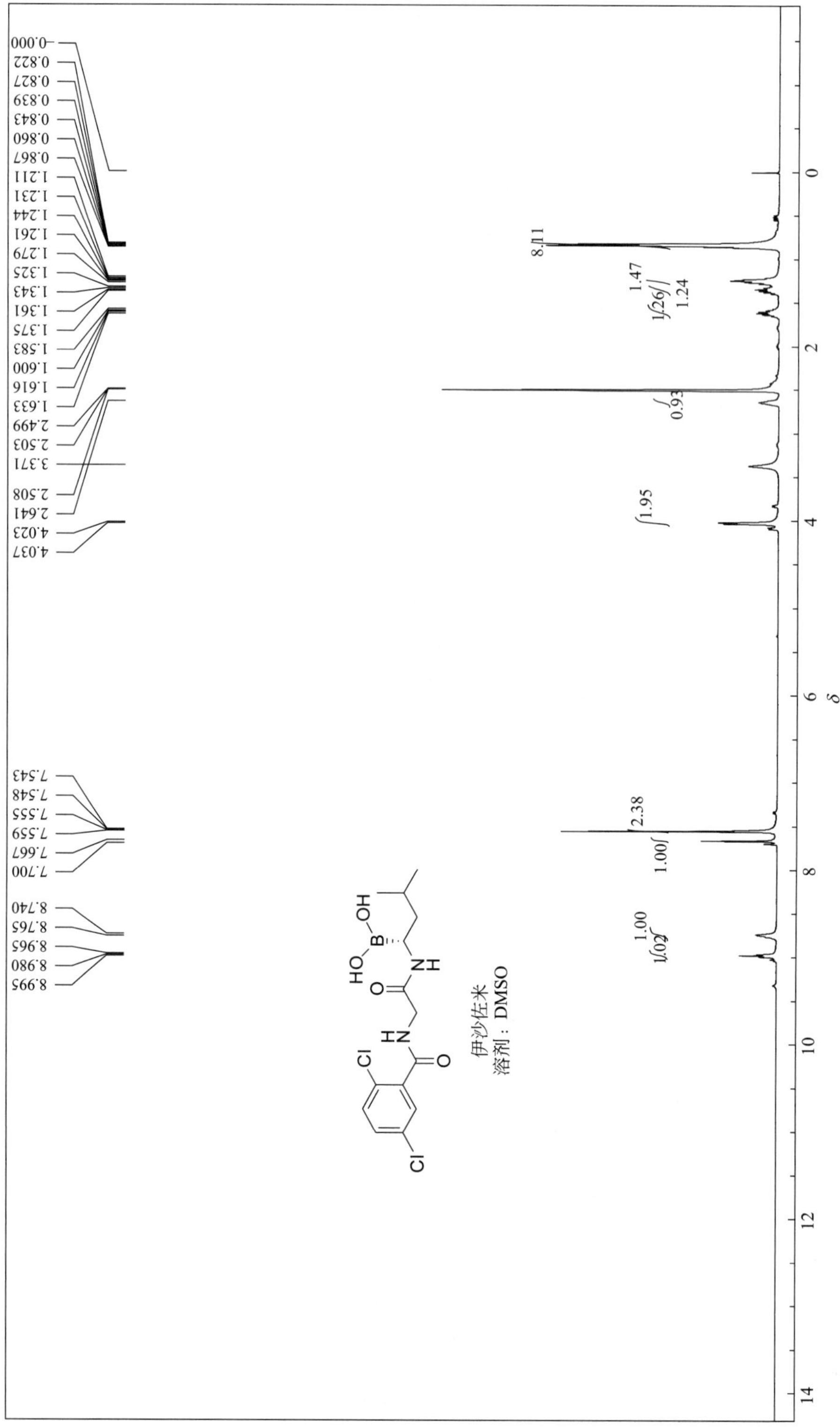

larotrectinib（拉罗替尼）

药物基本信息

英文通用名	larotrectinib
英文别名	LOXO-101 sulfate; LOXO 101 sulfate; LOXO101 sulfate; ARRY-470 sulfate; ARRY470 sulfate; ARRY 470 sulfate
中文通用名	拉罗替尼
商品名	Vitrakvi
CAS登记号	1223403-58-4 (游离碱), 1223405-08-0 (硫酸盐)
FDA 批准日期	11/26/2018
FDA 批准的API	larotrectinib sulfate (硫酸拉罗替尼)
化学名	(3*S*)-*N*-[5-[(2*R*)-2-(2,5-difluorophenyl)pyrrolidin-1-yl]pyrazolo[1,5-a]pyrimidin-3-yl]-3-hydroxypyrrolidine-1-carboxamide sulfate
SMILES代码	O=C(N1C[C@@H](O)CC1)NC2=C3N=C(N4[C@@H](C5=CC(F)=CC=C5F)CCC4)C=CN3N=C2.O=S(O)(O)=O

化学结构和理论分析

化学结构	理论分析值
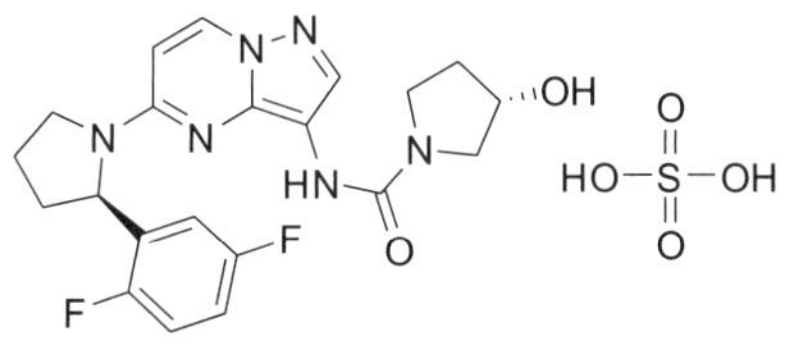	化学式：$C_{21}H_{24}F_2N_6O_6S$ 精确分子量：N/A 分子量：526.52 元素分析：C, 47.91; H, 4.59; F, 7.22; N, 15.96; O, 18.23; S, 6.09

药品说明书参考网页

生产厂家产品说明书、美国药品网、美国处方药网页。

药物简介

Larotrectinib 是一种激酶抑制剂。VITRAKVI 胶囊和口服液的活性成分为 larotrectinib sulfate。

Larotrectinib sulfate 是一种米白色至粉红色的黄色固体，不吸湿。Larotrectinib sulfate 在 37℃的水中溶解度取决于 pH 值（根据 USP 溶解度描述术语，其在 pH=1.0 时极易溶解，在 pH=6.8 时极易溶解）。

VITRAKVI 胶囊：目前有 2 个规格，每个胶囊分别含 25mg 或 100mg larotrectinib（分别相当于 30.7mg 和 123mg Larotrectinib sulfate）。胶囊由明胶、二氧化钛和食用墨水组成。

VITRAKVI 口服：目前有 1 个规格，含 20mg/mL larotrectinib（相当于 24.6mg/mL larotrectinib sulfate）和以下非活性成分：纯净水，羟丙基 -*β*- 环糊精，蔗糖，甘油，山梨糖醇，柠檬酸，磷酸钠，柠檬酸钠二水合物，丙二醇和调味剂。用对羟基苯甲酸甲酯和山梨酸钾保存。

VITRAKVI 适用于以下实体瘤的成人和儿童患者的治疗：

① 患有神经营养性受体酪氨酸激酶（NTRK）基因融合，而且没有已知的耐药性基因突变。

② 转移性或手术切除可能导致严重的发病率。

③ 没有令人满意的替代疗法或在治疗后进展的情况。

Larotrectinib 也称为 ARRY-470 和 LOXO-101，是 TRKA、TRKB 和 TRKC 的口服生物利用型，有效的 ATP 竞争性抑制剂。LOXO-101 在结合和细胞分析中对所有三个 TRK 家族成员的抑制均具有低纳摩尔范围的 IC_{50} 值，其选择性是其他激酶的 100 倍，并且在非临床模型中显示出可接受的药物特性和安全性。神经营养蛋白受体的 TRK 家族 TRKA、TRKB 和 TRKC（分别由 NTRK1、NTRK2 和 NTRK3 基因编码）及其神经营养蛋白配体调节神经元的生长、分化和存活。

药品上市申报信息

该药物目前有 3 种产品上市。

药品注册申请号：210861

申请类型：NDA（新药申请）

申请人：BAYER HLTHCARE

申请人全名：BAYER HEALTHCARE PHARMACEUTICALS INC

产品信息

产品号	商品名	活性成分	剂型 / 给药途径	规格 / 剂量	参比药物 (RLD)	生物等效参考标准 (RS)	治疗等效代码
001	VITRAKVI	larotrectinib sulfate	胶囊 / 口服	等量 25mg 游离碱	是	否	否
002	VITRAKVI	larotrectinib sulfate	胶囊 / 口服	等量 100mg 游离碱	是	是	否

与本品相关的专利信息（来自 FDA 橙皮书 Orange Book）

关联产品号	专利号	专利过期日	是否物质专利	是否产品专利	专利用途代码	撤销请求	提交日期
001	10005783	2029/10/21			U-2472		2018/12/20
	10047097	2029/10/21			U-2474		2018/12/20
	10172861	2035/11/16	是	是			2019/06/13
	10285993	2035/11/16			U-2470		2019/06/13
	8513263	2029/12/23	是	是			2018/12/20
	8865698	2029/10/21			U-2469		2018/12/20
	9127013	2029/10/21	是	是			2018/12/20
	9447104	2029/10/21			U-2470		2018/12/20
	9676783	2029/10/21			U-2469		2018/12/20
	9782414	2035/11/16			U-2475		2018/12/20

续表

关联产品号	专利号	专利过期日	是否物质专利	是否产品专利	专利用途代码	撤销请求	提交日期
002	10005783	2029/10/21			U-2472		2018/12/20
	10047097	2029/10/21			U-2474		2018/12/20
	10172861	2035/11/16	是	是			2019/06/13
	10285993	2035/11/16			U-2470		2019/06/13
	8513263	2029/12/23	是	是			2018/12/20
	8865698	2029/10/21			U-2469		2018/12/20
	9127013	2029/10/21	是	是			2018/12/20
	9447104	2029/10/21			U-2470		2018/12/20
	9676783	2029/10/21			U-2469		2018/12/20
	9782414	2035/11/16			U-2475		2018/12/20

与本品相关的市场独占权保护信息

关联产品号	独占权代码	失效日期	备注
001	ODE-221	2025/11/26	
	ODE-215	2025/11/26	
	ODE-220	2025/11/26	
	NCE	2023/11/26	
002	ODE-215	2025/11/26	
	ODE-220	2025/11/26	
	ODE-221	2025/11/26	
	NCE	2023/11/26	

药品注册申请号：211710
申请类型：NDA（新药申请）
申请人：BAYER HEALTHCARE
申请人全名：BAYER HEALTHCARE PHARMACEUTICALS INC

产品信息

产品号	商品名	活性成分	剂型 / 给药途径	规格 / 剂量	参比药物 (RLD)	生物等效参考标准 (RS)	治疗等效代码
001	VITRAKVI	larotrectinib sulfate	液体 / 口服	等量 20mg 游离碱 /mL	是	是	否

与本品相关的专利信息（来自 FDA 橙皮书 Orange Book）

关联产品号	专利号	专利过期日	是否物质专利	是否产品专利	专利用途代码	撤销请求	提交日期
001	10005783	2029/10/21			U-2472		2018/12/20
	10045991	2037/04/04			U-2473		2018/12/20
	10047097	2029/10/21			U-2474		2018/12/20
	10137127	2037/04/04		是			2018/12/20
	10172861	2035/11/16	是				2019/06/13
	8513263	2029/12/23	是	是			2018/12/20
	8865698	2029/10/21			U-2469		2018/12/20
	9127013	2029/10/21	是	是			2018/12/20
	9447104	2029/10/21			U-2470		2018/12/20
	9676783	2029/10/21			U-2469		2018/12/20
	9782414	2035/11/16			U-2471		2018/12/20

与本品相关的市场独占权保护信息

关联产品号	独占权代码	失效日期	备注
001	ODE-215	2025/11/26	
	ODE-220	2025/11/26	
	ODE-221	2025/11/26	
	NCE	2023/11/26	

合成路线 1

以下合成路线来源于 Suzhou Southeast Pharmaceuticals 公司 Ji 等人 2018 年发表的专利申请书。目标化合物 **8** 以化合物 **1** 为原料，经过 4 步合成反应而得。该合成路线中，值得注意的合成反应有：化合物 **7** 分子中的 NH 基团在碱性条件下与化合物 **6** 分子中的氯原子发生亲核取代反应，得到目标化合物 **8**。

NH_4Cl, Fe, H_2O, EtOH, 95%

1 CAS号 1363380-51-1

2 CAS号 1234616-50-2

3 CAS号 7693-46-1

EtN(Pr-*i*)$_2$, CH_2Cl_2, 94%

4 CAS号 2226370-51-8

4 + 5 —EtOH, 91%→ 6 + 7 —$EtN(Pr\text{-}i)_2$, EtOH, 85%→ 8

5 CAS号 100243-39-8

6 CAS号 2226370-52-9

7 CAS号 1218935-59-1

8 larotrectinib CAS号 1223403-58-4

原始文献： CN 107987082, 2018.

合成路线 2

以下合成路线来源于 Reynolds Mark 等人 2017 年发表的专利申请书。目标化合物 **14** 以化合物 **1** 和化合物 **2** 为原料，经过 7 步合成反应而得。该合成路线中，值得注意的合成反应有：①化合物 **4** 与金属镁反应转化为相应的格氏试剂，再通过立体选择性与化合物 **3** 分子中的 C=N 基团发生加成反应，得到相应的中间体化合物 **5**。②化合物 **5** 分子中的亚磺酰胺基团在还原剂 Et_3SiH 和酸性条件下发生分子内环合反应，得到化合物 **6**。③化合物 **6** 分子中的 NH 基团在碱性条件下与化合物 **7** 分子中的氯原子发生亲核取代反应，得到相应的中间体化合物 **8**。

1 + 2 —Cs_2CO_3, CH_2Cl_2, 100%→ 3

1 CAS号 2646-90-4

2 CAS号 196929-78-9

3 CAS号 1998504-80-5

4 CAS号 33884-43-4

3 + 4 —$AlH(Bu\text{-}i)_2$, Mg, THF, PhMe, THF, CH_2Cl_2, 柠檬酸, H_2O, 81%→ 5

5 CAS号 2154393-18-5

5 —F_3CCO_2H, H_2O, Et_3SiH, 苹果酸, 81%→ [6] + 7 —Et_3N, EtOH, THF→ [8 · 9]

6 CAS号 1919868-77-1

7 CAS号 1363380-51-1

8 CAS号 1223404-90-7

9 CAS号 110-17-8

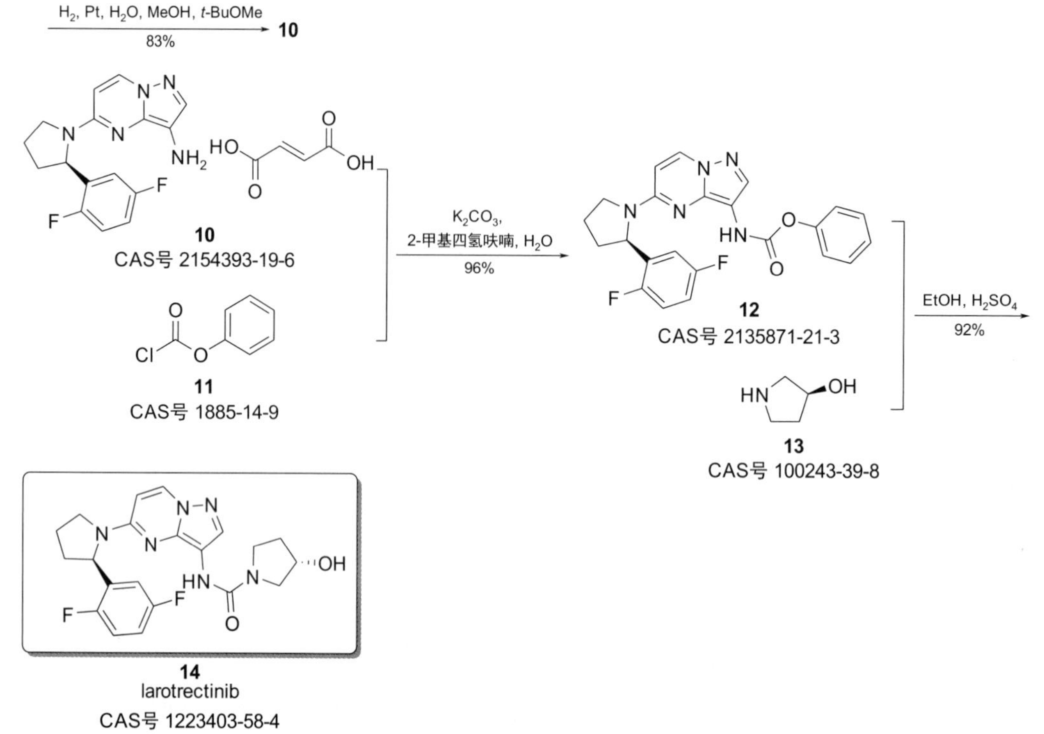

H_2, Pt, H_2O, MeOH, *t*-BuOMe, 83% → **10**

10
CAS号 2154393-19-6

11
CAS号 1885-14-9

K_2CO_3,
2-甲基四氢呋喃, H_2O
96%

12
CAS号 2135871-21-3

EtOH, H_2SO_4
92%

13
CAS号 100243-39-8

14
larotrectinib
CAS号 1223403-58-4

原始文献： WO 2017201241, 2017.

合成路线 3

以下合成路线来源于 Array BioPharma 公司 Arrigo 等人 2016 年发表的专利申请书。目标化合物 **16** 以化合物 **1** 和化合物 **2** 为原料，经过 9 步合成反应而得。该合成路线中，值得注意的合成反应有：①化合物 **1** 分子中的溴原子与格氏试剂 *i*-PrMgCl 发生交换反应，转化为相应的格氏试剂，再与化合物 **2** 分子中的五元环羰基反应，并开环，得到化合物 **3**。②化合物 **3** 脱去叔丁基保护基后，发生分子内环合反应得到化合物 **4**。③化合物 **4** 在不对称催化剂作用下还原为立体选择性化合物 **5**。

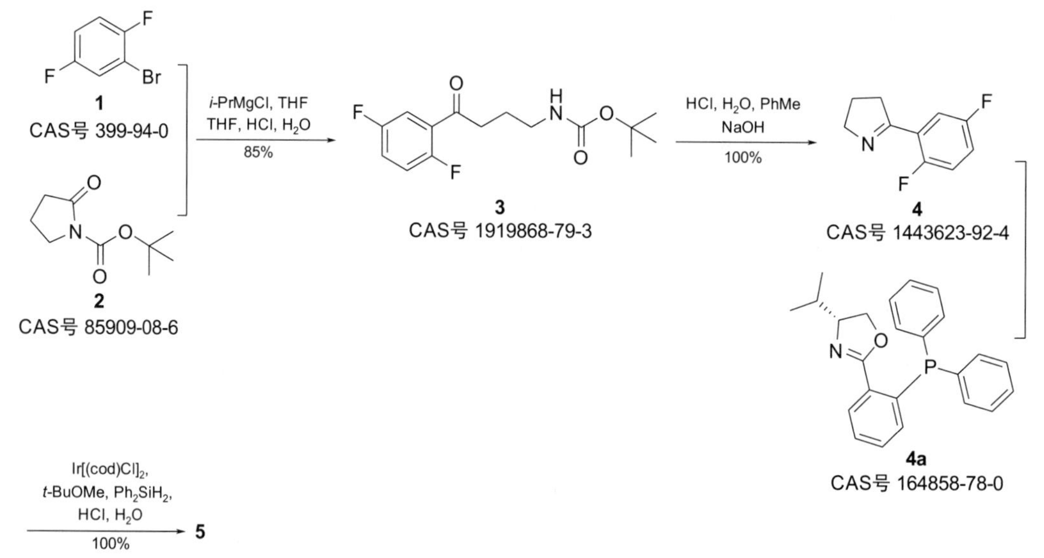

1
CAS号 399-94-0

2
CAS号 85909-08-6

i-PrMgCl, THF
THF, HCl, H_2O
85%

3
CAS号 1919868-79-3

HCl, H_2O, PhMe
NaOH
100%

4
CAS号 1443623-92-4

4a
CAS号 164858-78-0

$Ir[(cod)Cl]_2$,
t-BuOMe, Ph_2SiH_2,
HCl, H_2O
100% → **5**

5
CAS号 1218935-59-1

6
CAS号 636-61-3

EtOH
90%

7
CAS号 1919868-77-1

8
CAS号 1820-80-0

9
CAS号 874-14-6

NaOEt, EtOH
$Me(CH_2)_5Me$
96%

10
CAS号 1224944-43-7

HNO_3, H_2O

11
CAS号 1919868-75-9

11

2,6-二甲基吡啶,
MeCN, $POCl_3$

12
CAS号 1363380-51-1

7
CAS号 1919868-77-1

Et_3N, EtOH,
THF

13
CAS号 1223404-90-7

14
CAS号 1885-14-9

15
CAS号 100243-39-8

HCl, Zn, H_2O, THF,
K_2CO_3, EtOH

16
larotrectinib
CAS号 1223403-58-4

原始文献： WO 2016077841, 2016.

合成路线 4

以下合成路线来源于 Array BioPharma 公司 Haas 等人 2010 年发表的专利申请书。目标化合物 **11** 以化合物 **1** 和化合物 **2** 为原料，经过 6 步合成反应而得。该合成路线中，值得注意的合成反应有：①化合物 **1** 分子中的 alpha 位置氢原子在 BuLi 的作用下，变成碳负离子，然后在不对称催化剂作用下，与化合物 **2** 分子中的溴原子发生亲核取代反应，得到立体专一的产物 **3**。②化合物 **4** 分子中的 NH 基团在碱性条件下与化合物 **5** 分子中的氯原子发生亲核取代反应，得到相应的中间体化合物 **6**。

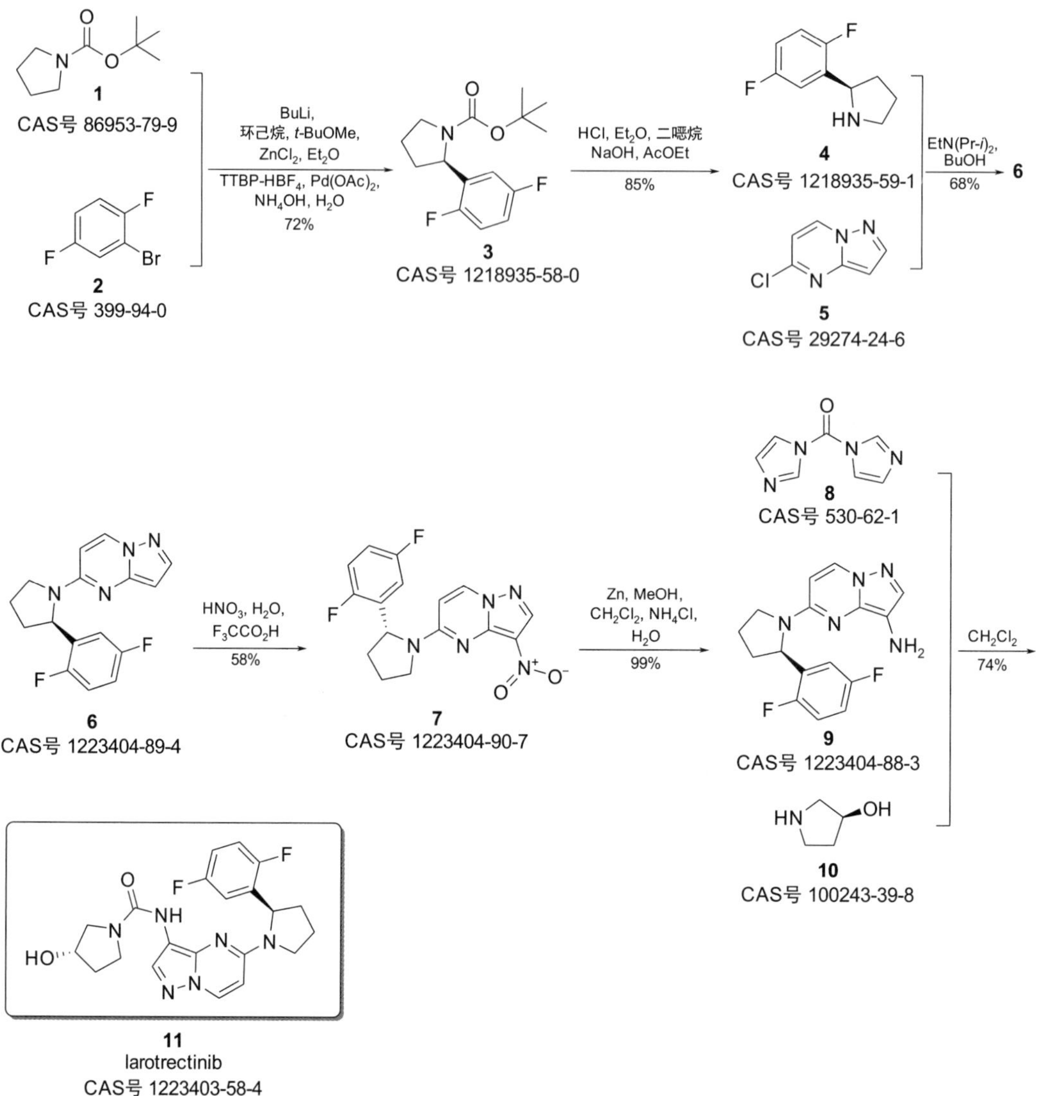

原始文献： WO 2010048314, 2010.

参考文献

[1] Farago A F, Demetri G D. Larotrectinib, a selective tropomyosin receptor kinase inhibitor for adult and pediatric tropomyosin receptor kinase fusion cancers. Future Oncol, 2020, 16(9):417-425.

[2] Hong D S, DuBois S G, Kummar S, et al. Larotrectinib in patients with TRK fusion-positive solid tumours: a pooled analysis of three phase 1/2 clinical trials. Lancet Oncol, 2020, 21(4):531-540.

拉罗替尼核磁谱图

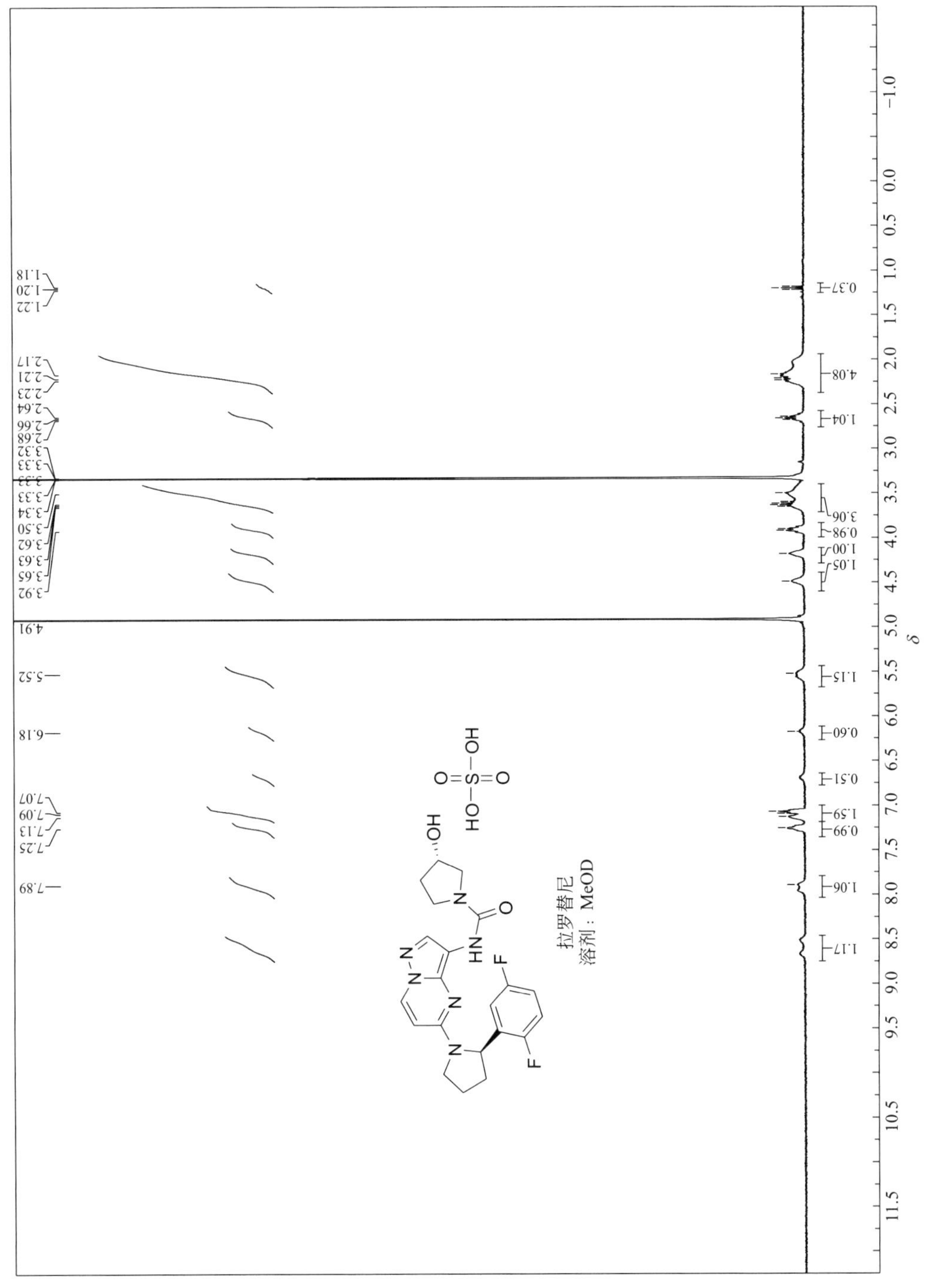

lasmiditan（拉斯迪坦）

药物基本信息

英文通用名	lasmiditan
英文别名	COL-144; COL144; COL 144; LY573144; LY-573144; LY 573144; lasmiditan succinate
中文通用名	拉斯迪坦
商品名	Reyvow
CAS登记号	439239-90-4 (游离碱), 613677-28-4 (盐酸盐), 439239-92-6 (琥珀酸盐)
FDA 批准日期	10/11/2019
FDA 批准的API	lasmiditan hemisuccinicate
化学名	2,4,6-Trifluoro-*N*-(6-((1-methylpiperidine-4-yl)carbonyl)pyridin-2-yl) benzamide succinic (2∶1)
SMILES代码	O=C(NC1=NC(C(C2CCN(C)CC2)=O)=CC=C1)C3=C(F)C=C(F)C=C3F.O=C(NC4=NC(C(C5CCN(C)CC5)=O)=CC=C4)C6=C(F)C=C(F)C=C6F.O=C(O)CCC(O)=O

化学结构和理论分析

化学结构	理论分析值
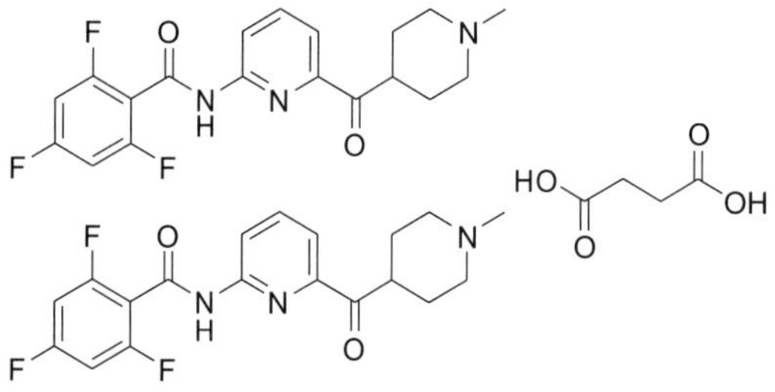	化学式：$C_{42}H_{42}F_6N_6O_8$ 精确分子量：N/A 分子量：872.8224 元素分析：C, 57.80; H, 4.85; F, 13.06; N, 9.63; O, 14.66

药品说明书参考网页

生产厂家产品说明书、美国药品网、美国处方药网页。

药物简介

REYVOW 是一种用于口服的血清素（5-HT）1F 受体激动剂。Lasmiditan hemisuccinicate 为白色结晶性粉末，微溶于水，微溶于乙醇，溶于甲醇。1mg/mL 的 lasmiditan hemisuccinicate 水溶液在环境条件下的 pH=6.8。

REYVOW 50mg 片剂含有 50mg lasmiditan（相当于 57.824mg lasmiditan hemisuccinate）和如下非活性成分：赋形剂——交联羧甲基纤维素钠，硬脂酸镁，微晶纤维素，预胶化淀粉，月桂基硫酸钠；色彩混合成分——黑色氧化铁，聚乙二醇，聚乙烯醇，滑石粉，二氧化钛。

REYVOW 100mg 片剂包含 100mg lasmiditan（相当于 115.65mg lasmiditan hemisuccinate）和如下非活性成分：赋形剂——交联羧甲基纤维素钠，硬脂酸镁，微晶纤维素，预胶化淀粉，月桂基硫酸钠；色彩混合成分——黑色氧化铁，聚乙二醇，聚乙烯醇，红色氧化铁，滑石粉，二氧化钛。

REYVOW 可用于成人偏头痛的急性治疗，无论患者是否有先兆都可以。

Lasmiditan 与 5-HT1F 受体具有高亲和力。Lasmiditan 可能通过对 5-HT1F 受体的激动剂作用来治疗偏头痛。但是，确切的机制尚不清楚。

药品上市申报信息

该药物目前有 2 种产品上市。

药品注册申请号：211280
申请类型：NDA（新药申请）
申请人：ELI LILLY AND CO

产品信息

产品号	商品名	活性成分	剂型 / 给药途径	规格 / 剂量	参比药物 (RLD)	生物等效参考标准 (RS)	治疗等效代码
001	REYVOW	lasmiditan succinate	片剂 / 口服	50mg	待定		待定
002	REYVOW	lasmiditan succinate	片剂 / 口服	100mg	待定		待定

合成路线 1

以下合成路线来源于 SoliPharma 公司 Sheng 等人 2018 年发表的专利申请书。目标化合物 **3** 以化合物 **1** 和化合物 **2** 为原料，经过 1 步反应而得。

Et_3N, THF, NaOH, H_2O 91%

1 CAS号 613678-03-8　**2** CAS号 79538-29-7　**3** lasmiditan CAS号 439239-90-4

原始文献： WO 2018010345, 2018.

合成路线 2

以下合成路线来源于 Colucid Pharmaceuticals 公司 Carniaux 等人 2018 年发表的专利申请书。目标化合物 **11** 以化合物 **1** 和化合物 **2** 为原料，经过 6 步反应而得。该合成路线中，值得注意的合成反应有：化合物 **6** 分子中的一个溴原子与格氏试剂 *i*-PrMgCl 发生交换反应，得到相应的格氏试剂后，再与化合物 **5** 分子中的羰基发生加成和消除反应得到相应的化合物 **7**。

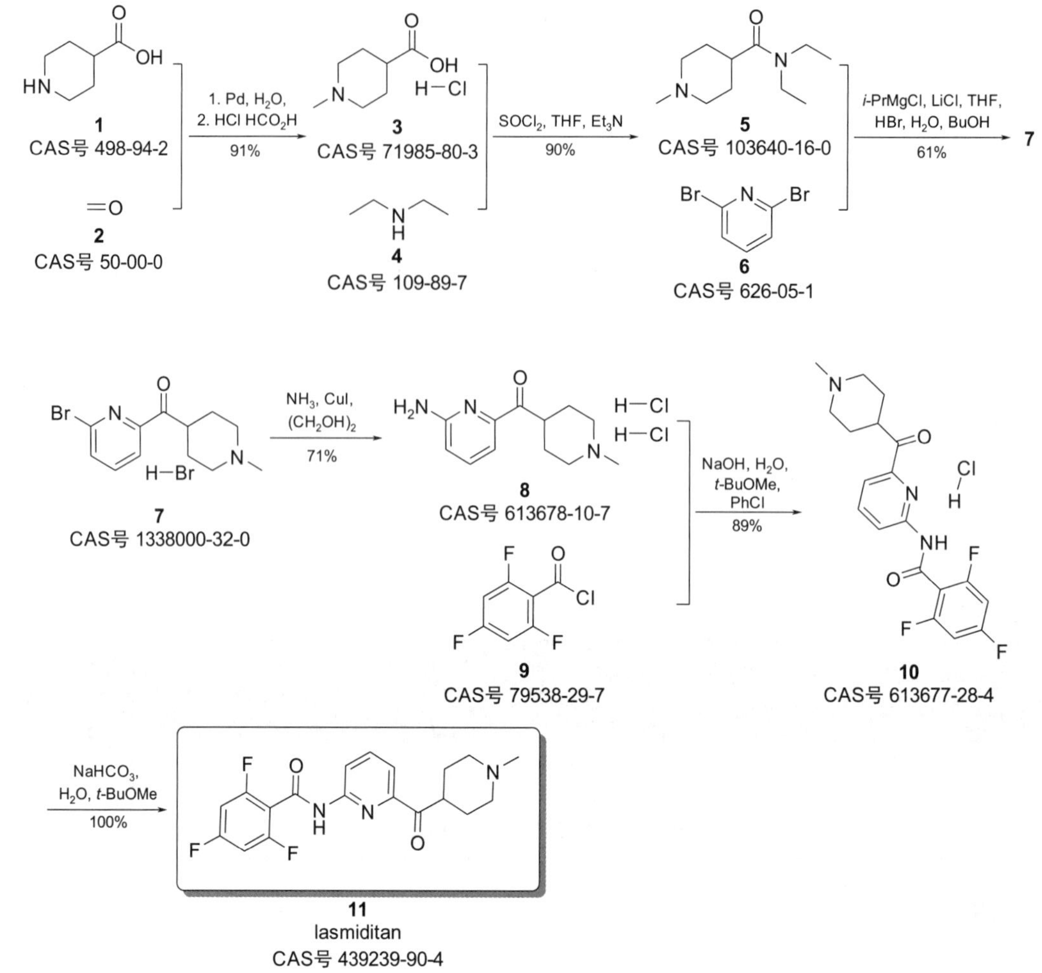

原始文献： WO 2011123654, 2011.

合成路线 3

以下合成路线来源于 Eli Lilly and Company 公司 Cohen 等人 2003 年发表的专利申请书。目标化合物 **11** 以化合物 **1** 和化合物 **2** 为原料，经过 6 步反应而得。

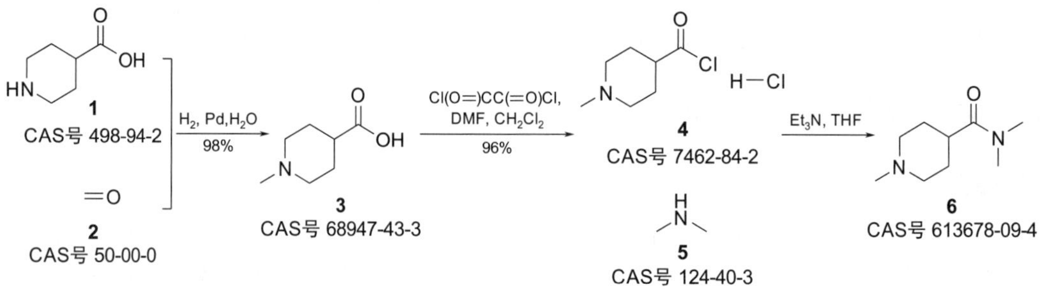

BuLi, Me(CH$_2$)$_4$Me, *t*-BuOMe, NH_4Cl, H_2O, HCl 96%

6 CAS号 613678-09-4

7 CAS号 626-05-1

8 CAS号 613678-08-3

NH_3, Cu_2O, $(CH_2OH)_2$

9 CAS号 613678-03-8

10 CAS号 79538-29-7

二噁烷 100%

11 lasmiditan CAS号 439239-90-4

原始文献： WO 2003084949, 2003.

参考文献

[1] Macone A E, Perloff M D. Lasmiditan: its development and potential use. Clin Pharmacol Drug Dev, 2020, 9(3):292-296.

[2] Kudrow D, Krege J H, Hundemer H P, et al. Issues impacting adverse event frequency and severity: differences between randomized phase 2 and phase 3 clinical trials for lasmiditan. Headache, 2020, 60(3):576-588.

latanoprostene（拉坦前列腺素）

药物基本信息

英文通用名	latanoprostene
英文别名	PF-3187207; PF3187207; PF 3187207; latanoprostene BUNOD; BOL-303259-X; NCX-116; NCX116; NCX116; vesneo; vyzulta
中文通用名	拉坦前列腺素
商品名	Vyzulta
CAS登记号	860005-21-6
FDA 批准日期	11/2/2017
FDA 批准的API	latanoprostene bunod
化学名	4-(nitrooxy)butyl (5*Z*)-7-((1*R*,2*R*,3*R*,5*S*)-3,5-dihydroxy-2-((3*R*)-3-hydroxy-5-phenylpentyl)cyclopentyl)hept-5-enoate
SMILES代码	O=C(OCCCCO[N+]([O-])=O)CCC/C=C\C[C@@H]1[C@@H](CC[C@@H](O)CCC2=CC=CC=C2)[C@H](O)C[C@@H]1O

化学结构和理论分析

化学结构	理论分析值
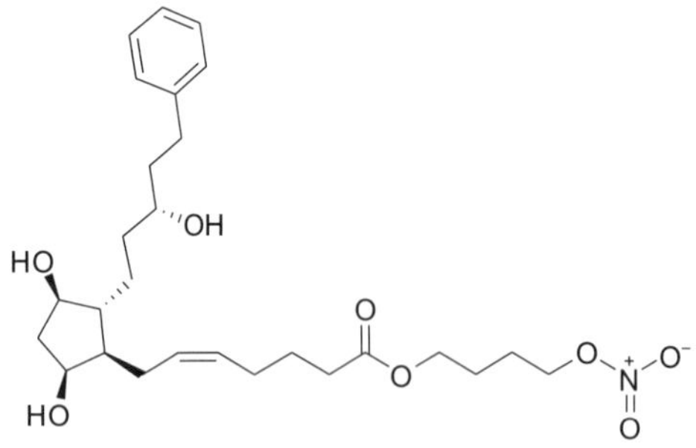	化学式：$C_{27}H_{41}NO_8$ 精确分子量：507.2832 分子量：507.62 元素分析：C, 63.89; H, 8.14; N, 2.76; O, 25.21

药品说明书参考网页

生产厂家产品说明书、美国药品网、美国处方药网页。

药物简介

VYZULTA 是一种含有 0.024% latanoprostene bunod 的眼药水。Latanoprostene bunod 是一种前列腺素类似物，配制成无菌局部眼药水。VYZULTA 含有 0.24mg/mL 的 latanoprostene bunod 有效成分、0.2mg/mL 的防腐剂苯扎氯铵和以下非活性成分：聚山梨酯 80，甘油，EDTA 和水。用柠檬酸 / 柠檬酸钠将制剂缓冲至 pH=5.5。

Latanoprostene bunod 本身是一种无色至黄色的油。

VYZULTA 可降低开角型青光眼或高眼压症患者眼内压（IOP）。

Latanoprostene bunod 可以通过增加眼房水通过小梁网和葡萄膜巩膜途径的流出而降低眼内压。眼内压是青光眼进展的主要危险因素。降低眼内压可降低青光眼视野丧失的风险。

药品上市申报信息

该药物目前有 1 种产品上市。

药品注册申请号：207795
申请类型：NDA（新药申请）
申请人：BAUSCH AND LOMB
申请人全名：BAUSCH AND LOMB INC

产品信息

产品号	商品名	活性成分	剂型 / 给药途径	规格 / 剂量	参比药物 (RLD)	生物等效参考标准 (RS)	治疗等效代码
001	VYZULTA	latanoprostene bunod	液体 / 滴眼剂	0.024%	是	是	否

与本品相关的专利信息（来自 FDA 橙皮书 Orange Book）

关联产品号	专利号	专利过期日	是否物质专利	是否产品专利	专利用途代码	撤销请求	提交日期
001	7273946	2025/10/03	是	是	U-2144		2017/11/21
	7629345	2025/01/05		是	U-2144		2017/11/21
	7910767	2025/01/05	是	是	U-2144		2017/11/21
	8058467	2025/01/05	是		U-2144		2017/11/21

合成路线 1

以下合成路线来源于法国 Nicox, S. A. 公司 Ongini, Ennio 等人发表的专利申请书。该合成工艺以化合物 **1** 为起始原料，经 HBr 开环反应，转化为中间体化合物 **2**，后者在硫酸和硝酸作用下转化为需要的硝酸酯中间体化合物 **3**。化合物 **4** 在碱性条件下与化合物 **3** 反应得到相应的目标化合物 **5**。原料化合物 **4** 可以直接从有关化学品供应商购买，也可以按文献方法合成，如 Eur. J. Org. Chem, 2007, (4): 689-703。

HBr, 77%; H_2SO_4-HNO_3, 96%

1 CAS号 109-99-9

2 CAS号 33036-62-3

3 CAS号 146563-40-8

3, K_2CO_3, KI

4 CAS号 41639-83-2

5 CAS号 860005-21-6 latanoprostene bunod

原始文献： WO 2005068421, 2005.

合成路线 2

以下合成路线来源于南韩 Yonsung Fine Chemical 公司 Ko, Eun Jeong 等人发表的专利申请书，该合成工艺以化合物 **1** (latanoprost) 为起始原料经水解后得到相应的羧酸中间体化合物 **2**，后者在碱性条件下与 1,4- 丁二溴 **3** 反应，得到相应的酯类化合物 **4**。与硝酸银反应后，得到目标化合物 **5**。

LiOH, MeOH
88%

1
CAS号 130209-82-4

2
CAS号 41639-83-2

3
CAS号 110-52-1

K_2CO_3
83%

4
CAS号 2278245-92-2

Ag^+
57%

5
CAS号 860005-21-6
latanoprostene bunod

原始文献： WO 2019031774, 2019.

参考文献

[1] Mehran N A, Sinha S, Razeghinejad R. New glaucoma medications: latanoprostene bunod, netarsudil, and fixed combination netarsudil-latanoprost. Eye (Lond), 2020, 34(1):72-88.

[2] Lusthaus J, Goldberg I. Current management of glaucoma. Med J Aust, 2019, 210(4):180-187.

lefamulin（利福莫林）

药物基本信息

英文通用名	lefamulin
英文别名	lefamulin acetate; BC-3781.Ac; BC 3781.Ac; BC3781.Ac; BC-3781; BC 3781; BC3781
中文通用名	利福莫林
商品名	Xenleta
CAS登记号	1061337-51-6 (游离碱), 1350636-82-6 (醋酸盐)
FDA 批准日期	8/19/2019
FDA 批准的API	lefamulin acetate（醋酸利福莫林）
化学名	(3a*R*,4*R*,5*R*,7*S*,8*S*,9*R*,9a*S*,12*R*)-8-hydroxy-4,7,9,12-tetramethyl-3-oxo-7-vinyldecahydro-4,9a-propanocyclopenta[8]annulen-5-yl 2-(((1*R*,2*R*,4*R*)-4-amino-2-hydroxycyclohexyl)thio)acetate acetic acid (1 ∶ 1)

SMILES代码	CC(O)=O.O=C(O[C@@H]1C[C@](C=C)(C)[C@@H](O)[C@H](C)[C@]2(CCC3=O)[C@]3([H])[C@@]1(C)[C@H](C)CC2)CS[C@H]4[C@H](O)C[C@H](N)CC4

化学结构和理论分析

化学结构	理论分析值
	化学式：$C_{30}H_{49}NO_7S$ 精确分子量：N/A 分子量：567.7820 元素分析：C, 63.46; H, 8.70; N, 2.47; O, 19.72; S, 5.65

药品说明书参考网页

生产厂家产品说明书、美国药品网、美国处方药网页。

药物简介

XENLETA 是一种可用于口服和静脉内给药的半合成抗菌剂。

XENLETA 是 pleuromutilin 的衍生物，XENLETA 口服片剂为蓝色，椭圆形，薄膜衣片，其中含有 671mg lefamulin acetate，相当于 600mg lefamulin（游离碱）。含有如下非活性成分：胶体二氧化硅，交联羧甲基纤维素钠，FD & C 蓝色 2 号铝色淀，四氧化三铁，硬脂酸镁，甘露醇，微晶纤维素，聚乙二醇，聚乙烯醇（部分水解），聚维酮 K30，虫胶釉，滑石粉和二氧化钛。

XENLETA 注射液以无菌注射剂形式提供，可在静脉内使用，无色透明溶液，该玻璃瓶中含有 168mg 的柠檬酸甘油酯，与 15mg 的 0.9% 氯化钠中的 150mg 柠檬酸甘油酯相当。这相当于 10mg/mL lefamulin。非活性成分是氯化钠和注射用水。

在通过静脉输注给药之前，XENLETA 注射液必须用 XENLETA 注射液随附的稀释剂稀释。每个随附的稀释剂输液袋均包含 250mL 10mmol/L 柠檬酸盐缓冲液（pH=5）和 0.9% 氯化钠。稀释剂是澄清无色的溶液。非活性成分是无水柠檬酸、氯化钠、柠檬酸三钠二水合物和注射用水。每 100mL 注射用水含有：氯化钠 900mg，柠檬酸三钠二水合物 200mg 和无水柠檬酸 61.5mg。每 1000mL 电解质：钠 174mEq；氯化物 154mEq。重量克分子渗透压浓度为 280 ～ 340mOsm/kg，pH 为 4.5 ～ 5.5。

XENLETA 用于治疗由以下易感微生物引起的社区获得性细菌性肺炎（CABP）的成年人：肺炎链球菌，金黄色葡萄球菌（易感甲氧西林的分离株），流感嗜血杆菌，军团菌肺炎，肺炎支原体和肺炎衣原体。

XENLETA 是一种抗菌剂，它通过与细菌的 50S 亚基 23s rRNA 的结构域 V 中的肽基转移酶中心（PTC）的 A 和 P 位相互作用（氢键、疏水相互作用和范德华力）抑制细菌蛋白质的合成而发挥疗效。

XENLETA 在体外对肺炎链球菌、流感嗜血杆菌和肺炎支原体（包括对大环内酯类耐药的菌株）具有杀菌作用，并且在临床相关浓度下对金黄色葡萄球菌和化脓性链球菌具有抑菌作用。

XENLETA 对肠杆菌科和铜绿假单胞菌没有活性。

药品上市申报信息

该药物目前有 2 种产品上市。

药品注册申请号: 211672
申请类型: NDA (新药申请)
申请人: NABRIVA
申请人全名: NABRIVA THERAPEUTICS IRELAND DAC

产品信息

产品号	商品名	活性成分	剂型 / 给药途径	规格 / 剂量	参比药物 (RLD)	生物等效参考标准 (RS)	治疗等效代码
001	XENLETA	lefamulin acetate	片剂 / 口服	等量 600mg 游离碱	是	是	否

与本品相关的专利信息 (来自 FDA 橙皮书 Orange Book)

关联产品号	专利号	专利过期日	是否物质专利	是否产品专利	专利用途代码	撤销请求	提交日期
001	6753445	2021/07/09	是	是	U-2619		2019/09/17
	8071643	2029/01/16	是	是			2019/09/17
	8153689	2028/03/19	是	是			2019/09/17
	9120727	2031/05/23	是	是			2019/09/17

与本品相关的市场独占权保护信息

关联产品号	独占权代码	失效日期	备注
001	NCE	2024/08/19	
	GAIN	2029/08/19	

药品注册申请号: 211673
申请类型: NDA (新药申请)
申请人: NABRIVA
申请人全名: NABRIVA THERAPEUTICS IRELAND DAC

产品信息

产品号	商品名	活性成分	剂型 / 给药途径	规格 / 剂量	参比药物 (RLD)	生物等效参考标准 (RS)	治疗等效代码
001	XENLETA	lefamulin acetate	液体 / 静脉注射	等量 150mg 游离碱 /15mL (等量 10mg 游离碱 /mL)	是	是	否

与本品相关的专利信息 (来自 FDA 橙皮书 Orange Book)

关联产品号	专利号	专利过期日	是否物质专利	是否产品专利	专利用途代码	撤销请求	提交日期
001	6753445	2021/07/09	是	是	U-2619		2019/09/17
	8071643	2029/01/16	是	是			2019/09/17
	8153689	2028/03/19	是	是			2019/09/17

与本品相关的市场独占权保护信息

关联产品号	独占权代码	失效日期	备注
001	NCE	2024/08/19	
	GAIN	2029/08/19	

合成路线 1

以下合成路线来源于 Heilmayer 等人 2012 年的专利申请书。目标化合物 **5** 以化合物 **1** 和化合物 **2** 为原料经过 2 步合成反应而得。

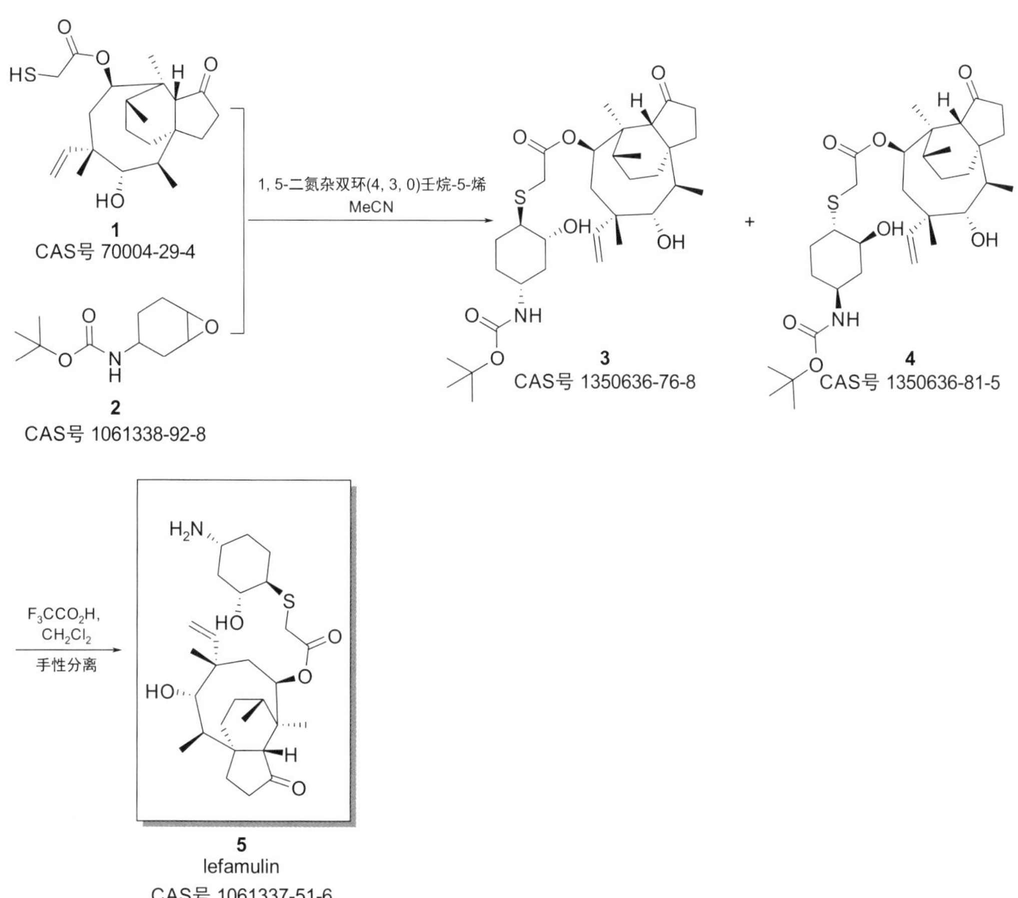

原始文献： MX 2010009451, 2012.

合成路线 2

以下合成路线来源于 Nabriva Therapeutics 公司 Mang 等人 2011 年的专利申请书。目标化合物 **14** 以化合物 **1** 和化合物 **2** 为原料经过 9 步合成反应而得。该合成路线中，值得注意的合成反应有：①关键中间体化合物 **5** 以化合物 **1** 为原料，经过手性分离后而得。②化合物 **5** 与叠氮试剂反应后再经过 Curtis 重排，得到化合物 **7**。③化合物 **7** 的环氧化反应是立体选择性的。④化合物 **11** 分子中的巯基在碱性条件下与化合物 **12** 分子中的对甲苯磺酸酯基团发生亲核取代反应得到相应的化合物 **13**。

1
CAS号 4771-80-6

2
CAS号 2627-86-3

Me_2CO

3
CAS号 1352834-06-0

Me_2CO

4
CAS号 67976-81-2

HCl, H_2O, *t*-BuOMe → 5

5
CAS号 5709-98-8

6
CAS号 75-65-0

Et_3N, PhMe, $(PhO)_2P(=O)N_3$, CuCl, PhMe

7
CAS号 1350636-87-1

m-CPBA, CH_2Cl_2

8
CAS号 1350636-88-2

+

9
CAS号 98-91-9

TBAC水合物, PhMe → 10

10
CAS号 1350636-89-3

Cleland's试剂, N_2H_4-H_2O, CH_2Cl_2, H_3PO_4, H_2O

11
CAS号 1350636-75-7

12
CAS号 31716-01-5

$Bu_3N^+CH_2Ph \cdot Cl^-$, NaOH, H_2O, *t*-BuOMe

13
CAS号 1350636-76-8

H_3PO_4, H_2O, Me_2CHOH

14
lefamulin
CAS号 1061337-51-6

原始文献： EP 2399904, 2011.

参考文献

[1] Aschenbrenner D S. New antibiotic for community-acquired bacterial pneumonia. Am J Nurs, 2019, 119(12):20-21.

[2] File T M, Goldberg L, Das A, et al. Efficacy and safety of intravenous- to-oral lefamulin, a pleuromutilin antibiotic, for the treatment of community- acquired bacterial pneumonia: the phase Ⅲ lefamulin evaluation against pneumonia (LEAP 1) trial. Clin Infect Dis, 2019, 69(11):1856-1867.

lemborexant（兰姆布沙星）

药物基本信息

英文通用名	lemborexant
英文别名	E-2006; E 2006; E2006
中文通用名	兰姆布沙星
商品名	Dayvigo
CAS登记号	1369764-02-2
FDA 批准日期	12/20/2019
FDA 批准的API	lemborexant
化学名	(1*R*,2*S*)-2-{[(2,4-dimethylpyrimidin-5-yl)oxy]methyl}-2-(3-fluorophenyl)-*N*-(5-fluoropyridin-2-yl)cyclopropanecarboxamide
SMILES代码	O=C([C@H]1[C@@](C2=CC=CC(F)=C2)(COC3=CN=C(C)N=C3C)C1)NC4=NC=C(F)C=C4

化学结构和理论分析

化学结构	理论分析值
F N NH O N O N N F	化学式：$C_{22}H_{20}F_2N_4O_2$ 精确分子量：410.1554 分子量：410.42 元素分析：C, 64.38; H, 4.91; F, 9.26; N, 13.65; O, 7.80

药品说明书参考网页

美国药品网、美国处方药网页。

药物简介

DAYVIGO 的活性成分是 lemborexant，是一种 orexin 受体拮抗剂。Lemborexant 外观为白色至类白色粉末，几乎不溶于水。

DAYVIGO 为口服片剂。目前有 2 种剂型，分别含 5mg 或 10mg lemborexant。非活性成分是：羟丙基纤维素，乳糖一水合物，低取代的羟丙基纤维素和硬脂酸镁。

此外，薄膜包衣还包含以下非活性成分：羟丙甲纤维素 2910，聚乙二醇 8000，滑石粉，二氧化钛，以及 5mg 片剂的三氧化二铁黄或 10mg 片剂的氧化铁黄和氧化铁红。

DAYVIGO 可用于治疗失眠的成年患者，其特征是睡眠发作和 / 或睡眠维持困难。

据推测，lemborexant 的作用机理是通过对 orexin 受体的拮抗作用而发挥疗效的。Orexin 神经肽信号传导系统在觉醒过程中起重要作用。通过阻断促唤醒神经肽 orexin A 和 orexin B 与受体 OX1R 和 OX2R 的结合可以抑制觉醒，进而发挥治疗失眠的效果。

药品上市申报信息

该药物目前有 1 种产品上市。

药品注册申请号：212028
申请类型：NDA (新药申请)
申请人：EISAI INC

产品信息

产品号	商品名	活性成分	剂型 / 给药途径	规格 / 剂量	参比药物 (RLD)	生物等效参考标准 (RS)	治疗等效代码
001	DAYVIGO	lemborexant	片剂 / 口服	10mg	待定		否

合成路线 1

以下合成路线来源于 Eisai 公司 Yoshida 等人 2015 年发表的论文。目标化合物 **14** 以化合物 **1** 和化合物 **2** 为原料，经过 8 步合成反应而得。该合成路线中，值得注意的合成反应有：①化合物 **1** 在钯催化剂催化下，与化合物 **2** 反应，分子中的 2 个氯原子被甲基取代，得到化合物 **3**。②化合物 **5** 与化合物 **6** 的反应比较复杂，其中涉及多个反应。化合物 **5** 分子中的 α-CH_2 基团在碱性条件下变成碳负离子，与化合物 **6** 分子中的氯原子发生亲核取代反应，中间体化合物再进一步发生分子内亲核取代，得到相应的环丙烷中间体后，分子中的氰基在强碱性条件下水解为相应的羧基，然后发生分子内酯化，得到相应的内酯化合物 **7**。③化合物 **8** 在酶催化下，分子中的一个羟基选择性地与化合物 **9** 发生酯化反应，得到单酯化合物 **10**。

$Pd(PPh_3)_4$, THF, NH_4Cl, H_2O 100%

BBr_3, CH_2Cl_2, MeOH 81%

1 CAS号 19646-07-2
2 CAS号 75-24-1
3 CAS号 1369766-72-2
4 CAS号 412003-95-3

$(Me_3Si)_2NH$ * Na, THF, KOH, H_2O, HCl 50%

$NaBH_4$, MeOH, THF 100%

5 CAS号 501-00-8
6 CAS号 51594-55-9
7 CAS号 528587-70-4
8 CAS号 1369767-20-3
9 CAS号 108-05-4

脂肪酶, THF
100%

10
CAS号 1369768-29-5

10 + **4**

PPh_3, $N_2(CO_2CHMe_2)_2$, THF, NaOH, EtOH
72%

11
CAS号 1369767-24-7

Et_3N, Cl(O=)CC(=O)Cl, CH_2Cl_2, Me_2C=CHMe, NaH_2PO_4, NaOClO, H_2O, Me_2CO
82%

12
CAS号 1369769-35-6

13
CAS号 21717-96-4

EtN(Pr-*i*)$_2$, DMF
56%

14
lemborexant
CAS号 1369764-02-2

原始文献： J Med Chem, 2015, 58(11): 4648-4664.

合成路线 2

以下合成路线来源于 Eisai 公司 Terauchi 等人 2012 年发表的专利申请书。目标化合物 **14** 以化合物 **1** 和化合物 **2** 为原料，经过 9 步合成反应而得。该合成路线中，值得注意的合成反应有：①化合物 **4** 与化合物 **5** 的反应是选择性的，产物为单酯化合物 **6**，而不是二酯化合物。这主要是化合物 **5** 的体积比较大，立体位阻原因。②化合物 **9** 在 DMSO 和草酰氯的作用下氧化为相应的醛化合物 **10**，再在 NaClO 作用下进一步氧化为相应的羧酸化合物 **11**。

1
CAS号 501-00-8

2
CAS号 51594-55-9

$(Me_3Si)_2NH$ * Na, THF, H_2O, KOH, EtOH, HCl

3
CAS号 528587-70-4

$NaBH_4$, MeOH, THF

4
CAS号 1369767-20-3

5
CAS号 58479-61-1

Et_3N, CH_2Cl_2

6
CAS号 1369767-21-4

6 + 7 —— PPh_3, $N_2(CO_2CHMe_2)_2$, THF ——> 8 —— Bu_4N^{+*} F^-, THF ——> 9

7
CAS号 412003-95-3

8
CAS号 1369769-24-3

9
CAS号 1369767-24-7

—— DMSO, Cl(O=)CC(=O)Cl, CH_2Cl_2, Et_3N ——> **10**

10 —— Me_2C=CHMe, NaH_2PO_4, NaClO, H_2O, Me_2CO ——> 11 —— Cl(O=)CC(=O)Cl, DMF, CH_2Cl_2 ——> 12

10
CAS号 1369767-26-9

11
CAS号 1369769-35-6

12
CAS号 1369769-31-2

13
CAS号 21717-96-4

—— EtN(Pr-*i*)$_2$, THF ——> 14

14
lemborexant
CAS号 1369764-02-2

原始文献： WO 2012039371 A1, 2012.

参考文献

[1] Scott L J. Lemborexant: first approval. Drugs, 2020, 80(4):425-432.

[2] Abad V C, Guilleminault C. Insomnia in elderly patients: recommendations for pharmacological management. Drugs Aging, 2018, 35(9):791-817.

lenvatinib（来伐替尼）

药物基本信息

英文通用名	lenvatinib
英文别名	E7080; E-7080; E 7080; ER-203492-00; ER 203492-00; ER 203492-00
中文通用名	来伐替尼
商品名	Lenvima
CAS登记号	857890-39-2 (甲磺酸盐), 417716-92-8 (游离碱)
FDA 批准日期	2/13/2015
FDA 批准的API	lenvatinib mesylate (甲磺酸来伐替尼)
化学名	4-(3-chloro-4-(3-cyclopropylureido)phenoxy)-7-methoxyquinoline-6-carboxamide mesylate
SMILES代码	O=C(C1=C(OC)C=C2N=CC=C(OC3=CC=C(NC(NC4CC4)=O)C(Cl)=C3)C2=C1)N.OS(=O)(C)=O

化学结构和理论分析

化学结构	理论分析值
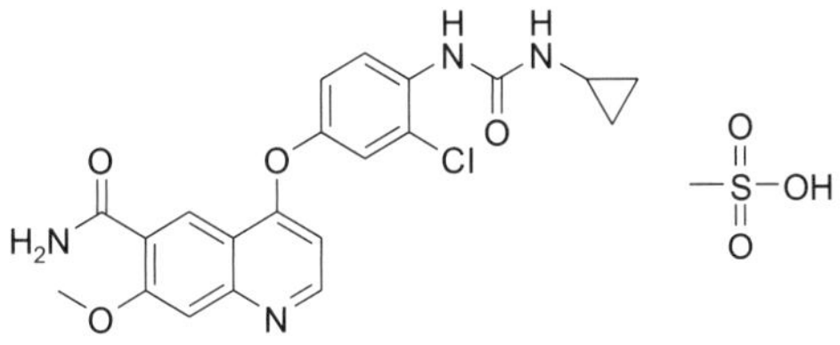	化学式：$C_{22}H_{23}ClN_4O_7S$ 精确分子量：N/A 分子量：522.96 元素分析：C, 50.53; H, 4.43; Cl, 6.78; N, 10.71; O, 21.42; S, 6.13

药品说明书参考网页

生产厂家产品说明书、美国药品网、美国处方药网页。

药物简介

LENVIMA 的活性成分是 lenvatinib mesylate，是一种激酶抑制剂。Lenvatinib mesylate 是一种白色至浅红黄色粉末。它微溶于水，几乎不溶于乙醇（脱水）。Lenvatinib mesylate 的解离常数（pK_a 值）在 25℃时为 5.05。分配系数（lg P 值）为 3.3。

口服的 LENVIMA 胶囊有 2 种剂量规格，分别含有 4mg 或 10mg lenvatinib，分别相当于 4.90mg 或 12.25mg lenvatinib mesylate。以下是非活性成分：碳酸钙，甘露醇，微晶纤维素，羟丙基纤维素，低取代羟丙基纤维素，滑石粉。羟丙甲纤维素胶囊壳包含二氧化钛、氧化铁黄和氧化铁红。印刷油墨包含虫胶、黑色氧化铁、氢氧化钾和丙二醇。

LENVIMA 的适应证：

① 分化型甲状腺癌：LENVIMA 适用于治疗局部复发或转移性、进展性、放射性碘难治性

DTC 的患者。

② 肾细胞癌：LENVIMA 被指定与依维莫司合用，用于治疗一种先前的抗血管生成治疗后的晚期 RCC 患者。

Lenvatinib 是一种受体酪氨酸激酶（RTK）抑制剂，可抑制血管内皮生长因子（VEGF）受体 VEGFR1（FLT1）、VEGFR2（KDR）和 VEGFR3（FLT4）的激酶活性。Lenvatinib 还可抑制其他与致病性血管生成、肿瘤生长和癌症进展相关的 RTK，包括成纤维细胞生长因子（FGF）受体 FGFR1、FGFR2、FGFR3 和 FGFR4，血小板衍生的生长因子受体 α（PDGFRα）、KIT 和 RET。Lenvatinib 和 everolimus 的组合使用，在抗血管生成和抗肿瘤活性方面显示出增效作用。

药品上市申报信息

该药物目前有 2 种产品上市。

药品注册申请号：206947
申请类型：NDA（新药申请）
申请人：EISAI INC
申请人全名：EISAI INC

产品信息

产品号	商品名	活性成分	剂型 / 给药途径	规格 / 剂量	参比药物 (RLD)	生物等效参考标准 (RS)	治疗等效代码
001	LENVIMA	lenvatinib mesylate	胶囊 / 口服	等量 4mg 游离碱	是	否	否
002	LENVIMA	lenvatinib mesylate	胶囊 / 口服	等量 10mg 游离碱	是	是	否

与本品相关的专利信息（来自 FDA 橙皮书 Orange Book）

关联产品号	专利号	专利过期日	是否物质专利	是否产品专利	专利用途代码	撤销请求	提交日期
001	10259791	2035/08/26	是				2019/05/13
	10407393	2035/08/26	是				2019/10/04
	7253286	2021/10/19	是	是			2015/03/10
	7612208	2026/09/19	是	是			2015/03/10
	9006256	2027/07/27			U-1695		2015/05/12
002	10259791	2035/08/26	是				2019/05/13
	10407393	2035/08/26	是				2019/10/04
	7253286	2021/10/19	是	是			2015/03/10
	7612208	2026/09/19	是	是			2015/03/10
	9006256	2027/07/27			U-1695		2015/05/12

与本品相关的市场独占权保护信息

关联产品号	独占权代码	失效日期	备注
001	NCE	2020/02/13	
	ODE-87	2022/02/13	
	I-734	2019/05/13	

续表

关联产品号	独占权代码	失效日期	备注
001	I-787	2021/08/15	
	ODE-196	2025/08/15	
	I-807	2022/09/17	
002	NCE	2020/02/13	
	ODE-87	2022/02/13	
	I-734	2019/05/13	
	I-787	2021/08/15	
	ODE-196	2025/08/15	
	I-807	2022/09/17	

合成路线 1

以下合成路线来源于 Eisai 公司 Naito 等人 2005 年申请的专利说明书。目标化合物 **7** 以化合物 **1** 和化合物 **2** 为原料，经过 3 步合成反应而得。

1

2
CAS号 1885-14-9

C_5H_5N, DMF

3
CAS号 796848-80-1

4
CAS号 765-30-0

DMF
77%

5
CAS号 796848-79-8

6
CAS号 417721-36-9

t-BuOK, DMF
Me_2CO,
88%

7
lenvatinib
CAS号 417716-92-8

原始文献： WO 2005044788, 2005.

合成路线 2

以下合成路线来源于 Dr. Reddy's Laboratories 公司 Oruganti 等人 2017 年申请的专利说明书。目标化合物 **9** 以化合物 **1** 为原料，经过 5 步合成反应而得。

POCl$_3$, PhMe

NH_3, H_2O

K_2CO_3, NaH, DMF
78%

1
CAS号 205448-65-3

2
CAS号 205448-66-4

3
CAS号 417721-36-9

4
CAS号 52671-64-4

5
CAS号 417722-93-1

5

6
CAS号 1885-14-9

C_5H_5N, DMF
82%

7
CAS号 417722-95-3

8
CAS号 765-30-0

DMF
60%

9
lenvatinib
CAS号 417716-92-8

原始文献： IN 201641011188, 2017.

合成路线 3

以下合成路线来源于 BDR Lifesciences 公司 Shah 等人 2019 年申请的专利说明书。目标化合物 **5** 以化合物 **1** 和化合物 **2** 为原料，经过 2 步合成反应而得。

1
CAS号 17609-80-2

2
CAS号 417721-36-9

NaH, DMSO, H_2O, AcOEt
84%

3
CAS号 417722-93-1

4
CAS号 4747-72-2

DMF
95%

5
lenvatinib
CAS号 417716-92-8

原始文献： WO 2019016664, 2019.

合成路线 4

以下合成路线来源于 Eisai 公司 Funahashi 等人 2007 年申请的专利说明书。目标化合物 **15** 以化合物 **1** 和化合物 **2** 为原料，经过 9 步合成反应而得。该合成路线中，值得注意的合成反应有：①化合物 **3** 分子中的氨基与化合物 **4** 分子的缩酮反应得到相应的化合物 **5**。②化合物 **5** 分子中的 NH 基团在加热条件下发生分子内环合和脱羧反应，得到化合物 **6**。③化合物 **10** 分子中的羟基在强碱性条件下与化合物 **9** 分子中的氯原子发生亲核取代反应得到化合物 **11**。

1 CAS号 20925-27-3
2 CAS号 124-41-4
NMP
3 CAS号 7251-09-4
4 CAS号 15568-86-2
EtOH
5 CAS号 417721-14-3

PhPh · PhOPh
6 CAS号 417721-15-4
KOH, 丙三醇; HCl, H_2O, 酸化
7 CAS号 417721-34-7
$SOCl_2$, DMF
8 CAS号 417721-35-8
NH_3, H_2O, THF
9 CAS号 417721-36-9

NaH, DMSO 84%
10 CAS号 17609-80-2
11 CAS号 417722-93-1
12 CAS号 1885-14-9
C_5H_5N, DMF 87%
13 CAS号 417722-95-3
14 CAS号 765-30-0

DMSO
35%

15
lenvatinib
CAS号 417716-92-8

原始文献： US 7253286, 2007.

合成路线 5

以下合成路线来源于 Chengdu Diao Pharmaceutical 公司 He 等人 2018 年申请的专利说明书。目标化合物 **7** 以化合物 **1** 和化合物 **2** 为原料，经过 3 步合成反应而得。

1
CAS号 765-30-0

2
CAS号 530-62-1

H_2O

3
CAS号 1033090-34-4

4
CAS号 17609-80-2

H_2O

5
CAS号 796848-79-8

6
CAS号 417721-36-9

Cs_2CO_3, DMSO
86%

7
lenvatinib
CAS号 417716-92-8

原始文献： CN 108997214, 2018.

合成路线 6

以下合成路线来源于 Chengdu Organic Chemicals 公司 Zheng 等人 2018 年申请的专利说明书。目标化合物 **7** 以化合物 **1** 为原料，经过 4 步合成反应而得。

NH_4Cl, Fe, H_2O, EtOH 90%

1 CAS号 108-43-0

$Cu(NO_3)_2$

2 CAS号 491-11-2

3 CAS号 417721-36-9

DMF 92%

4 CAS号 2023825-93-4

5 CAS号 417722-93-1

6 CAS号 765-30-0

CDI, Et_3N, DMSO 59%

7 lenvatinib CAS号 417716-92-8

原始文献： CN 108658859, 2018.

合成路线 7

以下合成路线来源于 Chongqing University Dong 等人 2018 年申请的专利说明书。目标化合物 **18** 以化合物 **1** 和化合物 **2** 为原料，经过 10 步合成反应而得。

1 CAS号 121-57-3

2 CAS号 108-43-0

NaOH, Na_2CO_3, $NaNO_2$, HCl

3 CAS号 2174956-62-6

Zn, $NH_4^+ \cdot HCO_2^-$

4 CAS号 17609-80-2

5 CAS号 24424-99-5

Et_3N, CH_2Cl_2 27%

6 CAS号 201811-58-7

OH
OH
H_2N
7
CAS号 65-49-6

8
CAS号 77-78-1

NaOH, Me_2CO
93%

NH_2
9
CAS号 27492-84-8

10
CAS号 87-13-8

PhOPh
71%

HO N
11
CAS号 2023826-82-4

$SOCl_2$,
$NaHCO_3$,
H_2O, 调成碱性
93%

N Cl
12
CAS号 205448-66-4

NH_3, H_2O
85%

H_2N
N Cl
13
CAS号 417721-36-9

13

Cl NH
HO
6
CAS号 201811-58-7

K_2CO_3, $Bu_4N^+ \cdot Br^-$,
DMSO
94%

NH
Cl
N
NH_2
14
CAS号 1808104-64-4

HCl, MeOH
90%

NH_2
Cl
N
H_2N
15
CAS号 417722-93-1

\+

NH_2
16
CAS号 765-30-0

\+

N
N
N
N
17
CAS号 530-62-1

Et_3N, CH_2Cl_2
69%

HN
HN
Cl
N
H_2N

18
lenvatinib
CAS号 417716-92-8

原始文献： CN 107629001, 2018.

合成路线 8

以下合成路线来源于 Hangzhou Huadong Medicine 公司 Jia 等人 2017 年申请的专利说明书。目标化合物 **7** 以化合物 **1** 和化合物 **2** 为原料，经过 3 步合成反应而得。

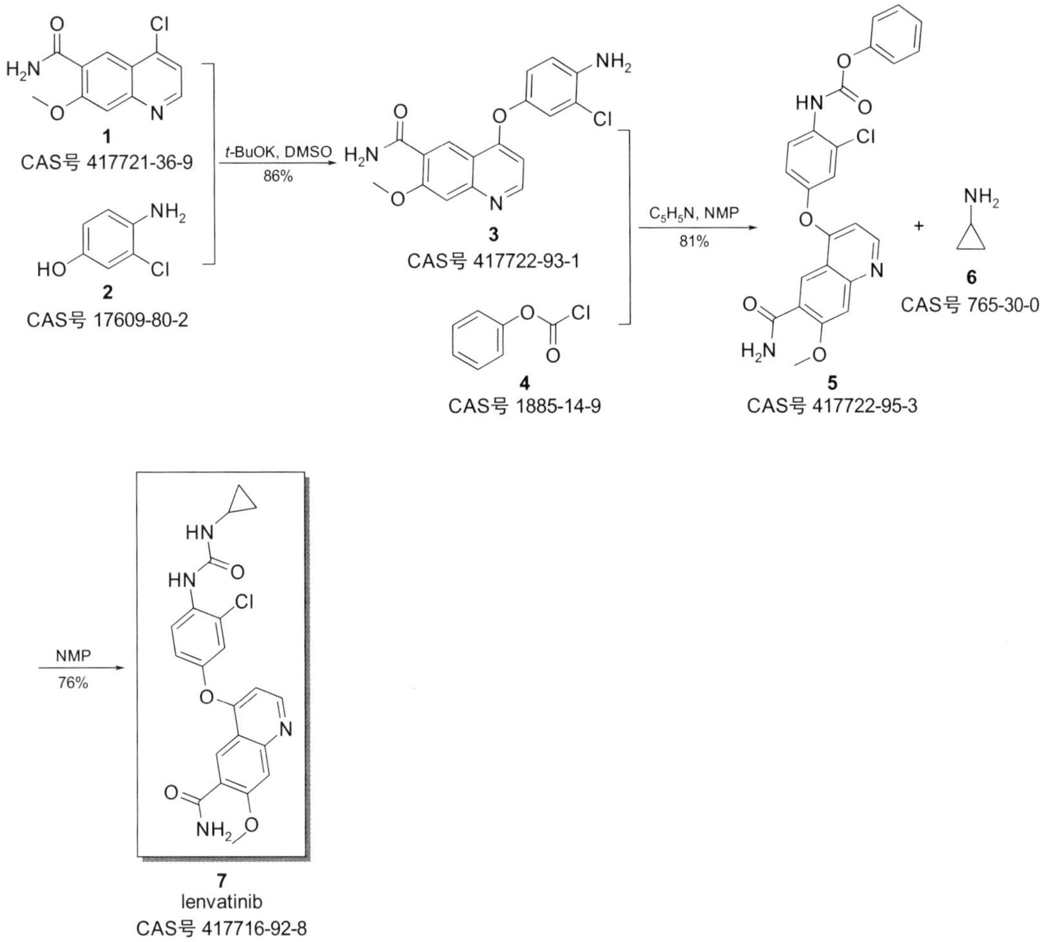

1
CAS号 417721-36-9

2
CAS号 17609-80-2

t-BuOK, DMSO
86%

3
CAS号 417722-93-1

4
CAS号 1885-14-9

C_5H_5N, NMP
81%

5
CAS号 417722-95-3

6
CAS号 765-30-0

NMP
76%

7
lenvatinib
CAS号 417716-92-8

原始文献： CN 107266363, 2017.

参考文献

[1] Sato H, Saito Y, Inomoto C, et al. Effect of lenvatinib on a patient with medullary thyroid carcinoma liver metastasis caused by multiple endocrine neoplasia type 2A. Tokai J Exp Clin Med, 2020, 45(1):18-23.

[2] Kuzuya T, Ishigami M, Ito T, et al. Sorafenib vs. lenvatinib as first-line therapy for advanced hepatocellular carcinoma with portal vein tumor thrombosis. Anticancer Res, 2020, 40(4):2283-2290.

来伐替尼核磁谱图

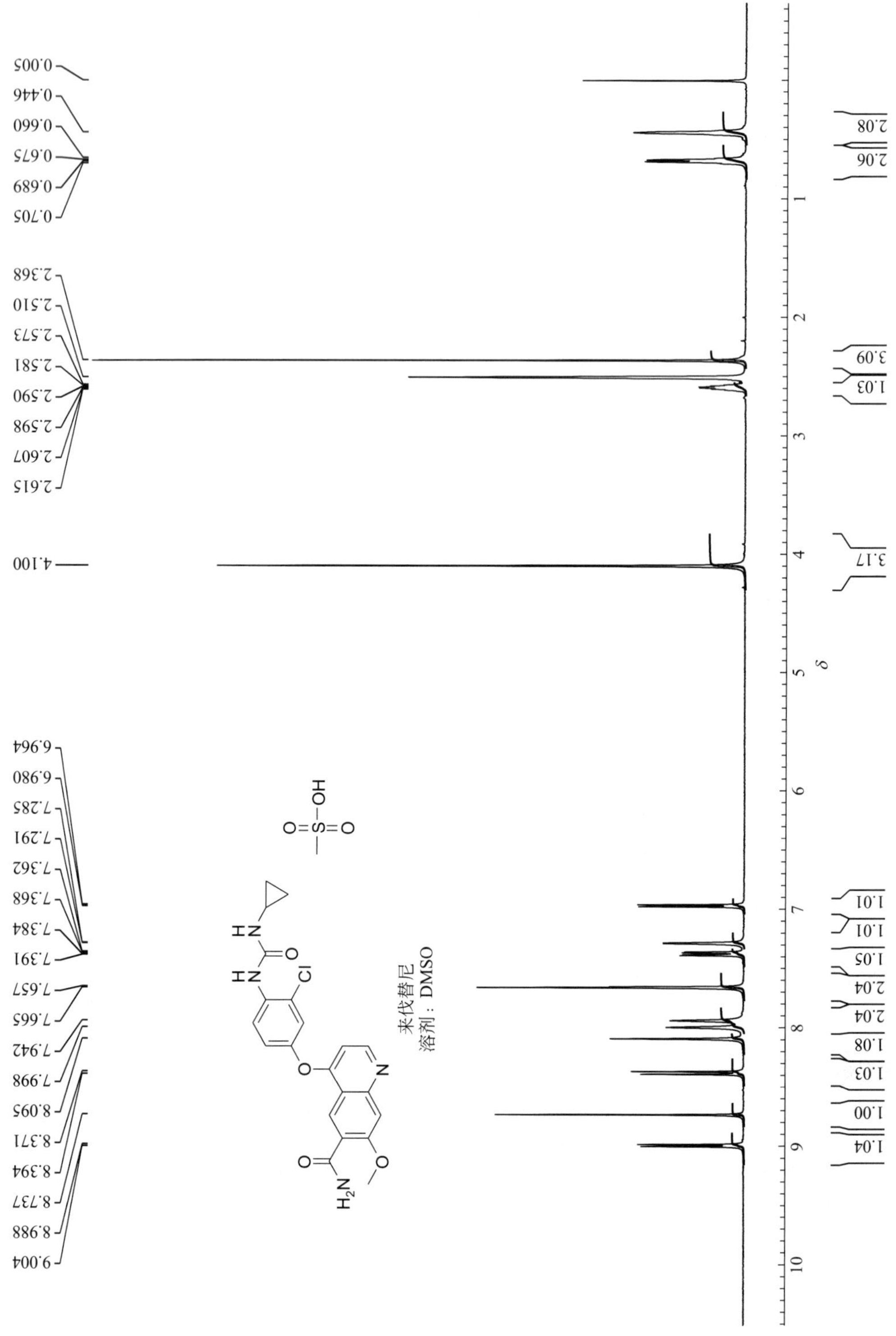

lesinurad（雷西那德）

药物基本信息

英文通用名	lesinurad
英文别名	RDEA594; RDEA 594; RDEA-594
中文通用名	雷西那德
商品名	Zurampic
CAS登记号	1151516-14-1（钠盐）, 878672-00-5（游离酸）
FDA 批准日期	12/22/2015
FDA 批准的API	lesinurad
化学名	2-((5-bromo-4-(4-cyclopropylnaphthalen-1-yl)-4*H*-1,2,4-triazol-3-yl)thio)acetic acid
SMILES代码	O=C(O)CSC1=NN=C(Br)N1C2=C3C=CC=CC3=C(C4CC4)C=C2

化学结构和理论分析

化学结构	理论分析值
	化学式：$C_{17}H_{14}BrN_3O_2S$ 精确分子量：402.9990 分子量：404.28 元素分析：C, 50.51; H, 3.49; Br, 19.76; N, 10.39; O, 7.91; S, 7.93

药品说明书参考网页

生产厂家产品说明书、美国药品网、美国处方药网页。

药物简介

ZURAMPIC 是一种 URAT1 抑制剂。其活性成分是 lesinurad。ZURAMPIC 可以蓝色薄膜包衣片剂的形式口服，含有 200mg lesinurad 和以下非活性成分：乳糖一水合物，微晶纤维素，羟丙甲纤维素 2910，交聚维酮和硬脂酸镁。ZURAMPIC 片剂涂有欧巴代蓝。

ZURAMPIC 可与黄嘌呤氧化酶抑制剂（xanthine oxidase inhibitor）联合用于治疗未达到目标血清尿酸水平的痛风相关的高尿酸血症。

使用限制：①不建议将 ZURAMPIC 用于无症状的高尿酸血症的治疗。② ZURAMPIC 不应用作单一疗法。

Lesinurad 通过抑制与肾脏中尿酸重吸收有关的转运蛋白功能来降低血清尿酸水平。Lesinurad 抑制了负责尿酸重吸收的两个根尖转运蛋白，尿酸转运蛋白 1（URAT1）和有机阴离子转运蛋白 4

（OAT4）的功能，IC_{50} 值分别为 7.3μmol/L 和 3.7μmol/L。URAT1 负责从肾小管腔重吸收已过滤的尿酸。OAT4 是与利尿剂引起的高尿酸血症相关的尿酸转运蛋白。Lesinurad 与位于近端小管细胞基底外侧膜上的尿酸重吸收转运蛋白 SLC2A9（Glut9）不相互作用。

药品上市申报信息

该药物目前有 3 种产品上市。

品注册申请号: 207988
申请类型: NDA (新药申请)
申请人: IRONWOOD PHARMS INC
申请人全名: IRONWOOD PHARMACEUTICALS INC

产品信息

产品号	商品名	活性成分	剂型 / 给药途径	规格 / 剂量	参比药物 (RLD)	生物等效参考标准 (RS)	治疗等效代码
001	ZURAMPIC	lesinurad	片剂 / 口服	200mg	是	否	否

与本品相关的专利信息（来自 FDA 橙皮书 Orange Book）

关联产品号	专利号	专利过期日	是否物质专利	是否产品专利	专利用途代码	撤销请求	提交日期
001	10183012	2028/11/26			U-2311		2019/02/21
	8003681	2025/08/25	是				2016/01/15
	8084483	2029/08/17			U-1801		2016/01/15
	8283369	2028/11/26			U-1802 U-1804		2016/01/15
	8357713	2028/11/26		是	U-1801 U-1803 U-1802		2016/01/15
	8546436	2032/02/29	是	是			2016/01/15
	8546437	2029/04/29			U-1803		2016/01/15
	9216179	2031/08/01			U-1806		2016/01/15
	9956205	2031/12/28			U-2311		2018/05/30

与本品相关的市场独占权保护信息

关联产品号	独占权代码	失效日期	备注
001	NCE	2020/12/22	

药品注册申请号: 209203
申请类型: NDA (新药申请)
申请人: IRONWOOD PHARMS INC
申请人全名: IRONWOOD PHARMACEUTICALS INC

产品信息

产品号	商品名	活性成分	剂型 / 给药途径	规格 / 剂量	参比药物 (RLD)	生物等效参考标准 (RS)	治疗等效代码
001	DUZALLO	allopurinol; lesinurad	片剂 / 口服	200mg; 200mg	是	否	否
002	DUZALLO	allopurinol; lesinurad	片剂 / 口服	300mg; 200mg	是	否	否

与本品相关的专利信息（来自 FDA 橙皮书 Orange Book）

关联产品号	专利号	专利过期日	是否物质专利	是否产品专利	专利用途代码	撤销请求	提交日期
001	10183012	2028/11/26			U-2104		2019/02/21
	8003681	2025/08/25	是				2017/09/15
	8084483	2029/08/17			U-2104		2017/09/15
	8283369	2028/11/26			U-2104		2017/09/15
	8357713	2028/11/26		是	U-2104		2017/09/15
	8546436	2032/02/29	是				2017/09/15
	8546437	2029/04/29			U-2104		2017/09/15
	9216179	2031/08/01			U-2104		2017/09/15
	9956205	2031/12/28			U-2104		2018/05/30
002	10183012	2028/11/26			U-2104		2019/02/21
	8003681	2025/08/25	是				2017/09/15
	8084483	2029/08/17			U-2104		2017/09/15
	8283369	2028/11/26			U-2104		2017/09/15
	8357713	2028/11/26		是	U-2104		2017/09/15
	8546436	2032/02/29	是				2017/09/15
	8546437	2029/04/29			U-2104		2017/09/15
	9216179	2031/08/01			U-2104		2017/09/15
	9956205	2031/12/28			U-2104		2018/05/30

合成路线 1

该合成路线来源于上海科技大学化学化工学院 Lei 等人 2018 年发表的论文。目标化合物 **9** 以化合物 **1** 和化合物 **2** 为原料，经过 4 步合成反应而得。

H_2N
1
CAS号 878671-94-4
2
CAS号 67-66-3
NaOH, $PhCH_2(Et)_3N^+Br^-$
H_2O, CH_2Cl_2
75%
N^+
C^-
3
CAS号 2291244-00-1
4
CAS号 505-73-7
+
—OH
5
CAS号 67-56-1
H_2SO_4, MeOH,
H_2O
96%
6
CAS号 1665-64-1

6 + 3 + 7 → (四甲基哌啶醇, N-溴代琥珀酰亚胺, $ClCH_2CH_2Cl$, 52%) → 8 → (LiOH, H_2O, EtOH, THF, HCl, 92%) → 9

3
CAS号 2291244-00-1

7
CAS号 624-84-0

8
CAS号 878671-99-9

9
lesinurad
CAS号 878672-00-5

原始文献： Org Lett, 2019, 21(5):1484-1487.

合成路线 2

该合成路线来源于 Zentiva 公司 Halama 等人 2018 年发表的论文。目标化合物 **6** 以化合物 **1** 和化合物 **2** 为原料，经过 3 步合成反应而得。

1 + 2 → ($NaHCO_3$, H_2O, EtOH) → 3; 3 + 4 → ($Me_3SiN{=}CMeOSiMe_3$, THF, N-溴代琥珀酰亚胺, i-BuC(=O)Me, Me_2CO) → 5 → (HBr, H_2O, Me_2CO) → 6

1
CAS号 1533519-84-4

2
CAS号 79-08-3

3
CAS号 1533519-93-5

4
CAS号 75-31-0

5
CAS号 2185813-19-6

6
lesinurad
CAS号 878672-00-5

原始文献： Org Proc Res & Dev, 2018, 22 (12): 1861-1867.

合成路线 3

该合成路线来源于 Valeant Research & Development 公司 Girardet 等人 2016 年发表的专利申请书。目标化合物 **11** 以化合物 **1** 为原料，经过 7 步合成反应而得。该合成路线中值得注意的合成反应有：①化合物 **3** 分子的氨基与化合物 **4** 反应后转化有相应的硫代异腈酸酯。②化合物 **6** 与化合物 **5** 分子中的硫代异腈酸酯基团发生成环反应得到相应的杂环化合物 **7**。③化合物 **9** 分子中的氨基变成叠氮后，再被溴取代，得到相应的化合物 **10**。

$NaNO_2$, 64%; H_2, Pd, EtOH, 73%; $EtN(Pr\text{-}i)_2$, CH_2Cl_2, HCl, H_2O, 86%; $EtN(Pr\text{-}i)_2$, DMF, NaOH, H_2O, 49%; K_2CO_3, DMF, 80%; $CHBr_3$, $NaNO_2$, TEBAC, Cl_2CHCO_2H, 85%; LiOH, H_2O, EtOH, THF, HCl, H_2O, 93%

1 CAS号 25033-19-6

2 CAS号 878671-93-3

3 CAS号 878671-94-4

4 CAS号 463-71-8

5 CAS号 878671-95-5

6 CAS号 1937-19-5

7 CAS号 878671-96-6

8 CAS号 96-34-4

9 CAS号 878671-98-8

10 CAS号 878671-99-9

11 lesinurad CAS号 878672-00-5

原始文献： WO 2006026356, 2006.

合成路线 4

该合成路线来源于 Ardea Biosciences 公司 Gunic 等人 2010 年发表的专利申请书。目标化合物

11 以化合物 **1** 为原料，经过 7 步合成反应而得。

NaNO$_2$

H$_2$, Pd, EtOH

EtN(Pr-*i*)$_2$, CH$_2$Cl$_2$, HCl, H$_2$O

1
CAS号 25033-19-6

2
CAS号 878671-93-3

3
CAS号 878671-94-4

4
CAS号 463-71-8

Et$_3$N, NaOH, H$_2$O, HCl

5
CAS号 878671-95-5

6
CAS号 1937-19-5

7
CAS号 878671-96-6

K$_2$CO$_3$, DMF, H$_2$O

PhCH$_2$(Et)$_3$N$^+$Br$^-$, Cl$_2$CHCO$_2$H, NaNO$_2$, CHBr$_3$

8
CAS号 96-34-4

9
CAS号 878671-98-8

10
CAS号 878671-99-9

LiOH, H$_2$O, THF, HCl

11
lesinurad
CAS号 878672-00-5

原始文献： US 20100056464, 2010.

合成路线 5

该合成路线来源于 Ardea Biosciences 公司 Gunic 等人 2014 年发表的专利申请书。目标化合物 **14** 以化合物 **1** 和化合物 **2** 为原料，经过 9 步合成反应而得。

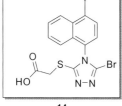

Br

1
CAS号 90-11-9

Br
Mg

2
CAS号 23719-80-4

(dppp)$NiCl_2$,
THF

3
CAS号 25033-19-6

HNO_3,
CH_2Cl_2,
$NaHCO_3$

O
N^+
O^-

4
CAS号 878671-93-3

N_2H_4-H_2O,
MeOH,
HCl, *t*-BuOMe

NH_2
H—Cl

5
CAS号 1533519-92-4

S
Cl Cl

6
CAS号 463-71-8

NaOH,
CH_2Cl_2

7

N=C=S

7
CAS号 878671-95-5

+

H—Cl
NH
H_2N N NH_2
H

8
CAS号 1937-19-5

DMF, rt

Cl
H

S
HN
HN—NH
HN NH_2

9
CAS号 533519-90-2

NaOH, H_2O

HS
N
N
N
H_2N

10
CAS号 878671-96-6

10 + Br O O

11
CAS号 96-32-2

DMF

O
O S N NH_2
N—N

12
CAS号 878671-98-8

KNO_2, $CuBr_2$,
MeCN

O
O S N Br
N—N

13
CAS号 878671-99-9

NaOH, H_2O,
调成碱性
AcOH

O
HO S N Br
N—N

14
lesinurad
CAS号 878672-00-5

原始文献： WO 2014008295, 2014.

合成路线 6

该合成路线来源于 Zentiva 公司 Stach 等人 2018 年发表的专利申请书。目标化合物 **11** 以化合物 **1** 为原料，经过 7 步合成反应而得。

1 CAS号 25033-19-6 —($NaNO_2$)→ 2 CAS号 878671-93-3 —(H_2, Pd, EtOH)→ 3 CAS号 878671-94-4 + 4 CAS号 463-71-8 —(EtN(Pr-*i*)$_2$, CH_2Cl_2, HCl, H_2O)→ 5 CAS号 878671-95-5 + 6 CAS号 1937-19-5 —(Et_3N, NaOH, H_2O, HCl)→ 7 CAS号 878671-96-6

7 + 8 CAS号 96-34-4 —(K_2CO_3, DMF, H_2O)→ 9 CAS号 878671-98-8 —($PhCH_2(Et)_3N^+Br^-$, Cl_2CHCO_2H, $NaNO_2$, $CHBr_3$)→ 10 CAS号 878671-99-9 —(LiOH, H_2O, THF, HCl)→ 11 lesinurad CAS号 878672-00-5

原始文献： EP 3281941, 2018.

合成路线 7

该合成路线来源于 Apotex 公司 Bodhuri 等人 2018 年发表的专利申请书。目标化合物 **7** 以化合物 **1** 和化合物 **2** 为原料，经过 4 步合成反应而得。

1
CAS号 1533519-84-4

+

2
CAS号 3395-91-3

DMF
67%

3
CAS号 2243781-63-5

N-溴代琥珀酰亚胺, THF, H_2O, PhMe
89%

4
CAS号 2243781-64-6

4
CAS号 2243781-64-6

LiOH, H_2O, MeOH, THF, HCl
87%

5
CAS号 1158970-76-3

+

6
CAS号 79-08-3

$KHCO_3$, H_2O, HCl
80%

7
lesinurad
CAS号 878672-00-5

原始文献： US 20180258057, 2018.

参考文献

[1] Kuriyama S. Dotinurad: a novel selective urate reabsorption inhibitor as a future therapeutic option for hyperuricemia. Clin Exp Nephrol, 2020, 24:1-5.

[2] Pineda C, Soto-Fajardo C, Mendoza J, et al. Hypouricemia: what the practicing rheumatologist should know about this condition. Clin Rheumatol, 2020, 39(1):135-147.

雷西那德核磁谱图

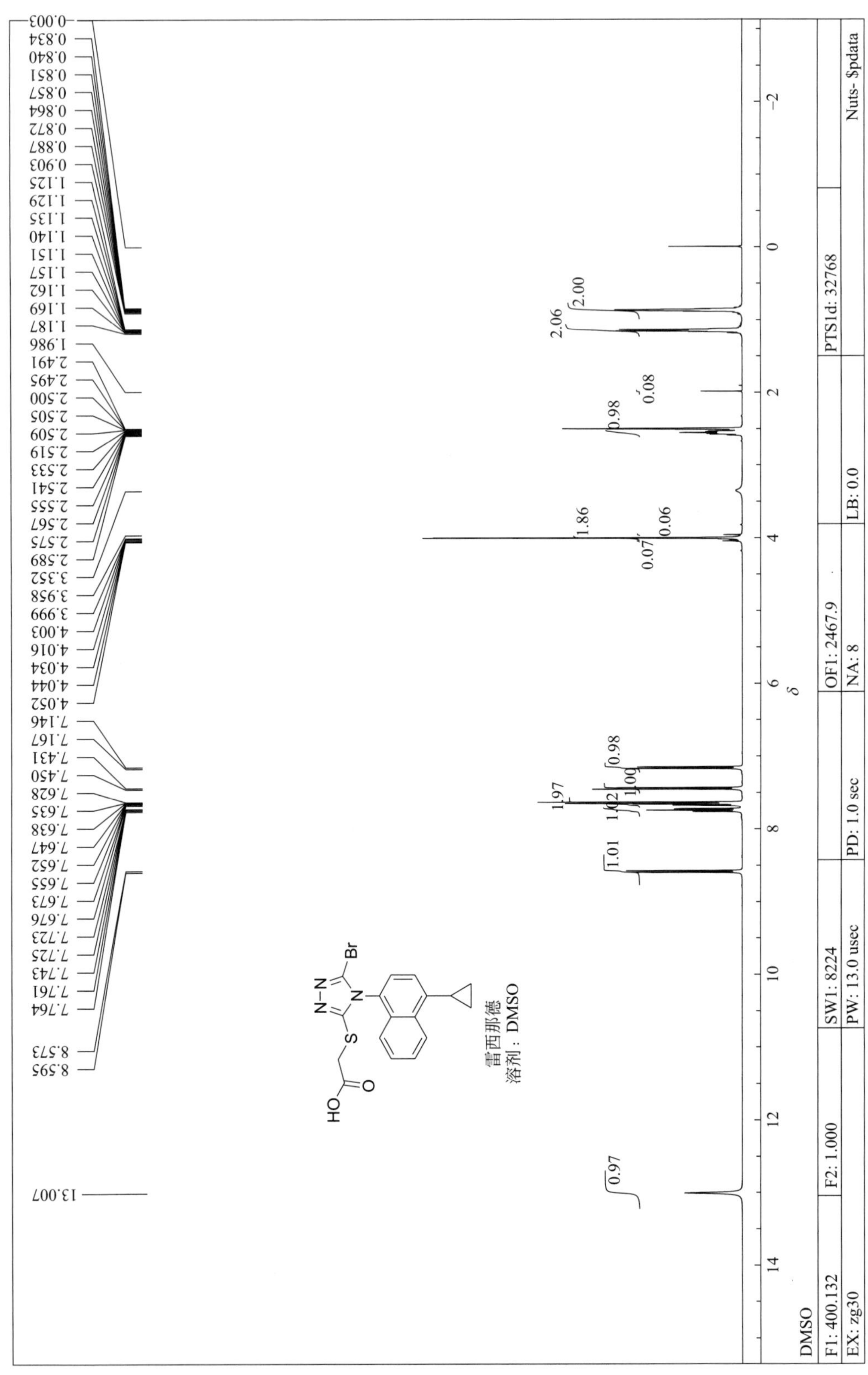

雷西那德
溶剂：DMSO
DMSO
F1: 400.132
EX: zg30
F2: 1.000
SW1: 8224
PW: 13.0 usec
PD: 1.0 sec
OF1: 2467.9
NA: 8
LB: 0.0
PTS1d: 32768
Nuts- $pdata

letermovir（莱特莫韦）

药物基本信息

英文通用名	letermovir
英文别名	MK-8828; MK 8828; MK8828; AIC-246; AIC 246; AIC246
中文通用名	莱特莫韦
商品名	Prevymis
CAS登记号	917389-32-3
FDA 批准日期	11/8/2017
FDA 批准的API	letermovir
化学名	(*S*)-2-(8-fluoro-3-(2-methoxy-5-(trifluoromethyl)phenyl)-2-(4-(3-methoxyphenyl)piperazin-1-yl)-3,4-dihydroquinazolin-4-yl)acetic acid
SMILES代码	O=C(O)C[C@@H]1N(C2=CC(C(F)(F)F)=CC=C2OC)C(N3CCN(C4=CC=CC(OC)=C4)CC3)=NC5=C1C=CC=C5F

化学结构和理论分析

化学结构	理论分析值
HO O O N F F F N N F N O	化学式：$C_{29}H_{28}F_4N_4O_4$ 精确分子量：572.2047 分子量：572.56 元素分析：C, 60.84; H, 4.93; F, 13.27; N, 9.79; O, 11.18

药品说明书参考网页

生产厂家产品说明书、美国药品网、美国处方药网页。

药物简介

PREVYMIS 含有 letermovir（一种 CMV DNA 末端酶复合物的抑制剂），可以口服或静脉内输注。

PREVYMIS 目前有 2 种剂量规格的口服片剂，分别含有 240mg 和 480mg letermovir 及以下非活性成分：胶体二氧化硅，交联羧甲基纤维素钠，硬脂酸镁，微晶纤维素，聚维酮 25。并用含有以下非活性成分的包衣膜包衣：羟丙甲纤维素 2910，加入氧化铁红（仅适用于 480mg 片剂），氧化铁黄，乳糖一水合物，二氧化钛和三乙酸甘油酯，并加入巴西棕榈蜡作为抛光剂。

PREVYMIS 还有 2 种剂量规格的静脉输注剂，分别含有 240mg 和 480mg letermovir。PREVYMIS 注射剂是一种不含防腐剂的无菌溶液，包装于单剂量小瓶中。每 1mL 溶液均含有 20mg letermovir、150mg 羟丙基环糊精、3.1mg 氯化钠、1.2mg 氢氧化钠和 USP 注射用水。可以调节氢氧化钠的量以达到约 7.5 的 pH 值。Letermovir 几乎不溶于水。

PREVYMIS 可以用于预防同种异体造血干细胞移植（HSCT）的成年 CMV 血清反应阳性受体 [R +] 中的巨细胞病毒（CMV）感染和疾病。

Letermovir 可抑制病毒 DNA 加工和生长所需的 CMV DNA 末端酶复合物（pUL51、pUL56 和 pUL89）。生化特征和电子显微镜显示，letermovir 影响适当单位长度基因组的产生，并干扰病毒体的成熟。提供耐 letermovir 病毒的基因型鉴定分析发现，letermovir 可有效靶向作用于末端酶复合物。

抗病毒活性：在感染的细胞培养模型中，letermovir 对临床 CMV 分离物集合的平均 EC_{50} 值为 2.1nmol/L（范围 =0.7nmol/L 至 6.1nmol/L，n=74）。通过 CMV gB 基因型（gB1 = 29; gB2 = 27; gB3 = 11; gB4 = 3）实验发现其 EC_{50} 值对不同个体而言无显著差异。

联合抗病毒活性：当 letermovir 与 CMV DNA 聚合酶抑制剂（cidofovir, foscarnet, or ganciclovir）联合使用时，未见抗病毒活性的拮抗作用。

药品上市申报信息

该药物目前有 4 种产品上市。

药品注册申请号：209939
申请类型：NDA（新药申请）
申请人：MERCK SHARP DOHME
申请人全名：MERCK SHARP AND DOHME CORP

产品信息

产品号	商品名	活性成分	剂型 / 给药途径	规格 / 剂量	参比药物 (RLD)	生物等效参考标准 (RS)	治疗等效代码
001	PREVYMIS	letermovir	片剂 / 口服	240mg	是	否	否
002	PREVYMIS	letermovir	片剂 / 口服	480mg	是	是	否

与本品相关的专利信息（来自 FDA 橙皮书 Orange Book）

关联产品号	专利号	专利过期日	是否物质专利	是否产品专利	专利用途代码	撤销请求	提交日期
001	7196086	2024/05/22	是	是			2017/12/07
	8513255	2024/05/22	是	是			2017/12/07
002	7196086	2024/05/22	是	是			2017/12/07
	8513255	2024/05/22	是	是			2017/12/07

与本品相关的市场独占权保护信息

关联产品号	独占权代码	失效日期	备注
001	ODE-165	2024/11/08	
	NCE	2022/11/08	
002	ODE-165	2024/11/08	
	NCE	2022/11/08	

药品注册申请号: 209940
申请类型: NDA(新药申请)
申请人: MERCK SHARP DOHME
申请人全名: MERCK SHARP AND DOHME CORP

产品信息

产品号	商品名	活性成分	剂型 / 给药途径	规格 / 剂量	参比药物(RLD)	生物等效参考标准(RS)	治疗等效代码
001	PREVYMIS	letermovir	液体 / 静脉注射	240mg/12mL (20mg/mL)	是	是	否
002	PREVYMIS	letermovir	液体 / 静脉注射	480mg/24mL (20mg/mL)	是	是	否

与本品相关的专利信息(来自 FDA 橙皮书 Orange Book)

关联产品号	专利号	专利过期日	是否物质专利	是否产品专利	专利用途代码	撤销请求	提交日期
001	7196086	2024/05/22	是	是			2017/12/07
	8513255	2024/05/22	是	是			2017/12/07
002	7196086	2024/05/22	是	是			2017/12/07
	8513255	2024/05/22	是	是			2017/12/07

与本品相关的市场独占权保护信息

关联产品号	独占权代码	失效日期	备注
001	ODE-165	2024/11/08	
	NCE	2022/11/08	
002	ODE-165	2024/11/08	
	NCE	2022/11/08	

合成路线 1

以下合成路线来源于 Merck and Co 公司 Humphrey 等人 2016 年发表的论文。目标化合物 **13** 以化合物 **1** 和化合物 **2** 为原料，经过 7 步合成反应而得。该合成路线中，值得注意的合成反应有：①化合物 **1** 分子中的溴原子在钯催化剂作用下，与化合物 **2** 分子中的烯键偶联，得到化合物 **3**。②化合物 **5** 分子中的脲基团在 PCl_5 作用下脱去一分子水，得到相应的碳亚胺化合物 **6**。③化合物 **7** 分子中的 NH 基团与化合物 **6** 分子中的碳亚胺发生加成反应，得到相应的化合物 **9**。④化合物 **9** 在不对称试剂 **9a** 的作用下，分子中的 NH 基团与分子中侧链上的烯基发生 Michael 加成反应，得到化合物 **10**。该反应是具有立体选择性的。化合物 **10** 为光学纯化合物。

1
CAS号 65896-11-9

2
CAS号 96-33-3

$(C_6H_{11})_2NMe$, $P(t\text{-}Bu)_3Pd\ G_2$
99%

4
CAS号 1885-14-9

3
CAS号 690664-20-1

4a
CAS号 349-65-5

Na_2HPO_4
4-DMAP
88%

5
CAS号 917389-26-5

$2\text{-}MeC_5H_4N$, PCl_5,
PhMe, KOH, H_2O
92%

6
CAS号 1791412-07-1

6

7
CAS号 6968-76-9

8
CAS号 69-72-7

Et_3N, H_2O
PhMe
90%

9
CAS号 1791412-05-9

9a
CAS号 1791412-20-8

K_3PO_4, H_2O,
PhMe K_3PO_4,
DMF
98%

10
CAS号 917389-29-8

10 + 11 → (AcOEt) → 12 → (Na_2HPO_4, S:*t*-BuOMe, NaOH, HCl, H_2O; 94%) → 13

11
CAS号 32634-68-7

12
CAS号 917389-30-1

13
letermovir
CAS号 917389-32-3

原始文献：Org Proc Res Dev, 2016, 20(6): 1097-1103.

合成路线 2

以下合成路线来源于中国科技大学 Pu - Sheng Wang 等人 2017 年发表的论文。目标化合物 **19** 以化合物 **1** 和化合物 **2** 为原料，经过 12 步合成反应而得。该合成路线中，值得注意的合成反应有：①化合物 **2** 分子中的烯丙基在钯试剂催化下，取代化合物 **1** 分子中的溴原子，得到化合物 **3**。②化合物 **5** 分子中的 NH 基团，与化合物 **6** 发生加成反应得到化合物 **7**。③化合物 **7** 分子中的 NH 基团在钯催化剂和化合物 **7a**、**7b** 及 **7c** 的作用下，与 C=C 双键边上的 CH_2 基团偶联，得到立体专一的化合物 **8**。④化合物 **9** 与 9-BBN 反应后经 H_2O_2 氧化，得到相应的醇化合物 **10**。⑤化合物 **10** 的 NH 基团在 CuI 催化下，与化合物 **11** 分子中的碘原子发生亲核取代反应，得到化合物 **12**。⑥化合物 **16** 与 $POCl_3$ 反应，脱去水分子，再与化合物 **17** 分子中的 NH 基团发生亲核取代反应，得到化合物 **18**。

1 + 2 → ($PdCl_2(PPh_3)_2$, DMF, KF, H_2O) → 3; 3 + 4 → ($NaBH_3CN$, $ZnCl_2$, MeOH) → 5

1
CAS号 65896-11-9

2
CAS号 24850-33-7

3
CAS号 1170692-57-5

4
CAS号 100-52-7

5
CAS号 1018853-56-9

5

CH_2Cl_2

6
CAS号 32324-19-9

7a
CAS号 2157435-18-0

7
CAS号 2157390-93-5

7b
CAS号 137-18-8

7c
CAS号 445-29-4

$Pd(dba)_2$
t-BuOMe
91%

8
CAS号 2157391-06-3

Mg, MeOH, HCl, H_2O
95%

9
CAS号 2157391-51-8

9

9-BBN, THF, NaOH, H_2O_2, H_2O, Na_2SO_3
92%

10
CAS号 157391-52-9

11
CAS号 195624-84-1

K_3PO_4, CuI, 二噁烷
71%

12
CAS号 2157391-53-0

$NaIO_4$, $RuCl_3$, H_2O, MeCN, AcOEt, MeOH

13
CAS号 2157391-54-1

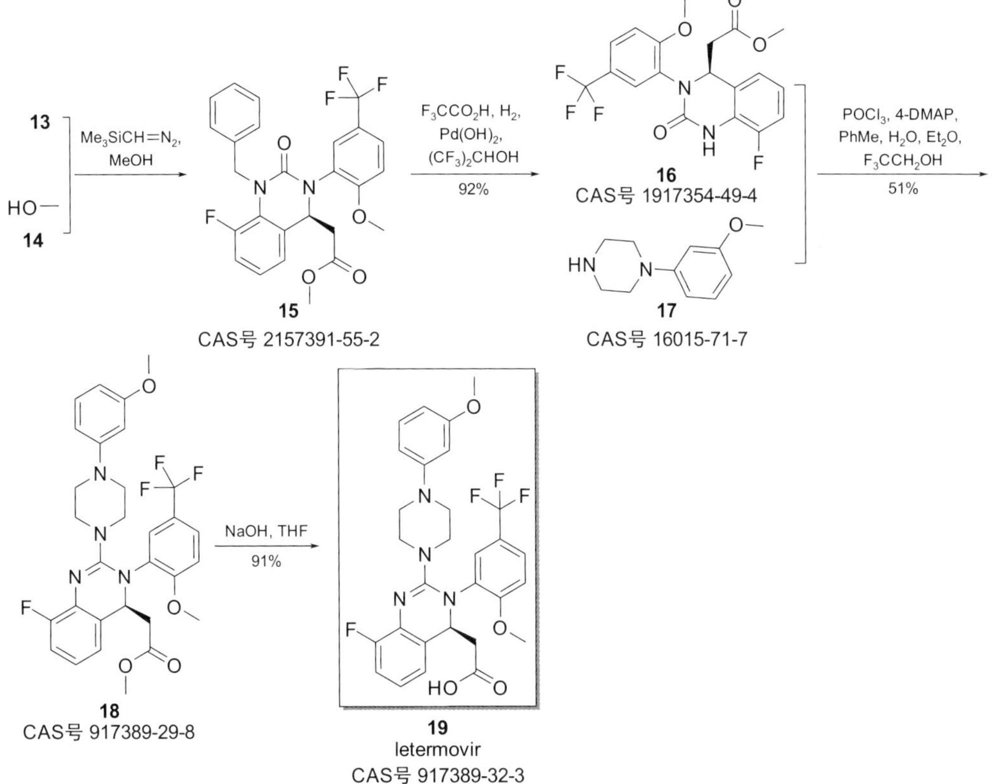

原始文献： Angew Chem Int Ed, 2017, 56(50): 16032-16036.

合成路线 3

以下合成路线来源于 Bayer Healthcare 公司 Goossen 等人 2006 年发表的专利说明书。目标化合物 **11** 以化合物 **1** 和化合物 **2** 为原料，经过 6 步合成反应而得。该合成路线中，值得注意的合成反应有：①化合物 **5** 在碱性条件下发生分子内 Michael 加成反应，得到外消旋混合物 **6**。②化合物 **7** 分子中的 NH 基团在碱性条件下，与化合物 **6** 分子中的氟原子发生亲核取代反应，得到化合物 **8**。③化合物 **8** 与化合物 **9** 结晶，可得到光学纯化合物 **10**。

1
CAS号 16588-75-3

2
CAS号 348-54-9

MeCN
86%

3
CAS号 917389-24-3

+

4
CAS号 96-33-3

$H_2SO_4 \cdot SO_3$,
$Pd(OAc)_2$, AcOH
72%

5
CAS号 917389-26-5

DBU, Me_2CO
89%

6
CAS号 917389-21-0

6 + 7 (CAS号 16015-71-7) —DBU, PhCl, POCl$_3$, H_2O, DBU, 二噁烷, PhCl→ 8 (CAS号 791117-40-3); 8 + 9 (CAS号 32634-68-7) —AcOEt, 61%→ 10 (CAS号 917389-30-1)

—$NaHCO_3$, H_2O, AcOEt, NaOH, 二噁烷, HCl, 85%→ 11 letermovir (CAS号 917389-32-3)

原始文献： WO 2006133822, 2006.

合成路线 4

以下合成路线来源于 AiCuris 公司 Paulus 等人 2013 年发表的专利说明书。目标化合物 **10** 以化合物 **1** 和化合物 **2** 为原料，经过 5 步合成反应而得。

1 (CAS号 16588-75-3) + 2 (CAS号 348-54-9) —MeCN, 86%→ 3 (CAS号 917389-24-3); 3 + 4 (CAS号 96-33-3) —H_2SO_4, Pd(OAc)$_2$, AcOH, 65%→ 5 (CAS号 1450883-22-3)

DBU, Me_2CO

84%

6
CAS号 917389-21-0

6
CAS号 917389-21-0

\+

7
CAS号 16015-71-7

\+

8
CAS号 32634-68-7

$POCl_3$, PhCl, DBU, PhCl, NH_4OH, H_2O, 中和, 二噁烷, AcOEt

93%

9
CAS号 917389-30-1

$NaHCO_3$, *t*-BuOMe, H_2O, NaOH, *t*-BuOMe

96%

10
letermovir
CAS号 917389-32-3

原始文献： WO 2013127970, 2013.

合成路线 5

以下合成路线来源于 Merck Sharp & Dohme Corp 公司 Luzung 等人 2015 年发表的专利说明书。目标化合物 **15** 以化合物 **1** 和化合物 **2** 为原料，经过 8 步合成反应而得。

1

2
CAS号 96-33-3

$(C_6H_{11})_2NMe$, $P(t\text{-}Bu)_3Pd\ G_2$

97%

3
CAS号 690664-20-1

4
CAS号 1885-14-9

Na_2HPO_4, H_2O

5
CAS号 1791412-01-5

\+

6
CAS号 349-65-5

4-DMAP
95%

7
CAS号 917389-26-5

7

2-MeC_5H_4N, PCl_5,
PhMe,
KOH, H_2O

8
CAS号 1791412-07-1

9
CAS号 6968-76-9

Na_2HPO_4,
H_2O, PhMe

10
CAS号 1791412-04-8

11
CAS号 69-72-7

PhMe

12
CAS号 1791412-05-9

12 +

13
CAS号 32634-68-7

K_3PO_4, H_2O, PhMe,
DMF, AcOEt
78%

14
CAS号 917389-30-1

H_2O, *t*-BuOMe, KOH,
MeOH, HCl, *t*-BuOMe
92%

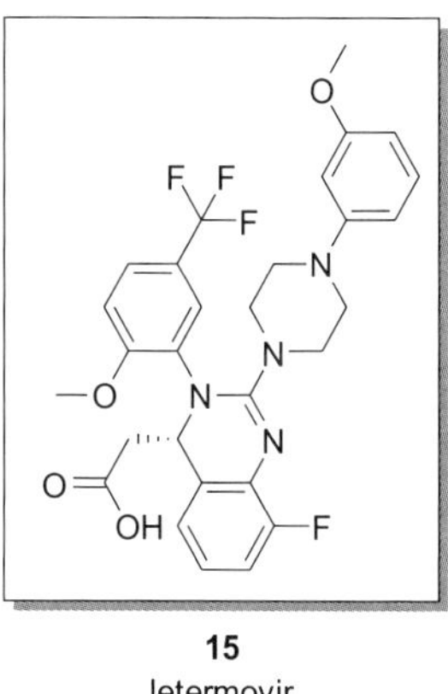

15
letermovir
CAS号 917389-32-3

原始文献： WO 2015088931, 2015.

合成路线 6

以下合成路线来源于 Auspex Pharmaceuticals 公司 Zhang Chengzhi 等人 2016 年发表的专利说明书。目标化合物 **11** 以化合物 **1**、化合物 **2** 和化合物 **3** 为原料，经过 6 步合成反应而得。

1 CAS号 32315-10-9 + **2** CAS号 65896-11-9 + **3** CAS号 349-65-5 $\xrightarrow{Et_3N,\ CH_2Cl_2}$ **4** CAS号 917389-23-2 + **5** CAS号 96-33-3

$\xrightarrow[MeCN]{Et_3N,\ (o\text{-}MeC_6H_4)_3P,\ PdCl_2(CH_3CN)_2}$ **6** CAS号 917389-21-0 $\xrightarrow{POCl_3,\ EtN(Pr\text{-}i)_2}$ **7**

7 CAS号 917389-18-5 + **8** CAS号 16015-71-7 $\xrightarrow{DBU,\ 二噁烷}$ **9** CAS号 791117-40-3 $\xrightarrow{NaOH,\ H_2O,\ 二噁烷}$ **10** CAS号 791116-51-3

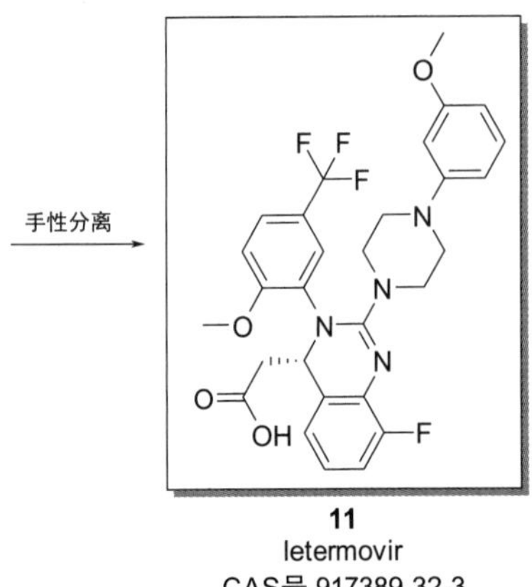

11
letermovir
CAS号 917389-32-3

原始文献： WO 2016109360, 2016.

参考文献

[1] Ljungman P, Schmitt M, Marty F M, et al. A mortality analysis of letermovir prophylaxis for cytomegalovirus (CMV) in CMV- seropositive recipients of allogeneic hematopoietic cell transplantation. Clin Infect Dis, 2020, 70(8):1525-1533.

[2] Jo H, Kwon D E, Han S H,et al. De Novo Genotypic heterogeneity in the UL56 region in cytomegalovirus-infected tissues: implications for primary letermovir resistance. J Infect Dis, 2020, 221(9):1480-1487.

lifitegrast（利福斯特）

药物基本信息

英文通用名	lifitegrast
英文别名	SAR-1118-023; SAR 1118-023; SAR1118-023; SAR-1118; SAR 1118; SAR1118
中文通用名	利福斯特
商品名	Xiidra
CAS登记号	1119276-80-0 (钠盐), 1025967-78-5 (游离碱)
FDA 批准日期	7/11/2016
FDA 批准的API	lifitegrast
化学名	(*S*)-2-(2-(benzofuran-6-carbonyl)-5,7-dichloro-1,2,3,4-tetrahydroisoquinoline-6-carboxamido)-3-(3-(methylsulfonyl)phenyl)propanoic acid
SMILES代码	O=C(O)[C@@H](NC(C1=C(Cl)C2=C(CN(C(C3=CC=C4C=COC4=C3)=O)CC2)C=C1Cl)=O)CC5=CC=CC(S(=O)(C)=O)=C5

化学结构和理论分析

化学结构	理论分析值
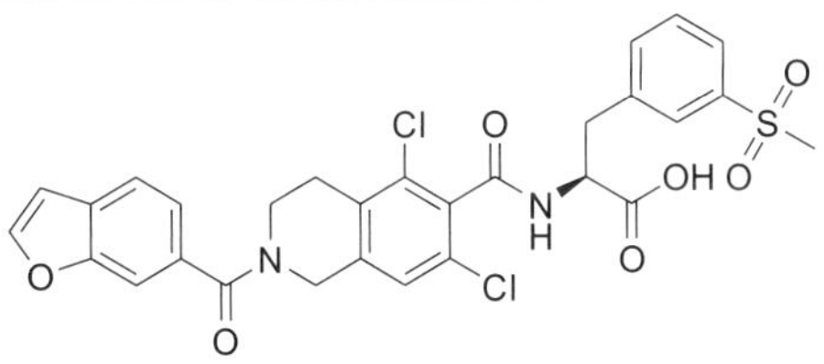	化学式：$C_{29}H_{24}Cl_2N_2O_7S$ 精确分子量：614.0681 分子量：615.48 元素分析：C, 56.59; H, 3.93; Cl, 11.52; N, 4.55; O, 18.20; S, 5.21

药品说明书参考网页

生产厂家产品说明书、美国药品网、美国处方药网页。

药物简介

Lifitegrast 是一种白色至类白色粉末，可溶于水。

XIIDRA（眼用溶液）含有 5% lifitegrast，是一种淋巴细胞功能相关的抗原 1（LFA-1）拮抗剂，以无菌、透明、无色至浅棕黄色等渗力的 lifitegrast 等渗溶液提供，pH 值为 7.0 ～ 8.0，且重量克分子渗透压浓度范围为 200 ～ 330mOsmol/kg。

XIIDRA 含有活性成分 lifitegrast 50mg/mL；惰性物质：氯化钠，无水磷酸氢二钠，五水硫代硫酸钠，氢氧化钠和 / 或盐酸（调节 pH 值）和注射用水。

XIIDRA 眼药水可用于治疗干眼症（DED）。

Lifitegrast 与整合素联蛋白淋巴细胞功能相关抗原 1（integrin lymphocyte function-associated antigen-1，LFA-1）结合，并阻断 LFA-1 及其相关配体细胞间黏附分子 1（intercellular adhesion molecule-1，ICAM-1）的相互作用。LFA-1 是在白细胞上发现的一种细胞表面蛋白。在眼干燥症中，ICAM-1 可能在角膜和结膜组织中过表达。LFA-1/ICAM-1 相互作用可促进免疫突触的形成，导致 T 细胞活化和迁移至靶组织。体外研究表明，lifitegrast 可能抑制人 T 细胞系中 T 细胞对 ICAM-1 的黏附，并可能抑制人外周血单核细胞中炎性细胞因子的分泌。Lifitegrast 在眼干燥症中的确切作用机制尚不清楚。

药品上市申报信息

该药物目前有 1 种产品上市。

药品注册申请号：208073
申请类型：NDA（新药申请）
申请人：NOVARTIS
申请人全名：NOVARTIS PHARMACEUTICALS CORP

产品信息

产品号	商品名	活性成分	剂型 / 给药途径	规格 / 剂量	参比药物 (RLD)	生物等效参考标准 (RS)	治疗等效代码
001	XIIDRA	lifitegrast	液体 / 滴眼剂	5%	是	是	否

与本品相关的专利信息（来自 FDA 橙皮书 Orange Book）

关联产品号	专利号	专利过期日	是否物质专利	是否产品专利	专利用途代码	撤销请求	提交日期
001	10124000	2024/11/05			U-1900		2018/12/06
	7314938	2025/03/10	是	是			2016/08/03
	7745460	2024/11/05	是	是	U-1880		2016/08/03
	7790743	2024/11/05			U-1880		2016/08/03
	7928122	2024/11/05	是	是			2016/08/03
	8084047	2026/05/17	是	是			2016/08/03
	8168655	2029/05/09			U-1880		2016/08/03
	8367701	2029/04/15		是	U-1880		2016/08/03
	8592450	2026/05/17			U-1880		2016/08/03
	8927574	2030/11/12		是			2016/08/03
	9085553	2033/07/25		是			2016/08/03
	9216174	2024/11/05		是			2016/08/03
	9353088	2030/10/21		是			2016/08/03
	9447077	2029/04/15			U-1900		2016/10/06
	9890141	2030/10/21	是				2018/03/05

与本品相关的市场独占权保护信息

关联产品号	独占权代码	失效日期	备注
001	NCE	2021/07/11	

合成路线 1

以下合成路线来源于 Sarcode 公司 Burnier 等人 2009 年的专利申请书。目标化合物 **33** 以化合物 **1** 和化合物 **2** 为原料，经过 20 步合成反应而得。该合成路线中值得注意的合成反应有：①化合物 **3** 分子中的羰基经硼氢化钠还原后变成相应的羟基化合物，再消除一分子水，得到化合物 **4**。②化合物 **15** 的硫原子在碱性条件下亲核取代化合物 **14** 分子中的溴原子，得到相应的甲基二氧化硫中间体化合物 **16**。③化合物 **22** 在 $AlCl_3$ 催化下，发生分子内环合反应得到化合物 **23**。④化合物 **25** 在强碱性条件下，与 CO_2 反应得到相应的羧基化合物 **27**。

1 CAS号 6272-26-0

2 CAS号 18162-48-6

Et_3N, Me_2CO 79%

3 CAS号 299912-77-9

$NaBH_4$, MeOH 100%

4 CAS号 13196-11-7

5 CAS号 37595-74-7

CH_2Cl_2, 72h, rt 69%

6 CAS号 227752-25-2

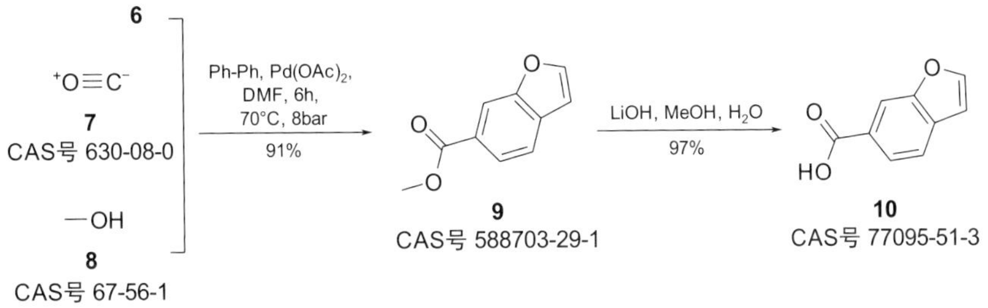

6

$^{+}O\equiv C^{-}$

7

CAS号 630-08-0

—OH

8

CAS号 67-56-1

Ph-Ph, Pd(OAc)$_2$, DMF, 6h, 70°C, 8bar

91%

9

CAS号 588703-29-1

LiOH, MeOH, H_2O

97%

10

CAS号 77095-51-3

Cl(O=)CC(=O)Cl, DMF, 5.5h, rt

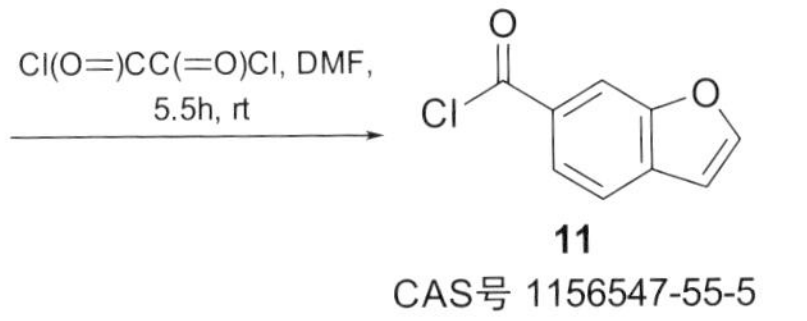

11

CAS号 1156547-55-5

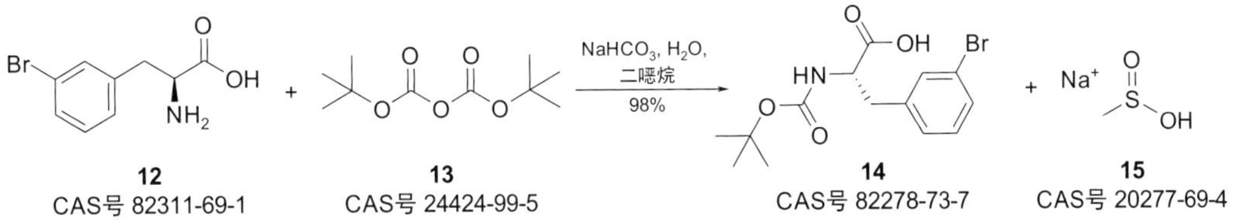

12

CAS号 82311-69-1

+

13

CAS号 24424-99-5

$NaHCO_3$, H_2O, 二噁烷

98%

14

CAS号 82278-73-7

+

15

CAS号 20277-69-4

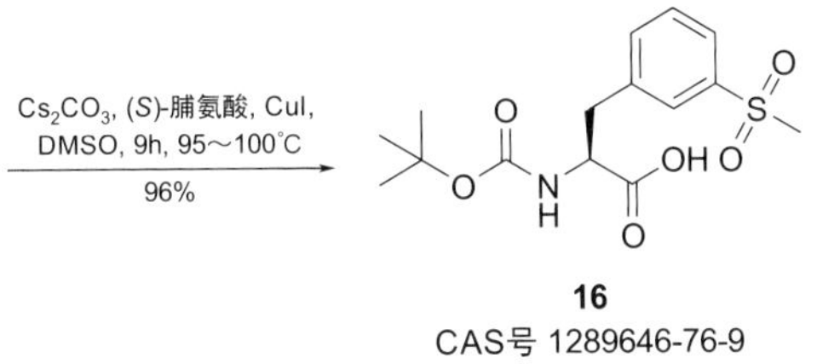

Cs_2CO_3, (*S*)-脯氨酸, CuI, DMSO, 9h, 95～100°C

96%

16

CAS号 1289646-76-9

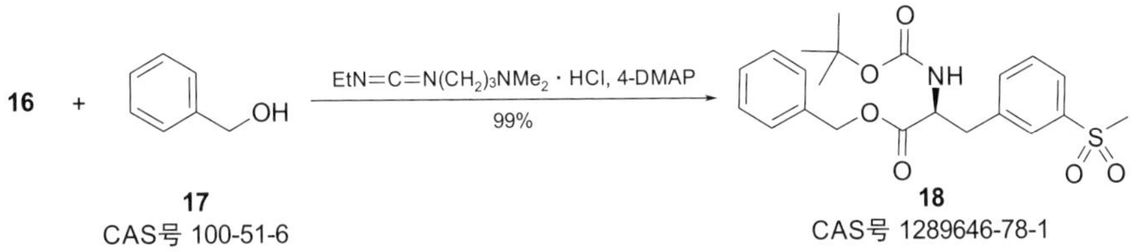

16 +

17

CAS号 100-51-6

EtN=C=N(CH$_2$)$_3$NMe$_2$ · HCl, 4-DMAP

99%

18

CAS号 1289646-78-1

HCl, CH_2Cl_2, 二噁烷, 0°C

94%

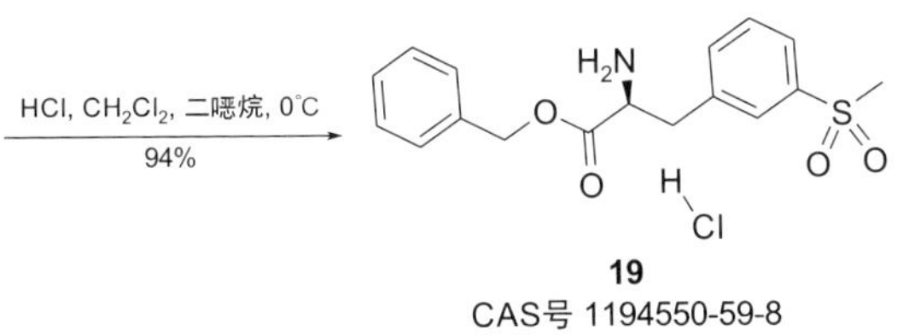

19

CAS号 1194550-59-8

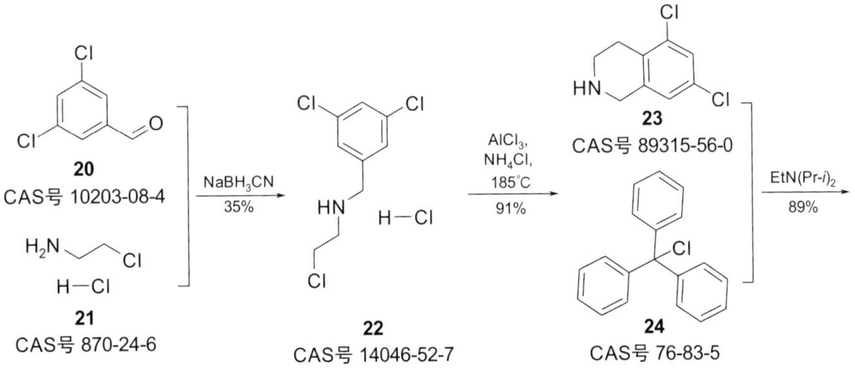

20

CAS号 10203-08-4

21

CAS号 870-24-6

$NaBH_3CN$

35%

22

CAS号 14046-52-7

$AlCl_3$, NH_4Cl, 185°C

91%

23

CAS号 89315-56-0

24

CAS号 76-83-5

EtN(Pr-*i*)$_2$

89%

25
CAS号 1289646-72-5

+

26
CAS号 124-38-9

TMEDA, BuLi
75%

27
CAS号 1194550-56-5

27 HCl, 二噁烷 97%

28
CAS号 1289646-93-0

+

13
CAS号 24424-99-5

$NaHCO_3$
95%

29
CAS号 851784-82-2

+

19
CAS号 1194550-59-8

CAS号 148893-10-1, Et_3N, DMF
100%

30
CAS号 1194550-61-2

30 HCl, 二噁烷 97%

31
CAS号 1194550-65-6

+

11
CAS号 1156547-55-5

$EtN(Pr\text{-}i)_2$, CH_2Cl_2
100%

32
CAS号 1194550-67-8

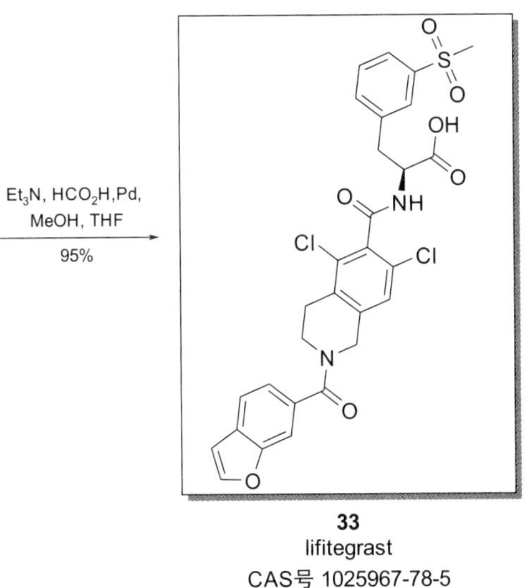

原始文献： WO 2009139817, 2009.

合成路线 2

以下合成路线来源于 Sarcode 公司 Zeller 等人 2014 年的专利申请书。目标化合物 **30** 以化合物 **1** 和化合物 **2** 为原料，经过 17 步合成反应而得。

HO
1
CAS号 6272-26-0

Cl—Si
2
CAS号 18162-48-6

Et_3N, Me_2CO
79%

3
CAS号 299912-77-9

$NaBH_4$, MeOH
100%

HO
4
CAS号 13196-11-7

5
CAS号 37595-74-7

$EtN(Pr\text{-}i)_2$,
CH_2Cl_2, MeOH

6
CAS号 227752-25-2

6 + —OH + $^{+}O{\equiv}C^{-}$

7
CAS号 67-56-1

8
CAS号 630-08-0

Et_3N, $Ph_2P(CH_2)_3PPh_2$,
$Pd(OAc)_2$, MeOH,
DMF, 6h, 70℃, 8bar
91%

9
CAS号 588703-29-1

LiOH, H_2O,
MeOH
97%

HO
10
CAS号 77095-51-3

11
CAS号 24424-99-5

12
CAS号 82311-69-1

$NaHCO_3$, H_2O, 二噁烷
98%

13
CAS号 82278-73-7

14
CAS号 20277-69-4

Cs_2CO_3, (*S*)-脯氨酸, CuI
96%

15
CAS号 1289646-76-9

15 + 16

$EtN{=}C{=}N(CH_2)_3NMe_2$
4-DMAP
99%

16
CAS号 100-51-6

HCl, 二噁烷, 0°C
94%

17
CAS号 1289646-78-1

18
CAS号 1194550-59-8

19
CAS号 14446-24-3

N-氯代琥珀酰亚胺, MeCN, rt
61%

20
CAS号 104-15-4

21
CAS号 1609545-55-2

NH_4Cl, MeOH, 过夜, rt
95%

22
CAS号 24424-99-5

23
CAS号 851784-76-4

23 + 24

C_5H_5N, CH_2Cl_2
90%

24
CAS号 358-23-6

25
CAS号 851784-78-6

8
CAS号 630-08-0

i-Pr_2NH, $Ph_2P(CH_2)_3PPh_2$, $Pd(OAc)_2$, MeOH, DMF
53%

26
CAS号 851784-82-2

26

Et$_3$N, HATU, DMF
100%

HCl, 二噁烷
97%

Cl(O=)CC(=O)Cl, DMF
EtN(Pr-i)$_2$, $SOCl_2$
100%

18
CAS号 1194550-59-8

27
CAS号 1194550-61-2

28
CAS号 1194550-65-6

10
CAS号 77095-51-3

Et$_3$N, HCO_2H, Pd, MeOH, THF
95%

29
CAS号 1194550-67-8

30
lifitegrast
CAS号 1025967-78-5

原始文献： WO 2014018748, 2014.

合成路线 3

以下合成路线来源于 Scinopharm 公司 Wu 等人 2019 年的专利申请书。目标化合物 **8** 以化合物 **1** 为原料，经过 4 步合成反应而得。

1
CAS号 77095-51-3

Cl(O=)CC(=O)Cl, DMF, THF

2
CAS号 1156547-55-5

3
CAS号 2260511-34-8

EtN(Pr-*i*)$_2$, PhMe
88%

4
CAS号 129597-34-6

EtN=C=N(CH$_2$)$_3$NMe$_2$ · HCl, THF
91%

5
CAS号 39968-33-7

6
CAS号 2260511-33-7

7
CAS号 1270093-99-6

EtN(Pr-*i*)$_2$, H_2O, MeCN
87%

8
lifitegrast
CAS号 1025967-78-5

原始文献： WO 2019004936, 2019.

合成路线 4

以下合成路线来源于 Interquim 公司 Rodriguez 等人 2019 年发表的专利申请书。目标化合物 **9** 以化合物 **1** 为原料，经过 5 步合成反应而得。

1
CAS号 77095-51-3

2
CAS号 530-62-1

DMSO, 1h, 60°C

3
CAS号 2271054-98-7

5
CAS号 4550-59-8

4
CAS号 851784-82-2

Et_3N, HATU
DMSO

6

HCl, H_2O, 二噁烷, 30min, rt

HCl 80%

6
CAS号 1194550-61-2

7
CAS号 1194550-65-6

8
CAS号 2271054-95-4

3
CAS号 2271054-98-7

DMSO, rt; 30min, rt

9
lifitegrast
CAS号 1025967-78-5

原始文献： WO 2019020580, 2019.

合成路线 5

以下合成路线来源于 MSN Laboratories 公司 Rajan 等人 2019 年发表的专利申请书。目标化合物 **9** 以化合物 **1** 和化合物 **2** 为原料，经 4 步合成反应而得。

1
CAS号 77095-51-3

2
CAS号 771-61-9

Cl(O=)CC(=O)Cl, DMF, THF

3
CAS号 2294008-96-9

4
CAS号 1290176-71-4

EtN(Pr-*i*)$_2$, MeCN

5
CAS号 2129597-34-6

5 + **6** CAS号 148893-10-1 → (Et_3N, MeCN, 5h, 25～30℃) **7** CAS号 2260511-33-7 + **8** CAS号 1270093-99-6 → (Et_3N, DMSO, 3h, 25～30℃)

9
lifitegrast
CAS号 1025967-78-5

原始文献： WO 2019043724, 2019.

参考文献

[1] Tauber J. A 6-week, prospective, randomized, single-masked study of lifitegrast ophthalmic solution 5% versus thermal pulsation procedure for treatment of inflammatory meibomian gland dysfunction. Cornea, 2020, 39(4):403-407.

[2] Tong A Y, Passi S F, Gupta P K. Clinical outcomes of lifitegrast 5% ophthalmic solution in the treatment of dry eye disease. Eye Contact Lens, 2020, 46 (1):1.

利福斯特核磁谱图

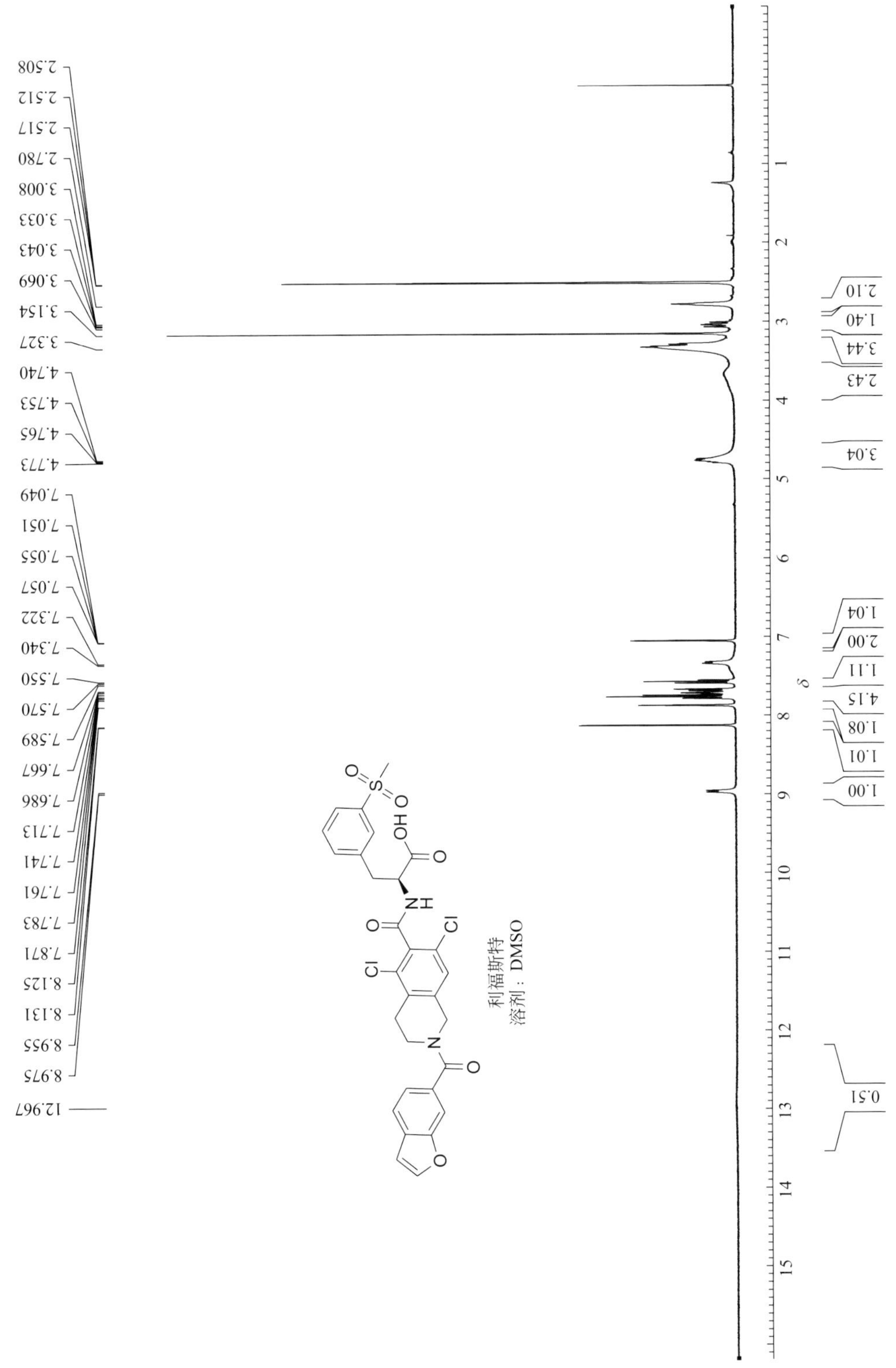
2.508
2.512
2.517
2.780
3.008
3.033
3.043
3.069
3.154
3.327
4.740
4.753
4.765
4.773
7.049
7.051
7.055
7.057
7.322
7.340
7.550
7.570
7.589
7.667
7.686
7.713
7.741
7.761
7.783
7.871
8.125
8.131
8.955
8.975
12.967
2.10
1.40
3.44
2.43
3.04
1.04
2.00
1.11
4.15
1.08
1.01
1.00
0.51
δ
利福斯特
溶剂：DMSO

lofexidine hydrochloride（盐酸洛非西定）

药物基本信息

英文通用名	lofexidine hydrochloride
英文别名	Lofexidine HCl; Loxacor hydrochloride; MDL 14,042; MDL-14,042; MDL14,042; RMI-14042A; RMI14042A; RMI 14042A; BA 168; Lofetensin hydrochloride
中文通用名	盐酸洛非西定
商品名	Lucemyra
CAS登记号	21498-08-8 (盐酸盐), 31036-80-3 (游离碱)
FDA 批准日期	5/16/2019
FDA 批准的API	lofexidine hydrochloride（盐酸洛非西定）
化学名	2-[1-(2,6-dichlorophenoxy)ethyl]-4,5-dihydro-1*H*-imidazole; hydrochloride
SMILES代码	CC(C1=NCCN1)OC2=C(Cl)C=CC=C2Cl.[H]Cl

化学结构和理论分析

化学结构	理论分析值
Cl, O, N, N H, H—Cl, Cl	化学式：$C_{11}H_{13}Cl_3N_2O$ 精确分子量：N/A 分子量：295.59 元素分析：C, 44.70; H, 4.43; Cl, 35.98; N, 9.48; O, 5.41

药品说明书参考网页

生产厂家产品说明书、美国药品网、美国处方药网页。

药物简介

LUCEMYRA 片剂的活性成分是 lofexidine hydrochloride，后者是一种中央 α-2 肾上腺素能激动剂。Lofexidine hydrochloride 外观呈白色至类白色结晶粉末状，可自由溶于水、甲醇和乙醇。微溶于氯仿，几乎不溶于正己烷和苯。

LUCEMYRA 呈圆形、凸形，桃红色，薄膜包衣片用于口服。每片含有 0.18mg lofexidine，相当于 0.2mg lofexidine hydrochloride 和以下非活性成分：92.6mg 乳糖，12.3mg 柠檬酸，1.1mg 聚维酮，5.7mg 微晶纤维素，1.4mg 硬脂酸钙，0.7mg 十二烷基硫酸钠和欧巴代 OY-S-9480（包含靛红色胭脂红和日落黄色）。

LUCEMYRA 用于缓解阿片类药物戒断症状，以促进成人突然停用阿片类药物。

Lofexidine 是一种中央 α-2 肾上腺素能激动剂，可与肾上腺素能神经元受体结合，进而减少去甲肾上腺素的释放，并降低了交感神经张力。

药品上市申报信息

该药物目前有 1 种产品上市。

药品注册申请号：209229
申请类型：NDA（新药申请）
申请人：US WORLDMEDS LLC
申请人全名：US WORLDMEDS LLC

产品信息

产品号	商品名	活性成分	剂型 / 给药途径	规格 / 剂量	参比药物 (RLD)	生物等效参考标准 (RS)	治疗等效代码
001	LUCEMYRA	lofexidine hydrochloride	片剂 / 口服	等量 0.18mg 游离碱	是	是	否

与本品相关的市场独占权保护信息

关联产品号	独占权代码	失效日期	备注
001	NCE	2023/05/16	

合成路线 1

以下合成路线来源于 University of Kentucky 药学院 Vartak 等人 2009 年发表的论文。目标化合物 **6** 以化合物 **1** 和化合物 **2** 为原料，经过 2 步合成反应而得。

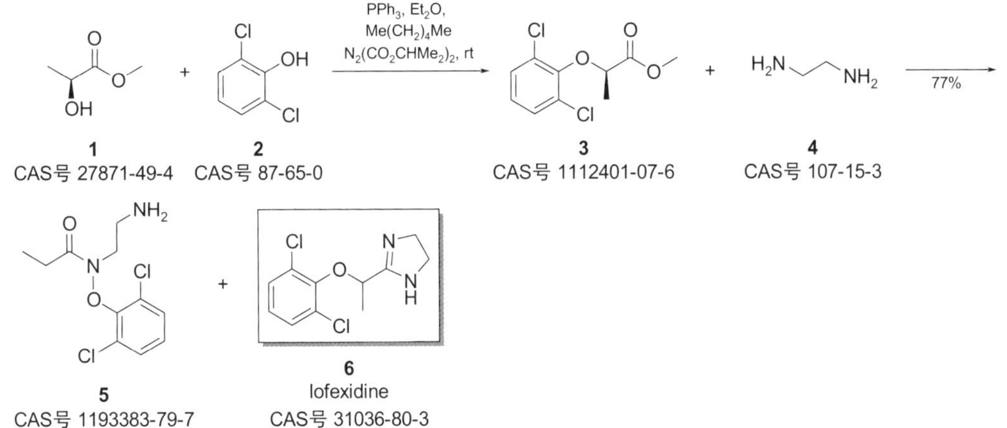

原始文献： Org Proc Res & Dev, 2009, 13(3): 415-419.

合成路线 2

以下合成路线来源于华西医科大学 Xu 等人 2001 年发表的论文。目标化合物 **5** 以化合物 **1** 和化合物 **2** 为原料，经过 2 步合成反应而得。

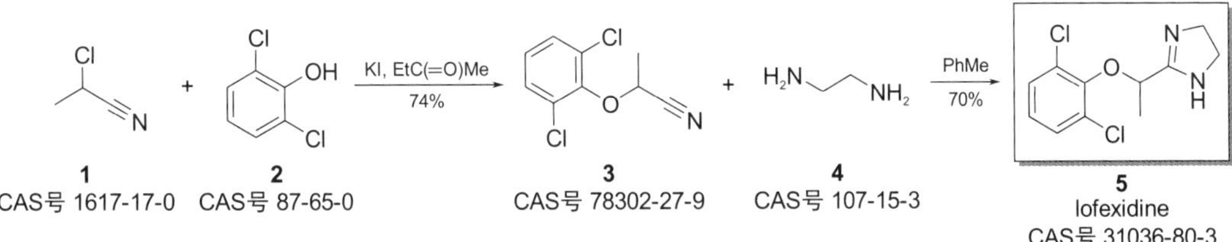

原始文献： Huaxi Yaoxue Zazhi, 2001, 16(5): 360-361.

合成路线 3

以下合成路线来源于 Nattermann 公司 Biedermann 等人 1983 年发表的专利申请书。目标化合物 **6** 以化合物 **1** 和化合物 **2** 为原料，经过 3 步合成反应而得。

1 CAS号 535-13-7 + **2** CAS号 87-65-0 → **3** CAS号 344559-34-8 + **4** CAS号 107-15-3 → **5** CAS号 344443-16-9 → **6** lofexidine CAS号 31036-80-3

原始文献： DE 3149009, 1983.

参考文献

[1] Alam D, Tirado C, Pirner M, et al. Efficacy of lofexidine for mitigating opioid withdrawal symptoms: results from two randomized, placebo-controlled trials. J Drug Assess, 2020, 9(1):13-19.

[2] Kuszmaul A K, Palmer E C, Frederick E K. Lofexidine versus clonidine for mitigation of opioid withdrawal symptoms: a systematic review. J Am Pharm Assoc (2003), 2020, 60(1):145-152.

lorlatinib（罗拉替尼）

药物基本信息

英文通用名	lorlatinib
英文别名	PF06463922; PF 06463922; PF-06463922; PF-6463922; PF6463922; PF 6463922
中文通用名	罗拉替尼
商品名	Lorbrena
CAS登记号	1924207-18-0（醋酸盐）, 2135926-03-1（马来酸盐）, 1454846-35-5（游离碱）, 2306217-64-9（水合物）
FDA 批准日期	11/2/2018
FDA 批准的API	lorlatinib（罗拉替尼）
化学名	(10*R*)-7-amino-12-fluoro-2,10,16-trimethyl-15-oxo-10,15,16,17-tetrahydro-2*H*-8,4-(metheno)pyrazolo[4,3-h][2,5,11]-benzoxadiazacyclotetradecine-3-carbonitrile
SMILES代码	N#CC1=C(C(CN2C)=NN1C)C3=CN=C(N)C(O[C@H](C)C4=CC(F)=CC=C4C2=O)=C3

化学结构和理论分析

化学结构	理论分析值
[chemical structure]	化学式：$C_{21}H_{19}FN_6O_2$ 精确分子量：406.1554 分子量：406.42 元素分析：C, 62.06; H, 4.71; F, 4.67; N, 20.68; O, 7.87

药品说明书参考网页

生产厂家产品说明书、美国药品网、美国处方药网页。

药物简介

LORBRENA 是一种口服有效的激酶抑制剂。其活性成分是 lorlatinib，是一种白色至类白色粉末，pK_a 为 4.92。Lorlatinib 在水性介质中的溶解度如下：在 pH=2.55 ～ 8.02 范围内从 32.38mg/mL 降低至 0.17mg/mL。pH ＝ 9 时，分配系数（辛醇 / 水）的对数为 2.45。

LORBRENA 目前有 2 种规格剂量的口服片剂，活性成分分别为 25mg 或 100mg lorlatinib，非活性成分如下：微晶纤维素，无水磷酸氢钙，羟乙酸淀粉钠和硬脂酸镁。薄膜包衣包含羟丙基甲基纤维素（HPMC）2910 / 羟丙甲纤维素，乳糖一水合物，聚乙二醇 / 聚乙二醇（PEG）3350，三乙酸甘油酯，二氧化钛，四氧化三铁 / 氧化铁黑和氧化铁红。

LORBRENA® 适用于疾病进展持续的间变性淋巴瘤激酶（ALK）阳性转移性非小细胞肺癌（NSCLC）患者的治疗。

LORBRENA® 适用于间变性淋巴瘤激酶（ALK）阳性转移性非小细胞肺癌（NSCLC）患者，而且这些患者接受过下列药物治疗，病情仍然进展：

① Crizotinib 和至少一种其他 ALK 抑制剂用于转移性疾病。
② Alectinib 作为首个用于转移性疾病的 ALK 抑制剂疗法。
③ Ceritinib 是首个用于转移性疾病的 ALK 抑制剂疗法。

Lorlatinib 是一种激酶抑制剂，对 ALK 和 ROS1 以及 TYK1、FER、FPS、TRKA、TRKB、TRKC、FAK、FAK2 和 ACK 具有体外活性。Lorlatinib 对多种突变形式的 ALK 酶显示出体外活性，包括在疾病进展时使用克唑替尼和其他 ALK 抑制剂在肿瘤中检测到的某些突变。

在皮下植入了带有 ALK 变体 1 或 ALK 突变的 E mL4 融合肿瘤的小鼠模型上，包括在疾病进展期间使用了 ALK 抑制剂，同时检测到的 G1202R 和 I1171T 突变的患癌小鼠模式上，lorlatinib 显示出抗肿瘤活性。Lorlatinib 还显示出在颅内植入 E mL4-ALK 驱动的肿瘤细胞系的小鼠中的抗肿瘤活性和延长的生存期。Lorlatinib 在体内模型中的总体抗肿瘤活性是剂量依赖性的，并且与 ALK 磷酸化的抑制作用有关。

药品上市申报信息

该药物目前有 2 种产品上市。

药品注册申请号：210868
申请类型：NDA（新药申请）
申请人：PFIZER INC
申请人全名：PFIZER INC

产品信息

产品号	商品名	活性成分	剂型 / 给药途径	规格 / 剂量	参比药物 (RLD)	生物等效参考标准 (RS)	治疗等效代码
001	LORBRENA	lorlatinib	片剂 / 口服	25mg	是	否	否
002	LORBRENA	lorlatinib	片剂 / 口服	100mg	是	是	否

与本品相关的专利信息（来自 FDA 橙皮书 Orange Book）

关联产品号	专利号	专利过期日	是否物质专利	是否产品专利	专利用途代码	撤销请求	提交日期
001	10420749	2036/07/27	是	是	U-2633		2019/10/23
	8680111	2033/03/05	是	是			2018/11/29
002	10420749	2036/07/27	是	是	U-2633		2019/10/23
	8680111	2033/03/05	是	是			2018/11/29

与本品相关的市场独占权保护信息

关联产品号	独占权代码	失效日期	备注
001	NCE	2023/11/02	
	ODE-218	2025/11/02	
	ODE-217	2025/11/02	
	ODE-219	2025/11/02	
002	NCE	2023/11/02	
	ODE-218	2025/11/02	
	ODE-219	2025/11/02	
	ODE-217	2025/11/02	

合成路线 1

以下合成路线来源于 Pfizer Worldwide Research and Development 公司 Johnson 等人 2014 年发表的论文。目标化合物 **17** 以化合物 **1** 为原料，经过 10 步合成而得。该合成路线中，值得注意的合成反应有：①化合物 **1** 分子中的酰胺基团在三氟乙酸酐作用下，转化为相应的氰基化合物 **2**。②化合物 **2** 分子中的溴原子在钯催化剂作用下被还原，得到相应的化合物 **3**。③化合物 **5** 分子中的羰基在不对称催化剂作用下，被还原成立体专一的醇化合物 **6**。④化合物 **9** 分子中的羟基在碱性条件下，亲核取代化合物 **8** 分子中的甲磺酸酯，得到相应的化合物 **10**。⑤化合物 **10** 分子中的碘原子在钯催化剂作用下，被 CO 取代，然后中间体分子中的 CO 基团再与化合物 **4** 分子中的 NH 基团发生加成反应，得到相应的酰胺化合物 **12**。⑥化合物 **15** 在钯催化剂作用下，分子中吡唑环上 CH 位置与分子的溴原子发生取代反应，同时发生分子内环合反应，得到相应的大环化合物，脱去氨基保护基后，得到目标化合物 **17**。

Et_3N, O[C(=O)CF_3]$_2$, CH_2Cl_2, 71%

K$_2$CO$_3$, PPh$_3$, Pd(OAc)$_2$, BuOH, 回流, 88%

1 CAS号 1454848-23-7

2 CAS号 1454848-24-8

HCl, 二噁烷, CH_2Cl_2, rt, 96%

3 CAS号 1454848-70-4

4 CAS号 1454852-76-6

(−)-DIP-Cl, S:THF, rt, NH(CH_2CH_2OH)$_2$, EtOH, THF, *t*-BuOMe, 回流, 80%

Et$_3$N, *t*-BuOMe, rt, 80%

5 CAS号 914225-70-0

6 CAS号 1454847-96-1

7 CAS号 124-63-0

8 CAS号 1454847-97-2

9 CAS号 16867-03-1

Cs$_2$CO$_3$, 2-MeTHF, Me$_2$CO, rt, 2-甲基四氢呋喃 → **10**

11 CAS号 53199-31-8, EtN(Pr-*i*)$_2$, CO, PhMe, 95%

10 CAS号 1454847-98-3

4 CAS号 1454852-76-6

12 CAS号 1612891-02-7

N-溴代琥珀酰亚胺, THF, 86%

13 CAS号 1612891-03-8

13 + **14** → 100%

14 CAS号 108-24-7

15 CAS号 1612891-04-9

16 CAS号 321921-71-5

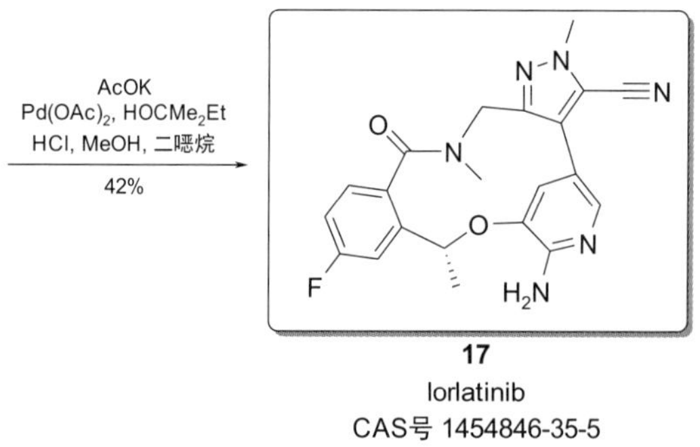

17
lorlatinib
CAS号 1454846-35-5

原始文献： J Med Chem, 2014, 57(11):4720-4744.

合成路线 2

以下合成路线来源于 Pfizer 公司 Elleraas 等人 2016 年发表的论文。目标化合物 **14** 以化合物 **1** 为原料，经过 10 步合成而得。该合成路线中，值得注意的合成反应有：①化合物 **1** 与 NBS 的溴代反应发生在吡啶环的3位，得到相应的化合物 **2**。②化合物 **4** 分子中的酰胺基在 $POCl_3$ 的作用下，转化为相应的氰基化合物 **5**。③化合物 **10** 分子中的溴原子与化合物 **2** 分子中的溴原子在钯催化剂作用下离去后发生交叉偶联反应，得到相应的偶联化合物 **11**。④化合物 **13** 分子中的 NHMe 基团与分子中的羧基发生分子内反应，得到相应的酰胺大环化合物 **14**。

NBS, MeCN, 73%

1 CAS号 1454847-99-4 → **2** CAS号 1454848-00-0

NH_3, H_2O, 78%; $POCl_3$, MeCN, rt / H_2O, rt, 84%

3 CAS号 660408-08-2 → **4** CAS号 1005641-22-4 → **5**

NBS, AIBN, 98-08-8, 43%; MeOH, 92%; CH_2Cl_2, 100%

5 CAS号 1454852-95-9 → **6** CAS号 1454848-82-8 + **7** CAS号 74-89-5 → **8** CAS号 1454848-54-4 + **9** CAS号 24424-99-5 → **10** CAS号 1454848-24-8

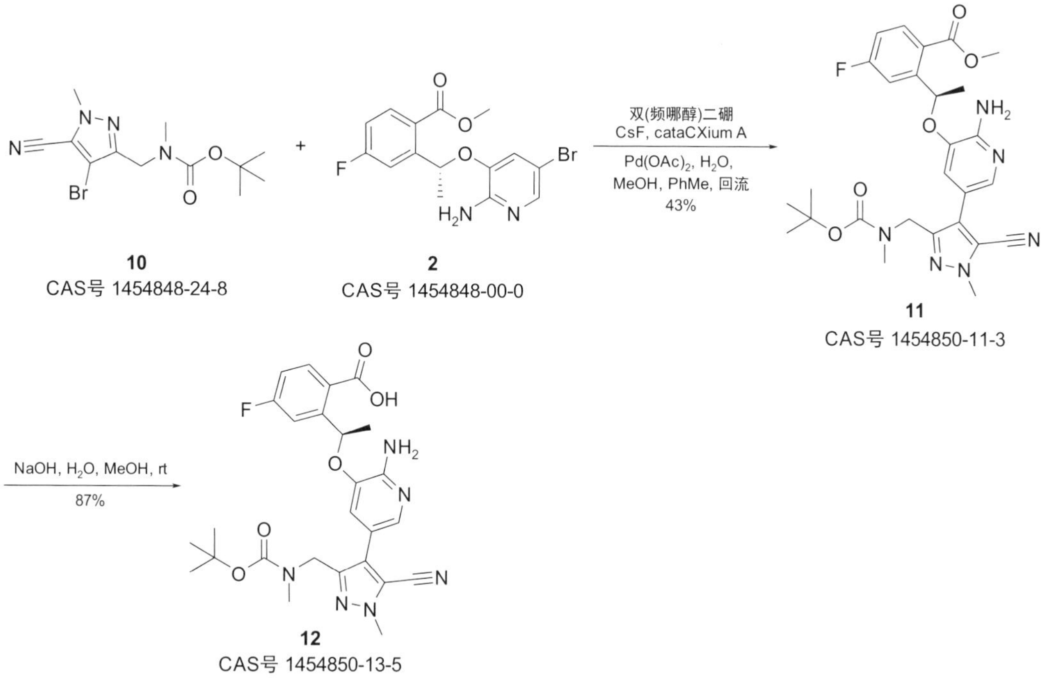

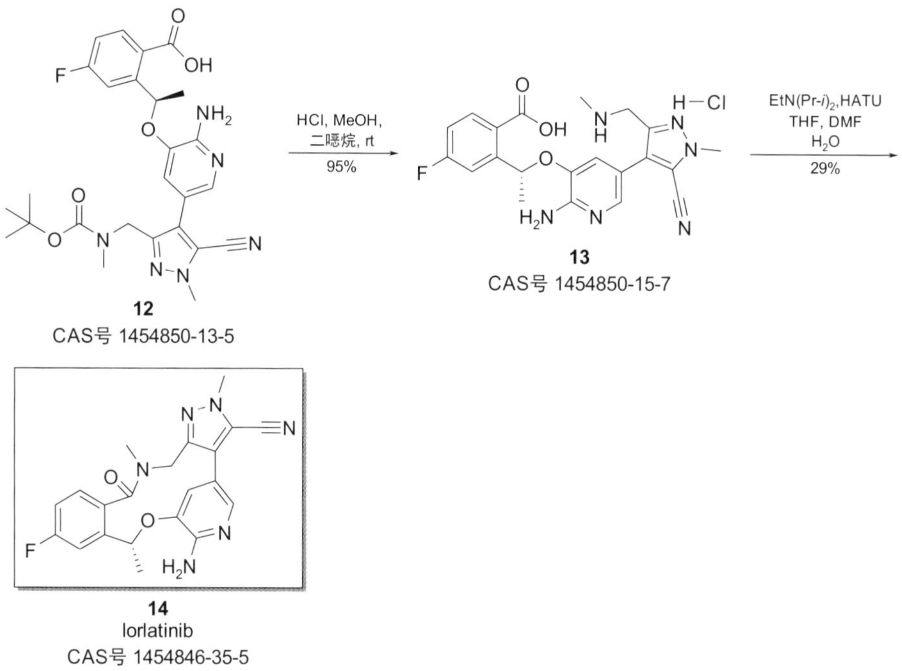

10
CAS号 1454848-24-8

2
CAS号 1454848-00-0

双(频哪醇)二硼
CsF, cataCXium A
Pd(OAc)$_2$, H_2O,
MeOH, PhMe, 回流
43%

11
CAS号 1454850-11-3

NaOH, H_2O, MeOH, rt
87%

12
CAS号 1454850-13-5

12
CAS号 1454850-13-5

HCl, MeOH,
二噁烷, rt
95%

13
CAS号 1454850-15-7

EtN(Pr-*i*)$_2$,HATU
THF, DMF
H_2O
29%

14
lorlatinib
CAS号 1454846-35-5

原始文献： Angew Chem Int Ed Engl, 2016 (11):3590-3595.

合成路线 3

以下合成路线来源于 Pfizer 公司 Li 等人 2018 年发表的论文。目标化合物 **6** 以化合物 **1** 和化合物 **2** 为原料，经过 4 步合成而得。

1
CAS号 1454848-24-8

2
CAS号 1454851-42-3

PhMe
CsF, Pd(dppf)Cl_2
H_2O, CH_2Cl_2, PhMe

3
CAS号 2241561-30-6

HCl,
乙酸异丙酯

4
CAS号 2241561-31-7

4
CAS号 2241561-31-7

Me_3SiOK,
Al_2O_3, MeCN

5
CAS号 2241561-32-8

HCl, CPME, DMF, rt
EtN(Pr-*i*)$_2$, rt
HATU
DMF, AcOEt, rt
Na_2CO_3, H_2O
56%

6
lorlatinib
CAS号 1454846-35-5

原始文献： Org Proc Res & Dev, 2018, 22(9):1289-1293.

合成路线 4

以下合成路线来源于沈阳药科大学 Sha 等人 2019 年发表的专利申请书。目标化合物 **12** 以化合物 **1** 和化合物 **2** 为原料，经过 7 步合成而得。

1
CAS号 1454852-76-6

2
CAS号 2231233-89-7

$AlCl_3$, $ClCH_2CH_2Cl$
H_2O
79%

3
CAS号 2306101-58-4

+

4
CAS号 124-63-0

Et_3N,
t-BuOMe, rt
66%

5

5
CAS号 2306101-65-3

6
CAS号 1207175-73-2

K_2CO_3, DMF
H_2O
40%

7
CAS号 2306101-61-9

8
CAS号 321921-71-5

AcOK,
$Pd(OAc)_2$, $HOCMe_2Et$
58%

9

9
CAS号 2306101-61-9

AcOK, cataCXium® A
$Pd(OAc)_2$, $HOCMe_2Et$
58%

10
CAS号 2306101-63-1

HCl, rt
95%

11
CAS号 1454847-75-6

MeOH
手性分离

12
lorlatinib
CAS号 1454846-35-5

原始文献： CN 109232607, 2019.

参考文献

[1] Choo J R, Soo R A. Lorlatinib for the treatment of ALK-positive metastatic non-small cell lung cancer. Expert Rev Anticancer Ther, 2020, 20(4):233-240.

[2] Zhou Y, Jiang W, Zeng L, et al. A novel ROS1 G2032 K missense mutation mediates lorlatinib resistance in a patient with ROS1-rearranged lung adenocarcinoma but responds to nab-paclitaxel plus pembrolizumab. Lung Cancer, 2020, 143:55-59.

罗拉替尼核磁谱图

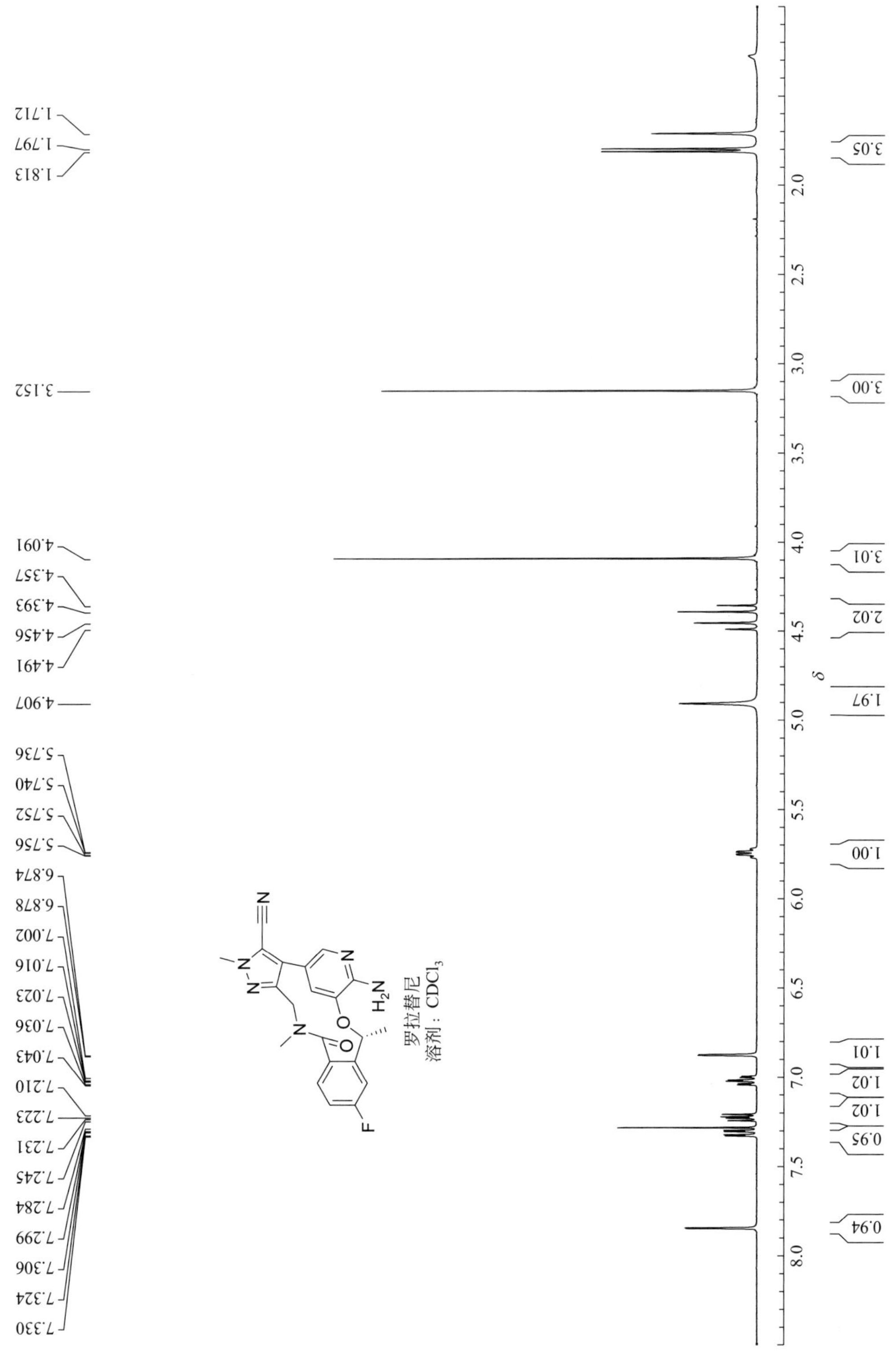
罗拉替尼
溶剂：CDCl3
δ
1.712
1.797
1.813
3.152
4.091
4.357
4.393
4.456
4.491
4.907
5.736
5.740
5.752
5.756
6.874
6.878
7.002
7.016
7.023
7.036
7.043
7.210
7.223
7.231
7.245
7.284
7.299
7.306
7.324
7.330
3.05
3.00
3.01
2.02
1.97
1.00
1.01
1.02
1.02
0.95
0.94
2.0
2.5
3.0
3.5
4.0
4.5
5.0
5.5
6.0
6.5
7.0
7.5
8.0

lumacaftor（鲁马卡托）

药物基本信息

英文通用名	lumacaftor
英文别名	VX-809; VX809; VX 809; VRT-826809; VRT 826809; VRT826809
中文通用名	鲁马卡托
商品名	Orkambi
CAS登记号	936727-05-8
FDA 批准日期	7/2/2015
FDA 批准的API	lumacaftor
化学名	3-(6-(1-(2,2-difluorobenzo[d][1,3]dioxol-5-yl)cyclopropanecarboxamido)-3-methylpyridin-2-yl)benzoic acid
SMILES代码	CC1=CC=C(NC(C2(CC2)C(C=C3O4)=CC=C3OC4(F)F)=O)N=C1C5=CC(C(O)=O)=CC=C5

化学结构和理论分析

化学结构	理论分析值
	化学式：$C_{24}H_{18}F_2N_2O_5$ 精确分子量：452.1184 分子量：452.41 元素分析：C, 63.72; H, 4.01; F, 8.40; N, 6.19; O, 17.68

药品说明书参考网页

生产厂家产品说明书、美国药品网、美国处方药网页。

药物简介

ORKAMBI® 的活性成分是 lumacaftor 和 ivacaftor，目前有口服片剂和口服颗粒剂。

Lumacaftor 是一种白色至类白色粉末，几乎不溶于水（0.02mg/mL）。Ivacaftor 是白色至类白色粉末，几乎不溶于水（< 0.05μg/mL）。

ORKAMBI（200mg/125mg）片剂外观为粉红色，呈椭圆形，是一种薄膜包衣口服片剂，每片 ORKAMBI 片剂均含有 200mg 的 lumacaftor 和 125mg 的 ivacaftor，以及以下非活性成分：纤维素微晶，交联羧甲基纤维素钠，醋酸羟丙甲纤维素琥珀酸酯，硬脂酸镁，聚维酮和十二烷基硫酸钠。片剂薄膜衣包含胭脂红、FD & C 蓝色 1 号、FD & C 蓝色 2 号、聚乙二醇、聚乙烯醇、滑石粉和二氧化钛。印刷油墨包含氢氧化铵、氧化铁黑、丙二醇和紫胶。

ORKAMBI（100mg/125mg）片剂外观也是粉红色，呈椭圆形，是一种薄膜包衣的片剂，每个

ORKAMBI 片剂均含有 100mg 的 lumacaftor 和 125mg 的 ivacaftor，以及以下非活性成分：纤维素微晶，交联羧甲基纤维素钠，醋酸羟丙甲纤维素琥珀酸酯，硬脂酸镁，聚维酮和十二烷基硫酸钠。片剂薄膜衣包含胭脂红、FD & C 蓝色 1 号、FD & C 蓝色 2 号、聚乙二醇、聚乙烯醇、滑石粉和二氧化钛。印刷油墨包含氢氧化铵、氧化铁黑、丙二醇和紫胶。

ORKAMBI 颗粒剂也是一种口服药。ORKAMBI 颗粒剂目前有 2 种剂量规格，分别为 lumacaftor 100mg/ivacaftor 125mg 和 lumacaftor 150mg/ivacaftor 188mg。非活性成分如下：纤维素微晶，交联羧甲基纤维素钠，醋酸羟丙甲纤维素琥珀酸酯，聚维酮月桂基硫酸钠。

ORKAMBI 可用于治疗 CFTR 基因的 F508del 突变的 2 岁及以上的患者的囊性纤维化（CF）。如果患者的基因型未知，则应使用 FDA 批准的 CF 突变测试来检测 CFTR 基因的两个等位基因上是否存在 F508del 突变。

CFTR 蛋白是存在于多个器官的上皮细胞表面的氯离子通道。F508del 突变导致蛋白质错误折叠，从而导致细胞加工和运输缺陷，使蛋白质靶向降解，因此减少了细胞表面 CFTR 的数量。与野生型 CFTR 蛋白相比，到达细胞表面的少量 F508del-CFTR 不稳定，通道开放可能性低（有缺陷的门控活性）。

Lumacaftor 可改善 F508del-CFTR 的构象稳定性，从而增加成熟蛋白向细胞表面的加工和运输。

Ivacaftor 是一种 CFTR 增强剂，可通过增强 CFTR 蛋白在细胞表面的通道开放可能性（或门控）来促进氯离子的转运。体外研究表明，lumacaftor 和 ivacaftor 均可直接作用于人支气管上皮培养物和其他带有 F508del-CFTR 突变的细胞系中的 CFTR 蛋白，从而增加 F508del-CFTR 在细胞表面的数量、稳定性和功能，导致氯离子转运增加。

药品上市申报信息

该药物目前有 4 种产品上市。

药品注册申请号：206038
申请类型：NDA（新药申请）
申请人：VERTEX PHARMS INC
申请人全名：VERTEX PHARMACEUTICALS INC

产品信息

产品号	商品名	活性成分	剂型 / 给药途径	规格 / 剂量	参比药物 (RLD)	生物等效参考标准 (RS)	治疗等效代码
001	ORKAMBI	ivacaftor; lumacaftor	片剂 / 口服	125mg; 200mg	是	是	否
002	ORKAMBI	ivacaftor; lumacaftor	片剂 / 口服	125mg; 100mg	是	否	否

与本品相关的专利信息（来自 FDA 橙皮书 Orange Book）

关联产品号	专利号	专利过期日	是否物质专利	是否产品专利	专利用途代码	撤销请求	提交日期
001	10076513	2028/12/04		是	U-2411		2018/10/18
	7495103	2027/05/20	是	是			2015/07/22
	7973038	2026/11/08			U-1973		2016/10/21

续表

关联产品号	专利号	专利过期日	是否物质专利	是否产品专利	专利用途代码	撤销请求	提交日期
001	8324242	2027/08/05			U-1311 U-1911		2015/07/22
	8410274	2026/12/28		是			2015/07/22
	8507534	2030/09/20	是	是			2015/07/22
	8653103	2028/12/04		是			2015/07/22
	8716338	2030/09/20		是	U-1718 U-1910		2015/07/22
	8741933	2026/11/08			U-1909 U-1717		2015/07/22
	8754224	2026/12/28	是	是			2015/07/22
	8846718	2028/12/04			U-1717 U-1908		2015/07/22
	8993600	2030/12/11		是			2015/07/22
	9150552	2028/12/04			U-1908		2016/10/21
	9192606	2029/09/29		是	U-1912		2016/10/21
	9216969	2026/11/08	是	是			2016/03/15
	9670163	2026/12/28		是	U-1911		2017/07/05
	9931334	2026/12/28		是	U-2276		2018/05/02
002	7495103	2027/05/20	是	是			2016/10/21
	7973038	2026/11/08			U-1973		2016/10/21
	8324242	2027/08/05			U-1911		2016/10/21
	8410274	2026/12/28		是			2016/10/21
	8507534	2030/09/20	是	是			2016/10/21
	8653103	2028/12/04		是			2016/10/21
	8716338	2030/09/20		是	U-1910		2016/10/21
	8741933	2026/11/08			U-1909		2016/10/21
	8754224	2026/12/28	是	是			2016/10/21
	8846718	2028/12/04			U-1908		2016/10/21
	8993600	2030/12/11		是			2016/10/21
	9150552	2028/12/04			U-1908		2016/10/21
	9192606	2029/09/29		是	U-1912		2016/10/21
	9216969	2026/11/08		是			2016/10/21
	9670163	2026/12/28		是	U-1911		2017/07/05
	9931334	2026/12/28		是	U-2276		2018/05/02

与本品相关的市场独占权保护信息

关联产品号	独占权代码	失效日期	备注
001	ODE-93	2022/07/02	
	NCE	2020/07/02	
	ODE-123	2023/09/28	
	M-218	2021/01/25	
002	NPP	2019/09/28	
	ODE-93	2022/07/02	
	NCE	2020/07/02	
	ODE-123	2023/09/28	
	M-218	2021/01/25	

药品注册申请号：211358
申请类型：NDA（新药申请）
申请人：VERTEX PHARMS INC
申请人全名：VERTEX PHARMACEUTICALS INC

产品信息

产品号	商品名	活性成分	剂型 / 给药途径	规格 / 剂量	参比药物 (RLD)	生物等效参考标准 (RS)	治疗等效代码
001	ORKAMBI	ivacaftor; lumacaftor	颗粒 / 口服	125mg/ 包; 100mg/ 包	是	否	否
002	ORKAMBI	ivacaftor; lumacaftor	颗粒 / 口服	188mg/ 包; 150mg/ 包	是	是	否

与本品相关的专利信息（来自 FDA 橙皮书 Orange Book）

关联产品号	专利号	专利过期日	是否物质专利	是否产品专利	专利用途代码	撤销请求	提交日期
001	7495103	2027/05/20	是	是			2018/09/06
	7973038	2026/11/08			U-2374		2018/09/06
	8324242	2027/08/05			U-2374		2018/09/06
	8410274	2026/12/28		是			2018/09/06
	8507534	2030/09/20	是	是			2018/09/06
	8653103	2028/12/04		是			2018/09/06
	8716338	2030/09/20		是	U-2396		2018/09/06
	8741933	2026/11/08			U-2374		2018/09/06
	8754224	2026/12/28	是	是			2018/09/06
	8846718	2028/12/04			U-2375		2018/09/06

续表

关联产品号	专利号	专利过期日	是否物质专利	是否产品专利	专利用途代码	撤销请求	提交日期
001	8993600	2030/12/11		是			2018/09/06
	9150552	2028/12/04			U-2375		2018/09/06
	9192606	2029/09/29		是	U-2397		2018/09/06
	9216969	2026/11/08		是			2018/09/06
	9670163	2026/12/28		是	U-2376		2018/09/06
	9931334	2026/12/28		是	U-2376		2018/09/06
002	7495103	2027/05/20	是	是			2018/09/06
	7973038	2026/11/08			U-2374		2018/09/06
	8324242	2027/08/05			U-2374		2018/09/06
	8410274	2026/12/28		是			2018/09/06
	8507534	2030/09/20	是	是			2018/09/06
	8653103	2028/12/04		是			2018/09/06
	8716338	2030/09/20		是	U-2396		2018/09/06
	8741933	2026/11/08			U-2374		2018/09/06
	8754224	2026/12/28	是	是			2018/09/06
	8846718	2028/12/04			U-2375		2018/09/06
	8993600	2030/12/11		是			2018/09/06
	9150552	2028/12/04			U-2375		2018/09/06
	9192606	2029/09/29		是	U-2397		2018/09/06
	9216969	2026/11/08		是			2018/09/06
	9670163	2026/12/28		是	U-2376		2018/09/06
	9931334	2026/12/28		是	U-2376		2018/09/06

与本品相关的市场独占权保护信息

关联产品号	独占权代码	失效日期	备注
001	NP	2021/08/07	
	NCE	2020/07/02	
	ODE-195	2025/08/07	
002	NP	2021/08/07	
	NCE	2020/07/02	
	ODE-195	2025/08/07	

合成路线 1

以下合成路线来源于 Vertex Pharmaceuticals 公司 Ruah 等人 2007 年发表的专利申请书。目标化合物 **12** 以化合物 **1** 和化合物 **2** 为原料，经过 6 步合成而得。该合成路线中值得注意的合成反应有：①化合物 **2** 分子中的溴原子在钯催化剂作用下，被化合物 **1**（CO）取代，再被 $LiAlH_4$ 还原得到相应的羟基化合物 **3**。②化合物 **6** 与化合物 **7** 在碱性条件下，得到相应的环丙烷化合物，分子中的氰基水解后得到相应的化合物 **8**。③化合物 **10** 与化合物 **11** 发生 Suzuki 偶联反应，得到目标化合物 **12**。

$^{+}O\equiv C^{-}$
1
CAS号 630-08-0

2
CAS号 33070-32-5

1. Et_3N, $Pd(PPh_3)_4$, MeOH, MeCN
2. $LiAlH_4$, THF

3
CAS号 72768-97-9

$SOCl_2$, CH_2Cl_2

4
CAS号 476473-97-9

$N\equiv C-Na$
5
CAS号 143-33-9

DMSO, 过夜, rt

6
CAS号 68119-31-3

6

7
CAS号 107-04-0

NaOH, TEBAC, H_2O

8
CAS号 862574-88-7

9
CAS号 442129-37-5

$SOCl_2$, DMF

10
CAS号 936727-68-3

11
CAS号 269409-73-6

K_2CO_3, $PdCl_2(PPh_3)_2$, DMF

12
lumacaftor
CAS号 936727-05-8

原始文献： WO 2007056341, 2007.

合成路线 2

以下合成路线来源于 Vertex Pharmaceuticals 公司 Young 等人 2010 年发表的专利申请书。目标

化合物 **17** 以化合物 **1** 和化合物 **2** 为原料，经过 12 步合成而得。该合成路线中值得注意的合成反应有：①化合物 **1** 与化合物 **2** 在钯催化剂作用下，发生 Suzuki 偶联反应得到化合物 **3**。②化合物 **4** 反应后得到相应的 **2-** 氨基化合物 **5**，这个反应并不常见，原始文献也没有详细的解释。

1
CAS号 3430-17-9

2
CAS号 220210-56-0

K_2CO_3, $Pd(dppf)Cl_2$, CH_2Cl_2

3
CAS号 1083057-12-8

$H_2NC(=O)NH_2 \cdot H_2O_2$, 邻苯二甲酸酐, H_2O, AcOEt

4
CAS号 1083057-13-9

C_5H_5N, :MeCN; $O(SO_2Me)_2$, :MeCN; $HOCH_2CH_2NH_2$

5
CAS号 1083057-14-0

6
CAS号 656-46-2

Red-Al

7
CAS号 72768-97-9

$SOCl_2$, 4-DMAP, *t*-BuOMe

8
CAS号 476473-97-9

N≡C−Na
9
CAS号 143-33-9

DMSO, H_2O, *t*-BuOMe

10
CAS号 68119-31-3

10

11
CAS号 107-04-0

KOH, $(C_8H_{17})_4N^+ \cdot Br^-$

12
CAS号 862574-87-6

1. NaOH
2. 二环己胺
柠檬酸, *t*-BuOMe

13
CAS号 862574-88-7

$SOCl_2$, PhMe

14
CAS号 1004294-65-8

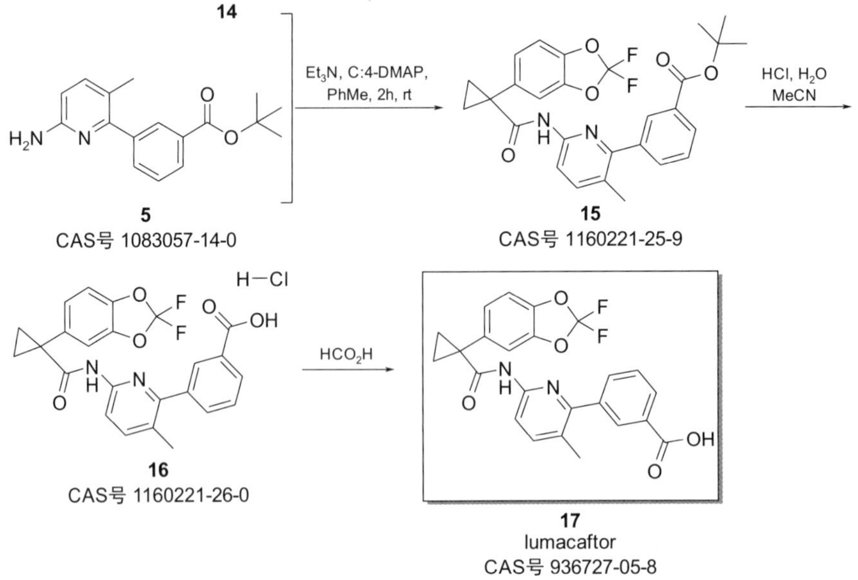

14

5
CAS号 1083057-14-0

Et_3N, C:4-DMAP, PhMe, 2h, rt

15
CAS号 1160221-25-9

HCl, H_2O
MeCN

16
CAS号 1160221-26-0

HCO_2H

17
lumacaftor
CAS号 936727-05-8

原始文献： WO 2010037066, 2010.

合成路线 3

以下合成路线来源于 Vertex Pharmaceuticals 公司 van Goor 等人 2011 年发表的专利申请书。目标化合物 **15** 以化合物 **1** 和化合物 **2** 为原料，经过 10 步合成而得。该合成路线与其他合成路线的不同之处在于化合物 **9** 的合成，该合成路线是以化合物 **6** 和化合物 **7** 为原料，经过 2 步合成反应而得。

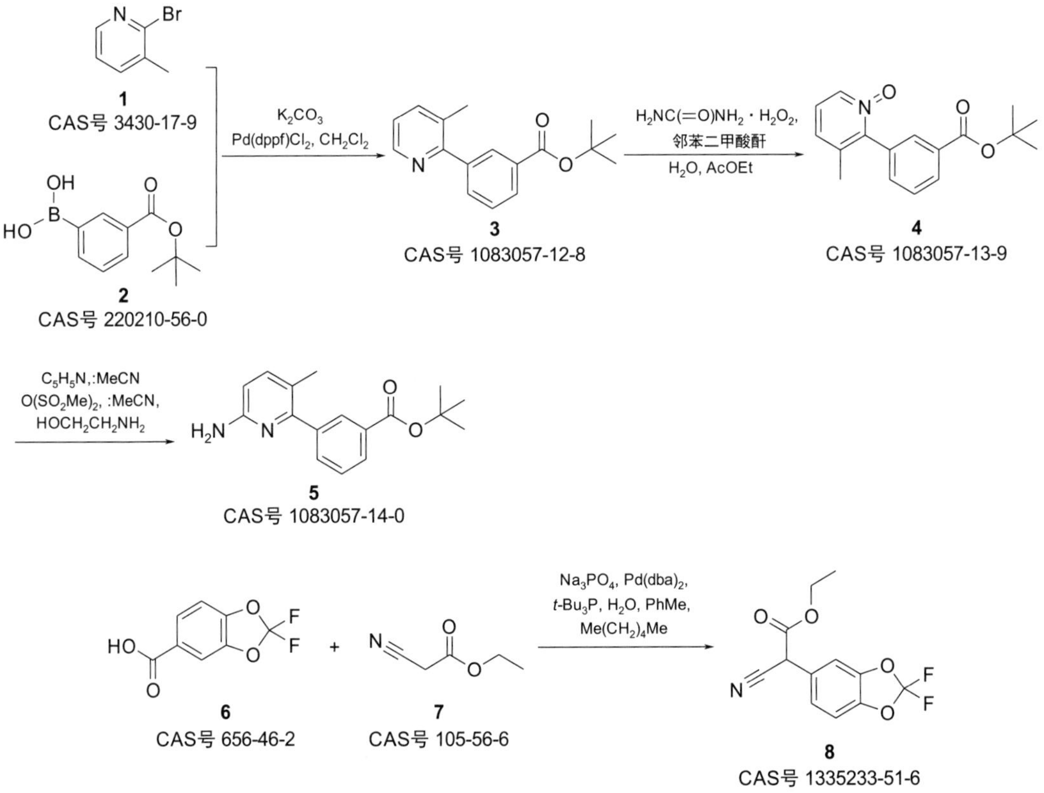

1
CAS号 3430-17-9

2
CAS号 220210-56-0

K_2CO_3
Pd(dppf)Cl_2, CH_2Cl_2

3
CAS号 1083057-12-8

$H_2NC(=O)NH_2 \cdot H_2O_2$,
邻苯二甲酸酐
H_2O, AcOEt

4
CAS号 1083057-13-9

C_5H_5N,:MeCN
$O(SO_2Me)_2$, :MeCN,
$HOCH_2CH_2NH_2$

5
CAS号 1083057-14-0

6
CAS号 656-46-2

7
CAS号 105-56-6

Na_3PO_4, Pd(dba)$_2$,
t-Bu_3P, H_2O, PhMe,
$Me(CH_2)_4Me$

8
CAS号 1335233-51-6

HCl, H_2O, DMSO

9
CAS号 68119-31-3

9 + **10** (CAS号 107-04-0) → [$(C_8H_{17})_4N^+ \cdot Br^-$, H_2O] → **11** (CAS号 862574-87-6) → [NaOH, EtOH, 二环己胺, *t*-BuOMe] → **12** (CAS号 862574-88-7)

12 → [$SOCl_2$, PhMe] → **13** (CAS号 1004294-65-8)

13 + **5** (CAS号 1083057-14-0) → [Et_3N, 4-DMAP, PhMe] → **14** (CAS号 1160221-25-9) → [HCO_2H] →

15
lumacaftor
CAS号 936727-05-8

原始文献： WO 2011133953, 2011.

参考文献

[1] Misgault B, Chatron E, Reynaud Q, et al. Effect of one-year lumacaftor-ivacaftor treatment on glucose tolerance abnormalities in cystic fibrosis patients. J Cyst Fibros, 2020, 19(5): 839.

[2] Laselva O, Erwood S, Du K, et al. Activity of lumacaftor is not conserved in zebrafish Cftr bearing the major cystic fibrosis-causing mutation. FASEB Bioadv, 2019, 1(10):661-670.

鲁马卡托核磁谱图

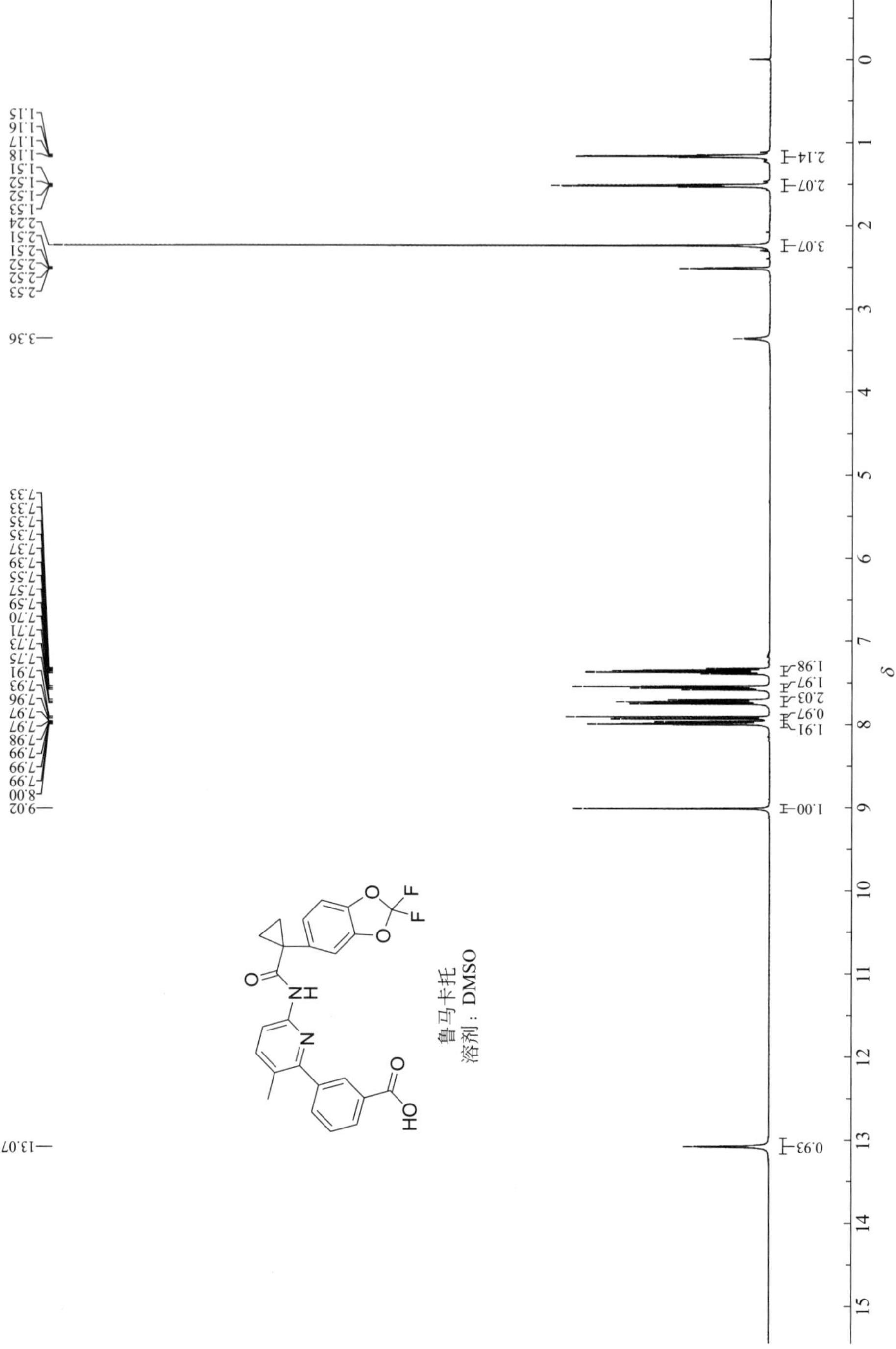

lumateperone（卢美哌酮）

药物基本信息

英文通用名	lumateperone
英文别名	ITI-722; ITI722; ITI 722; ITI-007; ITI007; ITI 007
中文通用名	卢美哌酮
商品名	Caplyta
CAS登记号	1187020-80-9 (对甲苯酸盐), 313368-91-1 (游离碱)
FDA 批准日期	12/20/2019
FDA 批准的API	lumateperone tosylate
化学名	1-(4-fluorophenyl)-4-[(6b*R*,10a*S*)-3-methyl-2,3,6b,9,10,10a-hexahydro-1*H*-pyrido[3′,4′:4,5]pyrrolo[1,2,3-de]quinoxalin-8(7*H*)-yl]butan-1-one toluenesulfonic acid
SMILES代码	O=C(C1=CC=C(F)C=C1)CCCN2CC[C@@](N3CCN(C)C4=C3C5=CC=C4)([H])[C@@]5([H])C2.CC6=CC=C(S(=O)(O)=O)C=C6

化学结构和理论分析

化学结构	理论分析值
	化学式：$C_{31}H_{36}FN_3O_4S$ 精确分子量：N/A 分子量：565.70 元素分析：C, 65.82; H, 6.41; F, 3.36; N, 7.43; O, 11.31; S, 5.67

药品说明书参考网页

生产厂家产品说明书、美国药品网、美国处方药网页。

药物简介

CAPLYTA 胶囊是一种非典型抗精神病药。其活性成分是 lumateperone tosylate。

CAPLYTA 口服胶囊每个含 42mg 的 luperperone（相当于 60mg 的 lumateperone tosylate）。胶囊包含以下非活性成分：交联羧甲基纤维素钠、明胶、硬脂酸镁、甘露醇和滑石粉。着色剂包括二氧化钛和 FD & C 蓝色 1 号和红色 3 号。

CAPLYTA 适用于成人精神分裂症的治疗。

Luperperone 治疗精神分裂症的作用机制尚不清楚。估计 luperperone 的疗效可能是通过对中央 5- 羟色胺 5-HT2A 受体（central serotonin 5-HT2A receptor）的拮抗剂活性和对中央多巴胺 D2 受体（central dopamine D2 receptor）的突触后拮抗剂活性来发挥的。

药品上市申报信息

该药物目前有 1 种产品上市。

药品注册申请号：209500
申请类型：NDA（新药申请）
申请人：INTRA-CELLULAR
申请人全名：INTRA-CELLULAR THERAPIES INC

产品信息

产品号	商品名	活性成分	剂型 / 给药途径	规格 / 剂量	参比药物 (RLD)	生物等效参考标准 (RS)	治疗等效代码
001	CAPLYTA	lumateperone tosylate	胶囊 / 口服	等量 42mg 游离碱	是	是	否

与本品相关的专利信息（来自 FDA 橙皮书 Orange Book）

关联产品号	专利号	专利过期日	是否物质专利	是否产品专利	专利用途代码	撤销请求	提交日期
001	10464938	2028/03/12		是			2020/01/17
	7183282	2020/06/15	是	是			2020/01/17
	8598119	2029/12/28			U-543		2020/01/17
	8648077	2029/12/01	是	是			2020/01/17
	9199995	2029/03/12			U-2713		2020/01/17
	9586960	2029/03/12	是	是			2020/01/17
	9616061	2029/05/27		是			2020/01/17
	9956227	2034/12/03			U-2714		2020/01/17
	RE39680	2020/06/15	是	是	U-543		2020/01/17

与本品相关的市场独占权保护信息

关联产品号	独占权代码	失效日期	备注
001	NCE	2024/12/20	

合成路线 1

以下合成路线来源于 Intra-Cellular Therapies 公司 Li 等人 2017 年发表的论文。目标化合物 **16** 以化合物 **1** 和化合物 **2** 为原料，经过 9 步合成反应而得。该合成路线中，值得注意的合成反应有：①化合物 **1** 与化合物 **2** 发生环合反应得到相应的化合物 **3**。②化合物 **3** 被氢化还原后，得到外消旋化合物，经手性分离得到化合物 **4**。③化合物 **7** 分子中的 NH 基团在钯催化剂作用下取代化合物 **6** 分子中的溴原子，得到相应的化合物 **8**。④化合物 **8** 分子中的 NH 基团在碱性条件下亲电取代化合物 **9** 分子的溴原子，然后再发生分子内环合反应得到相应的化合物 **10**。

HCl, EtOH, 6h, 回流
F_3CCO_2H, Et_3SiH, 19h, rt
$Me(CH_2)_4Me$, 2h, rt
NaOH, H_2O, pH 10

1 CAS号 16732-66-4
2 CAS号 40064-34-4
3 CAS号 1059630-11-3
4 CAS号 1576239-70-7

4

Et$_3$N, THF

5
CAS号 541-41-3

6
CAS号 1576239-71-8

NaOBu-*t*
$(Ph_2P)_2$-联萘
$Pd_2(dba)_3$, PhMe

7
CAS号 1013-88-3

8
CAS号 1576239-72-9

Na_2CO_3, KI,
Me_2CO
→ 10

9
CAS号 105-36-2

10
CAS号 313544-32-0

K_2CO_3, Me_2CO

11
CAS号 74-88-4

12
CAS号 313544-76-2

BH_3-THF, THF

13
CAS号 313544-77-3

KOH, BuOH,
5h, 回流
→ 14

14
CAS号 313540-40-8

15
CAS号 3874-54-2

Et$_3$N, KI, 二噁烷,
PhMe, 7h, 回流

16
lumateperone
CAS号 313368-91-1

原始文献： J Med Chem, 2014, 57(6): 2670-2682.

合成路线 2

以下合成路线来源于 Intra-Cellular Therapies 公司 Tomesch 等人 2008 年发表的专利申请书。目标化合物 **16** 以化合物 **1** 和化合物 **2** 为原料，经过 10 步合成反应而得。该合成路线中，值得注意的合成反应有：①化合物 **1** 与化合物 **2** 发生环合反应得到相应的化合物 **3**。②化合物 **3** 被氢化还原后，得到外消旋化合物 **4**。③化合物 **4** 经过手性拆分后得到化合物 **6**。④化合物 **10** 分子中的酰胺基上的 NH_2 基团在碱性条件和 CuI 的催化作用下亲电取代分子中的溴原子，得到相应的分子内环合产品 **11**。

1
CAS号 50709-33-6

2
CAS号 320589-77-3

HCl, EtOH

3
CAS号 1059630-11-3

Et_3SiH, TFA
$Me(CH_2)_4Me$

4
CAS号 1059630-12-4

MeOH

5
CAS号 17199-29-0

6
CAS号 1059630-13-5

7
CAS号 541-41-3

Na_2CO_3, THF

8
CAS号 1059630-08-8

KI, EtN(Pr-*i*)$_2$,
MeCN

9
CAS号 79-07-2

10
CAS号 1059630-09-9

K_2CO_3, CuI,
二噁烷

11
CAS号 313369-16-3

K_2CO_3, Me2CO
CH_3I

12
CAS号 313369-25-4

BH_3-THF, THF
MeOH

13
CAS号 313369-26-5

1. HCl, H_2O
2. NaOH, H_2O, *t*-BuOMe

14
CAS号 313368-85-3

15
CAS号 3874-54-2

KI, EtN(Pr-*i*)$_2$,
EtC(=O)Et

16
lumateperone
CAS号 313368-91-1

原始文献： WO 2008112280, 2008.

合成路线 3

以下合成路线来源于 Du Pont Pharmaceuticals 公司 Robichaud 等人 2000 年发表的专利申请书。目标化合物 **11** 以化合物 **1** 和化合物 **2** 为原料，经过 7 步合成反应而得。

1. AcOH, $NaNO_2$, H_2O
2. $LiAlH_4$, THF

1
CAS号 59564-59-9

2
CAS号 29976-53-2

3
CAS号 313544-31-9

F_3CCO_2H
$NaBH_3CN$

4
CAS号 313544-32-0

NaH, DMF

5
CAS号 74-88-4

6
CAS号 313544-76-2

BH_3-THF
THF

7
CAS号 313544-77-3

KOH, BuOH

8
CAS号 313540-40-8

Et_3N, KI, 二噁烷,
PhMe, 15h, 回流

10

9
CAS号 3874-54-2

手性分离

10
CAS号 313369-37-8

11
lumateperone
CAS号 313368-91-1

+

12
CAS号 313368-92-2

原始文献： WO 2000077010，2000.

参考文献

[1] Blair H A. Lumateperone: first approval. Drugs, 2020, 80(4):417-423.

[2] Vyas P, Hwang B J, Brašić J R. An evaluation of lumateperone tosylate for the treatment of schizophrenia. Expert Opin Pharmacother, 2020, 21(2):139-145.

lusutrombopag（鲁舒曲波帕）

药物基本信息

英文通用名	lusutrombopag
英文别名	S-888711; S 888711; S888711
中文通用名	鲁舒曲波帕
商品名	Mulpleta
CAS登记号	1110766-97-6
FDA批准日期	7/31/2018
FDA批准的API	lusutrombopag
化学名	(2*E*)-3-(2,6-dichloro-4-((4-(3-((1*S*)-1-(hexyloxy)ethyl)-2-methoxyphenyl)-1,3-thiazol-2-yl)carbamoyl)phenyl)-2-methylprop-2-enoic acid
SMILES代码	O=C(O)/C(C)=C/C1=C(Cl)C=C(C(NC2=NC(C3=CC=CC([C@@H](OCCCCCC)C)=C3OC)=CS2)=O)C=C1Cl

化学结构和理论分析

化学结构	理论分析值
O NH N S O Cl Cl OH	化学式：$C_{29}H_{32}Cl_2N_2O_5S$ 精确分子量：590.1409 分子量：591.54 元素分析：C, 58.88; H, 5.45; Cl, 11.99; N, 4.74; O, 13.52; S, 5.42

药品说明书参考网页

生产厂家产品说明书、美国药品网、美国处方药网页。

药物简介

MULPLETA 是一种血小板生成素（TPO）受体激动剂。有效成分是 lusutrombopag。

Lusutrombopag 是一种白色至微黄色的粉末，易溶于 *N,N*- 二甲基甲酰胺，微溶于乙醇（99.5%）

和甲醇，极微溶于乙腈，几乎不溶于水。Lusutrombopag 在 pH=11 的缓冲溶液中微溶，而在 pH 值为 1 ～ 9 的缓冲溶液中几乎不溶。

口服 MULPLETA（鲁舒曲波帕）片剂含有 3mg lusutrombopag。赋形剂是 D- 甘露醇、微晶纤维素、氧化镁、十二烷基硫酸钠、羟丙基纤维素、羧甲基纤维素钙、硬脂酸镁、羟丙甲纤维素、柠檬酸三乙酯、二氧化钛、氧化铁红和滑石粉。

MULPLETA 可用于计划接受手术的慢性肝病成年患者的血小板减少症的治疗。

Lusutrombopag 是一种口服有效的小分子 TPO 受体激动剂，可与巨核细胞上表达的人类 TPO 受体的跨膜结构域相互作用，诱导造血干细胞增殖和分化巨核细胞祖细胞，并诱导巨核细胞成熟。

药品上市申报信息

该药物目前有 1 种产品上市。

药品注册申请号: 210923
申请类型: NDA (新药申请)
申请人: SHIONOGI INC
申请人全名: SHIONOGI INC

产品信息

产品号	商品名	活性成分	剂型 / 给药途径	规格 / 剂量	参比药物 (RLD)	生物等效参考标准 (RS)	治疗等效代码
001	MULPLETA	lusutrombopag	片剂 / 口服	3mg	是	是	否

与本品相关的专利信息（来自 FDA 橙皮书 Orange Book）

关联产品号	专利号	专利过期日	是否物质专利	是否产品专利	专利用途代码	撤销请求	提交日期
001	7601746	2024/09/05	是	是	U-2344		2018/08/07
	8530668	2030/01/21	是	是			2018/08/07
	8889722	2028/07/29	是	是			2018/08/07
	9427402	2031/09/29		是			2018/08/07

与本品相关的市场独占权保护信息

关联产品号	独占权代码	失效日期	备注
001	NCE	2023/07/31	

合成路线 1

以下合成路线来源于 Shanghai Wanquan Chemical Technology 公司 2016 年发表的专利申请书。目标化合物 **10** 以化合物 **1** 为原料，经过 6 步合成反应而得。该合成路线中，值得注意的合成反应有：①化合物 **2** 与硫脲发生环合反应，得到杂环化合物 **4**。②化合物 **6** 在硼氢化钠和不对称催化剂作用下，得到立体专一的还原产物 **7**。

Br$_2$, EtOH
99%

1
CAS号 2043804-10-8

2
CAS号 2043804-37-9

3
CAS号 62-56-6

EtOH, 回流
95%

4
CAS号 2043804-43-7

5
CAS号 2043804-26-6

Et$_3$N, THF, rt
98%

6
CAS号 2043804-49-3

Zn催化剂, THF
NaBH$_4$, CeCl$_3$
HCl, H$_2$O
98%

7
CAS号 2043804-55-1

8
CAS号 111-25-1

K_2CO_3, THF, rt
96%

9
CAS号 1110768-00-7

9
CAS号 1110768-00-7

NaOH, H$_2$O, THF, rt
HCl, H$_2$O
99%

10
lusutrombopag
CAS号 1110766-97-6

原始文献： CN 106083759, 2016.

合成路线 2

以下合成路线来源于 Shionogi 公司 2015 年发表的专利申请书。目标化合物 **15** 以化合物 **1** 为原料，经过 8 步合成反应而得。该合成路线中，值得注意的合成反应有：①化合物 **1** 分子中的一个溴原子与格氏试剂发生交换反应，得到相应的格氏试剂，再与化合物 **2** 反应得到相应的羰基化合物 **3**。②化合物 **3** 在不对称催化剂作用下，还原成立体专一的羟基化合物 **4**。③化合物 **6** 分子中的一个溴原子与格氏试剂发生交换反应，得到相应的格氏试剂，再与化合物 **7** 反应得到相应的羰基化合物 **8**。④化合物 **8** 与化合物 **9** 发生环合反应，得到相应的杂环化合物 **10**。

1 CAS号 38603-09-7 + **2** CAS号 78191-00-1 —(*i*-PrMgCl, THF)→ **3** CAS号 267651-23-0 —(Et_3N, HCO_2H, RuCl[*p*-甲基(异丙基)苯][(*S*,*S*)-Ts-DPEN], THF)→ **4** CAS号 952103-45-6 + **5** CAS号 111-25-1 —(KOH, $Bu_4N^+ \cdot Br^-$, PhMe, H_2O)→ **6**

6 CAS号 1110767-94-6 + **7** CAS号 67442-07-3 —(Mg, *i*-PrMgCl, PhMe, THF / $Me(CH_2)_4CH_2Br$, PhMe)→ **8** CAS号 1110767-96-8 + **9** CAS号 62-56-6 —(PhMe, EtOH, 45%)→ **10** CAS号 1110767-98-0

11
CAS号 51-36-5

12
CAS号 3699-66-9

LiN(Pr-*i*)$_2$, Me(CH$_2$)$_5$Me, PhEt, THF, (CH$_2$OMe)$_2$
N-甲酰基吗啉
(CH$_2$OMe)$_2$,
(CH$_2$OMe)$_2$, H_2SO_4, H_2O
51%

13
CAS号 1110767-89-9

+

(PhO)$_2$P(=O)Cl, Et$_3$N
AcOEt, H_2O
DMSO
95%

14

10
CAS号 1110767-98-0

NaOH, H_2O, EtOH
HCl, H_2O, EtOH
94%

14
CAS号 1799439-23-8

15
lusutrombopag
CAS号 1110766-97-6

原始文献： WO 2015093586, 2015.

参考文献

[1] Tsuji Y, Kawaratani H, Ishida K, et al. Effectiveness of lusutrombopag in patients with mild to moderate thrombocytopenia. Dig Dis, 2020, 38(4): 329-334.

[2] Shirley M, McCafferty E H, Blair H A. Lusutrombopag: a review in thrombocytopenia in patients with chronic liver disease prior to a scheduled procedure. Drugs, 2019, 79(15):1689-1695.

macimorelin acetate（醋酸马西瑞林）

药物基本信息

英文通用名	macimorelin acetate
英文别名	ARD 07 acetate; ARD-07; ARD07; D-87575 acetate; JMV1843; JMV-1843; JMV 1843; AEZS-130; AEZS 130; AEZS130; EP-1572; EP 1572; EP1572; UMV-1843; UMV1843; UMV 1843; Macimorelin; AibDTrpDgTrpCHO
中文通用名	醋酸马西瑞林
商品名	Macrilen
CAS登记号	945212-59-9 (醋酸盐), 381231-18-1 (游离碱)
FDA 批准日期	12/20/2017
FDA 批准的API	macimorelin acetate
化学名	2-amino-*N*-[(2*R*)-1-[[(1*R*)-1-formamido-2-(1*H*-indol-3-yl)ethyl]amino]-3-(1*H*-indol-3-yl)-1-oxopropan-2-yl]-2-methylpropanamide acetate
SMILES代码	CC(C)(N)C(N[C@H](CC1=CNC2=C1C=CC=C2)C(N[C@@H](NC=O)CC3=CNC4=C3C=CC=C4)=O)=O.CC(O)=O

化学结构和理论分析

化学结构	理论分析值
	化学式：$C_{28}H_{34}N_6O_5$ 精确分子量：N/A 分子量：534.62 元素分析：C, 62.91; H, 6.41; N, 15.72; O, 14.96

药品说明书参考网页

生产厂家产品说明书、美国药品网、美国处方药网页。

药物简介

MACRILEN 是一种口服溶液，活性成分是 macimorelin acetate，属于人工合成的生长激素促分泌素受体激动剂。MACRILEN 药液用铝袋包装，每袋均含有 60mg 的 macimorelin（相当于 68mg 的 macimorelin acetate）和以下非活性成分：乳糖一水合物，交联聚维酮，硬脂富马酸钠，糖精钠和胶体二氧化硅。

MACRILEN 适用于诊断成人生长激素缺乏症（AGHD）。

Macimorelin 通过激活垂体和下丘脑中存在的生长激素促分泌素受体来刺激 GH 释放。

药品上市申报信息

该药物目前有 1 种产品上市。

药品注册申请号: 205598
申请类型: NDA (新药申请)
申请人: NOVO
申请人全名: NOVO NORDISK INC

产品信息

产品号	商品名	活性成分	剂型 / 给药途径	规格 / 剂量	参比药物 (RLD)	生物等效参考标准 (RS)	治疗等效代码
001	MACRILEN	macimorelin acetate	液体 / 口服	等量 60mg 游离碱 /POUCH	是	是	否

与本品相关的专利信息 (来自 FDA 橙皮书 Orange Book)

关联产品号	专利号	专利过期日	是否物质专利	是否产品专利	专利用途代码	撤销请求	提交日期
001	6861409	2022/08/01	是	是	U-2220		2018/01/19
	8192719	2027/10/12			U-2220		2018/01/19

与本品相关的市场独占权保护信息

关联产品号	独占权代码	失效日期	备注
001	ODE-170	2024/12/20	
	NCE	2022/12/20	

合成路线 1

以下合成路线来源于 Hybio Pharmaceutical 公司 Chen 等人 2019 年发表的专利申请书。目标化合物 **10** 以化合物 **1** 和化合物 **2** 为原料，经过 6 步合成反应而得。该合成反应中，值得注意的合成反应有：①化合物 **4** 经过霍夫曼重排反应后，得到相应的伯胺化合物 **5**。②化合物 **5** 分子中的氨基与化合物 **6** 反应后，得到相应的 *N*- 甲酰基化合物 **7**。

哌啶, DMF, rt
1-羟基苯并三唑, *i*-PrN=C=NPr-*i*,
CH_2Cl_2, DMF, 2h, rt
哌啶, DMF

1
CAS号 1631031-62-3

2
CAS号 30992-29-1

3
CAS号 2869-03-5

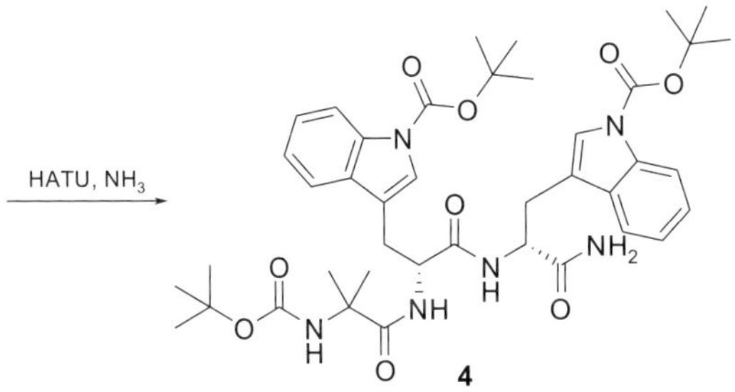

HATU, NH_3

4
CAS号 1882869-04-6

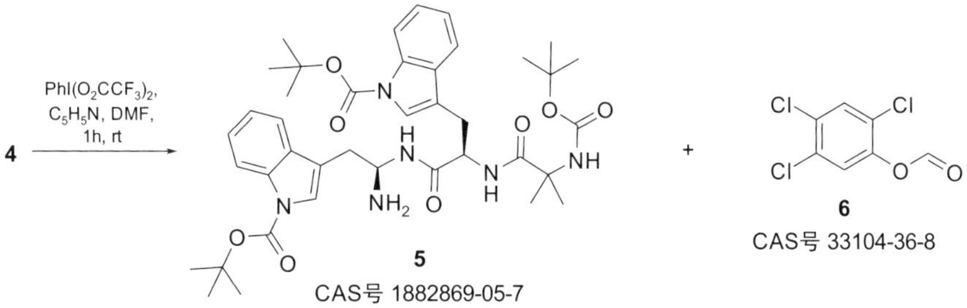

4 $PhI(O_2CCF_3)_2$, C_5H_5N, DMF, 1h, rt

5
CAS号 1882869-05-7

\+

6
CAS号 33104-36-8

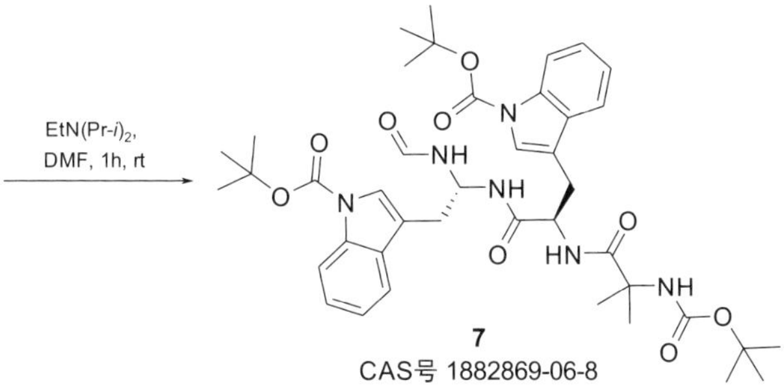

$EtN(Pr\text{-}i)_2$, DMF, 1h, rt

7
CAS号 1882869-06-8

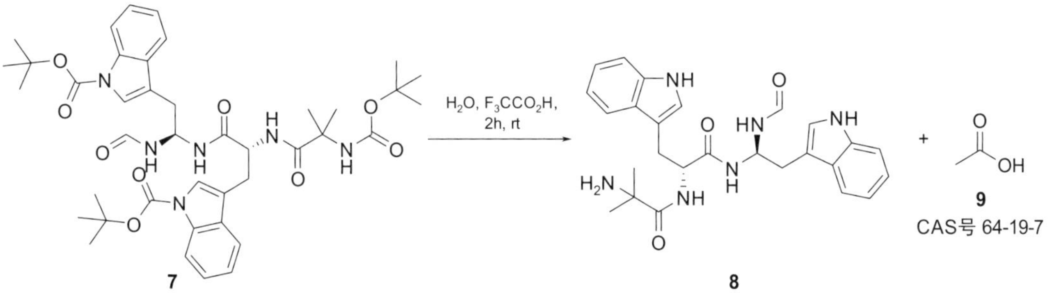

7
CAS号 1882869-06-8

H_2O, F_3CCO_2H, 2h, rt

8
CAS号 381231-18-1

\+

9
CAS号 64-19-7

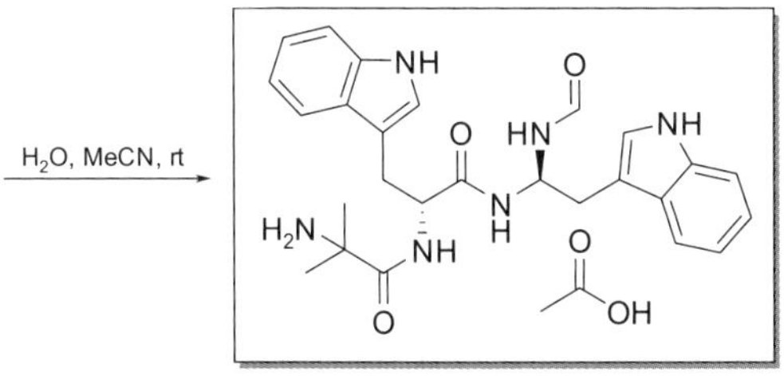

H_2O, MeCN, rt

10
macimorelin acetate
CAS号 945212-59-9

原始文献： CN 105330720, 2016.

合成路线 2

以下合成路线来源于 Université Montpellier Guerlavais 等人 2013 年发表的论文。目标化合物 **11** 以化合物 **1** 为原料，经过 6 步合成反应而得。

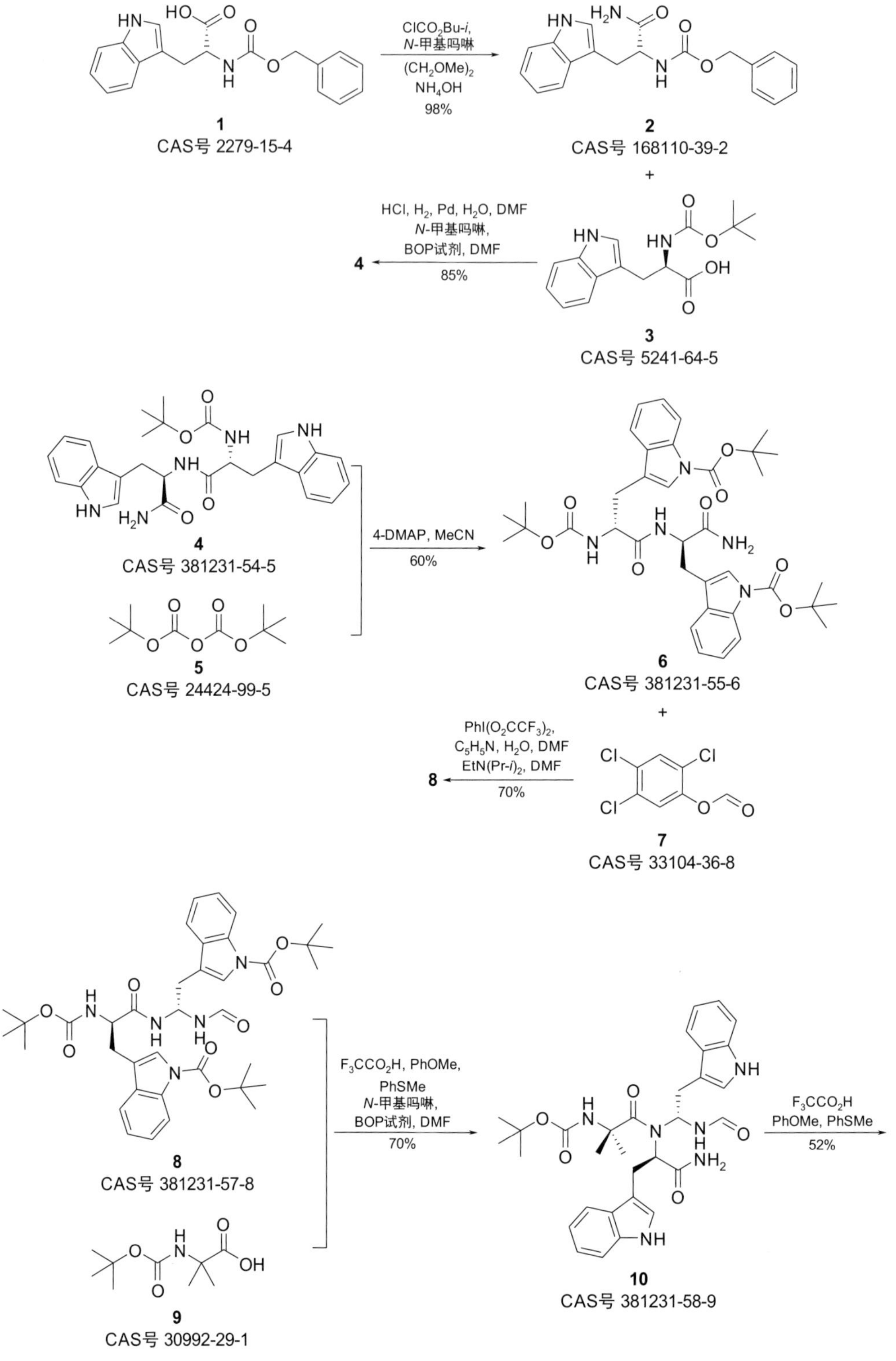

1
CAS号 2279-15-4

$ClCO_2Bu$-*i*, *N*-甲基吗啉, $(CH_2OMe)_2$, NH_4OH, 98%

2
CAS号 168110-39-2

+

3
CAS号 5241-64-5

HCl, H_2, Pd, H_2O, DMF, *N*-甲基吗啉, BOP试剂, DMF, 85% → **4**

4
CAS号 381231-54-5

5
CAS号 24424-99-5

4-DMAP, MeCN, 60%

6
CAS号 381231-55-6

+

7
CAS号 33104-36-8

$PhI(O_2CCF_3)_2$, C_5H_5N, H_2O, DMF, $EtN(Pr$-*i*$)_2$, DMF, 70% → **8**

8
CAS号 381231-57-8

9
CAS号 30992-29-1

F_3CCO_2H, PhOMe, PhSMe, *N*-甲基吗啉, BOP试剂, DMF, 70%

10
CAS号 381231-58-9

F_3CCO_2H, PhOMe, PhSMe, 52% →

11
macimorelin
CAS号 381231-18-1

原始文献： J Med Chem, 2003, 46(7):1191-1203.

参考文献

[1] Yuen K C J, Llahana S, Miller B S. Adult growth hormone deficiency: clinical advances and approaches to improve adherence. Expert Rev Endocrinol Metab, 2019, 14(6):419-436.

[2] Ryabets-Lienhard A, Akhtar S, Monzavi R, et al. Meeting report: 2018 Annual Meeting of the Pediatric Endocrine Society, Toronto, Canada, 2018, Selected Highlights. Pediatr Endocrinol Rev, 2018, 16(2):284-293.

meropenem（美罗培南）

药物基本信息

英文通用名	meropenem
英文别名	meropenem hydrate; ICI 194660; ICI-194660; ICI194660; SM-7338; SM 7338; SM7338
中文通用名	美罗培南
商品名	Vabomere
CAS登记号	96036-03-2 (游离态), 119478-56-7 (水合物)
FDA 批准日期	8/29/2017
FDA 批准的API	meropenem trihydrate
化学名	(4*R*,5*S*,6*S*)-3-(((3*S*,5*S*)-5-(dimethylcarbamoyl)pyrrolidin-3-yl)thio)-6-((*R*)-1-hydroxyethyl)-4-methyl-7-oxo-1-azabicyclo[3.2.0]hept-2-ene-2-carboxylic acid trihydrate
SMILES代码	O=C(C(N12)=C(S[C@@H]3CN[C@H](C(N(C)C)=O)C3)[C@H](C)[C@]2([H])[C@@H]([C@H](O)C)C1=O)O.[H]O[H].[H]O[H].[H]O[H]

化学结构和理论分析

化学结构	理论分析值
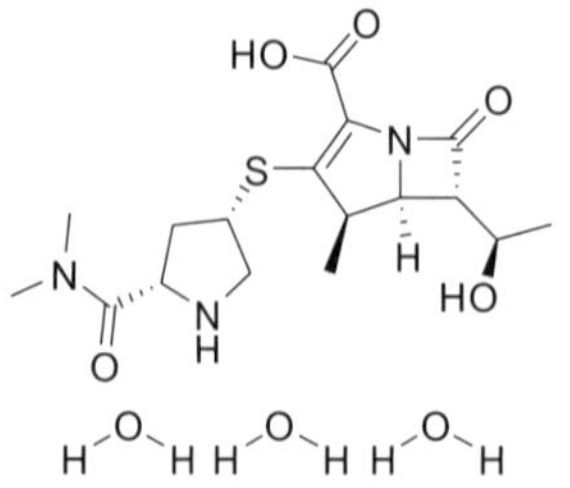	化学式：$C_{17}H_{31}N_3O_8S$ 精确分子量：N/A 分子量：437.5080 元素分析：C, 46.67; H, 7.14; N, 9.60; O, 29.25; S, 7.33

药品说明书参考网页

生产厂家产品说明书、美国药品网、美国处方药网页。

药物简介

注射用 VABOMERE 是一种组合药物制剂，包含 meropenem trihydrate（一种合成的青霉素抗菌药物）和 vaborbactam（一种环状硼酸 β- 内酰胺酶抑制剂），用于静脉内给药。

Meropenem trihydrate 是一种白色至浅黄色的结晶性粉末。Vaborbactam 是一种白色至类白色粉末。

VABOMERE 药品是一种白色至浅黄色无菌粉末制剂。每个 50mL 玻璃小瓶包含 1g meropenem（相当于 1.14g meropenem trihydrate）、1g vaborbactam 和 0.575g 碳酸钠。混合物的总钠含量约为 0.25g/ 小瓶。

VABOMERE 适用于治疗 18 岁及以上的复杂尿路感染（cUTI）的患者，包括以下易感微生物引起的肾盂肾炎：大肠杆菌，肺炎克雷伯菌和阴沟肠杆菌种复合物。

Meropenem 是一种青霉菌抗菌药物。Meropenem 的杀菌作用源于细胞壁合成的抑制。Meropenem 穿透大多数革兰氏阳性和革兰氏阴性细菌的细胞壁，以结合青霉素结合蛋白（PBP）靶标。Meropenem 对大多数 β- 内酰胺酶都具有稳定的水解作用，包括革兰氏阴性和革兰氏阳性细菌产生的青霉菌酶和头孢菌素酶，碳青霉烯水解 β- 内酰胺酶除外。

Vaborbactam 是一种非自杀性 β- 内酰胺酶抑制剂，可保护 meropenem 免受某些丝氨酸 β- 内酰胺酶（如肺炎克雷伯菌）（KPC）的降解。Vaborbactam 不具有任何抗菌活性。Vaborbactam 不会降低 meropenem 对易感 meropenem 的生物的活性。

药品上市申报信息

该药物目前有 1 种产品上市。

药品注册申请号：209776
申请类型：NDA（新药申请）
申请人：REMPEX PHARMS
申请人全名：REMPEX PHARMACEUTICALS A WHOLLY OWNED SUB OF MELINTA THERAPEUTICS INC

产品信息

产品号	商品名	活性成分	剂型 / 给药途径	规格 / 剂量	参比药物 (RLD)	生物等效参考标准 (RS)	治疗等效代码
001	VABOMERE	meropenem; vaborbactam	粉末剂 / 静脉注射	1g/ 瓶 ;1g/ 瓶	是	是	否

与本品相关的专利信息（来自 FDA 橙皮书 Orange Book）

关联产品号	专利号	专利过期日	是否物质专利	是否产品专利	专利用途代码	撤销请求	提交日期
001	10172874	2031/08/08		是			2019/02/21
	10183034	2031/08/08			U-2490		2019/02/21
	8680136	2031/08/17	是	是			2017/09/27
	9694025	2031/08/08			U-2120		2017/09/27

合成路线 1

以下合成路线来源于 Sandoz 公司 Nadenik 等人 2005 年发表的专利申请书。目标化合物 **4** 以化合物 **1** 和化合物 **2** 为原料，经过 2 步合成反应而得。

AcNMe$_2$, EtN(Pr-*i*)$_2$

1 CAS号 90776-59-3

2 CAS号 96034-64-9

3 CAS号 96036-02-1

H_2, Pd, H_2O, THF, 3h, rt

4 meropenem CAS号 96036-03-2

原始文献： WO 2005118586, 2005.

合成路线 2

以下合成路线来源于 Kaneka 公司 Nishino 等人 2007 年发表的专利申请书。目标化合物 **4** 以化合物 **1** 和化合物 **2** 为原料，经过 2 步合成反应而得。

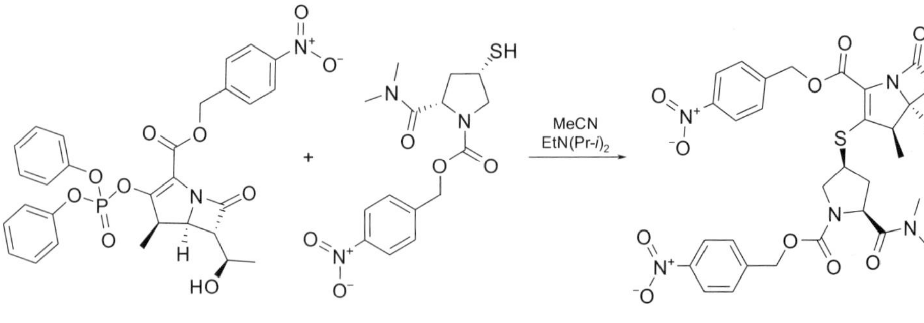

MeCN
EtN(Pr-*i*)$_2$

1
CAS号 90776-59-3

2
CAS号 96034-64-9

3
CAS号 96036-02-1

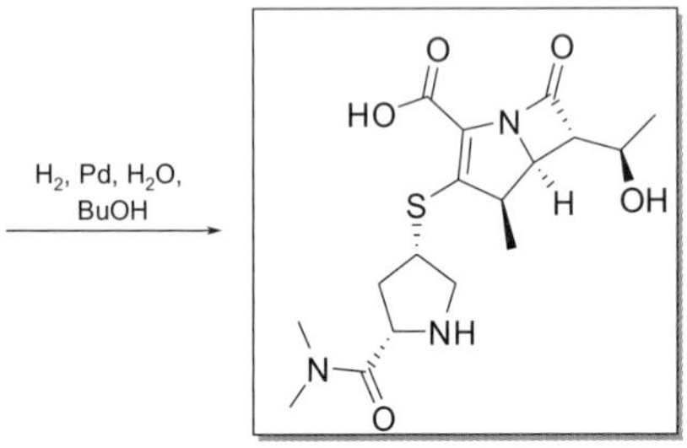

H_2, Pd, H_2O,
BuOH

4
meropenem
CAS号 96036-03-2

原始文献： WO 2007111328, 2007.

合成路线 3

以下合成路线来源于 Savior Lifetec 公司 Tseng 等人 2011 年发表的专利申请书。目标化合物 **6** 以化合物 **1** 和化合物 **2** 为原料，经过 3 步合成反应而得。

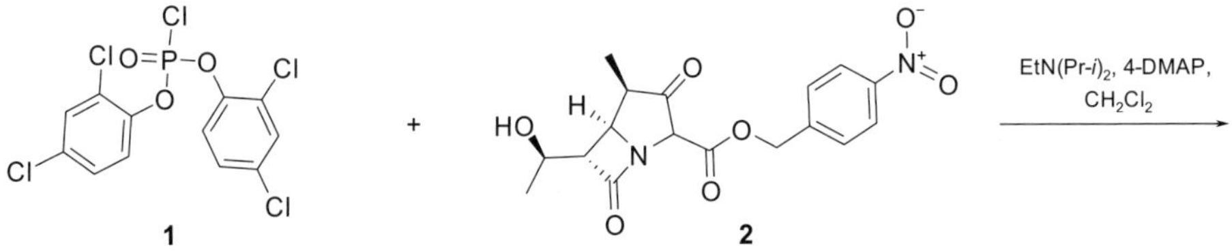

EtN(Pr-*i*)$_2$, 4-DMAP,
CH_2Cl_2

1
CAS号 14254-41-2

2
CAS号 104873-15-6

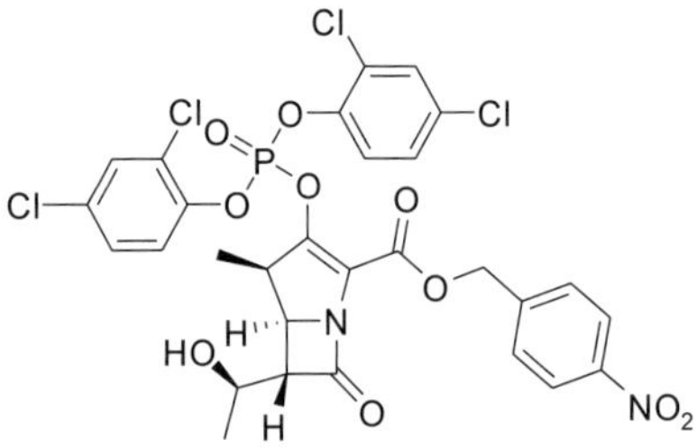

3
CAS号 1349768-81-5

$EtN(Pr\text{-}i)_2$, CH_2Cl_2

3
CAS号 1349768-81-5

4
CAS号 96034-64-9

H_3PO_4, H_2, Ni, H_2O, 1atm

5
CAS号 96036-02-1

6
meropenem
CAS号 96036-03-2

原始文献： EP 2388261, 2011.

合成路线 4

以下合成路线来源于 Sequent Anti Biotics 公司 Gnanaprakasam 等人 2012 年发表的专利申请书。目标化合物 **4** 以化合物 **1** 和化合物 **2** 为原料，经过 2 步合成反应而得。

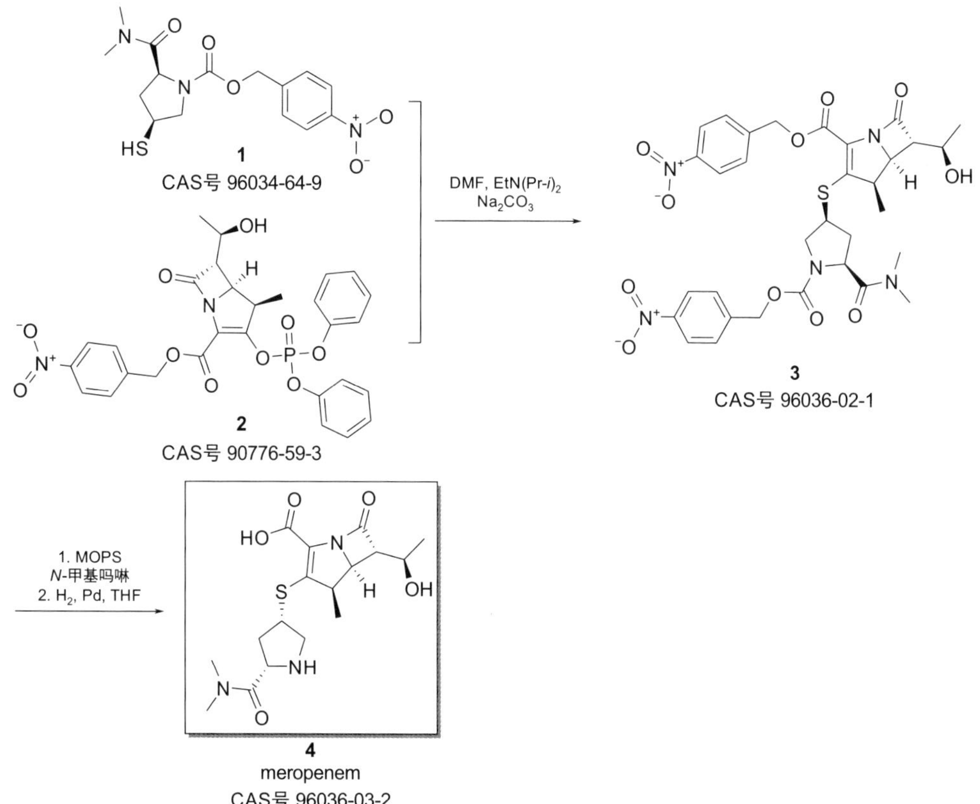

1
CAS号 96034-64-9

2
CAS号 90776-59-3

3
CAS号 96036-02-1

4
meropenem
CAS号 96036-03-2

原始文献： 2012160576, 2012.

合成路线 5

以下合成路线来源于 Hu 等人 2000 年发表的论文。目标化合物 **9** 以化合物 **1** 和化合物 **2** 为原料，经过 6 步合成反应而得。

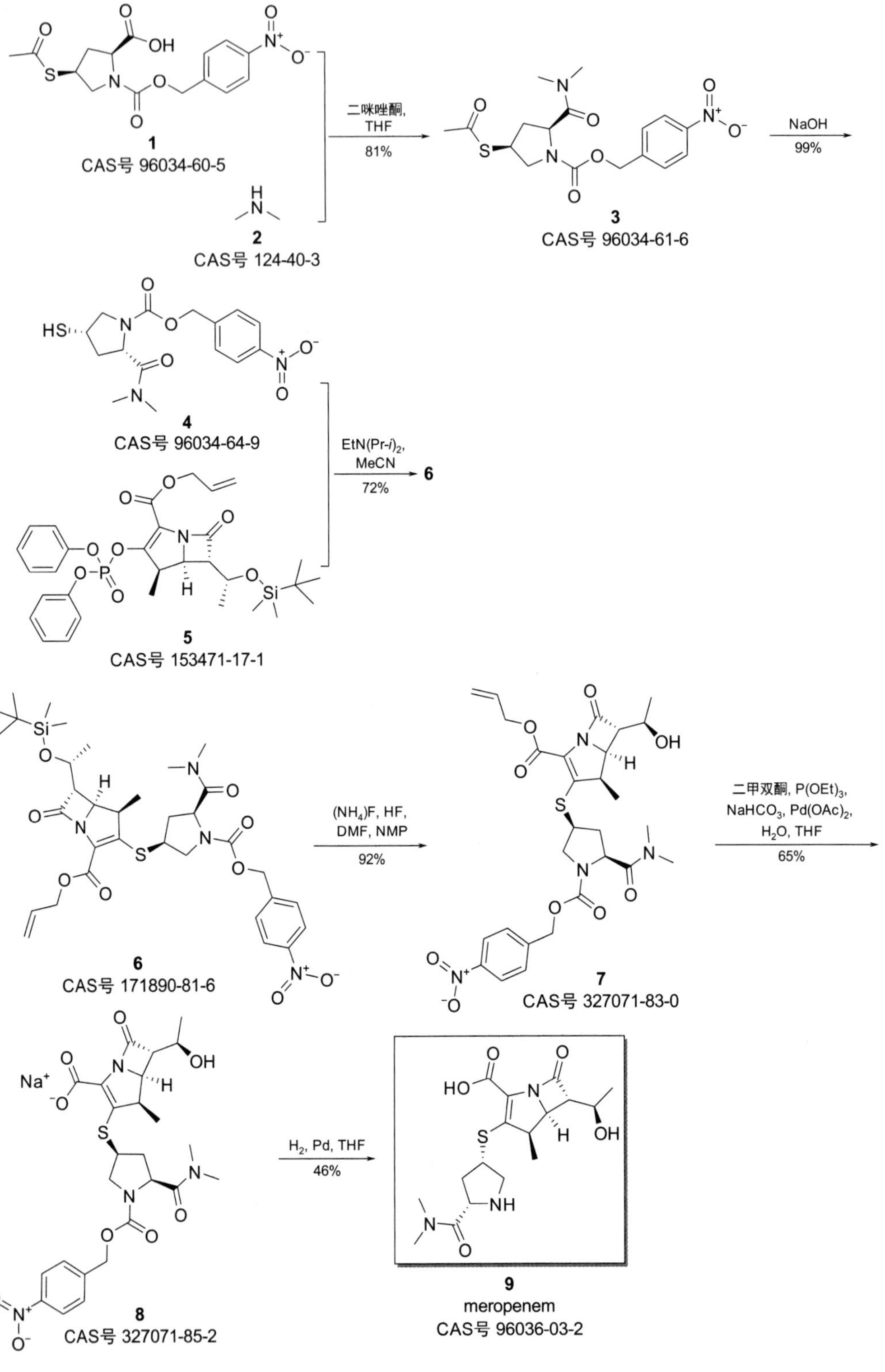

1
CAS号 96034-60-5

2
CAS号 124-40-3

二咪唑酮, THF
81%

3
CAS号 96034-61-6

NaOH
99%

4
CAS号 96034-64-9

5
CAS号 153471-17-1

$EtN(Pr\text{-}i)_2$, MeCN
72%
→ **6**

6
CAS号 171890-81-6

$(NH_4)F$, HF, DMF, NMP
92%

7
CAS号 327071-83-0

二甲双酮, $P(OEt)_3$, $NaHCO_3$, $Pd(OAc)_2$, H_2O, THF
65%

8
CAS号 327071-85-2

H_2, Pd, THF
46%

9
meropenem
CAS号 96036-03-2

原始文献： Zhongguo Yiyao Gongye Zazhi, 2000, 31(7):290-292.

参考文献

[1] Gibson B. A brief review of a new antibiotic: meropenem-vaborbactam. Sr Care Pharm, 2019, 34(3):187-191.

[2] Albin O R, Patel T S, Kaye K S. Meropenem-vaborbactam for adults with complicated urinary tract and other invasive infections. Expert Rev Anti Infect Ther, 2018, 16(12):865-876.

midostaurin（米哚妥林）

药物基本信息

英文通用名	midostaurin
英文别名	PKC-412; PKC412; PKC 412; PKC412A; PKC-412A; PKC 412A; CGP41251; CGP 41251; CGP-41251
中文通用名	米哚妥林
商品名	Rydapt
CAS登记号	120685-11-2
FDA 批准日期	4/28/2017
FDA 批准的API	midostaurin
化学名	*N*-((5*R*,7*R*,8*R*,9*S*)-8-methoxy-9-methyl-16-oxo-6,7,8,9,15,16-hexahydro-5*H*,14*H*-17-oxa-4b,9a,15-triaza-5,9-methanodibenzo[b,h]cyclonona[jkl]cyclopenta[e]-as-indacen-7-yl)-*N*-methylbenzamide
SMILES代码	O=C(N([C@@H]1C[C@](O2)([H])N3C4=CC=CC=C4C5=C3C6=C(C7=CC=CC=C7N6[C@]2(C)[C@@H]1OC)C(CN8)=C5C8=O)C)C9=CC=CC=C9

化学结构和理论分析

化学结构	理论分析值
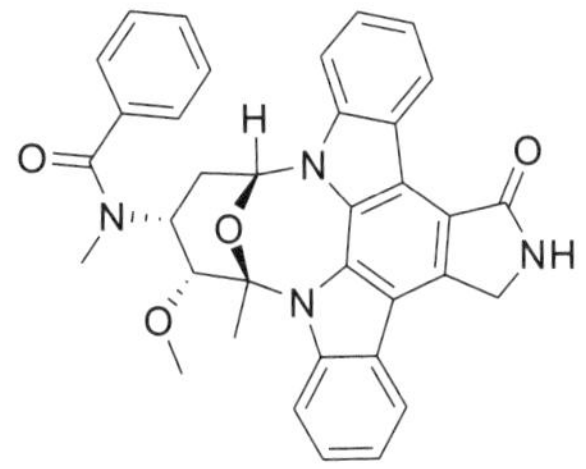	化学式：$C_{35}H_{30}N_4O_4$ 精确分子量：570.2267 分子量：570.65 元素分析：C, 73.67; H, 5.30; N, 9.82; O, 11.21

药品说明书参考网页

生产厂家产品说明书、美国药品网、美国处方药网页。

药物简介

RYDAPT 是一种用于口服的多激酶抑制剂。活性成分为 midostaurin。

RYDAPT 软胶囊的剂量规格是 25mg midostaurin/ 胶囊。该胶囊包含聚氧乙烯 40 氢化蓖麻油、明胶、聚乙二醇 400、甘油 85%、脱水酒精、玉米油单甘油三酸酯、二氧化钛、维生素 E、氧化铁黄、氧化铁红、胭脂红、羟丙甲纤维素 2910、丙烯、乙二醇和纯净水。

RYDAPT 与阿糖胞苷（cytarabine）、柔红霉素（daunorubicin）联合使用，可用于治疗经 FDA 批准的检测为 FLT3 突变阳性的新诊断为急性髓细胞性白血病（AML）的成年患者。

Midostaurin 可抑制多种受体酪氨酸激酶。体外生化或细胞分析表明，midostaurin 或其主要活性代谢物 CGP62221 和 CGP52421 都可抑制野生型 FLT3、FLT3 突变激酶（ITD 和 TKD）、KIT（野生型和 D816V 突变体）、PDGFRα/β、VEGFR2 的活性以及丝氨酸 / 苏氨酸激酶 PKC（蛋白激酶 C）家族的成员的活性。

Midostaurin 还可以抑制 FLT3 受体信号转导和细胞增殖，并诱导表达 ITD 和 TKD 突变 FLT3 受体或过表达野生型 FLT3 和 PDGF 受体的白血病细胞凋亡。Midostaurin 还显示出抑制 KIT 信号传导、细胞增殖和组胺释放并诱导肥大细胞凋亡的能力。

药品上市申报信息

该药物目前有 1 种产品上市。

药品注册申请号: 207997
申请类型: NDA (新药申请)
申请人: NOVARTIS
申请人全名: NOVARTIS PHARMACEUTICALS CORP

产品信息

产品号	商品名	活性成分	剂型 / 给药途径	规格 / 剂量	参比药物 (RLD)	生物等效参考标准 (RS)	治疗等效代码
001	RYDAPT	midostaurin	胶囊 / 口服	25mg	是	是	否

与本品相关的专利信息（来自 FDA 橙皮书 Orange Book）

关联产品号	专利号	专利过期日	是否物质专利	是否产品专利	专利用途代码	撤销请求	提交日期
001	7973031	2024/10/17			U-2007		2017/05/23
	8222244	2022/10/29			U-2007		2017/05/23
	8575146	2030/12/02			U-2008		2017/05/23

与本品相关的市场独占权保护信息

关联产品号	独占权代码	失效日期	备注
001	NCE	2022/04/28	
	ODE-140	2024/04/28	
	ODE-141	2024/04/28	

合成路线

以下合成路线来源于 Columbia University 化学系 Link 等人 1995 年发表的论文。目标化合

物以化合物 **1** 和化合物 **2** 为原料，经过 22 步合成反应而得。该合成路线中值得注意的合成反应有：①格氏试剂化合物 **1** 与化合物 **2** 分子的一个溴原子反应并偶联，得到相应的化合物 **3**。②化合物 **3** 分子中的 NH 基团与化合物 **4** 反应，得到 NH 保护的化合物 **5**。③化合物 **5** 与格氏试剂 **1** 发生偶联反应，得到相应的偶联化合物 **6**。④化合物 **7** 分子中的 2 个邻位羟基与化合物 **8** 发生成环反应，得到相应的杂环化合物 **9**。⑤化合物 **9** 开环反应后，得到相应的化合物 **10**。⑥化合物 **11** 与二甲基二氧杂环丙烷反应后得到相应的环氧丙烷化合物 **12**。⑦化合物 **6** 分子中的 NH 基团在强碱性条件下，与化合物 **12** 分子中的环氧丙烷发生亲核取代和开环反应，得到相应的化合物 **13**。⑧化合物 **13** 分子中的自由羟基经保护后，再经过还原剂 Bu_3SnH 还原，得到化合物 **15**。⑨化合物 **15** 脱去羟基保护基后得到相应的羟基化合物 **16**。⑩化合物 **16** 在 I_2 和 O_2 的催化下，被氧化并且发生分子内环合，得到相应的稠环化合物 **17**。⑪化合物 **17** 分子中的羟基经碘代反应后得到化合物 **18**，在碱性条件下消除，得到相应的烯键化合物 **19**。⑫化合物 **19** 的烯键与 I_2 发生加成，并且发生分子内环合反应，得到化合物 **20**。⑬化合物 **20** 分子中的碘原子经催化还原后，得到相应的化合物 **21**。

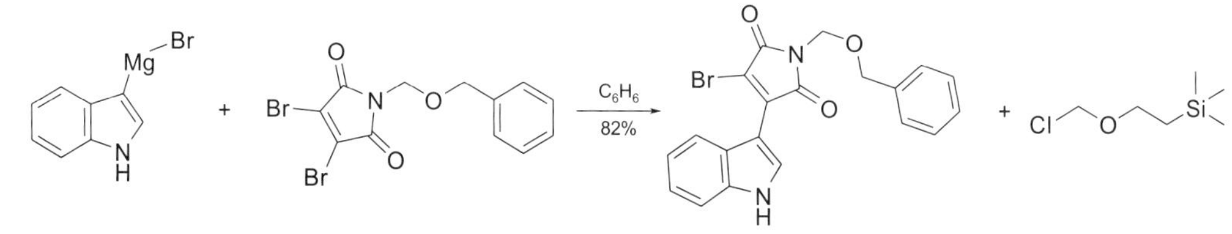

C_6H_6, 82%

1 CAS号 7058-69-7　**2** CAS号 102147-52-4　**3** CAS号 160256-56-4　**4** CAS号 76513-69-4

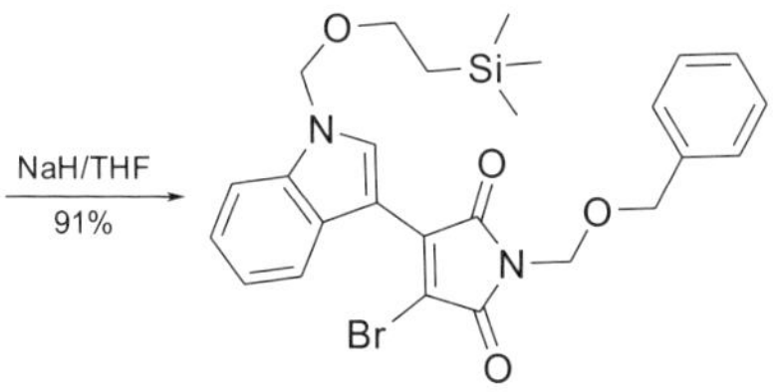

NaH/THF, 91%

5 CAS号 160256-36-0

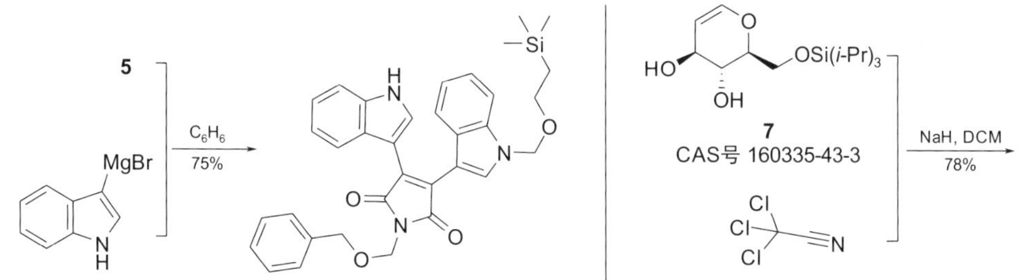

C_6H_6, 75%

1 CAS号 7058-69-7　**6** CAS号 160256-37-1

NaH, DCM, 78%

7 CAS号 160335-43-3　**8** CAS号 545-06-2

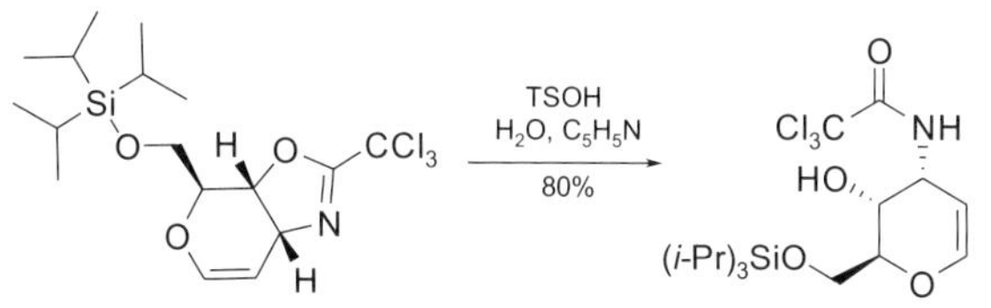

TSOH, H_2O, C_5H_5N, 80%

9 CAS号 148302-24-3　**10** CAS号 160335-44-4

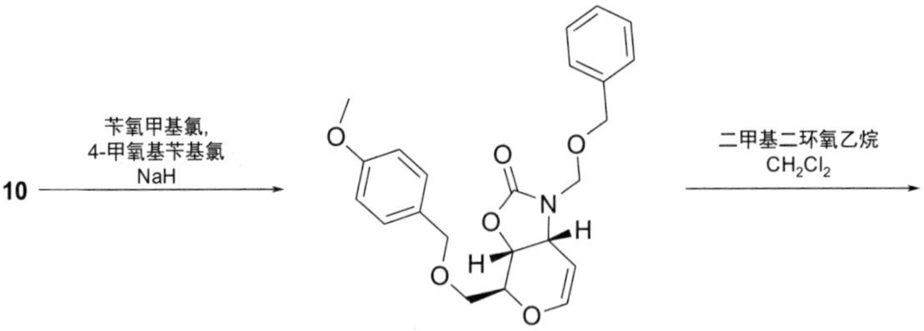

10 → 苄氧甲基氯, 4-甲氧基苄基氯, NaH → 11

11

CAS号 160256-40-6

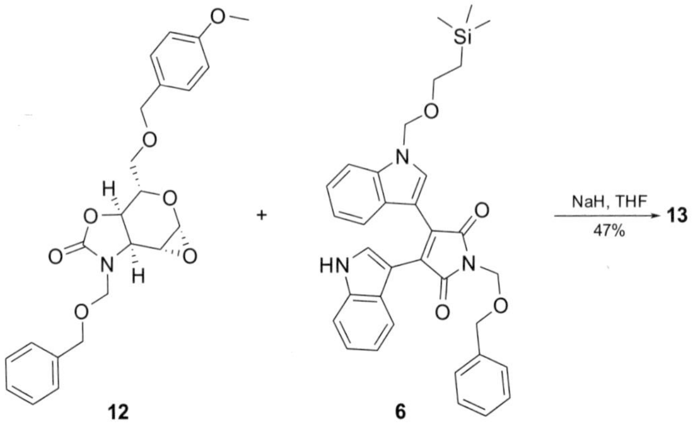

→ 二甲基二环氧乙烷, CH_2Cl_2 →

12

CAS号 160256-41-7

\+

6

CAS号 160256-37-1

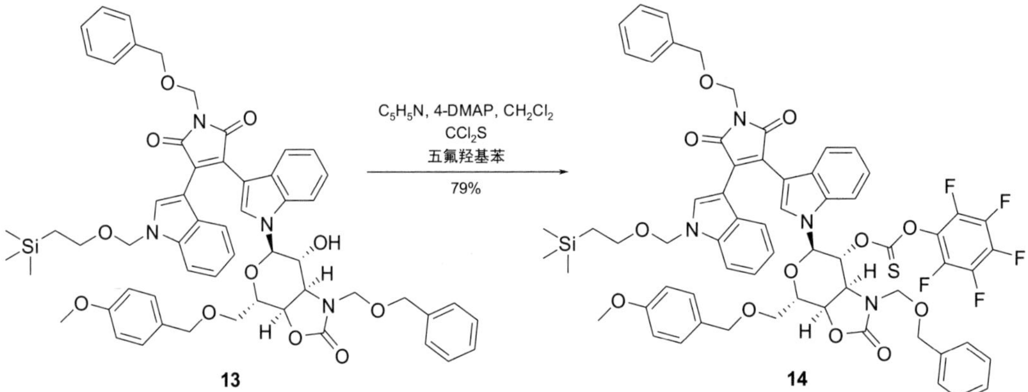

→ NaH, THF, 47% → 13

13

CAS号 160256-43-9

→ C_5H_5N, 4-DMAP, CH_2Cl_2, CCl_2S, 五氟羟基苯, 79% →

14

CAS号 160256-59-7

→ Bu_3SnH, AIBN, 苯, 74% →

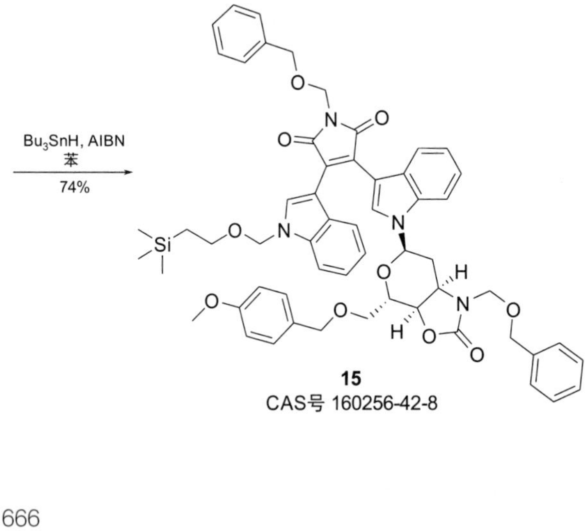

15

CAS号 160256-42-8

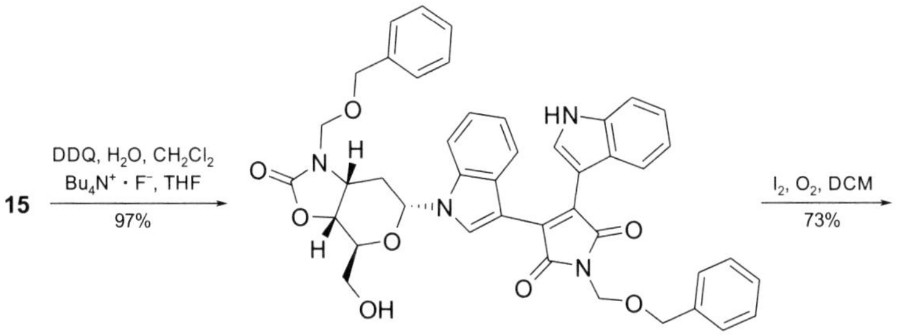

15 —DDQ, H_2O, CH_2Cl_2; $Bu_4N^+ \cdot F^-$, THF; 97%→ 16 —I_2, O_2, DCM; 73%→

16
CAS号 160256-44-0

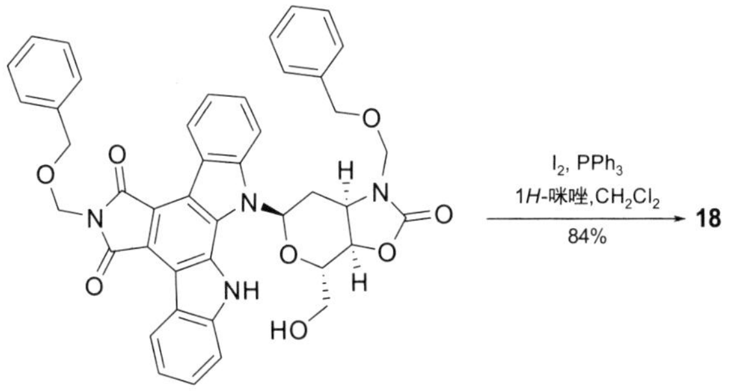

17 —I_2, PPh_3; 1*H*-咪唑, CH_2Cl_2; 84%→ **18**

17
CAS号 160256-61-1

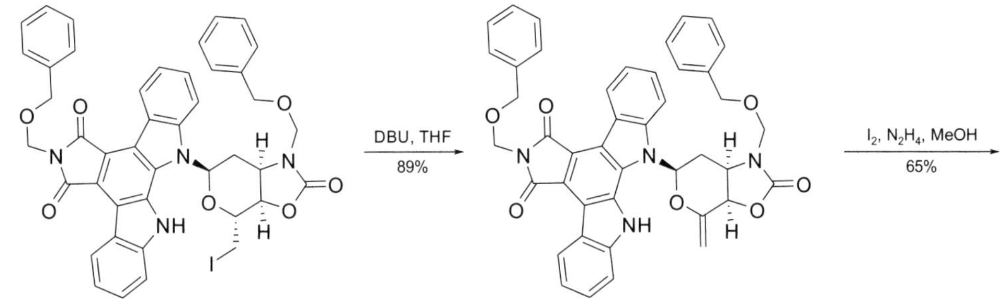

—DBU, THF; 89%→ —I_2, N_2H_4, MeOH; 65%→

18
CAS号 160256-45-1

19
CAS号 160256-46-2

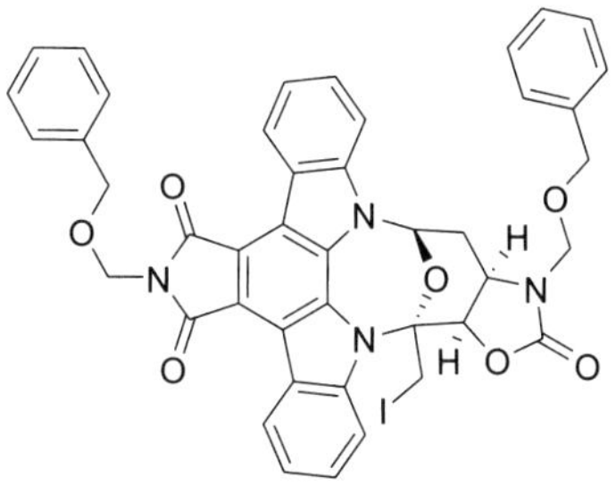

20
CAS号 160256-47-3

20 $\xrightarrow[99\%]{Bu_3SnH,\ AIBN}$

21
CAS号 160256-48-4

H_2, $Pd(OH)_2$, AcOEt
NaOMe, MeOH
4-DMAP, THF
NaH, DMF
$PhCH_2OCH_2Cl$
$(Boc)_2O$

22
CAS号 160256-51-9

Cs_2CO_3, MeOH
93%

23
CAS号 160256-52-0

23
硫酸二甲酯
NaH, THF, DMF
H_2, $Pd(OH)_2$,
MeOH, AcOEt
NaOMe, MeOH
TFA, DCM

24
CAS号160256-54-2

MeI

25
CAS号125035-83-8

26
CAS号62996-74-1

27
CAS号98-88-4

Et_3N, DCM

28
midostaurin
CAS号120685-11-2

原始文献： J Am Chem Soc, 1995, 117 (1): 552-553.

参考文献

[1] Aikawa T, Togashi N, Iwanaga K, et al. Quizartinib, a selective FLT3 inhibitor, maintains antileukemic activity in preclinical models of

RAS-mediated midostaurin-resistant acute myeloid leukemia cells. Oncotarget, 2020, 11(11):943-955.

[2] Tomlinson B K, Gallogly M M, Kane D M, et al. A phase Ⅱ study of midostaurin and 5-azacitidine for untreated elderly and unfit patients with FLT3 wild-type acute myelogenous leukemia. Clin Lymphoma Myeloma Leuk, 2020, 20(4):226-233.

米哚妥林核磁谱图

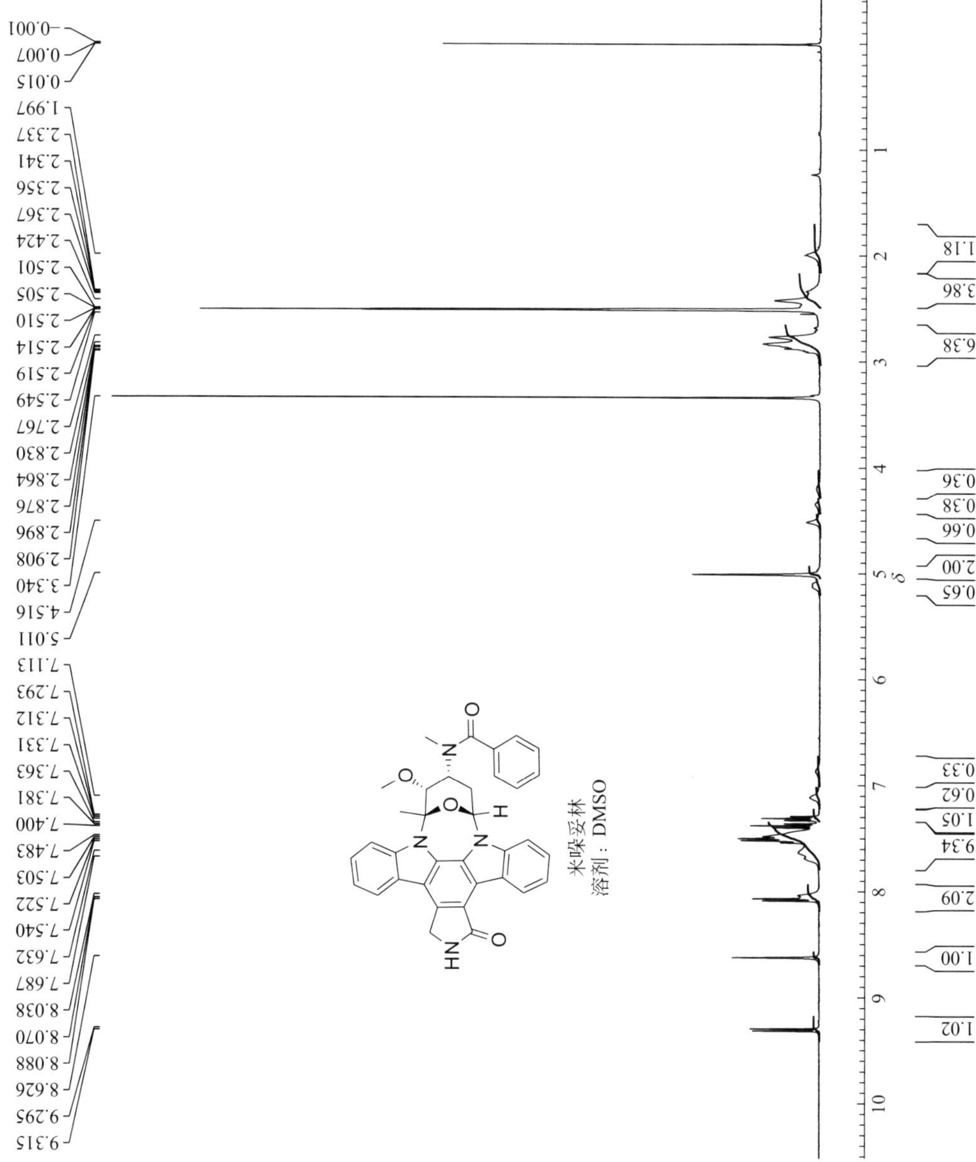

migalastat（米加司他）

药物基本信息

英文通用名	migalastat
英文别名	Amigal, DDIG, Migalastat HCl; 1-Deoxygalactonojirimycin; 1-deoxygalactostatin; AT1001; AT 1001; AT-1001; GR181413A; GR 181413A; GR-181413A
中文通用名	米加司他
商品名	Galafold
CAS登记号	108147-54-2（游离碱），75172-81-5（盐酸盐）
FDA 批准日期	8/10/2018
FDA 批准的API	migalastat hydrochloride
化学名	(2*R*,3*S*,4*R*,5*S*)-2-(hydroxymethyl)piperidine-3,4,5-triol hydrochloride
SMILES代码	O[C@H]1[C@@H](CO)NC[C@H](O)[C@H]1O.[H]Cl

化学结构和理论分析

化学结构	理论分析值
	化学式：$C_6H_{14}ClNO_4$ 精确分子量：N/A 分子量：199.63 元素分析：C, 36.10; H, 7.07; Cl, 17.76; N, 7.02; O, 32.06

药品说明书参考网页

生产厂家产品说明书、美国药品网、美国处方药网页。

药物简介

GALAFOLD 的活性成分是 migalastat hydrochloride，是一种 α- 半乳糖苷酶 A（α-GalA）药理伴侣分子（pharmacological chaperone），migalastat 属于低分子量亚氨基糖和 globotriaosylceramide（GL-3）末端半乳糖的类似物。Migalastat hydrochloride 为白色至几乎白色的结晶固体。在 pH 值范围为 1.2 ～ 7.5 的水中可自由溶解。

GALAFOLD（migalastat）口服胶囊含有 123mg migalastat（相当于 150mg Migalastat hydrochloride），为白色至浅棕色粉末，带有不透明的蓝色瓶盖，不透明的白色主体用黑色墨水刻有“A1001”字样。非活性成分是硬脂酸镁和预糊化淀粉。胶囊壳由明胶、靛蓝 FD & C 蓝色 2 号和二氧化钛组成。黑色墨水由黑色氧化铁、氢氧化钾和紫胶组成。

GALAFOLD 可用于治疗已经确诊了的法布里氏病（Fabry disease）和基于体外测定数据确认半乳糖苷酶 α 基因（GLA）变异的成人。

Migalastat 是一种药理伴侣分子，通过可逆方式，同法布里氏病缺乏的 α- 半乳糖苷酶 A

（α-GalA）蛋白（由半乳糖苷酶 α 基因 GLA 编码）的活性位点结合，进而稳定 α-GalA，使其从内质网运输到溶酶体，并在其中发挥作用。在溶酶体中，在较低的 pH 值和较高的相关底物浓度下，migalastat 从 α-GalA 上解离，并可降解糖鞘脂球菌糖基神经酰胺（GL-3）和球菌糖基鞘氨醇（lyso-Gb3）。某些导致 Fabry 病的 GLA 变体（突变）会导致 α-GalA 蛋白异常折叠且不稳定，但是该蛋白保留了酶活性。Migalastat 可以使那些 GLA 变体所产生的 α-GalA 蛋白稳定化，进而恢复其向溶酶体的运输功能及其在溶酶体内的活性。

药品上市申报信息

该药物目前有 1 种产品上市。

药品注册申请号：208623
申请类型：NDA（新药申请）
申请人：AMICUS THERAPS US
申请人全名：AMICUS THERAPEUTICS US INC

产品信息

产品号	商品名	活性成分	剂型 / 给药途径	规格 / 剂量	参比药物 (RLD)	生物等效参考标准 (RS)	治疗等效代码
001	GALAFOLD	migalastat hydrochloride	胶囊 / 口服	等量 123mg 游离碱	是	是	否

与本品相关的专利信息（来自 FDA 橙皮书 Orange Book）

关联产品号	专利号	专利过期日	是否物质专利	是否产品专利	专利用途代码	撤销请求	提交日期
001	10076514	2037/03/15			U-2371		2018/10/18
	10251873	2038/05/30			U-2371		2019/05/07
	10383864	2027/05/16			U-2371		2019/09/04
	10406143	2027/05/16			U-2371		2019/09/26
	10471053	2038/05/30			U-2371		2019/12/06
	10525045	2028/04/28			U-2371		2020/01/17
	8592362	2029/02/12			U-2371		2018/09/05
	9000011	2027/05/16			U-2371		2018/09/05
	9095584	2029/02/12			U-2371		2018/09/05
	9480682	2027/05/16			U-2371		2018/09/05
	9987263	2027/05/16			U-2371		2018/09/05
	9999618	2028/04/28			U-2372 U-2373		2018/09/05

与本品相关的市场独占权保护信息

关联产品号	独占权代码	失效日期	备注
001	NCE	2023/08/10	
	ODE-205	2025/08/10	

合成路线 1

以下合成路线来源于 Sungkyunkwan University 药学院 Kim 等人 2016 年发表的论文。目标化合物 **8** 以化合物 **1** 和化合物 **2** 为原料，经过 5 步合成反应而得。该合成路线中值得注意的合成反应有：①化合物 **1** 经 O_3 氧化后，C=C 双键被打开，得到相应的甲醛化合物，再与格式试剂 **2** 反应后得到相应的加成产物 **3**。②化合物 **5** 分子中的 C=C 经 O_3 氧化后，C=C 双键被打开，得到相应的甲醛化合物，开环后，得到相应的化合物 **6**。③化合物 **6** 分子中的氨基与醛基缩合，分子内成环，再氢化还原得到相应的化合物 **7**。

O_3, MeOH
Me_2S, rt
$ZnCl_2$, Et_2O, THF
THF
NH_4Cl, H_2O, rt

1
CAS号 1029529-71-2

2
CAS号 1826-67-1

3
CAS号 1982347-17-0

C_5H_5N, 4-DMAP,
CH_2Cl_2, rt

4
CAS号 108-24-7

O_3, MeOH
Me_2S, rt

NH_4Cl
H_2, $Pd(OH)_2$,
MeOH, rt

5
CAS号 1982347-20-5

6
CAS号 1990454-91-5

HCl, H_2O,
MeOH, 回流
81%

7
CAS号 1990454-90-4

8
migalastat
CAS号 108147-54-2

原始文献： J Org Chem, 2016, 81(17):7432-7438.

合成路线 2

以下合成路线来源于 Indian Institute of Technology Kanpur 化学系 Chacko 等人 2015 年发表的论文。目标化合物 **15** 以化合物 **1** 和化合物 **2** 为原料，经过 10 步合成反应而得。该合成路线中值得注意的合成反应有：①化合物 **1** 和化合物 **2** 发生 Wittig 反应，得到相应的烯键化合物，再与 PhNO 反应，得到相应的化合物 **3**。②化合物 **3** 在 $Cu(OAc)_2$ 催化作用下，O—NH 键断裂，得到相应的化合物 **4**。③化合物 **6** 被 OsO_4 催化氧化后，得到相应的邻二羟基化合物 **7**。④化合物 **7** 分子中的邻二羟基保护后得到化合物 **9**。⑤化合物 **9** 分子中的酯基被 $LiALH_4$ 还原后，得到相应的羟基化合物 **10**。⑥化合物 **13** 分子中的氨基与分子中的甲磺酯基发生分子内亲核取代反应并成环，得到化合物 **14**。

PhNO,
D-脯氨酸, DMSO
CH_2Cl_2

1
CAS号 147959-19-1

2
CAS号 1099-45-2

3
CAS号 1704372-28-0

$Cu(OAc)_2$, EtOH, rt
NH_4Cl, H_2O

4
CAS号 1704372-29-1

4

5
CAS号 100-39-0

NaH, $Bu_4N^+ \cdot I^-$,
DMF, rt
H_2O
94%

6
CAS号 1704372-31-5

N-甲基吗啉, OsO_4,
H_2O, PhMe, Me_2CO, rt
Na_2SO_4
92%

7
CAS号 1704372-34-8

8
CAS号 77-76-9

p-$MeC_6H_4SO_3H$,
PhMe, 回流
86%
9

9
CAS号 1704372-37-1

$LiAlH_4$, THF, rt
EtOH,
NH_4Cl, H_2O
96%

10
CAS号 1704372-38-2

11
CAS号 124-63-0

Et_3N, 4-DMAP, CH_2Cl_2
柠檬酸, H_2O
99%

HCl, MeOH, AcOEt, rt → 13

12
CAS号 1704372-41-7

K_2CO_3, MeOH →

H_2, Pd, MeOH, rt 95% →

13
CAS号 1704372-44-0

14
CAS号 1704372-47-3

15
migalastat
CAS号 108147-54-2

原始文献： J Org Chem, 2015, 80(9): 4776-4782.

合成路线 3

以下合成路线来源于 University College Dublin 化学系 McDonnell 等人 2004 年发表的论文。目标化合物 **10** 以化合物 **1** 为原料，经过 7 步合成反应而得。该合成路线中值得注意的合成反应有：①化合物 **1** 分子的羟基经碘代反应后得到化合物 **2**。②化合物 **4** 分子中乙酰糖苷键在 $SnCl_4$ 催化下与 Me_2SiN_3 反应得到相应的叠氮化合物 **5**。③化合物 **6** 分子中的 C=C 双键与 *m*-CPBA 反应后得到相应的环氧丙烷，后者再与甲醇反应并开环，然后再与化合物 **3** 反应，得到相应的化合物 **8**。④化合物 **9** 的甲氧基被还原后得到目标化合物 **10**。

PPh_3, 1*H*-咪唑, I_2, PhMe, rt; $Na_2S_2O_3$, H_2O 94% →

H_2SO_4, AcOH, H_2O 62% →

1
CAS号 4064-06-6

2
CAS号 4026-28-2

3
CAS号 108-24-7

CH_2Cl_2, $SnCl_4$, Me_3SiN_3, rt; $NaHCO_3$, NaCl, H_2O, CH_2Cl_2 91% → 5

4
CAS号 13046-86-1

DBU, CH_2Cl_2 78% →

MeOH, CH_2Cl_2; *m*-CPBA, MeOH, rt; $NaHCO_3$, H_2O, CH_2Cl_2; 4-DMAP, C_5H_5N, rt; H_2O, rt 26% → 8

5
CAS号 106192-47-6

6
CAS号 106192-66-9

7
CAS号 67-56-1

3
CAS号 108-24-7

8
CAS号 692776-35-5

NaOMe, MeOH, rt
CO_2
86%

9
CAS号 692776-36-6

H_2, $Pd(OH)_2$, EtOH, rt
74%

10
migalastat
CAS号 108147-54-2

原始文献： J Org Chem, 2004, 69(10): 3565-3568.

合成路线 4

以下合成路线来源于 Bayer 公司 Heiker 等人 1990 年发表的论文。目标化合物 **8** 以化合物 **1** 为原料，经过 6 步合成反应而得。

1
CAS号 19130-96-2

2
CAS号 130539-15-0

3
CAS号 124-63-0

Et_3N, Me_2CO
80%

4
CAS号 130539-16-1

$PhCO_2^-\cdot Li^+$,
DMF
80%

5

5
CAS号 130539-17-2

NaOH, MeOH,
CH_2Cl_2
80%

6
CAS号 130609-19-7

$Ba(OH)_2$,
H_2O, MeOH
76%

7
CAS号 130539-18-3

HCl, H_2,
Pd, MeOH
80%

8
migalastat
CAS号 108147-54-2

原始文献： Carbohydrate Res, 1990, 203(2): 314-318.

合成路线 5

以下合成路线来源于 Bayer 公司 Legler 等人 1986 年发表的论文。目标化合物 **13** 以化合物 **1** 为原料，经过 9 步合成反应而得。

$Bu_4N^+ \cdot {}^-OAc$, PhCl, 78%

1 CAS号 19131-06-7

2 CAS号 38166-65-3

AcOH, H_2O

3 CAS号 109680-96-8

4 CAS号 76-83-5

C_5H_5N → **5**

5 CAS号 109680-97-9

PDC, Ac_2O, CH_2Cl_2, 95%

6 CAS号 109680-98-0

$KHCO_3$, $H_2NOH \cdot HCl$, MeOH, 96%

7 CAS号 109680-99-1

NaOMe, MeOH, Ni → **8**

8 CAS号 109681-00-7

SO_2, MeOH, H_2O

9 CAS号 109784-32-9

10 CAS号 109784-33-0

$Ba(OH)_2$, H_2O

11 CAS号 109718-63-0

12 CAS号 108147-56-4

H_2, PtO_2, H_2O 74%

13
migalastat
CAS号 108147-54-2

原始文献： Carbohydrate Res, 1986, 155(2): 119-129.

合成路线 6

以下合成路线来源于 University of Belgrad 化学系 Trajkovic 等人 2017 年发表的论文。目标化合物 **11** 以化合物 **1** 为原料，经过 7 步合成反应而得。

1 CAS号 42491-79-2
2 CAS号 67-56-1
p-$MeC_6H_4SO_3H$, CH_2Cl_2, rt, 回流 99%
3 CAS号 135582-87-5
4 CAS号 18162-48-6
1*H*-咪唑, CH_2Cl_2, rt 81%

5 CAS号 1016643-04-1
$LiBH_4$, Et_2O, H_2O 86% → 6

6 CAS号 2154418-88-7
Martin's试剂, CH_2Cl_2, rt 90%
7 CAS号 2154418-89-8
8 CAS号 74181-34-3
CAS号 344-25-2, DMF 53%

9 CAS号 2154418-84-3

9 CAS号 2154418-84-3
H_2, Pd, EtOH, rt 74%
10 CAS号 2154418-86-5
HCl, MeOH, rt 86%
11 migalastat CAS号 108147-54-2

原始文献： Euro J Org Chem, 2017, 41:6146-6153.

合成路线 7

以下合成路线来源于 University of Oxford 化学系 Jenkinson 等人 2011 年发表的论文。目标化合物 **8** 以化合物 **1** 为原料，经过 5 步合成反应而得。

1 CAS号 17598-82-2　+　**2** CAS号 67-64-1

H_2SO_4, $CuSO_4$, Me_2CO, rt; Na_2CO_3, rt, 中和; 79%

→ **3** CAS号 151377-80-9　+　**4** CAS号 358-23-6

C_5H_5N, CH_2Cl_2; HCl, H_2O, CH_2Cl_2, rt; 98%

→ **5** CAS号 1314231-77-0

5 CAS号 1314231-77-0

NaN_3, DMF, rt; 95%

→ **6** CAS号 151252-15-2

DOWEX 50W, H_2O, 二噁烷, rt; 99%

→ **7** CAS号 1314231-78-1

H_2, Pd, H_2O, EtOH, rt; 86%

→ **8** migalastat CAS号 108147-54-2

原始文献： Org Lett, 2011, 13(15): 4064-4067.

合成路线 8

以下合成路线来源于 Tohoku Pharmaceutical University 药学院 Takahata 等人 2003 年发表的论文。目标化合物 **11** 以化合物 **1** 和化合物 **2** 为原料，经过 7 步合成反应而得。

1 CAS号 1112-56-7　+　**2** CAS号 95715-87-0

MeLi, Et_2O; $ZnBr_2$, 15min, rt; $ZnBr_2$, Et_2O, rt; NH_4Cl, H_2O; 91%

→ **3** CAS号 114301-35-8

HCl, $CHCl_3$, rt; 69%

→ **4** CAS号 89985-72-8

4 CAS号 89985-72-8　+　**5** CAS号 556-56-9

NaH, THF; NH_4Cl, H_2O; 76%

→ **6** CAS号 577969-74-5

172222-30-9, CH_2Cl_2, rt; 95%

→ **7** CAS号 577969-73-4

p-$MeC_6H_4SO_3H$, MeOH, rt, 97%

8
CAS号 577969-76-7

8 CAS号 577969-76-7 + **9** CAS号 77-76-9 → (m-CPBA, NaH_2PO_4, CH_2Cl_2, rt; Py · p-$MePhSO_3H$, Me_2CO, rt; 53%) **10** CAS号 577969-77-8 → (H_2SO_4, H_2O, 二噁烷, 回流; 83%) **11** migalastat CAS号 108147-54-2

原始文献： Org Lett, 2003, 5(14): 2527-2529.

合成路线 9

以下合成路线来源于 Dipharma Francis 公司 Attolino 等人 2019 年发表的专利申请书。目标化合物 **4** 以化合物 **1** 为原料，经过 3 步合成反应而得。

1 CAS号 158570-84-4 → (DMSO, Cl(O=)CC(=O)Cl, CH_2Cl_2; CH_2Cl_2; Et_3N) **2** CAS号 1445783-87-8

→ (NH_4OAc, AcOH, $NaBH_3CN$, MeOH, rt; NaOH, H_2O; 46%) **3** CAS号 167904-18-9

3 CAS号 167904-18-9 → (HCl, H_2, Pd, H_2O, MeOH, rt; 76%) **4** migalastat CAS号 108147-54-2

原始文献： WO 2019020362, 2019.

参考文献

[1] Narita I, Ohashi T, Sakai N, et al. Efficacy and safety of migalastat in a Japanese population: a subgroup analysis of the ATTRACT study. Clin Exp Nephrol, 2020, 24(2):157-166.

[2] Müntze J, Nordbeck P. Response to "oral chaperone therapy migalastat for the treatment of fabry disease: potentials and pitfalls of real-world data". Clin Pharmacol Ther, 2019, 106(5):927-928.

米加司他核磁谱图（氢谱）

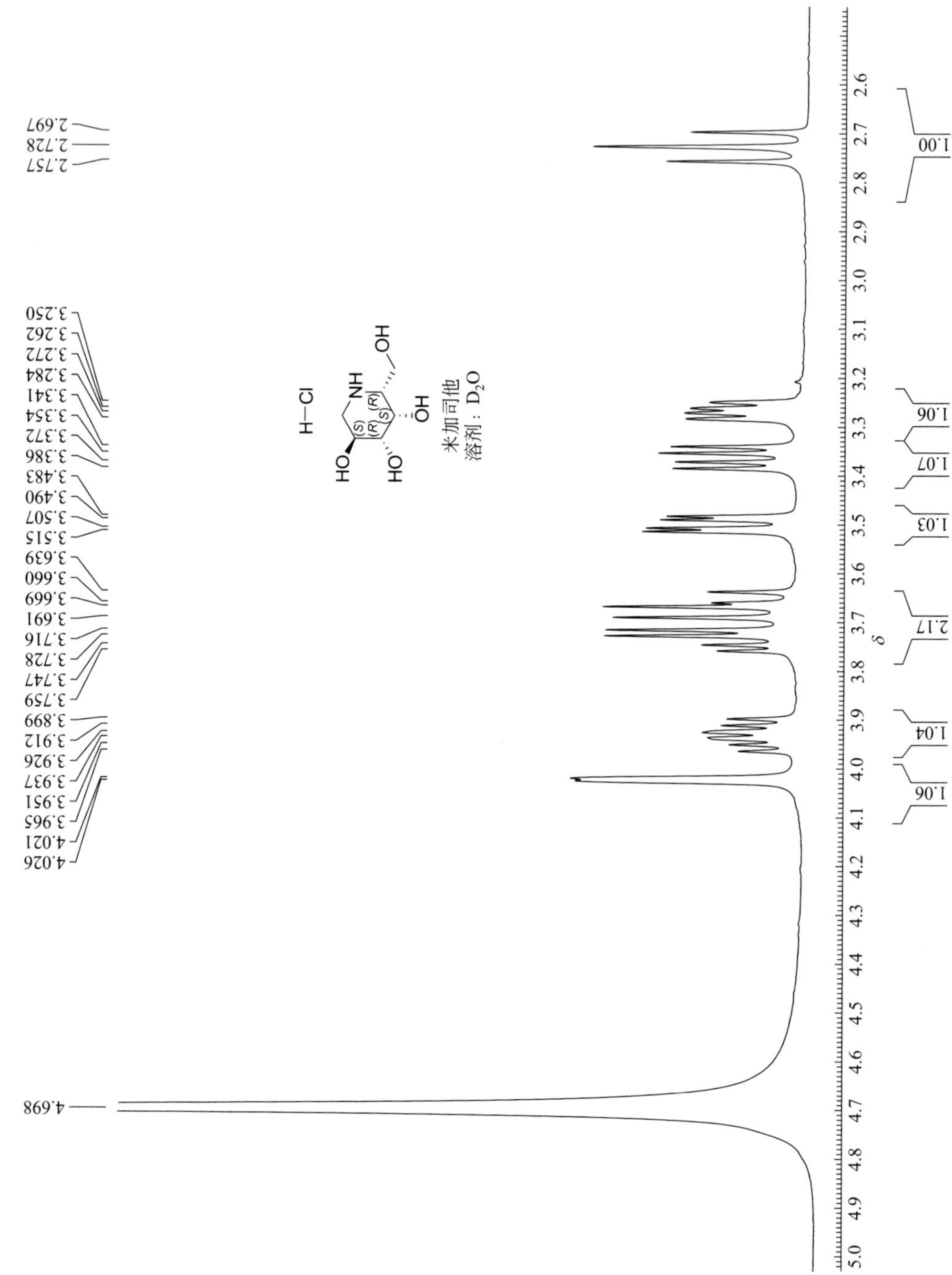

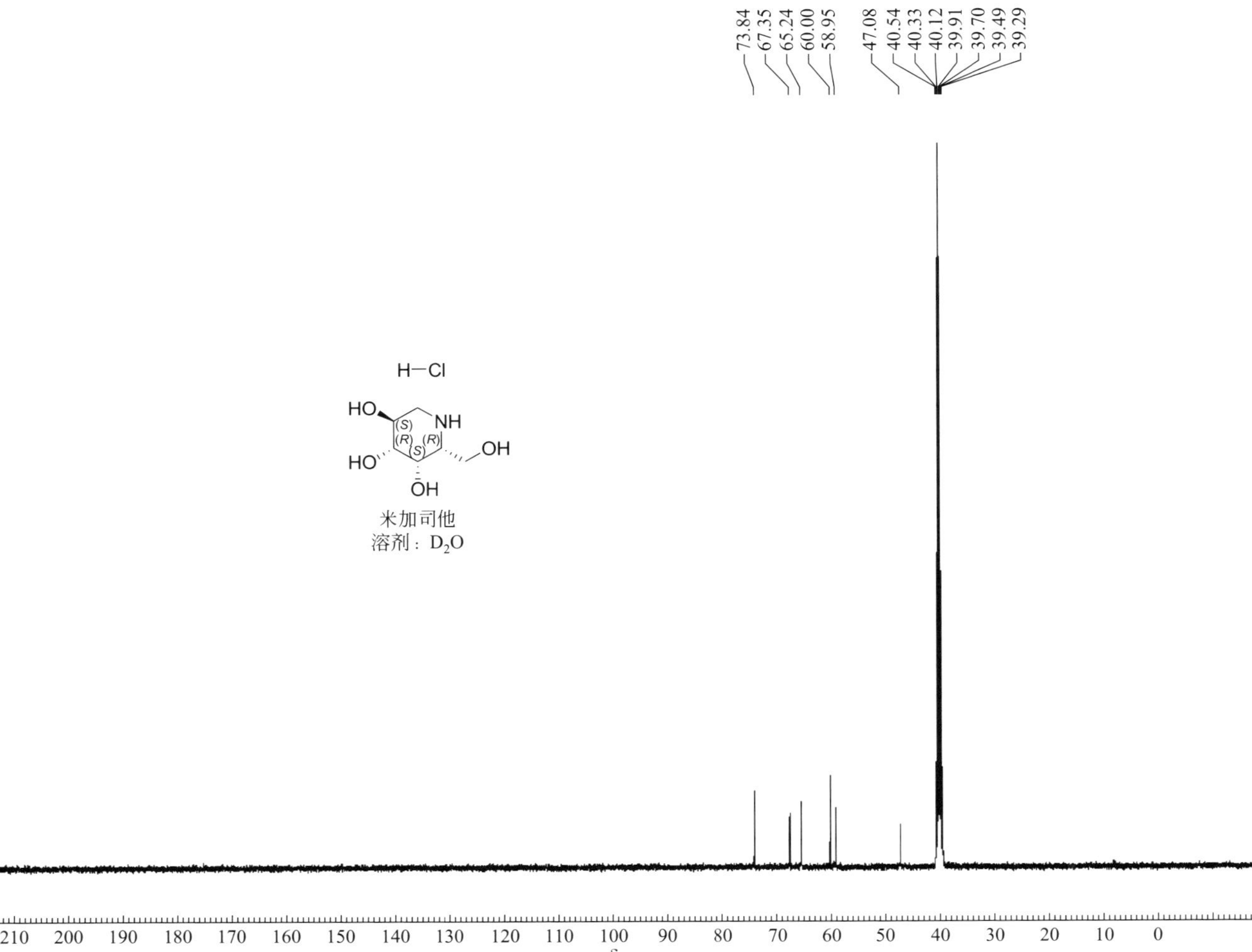
73.84
67.35
65.24
60.00
58.95
47.08
40.54
40.33
40.12
39.91
39.70
39.49
39.29
H—Cl
HO
NH
OH
HO
OH
(S)
(R)
(R)
(S)
米加司他
溶剂：D_2O
210 200 190 180 170 160 150 140 130 120 110 100 90 80 70 60 50 40 30 20 10 0
δ

moxidectin（莫西菌素）

药物基本信息

英文通用名	moxidectin
英文别名	CL301423; CL-301423; CL 301423; 23-Methoxime-LL-F 28249α; cydectin; equest; proHeart 6; quest; quest (parasiticide); vetdectin oral drench; moxidectin
中文通用名	莫西菌素
商品名	Moxidectin
CAS登记号	113507-06-5
FDA 批准日期	6/13/2018
FDA 批准的API	moxidectin
化学名	Milbemycin B, 5-*O*-demethyl-28-deoxy-25-(1,3-dimethyl-1-butenyl)-6,28-epoxy-23-(methoxyimino)-, (6*R*,23*E*,25*S*(*E*))-
SMILES代码	C[C@@H]1C/C(C)=C/C[C@@H]2C[C@H](OC([C@@H]3C=C(C)[C@@H](O)[C@@H]4[C@@]3(O)/C(CO4)=C/C=C/1)=O)C[C@]5(C/C([C@H](C)[C@@H](/C(C)=C/C(C)C)O5)=N\OC)O2

化学结构和理论分析

化学结构	理论分析值
	化学式：$C_{37}H_{53}NO_8$ 精确分子量：639.3771 分子量：639.83 元素分析：C, 69.46; H, 8.35; N, 2.19; O, 20.00

药品说明书参考网页

美国药品网、美国处方药网页。

药物简介

MOXIDECTIN 片剂的活性成分是 moxidectin，是一种驱虫药。Moxidectin 是一种源自放线菌蓝藻链霉菌的 milbemycin 类大环内酯。Moxidectin 是白色或浅黄色的无定形粉末，很容易溶于有机溶剂，例如二氯甲烷、乙醚、乙醇、乙腈和乙酸乙酯。它仅微溶于水（0.51mg/L）。Moxidectin 的熔点范围为 145 ～ 154℃ 。

MOXIDECTIN 片用于口服。每片含 2mg Moxidectin。片剂未包衣，包括以下非活性成分：胶体二氧化硅，交联羧甲基纤维素钠，无水乳糖，硬脂酸镁，微晶纤维素和月桂基硫酸钠。

Moxidectin 片适用于治疗 12 岁及 12 岁以上患者因盘尾曲霉（*onchocerca volvulus*）而引起的

盘尾丝虫病（onchocerciasis）。

Moxidectin 表现的作用机制尚不完全清楚。研究表明，moxidectin 可以与谷氨酸门控氯离子通道（GluCl）、γ- 氨基丁酸（GABA）受体，和 / 或 ATP 结合盒（ABC）转运蛋白结合，进而增加通透性，有利于氯离子涌入、超极化和肌肉麻痹。

MOXIDECTIN 是一种驱虫药，可杀死寄生虫（蠕虫），并用于预防和控制丝虫和肠道蠕虫。Moxidectin 是 nemadectin 的半合成衍生物，由氰基链霉菌发酵产生。该链霉菌属物种是 20 世纪 80 年代末，在美国 Cyanamid 公司工作的农艺师从澳大利亚收集的土壤样品中发现的。

药品上市申报信息

该药物目前有 1 种产品上市。

药品注册申请号: 210867
申请类型: NDA (新药申请)
申请人: MDGH
申请人全名: MEDICINES DEVELOPMENT FOR GLOBAL HEALTH

产品信息

产品号	商品名	活性成分	剂型 / 给药途径	规格 / 剂量	参比药物 (RLD)	生物等效参考标准 (RS)	治疗等效代码
001	MOXIDECTIN	moxidectin	片剂 / 口服	2mg	是	是	否

与本品相关的市场独占权保护信息

关联产品号	独占权代码	失效日期	备注
001	NCE	2023/06/13	
	ODE-193	2025/06/13	

合成路线 1

以下合成路线来源于 Glaxo Group Research 公司 Beddall 等人 1988 年发表的论文。目标化合物 **3** 以化合物 **1** 为原料，经过一步合成反应而得。

1
CAS号 112124-81-9

+ $H_2N-O-CH_3$ · H−Cl

2
CAS号 593-56-6

AcONa, MeOH, H_2O
80%

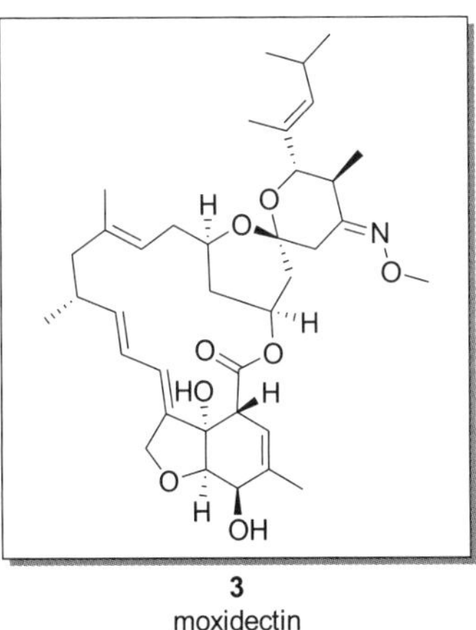

3
moxidectin
CAS号 113507-06-5

原始文献： TetrahedronLett, 1988, 29(2): 2595-2598.

合成路线 2

以下合成路线来源于 PKU International Healthcare 公司 He 等人 2015 年发表的专利申请书。目标化合物 **7** 以化合物 **1** 为原料，经过 4 步合成反应而得。

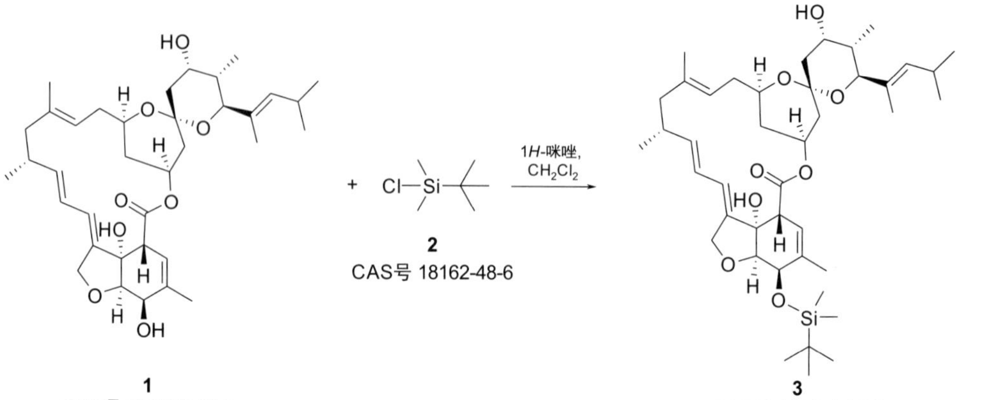

1
CAS号 102130-84-7

+ **2**
CAS号 18162-48-6

1*H*-咪唑, CH_2Cl_2 →

3
CAS号 112124-92-2

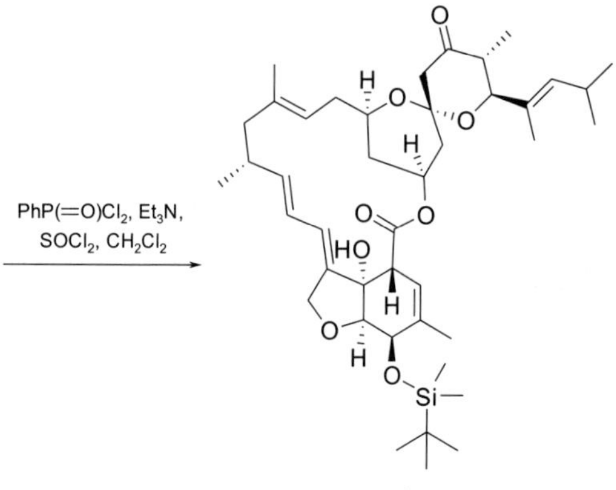

$PhP(=O)Cl_2$, Et_3N, $SOCl_2$, CH_2Cl_2 →

4
CAS号 112125-06-1

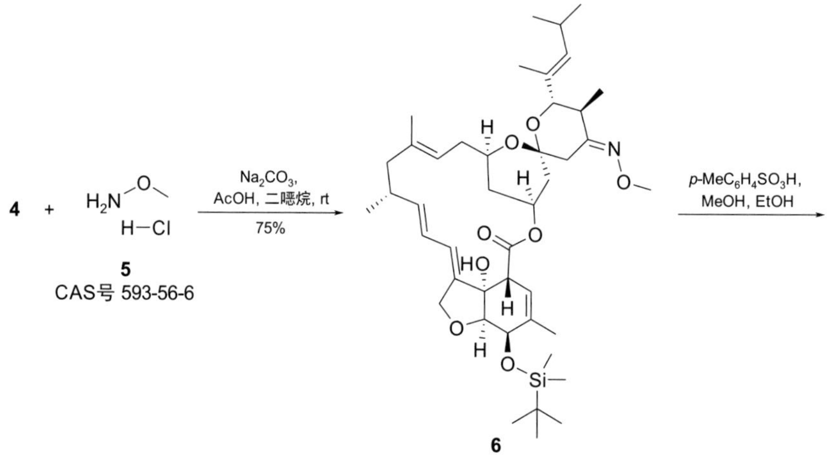

4 + **5** (H_2N–O–, H–Cl)
CAS号 593-56-6

Na_2CO_3, AcOH, 二噁烷, rt, 75% →

6
CAS号 1646166-08-6

p-$MeC_6H_4SO_3H$, MeOH, EtOH →

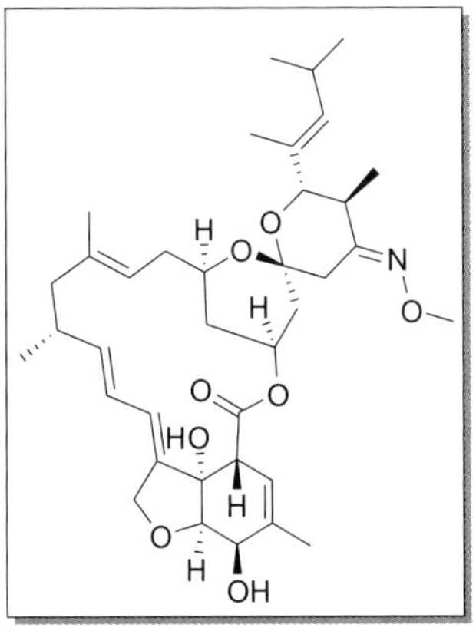

7
moxidectin
CAS号 113507-06-5

原始文献：CN 104277050, 2015.

合成路线 3

以下合成路线来源于 Dalian Jiuxin Biological Chemical Science and Technology 公司 Dai 等人 2014 年发表的专利申请书。目标化合物 **8** 以化合物 **1** 为原料，经过 5 步合成反应而得。

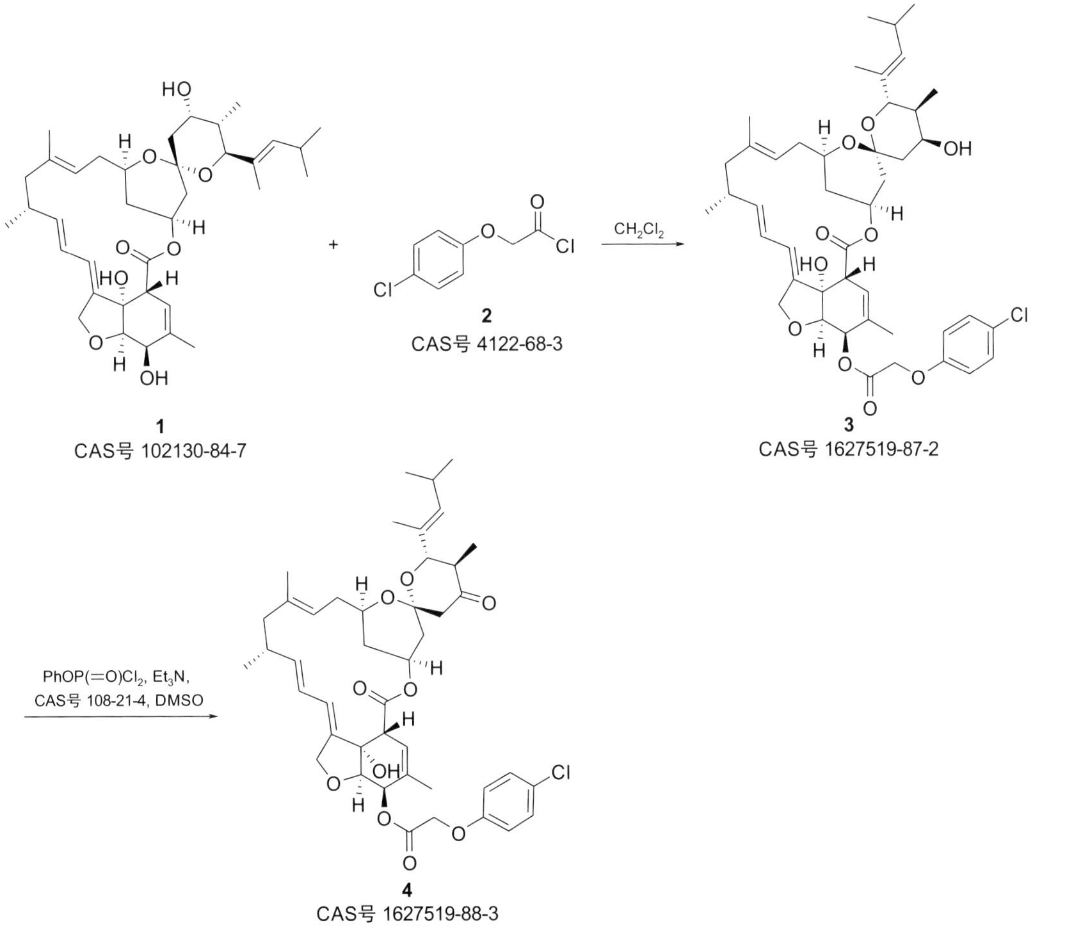

1
CAS号 102130-84-7

2
CAS号 4122-68-3

CH_2Cl_2

3
CAS号 1627519-87-2

$PhOP(=O)Cl_2$, Et_3N,
CAS号 108-21-4, DMSO

4
CAS号 1627519-88-3

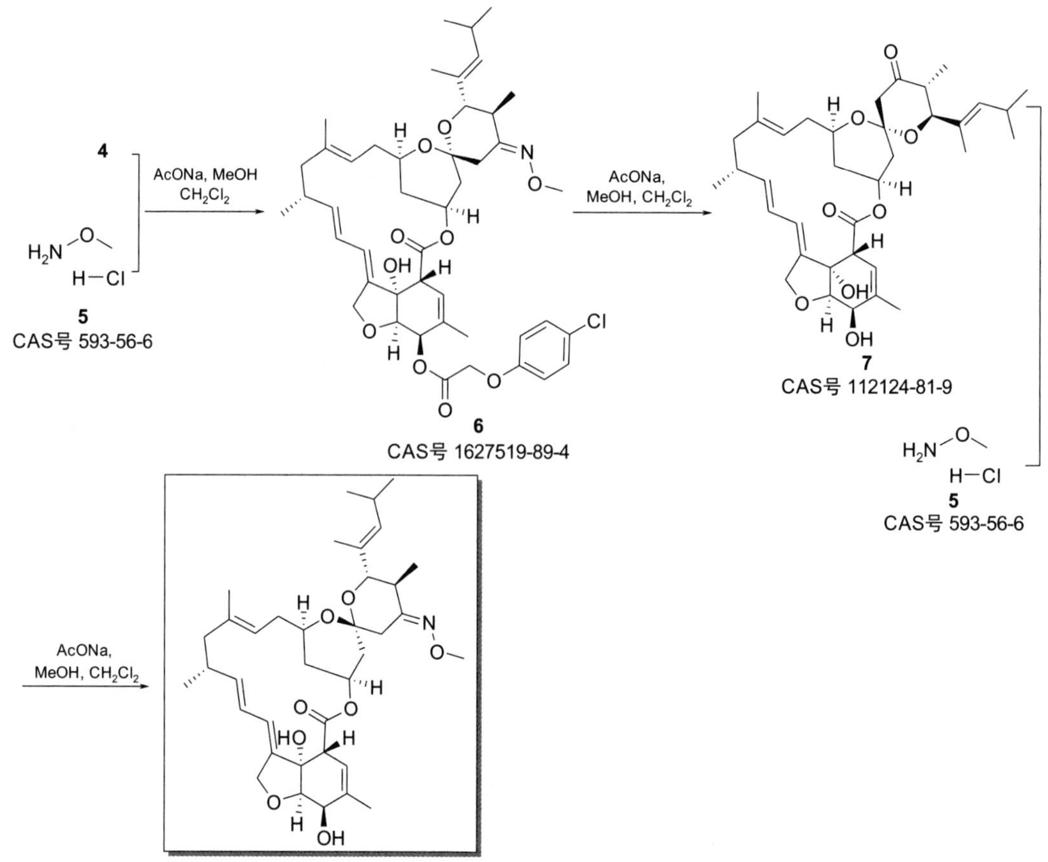

4

H_2N–O–

H—Cl

5
CAS号 593-56-6

AcONa, MeOH
CH_2Cl_2

6
CAS号 1627519-89-4

AcONa,
MeOH, CH_2Cl_2

7
CAS号 112124-81-9

H_2N–O–

H—Cl

5
CAS号 593-56-6

AcONa,
MeOH, CH_2Cl_2

8
moxidectin
CAS号 113507-06-5

原始文献： CN 104017001, 2014.

合成路线 4

以下合成路线来源于 Wyeth 公司 Massara 等人 2006 年发表的专利申请书。目标化合物 **7** 以化合物 **1** 为原料，经过 4 步合成反应而得。

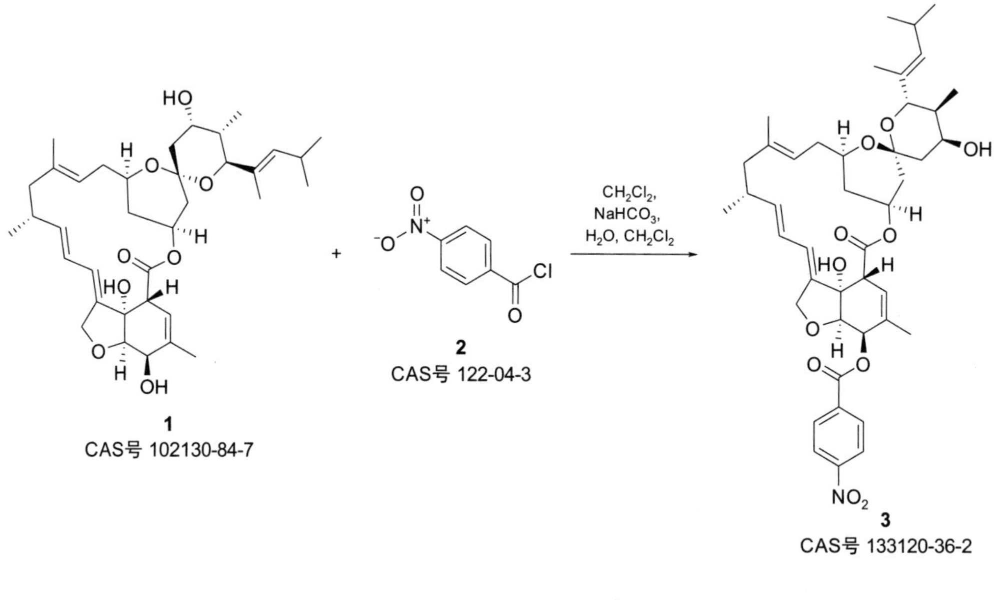

1
CAS号 102130-84-7

+

2
CAS号 122-04-3

CH_2Cl_2,
$NaHCO_3$,
H_2O, CH_2Cl_2

3
CAS号 133120-36-2

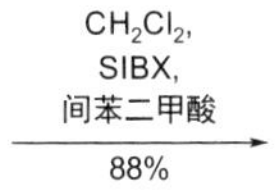

CH_2Cl_2,
SIBX,
间苯二甲酸
88%

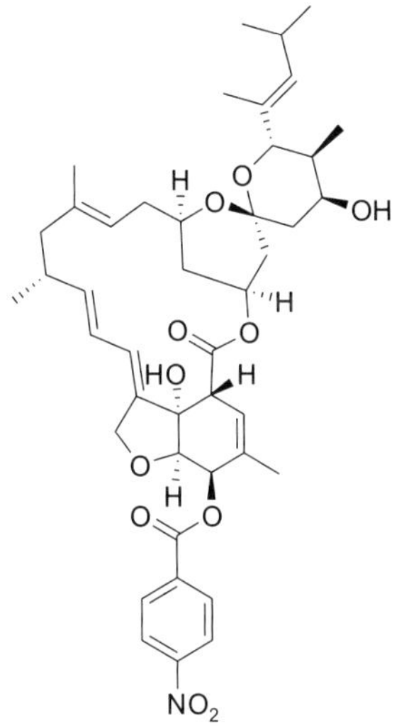

4
CAS号 133120-37-3

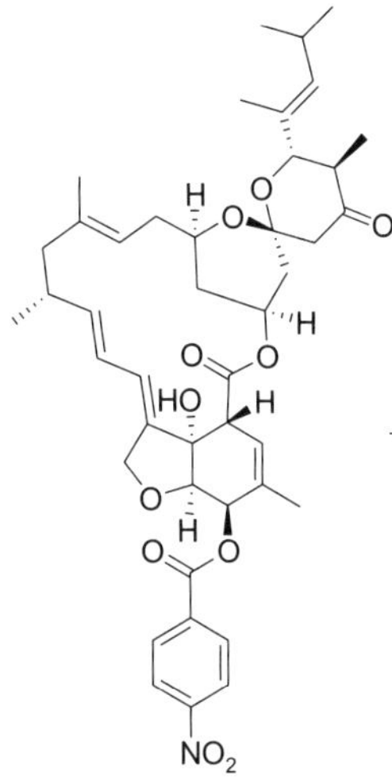

PhMe,
NaOH, H_2O

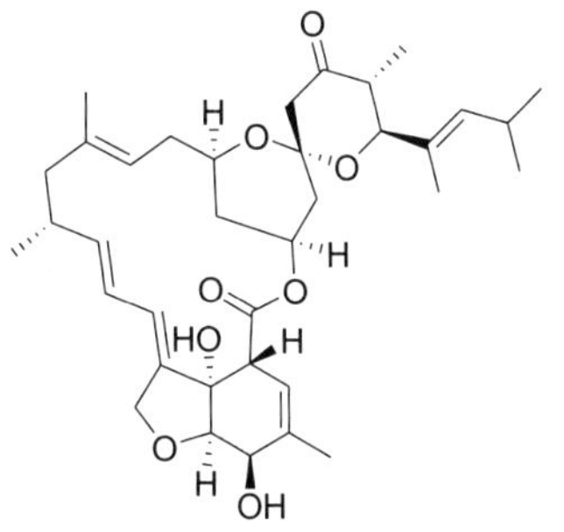

4
CAS号 133120-37-3

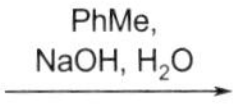

5
CAS号 102130-84-7

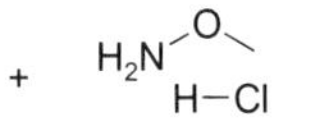

+

$H_2N{-}O{-}CH_3 \cdot HCl$

6
CAS号 593-56-6

PhMe,
AcONa, H_2O,
H_2O, PhMe

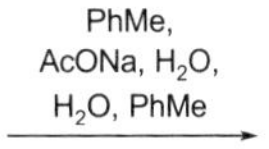

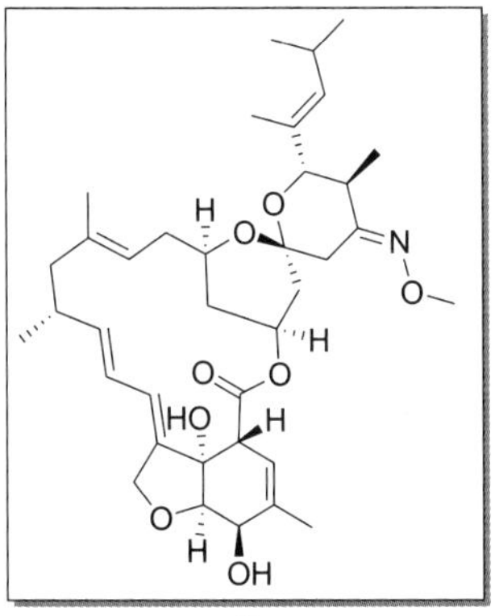

7
moxidectin
CAS号 113507-06-5

原始文献： AU 2006100660, 2006.

参考文献

[1] Becskei C, Fias D, Mahabir S P, et al. Efficacy of a novel oral chewable tablet containing sarolaner, moxidectin and pyrantel (Simparica Trio™) against natural flea and tick infestations on dogs presented as veterinary patients in Europe. Parasit Vectors, 2020, 13(1):72.

[2] Becskei C, Thys M, Doherty P, et al. Efficacy of orally administered combination of moxidectin, sarolaner and pyrantel (Simparica Trio™) for the prevention of experimental Angiostrongylus vasorum infection in dogs. Parasit Vectors, 2020, 13(1):64.

莫西菌素核磁谱图

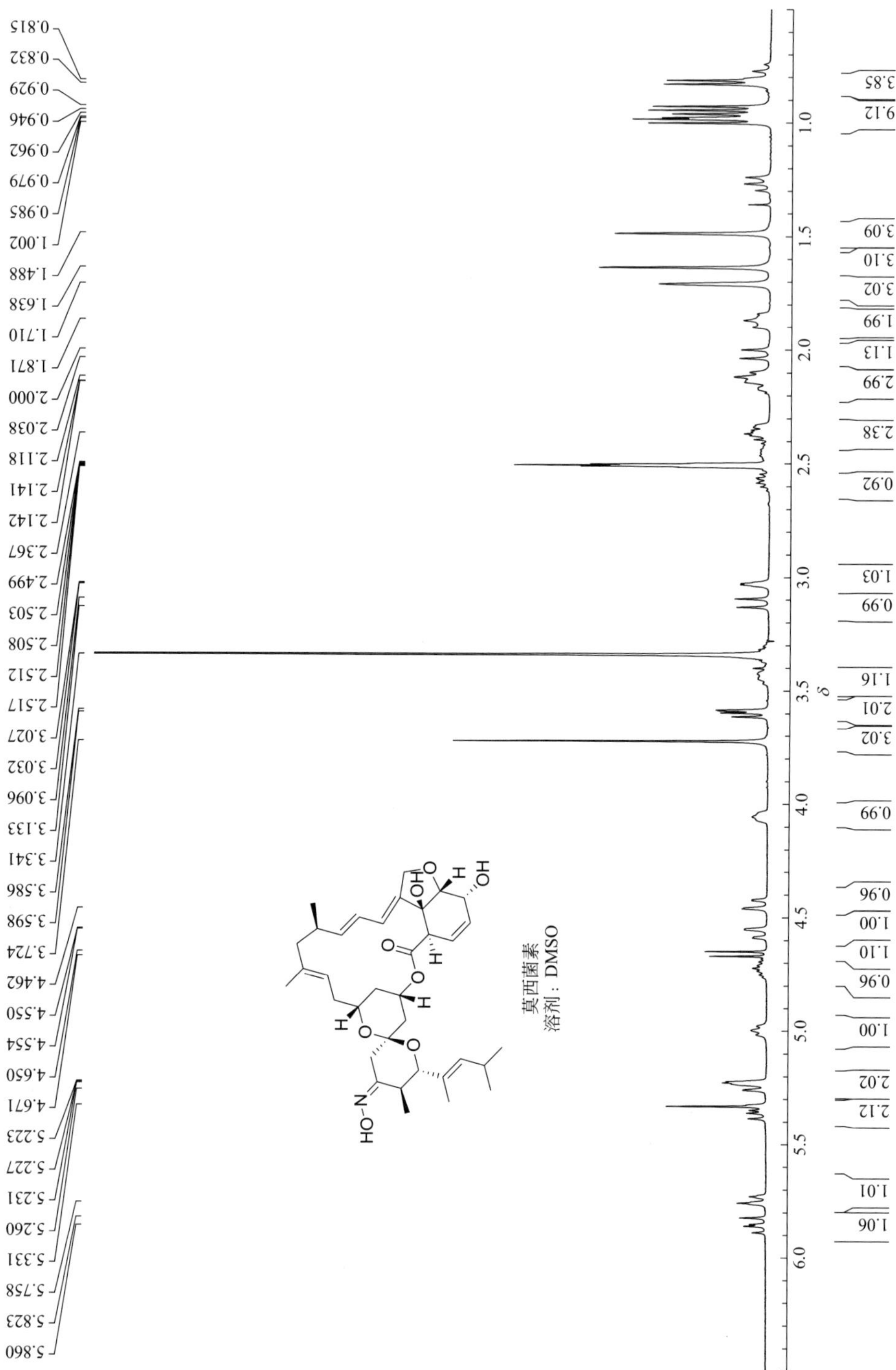

naldemedine（纳尔美定）

药物基本信息

英文通用名	naldemedine
英文别名	S 297995; S-297995; S297995; S 297,995; S-297,995; S297,995
中文通用名	纳尔美定
商品名	Symproic
CAS登记号	1345728-04-2 (甲磺酸盐), 916072-89-4 (游离碱)
FDA 批准日期	3/23/2017
FDA 批准的API	naldemedine tosylate
化学名	morphinan-7-carboxamide, 17-(cyclopropylmethyl)-6,7-didehydro-4,5-epoxy-3,6,14-trihydroxy-*N*-(1-methyl-1-(3-phenyl-1,2,4-oxadiazol-5-yl)ethyl)-, (5alpha)-, 4-methylbenzenesulfonate (1:1)
SMILES代码	O=C(C1=C(O)[C@@]2([H])[C@]34C5=C(O2)C(O)=CC=C5C[C@@H](N(CC6CC6)CC4)[C@]3(O)C1)NC(C7=NC(C8=CC=CC=C8)=NO7)(C)C.O=S(C9=CC=C(C)C=C9)(O)=O

化学结构和理论分析

化学结构	理论分析值
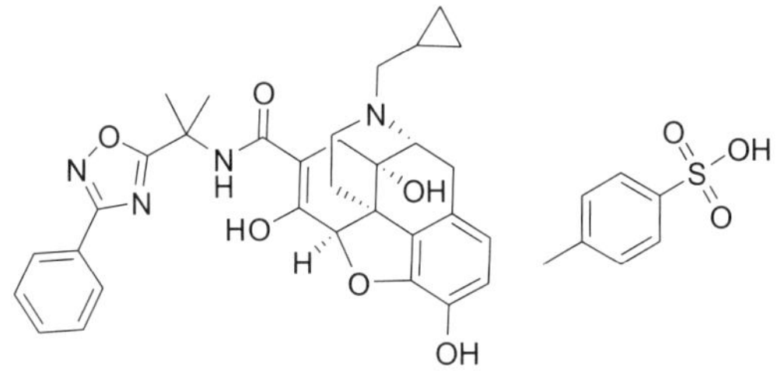	化学式：$C_{39}H_{42}N_4O_9S$ 分子量：742.84 元素分析：C, 63.06; H, 5.70; N, 7.54; O, 19.38; S, 4.32

药品说明书参考网页

生产厂家产品说明书、美国药品网、美国处方药网页。

药物简介

SYMPROIC 的活性成分是 naldemedine tosylate，是一种阿片类药物拮抗剂。Naldemedine tosylate 为白色至浅棕褐色粉末，溶于二甲基亚砜和甲醇，微溶于醇和水，不受 pH 值的影响。

口服的SYMPROIC片剂含0.2mg naldemedine（相当于0.26mg naldemedine tosylate）。赋形剂有：D-甘露醇、交联羧甲基纤维素钠、硬脂酸镁、羟丙甲纤维素、滑石粉和黄色三氧化二铁。

SYMPROIC 适用于治疗慢性非癌性疼痛的成年患者，包括不需要频繁（例如每周一次）增加阿片类药物剂量的阿片类药物引起的便秘（OIC），及与先前癌症或其治疗相关的慢性疼痛患者。

Naldemedine 是一种阿片拮抗剂，对 μ、δ 和 κ 阿片受体具有结合亲和力。 Naldemedine 在组织（例如胃肠道）中充当外围作用的 μ 阿片受体拮抗剂，从而降低阿片类药物的便秘作用。

Naldemedine 是一种 naltrexone 衍生物，其结构特点是在 naltrexone 分子上添加侧链，使分子量和分子的极性表面增加，从而降低其穿过血脑屏障（BBB）的能力。

Naldemedine 也是 P- 糖蛋白（P-gp）外排转运蛋白的底物。 基于这些特性，在建议的剂量水平下，naldemedine 的中枢神经系统渗透率可忽略不计，从而限制了干扰中枢性阿片类镇痛作用的可能性。

药品上市申报信息

该药物目前有 1 种产品上市。

药品注册申请号: 208854
申请类型: NDA (新药申请)
申请人: BDSI
申请人全名: BIODELIVERY SCIENCES INTERNATIONAL INC

产品信息

产品号	商品名	活性成分	剂型 / 给药途径	规格 / 剂量	参比药物 (RLD)	生物等效参考标准 (RS)	治疗等效代码
001	SYMPROIC	naldemedine tosylate	片剂 / 口服	等量 0.2mg 游离碱	是	是	否

与本品相关的专利信息（来自 FDA 橙皮书 Orange Book）

关联产品号	专利号	专利过期日	是否物质专利	是否产品专利	专利用途代码	撤销请求	提交日期
001	9108975	2031/11/11	是	是			2017/03/31
	RE46365	2028/01/11	是	是			2017/05/02
	RE46375	2026/10/05	是	是	U-1185		2017/05/02

与本品相关的市场独占权保护信息

关联产品号	独占权代码	失效日期	备注
001	NCE	2022/03/23	

合成路线 1

以下合成路线来源于 Shionogi 公司 Inagaki 等人 2019 年发表的论文。目标化合物 **7** 以化合物 **1** 和化合物 **2** 为原料，经过 4 步合成而得。所涉及的合成反应比较经典，可靠性高。

1
CAS号 100-51-6

2
CAS号 735332-77-1

$C_5H_{10}N(O=)CN=NC(=O)NC_5H_{10}$, PBu_3, THF

3
CAS号 916072-95-2

KOH, H_2O
MeOH

4
CAS号 916072-96-3

4 +

5
CAS号 566157-96-8

Et_3N, 1-羟基苯并三唑, EDC-HCl

6
CAS号 304540-11-0

BBr_3, CH_2Cl_2, 2h, rt; 1h, 40°C

7
naldemedine
CAS号 916072-89-4

原始文献： Bioorg Med Chem Lett, 2019, 29(1):73-77.

合成路线 2

以下合成路线来源于 Shionogi 公司 Tamura 等人 2012 年发表的专利申请书。目标化合物 **12** 以化合物 **1** 和化合物 **2** 为原料，经过 6 步合成而得。

C_5H_5N
MeCN

1
CAS号 566157-96-8

2
CAS号 7693-46-1

3
CAS号 1374774-75-0

Et_3N, AcOEt

4
CAS号 16676-29-2

5
CAS号 108-24-7

6
CAS号 111129-14-7

MeCN,
22h, 回流

3
CAS号 1374774-75-0

7
CAS号 1374774-70-5

8
CAS号 104-15-4

KOH, H_2O
Me_2CHOH

9
CAS号 1345728-04-2

Na_2CO_3
H_2O, AcOEt
EtOH, $(i\text{-}Pr)_2O$

9
CAS号 1345728-04-2

10
CAS号 64-17-5

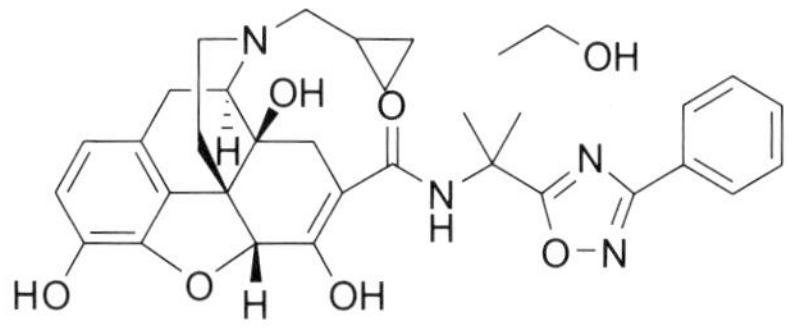

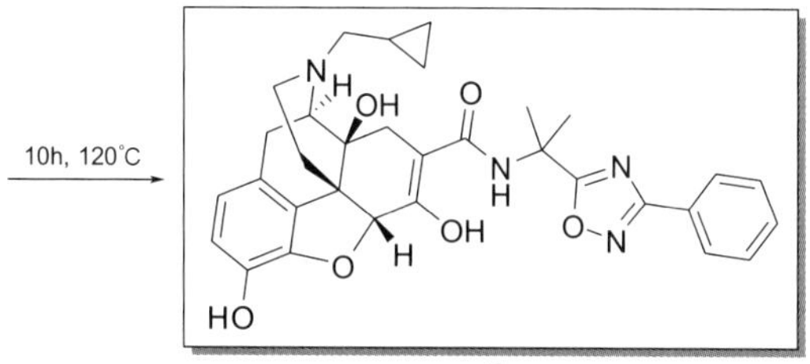

10h, 120°C

11
CAS号 1374774-81-8

12
naldemedine
CAS号 916072-89-4

原始文献： WO 2012063933, 2012.

合成路线 3

以下合成路线来源于 Shionogi 公司 Inagaki 等人 2006 年发表的专利申请书。目标化合物 **6** 以化合物 **1** 和化合物 **2** 为原料，经过 3 步合成而得。

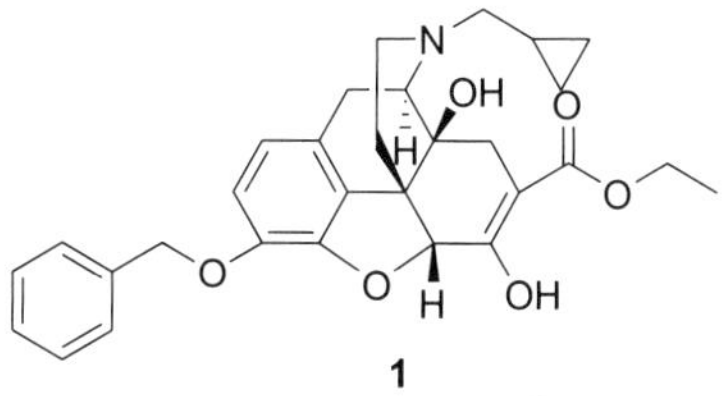

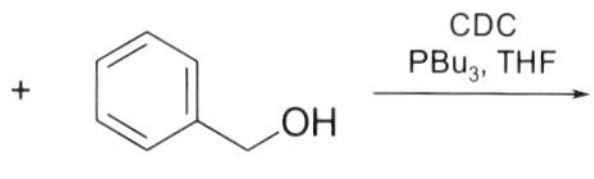

CDC
PBu_3, THF

1
CAS号 735332-77-1

2
CAS号 100-51-6

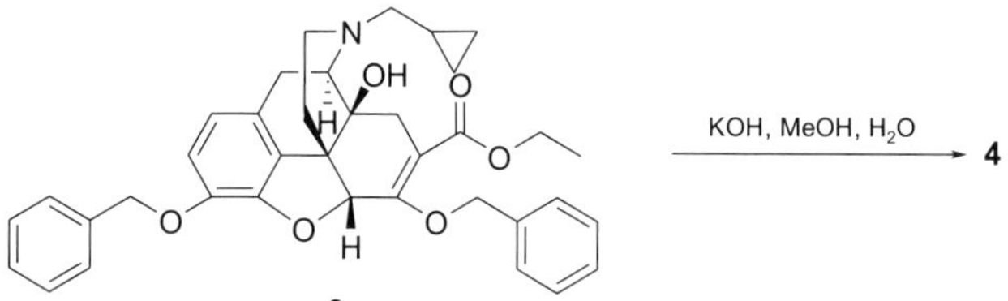

KOH, MeOH, H_2O → **4**

3
CAS号 916072-95-2

1. 1-羟基苯并三唑, *N*-甲基吗啉, EDC-HCl, THF
2. H_2, $Pd(OH)_2$, MeOH

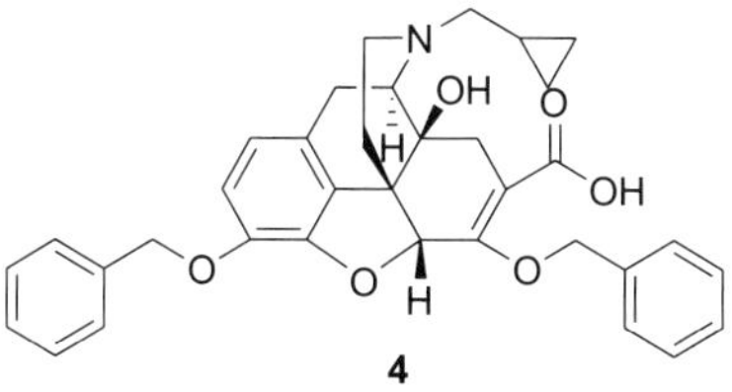

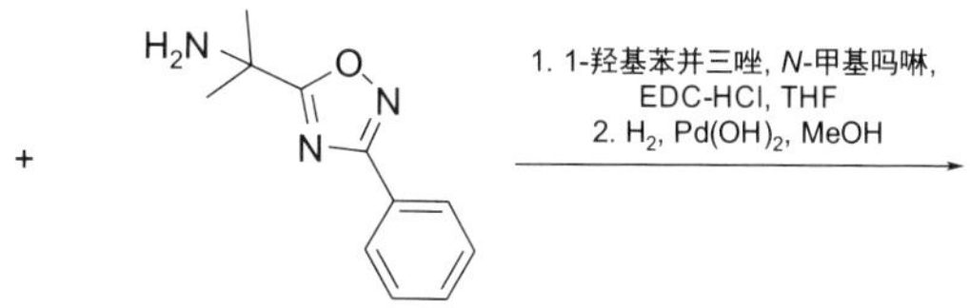

4
CAS号 916072-96-3

5
CAS号 566157-96-8

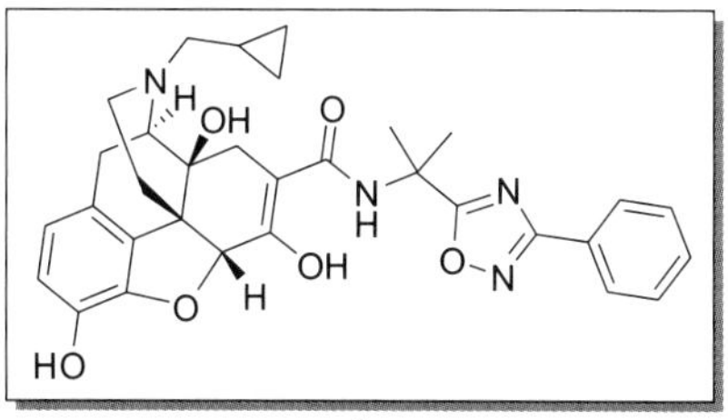

6
naldemedine
CAS号 916072-89-4

原始文献： WO 2006126637, 2006.

参考文献

[1] Webster L R, Hale M E, Yamada T, et al. A renal impairment subgroup analysis of the safety and efficacy of naldemedine for the treatment of opioid-induced constipation in patients with chronic noncancer pain receiving opioid therapy. J Pain Res, 2020, 13:605-612.

[2] Pergolizzi J V Jr, Christo P J, LeQuang J A, et al. The use of peripheral μ-opioid receptor antagonists (PAMORA) in the management of opioid-induced constipation: an update on their efficacy and safety. Drug Des Devel Ther, 2020, 14:1009-1025.

neratinib（奈拉替尼）

药物基本信息

英文通用名	neratinib
英文别名	HKI272; HKI 272; HKI-272; PB272; PB 272; PB-272
中文通用名	奈拉替尼
商品名	Nerlynx
CAS登记号	698387-09-6（游离碱）, 915942-22-2（马来酸盐）
FDA 批准日期	7/17/2017
FDA 批准的API	neratinib maleate
化学名	(2*E*)-*N*-[4-[[3-chloro-4-[(pyridin-2-yl)methoxy]phenyl]amino]-3-cyano-7-ethoxyquinolin-6-yl]-4-(dimethylamino)but-2-enamide maleate
SMILES代码	O=C(NC1=C(OCC)C=C2N=CC(C#N)=C(NC3=CC=C(OCC4=NC=CC=C4)C(Cl)=C3)C2=C1)/C=C/CN(C)C.O=C(O)/C=C\C(O)=O

化学结构和理论分析

化学结构	理论分析值
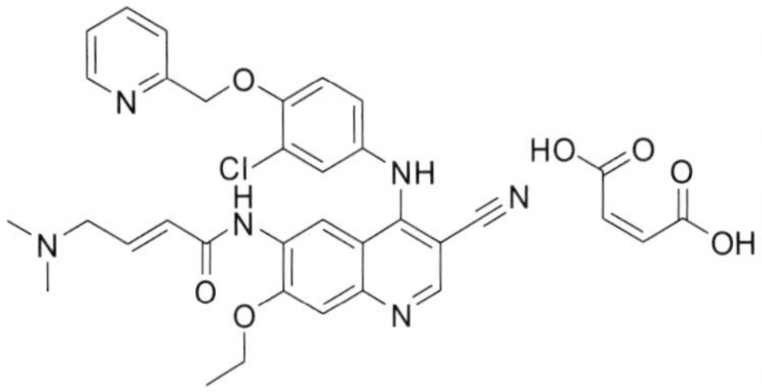	化学式：$C_{34}H_{33}ClN_6O_7$ 精确分子量：N/A 分子量：673.1230 元素分析：C, 60.67; H, 4.94; Cl, 5.27; N, 12.49; O, 16.64

药品说明书参考网页

生产厂家产品说明书、美国药品网、美国处方药网页。

药物简介

NERLYNX 是一种速释薄膜衣片口服片剂，每片含有 40mg neratinib，相当于 48.31mg neratinib maleate。Neratinib 是一种 4- 苯氨基喹诺定类蛋白激酶抑制剂。 Neratinib maleate 是一种灰白色至黄色粉末，pK_{as} 为 7.65 和 4.66。Neratinib maleate 的溶解度随着 neratinib maleate 在酸性 pH 下被质子化而急剧增加。Neratinib maleate 在 pH=1.2(32.90 mg/mL) 时微溶，在 pH ≈ 5.0 或更高 (0.08mg/mL 或更低) 下不溶。

非活性成分：片剂核心为胶体二氧化硅、甘露醇、微晶纤维素、交联聚维酮、聚维酮、硬脂酸镁和纯净水；涂层红色漆膜为聚乙烯醇、二氧化钛、聚乙二醇、滑石粉、氧化铁红。

NERLYNX 可用于成年早期 HER2 过表达 / 扩增乳腺癌的成人患者的辅助治疗，以接受基于曲妥珠单抗 (trastuzumab) 的辅助治疗。

Neratinib 是一种激酶抑制剂，与表皮生长因子受体 (EGFR)、人表皮生长因子受体 2 (HER2) 和 HER4 不可逆地结合。 在体外，neratinib 可降低 EGFR 和 HER2 的自磷酸化，抑制下游 MAPK 和 AKT 信号通路，并在表达 EGFR 和 / 或 HER2 的癌细胞系中显示抗肿瘤活性。 Neratinib 的人类代谢产物 M3、M6、M7 和 M11 在体外抑制 EGFR、HER2 和 HER4 的活性。 在体内，在表达 HER2 和 EGFR 的肿瘤细胞系的小鼠异种移植模型中，口服 neratinib 可抑制肿瘤生长。

药品上市申报信息

该药物目前有 1 种产品上市。

药品注册申请号: 208051
申请类型: NDA (新药申请)
申请人: PUMA BIOTECH
申请人全名: PUMA BIOTECHNOLOGY INC

产品信息

产品号	商品名	活性成分	剂型 / 给药途径	规格 / 剂量	参比药物 (RLD)	生物等效参考标准 (RS)	治疗等效代码
001	NERLYNX	neratinib maleate	片剂 / 口服	等量 40mg 游离碱	是	是	否

与本品相关的专利信息 (来自 FDA 橙皮书 Orange Book)

关联产品号	专利号	专利过期日	是否物质专利	是否产品专利	专利用途代码	撤销请求	提交日期
001	10035788	2028/10/15			U-2043		2018/08/03
	6288082	2019/09/24	是	是	U-2043		2017/08/08
	7399865	2025/12/29	是	是			2017/08/08
	7982043	2025/10/08			U-2043		2017/08/08
	8518446	2030/11/20		是	U-2043		2017/08/08
	8790708	2030/11/05		是	U-2043		2017/08/08
	9139558	2028/10/15			U-2043		2017/08/08
	9211291	2030/03/24			U-2043		2017/08/08
	9630946	2028/10/15			U-2043		2017/08/08

与本品相关的市场独占权保护信息

关联产品号	独占权代码	失效日期	备注
001	NCE	2022/07/17	

合成路线 1

以下合成路线来源于 Wyeth, John, and Brother 公司 Chew 等人 2006 年发表的专利申请书。目标化合物 **10** 以化合物 **1** 和化合物 **2** 为原料，经过 5 步合成反应而得。

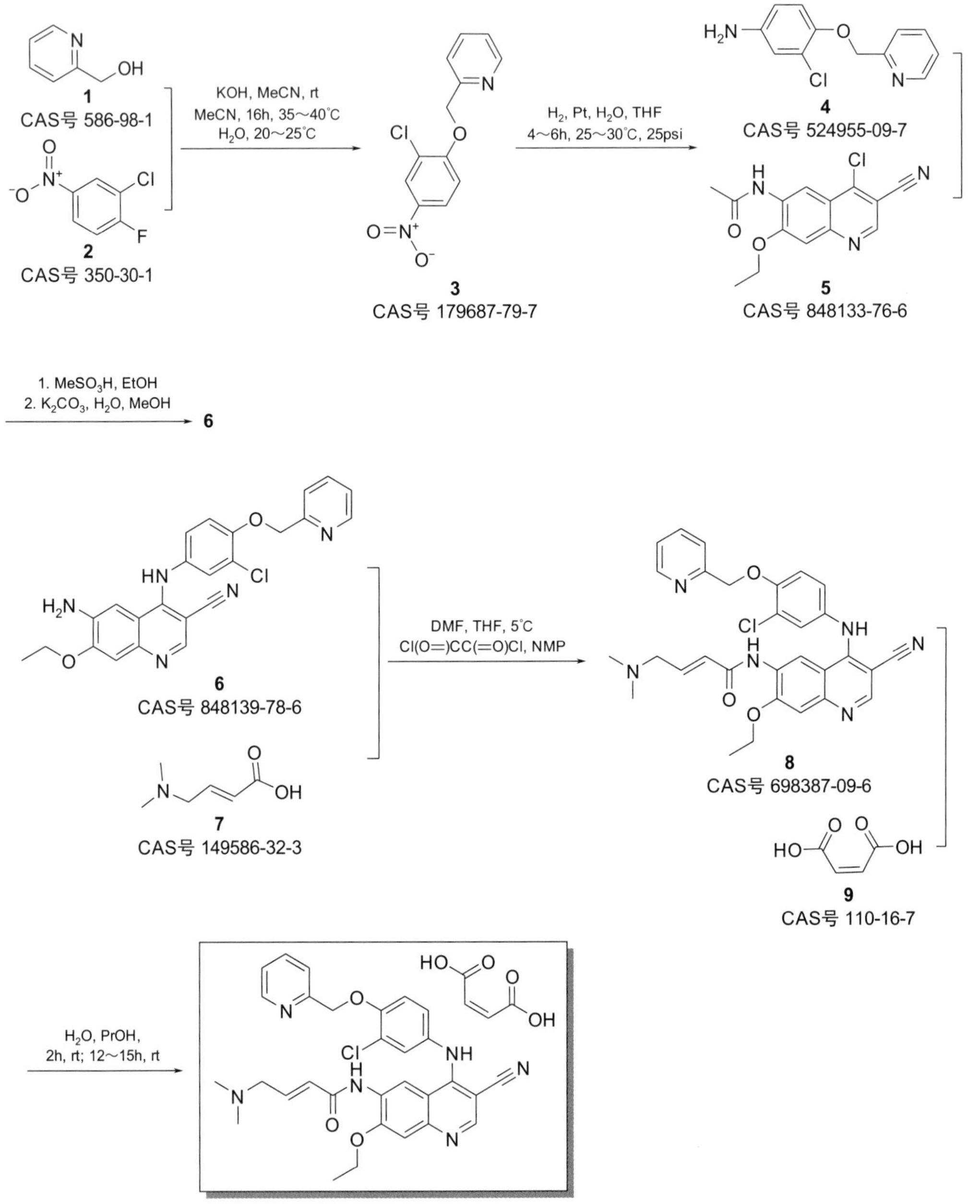

1 CAS号 586-98-1

2 CAS号 350-30-1

KOH, MeCN, rt; MeCN, 16h, 35～40°C; H_2O, 20～25°C

3 CAS号 179687-79-7

H_2, Pt, H_2O, THF; 4～6h, 25～30°C, 25psi

4 CAS号 524955-09-7

5 CAS号 848133-76-6

1. $MeSO_3H$, EtOH
2. K_2CO_3, H_2O, MeOH

→ **6**

6 CAS号 848139-78-6

7 CAS号 149586-32-3

DMF, THF, 5°C; Cl(O=)CC(=O)Cl, NMP

8 CAS号 698387-09-6

9 CAS号 110-16-7

H_2O, PrOH, 2h, rt; 12～15h, rt

10
neratinib
CAS号 915942-22-2

原始文献： WO 2006127207, 2006.

合成路线 2

以下合成路线来源于 Wyeth, John, and Brother 公司 Chew 等人 2006 年发表的专利申请书。目标化合物 **18** 以化合物 **1** 和化合物 **2** 为原料，经过 9 步合成反应而得。

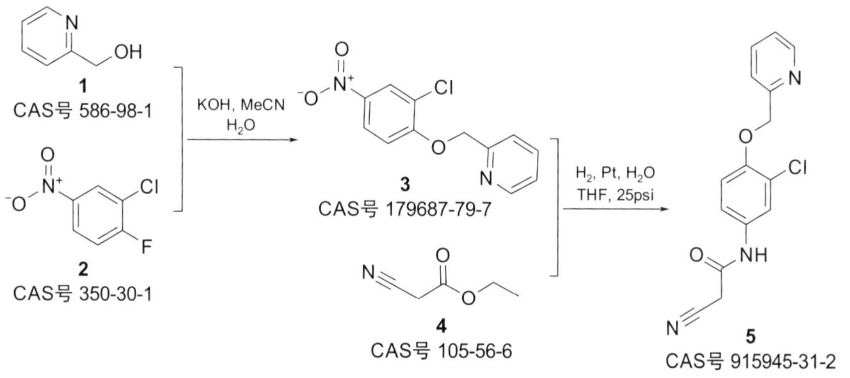

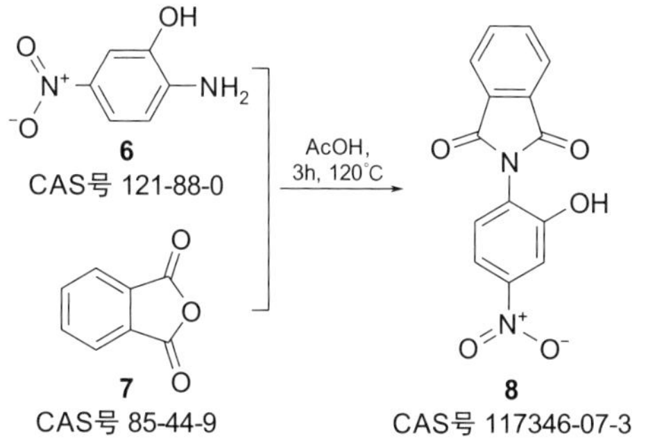

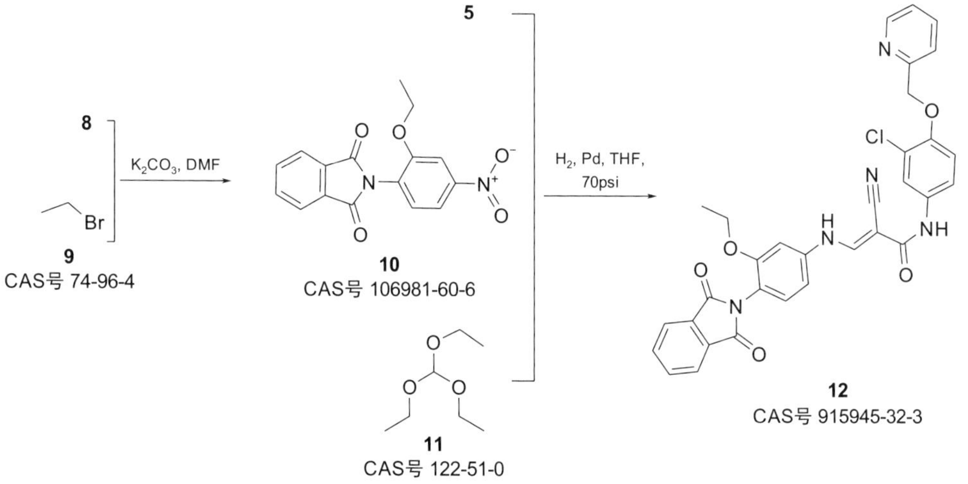

1
CAS号 586-98-1
KOH, MeCN
H_2O
2
CAS号 350-30-1
3
CAS号 179687-79-7
H_2, Pt, H_2O
THF, 25psi
4
CAS号 105-56-6
5
CAS号 915945-31-2

6
CAS号 121-88-0
AcOH,
3h, 120℃
7
CAS号 85-44-9
8
CAS号 117346-07-3

8
9
CAS号 74-96-4
K_2CO_3, DMF
10
CAS号 106981-60-6
5
11
CAS号 122-51-0
H_2, Pd, THF,
70psi
12
CAS号 915945-32-3

1. NaOH, H_2O, MeOH
MeCN
2. $POCl_3$
3. NH_4OH, H_2O

13
CAS号 915945-33-4

13 → NH_4OH, H_2O, EtOH →

14
CAS号 848139-78-6

HCl

15
CAS号 848133-35-7

DMF
Cl(O=)CC(=O)Cl

16
CAS号 698387-09-6

17
CAS号 110-16-7

H_2O, PrOH
C

18
neratinib
CAS号 915942-22-2

原始文献： WO 2006127205, 2006.

合成路线 3

以下合成路线来源于 Wyeth, John, and Brother 公司 Tsou 等人 2005 年发表的论文。目标化合物

5 以化合物 **1** 和化合物 **2** 为原料，经过 2 步合成反应而得。

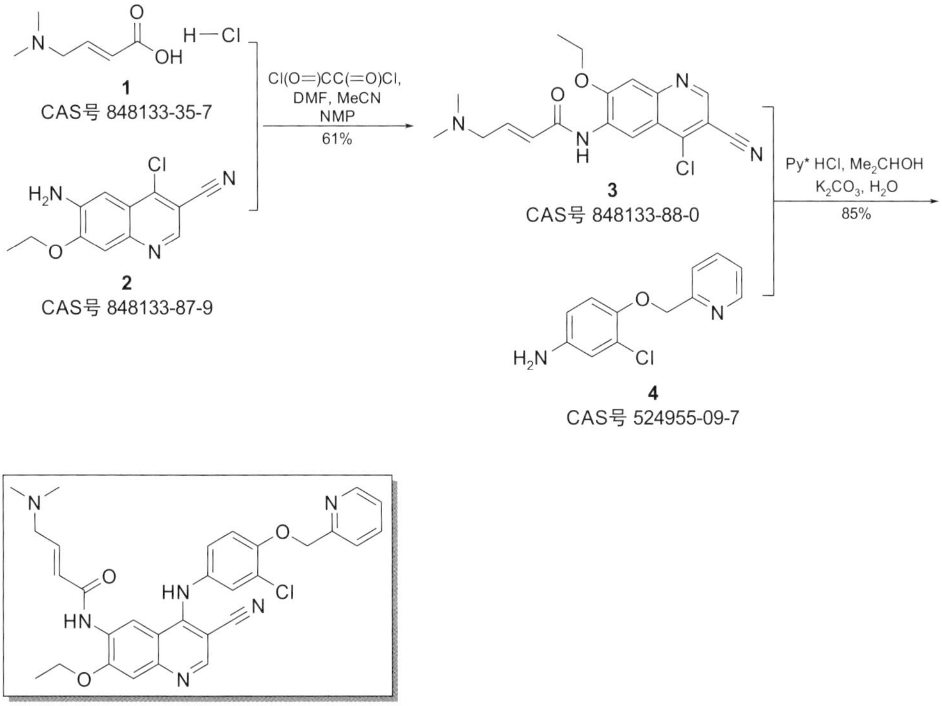

原始文献： J Med Chem, 2005, 48(4):1107-1131.

合成路线 4

以下合成路线来源于 Southeast University 生物医学工程学院 Gu 等人 2013 年发表的论文。目标化合物 **9** 以化合物 **1** 和化合物 **2** 为原料，经过 4 步合成反应而得。

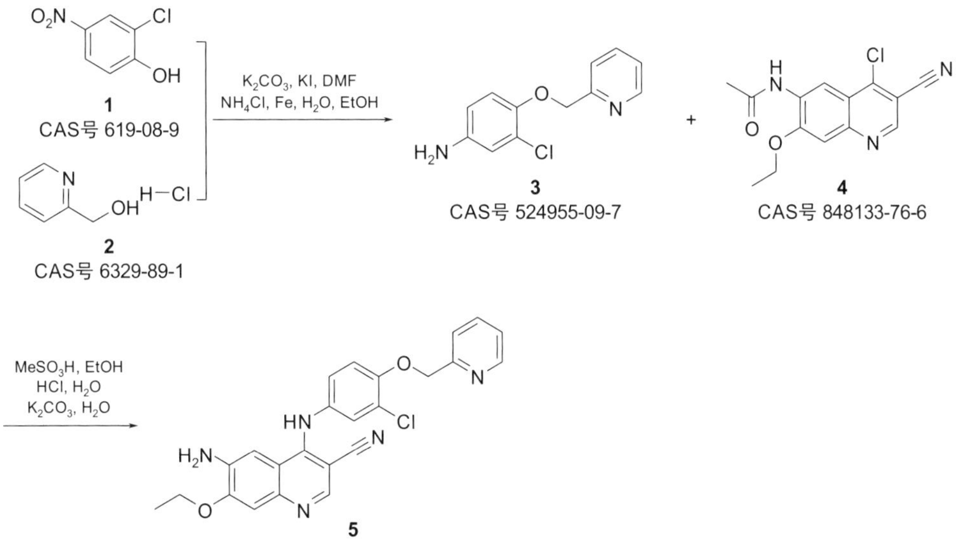

5

KOH, H_2O, MeOH
HCl, H_2O
THF
二咪唑酮, THF
100%

6
CAS号 867-13-0

7
CAS号 1269662-79-4

HCl, H_2O
NaOEt, LiCl, EtOH
95%

8
CAS号 3616-56-6

9
neratinib
CAS号 698387-09-6

原始文献： Res Chem Intermed, 2013, 39(7): 3105-3110.

合成路线 5

以下合成路线来源于 China Pharmaceutical University 新药研究中心 Chen 等人 2014 年发表的论文。目标化合物 **17** 以化合物 **1** 为原料，经过 11 步合成反应而得。

AcOH, Ac_2O
$Al(NO_3)_3$
H_2O
93%

Na$_2$S$_2$O$_4$
EtOH
H_2O
80%

AcOH
93%

1
CAS号 99-76-3

2
CAS号 99-42-3

3
CAS号 536-25-4

4
CAS号 108-24-7

5
CAS号 126360-59-6

K_2CO_3, DMF
96%

6
CAS号 74-96-4

7
CAS号 1201080-20-7

7 → (HNO_3* NO_2, $MeNO_2$, H_2O, H_2O; 93%) → 8 CAS号 1201080-23-0 → ($Na_2S_2O_4$, EtOH; 90%) → 9 CAS号 1222172-49-7

9 + 10 CAS号 2407-68-3 → (AcOH, H_2O; 96%) →

11 CAS号 1222172-50-0 → (t-BuOK, EtOH, HCl, H_2O; 85%) → 12 CAS号 1201080-09-2 → ($POCl_3$; 89%) → 13

13 CAS号 848133-76-6 + 14 CAS号 524955-09-7 → ($MeSO_3H$, EtOH; 83%) → 15 CAS号 848139-78-6

15 + 16 CAS号 774534-34-8 → (Cl(O=)CC(=O)Cl, DMF, THF, THF, NaOH, H_2O; 87%) →

17 neratinib CAS号 698387-09-6

原始文献： 中国医药工业杂志 , 2014, 45(8): 701-705.

合成路线 6

以下合成路线来源于 Shanghai Institute of Materia Medica Wu 等人 2012 年发表的专利申请书。

目标化合物 **15** 以化合物 **1** 和化合物 **2** 为原料，经过 9 步合成反应而得。

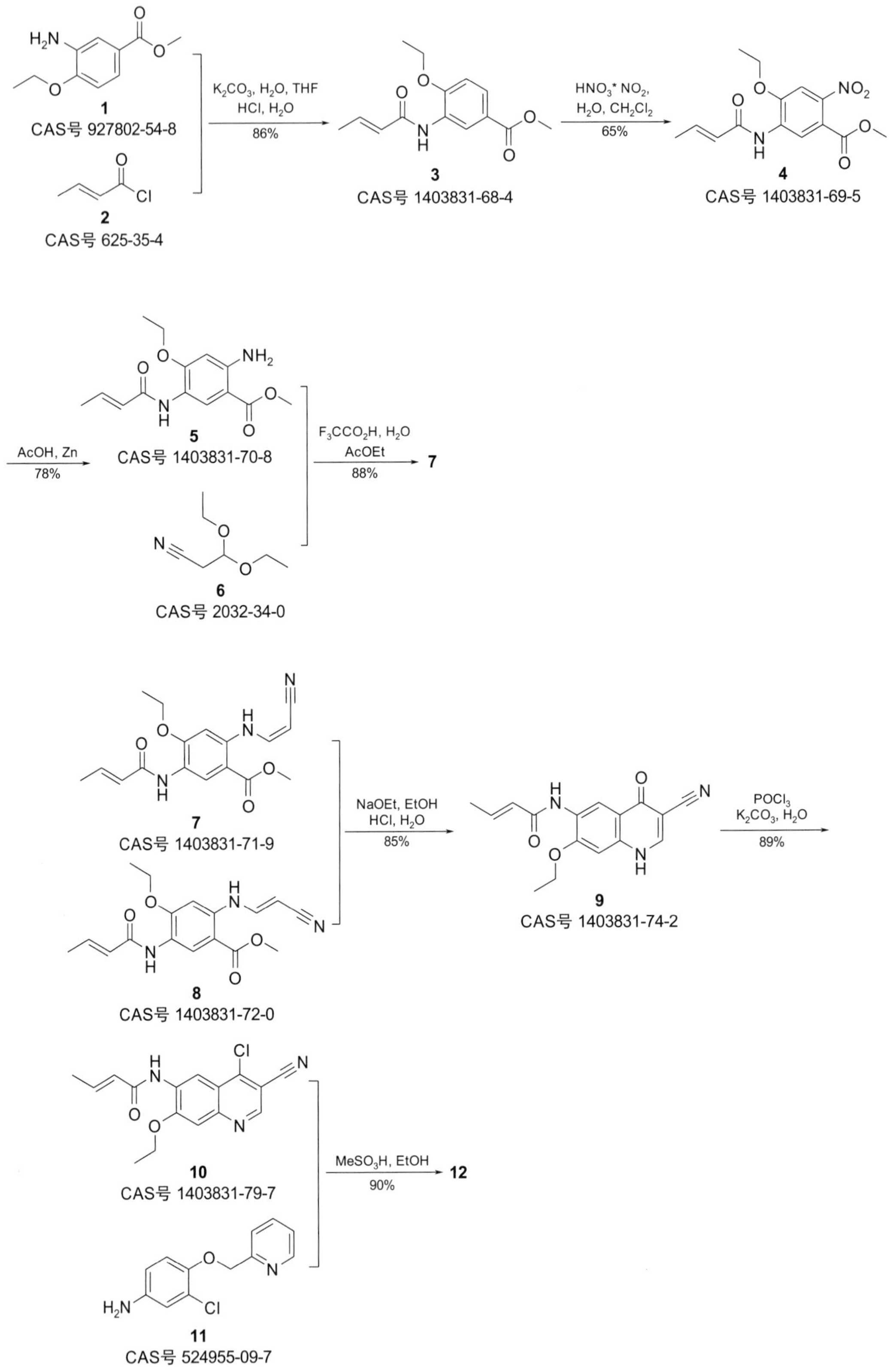

1
CAS号 927802-54-8

2
CAS号 625-35-4

K_2CO_3, H_2O, THF
HCl, H_2O
86%

3
CAS号 1403831-68-4

HNO_3* NO_2,
H_2O, CH_2Cl_2
65%

4
CAS号 1403831-69-5

AcOH, Zn
78%

5
CAS号 1403831-70-8

6
CAS号 2032-34-0

F_3CCO_2H, H_2O
AcOEt
88%
→ **7**

7
CAS号 1403831-71-9

8
CAS号 1403831-72-0

NaOEt, EtOH
HCl, H_2O
85%

9
CAS号 1403831-74-2

$POCl_3$
K_2CO_3, H_2O
89%

10
CAS号 1403831-79-7

11
CAS号 524955-09-7

$MeSO_3H$, EtOH
90%
→ **12**

12
CAS号 1403831-80-0

$(PhCO_2)_2$, NBS, CCl_4
51%

13
CAS号 1257230-74-2

14
CAS号 506-59-2

K_2CO_3, DMF
H_2O
75%

15
neratinib
CAS号 698387-09-6

原始文献： CN 102731395 A, 2012.

参考文献

[1] Nasrazadani A, Brufsky A. Neratinib: the emergence of a new player in the management of HER2+ breast cancer brain metastasis. Future Oncol, 2020, 16(7):247-254.

[2] Takeda T, Yamamoto H, Suzawa K, et al. YES 1 activation induces acquired resistance to neratinib in HER2-amplified breast and lung cancers. Cancer Sci, 2020, 111(3):849-856.

奈拉替尼核磁谱图

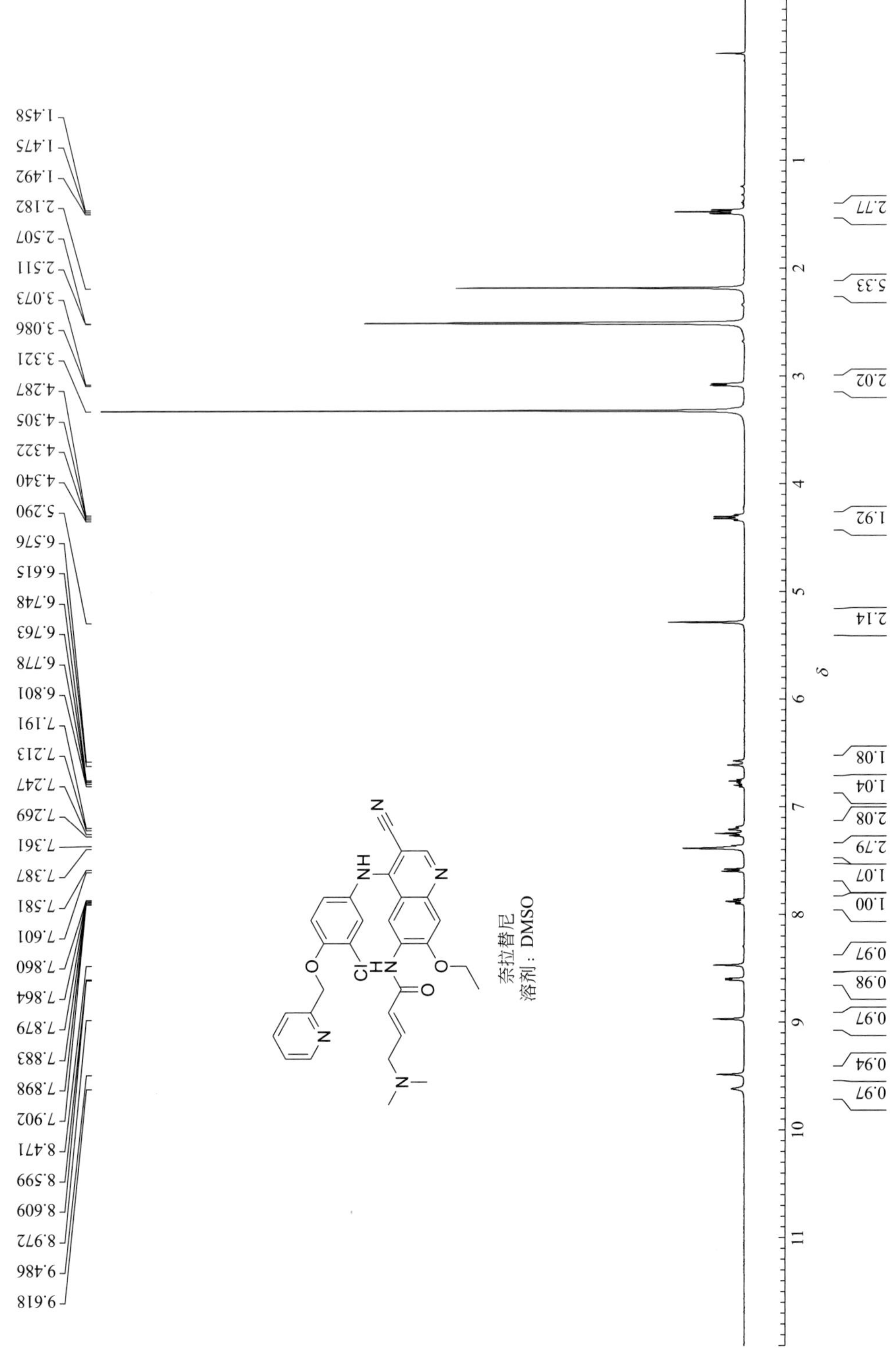
1.458
1.475
1.492
2.182
2.507
2.511
3.073
3.086
3.321
4.287
4.305
4.322
4.340
5.290
6.576
6.615
6.748
6.763
6.779
6.801
7.191
7.213
7.247
7.269
7.361
7.387
7.581
7.601
7.860
7.864
7.879
7.883
7.898
7.902
8.471
8.599
8.609
8.972
9.486
9.618
2.77
5.33
2.02
1.92
2.14
1.08
1.04
2.08
2.79
1.07
1.00
0.97
0.98
0.97
0.94
0.97
δ
奈拉替尼
溶剂：DMSO

netarsudil（耐他舒地尔）

药物基本信息

英文通用名	netarsudil
英文别名	AR-13324; AR13324; AR 13324
中文通用名	耐他舒地尔
商品名	Rhopressa
CAS登记号	1422144-42-0 (甲磺酸盐), 1254032-66-0 (游离碱), 1253952-02-1 (盐酸盐)
FDA 批准日期	12/18/2017
FDA 批准的API	netarsudil mesylate
化学名	(*S*)-4-(3-amino-1-(isoquinolin-6-ylamino)-1-oxopropan-2-yl)benzyl 2,4-dimethylbenzoate dimethanesulfonate
SMILES代码	CS(=O)(O)=O.CS(=O)(O)=O.O=C(OCC1=CC=C([C@@H](CN)C(NC2=CC3=C(C=NC=C3)C=C2)=O)C=C1)C4=CC=C(C)C=C4C

化学结构和理论分析

化学结构	理论分析值
H2N, O, HN, O, O, N, O=S(=O)(OH), O=S(=O)(OH)	化学式：$C_{30}H_{35}N_3O_9S_2$ 精确分子量：N/A 分子量：645.7420 元素分析：C, 55.80; H, 5.46; N, 6.51; O, 22.30; S, 9.93

药品说明书参考网页

生产厂家产品说明书、美国药品网、美国处方药网页。

药物简介

Netarsudil 是的活性成分是 netarsudil mesylate，是一种 Rho 激酶抑制剂。 Netarsudil mesylate 外观为一种浅黄色至白色粉末，可自由溶于水，可溶于甲醇，微溶于二甲基甲酰胺，几乎不溶于二氯甲烷和庚烷。

0.02% 的 RHOPRESSA（netarsudil mesylat 眼用溶液）为无菌、等渗、缓冲的 netarsudil mesylate 的水溶液，pH 值约为 5，重量克分子渗透压浓度约为 295mOsmol / kg。适用于眼部局部应用。每毫升 RHOPRESSA 含有 0.2mg netarsudil（相当于 0.28mg netarsudil mesylate）。加入 0.015% 的苯扎氯铵作为防腐剂。非活性成分为：硼酸，甘露醇，调节 pH 值的氢氧化钠和注射用水。

RHOPRESSA 可用于治疗开角型青光眼或高眼压患者。该药物可降低 0.02% 的眼内压（IOP）。

Netarsudil，也被称为 AR-11324，是一种 Rho 相关蛋白激酶抑制剂。Netarsudil 通过多种机制增加人眼的流出量。Netarsudil 可抑制激酶 ROCK1 和 ROCK2，其 K_i 分别为 1nmol/L。Netarsudil 还可以破坏 TM 细胞中的肌动蛋白应激纤维（actin stress fibers）和黏着斑（focal adhesions），其 IC_{50} 分别为 79nmol/L 和 16nmol/L。Netarsudil 可阻断 TGF-β2 在 HTM 细胞中的促纤维化作用。Netarsudil 可使兔子和猴子的眼压大大降低，而且每天给药一次后至少可持续 24h。

药品上市申报信息

该药物目前有 2 种产品上市。

药品注册申请号：208254
申请类型：NDA（新药申请）
申请人：AERIE PHARMS INC
申请人全名：AERIE PHARMACEUTICALS INC

产品信息

产品号	商品名	活性成分	剂型 / 给药途径	规格 / 剂量	参比药物 (RLD)	生物等效参考标准 (RS)	治疗等效代码
001	RHOPRESSA	netarsudil dimesylate	液体 / 滴眼剂	等量 0.02% 游离碱	是	是	否

与本品相关的专利信息（来自 FDA 橙皮书 Orange Book）

关联产品号	专利号	专利过期日	是否物质专利	是否产品专利	专利用途代码	撤销请求	提交日期
001	10174017	2030/01/27	是	是	U-1524		2019/03/28
	8394826	2030/11/10	是	是	U-1524		2017/12/21
	8450344	2026/07/11	是	是	U-1524		2017/12/21
	9096569	2026/07/11	是	是	U-1524		2017/12/21
	9415043	2034/03/14	是				2017/12/21
	9931336	2034/03/14	是	是	U-1524		2018/04/11

与本品相关的市场独占权保护信息

关联产品号	独占权代码	失效日期	备注
001	NCE	2022/12/18	

药品注册申请号：208259
申请类型：NDA（新药申请）
申请人：AERIE PHARMS INC
申请人全名：AERIE PHARMACEUTICALS INC

产品信息

产品号	商品名	活性成分	剂型 / 给药途径	规格 / 剂量	参比药物 (RLD)	生物等效参考标准 (RS)	治疗等效代码
001	ROCKLATAN	latanoprost; netarsudil dimesylate	液体 / 滴眼剂	0.005%；等量 0.02% 游离碱	是	是	否

与本品相关的专利信息（来自 FDA 橙皮书 Orange Book）

关联产品号	专利号	专利过期日	是否物质专利	是否产品专利	专利用途代码	撤销请求	提交日期
001	10174017	2030/01/27	是	是	U-1524		2019/03/28
	8394826	2030/11/10	是	是	U-1524		2019/03/28
	8450344	2026/07/11	是	是	U-1524		2019/03/28
	9096569	2026/07/11	是	是	U-1524		2019/03/28
	9415043	2034/03/14	是				2019/03/28
	9931336	2034/03/14	是	是	U-1524		2019/03/28
	9993470	2034/03/14	是	是	U-1524		2019/03/28

与本品相关的市场独占权保护信息

关联产品号	独占权代码	失效日期	备注
001	NCE	2022/12/18	
	NC	2022/03/12	

合成路线

以下合成路线来源于 Aerie Pharmaceuticals 公司 Sturdivant 等人 2017 年发表的专利申请书。目标化合物 **20** 以化合物 **1** 和化合物 **2** 为原料，经过 12 步合成反应而得。

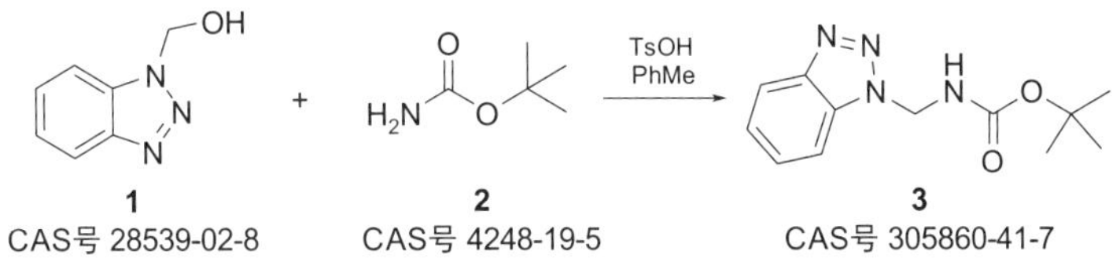

TsOH, PhMe

1 CAS号 28539-02-8 　**2** CAS号 4248-19-5 　**3** CAS号 305860-41-7

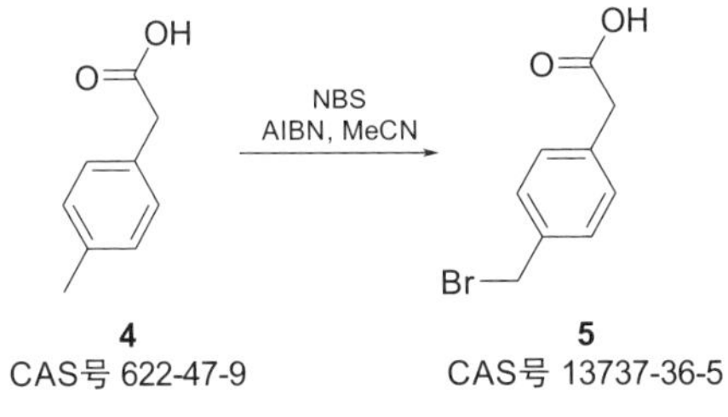

NBS, AIBN, MeCN

4 CAS号 622-47-9 　**5** CAS号 13737-36-5

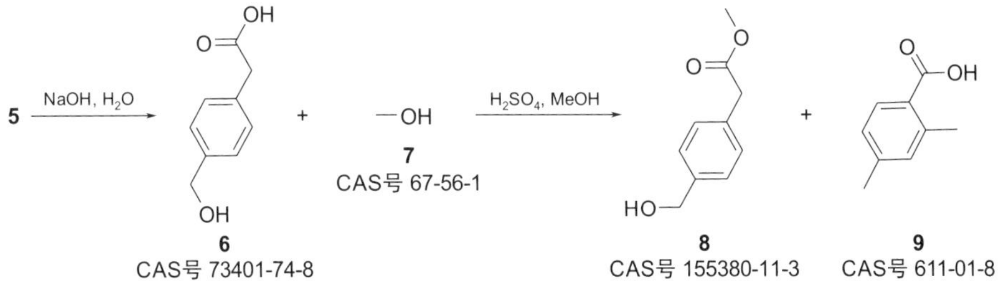

NaOH, H_2O 　H_2SO_4, MeOH

6 CAS号 73401-74-8 　**7** CAS号 67-56-1 　**8** CAS号 155380-11-3 　**9** CAS号 611-01-8

EDC-HCl
CH_2Cl_2
4-DMAP

10
CAS号 2097334-15-9

10 1. LiOH, H_2O, THF,
2. 柠檬酸, H_2O
pH=3～4

11
CAS号 2097334-16-0

Cl(O=)CC(=O)Cl,
CH_2Cl_2, 18h, rt

12
CAS号 2097334-17-1

\+

13
CAS号 102029-44-7

BuLi, THF,
$Me(CH_2)_5Me$, < −65℃
NH_4Cl, H_2O

14
CAS号 2097334-18-2

14 + **3**
CAS号 305860-41-7

$(Me_3Si)_2NH \cdot Li$
THF, $Me(CH_2)_5Me$

15
CAS号 2097334-19-3

LiOH, H_2O_2
K_2SO_3, H_2O

16
CAS号 2097334-20-6

16 + 17 → 18 + 19

2, 2, 2-三氯-1, 1-二甲基乙基氯甲酸酯
2, 4, 6-三甲基吡啶, DMF

17
CAS号 23687-26-5

18
CAS号 1253955-19-9

19
CAS号 75-75-2

CH_2Cl_2

20
netarsudil
CAS号 1254032-66-0

原始文献： WO 2017086941, 2017.

参考文献

[1] Asrani S, Bacharach J, Holland E, et al. Fixed-dose combination of netarsudil and latanoprost in ocular hypertension and open-angle glaucoma: pooled efficacy/safety analysis of phase 3 MERCURY-1 and -2. Adv Ther, 2020, 37(4):1620-1631.

[2] Wisely C E, Sheng H, Heah T, et al. Effects of netarsudil and latanoprost alone and in fixed combination on corneal endothelium and corneal thickness: post-hoc analysis of MERCURY-2. Adv Ther, 2020, 37(3):1114-1123.

niraparib（尼拉帕尼）

药物基本信息

英文通用名	niraparib
英文别名	MK4827; MK 4827; MK4827
中文通用名	尼拉帕尼
商品名	Zejula
CAS登记号	1038915-73-9 (对甲苯磺酸盐), 1038915-60-4 (游离碱), 1038915-64-8 (盐酸盐), 1613220-15-7 (对甲苯磺酸盐水合物), 1038915-58-0（*R*-异构体）
FDA 批准日期	3/27/2017
FDA 批准的API	niraparib tosylate hydrate
化学名	(*S*)-2-(4-(piperidin-3-yl)phenyl)-2*H*-indazole-7-carboxamide 4-methylbenzenesulfonate hydrate

SMILES代码	O=C(C1=CC=CC2=CN(C3=CC=C([C@H]4CNCCC4)C=C3)N=C12)N.O=S(C5=CC=C(C)C=C5)(O)=O.[H]O[H]

化学结构和理论分析

化学结构	理论分析值
	化学式：$C_{26}H_{30}N_4O_5S$ 精确分子量：N/A 分子量：510.61 元素分析：C, 61.16; H, 5.92; N, 10.97; O, 15.67; S, 6.28

药品说明书参考网页

生产厂家产品说明书、美国药品网、美国处方药网页。

药物简介

ZEJULA 的活性成分是 niraparib tosylate hydrate，是一种口服有效的聚（ADP- 核糖）聚合酶（PARP）抑制剂。Niraparib tosylate hydrate 为白色至灰白色的非吸湿性结晶固体。 Niraparib 的溶解度在 pK_a 小于 9.95 时与 pH 值无关，在整个生理 pH 范围内，游离碱的水溶液溶解度为 0.7 ～ 1.1mg/mL。

每个 ZEJULA 胶囊均含有 159.4mg niraparib tosylate hydrate，相当于 100mg niraparib 游离碱。胶囊填充物中的非活性成分是硬脂酸镁和乳糖一水合物。胶囊壳由白色胶囊体内的二氧化钛和明胶组成；紫色胶囊盖中有 FD & C 蓝色 1 号、FD & C 红色 3 号、FD & C 黄色 5 号和明胶。黑色印刷油墨由虫胶、脱水醇、异丙醇、丁醇、丙二醇、纯净水、强氨溶液、氢氧化钾和黑色氧化铁组成。白色印刷油墨由虫胶、脱水醇、异丙醇、丁醇、丙二醇、氢氧化钠、聚维酮和氧化钛组成。

ZEJULA 可用于维持治疗复发性上皮性卵巢癌、输卵管癌或原发性腹膜癌的成年患者，这些患者对铂类化学疗法有完全或部分应答。

Niraparib 是聚（ADP- 核糖）聚合酶（PARP）PARP-1 和 PARP-2 的抑制剂，它们在 DNA 修复中起作用。 体外研究表明，niraparib 诱导的细胞毒性可能涉及抑制 PARP 酶活性和增加 PARP-DNA 复合物的形成，从而导致 DNA 损伤、细胞凋亡和细胞死亡。 在有或没有 BRCA1 / 2 缺陷的肿瘤细胞系中观察到了 niraparib 诱导的细胞毒性增加。 在具有 BRCA1 / 2 缺陷的人类癌细胞系的小鼠异种移植模型中，以及在具有突变或野生型 BRCA1 / 2 的同源重组缺陷的人类患者源性异种移植肿瘤模型中，niraparib 可抑制肿瘤的生长。

药品上市申报信息

该药物目前有 1 种产品上市。

药品注册申请号：208447

申请类型: NDA(新药申请)
申请人: TESARO INC
申请人全名: TESARO INC

产品信息

产品号	商品名	活性成分	剂型 / 给药途径	规格 / 剂量	参比药物 (RLD)	生物等效参考标准 (RS)	治疗等效代码
001	ZEJULA	niraparib tosylate	胶囊 / 口服	等量 100mg 游离碱	是	是	否

与本品相关的专利信息(来自 FDA 橙皮书 Orange Book)

关联产品号	专利号	专利过期日	是否物质专利	是否产品专利	专利用途代码	撤销请求	提交日期
001	8071623	2030/03/22	是	是			2017/04/24
	8436185	2029/04/24	是				2017/04/24

与本品相关的市场独占权保护信息

关联产品号	独占权代码	失效日期	备注
001	ODE-133	2024/03/27	
	NCE	2022/03/27	
	I-813	2022/10/23	
	I-814	2022/10/23	

合成路线 1

以下合成路线来源于 Istituto Di Ricerche Di Biologia Molecolare 公司 Jones 等人 2008 年发表的专利申请书。目标化合物 **11** 以化合物 **1** 为原料，经过 8 步合成反应而得。

1
CAS号 5437-38-7
—OH
2
CAS号 67-56-1
AcCl
MeOH
3
CAS号 5471-82-9
$(PhCO_2)_2$,
NBS,
CCl_4
Br
4
CAS号 132874-06-7
甲基吗啉氧化物
MeCN
5
CAS号 138229-59-1
NH_2
6
CAS号 875798-79-1

EtOH
2h, 回流

7
CAS号 1038915-99-9

7 NaN_3, DMF

8
CAS号 1038915-90-0

NH_3, MeOH

9
CAS号 1038915-92-2

HCl, 二噁烷
AcOEt

H—Cl

10
CAS号 1038915-56-8

手性分离

11
niraparib
CAS号 1038915-60-4

原始文献： WO 2008084261, 2008.

合成路线 2

以下合成路线来源于陕西科技大学化学系 Liang 等人 2017 年发表的专利申请书。目标化合物 **7** 以化合物 **1** 为原料，经过 4 步合成反应而得。

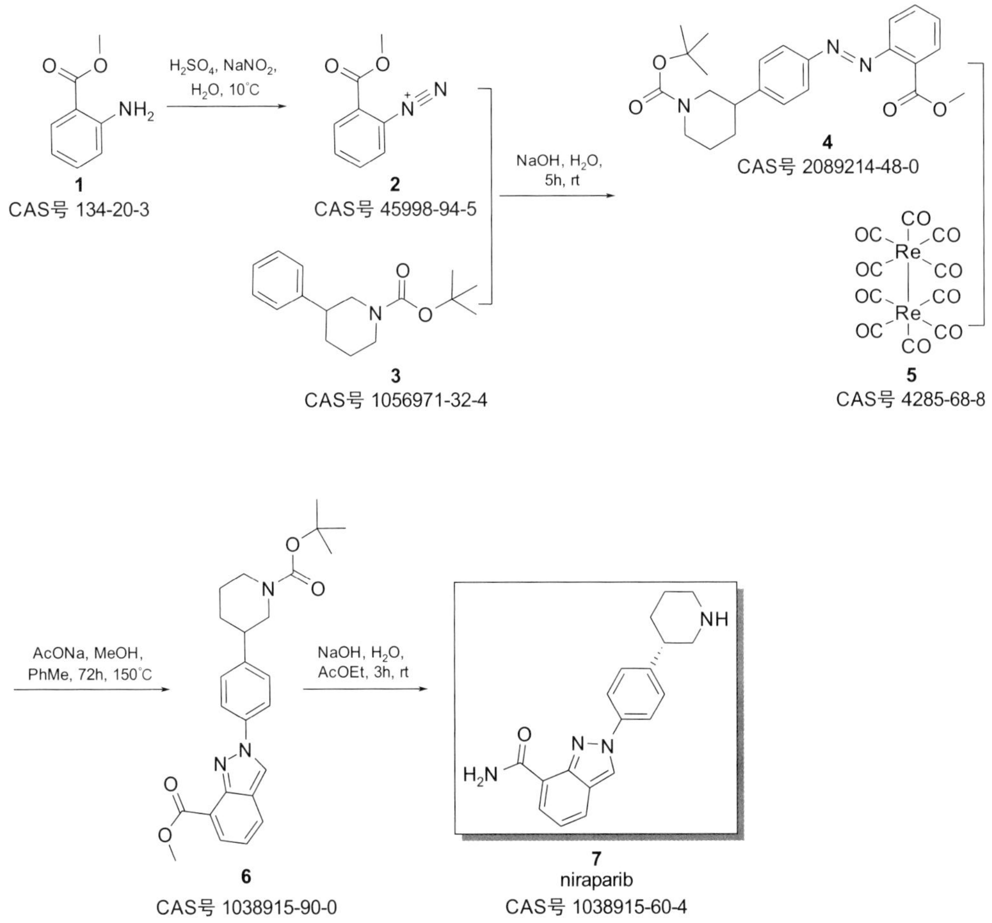

原始文献： CN 106496187, 2017.

合成路线 3

以下合成路线来源于陕西科技大学化学系 Liang 等人 2017 年发表的专利申请书。目标化合物 **12** 以化合物 **1** 为原料，经过 8 步合成反应而得。

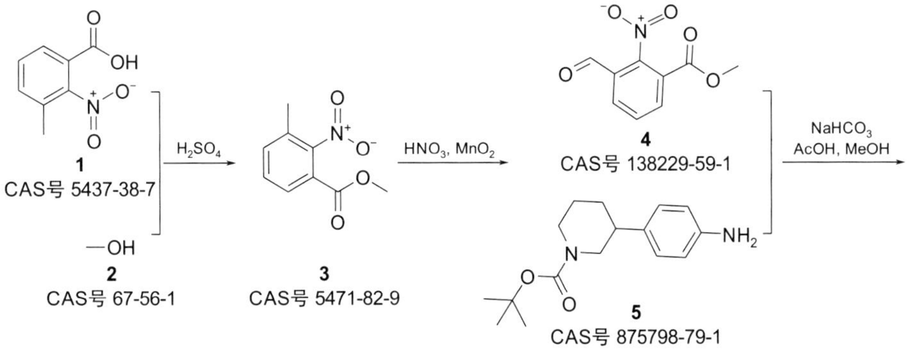

6
CAS号 1038915-99-9

P(OEt)$_3$

7
CAS号 1038915-90-0

NaOMe, H_2NCHO
DMF

8
CAS号 1038915-92-2

TFA
CH_2Cl_2

9
CAS号 1038915-75-1

10
CAS号 1188-21-2

MeOH

11
CAS号 2088362-91-6

NaOH, H_2O,
AcOEt

12
niraparib
CAS号 1038915-60-4

原始文献： CN 106467513, 2017.

合成路线 4

以下合成路线来源于 Anqing CHICO Pharmaceutical 公司 Wu 等人 2018 年发表的专利申请书。目标化合物 **5** 以化合物 **1** 和化合物 **2** 为原料，经过 3 步合成反应而得。

1
CAS号 750585-94-5

2
CAS号 171197-20-8

$Bu_4N^+ \cdot {}^-N_3$, CuO, DMSO, 110°C

3
CAS号 1196713-67-3

NaOMe, H_2NCHO, DMF, 4h, 40°C

4
CAS号 1038916-11-8

F_3CCO_2H, CH_2Cl_2, 25h, rt

5
niraparib
CAS号 1038915-60-4

原始文献： CN 108084157, 2018.

合成路线 5

以下合成路线来源于 Xi'an Taikomed Pharmaceutical Technology 公司 Tang 等人 2017 年发表的专利申请书。目标化合物 **11** 以化合物 **1** 为原料，经过 7 步合成反应而得。

1
CAS号 131001-86-0

SeO_2, 二噁烷, rt; 80°C; 5h 回流

2
CAS号 750585-94-5

3
CAS号 875798-79-1

EtOH, rt; 70°C; 2h, 回流

4
CAS号 9214-48-0

5
CAS号 67-68-5

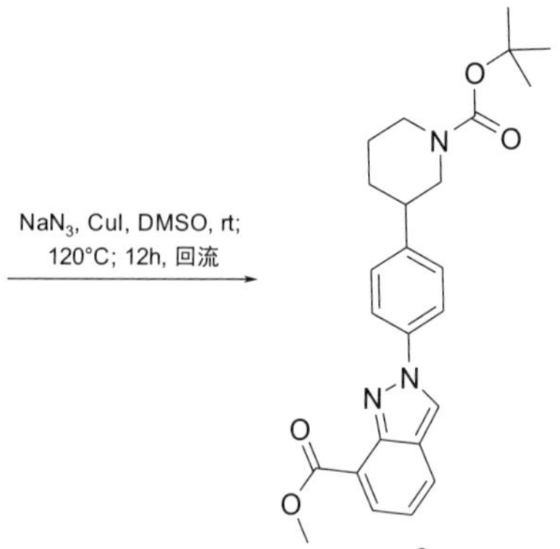

NaN_3, CuI, DMSO, rt; 120°C; 12h, 回流

6
CAS号 1038915-90-0

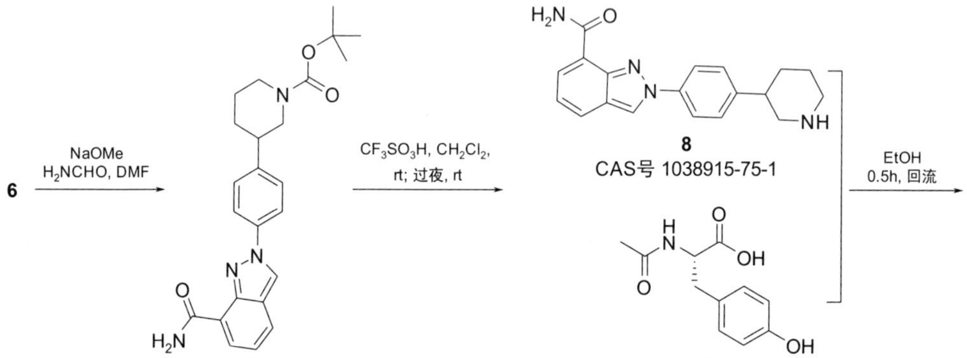

6

NaOMe
H_2NCHO, DMF

7
CAS号 1038915-92-2

CF_3SO_3H, CH_2Cl_2,
rt; 过夜, rt

8
CAS号 1038915-75-1

9
CAS号 537-55-3

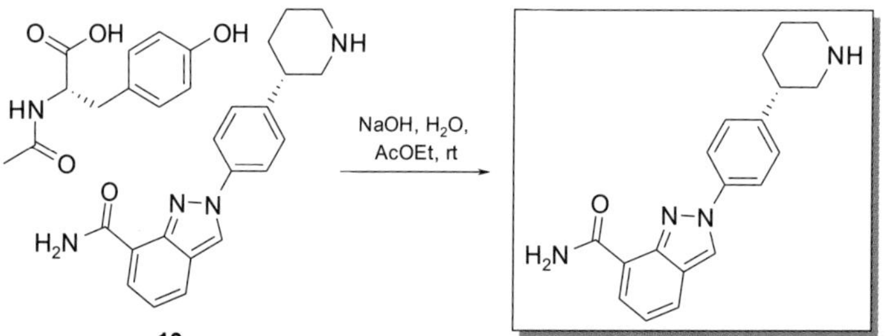

EtOH
0.5h, 回流

10
CAS号 2108682-65-9

NaOH, H_2O,
AcOEt, rt

11
niraparib
CAS号 1038915-60-4

原始文献： CN 106831708, 2017.

合成路线 6

以下合成路线来源于 Nanjing Aide Kaiteng Biomedical 公司 Wang 等人 2017 年发表的专利申请书。目标化合物 **18** 以化合物 **1** 为原料，经过 11 步合成反应而得。

1
CAS号 5471-82-9

2
CAS号 4637-24-5

DMF

3
CAS号 93247-79-1

$NaIO_4$, DMF

4
CAS号 138229-59-1

5
CAS号 4282-46-6

6
CAS号 100-44-7

→ 7

7
CAS号 2086317-14-6

$NaBH_4$, MeOH

8
CAS号 2101946-54-5

9
CAS号 2101946-56-7

H_2, $Pd(OH)_2$
MeOH, AcOH

10
CAS号 2101946-58-9

11
CAS号 87-69-4

EtOH

12
CAS号 1196713-22-0

12 → (NaOH, H_2O; AcOEt) → 13

13
CAS号 1196713-21-9

14
CAS号 24424-99-5

13 + 14 → (Et_3N, 4-DMAP; CH_2Cl_2) → 15 + 4

15
CAS号 1171197-20-8

4
CAS号 138229-59-1

→ ($Me(CH_2)_4Me$) → 16

16
CAS号 1312106-32-3

16
CAS号 1312106-32-3

→ (NaN_3; 2,6-二甲基吡啶; DMF) → 17

17
CAS号 1196713-67-3

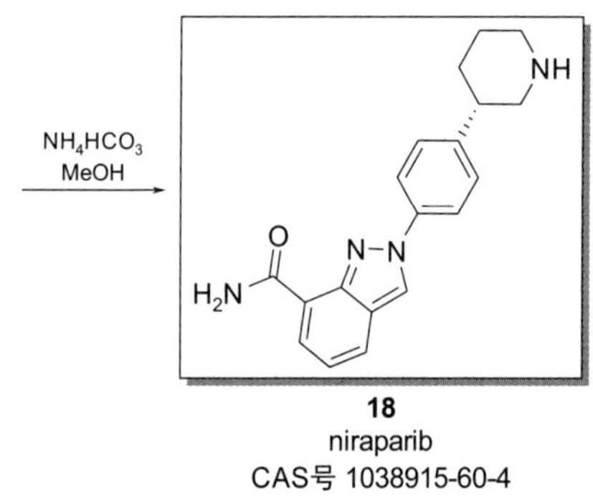

18
niraparib
CAS号 1038915-60-4

原始文献： CN 106749181, 2017.

参考文献

[1] Morosi L, Matteo C, Ceruti T, et al. Quantitative determination of niraparib and olaparib tumor distribution by mass spectrometry imaging. Int J Biol Sci, 2020, 16(8):1363-1375.

[2] Krens S D, van der Meulen E, Jansman F G A, et al. Quantification of cobimetinib, cabozantinib, dabrafenib, niraparib, olaparib, vemurafenib, regorafenib and its metabolite regorafenib M2 in human plasma by UPLC-MS/MS. Biomed Chromatogr, 2020, 34(3):e4758.

尼拉帕尼核磁谱图

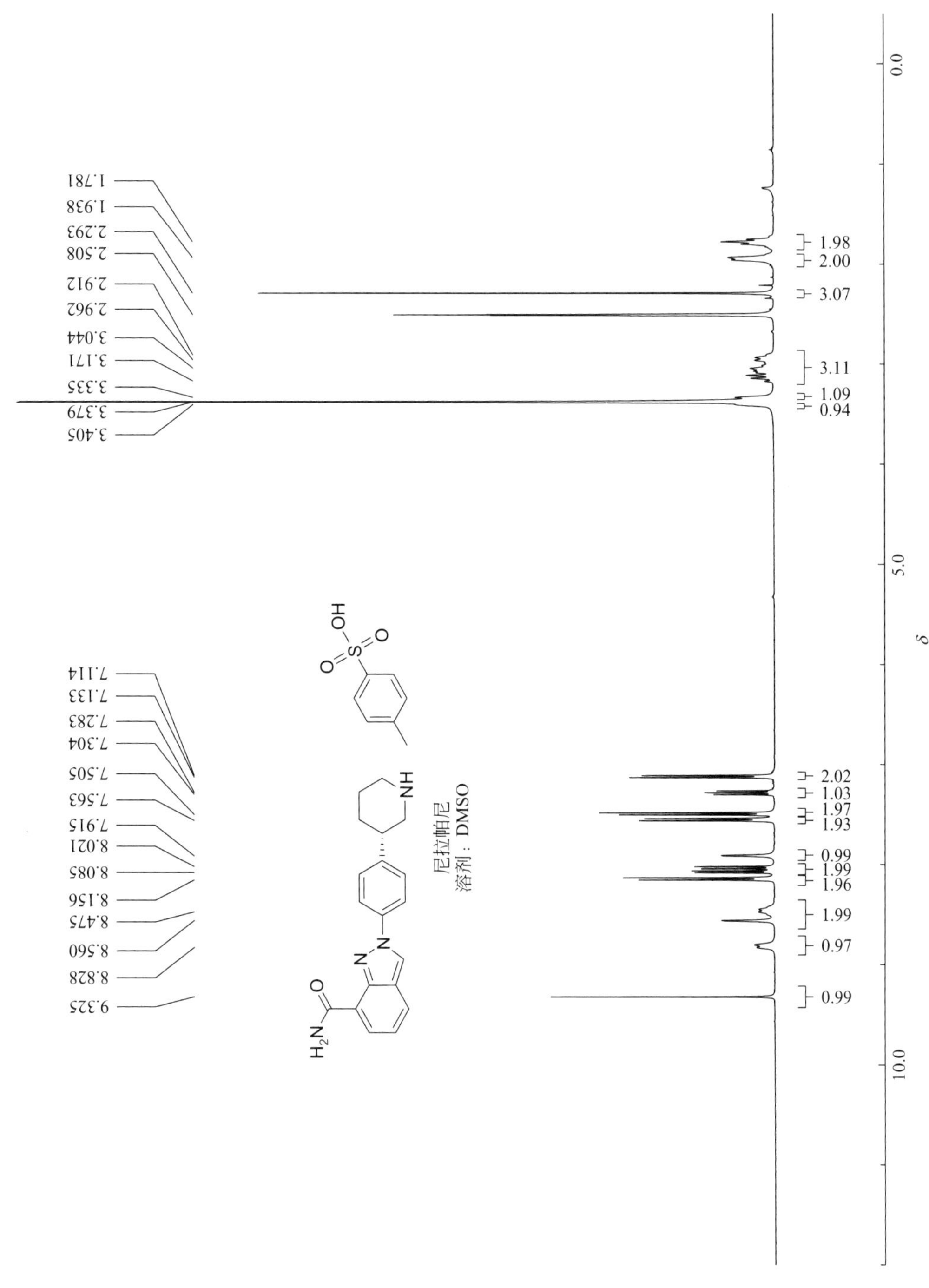

obeticholic acid（奥贝胆酸）

药物基本信息

英文通用名	obeticholic acid
英文别名	6-ethylchenodeoxycholic acid; INT 747; INT-747; INT747; 6-ECDCA
中文通用名	奥贝胆酸
商品名	Ocaliva
CAS登记号	459789-99-2
FDA 批准日期	5/27/2016
FDA 批准的API	obeticholic acid
化学名	(4*R*)-4-[(3*R*,5*S*,6*R*,7*R*,8*S*,9*S*,10*S*,13*R*,14*S*,17*R*)-6-ethyl-3,7-dihydroxy-10,13-dimethyl-2,3,4,5,6,7,8,9,11,12,14,15,16,17-tetradecahydro-1*H*-cyclopenta[a]phenanthren-17-yl]pentanoic acid
SMILES代码	C[C@@H]([C@H]1CC[C@@]2([H])[C@]3([H])[C@H](O)[C@H](CC)[C@]4([H])C[C@H](O)CC[C@]4(C)[C@@]3([H])CC[C@]12C)CCC(O)=O

化学结构和理论分析

化学结构	理论分析值
O OH H H H HO OH H	化学式：$C_{26}H_{44}O_4$ 精确分子量：420.3240 分子量：420.63 元素分析：C, 74.24; H, 10.54; O, 15.21

药品说明书参考网页

生产厂家产品说明书、美国药品网、美国处方药网页。

药物简介

OCALIVA 是法尼醇 X 受体（farnesoid X receptor, FXR）激动剂，其活性成分是 obeticholic acid。它是白色至类白色粉末。溶于甲醇、丙酮和乙酸乙酯。其在水中的溶解度取决于 pH 值。在低 pH 值下微溶，在高 pH 值下易溶。

OCALIVA 片剂的口服片目前有 2 种规格，其剂量分别为每片 5mg 和 10mg obeticholic acid。非活性成分包括：微晶纤维素，羟乙酸淀粉钠和硬脂酸镁。薄膜包衣是欧巴代Ⅱ（黄色），其中包含水解的聚乙烯醇、二氧化钛、聚乙二醇（聚乙二醇 3350）、滑石粉和氧化铁黄。

OCALIVA® 适用于成人对 UDCA（熊去氧胆酸）的反应不佳的原发性胆汁性胆管炎（PBC）与熊去氧胆酸（ursodeoxycholic acid ，UDCA）的联合治疗，或作为不能耐受 UDCA 的成人的单一疗法。

Obeticholic acid 是一种 FXR 的激动剂，FXR 是在肝脏和肠中表达的核受体。 FXR 是胆汁酸、炎症、纤维化和代谢途径的关键调节剂。 FXR 激活后，可通过抑制胆固醇从头合成以及增加胆汁酸从肝细胞中的转运而降低胆汁酸的细胞内肝细胞浓度。 这些机制限制了循环胆汁酸池的总体大小，同时促进了胆汁淤积，从而减少肝对胆汁酸的暴露。

药品上市申报信息

该药物目前 2 种产品上市。

药品注册申请号: 207999
申请类型: NDA (新药申请)
申请人: INTERCEPT PHARMS INC
申请人全名: INTERCEPT PHARMACEUTICALS INC

产品信息

产品号	商品名	活性成分	剂型 / 给药途径	规格 / 剂量	参比药物 (RLD)	生物等效参考标准 (RS)	治疗等效代码
001	OCALIVA	obeticholic acid	片剂 / 口服	5mg	是	否	否
002	OCALIVA	obeticholic acid	片剂 / 口服	10mg	是	是	否

与本品相关的专利信息（来自 FDA 橙皮书 Orange Book）

关联产品号	专利号	专利过期日	是否物质专利	是否产品专利	专利用途代码	撤销请求	提交日期
001	10047117	2033/09/06			U-1854		2018/11/14
	10052337	2036/04/26		是			2018/11/08
	10174073	2033/06/17	是				2019/01/15
	7138390	2022/11/16	是	是			2016/06/22
	8058267	2022/02/21			U-1854		2016/06/22
	8377916	2022/02/21			U-1854		2016/06/22
	9238673	2033/06/17		是			2016/06/22
002	10047117	2033/09/06			U-1854		2018/11/14
	10052337	2036/04/26		是			2018/11/08
	10174073	2033/06/17	是				2019/01/15
	7138390	2022/11/16	是	是			2016/06/22
	8058267	2022/02/21			U-1854		2016/06/22
	8377916	2022/02/21			U-1854		2016/06/22
	9238673	2033/06/17		是			2016/06/22

与本品相关的市场独占权保护信息

关联产品号	独占权代码	失效日期	备注
001	ODE-119	2023/05/27	
	NCE	2021/05/27	
002	ODE-119	2023/05/27	
	NCE	2021/05/27	

合成路线 1

以下合成路线来源于 Università di Perugia 药学学院 Pellicciari 等人 2002 年发表的论文。目标化合物 **5** 以化合物 **1** 和化合物 **2** 为原料，经过 3 步合成反应而得。

p-MeC$_6$H$_4$SO$_3$H, 二噁烷

1. LiN(Pr-i)$_2$, THF, (Me$_2$N)$_3$P=O
2. EtBr, MeOH

NaBH$_4$
NaOH, MeOH

1
CAS号 10538-59-7

2
CAS号 110-87-2

3
CAS号 1812209-48-5

4
CAS号 462122-38-9

5
obeticholic acid
CAS号 459789-99-2

原始文献： J Med Chem, 2002, 45(17):3569-3572.

合成路线 2

以下合成路线来源于 Università degli Studi di Perugia 药学学院 Gioiello 等人 2011 年发表的论文。目标化合物 **7** 以化合物 **1** 和化合物 **2** 为原料，经过 4 步合成反应而得。

CAS号 75-77-4

CAS号 10538-59-7

$LiN(Pr\text{-}i)_2$, THF, $Me(CH_2)_4Me$,

CAS号 863239-58-1

$BF_3\text{-}Et_2O$, CH_2Cl_2

CAS号 75-07-0

HCl, H_2, PtO_2, AcOH, 32psi

NaOH, H_2O

CAS号 863239-59-2

CAS号 462122-38-9

7
obeticholic acid
CAS号 459789-99-2

原始文献： Bioorg Med Chem, 2011, 19(8):2650-2658.

合成路线 3

以下合成路线来源于 Università di Napoli 药学学院 Sepe 等人 2012 年发表的论文。目标化合物 **7** 以化合物 **1** 和化合物 **2** 为原料，经过 4 步合成反应而得。

AcOH, $Bu_4\overset{+}{N}Br^-$, NaOCl, H_2O

CAS号 474-25-9

CAS号 100-39-0

CAS号 1352328-64-3

1. Me_3SiCl, LiN(Pr-*i*)$_2$, THF,
2. BF_3-Et_2O, CH_2Cl_2

5 ← + 4 CAS号 75-07-0

5 CAS号 1352328-66-5 —$NaBH_4$, $CeCl_3$→ 6 CAS号 1352328-67-6 —H_2, Pd, MeOH, THF→

7
obeticholic acid
CAS号 459789-99-2

原始文献： J Med Chem, 2012, 55(1):84-93.

合成路线 4

以下合成路线来源于 The City of Hope 国家医学研究中心 Yu 等人 2012 年发表的论文。目标化合物 **7** 以化合物 **1** 为原料，经过 4 步合成反应而得。

1 CAS号 474-25-9 —PCC, $CHCl_3$, CH_2Cl_2, rt; 15min→ 2 CAS号 4651-67-6 + 3 CAS号 110-87-2

—*p*-$MeC_6H_4SO_3H$, Et_2O, $CHCl_3$, CH_2Cl_2, 60min, rt→ 4 CAS号 122960-85-4

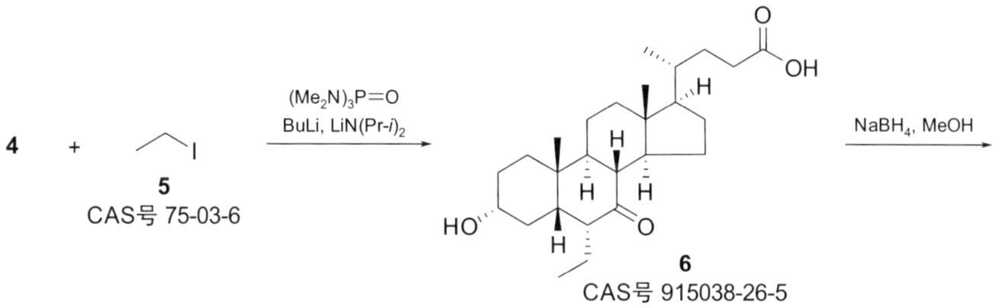

4 + 5 CAS号 75-03-6 —$(Me_2N)_3P{=}O$, BuLi, $LiN(Pr\text{-}i)_2$→ 6 CAS号 915038-26-5 —$NaBH_4$, MeOH→

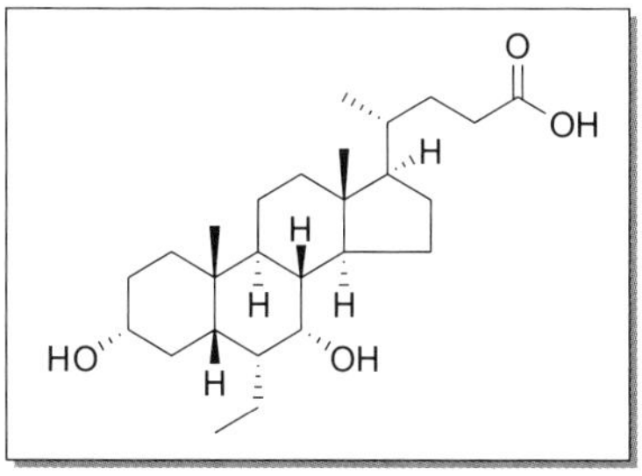

7
obeticholic acid
CAS号 459789-99-2

原始文献： Steroids, 2012, 77(13):1335-1338.

合成路线 5

以下合成路线来源于 East China Normal University 化学与化学工程系 He 等人 2018 年发表的论文。目标化合物 **16** 以化合物 **1** 为原料，经过 11 步合成反应而得。

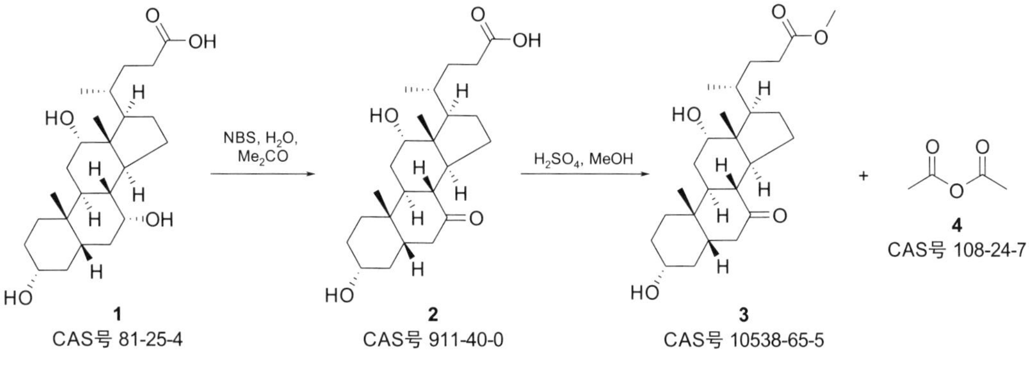

1 CAS号 81-25-4 —NBS, H_2O, Me_2CO→ 2 CAS号 911-40-0 —H_2SO_4, MeOH→ 3 CAS号 10538-65-5 + 4 CAS号 108-24-7

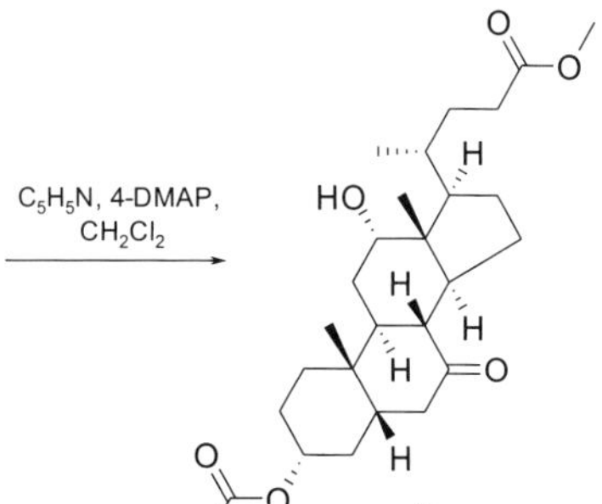

—C_5H_5N, 4-DMAP, CH_2Cl_2→ 5 CAS号 1059-39-2

5
CAS号 1059-39-2

+

6
CAS号 124-63-0

C_5H_5N →

7
CAS号 2132413-80-8

AcOK, NMP →

8
CAS号 2132413-81-9

NaOH, MeOH →

9
CAS号 2126028-20-2

9
CAS号 2126028-20-2

+

10
CAS号 75-77-4

THF, LiN(Pr-*i*)$_2$ →

11
CAS号 2144746-73-4

+

12
CAS号 75-07-0

BF_3-Et_2O, CH_2Cl_2 →

13
CAS号 2251119-20-5

13 NaOH, MeOH →

14
CAS号 2251119-21-6

H_2, Pd, MeOH →

15
CAS号 915038-26-5

NaOH, $NaBH_4$ →

16
obeticholic acid
CAS号 459789-99-2

原始文献： Steroids, 2018, 140:173-178.

合成路线 6

以下合成路线来源于 Pellicciari 等人 2002 年发表的专利申请书。目标化合物 **7** 以化合物 **1** 为原料，经过 4 步合成反应而得。

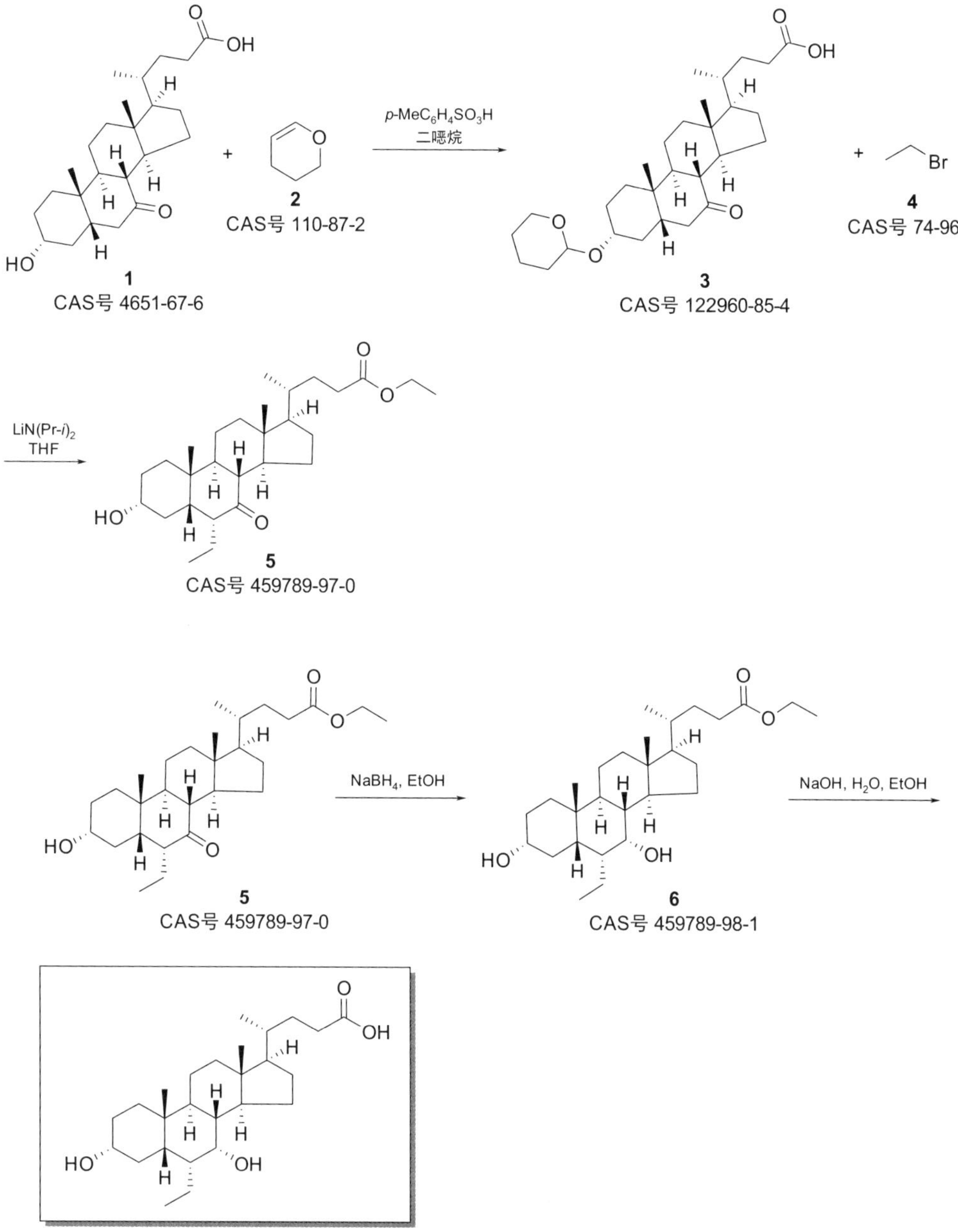

原始文献： WO 2002072598, 2002.

合成路线 7

以下合成路线来源于 Intercept Pharmaceuticals 公司 Steiner 等人 2013 年发表的专利申请书。目标化合物 **10** 以化合物 **1** 为原料，经过 6 步合成反应而得。

1 CAS号 4651-67-6 + **2** CAS号 67-56-1 —(H_2SO_4)→ **3** CAS号 10538-59-7

3 + **4** CAS号 75-77-4 —(1. H_2O, MeOH; 2. LiN(Pr-*i*)$_2$, THF)→ **5** CAS号 863239-58-1

5 + **6** CAS号 75-07-0 —(BF_3, THF, CH_2Cl_2)→ **7**

7 CAS号 1516887-31-2 —(NaOH)→ **8** CAS号 1516887-33-4 —(NaOH, H_2, Pd, 5bar)→ **9** CAS号 915038-26-5 —(NaOH, $NaBH_4$)→

10
obeticholic acid
CAS号 459789-99-2

原始文献： US 20130345188, 2013.

合成路线 8

以下合成路线来源于 Dextra Laboratories 公司 Weymouth-Wilson 等人 2016 年发表的专利申请书。目标化合物 **16** 以化合物 **1** 为原料，经过 13 步合成反应而得。

1 + 2 (CAS号 108-24-7) → (1. H_2SO_4, MeOH; 2. C_5H_5N, 4-DMAP) → 3 (CAS号 5143-55-5) → (p-$MeC_6H_4SO_2NHNH_2$, AcOH, $NaBH_4$)

1
CAS号 83-44-3

2
CAS号 108-24-7

3
CAS号 5143-55-5

4 → (NaOH) → 5

4
CAS号 3253-69-8

5 + 6 → (H_2SO_4, EtOH) → 7 → (Br_2, AcOH) → 8

5
CAS号 434-13-9

6
CAS号 64-17-5

7
CAS号 119248-96-3

8
CAS号 1926986-39-1

→ (LiBr, Li_2CO_3, DMF) → 9

9
CAS号 1263179-36-7

9 → (AcOH, 四氯苯醌, PhMe) → 10 → (m-CPBA, BHT, H_2O, AcOEt) → 11 → ($ZnCl_2$, Et_2O, THF, CuCl)

10
CAS号 1926986-52-8

11
CAS号 1926986-60-8

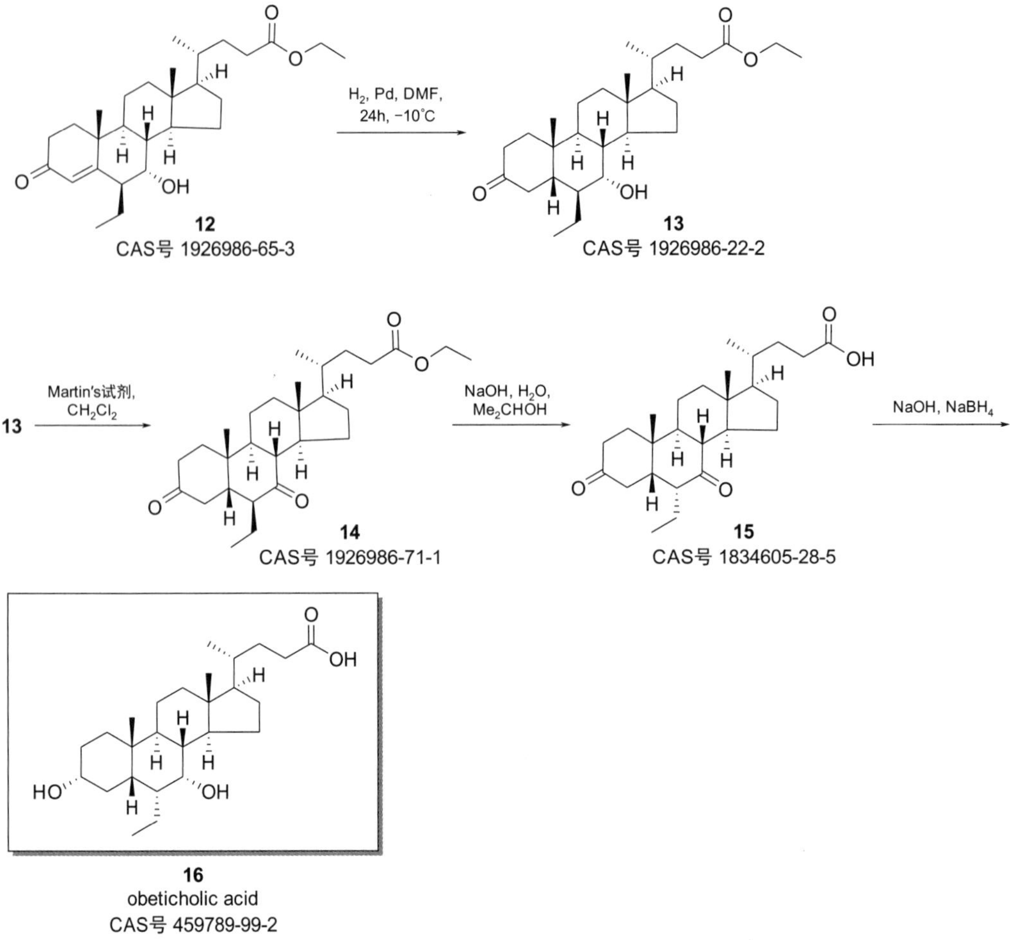

H_2, Pd, DMF, 24h, −10°C

12
CAS号 1926986-65-3

13
CAS号 1926986-22-2

13 Martin's试剂, CH_2Cl_2

14
CAS号 1926986-71-1

NaOH, H_2O, Me_2CHOH

15
CAS号 1834605-28-5

NaOH, $NaBH_4$

16
obeticholic acid
CAS号 459789-99-2

原始文献： WO 2016079520, 2016.

合成路线 9

以下合成路线来源于 Ratiopharm 公司 Coutable 等人 2018 年发表的专利申请书。目标化合物 **10** 以化合物 **1** 为原料，经过 6 步合成反应而得。

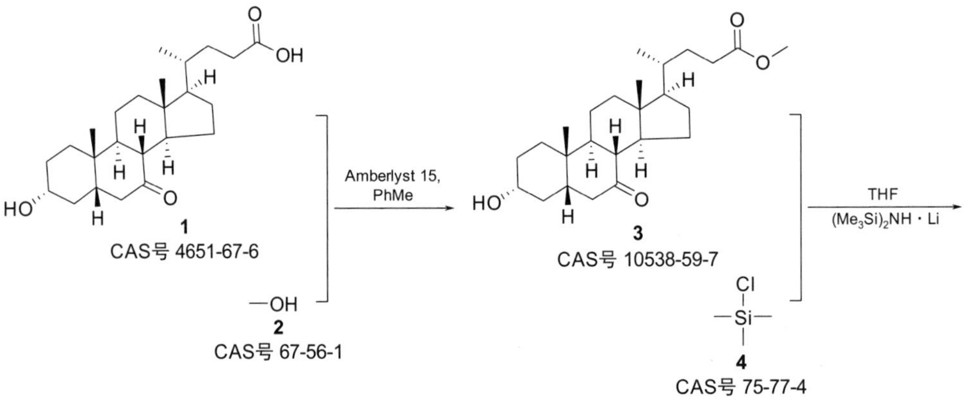

1
CAS号 4651-67-6

2
CAS号 67-56-1

Amberlyst 15, PhMe

3
CAS号 10538-59-7

4
CAS号 75-77-4

THF
$(Me_3Si)_2NH \cdot Li$

5
CAS号 863239-58-1

6
CAS号 75-07-0

NaOH, BF_3
CH_2Cl_2, MeCN
→ 7

NaOH, H_2O
MeOH

NaOH, H_2,
Pd, H_2O, 5bar

7
CAS号 1516887-31-2

8
CAS号 1516887-34-5

9
CAS号 915038-26-5

NaOH, $NaBH_4$

10
obeticholic acid
CAS号 459789-99-2

原始文献： EP 3287467, 2018.

合成路线 10

以下合成路线来源于 Alembic Pharmaceuticals 公司 Siripragada 等人 2018 年发表的专利申请书。目标化合物 **10** 以化合物 **1** 为原料，经过 6 步合成反应而得。

1
CAS号 4651-67-6

2
CAS号 100-44-7

K_2CO_3, DMF,
rt; 60°C

3
CAS号 1352328-64-3

4
CAS号 75-77-4

Et_3N, BuLi,
i-Pr_2NH, THF

5
CAS号 1352328-65-4

6
CAS号 75-07-0

BF_3-Et_2O
CH_2Cl_2
→ 7

7
CAS号 1352328-66-5

H_2, Pd, THF, PhMe,
35～40℃; 24h, rt

8
CAS号 915038-25-4

$TiCl_4$, THF,
15～20℃

9
CAS号 915038-26-5

NaOH, $NaBH_4$, H_2O,
100℃; rt
H_3PO_4, CH_2Cl_2,
pH 2.5

10
obeticholic acid
CAS号 459789-99-2

原始文献： WO 2018220513, 2018.

参考文献

[1] Gai Z, Krajnc E, Samodelov S L, et al. Obeticholic acid ameliorates valproic acid-induced hepatic steatosis and oxidative stress. Mol Pharmacol, 2020, 97(5):314-323.

[2] Anfuso B, Tiribelli C, Adorini L, et al. Obeticholic acid and INT-767 modulate collagen deposition in a NASH in vitro model. Sci Rep, 2020, 10(1):1699.

奥贝胆酸核磁谱图

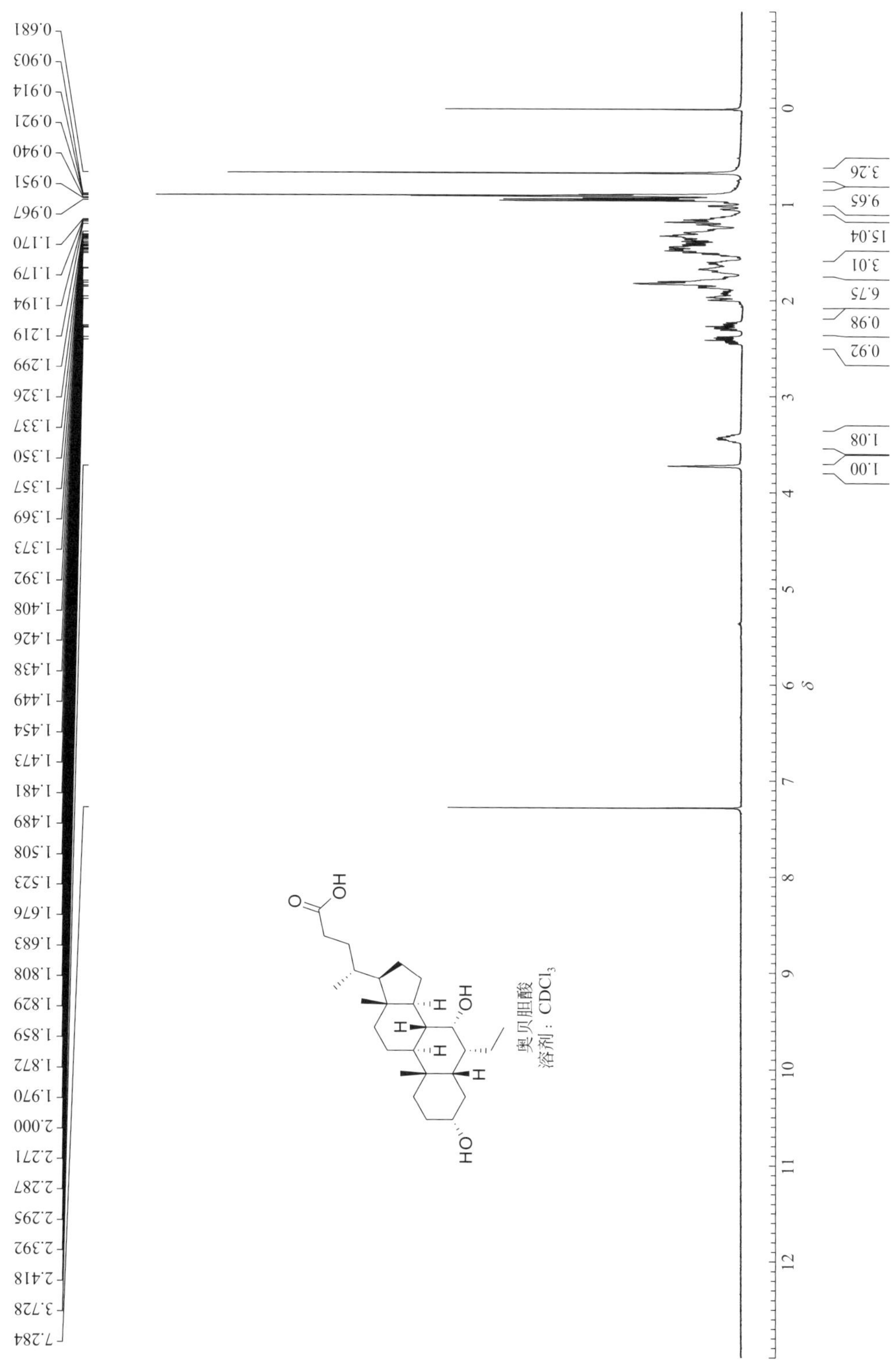
0.681
0.903
0.914
0.921
0.940
0.951
0.967
1.170
1.179
1.194
1.219
1.299
1.326
1.337
1.350
1.357
1.369
1.373
1.392
1.408
1.426
1.438
1.449
1.454
1.473
1.481
1.489
1.508
1.523
1.676
1.683
1.808
1.829
1.859
1.872
1.970
2.000
2.271
2.287
2.295
2.392
2.418
3.728
7.284
3.26
9.65
15.04
3.01
6.75
0.98
0.92
1.08
1.00
0
1
2
3
4
5
6
7
8
9
10
11
12
δ
奥贝胆酸
溶剂：$CDCl_3$

omadacycline（奥马达环素）

药物基本信息

英文通用名	omadacycline
英文别名	amadacyclin tosylate, PTK-0796; PTK 0796; PTK0796
中文通用名	奥马达环素
商品名	Nuzyra
CAS登记号	389139-89-3 (游离碱), 1196800-40-4 (甲磺酸盐), 1075240-43-5 (对甲苯磺酸盐)
FDA 批准日期	10/2/2018
FDA 批准的API	omadacycline tosylate
化学名	(4*S*,4a*S*,5a*R*,12a*S*)-4,7-bis(dimethylamino)-9-{((2,2-dimethylpropyl) amino)methyl}-3,10,12,12a- tetrahydroxy-1,11-dioxo-1,4,4a,5,5a,6,11,12a-octahydrotetracene-2-carboxamide mono(4-methybenzenesulfonate)
SMILES代码	O=C(C1=C(O)[C@@H](N(C)C)[C@@](C[C@@]2([H])C(C(C3=C(O)C(CNCC(C)(C)C)=CC(N(C)C)=C3C2)=O)=C4O)([H])[C@@]4(O)C1=O)N.O=S(C5=CC=C(C)C=C5)(O)=O

化学结构和理论分析

化学结构	理论分析值
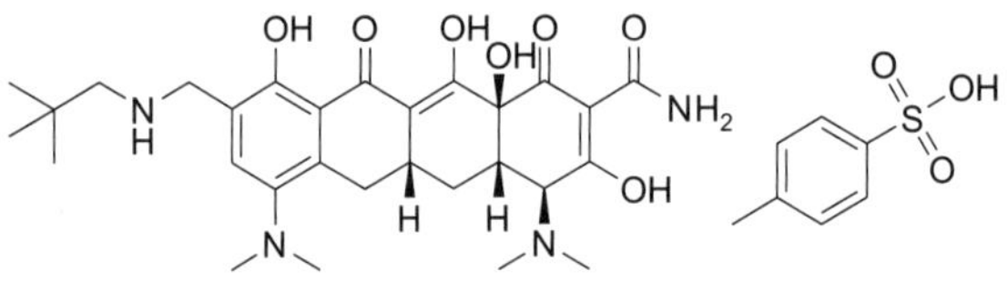	化学式：$C_{36}H_{48}N_4O_{10}S$ 精确分子量：N/A 分子量：728.86 元素分析：C, 59.33; H, 6.64; N, 7.69; O, 21.95; S, 4.40

药品说明书参考网页

生产厂家产品说明书、美国药品网、美国处方药网页。

药物简介

NUZYRA 的活性成分是 omadacycline tosylate。它是一种氨基甲基环素，是四环素类抗菌药物的半合成衍生物，用于静脉内或口服。注射用 NUZYRA 是一种黄色至深橙色的无菌冻干粉。每个小瓶的 NUZYRA 注射液均含有 100mg 的 omadacycline（相当于 131mg 的 omadacycline tosylate）。非活性成分为蔗糖（100mg）。

口服的 NUZYRA 片剂是黄膜包衣片剂，包含 150 mg 的 omadacycline（相当于 196mg 的 omadacycline tosylate）和以下非活性成分：胶体二氧化硅，交聚维酮，甘油单辛酸甘油酯，氧化铁黄，乳糖一水合物，微晶纤维素，聚乙烯醇，亚硫酸氢钠，月桂基硫酸钠，硬脂富马酸钠，滑石粉和二氧化钛。

NUZYRA 的适应证:

① 获得性细菌性肺炎(CABP)。NUZYRA 可用于治疗由以下易感微生物引起的社区获得性细菌性肺炎(CABP)成年患者:肺炎链球菌,金黄色葡萄球菌(易感甲氧西林的分离株),流感嗜血杆菌,副流感嗜血杆菌,支原体肺炎,肺炎支原体,肺炎衣原体。

② 急性细菌性皮肤和皮肤结构感染(ABSSSI)。NUZYRA 可用于治疗由以下易感微生物引起的急性细菌性皮肤和皮肤结构感染(ABSSSI)的成年患者:金黄色葡萄球菌(对甲氧西林敏感和耐药的分离株),葡聚糖葡萄球菌,化脓性链球菌,链球菌性心绞痛(包括链球菌和中间链球菌),粪肠球菌,阴沟肠杆菌和肺炎克雷伯菌。

Omadacycline 属于四环素类抗菌药物,是一种氨基甲基环素。 Omadacycline 可与 30S 核糖体亚基结合并阻止蛋白质合成。 Omadacycline 在体外对表达四环素抗性主动外排泵(tetK 和 tet L)和核糖体保护蛋白(tet M)的革兰氏阳性细菌具有活性。通常,omadacycline 被认为具有抑菌作用。然而,研究表明,omadacycline 对肺炎链球菌和流感嗜血杆菌某些分离株具有杀菌活性。

药品上市申报信息

该药物目前有 2 种产品上市。

药品注册申请号:209816
申请类型:NDA(新药申请)
申请人:PARATEK PHARMS INC
申请人全名:PARATEK PHARMACEUTICALS INC

产品信息

产品号	商品名	活性成分	剂型 / 给药途径	规格 / 剂量	参比药物 (RLD)	生物等效参考标准 (RS)	治疗等效代码
001	NUZYRA	omadacycline tosylate	片剂 / 口服	等量 150mg 游离碱	是	是	否

与本品相关的专利信息(来自 FDA 橙皮书 Orange Book)

关联产品号	专利号	专利过期日	是否物质专利	是否产品专利	专利用途代码	撤销请求	提交日期
001	10111890	2037/08/03			U-2444		2018/11/28
	10124014	2029/03/05			U-2449		2018/12/11
	10383884	2037/10/31			U-2576		2019/09/17
	7326696	2023/09/24	是				2019/07/23
	7553828	2023/06/02	是				2019/07/23
	8383610	2030/09/23	是				2019/07/23
	9265740	2029/03/05			U-1569		2019/07/23
	9314475	2031/03/18		是			2019/07/23
	9365500	2021/06/29			U-1569 U-2576		2019/07/23
	9724358	2029/03/05			U-1569		2019/07/23

与本品相关的市场独占权保护信息

关联产品号	独占权代码	失效日期	备注
001	NCE	2023/10/02	
	GAIN	2028/10/02	

药品注册申请号：209817

申请类型：NDA（新药申请）
申请人：PARATEK PHARMS INC
申请人全名：PARATEK PHARMACEUTICALS INC

产品信息

产品号	商品名	活性成分	剂型/给药途径	规格/剂量	参比药物(RLD)	生物等效参考标准(RS)	治疗等效代码
001	NUZYRA	omadacycline tosylate	粉末剂/静脉注射	等量100mg游离碱/瓶	是	是	否

与本品相关的专利信息（来自FDA橙皮书Orange Book）

关联产品号	专利号	专利过期日	是否物质专利	是否产品专利	专利用途代码	撤销请求	提交日期
001	10124014	2029/03/05			U-2449		2018/12/11
	10383884	2037/10/31			U-2576		2019/09/17
	7326696	2023/09/24	是				2019/07/23
	7553828	2023/06/02	是				2019/07/23
	9265740	2029/03/05		是			2019/07/23
	9365500	2021/06/29			U-2576 U-1569		2019/07/23
	9724358	2029/03/05			U-1569		2019/07/23

与本品相关的市场独占权保护信息

关联产品号	独占权代码	失效日期	备注
001	NCE	2023/10/02	
	GAIN	2028/10/02	

合成路线1

以下合成路线来源于Merck Research Laboratories公司Chung等人2008年发表的论文。目标化合物**8**以化合物**1**和化合物**2**为原料，经过4步合成反应而得。

H_2N **1** CAS号 5813-64-9 + $H_2C{=}O$ **2** CAS号 50-00-0 —[$Me(CH_2)_4Me$, Na_2SO_4, 95%]→ **3** CAS号 162150-89-2 + **4** CAS号 541-88-8 —[CH_2Cl_2]→ **5**

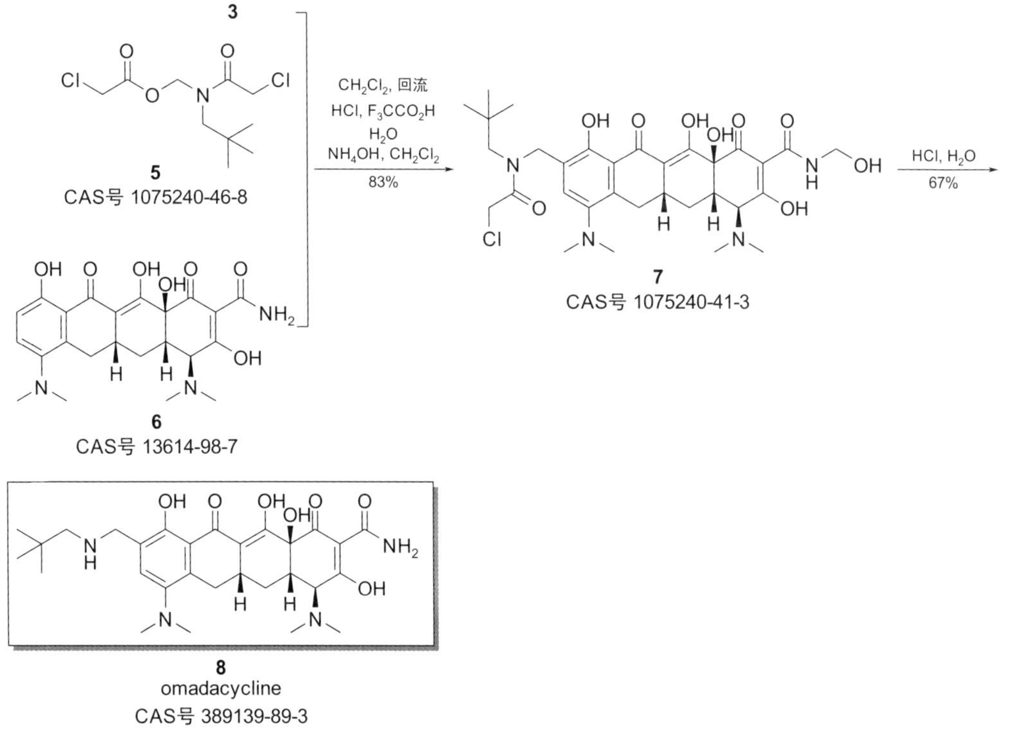

3

5
CAS号 1075240-46-8

6
CAS号 13614-98-7

CH_2Cl_2, 回流
HCl, F_3CCO_2H
H_2O
NH_4OH, CH_2Cl_2
83%

7
CAS号 1075240-41-3

HCl, H_2O
67%

8
omadacycline
CAS号 389139-89-3

原始文献：Tetrahedron Lett, 2008, 49(42):6095-6100.

合成路线 2

以下合成路线来源于 Paratek Pharmaceuticals 公司 Honeyman 等人 2015 年发表的论文。目标化合物 **5** 以化合物 **1** 和化合物 **2** 为原料，经过 2 步合成反应而得。

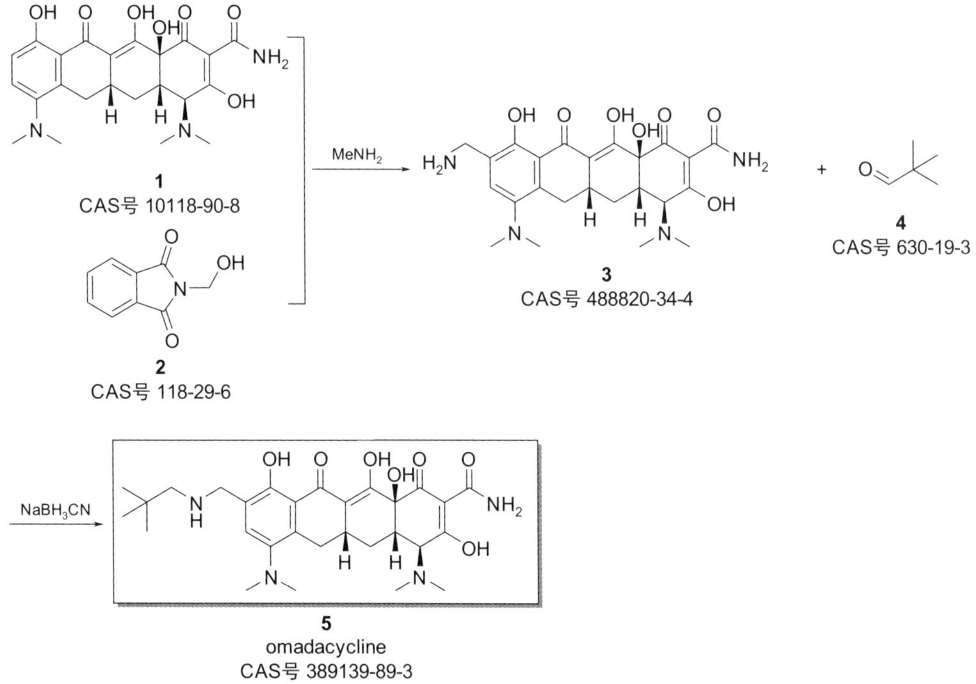

1
CAS号 10118-90-8

2
CAS号 118-29-6

$MeNH_2$

3
CAS号 488820-34-4

+

4
CAS号 630-19-3

$NaBH_3CN$

5
omadacycline
CAS号 389139-89-3

原始文献： Antimicrob Agents Chemother, 2015, 59(11):7044-7053.

合成路线 3

以下合成路线来源于 Paratek Pharmaceuticals 公司 Draper 等人 2016 年发表的专利申请书。目标化合物 **7** 以化合物 **1** 和化合物 **2** 为原料，经过 4 步合成反应而得。

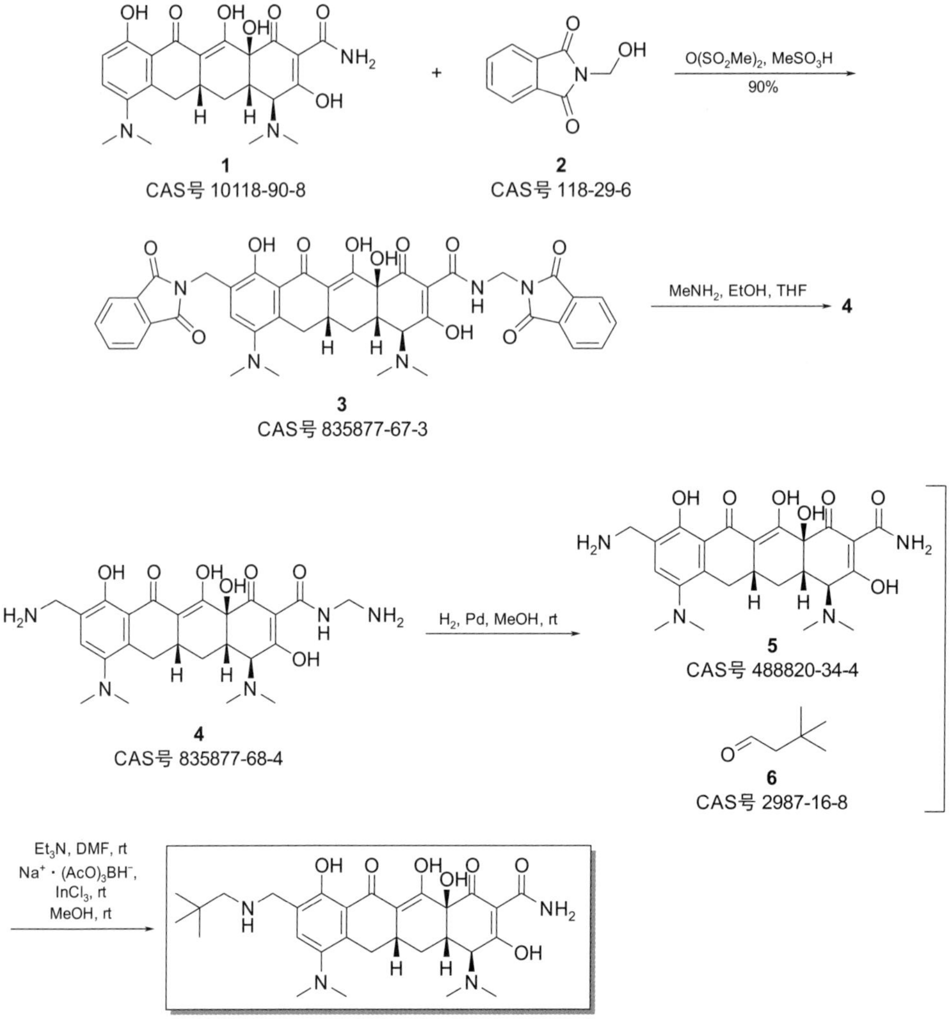

1 CAS号 10118-90-8 + **2** CAS号 118-29-6 → $O(SO_2Me)_2$, $MeSO_3H$, 90% → **3** CAS号 835877-67-3

3 → $MeNH_2$, EtOH, THF → **4**

4 CAS号 835877-68-4 → H_2, Pd, MeOH, rt → **5** CAS号 488820-34-4

5 + **6** CAS号 2987-16-8 → Et_3N, DMF, rt; $Na^+ \cdot (AcO)_3BH^-$, $InCl_3$, rt; MeOH, rt → **7** omadacycline CAS号 389139-89-3

原始文献： WO 2016154332, 2016.

参考文献

[1] Dubois J, Dubois M, Martel J F. In vitro and intracellular activities of omadacycline against legionella pneumophila. Antimicrob Agents Chemother, 2020, 64(5).

[2] Zhanel G G, Esquivel J, Zelenitsky S, et al. Omadacycline: a novel oral and intravenous aminomethylcycline antibiotic agent. Drugs, 2020, 80(3):285-313.

osimertinib（奥西替尼）

药物基本信息

英文通用名	osimertinib
英文别名	AZD-9291; AZD 9291; AZD9291; AZD-9291 mesylate; mereletinib; mereletinib mesylate
中文通用名	奥西替尼
商品名	Tagrisso
CAS登记号	1421373-65-0 (游离碱), 1421373-66-1 (甲磺酸盐)
FDA 批准日期	11/13/2015
FDA 批准的API	osimertinib mesylate
化学名	*N*-(2-((2-(dimethylamino)ethyl)(methyl)amino)-4-methoxy-5-((4-(1-methyl-1H-indol-3-yl)pyrimidin-2-yl)amino)phenyl)acrylamide mesylate
SMILES代码	C=CC(NC1=CC(NC2=NC=CC(C3=CN(C)C4=C3C=CC=C4)=N2)=C(OC)C=C1N(CCN(C)C)C)=O.OS(=O)(C)=O

化学结构和理论分析

化学结构	理论分析值
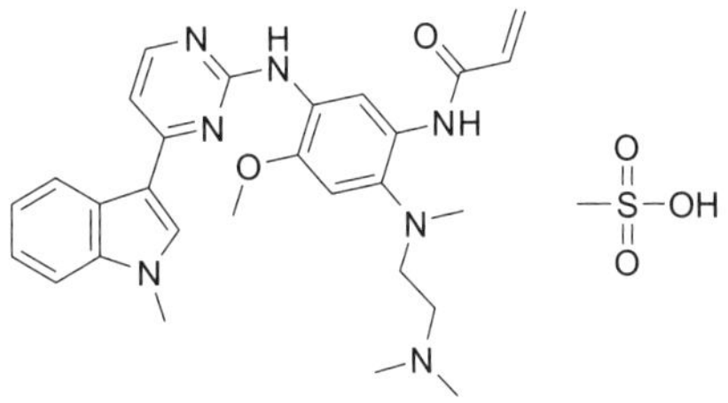	化学式：$C_{29}H_{37}N_7O_5S$ 精确分子量：N/A 分子量：595.7190 元素分析：C, 58.47; H, 6.26; N, 16.46; O, 13.43; S, 5.38

药品说明书参考网页

生产厂家产品说明书、美国药品网、美国处方药网页。

药物简介

TAGRISSO 药品的活性成分是 osimertinib mesylate。它是一种口服有效的激酶抑制剂。

TAGRISSO 片剂有 2 种规格，分别含有 40mg 或 80mg 的 osimertinib，分别相当于 osimertinib mesylate 47.7mg 和 95.4mg。片剂核心中的非活性成分是甘露醇、微晶纤维素、低取代羟丙基纤维素和硬脂富马酸钠。片剂包衣由聚乙烯醇、二氧化钛、聚乙二醇 3350、滑石粉、氧化铁黄、氧化铁红和氧化铁黑组成。

TAGRISSO 的适应证

① EGFR 突变阳性转移性非小细胞肺癌（NSCLC）的一线治疗。TAGRISSO 适用于转移性非小细胞肺癌（NSCLC）患者的一线治疗，该患者的肿瘤具有表皮生长因子受体（EGFR）外显子 19 缺失或外显子 21 L858R 突变。上述基因突变或者缺失必须通过 FDA 批准的检测方法来确认。

② 先前接受过治疗的 EGFR T790M 突变阳性转移性非小细胞肺癌（NSCLC）。TAGRISSO 可用于治疗转移性 EGFR T790M 突变阳性 NSCLC 的患者，这是通过 FDA 批准的测试发现的，而且患者的疾病在接受 EGFR 酪氨酸激酶抑制剂（TKI）治疗之中或之后已经恶化。

Osimertinib 是一种表皮生长因子受体（EGFR）的激酶抑制剂，与某些突变形式的 EGFR（T790M、L858R 和外显子 19 缺失）不可逆地结合，其浓度约为野生型的 1/9。口服 Osimertinib 后，血浆中已鉴定出两种抑制作用与 osimertinib 相似的药理活性代谢物（AZ7550 和 AZ5104，它们的含量大约为母体药物的 10%）。AZ7550 显示出与 osimertinib 相似的药效，而 AZ5104 的活性显著高于 osimertinib。AZ5104 对外显子 19 缺失和 T790M 突变的抑制活性是 osimertinib 的 8 倍，对野生型 EGFR 的抑制活性是 osimertinib 的 15 倍。在体外，osimertinib 在临床相关浓度下也能抑制 HER2、HER3、HER4、ACK1 和 BLK 的活性。

在培养的细胞和动物肿瘤植入模型中，osimertinib 对具有 EGFR 突变（T790M / L858R，L858R，T790M / 外显子 19 缺失和外显子 19 缺失）的 NSCLC 细胞系表现出抗肿瘤活性，并在较小程度上表现出野生型 EGFR 扩增。Osimertinib 在多种动物物种（猴子、大鼠和小鼠）中分布于大脑，口服给药后脑与血浆的 AUC 比率约为 2。这些数据与在临床前突变型 EGFR 颅内小鼠转移异种移植模型（PC9，外显子 19 缺失）中观察到的 osimertinib 对照组相比，肿瘤消退和存活率增加的观察结果一致。

药品上市申报信息

该药物目前有 1 种产品上市。

药品注册申请号：208065
申请类型：NDA（新药申请）
申请人：ASTRAZENECA PHARMS
申请人全名：ASTRAZENECA PHARMACEUTICALS LP

产品信息

产品号	商品名	活性成分	剂型 / 给药途径	规格 / 剂量	参比药物 (RLD)	生物等效参考标准 (RS)	治疗等效代码
001	TAGRISSO	osimertinib mesylate	片剂 / 口服	等量 40mg 游离碱	是	否	否
002	TAGRISSO	osimertinib mesylate	片剂 / 口服	等量 80mg 游离碱	是	是	否

与本品相关的专利信息（来自 FDA 橙皮书 Orange Book）

关联产品号	专利号	专利过期日	是否物质专利	是否产品专利	专利用途代码	撤销请求	提交日期
001	10183020	2035/01/02		是	U-2289 U-1777		2019/02/12
	8946235	2032/08/08	是	是	U-1777 U-2289		2015/12/11
	9732058	2032/07/25	是	是	U-1777 U-2289		2017/08/29
002	10183020	2035/01/02		是	U-1777 U-2289		2019/02/12
	8946235	2032/08/08	是	是	U-1777 U-2289		2015/12/11
	9732058	2032/07/25	是	是	U-1777 U-2289		2017/08/29

与本品相关的市场独占权保护信息

关联产品号	独占权代码	失效日期	备注
001	ODE-102	2022/11/13	
	NCE	2020/11/13	
	ODE-176	2025/04/18	
	I-774	2021/04/18	
002	ODE-102	2022/11/13	
	NCE	2020/11/13	
	ODE-176	2025/04/18	
	I-774	2021/04/18	

合成路线 1

以下合成路线来源于 AstraZeneca 公司 Raymond 等人 2014 年发表的论文。目标化合物 **12** 以化合物 **1** 和化合物 **2** 为原料，经过 6 步合成反应而得。

1 CAS号 120-72-9 + **2** CAS号 3934-20-1 —(MeMgBr, Et_2O)→ **3** CAS号 945016-63-7

3 + $H_3C—I$ **4** CAS号 74-88-4 —(NaH, THF)→ **5** CAS号 1032452-86-0

5 + **6** CAS号 1075705-01-9 —(TsOH)→ **7**

7
CAS号 1421372-94-2

8
CAS号 142-25-6

EtN(Pr-i)$_2$, F_3CCH_2OH

9
CAS号 1421372-67-9

NH_4Cl, Fe, H_2O, EtOH

10
CAS号 1421372-66-8

11
CAS号 814-68-6

EtN(Pr-i)$_2$, CH_2Cl_2

12
osimertinib
CAS号 1421373-65-0

原始文献： J Med Chem, 2014, 57(20):8249-8267.

合成路线 2

以下合成路线来源于 Southeast University 生物医药工程学院 Liu 等人 2015 年发表的论文。目标化合物 **14** 以化合物 **1** 和化合物 **2** 为原料，经过 8 步合成反应而得。

1
CAS号 3934-20-1

2
CAS号 603-76-9

$AlCl_3$, $(CH_2OMe)_2$

3
CAS号 1032452-86-0

4
CAS号 448-19-1

1. H_2SO_4, KNO_3
2. H_2, Pd, MeOH

5
CAS号 1075705-01-9

5

6
CAS号 24424-99-5

CH_2Cl_2

7
CAS号 1802924-13-5

8
CAS号 142-25-6

$EtN(Pr\text{-}i)_2$
$AcNMe_2$

9
CAS号 1802924-14-6

H_2, Pd
MeOH

10
CAS号 1802924-15-7

10

11
CAS号 814-68-6

$EtN(Pr\text{-}i)_2$, H_2O

12
CAS号 1807762-89-5

HCl
MeOH

13
CAS号 1802924-16-8

+

3
CAS号 1032452-86-0

$p\text{-}MeC_6H_4SO_3H$,
BuOH

14
osimertinib
CAS号 1421373-65-0

原始文献： J Chem Res, 2015, 39(6): 318 - 320.

合成路线 3

以下合成路线来源于 Nanjing Normal University 生命科学院 Zhang 等人 2017 年发表的论文。目标化合物 **6** 以化合物 **1** 和化合物 **2** 为原料，经 3 步合成反应而得。

1
CAS号 142-25-6

2
CAS号 1421372-94-2

$EtN(Pr\text{-}i)_2$, $AcNMe_2$, 5.5h, 140°C

3
CAS号 1421372-67-9

H_2, Pd, MeOH, 24h, rt

4
CAS号 1421372-66-8

+

5
CAS号 814-68-6

$EtN(Pr\text{-}i)_2$, CH_2Cl_2, −10°C; 1h, −10°C

6
osimertinib
CAS号 1421373-65-0

原始文献： Eur J Med Chem, 2017, 135:12-23.

合成路线 4

以下合成路线来源于 Shanghai University of Engineering Science 化学化工学院 Zhu 等人 2017 年发表的论文。目标化合物 **15** 以化合物 **1** 和化合物 **2** 为原料，经 8 步合成反应而得。

1
CAS号 703-80-0

+

2
CAS号 77-78-1

NaH, DMF

3
CAS号 19012-02-3

+

4
CAS号 4637-24-5

PhMe, 12h, rt, 回流

5
CAS号 954421-16-0

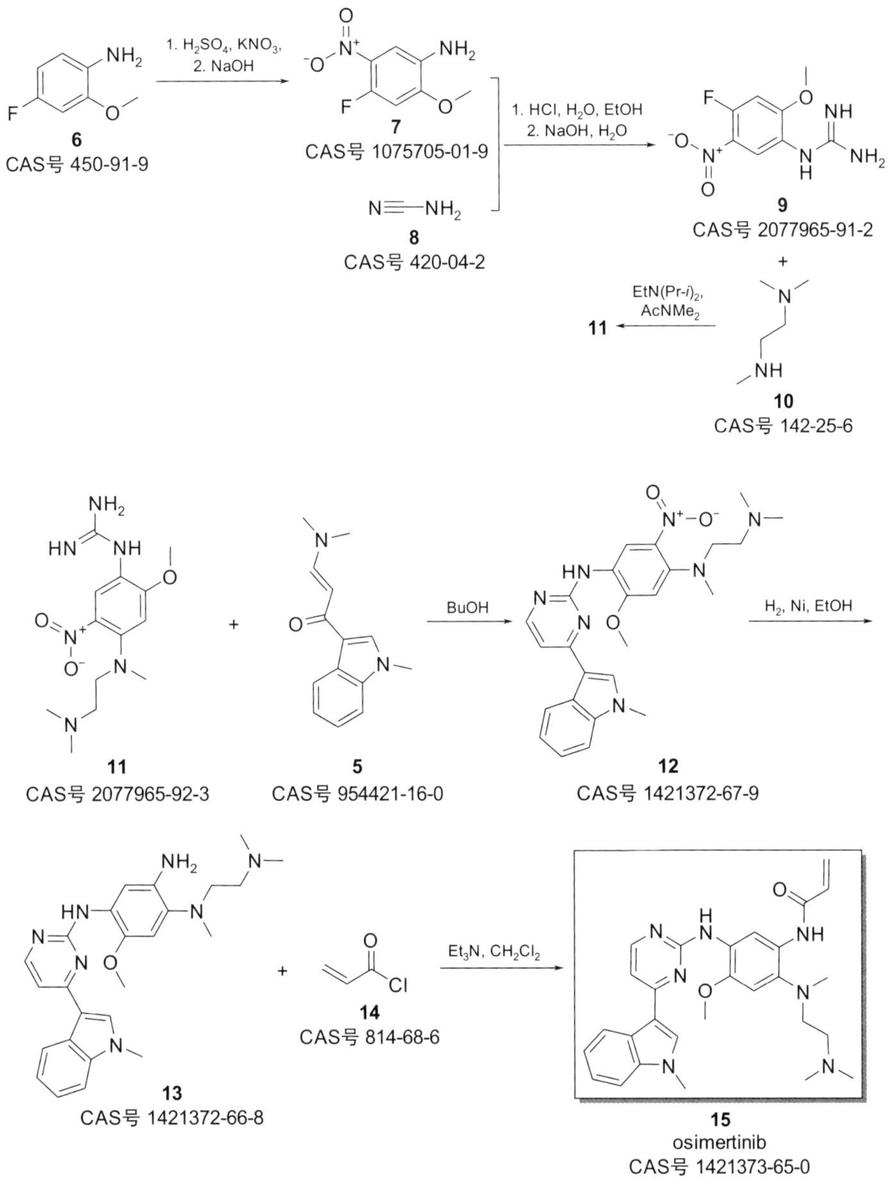

6
CAS号 450-91-9

1. H_2SO_4, KNO_3, 2. NaOH

7
CAS号 1075705-01-9

8
CAS号 420-04-2

1. HCl, H_2O, EtOH 2. NaOH, H_2O

9
CAS号 2077965-91-2

+

$EtN(Pr\text{-}i)_2$, $AcNMe_2$

10
CAS号 142-25-6

11
CAS号 2077965-92-3

+

5
CAS号 954421-16-0

BuOH

12
CAS号 1421372-67-9

H_2, Ni, EtOH

13
CAS号 1421372-66-8

+

14
CAS号 814-68-6

Et_3N, CH_2Cl_2

15
osimertinib
CAS号 1421373-65-0

原始文献： Heterocycl Chem, 2017, 54:2898-2901.

合成路线 5

以下合成路线来源于 AstraZeneca 公司 Boyd 等人 2017 年发表的专利申请书。目标化合物 **4** 以化合物 **1** 为原料，经 2 步合成反应而得。

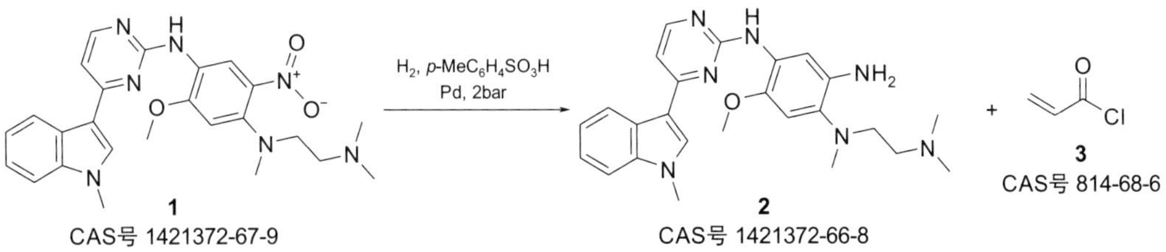

H_2, p-$MeC_6H_4SO_3H$, Pd, 2bar

1
CAS号 1421372-67-9

2
CAS号 1421372-66-8

+

3
CAS号 814-68-6

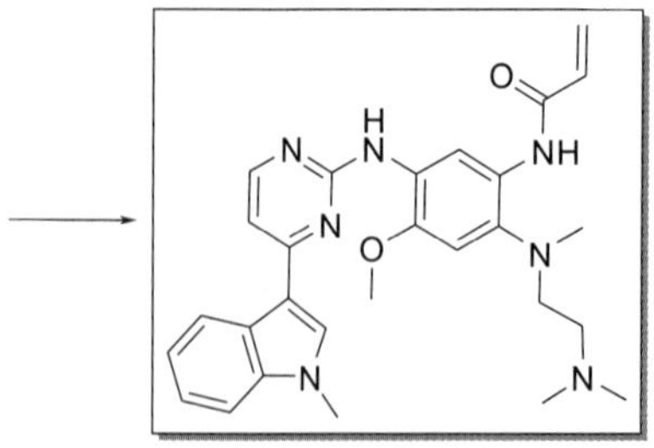

4
osimertinib
CAS号 1421373-65-0

原始文献： WO 2017134051, 2017.

合成路线 6

以下合成路线来源于 ARIAD Pharmaceuticals 公司 Huang 等人 2015 年发表的专利申请书。目标化合物 **14** 以化合物 **1** 和化合物 **2** 为原料，经 8 步合成反应而得。

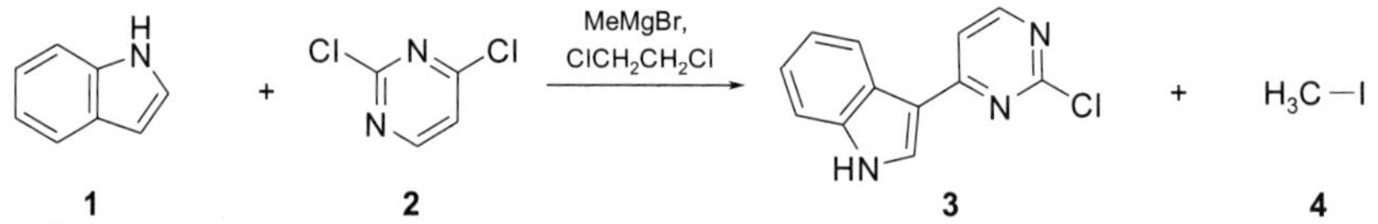

MeMgBr, $ClCH_2CH_2Cl$

1 CAS号 120-72-9 + **2** CAS号 3934-20-1 → **3** CAS号 945016-63-7 + H_3C-I **4** CAS号 74-88-4

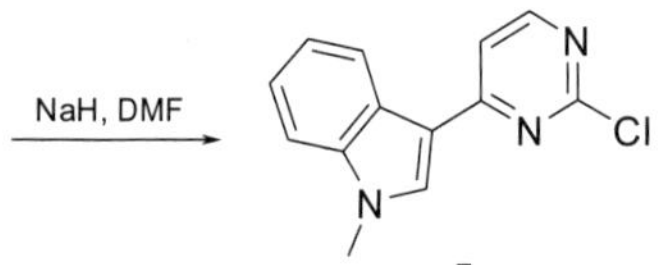

NaH, DMF

→ **5** CAS号 1032452-86-0

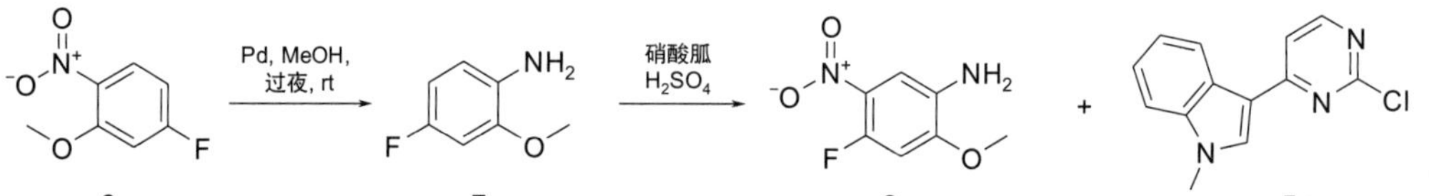

Pd, MeOH, 过夜, rt

硝酸胍 H_2SO_4

6 CAS号 448-19-1 → **7** CAS号 450-91-9 → **8** CAS号 1075705-01-9 + **5** CAS号 1032452-86-0

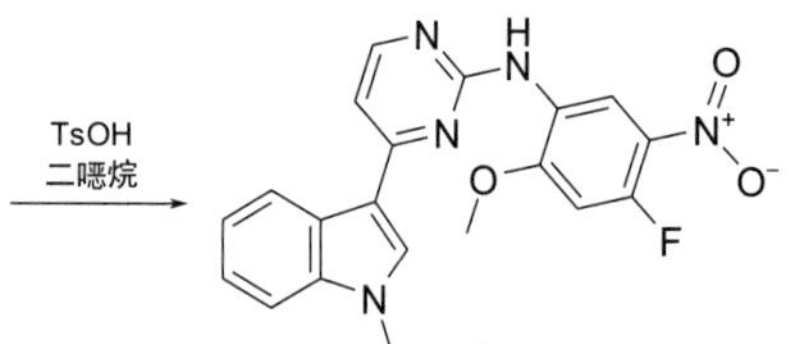

TsOH 二噁烷

→ **9** CAS号 1421372-94-2

9 + 10 (CAS号 142-25-6) —K_2CO_3, MeCN→ 11 (CAS号 1421372-67-9) —$NH_4^+ \cdot HCO_2^-$, Pd, MeOH→ 12 (CAS号 1421372-66-8) + 13 (CAS号 814-68-6) —EtN(Pr-*i*)$_2$, CH_2Cl_2→ 14 osimertinib (CAS号 1421373-65-0)

原始文献： WO 2015195228, 2015.

合成路线 7

以下合成路线来源于 Hunan University 化学化工系 Qiu 等人 2019 年发表的专利申请书。目标化合物 **10** 以化合物 **1** 和化合物 **2** 为原料，经 5 步合成反应而得。

1 (CAS号 603-76-9) + 2 (CAS号 3934-20-1) —$SOCl_2$, $CoCl_2$, $CHCl_3$→ 3 (CAS号 1032452-86-0) + 4 (CAS号 1075705-01-9) —*p*-$MeC_6H_4SO_3H$, MeCN→ 5 (CAS号 1421372-94-2)

5 + 6 (CAS号 142-25-6) —EtN(Pr-*i*)$_2$, DMSO→ 7 (CAS号 1421372-67-9) —NH_4Cl, N_2H_4-H_2O, $CoSO_4$EtOH→ 8 (CAS号 1421372-66-8) + 9 (CAS号 814-68-6)

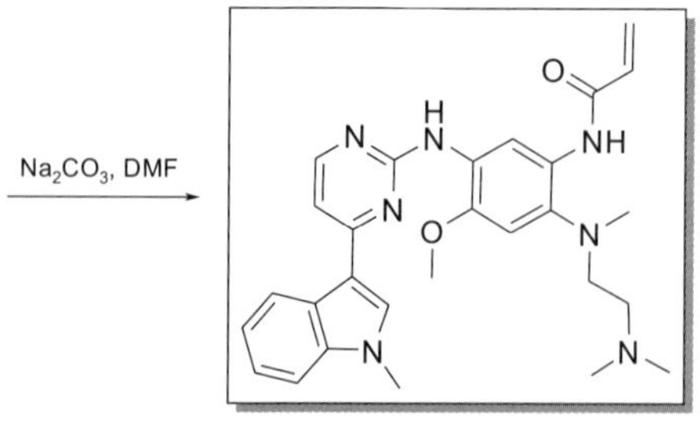

Na_2CO_3, DMF

10
osimertinib
CAS号 1421373-65-0

原始文献：CN 109134435, 2019.

合成路线 8

以下合成路线来源于 Shanghai Sinochemtech 公司 Zhang 等人 2018 年发表的专利申请书。目标化合物 **8** 以化合物 **1** 和化合物 **2** 为原料，经 5 步合成反应而得。

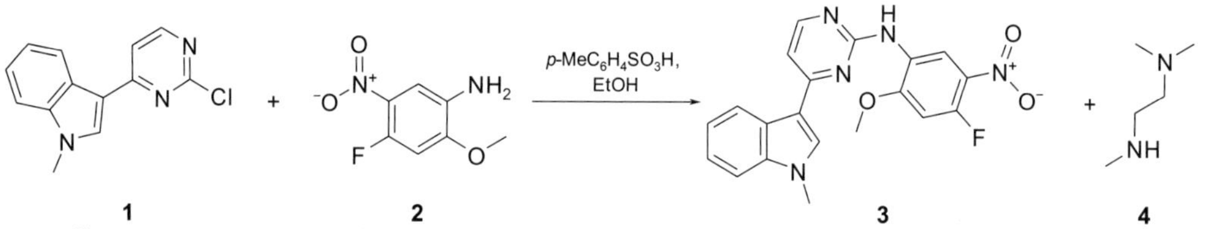

p-$MeC_6H_4SO_3H$, EtOH

1
CAS号 1032452-86-0

2
CAS号 1075705-01-9

3
CAS号 1421372-94-2

4
CAS号 142-25-6

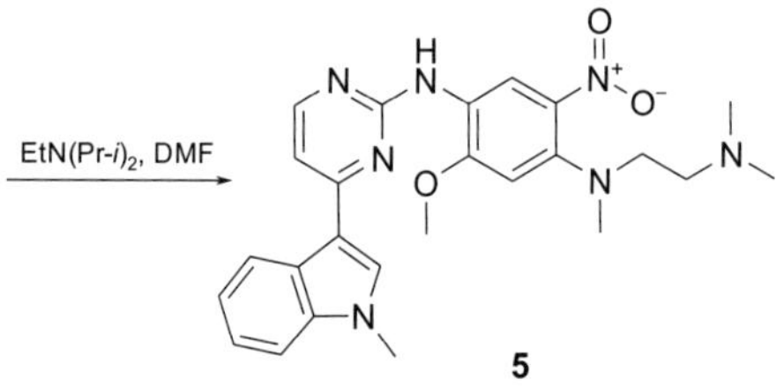

$EtN(Pr\text{-}i)_2$, DMF

5
CAS号 1421372-67-9

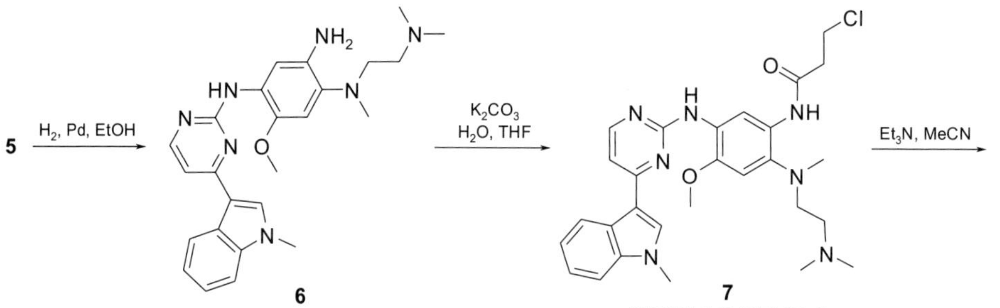

5 H_2, Pd, EtOH

6
CAS号 1421372-66-8

K_2CO_3, H_2O, THF

7
CAS号 1421373-36-5

Et_3N, MeCN

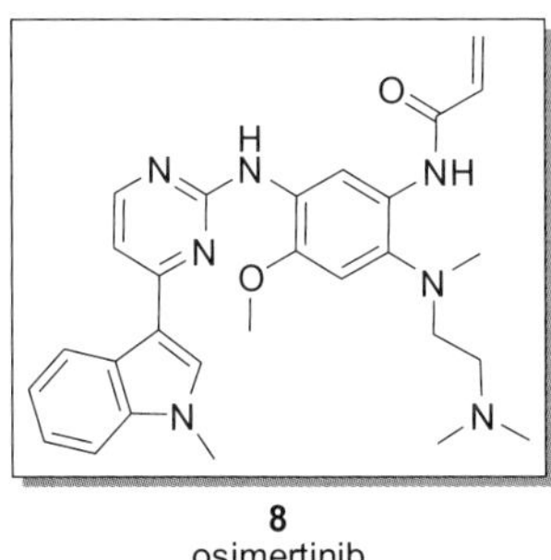

8
osimertinib
CAS号 1421373-65-0

原始文献： CN 108623567, 2018.

合成路线 9

以下合成路线来源于 Shangyao Kony (Changzhou) Pharmaceutical 公司 Liu 等人 2018 年发表的专利申请书。目标化合物 **10** 以化合物 **1** 和化合物 **2** 为原料，经 6 步合成反应而得。

H_2SO_4, KNO_3

1
CAS号 32338-02-6

2
CAS号 2090498-17-0

3
CAS号 142-25-6

Mg, THF

4
CAS号 2240147-88-8

AcOEt, NaOH, H_2O

5
CAS号 625-36-5

6
CAS号 2240147-89-9

H_2, Pd, MeOH

7
CAS号 2240147-90-2

8
CAS号 1032452-86-0

Mg, THF

9
CAS号 1421373-36-5

CF_3CO_2Na, MeOH
DABCO
$MeSO_3H$

10
osimertinib
CAS号 1421373-65-0

原始文献： CN 108218839, 2018.

合成路线 10

以下合成路线来源于 AstraZeneca 公司 Butterworth 等人 2013 年发表的专利申请书。目标化合物 **12** 以化合物 **1** 和化合物 **2** 为原料，经 6 步合成反应而得。

1 CAS号 120-72-9

2 CAS号 3934-20-1

MeMgBr, Et_2O, $ClCH_2CH_2Cl$, MeOH, 46%

3 CAS号 945016-63-7

H_3C-I **4** CAS号 74-88-4

NaH, THF, $NaHCO_3$, H_2O, 96%

5 CAS号 1032452-86-0

6 CAS号 1075705-01-9

p-$MeC_6H_4SO_3H$, 95%

7 CAS号 1421372-94-2

7 CAS号 1421372-94-2

8 CAS号 142-25-6

EtN(Pr-i)$_2$, $AcNMe_2$, 96%

9 CAS号 1421372-67-9

10 CAS号 625-36-5

K_2CO_3, Me_2CO, NaOH, MeOH, 95%

11 CAS号 1421373-36-5

Et_3N, MeCN

12 osimertinib CAS号 1421373-65-0

原始文献： WO 2013014448, 2013.

合成路线 11

以下合成路线来源于 Suzhou Miracpharma Technology 公司 Xu 等人 2016 年发表的专利申请书。目标化合物 **11** 以化合物 **1** 和化合物 **2** 为原料，经 6 步合成反应而得。

1 CAS号 458-52-6
2 CAS号 814-68-6
Et_3N, CH_2Cl_2, MeOH, $NaHCO_3$, H_2O
3 CAS号 1810048-26-0
4 CAS号 142-25-6
EtN(Pr-*i*)$_2$, AcNMe$_2$, H_2O, 87%
5 CAS号 1810048-27-1

KNO_3, H_2SO_4, H_2O, 73%
6 CAS号 1810048-28-2

6 H_2, Pd, EtOH, 91%
7 CAS号 1802924-16-8
8 CAS号 420-04-2
HCl, H_2O, BuOH, 66%
9 CAS号 1810048-29-3 + **10** CAS号 954421-16-0

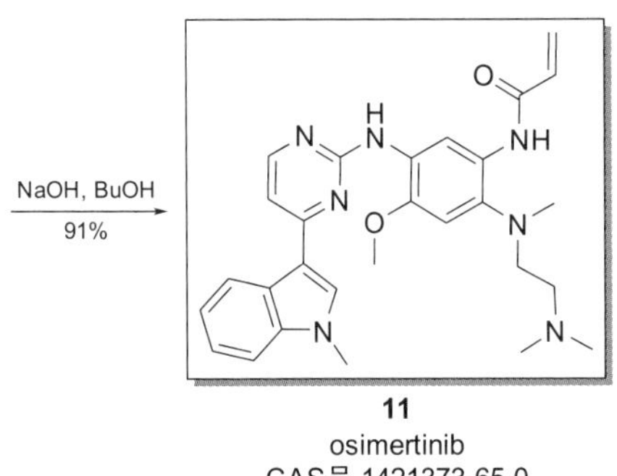

11
osimertinib
CAS号 1421373-65-0

原始文献： WO 2016202125, 2016.

参考文献

[1] He K, Zhang Z, Wang W, et al. Discovery and biological evaluation of proteolysis targeting chimeras (PROTACs) as an EGFR degraders based on osimertinib and lenalidomide. Bioorg Med Chem Lett, 2020, 30(12:)127167.

[2] Gil H I, Um S W. The impact of age and performance status on the efficacy of osimertinib in patients with EGFR T790M-positive non-small cell lung cancer. J Thorac Dis, 2020, 12(3):153-155.

奥西替尼核磁谱图

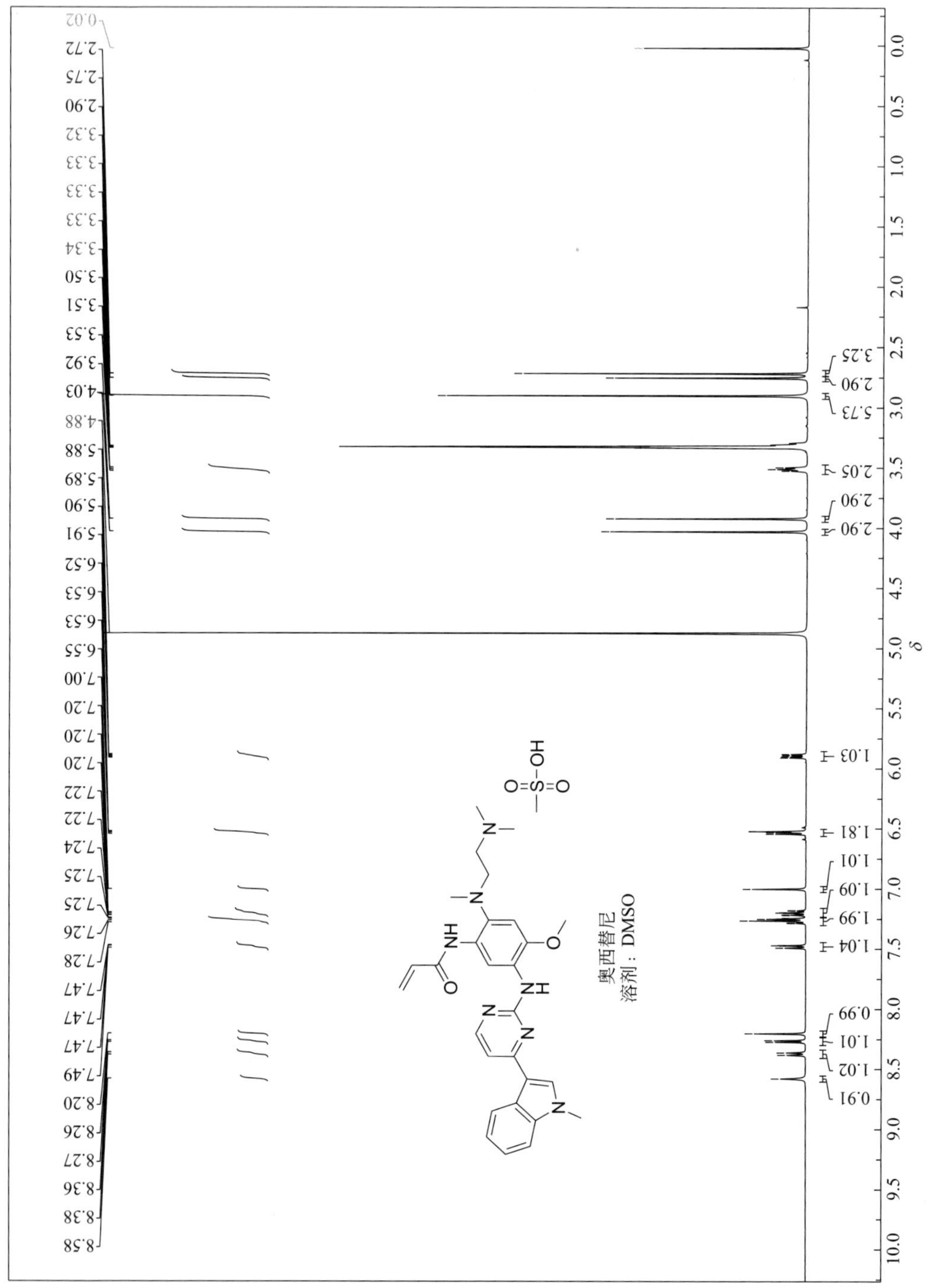

ozenoxacin（奥泽沙星）

药物基本信息

英文通用名	ozenoxacin
英文别名	GF-001001-00; GF 001001-00; GF001001-00; M-5120; M5120; M 5120; T-3912; T 3912; T3912; GF-00100100; GF00100100; GF 00100100
中文通用名	奥泽沙星
商品名	Xepi
CAS登记号	245765-41-7
FDA 批准日期	12/11/2017
FDA 批准的API	ozenoxacin
化学名	1-cyclopropyl-8-methyl-7-(5-methyl-6-(methylamino)pyridin-3-yl)-4-oxo-1,4-dihydroquinoline-3-carboxylic acid
SMILES代码	O=C(C1=CN(C2CC2)C3=C(C=CC(C4=CC(C)=C(NC)N=C4)=C3C)C1=O)O

化学结构和理论分析

化学结构	理论分析值
	化学式：$C_{21}H_{21}N_3O_3$ 精确分子量：363.1583 分子量：363.42 元素分析：C, 69.41; H, 5.82; N, 11.56; O, 13.21

药品说明书参考网页

生产厂家产品说明书、美国药品网、美国处方药网页。

药物简介

XEPI 的活性成分是 ozenoxacin。它是一种喹诺酮类抗菌药物。仅用于皮肤局部使用。

Ozenoxacin 为白色至浅黄色结晶固体。XEPI 是一种乳膏状外用药物，每克乳膏包含 10mg 的 ozenoxacin（1%，质量分数）和以下非活性成分：苯甲酸，辛基十二烷醇，peglicol 5 油酸酯，pegoxol 7 硬脂酸酯，丙二醇，纯净水，硬脂醇。

XEPI 适用于 2 个月及以上的成年和小儿患者因金黄色葡萄球菌或化脓性链球菌引起的脓疱疮的局部治疗。

Ozenoxacin 是一种喹诺酮类抗菌药物。作用机理涉及抑制细菌 DNA 复制酶，DNA 回旋酶 A 和拓扑异构酶Ⅵ。研究表明，ozenoxacin 对金黄色葡萄球菌和化脓性链球菌具有杀菌作用。

药品上市申报信息

该药物目前有 1 种产品上市。

药品注册申请号：208945

申请类型：NDA（新药申请）

申请人：FERRER INTERNACIONAL

申请人全名：FERRER INTERNACIONAL SA

产品信息

产品号	商品名	活性成分	剂型 / 给药途径	规格 / 剂量	参比药物 (RLD)	生物等效参考标准 (RS)	治疗等效代码
001	XEPI	ozenoxacin	乳膏 / 局部外用	1%	是	是	否

与本品相关的专利信息（来自 FDA 橙皮书 Orange Book）

关联产品号	专利号	专利过期日	是否物质专利	是否产品专利	专利用途代码	撤销请求	提交日期
001	6335447	2020/04/06	是				2018/01/19
	9180200	2032/01/29		是	U-805		2018/01/19
	9399014	2029/12/15			U-805		2018/01/19

与本品相关的市场独占权保护信息

关联产品号	独占权代码	失效日期	备注
001	NCE	2022/12/11	

合成路线 1

以下合成路线来源于 Shandong Bestcomm Pharmaceutical 公司 Yu 等人 2018 年发表的专利申请书。目标化合物 **6** 以化合物 **1** 和化合物 **2** 为原料，经过 3 步合成反应而得。

1
CAS号 73183-34-3

2
CAS号 446299-87-2

AcONa, $Pd(PPh_3)_4$, DMF

3
CAS号 2241304-67-4

4
CAS号 103877-51-6

Et_3N, $PdCl_2$, H_2O, THF

5
CAS号 2241304-68-5

1. NaOH
2. HCl

6
ozenoxacin
CAS号 245765-41-7

原始文献：CN 108299480, 2018.

合成路线 2

以下合成路线来源于 Toyama Chemical 公司 Kuroda 等人 2002 年发表的专利申请书。目标化合物 **9** 以化合物 **1** 和化合物 **2** 为原料，经过 5 步合成反应而得。

1
CAS号 430-21-5

2
CAS号 3282-30-2

Et_3N, AcOEt

3
CAS号 446299-84-9

H_3C-I
4
CAS号 74-88-4

NaH, DMSO

5
CAS号 245765-92-8

硼酸三异丙酯
BuLi, THF, $Me(CH_2)_4Me$
HCl, H_2O

6
CAS号 446299-78-1

6
CAS号 446299-78-1
+
7
CAS号 103877-51-6
$NaHCO_3$, $PdCl_2[P(cy)_3]_2$, PhMe, H_2O
8
CAS号 446299-88-3

$MeSO_3H$, H_2O
9
ozenoxacin
CAS号 245765-41-7

原始文献： WO 2002062805, 2002.

参考文献

[1] Hebert A A, Rosen T, Albareda López N,et al. Safety and efficacy profile of ozenoxacin 1% cream in pediatric patients with impetigo. Int J Womens Dermatol, 2019, 6(2):109-115.

[2] Tabara K, Tamura R, Nakamura A, et al. Anti-inflammatory effects of ozenoxacin, a topical quinolone antimicrobial agent. J Antibiot (Tokyo), 2020, 73(4):247-254.

palbociclib（帕博西尼）

药物基本信息

英文通用名	palbociclib
英文别名	PD 0332991; PD-0332991; PD0332991; PD0332991; PD332991; PD-332991; PD 332991

中文通用名	帕博西尼
商品名	Ibrance
CAS登记号	571190-30-2（游离碱），827022-32-2（HCl），827022-33-3（羟乙基磺酸盐）
FDA 批准日期	2/3/2015
FDA 批准的API	palbociclib
化学名	6-acetyl-8-cyclopentyl-5-methyl-2-((5-(piperazin-1-yl)pyridin-2-yl)amino)pyrido[2,3-d]pyrimidin-7(8H)-one
SMILES代码	O=C1C(C(C)=O)=C(C)C2=CN=C(NC3=NC=C(N4CCNCC4)C=C3)N=C2N1C5CCCC5

化学结构和理论分析

化学结构	理论分析值
HN N N H N N N N O O	化学式：$C_{24}H_{29}N_7O_2$ 精确分子量：447.2383 分子量：447.54 元素分析：C, 64.41; H, 6.53; N, 21.91; O, 7.15

药品说明书参考网页

生产厂家产品说明书、美国药品网、美国处方药网页。

药物简介

IBRANCE 是一种口服胶囊，其活性成分是 palbociclib。目前有 3 种剂量规格，分别含 125mg、100mg 或 75mg palbociclib。Palbociclib 是一种激酶抑制剂，是黄色至橙色粉末，pK_a 为 7.4（哌嗪环上的仲氮原子）和 3.9（吡啶环上的氮原子）。在 pH ≤ 4 时，palbociclib 的溶解度较高，pH 值超过 4 时，palbociclib 的溶解度显著降低。

IBRANCE 的非活性成分：微晶纤维素，乳糖一水合物，羟乙酸淀粉钠，胶体二氧化硅，硬脂酸镁和硬明胶胶囊壳。浅橙色、浅橙色 / 焦糖和焦糖不透明胶囊壳中含有明胶、红色氧化铁、黄色氧化铁和二氧化钛。印刷油墨包含虫胶、二氧化钛、氢氧化铵、丙二醇和二甲硅油。

IBRANCE 适用于治疗激素受体（HR）阳性，人表皮生长因子受体 2（HER2）阴性的晚期或转移性乳腺癌的成年患者，并与以下药物组合：①芳香酶抑制剂联合使用，作为绝经后女性或男性基于内分泌的初始疗法；②患者在接受内分泌治疗后疾病进展，可以与 fulvestrant 联合使用。

Palbociclib 是一种细胞周期蛋白依赖性激酶（CDK）4 和 6 的抑制剂。细胞周期蛋白 D1 和 CDK4 / 6 在导致细胞增殖的信号传导途径的下游。在体外，palbociclib 可通过阻断细胞从 G1 进入细胞周期的 S 期的进程来减少雌激素受体（ER）阳性乳腺癌细胞系的细胞增殖。与单独使用每种药物进行治疗相比，使用 palbociclib 和抗雌激素的组合治疗乳腺癌细胞系可导致视网膜母细胞瘤（Rb）蛋白磷酸化降低，从而导致 E2F 表达和信号传导降低，并显著抑制生长。与单独使用每种药物相比，使用 palbociclib 和抗雌激素的组合对 ER 阳性乳腺癌细胞系进行体外治疗可促使细胞衰老，在停止使用 palbociclib 后这种作用仍可持续长达 6 天，如果继续进行抗雌激素治疗则效果更好。使用源自患者的 ER 阳性乳腺癌异种移植模型的体内研究表明，与单独使用每种药物相比，palbociclib 和来曲唑的组合可增加 Rb 磷酸化，抑制下游信号传导和肿瘤生长。

药品上市申报信息

该药物目前有 6 种产品上市。

药品注册申请号: 207103
申请类型: NDA (新药申请)
申请人: PFIZER INC
申请人全名: PFIZER INC

产品信息

产品号	商品名	活性成分	剂型 / 给药途径	规格 / 剂量	参比药物 (RLD)	生物等效参考标准 (RS)	治疗等效代码
001	IBRANCE	palbociclib	胶囊 / 口服	75mg	是	否	否
002	IBRANCE	palbociclib	胶囊 / 口服	100mg	是	否	否
003	IBRANCE	palbociclib	胶囊 / 口服	125mg	是	是	否

与本品相关的专利信息（来自 FDA 橙皮书 Orange Book）

关联产品号	专利号	专利过期日	是否物质专利	是否产品专利	专利用途代码	撤销请求	提交日期
001	6936612	2023/01/22	是	是			2015/02/26
	7208489	2023/01/16	是	是			2015/02/26
	7456168	2023/01/16			U-1998 U-2515		2015/02/26
002	6936612	2023/01/22	是	是			2015/02/26
	7208489	2023/01/16	是	是			2015/02/26
	7456168	2023/01/16			U-2515 U-1998		2015/02/26
003	6936612	2023/01/22	是	是			2015/02/26
	7208489	2023/01/16	是	是			2015/02/26
	7456168	2023/01/16			U-2515 U-1998		2015/02/26

与本品相关的市场独占权保护信息

关联产品号	独占权代码	失效日期	备注
001	NCE	2020/02/03	
	I-725	2019/02/19	
002	NCE	2020/02/03	
	I-725	2019/02/19	
003	NCE	2020/02/03	
	I-725	2019/02/19	

药品注册申请号: 212436

申请类型: NDA (新药申请)

申请人: PFIZER INC

产品信息

产品号	商品名	活性成分	剂型 / 给药途径	规格 / 剂量	参比药物 (RLD)	生物等效参考标准 (RS)	治疗等效代码
001	IBRANCE	palbociclib	片剂 / 口服	75mg	待定		否
002	IBRANCE	palbociclib	片剂 / 口服	100mg	待定		否
003	IBRANCE	palbociclib	片剂 / 口服	125mg	待定		否

与本品相关的市场独占权保护信息

关联产品号	独占权代码	失效日期	备注
001	NCE	2020/02/03	
002	NCE	2020/02/03	
003	NCE	2020/02/03	

合成路线 1

以下合成路线来源于 Pfizer Global Research and Development 公司 Toogood 等人 2005 年发表的论文。目标化合物 **11** 以化合物 **1** 为原料，经过 6 步合成反应而得。

1
CAS号 362656-25-5

$PhSO_2$-Ph-噁氮丙啶, CH_2Cl_2

2
CAS号 571188-81-3

3
CAS号 39856-50-3

4
CAS号 110-85-0

5
CAS号 24424-99-5

1. K_2CO_3, $Bu_4N^+ \cdot I^-$, DMSO
2. $NaHCO_3$

H_2, Ni, H_2O, MeOH, 50psi

6
CAS号 571189-16-7

7
CAS号 571188-59-5

PhMe, 25h, 回流

8
CAS号 571188-82-4

$Pd(PPh_3)_4$, PhMe
3.5h, 回流

9
CAS号 97674-02-7

HCl, CH_2Cl_2, 0°C; 过夜, rt

10
CAS号 571189-10-1

11
palbociclib
CAS号 571190-30-2

原始文献： J Med Chem, 2005, 48(7):2388-2406.

合成路线 2

以下合成路线来源于 Pfizer 公司 Chekal 等人 2016 年发表的论文。目标化合物 **6** 以化合物 **1** 和化合物 **2** 为原料，经过 3 步合成反应而得。该方法是关于商业规模的生产工艺研究。有很高的参考价值。该生产工艺的第三步为酸化脱保护基。 选择正丁醇和茴香醚作为该步骤的助溶剂，可以得到外观很好的晶体产品。

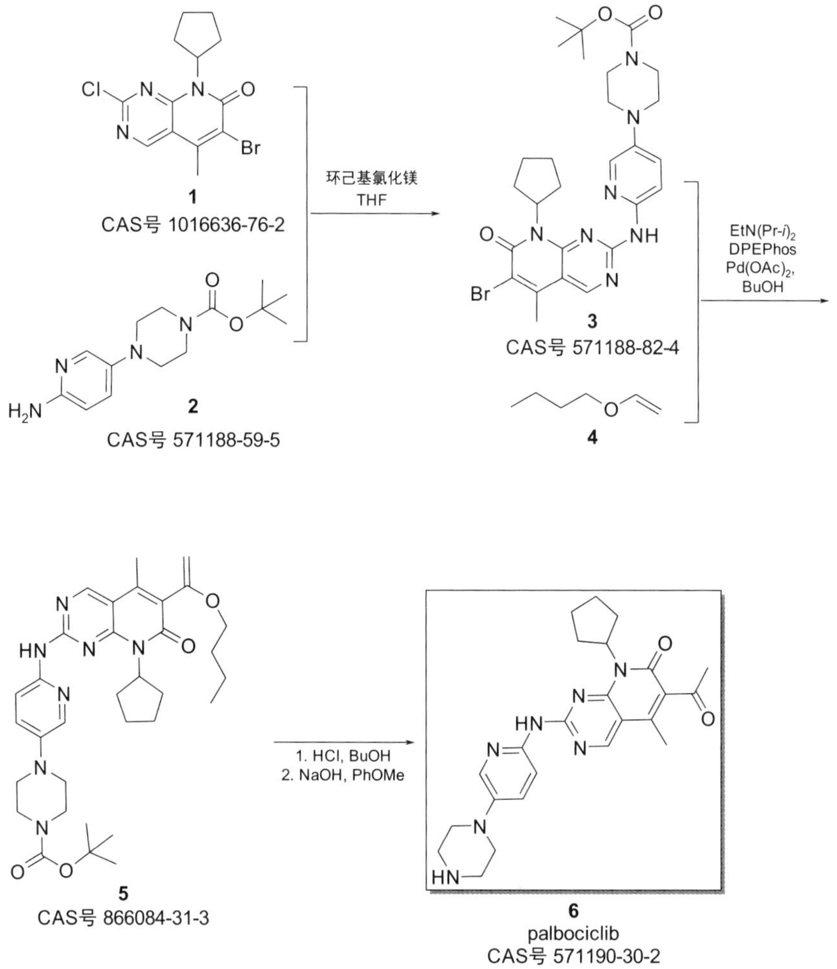

1
CAS号 1016636-76-2

2
CAS号 571188-59-5

环己基氯化镁
THF

3
CAS号 571188-82-4

4

EtN(Pr-i)$_2$
DPEPhos
Pd(OAc)$_2$,
BuOH

5
CAS号 866084-31-3

1. HCl, BuOH
2. NaOH, PhOMe

6
palbociclib
CAS号 571190-30-2

原始文献： Org Proc Res Dev, 2016, 20(7): 1217-1226.

合成路线 3

以下合成路线来源于 Cipla 公司 Rao 等人 2018 年发表的专利申请书。目标化合 **7** 以化合物 **1** 和化合物 **2** 为原料，经过 4 步合成反应而得。

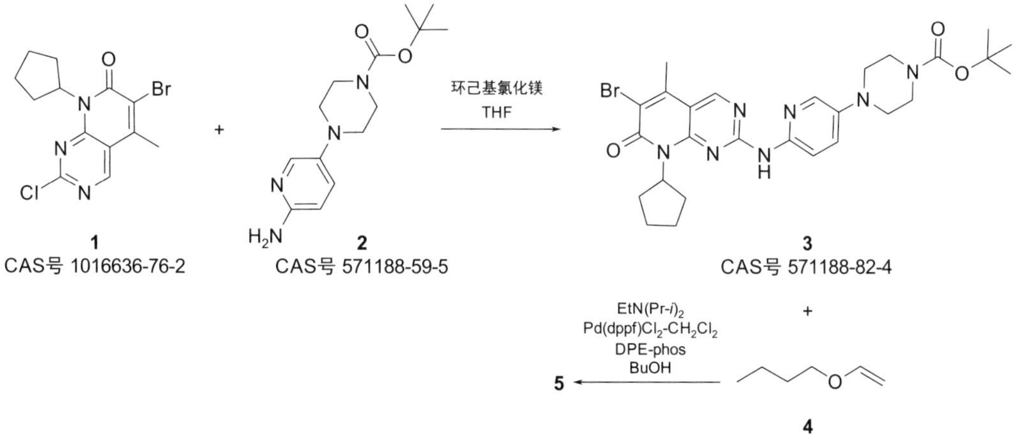

1
CAS号 1016636-76-2

2
CAS号 571188-59-5

环己基氯化镁
THF

3
CAS号 571188-82-4

EtN(Pr-i)$_2$
Pd(dppf)Cl$_2$-CH$_2$Cl$_2$
DPE-phos
BuOH

5

4

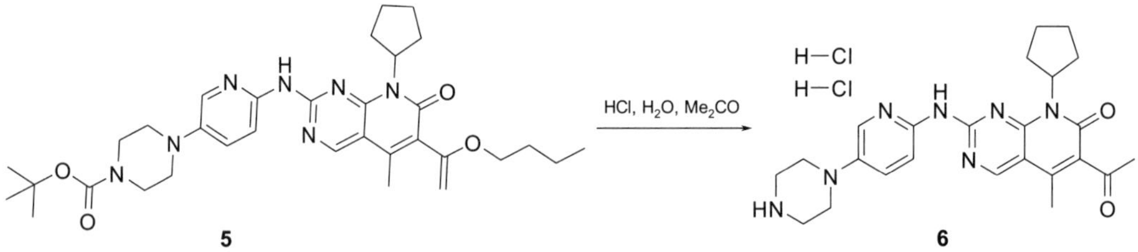

HCl, H_2O, Me_2CO

5
CAS号 866084-31-3

H—Cl
H—Cl

6
CAS号 1831842-69-3

NaOH

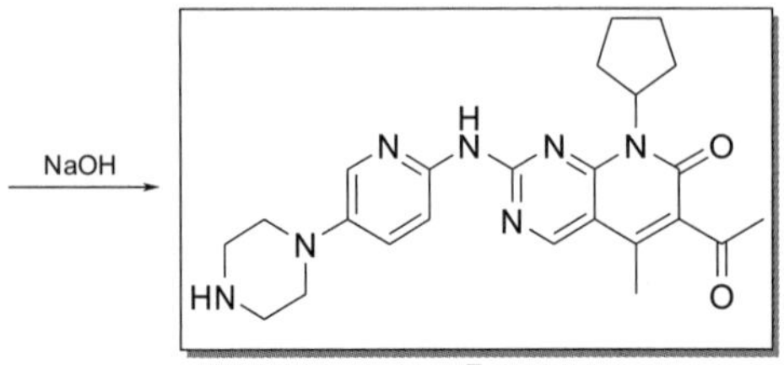

7
palbociclib
CAS号 571190-30-2

原始文献： WO 2018073574, 2018.

合成路线 4

以下合成路线来源于 Ratiopharm 公司 Coutable 等人 2016 年发表的专利申请书。目标化合 **14** 以化合物 **1** 和化合物 **2** 为原料，经过 8 步合成反应而得。

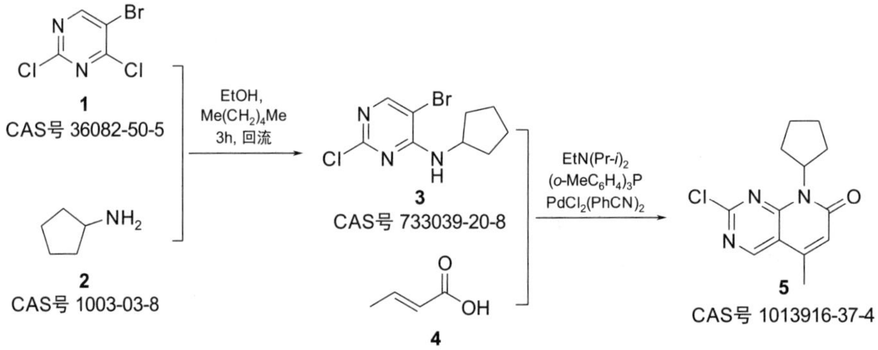

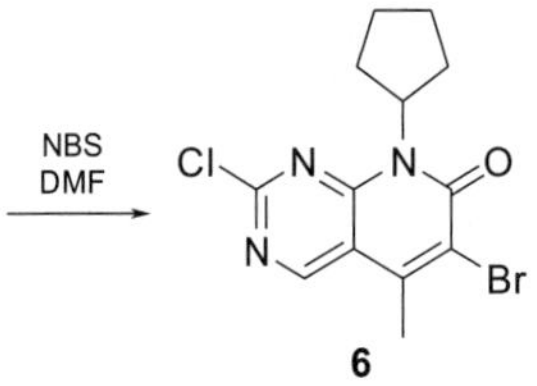

1
CAS号 36082-50-5

2
CAS号 1003-03-8

EtOH, $Me(CH_2)_4Me$, 3h, 回流

3
CAS号 733039-20-8

4

$EtN(Pr\text{-}i)_2$, $(o\text{-}MeC_6H_4)_3P$, $PdCl_2(PhCN)_2$

5
CAS号 1013916-37-4

NBS, DMF

6
CAS号 1016636-76-2

7
CAS号 39856-50-3

8
CAS号 57260-71-6

K_2CO_3
H_2O, DMSO

9
CAS号 571189-16-7

H_2, Pd, MeOH,
4h, 25℃, 3bar

10
CAS号 571188-59-5

+ 6

$(Me_3Si)_2NH \cdot Li$

11
CAS号 571188-82-4

11 + 12

$EtN(Pr\text{-}i)_2$
$Pd(dppf)Cl_2$,
CH_2Cl_2, BuOH

13
CAS号 1883672-48-7

1. HCl, H_2O, EtOH
2. NaOH, H_2O

14
palbociclib
CAS号 571190-30-2

原始文献： WO 2016030439, 2016.

合成路线 5

以下合成路线来源于 Pfizer 公司 Chekal 等人 2014 年发表的专利申请书。目标化合 **14** 以化合物 **1** 和化合物 **2** 为原料，经过 8 步合成反应而得。

Br
N
Cl N Cl
1
CAS号 36082-50-5

NH_2
2
CAS号 1003-03-8

Et_3N
EtOH
2h, 20°C

N Br
Cl N N
H
3
CAS号 733039-20-8

O
OH
4

1. Et_3N, $Pd(OAc)_2$,
NMP, 6h, 65°C
2. Ac_2O, 1～2h, 65°C

Cl N N O
N
5
CAS号 1013916-37-4

NBS,
$(CO_2H)_2$, MeCN,
6h, 60°C

Cl N N O
N Br
6
CAS号 1016636-76-2

HN N O
O
7
CAS号 57260-71-6

O
N^+
^-O N Br
8
CAS号 39856-50-3

Et_3N, LiCl,
DMSO

O
N O
N
N
$O=N^+$
O^-
9
CAS号 571189-16-7

H_2, Pd
AcOEt, 50psi

O O
N
N
N
H_2N
10
CAS号 571188-59-5

+ 6

i-PrMgCl, THF

H
N N N O
N N Br
O N
N
O
11
CAS号 571188-82-4

11

O
12

EtN(Pr-*i*)$_2$,
DPEPhos,
$Pd(OAc)_2$

H
N N N N O
N N O
O N
N
O
13
CAS号 866084-31-3

1. HCl, H_2O,
BuOH
2. NaOH, PhOMe

14
palbociclib
CAS号 571190-30-2

原始文献： WO 2014128588, 2014.

合成路线 6

以下合成路线来源于 The University of North Carolina at Chapel Hill, Chekal 等人 2012 年发表的专利申请书。目标化合 **20** 以化合物 **1** 和化合物 **2** 为原料，经过 12 步合成反应而得。

1
CAS号 39856-50-3

2
CAS号 110-85-0

3
CAS号 24424-99-5

4
CAS号 571189-16-7

H_2, Pd, MeOH

5
CAS号 571188-59-5

6
CAS号 5909-24-0

7
CAS号 1003-03-8

Et_3N
CH_2Cl_2

8
CAS号 211245-62-4

$LiAlH_4$,THF

9
CAS号 211245-63-5

MnO_2,
$CHCl_3$

10
CAS号 211245-64-6

11

Et_2O, THF

12

12
CAS号 362656-31-3

MnO_2
$CHCl_3$

13
CAS号 362656-11-9

14
CAS号 867-13-0

NaH, THF

15
CAS号 362656-23-3

NBS,
DMF, 3.5h, rt

16
CAS号 571188-81-3

PhMe, 回流

17
CAS号 571188-82-4

18
CAS号 97674-02-7

$Pd(PPh_3)_4$

19
CAS号 571189-10-1

HCl, CH_2Cl_2

20
palbociclib
CAS号 571190-30-2

原始文献： WO 2012068381, 2012.

合成路线 7

以下合成路线来源于 Anqing CHICO Pharmaceutical 公司 Wu 等人 2018 年发表的专利。

1
CAS号 36082-50-5

2
CAS号 1003-03-8

Et_3N
CH_2Cl_2

3
CAS号 733039-20-8

4
CAS号 571188-59-5

K_2CO_3
CH_2Cl_2

5
CAS号 733038-80-7

Br_2, CH_2Cl_2

NaOMe, MeOH

哌啶
MeOH

6
CAS号 65221-10-5

7
CAS号 2201101-55-3

8
CAS号 2201101-56-4

9
CAS号 2201101-57-5

t-BuOK, $PdCl_2$
DMSO

F_3CCO_2H,
CH_2Cl_2, 40min, rt

10
CAS号 1651214-74-2

11
palbociclib
CAS号 571190-30-2

原始文献： CN 107759596, 2018.

参考文献

[1] Jiang H, Luo N, Zhang X, et al. EGFR L861Q and CDK4 amplification responding to afatinib combined with palbociclib treatment in a patient with advanced lung squamous cell carcinoma. Lung Cancer, 2020, 145:216-218.

[2] Atallah R, Parker N A, Hamouche K, et al. Palbociclib-induced liver failure. Kans J Med, 2020, 13:81-82.

帕博西尼核磁谱图

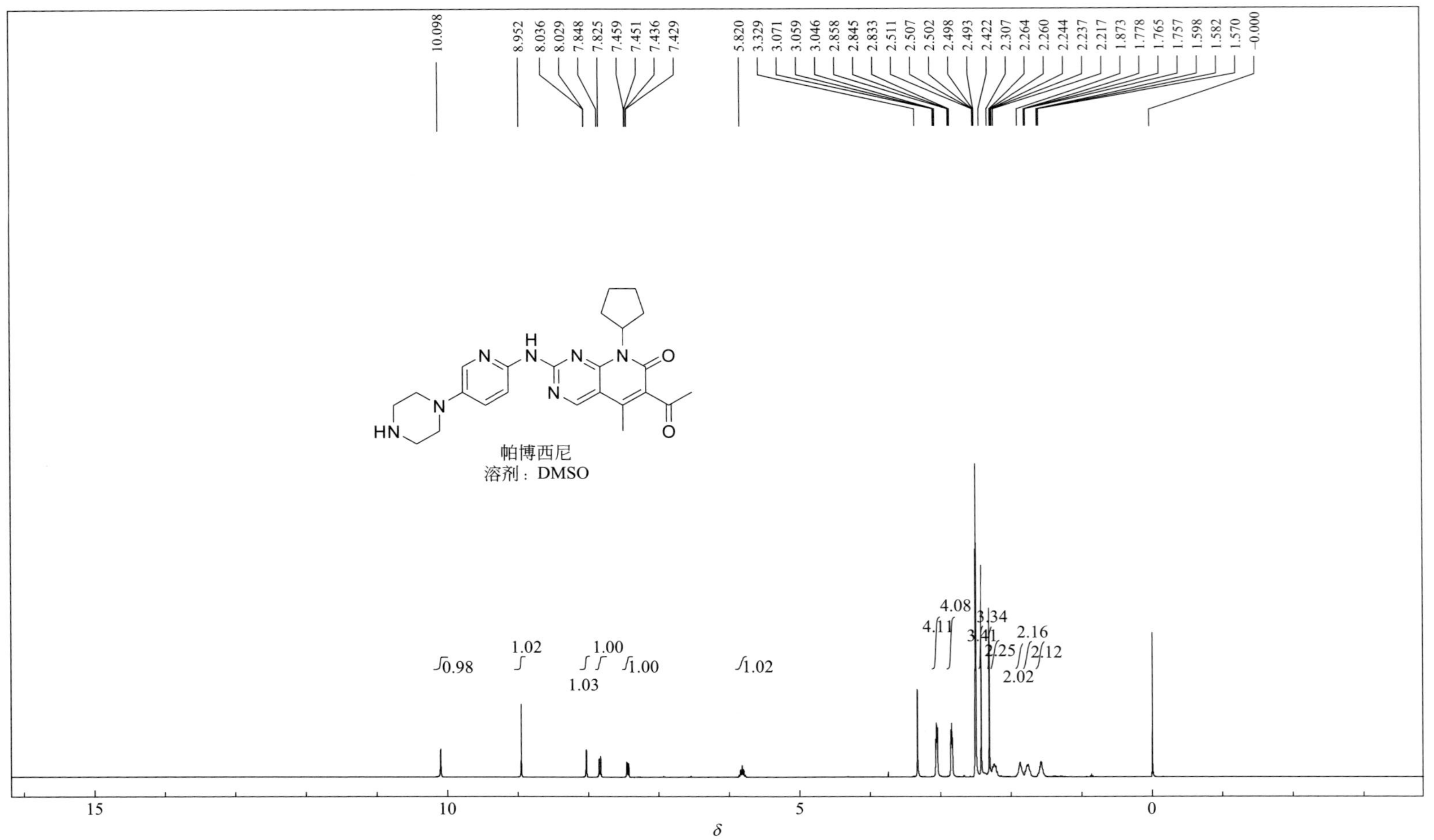

10.098
8.952
8.036
8.029
7.848
7.825
7.459
7.451
7.436
7.429
5.820
3.329
3.071
3.059
3.046
2.858
2.845
2.833
2.511
2.507
2.502
2.498
2.493
2.422
2.307
2.264
2.260
2.244
2.237
2.217
1.873
1.778
1.765
1.757
1.598
1.582
1.570
-0.000
帕博西尼
溶剂：DMSO
0.98
1.02
1.00
1.03
1.00
1.02
4.08
4.11
3.34
3.41
2.25
2.16
2.12
2.02
15
10
5
0
δ

panobinostat（帕比司他）

药物基本信息

英文通用名	panobinostat
英文别名	LBH589; LBH 589; LBH-589; NVP-LBH589; NVP-LBH 589
中文通用名	帕比司他
商品名	Farydak
CAS登记号	960055-56-5 (乳酸盐), 404950-80-7 (游离碱), 960055-50-9 (醋酸盐), 960055-60-1 (甲磺酸盐), 960055-54-3 (富马酸盐), 960055-57-6 (马来酸盐)
FDA 批准日期	2/23/2015
FDA 批准的API	panobinostat lactate
化学名	(2E)-N-hydroxy-3-[4-({[2-(2-methyl-1H-indol-3-yl)ethyl]amino}methyl)phenyl]acrylamide lactic acid
SMILES代码	O=C(NO)/C=C/C1=CC=C(CNCCC2=C(C)NC3=C2C=CC=C3)C=C1.OC(C)C(O)=O

化学结构和理论分析

化学结构	理论分析值
	化学式：$C_{24}H_{29}N_3O_5$ 精确分子量：N/A 分子量：439.5120 元素分析：C, 65.59; H, 6.65; N, 9.56; O, 18.20

药品说明书参考网页

生产厂家产品说明书、美国药品网、美国处方药网页。

药物简介

FARYDAK 的活性成分为 panobinostat lactate，是一种组蛋白脱乙酰基酶抑制剂。

Panobinostat lactate 是一种白色至微黄色或棕褐色粉末，对光敏感。Panobinostat lactate 在化学和热力学上都是稳定的结晶形式，没有多态行为。Panobinostat 游离碱没有手性，没有特定的旋光性。

Panobinostat lactate 微溶于水。 Panobinostat lactate 在水溶液中的溶解度取决于 pH 值，在缓冲

液（柠檬酸盐）pH=3.0 时溶解度最高。

FARYDAK 胶囊目前有 3 种剂量规格，分别含 10mg、15mg 或 20mg panobinostat（分别相当于 12.58mg、18.86mg 和 25.15mg panobinostat lactate）。非活性成分是硬脂酸镁、甘露醇、微晶纤维素和预胶化淀粉。胶囊包含明胶、FD & C 蓝色 1 号（10mg 胶囊）、黄色氧化铁（10mg 和 15mg 胶囊）、红色氧化铁（15mg 和 20mg 胶囊）和二氧化钛。

FARYDAK 是一种组蛋白脱乙酰基酶抑制剂，与硼替佐米（bortezomib）和地塞米松 (dexamethasone) 联用，可用于治疗多发性骨髓瘤的患者，这些患者已接受至少 2 种既往方案，包括硼替佐米和一种免疫调节剂。

FARYDAK 是一种组蛋白脱乙酰基酶（HDAC）抑制剂，可在纳摩尔浓度下抑制 HDAC 的酶活性。 HDAC 可催化组蛋白和一些非组蛋白的赖氨酸残基脱去乙酰基。 抑制 HDAC 的活性可导致组蛋白的乙酰化增加，这是一种表观遗传学改变，可导致染色质松弛，从而导致转录激活。 在体外，panobinostat 引起乙酰化组蛋白和其他蛋白质的积累，诱导某些转化细胞的细胞周期停滞和 / 或凋亡。在用 panobinostat 治疗的小鼠的异种移植物中观察到乙酰化组蛋白水平升高。与正常细胞相比，panobinostat 对肿瘤细胞具有更大的细胞毒性。

药品上市申报信息

该药物目前有 3 种产品上市。

药品注册申请号: 205353
申请类型: NDA (新药申请)
申请人: SECURA
申请人全名: SECURA BIO INC

产品信息

产品号	商品名	活性成分	剂型 / 给药途径	规格 / 剂量	参比药物 (RLD)	生物等效参考标准 (RS)	治疗等效代码
001	FARYDAK	panobinostat lactate	胶囊 / 口服	等量 10mg 游离碱	是	否	否
002	FARYDAK	panobinostat lactate	胶囊 / 口服	等量 15mg 游离碱	是	否	否
003	FARYDAK	panobinostat lactate	胶囊 / 口服	等量 20mg 游离碱	是	是	否

与本品相关的专利信息（来自 FDA 橙皮书 Orange Book）

关联产品号	专利号	专利过期日	是否物质专利	是否产品专利	专利用途代码	撤销请求	提交日期
001	6552065	2021/08/31	是	是			2015/03/20
	6833384	2021/09/30	是	是	U-1669		2015/03/20
	7067551	2021/08/31			U-1669		2015/03/20
	7989494	2028/01/17	是	是			2015/03/20
	8883842	2028/06/13			U-1669		2015/03/20

续表

关联产品号	专利号	专利过期日	是否物质专利	是否产品专利	专利用途代码	撤销请求	提交日期
002	6552065	2021/08/31	是	是			2015/03/20
	6833384	2021/09/30	是	是	U-1669		2015/03/20
	7067551	2021/08/31			U-1669		2015/03/20
	7989494	2028/01/17	是	是			2015/03/20
	8883842	2028/06/13			U-1669		2015/03/20
003	6552065	2021/08/31	是	是			2015/03/20
	6833384	2021/09/30	是	是	U-1669		2015/03/20
	7067551	2021/08/31			U-1669		2015/03/20
	7989494	2028/01/17	是	是			2015/03/20
	8883842	2028/06/13			U-1669		2015/03/20

与本品相关的市场独占权保护信息

关联产品号	独占权代码	失效日期	备注
001	NCE	2020/02/23	
	ODE-89	2022/02/23	
002	NCE	2020/02/23	
	ODE-89	2022/02/23	
003	NCE	2020/02/23	
	ODE-89	2022/02/23	

合成路线 1

以下合成路线来源于 Chongqing Medical University 药学院 Chen 等人 2018 年发表的论文。目标化合物 **7** 以化合物 **1** 和化合物 **2** 为原料，经过 3 步合成反应而得。

1 CAS号 100-63-0

2 CAS号 5891-21-4

1. EtOH, 4h, 回流
2. HCl, H_2O, pH 2～3

3 CAS号 2731-06-8

4 CAS号 1067-74-9

5 CAS号 73291-09-5

LiCl, DBU DMF

H−Cl

6 CAS号 441741-66-8

NH_2OH,MeOH 4h, 0℃

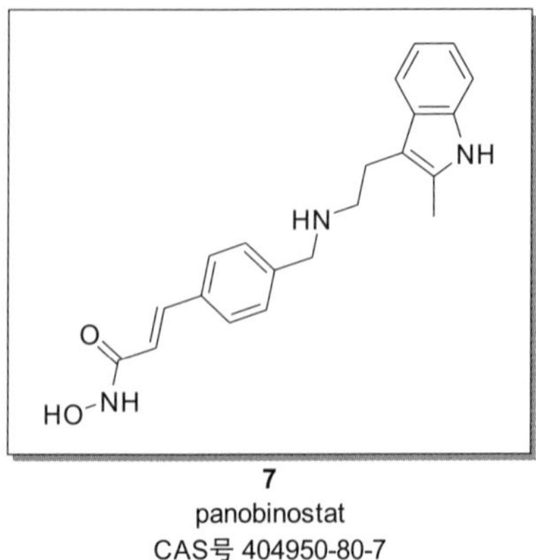

7
panobinostat
CAS号 404950-80-7

原始文献： J Chem Res, 2018, 42(9):471-473.

合成路线 2

以下合成路线来源于 Novartis 公司 Bair 等人 2002 年发表的专利申请书。目标化合物 **8** 以化合物 **1** 为原料，经过 5 步合成反应而得。

$LiAlH_4$, THF

1 CAS号 1080-83-7 → **2** CAS号 2731-06-8

3 CAS号 66885-68-5 + —OH **4** → HCl, H_2O, MeOH, 3h, 回流 → **5** CAS号 58045-41-3

5 + **2** → AcOH, $NaBH_3CN$, MeOH, 1h, rt → **6** CAS号 441741-65-7 → HCl, MeOH, Et_2O, 二噁烷 → **7** CAS号 441741-66-8 → NH_2OH, NaOH, H_2O, 6 h, 冷却 →

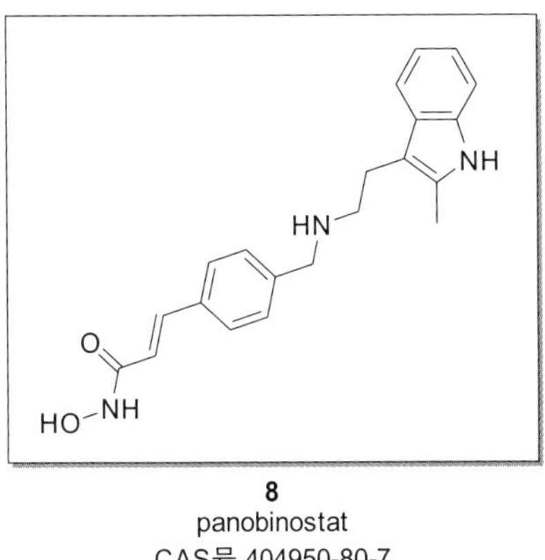

8
panobinostat
CAS号 404950-80-7

原始文献： WO 2002022577, 2002.

合成路线 3

以下合成路线来源于 Novartis 公司 Chen 等人 2003 年发表的专利申请书。目标化合物 **7** 以化合物 **1** 为原料，经过 4 步合成反应而得。

1
CAS号 23359-08-2

2

HCl, H_2O
MeOH, 3h, 回流

3
CAS号 58045-41-3

4
CAS号 1080-83-7

1. $LiAlH_4$, THF
2. AcOH
$NaBH_3CN$, 1h, 0°C

5
CAS号 441741-65-7

HCl, MeOH,
Et_2O, 二噁烷

6
CAS号 441741-66-8

NH_2OH, NaOH

7
panobinostat
CAS号 404950-80-7

原始文献： WO 2003039599, 2003.

合成路线 4

以下合成路线来源于 Novartis 公司 Lassota 等人 2002 年发表的专利申请书。目标化合物 **6** 以化合物 **1** 为原料，经过 4 步合成反应而得。

1 CAS号 1080-83-7

$LiAlH_4$, THF

2 CAS号 2731-06-8

3 CAS号 7560-50-1

$NaBH_3CN$, AcOH, MeOH

4 CAS号 441741-65-7

HCl, MeOH, Et_2O, 二噁烷

5 CAS号 441741-66-8

NH_2OH, NaOH, H_2O

6 panobinostat CAS号 404950-80-7

原始文献： WO 2002055742, 2002.

合成路线 5

以下合成路线来源于 Alembic Pharmaceuticals 公司 Siripragada 等人 2017 年发表的论文。目标化合物 **8** 以化合物 **1** 和化合物 **2** 为原料，经过 4 步合成反应而得。

1
CAS号 1122-91-4

2

K_2CO_3, $Pd(OAc)_2$, Bu_4NBr, H_2O, $AcNMe_2$

3
CAS号 66885-68-5

4

$SOCl_2$
MeOH

5
CAS号 58045-41-3

6
CAS号 2731-06-8

MeOH
$NaBH_4$

7
CAS号 441741-66-8

KOH, H_2NOH-HCl

8
panobinostat
CAS号 404950-80-7

原始文献： WO 2017221163, 2017.

合成路线 6

以下合成路线来源于 Nanjing Cavendish Bio-Engineering Technology 公司 Xu 等人 2017 年发表的论文。目标化合物 **10** 以化合物 **1** 和化合物 **2** 为原料，经 6 步合成反应而得。

1
CAS号 95-20-5

2
CAS号 79-04-9

2,6-二甲基吡啶, MeCN

3
CAS号 38693-08-2

BF_3-Et_2O, Et_3SiH, MeCN

4
CAS号 2096-93-3

5
CAS号 1074-82-4

DMF, 2h, 85°C

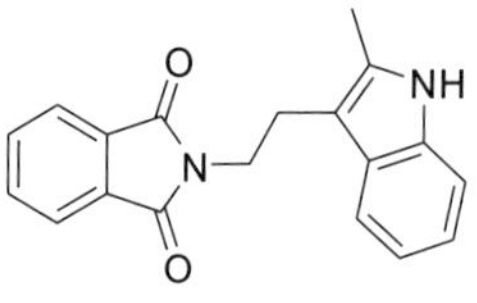

6
CAS号 663938-17-8

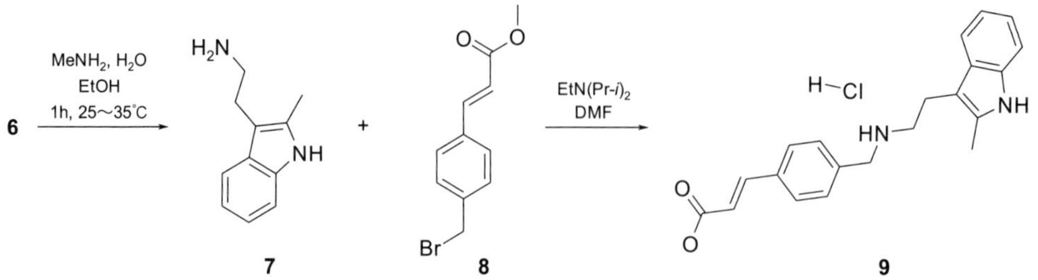

MeNH$_2$, H$_2$O
EtOH
1h, 25～35°C

7
CAS号 2731-06-8

8
CAS号 88738-86-7

EtN(Pr-i)$_2$
DMF

9
CAS号 441741-66-8

1. NaOH, MeOH
2. NH$_2$OH

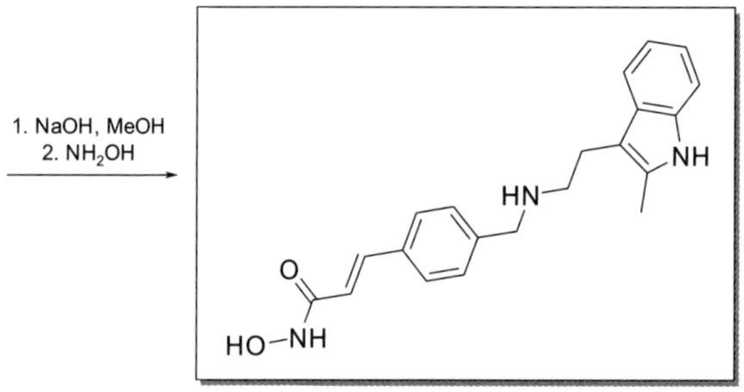

10
panobinostat
CAS号 404950-80-7

原始文献： CN 106674079, 2017.

参考文献

[1] Sandberg D I, Kharas N, Yu B, et al. High-dose MTX110 (soluble panobinostat) safely administered into the fourth ventricle in a nonhuman primate model. J Neurosurg Pediatr, 2020, 22(3):285.

[2] Goldberg J, Bender J, Jeha S, et al. A phase I study of panobinostat in children with relapsed and refractory hematologic malignancies. Pediatr Hematol Oncol, 2020, 37(6):465-474.

帕比司他核磁谱图

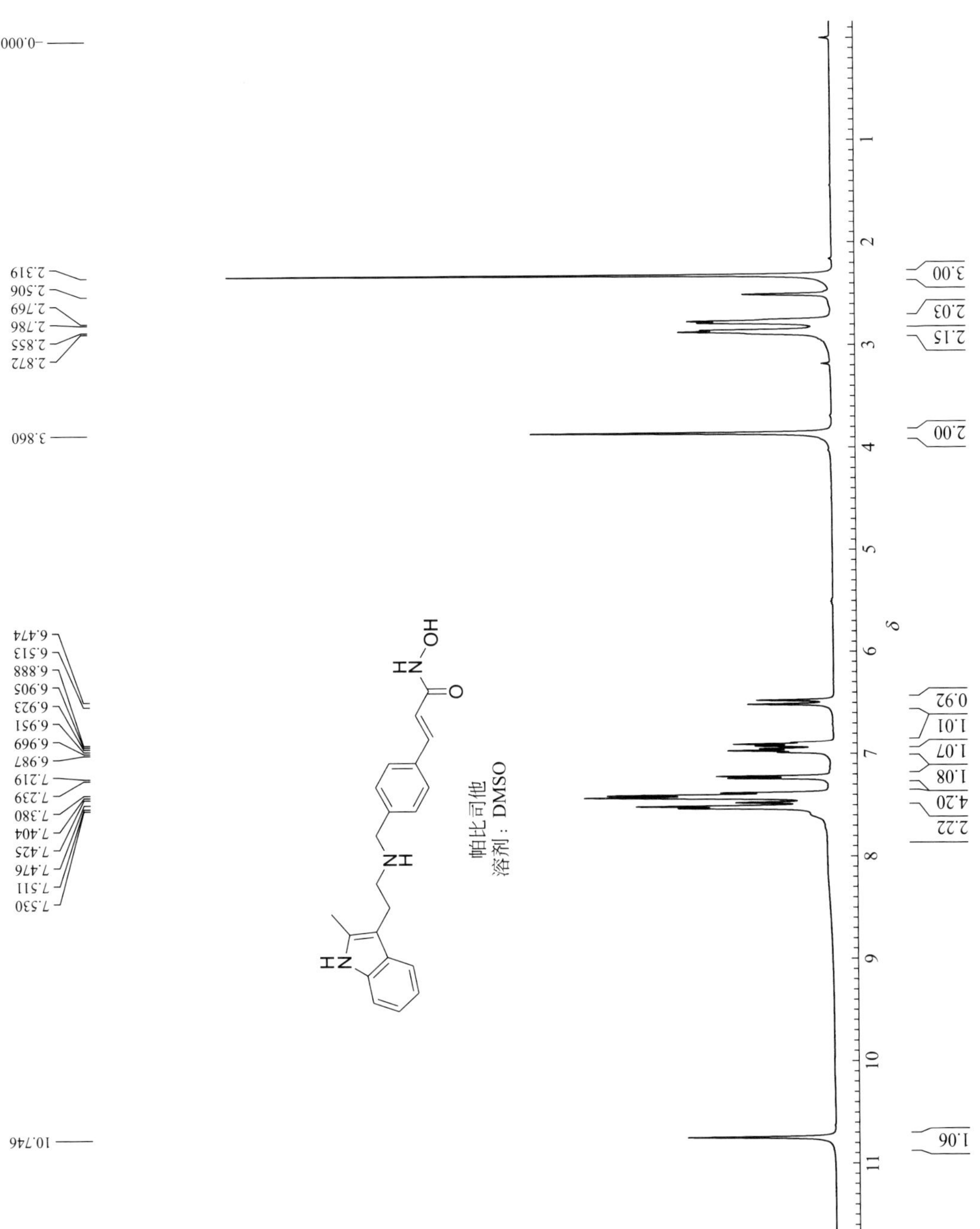

帕比司他
溶剂：DMSO
-0.000
2.319
2.506
2.769
2.786
2.855
2.872
3.860
6.474
6.513
6.888
6.905
6.923
6.951
6.969
6.987
7.219
7.239
7.380
7.404
7.425
7.476
7.511
7.530
10.746
3.00
2.03
2.15
2.00
0.92
1.01
1.07
1.08
4.20
2.22
1.06
δ

pexidartinib（培西达替尼）

药物基本信息

英文通用名	pexidartinib
英文别名	PLX3397; PLX-3397; PLX 3397; C mL-261; C mL 261; C mL261; FP-113; FP 113; FP113
中文通用名	培西达替尼
商品名	Turalio
CAS登记号	1029044-16-3（游离碱），2040295-03-0（单盐酸盐），2169310-71-6（二盐酸盐）
FDA 批准日期	8/2/2019
FDA 批准的API	pexidartinib hydrochloride
化学名	5-((5-chloro-1*H*-pyrrolo[2,3-b]pyridin-3-yl)methyl)-*N*-((6-(trifluoromethyl)pyridin-3-yl)methyl)pyridin-2-amine hydrochloride
SMILES代码	FC(C1=CC=C(CNC2=NC=C(CC3=CNC4=NC=C(Cl)C=C43)C=C2)C=N1)(F)F.[H]Cl

化学结构和理论分析

化学结构	理论分析值
H—Cl	化学式：$C_{20}H_{16}Cl_2F_3N_5$ 精确分子量：N/A 分子量：454.28 元素分析：C, 52.88; H, 3.55; Cl, 15.61; F, 12.55; N, 15.42

药品说明书参考网页

生产厂家产品说明书、美国药品网、美国处方药网页。

药物简介

Turalio 的活性成分为 pexidartinib hydrochloride，是一种激酶抑制剂。Pexidartinib hydrochloride 为灰白色至白色固体。Pexidartinib hydrochloride 在水溶液中的溶解度随 pH 值的增加而降低。对于共轭酸，pK_{a1} 和 pK_{a2} 分别为 2.6 和 5.4。Pexidartinib hydrochloride 可溶于甲醇，微溶于水和乙醇，几乎不溶于庚烷。

TURALIO（pexidartinib）胶囊用于口服。每个胶囊包含 200mg pexidartinib，相当于 217.5mg

的 pexidartinib hydrochloride。该胶囊包含以下非活性成分：泊洛沙姆 407，甘露醇，交聚维酮和硬脂酸镁。羟丙甲纤维素胶囊壳包含羟丙甲纤维素、二氧化钛、黑色氧化铁和黄色氧化铁。

TURALIO 适用于治疗患有严重腱鞘膜巨细胞瘤（TGCT）的成年患者，这些患者伴有严重的发病率或功能缺陷，不宜通过手术改善。

Pexidartinib 是一种小分子酪氨酸激酶抑制剂，靶向集落刺激因子 1 受体（colony stimulating factor 1 receptor，CSF1R）、KIT 原癌基因受体酪氨酸激酶（KIT）和 FMS 样酪氨酸激酶 3（FLT3）。CSF1R 配体的过量表达可促进滑膜中细胞的增殖和积累。 在体外，pexidartinib 可以抑制依赖于 CSF1R 和配体诱导的 CSF1R 自磷酸化的细胞系增殖。 Pexidartinib 也可在体内抑制 CSF1R 依赖性细胞系的增殖。

药品上市申报信息

该药物目前有 1 种产品上市。

药品注册申请号: 211810
申请类型: NDA (新药申请)
申请人: DAIICHI SANKYO INC
申请人全名: DAIICHI SANKYO INC

产品信息

产品号	商品名	活性成分	剂型 / 给药途径	规格 / 剂量	参比药物 (RLD)	生物等效参考标准 (RS)	治疗等效代码
001	TURALIO	pexidartinib hydrochloride	胶囊 / 口服	等量 200mg 游离碱	是	是	否

与本品相关的专利信息（来自 FDA 橙皮书 Orange Book）

关联产品号	专利号	专利过期日	是否物质专利	是否产品专利	专利用途代码	撤销请求	提交日期
001	10189833	2036/05/05			U-2606		2019/08/28
	10435404	2038/07/24		是			2019/10/22
	7893075	2028/10/13	是				2019/08/28
	8404700	2027/11/21	是				2019/08/28
	8461169	2028/04/19			U-2606		2019/08/28
	8722702	2027/11/21	是				2019/08/28
	9169250	2027/11/21	是				2019/08/28
	9358235	2033/06/08			U-2606		2019/08/28
	9802932	2036/05/05	是				2019/08/28

与本品相关的市场独占权保护信息

关联产品号	独占权代码	失效日期	备注
001	ODE-250	2026/08/02	
	NCE	2024/08/02	

合成路线 1

以下合成路线来源于 Chen 等人 2019 年发表的论文。目标化合物 **15** 以化合物 **1** 和化合物 **2** 为原料，经过 7 步合成反应而得。

1 CAS号 26163-03-1

2 CAS号 98-59-9

MeMgCl, THF, 65%

3 CAS号 823201-92-9

4 CAS号 123-11-5

5 CAS号 1072-97-5

$Na^+ \cdot (AcO)_3BH^-$, AcOH, CH_2Cl_2, rt, 82%

6 CAS号 503039-05-2

7 CAS号 68-12-2

i-PrMgCl, THF, BuLi, $Me(CH_2)_4Me$, NH_4Cl, H_2O, 73% → **8**

8 CAS号 2305950-35-8

9 CAS号 3536-96-7

10 CAS号 24424-99-5

THF, NH_4Cl, H_2O, 89%

11 CAS号 2305950-34-7 + **3**

$EtN(Pr\text{-}i)_2$, $Pd(OAc)_2$, $(o\text{-}MeC_6H_4)_3P$, DMSO

12 CAS号 2305950-37-0

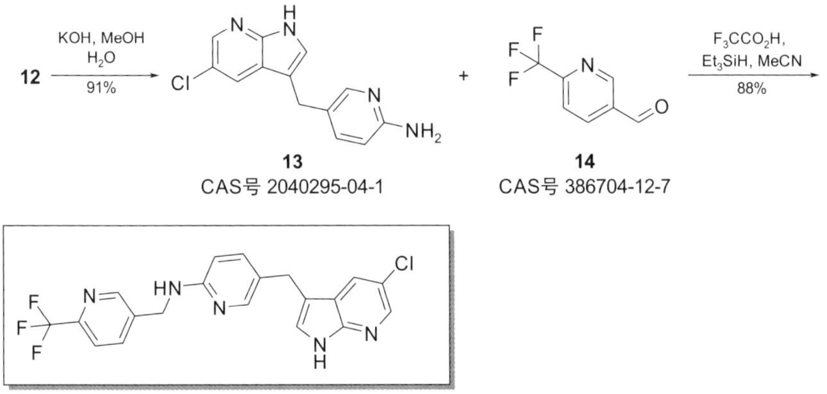

$$\mathbf{12} \xrightarrow[\text{91\%}]{\text{KOH, MeOH, }H_2O} \mathbf{13} + \mathbf{14} \xrightarrow[\text{88\%}]{F_3CCO_2H,\ Et_3SiH,\ MeCN} \mathbf{15}$$

13
CAS号 2040295-04-1

14
CAS号 386704-12-7

15
pexidartinib
CAS号 1029044-16-3

原始文献： Synthesis, 2019, 51(12): 2564-2571.

合成路线 2

以下合成路线来源于 Plexxikon 公司 Ibrahim 等人 2016 年发表的专利申请书。目标化合物 **6** 以化合物 **1** 和化合物 **2** 为原料，经过 3 步合成反应而得。

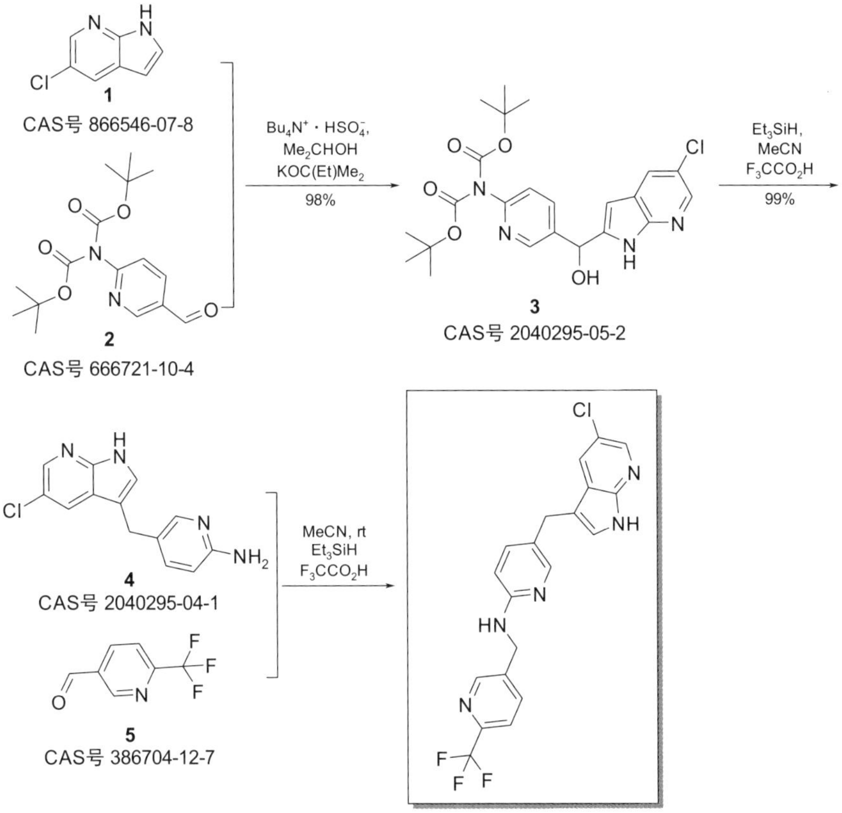

$$\mathbf{1} + \mathbf{2} \xrightarrow[\text{98\%}]{Bu_4N^+ \cdot HSO_4^-,\ Me_2CHOH,\ KOC(Et)Me_2} \mathbf{3} \xrightarrow[\text{99\%}]{Et_3SiH,\ MeCN,\ F_3CCO_2H}$$

1
CAS号 866546-07-8

2
CAS号 666721-10-4

3
CAS号 2040295-05-2

$$\mathbf{4} + \mathbf{5} \xrightarrow{\text{MeCN, rt},\ Et_3SiH,\ F_3CCO_2H} \mathbf{6}$$

4
CAS号 2040295-04-1

5
CAS号 386704-12-7

6
pexidartinib
CAS号 1029044-16-3

原始文献： WO 2016179412, 2016.

参考文献

[1] Smith C C, Levis M J, Frankfurt O, et al. A phase 1/2 study of the oral FLT3 inhibitor pexidartinib in relapsed/refractory FLT3-ITD-mutant acute myeloid leukemia. Blood Adv, 2020, 4(8):1711-1721.

[2] Shankarappa P S, Peer C J, Odabas A, et al. Cerebrospinal fluid penetration of the colony-stimulating factor-1 receptor (CSF-1R) inhibitor, pexidartinib. Cancer Chemother Pharmacol, 2020, 85(5):1003-1007.

培西达替尼核磁谱图

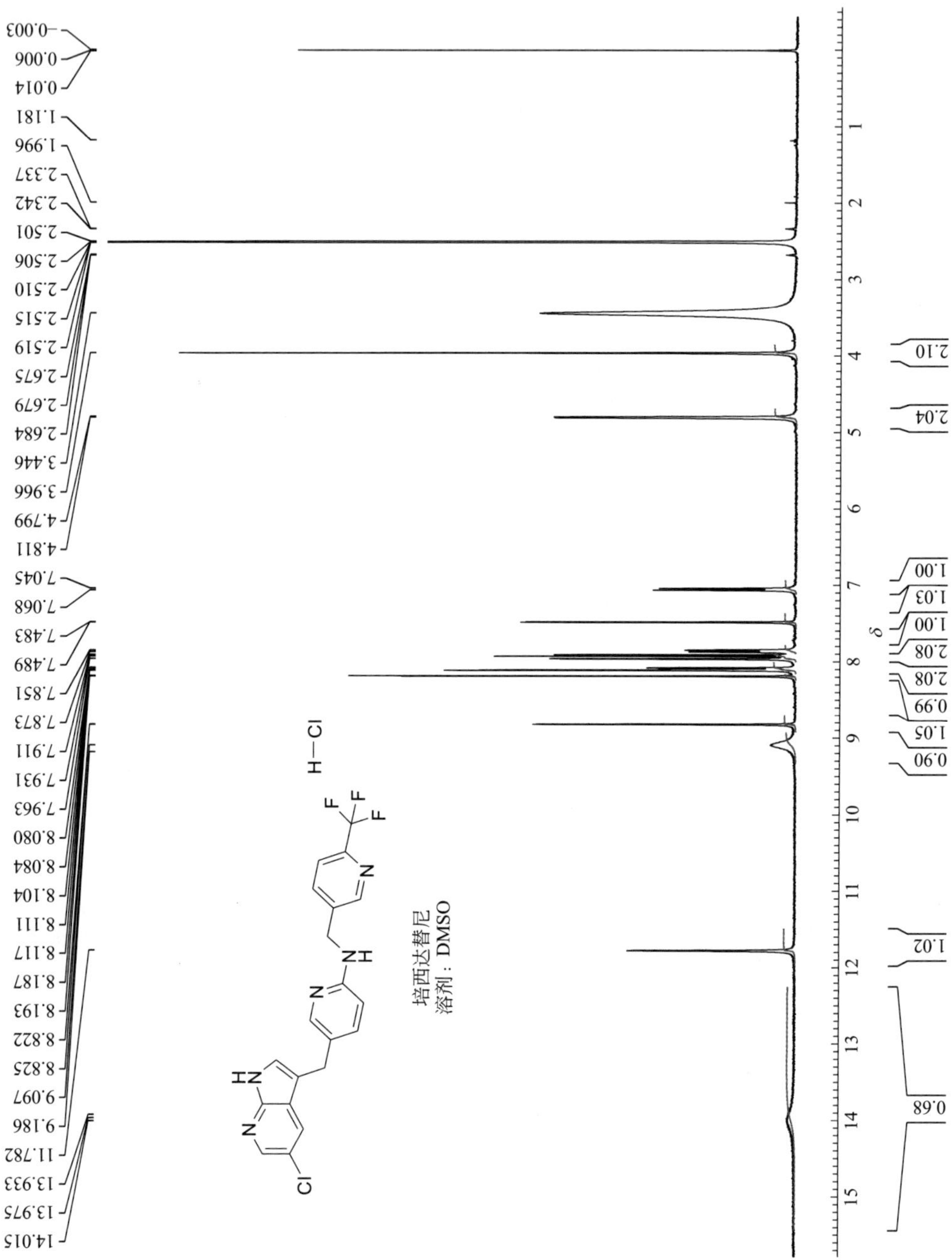

pibrentasvir（比布那他韦）

药物基本信息

英文通用名	pibrentasvir
英文别名	ABT-530; ABT530; ABT 530, A-1325912; A 1325912; A1325912; A-1325912.0; A 1325912.0; A1325912.0
中文通用名	比布那他韦
商品名	Mavyret
CAS 登记号	1353900-92-1
FDA 批准日期	8/3/2017
FDA 批准的 API	pibrentasvir
化学名	dimethyl ((2*S*,2'*S*,3*R*,3'*R*)-((2*S*,2'*S*)-(((2*R*,5*R*)-1-(3,5-difluoro-4-(4-(4-fluorophenyl)piperidin-1-yl)phenyl)pyrrolidine-2,5-diyl)bis(6-fluoro-1H-benzo[d]imidazole-5,2-diyl))bis(pyrrolidine-2,1-diyl))bis(3-methoxy-1-oxobutane-1,2-diyl))dicarbamate
SMILES 代码	FC1=CC=C(C=C1)C2CCN(CC2)C3=C(C=C(C=C3F)N4[C@H](CC[C@@H]4C5=C(F)C=C6NC([C@@H]7CCCN7C([C@@H](NC(OC)=O)[C@H](OC)C)=O)=NC6=C5)C8=C(C=C9C(N=C([C@@H]%10CCCN%10C([C@@H](NC(OC)=O)[C@H](OC)C)=O)N9)=C8)F)F

化学结构和理论分析

化学结构	理论分析值
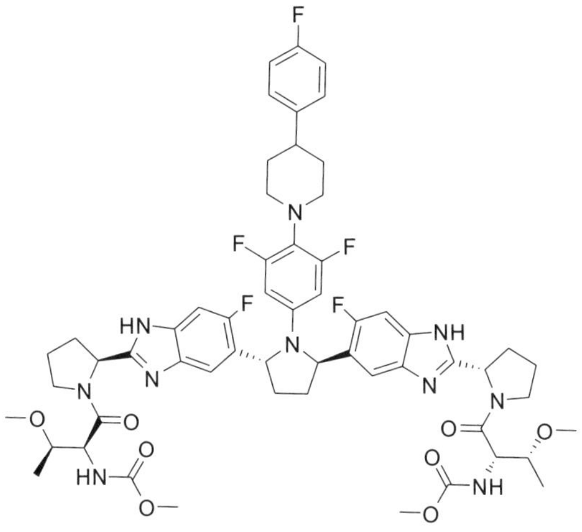	化学式：$C_{57}H_{65}F_5N_{10}O_8$ 精确分子量：1112.4907 分子量：1113.2010 元素分析：C, 61.50; H, 5.89; F, 8.53; N, 12.58; O, 11.50

药品说明书参考网页

生产厂家产品说明书、美国药品网、美国处方药网页。

药物简介

MAVYRET 是一种固定剂量的组合片剂，含有 glecaprevir 和 pibrentasvir，是一种口服药物。

Glecaprevir 是 HCV NS3 / 4A PI，而 pibrentasvir 是 HCV NS5A 抑制剂。

Glecaprevir / pibrentasvir 薄膜包衣速释片：

每片含有 100mg 的 glecaprevir 和 40mg 的 pibrentasvir。 Glecaprevir 和 pibrentasvir 以共同配制的固定剂量组合速释双层片剂形式提供。

片剂含有以下非活性成分：胶体二氧化硅，共聚维酮（K 型 28），交联羧甲基纤维素钠，羟丙甲纤维素 2910，氧化铁红，乳糖一水合物，聚乙二醇 3350，丙二醇单辛酸酯（Ⅱ型），硬脂富马酸钠，二氧化钛，以及维生素 E（生育酚）聚乙二醇琥珀酸酯。

Glecaprevir 是一种白色或类白色结晶性粉末，37℃下在 2 ～ 7 的 pH 值范围内溶解度小于 0.1 ～ 0.3mg / mL，几乎不溶于水，但微溶于乙醇。

Pibrentasvir 是一种白色或类白色或浅黄色的结晶性粉末，37℃下在 pH=1 ～ 7 时，溶解度小于 0.1mg/mL，几乎不溶于水，但可自由溶于乙醇。

MAVYRET 适用于治疗 12 岁及 12 岁以上或体重至少 45kg 的慢性 C 型肝炎病毒（HCV）基因型 1、2、3、4、5 或 6 感染而无肝硬化或代偿性肝硬化的成人和儿童患者（儿童 -Pugh A）。

MAVYRET 用于治疗 12 岁及以上或体重至少 45kg 的 HCV 基因 1 型感染的成年和儿科患者，这些患者先前曾接受过 HCV NS5A 抑制剂或 NS3 / 4A 蛋白酶抑制剂（PI）的治疗方案 ，但不能同时使用。

Glecaprevir 是一种 HCV NS3 / 4A 蛋白酶的抑制剂。HCV NS3 / 4A 蛋白酶对于 HCV 编码的多蛋白水解（即分解为 NS3、NS4A、NS4B、NS5A 和 NS5B 蛋白）是必需的，并且对病毒复制也至关重要。在生化分析中，glecaprevir 可抑制临床分离的 HCV 基因型 1a、1b、2a、2b、3a、4a、5a 和 6a 的临床分离株中重组 NS3 / 4A 酶的蛋白水解活性，IC_{50}=3.5 ～ 11.3nmol/L。

Pibrentasvir 是一种 HCV NS5A 的抑制剂。HCV NS5A 对病毒 RNA 复制和病毒体组装至关重要。

抗病毒活性：在 HCV 复制子测定中，glecaprevir 相对于实验室亚型和临床亚型 1a、1b、2a、2b、3a、4a、4d、5a 和 6a 的 EC_{50} 值，中值 EC_{50} 值为 0.08 ～ 4.6nmol/L。相对于来自亚型 1a、1b、2a、2b、3a、4a、4b、4d、5a、6a、6e 和 6p 的实验室和临床分离株，pibrentasvir 的 EC_{50} 值中位数为 0.5 ～ 4.3pmol/L。

联合抗病毒活性：在 HCV 基因 1 型复制子细胞培养试验中，glecaprevir 和 pibrentasvir 的组合评估显示抗病毒活性，而且无拮抗作用。

药品上市申报信息

该药物目前有 1 种产品上市。

药品注册申请号：209394

申请类型: NDA (新药申请)
申请人: ABBVIE INC
申请人全名: ABBVIE INC

产品信息

产品号	商品名	活性成分	剂型 / 给药途径	规格 / 剂量	参比药物 (RLD)	生物等效参考标准 (RS)	治疗等效代码
001	MAVYRET	glecaprevir; pibrentasvir	片剂 / 口服	100mg; 40 mg	是	是	否

与本品相关的专利信息 (来自 FDA 橙皮书 Orange Book)

关联产品号	专利号	专利过期日	是否物质专利	是否产品专利	专利用途代码	撤销请求	提交日期
001	10028937	2030/06/10			U-2532 U-2141		2018/08/24
	10039754	2030/06/10			U-2532 U-2141		2018/09/06
	10286029	2034/03/14			U-2532		2019/05/31
	8648037	2032/01/19	是	是	U-2141 U-2532		2017/08/29
	8937150	2032/05/18	是	是			2017/08/29
	9321807	2035/06/05	是				2017/08/29
	9586978	2030/06/10			U-2532 U-2141		2017/08/29

与本品相关的市场独占权保护信息

关联产品号	独占权代码	失效日期	备注
001	NCE	2022/08/03	
	M-230	2021/08/06	
	NPP	2022/04/30	
	ODE-232	2026/04/30	
	ODE-233	2026/04/30	
	D-175	2022/09/26	

合成路线 1

以下合成路线来源于 AbbVie 公司 Wagner 等人 2018 年发表的论文。目标化合物 **29** 以化合物 **1** 和化合物 **2** 为原料，经过 18 步合成反应而得。该合成路线中，值得注意的合成反应有：①化合物 **5** 分子中的 NH 基团在碱性条件下，亲核取代化合物 **4** 分子中的 4- 氟原子，得到相应的化合物 **6**。②化合物 **10** 分子中的硼酸基团在钯催化剂作用下，与化合物 **9** 发生偶联反应，分子中的三氟乙磺酸基离去，得到相应的偶联化合物 **11**。③化合物 **19** 分子中的两个羰基在不对称催化剂的作用下，被还原成立体专一的醇化合物 **20**。④化合物 **12** 分子中的氨基分别与化合物 **22** 分子中的二个甲磺酸基团发生亲核取代反应并成环，得到相应的化合物 **23**。⑤化合物 **24** 分子中的酰胺在钯催化剂作用下，亲核取代化合物 **23** 分子中的 2 个氯原子，得到双取代化合物 **25**。⑥化合物 **26** 分子中的两个氨基分别与分子中的酰胺发生分子内成环反应，得到相应的苯并咪唑化合物 **27**。⑦化合物 **28** 分子中的氨基与化合物 **3** 反应得到目标化合物 **29**。

1
CAS号 4144-02-9

2
CAS号 79-22-1

NaHCO$_3$
H_2O

3
CAS号 1007881-21-1

4
CAS号 66684-58-0

5
CAS号 177-11-7

K_2CO_3
DMSO
4h, 100˚C

6
CAS号 1332356-41-8

HCl, H_2O,
Me_2CO
16h, 50˚C

7
CAS号 565459-90-7

7

8
CAS号 37595-74-7

$(Me_3Si)_2NH \cdot Li$,
THF

9
CAS号 1332356-42-9

10
CAS号 1765-93-1

Na_2CO_3, LiCl,
$Pd(PPh_3)_4$,
$(CH_2OMe)_2$
24h, 100˚C

11
CAS号 2222455-15-2

H_2, Pd, THF
过夜, rt

12
CAS号 1332356-31-6

13
CAS号 35112-05-1

14
CAS号 79-37-8

DMF
CH_2Cl_2

15
CAS号 947311-91-3

16

1. $ZnBr_2$, Et_2O,
THF
2. $Pd(PPh_3)_4$, THF
3. HCl, H_2O

17
CAS号 1292836-16-8

Py・HBr_3, THF

18
CAS号 1292836-18-0

17
18

$ZnCl_2$, *t*-BuOH
苯
Et_2NH

19
CAS号 1292836-19-1

1. 二苯基-D-脯氨酸
$(MeO)_3B$, THF
2. *N*,*N*-二乙基苯胺
二硼烷

20
CAS号 1292836-20-4

+

21
CAS号 124-63-0

Et_3N, CH_2Cl_2

22
CAS号 1292836-21-5

+ **12**

$EtN(Pr\text{-}i)_2$,
MeCN
36h, 75°C

23

23
CAS号 1332356-86-1

24
CAS号 35150-07-3

Cs_2CO_3
Xantphos
$Pd_2(dba)_3$,
二噁烷
90 min, 100°C

25
CAS号 1890114-10-9

H_2, PtO_2, EtOH,
THF, 90 min, rt

AcOH, PhMe
3h, 70°C
→ **27**

26
CAS号 2151870-61-8

HCl,
二噁烷
2h, rt

27
CAS号 1890114-11-0

28
CAS号 1332357-14-8

+ **3**

$EtN(Pr\text{-}i)_2$
HATU
DMF

29
pibrentasvir
CAS号 1353900-92-1

原始文献： J Med Chem, 2018, 61(9):4052-4066.

合成路线 2

以下合成路线来源于 Abbott Laboratories 公司 DeGoey 等人 2012 年发表的专利申请书。目标化合物 **14** 以化合物 **1** 和化合物 **2** 为原料，经过 7 步合成反应而得。

1 CAS号 66684-58-0

2 CAS号 177-11-7

K_2CO_3, DMSO, 3h, 100°C

3 CAS号 1332356-41-8

HCl, H_2O, Me_2CO, 8h, 50°C

4 CAS号 565459-90-7

5 CAS号 37595-74-7

$(Me_3Si)_2NH \cdot Li$, THF

6 CAS号 1332356-42-9

6 + **7**

7 CAS号 214360-58-4

1. Na_2CO_3, LiCl, $Pd(PPh_3)_4$, H_2O, $(CH_2OMe)_2$, 2. H_2, Pd, THF

8 CAS号 1332356-31-6

9 CAS号 1292836-06-6

DMF, 2h, 65°C

10 CAS号 1332356-86-1

10 + 11 (CAS号 35150-07-3) → [1. Cs_2CO_3, Xantphos, $Pd_2(dba)_3$, 二噁烷; 2. H_2, PtO_2, THF, 4h, rt, 30psi] → 12 (CAS号 1332357-14-8) + 13 (CAS号 1007881-21-1) → [$EtN(Pr\text{-}i)_2$, HATU, DMF, $EtN(Pr\text{-}i)_2$] → 14 pibrentasvir (CAS号 1353900-92-1)

原始文献： WO 2012051361, 2012.

合成路线 3

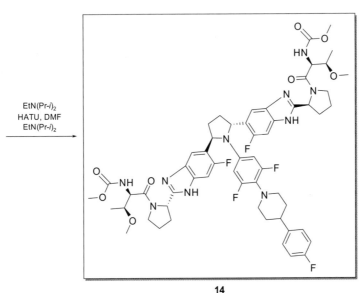

以下合成路线来源于 AbbVie 公司 Bellizzi 等人 2017 年发表的专利申请书。目标化合物 **15** 以化合物 **1** 和化合物 **2** 为原料，经过 9 步合成反应而得。

1 (CAS号 35112-05-1) → [Cl(O=)CC(=O)Cl, DMF, CH_2Cl_2, rt] → 2 (CAS号 947311-91-3) + 3 (CAS号 108-59-8) → [$MgCl_2$, Et_3N, CH_2Cl_2] → 4 (CAS号 1292836-16-8) → [Py · HBr_3, THF] →

Br, O, F, O, N⁺, O⁻, Cl

5
CAS号 1292836-18-0

+

O, F, O=N⁺, O⁻, Cl

4
CAS号 1292836-16-8

Et_2NH, $ZnCl_2$,
t-BuOH, PhMe
→ 6

6
CAS号 1292836-19-1

1. 二苯基-D-脯氨酸
$(MeO)_3B$, THF,
2. 二硼烷*N*,*N*-
二乙基苯胺
THF

7
CAS号 1292836-20-4

+

8

Et_3N
CH_2Cl_2

9
CAS号 1292836-21-5

+

10
CAS号 1332356-31-6

$EtN(Pr\text{-}i)_2$,
$AcNMe_2$
3h, 60°C

11
CAS号 1332356-86-1

11

12
CAS号 35150-07-3

1. Cs_2CO_3, Xantphos
$Pd_2(dba)_3$, 二噁烷,
2. H_2, PtO_2, THF
22h, rt, 30psi

13
CAS号 1332357-14-8

14
CAS号 1007881-21-1

$EtN(Pr\text{-}i)_2$
HATU
DMSO, 1h, rt
→

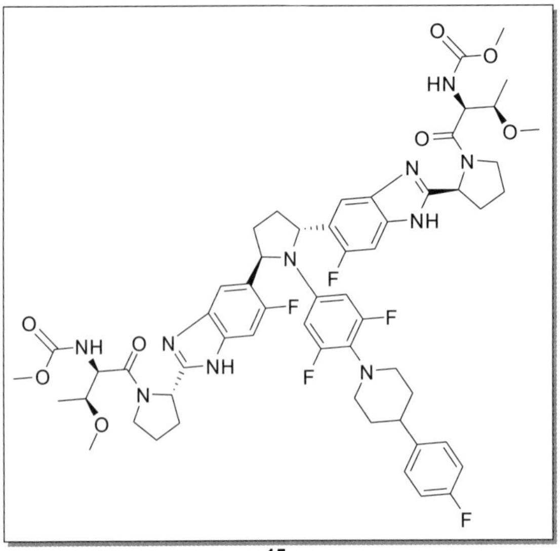

15
pibrentasvir
CAS号 1353900-92-1

原始文献： US 20170157104, 2017.

合成路线 4

以下合成路线来源于 AbbVie 公司 Caspi 等人 2019 年发表的论文。目标化合物 **12** 以化合物 **1** 和化合物 **2** 为原料，经过 6 步合成反应而得。该论文是药物合成工艺方面的研究，有很高的参考价值。

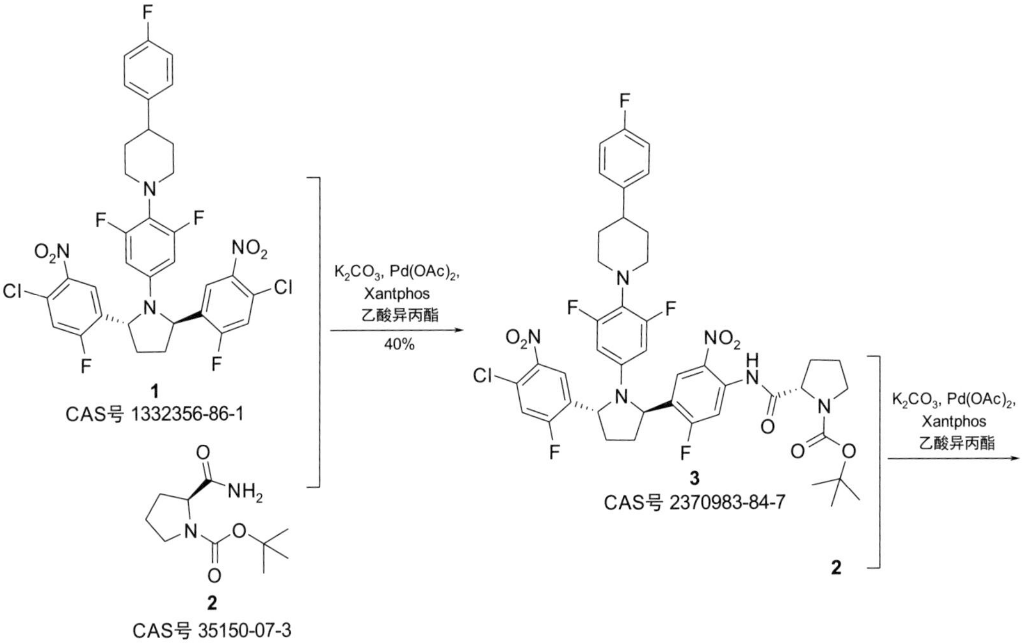

1
CAS号 1332356-86-1

2
CAS号 35150-07-3

K_2CO_3, $Pd(OAc)_2$, Xantphos
乙酸异丙酯
40%

3
CAS号 2370983-84-7

2

K_2CO_3, $Pd(OAc)_2$, Xantphos
乙酸异丙酯

4

CAS号 1890114-10-9

4 EtN(Pr-*i*)$_2$, H_2, Pt, 96-47-9 →

5

CAS号 2151870-61-8

AcOH, MeCN →

6

CAS号 1890114-11-0

+

7

CAS号 2363173-03-7

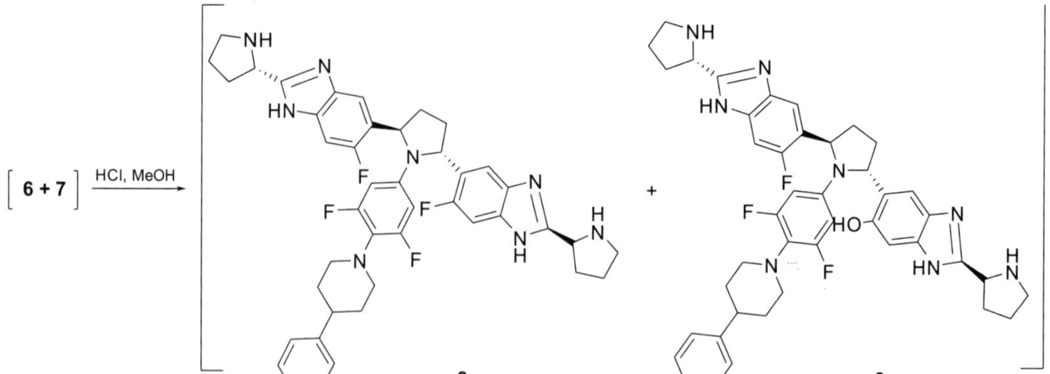

[6 + 7] HCl, MeOH →

8
CAS号 1332357-14-8

9
CAS号 2363162-14-3

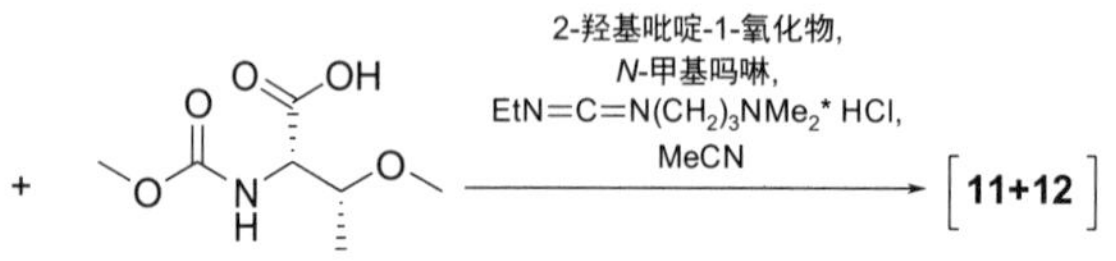

2-羟基吡啶-1-氧化物,
N-甲基吗啉,
EtN=C=N$(CH_2)_3NMe_2$* HCl,
MeCN

→ [11+12]

10
CAS号 1007881-21-1

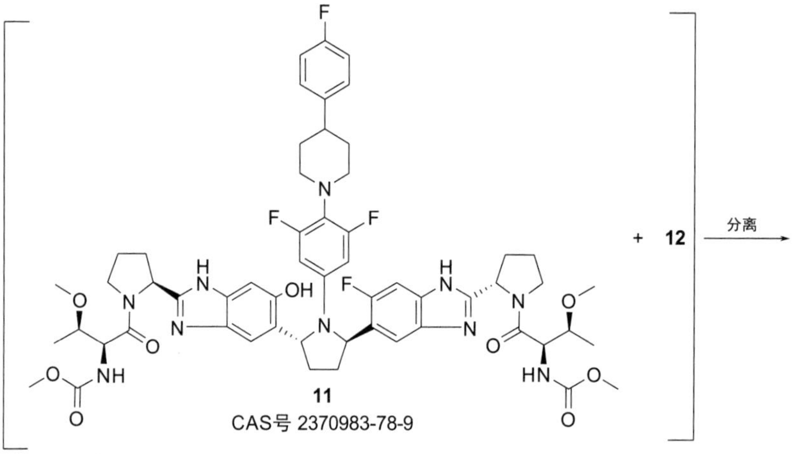

11
CAS号 2370983-78-9

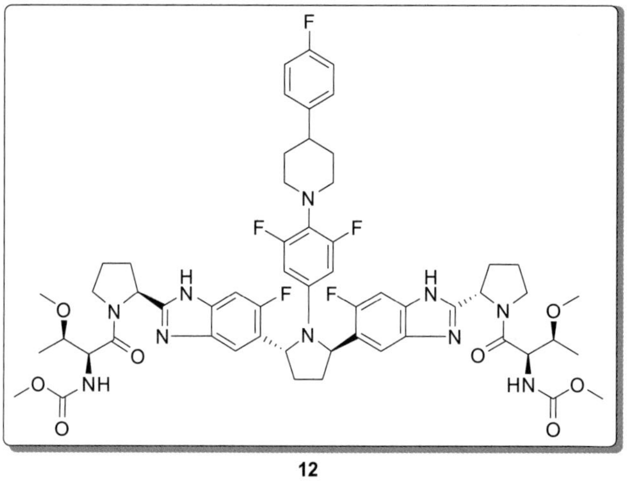

+ 12 分离 →

12
pibrentasvir
CAS号 1353900-92-1

原始文献: Org Process Res Dev, 2019, 23(8): 1509-1521.

参考文献

[1] Harrison D S, Giang J, Darling J M. An interaction between glecaprevir, pibrentasvir, and colchicine causing rhabdomyolysis in a patient with chronic renal disease. Clin Liver Dis (Hoboken), 2020, 15(1):17-20.

[2] Singh A D, Maitra S, Singh N, et al. Systematic review with meta-analysis: impact of baseline resistance-associated substitutions on the efficacy of glecaprevir/pibrentasvir among chronic hepatitis C patients. Aliment Pharmacol Ther, 2020, 51(5):490-504.

比布那他韦核磁谱图

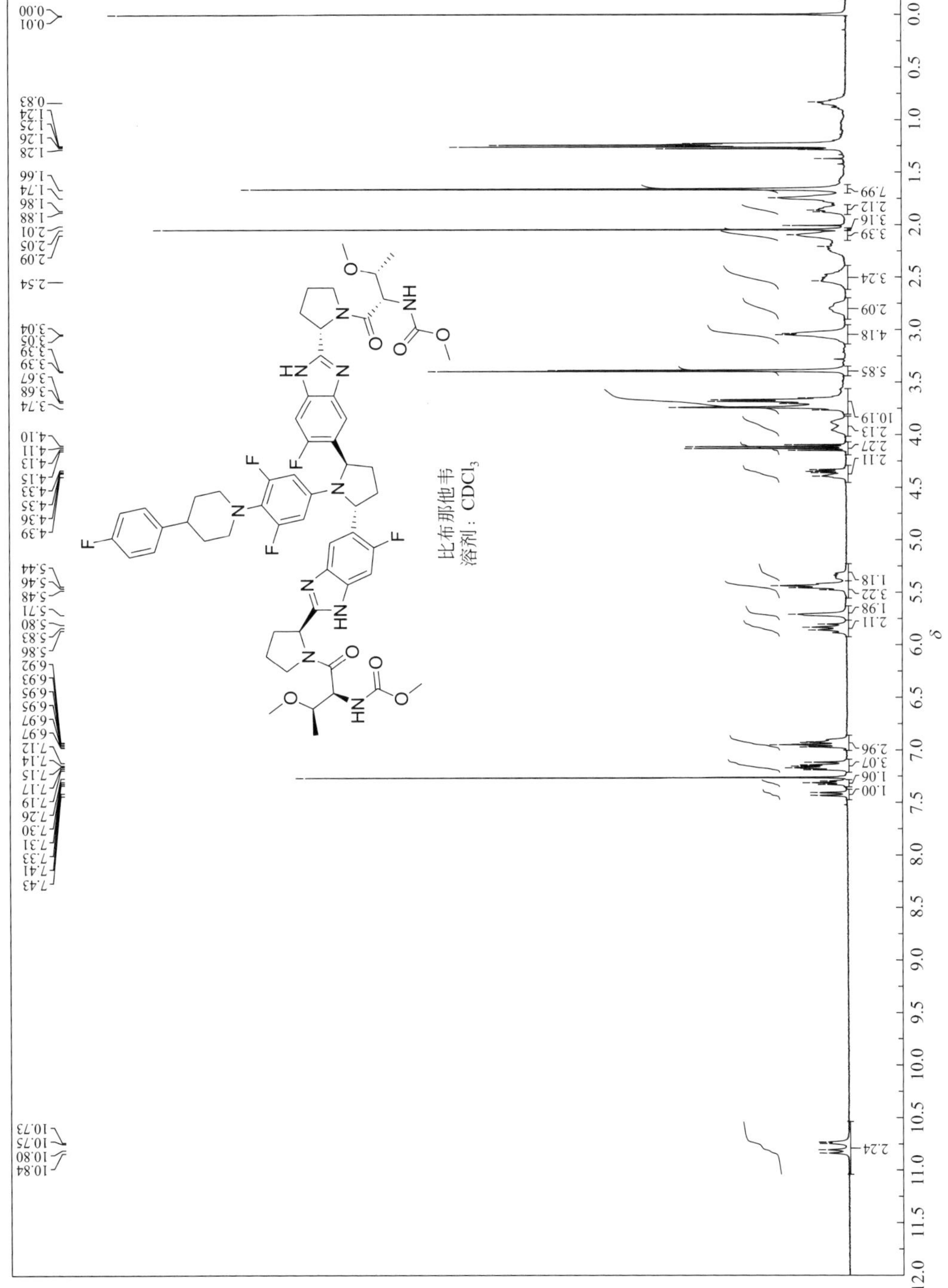

pimavanserin（匹莫范色林）

药物基本信息

英文通用名	pimavanserin
英文别名	ACP-103; ACP 103; ACP103
中文通用名	匹莫范色林
商品名	Nuplazid
CAS登记号	706779-91-1 (游离碱), 706782-28-7 (酒石酸盐)
FDA 批准日期	4/29/2016
FDA 批准的API	pimavanserin tartrate
化学名	1-(4-fluorobenzyl)-3-(4-isobutoxybenzyl)-1-(1-methylpiperidin-4-yl)urea, ((2*R*,3*R*)-2,3-dihydroxysuccinate) (2:1)
SMILES代码	O=C(NCC1=CC=C(OCC(C)C)C=C1)N(CC2=CC=C(F)C=C2)C3CCN(C)CC3.O=C(NCC4=CC=C(OCC(C)C)C=C4)N(CC5=CC=C(F)C=C5)C6CCN(C)CC6.O=C(O)[C@H](O)[C@@H](O)C(O)=O

化学结构和理论分析

化学结构	理论分析值
F N N N H O O OH O HO OH O OH F N N N H O O	化学式：$C_{54}H_{74}F_2N_6O_{10}$ 精确分子量：N/A 分子量：1005.21 元素分析：C, 64.52; H, 7.42; F, 3.78; N, 8.36; O, 15.92

药品说明书参考网页

生产厂家产品说明书、美国药品网、美国处方药网页。

药物简介

NUPLAZID 的活性成分是 pimavanserin tartrate，是一种非典型抗精神病药物。Pimavanserin tartrate 自由溶于水。

NUPLAZID 用于口服，外观为白色至灰白色的速释薄膜衣片剂。每片均含有 20mg pimavanserin tartrate，相当于 17mg pimavanserin 游离碱。非活性成分包括预糊化淀粉、硬脂酸镁和微晶纤维素。另外，以下非活性成分作为薄膜衣的成分存在：羟丙甲纤维素，滑石粉，二氧化钛，聚乙二醇和糖精钠。

NUPLAZID® 可用于治疗与帕金森病精神病有关的幻觉和妄想。

pimavanserin 在治疗与帕金森病精神病有关的幻觉和妄想中的作用机制尚不清楚。但是，pimavanserin 的作用可以通过对 5- 羟色胺 5-HT2A 受体和 5- 羟色胺 5-HT2C 受体的反向激动剂和拮抗剂活性的组合来介导。

药品上市申报信息

该药物目前有 3 种产品上市。

药品注册申请号：207318

申请类型：NDA（新药申请）

申请人：ACADIA PHARMS INC

申请人全名：ACADIA PHARMACEUTICALS INC

产品信息

产品号	商品名	活性成分	剂型 / 给药途径	规格 / 剂量	参比药物 (RLD)	生物等效参考标准 (RS)	治疗等效代码
001	NUPLAZID	pimavanserin tartrate	片剂 / 口服	等量 17mg 游离碱	是	否	否
002	NUPLAZID	pimavanserin tartrate	片剂 / 口服	等量 10mg 游离碱	是	是	否

与本品相关的专利信息（来自 FDA 橙皮书 Orange Book）

关联产品号	专利号	专利过期日	是否物质专利	是否产品专利	专利用途代码	撤销请求	提交日期
001	10028944	2024/01/15			U-1974		2018/08/06
	6756393	2021/03/06	是	是			2016/05/25
	6815458	2021/03/06	是	是	U-1843		2016/05/25
	7115634	2021/10/06	是	是			2016/05/25
	7601740	2027/06/17	是	是			2016/05/25
	7659285	2026/08/24			U-1844		2016/05/25
	7732615	2028/06/03	是	是			2016/05/25
	7858789	2020/12/13	是	是			2016/05/25
	7923564	2025/09/26	是	是			2016/05/25
	8110574	2020/12/13	是	是			2016/05/25
	8618130	2024/01/15			U-1845		2016/05/25
	8921393	2024/01/15			U-1846		2016/05/25
	9296694	2021/03/06	是	是			2016/05/25
	9566271	2024/01/15			U-1974		2017/03/14
	9765053	2022/07/27			U-1974		2017/10/04

续表

关联产品号	专利号	专利过期日	是否物质专利	是否产品专利	专利用途代码	撤销请求	提交日期
002	10028944	2024/01/15			U-1974		2018/07/25
	6756393	2021/03/06	是	是			2018/07/25
	6815458	2021/03/06	是	是	U-1843		2018/07/25
	7115634	2021/10/06	是	是			2018/07/25
	7601740	2027/06/17	是	是			2018/07/25
	7659285	2026/08/24			U-1844		2018/07/25
	7732615	2028/06/03	是	是			2018/07/25
	7858789	2020/12/13	是	是			2018/07/25
	7923564	2025/09/26	是	是			2018/07/25
	8110574	2020/12/13	是	是			2018/07/25
	8618130	2024/01/15			U-1845		2018/07/25
	8921393	2024/01/15			U-1846		2018/07/25
	9296694	2021/03/06	是	是			2018/07/25
	9566271	2024/01/15			U-1974		2018/07/25
	9765053	2022/07/27			U-1974		2018/07/25

与本品相关的市场独占权保护信息

关联产品号	独占权代码	失效日期	备注
001	NCE	2021/04/29	
002	NCE	2021/04/29	

药品注册申请号: 210793

申请类型: NDA (新药申请)

申请人: ACADIA PHARMS INC

申请人全名: ACADIA PHARMACEUTICALS INC

产品信息

产品号	商品名	活性成分	剂型 / 给药途径	规格 / 剂量	参比药物 (RLD)	生物等效参考标准 (RS)	治疗等效代码
001	NUPLAZID	pimavanserin tartrate	胶囊 / 口服	等量 34mg 游离碱	是	是	否

与本品相关的专利信息（来自 FDA 橙皮书 Orange Book）

关联产品号	专利号	专利过期日	是否物质专利	是否产品专利	专利用途代码	撤销请求	提交日期
001	10028944	2024/01/15			U-1974		2018/07/25
	10449185	2038/08/27		是			2019/11/01
	6756393	2021/03/06	是	是			2018/07/25
	6815458	2021/03/06	是	是	U-1843		2018/07/25
	7115634	2021/10/06	是	是			2018/07/25
	7601740	2027/06/17	是	是			2018/07/25
	7659285	2026/08/24			U-1844		2018/07/25
	7732615	2028/06/03	是	是			2018/07/25
	7858789	2020/12/13	是	是			2018/07/25
	7923564	2025/09/26	是	是			2018/07/25
	8110574	2020/12/13	是	是			2018/07/25
	8618130	2024/01/15			U-1845		2018/07/25
	8921393	2024/01/15			U-1846		2018/07/25
	9296694	2021/03/06	是	是			2018/07/25
	9566271	2024/01/15			U-1974		2018/07/25
	9765053	2022/07/27			U-1974		2018/07/25

与本品相关的市场独占权保护信息

关联产品号	独占权代码	失效日期	备注
001	NCE	2021/04/29	

合成路线 1

以下合成路线来源于 ACADIA Pharmaceuticals 公司 Thygesen 等人 2006 年发表的专利申请书。目标化合物 **9** 以化合物 **1** 和化合物 **2** 为原料，经过 4 步合成反应得到。

1. $Na(AcO)_3BH$, MeOH
2. NaOH, H_2O

1 CAS号 1445-73-4 + **2** CAS号 140-75-0 → **3** CAS号 359878-47-0

1. K_2CO_3, EtOH
2. NH_2OH, H_2O, EtOH

4 CAS号 123-08-0 + **5** → **6**

AcOH, H_2
Pd, EtOH
4h, 22°C, 1.5bar

6
CAS号 882035-15-6

7
CAS号 4734-09-2

+ 8 + 3

1. NaOH, H_2O
$Me(CH_2)_5Me$
2. Et_3N, THF

9
pimavanserin
CAS号 706779-91-1

原始文献： WO 2006036874 ,2006.

合成路线 2

以下合成路线来源于 ACADIA Pharmaceuticals 公司 Tolf 等人 2007 年发表的专利申请书。目标化合物 **12** 以化合物 **1** 和化合物 **2** 为原料，经过 6 步合成反应得到。

1
CAS号 1445-73-4

2
CAS号 140-75-0

$Na(AcO)_3BH$,
MeOH

3
CAS号 359878-47-0

4
CAS号 123-08-0

5

K_2CO_3,
EtOH
5d, 74～78°C

6
CAS号 18962-07-7

NH_2OH, EtOH,
H_2O, 3h, 77°C

7
CAS号 882035-15-6

7

8

NH_3, Ni, EtOH,
6h; 49°C, 3 bar

9
CAS号 955997-89-4

10

1. NaOH, H_2O
2. HCl, PhMe

11
CAS号 639863-75-5

3
CAS号 359878-47-0

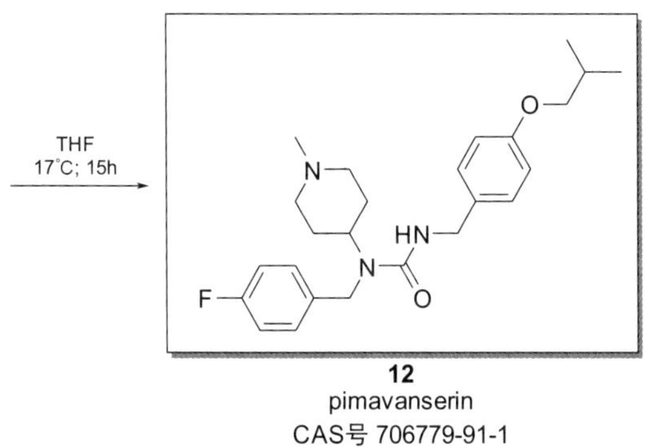

原始文献： US 20070260064, 2007.

合成路线 3

以下合成路线来源于 Auspex Pharmaceuticals 公司 Gant 等人 2008 年发表的专利申请书。目标化合物 **8** 以化合物 **1** 和化合物 **2** 为原料，经过 4 步合成反应得到。

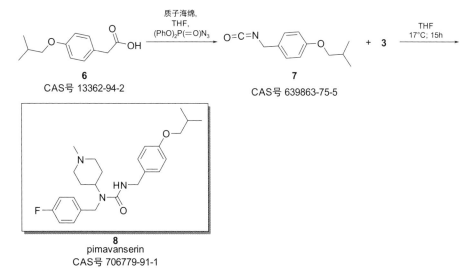

1 CAS号 140-75-0 + **2** CAS号 1445-73-4 —Na(AcO)$_3$BH, MeOH→ **3** CAS号 359878-47-0

4 CAS号 14199-15-6 + **5** —1. K_2CO_3, DMF 2. KOH, H_2O, MeOH, 16h, rt→ **6**

6 CAS号 13362-94-2 —质子海绵, THF, $(PhO)_2P(=O)N_3$→ **7** CAS号 639863-75-5 + **3** —THF 17°C; 15h→

8 pimavanserin CAS号 706779-91-1

原始文献： US 20080280886, 2008.

合成路线 4

以下合成路线来源于 Jubilant Generics 公司 Dubey Shailendra Kumar 等人 2019 年发表的专利申请书。目标化合物 **5** 以化合物 **1** 和化合物 **2** 为原料，经过 2 步合成反应得到。

1
CAS号 74124-79-1

2
CAS号 359878-47-0

CH_2Cl_2
2 h, rt

3
CAS号 2260959-74-6

4
CAS号 4734-09-2

4-DMAP, PhMe

5
pimavanserin
CAS号 706779-91-1

原始文献： WO 2019008595, 2019.

合成路线 5

以下合成路线来源于 SCI Pharmatech 公司 Huang 等人 2018 年发表的专利申请书。目标化合物 **10** 以化合物 **1** 和化合物 **2** 为原料，经过 4 步合成反应得到。

1
CAS号 140-75-0

2
CAS号 1445-73-4

H_2, Pd-C
MeOH

3
CAS号 359878-47-0

4

5
CAS号 767-00-0

K_2CO_3, DMF

6
CAS号 5203-15-6

6

7

H_2, Pd-C
EtOH

8
CAS号 955997-89-4

9
CAS号 530-62-1

3

AcOEt

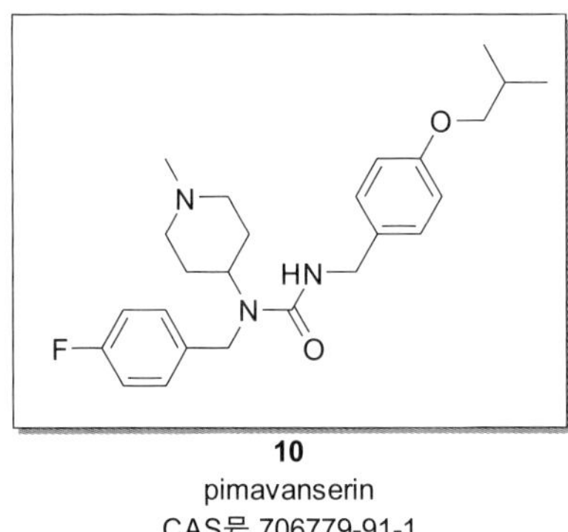

10
pimavanserin
CAS号 706779-91-1

原始文献： EP 3351532, 2018.

合成路线 6

以下合成路线来源于 Avra Laboratories 公司 Rao 等人 2018 年发表的专利申请书。目标化合物 **9** 以化合物 **1** 和化合物 **2** 为原料，经过 4 步合成反应得到。

Br
1
HO
O
2
CAS号 123-08-0
K_2CO_3, NaI,
DMF, 2h, 80°C
O
O
3
CAS号 18962-07-7

F
NH_2
4
CAS号 140-75-0
O
N
5
CAS号 1445-73-4
H_2, Pd-C, MeOH

F
HN
N
6
CAS号 359878-47-0

6 + HO−C≡N
7
1. HCl
2. NaOH
F
N
O
NH_2
N
8
CAS号 2070010-09-0
\+ **3**
1. THF, 3h, rt
2. $NaBH_4$, EtOH
0°C; 12h
2. HCl, H_2O, 0°C
N
O
HN
F
N
O

9
pimavanserin
CAS号 706779-91-1

原始文献： IN 201641034287, 2018.

合成路线 7

以下合成路线来源于 Divi's Laboratories 公司 Divi 等人 2018 年发表的专利申请书。目标化合物 **6** 以化合物 **1** 和化合物 **2** 为原料，经过 3 步合成反应得到。

1. AcOH
2. NH_3, H_2O

1
CAS号 359878-47-0

2

3
CAS号 2070010-09-0

4
CAS号 18962-07-7

CH_2Cl_2
Ti(OPr-*i*)$_4$

5
CAS号 2244021-72-3

H_2, Pd, MeOH
50 psi

6
pimavanserin
CAS号 706779-91-1

原始文献： IN 201741044376, 2018.

合成路线 8

以下合成路线来源于 Zentiva 公司 Radl 等人 2017 年发表的专利申请书。目标化合物 **5** 以化合物 **1** 和化合物 **2** 为原料，经过 3 步合成反应得到。

1
CAS号 37806-44-3

2
CAS号 530-62-1

Na_2CO_3, H_2O
rt～60℃

3
CAS号 1837794-52-1

4
CAS号 359878-47-0

THF, rt～60°C; 4 h

5
pimavanserin
CAS号 706779-91-1

原始文献： WO 2017054786, 2017.

合成路线 9

以下合成路线来源于 Zentiva 公司 Radl 等人 2017 年发表的专利申请书。目标化合物 **7** 以化合物 **1** 和化合物 **2** 为原料，经过 3 步合成反应得到。

1
CAS号 18962-07-7

2
CAS号 149-73-5

1. HCl, MeOH, 48h, rt
2. Et_3N, rt

3
CAS号 2088373-04-8

4
CAS号 1837794-51-0

5

Me_2CHOH
H_2O

6
CAS号 2070010-09-0

3

1. F_3CCO_2H, MeCN, 24h, rt
2. Et_3SiH 8h, 50°C

7
pimavanserin
CAS号 706779-91-1

原始文献： WO 2017036432, 2017.

合成路线 10

以下合成路线来源于 CADIA Pharmaceuticals 公司 Carlos 等人 2017 年发表的专利申请书。目标化合物 **13** 以化合物 **1** 和化合物 **2** 为原料，经过 7 步合成反应得到。

1
CAS号 1445-73-4

2
CAS号 140-75-0

$Na(AcO)_3BH$
MeOH

3
CAS号 359878-47-0

4
CAS号 530-62-1

NaOH
PhMe
1.5 h, rt

5
CAS号 1983947-08-5

—I
6

7
CAS号 2070010-33-0

HO
8

9
CAS号 459-57-4

KOH,
Bu_4NHSO_4

10
CAS号 18962-07-7

NH_2OH
H_2O, EtOH

11
CAS号 882035-15-6

AcOH, H_2
Pd, EtOH,
1.5bar

12
CAS号 4734-09-2

\+ 7

AcOH
PhMe

13
pimavanserin
CAS号 706779-91-1

原始文献： WO 2017015272, 2017.

参考文献

[1] Fava M, Dirks B, Freeman M P, et al. 181 A Phase-2 sequential parallel comparison design study to evaluate the efficacy and safety of adjunctive pimavanserin in major depressive disorder. CNS Spectr, 2020, 25(2):314-315.

[2] Freeman M P, Fava M, Dirks B, et al. 180 Improvement of sexual function observed during treatment of major depressive disorder with adjunctive pimavanserin. CNS Spectr, 2020, 25(2):313-314.

匹莫范色林核磁谱图

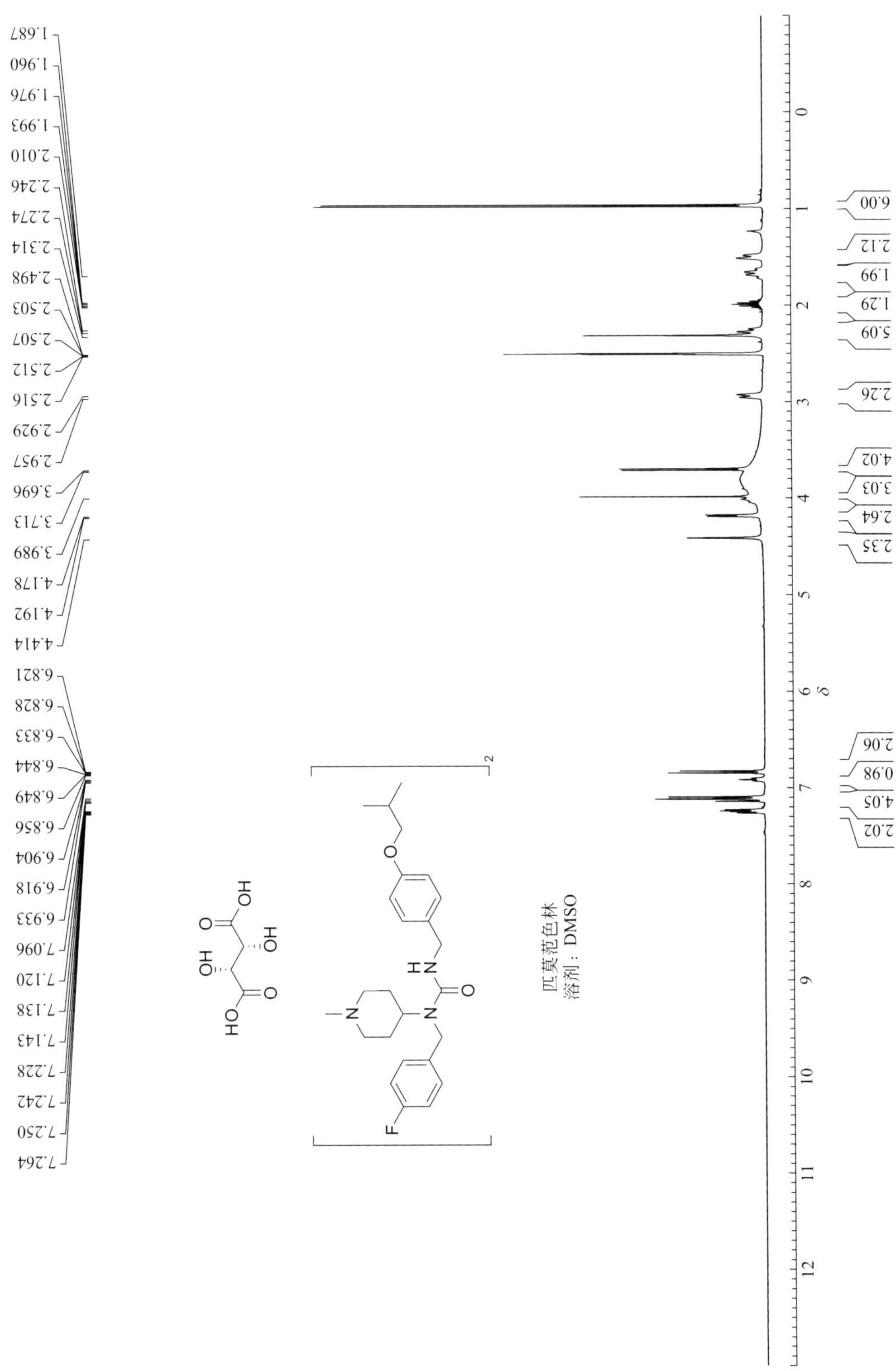
1.687
1.960
1.976
1.993
2.010
2.246
2.274
2.314
2.498
2.503
2.507
2.512
2.516
2.929
2.957
3.696
3.713
3.989
4.178
4.192
4.414
6.821
6.828
6.833
6.844
6.849
6.856
6.904
6.918
6.933
7.096
7.120
7.138
7.143
7.228
7.242
7.250
7.264
6.00
2.12
1.99
1.29
5.09
2.26
4.02
3.03
2.64
2.35
2.06
0.98
4.05
2.02
0
1
2
3
4
5
6
7
8
9
10
11
12
δ
匹莫范色林
溶剂：DMSO

pitolisant（匹托利森）

药物基本信息

英文通用名	pitolisant
英文别名	BF2.649; BF2649; BF-2649; BF2649; FUB-649, FUB649, FUB 649, BF2.649; BF 2.649; HBS-101; HBS 101; HBS101; ciproxidine, tiprolisant; pitolisant HCl
中文通用名	匹托利森
商品名	Wakix
CAS登记号	362665-56-3 (游离碱), 903576-44-3 (盐酸盐), 362665-57-4 (草酸盐)
FDA 批准日期	8/14/2019
FDA 批准的API	pitolisant hydrochloride
化学名	1-(3-(3-(4-Chlorophenyl)propoxy)propyl)piperidine hydrochloride
SMILES代码	ClC1=CC=C(CCCOCCCN2CCCCC2)C=C1.[H]Cl

化学结构和理论分析

化学结构	理论分析值
Cl O N H—Cl	化学式：$C_{17}H_{27}Cl_2NO$ 精确分子量：N/A 分子量：332.31 元素分析：C, 61.44; H, 8.19; Cl, 21.34; N, 4.22; O, 4.81

药品说明书参考网页

美国药品网、美国处方药网页。

药物简介

WAKIX 片剂的活性成分是 pitolisant hydrochloride，是一种组胺 3（H3）受体的拮抗剂 / 反向激动剂。Pitolisant hydrochloride 是一种白色或几乎白色的结晶性粉末，pitolisant hydrochloride 可溶于水、乙醇和二氯甲烷，几乎不溶于环己烷。

WAKIX 片剂用于口服给药，每片薄膜衣片包含 5mg 或 20mg 的 pitolisant hydrochloride（分别相当于 4.45mg 或 17.8mg pitolisant 游离碱）和以下非活性成分：胶体二氧化硅，交聚维酮，硬脂酸镁，微晶纤维素，聚乙二醇，聚乙烯醇，滑石粉和二氧化钛。

WAKIX 可用于治疗成人发作性睡病患者的过度白天嗜睡（EDS）。

Pitolisant 对患者白天过度嗜睡（EDS）的作用机制尚不清楚。但是，它的功效可以通过其作为组胺 3（H3）受体拮抗剂 / 反向激动剂的活性来介导。

药品上市申报信息

该药物目前有 2 种产品上市。

药品注册申请号: 211150
申请类型: NDA (新药申请)
申请人: HARMONY
申请人全名: HARMONY BIOSCIENCES LLC

产品信息

产品号	商品名	活性成分	剂型 / 给药途径	规格 / 剂量	参比药物 (RLD)	生物等效参考标准 (RS)	治疗等效代码
001	WAKIX	pitolisant hydrochloride	片剂 / 口服	等量 4.45mg 游离碱	是	否	否
002	WAKIX	pitolisant hydrochloride	片剂 / 口服	等量 17.8mg 游离碱	是	是	否

与本品相关的专利信息 (来自 FDA 橙皮书 Orange Book)

关联产品号	专利号	专利过期日	是否物质专利	是否产品专利	专利用途代码	撤销请求	提交日期
001	7169928	2020/02/02	是	是			2019/09/11
	7910605	2022/09/23			U-1101		2019/09/11
	8207197	2029/02/25	是	是			2019/09/11
	8354430	2026/02/26			U-1101		2019/09/11
	8486947	2029/09/26			U-1101		2019/09/11
002	7169928	2020/02/02	是	是			2019/09/11
	7910605	2022/09/23			U-1101		2019/09/11
	8207197	2029/02/25	是	是			2019/09/11
	8354430	2026/02/26			U-1101		2019/09/11
	8486947	2029/09/26			U-1101		2019/09/11

与本品相关的市场独占权保护信息

关联产品号	独占权代码	失效日期	备注
001	NCE	2024/08/14	
	ODE-255	2026/08/14	
002	NCE	2024/08/14	
	ODE-255	2026/08/14	

合成路线

以下合成路线来源于 Shenyang University of Chemical Technology 生物医药工程学院 Qu 等人 2013 年发表的论文。目标化合物 **13** 以化合物 **1** 为原料，经过 8 步合成反应而得。

1. $LiAlH_4$, THF, rt
2. NaOH, H_2O, rt
91%

K_2CO_3, KI
Me_2CO
83%

1 CAS号 6001-87-2
2 CAS号 627-30-5
3 CAS号 110-89-4
4 CAS号 104-58-5

Na, EtOH, 回流
80%

1. NaOH, EtOH, 回流
2.HCl, H_2O, rt, pH 2
95%

5 CAS号 105-53-3
6 CAS号 104-83-6
7 CAS号 37556-13-1

HCl, AcOH, H_2O
77%
→ **9**

8 CAS号 21405-64-1

$LiAlH_4$
THF, rt, 回流
91%

Et_3N,
CH_2Cl_2, rt
83%

9 CAS号 2019-34-3
10 CAS号 6282-88-8
11 CAS号 124-63-0
12 CAS号 61440-60-6
4 CAS号 104-58-5

NaH, $AcNMe_2$, rt
$AcNMe_2$, rt
95%

13
pitolisant
CAS号 362665-56-3

原始文献：中国药物化学杂志, 2013, 23(2):111-114.

参考文献

[1] Lamb Y N. Pitolisant: a review in narcolepsy with or without cataplexy. CNS Drugs, 2020, 34(2):207-218.

[2] Trotti L M. Treat the symptom, not the cause? pitolisant for sleepiness in obstructive sleep apnea. Am J Respir Crit Care Med, 2020, 201(9):1033-1035.

plazomicin（匹拉米星）

药物基本信息

英文通用名	plazomicin
英文别名	ACHN-490; ACHN 490; ACHN490
中文通用名	匹拉米星
商品名	Zemdri
CAS登记号	1154757-24-0（游离碱）, 1380078-95-4（硫酸盐）
FDA 批准日期	6/25/2018
FDA 批准的API	plazomicin sulfate (1 ∶ 2.5)
化学名	(*S*)-4-amino-*N*-((1*R*,2*S*,3*S*,4*R*,5*S*)-5-amino-4-(((2*R*,3*R*)-3-amino-6-(((2-hydroxyethyl)amino)methyl)-3,4-dihydro-2*H*-pyran-2-yl)oxy)-2-(((2*R*,3*R*,4*R*,5*R*)-3,5-dihydroxy-5-methyl-4-(methylamino)tetrahydro-2*H*-pyran-2-yl)oxy)-3-hydroxycyclohexyl)-2-hydroxybutanamide
SMILES代码	CN[C@@H]1[C@H]([C@H](OC[C@@]1(O)C)O[C@@H]2[C@H]([C@@H]([C@H](C[C@H]2NC([C@H](CCN)O)=O)N)O[C@H]3OC(CNCCO)=CC[C@H]3N)O)O

化学结构和理论分析

化学结构	理论分析值
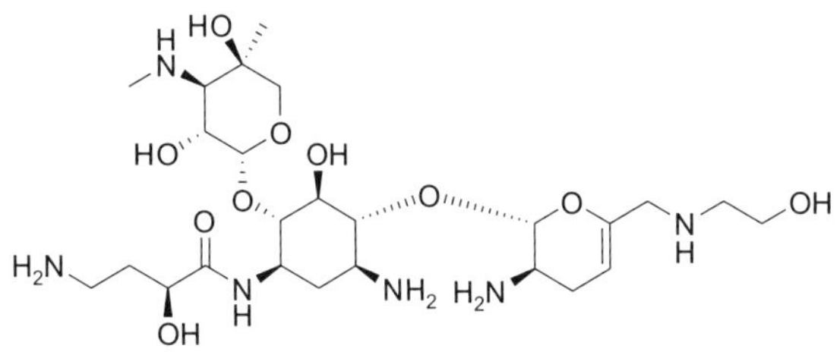	化学式：$C_{25}H_{48}N_6O_{10}$ 精确分子量：592.3432 分子量：592.69 元素分析：C, 50.66; H, 8.16; N, 14.18; O, 26.99

药品说明书参考网页

生产厂家产品说明书、美国药品网、美国处方药网页。

药物简介

ZEMDRI 的活性成分是 plazomicin sulfate，是一种半合成的氨基糖苷类抗生素，来源于 sisomicin。基于完全质子化，plazomicin sulfate 分子中 plazomicin 同硫酸的分子摩尔比为 2.5。

ZEMDRI 注射剂的剂量规格为 500mg/10mL，是一种无菌、透明、无色至黄色的液体，用于静脉内给药，装在 10mL 单剂量 1 型玻璃小瓶中。每个小瓶中的 plazomicin sulfate 含量相当于 500mg plazomicin 游离碱，其浓度为 50mg/mL，调整 pH 至 6.5。每个小瓶还包含注射用水和用于调节 pH 值的氢氧化钠。这种无菌、无热原的溶液不含防腐剂。

ZEMDRI 适用于 18 岁以上的患者，用于治疗复杂的尿路感染（cUTI），包括由以下易感微生物引起的肾盂肾炎：大肠杆菌，肺炎克雷伯菌，奇异变形杆菌和阴沟肠杆菌。

Plazomicin 是一种氨基糖苷，通过与细菌 30S 核糖体亚基结合而起作用，从而抑制蛋白质合成。

药品上市申报信息

该药物目前有 1 种产品上市。

药品注册申请号：210303
申请类型：NDA（新药申请）
申请人：CIPLA USA
申请人全名：CIPLA USA INC

产品信息

产品号	商品名	活性成分	剂型/给药途径	规格/剂量	参比药物 (RLD)	生物等效参考标准 (RS)	治疗等效代码
001	ZEMDRI	plazomicin sulfate	液体/静脉注射	等量 500mg 游离碱/10mL（等量 50mg 游离碱/mL）	是	是	否

与本品相关的专利信息（来自 FDA 橙皮书 Orange Book）

关联产品号	专利号	专利过期日	是否物质专利	是否产品专利	专利用途代码	撤销请求	提交日期
001	8383596	2031/06/02	是		U-2328		2018/07/19
	8822424	2028/11/21		是			2018/07/19
	9266919	2028/11/21			U-2328		2018/07/19
	9688711	2028/11/21	是		U-2328		2018/07/19

与本品相关的市场独占权保护信息

关联产品号	独占权代码	失效日期	备注
001	NCE	2023/06/25	
	GAIN	2028/06/25	

合成路线

以下合成路线来源于 Shandong University Ma 等人 2018 年的专利申请书。目标化合物 **13** 以化合物 **1** 和化合物 **2** 为原料，经过 7 步合成反应而得。

1
CAS号 28920-43-6

+

2
CAS号 21715-90-2

N-甲基吗啉,
rt

3
CAS号 1255925-37-1

+

4
CAS号 1154758-55-0

+

THF
N-甲基吗啉
甘氨酸

6

5
CAS号 24424-99-5

6
CAS号 1154758-58-3

NH_3, NaOH,
H_2O, 二噁烷,rt
47%

7
CAS号 1154758-59-4

+

8
CAS号 207305-60-0

HONB, DMF
$EtN=C=N(CH_2)_3NMe_2 \cdot HCl$
74%

9

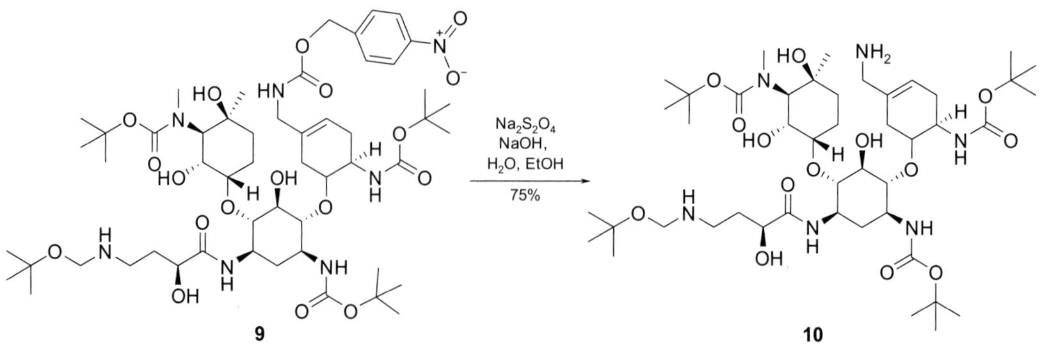

$Na_2S_2O_4$
NaOH,
H_2O, EtOH
75%

9
CAS号 1154758-62-9

10
CAS号 1154758-63-0

+

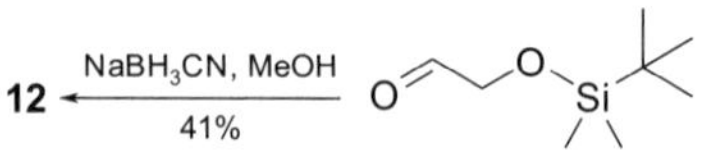

$NaBH_3CN$, MeOH
41%

11
CAS号 102191-92-4

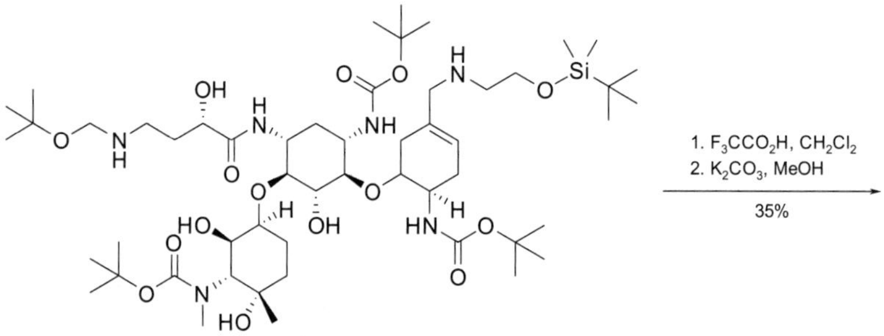

1. F_3CCO_2H, CH_2Cl_2
2. K_2CO_3, MeOH
35%

12
CAS号 1154758-63-0

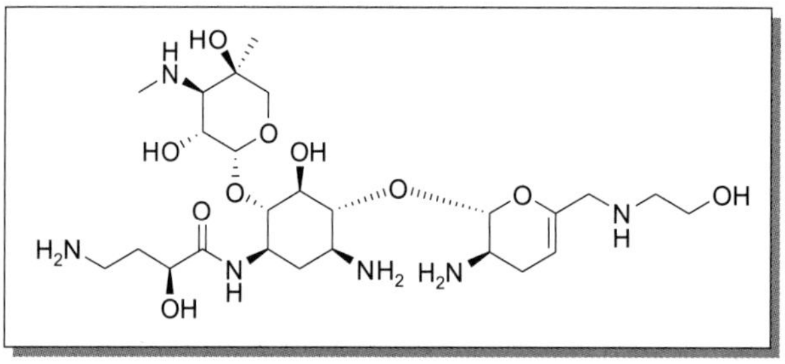

13
plazomicin
CAS号 1154757-24-0

原始文献： CN 108948107, 2018.

参考文献

[1] Castanheira M, Sader H S, Mendes R E, et al. Activity of plazomicin tested against enterobacterales isolates collected from U.S. hospitals in 2016—2017: effect of different breakpoint criteria on susceptibility rates among aminoglycosides. Antimicrob Agents Chemother, 2020, 64(5).

[2] Fleischmann W A, Greenwood-Quaintance K E, Patel R. In vitro activity of plazomicin compared to amikacin, gentamicin, and tobramycin against multidrug- resistant aerobic gram-negative bacilli. Antimicrob Agents Chemother, 2020, 64(2).

plecanatide（普卡那肽）

药物基本信息

英文通用名	plecanatide
英文别名	SP-304; SP 304; SP304
中文通用名	普卡那肽
商品名	Trulance
CAS登记号	1075732-84-1 (醋酸盐), 467426-54-6 (游离碱)
FDA 批准日期	1/19/2017
FDA 批准的API	plecanatide
化学名	L-Leucine, L-asparaginyl-L-alpha-aspartyl-L-alpha-glutamyl-L-cysteinyl-L-alpha-glutamyl-L-leucyl-L- cysteinyl-L-valyl-L-asparaginyl-L-valyl-L-alanyl-L-cysteinyl-L-threonylglycyl-L-cysteinyl-, cyclic (4->12),(7->15)-bis(disulfide)
SMILES代码	CC(C)C[C@H](NC([C@H]1NC(CNC([C@@H](NC([C@H]2NC([C@H](C)NC([C@@H](NC([C@H](CC(N)=O)NC([C@@H](NC([C@H](CSSC1)NC([C@H](CC(C)C)NC([C@H](CCC(O)=O)NC([C@H](CSSC2)NC([C@H](CCC(O)=O)NC([C@H](CC(O)=O)NC([C@@H](N)CC(N)=O)=O)=O)=O)=O)=O)=O)=O)C(C)C)=O)=O)C(C)C)=O)=O)=O)[C@@H](C)O)=O)=O)=O)C(O)=O

化学结构和理论分析

化学结构

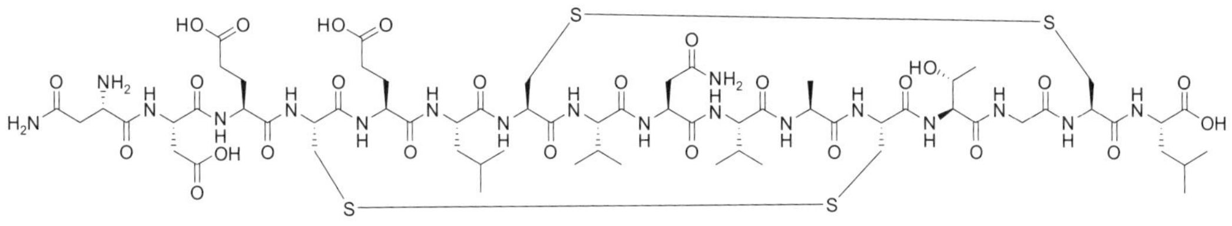

理论分析值

化学式：$C_{65}H_{104}N_{18}O_{26}S_4$
精确分子量：1680.6252
分子量：1681.89
元素分析：C, 46.42; H, 6.23; N, 14.99; O, 24.73; S, 7.62

药品说明书参考网页

生产厂家产品说明书、美国药品网、美国处方药网页。

药物简介

TRULANCE 的活性成分是 plecanatide，是一种鸟苷酸环化酶 C（guanylate cyclase-C，GC-C）激动剂。 Plecanatide 是一种有 16 个氨基酸的肽。Plecanatide 是一种无定形的白色至类白色粉末，易溶于水。

TRULANCE 片剂以 3mg 片剂形式提供，用于口服。非活性成分是硬脂酸镁和微晶纤维素。

TRULANCE 可用于治疗成年人：①慢性特发性便秘（CIC）；②便秘性肠易激综合征（IBS-C）。

Plecanatide 是人尿鸟苷蛋白的结构类似物，与 uroguanylin 类似，plecanatide 是鸟苷酸环化酶 C（GC-C）激动剂。 Plecanatide 及其活性代谢物均与 GC-C 结合并局部作用于肠上皮的腔表面。GC-C 的激活导致细胞内和细胞外环状鸟苷单磷酸酯（c gP）浓度的增加。研究发现，在内脏疼痛的动物模型中，细胞外 c gP 升高与痛觉神经活动减少有关。通过激活囊性纤维化跨膜电导调节剂（CFTR）离子通道，细胞内 c gP 会升高，并刺激氯化物和碳酸氢盐向肠腔的分泌，进而增加肠液和加速转运。在动物模型中，研究已证实 plecanatide 可增加液体向胃肠道（GI）的分泌，加速肠运输，并引起粪便稠度变化。在内脏痛的动物模型中，plecanatide 可减轻腹部肌肉的收缩。

药品上市申报信息

该药物目前有 1 种产品上市。

药品注册申请号：208745
申请类型：NDA（新药申请）
申请人：SALIX
申请人全名：SALIX PHARMACEUTICALS INC

产品信息

产品号	商品名	活性成分	剂型 / 给药途径	规格 / 剂量	参比药物 (RLD)	生物等效参考标准 (RS)	治疗等效代码
001	TRULANCE	plecanatide	片剂 / 口服	3mg	是	是	否

与本品相关的专利信息（来自 FDA 橙皮书 Orange Book）

关联产品号	专利号	专利过期日	是否物质专利	是否产品专利	专利用途代码	撤销请求	提交日期
001	10011637	2034/06/05	是				2018/07/19
	7041786	2023/03/25	是				2017/02/14
	7799897	2022/06/09	是				2017/02/14
	8637451	2022/03/28			U-1964		2017/02/14
	9610321	2031/09/15			U-1999 U-2230		2017/05/01
	9616097	2032/07/02		是			2017/05/01
	9919024	2031/09/15			U-2230 U-1999		2018/04/10
	9925231	2031/09/15		是			2018/04/10

与本品相关的市场独占权保护信息

关联产品号	独占权代码	失效日期	备注
001	NCE	2022/01/19	
	I-764	2021/01/24	

合成路线

Plecanatide 是一种多肽类化合物，可以通过标准的多肽合成方法合成。本文就不再介绍。

参考文献

[1] Li H, Chao J, Zhang Z, et al. Liquid-phase total synthesis of plecanatide aided by diphenylphosphinyloxyl diphenyl ketone (DDK) derivatives. Org Lett, 2020, 22(9):3323-3328.

[2] Miner P B. Plecanatide for the treatment of constipation-predominant irritable bowel syndrome. Expert Rev Gastroenterol Hepatol, 2020, 14(2):71-84.

pretomanid（普瑞玛尼）

药物基本信息

英文通用名	pretomanid
英文别名	PA824; PA-824; PA 824; (*S*)-PA 824
中文通用名	普瑞玛尼
商品名	Pretomanid
CAS登记号	187235-37-6
FDA 批准日期	8/14/2019
FDA 批准的 API	pretomanid
化学名	(6*S*)-2-nitro-6-{[4-(trifluoromethoxy)benzyl]oxy}-6,7-dihydro-5*H*-imidazo[2,1-b][1,3]oxazine
SMILES代码	FC(F)(F)OC1=CC=C(C=C1)CO[C@H]2CN3C(OC2)=NC([N+]([O-])=O)=C3

化学结构和理论分析

化学结构	理论分析值
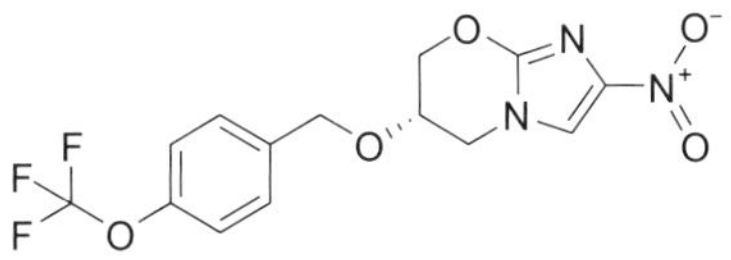	化学式：$C_{14}H_{12}F_3N_3O_5$ 精确分子量：359.0729 分子量：359.26 元素分析：C, 46.81; H, 3.37; F, 15.86; N, 11.70; O, 22.27

药品说明书参考网页

美国药品网、美国处方药网页。

药物简介

Pretomanid 是一种口服抗分枝杆菌（antimycobacterial）类药物。Pretomanid 为白色至类白色至黄色粉末。

每个 PRETOMANID 片剂包含 200mg pretomanid。非活性成分是胶体二氧化硅、乳糖一水合物、硬脂酸镁、微晶纤维素、聚维酮、月桂基硫酸钠和羟乙酸淀粉钠。

PRETOMANID 片剂可作为苯达喹啉（bedaquiline）和利奈唑胺（linezolid）联合治疗方案的一部分，用于治疗肺部广泛耐药性（XDR）或治疗不耐受或无反应性多药耐药性（MDR）肺结核（TB）的成年人。该适应证的批准基于有限的临床安全性和有效性数据。该药物被指定用于有限的特定人群。

Pretomanid 是一种硝基咪唑并噁嗪抗分枝杆菌药物。Pretomanid 通过抑制霉菌酸的生物合成来杀死活跃复制的结核分枝杆菌，从而阻止细胞壁的产生。在厌氧条件下，针对非复制型细菌，pretomanid 在释放一氧化氮后起呼吸道毒物 (respiratory poison) 的作用。所有这些活动都需要通过脱氮黄素依赖性硝基还原酶 Ddn 对分枝杆菌细胞内的类瘤胃激素进行硝基还原，该酶依赖于辅因子 F420 的还原形式。F420 的还原是通过 F420 依赖性葡萄糖 6- 磷酸葡萄糖脱氢酶 Fgd1 完成的。

药品上市申报信息

该药物目前有 1 种产品上市。

药品注册申请号: 212862
申请类型: NDA (新药申请)
申请人: MYLAN IRELAND LTD
申请人全名: MYLAN IRELAND LTD

产品信息

产品号	商品名	活性成分	剂型 / 给药途径	规格 / 剂量	参比药物 (RLD)	生物等效参考标准 (RS)	治疗等效代码
001	PRETOMANID	pretomanid	片剂 / 口服	200mg	是	是	否

与本品相关的市场独占权保护信息

关联产品号	独占权代码	失效日期	备注
001	NCE	2024/08/14	
	ODE-253	2026/08/14	
	GAIN	2029/08/14	

合成路线 1

以下合成路线来源于 Okayama University of Science 应用化学系 Orita 等人 2007 年发表的论文。目标化合物 **10** 以化合物 **1**、化合物 **2** 和化合物 **3** 为原料，经过 5 步合成反应而得。

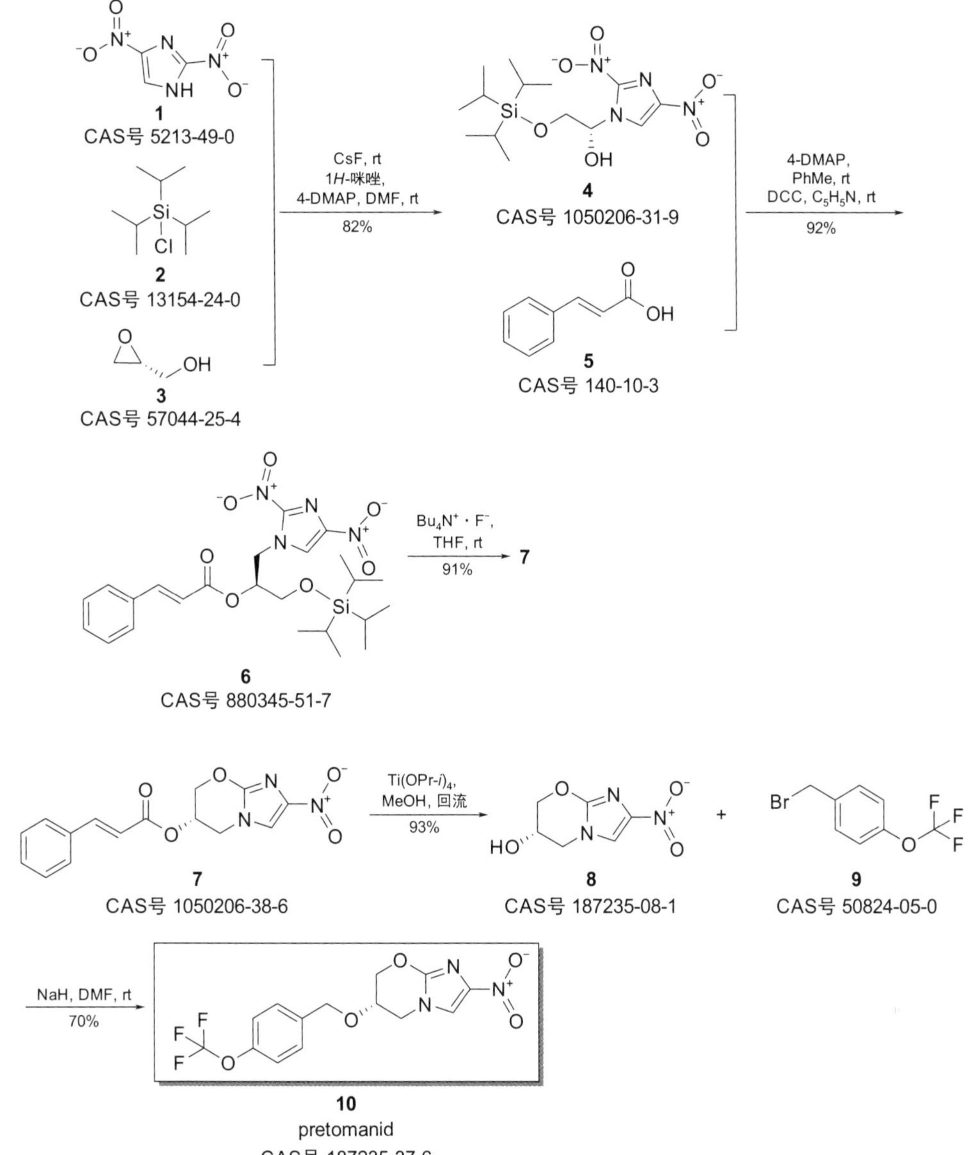

原始文献： Adv Syn & Catal, 2007, 349 (13): 2136-2144.

合成路线 2

以下合成路线来源于 Princeton University 弗瑞克化学实验室 Marsini 等人 2010 年发表的论文。目标化合物 **10** 以化合物 **1** 和化合物 **2** 为原料，经过 5 步合成反应而得。

1
CAS号 1736-74-9

2
CAS号 545-06-2

NaH, *t*-BuOMe
MeOH, $Me(CH_2)_5Me$
98%

3
CAS号 1253202-37-7

4
CAS号 57090-45-6

5
CAS号 100-07-2

1*H*-咪唑,
CH_2Cl_2, rt
78%

p

6

CAS号 1253202-34-4

6 / 3 —— 三氟甲磺酸, CH_2Cl_2, rt; $NaHCO_3$, H_2O; 80% ——> 7 (CAS号 1253202-35-5)

7 + 8 (CAS号 57531-37-0) —— K_2CO_3, NaI, DMF, rt; 41% ——> 9 (CAS号 1253202-36-6)

—— KOH, MeOH, rt; 62% ——> 10

pretomanid

CAS号 187235-37-6

原始文献： J Org Chem, 2010, 75(21):7479-7482.

合成路线 3

以下合成路线来源于 Wang 等人 2010 年发表的论文。目标化合物 **8** 以化合物 **1** 和化合物 **2** 为原料，经过 4 步合成反应而得。

1 (CAS号 5213-49-0) + **2** (CAS号 65031-96-1) —— rt; 75% ——> **3** (CAS号 1258937-18-6) + **4** (CAS号 110-87-2)

—— Py · *p*-MePhSO$_3$H, CH_2Cl_2, rt; K_2CO_3, MeOH, rt; 72% ——> **5** (CAS号 187235-06-9)

HCl, H_2O, MeOH, rt, 88%

5
CAS号 187235-06-9

6
CAS号 187235-08-1

\+

7
CAS号 50824-05-0

$Bu_4N^+ \cdot I^-$, DMF, rt, NaH, rt, H_2O, 75%

8
pretomanid
CAS号 187235-37-6

原始文献： 化工时刊, 2010, 24(4): 32-34, 51.

合成路线 4

以下合成路线来源于 Hetero Research Foundation 公司 Reddy 等人 2018 年发表的专利申请书。目标化合物 **7** 以化合物 **1** 和化合物 **2** 为原料，经过 4 步合成反应而得。

1
CAS号 57531-37-0

\+

2
CAS号 123237-62-7

K_2CO_3, EtOH, rt

3
CAS号 943610-37-5

\+

4
CAS号 50824-05-0

DMF, rt, $Bu_4N^+ \cdot I^-$, rt, NaH

5
CAS号 1129692-90-5

5
CAS号 1129692-90-5

$Bu_4N^+ \cdot F^-$, THF, rt

6
CAS号 1129692-92-7

KOH, MeOH, rt

7
pretomanid
CAS号 187235-37-6

原始文献： IN 201641030408, 2018.

合成路线 5

以下合成路线来源于 Cipla 公司 Reddy 等人 2018 年发表的专利申请书。目标化合物 **11** 以化合物 **1** 和化合物 **2** 为原料，经过 6 步合成反应而得。

$EtN{=}C{=}N(CH_2)_3NMe_2 \cdot HCl$, 4-DMAP, PhMe, rt; PhMe, H_2O, 95%

1 CAS号 57044-25-4　**2** CAS号 103-82-2　**3** CAS号 2232935-89-4　**4** CAS号 57531-37-0

Me_3N, rt, 65%

5 CAS号 2232935-90-7

Py · *p*-$MePhSO_3H$, AcOEt, rt, 98%

5 CAS号 2232935-90-7　**6** CAS号 110-87-2　**7** CAS号 2232935-91-8

KOH, MeOH, 85%

8 CAS号 187235-06-9

p-$MeC_6H_4SO_3H$, MeOH, rt, 70%

8 CAS号 187235-06-9　**9** CAS号 187235-08-1　**10** CAS号 50824-05-0

NaOBu-*t*, DMF, 70%

11 pretomanid CAS号 187235-37-6

原始文献： IN 201621026053, 2018.

合成路线 6

以下合成路线来源于 Reyoung Pharmaceutical 公司 Miao 等人 2018 年发表的专利申请书。目标化合物 **9** 以化合物 **1** 和化合物 **2** 为原料，经过 5 步合成反应而得。

1 CAS号 65902-59-2 + 2 CAS号 123237-62-7 —EtN(Pr-*i*)$_2$, PhMe, 81%→ 3 CAS号 2222630-71-7 + 4 CAS号 142-68-7 —Py · *p*-MePhSO$_3$H, CH_2Cl_2, rt, 99%→ 5

5 CAS号 2222630-72-8 —LiOH, DMF, rt; K_2CO_3, rt, 84%→ 6 CAS号 187235-06-9 —HCl, MeOH, 86%→ 7 CAS号 187235-08-1

7 CAS号 187235-08-1 + 8 CAS号 50824-05-0 —NaH, DMF, rt, H_2O, 94%→ 9 pretomanid CAS号 187235-37-6

原始文献： CN 107915747, 2018.

合成路线 7

以下合成路线来源于 Fourth Military Medical University Liu 等人 2014 年发表的专利申请书。目标化合物 **12** 以化合物 **1** 为原料，经过 8 步合成反应而得。

1 CAS号 288-32-4 —H_2SO_4, HNO_3, H_2O, 85%→ 2 CAS号 3034-38-6 —HNO_3, AcOH, Ac_2O, 82%→ 3 CAS号 19182-81-1 —PhCl, rt, 83%→ 4 CAS号 5213-49-0

4 + 5 CAS号 65031-96-1 —rt, 62%→ 6 CAS号 1258937-18-6 + 7 CAS号 110-87-2 —Py · *p*-MePhSO$_3$H, CH_2Cl_2, rt→

8 CAS号 1258937-19-7

8
CAS号1258937-19-7

K_2CO_3, MeOH, 78%

9
CAS号187235-06-9

HCl, H_2O, MeOH, rt, 87%

10
CAS号187235-08-1

10
CAS号 187235-08-1

11
CAS号 50824-05-0

NaH, DMF, rt, 80%

12
pertomanid
CAS号 187235-37-6

原始文献： CN 104177372, 2014.

参考文献

[1] Hussar D A, Chahine E B. Imipenem monohydrate/cilastatin sodium/relebactam monohydrate, pretomanid, and elexacaftor/tezacaftor/ivacaftor. J Am Pharm Assoc, 2020, 60(2):411-415.

[2] Aher R B, Sarkar D. Pharmacophore modeling of pretomanid (PA-824) derivatives for antitubercular potency against replicating and non-replicating Mycobacterium tuberculosis. J Biomol Struct Dyn, 2021, 39(3):889-900.

prucalopride（普芦卡必利）

药物基本信息

英文通用名	prucalopride
英文别名	R-108512; R 108512; R108512; R 093877; R-093877; R093877; R 93877; R-93877; R93877; resolor; resotran
中文通用名	普芦卡必利
商品名	Motegrity
CAS登记号	179474-85-2 (丁二酸盐), 179474-81-8 (游离碱), 179474-80-7 (盐酸盐)
FDA 批准日期	12/14/2018
FDA 批准的API	prucalopride succinate
化学名	4-amino-5-chloro-*N*-(1-(3-methoxypropyl)piperidin-4-yl)-2,3-dihydrobenzofuran-7-carboxamide succinate
SMILES代码	O=C(C1=C(OCC2)C2=C(N)C(Cl)=C1)NC3CCN(CCCOC)CC3.O=C(O)CCC(O)=O

化学结构和理论分析

化学结构	理论分析值
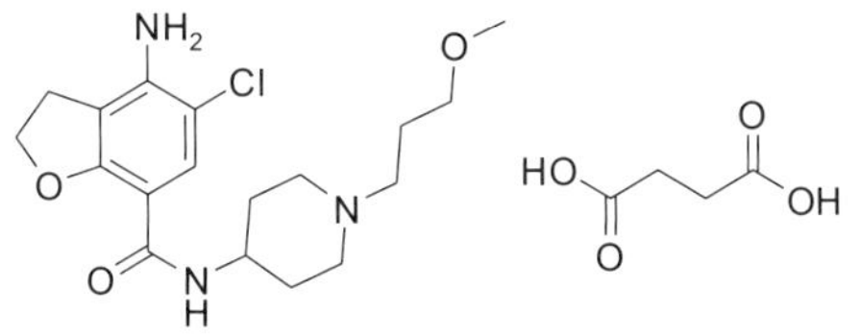	化学式：$C_{22}H_{32}ClN_3O_7$ 精确分子量：N/A 分子量：485.96 元素分析：C, 54.38; H, 6.64; Cl, 7.29; N, 8.65; O, 23.05

药品说明书参考网页

生产厂家产品说明书 、美国药品网、美国处方药网页。

药物简介

MOTEGRITY 是一种口服药物，其活性成分为 prucalopride succinate，是一种 5- 羟色胺 4 型（5-HT4）受体激动剂。 Prucalopride succinate 是白色至几乎白色的粉末。它可在酸性水性介质和碱性水性介质中高度溶解，pH ≈ 9。

每片 1mg 的 MOTEGRITY 薄膜包衣片剂均包含 1mg prucalopride（相当于 1.32mg prucalopride succinate）和以下非活性成分：胶体二氧化硅，一水乳糖，硬脂酸镁和微晶纤维素。1mg 片剂的涂层含有羟丙甲纤维素、乳糖一水合物、聚乙二醇 3000、二氧化钛和三乙酸甘油酯。

每片 2mg 的 MOTEGRITY 薄膜包衣片剂均含有 2mg prucalopride（相当于 2.64mg prucalopride succinate）和以下非活性成分：胶体二氧化硅，一水乳糖，硬脂酸镁和微晶纤维素。用于 2mg 片剂的包衣包含羟丙甲纤维素、乳糖一水合物、聚乙二醇 3000、二氧化钛、三乙酸甘油酯、红色氧化铁、黄色氧化铁和 FD & C 蓝色 # 2。

Motegrity 可用于治疗慢性特发性便秘。

Prucalopride 是一种选择性的 4 型 5- 羟色胺（5-HT4）受体激动剂，也是一种胃肠道（GI）运动剂，可刺激结肠蠕动（高振幅传播收缩 [HAPC]），从而增加肠蠕动。

研究表明，prucalopride 在体外其浓度超过 5-HT4 受体亲和力 150 倍或更高的时候，不会介导 5-HT2A、5-HT2B、5-HT3、胃动素或 CCK-A 受体发挥作用。 Prucalopride 可在分离自各种动物的胃肠道组织中促进乙酰胆碱的释放，并增加收缩幅度，刺激蠕动。

药品上市申报信息

该药物目前有 1 种产品上市。

药品注册申请号：210166
申请类型：NDA（新药申请）
申请人：SHIRE DEV LLC
申请人全名：SHIRE DEVELOPMENT LLC

产品信息

产品号	商品名	活性成分	剂型 / 给药途径	规格 / 剂量	参比药物 (RLD)	生物等效参考标准 (RS)	治疗等效代码
001	MOTEGRITY	prucalopride succinate	片剂 / 口服	等量 1mg 游离碱	是	否	否
002	MOTEGRITY	prucalopride succinate	片剂 / 口服	等量 2mg 游离碱	是	是	否

与本品相关的市场独占权保护信息

关联产品号	独占权代码	失效日期	备注
001	NCE	2023/12/14	
002	NCE	2023/12/14	

合成路线 1

以下合成路线来源于 Yuan 等人 2012 年发表的论文。目标化合物 **14** 以化合物 **1** 和化合物 **2** 为原料，经过 8 步合成反应而得。

1 CAS号 41661-47-6

2 CAS号 36865-41-5

K_2CO_3, MeCN; NH_3, H_2, Pd, MeOH, rt; HCl, EtOH, AcOEt, rt; K_2CO_3, MeOH, rt; 71%

3 CAS号 179474-79-4

4 CAS号 65-49-6

5 CAS号 67-56-1

H_2SO_4, MeOH, 冷却, rt; NaOH, H_2O, rt; 89%

6 CAS号 4136-97-4

6

7 CAS号 108-24-7

AcOH, H_2O; 94%

8 CAS号 4093-28-1

$SOCl_2$, CH_2Cl_2; $NaHCO_3$, H_2O; 63%

9 CAS号 24190-77-0

Br_2, H_2O, AcOH; 97% → **10**

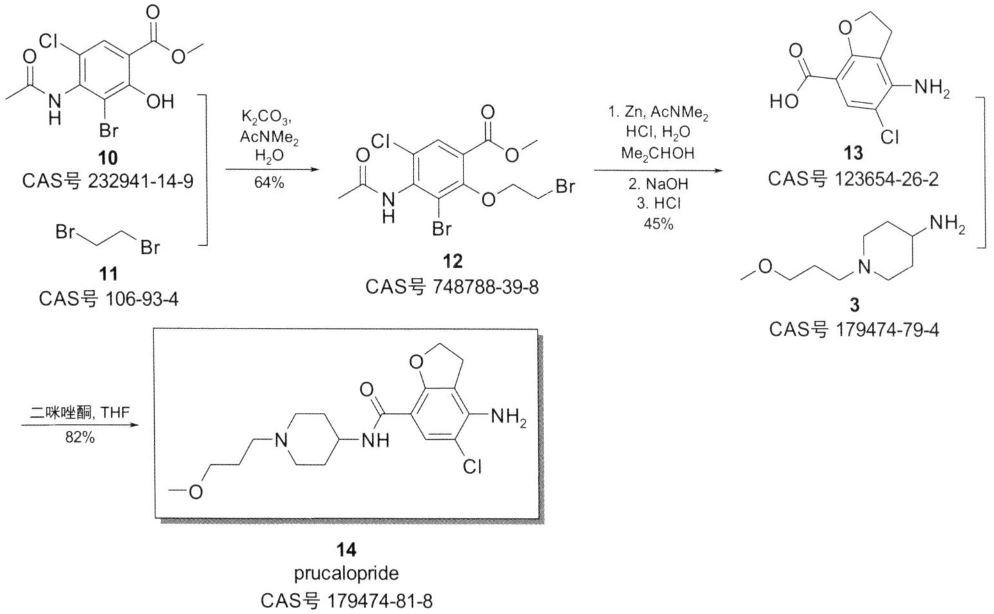

原始文献： Zhongguo Yiyao Gongye Zazhi, 2012, 43(1): 5-8.

合成路线 2

以下合成路线来源于 Jiangsu Institute of Engineering Technology 公司 Feng 等人 2018 年发表的专利申请书。目标化合物 **14** 以化合物 **1** 和化合物 **2** 为原料，经过 9 步合成反应而得。

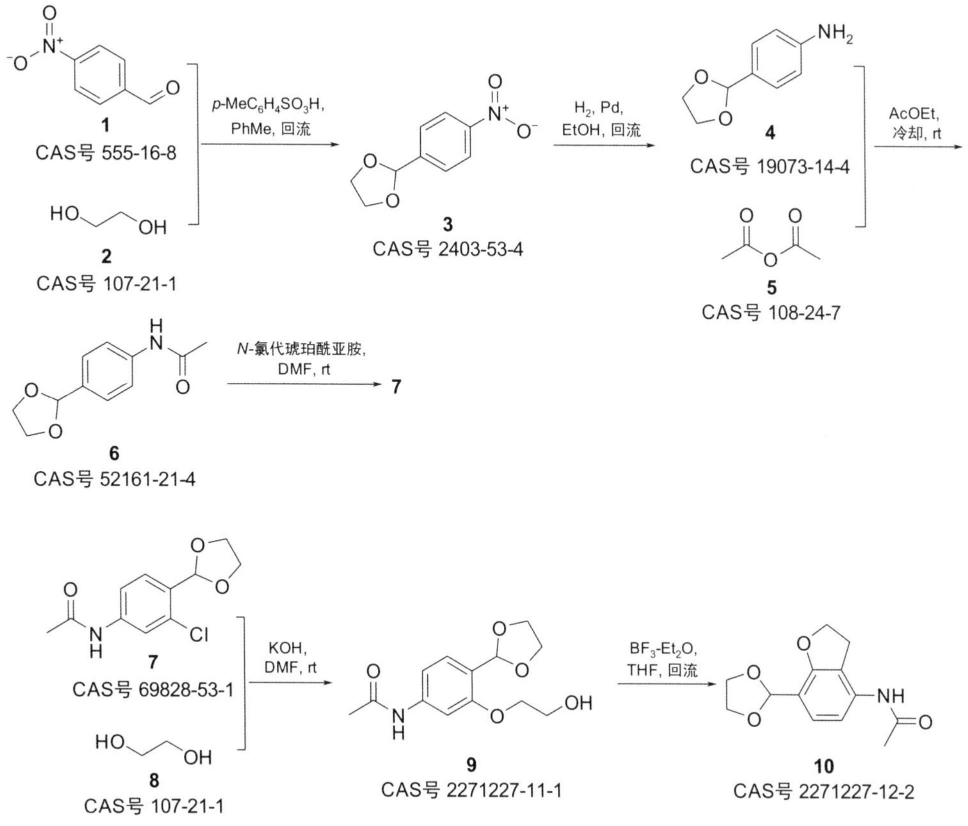

N-氯代琥珀酰亚胺, DMF, rt

11
CAS号 2271227-13-3

HCl, H_2O, MeOH, 回流

12
CAS号 2271227-14-4

13
CAS号 179474-79-4

t-BuOOH, $CaCO_3$, $CuSO_4$, MeCN,

14
prucalopride
CAS号 179474-81-8

原始文献： CN 108976216, 2018.

合成路线 3

以下合成路线来源于 Jiangsu Vcare Pharmatech 公司 Zhou 等人 2016 年发表的专利申请书。目标化合物 **9** 以化合物 **1** 和化合物 **2** 为原料，经过 5 步合成反应而得。

$SOCl_2$, rt
97%

1
CAS号 498-94-2

2
CAS号 64-17-5

3
CAS号 147636-76-8

4
CAS号 36865-41-5

K_2CO_3, MeOH, rt
76%

5
CAS号 1249604-45-2

NH_3, H_2O, rt
95%

6
CAS号 519147-89-8

1, 3-二溴-5, 5-二甲基乙内酰脲
KOH, H_2O, MeCN

7
CAS号 179474-79-4

8
CAS号 123654-26-2

二咪唑酮
THF, rt
85%

9
prucalopride
CAS号 179474-81-8

原始文献： CN 106146386, 2016.

合成路线 4

以下合成路线来源于 Zhiwei (Shanghai) Chemical 公司 Fu 等人 2013 年发表的专利申请书。目标化合物 **11** 以化合物 **1** 和化合物 **2** 为原料，经过 7 步合成反应而得。

1. K_2CO_3, DMF, rt
2. F_3CCO_2H, CH_2Cl_2, 回流

1 CAS号 73874-95-0
2 CAS号 36865-41-5
3 CAS号 179474-79-4
4 CAS号 110751-41-2

O_3, MeOH
$NaBH_4$
AcOH, 中性

5 CAS号 202664-85-5

C_5H_5N,
CH_2Cl_2, rt
→ **7**

6 CAS号 124-63-0

Et$_3$N,
AcOEt, 回流

N-氯代琥珀酰亚胺,
DMF, rt
H_2O

NaOH, H_2O,
MeOH,
回流
HCl, H_2O

7 CAS号 1429900-66-2
8 CAS号 149466-67-1
9 CAS号 143878-29-9
10 CAS号 123654-26-2

二咪唑酮,
THF, rt
THF, 回流
H_2O

10 CAS号 123654-26-2
3 CAS号 179474-79-4

11
prucalopride
CAS号 179474-81-8

原始文献： CN 103012337, 2013.

参考文献

[1] Park S W, Shin S P, Hong J T. Efficacy and tolerability of prucalopride in bowel preparation for colonoscopy: a systematic review and meta-analysis. Adv Ther, 2020, 37(5):2507-2519.

[2] Carbone F, Van den Houte K, Goelen N, et al. Mechanism underlying symptom benefit with prucalopride in gastroparesis. Am J Gastroenterol, 2019, 114(12):1920-1921.

relebactam（瑞来巴坦）

药物基本信息

英文通用名	relebactam
英文别名	MK-7655; MK 7655; MK7655
中文通用名	瑞来巴坦
商品名	Recarbrio
CAS登记号	1174020-13-3 (水合物), 1174018-99-5 (游离酸), 1502858-91-4 (钠盐)
FDA 批准日期	7/16/2019
FDA 批准的API	relebactam hydrate
化学名	(1*R*,2*S*,5*R*)-7-oxo-2-(piperidin-4-ylcarbamoyl)-1,6-diazabicyclo[3.2.1]octan-6-yl hydrogen sulfate
SMILES代码	O=C(C(N12)=C(SCC/N=C/N)C[C@]2([H])[C@@H]([C@H](O)C)C1=O)O.[H]O[H]

化学结构和理论分析

化学结构	理论分析值
	化学式：$C_{12}H_{20}N_4O_6S$ 精确分子量：348.1104 分子量：348.37 元素分析：41.37; H, 5.79; N, 16.08; O, 27.55; S, 9.20

药品说明书参考网页

生产厂家产品说明书、美国药品网、美国处方药网页。

药物简介

注射用 RECARBRIO 是一种抗菌药组合的静脉给药产品。其活性成分是：imipenem hydrate（一种碳青霉烯抗菌药），cilastatin sodium（一种肾脱氢肽酶抑制剂）和 relebactam hydrate（一种二氮杂双环辛烷 β- 内酰胺酶抑制剂）。

Imipenem hydrate 是一种 β- 内酰胺抗菌药物，外观呈灰白色，是一种不吸湿的结晶化合物，微溶于水。Cilastatin sodium 是一种灰白色至白色的吸湿性无定形化合物，非常易溶于水。Relebactam hydrate 是一种 β- 内酰胺酶抑制剂，它是结晶的一水合物，是一种白色至类白色粉末，可溶于水。

RECARBRIO 以白色至浅黄色无菌粉末的形式提供，可装在单剂量小瓶中，该小瓶包含 500mg imipenem（相当于 530mg Imipenem hydrate），500mg cilastatin（相当于 531mg cilastatin sodium）和 250mg Relebactam（相当于 263mg relebactam hydrate）。每瓶 RECARBRIO 均用 20mg 碳酸氢钠缓冲，以提供 pH 值为 6.5 至 7.6 的溶液。小瓶中混合物的总钠含量为 37.5mg（1.6mEq）。

RECARBRIO 的外观可以从无色到黄色。在此范围内的颜色变化不会影响产品的效力。

RECARBRIO 适用于：① 18 岁以上的患者，他们的替代疗法选择有限或没有替代疗法，用于治疗由以下易感的革兰氏阴性微生物引起的复杂的尿路感染（cUTI），包括肾盂肾炎：泄殖腔肠杆菌，大肠埃希氏菌，产气克雷伯菌，肺炎克雷伯菌和铜绿假单胞菌。该适应证的批准是基于 RECARBRIO 的有限临床安全性和有效性数据。② 18 岁及以上的患者，这些患者对由以下易感的革兰氏阴性微生物引起的复杂腹腔内感染（cIAI）的治疗选择有限或没有其他治疗选择：拟杆菌，脆弱拟杆菌，卵形拟杆菌，stercoides stercoris，bacteroides thetaiotaomicron，unique bacteroides unidis，Vulgatus vulgatus，弗氏柠檬酸杆菌，阴沟肠杆菌，大肠埃希氏菌，核梭菌，产氧假单胞菌，副产细菌假单胞菌，肺炎双歧杆菌，肺炎球菌。

RECARBRIO 是含有 3 种抗菌药的组合药物。Imipenem 是一种碳青霉烯抗菌药，cilastatin 是一种肾脏脱氢肽酶抑制剂，而 relebactam 是一种 β- 内酰胺酶抑制剂。Cilastatin 的主要作用是限制 imipenem 的肾脏代谢，其本身并不具有抗菌活性。Imipenem 的杀菌活性来自肠杆菌科细菌和铜绿假单胞菌中 PBP 2 和 PBP 1B 的结合以及随后对青霉素结合蛋白（PBPs）的抑制。PBP 的抑制导致细菌细胞壁合成的破坏。Imipenem 在某些 β- 内酰胺酶存在下稳定。Relebactam 没有固有的抗菌活性。Relebactam 可保护亚胺培南免受某些丝氨酸 β- 内酰胺酶的降解，例如巯基 β- 内酰胺酶（SHV）、Temoneira（TEM）、头孢噻肟酶（CTX-M）、阴沟肠杆菌 P99（P99）、假单胞菌衍生的头孢菌素酶（PDC）和克雷伯菌 肺炎碳青霉烯酶（KPC）。

药品上市申报信息

该药物目前有 1 种产品上市。

药品注册申请号：212819
申请类型：NDA（新药申请）
申请人：MSD MERCK CO
申请人全名：MERCK SHARP AND DOHME CORP A SUB OF MERCK AND CO INC

产品信息

产品号	商品名	活性成分	剂型 / 给药途径	规格 / 剂量	参比药物 (RLD)
001	RECARBRIO	cilastatin sodium; imipenem; relebactam	粉末剂 / 静脉注射	等量 500mg 游离碱 / 瓶；500mg/ 瓶；250mg/ 瓶	是

与本品相关的专利信息（来自 FDA 橙皮书 Orange Book）

关联产品号	专利号	专利过期日	是否物质专利	是否产品专利	专利用途代码	撤销请求	提交日期
001	8487093	2029/11/19	是	是	U-2587 U-2586		2019/08/13

合成路线 1

以下合成路线来源于 Merck 公司 Mangion 等人 2011 年发表的论文。目标化合物 **16** 以化合物 **1** 和化合物 **2** 为原料，经过 8 步合成反应而得。该合成路线中，值得注意的合成反应有：①化合物 **5** 在强碱性条件下，其中的一个甲基变成碳负离子，亲核加成到化合物 **4** 内酰胺的羰基，同时发生开环反应，得到相应的化合物 **6**。②化合物 **6** 分子中的一个 NH 基团在催化剂作用下，亲核取代分子中的三甲基硫烷基团，同时发生分子内成环反应，得到相应的环酮化合物，后者经 $LiBH_4$ 还原后，得到相应的醇类化合物 **7**。③化合物 **10** 分子中的 NH 基团在强碱性条件下，与化合物 **9** 发生亲核取代反应，分子中的三氟甲基苯磺酸酯离去，得到相应的化合物 **12**。④化合物 **12** 与化合物 **13** 反应，得到相应的分子内环合产物 **14**。

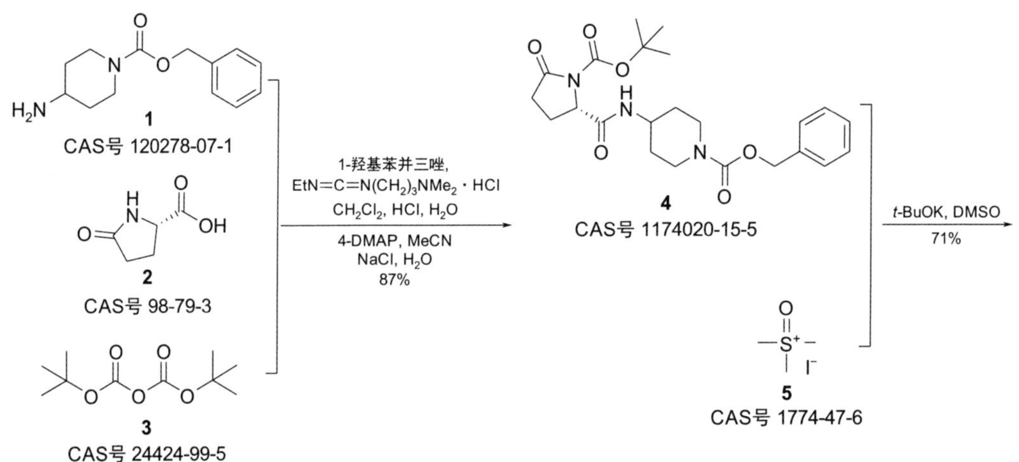

6
CAS号 1174020-16-6

[Ir(cod)Cl]$_2$, PhMe
MeOH
LiBH$_4$, THF, PhMe
NaHCO$_3$, PrOH, H$_2$O, rt
67%

6 → **7**

CAS号 1174020-17-7

8

CAS号 2991-42-6

Et$_3$N, 4-DMAP,
CH$_2$Cl$_2$, rt
96%

9

CAS号 1174020-18-8

10

CAS号 79722-21-7

11

CAS号 104-15-4

t-BuOK, AcNMe$_2$
NaOH,
H$_2$O, CH$_2$Cl$_2$
53%

→ **12**

12

CAS号 1174020-20-2

13

CAS号 32315-10-9

NaHCO$_3$, H$_2$O,
CH$_2$Cl$_2$
EtN(Pr-*i*)$_2$,
CH$_2$Cl$_2$, rt
H$_3$PO$_4$, H$_2$O
87%

14

CAS号 1174020-21-3

3

CAS号 24424-99-5

H$_2$,
Pd(OH)$_2$,
THF
82%

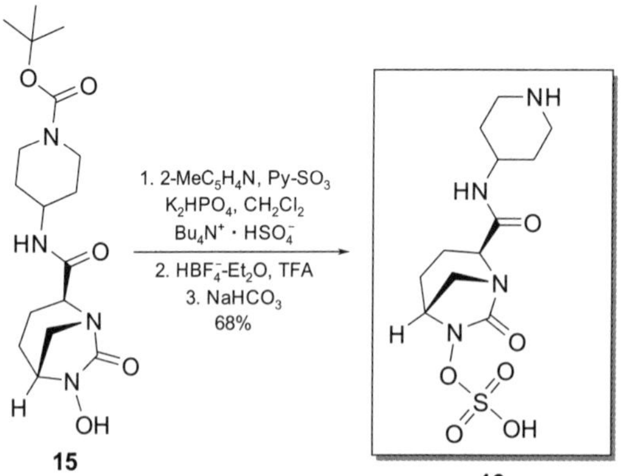

1. 2-MeC_5H_4N, Py-SO_3
K_2HPO_4, CH_2Cl_2
$Bu_4N^+ \cdot HSO_4^-$
2. HBF_4^--Et_2O, TFA
3. $NaHCO_3$
68%

15
CAS号 1174020-64-4

16
relebactam
CAS号 1174018-99-5

原始文献： Organic Letters, 2011, 13(20):5480-5483.

合成路线 2

以下合成路线来源于 Merck Research Laboratories 公司 Liu 等人 2014 年发表的论文。目标化合物 **4** 以化合物 **1** 和化合物 **2** 为原料，经过 2 步合成反应而得。

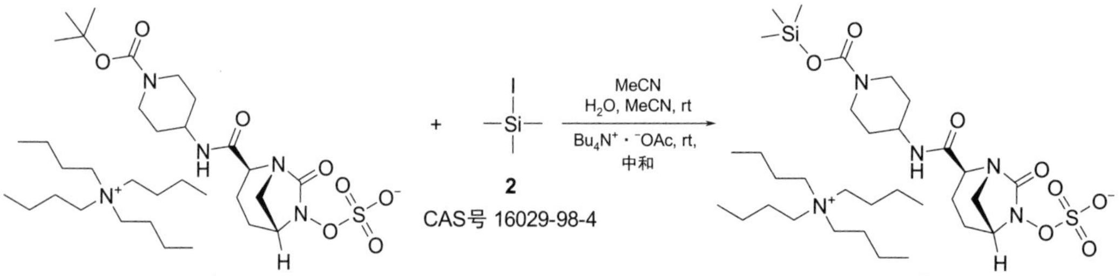

MeCN
H_2O, MeCN, rt
$Bu_4N^+ \cdot {}^-OAc$, rt,
中和

1
CAS号 1174020-24-6

2
CAS号 16029-98-4

3
CAS号 1638147-82-6

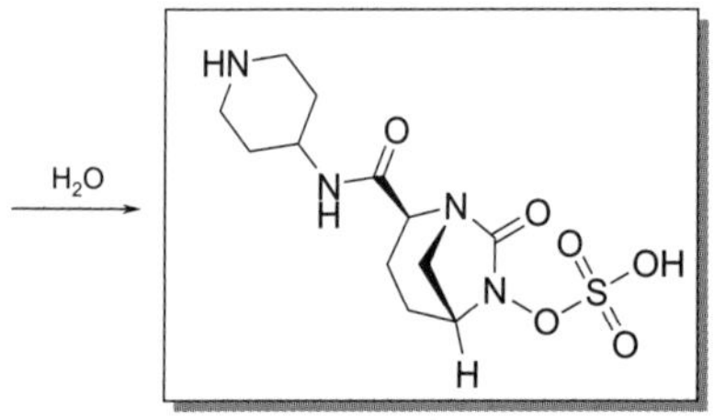

H_2O

4
relebactam
CAS号 1174018-99-5

原始文献： J Org Chem, 2014, 79(23): 11792-11796.

合成路线 3

以下合成路线来源于 Wockhardt 公司 Wankhede 等人 2018 年发表的专利申请书。目标化合物 **6** 以化合物 **1** 和化合物 **2** 为原料，经过 4 步合成反应而得。

1-羟基苯并三唑, $EtN{=}C{=}N(CH_2)_3NMe_2 \cdot HCl$, H_2O, 74%

1
CAS号 1627163-98-7

2
CAS号 87120-72-7

3
CAS号 1174020-63-3

H_2, Pd, MeOH

4
CAS号 1174020-64-4

4
CAS号 1174020-64-4

$Py\text{-}SO_3$(1 : 1), Et_3N, CH_2Cl_2, KH_2PO_4, H_2O, $Bu_4N^+ \cdot HSO_4^-$, 62%

5
CAS号 1174020-65-5

F_3CCO_2H, CH_2Cl_2

6
relebactam
CAS号 1174018-99-5

原始文献： IN 296654, 2018.

合成路线 4

以下合成路线来源于 Arixa Pharmaceuticals 公司 Gordon 等人 2018 年发表的专利申请书。目标化合物 **9** 以化合物 **1** 和化合物 **2** 为原料，经过 5 步合成反应而得。

EtN(Pr-*i*)$_2$, HATU, DMF, rt, 62%

1
CAS号 1174020-25-7

2
CAS号 87120-72-7

H_2, Pd, MeOH, rt, 100% → **4**

3
CAS号 2245880-85-5

4
CAS号 1174020-64-4

5
CAS号 121-44-8

Py-SO_3(1：1), CH_2Cl_2, 过夜, KH_2PO_4, H_2O, 80%

6
CAS号 2377912-40-6

7
CAS号 32503-27-8

K_2HPO_4, H_2O, CH_2Cl_2, 49%

8
CAS号 1174020-24-6

F_3CCO_2H, CH_2Cl_2, 82%

9
relebactam
CAS号 1174018-99-5

原始文献： US 10085999, 2018.

合成路线 5

以下合成路线来源于 Merck Sharp & Dohme Corp. 公司 Miller 等人 2014 年发表的专利申请书。目标化合物 **16** 以化合物 **1** 和化合物 **2** 为原料，经过 10 步合成反应而得。

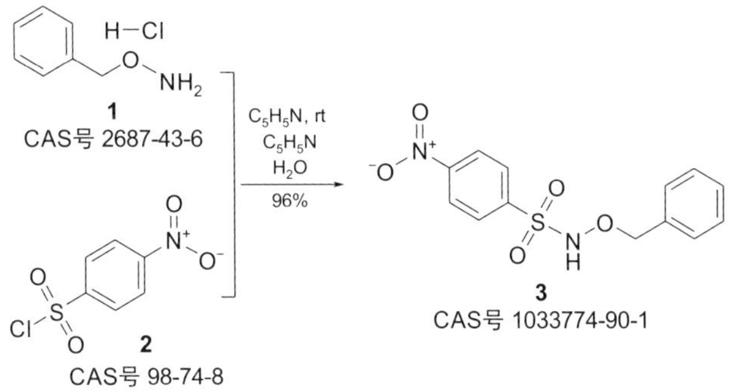

H—Cl
1
CAS号 2687-43-6

2
CAS号 98-74-8

C_5H_5N, rt
C_5H_5N
H_2O
96%

3
CAS号 1033774-90-1

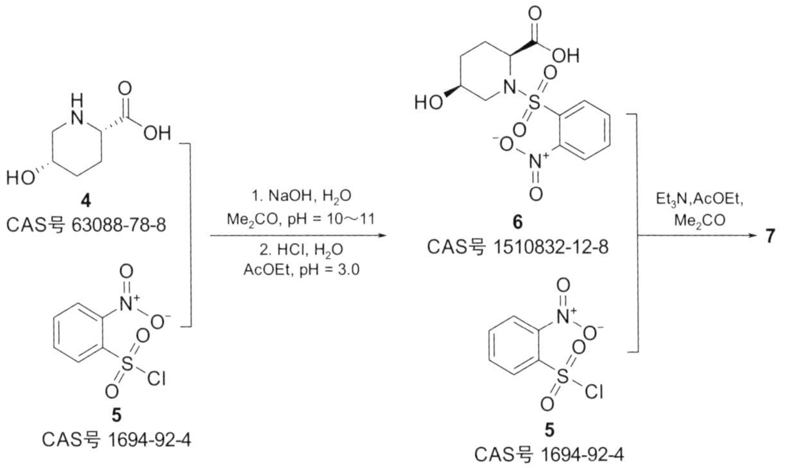

4
CAS号 63088-78-8

5
CAS号 1694-92-4

1. NaOH, H_2O
Me_2CO, pH = 10～11
2. HCl, H_2O
AcOEt, pH = 3.0

6
CAS号 1510832-12-8

5
CAS号 1694-92-4

Et_3N,AcOEt,
Me_2CO
→ **7**

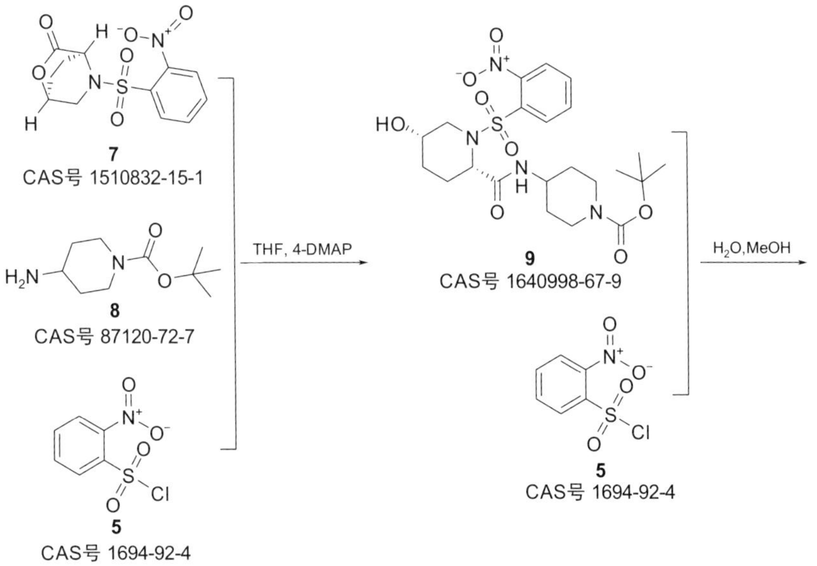

7
CAS号 1510832-15-1

8
CAS号 87120-72-7

5
CAS号 1694-92-4

THF, 4-DMAP

9
CAS号 1640998-67-9

5
CAS号 1694-92-4

H_2O,MeOH

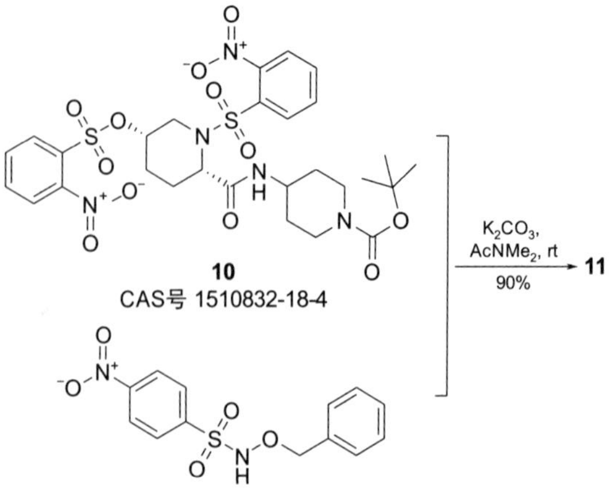

K_2CO_3, $AcNMe_2$, rt, 90%

10 CAS号 1510832-18-4

3 CAS号 1033774-90-1

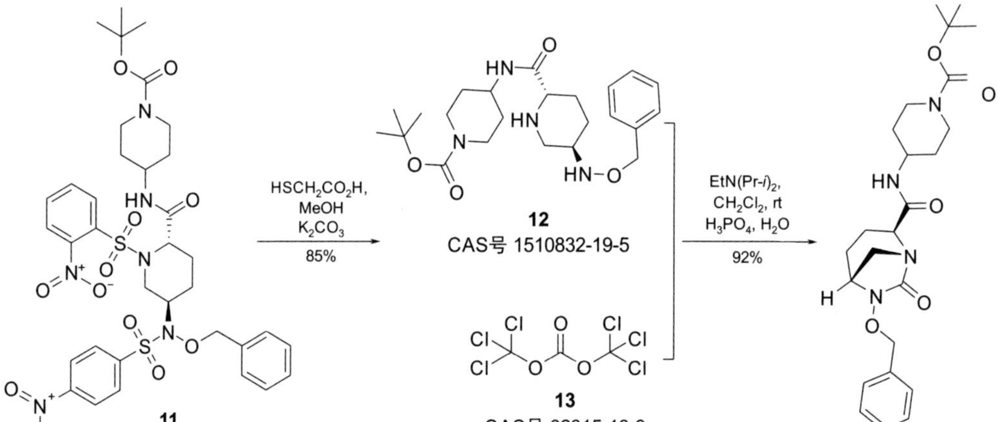

→ **11**

$HSCH_2CO_2H$, MeOH, K_2CO_3, 85%

11 CAS号 1510832-11-7

12 CAS号 1510832-19-5

13 CAS号 32315-10-9

$EtN(Pr\text{-}i)_2$, CH_2Cl_2, rt, H_3PO_4, H_2O, 92%

14 CAS号 1174020-63-3

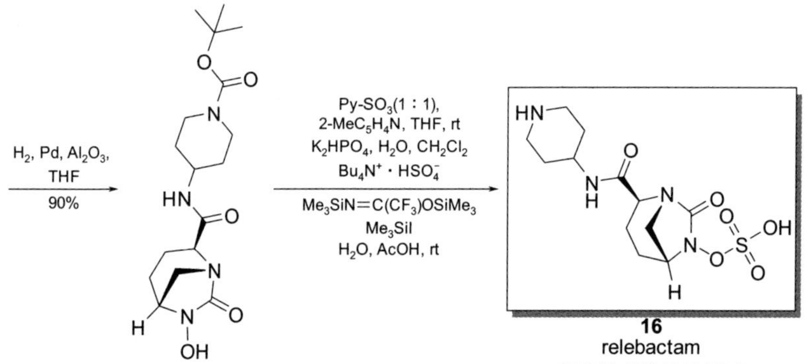

H_2, Pd, Al_2O_3, THF, 90%

15 CAS号 1174020-64-4

Py-SO_3(1∶1), 2-MeC_5H_4N, THF, rt, K_2HPO_4, H_2O, CH_2Cl_2, $Bu_4N^+ \cdot HSO_4^-$; $Me_3SiN{=}C(CF_3)OSiMe_3$, Me_3SiI, H_2O, AcOH, rt

16 relebactam CAS号 1174018-99-5

原始文献： WO 2014200786, 2014.

参考文献

[1] Thakare R, Dasgupta A, Chopra S. Imipenem/cilastatin sodium/relebactam fixed combination to treat urinary infections and complicated

intra-abdominal bacterial infections. Drugs Today (Barc), 2020, 56(4):241-255.

[2] Boundy K, Liu Y, Bhagunde P, et al. Thorough QTc study of a single supratherapeutic dose of relebactam in healthy participants. Clin Pharmacol Drug Dev, 2020, 9(4):466-475.

瑞来巴坦核磁谱图

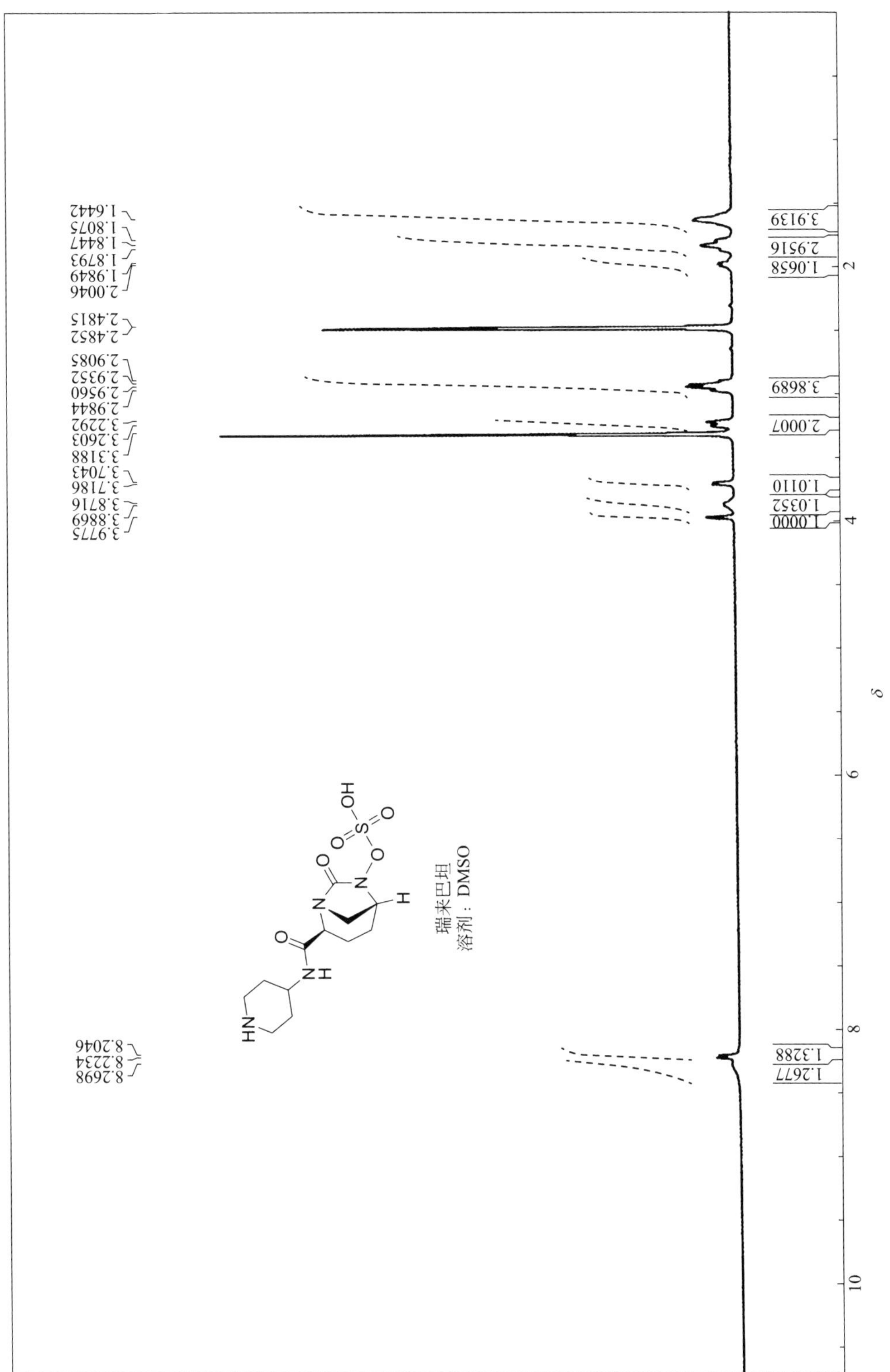

revefenacin（瑞芬新霉素）

药物基本信息

英文通用名	revefenacin
英文别名	TD-4208; TD 4208; TD4208; GSK-1160724; GSK1160724; GSK 1160724
中文通用名	瑞芬新霉素
商品名	Yupelri
CAS登记号	864750-70-9 (游离碱), 864751-51-9 (磷酸盐), 864751-53-1 (硫酸盐), 864751-55-3 (草酸盐)
FDA 批准日期	11/9/2018
FDA 批准的API	revefenacin
化学名	1-(2-(4-((4-Carbamoylpiperidin-1-yl)methyl)-*N*-methylbenzamido)ethyl)piperidin-4-yl-*N*-((1,1'-biphenyl)-2-yl)carbamate
SMILES代码	O=C(OC1CCN(CCN(C)C(C2=CC=C(CN3CCC(C(N)=O)CC3)C=C2)=O)CC1)NC4=CC=CC=C4C5=CC=CC=C5

化学结构和理论分析

化学结构	理论分析值
	化学式：$C_{35}H_{43}N_5O_4$ 精确分子量：597.3315 分子量：597.76 元素分析：C, 70.33; H, 7.25; N, 11.72; O, 10.71

药品说明书参考网页

生产厂家产品说明书、美国药品网、美国处方药网页。

药物简介

YUPELRI 的活性成分是 revefenacin，是一种无菌的、透明的、无色的溶液。 Revefenacin 是一种抗胆碱能药。 Revefenacin 外观为白色至类白色结晶性粉末，微溶于水。

YUPELRI 药品每瓶体积为 3mL，包装在箔袋中的单位剂量低密度聚乙烯小瓶中。每个 3mL 等渗、无菌溶液中均含有 175μg revefenacin，该水溶液含有氯化钠、柠檬酸、柠檬酸钠和注射用水（pH=5.0）。

YUPELRI 在通过雾化给药之前不需要稀释。像所有其他雾化治疗一样，输送到肺部的量将取决于患者因素、使用的雾化系统和压缩机性能。

在体外条件下，使用连接到 PARITrek®S 压缩机的 PARILC®Sprint 雾化器，可从吸嘴传送的平均剂量约为 62μg（标签要求的 35%），平均流速为 4L/min。平均雾化时间为 8min。YUPELRI 只能通过连接到空气压缩机的标准射流雾化器进行给药，该空气喷射器应有足够的空气流量并配有烟嘴。

YUPELRI 吸入溶液可用于慢性阻塞性肺疾病（COPD）患者的维持治疗。

Revefenacin 是一种长效毒蕈碱拮抗剂，通常被称为抗胆碱能药。它与毒蕈碱受体 M1 至 M5 的亚型具有相似的亲和力。在气道中，它通过抑制平滑肌 M3 受体导致支气管扩张而表现出药理作用。在临床前的体外和体内模型研究中，Revefenacin 可以通过剂量依赖性方式预防乙酰甲胆碱和乙酰胆碱引起的支气管收缩作用，持续时间可超过 24h。

药品上市申报信息

该药物目前有 1 种产品上市。

药品注册申请号: 210598
申请类型: NDA (新药申请)
申请人: MYLAN IRELAND LTD
申请人全名: MYLAN IRELAND LTD

产品信息

产品号	商品名	活性成分	剂型 / 给药途径	规格 / 剂量	参比药物 (RLD)	生物等效参考标准 (RS)	治疗等效代码
001	YUPELRI	revefenacin	液体 / 吸入	175μg/3mL	是	是	否

与本品相关的专利信息（来自 FDA 橙皮书 Orange Book）

关联产品号	专利号	专利过期日	是否物质专利	是否产品专利	专利用途代码	撤销请求	提交日期
001	10106503	2025/03/10			U-2440		2018/11/20
	10343995	2025/03/10			U-2440		2019/07/15
	7288657	2025/12/23	是				2018/11/20
	7491736	2025/03/10			U-2440		2018/11/20
	7521041	2025/03/10			U-2440		2018/11/20
	7550595	2025/03/10		是			2018/11/20
	7585879	2025/03/10	是	是	U-2440		2018/11/20
	7910608	2025/03/10	是	是			2018/11/20
	8034946	2025/03/10		是			2018/11/20
	8053448	2025/03/10			U-2440		2018/11/20
	8273894	2025/03/10		是			2018/11/20
	8541451	2031/08/25	是				2019/05/31
	9765028	2030/07/14	是				2019/05/31

与本品相关的市场独占权保护信息

关联产品号	独占权代码	失效日期	备注
001	NCE	2023/11/09	

合成路线 1

以下合成路线来源于 Theravance 公司 Colson 等人 2012 年发表的专利申请书。目标化合物 **13** 以化合物 **1** 和化合物 **2** 为原料，经过 7 步合成反应而得。

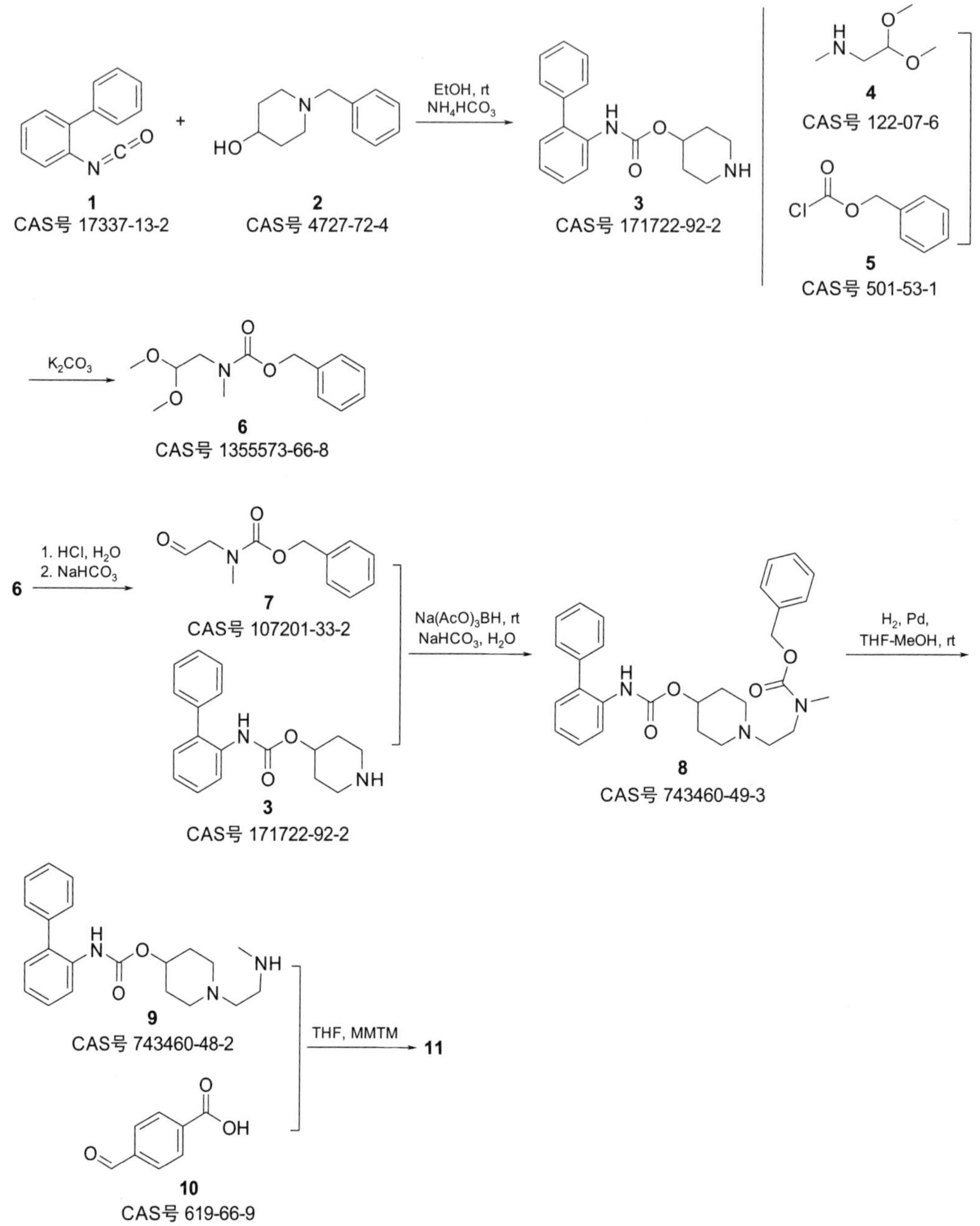

1 CAS号 17337-13-2 + **2** CAS号 4727-72-4 —EtOH, rt, NH_4HCO_3→ **3** CAS号 171722-92-2

4 CAS号 122-07-6

5 CAS号 501-53-1

—K_2CO_3→ **6** CAS号 1355573-66-8

6 —1. HCl, H_2O 2. $NaHCO_3$→ **7** CAS号 107201-33-2

7 + **3** CAS号 171722-92-2 —$Na(AcO)_3BH$, rt, $NaHCO_3$, H_2O→ **8** CAS号 743460-49-3 —H_2, Pd, THF-MeOH, rt→

9 CAS号 743460-48-2

10 CAS号 619-66-9

—THF, MMTM→ **11**

11
CAS号 864760-28-1

+

12
CAS号 39546-32-2

Me_2CHOH, 回流
Na_2SO_4, Me_2CHOH, rt
AcOH, rt
$Na^+ \cdot (AcO)_3BH^-$

13
revefenacin
CAS号 864750-70-9

原始文献： WO 2012009166, 2012.

合成路线 2

以下合成路线来源于 Theravance 公司 Axt 等人 2006 年发表的专利申请书。目标化合物 **10** 以化合物 **1** 和化合物 **2** 为原料，经过 5 步合成反应而得。

1
CAS号 17337-13-2

+

2
CAS号 4727-72-4

HCl, H_2O, EtOH, rt
$NH_4^+ \cdot HCO_2^-$, rt
Pd, H_2O
NaOH, H_2O
100%

3
CAS号 171722-92-2

+

4
CAS号 101-98-4

$EtN(Pr\text{-}i)_2$, CH_2Cl_2, DMSO, rt
Py-SO_3(1∶1)
H_2O
$Na^+ \cdot (AcO)_3BH^-$, CH_2Cl_2, rt
HCl, S:H_2O
92%
→ 5

5
CAS号 864686-28-2

H_2, AcOH, Pd,
H_2O, EtOH, rt
70%

6
CAS号 743460-48-2

+

7
CAS号 619-66-9

$EtN{=}C{=}N(CH_2)_3NMe_2$,
1-羟基苯并三唑, CH_2Cl_2, rt
92%
→ 8

AcOH, Na_2SO_4, Me_2CHOH, rt
Me_2CHOH, rt
$Na^+ \cdot (AcO)_3BH^-$, rt
HCl, H_2O, rt
NaOH, H_2O
80%

8
CAS号 864760-28-1

9
CAS号 39546-32-2

10
revefenacin
CAS号 864750-70-9

原始文献： WO 2006099165, 2006.

参考文献

[1] Siler T M, moran E J, Barnes C N, et al. Safety and efficacy of revefenacin and formoterol in sequence and combination via a standard jet nebulizer in patients with chronic obstructive pulmonary disease: a phase 3b, randomized, 42-day study. Chronic Obstr Pulm Dis, 2020, 7(2):99-106.

[2] Antoniu S A, Rajnoveanu R, Ulmeanu R, et al. Evaluating revefenacin as a therapeutic option for chronic obstructive pulmonary disease[J]. Expert Opin Pharmacother, 2020: 1-8.

ribociclib（瑞博西林）

药物基本信息

英文通用名	ribociclib
英文别名	LEE011-BBA; LEE011 succinate; LEE011; LEE-011; LEE 011; LEE011A; LEE-011A; LEE 011A
中文通用名	瑞博西林
商品名	Kisqali
CAS登记号	1211441-98-3 (游离碱), 1211443-80-9 (盐酸盐), 1374639-75-4 (琥珀酸盐)
FDA 批准日期	3/13/2017
FDA 批准的API	ribociclib succinate
化学名	7-cyclopentyl-*N*,*N*-dimethyl-2-((5-(piperazin-1-yl)pyridin-2-yl)amino)-7*H*-pyrrolo[2,3-d]pyrimidine-6-carboxamide succinate
SMILES代码	O=C(C1=CC2=CN=C(NC3=NC=C(N4CCNCC4)C=C3)N=C2N1C5CCCC5)N(C)C.O=C(O)CCC(O)=O

化学结构和理论分析

化学结构	理论分析值
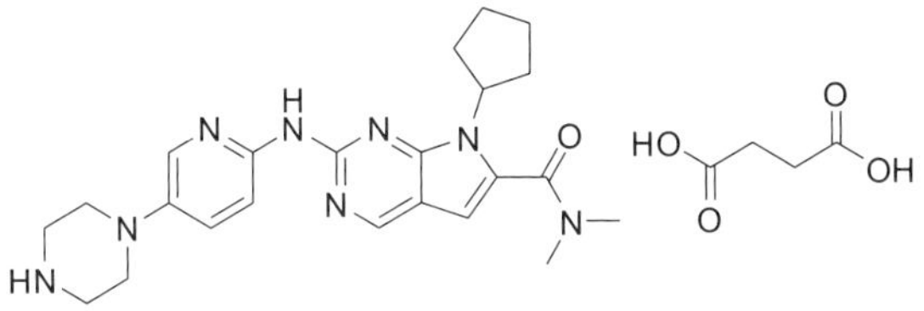 [chemical structure]	化学式：$C_{27}H_{36}N_8O_5$ 精确分子量：N/A 分子量：552.64 元素分析：C, 58.68; H, 6.57; N, 20.28; O, 14.48

药品说明书参考网页

生产厂家产品说明书、美国药品网、美国处方药网页。

药物简介

KISQALI 的活性成分是 ribociclib succinate, 属于一种激酶抑制剂。Ribociclib succinate 是淡黄色至黄褐色的结晶性粉末。

KISQALI 薄膜包衣片剂可口服使用，每片含有 200mg ribociclib（相当于 254.40mg ribociclib succinate）。该片剂还包含胶体二氧化硅、交聚维酮、羟丙基纤维素、硬脂酸镁和微晶纤维素。薄膜包衣包含氧化铁黑、氧化铁红、卵磷脂（大豆）、聚乙烯醇（部分水解）、滑石，二氧化钛和黄原胶作为非活性成分。

KISQALI 适应于以下各项结合使用：①与一种芳香酶抑制剂合用，用于治疗绝经前 / 绝经前或绝经后妇女，以激素受体（HR）阳性，人表皮生长因子受体 2（HER2）阴性的晚期或转移性乳腺癌，作为基于内分泌的初始治疗；②与 fulvestrant 联合使用，用于治疗 HR 阳性，HER2 阴性的晚期或转移性乳腺癌的绝经后妇女，既可作为初始内分泌治疗药物，也可在疾病进展后进行内分泌治疗。

Ribociclib 是一种细胞周期蛋白依赖性激酶（CDK）4 和 6 的抑制剂。这些激酶在与 Dcyclins 结合后被激活，并在导致细胞周期进程和细胞增殖的信号传导途径中起关键作用。细胞周期蛋白 D-CDK4 / 6 复合物通过视网膜母细胞瘤蛋白（pRb）的磷酸化调节细胞周期进程。

在体外，ribociclib 可减少 pRb 磷酸化，导致其停滞在细胞周期的 G1 期，并减少乳腺癌细胞系中的细胞增殖。在体内，在具有人类肿瘤细胞的大鼠异种移植模型中用单一药物 ribociclib 治疗可导致肿瘤体积减小，这与抑制 pRb 磷酸化有关。在使用源自患者的雌激素受体阳性乳腺癌异种移植模型的研究中，与单独使用每种药物相比，ribociclib 联合利妥昔单抗和抗雌激素（例如来曲唑）的组合导致肿瘤生长抑制作用增加。另外，在雌激素受体阳性的乳腺癌异种移植模型中，ribociclib 和氟维司群的组合导致肿瘤生长受到抑制。

药品上市申报信息

该药物目前有 2 种产品上市。

药品注册申请号：209092
申请类型：NDA（新药申请）
申请人：NOVARTIS

申请人全名：NOVARTIS PHARMACEUTICALS CORP

产品信息

产品号	商品名	活性成分	剂型 / 给药途径	规格 / 剂量	参比药物 (RLD)	生物等效参考标准 (RS)	治疗等效代码
001	KISQALI	ribociclib succinate	片剂 / 口服	等量 200mg 游离碱	是	是	否

与本品相关的专利信息（来自 FDA 橙皮书 Orange Book）

关联产品号	专利号	专利过期日	是否物质专利	是否产品专利	专利用途代码	撤销请求	提交日期
001	8324225	2028/06/17	是	是			2017/04/03
	8415355	2031/02/19	是	是			2017/04/03
	8685980	2030/05/25	是	是			2017/04/03
	8962630	2029/12/09			U-1981 U-2356 U-2355		2017/04/03
	9193732	2031/11/09	是	是			2017/04/03
	9416136	2029/08/20			U-2355 U-2356 U-1981		2017/04/03
	9868739	2031/11/09			U-1981 U-2355 U-2356		2018/06/05

与本品相关的市场独占权保护信息

关联产品号	独占权代码	失效日期	备注
001	NCE	2022/03/13	
	I-784	2021/07/18	
	I-783	2021/07/18	

药品注册申请号：209935
申请类型：NDA（新药申请）
申请人：NOVARTIS
申请人全名：NOVARTIS PHARMACEUTICALS CORP

产品信息

产品号	商品名	活性成分	剂型 / 给药途径	规格 / 剂量	参比药物 (RLD)	生物等效参考标准 (RS)	治疗等效代码
001	KISQALI FEMARA CO-PACK (COPACKAGED)	letrozole; ribociclib succinate	片剂 / 口服	2.5mg,N/A; N/A, 等量 200mg 游离碱	是	是	否

与本品相关的专利信息（来自 FDA 橙皮书 Orange Book）

关联产品号	专利号	专利过期日	是否物质专利	是否产品专利	专利用途代码	撤销请求	提交日期
001	8324225	2028/06/17	是	是			2017/05/19
	8415355	2031/02/19	是	是			2017/05/19
	8685980	2030/05/25	是	是			2017/05/19
	8962630	2029/12/09			U-2505		2017/05/19
	9193732	2031/11/09	是	是			2017/05/19
	9416136	2029/08/20			U-2505		2017/05/19
	9868739	2031/11/09			U-2505		2018/06/05

与本品相关的市场独占权保护信息

关联产品号	独占权代码	失效日期	备注
001	NCE	2022/03/13	

合成路线 1

以下合成路线来源于 Dr. Reddy's Laboratories 公司 Reddy 等人 2018 年发表的专利申请书。目标化合物 **7** 以化合物 **1** 为原料，经过 4 步合成反应而得。

1 CAS号 1374639-76-5 —(Bu_4NF, THF)→ 2 CAS号 1374639-77-6

2 + 3 CAS号 571188-59-5 —($Pd(OAc)_2$, *i*-BuC(=O)Me, rac-BINAP, Cs_2CO_3)→ 4 CAS号 2209917-78-0

4 + 5 CAS号 124-40-3 —(NaCN, DMF, THF, MnO_2)→ 6 CAS号 1374639-78-7

6 —(HCl, H_2O, PhMe, 15℃; 70min, 25～30℃; NaOH, H_2O, 1h, 15～20℃, pH = 12～12.5)→

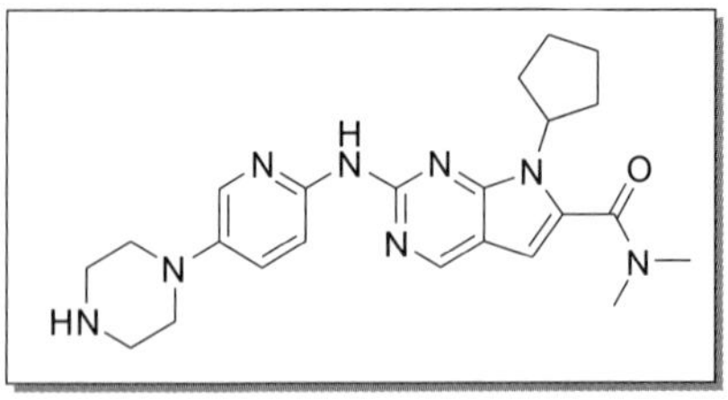

7
ribociclib
CAS号 1211441-98-3

原始文献： WO 2018051280, 2018.

合成路线 2

以下合成路线来源于 Suzhou Miracpharma Technology 公司 Xu 等人 2016 年发表的专利申请书。目标化合物 **10** 以化合物 **1** 为原料，经过 5 步合成反应而得。

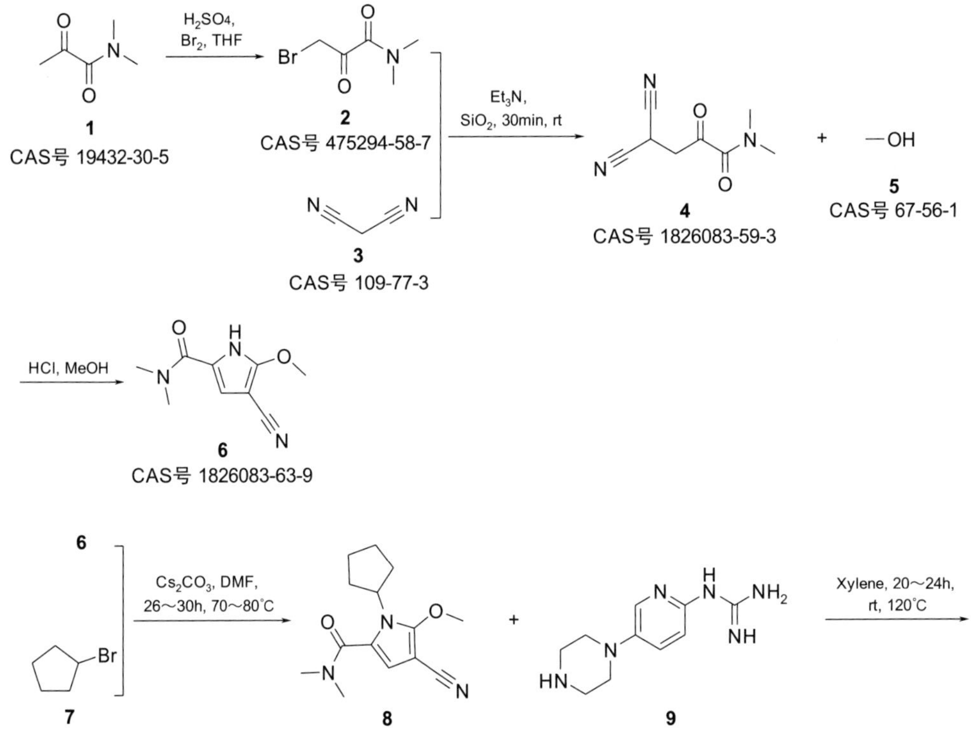

H_2SO_4, Br_2, THF

1
CAS号 19432-30-5

2
CAS号 475294-58-7

3
CAS号 109-77-3

Et_3N, SiO_2, 30min, rt

4
CAS号 1826083-59-3

+ —OH

5
CAS号 67-56-1

HCl, MeOH

6
CAS号 1826083-63-9

6

7
CAS号 137-43-9

Cs_2CO_3, DMF, 26～30h, 70～80°C

8
CAS号 1826083-43-5

+

9
CAS号 909767-89-1

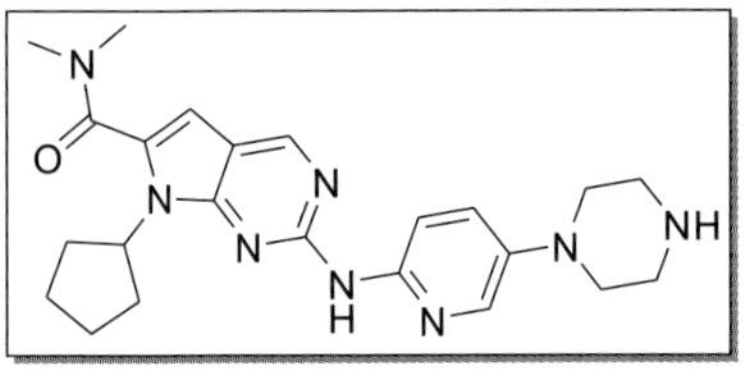

Xylene, 20～24h, rt, 120°C

10
ribociclib
CAS号 1211441-98-3

原始文献： WO 2016192522, 2016.

合成路线 3

以下合成路线来源于 Novartis 公司 Calienni 等人 2016 年发表的专利申请书。目标化合物 **16** 以化合物 **1** 和化合物 **2** 为原料，经过 9 步合成反应而得。

1 CAS号 52092-47-4

2 CAS号 110-85-0

BuOH; 24h, 95°C

3 CAS号 1221726-34-6

4 CAS号 24424-99-5

K_2CO_3, H_2O, THF, 30min

5 CAS号 571189-16-7

H_2, Pd, H_2O MeOH

6 CAS号 571188-59-5

7 CAS号 36082-50-5

8 CAS号 1003-03-8

EtN(Pr-*i*)$_2$, AcOEt H_2O, 15min, 25°C

9 CAS号 733039-20-8

10 CAS号 107-19-7

$Bu_4N^+ \cdot F^-$, $PdCl_2(PPh_3)_2$, THF, 25°C, 67°C; 2h, 67°C

11 CAS号 1374639-76-5

Bu_4NF THF

12 CAS号 1374639-77-6

12

13 CAS号 124-40-3

NaCN, THF DMF MnO_2

14 CAS号 1211443-61-6

6 CAS号 571188-59-5

Cs_2CO_3, $Pd(OAc)_2$ rac-BINAP *i*-BuC(=O)Me

15 CAS号 1374639-78-7

HCl, H_2O PhMe

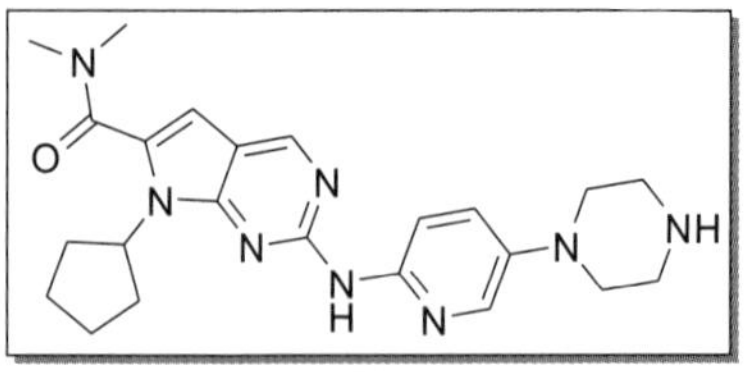

16
ribociclib
CAS号 1211441-98-3

原始文献：US 20160039832, 2016.

合成路线 4

以下合成路线来源于 Novartis 公司 Calienni 等人 2012 年发表的专利申请书。目标化合物 **16** 以化合物 **1** 和化合物 **2** 为原料，经过 9 步合成反应而得。

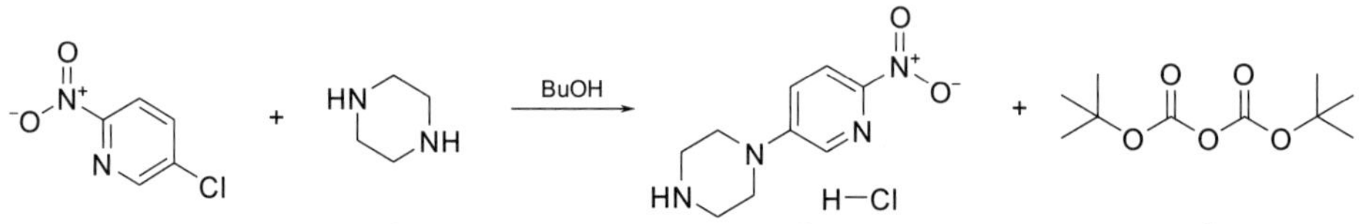

BuOH

1 CAS号 52092-47-4
2 CAS号 110-85-0
3 CAS号 1221726-34-6
4 CAS号 24424-99-5

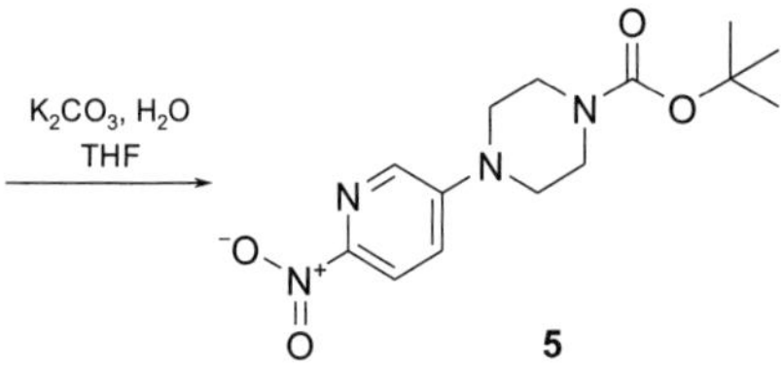

K_2CO_3, H_2O, THF

5 CAS号 571189-16-7

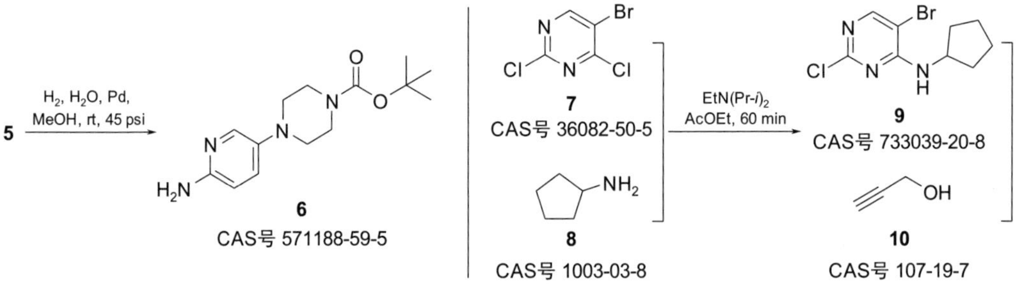

5 H_2, H_2O, Pd, MeOH, rt, 45 psi

6 CAS号 571188-59-5

7 CAS号 36082-50-5
8 CAS号 1003-03-8

$EtN(Pr\text{-}i)_2$, AcOEt, 60 min

9 CAS号 733039-20-8
10 CAS号 107-19-7

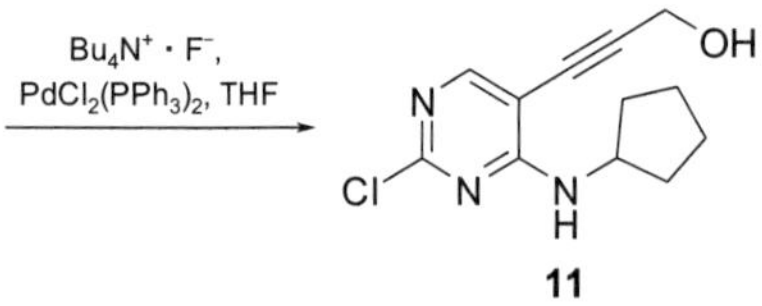

$Bu_4N^+ \cdot F^-$, $PdCl_2(PPh_3)_2$, THF

11 CAS号 1374639-76-5

11 —(Bu_4NF, THF)→ 12 CAS号 1374639-77-6

12 CAS号 1374639-77-6 + 13 CAS号 124-40-3 —(NaCN, THF, DMF, MnO_2)→ 14 CAS号 1211443-61-6

14 CAS号 1211443-61-6 + 6 CAS号 571188-59-5 —(Cs_2CO_3, $Pd(OAc)_2$, rac-BINAP, EtC(=O)Me)→

15 CAS号 1374639-78-7 —(1. HCl, PhMe, H_2O; 2. NaOH, H_2O)→ 16 ribociclib CAS号 1211441-98-3

原始文献：US 20120115878, 2012.

合成路线 5

以下合成路线来源于 Novartis 公司 Besong 等人 2010 年发表的专利申请书。目标化合物 **12** 以化合物 **1** 和化合物 **2** 为原料，经过 7 步合成反应而得。

1 CAS号 36082-50-5 + 2 CAS号 1003-03-8 —($EtN(Pr\text{-}i)_2$, EtOH, rt)→ 3 CAS号 733039-20-8

3 CAS号 733039-20-8 + 4 CAS号 10160-87-9 —(Et_3N, $Pd(dppf)Cl_2$-DCM)→ 5 CAS号 1211442-87-3

Bu$_4$N$^+$ · F$^-$, THF, rt; 过夜, 回流

HCl, H_2O, 二噁烷, 10min, rt

5 CAS号 1211442-87-3

6 CAS号 1211442-89-5

7 CAS号 1211443-55-8

Oxone, DMF, 6h, rt

8 CAS号 1211443-58-1

8 + **9** (CAS号 124-40-3) —HBTU, EtN(Pr-i)$_2$, EtOH, DMF→ **10** (CAS号 1211443-61-6)

10 + **11** (CAS号 1082876-26-3) —NaOBu-t, rac-BINAP, Pd$_2$(dba)$_3$, 二噁烷→

12
ribociclib
CAS号 1211441-98-3

原始文献：WO 2010020675, 2010.

合成路线 6

以下合成路线来源于 Qingdao Chenda Biotechnology 公司 Chen 等人 2017 年发表的专利申请书。目标化合物 **8** 以化合物 **1** 和化合物 **2** 为原料，经过 4 步合成反应而得。

1 (CAS号 127-17-3) + **2** (CAS号 124-40-3) —EtN(Pr-i)$_2$, HBTU, DMF, 82%→ **3** (CAS号 475294-58-7)

3 + **4** (CAS号 868591-58-6) —Cs_2CO_3, CuI, (S)-脯氨酸, THF, 79%→

5
CAS号 1211443-61-6

5 + 6 CAS号 571188-59-5 —(Cs_2CO_3, $Pd(OAc)_2$, rac-BINAP, 二噁烷)→ 7 CAS号 1374639-78-7

—(1. HCl, H_2O, PhMe 2. NaOH, H_2O)→ 8 ribociclib CAS号 1211441-98-3

原始文献： CN 106928236 A, 2017.

合成路线 7

以下合成路线来源于 Fresenius Kabi Oncology Ltd. 公司 Sokhi 等人 2019 年发表的专利申请书。目标化合物 **9** 以化合物 **1** 和化合物 **2** 为原料，经过 5 步合成反应而得。

1 CAS号 39856-50-3 + 2 CAS号 57260-71-6 —(Na_2CO_3, H_2O)→ 3 CAS号 571189-16-7 —(AcOH, Zn, H_2O, 89%)→

4 CAS号 571188-59-5 + 5 CAS号 1211443-61-6 —(NaH, CuI, MeCN, MeOH, H_2O, 65%)→ 6

6
CAS号 1374639-78-7

7
CAS号 76-05-1

CH_2Cl_2
t-BuOMe
99%

8
CAS号 2209917-74-6

NaOH, H_2O
93%

9
ribociclib
CAS号 1211441-98-3

原始文献： WO 2019082143 A1, 2019.

合成路线 8

以下合成路线来源于 Chongqing Sansheng Industrial 公司 Wu 等人 2019 年发表的专利申请书。目标化合物 **5** 以化合物 **1** 和化合物 **2** 为原料，经过 3 步合成反应而得。

1
CAS号571188-59-5

2
CAS号 1211443-61-6

Cs_2CO_3,$Pd(OAc)_2$,
rac-BINAP
92%

3
CAS号 1374639-78-7

HCl, H_2O
$Me(CH_2)_4Me$

HCl

4
CAS号 1211443-80-9

$NaHCO_3$, H_2O
85%

5
ribociclib
CAS号 1211441-98-3

原始文献： CN 109400612 A, 2019.

合成路线 9

以下合成路线来源于 Southwest University for Nationalities Song 等人 2018 年发表的专利申请书。目标化合物 **10** 以化合物 **1** 和化合物 **2** 为原料，经过 6 步合成反应而得。

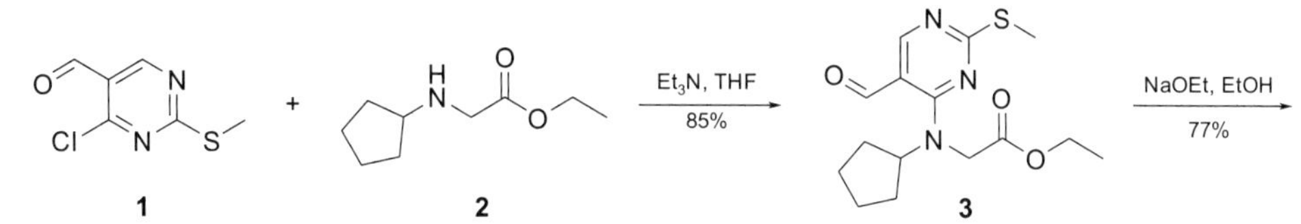

1 + 2 →(Et_3N, THF, 85%) 3 →(NaOEt, EtOH, 77%) 4

1 CAS号 148256-82-0

2 CAS号 89479-61-8

3 CAS号 2102092-71-5

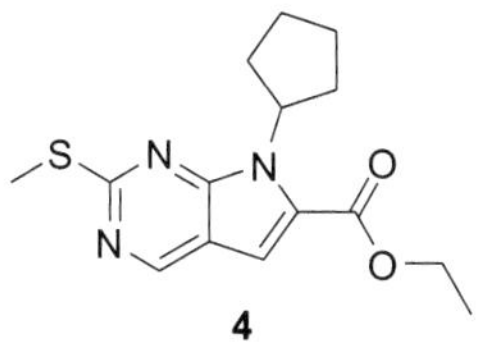

4 CAS号 2249891-60-7

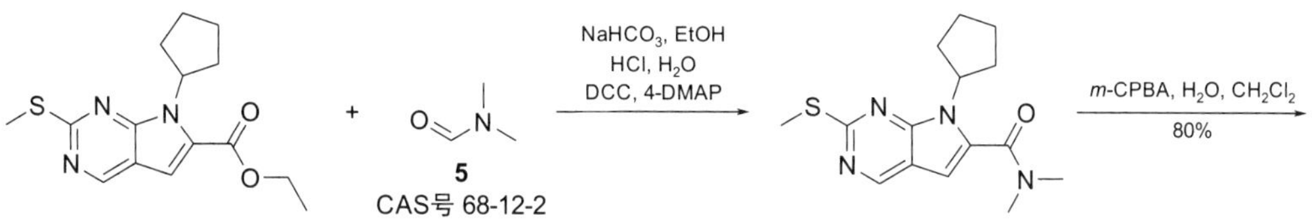

4 + 5 →($NaHCO_3$, EtOH; HCl, H_2O; DCC, 4-DMAP) 6 →(*m*-CPBA, H_2O, CH_2Cl_2, 80%) 7

4 CAS号 2249891-60-7

5 CAS号 68-12-2

6 CAS号 2102092-75-9

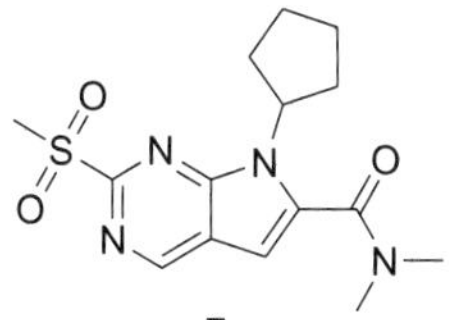

7 CAS号 2102092-77-1

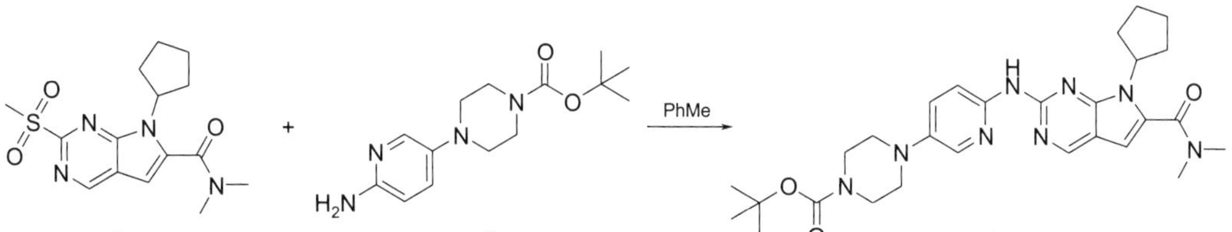

7 + 8 →(PhMe) 9 →(HCl, H_2O, MeOH; NH_3, H_2O) 10

7 CAS号 2102092-77-1

8 CAS号 571188-59-5

9 CAS号 1374639-78-7

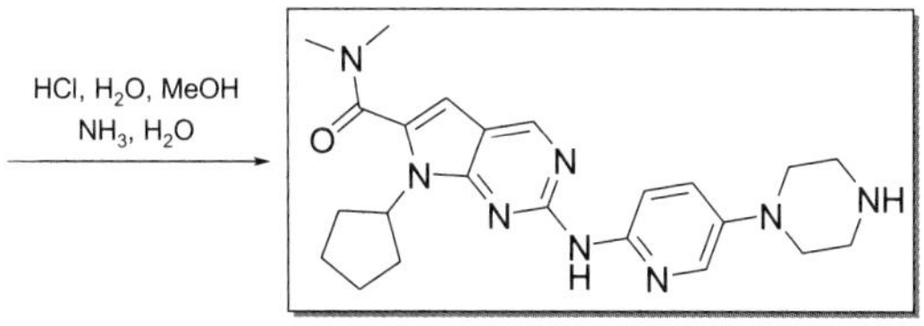

10 ribociclib CAS号 1211441-98-3

原始文献： CN 108623599 A, 2018.

参考文献

[1] van Caloen G, Schmitz S, El Baroudi M, et al. Preclinical activity of ribociclib in squamous cell carcinoma of the head and neck. Mol Cancer Ther, 2020, 19(3):777-789.

[2] López-Gómez V, Yarza R, Muñoz-González H, et al. Ribociclib-related Stevens-Johnson syndrome: oncologic awareness, case report, and literature review. J Breast Cancer, 2019, 22(4):661-666.

瑞博西林核磁谱图

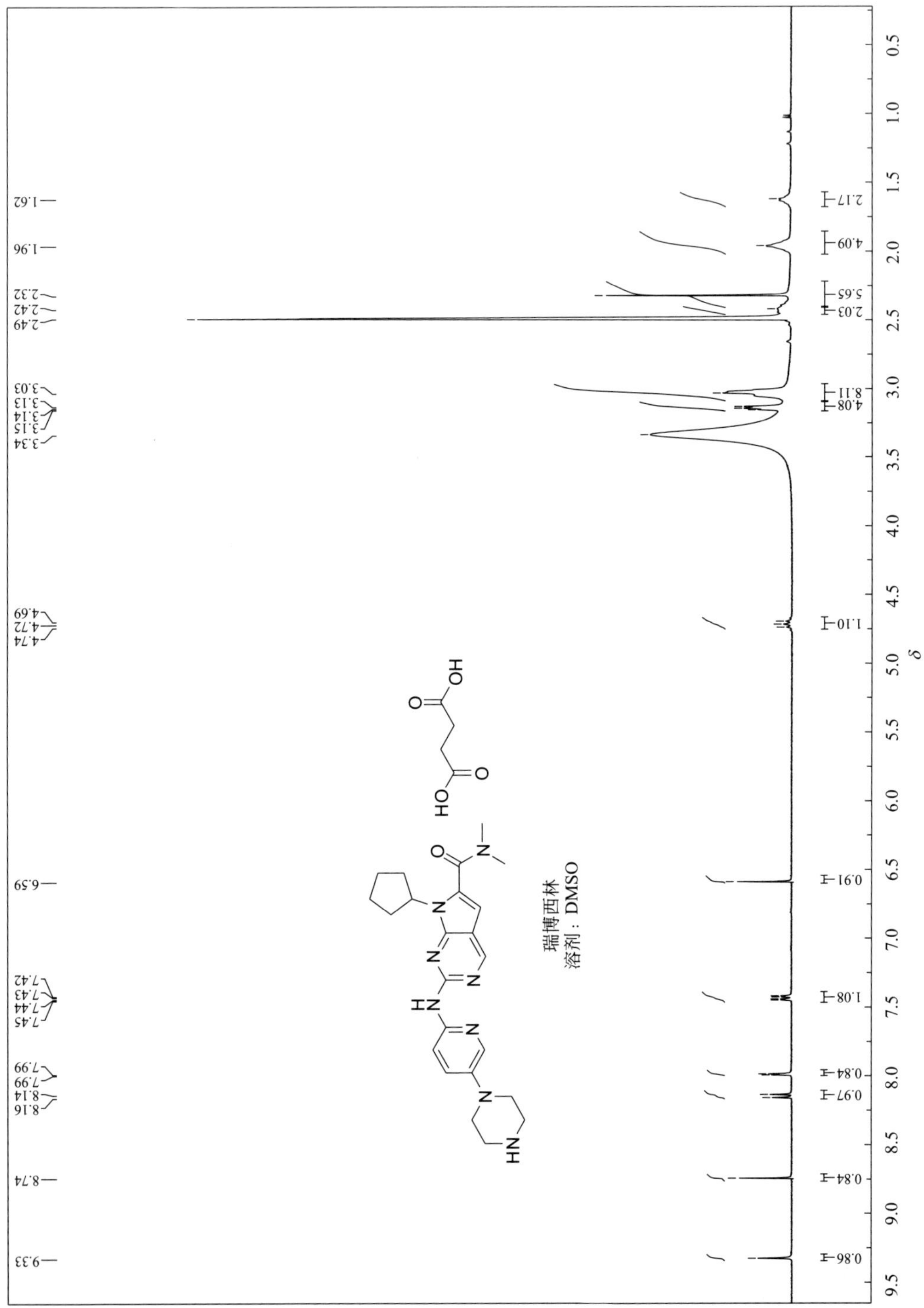

rifamycin（利福霉素）

药物基本信息

英文通用名	rifamycin
英文别名	CB-01-11; CB01-11; CB 01-11; CB-0111; CB0111; CB 0111; NSC 133100; rifamicine SV; rifamycin SV; rifocin; rifocyn; rifomycin SV
中文通用名	利福霉素
商品名	Aemcolo
CAS 登记号	6998-60-3 (游离酸), 15105-92-7 (钠盐)
FDA 批准日期	11/16/2018
FDA 批准的 API	rifamycin sodium
化学名	(7*S*,9*E*,11*S*,12*R*,13*S*,14*R*,15*R*,16*R*,17*S*,18*S*,19*E*,21*Z*)-2,15,17,27,29-Pentahydroxy-11-methoxy-3,7,12,14,16,18,22-heptamethyl-6,23-dioxo-8,30-dioxa-24-azatetracyclo[23.3.1.14,7.05,28]triaconta-1(28),2,4,9,19,21,25(29),26-octaen-13-yl acetate
SMILES 代码	CC(O[C@@H]([C@H](C)[C@H](O)[C@H](C)[C@@H](O)[C@@H](C)/C=C/C=C(C)\C(N1)=O)[C@H](C)[C@@H](OC)/C=C/O[C@](O2)(C)C(C3=C2C(C)=C(O)C4=C3C(O)=CC1=C4O)=O)=O

化学结构和理论分析

化学结构	理论分析值
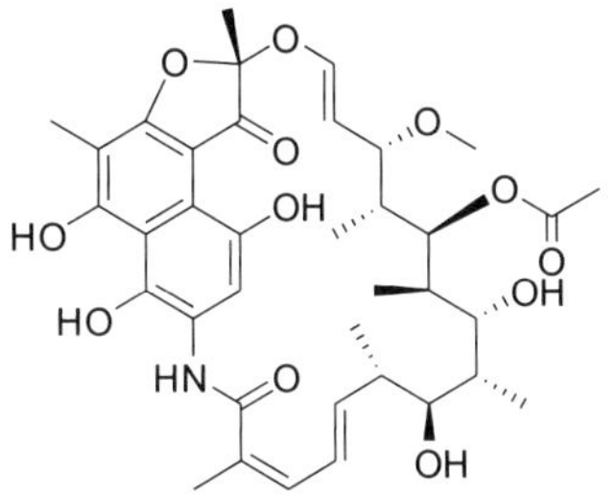	化学式：$C_{37}H_{47}NO_{12}$ 精确分子量：697.3098 分子量：697.78 元素分析：C, 63.69; H, 6.79; N, 2.01; O, 27.51

药品说明书参考网页

生产厂家产品说明书、美国药品网、美国处方药网页。

药物简介

AEMCOLO 是一种口服给药的缓释片剂，每片含有 194mg 的 rifamycin，相当于 200mg 的 rifamycin sodium。

Rifamycin sodium 是细粉或微颗粒，可溶于水，可自由溶于无水乙醇。

AEMCOLO 缓释片剂的肠溶衣由抗 pH 值的聚合物薄膜包裹，该薄膜在 pH 值超过 7 时会分解。

片剂核心含有 rifamycin sodium。片剂为黄棕色和椭圆形。

每片含有以下非活性成分：甲基丙烯酸铵共聚物（B 型），抗坏血酸，二硬脂酸甘油酯，卵磷脂，硬脂酸镁，甘露醇，甲基丙烯酸和甲基丙烯酸甲酯共聚物（1 ：2），聚乙二醇 6000，胶体二氧化硅，滑石粉，二氧化钛，柠檬酸三乙酯，黄色氧化铁。

AEMCOLO 适用于治疗成人无创性大肠杆菌引起的旅行者腹泻（TD）。

Rifamycin 属于 ansamycin 类抗菌药物，其作用是抑制细菌依赖 DNA 的 RNA 聚合酶的 β 亚基，从而阻止 DNA 转录的步骤之一。这导致细菌合成的抑制并抑制细菌的生长。

药品上市申报信息

该药物目前有 1 种产品上市。

药品注册申请号：210910
申请类型：NDA（新药申请）
申请人：COSMO TECHNOLOGIES
申请人全名：COSMO TECHNOLOGIES LTD

产品信息

产品号	商品名	活性成分	剂型 / 给药途径	规格 / 剂量	参比药物 (RLD)	生物等效参考标准 (RS)	治疗等效代码
001	AEMCOLO	rifamycin sodium	TABLET, DELAYED RELEASE; ORAL	等量 194mg 游离碱	是	是	否

与本品相关的专利信息（来自 FDA 橙皮书 Orange Book）

关联产品号	专利号	专利过期日	是否物质专利	是否产品专利	专利用途代码	撤销请求	提交日期
001	8263120	2025/05/03		是			2018/12/06
	8486446	2025/05/03		是			2018/12/06
	8529945	2025/05/03		是			2018/12/06
	8741948	2025/05/03		是	U-2448		2018/12/06

合成路线

该药物是天然产品，不能通过化学合成生产制备。

参考文献

[1] Sullivan T, Jacobs S, Leong J, et al. Tuberculosis treatment with a 3-drug rifamycin-free regimen in liver transplant recipients. Liver Transpl, 2020, 26(1):160-163.

[2] Hussar D A, Chahine E B. Omadacycline tosylate, sarecycline hydrochloride, rifamycin sodium, and moxidectin. J Am Pharm Assoc (2003), 2019, 59(5):756-760.

rolapitant（罗拉吡坦）

药物基本信息

英文通用名	rolapitant
英文别名	SCH619734; SCH-619734; SCH 619734
中文通用名	罗拉吡坦
商品名	Varubi
CAS登记号	914462-92-3 (HCl), 552292-08-7 (游离碱), 914462-92-3 (盐酸水合物)
FDA 批准日期	9/2/2015
FDA 批准的API	rolapitant hydrochloride hydrate
化学名	(5*S*,8*S*)-8-(((*R*)-1-(3,5-bis(trifluoromethyl)phenyl)ethoxy)methyl)-8-phenyl-1,7-diazaspiro[4.5]decan-2-one hydrochloride hydrate
SMILES代码	O=C1N[C@]2(CN[C@@](C3=CC=CC=C3)(CO[C@@H](C4=CC(C(F)(F)F)=CC(C(F)(F)F)=C4)C)CC2)CC1.[H]Cl.[H]O[H]

化学结构和理论分析

化学结构	理论分析值
F F F HN O HN O F F F H O H H—Cl	化学式：$C_{25}H_{29}ClF_6N_2O_3$ 精确分子量：N/A 分子量：554.96 元素分析：C, 54.11; H, 5.27; Cl, 6.39; F, 20.54; N, 5.05; O, 8.65

药品说明书参考网页

生产厂家产品说明书、美国药品网、美国处方药网页。

药物简介

VARUBI 的活性成分是 rolapitant hydrochloride hydrate。它是一种 P / 神经激肽 1（NK1）受体拮抗剂。

Rolapitant hydrochloride hydrate 为白色至类白色粉末，在常见的药物溶剂（如乙醇、丙二醇和 40% 羟丙基 -*β*- 环糊精）中具有良好的溶解性。

VARUBI（罗拉吡坦）片剂：每片含有 90mg rolapitant（相当于 100mg rolapitant hydrochloride hydrate）和以下非活性成分：胶体二氧化硅，交联羧甲基纤维素钠，乳糖一水合物，硬脂酸镁，微晶纤维素，聚维酮和预胶化淀粉。片剂用无功能的蓝色透明涂层包衣。片剂包衣包含以下非活性成分：FD & C 蓝色 2 号靛蓝胭脂红，聚乙二醇，聚山梨酸酯 80，聚乙烯醇，滑石粉和二氧化钛。

VARUBI（罗拉吡坦）可注射乳液：每个用于静脉使用的 92.5mL 无菌乳液的单剂量小瓶包含 166.5mg rolapitant（相当于 185mg rolapitant hydrochloride hydrate）和以下非活性成分：磷酸氢二钠，无水（2.8mg/mL），中链甘油三酸酯（11mg/mL），聚氧乙烯 -15- 羟基硬脂酸酯（44mg/mL），氯化钠（6.2mg/mL），豆油（6.6mg/mL），注射用水，并可能包含盐酸和 / 或氢氧化钠以将 pH 值调节至 7.0 ～ 8.0。VARUBI 注射乳剂是一种无菌的半透明白色液体，具有一些乳白色。

VARUBI® 与其他止吐药合用，可预防与呕吐癌化学疗法的初始和重复疗程相关的延迟恶心和呕吐，包括但不限于高度呕吐化学疗法。

Rolapitant 是人类 P / NK1 受体的选择性竞争性拮抗剂。Rolapitant 对 NK2 或 NK3 受体或其他一系列受体、转运蛋白、酶和离子通道没有明显的亲和力。Rolapitant 在化学疗法诱发的呕吐动物模型中也表现出很好的活性。

药品上市申报信息

该药物目前有 2 种产品上市。

药品注册申请号: 206500
申请类型: NDA (新药申请)
申请人: TERSERA THERAPS LLC
申请人全名: TERSERA THERAPEUTICS LLC

产品信息

产品号	商品名	活性成分	剂型 / 给药途径	规格 / 剂量	参比药物 (RLD)	生物等效参考标准 (RS)	治疗等效代码
001	VARUBI	rolapitant hydrochloride	片剂 / 口服	等量 90mg 游离碱	是	是	否

与本品相关的专利信息（来自 FDA 橙皮书 Orange Book）

关联产品号	专利号	专利过期日	是否物质专利	是否产品专利	专利用途代码	撤销请求	提交日期
001	7049320	2023/12/08	是	是	U-1741		2015/09/25
	7563801	2027/04/04		是			2015/09/25
	7981905	2027/04/04			U-1741		2015/09/25
	8178550	2027/04/04	是	是			2015/09/25
	8361500	2029/10/09		是			2015/09/25
	8404702	2027/04/04			U-1741		2015/09/25
	8470842	2029/01/18			U-1741		2015/09/25
	8796299	2022/12/17			U-1741		2015/09/25

与本品相关的市场独占权保护信息

关联产品号	独占权代码	失效日期	备注
001	NCE	2020/09/01	

药品注册申请号：208399
申请类型：NDA（新药申请）
申请人：TERSERA THERAPS LLC
申请人全名：TERSERA THERAPEUTICS LLC

产品信息

产品号	商品名	活性成分	剂型 / 给药途径	规格 / 剂量	参比药物 (RLD)	生物等效参考标准 (RS)	治疗等效代码
001	VARUBI	rolapitant hydrochloride	液体 / 静脉注射	等量 166.5mg 游离碱 / 92.5mL（等 量 1.8mg 游离碱 / mL）	是	否	否

与本品相关的专利信息（来自 FDA 橙皮书 Orange Book）

关联产品号	专利号	专利过期日	是否物质专利	是否产品专利	专利用途代码	撤销请求	提交日期
001	7049320	2023/12/08	是	是	U-1741		2017/11/16
	7981905	2027/04/04			U-1741		2017/11/22
	8178550	2027/04/04	是	是			2017/11/22
	8404702	2027/04/04			U-1741		2017/11/22
	8470842	2029/01/18			U-1741		2017/11/22
	8796299	2022/12/17			U-1741		2017/11/16
	9101615	2032/07/14			U-1741		2017/11/22

与本品相关的市场独占权保护信息

关联产品号	独占权代码	失效日期	备注
001	NCE	2020/09/01	

合成路线 1

以下合成路线来源于 Suzhou Xinen Pharmaceutical Technology 公司 Wang 等人 2017 年发表的专利申请书。目标化合物 **6** 以化合物 **1** 和化合物 **2** 为原料，经过 3 步合成反应而得。

1
CAS号 552293-37-5

2
CAS号 100-46-9

PhMe
回流

3
CAS号 2162159-94-4

4
CAS号 911641-23-1

Me_2S-CuBr
THF, −20℃
NH_4Cl, H_2O, pH 7

5
CAS号 2162159-95-5

H_2, Pd, MeOH
rt, 5 atm

6
rolapitant
CAS号 552292-08-7

原始文献： CN 107383008, 2017.

合成路线 2

以下合成路线来源于 Qilu Pharmaceutical 公司 Tian 等人 2015 年发表的专利申请书。目标化合物 **15** 以化合物 **1** 和化合物 **2** 为原料，经过 9 步合成反应而得。

1
CAS号 582-24-1

2
CAS号 100-39-0

NaOBu-*t*, THF, 0～10℃

3
CAS号 103394-86-1

4
CAS号 196929-78-9

Ti(OPr-*i*)$_4$, PhMe, rt, 80℃

5
CAS号 1821679-68-8

5
CAS号 1821679-68-8

6
CAS号 1826-67-1

THF, CH_2Cl_2, −20～−15℃
HCl, H_2O

7
CAS号 1821679-69-9

HCl, H_2O, S:MeOH, rt
$NaHCO_3$, H_2O, rt, pH 7～8

8
CAS号 1821679-67-7

8
CAS号 1821679-67-7

+

9
CAS号 1214741-22-6

PhMe, 回流

10
CAS号 1821679-77-9

$NaBH_4$, MeOH, rt
AcOH, H_2O, 1h, rt

11
CAS号 1821679-76-8

Hoveyda-Grubbs
Catalyst® M 720
PhMe, rt, 70°C
→ 12

12
CAS号 1821679-85-9

NaOH, H_2O,
THF, rt

13
CAS号 1821679-95-1

+

14
CAS号 1351520-15-4

NaH, $AcNMe_2$

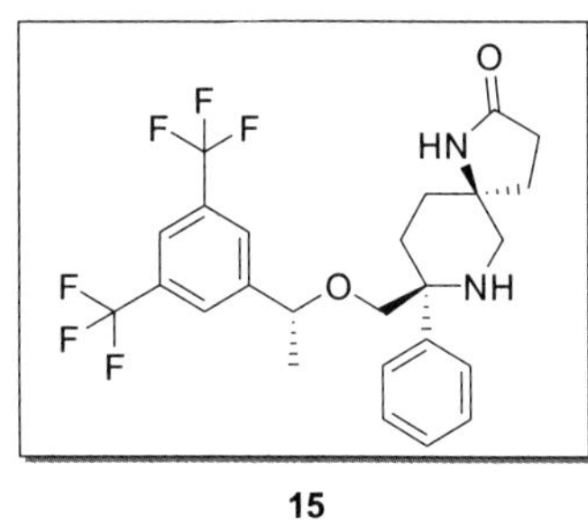

15
rolapitant
CAS号 552292-08-7

原始文献： CN 105017251, 2015.

合成路线 3

以下合成路线来源于 Schering 公司 Wu 等人 2010 年发表的专利申请书。目标化合物 **18** 以化合物 **1** 为原料，经过 12 步合成反应而得。

$KHCO_3$, H_2O
NMP

1
CAS号 530441-39-5

2
CAS号 1214741-16-8

$(Me_3Si)_2NH$
PhMe

3
CAS号 1779-49-3

Me_3SiI, PhMe,
3h, rt
MeOH

4
CAS号 1214741-17-9

5
CAS号 1214741-13-5

6
CAS号 98-79-3

7
CAS号 630-19-3

$MeSO_3H$
$(CH_2OMe)_2$
PhMe

8
CAS号 171284-84-7

9
CAS号 107-31-3

1. $(Me_3Si)_2NH \cdot Li$,
二甲基咪唑酮
CuCl, THF
2. Me_3SiCl
3. F_3CCO_2H

10
CAS号 1214741-19-1

3
CAS号 1779-49-3

$(Me_3Si)_2NH \cdot Na$
PhMe

11
CAS号 1214741-20-4

11 —— $(t\text{-}BuO)_3AlH \cdot Li$, THF ——→ 12

12

CAS号 1214741-21-5

—— Et_3N, H_2O, EtOH, 4h, 25°C ——→

13

CAS号 1214741-22-6

5

CAS号 1214741-13-5

—— EtOH, PhMe ——→

14

CAS号 1214741-23-7

15

CAS号 104-15-4

—— AcOH, $Na(AcO)_3BH$, PhMe ——→ 16

16

CAS号 1178515-21-3

—— 1. TsOH, Hoveyda-Grubbs Catalyst® M 720, PhMe; 2. $Na_2S_2O_5$, H_2O ——→

17

CAS号 1214741-24-8

—— 1. NaOH, H_2O, PhMe; 2. H_2, Pd, 4～8 h, rt, 60～80 psi ——→

18

rolapitant

CAS号 552292-08-7

原始文献： WO 2010028232, 2010.

合成路线 4

以下合成路线来源于 Schering 公司 Mergelsberg 等人 2008 年发表的专利申请书。目标化合物

10 以化合物 **1** 为原料，经过 6 步合成反应而得。

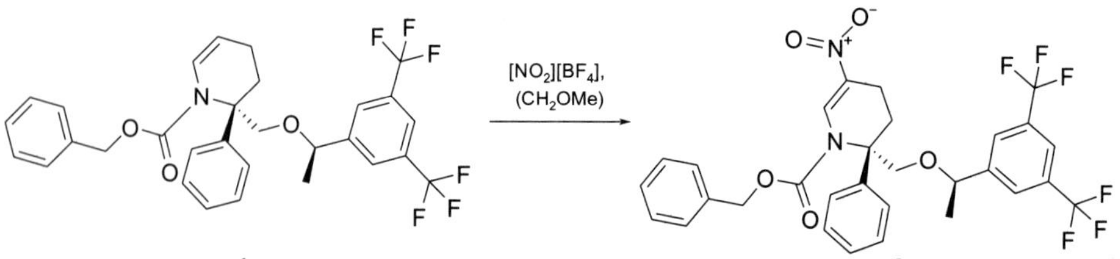

$[NO_2][BF_4]$, (CH_2OMe)

1
CAS号 552293-34-2

2
CAS号 873948-11-9

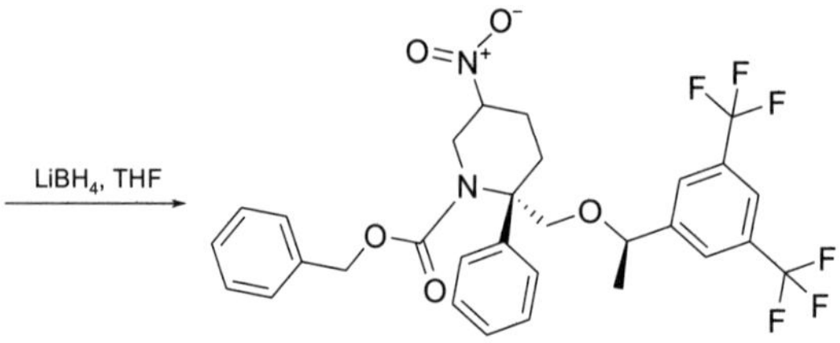

$LiBH_4$, THF

3
CAS号 873947-63-8

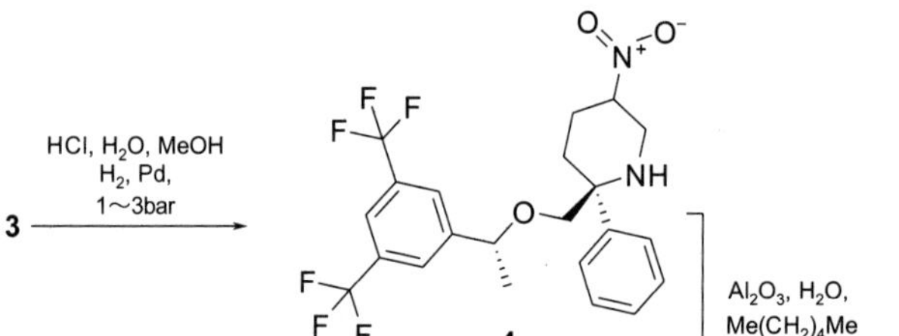

3

HCl, H_2O, MeOH
H_2, Pd,
1～3bar

4
CAS号 1065272-03-8

Al_2O_3, H_2O,
$Me(CH_2)_4Me$

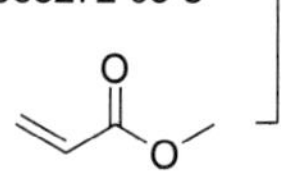

5
CAS号 96-33-3

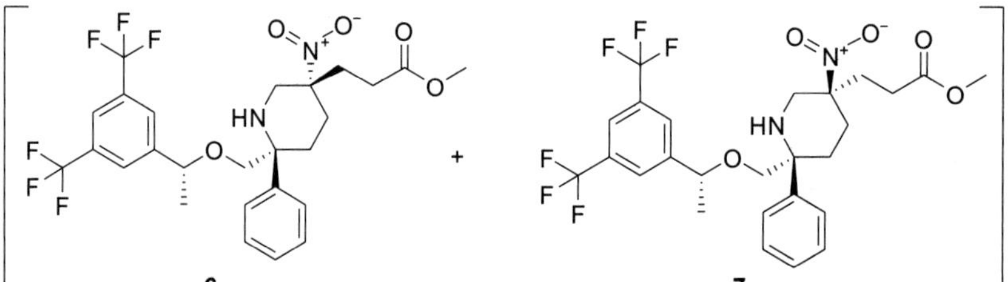

6
CAS号 1065272-04-9

\+

7
CAS号 1065272-11-8

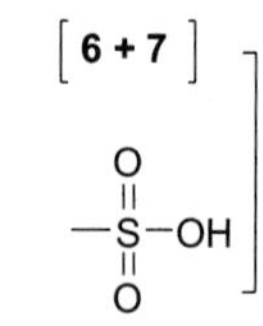

[**6 + 7**]

8
CAS号 75-75-2

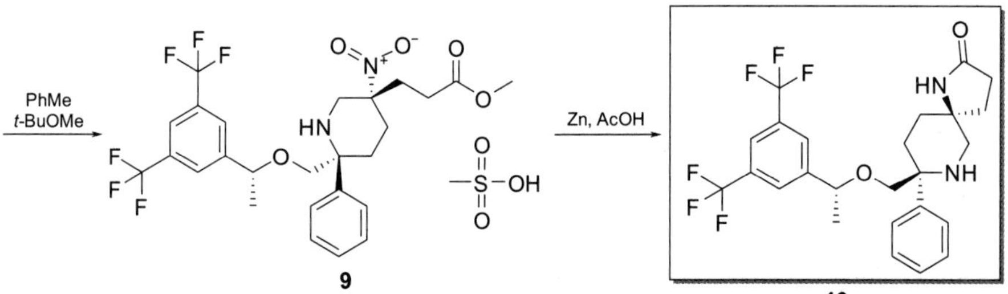

PhMe
t-BuOMe

9
CAS号 1065272-06-1

Zn, AcOH

10
rolapitant
CAS号 552292-08-7

原始文献： WO 2008118328, 2008.

合成路线 5

以下合成路线来源于 Schering 公司 Paliwal 等人 2003 年发表的专利申请书。目标化合物 **19** 以化合物 **1** 和化合物 **2** 为原料，经过 12 步合成反应而得。

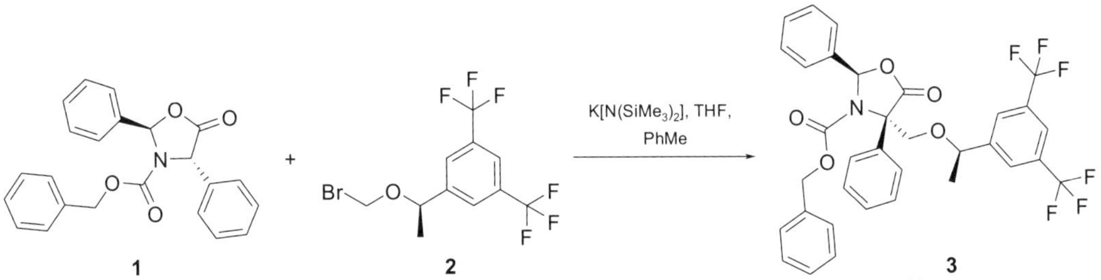

1 CAS号 205654-80-4 + **2** CAS号 530441-95-3 —$K[N(SiMe_3)_2]$, THF, PhMe→ **3** CAS号 530441-36-2

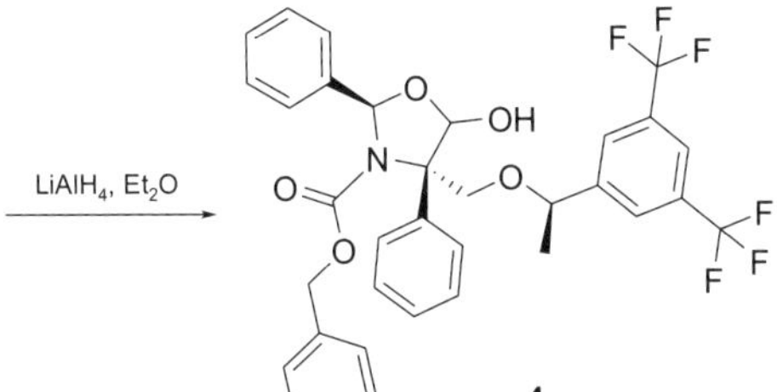

—$LiAlH_4$, Et_2O→ **4** CAS号 530441-39-5

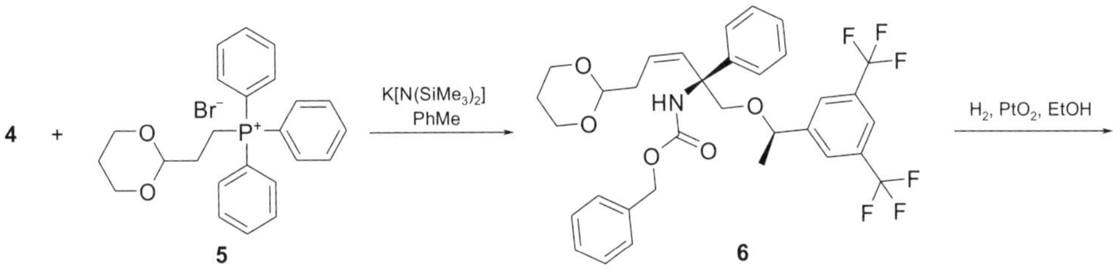

4 + **5** CAS号 69891-92-5 —$K[N(SiMe_3)_2]$, PhMe→ **6** CAS号 552293-32-0 —H_2, PtO_2, EtOH→

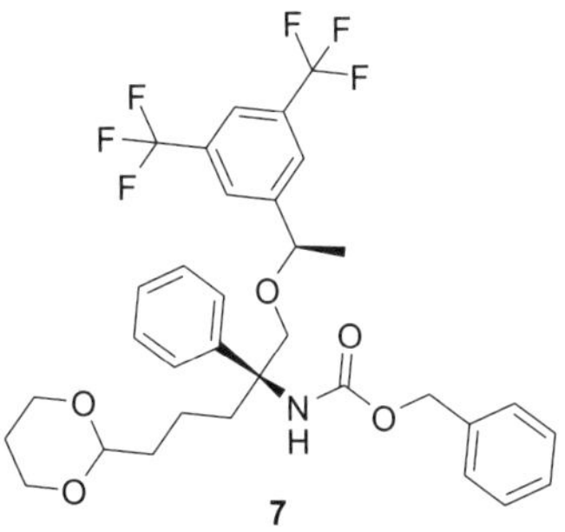

7 CAS号 552293-33-1

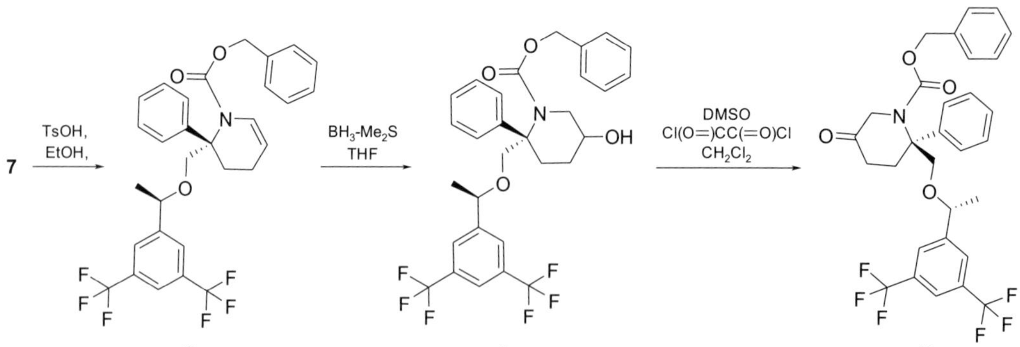

7 → (TsOH, EtOH) → 8 → (BH_3-Me_2S, THF) → 9 → (DMSO, Cl(O=)CC(=O)Cl, CH_2Cl_2) → 10

8
CAS号 552293-34-2

9
CAS号 552293-36-4

10
CAS号 552293-37-5

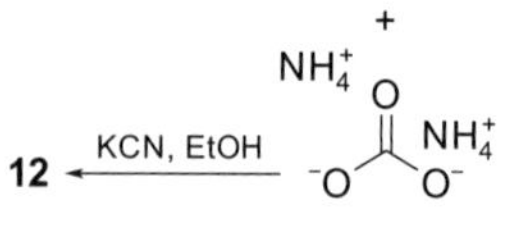

10 + 11 → (KCN, EtOH) → 12

11
CAS号 506-87-6

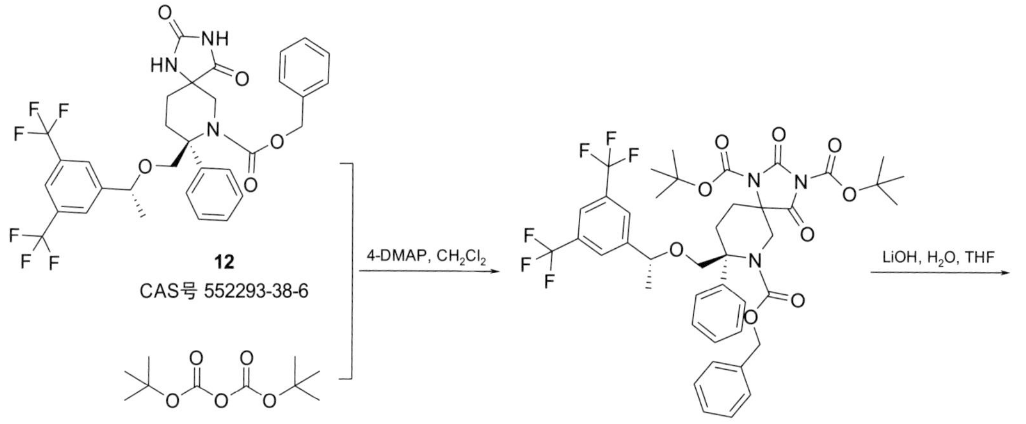

12
CAS号 552293-38-6

12 + 13 → (4-DMAP, CH_2Cl_2) → 14 → (LiOH, H_2O, THF) → 15

13
CAS号 24424-99-5

14
CAS号 552293-91-1

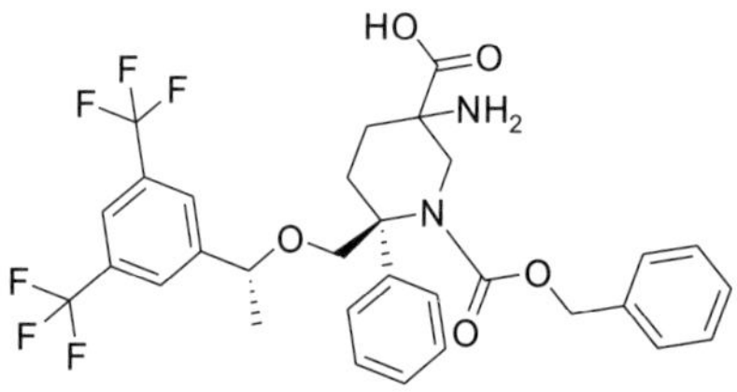

15
CAS号 552293-43-3

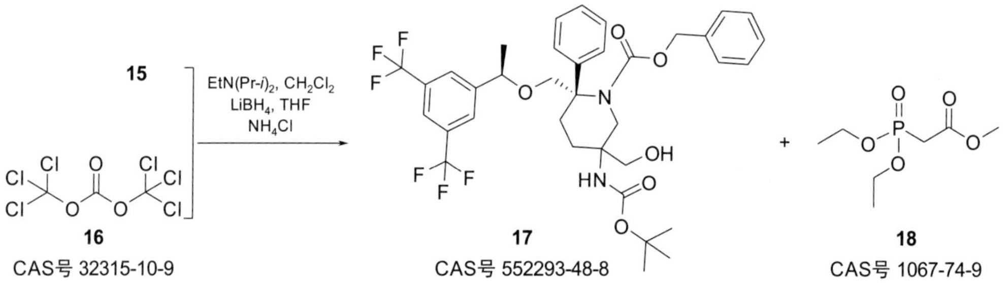

15 + 16 → ($EtN(Pr\text{-}i)_2$, CH_2Cl_2; $LiBH_4$, THF; NH_4Cl) → 17

16
CAS号 32315-10-9

17
CAS号 552293-48-8

+

18
CAS号 1067-74-9

DMSO
Cl(O=)CC(=O)Cl
CH_2Cl_2

19
rolapitant
CAS号 552292-08-7

原始文献： WO 2003051840, 2003.

参考文献

[1] Navari R M. The safety of rolapitant for the treatment of nausea and vomiting associated with chemotherapy. Expert Opin Drug Saf, 2019, 18(12):1127-1132.

[2] Wang X, Wang J, Zhang Z Y, et al. Population pharmacokinetics of rolapitant in patients with chemotherapy-induced nausea and vomiting. Clin Pharmacol Drug Dev, 2019, 8(7):850-860.

rucaparib（芦卡帕尼）

药物基本信息

英文通用名	rucaparib
英文别名	AG14699 (as phosphate salt); AG 14699; AG-14699; AG014447 (as free base); AG-014447; AG 014447; PF01367338; PF-01367338; PF 01367338
中文通用名	芦卡帕尼
商品名	Rubraca
CAS登记号	283173-50-2 (游离碱), 459868-92-9 (磷酸盐), 1859053-21-6 (樟脑磺酸盐)
FDA 批准日期	12/19/2016
FDA 批准的API	rucaparib camsylate
化学名	bicyclo(2.2.1)heptane-1-methanesulfonic acid, 7,7-dimethyl-2-oxo-, (1*S*,4*R*)-, compd. with 8-fluoro-1,3,4,5-tetrahydro-2-(4-((methylamino)methyl)phenyl)-6H-pyrrolo(4,3,2-ef)(2)benzazepin-6-one (1:1)
SMILES代码	O=S(C[C@@]1(C2(C)C)C(C[C@@]2([H])CC1)=O)(O)=O.O=C(NCC3)C4=CC(F)=CC5=C4C3=C(C6=CC=C(CNC)C=C6)N5

化学结构和理论分析

化学结构	理论分析值
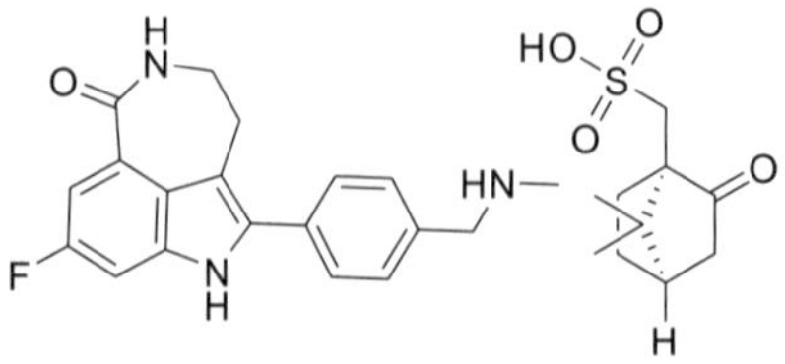	化学式：$C_{29}H_{34}FN_3O_5S$ 精准分子量：N/A 分子量：555.66 元素分析：C, 62.69; H, 6.17; F, 3.42; N, 7.56; O, 14.40; S, 5.77

药品说明书参考网页

生产厂家产品说明书、美国药品网、美国处方药网页。

药物简介

RUBRACA 是一种口服片剂，其活性成分为 rucaparib camsylate，是一种哺乳动物 5′ - 二磷酸核糖聚合酶（PARP）的抑制剂。 Rucaparib camsylate 为白色至浅黄色粉末。 Rucaparib 在整个生理 pH 值范围内显示不依赖 pH 值的低溶解度，约为 1mg/mL。

RUBRACA 片剂目前有 3 种剂量规格，分别含有每片 200mg rucaparib（相当于 344mg 的 rucaparib camsylate）、每片 250mg 的 rucaparib（相当于 430mg rucaparib camsylate）和每片 300mg 的 rucaparib（相当于 516mg rucaparib camsylate)。

RUBRACA 片剂中的非活性成分包括：微晶纤维素，羟乙酸淀粉钠，胶体二氧化硅和硬脂酸镁。用于 200mg 片剂的化妆品蓝色薄膜包衣、用于 250mg 片剂的化妆品白色薄膜包衣和用于 300mg 片剂的化妆品黄色薄膜包衣是包含聚乙烯醇、二氧化钛、聚乙二醇和滑石粉的欧巴代Ⅱ。使用亮蓝色铝色淀和靛红色胭脂红铝色淀将涂料着色为蓝色，使用黄色铁色着色为黄色。

RUBRACA 的适应证：

（1）复发性卵巢癌的维持治疗：RUBRACA 可用于对铂类化学疗法有完全或部分反应的复发性上皮性卵巢癌、输卵管癌或原发性腹膜癌的成年患者的维持治疗。

（2）2 次或更多次化学疗法后治疗 BRCA 突变的卵巢癌：RUBRACA 可用于治疗患有 BRCA 突变（生殖细胞和 / 或体细胞）相关的上皮性卵巢癌、输卵管癌或原发性腹膜癌的成年患者，这些患者已经接受了两种或更多种化学疗法的治疗。

Rucaparib 是聚（ADP- 核糖）聚合酶（PARP）的抑制剂，包括 PARP-1、PARP-2 和 PARP-3，它们在 DNA 修复中起作用。 体外研究表明，rucaparib 诱导的细胞毒性可能涉及抑制 PARP 酶活性和增加 PARP-DNA 复合物的形成，从而导致 DNA 损伤、细胞凋亡和癌细胞死亡。 在具有 BRCA1 / 2 和其他 DNA 修复基因缺陷的肿瘤细胞系中观察到了 rucaparib 诱导的细胞毒性和抗肿瘤活性的增加。 在具有或不具有 BRCA 缺陷的人类癌症的小鼠异种移植模型中，rucaparib 可以显著降低肿瘤的生长。

药品上市申报信息

该药物目前有 1 种产品上市。

药品注册申请号：209115

申请类型：NDA（新药申请）
申请人：CLOVIS ONCOLOGY INC
申请人全名：CLOVIS ONCOLOGY INC

产品信息

产品号	商品名	活性成分	剂型 / 给药途径	规格 / 剂量	参比药物 (RLD)	生物等效参考标准 (RS)	治疗等效代码
002	RUBRACA	rucaparib camsylate	片剂 / 口服	等量 300mg 游离碱	是	是	否

与本品相关的专利信息（来自 FDA 橙皮书 Orange Book）

关联产品号	专利号	专利过期日	是否物质专利	是否产品专利	专利用途代码	撤销请求	提交日期
002	10130636	2035/08/17			U-2012 U-2101 U-2273		2018/12/17
	10278974	2031/02/10		是			2019/06/04
	6495541	2020/01/10	是	是			2016/12/21
	7351701	2024/07/23			U-2273 U-2101 U-2012		2016/12/21
	7531530	2024/07/23			U-2101 U-2012 U-2273		2016/12/21
	8071579	2027/08/12			U-2101 U-2273 U-2012		2016/12/21
	8143241	2027/08/12			U-2101 U-2012 U-2273		2016/12/21
	8754072	2031/02/10	是	是			2016/12/21
	8859562	2031/08/04			U-2273 U-2101 U-2012		2016/12/21
	9045487	2031/02/10	是	是			2016/12/21
	9861638	2031/02/10			U-2101 U-2012 U-2273		2018/02/06
	9987285	2035/08/17		是			2018/06/28

与本品相关的市场独占权保护信息

关联产品号	独占权代码	失效日期	备注
002	NCE	2021/12/19	
	ODE-126	2023/12/19	
	I-772	2021/04/06	
	ODE-168	2025/04/06	

合成路线 1

以下合成路线来源于 Olon 公司 Belogi 等人 2019 年发表的专利申请书。目标化合物 **7** 以化合物 **1** 和化合物 **2** 为原料，经过 4 步合成反应而得。

1
CAS号 1082040-43-4

2
CAS号 773128-23-7

AcOK, $Pd(OAc)_2$, $Ph_2PCH_2PPh_2$

3
CAS号 1809070-53-8

4
CAS号 2913-97-5

F_3CCO_2H
Et_3SiH, CH_2Cl_2

5
CAS号 2271026-00-5

$MeNH_2$, H_2O

6
CAS号 1577995-65-3

F_3CCO_2H
$SiH(CHMe_2)_2$

7
rucaparib
CAS号 283173-50-2

原始文献： WO 2019020508, 2019.

合成路线 2

以下合成路线来源于 Assia Chemical Industries 公司 Samec 等人 2018 年发表的专利申请书。目标化合物 **7** 以化合物 **1** 为原料，经过 4 步合成反应而得。

Py · HBr_3
THF, CH_2Cl_2

1
CAS号 1408282-26-7

2
CAS号 283173-80-8

3
CAS号 87199-17-5

4
CAS号 74-89-5

EtOH

5
CAS号 2102935-11-3

H_2, Ni, EtOH
5bar

K_2CO_3,
$Pd(OAc)_2(PPh_3)$

5
CAS号 2102935-11-3

6
CAS号 518336-26-0

2
CAS号 283173-80-8

7
rucaparib
CAS号 283173-50-2

原始文献： WO 2018140377, 2018.

合成路线 3

以下合成路线来源于 Assia Chemical Industries 公司 Ma 等人 2006 年发表的专利申请书。目标化合物 **15** 以化合物 **1** 和化合物 **2** 为原料，经过 9 步合成反应而得。

1. H_2SO_4, H_2O
NO_3NMe_4
2. $O(C(=O)CF_3)_2$,
CH_2Cl_2

1
CAS号 345-16-4

2
CAS号 149-73-5

3
CAS号 880160-63-4

4
CAS号 77123-57-0

$MeNH_2$-HCl
$NaBH_3CN$
MeOH

5
CAS号 74-89-5

6
CAS号 880160-60-1

Et_3N, CH_2Cl_2
K_2CO_3, MeOH

7
CAS号 79-22-1

Et_3N, $O(SO_2CF_3)_2$,
MeCN, $PdCl_2(PPh_3)_2$

8
CAS号 880160-62-3

9
CAS号 880160-64-5

9 → 1. Et_3N, $O(SO_2CF_3)_2$, MeCN, $PdCl_2(PPh_3)_2$; 2. NH_4Cl, Fe, H_2O, MeOH; 3. CuI, DMF

10
CAS号 880160-66-7

11
CAS号 1190-92-7

F_3CCO_2H, CH_2Cl_2

12
CAS号 880160-67-8

NaBH$_4$, MeOH → 13

13
CAS号 880160-68-9

1. H_2, Ni, AcOH, 150psi
2. NH_4OH, MeOH

14
CAS号 880160-69-0

1. HBr, AcOH
2. NaOH, H_2O

15
rucaparib
CAS号 283173-50-2

原始文献： US 20060063926, 2006.

合成路线 4

以下合成路线来源于 Agouron Pharmaceuticals 公司 Webber 等人 2000 年发表的专利申请书。目标化合物 **6** 以化合物 **1** 为原料，经过 3 步合成反应而得。

1
CAS号 33184-16-6

2
CAS号 283173-80-8

3
CAS号 87199-17-5

Na_2CO_3, LiCl
$Pd(PPh_3)_4$

4
CAS号 283173-84-2

5
CAS号 74-89-5

1. MeOH, $MeNH_2$,
2. HCl, $NaBH_3CN$, $ZnCl_2$

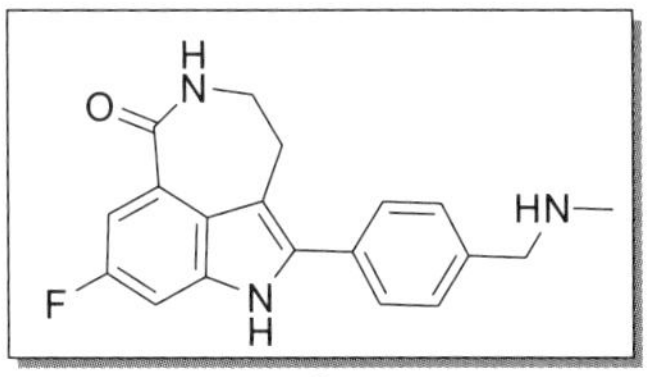

6
rucaparib
CAS号 283173-50-2

原始文献： WO 2000042040, 2000.

合成路线 5

以下合成路线来源于 Pfizer Global Research and Development 公司 Gillmore 等人 2012 年发表的论文。目标化合物 **15** 以化合物 **1** 和化合物 **2** 为原料，经过 9 步合成反应而得。该合成方法属于公斤级生产工艺研究，具有较高的参考价值。

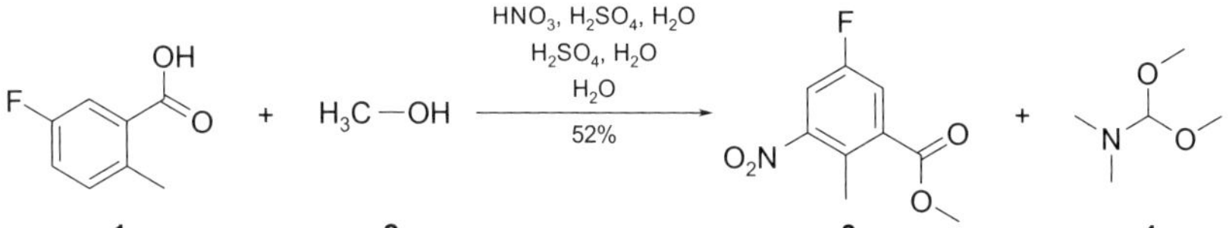

HNO_3, H_2SO_4, H_2O; H_2SO_4, H_2O; H_2O; 52%

1 CAS号 33184-16-6　**2** CAS号 67-56-1 (H_3C-OH)　**3** CAS号 697739-03-0　**4** CAS号 4637-24-5

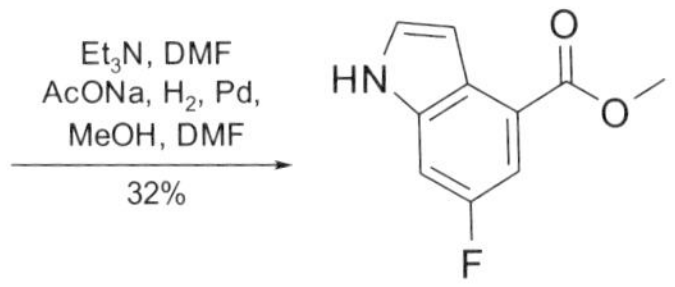

Et_3N, DMF; AcONa, H_2, Pd, MeOH, DMF; 32%

5 CAS号 1082040-43-4

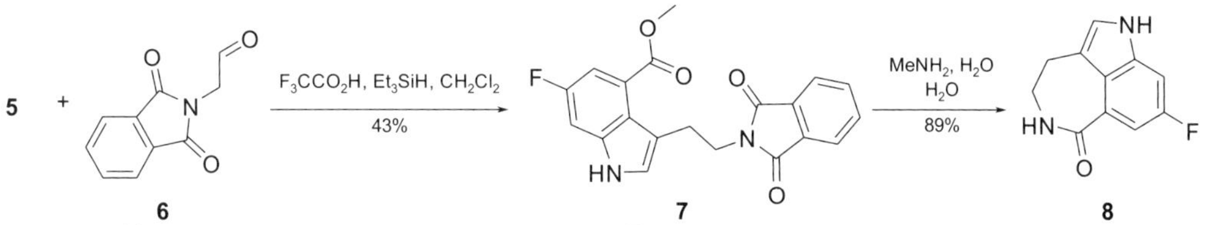

F_3CCO_2H, Et_3SiH, CH_2Cl_2; 43%

$MeNH_2$, H_2O; H_2O; 89%

6 CAS号 2913-97-5　**7** CAS号 1408282-25-6　**8** CAS号 1408282-26-7

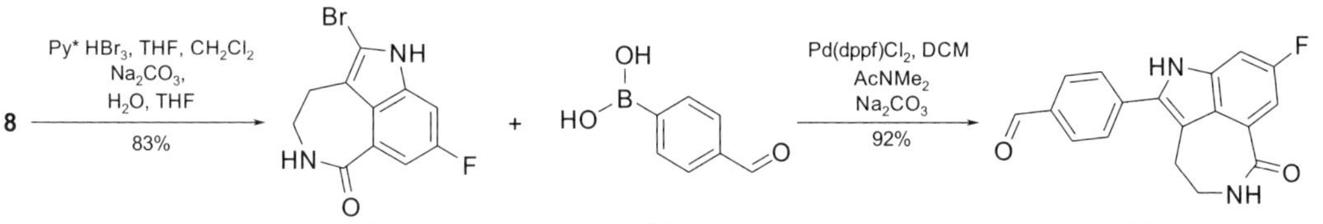

Py* HBr_3, THF, CH_2Cl_2; Na_2CO_3, H_2O, THF; 83%

Pd(dppf)Cl_2, DCM; $AcNMe_2$; Na_2CO_3; 92%

9 CAS号 283173-80-8　**10** CAS号 87199-17-5　**11** CAS号 283173-84-2

11

H_3C-NH_2

12

CAS号 74-89-5

MeOH, EtOH, THF

91%

13

CAS号 1424059-28-8

$NaBH_4$, MeOH, THF

HCl, H_2O, MeOH

76%

14

CAS号 773059-19-1

NaOH, H_2O, MeOH

93%

15

rucaparib

CAS号 283173-50-2

原始文献： Org Proc Res Dev, 2012, 16(12):1897-1904.

合成路线 6

以下合成路线来源于 Universitetet i Oslo Alluri Santosh 等人 2018 年发表的论文。目标化合物 **12** 以化合物 **1** 和化合物 **2** 为原料，经过 8 步合成反应而得。

1

CAS号 141071-78-5

2

CAS号 3282-30-2

BuLi, THF, $Me(CH_2)_4Me$

NH_4Cl, H_2O

80%

3

CAS号 2226536-16-7

1. $SOCl_2$, $ClCH_2CH_2Cl$

2. $ClCH_2C(=O)Cl$, $AlCl_3$

9%

4

CAS号 2228823-37-6

AcONa, H_2NOH-HCl,

H_2O, MeOH, THF

$SOCl_2$, 二噁烷

$NaHCO_3$, H_2O

40%

5

DBU, H_2O, THF
NH_4Cl, H_2O
79%

1. Py*HBr_3, THF, CH_2Cl_2
2. $NaHCO_3$, H_2O
69%

5
CAS号 2226534-35-4

6
CAS号 1408282-26-7

7
CAS号 283173-80-8

Na_2CO_3
$Pd(PPh_3)_4$,
H_2O, 二噁烷
65%

8
CAS号 87199-17-5

AcONa, H_2NOH-HCl, H_2O, MeOH
HCl, Zn, H_2O, EtOH
NH_3, H_2O
76%

9
CAS号 283173-84-2

10
CAS号 1577983-73-3

11
CAS号 6214-20-6

F_3CCH_2OH
37%

12
rucaparib
CAS号 283173-50-2

原始文献： ACS Chem Neurosci, 2018, 9(6):1259-1263.

合成路线 7

以下合成路线来源于 Jiangsu Kaiyuan Pharmaceutical 公司 Yan 等人 2019 年发表的论文。目标化合物 **9** 以化合物 **1** 和化合物 **2** 为原料，经过 6 步合成反应而得。

1
CAS号 2356180-53-3

2
CAS号 1305320-70-0

Et$_3$N, CH_2Cl_2
74%

3
CAS号 2356180-52-2

AcOH, H_2O
二噁烷
85%

4
CAS号 2356180-56-6

Fe, AcOH
74%

5
CAS号 2356180-59-9

5

6
CAS号 2913-97-5

F_3CCO_2H, CH_2Cl_2
88%

7
CAS号 2356180-62-4

$MeNH_2$, H_2O
97%

8
CAS号 283173-50-2

O_2, Pd, EtOH, THF
NaOH, H_2O
88%

9
rucaparib
CAS号 283173-50-2

原始文献： CN 109824677, 2019.

参考文献

[1] Ledermann J A, Oza A M, Lorusso D, et al. Rucaparib for patients with platinum- sensitive, recurrent ovarian carcinoma (ARIEL3): post-progression outcomes and updated safety results from a randomised, placebo-controlled, phase 3 trial. Lancet Oncol, 2020, 21(5):710-722.

[2] Tomao F, Vici P, Tomao S. Expanding use of rucaparib as maintenance therapy in recurrent ovarian cancer: updates from the ARIEL3 trial. Lancet Oncol, 2020, 21(5):616-617.

芦卡帕尼核磁谱图

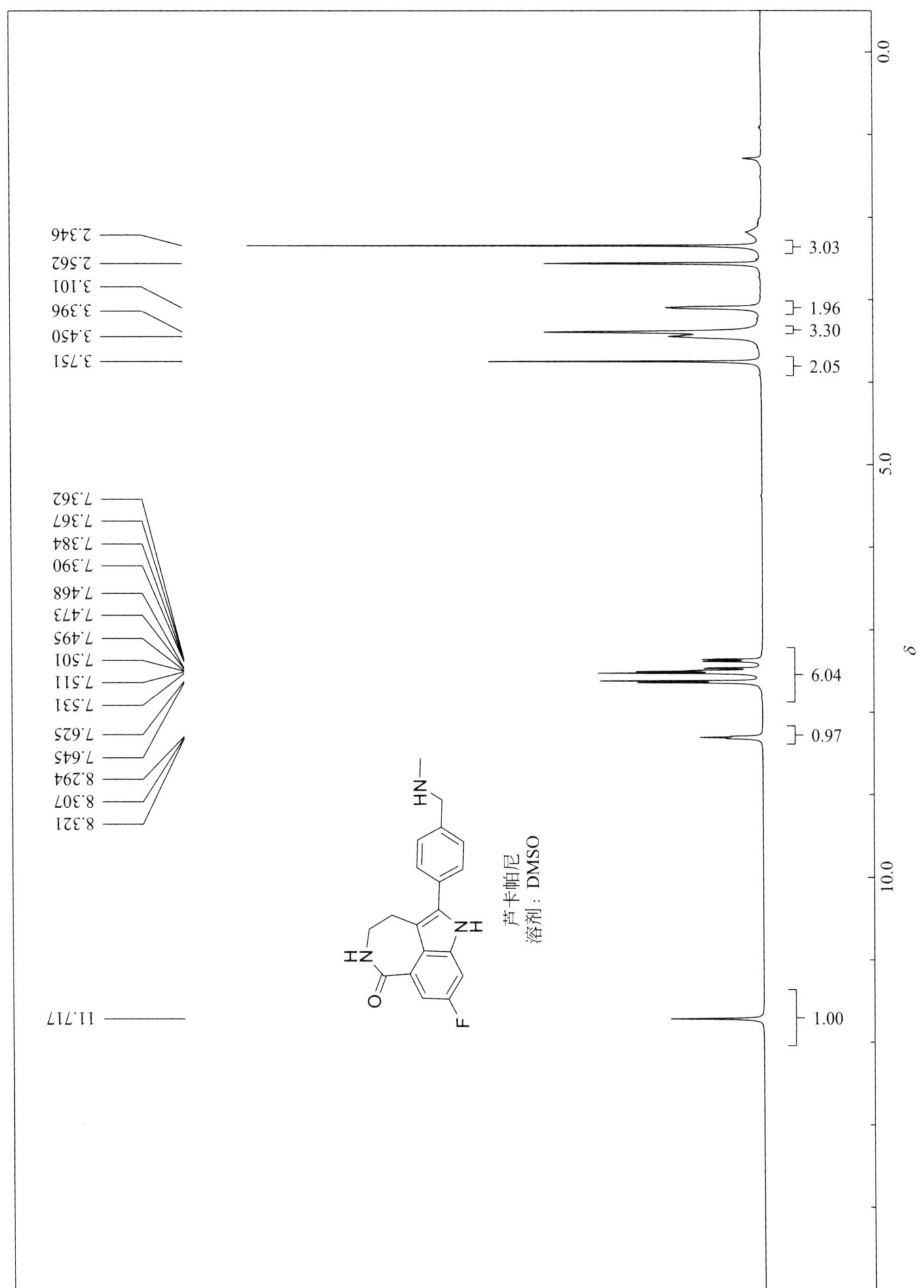

sacubitril（沙库巴曲）

药物基本信息

英文通用名	sacubitril
英文别名	AHU377; AHU 377; AHU-377
中文通用名	沙库巴曲
商品名	Entresto
CAS 登记号	1369773-39-6 (半钙盐), 149709-62-6 (游离酸), 149690-05-1 (钠盐)
FDA 批准日期	7/7/2015
FDA 批准的 API	sacubitril sodium
化学名	sodium 4-(((2*S*,4*R*)-1-([1,1′-biphenyl]-4-yl)-5-ethoxy-4-methyl-5-oxopentan-2-yl)amino)-4-oxobutanoate
SMILES 代码	O=C([O-])CCC(N[C@@H](C[C@@H](C)C(OCC)=O)CC1=CC=C(C2=CC=CC=C2)C=C1)=O.[Na+]

化学结构和理论分析

化学结构	理论分析值
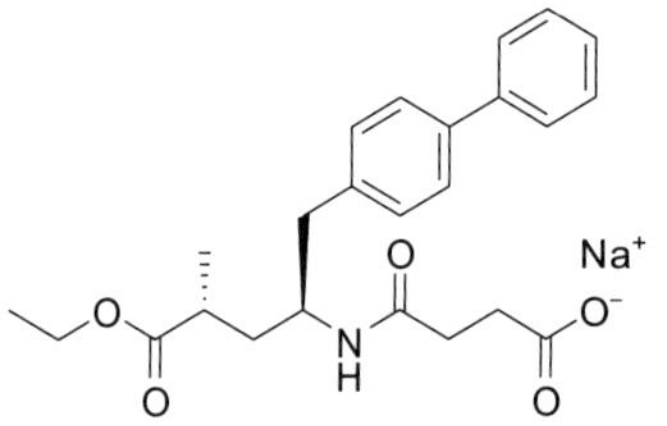	化学式：$C_{24}H_{28}NNaO_5$ 精确分子量：N/A 分子量：433.48 元素分析：C, 66.50; H, 6.51; N, 3.23; Na, 5.30; O, 18.45

药品说明书参考网页

生产厂家产品说明书、美国药品网、美国处方药网页。

药物简介

ENTRESTO 是由中性溶酶抑制剂和血管紧张素Ⅱ受体阻滞剂组成的药物。其活性成分是 sacubitril sodium 和 valsartan 组成的一种复合物，该复合物由 sacubitril 和 valsartan 的阴离子，钠阳离子和水分子组成，摩尔比分别为 1∶1∶3∶2.5。口服后，该复合物分解为 sacubitril（进一步被代谢为 LBQ657）和 valsartan。

ENTRESTO 是一种薄膜包衣片剂口服给药。目前有 3 种剂量规格，分别含：① 24mg sacubitril 和 26mg valsartan; ② 49mg sacubitril 和 51mg valsartan; ③ 97mg Sacubitril 和 103mg valsartan。片剂中的非活性成分是微晶纤维素、低取代的羟丙基纤维素、交聚维酮、硬脂酸镁（植物来源）、滑石粉和胶体二氧化硅。薄膜包衣的非活性成分是羟丙甲纤维素、二氧化钛（E 171）、聚乙二醇 4000、滑石粉和氧化铁红（E 172）。24mg sacubitril 和 26mg valsartan 片、97mg sacubitril 和 103mg valsartan 片的薄膜衣还含有氧化铁黑（E 172）。49mg sacubitril 和 51mg valsartan 片的薄膜衣含有氧化铁黄（E 172）。

ENTRESTO 可以降低慢性心力衰竭（NYHA Ⅱ～Ⅳ级）和射血分数降低的患者因心力衰竭而导致心血管死亡和住院的风险。ENTRESTO 通常与其他心力衰竭疗法联合使用，以代替 ACE 抑制剂或其他 ARB。

ENTRESTO 包含一种中性溶酶抑制剂 sacubitril 和一种血管紧张素受体阻滞剂 valsartan。ENTRESTO 通过 LBQ657（前药 sacubitril 的活性代谢物）抑制脑啡肽酶（中性内肽酶；NEP），并通过 valsartan 阻断 1 型血管紧张素Ⅱ（AT1）受体。ENTRESTO 在心力衰竭患者中对心血管和肾脏的作用归因于 LBQ657 通过脑啡肽酶降解的肽（如利钠肽）水平升高，同时通过 valsartan 抑制血管紧张素Ⅱ而发挥作用。Valsartan 通过选择性方式阻断 AT1 受体来抑制血管紧张素Ⅱ的作用，并且还抑制血管紧张素Ⅱ依赖性醛固酮的释放。

药品上市申报信息

该药物目前有 3 种产品上市。

药品注册申请号: 207620
申请类型: NDA (新药申请)
申请人: NOVARTIS PHARMS CORP
申请人全名: NOVARTIS PHARMACEUTICALS CORP

产品信息

产品号	商品名	活性成分	剂型 / 给药途径	规格 / 剂量	参比药物 (RLD)	生物等效参考标准 (RS)	治疗等效代码
001	ENTRESTO	sacubitril; valsartan	片剂 / 口服	24mg;26mg	是	否	否
002	ENTRESTO	sacubitril; valsartan	片剂 / 口服	49mg;51mg	是	否	否
003	ENTRESTO	sacubitril; valsartan	片剂 / 口服	97mg;103mg	是	是	否

与本品相关的专利信息（来自 FDA 橙皮书 Orange Book）

关联产品号	专利号	专利过期日	是否物质专利	是否产品专利	专利用途代码	撤销请求	提交日期
001	7468390	2023/11/27		是			2015/08/06
	7468390*PED	2024/05/27					
	8101659	2023/01/14		是			2015/08/06
	8101659*PED	2023/07/14					
	8404744	2023/01/14		是			2015/08/06
	8404744*PED	2023/07/14					
	8796331	2023/01/14			U-1723		2015/08/06
	8796331*PED	2023/07/14					
	8877938	2027/05/27	是	是			2015/08/06
	8877938*PED	2027/11/27					
	9388134	2026/11/08			U-1723		2016/09/07
	9388134*PED	2027/05/08					

续表

关联产品号	专利号	专利过期日	是否物质专利	是否产品专利	专利用途代码	撤销请求	提交日期
002	7468390	2023/11/27		是			2015/08/06
	7468390*PED	2024/05/27					
	8101659	2023/01/14		是			2015/08/06
	8101659*PED	2023/07/14					
	8404744	2023/01/14		是			2015/08/06
	8404744*PED	2023/07/14					
	8796331	2023/01/14			U-1723		2015/08/06
	8796331*PED	2023/07/14					
	8877938	2027/05/27	是	是			2015/08/06
	8877938*PED	2027/11/27					
	9388134	2026/11/08			U-1723		2016/09/07
	9388134*PED	2027/05/08					
003	7468390	2023/11/27		是			2015/08/06
	7468390*PED	2024/05/27					
	8101659	2023/01/14		是			2015/08/06
	8101659*PED	2023/07/14					
	8404744	2023/01/14		是			2015/08/06
	8404744*PED	2023/07/14					
	8796331	2023/01/14			U-1723		2015/08/06
	8796331*PED	2023/07/14					
	8877938	2027/05/27	是	是			2015/08/06
	8877938*PED	2027/11/27					
	9388134	2026/11/08			U-1723		2016/09/07
	9388134*PED	2027/05/08					

与本品相关的市场独占权保护信息

关联产品号	独占权代码	失效日期	备注
001	NCE	2020/07/07	
	NPP	2022/10/01	
	PED	2023/04/01	
	PED	2021/01/07	
002	PED	2023/04/01	
	PED	2021/01/07	
	NCE	2020/07/07	
	NPP	2022/10/01	

续表

关联产品号	独占权代码	失效日期	备注
003	NCE	2020/07/07	
	NPP	2022/10/01	
	PED	2021/01/07	
	PED	2023/04/01	

合成路线 1

以下合成路线来源于 Wuhan Qr Pharmaceuticals 公司 Zhang 等人 2018 年发表的专利申请书。目标化合物 **5** 以化合物 **1** 和化合物 **2** 为原料，经过 2 步合成反应而得。

1 CAS号 1012341-50-2 + **2** CAS号 64-17-5 —($SOCl_2$, EtOH; 91%)→ **3** CAS号 149690-12-0 (H−Cl); **4** CAS号 110-15-6 —(C_5H_5N, EDC-HCl, NHS; 70%)→ **5** sacubitril CAS号 149709-62-6

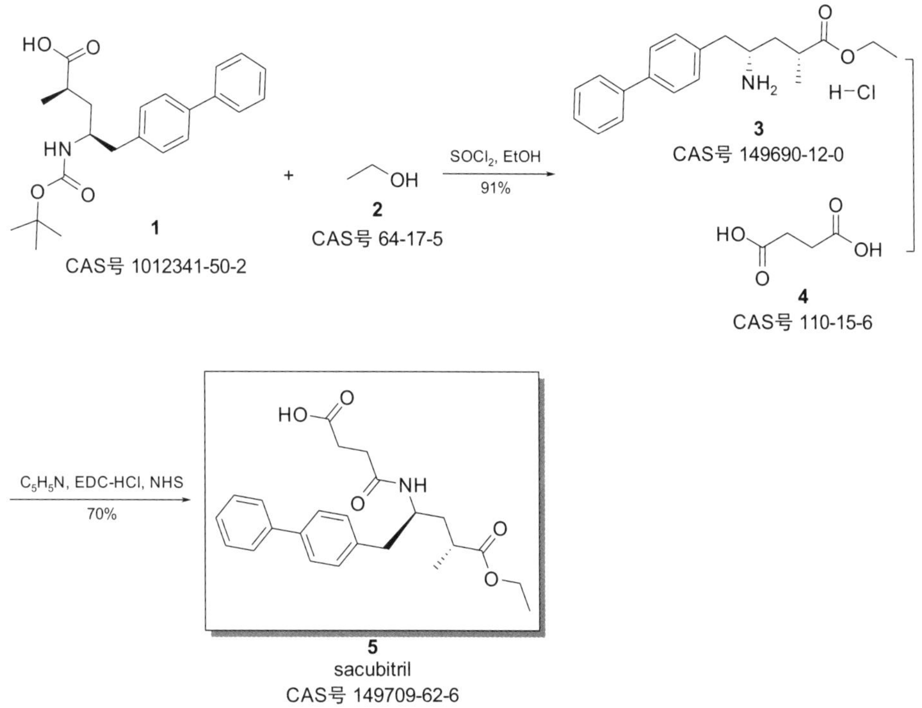

原始文献： WO 2018196860, 2018.

合成路线 2

以下合成路线来源于 MSN Laboratories 公司 Thirumalai 等人 2017 年发表的专利申请书。目标化合物 **5** 以化合物 **1** 和化合物 **2** 为原料，经过 2 步合成反应而得。

1 CAS号 1012341-50-2 + **2** CAS号 64-17-5 —(1. $SOCl_2$, EtOH, 5~60°C, 6h; 2. *t*-BuOMe, 1h)→ **3** CAS号 149690-12-0 (H−Cl)

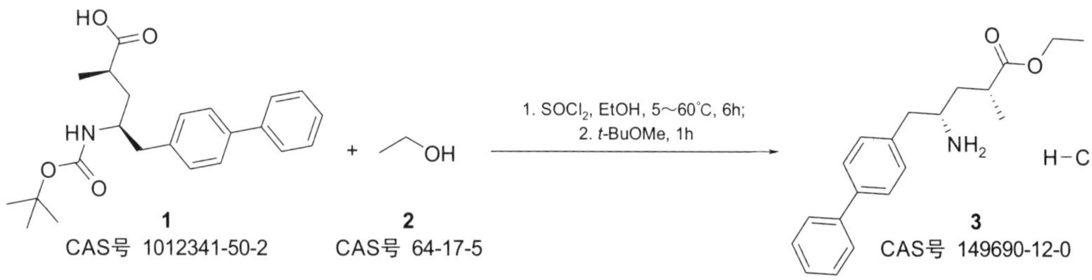

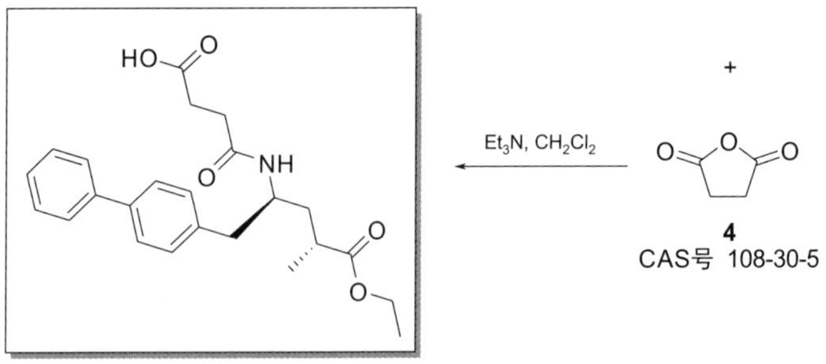

Et_3N, CH_2Cl_2

4
CAS号 108-30-5

5
sacubitril
CAS号 149709-62-6

原始文献： WO 2017154017, 2017.

合成路线 3

以下合成路线来源于 Sun Pharmaceutical Industries 公司 Putapatri 等人 2017 年发表的专利申请书。目标化合物 **13** 以化合物 **1** 和化合物 **2** 为原料，经过 8 步合成反应而得。

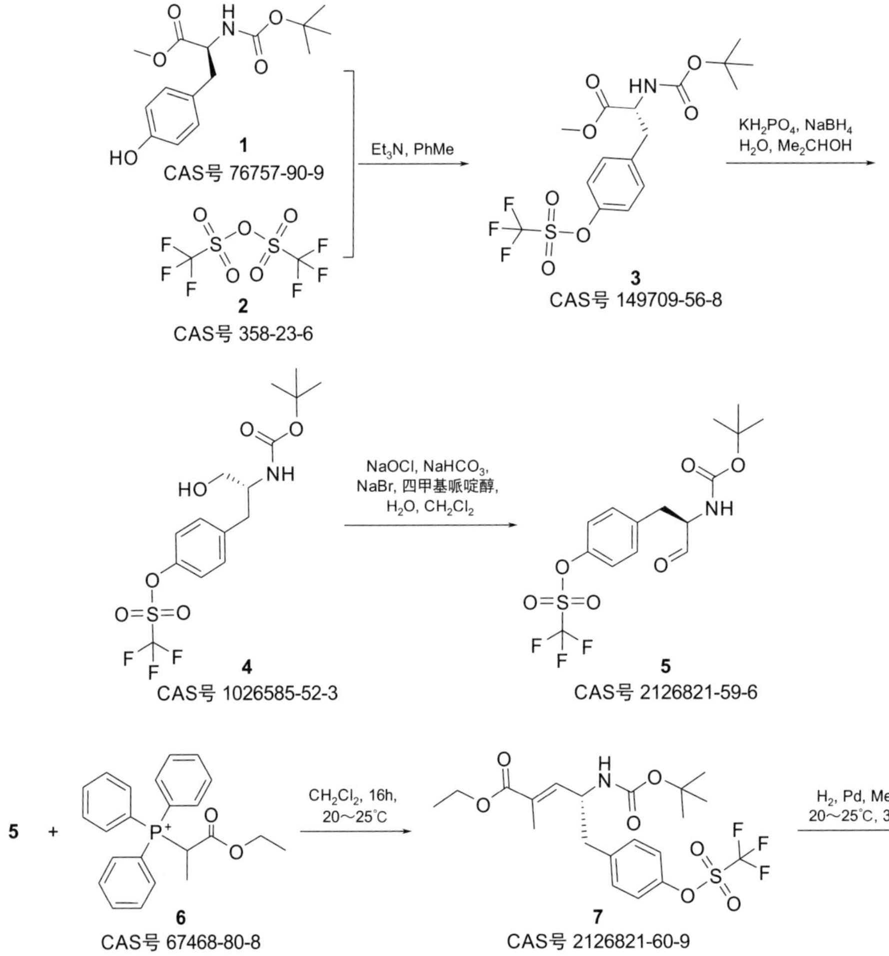

1
CAS号 76757-90-9

2
CAS号 358-23-6

Et_3N, PhMe

3
CAS号 149709-56-8

KH_2PO_4, $NaBH_4$
H_2O, Me_2CHOH

4
CAS号 1026585-52-3

NaOCl, $NaHCO_3$,
NaBr, 四甲基哌啶醇,
H_2O, CH_2Cl_2

5
CAS号 2126821-59-6

5 + 6
CAS号 67468-80-8

CH_2Cl_2, 16h,
20～25℃

7
CAS号 2126821-60-9

H_2, Pd, MeOH, 4h,
20～25℃, 3.5～4 atm

8
CAS号 2126821-61-0

K_2CO_3, $Pd(PPh_3)_4$, PhMe

9
CAS号 98-80-6

10
CAS号 149709-60-4

TFA

11
CAS号 752174-62-2

12
CAS号 108-30-5

EtN(Pr-*i*)$_2$, PhMe

13
sacubitril
CAS号 149709-62-6

原始文献： WO 2017141193, 2017.

合成路线 4

以下合成路线来源于 Zentiva 公司 Halama 等人 2017 年发表的专利申请书。目标化合物 **6** 以化合物 **1** 为原料，经过 3 步合成反应而得。该合成路线是关于中试合成工艺研究，有一定的参考价值。

H_2, Pd, H_2O, EtOH
58%

1
CAS号 1012341-48-8

2
CAS号 1012341-50-2

3
CAS号 64-17-5

$SOCl_2$,EtOH
96%

4
CAS号 149690-12-0

5
CAS号 108-30-5

Et_3N, CH_2Cl_2, CH_2Cl_2, HCl, H_2O

6
sacubitril
CAS号 149709-62-6

原始文献： Org Proc Res Dev, 2019, 23(1): 102-107.

合成路线 5

以下合成路线来源于 Shanghai Institute of Organic Chemistry Yun 等人 2016 年发表的专利申请书。目标化合物 **11** 以化合物 **1** 为原料，经过 6 步合成反应而得。

1
CAS号 1006724-46-4

DBU, CH_2Cl_2, Na_2CO_3, H_2O
91%

2
CAS号 2055085-37-3

3
CAS号 92-66-0

Mg, I_2, Me_2S-CuBr, THF, THF, NH_4Cl, H_2O
80%

4
CAS号 2055085-38-4

Et_3N, $MeSO_2Cl$, 4-DMAP, CH_2Cl_2, Na_2CO_3, H_2O, NaN_3, DMF
92%

5
CAS号 2055085-39-5

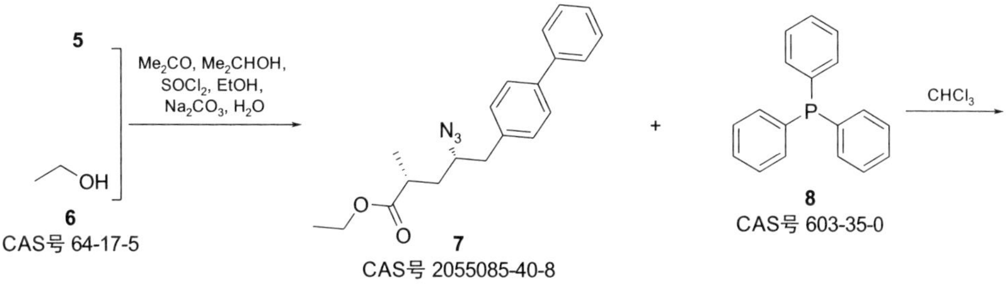

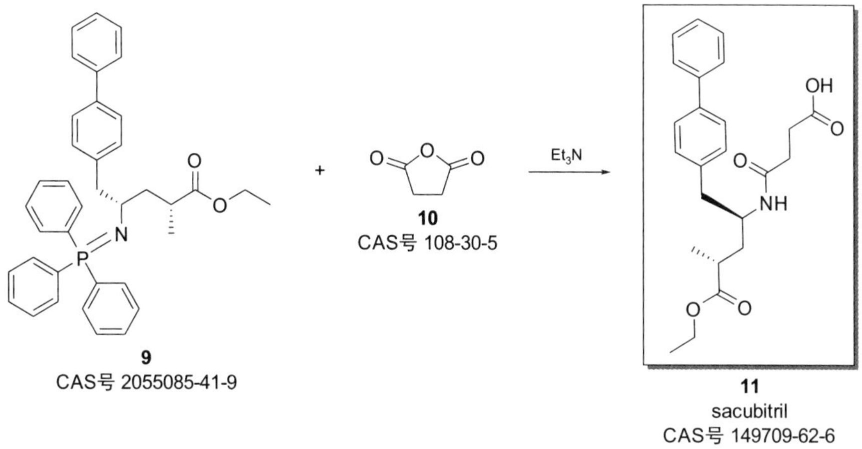

原始文献：Tetrahedron Lett, 2016, 57(52): 5928-5930.

合成路线 6

以下合成路线来源于 Jiangsu Hansoh Pharmaceutical 公司 Yang 等人 2014 年发表的专利申请书。目标化合物 **14** 以化合物 **1** 为原料，经过 7 步合成反应而得。

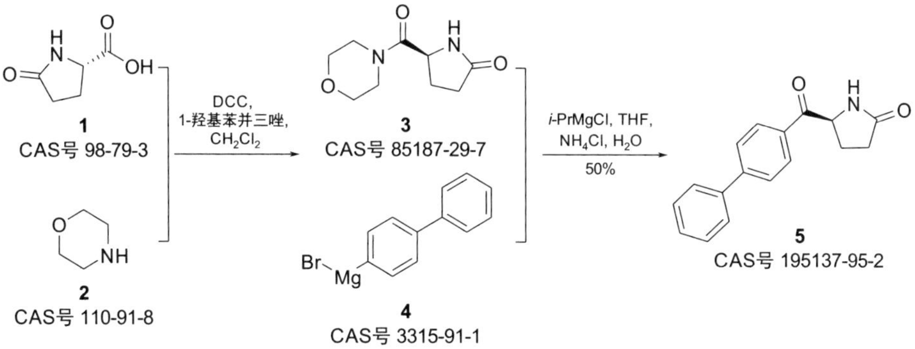

H_2SO_4, H_2, Pd, THF, NaOH, THF
99%

6
CAS号 1038924-61-6

6

7
CAS号 3282-30-2

Et_3N, PhMe
69%

8
CAS号 1038924-65-0

\+

9
CAS号 77-78-1

K[N(SiMe$_3$)$_2$], PhMe, PhMe, NH_4Cl, H_2O
46%

10
CAS号 1038924-66-1

10 + **11**
CAS号 75-36-5

EtOH

12
CAS号 752174-62-2

\+ **13**
CAS号 108-30-5

CH_2Cl_2, C_5H_5N

14
sacubitril
CAS号 149709-62-6

原始文献： WO 2014198195 A1, 2014.

参考文献

[1] Cacciatore F, Amarelli C, Maiello C, et al. Effect of sacubitril-valsartan in reducing depression in patients with advanced heart failure. J Affect Disord, 2020, 272:132-137.

[2] Agra-Bermejo R, Alvarez Rodríguez L, González-Juanatey J R. Sacubitril- valsartan, a new opportunity for heart failure with recovered ejection fraction? Cardiology, 2020, 145(5):283-284.

沙库巴曲核磁谱图

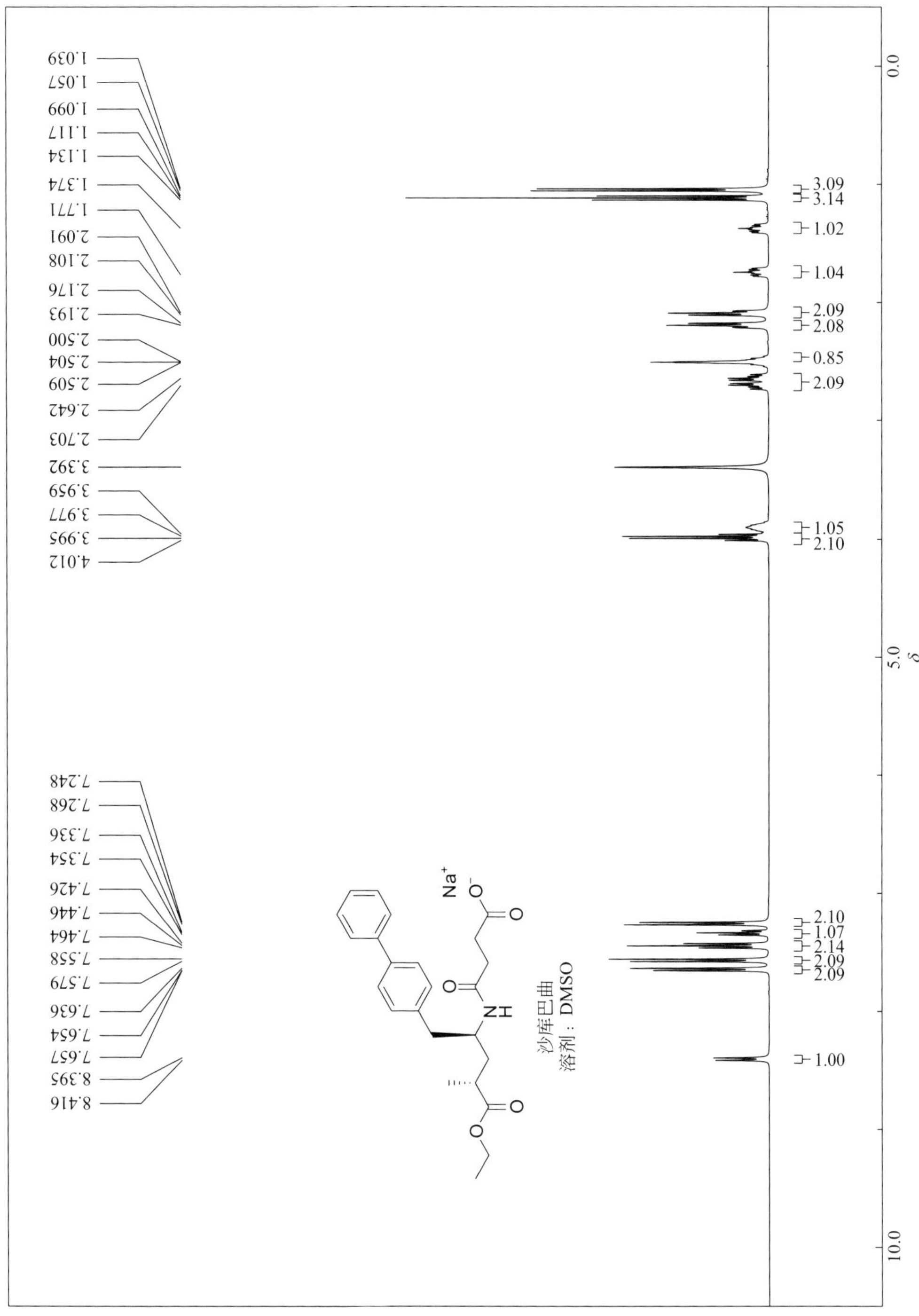

safinamide（沙芬酰胺）

药物基本信息

英文通用名	safinamide
英文别名	FCE-28073; FCE 28073; FCE28073; NW 1015; NW1015; NW-1015; PNU 151774E; PNU-151774E; EMD-1195686; EMD1195686; EMD 1195686
中文通用名	沙芬酰胺
商品名	Xadago
CAS登记号	133865-89-1 (游离碱), 202825-46-5 (甲磺酸盐)
FDA 批准日期	3/21/2017
FDA 批准的API	safinamide mesylate
化学名	(*S*)-2-((4-((3-fluorobenzyl)oxy)benzyl)amino)propanamide methanesulfonate
SMILES代码	C[C@H](NCC1=CC=C(OCC2=CC=CC(F)=C2)C=C1)C(N)=O.CS(=O)(O)=O

化学结构和理论分析

化学结构	理论分析值
	化学式：$C_{18}H_{23}FN_2O_5S$ 精准分子量：N/A 分子量：398.4494 元素分析：C, 54.26; H, 5.82; F, 4.77; N, 7.03; O, 20.08; S, 8.05

药品说明书参考网页

生产厂家产品说明书、美国药品网、美国处方药网页。

药物简介

XADAGO 片剂的活性成分是 safinamide mesylate，属于一种 MAO-B 抑制剂。

Safinamide mesylate 为白色至类白色结晶性粉末，易溶于水、甲醇和二甲基亚砜。Safinamide mesylate 微溶于乙醇，几乎不溶于乙酸乙酯。在 pH 值范围为 1.2 ～ 7.5 的水性缓冲液中，safinamide mesylate 在 pH 值为 1.2 和 4.5 时高度可溶，但在 pH 值为 6.8 和 7.5 时显示出低溶解度（＜ 0.4mg/mL）。

XADAGO 目前有 2 种规格的口服片剂，剂量分别为 50mg 和 100mg safinamide，分别相当于 65.88mg 或 131.76mg 的 safinamide mesylate。片剂还包含以下非活性成分：胶体二氧化硅，交聚维酮，羟丙甲纤维素，氧化铁（红色），硬脂酸镁，微晶纤维素，聚乙二醇 6000，硅酸铝钾和二氧化钛。

XADAGO 可以作为帕金森病（PD）患者接受左旋多巴 / 卡比多巴（levodopa/carbidopa）治疗时的辅助治疗。

XADAGO 在帕金森病中发挥作用的确切机制尚不清楚。XADAGO 是单胺氧化酶 B（MAO-B）的抑制剂。通过阻断多巴胺的分解代谢来抑制 MAO-B 活性，被认为导致脑中多巴胺水平的增加和随后多巴胺能活性的增加。

药品上市申报信息

该药物目前有 2 种产品上市。

药品注册申请号：207145
申请类型：NDA（新药申请）
申请人：US WORLDMEDS LLC
申请人全名：US WORLDMEDS LLC

产品信息

产品号	商品名	活性成分	剂型 / 给药途径	规格 / 剂量	参比药物 (RLD)	生物等效参考标准 (RS)	治疗等效代码
001	XADAGO	safinamide mesylate	片剂 / 口服	50mg	是	否	否
002	XADAGO	safinamide mesylate	片剂 / 口服	100mg	是	是	否

与本品相关的专利信息（来自 FDA 橙皮书 Orange Book）

关联产品号	专利号	专利过期日	是否物质专利	是否产品专利	专利用途代码	撤销请求	提交日期
001	8076515	2028/12/10	是	是	U-1993		2017/04/20
	8278485	2027/06/08	是		U-1993		2017/04/20
	8283380	2027/09/01			U-1993		2017/04/20
002	8076515	2028/12/10	是	是	U-1993		2017/04/20
	8278485	2027/06/08	是		U-1993		2017/04/20
	8283380	2027/09/01			U-1993		2017/04/20

与本品相关的市场独占权保护信息

关联产品号	独占权代码	失效日期	备注
001	NCE	2022/03/21	
002	NCE	2022/03/21	

合成路线 1

以下合成路线来源于 University of North Carolina Park 等人 2015 年发表的论文。目标化合物 **5** 以化合物 **1** 和化合物 **2** 为原料，经过 2 步合成而得。

1
CAS号 123-08-0

2
CAS号 456-41-7

K_2CO_3, Me_2CO, 2h, 60°C, 83%

3
CAS号 66742-57-2

4
CAS号 33208-99-0

Et_3N, MeOH, 2h, rt, $NaBH_3CN$, MeOH, 0°C; 16h, rt, 60%

5
safinamide
CAS号 133865-89-1

原始文献： ACS Chem Neurosci, 2015, 6(2):316-330.

合成路线 2

以下合成路线来源于 Council of Scientific & Industrial Research Murugan 等人 2014 年发表的专利说明书。目标化合物 **17** 以化合物 **1** 为原料，经过 12 步合成而得。

1
CAS号 456-47-3

I_2, PPh_3, 1*H*-咪唑, CH_2Cl_2, $Na_2S_2O_3$, H_2O, 95%

2
CAS号 28490-56-4

3
CAS号 623-05-2

K_2CO_3, MeCN, rt; 6h, 70°C, 91%

4
CAS号 690969-16-5

I_2, PPh_3, 1*H*-咪唑, CH_2Cl_2, $Na_2S_2O_3$, H_2O, 93%

5
CAS号 1621168-04-4

6
CAS号 14618-80-5

1. $LiAlH_4$, THF
2. NaOH, H_2O
95%

7
CAS号 89401-28-5

8
CAS号 124-63-0

Et_3N, CH_2Cl_2

9
CAS号 1621168-02-2

NaN_3, DMF, 6h, 60°C

F_3CCO_2H, H_2, $Pd(OH)_2$, MeOH, 8h, rt, 60psi

10
CAS号 1621168-03-3

11
CAS号 2749-11-3

11 + 12 → (Et_3N, CH_2Cl_2) 13 + 5

12
CAS号 1694-92-4

13
CAS号 1351395-66-8

5
CAS号 1621168-04-4

K_2CO_3, MeCN, rt; 72h, 70°C
80%

14
CAS号 1621168-05-5

14 → NaOCl, $NaOClO$, 四甲基哌啶醇, H_2O, MeCN, 85%

15
CAS号 1621168-06-6

Et_3N, $ClCO_2Et$, THF, 1h, 0°C, NH_4OH, H_2O, 16h, rt
91%

16
CAS号 1621168-08-8

K_2CO_3,PhSH, DMF, 6h, rt
86%

17
safinamide
CAS号 133865-89-1

原始文献： WO 2014178083, 2014.

合成路线 3

以下合成路线来源于 Newron Pharmaceuticals 公司 Barbanti 等人 2009 年发表的专利说明书。目标化合物 **5** 以化合物 **1** 和化合物 **2** 为原料，经过 2 步合成而得。

1
CAS号 123-08-0

2
CAS号 1000370-26-2

K_2CO_3, MiTMAB, PhMe, 98%

3
CAS号 66742-57-2

4
CAS号 33208-99-0

MeOH, $NaBH_4$, 90%

5
safinamide
CAS号 133865-89-1

原始文献： WO 2009074478, 2009.

合成路线 4

以下合成路线来源于 Newron Pharmaceuticals 公司 Barbanti 等人 2007 年发表的专利说明书。目标化合物 **6** 以化合物 **1** 和化合物 **2** 为原料，经过 3 步合成而得。

1
CAS号 123-08-0

2
CAS号 456-42-8

K_2CO_3, PhMe, 5d, 回流

3
CAS号 66742-57-2

4
CAS号 33208-99-0

Et_3N, MeOH, 1h, rt, 73%

5
CAS号 1000370-31-9

H_2, Pt, MeOH, 5bar, 95%

6
safinamide
CAS号 133865-89-1

原始文献： WO 2007147491, 2007.

合成路线 5

以下合成路线来源于 University of Bari Leonetti 等人 2007 年发表的论文。目标化合物 **4** 以化合物 **1**、化合物 **2** 和化合物 **3** 为原料，经过 1 步合成而得。

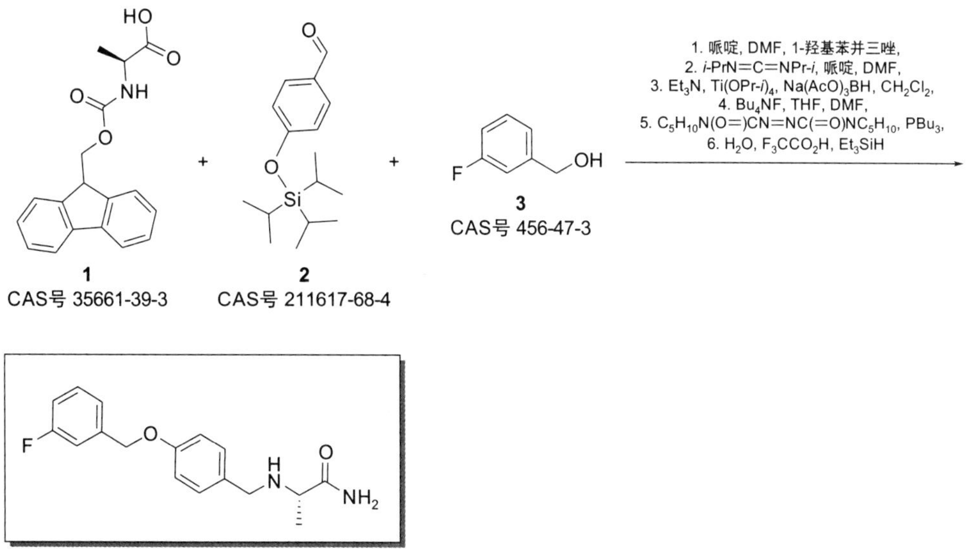

1. 哌啶, DMF, 1-羟基苯并三唑,
2. *i*-PrN=C=NPr-*i*, 哌啶, DMF,
3. Et_3N, $Ti(OPr\text{-}i)_4$, $Na(AcO)_3BH$, CH_2Cl_2,
4. Bu_4NF, THF, DMF,
5. $C_5H_{10}N(O=)CN=NC(=O)NC_5H_{10}$, PBu_3,
6. H_2O, F_3CCO_2H, Et_3SiH

1 CAS号 35661-39-3

2 CAS号 211617-68-4

3 CAS号 456-47-3

4 safinamide CAS号 133865-89-1

原始文献： J Med Chem, 2007, 50(20):4909-4916.

合成路线 6

以下合成路线来源于 CSIR-National Chemical Laboratory 有机化学系 Reddi 等人 2014 年发表的论文。目标化合物 **15** 以化合物 **1** 为原料，经过 11 步合成而得。

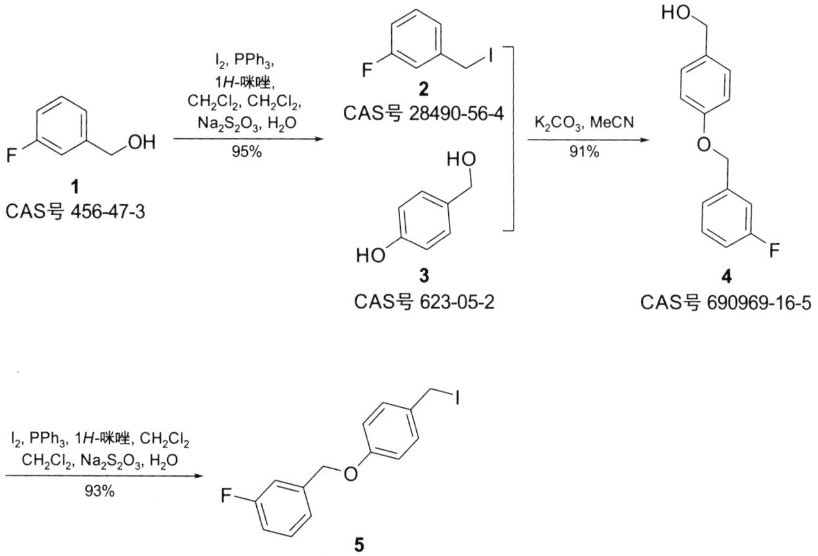

I_2, PPh_3, 1*H*-咪唑, CH_2Cl_2, CH_2Cl_2, $Na_2S_2O_3$, H_2O; 95%

1 CAS号 456-47-3

2 CAS号 28490-56-4

3 CAS号 623-05-2

K_2CO_3, MeCN; 91%

4 CAS号 690969-16-5

I_2, PPh_3, 1*H*-咪唑, CH_2Cl_2, CH_2Cl_2, $Na_2S_2O_3$, H_2O; 93%

5 CAS号 1621168-04-4

6
CAS号 2930-05-4

CAS号 211821-53-3, H_2O, 46%

7
CAS号 14618-80-5

$LiAlH_4$, THF; NaOH, H_2O, 95%

8
CAS号 89401-28-5

Et_3N, $MeSO_2Cl$, CH_2Cl_2; NaN_3, DMF, 89%

9
CAS号 1621168-03-3

9 + 10 (CAS号 1694-92-4)

F_3CCO_2H, H_2, $Pd(OH)_2$, MeOH, Et_3N, CH_2Cl_2, 75%

11
CAS号 1351395-66-8

\+ 5
CAS号 1621168-04-4

K_2CO_3, MeCN, 80%

12
CAS号 1621168-05-5

12 → NaOCl, 四甲基哌啶醇, H_2O, MeCN, NaOH, H_2O, Na_2SO_3, H_2O, AcOEt, HCl, 85%

13
CAS号 1621168-06-6

Et_3N, $ClCO_2Et$, THF; NH_4OH, H_2O, 91%

14
CAS号 1621168-08-8

K_2CO_3, PhSH, DMF, 86%

15
safinamide
CAS号 133865-89-1

原始文献： Synthesis, 2014, 46(13): 1751-1756.

合成路线 7

以下合成路线来源于 Sun 等人 2018 年发表的专利申请书。目标化合物 **9** 以化合物 **1** 和化合物 **2** 为原料，经过 5 步合成而得。

1 + 2 → ($NaOH, H_2O$; H_2SO_4, H_2O) → 3 → (苯, $SOCl_2$, $AlCl_3$) → 4

4 + 5 → ($SnCl_2$) → 6

6 → (H_2, Pd) → 7

7 + 8 → (Na_2CO_3, K_2CO_3, KI) → 9

1 CAS号 99-96-7

2 CAS号 77-78-1

3 CAS号 100-09-4

4 CAS号 100-07-2

5 CAS号 7324-05-2

6 CAS号 2222761-43-3

7 CAS号 248582-81-2

8 CAS号 625-98-9

9 safinamide CAS号 133865-89-1

原始文献： CN 107915657 A, 2018.

参考文献

[1] Schade S, Mollenhauer B, Trenkwalder C. Levodopa equivalent dose conversion factors: an updated proposal including opicapone and safinamide. Mov Disord Clin Pract, 2020, 7(3):343-345.

[2] Cattaneo C, Jost W H, Bonizzoni E. Long-term efficacy of safinamide on symptoms severity and quality of life in fluctuating parkinson's disease patients. J Parkinsons Dis, 2020, 10(1):89-97.

沙芬酰胺核磁谱图

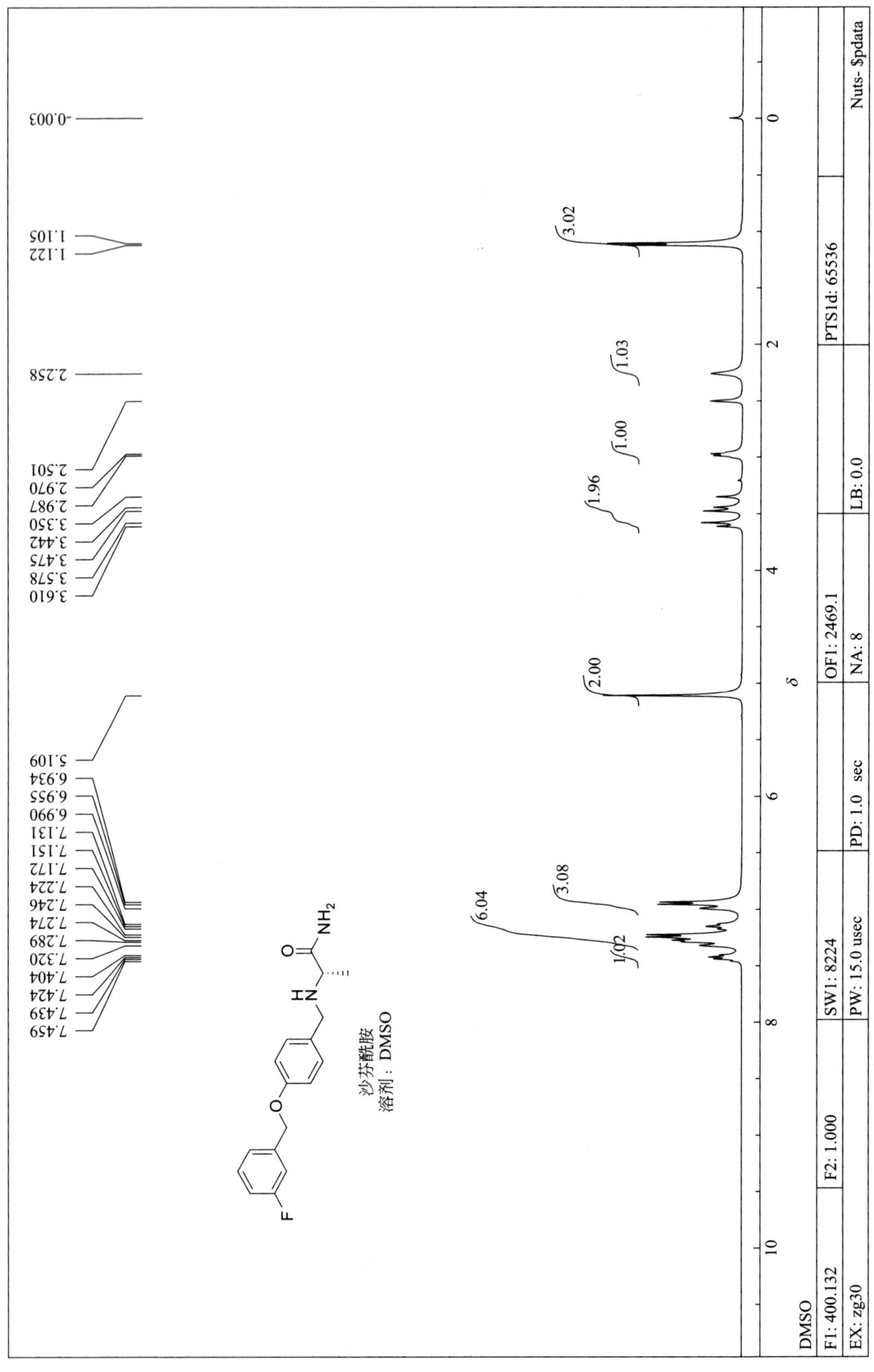

sarecycline（沙雷环素）

药物基本信息

英文通用名	sarecycline
英文别名	WC-3035; WC 3035; WC3035; P005672; P-005672; P 005672; P005672
中文通用名	沙雷环素
商品名	Seysara
CAS登记号	1035979-44-2（盐酸盐），1035654-66-0（游离碱）
FDA 批准日期	10/1/2018
FDA 批准的 API	sarecycline hydrochloride
化学名	(4*S*,4a*S*,5a*R*,12a*S*)-4-(dimethylamino)-3,10,12,12a-tetrahydroxy-7-((methoxy(methyl)amino)methyl)-1,11-dioxo-1,4,4a,5,5a,6,11,12a-octahydrotetracene-2-carboxamide hydrochloride
SMILES 代码	O=C(C1=C(O)[C@@H](N(C)C)[C@@](C[C@@]2([H])C(C(C3=C(O)C=CC(CN(OC)C)=C3C2)=O)=C4O)([H])[C@@]4(O)C1=O)N.[H]Cl

化学结构和理论分析

化学结构	理论分析值
OH O OH OH O O NH2 OH H H H N N O H—Cl	化学式：$C_{24}H_{30}ClN_3O_8$ 精准分子量：N/A 分子量：523.97 元素分析：C, 55.02; H, 5.77; Cl, 6.77; N, 8.02; O, 24.43

药品说明书参考网页

生产厂家产品说明书、美国药品网、美国处方药网页。

药物简介

SEYSARA 的活性成分是 sarecycline hydrochloride。它是一种口服的四环素类药物。

SEYSARA 片剂目前有 3 种剂量规格，分别含有 64.5mg、107.5mg 和 161.2mg 的 sarecycline hydrochloride，分别相当于 60mg、100mg 和 150mg sarecycline。片剂中的非活性成分为：微晶纤维素，聚维酮，羟乙酸淀粉钠和硬脂富马酸钠。黄色膜涂料包含 D & C 黄色 10 号铝色淀，氧化铁黄，C 型甲基丙烯酸共聚物，聚乙二醇，聚乙烯醇，碳酸氢钠，滑石粉和二氧化钛。

SEYSARA 片剂适用于治疗 9 岁及以上患者的非结节性中度至重度寻常性痤疮的炎性病变。

药品上市申报信息

该药物目前有 3 种产品上市。

药品注册申请号：209521
申请类型：NDA（新药申请）
申请人：ALMIRALL
申请人全名：ALMIRALL LLC

产品信息

产品号	商品名	活性成分	剂型 / 给药途径	规格 / 剂量	参比药物 (RLD)	生物等效参考标准 (RS)	治疗等效代码
001	SEYSARA	sarecycline hydrochloride	片剂 / 口服	等量 60mg 游离碱	是	否	否
002	SEYSARA	sarecycline hydrochloride	片剂 / 口服	等量 100mg 游离碱	是	否	否
003	SEYSARA	sarecycline hydrochloride	片剂 / 口服	等量 150mg 游离碱	是	是	否

与本品相关的专利信息（来自 FDA 橙皮书 Orange Book）

关联产品号	专利号	专利过期日	是否物质专利	是否产品专利	专利用途代码	撤销请求	提交日期
001	8318706	2031/05/01	是	是	U-2405		2018/10/12
	8513223	2029/12/07			U-2406		2018/10/12
	9255068	2033/02/09	是	是	U-2408 U-2407		2018/10/12
	9481639	2028/08/10			U-2409		2018/10/12
002	8318706	2031/05/01	是	是	U-2405		2018/10/12
	8513223	2029/12/07			U-2406		2018/10/12
	9255068	2033/02/09	是	是	U-2407 U-2408		2018/10/12
	9481639	2028/08/10			U-2409		2018/10/12
003	8318706	2031/05/01	是	是	U-2405		2018/10/12
	8513223	2029/12/07			U-2406		2018/10/12
	9255068	2033/02/09	是	是	U-2408 U-2407		2018/10/12
	9481639	2028/08/10			U-2409		2018/10/12

与本品相关的市场独占权保护信息

关联产品号	独占权代码	失效日期	备注
001	NCE	2023/10/01	
002	NCE	2023/10/01	
003	NCE	2023/10/01	

合成路线

以下合成路线来源于 Paratek Pharmaceuticals 公司 Coulter 等人 2013 年发表的专利申请书。目

标化合物 **3** 以化合物 **1** 和化合物 **2** 为原料，经过 1 步合成反应而得。

1
CAS号 1035655-11-8

2
CAS号 6638-79-5

$AcNMe_2$, rt, $NaBH_3CN$, rt

3
sarecycline
CAS号 1035654-66-0

原始文献： US 20130302442, 2013.

参考文献

[1] Pariser D M, Green L J, Lain E L, et al. Safety and tolerability of sarecycline for the treatment of acne vulgaris: results from a phase Ⅲ, multicenter, open-label study and a phase Ⅰ phototoxicity study. J Clin Aesthet Dermatol, 2019, 12(11):E53-E62.

[2] Kaul G, Saxena D, Dasgupta A, et al. Sarecycline hydrochloride for the treatment of acne vulgaris. Drugs Today (Barc), 2019, 55(10):615-625.

secnidazole（塞尼达唑）

药物基本信息

英文通用名	secnidazole
英文别名	PM 185184; PM-185184; PM185184; RP 14539; RP-14539; RP14539; SYM-1219; SYM1219; SYM 1219
中文通用名	塞尼达唑
商品名	Solosec
CAS登记号	3366-95-8
FDA 批准日期	9/15/2017
FDA 批准的API	secnidazole
化学名	1-(2-methyl-5-nitro-1*H*-imidazol-1-yl)propan-2-ol
SMILES代码	CC(O)CN1C([N+]([O-])=O)=CN=C1C

化学结构和理论分析

化学结构	理论分析值
[chemical structure]	化学式：$C_7H_{11}N_3O_3$ 精确分子量：185.0800 分子量：185.18 元素分析：C, 45.40; H, 5.99; N, 22.69; O, 25.92

药品说明书参考网页

生产厂家产品说明书、美国药品网、美国处方药网页。

药物简介

SOLOSEC 口服颗粒的活性成分是 secnidazole, 属于硝基咪唑抗菌剂。

每包 SOLOSEC 包含 4.8g 灰白色至微黄色颗粒，其中包含 2g secnidazole 和以下非活性成分：eudragit NE30D（丙烯酸乙酯，甲基丙烯酸甲酯共聚物），聚乙二醇 4000，聚维酮，糖和滑石粉。

SOLOSEC 可用于治疗成年女性的细菌性阴道病。

塞尼达唑是一种 5- 硝基咪唑抗微生物剂。5- 硝基咪唑以无活性的前药进入细菌细胞，其中的硝基被细菌酶还原为自由基阴离子。据悉这些自由基阴离子可干扰细菌 DNA 合成。

药品上市申报信息

该药物目前有 1 种产品上市。

药品注册申请号: 209363
申请类型: NDA (新药申请)
申请人: LUPIN
申请人全名: LUPIN INC

产品信息

产品号	商品名	活性成分	剂型 / 给药途径	规格 / 剂量	参比药物 (RLD)	生物等效参考标准 (RS)	治疗等效代码
001	SOLOSEC	secnidazole	颗粒剂 / 口服	2g/ 袋	是	是	否

与本品相关的专利信息（来自 FDA 橙皮书 Orange Book）

关联产品号	专利号	专利过期日	是否物质专利	是否产品专利	专利用途代码	撤销请求	提交日期
001	10335390	2035/09/04			U-2583		2019/07/31

与本品相关的市场独占权保护信息

关联产品号	独占权代码	失效日期	备注
001	NCE	2022/09/15	
	GAIN	2027/09/15	

合成路线 1

以下合成路线来源于 Hunan Dinuo Pharmaceutical 公司 Zeng 等人 2014 年发表的专利申请书。目标化合物 **3** 以化合物 **1** 和化合物 **2** 为原料，经过 1 步合成反应而得。

K_2CO_3, Me_2CO, 5h, 70℃
89%

1
CAS号 696-23-1

2
CAS号 19686-73-8

3
secnidazole
CAS号 3366-95-8

原始文献： CN 103772289, 2014.

合成路线 2

以下合成路线来源于 Huanggang Saikang Pharmaceutical 公司 Xiong 等人 2014 年发表的专利申请书。目标化合物 **3** 以化合物 **1** 和化合物 **2** 为原料，经过 1 步合成反应而得。

$ZnCl_2$, AcOEt
49%

1
CAS号 696-23-1

2
CAS号 75-56-9

3
secnidazole
CAS号 3366-95-8

原始文献： CN 103539745, 2014.

合成路线 3

以下合成路线来源于 Zhejiang Supor Pharmaceuticals 公司 Yan 等人 2006 年发表的专利申请书。目标化合物 **2** 以化合物 **1** 为原料，经过 1 步合成反应而得。

$HNO_3 \cdot NO_2$
$H_2SO_4 \cdot SO_3$

1
CAS号 34091-34-4

2
secnidazole
CAS号 3366-95-8

原始文献： CN 1850806, 2006.

参考文献

[1] Oliveira A P A, Freitas J T J, Diniz R, et al. Triethylphosphinegold(Ⅰ) complexes with secnidazole- derived thiosemicarbazones: cytotoxic activity against HCT-116 colorectal cancer cells under hypoxia conditions. ACS Omega, 2020, 5(6):2939-2946.

[2] Pentikis H, Adetoro N, Tipping D, et al. An integrated efficacy and safety analysis of single-dose secnidazole 2 g in the treatment of bacterial vaginosis. Reprod Sci, 2020, 27(2):523-528.

segesterone acetate（醋酸塞格列酮）

药物基本信息

英文通用名	segesterone acetate
英文别名	ST-1435; ST1435; ST1435; elcometrine; nestorone
中文通用名	醋酸塞格列酮
商品名	Annovera
CAS登记号	7759-35-5(醋酸盐), 7690-08-6(游离碱)
FDA 批准日期	8/10/2018
FDA 批准的API	segesterone acetate
化学名	(8*R*,9*S*,10*R*,13*S*,14*S*,17*R*)-17-acetyl-13-methyl-16-methylene-3-oxo-2,3,6,7,8,9,10,11,12,13,14,15,16,17-tetradecahydro-1H-cyclopenta[a]phenanthren-17-yl acetate
SMILES代码	CC(O[C@]1(C(C)=O)C(C[C@@]2([H])[C@]3([H])CCC4=CC(CC[C@]4([H])[C@@]3([H])CC[C@]12C)=O)=C)=O

化学结构和理论分析

化学结构	理论分析值
	化学式：$C_{23}H_{30}O_4$ 精确分子量：370.2144 分子量：370.49 元素分析：C, 74.56; H, 8.16; O, 17.27

药品说明书参考网页

生产厂家产品说明书、美国药品网、美国处方药网页。

药物简介

ANNOVERA 的活性成分是 segesterone acetate 和 ethinyl estradiol，是一种环状、不可生物降解、柔软、不透明的白色阴道用药物。当放置在阴道中时，每个 ANNOVERA 阴道环可在每个为期 21d 的使用期内最多释放约 0.15mg/d 的 segesterone acetate 和 0.013mg/d 的 ethinyl estradiol，最多释放 13 个周期（共 273d）。每个周期为 28d，其中 21d 放置在阴道内，7d 拿出来。

ANNOVERA 的非活性成分是有机硅弹性体、二氧化钛、二月桂酸二丁基锡和有机硅医用胶黏剂。弹性体都是基于甲基硅氧烷的聚合物。

ANNOVERA 阴道环的主体总直径为 56mm，横截面直径为 8.4mm。它包含两个直径约为 3.0mm、长度为 27mm 的通道。每个 ANNOVERA 均包含 103mg 的 segesterone acetate（分布在两个内核中），以及 17.4mg 的 ethinyl estradiol（仅分布在一个内核中）。含有 40% segesterone acetate 和 12% ethinyl estradiol 的药芯直径为 3mm，长度为 18mm。包含其质量 50% 的 SA 药芯的直径为 3mm，长度为 11mm。在引入药芯之前，先用有机硅医用黏合剂在通道上涂膜，以固定药芯与阴道环系统主体。插入药芯后，再用聚硅氧烷医用黏合剂密封通道。

Segesterone acetate 为白色或淡黄白色粉末，微溶于正己烷，溶于乙酸乙酯和甲醇，易溶于丙酮。熔点 173 ～ 177℃。

Ethinyl estradiol 为白色至微黄白色结晶性粉末。几乎不溶于水，易溶于乙醇，溶于碱性溶液。熔点：181 ～ 185℃。

药物从阴道系统扩散出去，释放速率随时间变化。根据体外数据，在使用的最初 24 ～ 48h 内，segesterone acetate 和 ethinyl estradiol 的每日体外释放速率较高，在每个周期的随后几天继续使用时，其稳态有所降低。阴道环系统使用时间表是：21 天进，7 天出，可持续 13 个周期（1 年）。总使用时间为 273 天。在 13 个周期的临床试验跟踪测试阴道系统中药物的残留发现，在此期间内，总共释放出 41.3mg 的 segesterone acetat 和 3.4mg 的 ethinyl estradiol。这样可推测出大约 0.15mg 的 segesterone acetat 和 0.013mg 的 ethinyl estradiol 的平均日剂量，在给药开始时预期释放速率较高，而在给药结束时释放速率较低。

ANNOVERA 可以用于具有生殖潜力的女性预防受孕。

药品上市申报信息

该药物目前有 1 种产品上市。

品注册申请号：209627
申请类型：NDA（新药申请）
申请人：THERAPEUTICSMD INC
申请人全名：THERAPEUTICSMD INC

产品信息

产品号	商品名	活性成分	剂型 / 给药途径	规格 / 剂量	参比药物 (RLD)	生物等效参考标准 (RS)	治疗等效代码
001	ANNOVERA	ethinyl estradiol; segesterone acetate	环状剂型 / 阴道	0.013mg/24h; 0.15mg/24h	是	是	否

与本品相关的市场独占权保护信息

关联产品号	独占权代码	失效日期	备注
001	NCE	2023/08/10	

合成路线 1

以下合成路线来源于 Crystal Pharma 公司 Fuentes 等人 2013 年发表的专利申请书。目标化合物 **10** 以化合物 **1** 和化合物 **2** 为原料，经过 5 步合成反应而得。

1
CAS号 734-32-7

2
CAS号 122-51-0

$H_2C{=}O$
3
CAS号 50-00-0

THF, $(CO_2Et)_2$, NaOEt, AcOH
MeOH, Et_3N, H_2O, H_2O
80%

4
CAS号 4290-66-8

1
CAS号 1066-54-2

THF, −10～−5˚C,
$(Me_3Si)_2NH$ * Li, THF
THF, MeOH
K_2CO_3, H_2O, H_2O
92%

6
CAS号 2556-16-3

6

Me_2CO, H_2SO_4, HgO,
H_2O, NH_4OH, H_2O

7
CAS号 1444124-67-7

8
CAS号 931-59-9

CH_2Cl_2, CH_2Cl_2
4-DMAP, Et_3N
MeOH, HCl, H_2O

9
CAS号 1444124-69-9

MeOH, $P(OMe)_3$,
Et_3N, HCl, H_2O

10
segesterone
CAS号 7690-08-6

原始文献： WO 2013092668, 2013.

合成路线 2

以下合成路线来源于 Shapiro 等人 1973 年发表的论文。目标化合物 **8** 以化合物 **1** 为原料，经过 7 步合成反应而得。

HClO$_4$, H_2O
N-溴乙酰胺
80%

CaCO$_3$
Pb(OAc)$_4$
64%

1
CAS号 862-35-1

2
CAS号 17402-72-1

HClO$_4$
MeOH
71%

3
CAS号 21842-94-4

4
CAS号 42977-44-6

4 CrO$_3$ 78%

Zn, HOAc 63%

CrO$_3$

5
CAS号 42150-80-1

6
CAS号 42977-46-8

7
CAS号 77377-66-3

HCl
89%

8
segesterone acetate
CAS号 7690-08-6

原始文献： J Med Chem, 1973, 16(6): 649-654.

参考文献

[1] Lee A L. Segesterone acetate and ethinyl estradiol vaginal ring (Annovera) for contraception. Am Fam Physician, 2020, 101(10):618-620.

[2] Micks E A, Jensen J T. A technology evaluation of Annovera: a segesterone acetate and ethinyl estradiol vaginal ring used to prevent pregnancy for up to one year. Expert Opin Drug Deliv, 2020, 1-10.

S

selexipag（司来帕格）

药物基本信息

英文通用名	selexipag
英文别名	NS-304; NS304; NS 304; ACT-293987; ACT293987; ACT 293987
中文通用名	司来帕格
商品名	Uptravi
CAS登记号	475086-01-2
FDA 批准日期	12/22/2015
FDA 批准的API	selexipag
化学名	2-{4-[(5,6-diphenylpyrazin-2-yl)(propan-2-yl)amino]butoxy}-*N*-(methanesulfonyl)acetamide
SMILES代码	O=C(NS(=O)(C)=O)COCCCCN(C1=NC(C2=CC=CC=C2)=C(C3=CC=CC=C3)N=C1)C(C)C

化学结构和理论分析

化学结构	理论分析值
	化学式：$C_{26}H_{32}N_4O_4S$ 精确分子量：496.2144 分子量：496.63 元素分析：C, 62.88; H, 6.50; N, 11.28; O, 12.89; S, 6.46

药品说明书参考网页

生产厂家产品说明书、美国药品网、美国处方药网页。

药物简介

UPTRAVI 的活性成分是 selexipag，是一种选择性的非前列腺素 IP 前列环素受体激动剂。

Selexipag 是一种淡黄色结晶粉末，几乎不溶于水。固态的 selexipag 非常稳定，不吸湿，也不光敏感。

UPTRAVI 口服片目前 8 个剂量规格，分别含 200μg、400μg、600μg、800μg、1000μg、1200μg、1400μg 或 1600μg 的 selexipag。片剂包含以下非活性成分：D- 甘露醇，玉米淀粉，低取代的羟丙基纤维素，羟丙基纤维素和硬脂酸镁。将片剂用包含羟丙甲纤维素、丙二醇、二氧化钛、巴西棕榈蜡以及氧化铁红、氧化铁黄或氧化铁黑的混合物的包衣材料薄膜包衣。

UPTRAVI 可用于治疗肺动脉高压（PAH，WHO 第 I 组），以延缓疾病进展并降低 PAH 住院治疗的风险。

Selexipag 是一种口服前列环素受体（IP 受体）激动剂，在结构上与前列环素不同。Selexipag 被羧酸酯酶 1 水解后，可产生活性代谢产物，其活性约为 Selexipag 的 37 倍。Selexipag 和活性代谢产物对 IP 受体比其他前列腺素受体（EP1-4、DP、FP 和 TP）具有选择性。

药品上市申报信息

该药物目前有 8 种产品上市。

药品注册申请号: 207947
申请类型: NDA (新药申请)
申请人: ACTELION PHARMS LTD
申请人全名: ACTELION PHARMACEUTICALS LTD

产品信息

产品号	商品名	活性成分	剂型 / 给药途径	规格 / 剂量	参比药物 (RLD)	生物等效参考标准 (RS)	治疗等效代码
001	UPTRAVI	selexipag	片剂 / 口服	0.2mg	是	否	否
002	UPTRAVI	selexipag	片剂 / 口服	0.4mg	是	否	否
003	UPTRAVI	selexipag	片剂 / 口服	0.6mg	是	否	否
004	UPTRAVI	selexipag	片剂 / 口服	0.8mg	是	否	否
005	UPTRAVI	selexipag	片剂 / 口服	1mg	是	否	否
006	UPTRAVI	selexipag	片剂 / 口服	1.2mg	是	否	否
007	UPTRAVI	selexipag	片剂 / 口服	1.4mg	是	否	否
008	UPTRAVI	selexipag	片剂 / 口服	1.6mg	是	是	否

与本品相关的专利信息（来自 FDA 橙皮书 Orange Book）

关联产品号	专利号	专利过期日	是否物质专利	是否产品专利	专利用途代码	撤销请求	提交日期
001	7205302	2023/04/04	是	是	U-1797		2016/01/19
	8791122	2030/08/01	是	是			2016/01/19
	9173881	2029/08/12			U-1798		2016/01/19
	9284280	2030/06/25			U-1831		2016/04/12
002	7205302	2023/04/04	是	是	U-1797		2016/01/19
	8791122	2030/08/01	是	是			2016/01/19
	9173881	2029/08/12			U-1798		2016/01/19
	9284280	2030/06/25			U-1831		2016/04/12
003	7205302	2023/04/04	是	是	U-1797		2016/01/19
	8791122	2030/08/01	是	是			2016/01/19
	9173881	2029/08/12			U-1798		2016/01/19
	9284280	2030/06/25			U-1831		2016/04/12

续表

关联产品号	专利号	专利过期日	是否物质专利	是否产品专利	专利用途代码	撤销请求	提交日期
004	7205302	2023/04/04	是	是	U-1797		2016/01/19
	8791122	2030/08/01	是	是			2016/01/19
	9173881	2029/08/12			U-1798		2016/01/19
	9284280	2030/06/25			U-1831		2016/04/12
005	7205302	2023/04/04	是	是	U-1797		2016/01/19
	8791122	2030/08/01	是	是			2016/01/19
	9173881	2029/08/12			U-1798		2016/01/19
	9284280	2030/06/25			U-1831		2016/04/12
006	7205302	2023/04/04	是	是	U-1797		2016/01/19
	8791122	2030/08/01	是	是			2016/01/19
	9173881	2029/08/12			U-1798		2016/01/19
	9284280	2030/06/25			U-1831		2016/04/12
007	7205302	2023/04/04	是	是	U-1797		2016/01/19
	8791122	2030/08/01	是	是			2016/01/19
	9173881	2029/08/12			U-1798		2016/01/19
	9284280	2030/06/25			U-1831		2016/04/12
008	7205302	2023/04/04	是	是	U-1797		2016/01/19
	8791122	2030/08/01	是	是			2016/01/19
	9173881	2029/08/12			U-1798		2016/01/19
	9284280	2030/06/25			U-1831		2016/04/12

与本品相关的市场独占权保护信息

关联产品号	独占权代码	失效日期	备注
001	NCE	2020/12/21	
	ODE-106	2022/12/21	
002	NCE	2020/12/21	
	ODE-106	2022/12/21	
003	NCE	2020/12/21	
	ODE-106	2022/12/21	
004	NCE	2020/12/21	
	ODE-106	2022/12/21	
005	NCE	2020/12/21	
	ODE-106	2022/12/21	
006	NCE	2020/12/21	
	ODE-106	2022/12/21	

续表

关联产品号	独占权代码	失效日期	备注
007	NCE	2020/12/21	
	ODE-106	2022/12/21	
008	NCE	2020/12/21	
	ODE-106	2022/12/21	

合成路线 1

以下合成路线来源于 Hunan Huateng Pharmaceutical 公司 Chen 等人 2018 年发表的专利申请书。目标化合物 **6** 以化合物 **1** 为原料，经过 3 步合成反应而得。

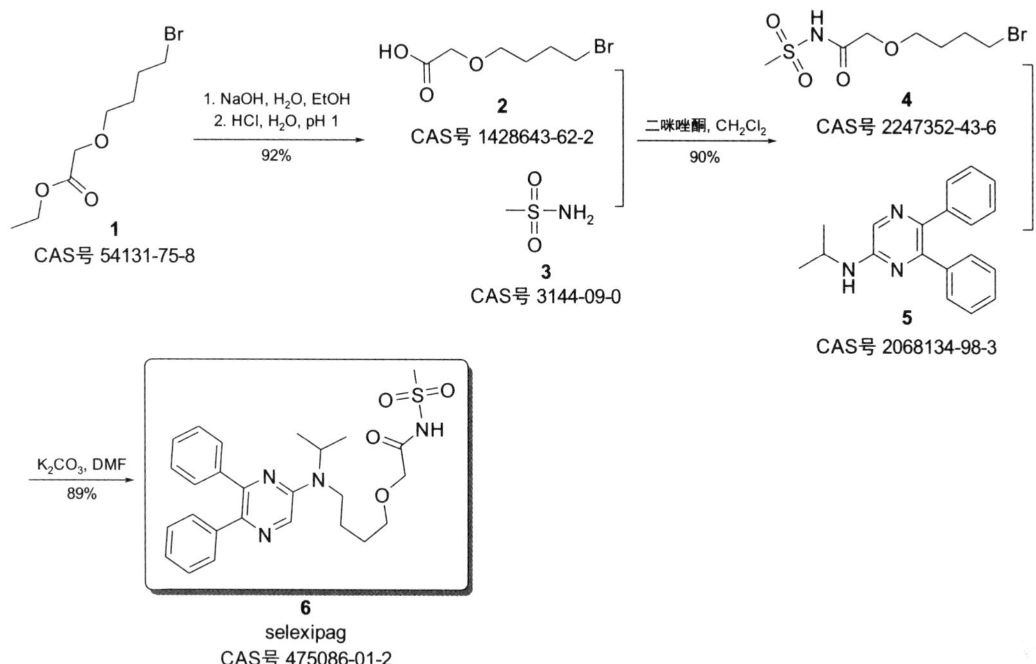

原始文献： CN 108558653, 2018.

合成路线 2

以下合成路线来源于 Teva Pharmaceuticals International 公司 Villalva 等人 2018 年发表的专利申请书。目标化合物 **7** 以化合物 **1** 为原料，经过 3 步合成反应而得。

1
CAS号 598-21-0
2
CAS号 3144-09-0
IPA, PhMe
100%
3
CAS号 59504-75-5
4
CAS号 243472-70-0
5
CAS号 42042-71-7
KI
100%
6

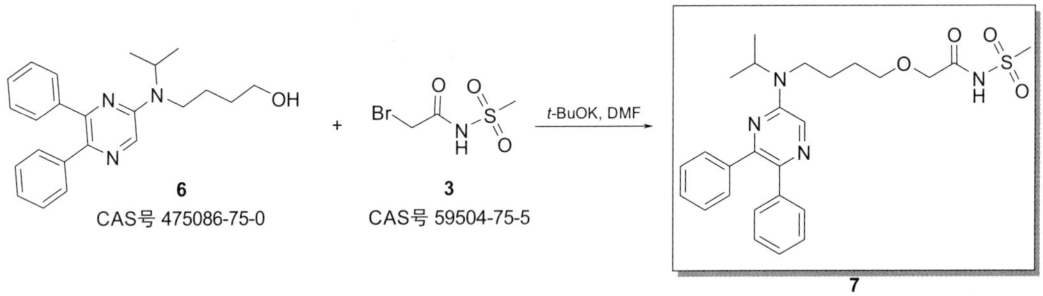

6
CAS号 475086-75-0

3
CAS号 59504-75-5

t-BuOK, DMF

7
selexipag
CAS号 475086-01-2

原始文献： WO 2018022704, 2018.

合成路线 3

以下合成路线来源于 Maithri Drugs 公司 Nagaraju 等人 2018 年发表的专利申请书。目标化合物 **9** 以化合物 **1** 和化合物 **2** 为原料，经过 4 步合成反应而得。

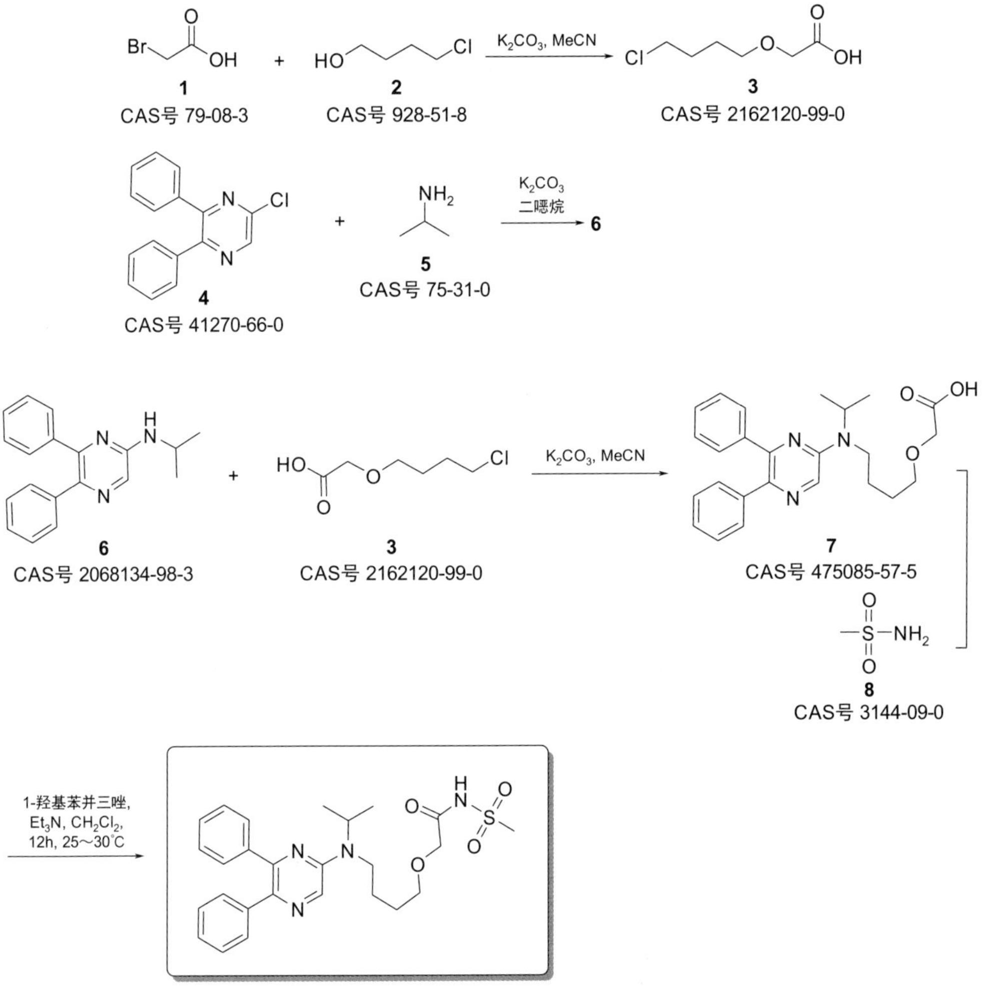

1
CAS号 79-08-3

2
CAS号 928-51-8

K_2CO_3, MeCN

3
CAS号 2162120-99-0

4
CAS号 41270-66-0

5
CAS号 75-31-0

K_2CO_3
二噁烷

6
CAS号 2068134-98-3

3
CAS号 2162120-99-0

K_2CO_3, MeCN

7
CAS号 475085-57-5

8
CAS号 3144-09-0

1-羟基苯并三唑,
Et_3N, CH_2Cl_2,
12h, 25～30℃

9
selexipeg
CAS号 475086-01-2

原始文献： WO 2018008042, 2018.

合成路线 4

以下合成路线来源于 Maithri Drugs 公司 Reddy 等人 2017 年发表的专利申请书。目标化合物 **11** 以化合物 **1** 和化合物 **2** 为原料，经过 6 步合成反应而得。

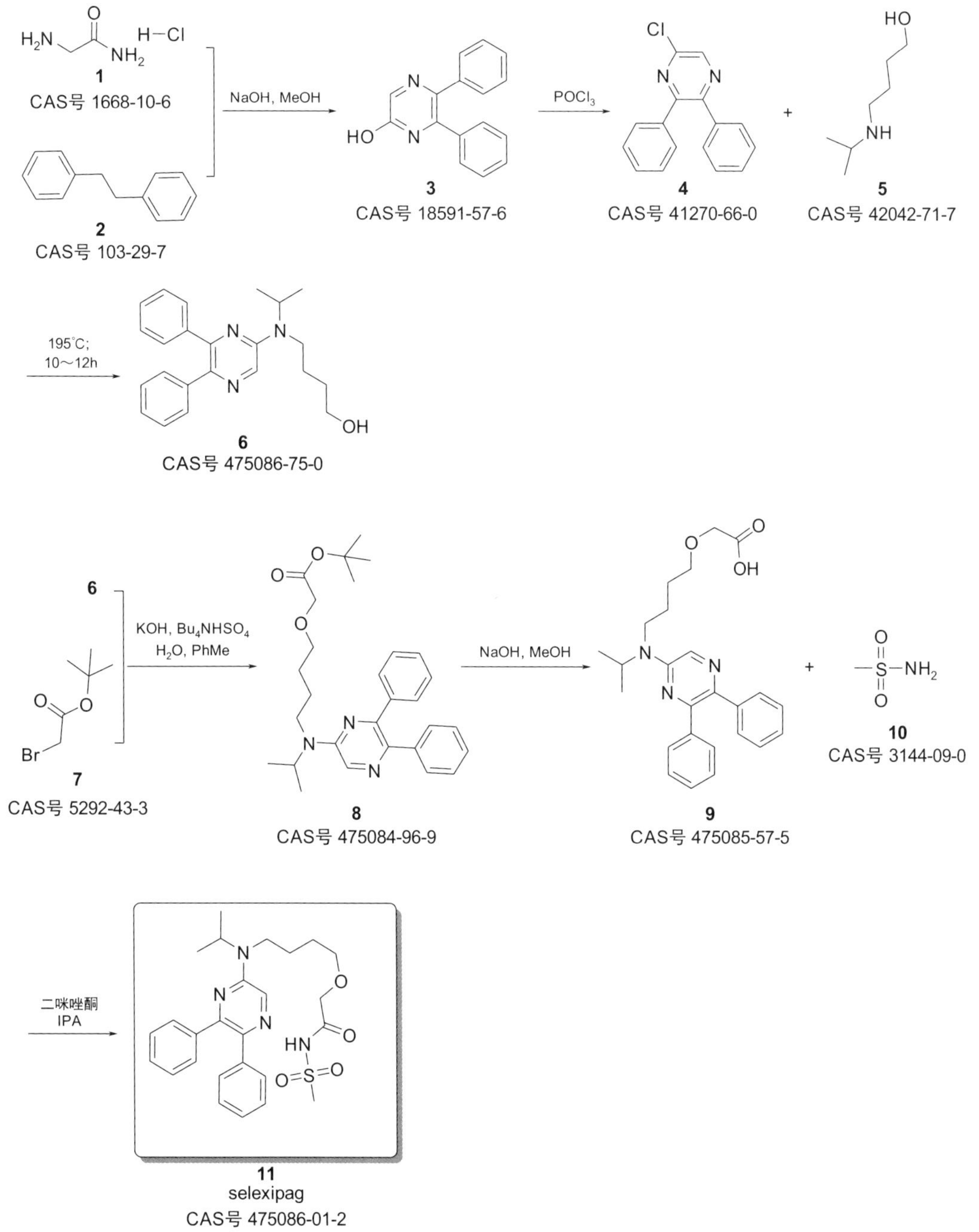

1 CAS号 1668-10-6
2 CAS号 103-29-7
NaOH, MeOH
3 CAS号 18591-57-6
$POCl_3$
4 CAS号 41270-66-0
5 CAS号 42042-71-7
195°C; 10～12h
6 CAS号 475086-75-0

6
7 CAS号 5292-43-3
KOH, Bu_4NHSO_4, H_2O, PhMe
8 CAS号 475084-96-9
NaOH, MeOH
9 CAS号 475085-57-5
10 CAS号 3144-09-0
二咪唑酮 IPA
11 selexipag CAS号 475086-01-2

原始文献： WO 2017168401, 2017.

合成路线 5

以下合成路线来源于 Nanjing Aide Kaiteng Biomedical 公司 Wang 等人 2017 年发表的专利申请书。目标化合物 **9** 以化合物 **1** 为原料，经过 5 步合成反应而得。

NaI, HI, H_2O, EtC(=O)Me, 60%

1 CAS号 41270-66-0

2 CAS号 101727-15-5

3 CAS号 42042-71-7

8h, 90°C, 65%

4 CAS号 475086-75-0

Bu_4NHSO_4, PhMe

5 CAS号 5292-43-3

6 CAS号 475084-96-9

NaOH, H_2O, MeOH, rt~40°C; HCl, H_2O, pH 5~6

7 CAS号 475085-57-5

8 CAS号 3144-09-0

二咪唑酮, THF, 1h, rt -> reflux; 0~5°C; DBU, 过夜, 0~5°C; 52%

9 selexipag CAS号 475086-01-2

原始文献： CN 106957269, 2017.

合成路线 6

以下合成路线来源于 Lupin 公司 Ray 等人 2017 年发表的专利申请书。目标化合物 **13** 以化合物 **1** 和化合物 **2** 为原料，经过 7 步合成反应而得。

1
CAS号 13325-10-5

2
CAS号 67-64-1

H_2, Pd, EtOH, Me_2CO
4～5h, rt, 10kgf/cm^2
100%

3
CAS号 42042-71-7

4
CAS号 1668-10-6

5
CAS号 134-81-6

H_2O, MeOH,
4～5h, 0～5℃, HCl
83%

6
CAS号 18591-57-6

$POCl_3$
77%

7
CAS号 41270-66-0

7
CAS号 41270-66-0

3
CAS号 42042-71-7

K_2CO_3, NMP,
20～21h, 150～155℃
49%

8
CAS号 475086-75-0

9
CAS号 5292-43-3

NaOH, Bu_4NCl
H_2O, PhMe
80%

10

10
CAS号 475084-96-9

NaOH, H_2O,
MeOH, 1.5h, 回流
HCl, H_2O, pH 4.1
72%

11
CAS号 475085-57-5

12
CAS号 3144-09-0

二咪唑酮,
THF
DBU
85%

13
selexipag
CAS号 475086-01-2

原始文献： WO 2017060827 , 2017.

合成路线 7

以下合成路线来源于 Megafine Pharma 公司 Mathad 等人 2017 年发表的专利申请书。目标化合物 **12** 以化合物 **1** 和化合物 **2** 为原料，经过 7 步合成反应而得。

1 CAS号 75-31-0

2 CAS号 2969-81-5

24h, 100℃

3 CAS号 1182787-74-1

4 CAS号 41270-66-0

24h, 185～190℃

5 CAS号 2088835-59-8

NaOH, H_2O, EtOH

6 CAS号 2088835-60-1

$LiAlH_4$, THF → **7**

7 CAS号 475086-75-0

8 CAS号 5292-43-3

NaOH, Bu_4NBr, H_2O, PhMe

9 CAS号 475084-96-9

NaOH, H_2O, rt; 2h, 回流

10 CAS号 475085-57-5

\+

11 CAS号 3144-09-0

二咪唑酮, THF, DBU

12 selexipag CAS号 475086-01-2

原始文献：WO 2017042828, 2017.

合成路线 8

以下合成路线来源于 Nippon Shinyaku 公司 Asaki 等人 2007 年发表的论文。目标化合物 **9** 以化合物 **1** 和化合物 **2** 为原料，经过 4 步合成反应而得。

1
CAS号 13325-10-5

2
CAS号 67-64-1

H_2, PtO_2
EtOH
100%

3
CAS号 42042-71-7

4
CAS号 41270-66-0

110h, 190°C
56%

5
CAS号 475086-75-0

5

KOH, $Bu_4N\ HSO_4$
H_2O, 苯
62%

6
CAS号 5292-43-3

7
CAS号 475085-57-5

8
CAS号 3144-09-0

二咪唑酮
THF, DBU
77%

9
selexipag
CAS号 475086-01-2

原始文献：Bioorg Med Chem, 2007, 15(21):6692-6704.

参考文献

[1] Karelkina E V, Goncharova N S, Simakova M A, et al. Experience with selexipag to treat pulmonary arterial hypertension. Kardiologiia, 2020, 60(4):36-42.

[2] White R J, Lachant D J. Selexipag use in clinical practice: mind the gap. Chest, 2020, 157(4):761-763.

司来帕格核磁谱图

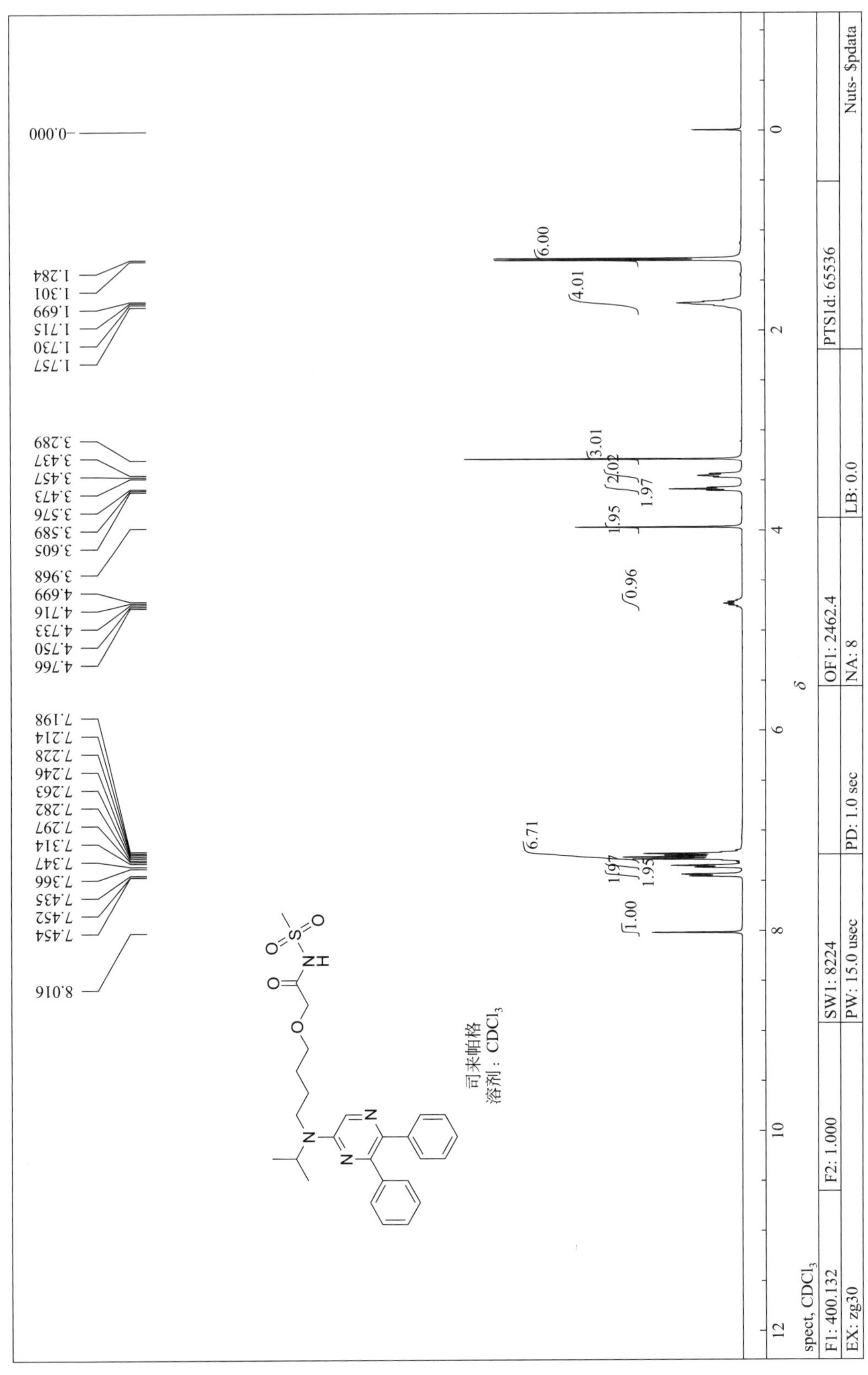
-0.000
1.284
1.301
1.699
1.715
1.730
1.757
3.289
3.437
3.457
3.473
3.576
3.589
3.605
3.968
4.699
4.716
4.733
4.750
4.766
7.198
7.214
7.228
7.246
7.263
7.282
7.297
7.314
7.347
7.366
7.435
7.452
7.454
8.016
6.00
4.01
3.01
2.02
1.97
1.95
0.96
6.71
1.97
1.95
1.00
司来帕格
溶剂：$CDCl_3$
δ
spect, $CDCl_3$
F1: 400.132
F2: 1.000
SW1: 8224
OF1: 2462.4
PTS1d: 65536
EX: zg30
PW: 15.0 usec
PD: 1.0 sec
NA: 8
LB: 0.0
Nuts- $pdata

selinexor（塞利内索）

药物基本信息

英文通用名	selinexor
英文别名	KPT-330; KPT330; KPT 330
中文通用名	塞利内索
商品名	Xpovio
CAS登记号	1393477-72-9
FDA 批准日期	7/3/2019
FDA 批准的API	selinexor
化学名	(*Z*)-3-(3-(3,5-bis(trifluoromethyl)phenyl)-1*H*-1,2,4-triazol-1-yl)-*N'*-(pyrazin-2-yl)acrylohydrazide
SMILES代码	O=C(NNC1=NC=CN=C1)/C=C\N2N=C(C3=CC(C(F)(F)F)=CC(C(F)(F)F)=C3)N=C2

化学结构和理论分析

化学结构	理论分析值
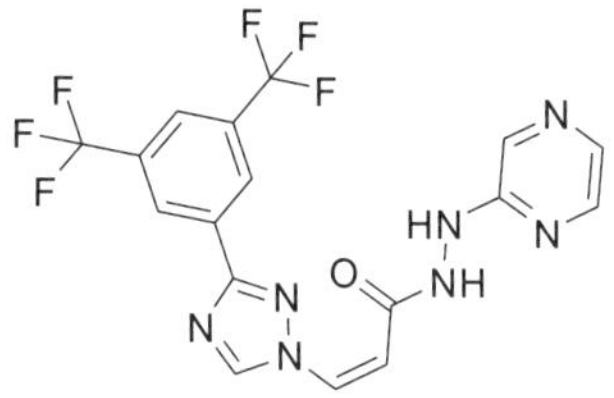	化学式：$C_{17}H_{11}F_6N_7O$ 精确分子量：443.0929 分子量：443.31 元素分析：C, 46.06; H, 2.50; F, 25.71; N, 22.12; O, 3.61

药品说明书参考网页

美国药品网、美国处方药网页。

药物简介

XPOVIO 的活性成分是 selinexor，是一种口服有效的核输出抑制剂（nuclear export inhibitor）。Selinexor 外观为白色至类白色粉末。

每片 XPOVIO（selinexor）片剂均含 20mg selinexor 作为有效成分。

XPOVIO 的外观为蓝色，圆形，双凸，薄膜包衣，一侧刻有“K20”，另一侧没有刻印。非活性成分是胶体二氧化硅、交联羧甲基纤维素钠、硬脂酸镁、微晶纤维素、欧巴代 200 透明胶、欧巴代 II 蓝、聚维酮 K30 和月桂基硫酸钠。

XPOVIO 与地塞米松（dexamethasone）组合，可用于治疗患有复发或难治性多发性骨髓瘤（RRMM）的成年患者，这些患者已接受至少四种先前的疗法，并且其疾病对于以下疗法均无效：至少两种蛋白酶体抑制剂，至少两种免疫调节剂和一种抗 CD38 单克隆抗体。

在非临床研究中，selinexor 可通过阻断输出蛋白 1（XPO1）并通过可逆性方式抑制肿瘤抑制蛋白（TSPs）、生长调节剂和致癌蛋白 mRNA 的核输出。Selinexor 对 XPO1 的抑制导致 TSP 在细胞核中积聚，几种癌蛋白（如 cmyc 和 cyclin D1）减少，细胞周期停滞以及癌细胞凋亡。Selinexor 在多种骨髓瘤细胞系和患者肿瘤样本以及鼠异种移植模型中均显示出促凋亡活性。

药品上市申报信息

该药物目前有 1 种产品上市。

药品注册申请号: 212306
申请类型: NDA(新药申请)
申请人: KARYOPHARM THERAPS
申请人全名: KARYOPHARM THERAPEUTICS INC

产品信息

产品号	商品名	活性成分	剂型 / 给药途径	规格 / 剂量	参比药物 (RLD)	生物等效参考标准 (RS)	治疗等效代码
001	XPOVIO	selinexor	片剂 / 口服	20mg	是	是	否

与本品相关的专利信息（来自 FDA 橙皮书 Orange Book）

关联产品号	专利号	专利过期日	是否物质专利	是否产品专利	专利用途代码	撤销请求	提交日期
001	10519139	2035/08/14	是	是	U-2584		2020/01/27
	10544108	2032/07/26			U-2584		2020/02/24
	8999996	2032/09/15	是	是			2019/07/31
	9079865	2032/07/26			U-2584		2019/07/31
	9714226	2032/07/26	是	是			2019/07/31

与本品相关的市场独占权保护信息

关联产品号	独占权代码	失效日期	备注
001	ODE-257	2026/07/03	
	NCE	2024/07/03	

合成路线 1

以下合成路线来源于 Watson Laboratories 公司 Muthusamy 等人 2018 年发表的专利申请书。目标化合物 **10** 以化合物 **1** 为原料，经过 6 步合成反应而得。

1
CAS号 27126-93-8

K_2CO_3, H_2O_2, MeOH, DMSO

2
CAS号 22227-26-5

3
CAS号 4637-24-5

DMF

4
CAS号 2220113-69-7

N_2H_4-H_2O, AcOH

5
CAS号 1333154-10-1

5

6
CAS号 6214-23-9

K_2CO_3, Dabco, MeCN

7
CAS号 2233563-88-5

LiOH, H_2O, *t*-BuOH

8
CAS号 1388842-44-1

9
CAS号 54608-52-5

EtN=C=N$(CH_2)_3$NMe_2 · HCl, MeOH

10
selinexor
CAS号 1393477-72-9

原始文献： WO 2018129227, 2018.

合成路线 2

以下合成路线来源于 Guangzhou Wenhao Biotechnology 公司 Chen 等人 2017 年发表的专利申请书。目标化合物 **6** 以化合物 **1** 和化合物 **2** 为原料，经过 3 步合成反应而得。

1
CAS号 471-25-0

2
CAS号 54608-52-5

$(PrP(=O)O)_3$, $EtN(Pr\text{-}i)_2$, CH_2Cl_2, AcOEt

3
CAS号 1870658-03-9

NaI, AcOH, rt

4
CAS号 2107281-66-1

5
CAS号 1333154-10-1

Dabco, DMF, rt
51%

6
selinexor
CAS号 1393477-72-9

原始文献： CN 106831731, 2017.

合成路线 3

以下合成路线来源于 Karyopharm Therapeutics 公司 Sandanayaka 等人 2013 年发表的专利申请书。目标化合物 **13** 以化合物 **1** 和化合物 **2** 为原料，经过 7 步合成反应而得。

1
CAS号 471-25-0

2
CAS号 67-63-0

BF_3-Et_2O
81%

3
CAS号 96088-62-9

NaI, AcOH
H_2O
84%

4
CAS号 1333154-26-9

5
CAS号 27126-93-8

NaSH, DMF,
$MgCl_2 \cdot 6H_2O$,
HCl, H_2O
98%

6
CAS号 317319-15-6

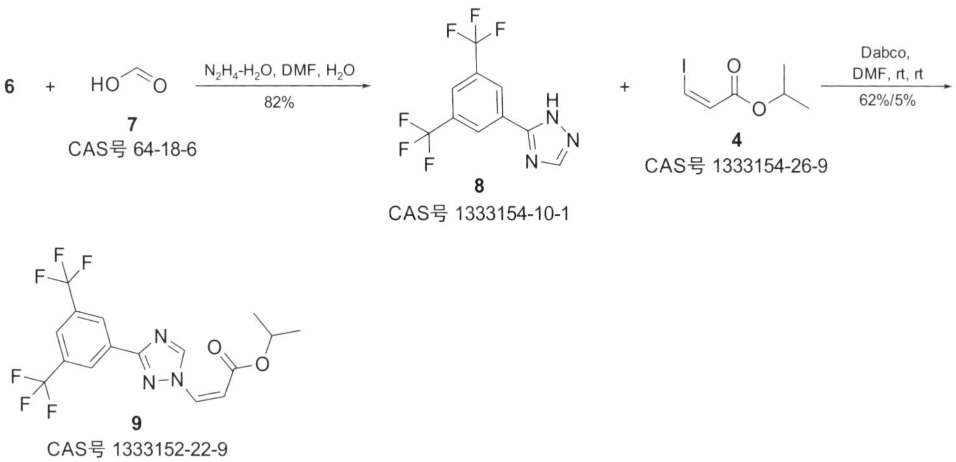

6 + HO⌒O (7, CAS号 64-18-6) —N_2H_4-H_2O, DMF, H_2O; 82%→ 8 (CAS号 1333154-10-1) + 4 (CAS号 1333154-26-9) —Dabco, DMF, rt, rt; 62%/5%→ 9 (CAS号 1333152-22-9)

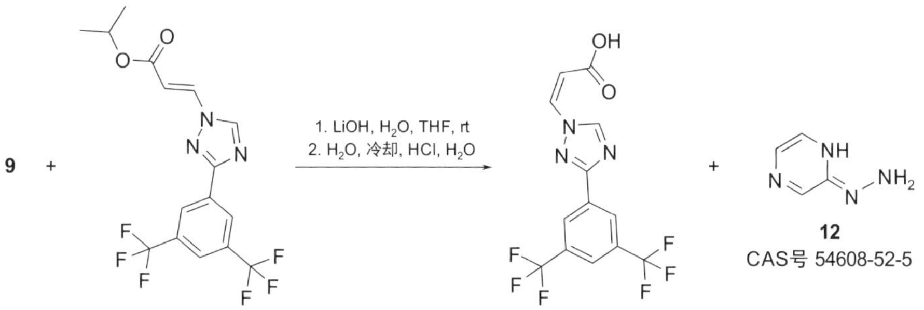

9 + 10 (CAS号 1421923-95-6) —1. LiOH, H_2O, THF, rt; 2. H_2O, 冷却, HCl, H_2O→ 11 (CAS号 1388842-44-1) + 12 (CAS号 54608-52-5) —$(PrP(=O)O)_3$, $EtN(Pr\text{-}i)_2$, CH_2Cl_2, AcOEt; 16%→ 13

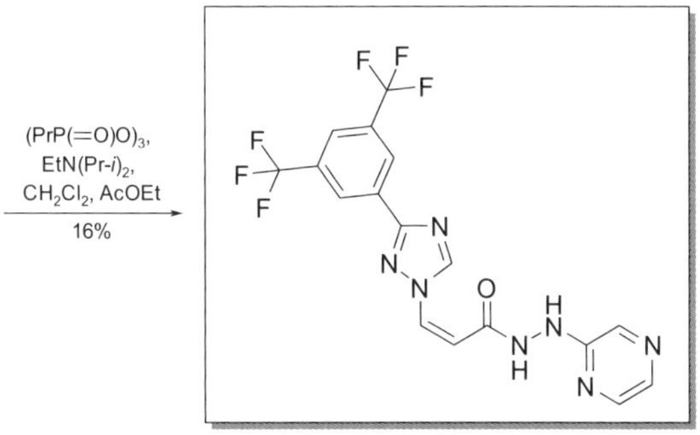

13
selinexor
CAS号 1393477-72-9

原始文献： WO 2013019548, 2013.

参考文献

[1] Salcedo M, Lendvai N, Mastey D, et al. Phase Ⅰ study of selinexor, ixazomib, and low-dose dexamethasone in patients with relapsed or refractory multiple myeloma. Clin Lymphoma Myeloma Leuk, 2020, 20(3):198-200.

[2] Podar K, Shah J, Chari A, et al. Selinexor for the treatment of multiple myeloma. Expert Opin Pharmacother, 2020, 21(4):399-408.

塞利内索核磁谱图

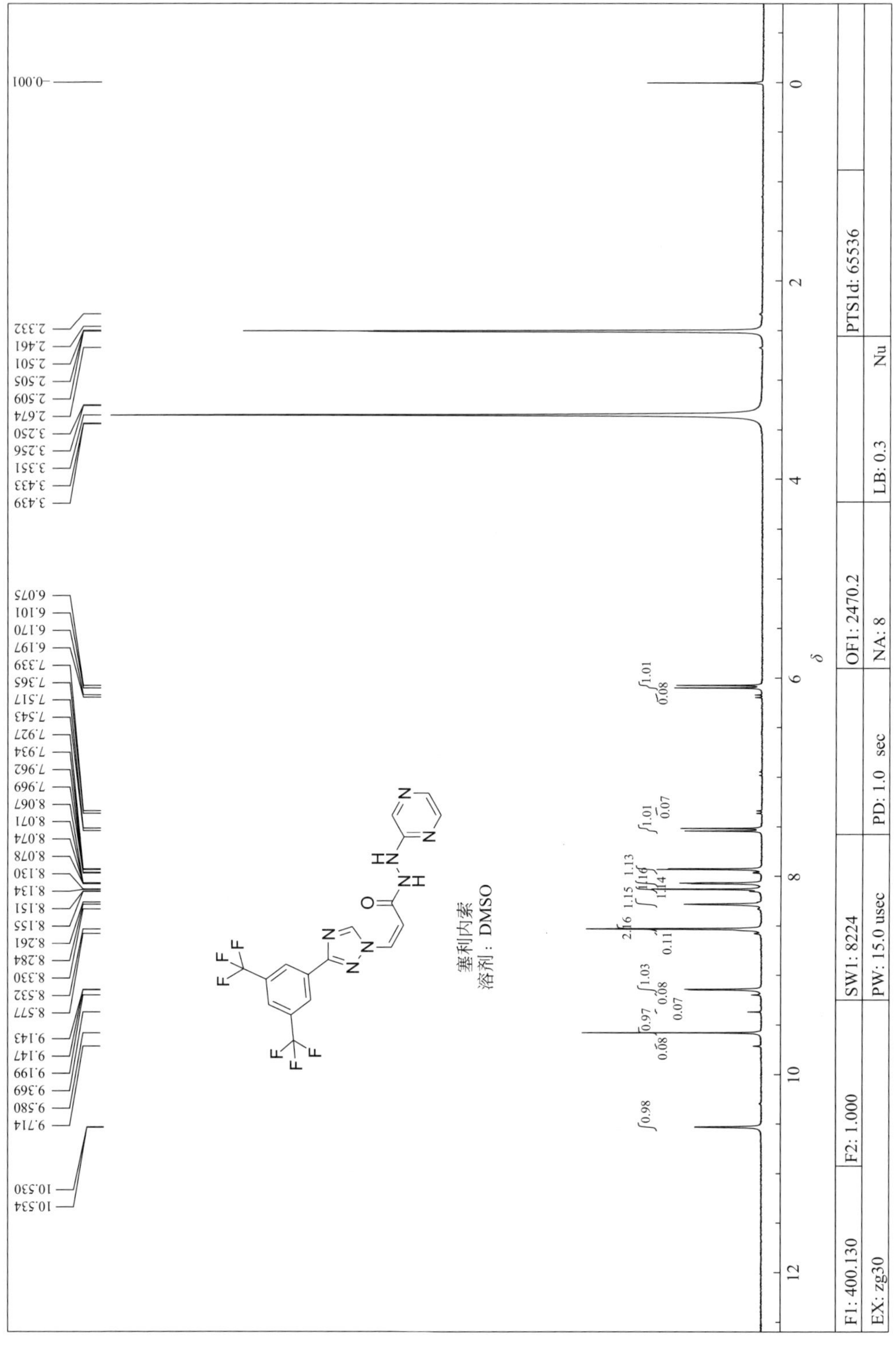

塞利内索
溶剂：DMSO
F1: 400.130
F2: 1.000
SW1: 8224
OF1: 2470.2
PTS1d: 65536
EX: zg30
PW: 15.0 usec
PD: 1.0 sec
NA: 8
LB: 0.3
Nu

semaglutide（索马鲁肽）

药物基本信息

英文通用名	semaglutide
英文别名	NN9535; NN-9535; NN 9535; NNC 0113-0217; NNC-0113-0217; NNC0113-0217
中文通用名	索马鲁肽
商品名	Ozempic
CAS登记号	910463-68-2
FDA 批准日期	12/5/2017
FDA 批准的API	semaglutide
化学名	H-His-Aib-Glu-Gly-Thr-Phe-Thr-Ser-Asp-Val-Ser-Ser-Tyr-Leu-Glu-Gly-Gln-Ala-Ala-Lys(AEEAc-AEEAc-γ-Glu-17-carboxyheptadecanoyl)-Glu-Phe-Ile-Ala-Trp-Leu-Val-Arg-Gly-Arg-Gly-OH
SMILES代码	CC[C@H](C)[C@@H](C(=O)N[C@@H](C)C(=O)N[C@@H](CC1=CNC2=CC=CC=C21)C(=O)N[C@@H](CC(C)C)C(=O)N[C@@H](C(C)C)C(=O)N[C@@H](CCCNC(=N)N)C(=O)NCC(=O)N[C@@H](CCCNC(=N)N)C(=O)NCC(=O)O)NC(=O)[C@H](CC3=CC=CC=C3)NC(=O)[C@H](CCC(=O)O)NC(=O)[C@H](CCCCNC(=O)COCCOCCNC(=O)COCCOCCNC(=O)CC[C@H](C(=O)O)NC(=O)CCCCCCCCCCCCCCCCC(=O)O)NC(=O)[C@H](C)NC(=O)[C@H](C)NC(=O)[C@H](CCC(=O)N)NC(=O)CNC(=O)[C@H](CCC(=O)O)NC(=O)[C@H](CC(C)C)NC(=O)[C@H](CC4=CC=C(C=C4)O)NC(=O)[C@H](CO)NC(=O)[C@H](CO)NC(=O)[C@H](C(C)C)NC(=O)[C@H](CC(=O)O)NC(=O)[C@H](CO)NC(=O)[C@H]([C@@H](C)O)NC(=O)[C@H](CC5=CC=CC=C5)NC(=O)[C@H]([C@@H](C)O)NC(=O)CNC(=O)[C@H](CCC(=O)O)NC(=O)C(C)(C)NC(=O)[C@H](CC6=CN=CN6)N

化学结构和理论分析

化学结构

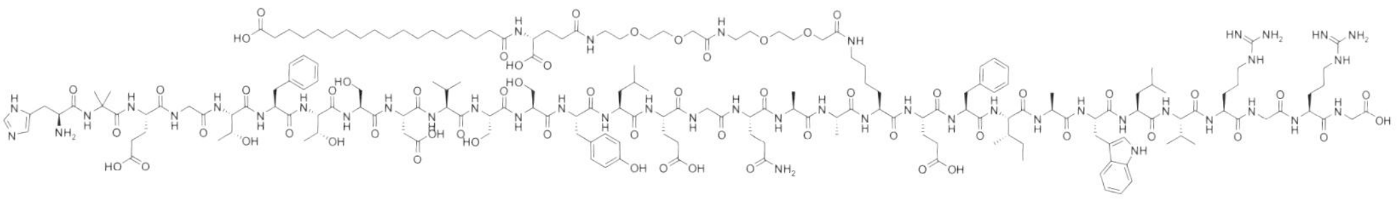

理论分析值
化学式：$C_{187}H_{291}N_{45}O_{59}$ 精确分子量：4111.1154 分子量：4113.6410 元素分析：C, 54.60; H, 7.13; N, 15.32; O, 22.95

药品说明书参考网页

生产厂家产品说明书、美国药品网、美国处方药网页。

药物简介

OZEMPIC 是一种用于皮下使用的注射液，其活性成分是 semaglutide，是一种人 GLP-1 受体激动剂（或 GLP-1 类似物）。肽主链是通过酵母发酵产生的。Semaglutide 的主要延长机制是白蛋白结合，通过用亲水性间隔基和 C_{18} 脂肪二酸修饰 26 赖氨酸来促进白蛋白结合。此外，semaglutide 在位置 8 进行了修饰，以提供稳定的抗二肽基肽酶 4（DPP-4）降解的能力。对位置 34 进行了较小的修改，以确保仅附着一种脂肪二酸。

OZEMPIC 是无菌、水性、透明、无色的溶液。每个预填充的笔包含 1.5mL 的 OZEMPIC 溶液，相当于 2mg semaglutide。1mL 的 OZEMPIC 溶液均含有 1.34mg 的 semaglutide 和以下非活性成分：磷酸二钠二水合物 1.42mg；丙二醇 14.0mg，苯酚 5.50mg，注射用水。OZEMPIC 的 pH ≈ 7.4。可以添加盐酸或氢氧化钠以调节 pH 值。

OZEMPIC 可以作为饮食和运动的辅助手段，以改善 2 型糖尿病成年人的血糖控制。

Semaglutide 是一种 GLP-1 类似物，与人类 GLP-1 的序列同源性为 94%。Semaglutide 充当 GLP-1 受体激动剂，可选择性结合并激活 GLP-1 受体（天然 GLP-1 的靶标）。GLP-1 是一种由 GLP-1 受体介导的对葡萄糖具有多种作用的生理激素。Semaglutide 通过刺激胰岛素分泌和降低胰高血糖素分泌的机制降低血糖，两者均以葡萄糖依赖性方式发生。

药品上市申报信息

该药物目前有 4 种产品上市。

药品注册申请号: 209637
申请类型: NDA（新药申请）
申请人: NOVO
申请人全名: NOVO NORDISK INC

产品信息

产品号	商品名	活性成分	剂型 / 给药途径	规格 / 剂量	参比药物 (RLD)	生物等效参考标准 (RS)	治疗等效代码
001	OZEMPIC	semaglutide	溶液 / 皮下注射	2mg/1.5mL (1.34mg/mL)	是	是	否

与本品相关的专利信息（来自 FDA 橙皮书 Orange Book）

关联产品号	专利号	专利过期日	是否物质专利	是否产品专利	专利用途代码	撤销请求	提交日期
001	10220155	2026/07/17		是			2019/04/04
	10335462	2033/06/21			U-2580		2019/07/25
	10357616	2026/01/20		是			2019/08/08
	10376652	2026/01/20		是			2019/09/13
	6899699	2022/01/02		是			2017/12/20
	7762994	2024/05/23		是			2017/12/20
	8114833	2025/08/13		是			2017/12/20
	8129343	2029/01/29	是	是	U-2202		2017/12/20
	8536122	2026/03/20	是	是	U-2202		2017/12/20
	8579869	2023/06/30		是			2017/12/20
	8672898	2022/01/02		是			2017/12/20
	8684969	2025/10/20		是			2017/12/20
	8920383	2026/07/17		是			2017/12/20
	9108002	2026/01/20		是			2017/12/20
	9132239	2032/02/01		是			2017/12/20
	9457154	2027/09/27		是			2017/12/20
	9486588	2022/01/02		是			2017/12/20
	9616180	2026/01/20		是			2018/08/17
	9687611	2027/02/27		是			2017/12/20
	9775953	2026/07/17		是			2017/12/20
	9861757	2026/01/20		是			2018/08/17
	RE46363	2026/08/03		是			2017/12/20

与本品相关的市场独占权保护信息

关联产品号	独占权代码	失效日期	备注
001	NCE	2022/12/05	

药品注册申请号: 213051
申请类型: NDA（新药申请）
申请人: NOVO
申请人全名: NOVO NORDISK INC

产品信息

产品号	商品名	活性成分	剂型 / 给药途径	规格 / 剂量	参比药物 (RLD)	生物等效参考标准 (RS)	治疗等效代码
001	RYBELSUS	semaglutide	片剂 / 口服	3mg	是	否	否
002	RYBELSUS	semaglutide	片剂 / 口服	7mg	是	否	否

续表

产品号	商品名	活性成分	剂型 / 给药途径	规格 / 剂量	参比药物 (RLD)	生物等效参考标准 (RS)	治疗等效代码
003	RYBELSUS	semaglutide	片剂 / 口服	14mg	是	是	否

与本品相关的专利信息（来自 FDA 橙皮书 Orange Book）

关联产品号	专利号	专利过期日	是否物质专利	是否产品专利	专利用途代码	撤销请求	提交日期
001	10086047	2031/12/16		是			2019/10/15
	10278923	2034/05/02			U-2628		2019/10/15
	8129343	2029/01/29	是	是	U-2628		2019/10/15
	8536122	2026/03/20	是	是	U-2628		2019/10/15
	9278123	2031/12/16		是	U-2628		2019/10/15
002	10086047	2031/12/16		是			2019/10/15
	10278923	2034/05/02			U-2628		2019/10/15
	8129343	2029/01/29	是	是	U-2628		2019/10/15
	8536122	2026/03/20	是	是	U-2628		2019/10/15
	9278123	2031/12/16		是	U-2628		2019/10/15
003	10086047	2031/12/16		是			2019/10/15
	10278923	2034/05/02			U-2628		2019/10/15
	8129343	2029/01/29	是	是	U-2628		2019/10/15
	8536122	2026/03/20	是	是	U-2628		2019/10/15
	9278123	2031/12/16		是	U-2628		2019/10/15

与本品相关的市场独占权保护信息

关联产品号	独占权代码	失效日期	备注
001	NP	2022/09/20	
	NCE	2022/12/05	
002	NP	2022/09/20	
	NCE	2022/12/05	
003	NP	2022/09/20	
	NCE	2022/12/05	

合成路线

Semaglutide 是一种多肽药物，可用标准多肽合成方法或者基因工程的方法生产。

参考文献

[1] Yabe D, Nakamura J, Kaneto H, et al. Safety and efficacy of oral semaglutide versus dulaglutide in Japanese patients with type 2 diabetes

(PIONEER 10): an open- label, randomised, active-controlled, phase 3a trial. Lancet Diabetes Endocrinol, 2020, 8(5):392-406.

[2] Yamada Y, Katagiri H, Hamamoto Y, et al. Dose-response, efficacy, and safety of oral semaglutide monotherapy in Japanese patients with type 2 diabetes (PIONEER 9): a 52-week, phase 2/3a, randomised, controlled trial. Lancet Diabetes Endocrinol, 2020, 8(5):377-391.

siponimod（司珀莫德）

药物基本信息

英文通用名	siponimod
英文别名	BAF-312; BAF 312; BAF312; NVP-BAF-312; NVP-BAF 312; NVP-BAF312; NVP-BAF312-AEA; NVP-BAF312-NX; WHO 9491; WHO-9491; WHO9491
中文通用名	司珀莫德
商品名	Mayzent
CAS登记号	1230487-00-9 (游离碱), 1234627-85-0 (反丁烯二酸盐)
FDA 批准日期	3/26/2019
FDA 批准的API	siponimod fumarate
化学名	(*E*)-1-(4-(1-(((4-cyclohexyl-3-(trifluoromethyl)benzyl)oxy)imino)ethyl)-2-ethylbenzyl)azetidine-3-carboxylic acid compound with fumaric acid (2:1)
SMILES代码	O=C(C1CN(CC2=CC=C(/C(C)=N/OCC3=CC=C(C4CCCCC4)C(C(F)(F)F)=C3)C=C2CC)C1)O.O=C(C5CN(CC6=CC=C(/C(C)=N/OCC7=CC=C(C8CCCCC8)C(C(F)(F)F)=C7)C=C6CC)C5)O.O=C(O)/C=C/C(O)=O

化学结构和理论分析

化学结构	理论分析值
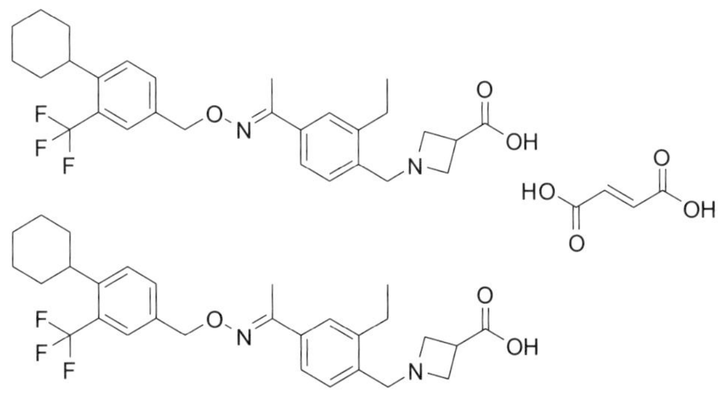	化学式：$C_{62}H_{74}F_6N_4O_{10}$ 精确分子量：N/A 分子量：1149.2824 元素分析：C, 64.80; H, 6.49; F, 9.92; N, 4.88; O, 13.92

药品说明书参考网页

生产厂家产品说明书、美国药品网、美国处方药网页。

药物简介

MAYZENT 片剂的活性成分是 siponimod fumarate，是一种鞘氨醇 1- 磷酸受体调节剂。Siponimod fumarate 外观为白色至几乎白色的粉末。

MAYZENT 提供 0.25mg 和 2mg 薄膜包衣片剂，用于口服。目前有 2 种剂量规格：每片含 0.25mg 或 2mg 的 siponimod，相当于 0.28mg 或 2.22mg 的 siponimod fumarate。

MAYZENT 片剂包含以下非活性成分：胶体二氧化硅，交聚维酮，山嵛酸甘油酯，乳糖一水合物，微晶纤维素，卵磷脂（大豆），聚乙烯醇，滑石粉，二氧化钛和黄原胶。薄膜包衣成分：0.25mg 剂量的片剂为黑色和红色氧化铁，而 2mg 剂量片剂为红色和黄色氧化铁。

MAYZENT 适用于成人复发型多发性硬化症（MS）的治疗，包括临床孤立的综合征，复发型缓解疾病和活动性继发进行性疾病。

Siponimod，也称为 BAF-312，是一种有效的口服选择性 S1P 受体调节剂，对 S1P1 受体的 EC_{50} 值为 0.39nmol/L，对 S1P5 受体的 EC_{50} 值为 0.98nmol/L。

药品上市申报信息

该药物目前有 2 种产品上市。

药品注册申请号：209884
申请类型：NDA（新药申请）
申请人：NOVARTIS
申请人全名：NOVARTIS PHARMACEUTICALS CORP

产品信息

产品号	商品名	活性成分	剂型 / 给药途径	规格 / 剂量	参比药物 (RLD)	生物等效参考标准 (RS)	治疗等效代码
001	MAYZENT	siponimod fumaric acid	片剂 / 口服	等量 0.25mg 游离碱	是	否	否
002	MAYZENT	siponimod fumaric acid	片剂 / 口服	等量 2mg 游离碱	是	是	否

与本品相关的专利信息（来自 FDA 橙皮书 Orange Book）

关联产品号	专利号	专利过期日	是否物质专利	是否产品专利	专利用途代码	撤销请求	提交日期
001	7939519	2024/05/19	是	是			2019/04/19
	8492441	2030/11/30			U-2511		2019/04/19
002	7939519	2024/05/19	是	是			2019/04/19
	8492441	2030/11/30			U-2511		2019/04/19

与本品相关的市场独占权保护信息

关联产品号	独占权代码	失效日期	备注
001	NCE	2024/03/26	
002	NCE	2024/03/26	

合成路线 1

以下合成路线来源于 Genomics Institute of the Novartis 公司 Pan 等人 2013 年发表的论文。目标化合物 **13** 以化合物 **1** 和化合物 **2** 为原料，经过 7 步合成反应而得。

HO N O

1

CAS号 10576-12-2

Cl Br F F F

2

CAS号 261763-23-9

t-BuOK, DMF

100%

Cl F F F O N O

3

CAS号 1418144-64-5

\+

Mg Cl

4

CAS号 931-51-1

$ZnCl_2$, Et_2O, NMP, rt, $Pd(t\text{-}Bu_3P)_2$

58%

F F F O N O

5

CAS号 1418144-65-6

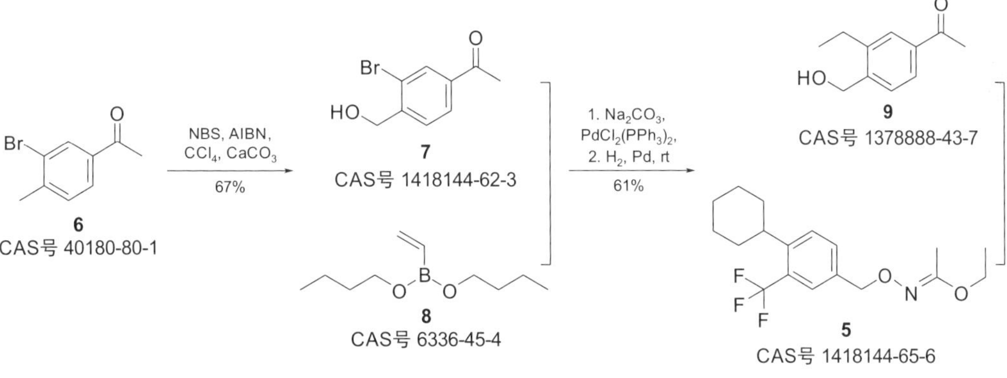

HCl, MeOH, Et_2O

HO N O F F F

10

CAS号 1418144-66-7

$\xrightarrow[\text{回流}]{\text{MnO}_2\text{, 二噁烷}}$ 10 → 11 + 12 $\xrightarrow{\text{MeOH, NaBH}_3\text{CN}}$ 13

11
CAS号 1230487-01-0

12
CAS号 36476-78-5

13
siponimod
CAS号 1230487-00-9

原始文献： ACS Med Chem Lett, 2013, 4(3):333-337.

合成路线 2

以下合成路线来源于 Auspex Pharmaceuticals 公司 Zhang 等人 2017 年发表的专利申请书。目标化合物 **16** 以化合物 **1** 和化合物 **2** 为原料，经过 10 步合成反应而得。

1 + 2 $\xrightarrow[89\%]{\text{K}_2\text{CO}_3\text{, PdCl}_2(\text{PPh}_3)_2\text{, BuOH, H}_2\text{O}}$ 3 $\xrightarrow[88\%]{\text{H}_2\text{, Pd, MeOH}}$ 4

1
CAS号 161622-14-6

2
CAS号 89490-05-1

3
CAS号 1034188-31-2

4
CAS号 916806-97-8

$\xrightarrow[98\%]{\text{BH}_3\text{, THF, rt, H}_2\text{O, rt}}$ 5

5
CAS号 957205-23-1

5 $\xrightarrow[83\%]{\text{HBr, PhMe, AcOH}}$ [6 + 7] $\xrightarrow[94\%]{t\text{-BuOK, THF}}$ 8 | [9 + 10]

6
CAS号 800381-60-6

7
CAS号 20703-42-8

8
CAS号 2104758-17-8

9
CAS号 1418144-62-3

10
CAS号 13682-77-4

Cs_2CO_3, PPh_3, $PdCl_2$, H_2O, THF
67%

HO

11
CAS号 1418144-63-4

11 H_2, Pd, EtOH 89%

HO

12
CAS号 1378888-43-7

+

8
CAS号 2104758-17-8

HCl, MeOH, 二噁烷
95%

13
CAS号 1418144-66-7

13 2-碘酰基苯甲酸 MeCN 91%

14
CAS号 1230487-01-0

+

HN OH

15
CAS号 36476-78-5

AcOH, MeOH, rt
$NaBH_3CN$, rt
20%

16
siponimod
CAS号 1230487-00-9

原始文献： WO 2017120124, 2017.

合成路线 3

以下合成路线来源于 Novartis 公司 Gallou 等人 2013 年发表的专利申请书。目标化合物 **13** 以化合物 **1** 和化合物 **2** 为原料，经过 8 步合成反应而得。

+

K_2CO_3, $PdCl_2(PPh_3)_2$
MeOH

H_2, Pd, MeOH

1
CAS号 161622-14-6

2
CAS号 89490-05-1

3
CAS号 1034188-31-2

4
CAS号 916806-97-8

$LiAlH_4$, THF, PhMe
H_2SO_4, H_2O

5
CAS号 957205-23-1

5
CAS号 957205-23-1

HBr, AcOH, Ac_2O, H_2O

6
CAS号 800381-60-6

+

7
CAS号 10576-12-2

K_2CO_3, 4-DMAP, CH_2Cl_2, Me_2CO

8
CAS号 1418144-65-6

8

9
CAS号 1378888-43-7

HCl, H_2O, MeOH
Et_3N
MeOH

10
CAS号 1418144-66-7

MnO_2,
$Me(CH_2)_5Me$

11
CAS号 1230487-01-0

+

12
CAS号 36476-78-5

MeOH
$Na(AcO)_3BH$

13
siponimod
CAS号 1230487-00-9

原始文献： WO 2013113915, 2013.

参考文献

[1] Samjoo I A, Worthington E, Haltner A, et al. Matching-adjusted indirect treatment comparison of siponimod and other disease modifying treatments in secondary progressive multiple sclerosis. Curr Med Res Opin, 2020, 1-10.

[2] Huth F, Gardin A, Umehara K, et al. Prediction of the impact of cytochrome P450 2C9 genotypes on the drug-drug interaction potential of siponimod with physiologically-based pharmacokinetic modeling: a comprehensive approach for drug label recommendations. Clin

Pharmacol Ther, 2019, 106(5):1113-1124.

司珀莫德核磁谱图

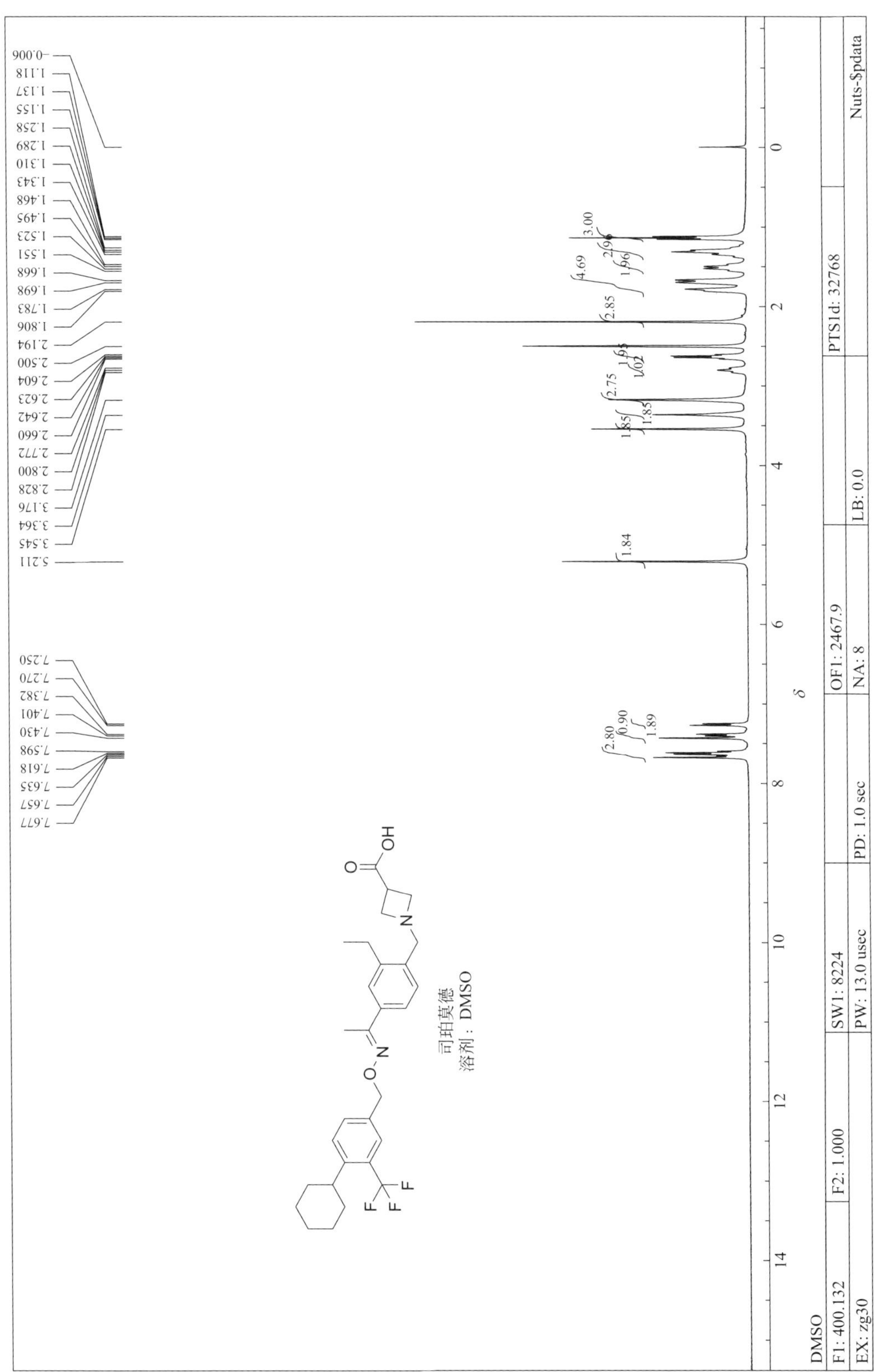

sofosbuvir（索非布韦）

药物基本信息

英文通用名	sofosbuvir
英文别名	PSI-7977; PSI 7977; PSI7977; GS7977; GS-7977; GS 7977; sovaldi; virunon; hepcinat; hepcvir; resof
中文通用名	索非布韦
商品名	Vosevi
CAS登记号	1190307-88-0
FDA 批准日期	7/18/2017
FDA 批准的API	sofosbuvir
化学名	(2*S*)-isopropyl 2-(((((2*R*,3*R*,4*R*,5*R*)-5-(2,4-dioxo-3,4-dihydropyrimidin-1(2*H*)-yl)-4-fluoro-3-hydroxy-4-methyltetrahydrofuran-2-yl)methoxy)(phenoxy)phosphoryl)amino)propanoate
SMILES代码	C[C@H](NP(OC1=CC=CC=C1)(OC[C@H]2O[C@@H](N(C(N3)=O)C=CC3=O)[C@](C)(F)[C@@H]2O)=O)C(OC(C)C)=O

化学结构和理论分析

化学结构	理论分析值
	化学式：$C_{22}H_{29}FN_3O_9P$ 精确分子量：529.1625 分子量：529.46 元素分析：C, 49.91; H, 5.52; F, 3.59; N, 7.94; O, 27.20; P, 5.85

药品说明书参考网页

生产厂家产品说明书、美国药品网、美国处方药网页。

药物简介

VOSEVI 是一种固定剂量组合片剂。活性成分是 sofosbuvir、velpatasvir 和 voxilaprevir。Sofosbuvir 是核苷酸类似物 HCV NS5B 聚合酶抑制剂，velpatasvir 是 NS5A 抑制剂，voxilaprevir 是 NS3 / 4A 蛋白酶抑制剂。

每片 VOSEVI 含有 400mg sofosbuvir、100mg velpatasvir 和 100mg 的 voxilaprevir。片剂包含以下非活性成分：胶体二氧化硅，共聚维酮，交联羧甲基纤维素钠，乳糖一水合物，硬脂酸镁和微晶纤维素。所述片剂用包含以下非活性成分的包衣材料进行膜包衣：氧化铁亚铁，氧化铁红，氧化铁黄，聚乙二醇，聚乙烯醇，滑石粉和二氧化钛。

Sofosbuvir 外观为白色至类白色结晶固体，在 37℃的 pH 值（2 ～ 7.7）范围下溶解度至少为 2mg/mL，微溶于水。Velpatasvir 在高于 pH=5 时几乎不溶（小于 0.1mg/mL），在 pH=2 时微溶（3.6mg/mL），在 pH=1.2 时可溶（大于 36mg/mL）。Voxilaprevir 是白色至浅棕色固体，略有吸湿性。Voxilaprevir 在 pH=6.8 以下几乎不溶（小于 0.1mg/mL）。

VOSEVI 适用于治疗无肝硬化或代偿性肝硬化（Child-Pugh A）的慢性丙型肝炎病毒（HCV）感染的成年患者，这些患者：①基因型 1、2、3、4、5 或 6 感染，并且先前已用含有 NS5A 抑制剂的 HCV 方案进行过治疗；②基因型 1a 或 3 感染，并且先前已用含 sofosbuvir 且不含 NS5A 抑制剂的 HCV 方案治疗。

Sofosbuvir 是一种病毒复制所需的 HCV NS5B RNA 依赖性 RNA 聚合酶的抑制剂。Sofosbuvir 是一种核苷酸前药，它会在细胞内代谢，形成具有药理活性的尿苷类似物三磷酸酯（GS-461203），可通过 NS5B 聚合酶将其掺入 HCV RNA 中并充当链终止剂。在生化分析中，GS-461203 抑制了重组 NS5B 的 HCV 基因型 1b、2a、3a 和 4a 的聚合酶活性，IC_{50} 值为 0.36 ～ 3.3μmol/L。GS-461203 既不是人类 DNA 和 RNA 聚合酶的抑制剂，也不是线粒体 RNA 聚合酶的抑制剂。

Velpatasvir 是一种 HCV NS5A 蛋白抑制剂。细胞培养中的抗性选择和交叉抗性研究表明，velpatasvir 可靶向作用于 NS5A。

Voxilaprevir 是 NS3 / 4A 蛋白酶的非共价可逆抑制剂。NS3 / 4A 蛋白酶对于 HCV 编码的多蛋白（转化为 NS3、NS4A、NS4B、NS5A 和 NS5B 蛋白的成熟形式）进行蛋白水解切割是必需的，并且对病毒复制至关重要。在一种生化抑制测定中，Voxilaprevir 可抑制来自临床分离的 HCV 基因型 1b 和 3a 重组 NS3 / 4A 酶的蛋白水解活性，其 K_i 值分别为 38pmol/L 和 66pmol/L。

抗病毒活性：在 HCV 复制子测定中，sofosbuvir 相对于全长或嵌合实验室分离株以及亚型 1a、1b、2a、2b、3a、4a、4d、5a 和 6a 的临床分离株的 EC_{50} 值中位数为 15 ～ 110 nmol/L。Velpatasvir 对全长或嵌合实验室分离株和亚型 1a、1b、2a、2b、3a、4a、4d、4r、5a、6a 和 6e 的临床分离株和临床分离株的中值 EC_{50} 值为 0.002 ～ 0.13 nmol/L。相对于全长或嵌合实验室分离株和亚型 1a、1b、2a、2b、3a、4a、4d、4r、5a、6a、6e 和 6n 的全长或嵌合实验室分离株和临床分离株，voxilaprevir 的 EC_{50} 值中位数为 0.2 ～ 6.6 nmol/L。

药品上市申报信息

该药物目前有 10 种产品上市。

药品注册申请号：204671
申请类型：NDA（新药申请）
申请人：GILEAD SCIENCES INC
申请人全名：GILEAD SCIENCES INC

产品信息

产品号	商品名	活性成分	剂型 / 给药途径	规格 / 剂量	参比药物 (RLD)	生物等效参考标准 (RS)	治疗等效代码
001	SOVALDI	sofosbuvir	片剂 / 口服	400mg	是	是	否
002	SOVALDI	sofosbuvir	片剂 / 口服	200mg	是	否	否

与本品相关的专利信息（来自 FDA 橙皮书 Orange Book）

关联产品号	专利号	专利过期日	是否物质专利	是否产品专利	专利用途代码	撤销请求	提交日期
001	7964580	2029/03/26	是	是	U-1470		
	7964580*PED	2029/09/26					
	8334270	2028/03/21	是	是	U-1470		
	8334270*PED	2028/09/21					
	8580765	2028/03/21	是	是	U-1470		
	8580765*PED	2028/09/21					
	8618076	2030/12/11	是	是	U-1470		2014/01/29
	8618076*PED	2031/06/11					
	8633309	2029/03/26	是	是	U-1470		2014/01/29
	8633309*PED	2029/09/26					
	8889159	2029/03/26		是	U-1470		2014/12/09
	8889159*PED	2029/09/26					
	9085573	2028/03/21	是	是	U-1470		2015/08/11
	9085573*PED	2028/09/21					
	9284342	2030/09/13	是	是	U-1470		2016/03/29
	9284342*PED	2031/03/13					
	9549941	2029/03/26			U-1958		2017/02/07
	9549941*PED	2029/09/26					
002	7964580	2029/03/26	是	是	U-1470		2019/09/23
	7964580*PED	2029/09/26					
	8334270	2028/03/21	是	是	U-1470		2019/09/23
	8334270*PED	2028/09/21					
	8580765	2028/03/21	是	是	U-1470		2019/09/23
	8580765*PED	2028/09/21					
	8618076	2030/12/11	是	是	U-1470		2019/09/23
	8618076*PED	2031/06/11					
	8633309	2029/03/26	是	是	U-1470		2019/09/23
	8633309*PED	2029/09/26					
	8889159	2029/03/26		是	U-1470		2019/09/23
	8889159*PED	2029/09/26					
	9085573	2028/03/21	是	是	U-1470		2019/09/23
	9085573*PED	2028/09/21					
	9284342	2030/09/13	是	是	U-1470		2019/09/23
	9284342*PED	2031/03/13					

与本品相关的市场独占权保护信息

关联产品号	独占权代码	失效日期	备注
001	ODE-135	2024/04/07	
	NPP	2020/04/07	
	PED	2024/10/07	

药品注册申请号：205834
申请类型：NDA（新药申请）
申请人：GILEAD SCIENCES INC
申请人全名：GILEAD SCIENCES INC

产品信息

产品号	商品名	活性成分	剂型 / 给药途径	规格 / 剂量	参比药物(RLD)	生物等效参考标准(RS)	治疗等效代码
001	HARVONI	ledipasvir; sofosbuvir	片剂 / 口服	90mg; 400mg	是	是	否
002	HARVONI	ledipasvir; sofosbuvir	片剂 / 口服	45mg; 200mg	是	否	否

与本品相关的专利信息（来自 FDA 橙皮书 Orange Book）

关联产品号	专利号	专利过期日	是否物质专利	是否产品专利	专利用途代码	撤销请求	提交日期
001	10039779	2034/01/30	是	是	U-2370 U-2369		2018/08/29
	10039779*PED	2034/07/30					
	10456414	2032/09/14		是			2019/11/20
	7964580	2029/03/26	是	是	U-1470		2014/10/30
	7964580*PED	2029/09/26					
	8088368	2030/05/12	是	是			2014/10/30
	8088368*PED	2030/11/12					
	8273341	2030/05/12			U-1470		2014/10/30
	8273341*PED	2030/11/12					
	8334270	2028/03/21	是	是	U-1470		2014/10/30
	8334270*PED	2028/09/21					
	8580765	2028/03/21	是	是	U-1470		2014/10/30
	8580765*PED	2028/09/21					
	8618076	2030/12/11	是	是	U-1470		2014/10/30
	8618076*PED	2031/06/11					
	8633309	2029/03/26	是	是	U-1470		2014/10/30
	8633309*PED	2029/09/26					

续表

关联产品号	专利号	专利过期日	是否物质专利	是否产品专利	专利用途代码	撤销请求	提交日期
001	8735372	2028/03/21			U-1470		2014/10/30
	8735372*PED	2028/09/21					
	8822430	2030/05/12	是	是	U-1470		2014/10/30
	8822430*PED	2030/11/12					
	8841278	2030/05/12		是	U-1470		2014/10/30
	8841278*PED	2030/11/12					
	8889159	2029/03/26		是	U-1470		2014/12/11
	8889159*PED	2029/09/26					
	9085573	2028/03/21	是	是	U-1470		2015/08/11
	9085573*PED	2028/09/21					
	9284342	2030/09/13	是	是	U-1470		2016/04/12
	9284342*PED	2031/03/13					
	9393256	2032/09/14			U-1470		2016/08/15
	9393256*PED	2033/03/14					
	9511056	2030/05/12		是	U-1470		2017/01/05
	9511056*PED	2030/11/12					
002	10039779	2034/01/30	是	是	U-1470		2019/09/23
	10039779*PED	2034/07/30					
	10456414	2032/09/14		是			2019/11/20
	7964580	2029/03/26	是	是	U-1470		2019/09/23
	7964580*PED	2029/09/26					
	8088368	2030/05/12	是	是			2019/09/23
	8088368*PED	2030/11/12					
	8273341	2030/05/12			U-1470		2019/09/23
	8273341*PED	2030/11/12					
	8334270	2028/03/21	是	是	U-1470		2019/09/23
	8334270*PED	2028/09/21					
	8580765	2028/03/21	是	是	U-1470		2019/09/23
	8580765*PED	2028/09/21					
	8618076	2030/12/11	是	是	U-1470		2019/09/23
	8618076*PED	2031/06/11					
	8633309	2029/03/26	是	是	U-1470		2019/09/23
	8633309*PED	2029/09/26					
	8735372	2028/03/21			U-1470		2019/09/23

续表

关联产品号	专利号	专利过期日	是否物质专利	是否产品专利	专利用途代码	撤销请求	提交日期
002	8735372*PED	2028/09/21					
	8822430	2030/05/12	是	是	U-1470		2019/09/23
	8822430*PED	2030/11/12					
	8841278	2030/05/12		是	U-1470		2019/09/23
	8841278*PED	2030/11/12					
	8889159	2029/03/26		是	U-1470		2019/09/23
	8889159*PED	2029/09/26					
	9085573	2028/03/21	是	是	U-1470		2019/09/23
	9085573*PED	2028/09/21					
	9284342	2030/09/13	是	是	U-1470		2019/09/23
	9284342*PED	2031/03/13					
	9393256	2032/09/14			U-1470		2019/09/23
	9393256*PED	2033/03/14					
	9511056	2030/05/12			U-1470		2019/09/23
	9511056*PED	2030/11/12					

与本品相关的市场独占权保护信息

关联产品号	独占权代码	失效日期	备注
001	NCE	2019/10/10	
	D-158	2019/02/12	
	D-159	2019/02/12	
	D-160	2019/02/12	
	NPP	2020/04/07	
	ODE-136	2024/04/07	
	PED	2024/10/07	

药品注册申请号：208341

申请类型：NDA（新药申请）

申请人：GILEAD SCIENCES INC

申请人全名：GILEAD SCIENCES INC

产品信息

产品号	商品名	活性成分	剂型 / 给药途径	规格 / 剂量	参比药物 (RLD)	生物等效参考标准 (RS)	治疗等效代码
001	EPCLUSA	sofosbuvir;velpatasvir	片剂 / 口服	400mg;100mg	是	是	否

与本品相关的专利信息（来自 FDA 橙皮书 Orange Book）

关联产品号	专利号	专利过期日	是否物质专利	是否产品专利	专利用途代码	撤销请求	提交日期
001	10086011	2034/01/30			U-1470		2018/10/23
	7964580	2029/03/26	是	是	U-1470		2016/07/15
	7964580*PED	2029/09/26					
	8334270	2028/03/21	是	是	U-1470		2016/07/15
	8334270*PED	2028/09/21					
	8575135	2032/11/16	是	是	U-1470		2016/07/15
	8580765	2028/03/21	是	是	U-1470		2016/07/15
	8580765*PED	2028/09/21					
	8618076	2030/12/11	是	是	U-1470		2016/07/15
	8618076*PED	2031/06/11					
	8633309	2029/03/26	是	是	U-1470		2016/07/15
	8633309*PED	2029/09/26					
	8735372	2028/03/21			U-1470		2016/07/15
	8889159	2029/03/26		是	U-1470		2016/07/15
	8889159*PED	2029/09/26					
	8921341	2032/11/16	是	是	U-1470		2016/07/15
	8940718	2032/11/16	是	是	U-1470		2016/07/15
	9085573	2028/03/21	是	是	U-1470		2016/07/15
	9085573*PED	2028/09/21					
	9284342	2030/09/13	是	是	U-1470		2016/07/15
	9284342*PED	2031/03/13					
	9757406	2034/01/30		是			2017/09/26

与本品相关的市场独占权保护信息

关联产品号	独占权代码	失效日期	备注
001	NCE	2021/06/28	
	NPP	2020/08/01	

药品注册申请号：208341

申请类型：NDA（新药申请）

申请人：GILEAD SCIENCES INC

申请人全名：GILEAD SCIENCES INC

产品信息

产品号	商品名	活性成分	剂型 / 给药途径	规格 / 剂量	参比药物 (RLD)	生物等效参考标准 (RS)	治疗等效代码
001	EPCLUSA	sofosbuvir; velpatasvir	片剂 / 口服	400mg;100mg	是	是	否

与本品相关的专利信息（来自 FDA 橙皮书 Orange Book）

关联产品号	专利号	专利过期日	是否物质专利	是否产品专利	专利用途代码	撤销请求	提交日期
001	10086011	2034/01/30			U-1470		2018/10/23
	7964580	2029/03/26	是	是	U-1470		2016/07/15
	7964580*PED	2029/09/26					
	8334270	2028/03/21	是	是	U-1470		2016/07/15
	8334270*PED	2028/09/21					
	8575135	2032/11/16	是	是	U-1470		2016/07/15
	8580765	2028/03/21	是	是	U-1470		2016/07/15
	8580765*PED	2028/09/21					
	8618076	2030/12/11	是	是	U-1470		2016/07/15
	8618076*PED	2031/06/11					
	8633309	2029/03/26	是	是	U-1470		2016/07/15
	8633309*PED	2029/09/26					
	8735372	2028/03/21			U-1470		2016/07/15
	8889159	2029/03/26		是	U-1470		2016/07/15
	8889159*PED	2029/09/26					
	8921341	2032/11/16	是	是	U-1470		2016/07/15
	8940718	2032/11/16	是	是	U-1470		2016/07/15
	9085573	2028/03/21	是	是	U-1470		2016/07/15
	9085573*PED	2028/09/21					
	9284342	2030/09/13	是	是	U-1470		2016/07/15
	9284342*PED	2031/03/13					
	9757406	2034/01/30		是			2017/09/26

与本品相关的市场独占权保护信息

关联产品号	独占权代码	失效日期	备注
001	NCE	2021/06/28	
	NPP	2020/08/01	

药品注册申请号：212477

申请类型：NDA（新药申请）

申请人：GILEAD SCIENCES INC

申请人全名：GILEAD SCIENCES INC

产品信息

产品号	商品名	活性成分	剂型 / 给药途径	规格 / 剂量	参比药物(RLD)	生物等效参考标准 (RS)	治疗等效代码
001	HARVONI	ledipasvir; sofosbuvir	PELLETS; ORAL	33.75mg; 150mg/ 袋	是	否	否
002	HARVONI	ledipasvir; sofosbuvir	PELLETS; ORAL	45mg; 200mg/ 袋	是	是	否

与本品相关的专利信息（来自 FDA 橙皮书 Orange Book）

关联产品号	专利号	专利过期日	是否物质专利	是否产品专利	专利用途代码	撤销请求	提交日期
001	10456414	2032/09/14		是			2019/11/20
	7964580	2029/03/26	是	是	U-1470		2019/09/23
	7964580*PED	2029/09/26					
	8088368	2030/05/12	是	是			2019/09/23
	8088368*PED	2030/11/12					
	8273341	2030/05/12			U-1470		2019/09/23
	8273341*PED	2030/11/12					
	8334270	2028/03/21	是	是	U-1470		2019/09/23
	8334270*PED	2028/09/21					
	8580765	2028/03/21	是	是	U-1470		2019/09/23
	8580765*PED	2028/09/21					
	8618076	2030/12/11	是	是	U-1470		2019/09/23
	8618076*PED	2031/06/11					
	8633309	2029/03/26	是	是	U-1470		2019/09/23
	8633309*PED	2029/09/26					
	8735372	2028/03/21			U-1470		2019/09/23
	8735372*PED	2028/09/21					
	8822430	2030/05/12	是	是	U-1470		2019/09/23
	8822430*PED	2030/11/12					
	8841278	2030/05/12		是	U-1470		2019/09/23
	8841278*PED	2030/11/12					
	8889159	2029/03/26		是	U-1470		2019/09/23
	8889159*PED	2029/09/26					
	9085573	2028/03/21	是	是	U-1470		2019/09/23
	9085573*PED	2028/09/21					
	9284342	2030/09/13	是	是	U-1470		2019/09/23
	9284342*PED	2031/03/13					

续表

关联产品号	专利号	专利过期日	是否物质专利	是否产品专利	专利用途代码	撤销请求	提交日期
001	9393256	2032/09/14			U-1470		2019/09/23
	9393256*PED	2033/03/14					
	9511056	2030/05/12			U-1470		2019/09/23
	9511056*PED	2030/11/12					
002	10456414	2032/09/14		是			2019/11/20
	7964580	2029/03/26	是	是	U-1470		2019/09/23
	7964580*PED	2029/09/26					
	8088368	2030/05/12	是	是			2019/09/23
	8088368*PED	2030/11/12					
	8273341	2030/05/12			U-1470		2019/09/23
	8273341*PED	2030/11/12					
	8334270	2028/03/21	是	是	U-1470		2019/09/23
	8334270*PED	2028/09/21					
	8580765	2028/03/21	是	是	U-1470		2019/09/23
	8580765*PED	2028/09/21					
	8618076	2030/12/11	是	是	U-1470		2019/09/23
	8618076*PED	2031/06/11					
	8633309	2029/03/26	是	是	U-1470		2019/09/23
	8633309*PED	2029/09/26					
	8735372	2028/03/21			U-1470		2019/09/23
	8735372*PED	2028/09/21					
	8822430	2030/05/12	是	是	U-1470		2019/09/23
	8822430*PED	2030/11/12					
	8841278	2030/05/12		是	U-1470		2019/09/23
	8841278*PED	2030/11/12					
	8889159	2029/03/26		是	U-1470		2019/09/23
	8889159*PED	2029/09/26					
	9085573	2028/03/21	是	是	U-1470		2019/09/23
	9085573*PED	2028/09/21					
	9284342	2030/09/13	是	是	U-1470		2019/09/23
	9284342*PED	2031/03/13					
	9393256	2032/09/14			U-1470		2019/09/23
	9393256*PED	2033/03/14					
	9511056	2030/05/12			U-1470		2019/09/23
	9511056*PED	2030/11/12					

与本品相关的市场独占权保护信息

关联产品号	独占权代码	失效日期	备注
001	ODE-263	2026/08/28	
	ODE-262	2026/08/28	
	ODE-264	2026/08/28	
002	ODE-262	2026/08/28	
	ODE-263	2026/08/28	
	ODE-264	2026/08/28	

药品注册申请号：212480
申请类型：NDA（新药申请）
申请人：GILEAD SCIENCES INC
申请人全名：GILEAD SCIENCES INC

产品信息

产品号	商品名	活性成分	剂型 / 给药途径	规格 / 剂量	参比药物(RLD)	生物等效参考标准(RS)	治疗等效代码
001	SOVALDI	sofosbuvir	PELLETS; ORAL	150mg/ 袋	是	否	否
002	SOVALDI	sofosbuvir	PELLETS; ORAL	200mg/ 袋	是	是	否

与本品相关的专利信息（来自 FDA 橙皮书 Orange Book）

关联产品号	专利号	专利过期日	是否物质专利	是否产品专利	专利用途代码	撤销请求	提交日期
001	7964580	2029/03/26	是	是	U-1470		2019/09/23
	7964580*PED	2029/09/26					
	8334270	2028/03/21	是	是	U-1470		2019/09/23
	8334270*PED	2028/09/21					
	8580765	2028/03/21	是	是	U-1470		2019/09/23
	8580765*PED	2028/09/21					
	8618076	2030/12/11	是	是	U-1470		2019/09/23
	8618076*PED	2031/06/11					
	8633309	2029/03/26	是	是	U-1470		2019/09/23
	8633309*PED	2029/09/26					
	8889159	2029/03/26		是	U-1470		2019/09/23
	8889159*PED	2029/09/26					
	9085573	2028/03/21	是	是	U-1470		2019/09/23
	9085573*PED	2028/09/21					
	9284342	2030/09/13	是	是	U-1470		2019/09/23
	9284342*PED	2031/03/13					

续表

关联产品号	专利号	专利过期日	是否物质专利	是否产品专利	专利用途代码	撤销请求	提交日期
002	7964580	2029/03/26	是	是	U-1470		2019/09/23
	7964580*PED	2029/09/26					
	8334270	2028/03/21	是	是	U-1470		2019/09/23
	8334270*PED	2028/09/21					
	8580765	2028/03/21	是	是	U-1470		2019/09/23
	8580765*PED	2028/09/21					
	8618076	2030/12/11	是	是	U-1470		2019/09/23
	8618076*PED	2031/06/11					
	8633309	2029/03/26	是	是	U-1470		2019/09/23
	8633309*PED	2029/09/26					
	8889159	2029/03/26		是	U-1470		2019/09/23
	8889159*PED	2029/09/26					
	9085573	2028/03/21	是	是	U-1470		2019/09/23
	9085573*PED	2028/09/21					
	9284342	2030/09/13	是	是	U-1470		2019/09/23
	9284342*PED	2031/03/13					

与本品相关的市场独占权保护信息

关联产品号	独占权代码	失效日期	备注
001	ODE-258	2026/08/28	
002	ODE-258	2026/08/28	

合成路线 1

以下合成路线来源于 Alembic Pharmaceuticals 公司 Siripragada 等人 2018 年发表的专利申请书。目标化合物 **4** 以化合物 **1**、化合物 **2** 和化合物 **3** 为原料，经过 1 步合成反应而得。

1-甲基咪唑, CH_2Cl_2, PhMe

1 CAS号 62062-65-1

2 CAS号 770-12-7

3 CAS号 863329-66-2

4 sofosbuvir CAS号 1190307-88-0

原始文献： WO 2018025195, 2018.

合成路线 2

以下合成路线来源于 Optimus Drugs 公司 Reddy 等人 2018 年发表的专利申请书。目标化合物 **8** 以化合物 **1**、化合物 **2** 和化合物 **3** 为原料，经过 4 步合成反应而得。

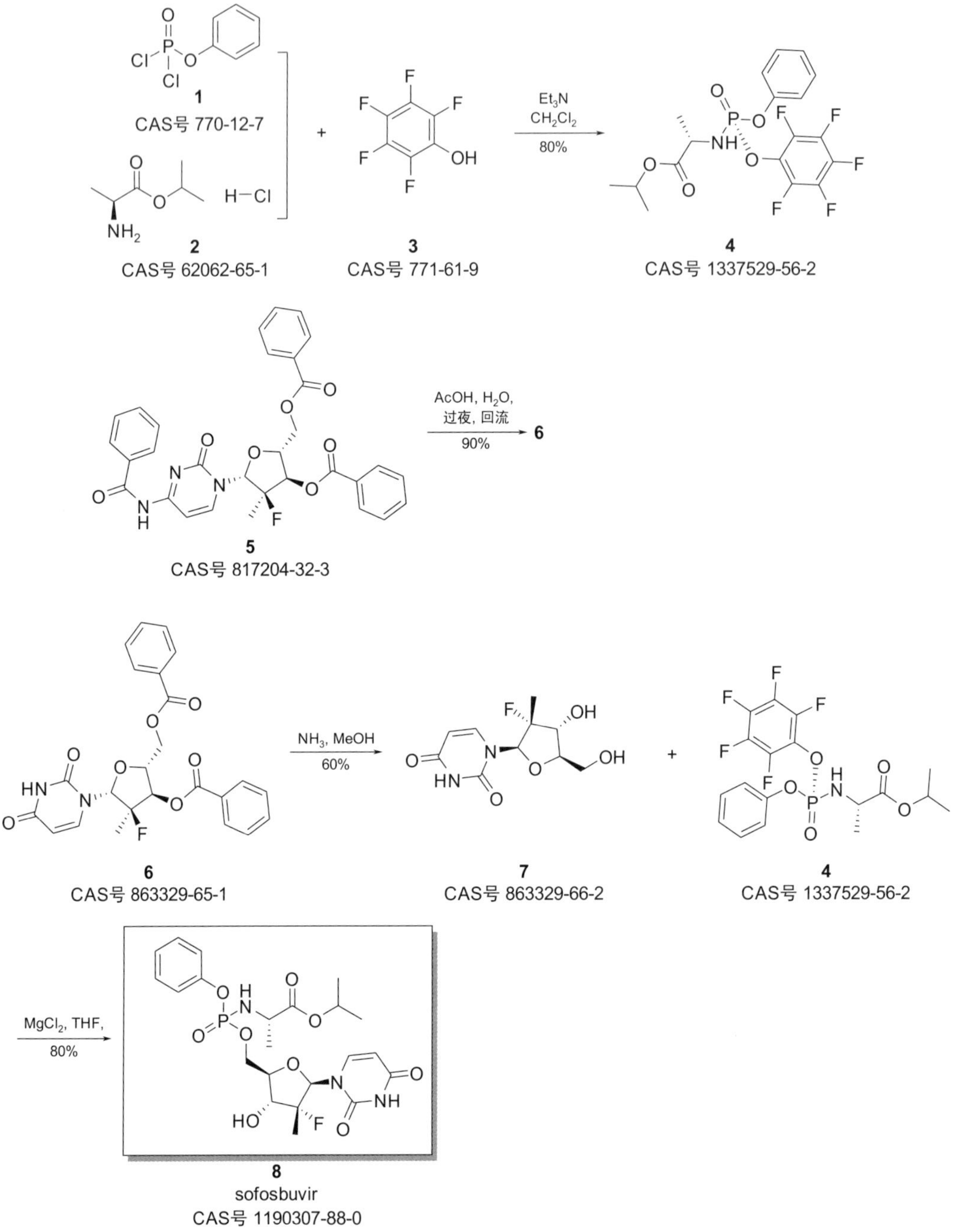

1
CAS号 770-12-7

2
CAS号 62062-65-1

3
CAS号 771-61-9

Et_3N, CH_2Cl_2, 80%

4
CAS号 1337529-56-2

5
CAS号 817204-32-3

AcOH, H_2O, 过夜, 回流, 90% → **6**

6
CAS号 863329-65-1

NH_3, MeOH, 60%

7
CAS号 863329-66-2

4
CAS号 1337529-56-2

$MgCl_2$, THF, 80%

8
sofosbuvir
CAS号 1190307-88-0

原始文献： WO 2018015821, 2018.

合成路线 3

以下合成路线来源于 HC-Pharma AG 公司 Gaboardi 等人 2017 年发表的专利申请书。目标化合物 **6** 以化合物 **1** 和化合物 **2** 为原料，经过 **3** 步合成反应而得。

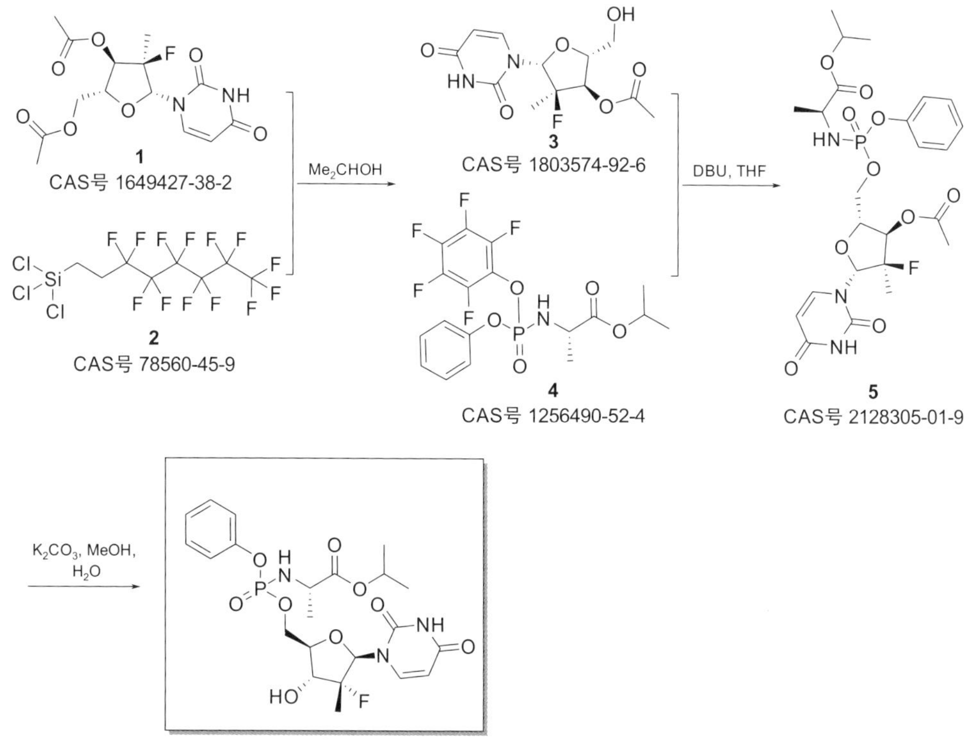

1 CAS号 1649427-38-2

2 CAS号 78560-45-9

Me_2CHOH

3 CAS号 1803574-92-6

4 CAS号 1256490-52-4

DBU, THF

5 CAS号 2128305-01-9

K_2CO_3, MeOH, H_2O

6
sofosbuvir
CAS号 1190307-88-0

原始文献： WO 2017144423, 2017.

合成路线 4

以下合成路线来源于 Sun Pharmaceutical Industries 公司 Matta 等人 2017 年发表的专利申请书。目标化合物 **8** 以化合物 **1** 为原料，经过 4 步合成反应而得。

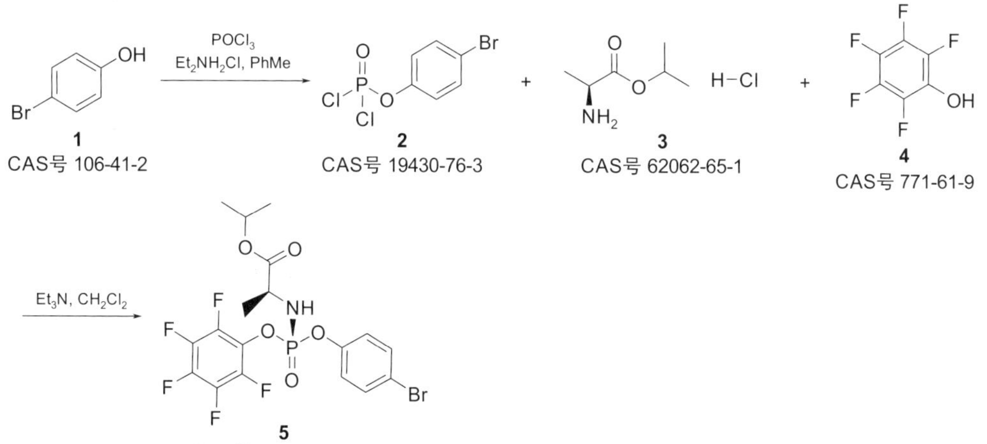

1 CAS号 106-41-2

$POCl_3$
Et_2NH_2Cl, PhMe

2 CAS号 19430-76-3

3 CAS号 62062-65-1

4 CAS号 771-61-9

Et_3N, CH_2Cl_2

5 CAS号 2099037-40-6

5 + 6 (CAS号 863329-66-2) →[$MgCl_2$, $EtN(Pr\text{-}i)_2$, THF] 7 (CAS号 1394157-32-4) →[H_2, Pd, Me_2CHOH, 3kgf/cm^2] 8 sofosbuvir CAS号 1190307-88-0

原始文献： WO 2017093973, 2017.

合成路线 5

以下合成路线来源于 Sun Zaklady Farmaceutyczne Polpharma 公司 Kosik 等人 2017 年发表的专利申请书。目标化合物 **5** 以化合物 **1** 和化合物 **2** 为原料，经过 2 步合成反应而得。

1 (CAS号 770-12-7) + 2 (CAS号 62062-65-1) H—Cl →[CH_2Cl_2, Et_3N] 3 (CAS号 261909-49-3) + 4 (CAS号 863329-66-2) →[t-BuMgCl, THF] 5 sofosbuvir CAS号 1190307-88-0

原始文献： EP 3133062, 2017.

合成路线 6

以下合成路线来源于 Sun Zaklady Farmaceutyczne Polpharma 公司 Kosik 等人 2017 年发表的专利申请书。目标化合物 **6** 以化合物 **1**、化合物 **2** 和化合物 **3** 为原料，经过 2 步合成反应而得。

1
CAS号 770-12-7

2
CAS号 62062-65-1

3
CAS号 5417-13-0

N-甲基吗啉
THF, MeCN
71%

4
CAS号 2080411-27-2

5
CAS号 863329-66-2

i-PrMgCl
THF
50%

6
sofosbuvir
CAS号 1190307-88-0

原始文献： WO 2017029397, 2017.

合成路线 7

以下合成路线来源于 Shilpa Medicare 公司 Rampalli 等人 2017 年发表的专利申请书。目标化合物 **6** 以化合物 **1**、化合物 **2** 和化合物 **3** 为原料，经过 2 步合成反应而得。

CH_2Cl_2
Et_3N

1
CAS号 770-12-7

2
CAS号 39825-33-7

3
CAS号 3849-21-6

4
CAS号 2066545-27-3

5
CAS号 863329-66-2

t-BuO_2Mg, THF

6
sofosbuvir
CAS号 1190307-88-0

原始文献： WO 2017009746, 2017.

合成路线 8

以下合成路线来源于 Sandoz 公司 Schoene 等人 2016 年发表的专利申请书。目标化合物 **8** 以化合物 **1**、化合物 **2** 和化合物 **3** 为原料，经过 3 步合成反应而得。

1 CAS号 39825-33-7

2 CAS号 770-12-7

3 CAS号 6066-82-6

Et_3N, CH_2Cl_2

4 CAS号 1865796-06-0

5 CAS号 31448-54-1

Et_3N, $ZnBr_2$, THF, 42%

6 CAS号 1631170-16-5

7

$O(C(=O)CF_3)_2$, CH_2Cl_2, 44%

8 sofosbuvir CAS号 1190307-88-0

原始文献： WO 2016207194, 2016.

参考文献

[1] Childs-Kean L M, Brumwell N A, Lodl E F. Profile of sofosbuvir/velpatasvir/voxilaprevir in the treatment of hepatitis C. Infect Drug Resist, 2019, 12:2259-2268.

[2] Heo Y A, Deeks E D.Sofosbuvir/velpatasvir/voxilaprevir for hepatitis C. Aust Prescr, 2019, 42(3):108-109.

索非布韦核磁谱图

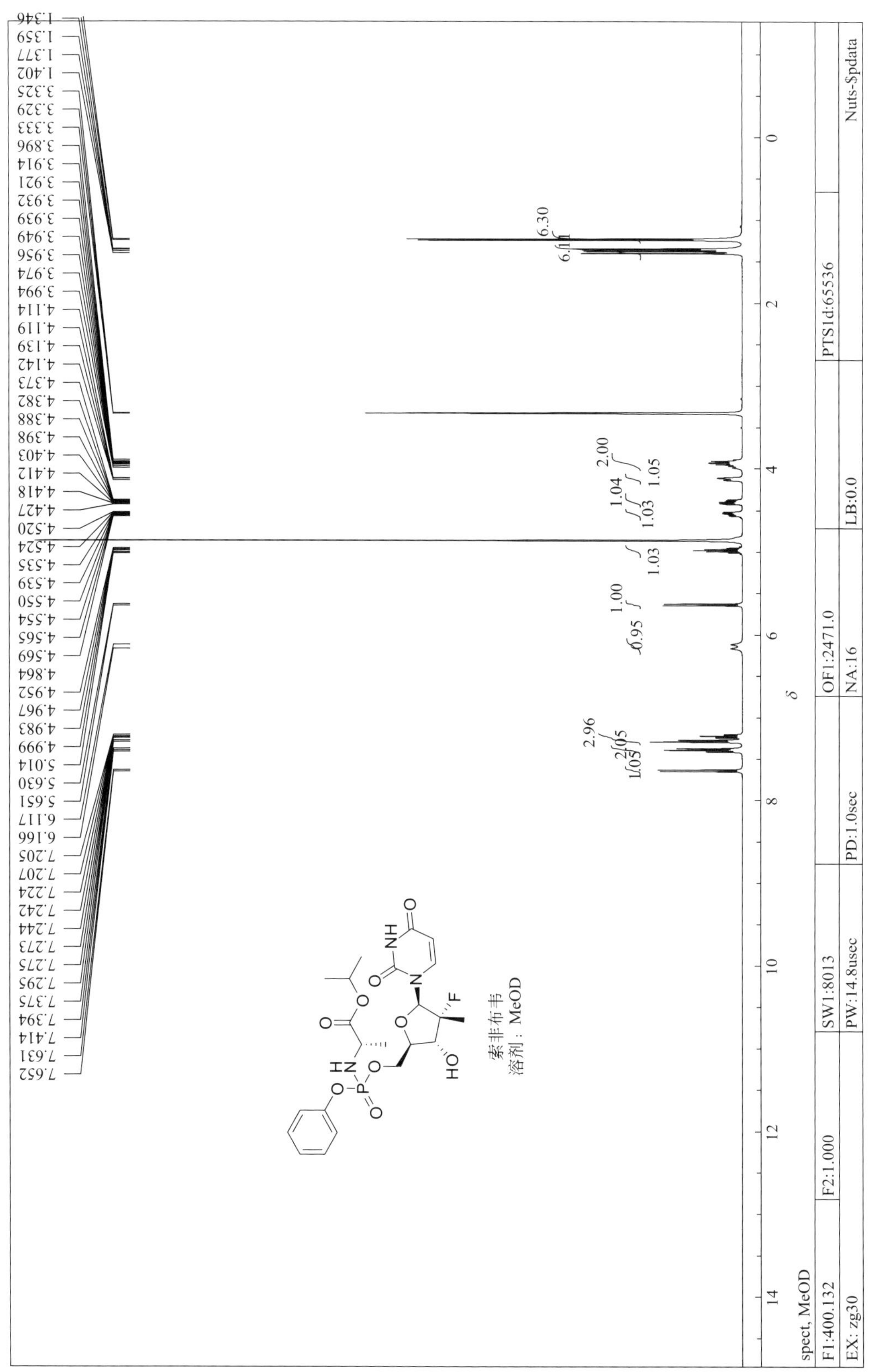

solriamfetol（索拉瑞妥）

药物基本信息

英文通用名	solriamfetol
英文别名	R228060; R-228060; R 228060; JZP-110; JZP 110; JZP110; ADX-N-05; ARL-N 05; SKL-N-05; YKP-10A; ADXN-05; ARLN-05; SKLN-05
中文通用名	索拉瑞妥
商品名	Sunosi
CAS登记号	178429-62-4 (游离碱), 178429-65-7 (盐酸)
FDA 批准日期	3/20/2019
FDA 批准的API	solriamfetol hydrochloride
化学名	(*R*)-2-amino-3-phenylpropyl carbamate hydrochloride
SMILES代码	NC(OC[C@H](N)CC1=CC=CC=C1)=O.[H]Cl

化学结构和理论分析

化学结构	理论分析值
O H2N O NH2 H—Cl	化学式：$C_{10}H_{15}ClN_2O_2$ 精准分子量：N/A 分子量：230.69 元素分析：C, 52.07; H, 6.55; Cl, 15.37; N, 12.14; O, 13.87

药品说明书参考网页

生产厂家产品说明书、美国药品网、美国处方药网页。

药物简介

SUNOSI 的活性成分是 solriamfetol hydrochloride，属于多巴胺和去甲肾上腺素再摄取抑制剂（DNRI）。Solriamfetol 是苯丙氨酸衍生物，solriamfetol hydrochloride 是一种白色至类白色固体，可自由溶于水。

SUNOSI 片剂可口服。每片 75mg SUNOSI 薄膜衣片含有 75mg solriamfetol（相当于 89.3mg solriamfetol hydrochloride）。每片 150mg SUNOSI 薄膜衣片包含 150mg solriamfetol（相当于 178.5mg solriamfetol hydrochloride）。非活性成分是羟丙基纤维素和硬脂酸镁。此外，薄膜涂层还包含：氧化铁黄，聚乙二醇，聚乙烯醇，滑石粉和二氧化钛。

SUNOSI 可以改善患有嗜睡症或阻塞性睡眠呼吸暂停（OSA）的白天过度嗜睡的成年患者。

Solriametol 可以改善白天嗜睡并伴有发作性睡病或阻塞性睡眠呼吸暂停的患者的症状，solriametol 的作用机制尚不清楚。但是，其功效可以通过其作为多巴胺和去甲肾上腺素再摄取抑制剂（DNRI）的活性来介导。

药品上市申报信息

该药物目前有 2 种产品上市。

药品注册申请号：211230
申请类型：NDA（新药申请）
申请人：JAZZ
申请人全名：JAZZ PHARMACEUTICALS IRELAND LTD

产品信息

产品号	商品名	活性成分	剂型 / 给药途径	规格 / 剂量	参比药物 (RLD)	生物等效参考标准 (RS)	治疗等效代码
001	SUNOSI	solriamfetol	片剂 / 口服	75mg	是	否	否
002	SUNOSI	solriamfetol	片剂 / 口服	150mg	是	否	否

与本品相关的专利信息（来自 FDA 橙皮书 Orange Book）

关联产品号	专利号	专利过期日	是否物质专利	是否产品专利	专利用途代码	撤销请求	提交日期
001	10195151	2037/09/05		是			2019/06/24
	10351517	2026/06/07			U-2548		2019/08/16
	8440715	2027/08/25			U-2548		2019/06/24
	8877806	2026/06/07			U-2548		2019/06/24
	9604917	2026/06/07			U-2548		2019/06/24
002	10195151	2037/09/05		是			2019/06/24
	10351517	2026/06/07			U-2548		2019/08/16
	8440715	2027/08/25			U-2548		2019/06/24
	8877806	2026/06/07			U-2548		2019/06/24
	9604917	2026/06/07			U-2548		2019/06/24

与本品相关的市场独占权保护信息

关联产品号	独占权代码	失效日期	备注
001	NCE	2024/06/17	
	ODE-254	2026/06/17	
002	NCE	2024/06/17	
	ODE-254	2026/06/17	

合成路线

以下合成路线来源于 Choi 等人 2005 年发表的专利申请书。目标化合物 **3** 以化合物 **1** 和化合物 **2** 为原料，经过 1 步合成反应而得。

$NaOCN$ (1, CAS号 917-61-3) + 2 (CAS号 5267-64-1) —(CH_2Cl_2, 冷却, $MeSO_3H$; 89%)→ 3 solriamfetol (CAS号 178429-62-4)

原始文献： US 20050080268, 2005.

参考文献

[1] Emsellem H A, Thorpy M J, Lammers G J, et al. Measures of functional outcomes, work productivity, and quality of life from a randomized, phase 3 study of solriamfetol in participants with narcolepsy. Sleep Med, 2020, 67:128-136.

[2] Solriamfetol (Sunosi) for excessive daytime sleepiness. Med Lett Drugs Ther, 2019, 61(1579):132-134.

sonidegib（索尼吉布）

药物基本信息

英文通用名	sonidegib
英文别名	LDE225; LDE 225; LDE-225; NVP-LDE225; NVP-LDE-225; NVP LDE225; erismodegib
中文通用名	索尼吉布
商品名	Odomzo
CAS登记号	956697-53-3 (游离碱), 1218778-77-8 (磷酸盐)
FDA 批准日期	7/24/2015
FDA 批准的API	sonidegib phosphate
化学名	*N*-(6-((2*R*,6*S*)-2,6-dimethylmorpholino)pyridin-3-yl)-2-methyl-4′-(trifluoromethoxy)-[1,1′-biphenyl]-3-carboxamide bis(phosphate)
SMILES代码	O=C(C1=C(C)C(C2=CC=C(OC(F)(F)F)C=C2)=CC=C1)NC3=CC=C(N4C[C@@H](C)O[C@@H](C)C4)N=C3.O=P(O)(O)O.O=P(O)(O)O

化学结构和理论分析

化学结构	理论分析值
	化学式：$C_{26}H_{32}F_3N_3O_{11}P_2$ 精确分子量：N/A 分子量：681.49 元素分析：C, 45.82; H, 4.73; F, 8.36; N, 6.17; O, 25.82; P, 9.09

药品说明书参考网页

生产厂家产品说明书、美国药品网、美国处方药网页

药物简介

ODOMZO 的活性成分是 sonidegib phosphate，是一种 smoothened（Smo）拮抗剂，可抑制 hedgehog（Hh）信号通路。sonidegib phosphate 外观为白色至类白色粉末。Sonidegib 游离碱在水中基本不溶。

ODOMZO 口服胶囊，每包均包含 200mg 的 sonidegib 游离碱（相当于 281mg 的 sonidegib phosphate）和以下非活性成分：胶体二氧化硅，交聚维酮，乳糖一水合物，硬脂酸镁，泊洛沙姆和十二烷基硫酸钠。不透明的粉红色硬明胶胶囊壳包含明胶、红色氧化铁和二氧化钛。黑色印刷油墨包含氢氧化铵、黑色氧化铁、丙二醇和虫胶。

ODOMZO 可用于治疗在手术或放射治疗后复发的局部晚期基底细胞癌（BCC）的成年患者，或用于不适合手术或放射治疗的患者。

Sonidegib 也称为 erismodegib、LDE225、NVP-LDE225，是一种具有潜在抗肿瘤活性的口服有效的 smoothened 拮抗剂。Erismodegib 选择性地与 hedgehog（Hh）-配体细胞表面受体 Smo 结合，进而导致 Hh 信号传导途径受到抑制，并抑制该途径被异常激活的肿瘤细胞。

药品上市申报信息

该药物目前有 1 种产品上市。

药品注册申请号：205266
申请类型：NDA（新药申请）
申请人：SUN PHARMA GLOBAL
申请人全名：SUN PHARMA GLOBAL FZE

产品信息

产品号	商品名	活性成分	剂型 / 给药途径	规格 / 剂量	参比药物 (RLD)	生物等效参考标准 (RS)	治疗等效代码
001	ODOMZO	sonidegib phosphate	胶囊 / 口服	等量 200mg 游离碱	是	是	否

与本品相关的专利信息（来自 FDA 橙皮书 Orange Book）

关联产品号	专利号	专利过期日	是否物质专利	是否产品专利	专利用途代码	撤销请求	提交日期
001	8063043	2029/09/15	是	是			2015/08/18
	8178563	2029/02/06	是		U-1722		2015/08/18

与本品相关的市场独占权保护信息

关联产品号	独占权代码	失效日期	备注
001	NCE	2020/07/24	

合成路线 1

以下合成路线来源于 Suzhou Miracpharma Technology 公司 Xu 等人 2017 年发表的专利申请书。目标化合物 **7** 以化合物 **1** 和化合物 **2** 为原料，经过 4 步合成反应而得。

$ZnCl_2$, THF, 4h, 50～55℃, 93%

K_2CO_3, $O(SO_2CF_3)_2$, CH_2Cl_2, 91%

1 CAS号 4214-76-0 **2** CAS号 15448-47-2 **3** CAS号 2315262-30-5 **4** CAS号 956699-05-1

4 → H_2, Pd, MeOH, 5h, 40～45℃, 0.3～0.5MPa, 97%

$SOCl_2$, $ClCH_2CH_2Cl$, DMF, 94%

5 CAS号 956699-06-2 **6** CAS号 1221722-10-6

7
sonidegib
CAS号 956697-53-3

原始文献： WO 2017096998,2017.

合成路线 2

以下合成路线来源于 MSN Laboratories 公司 Rajan 等人 2017 年发表的专利申请书。目标化合物 **8** 以化合物 **1** 和化合物 **2** 为原料，经过 4 步合成反应而得。

Et_3N, CH_2Cl_2, $O(SO_2CF_3)_2$, 78%

$LiAlH_4$, THF, 82%

C_5H_5N, CH_2Cl_2, 77%

1 CAS号 687-47-8 **2** CAS号 1879943-11-9 **3** CAS号 1879943-12-0 **4** CAS号 98-59-9

5 CAS号 1879943-14-2

5 CAS号 1879943-14-2 + **6** CAS号 1799493-16-5

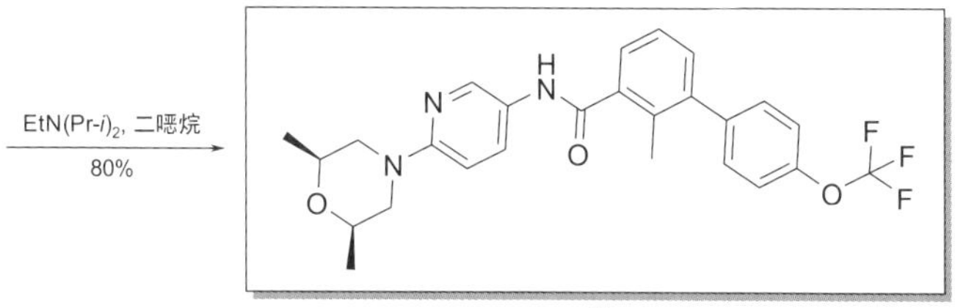

EtN(Pr-*i*)$_2$, 二噁烷

80%

7

sonidegib

CAS号 956697-53-3

原始文献： WO 2017163258 ,2017.

合成路线 3

以下合成路线来源于 MSN Laboratories 公司 Rajan 等人 2017 年发表的专利申请书。目标化合物 **8** 以化合物 **1** 和化合物 **2** 为原料，经过 4 步合成反应而得。

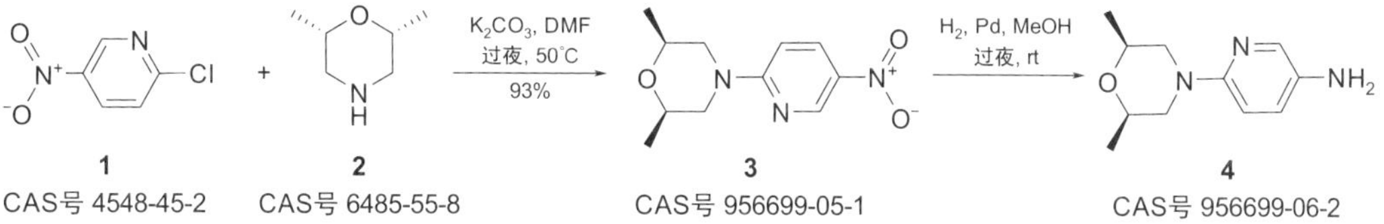

K_2CO_3, DMF 过夜, 50°C 93%

H_2, Pd, MeOH 过夜, rt

1 CAS号 4548-45-2

2 CAS号 6485-55-8

3 CAS号 956699-05-1

4 CAS号 956699-06-2

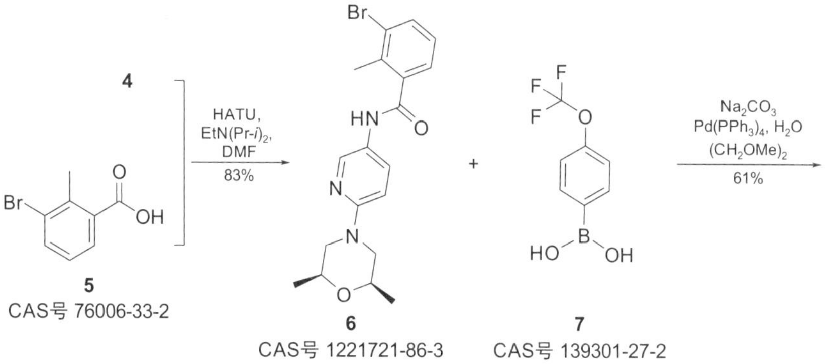

HATU, EtN(Pr-*i*)$_2$, DMF 83%

Na_2CO_3 Pd(PPh_3)$_4$, H_2O (CH_2OMe)$_2$ 61%

5 CAS号 76006-33-2

6 CAS号 1221721-86-3

7 CAS号 139301-27-2

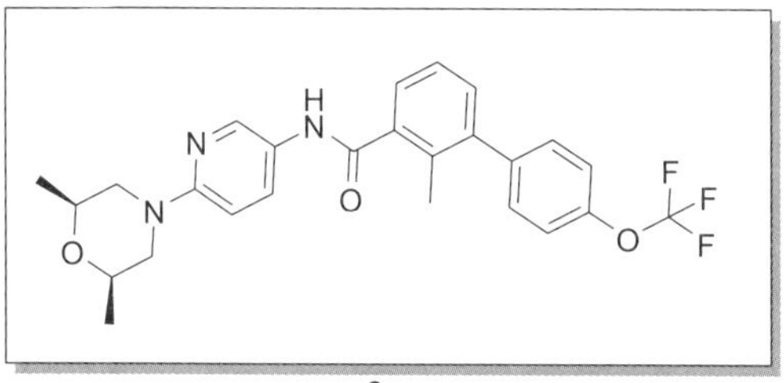

8

sonidegib

CAS号 956697-53-3

原始文献： WO 2011009852 ,2011.

合成路线 4

以下合成路线来源于 Genomics Institute of the Novartis 公司 Pan 等人 2010 年发表的论文。目

标化合物 **8** 以化合物 **1** 和化合物 **2** 为原料，经过 4 步合成反应而得。

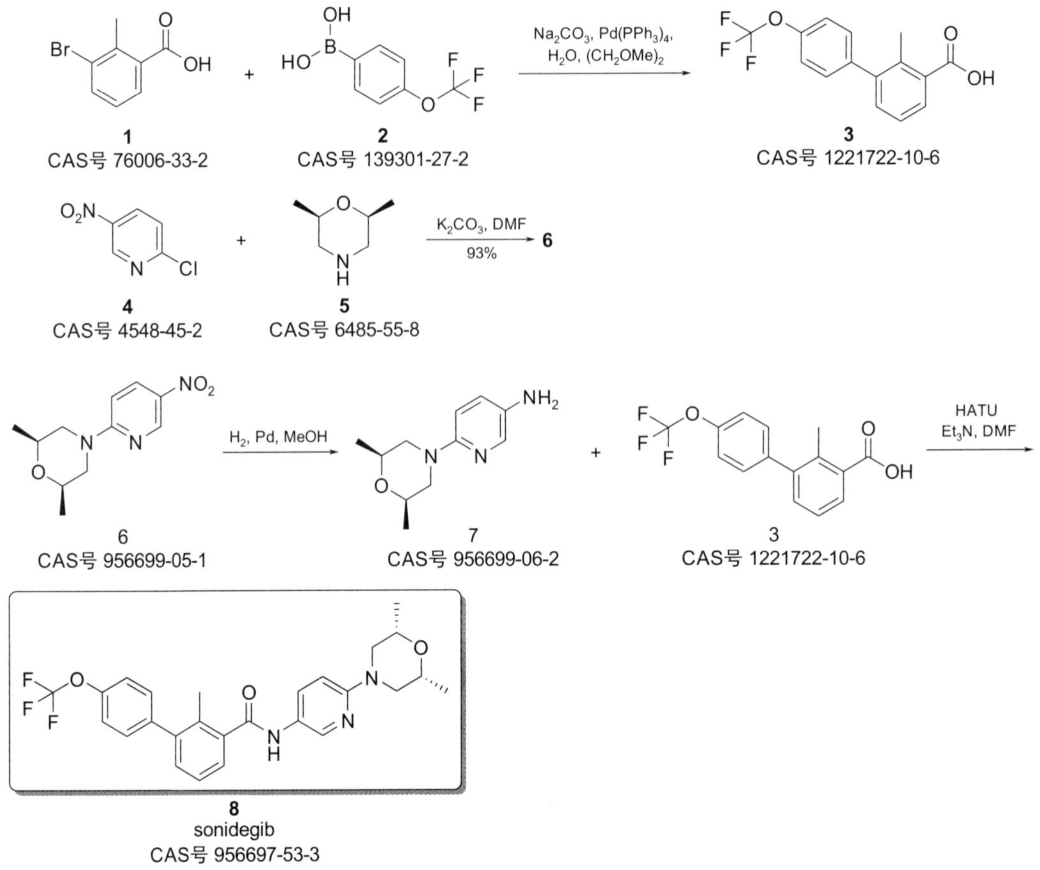

Na_2CO_3, $Pd(PPh_3)_4$, H_2O, $(CH_2OMe)_2$

1
CAS号 76006-33-2

2
CAS号 139301-27-2

3
CAS号 1221722-10-6

K_2CO_3, DMF
93%

4
CAS号 4548-45-2

5
CAS号 6485-55-8

H_2, Pd, MeOH

HATU
Et_3N, DMF

6
CAS号 956699-05-1

7
CAS号 956699-06-2

3
CAS号 1221722-10-6

8
sonidegib
CAS号 956697-53-3

原始文献： ACS Med Chem Lett,2010, 1(3):130-134.

合成路线 5

以下合成路线来源于 The University of Newcastle 化学系 Trinh 等人 2014 年发表的论文。目标化合物 **3** 以化合物 **1** 和化合物 **2** 为原料，经过 1 步合成反应而得。

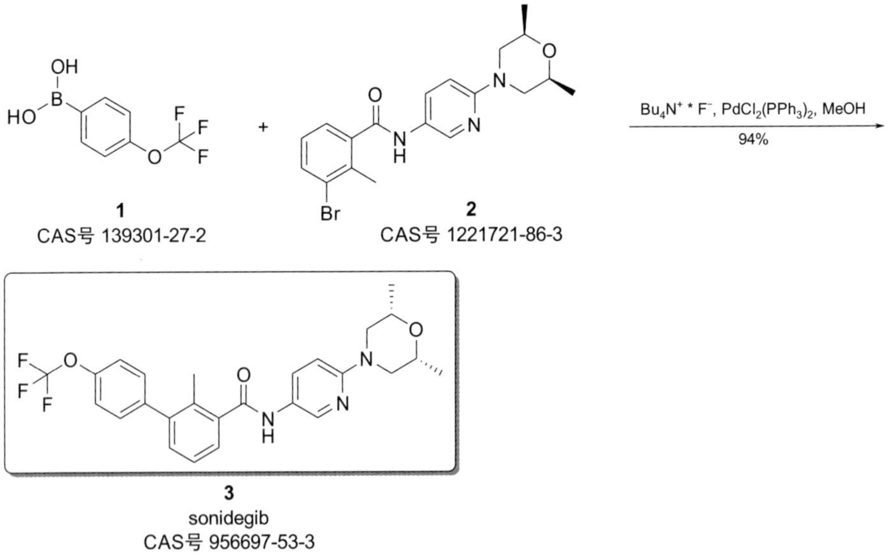

$Bu_4N^+ * F^-$, $PdCl_2(PPh_3)_2$, MeOH
94%

1
CAS号 139301-27-2

2
CAS号 1221721-86-3

3
sonidegib
CAS号 956697-53-3

原始文献： Org Biomol Chem, 2014,12(47):9562-9571.

合成路线 6

以下合成路线来源于 Southeast University 化学系 Hu 等人 2014 年发表的论文。目标化合物 **11** 以化合物 **1** 和化合物 **2** 为原料，经过 6 步合成反应而得。

1
CAS号 76006-33-2

H_3C-OH

2
CAS号 67-56-1

$SOCl_2$, MeOH
96%

3
CAS号 99548-54-6

4
CAS号 139301-27-2

Na_2CO_3, $Pd(PPh_3)_4$,
MeOH, PhMe
94%

5
CAS号 1630035-51-6

1. LiOH, H_2O, THF
2. HCl, H_2O
98%

6
CAS号 1221722-10-6

O_2N ... N ... Cl

7
CAS号 4548-45-2

8
CAS号 6485-55-8

K_2CO_3, DMF
96%

9
CAS号 956699-05-1

N_2H_4-H_2O,
Fe_2O_3
MeOH

10
CAS号 956699-06-2

6
CAS号 1221722-10-6

1. EtN=C=N$(CH_2)_3NMe_2$,
1-羟基苯并三唑, DMF
2. *N*-甲基吗啉, DMF
89%

11
sonidegib
CAS号 956697-53-3

原始文献： J Chem Res, 2014, 38(1): 18-20.

参考文献

[1] Villani A, Fabbrocini G, Costa C, et al. Sonidegib: safety and efficacy in treatment of advanced basal cell carcinoma. Dermatol Ther (Heidelb), 2020, 10(3):401-412.

[2] Jain S, Song R, Xie J. Sonidegib: mechanism of action, pharmacology, and clinical utility for advanced basal cell carcinomas. Onco Targets Ther, 2017, 10:1645-1653.

索尼吉布核磁谱图

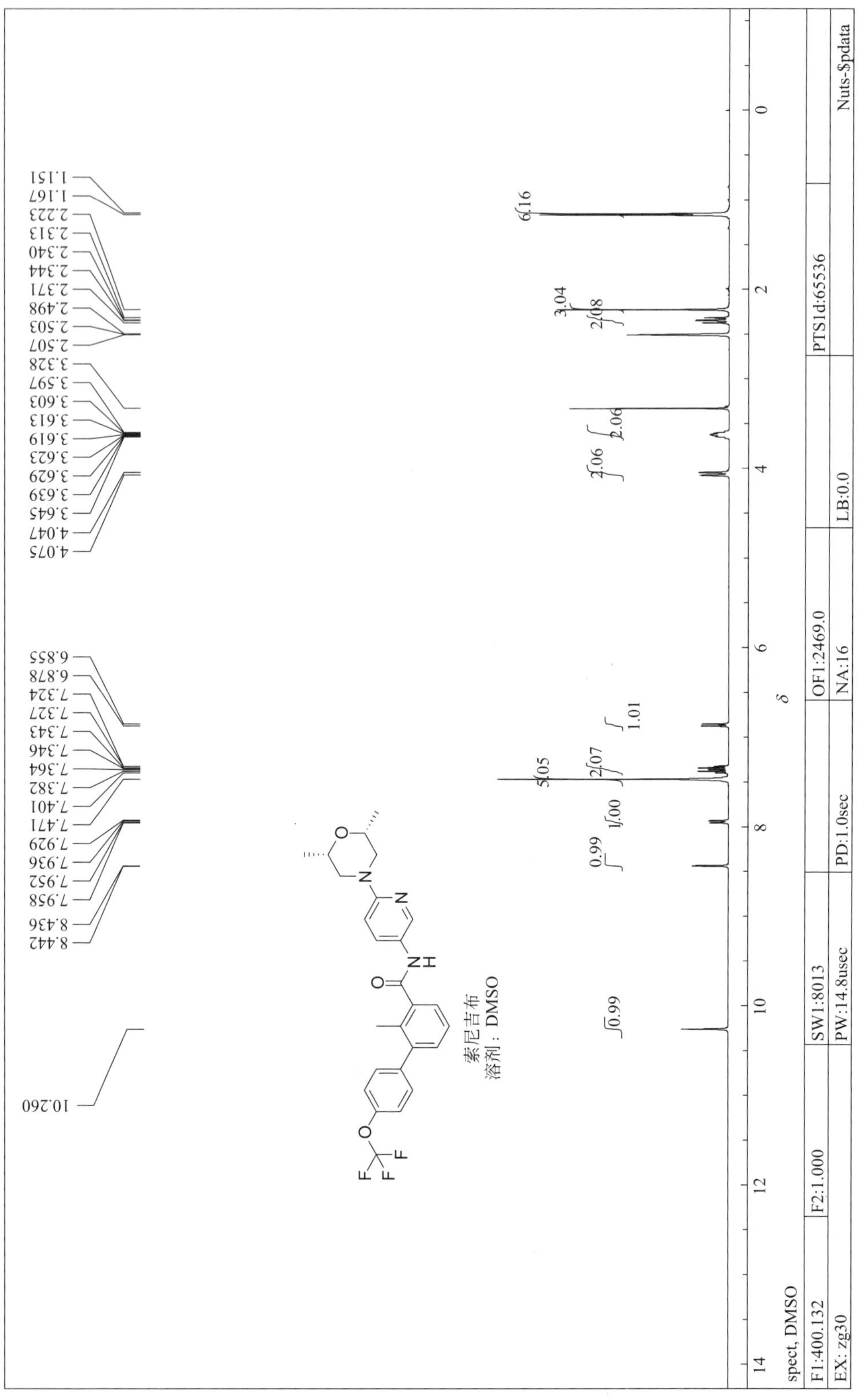

10.260
8.442
8.436
7.958
7.952
7.936
7.929
7.471
7.401
7.382
7.364
7.346
7.343
7.327
7.324
6.878
6.855
4.075
4.047
3.645
3.639
3.629
3.623
3.619
3.613
3.603
3.597
3.328
2.507
2.503
2.498
2.371
2.344
2.340
2.313
2.223
1.167
1.151
索尼吉布
溶剂：DMSO
0.99
0.99
1.00
5.05
2.07
1.01
2.06
2.06
2.08
3.04
6.16
δ
spect, DMSO
F1:400.132
F2:1.000
SW1:8013
OF1:2469.0
PTS1d:65536
EX: zg30
PW:14.8usec
PD:1.0sec
NA:16
LB:0.0
Nuts-$pdata

stiripentol（司替戊醇）

药物基本信息

英文通用名	stiripentol
英文别名	BCX 2600; BCX-2600; BCX2600; estiripentol
中文通用名	司替戊醇
商品名	Diacomit
CAS登记号	49763-96-4
FDA 批准日期	8/20/2018
FDA 批准的API	stiripentol
化学名	1-(1,3-benzodioxol-5-yl)-4,4-dimethyl-1-penten-3-ol
SMILES代码	CC(C)(C)C(O)/C=C/C1=CC=C(OCO2)C2=C1

化学结构和理论分析

化学结构	理论分析值
OH	化学式：$C_{14}H_{18}O_3$ 精确分子量：234.1256 分子量：234.29 元素分析：C, 71.77; H, 7.74; O, 20.49

药品说明书参考网页

生产厂家产品说明书、美国药品网、美国处方药网页。

药物简介

Stiripentol 为白色至浅黄色结晶性粉末，具有苦味。它几乎不溶于水（在 25℃时），微溶于氯仿，并溶于丙酮、乙醇、乙醚、乙腈和二氯甲烷。熔点约为 75℃。pK_a=14.2，分配系数（水 - 辛醇）的测量得出 lg P=2.94。

DIACOMIT 胶囊的活性成分是 diacomit，目前有 2 种剂量规格的胶囊，分别包含 250mg（2 号：粉红色）或 500mg（0 号：白色）的 stiripentol。胶囊还包含以下非活性成分：赤藓碱（仅 250mg 胶囊），明胶，靛蓝（仅 250mg 胶囊），硬脂酸镁，聚维酮，羟乙酸淀粉钠，二氧化钛。

DIACOMIT 悬浮粉是一种口服混悬剂，每包粉末分别含有 250mg 或 500mg 的 stiripentol。

DIACOMIT 药包还包含以下非活性成分：阿斯巴甜，羧甲基纤维素钠，赤藓碱，葡萄糖，羟乙基纤维素，聚维酮，羟乙酸淀粉钠，山梨醇，二氧化钛，水果香精（阿拉伯胶，佛手柑油，羟丙甲纤维素，麦芽糊精，山梨糖醇和香草醛）。

DIACOMIT 适用于 2 岁及以上患者，他们正在服用 clobazam，并且与 Dravet 综合征（DS）相关的癫痫发作。

DIACOMIT 对人发挥抗惊厥作用的机制尚不清楚。可能的作用机制包括通过 γ- 氨基丁酸（GABA）A 受体介导的直接作用和涉及抑制细胞色素 P450 活性的间接作用，从而导致血中 clobazam 及其活性代谢物的水平增加。

药品上市申报信息

该药物目前有 4 种产品上市。

药品注册申请号: 206709
申请类型: NDA(新药申请)
申请人: BIOCODEX SA
申请人全名: BIOCODEX SA

产品信息

产品号	商品名	活性成分	剂型 / 给药途径	规格 / 剂量	参比药物 (RLD)	生物等效参考标准 (RS)	治疗等效代码
001	DIACOMIT	stiripentol	胶囊 / 口服	250mg	是	否	否
002	DIACOMIT	stiripentol	胶囊 / 口服	500mg	是	是	否

与本品相关的市场独占权保护信息

关联产品号	独占权代码	失效日期	备注
001	ODE-198	2025/08/20	
	NCE	2023/08/20	
002	ODE-198	2025/08/20	
	NCE	2023/08/20	

品注册申请号: 207223
申请类型: NDA(新药申请)
申请人: BIOCODEX SA
申请人全名: BIOCODEX SA

产品信息

产品号	商品名	活性成分	剂型 / 给药途径	规格 / 剂量	参比药物 (RLD)	生物等效参考标准 (RS)	治疗等效代码
001	DIACOMIT	stiripentol	悬混液 / 口服	250mg/ 袋	是	否	否
002	DIACOMIT	stiripentol	悬混液 / 口服	500mg/ 袋	是	是	否

与本品相关的市场独占权保护信息

关联产品号	独占权代码	失效日期	备注
001	ODE-198	2025/08/20	
	NCE	2023/08/20	
002	ODE-198	2025/08/20	
	NCE	2023/08/20	

合成路线 1

以下合成路线来源于 Hunan University 化学系 Hu 等人 2012 年发表的专利申请书。目标化合物 **8** 以化合物 **1** 和化合物 **2** 为原料，经过 5 步合成反应而得。

1 CAS号 1310466-22-8

2 CAS号 74-95-3

NaOH, H_2O 73%

3 CAS号 951887-74-4

KOH, BuOH; HCl, H_2O 87%

4 CAS号 106387-00-2

O_3, AcOH; Zn 74%

5 CAS号 120-57-0

6 CAS号 75-97-8

NaOH, H_2O, EtOH 85%

7 CAS号 2419-68-3

异丙醇铝, Me_2CHOH; HCl, H_2O 95%

8 stiripentol CAS号 49763-96-4

原始文献： CN 102690252, 2012.

合成路线 2

以下合成路线来源于 Kaohsiung Medical University 药物和应用化学系 Chang 等人 2013 年发表的论文。目标化合物 **4** 以化合物 **1** 和化合物 **2** 为原料，经过 2 步合成反应而得。

1 CAS号 120-57-0 + **2** CAS号 75-97-8

NaOH, MeOH 100%

3 CAS号 144850-45-3

$NaBH_4$, MeOH, THF; $NaHCO_3$, H_2O 100%

4 stiripentol CAS号 49763-96-4

原始文献： Tetrahedron, 2013, 69 (31): 6364-6370.

合成路线 3

以下合成路线来源于 Nankai University 化学系 Han 等人 2018 年发表的论文。目标化合物 **3** 以化合物 **1** 和化合物 **2** 为原料，经过 1 步合成反应而得。

1
CAS号 630-19-3

2
CAS号 7315-32-4

环丁二烯镍络合物, $(C_6H_{11})_3P$, $PhB(OH)_2$, EtOH
50%

3
stiripentol
CAS号 49763-96-4

原始文献： Angew Chem Int Ed, 2018, 57 (18):5068-5071.

合成路线 4

以下合成路线来源于 Auspex Pharmaceuticals 公司 Rao 等人 2011 年发表的专利申请书。目标化合物 **4** 以化合物 **1** 和化合物 **2** 为原料，经过 2 步合成反应而得。

1
CAS号 75-97-8

2
CAS号 120-57-0

NaOH, H_2O, EtOH
32%

3
CAS号 144850-45-3

$NaBH_4$, MeOH, NH_4Cl, H_2O
25%

4
stiripentol
CAS号 49763-96-4

原始文献： WO 2011011420, 2011.

参考文献

[1] Frampton J E. Stiripentol: a review in dravet syndrome. Drugs, 2019, 79(16):1785-1796.

[2] Eschbach K, Knupp K G. Stiripentol for the treatment of seizures in Dravet syndrome. Expert Rev Clin Pharmacol, 2019, 12(5):379-388.

sugammadex（舒更葡糖）

药物基本信息

英文通用名	sugammadex
英文别名	Org25969; Org-25969; Org 25969; 361LPM2T56
中文通用名	舒更葡糖
商品名	Bridion

续表

CAS登记号	343306-71-8（游离酸），343306-79-6（钠盐）
FDA 批准日期	12/15/2015
FDA 批准的API	sugammadex sodium
化学名	6A,6B,6C,6D,6E,6F,6G,6H-octakis-S-(2-Carboxyethyl)-6A,6B,6C,6D,6E,6F,6G,6H-octathio-γ-cyclodextrin sodium salt
SMILES代码	O[C@H]1[C@H](O)[C@H](O[C@@H]2[C@@H](O)[C@H](O)[C@H](O[C@@H]3[C@@H](O)[C@H](O)[C@H](O[C@@H]4[C@@H](O)[C@H](O)[C@H](O[C@@H]5[C@@H](O)[C@H](O)[C@H](O6)C(CSCCC(O[Na])=O)O5)C(CSCCC(O[Na])=O)O4)C(CSCCC(O[Na])=O)O3)C(CSCCC(O[Na])=O)O2)C(CSCCC(O[Na])=O)O[C@@H]1O[C@H]7[C@@H](O)[C@H](O)[C@@H](O[C@H]8[C@@H](O)[C@H](O)[C@@H](O[C@H]9[C@@H](O)[C@H](O)C6OC9CSCCC(O[Na])=O)OC8CSCCC(O[Na])=O)OC7CSCCC(O[Na])=O

化学结构和理论分析

化学结构	理论分析值
	化学式：$C_{72}H_{104}Na_8O_{48}S_8$ 精确分子量：N/A 分子量：2177.97 元素分析：C, 39.71; H, 4.81; Na, 8.44; O, 35.26; S, 11.78

药品说明书参考网页

生产厂家产品说明书、美国药品网、美国处方药网页。

药物简介

BRIDION 是一种用于静脉的注射液，其活性成分是 sugammadex sodium。 BRIDION 以无菌、无热原的水溶液形式提供，该溶液为透明、无色至浅黄棕色，仅用于静脉内注射。每毫升含有 100mg 的 Sugammadex，相当于 108.8mg 的 sugammadex sodium。用盐酸和 / 或氢氧化钠将水溶液的 pH 值调节至 7 ～ 8。产品的重量克分子渗透压浓度在 300 ～ 500mOsmo / kg 之间。

BRIDION 可能包含高达 7mg/mL 的 sugammadex 单 OH 衍生物（请参阅临床药理学）。该衍生物的化学名称为 6A，6B，6C，6D，6E，6F，6G- 庚七 -*S*-（2- 羧乙基）-6A，6B，6C，6D，6E，6F，6G- 七硫代 -*γ*- 环糊精钠盐（1 ∶ 7），分子量为 2067.90。

BRIDION® 适用于在接受手术的成年人中逆转由罗库溴铵（rocuronium bromide）和维库溴铵（vecuronium bromide）诱发的神经肌肉阻滞。

BRIDION 是一种改性的 *γ*- 环糊精。 它与神经肌肉阻滞剂罗库溴铵和维库溴铵形成复合物，并且减少了可用于与神经肌肉接头中的烟碱胆碱能受体结合的神经肌肉阻滞剂的量。 这可以逆转由罗库溴铵和维库溴铵诱导的神经肌肉阻滞。

药品上市申报信息

该药物目前有 2 种产品上市。

药品注册申请号: 022225
申请类型: NDA (新药申请)
申请人: ORGANON SUB MERCK
申请人全名: ORGANON USA INC A SUB OF MERCK AND CO INC

产品信息

产品号	商品名	活性成分	剂型 / 给药途径	规格 / 剂量	参比药物 (RLD)	生物等效参考标准(RS)	治疗等效代码
001	BRIDION	sugammadex sodium	液体 / 静脉注射	等量 500mg 游离碱 /5mL (等量 100mg 游离碱 /mL)	是	是	否
002	BRIDION	sugammadex sodium	液体 / 静脉注射	等量 200mg 游离碱 /2mL(等量 100mg 游离碱 / mL)	是	否	否

与本品相关的专利信息（来自 FDA 橙皮书 Orange Book）

关联产品号	专利号	专利过期日	是否物质专利	是否产品专利	专利用途代码	撤销请求	提交日期
001	6949527	2021/01/27			U-1795		2016/01/12
	7265099	2020/08/07			U-1795		2016/01/12
	RE44733	2021/01/27	是	是	U-1794		2016/01/12
002	6949527	2021/01/27			U-1795		2016/01/12
	7265099	2020/08/07			U-1795		2016/01/12
	RE44733	2021/01/27	是	是	U-1794		2016/01/12

与本品相关的市场独占权保护信息

关联产品号	独占权代码	失效日期	备注
001	NCE	2020/12/15	
002	NCE	2020/12/15	

合成路线

该药物主要通过天然产物制备。

参考文献

[1] Honing G, Martini C H, Bom A, et al. Safety of sugammadex for reversal of neuromuscular block. Expert Opin Drug Saf, 2019, 18(10):883-891

[2] Hawkins J, Khanna S, Argalious M. Sugammadex for reversal of neuromuscular blockade: uses and limitations. Curr Pharm Des, 2019, 25(19):2140-2148.

舒更葡糖核磁谱图

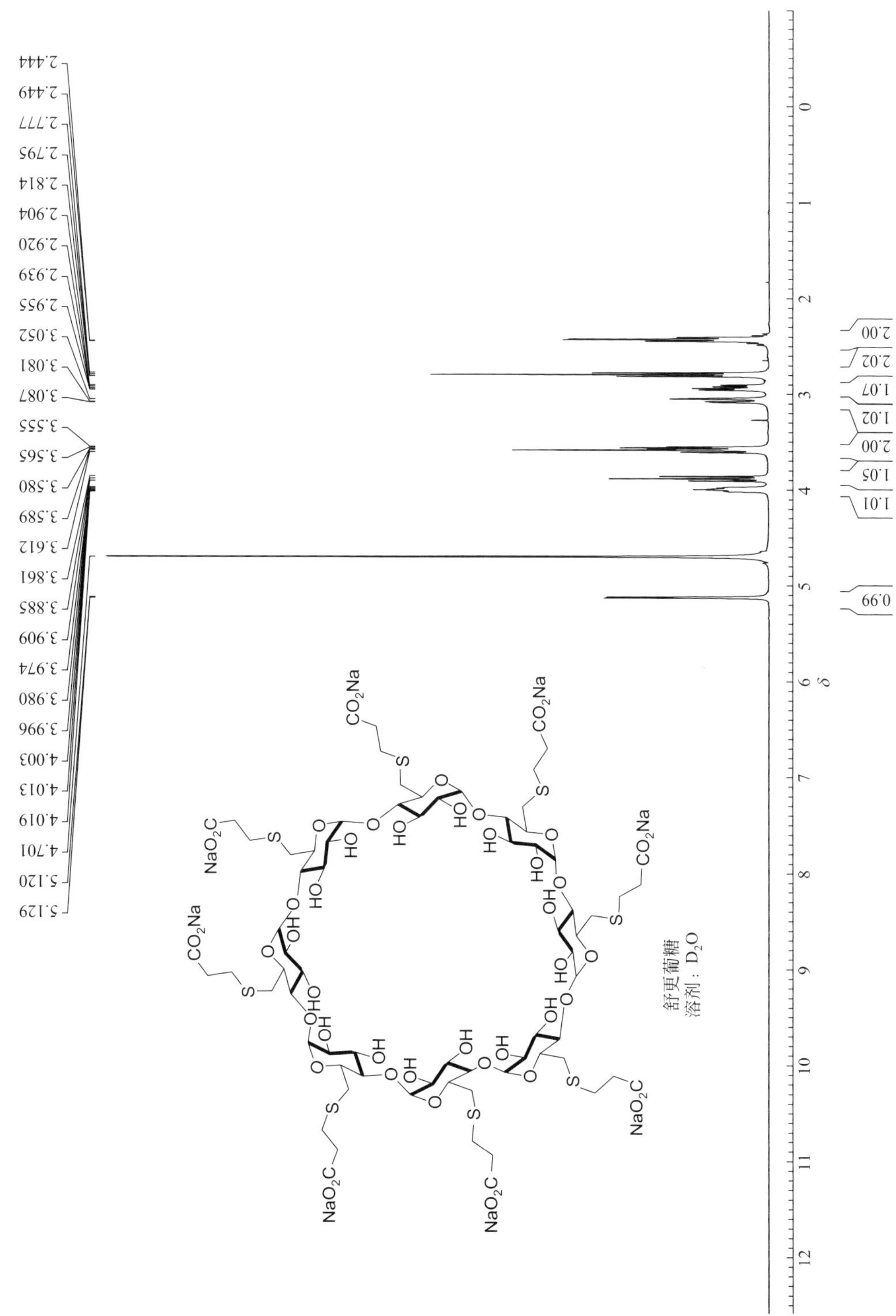

tafamidis（它法咪迪）

药物基本信息

英文通用名	tafamidis
英文别名	Fx-1006, Fx1006, Fx 1006, Fx-1006A; PF-06291826; PF06291826; PF 06291826
中文通用名	它法咪迪
商品名	Vyndaqel; Vyndamax
CAS登记号	594839-88-0 (游离酸), 951395-08-7 (葡甲胺盐)
FDA 批准日期	5/3/2019
FDA 批准的API	tafamidis meglumine
化学名	(2*R*,3*R*,4*R*,5*S*)-6-(methylamino)hexane-1,2,3,4,5-pentaol 2-(3,5-dichlorophenyl)benzo[d]oxazole-6-carboxylic acid
SMILES代码	OC[C@@H](O)[C@@H](O)[C@H](O)[C@@H](O)CNC.O=C(C1=CC=C2N=C(C3=CC(Cl)=CC(Cl)=C3)OC2=C1)O

化学结构和理论分析

化学结构	理论分析值
	化学式：$C_{21}H_{24}Cl_2N_2O_8$ 精准分子量：N/A 分子量：503.33 元素分析：C, 50.11; H, 4.81; Cl, 14.09; N, 5.57; O, 25.43

药品说明书参考网页

生产厂家产品说明书、美国药品网、美国处方药网页。

药物简介

Tafamidis 目前有 2 种药品上市：VYNDAQEL（活性成分是 tafamidis meglumine）和 VYNDAMAX（Tafamidis）。Tafamidis 是一种甲状腺素的选择性稳定剂。

VYNDAQEL 是一种口服胶囊，包含白色至粉红色的 tafamidis meglumine 20mg（相当于 tafamidis 游离酸 12.2mg）和以下非活性成分：氢氧化铵 28%，亮蓝色 FCF，胭脂红，乙醇，明胶，甘油，氧化铁（黄色），异丙醇，聚乙二醇 400，聚山梨酯 80，邻苯二甲酸聚乙酸乙烯酯，丙二醇，纯净水，脱水山梨醇单油酸酯，山梨糖醇和二氧化钛。

VYNDAMAX 是一种口服胶囊，含有白色至粉红色的 tafamidis 61mg 和以下非活性成分：氢氧化铵 28%，丁基羟基甲苯，乙醇，明胶，甘油，氧化铁（红色），异丙醇，聚乙二醇 400，聚山梨酸酯 20，聚维酮，聚乙酸乙烯邻苯二甲酸酯，丙二醇，纯净水，山梨糖醇和二氧化钛。

VYNDAQEL 和 VYNDAMAX 可用于治疗成人的野生型或遗传性甲状腺素介导的淀粉样变性病（ATTR-CM），以减少心血管疾病的死亡率和与心血管有关的住院。

药品上市申报信息

该药物目前有 2 种产品上市。

药品注册申请号：211996
申请类型：NDA（新药申请）
申请人：FOLDRX PHARMS
申请人全名：FOLDRX PHARMACEUTICALS INC SUB PFIZER INC

产品信息

产品号	商品名	活性成分	剂型 / 给药途径	规格 / 剂量	参比药物 (RLD)	生物等效参考标准 (RS)	治疗等效代码
001	VYNDAQEL	tafamidis meglumine	胶囊 / 口服	20mg	是	是	否

与本品相关的专利信息（来自 FDA 橙皮书 Orange Book）

关联产品号	专利号	专利过期日	是否物质专利	是否产品专利	专利用途代码	撤销请求	提交日期
001	7214695	2024/04/27	是	是			2019/05/30
	7214696	2023/12/19			U-2524		2019/05/30
	8168663	2023/12/19	是	是			2019/05/30
	8653119	2024/01/28			U-2524		2019/05/30

与本品相关的市场独占权保护信息

关联产品号	独占权代码	失效日期	备注
001	NCE	2024/05/03	
	ODE-237	2026/05/03	

药品注册申请号：212161
申请类型：NDA（新药申请）
申请人：FOLDRX PHARMS
申请人全名：FOLDRX PHARMACEUTICALS INC SUB PFIZER INC

产品信息

产品号	商品名	活性成分	剂型 / 给药途径	规格 / 剂量	参比药物 (RLD)	生物等效参考标准 (RS)	治疗等效代码
001	VYNDAMAX	tafamidis	胶囊 / 口服	61 mg	是	是	否

与本品相关的专利信息（来自 FDA 橙皮书 Orange Book）

关联产品号	专利号	专利过期日	是否物质专利	是否产品专利	专利用途代码	撤销请求	提交日期
001	7214695	2024/04/27	是	是			2019/05/30
	7214696	2023/12/19			U-2524		2019/05/30
	9770441	2035/08/31	是	是	U-2524		2019/05/30

与本品相关的市场独占权保护信息

关联产品号	独占权代码	失效日期	备注
001	NCE	2024/05/03	
	ODE-237	2026/05/03	

合成路线 1

以下合成路线来源于 Parque Tecnológico de Cantanhede 公司 Simões 等人 2016 年发表的论文。目标化合物 **5** 以化合物 **1** 和化合物 **2** 为原料，经过 2 步合成反应而得。

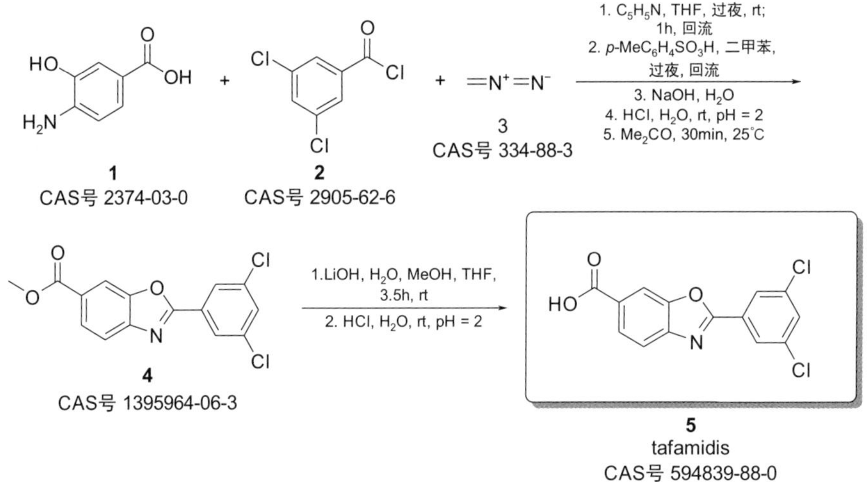

原始文献： Eur J Med Chem, 2016 , 121:823-840.

合成路线 2

以下合成路线来源于 Kandula 等人 2013 年发表的专利申请书。目标化合物 **6** 以化合物 **1** 和化合物 **2** 为原料，经过 3 步合成反应而得。

1
CAS号 2374-03-0

2
CAS号 2905-62-6

C_5H_5N, THF

3
CAS号 1184581-58-5

4
CAS号 18107-18-1

1. 二甲苯, 12h, 回流
2. NaOH, H_2O
3. HCl, H_2O, pH = 2
4. MeOH, 苯, $Me(CH_2)_4Me$, 0.5h, 25°C

5
CAS号 1395964-06-3

1. LiOH H_2O, H_2O, MeOH, THF, 6h, rt
2. HCl, H_2O

6
tafamidis
CAS号 594839-88-0

原始文献： WO 2013168014, 2013.

合成路线 3

以下合成路线来源于 Zhang 等人 2019 年发表的论文。目标化合物 **7** 以化合物 **1** 为原料，经过 5 步合成反应而得。

C_5H_5N, H_2NOH-HCl, EtOH

N-氯代琥珀酰亚胺, DMF

1
CAS号 10203-08-4

2
CAS号 93033-57-9

3
CAS号 677727-73-0

+

DMF

4
CAS号 94-09-7

5
CAS号 2397584-01-7

1. AcOK, I_2, NMP
2. $Na_2S_2O_3$, H_2O

6
CAS号 2395012-64-1

NaOH, MeOH

7
tafamidis
CAS号 594839-88-0

原始文献： Eur J Org Chem, 2019, 45:7506-7510.

参考文献

[1] Cruz M W. Tafamidis for autonomic neuropathy in hereditary transthyretin (ATTR) amyloidosis: a review. Clin Auton Res, 2019, 29(Suppl 1):19-24.

[2] Lamb Y N, Deeks E D. Tafamidis: a review in transthyretin amyloidosis with polyneuropathy. Drugs, 2019, 79(8):863-874.

它法咪迪核磁谱图

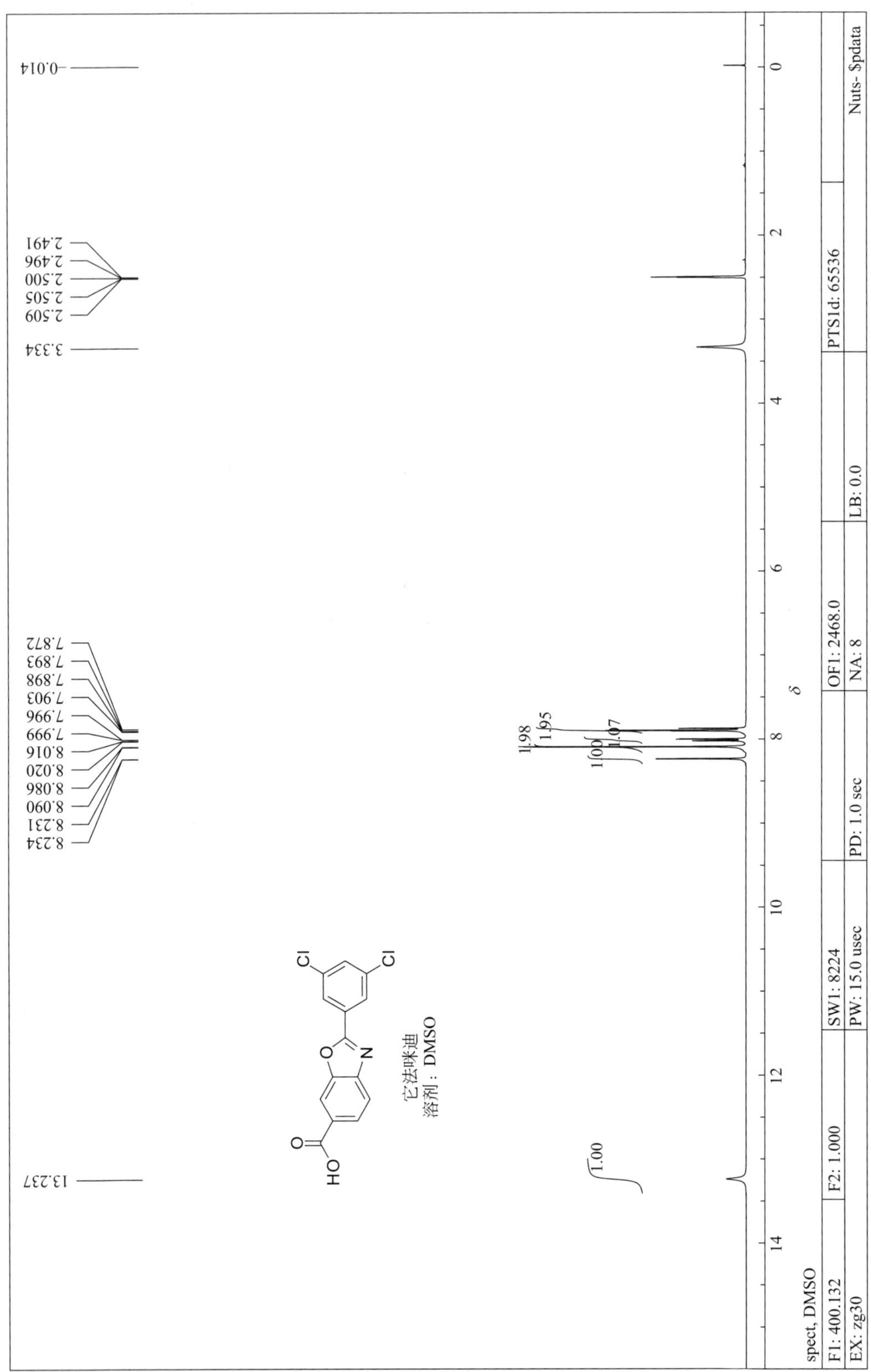

tafenoquine（他非诺喹）

药物基本信息

英文通用名	tafenoquine
英文别名	WR-238605, WR 238605, WR238605, SB-252263-AAB; SB252263-AAB; SB 252263-AAB
中文通用名	他非诺喹
商品名	Krintafel
CAS登记号	106635-80-7 (游离碱), 106635-81-8 (琥珀酸盐)
FDA 批准日期	7/20/2018
FDA 批准的API	tafenoquine succinate.
化学名	N4-(2,6-dimethoxy-4-methyl-5-(3-(trifluoromethyl)phenoxy)quinolin-8-yl)pentane-1,4-diamine succinate
SMILES代码	CC(NC1=C2N=C(OC)C=C(C)C2=C(OC3=CC=CC(C(F)(F)F)=C3)C(OC)=C1)CCCN.O=C(O)CCC(O)=O

化学结构和理论分析

化学结构	理论分析值
	化学式：$C_{28}H_{34}F_3N_3O_7$ 精确分子量：N/A 分子量：581.59 元素分析：C, 57.83; H, 5.89; F, 9.80; N, 7.23; O, 19.26

药品说明书参考网页

美国药品网、美国处方药网页。

药物简介

KRINTAFEL 是一种口服的抗疟药。其活性成分是：tafenoquine succinate。

KRINTAFEL 片剂每片包含 150mg 的 tafenoquine（相当于 188.2mg 的 tafenoquine succinate）。非活性成分包括硬脂酸镁、甘露醇和微晶纤维素。片剂薄膜衣非活性成分包括羟丙基甲基纤维素、聚乙二醇、氧化铁红和二氧化钛。

KRINTAFEL 可以彻底治愈（预防复发）间日疟原虫疟疾，适用于 16 岁及以上的患者，这些患者正在接受针对急性间日疟原虫感染的适当抗疟治疗。

Tafenoquine 可靶向作用于利什曼原虫呼吸道复合物 Ⅲ 并诱导凋亡。Tafenoquine 的半衰期约为 14d，通常安全且耐受良好。

药品上市申报信息

该药物目前有 1 种产品上市。

药品注册申请号: 210607
申请类型: NDA（新药申请）
申请人: 60 DEGREES PHARMS
申请人全名: 60 DEGREES PHARMACEUTICALS LLC

产品信息

产品号	商品名	活性成分	剂型 / 给药途径	规格 / 剂量	参比药物 (RLD)	生物等效参考标准 (RS)	治疗等效代码
001	ARAKODA	tafenoquine succinate	片剂 / 口服	等量 100 mg 游离碱	是	是	否

与本品相关的专利信息（来自 FDA 橙皮书 Orange Book）

关联产品号	专利号	专利过期日	是否物质专利	是否产品专利	专利用途代码	撤销请求	提交日期
001	10342791	2035/12/02			U-2582		2019/07/31

与本品相关的市场独占权保护信息

关联产品号	独占权代码	失效日期	备注
001	NCE	2023/07/20	
	NP	2021/08/08	

合成路线

以下合成路线来源于 United States Dept. of the Army Blumbergs 等人 1986 年的专利申请书。目标化合物 **10** 以化合物 **1** 和化合物 **2** 为原料，经过 7 步合成反应而得。

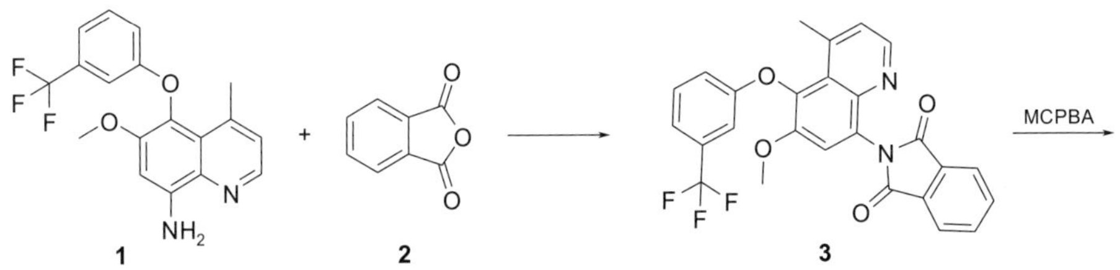

1
CAS号 82333-41-3

2
CAS号 85-44-9

MCPBA

3
CAS号 106635-82-9

POCl$_3$

4
CAS号 106635-83-0

5
CAS号 106635-84-1

NH_2NH_2
EtOH

NaH, MeOH

5
CAS号 106635-84-1

6
CAS号 106635-85-2

7
CAS号 106635-86-3

+

(i-Pr)$_2$NH

7
CAS号 106635-86-3

8
CAS号 63460-47-9

9
CAS号 106635-87-4

NH_2NH_2
EtOH

10
tafenoquine
CAS号 106635-80-7

原始文献： US 4617394, 1986.

参考文献

[1] Duparc S, Chalon S, Miller S, et al. Neurological and psychiatric safety of tafenoquine in Plasmodium vivax relapse prevention: a review. Malar J, 2020, 19(1):111.

[2] Haston J C, Hwang J, Tan K R. Guidance for using tafenoquine for prevention and antirelapse therapy for malaria - united states, 2019. MMWR Morb Mortal Wkly Rep, 2019, 68(46):1062-1068.

他非诺喹核磁谱图

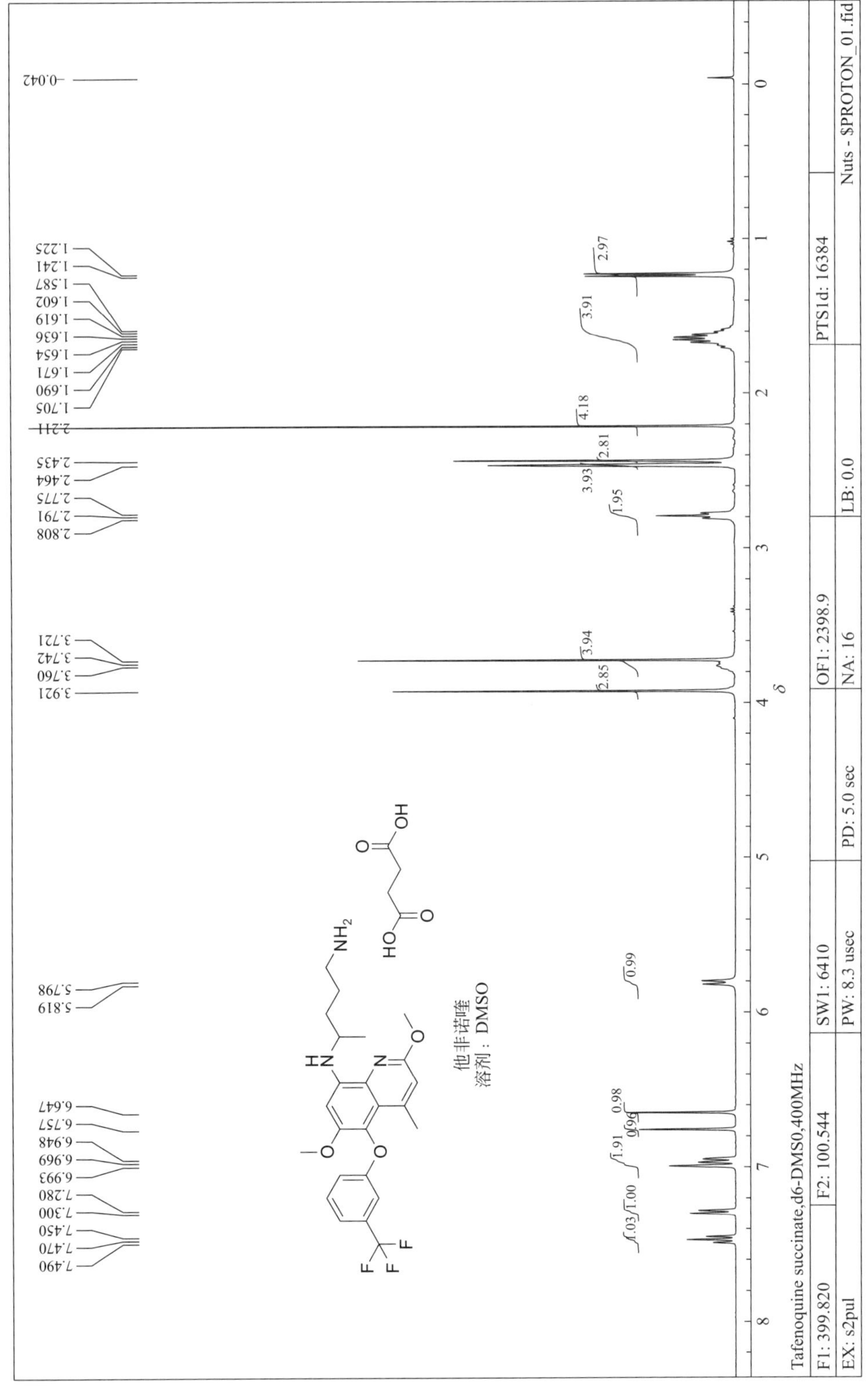

Tafenoquine succinate,d6-DMS0,400MHz
他非诺喹
溶剂：DMSO
-0.042
1.225
1.241
1.587
1.602
1.619
1.636
1.654
1.671
1.690
1.705
2.211
2.435
2.464
2.775
2.791
2.808
3.721
3.742
3.760
3.921
5.798
5.819
6.647
6.757
6.948
6.969
6.993
7.280
7.300
7.450
7.470
7.490
δ
F1: 399.820
F2: 100.544
SW1: 6410
OF1: 2398.9
PTS1d: 16384
EX: s2pul
PW: 8.3 usec
PD: 5.0 sec
NA: 16
LB: 0.0
Nuts - $PROTON_01.fid

talazoparib（他拉唑帕尼）

药物基本信息

英文通用名	talazoparib
英文别名	BMN673; BMN673; BMN-673; LT673; LT 673; LT-673; MDV-3800; MDV 3800; MDV3800
中文通用名	他拉唑帕尼
商品名	Talzenna
CAS登记号	1373431-65-2 (对甲苯磺酸盐), 1207456-01-6 (游离碱)
FDA 批准日期	10/16/2018
FDA 批准的API	talazoparib Tosylate
化学名	(8*S*,9*R*)-5-fluoro-8-(4-fluorophenyl)-9-(1-methyl-1H-1,2,4-triazol-5-yl)-8,9-dihydro-2H-pyrido[4,3,2-de]phthalazin-3(7H)-one tosylate
SMILES代码	O=C1NN=C2C3=C1C=C(F)C=C3N[C@H](C4=CC=C(F)C=C4)[C@H]2C5=NC=NN5C.OS(=O)(C6=CC=C(C)C=C6)=O

化学结构和理论分析

化学结构	理论分析值
	化学式：$C_{26}H_{22}F_2N_6O_4S$ 精确分子量：N/A 分子量：552.56 元素分析：C, 56.52; H, 4.01; F, 6.88; N, 15.21; O, 11.58; S, 5.80

药品说明书参考网页

生产厂家产品说明书、美国药品网、美国处方药网页。

药物简介

Talazoparib 是一种哺乳动物多腺苷 5′- 二磷酸核糖聚合酶（PARP）酶的抑制剂。

TALZENNA 是一种口服胶囊，其活性成分是 talazoparib Tosylate，后者为白色至黄色固体。口服的 TALZENNA 胶囊目前有 2 种剂量规格：0.25mg 和 1mg。其中 0.25mg 硬质羟丙甲纤维素（HPMC）胶囊包含 0.363mg talazoparib Tosylate（相当于 0.25mg Talazoparib 游离碱）。1mg HPMC 胶囊包含 1.453mg talazoparib Tosylate（相当于 1mg talazoparib 游离碱）。

非活性成分：硅化微晶纤维素（sMCC）。白色 / 象牙色和白色 / 浅红色不透明胶囊壳包含 HPMC、黄色氧化铁、红色氧化铁和二氧化钛。印刷油墨包含虫胶、氧化铁黑、氢氧化钾、氢氧化铵和丙二醇。

TALZENNA 用于治疗患有有害或疑似有害种系的乳腺癌易感基因（BRCA）突变（gBRCAm）

人表皮生长因子受体 2（HER2）阴性的局部晚期或转移性乳腺癌的成年患者。

Talazoparib，也称为 BMN-673 和 MDV-3800，是一种口服有效的核酶聚（ADP- 核糖）聚合酶（PARP）的抑制剂，具有抗肿瘤活性（PARP1 IC_{50} = 0.57nmol / L）。Talazoparib 可作为聚 ADP 核糖聚合酶（PARP）的抑制剂，帮助单链 DNA 修复。由于 DNA 损伤的积累，具有 BRCA1 / 2 突变的细胞易受 PARP 抑制剂的细胞毒作用。研究发现，talazoparib 对 PARP 捕获效率比 olaparib 约高 100 倍。

药品上市申报信息

该药物目前有 2 种产品上市。

药品注册申请号: 211651
申请类型: NDA（新药申请）
申请人: PFIZER INC
申请人全名: PFIZER INC

产品信息

产品号	商品名	活性成分	剂型 / 给药途径	规格 / 剂量	参比药物 (RLD)	生物等效参考标准 (RS)	治疗等效代码
002	TALZENNA	talazoparib tosylate	胶囊 / 口服	等量 1mg 游离碱	是	是	否

与本品相关的专利信息（来自 FDA 橙皮书 Orange Book）

关联产品号	专利号	专利过期日	是否物质专利	是否产品专利	专利用途代码	撤销请求	提交日期
002	10189837	2031/10/20	是	是			2019/02/27
	8012976	2029/10/19	是	是			2018/11/14
	8420650	2029/07/27	是	是			2018/11/14
	8735392	2031/10/20	是	是			2018/11/14
	9820985	2029/07/27			U-2437		2018/11/14

与本品相关的市场独占权保护信息

关联产品号	独占权代码	失效日期	备注
002	NCE	2023/10/16	

合成路线 1

以下合成路线来源于 BioMarin Pharmaceutical 公司 Wang 等人 2016 年发表的专利说明书，目标化合物 **8** 以化合物 **1** 和化合物 **2** 为原料，经过 5 步合成反应而得。

Et_3N, Ac_2O 2-MeTHF 78%
AcOH, EtOH 99%

1 CAS号 99651-37-3
2 CAS号 1207453-90-4
3 CAS号 1322616-34-1
4 CAS号 1322879-81-1

4 + 5 CAS号 459-57-4 —HCl, $TiCl_3$, H_2O MeOH, THF 95%→ 6 CAS号 1854040-05-3 → 7 CAS号 1841524-09-1

—N_2H_4-H_2O MeOH→ 8 talazoparib CAS号 1207456-01-6

原始文献： J Med Chem, 2016, 59(1):335-357.

合成路线 2

以下合成路线来源于 Guangzhou Wellhealth Bio-Pharmaceutical 公司 Xu 等人 2017 年发表的专利说明书，目标化合物 7 以化合物 1 和化合物 2 为原料，经过 4 步合成反应而得。

1 CAS号 884497-46-5 + 2 CAS号 80646-00-0 —Py · *p*-MePhSO$_3$H, $MgSO_4$, 二噁烷, rt, 回流 $NaBH_4$ 53%→ 3 CAS号 2109670-46-2 —D-酒石酸, EtOH, rt, 回流 46%→

4 CAS号 2109670-47-3

4 CAS号 2109670-47-3 + 5 CAS号 56616-99-0 —NaOEt, THF, rt 回流 62%→ 6 CAS号 1373329-52-2 —N_2H_4-H_2O, EtOH, rt, 回流 90%→

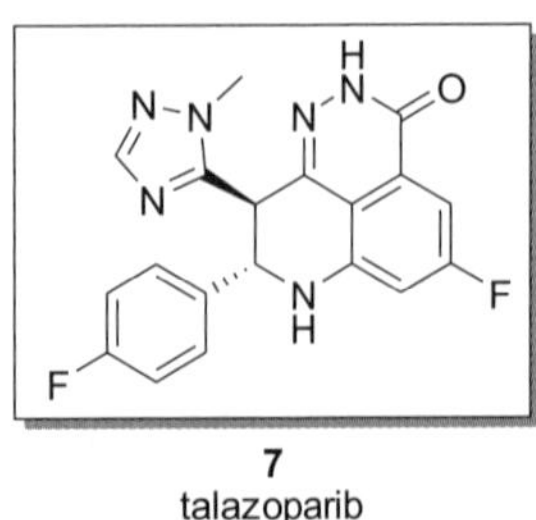

7
talazoparib
CAS号 1207456-01-6

原始文献： WO 2017215166, 2017.

合成路线 3

以下合成路线来源于 BioMarin Pharmaceutical 公司 Henderson 等人 2015 年发表的专利说明书，目标化合物 **10** 以化合物 **1** 和化合物 **2** 为原料，经过 4 步合成反应而得。

$(Me_3Si)_2NH \cdot Li$; NaOH ; NH_2NH_2 ; H—Cl ; Li^+

1 CAS号 6086-21-1
2 CAS号 68-12-2
3 CAS号 1771752-61-4
4 CAS号 1207453-90-4
5 CAS号 1771752-62-5
6 CAS号 1322616-35-2
7 CAS号 459-57-4
8 CAS号 1322616-36-3
9 CAS号 1373329-52-2
10 talazoparib CAS号 1207456-01-6

原始文献： WO 2015069851, 2015.

合成路线 4

以下合成路线来源于 BioMarin Pharmaceutical 公司 Wang 等人 2011 年发表的专利说明书，目标化合物 **14** 以化合物 **1** 为原料，经过 8 步合成反应而得。

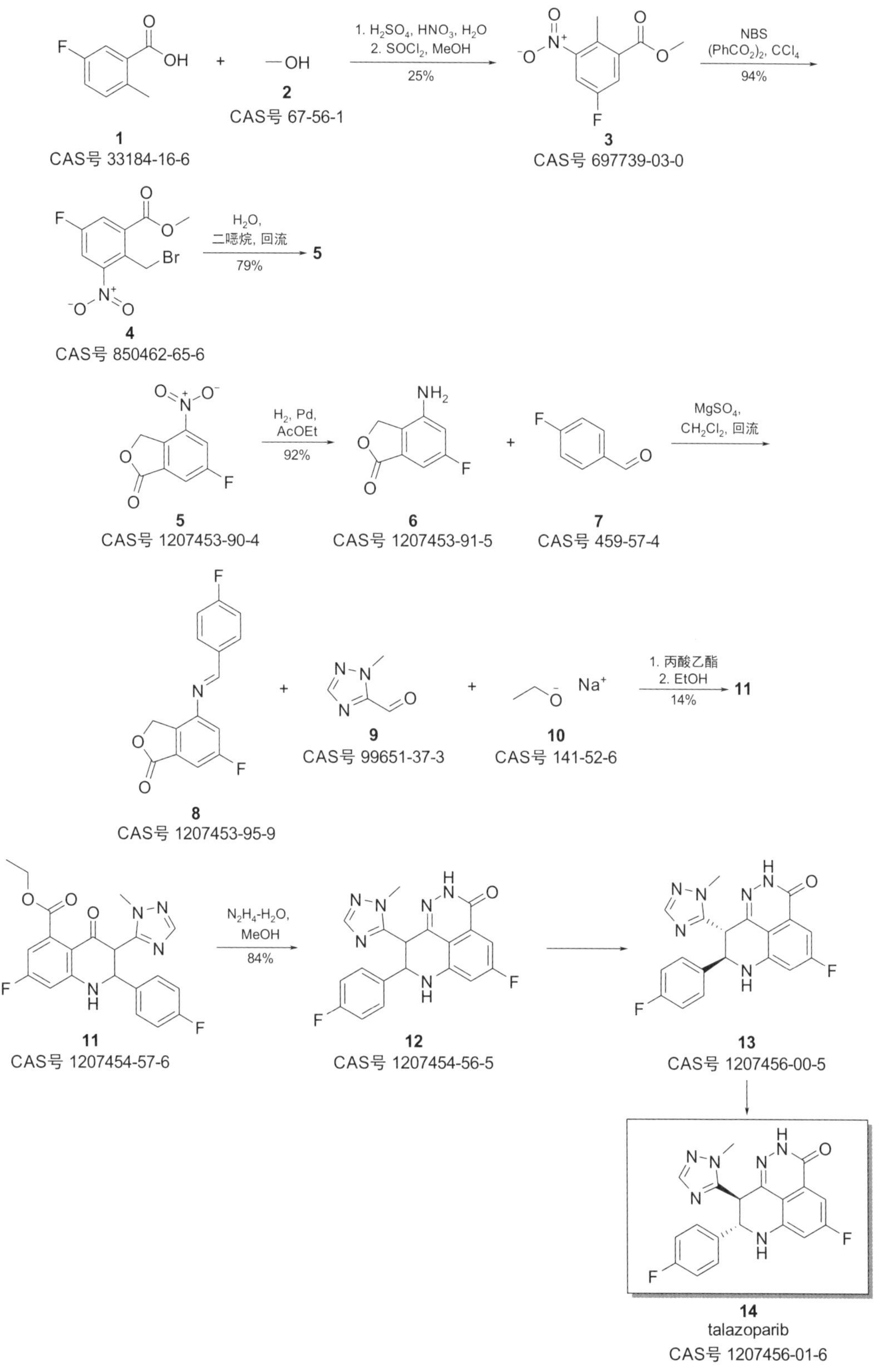

原始文献： WO 2011130661, 2011.

参考文献

[1] Jia Y, Jin H, Gao L, et al. A novel lncRNA PLK4 up-regulated by talazoparib represses hepatocellular carcinoma progression by promoting YAP-mediated cell senescence. J Cell Mol Med, 2020, 24(9):5304-5316.

[2] Boussios S, Abson C, Moschetta M, et al. Poly (ADP-ribose) polymerase inhibitors: talazoparib in ovarian cancer and beyond. Drugs R D, 2020, 20(2):55-73.

他拉唑帕尼核磁谱图

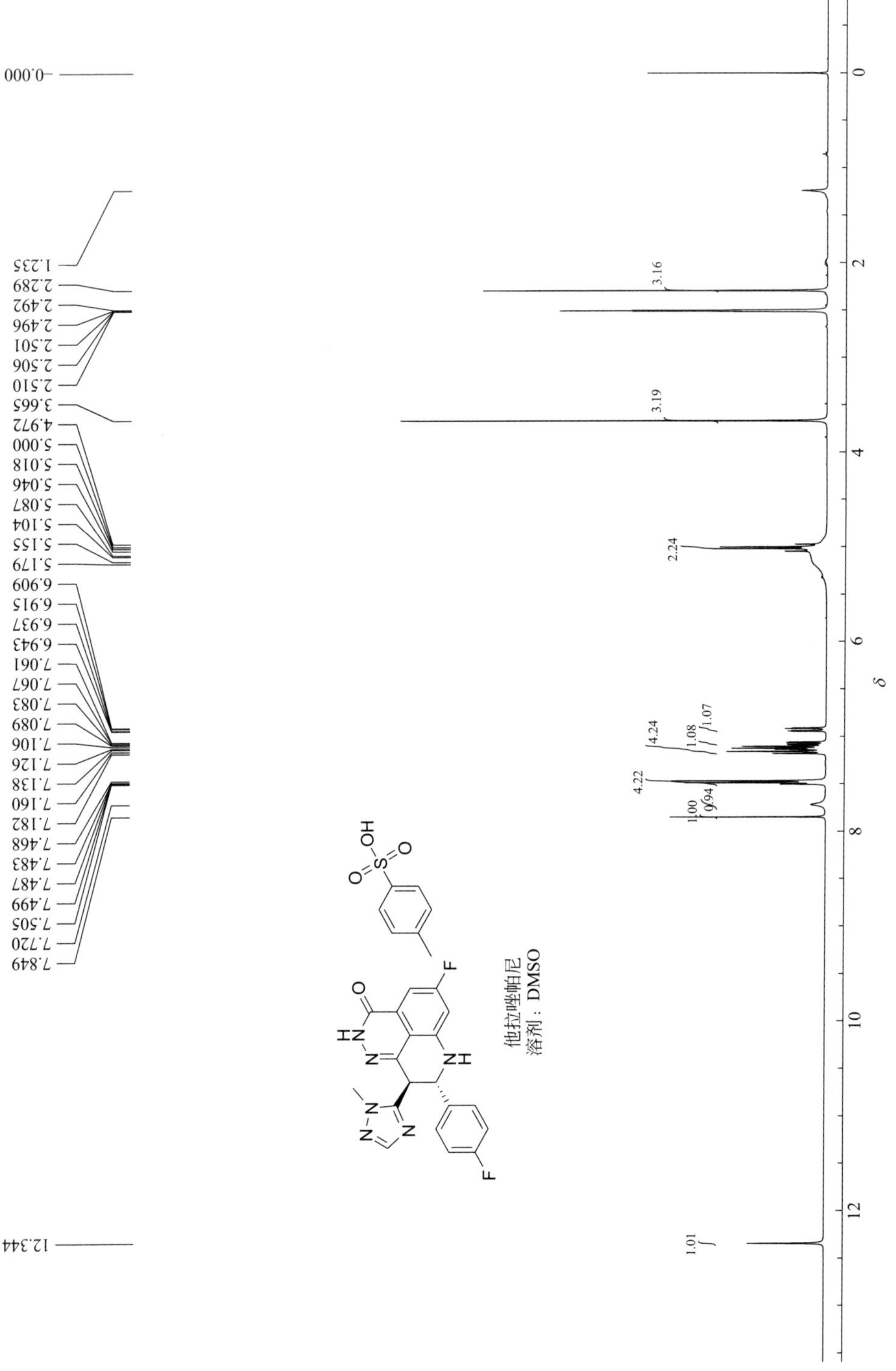

tecovirimat（特考韦瑞）

药物基本信息

英文通用名	tecovirimat
英文别名	ST-246; ST 246; ST246; SIGA-246; SIGA246; SIGA 246
中文通用名	特考韦瑞
商品名	Tpoxx
CAS登记号	1162664-19-8 (水合物), 869572-92-9
FDA 批准日期	7/13/2018
FDA 批准的API	tecovirimat hydrate
化学名	*N*-(1,3-dioxo-3,3a,4,4a,5,5a,6,6a-octahydro-4,6-ethenocyclopropa[f] isoindol-2(1*H*)-yl)-4-(trifluoromethyl)benzamide hydrate
SMILES代码	O=C(NN(C(C1C2C(C3)C3C(C=C2)C41)=O)C4=O)C5=CC=C(C(F)(F)F)C=C5.[H]O[H]

化学结构和理论分析

化学结构	理论分析值
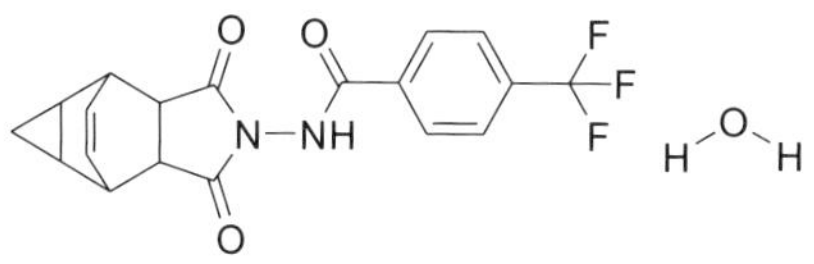	化学式：$C_{19}H_{17}F_3N_2O_4$ 精确分子量：N/A 分子量：394.35 元素分析：C, 57.87; H, 4.35; F, 14.45; N, 7.10; O, 16.23

药品说明书参考网页

美国药品网、美国处方药网页。

药物简介

TPOXX 的活性成分 是 tecovirimat。后者是正痘病毒 VP37 包膜包裹蛋白（rthopoxvirus VP37 envelope wrapping protein）抑制剂。 TPOXX 可作为速释胶囊使用，其活性成分是 Tecovirimat hydrate。 每个胶囊中所含的 Tecovirimat hydrate 相当于 200mg tecovirimat。胶囊用白色墨水打印有“ SIGA”字样，然后是 SIGA 徽标，橙色本体上印有“®”，黑帽在白色墨水上印有“ST-246®”。胶囊包含以下非活性成分：胶体二氧化硅，交联羧甲基纤维素钠，羟丙基甲基纤维素，乳糖一水合物，硬脂酸镁，微晶纤维素和月桂基硫酸钠。胶囊壳由明胶、FD & C 蓝色 1 号、FD & C 红色 3 号、FD & C 黄色 6 号和二氧化钛组成。

Tecovirimat hydrate 是一种白色至类白色结晶固体，在水中基本不溶。

TPOXX® 适用于治疗体重至少 13kg 的成人和儿童患者的天花病毒引起的人天花疾病。

Tecovirimat 也称为 SIGA-246 和 ST-246，是一种核心蛋白半胱氨酸蛋白酶抑制剂，可能用于治疗天花感染。Tecovirimat 是一种新型抗病毒药物，可通过靶向病毒 p37 蛋白质直系同源基因来抑制正痘病毒的释放。迄今为止，tecovirimat 已在所有小动物和非人类灵长类动物预防和痘病毒诱发疾病的治疗功效模型中显示出功效。

药品上市申报信息

该药物目前有 1 种产品上市。

药品注册申请号：208627
申请类型：NDA（新药申请）
申请人：SIGA TECHNOLOGIES
申请人全名：SIGA TECHNOLOGIES INC

产品信息

产品号	商品名	活性成分	剂型 / 给药途径	规格 / 剂量	参比药物 (RLD)	生物等效参考标准 (RS)	治疗等效代码
001	TPOXX	tecovirimat	胶囊 / 口服	200mg	是	是	否

与本品相关的专利信息（来自 FDA 橙皮书 Orange Book）

关联产品号	专利号	专利过期日	是否物质专利	是否产品专利	专利用途代码	撤销请求	提交日期
001	7737168	2027/05/03			U-2346		2018/08/09
	8039504	2027/07/23		是			2018/08/09
	8124643	2024/06/18	是	是			2018/08/09
	8530509	2024/06/18		是			2018/08/09
	8802714	2024/06/18			U-2346		2018/08/09
	9339466	2031/03/23	是	是			2018/08/09

与本品相关的市场独占权保护信息

关联产品号	独占权代码	失效日期	备注
001	NCE	2023/07/13	
	ODE-200	2025/07/13	

合成路线 1

以下合成路线来源于 Dong 等人 2012 年发表的论文。目标化合物 **6** 以化合物 **1** 为原料，经过 3 步合成反应而得。

N_2H_4-H_2O
75%

1
CAS号 2967-66-0

2
CAS号 339-59-3

二甲苯，回流
71%

3
CAS号 544-25-2

4
CAS号 108-31-6

5
CAS号 944-41-2

1. EtN(Pr-*i*)$_2$, EtOH, 回流
2. :H_2O
86%

2
CAS号 339-59-3

5
CAS号 944-41-2

6
tecovirimat
CAS号 869572-92-9

原始文献： Zhongguo Xinyao Zazhi, 2012, 21(23): 2736-2739.

合成路线 2

以下合成路线来源于 Siga Technologies 公司 Dai 等人 2014 年发表的专利申请书。目标化合物 **10** 以化合物 **1** 和化合物 **2** 为原料，经过 5 步合成反应而得。

PhMe, rt, 回流
20%

PhMe
96%

1
CAS号 108-31-6

2
CAS号 870-46-2

3
CAS号 1565736-82-4

4
CAS号 544-25-2

HCl, 二噁烷
97%
→ **6**

5
CAS号 1565736-74-4

Et_3N, CH_2Cl_2
57%

6
CAS号 1565736-79-9

7
CAS号 1711-02-0

8
CAS号 1565736-87-9

9
CAS号 680-15-9

CuI, DMF

10
tecovirimat
CAS号 869572-92-9

原始文献： WO 2014028545, 2014.

合成路线 3

以下合成路线来源于 Institute of Microbiology and Epidemiology 王洪权 等人 2010 年发表的专利申请书。目标化合物 **8** 以化合物 **1** 和化合物 **2** 为原料，经过 4 步合成反应而得。

二甲苯
t-BuOMe, 回流

1
CAS号 544-25-2

2
CAS号 108-31-6

3
CAS号 944-41-2

$SOCl_2$
93%

4
CAS号 2967-66-0

5
CAS号 64-17-5

6
CAS号 583-02-8

N_2H_4-H_2O,
EtOH, H_2O, 回流
89%

EtOH
70%

6
CAS号 583-02-8

7
CAS号 339-59-3

3
CAS号 944-41-2

8
tecovirimat
CAS号 869572-92-9

原始文献： CN 101912389, 2010.

参考文献

[1] Russo A T, Berhanu A, Bigger C B, et al. Co-administration of tecovirimat and ACAM2000™ in non-human primates: effect of tecovirimat treatment on ACAM2000 immunogenicity and efficacy versus lethal monkeypox virus challenge. Vaccine, 2020, 38(3):644-654.

[2] Lindholm D A, Fisher R D, Montgomery J R, et al. Preemptive tecovirimat use in an active duty service member who presented with acute myeloid leukemia after smallpox vaccination. Clin Infect Dis, 2019, 69(12):2205-2207.

telotristat ethyl（替洛司它）

药物基本信息

英文通用名	telotristat ethyl
英文别名	LX 1032; LX-1032; LX1032; LX 1606; LX1606; LX-1606
中文通用名	替洛司它
商品名	Xermelo
CAS登记号	1137608-69-5 (依地酯), 1033805-22-9 (游离碱), 374745-52-4 (苯磺酸盐)
FDA 批准日期	2/28/2017
FDA 批准的API	telotristat etiprate
化学名	(*S*)-ethyl 2-amino-3-(4-(2-amino-6-((*R*)-1-(4-chloro-2-(3-methyl-1H-pyrazol-1-yl)phenyl)-2,2,2-trifluoroethoxy)pyrimidin-4-yl)phenyl) propanoate 2-benzamidoacetate
SMILES代码	O=C(OCC)[C@@H](N)CC1=CC=C(C2=NC(N)=NC(O[C@H](C3=CC=C(Cl)C=C3N4N=C(C)C=C4)C(F)(F)F)=C2)C=C1.O=C(O)CNC(C5=CC=CC=C5)=O

化学结构和理论分析

化学结构	理论分析值
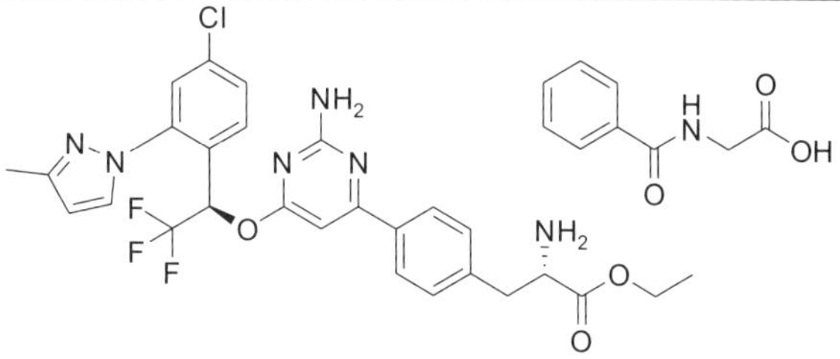	化学式：$C_{36}H_{35}ClF_{3}N_{7}O_{6}$ 精确分子量：N/A 分子量：754.16 元素分析：C, 57.33; H, 4.68; Cl, 4.70; F, 7.56; N, 13.00; O, 12.73

药品说明书参考网页

生产厂家产品说明书、美国药品网、美国处方药网页。

药物简介

XERMELO 的活性成分是 telotristat etiprate, 是一种色氨酸羟化酶抑制剂。

Telotristat etiprate是一种白色至类白色固体。溶解度在25℃下是pH值的函数；在pH=1(0.1mol/L HCl）下，溶解度大于 71mg / mL。在 pH=3 的磷酸盐缓冲液下，溶解度为 0.30mg/mL，在 pH=5 ～ 9 下，溶解度可忽略不计。在有机溶剂中，telotristat etiprate 易溶于甲醇和丙酮，微溶于乙醇。

XERMELO 片剂每片均含有 250mg 的 telotristat ethyl（游离碱），相当于 328mg 的 telotristat etiprate。XERMELO 片剂的非活性成分包括：胶体二氧化硅，交联羧甲基纤维素钠，羟丙基纤维素，无水乳糖，聚乙二醇 / PEG，硬脂酸镁，聚乙烯醇（部分水解），滑石粉和二氧化钛。

XERMELO 可以与生长抑素类似物（SSA）疗法联合用于 SSA 治疗控制不充分的成年人，用于治疗类癌综合征腹泻。

Telotristat 是 telotristat ethyl 的活性代谢产物，是色氨酸羟化酶的抑制剂，其介导 5- 羟色胺生物合成中的限速步骤。Telotristat 在体外对色氨酸羟化酶的抑制能力是 telotristat ethyl 的 29 倍。5- 羟色胺在介导胃肠道的分泌、运动、炎症和感觉中起作用，并且在类癌综合征患者中过量产生。通过抑制色氨酸羟化酶，telotristat 和 telotristat ethyl 可减少外周血清素的产生以及类癌综合征腹泻的频率。

药品上市申报信息

该药物目前有 1 种产品上市。

药品注册申请号：208794
申请类型：NDA（新药申请）
申请人：LEXICON PHARMS INC
申请人全名：LEXICON PHARMACEUTICALS INC

产品信息

产品号	商品名	活性成分	剂型 / 给药途径	规格 / 剂量	参比药物 (RLD)	生物等效参考标准 (RS)	治疗等效代码
001	XERMELO	telotristat etiprate	片剂 / 口服	等量 250mg 游离碱	是	是	否

与本品相关的专利信息（来自 FDA 橙皮书 Orange Book）

关联产品号	专利号	专利过期日	是否物质专利	是否产品专利	专利用途代码	撤销请求	提交日期
001	7553840	2027/12/11	是				2017/03/23
	7709493	2027/12/11	是		U-1979		2017/03/23
	7968559	2027/12/11			U-1979		2017/03/23
	8193204	2031/02/27	是				2017/03/23
	8653094	2028/12/19			U-1979		2017/03/23

与本品相关的市场独占权保护信息

关联产品号	独占权代码	失效日期	备注
001	NCE	2022/02/28	
	ODE-132	2024/02/28	

合成路线 1

以下合成路线来源于 Lexicon Pharmaceuticals 公司 Sands 等人 2011 年发表的专利申请书。目标化合物 **11** 以化合物 **1** 为原料，经过 6 步合成反应而得。

1. $SOCl_2$ 2. MeOH

1. $Bu_4N^+F^-$, 2. HCl

1. 儿茶酚硼烷 2. NaOH, H_2O

1

CAS号 936-08-3

2

CAS号 57381-62-1

3

CAS号 81290-20-2

4

CAS号 1033805-23-0

5

CAS号 1033805-25-2

K_2CO_3, CuI

1. Cs_2CO_3 2. HCl, THF, H_2O

6

CAS号 1453-58-3

7

CAS号 68737-65-5

8

CAS号 1033805-26-3

9

CAS号 1033804-86-2

10

CAS号 1033805-28-5

$SOCl_2$, EtOH

11

telotristat ethyl

CAS号 1033805-22-9

原始文献：WO 2011100285, 2011.

合成路线 2

以下合成路线来源于 Lexicon Pharmaceuticals 公司 Oravecz 等人 2011 年发表的专利申请书。目标化合物 **11** 以化合物 **1** 为原料，经过 6 步合成反应而得。

$SOCl_2$ MeOH

1. $Bu_4N^+F^-$, THF 2. HCl, MeOH

1. 儿茶酚硼烷 2. NaOH, H_2O_2

1

CAS号 936-08-3

2

CAS号 57381-62-1

3

CAS号 81290-20-2

4

CAS号 1033805-23-0

5

CAS号 1033805-25-2

5

6
CAS号 1453-58-3

7
CAS号 953716-46-6

K_2CO_3, CuI

8
CAS号 1033805-26-3

9
CAS号 1033804-86-2

1. Cs_2CO_3
2. HCl

10
CAS号 1033805-28-5

$SOCl_2$, EtOH

11
telotristat ethyl
CAS号 1033805-22-9

原始文献： WO 2011056916 , 2011.

合成路线 3

以下合成路线来源于 Lexicon Pharmaceuticals 公司 Bednarz 等人 2009 年发表的专利申请书。目标化合物 **17** 以化合物 **1** 和化合物 **2** 为原料，经过 8 步合成反应而得。

1
CAS号 4326-36-7

\+

2
CAS号 358-23-6

N-甲基吗啉，
CH_2Cl_2

3
CAS号 112766-18-4

\+

4
CAS号 73183-34-3

AcOK, $Pd(OAc)_2$
$(C_6H_{11})_3P$, MeCN

5
CAS号 216439-76-8

5

KHCO$_3$
POPD$_6$

6
CAS号 56-05-3

7
CAS号 1033804-86-2

1. R:*t*-BuOK, DMSO
2. *i*-PrMgCl, THF

→ 10

8a
CAS号 1453-58-3

8b
CAS号 1996-29-8

9
CAS号 383-63-1

1. H_2O
2. HCO_2K, MeCN

10
CAS号 112766-18-4

11
CAS号 12354-85-7

12
CAS号 144222-34-4

Cs_2CO_3
二噁烷

→ 15

13
CAS号 1033805-26-3

14
CAS号 24424-99-5

N-甲基吗啉,
TBTU, MeCN
EtOH

15
CAS号 1033805-27-4

16
CAS号 1125828-44-5

$MeSO_3H$
MeCN

17
telotristat ethyl
CAS号 1033805-22-9

原始文献： WO 2009042733, 2009.

参考文献

[1] Fust K, Maschio M, Kohli M, et al. A budget impact model of the addition of telotristat ethyl treatment to the standard of care in patients with uncontrolled carcinoid syndrome. Pharmacoeconomics, 2020, 38(6):607-618.

[2] Benson A B, Strosberg J, Joish V N, et al. Clinical benefits of telotristat ethyl in patients with neuroendocrine tumors and low bowel movement frequency: an observational patient-reported outcomes study. Pancreas, 2020, 49(3):408-412.

替洛司它核磁谱图

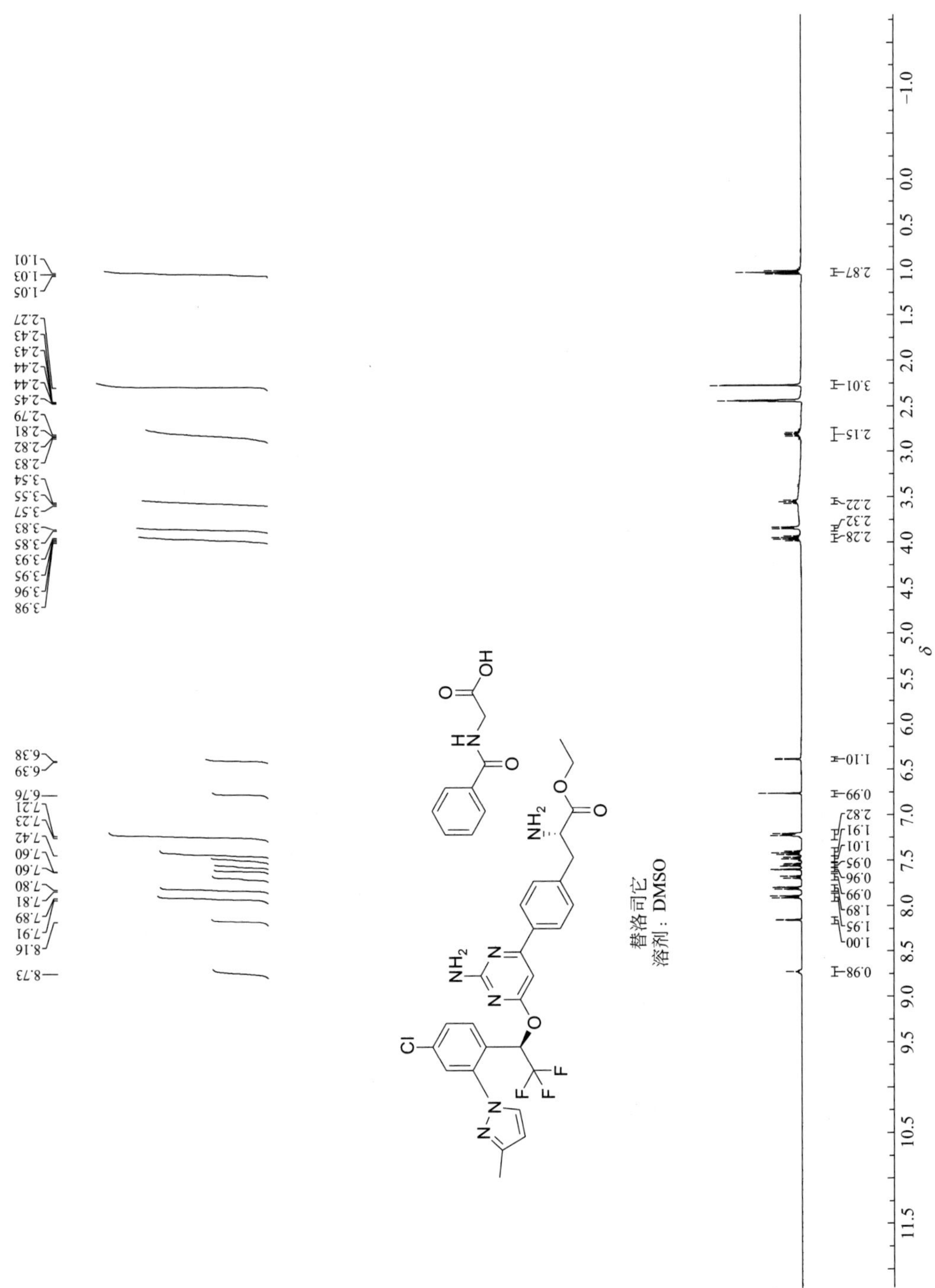

tenapanor（替纳帕诺）

药物基本信息

英文通用名	tenapanor
英文别名	AZD-1722; AZD 1722; AZD1722; RDX 5791; RDX-5791; RDX5791
中文通用名	替纳帕诺
商品名	Ibsrela
CAS登记号	1234423-95-0 (游离碱), 1234365-97-9 (盐酸盐)
FDA 批准日期	9/12/2019
FDA 批准的API	tenapanor hydrochloride
化学名	3-((*S*)-6,8-dichloro-2-methyl-1,2,3,4-tetrahydroisoquinolin-4-yl)-*N*-(26-((3-((*S*)-6,8-dichloro-2-methyl-1,2,3,4-tetrahydroisoquinolin-4-yl)phenyl)sulfonamido)-10,17-dioxo-3,6,21,24-tetraoxa-9,11,16,18-tetraazahexacosyl)benzenesulfonamide dihydrochloride
SMILES代码	O=S(C1=CC=CC([C@@H]2CN(C)CC3=C2C=C(Cl)C=C3Cl)=C1)(NCCOCCOCCNC(NCCCCNC(NCCOCCOCCNS(=O)(C4=CC=CC([C@@H]5CN(C)CC6=C5C=C(Cl)C=C6Cl)=C4)=O)=O)=O)=O.[H]Cl.[H]Cl

化学结构和理论分析

化学结构

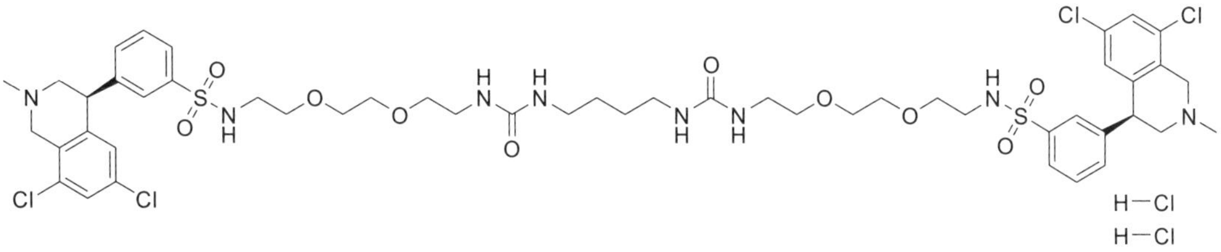

H—Cl
H—Cl

理论分析值

化学式：$C_{50}H_{68}Cl_6N_8O_{10}S_2$
精确分子量：N/A
分子量：1217.96
元素分析：C, 49.31; H, 5.63; Cl, 17.46; N, 9.20; O, 13.14; S, 5.26

药品说明书参考网页

美国药品网、美国处方药网页。

药物简介

IBSRELA 的有效成分是 tenapanor hydrochloride。它是一种口服有效的钠 / 氢交换剂 3(NHE3) 抑制剂。Tenapanor hydrochloride 外观为白色至灰白色至浅棕色吸湿性无定形固体。它几乎不溶于水。

IBSRELA 片剂含 50mg 替纳帕诺（相当于 53.2mg 盐酸替纳帕诺）。片剂中的非活性成分是胶体二氧化硅，羟丙甲纤维素，低取代的羟丙基纤维素，微晶纤维素，没食子酸丙酯，硬脂酸，酒石酸粉，二氧化钛和三醋精。

IBSRELA 适用于成人便秘（IBS-C）肠易激综合征的治疗。

Tenapanor 是钠 / 氢交换剂 3（NHE3）的局部作用抑制剂，NHE3 是在小肠和结肠顶表面表达的抗转运蛋白，主要负责饮食钠的吸收。体外和动物研究表明，其主要代谢产物 M1 对 NHE3 没有活性。

Tenapanor 通过抑制肠上皮细胞顶表面的 NHE3，减少了钠从小肠和结肠的吸收，从而导致水进入肠腔的分泌增加，加速了肠的运输，并导致大便软化。

Tenapanor 还可以通过降低内脏超敏性和降低动物模型的肠通透性来减轻腹痛。在大鼠结肠超敏反应模型中，tenapanor 还减轻内脏痛觉过敏，并使结肠感觉神经元兴奋性正常化。

药品上市申报信息

该药物目前有 1 种产品上市。

药品注册申请号：211801
申请类型：NDA（新药申请）
申请人：ARDELYX INC
申请人全名：ARDELYX INC

产品信息

产品号	商品名	活性成分	剂型 / 给药途径	规格 / 剂量	参比药物 (RLD)	生物等效参考标准 (RS)	治疗等效代码
001	IBSRELA	tenapanor hydrochloride	片剂 / 口服	等量 50mg 游离碱	是	是	否

与本品相关的专利信息（来自 FDA 橙皮书 Orange Book）

关联产品号	专利号	专利过期日	是否物质专利	是否产品专利	专利用途代码	撤销请求	提交日期
001	8541448	2029/12/30	是	是			2019/10/10
	8969377	2029/12/30	是	是			2019/10/10
	9006281	2030/05/02			U-2626		2019/10/10
	9408840	2029/12/30			U-2626		2019/10/10

与本品相关的市场独占权保护信息

关联产品号	独占权代码	失效日期	备注
001	NCE	2024/09/12	

合成路线

以下合成路线来源于 Zentiva 公司 Richter 等人 2019 年发表的专利申请书。目标化合物 **8** 以化合物 **1** 和化合物 **2** 为原料，经过 4 步合成反应而得。

Br

Cl

N

Cl

1

CAS号 1870821-29-6

SH

2

CAS号 100-53-8

1. XPhos, $Pd_2(dba)_3$
二噁烷
2. $EtN(Pr\text{-}i)_2$,
二噁烷
82%

S

Cl

N

Cl

3

CAS号 2322360-87-0

HCl, Cl_2, CH_2Cl_2
83%

Cl

Cl

O S Cl O

N

4

CAS号 2232225-67-9

H_2N O O N H O O

5

CAS号 153086-78-3

1. $EtN(Pr\text{-}i)_2$, CH_2Cl_2
2. HCl, CH_2Cl_2
93%
→ **6**

Cl Cl

N

O S O H N O O NH_2

6

CAS号 1571096-69-9

O C N N C O

7

CAS号 4538-37-8

Et_3N
CH_2Cl_2
50%

Cl Cl

N O S O N H O O H N O H N N H O N H O O H N S O O N

Cl Cl

8

tenapanor

CAS号 1234423-95-0

原始文献： WO 2019091503, 2019.

参考文献

[1] Chey W D, Lembo A J, Rosenbaum D P. Efficacy of tenapanor in treating patients with irritable bowel syndrome with constipation: a 12-week, placebo-controlled phase 3 trial (T3MPO-1). Am J Gastroenterol, 2020, 115(2):281-293.

[2] Block G A, Rosenbaum D P, Yan A, et al. Efficacy and safety of tenapanor in patients with hyperphosphatemia receiving maintenance hemodialysis: a randomized phase 3 trial. J Am Soc Nephrol, 2019, 30(4):641-652.

替纳帕诺核磁谱图

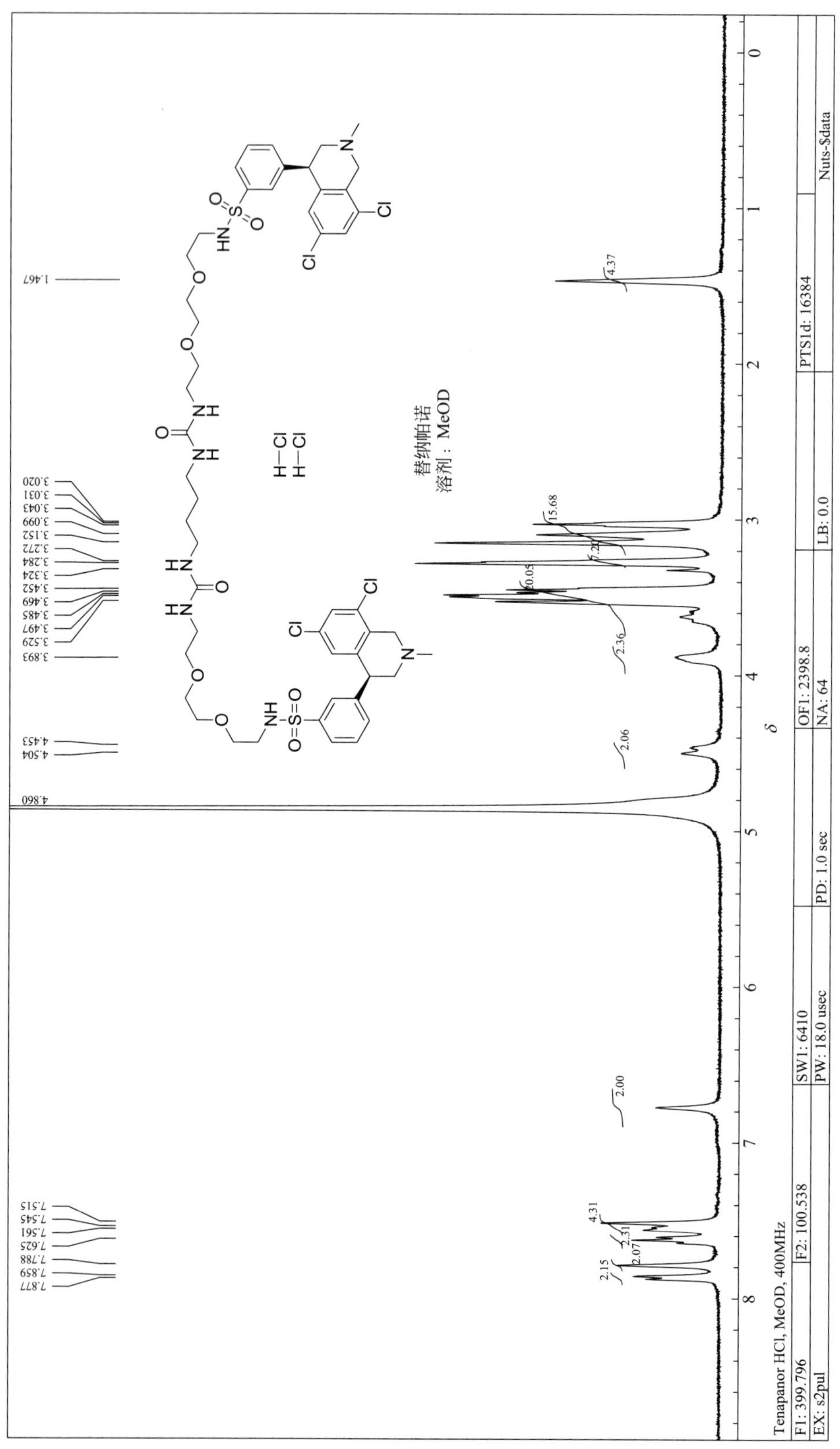

替纳帕诺
溶剂：MeOD
Tenapanor HCl, MeOD, 400MHz
F1: 399.796
F2: 100.538
SW1: 6410
OF1: 2398.8
PTS1d: 16384
EX: s2pul
PW: 18.0 usec
PD: 1.0 sec
NA: 64
LB: 0.0
Nuts-$data
δ

tenofovir alafenamide（替诺福韦阿拉芬酰胺）

药物基本信息

英文通用名	tenofovir alafenamide
英文别名	GS7340; GS-7340; GS 7340; TAF
中文通用名	替诺福韦阿拉芬酰胺
商品名	Biktarvy
CAS登记号	379270-38-9 (富马酸盐), 1392275-56-7 (半富马酸), 379270-37-8 (游离碱)
FDA 批准日期	11/5/2015
FDA 批准的API	tenofovir alafenamide fumarate
化学名	(*S*)-isopropyl 2-(((*S*)-((((*R*)-1-(6-amino-9*H*-purin-9-yl)propan-2-yl)oxy)methyl)(phenoxy)phosphoryl)amino)propanoate fumarate
SMILES代码	C[C@H](NP(OC1=CC=CC=C1)(CO[C@H](C)CN2C=NC3=C(N)N=CN=C23)=O)C(OC(C)C)=O.O=C(O)/C=C/C(O)=O

化学结构和理论分析

化学结构	理论分析值
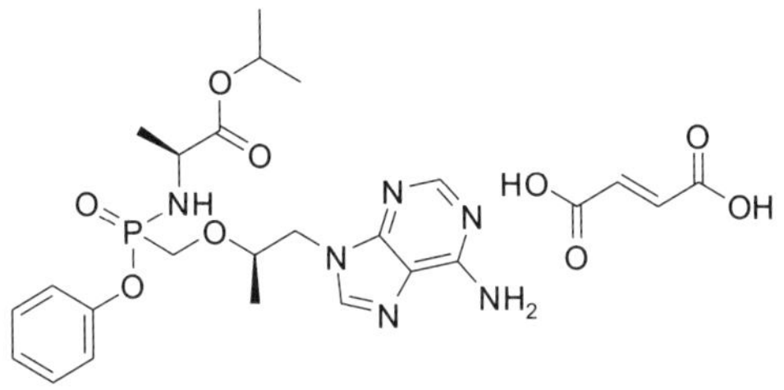	化学式：$C_{25}H_{33}N_6O_9P$ 精确分子量：N/A 分子量：592.5458 元素分析：C, 50.68; H, 5.61; N, 14.18; O, 24.30; P, 5.23

药品说明书参考网页

生产厂家产品说明书、美国药品网、美国处方药网页。

药物简介

BIKTARVY 是一种含有 3 种活性成分的组合药物，主要治疗 HIV-1 病毒感染。其活性成分分别为：bictegravir（BIC），emtricitabine（FTC）和 tenofovir alafenamide fumarate（TAF）。

BIC 的作用主要是抑制 HIV-1 整合酶（整合酶链转移抑制剂，INSTI）的链转移活性，HIV-1 编码酶是病毒复制所需的 HIV-1 编码酶。抑制整合酶可有效阻止线性 HIV-1 DNA 整合入宿主基因组 DNA，从而阻止 HIV-1 前病毒的形成和病毒的传播。

FTC 是一种核苷类似物，被细胞酶磷酸化后可形成恩曲他滨 5′- 三磷酸。后者通过与天然底物脱氧胞苷 5′- 三磷酸竞争，并嵌入新生病毒 DNA 中，进而导致链终止，同时抑制 HIV-1 逆转录酶的活性。恩曲他滨 5′- 三磷酸酯是哺乳动物 DNA 聚合酶 α、β、ε 和线粒体 DNA 聚合酶弱抑制剂。

TAF 是替诺福韦（2′- 脱氧腺苷一磷酸类似物）的磷酸亚酰胺盐前药。TAF 暴露于血浆中后，可以渗透到细胞中，然后通过组织蛋白酶 A 水解将 TAF 胞内转化为替诺福韦。随后，替诺福韦被细胞激酶磷酸化为活性代谢产物替诺福韦二磷酸。替诺福韦二磷酸酯通过 HIV 逆转录酶掺入病毒 DNA 中而抑制 HIV-1 复制，从而导致 DNA 链终止。

适应证：BIKTARVY 是治疗成人和体重至少 25kg 且无抗逆转录病毒治疗史的儿科患者的 1 型人类免疫缺陷病毒（HIV-1）感染的完整治疗方案，或已接受病毒学替代的现有抗逆转录病毒治疗方案，在稳定的抗逆转录病毒治疗方案中被抑制（HIV-1 RNA 少于 50 拷贝 / mL），没有治疗失败的历史，也没有已知的对 BIKTARVY 单个成分具有抗性的替代物。

BIKTARVY 是一种固定剂量的组合片剂，是一种口服药物。

BIC 是整合酶链转移抑制剂（INSTI）。FTC 是胞苷的合成核苷类似物，是一种 HIV 核苷类似物逆转录酶抑制剂（HIV NRTI）。TAF，一种 HIV NRTI，在体内转化为替诺福韦，替诺福韦是 5′- 单磷酸腺苷的无环核苷膦酸酯（核苷酸）类似物。

每片含有 50mg 的 BIC（相当于 52.5mg 的 bictegravir sodium）、200mg 的 FTC 和 25mg 的 TAF（相当于 28mg 的 tenofovir alafenamide fumarate）和以下非活性成分：交联羧甲基纤维素钠，硬脂酸镁和 微晶纤维素。所述片剂用包含氧化铁黑、氧化铁红、聚乙二醇、聚乙烯醇、滑石粉和二氧化钛的包衣材料薄膜包衣。

Bictegravir sodium 是一种灰白色至黄色固体，在 20℃的水中溶解度为 0.1mg/mL。Emtricitabine 是一种白色至类白色粉末，在 25℃下的水中溶解度约为 112mg/mL。Tenofovir alafenamide fumarate 为白色至类白色或棕褐色粉末，在 20℃下的水中溶解度为 4.7mg/mL。

药品上市申报信息

该药物目前 2 种产品上市。

药品注册申请号：207561
申请类型：NDA（新药申请）
申请人：GILEAD SCIENCES INC
申请人全名：GILEAD SCIENCES INC

产品信息

产品号	商品名	活性成分	剂型 / 给药途径	规格 / 剂量	参比药物 (RLD)	生物等效参考标准 (RS)	治疗等效代码
001	GENVOYA	cobicistat; elvitegravir; emtricitabine; tenofovir alafenamide fumarate	片剂 / 口服	150mg; 150mg; 200mg; 等量 10mg 游离碱	是	是	否

与本品相关的专利信息（来自 FDA 橙皮书 Orange Book）

关联产品号	专利号	专利过期日	是否物质专利	是否产品专利	专利用途代码	撤销请求	提交日期
001	10039718	2032/10/04		是			2018/08/28
	6642245	2020/11/04			U-257		2015/12/01
	6642245*PED	2021/05/04					
	6703396	2021/03/09	是	是			2015/12/01
	6703396*PED	2021/09/09					
	7176220	2026/08/27	是	是	U-257		2015/12/01
	7390791	2022/05/07	是	是			2015/12/01
	7635704	2026/10/26	是	是	U-257		2015/12/01
	7803788	2022/02/02			U-257		2015/12/01
	8148374	2029/09/03	是	是	U-1279		2015/12/01
	8633219	2030/04/24		是	U-257		2015/12/01
	8754065	2032/08/15	是	是	U-257		2015/12/01
	8981103	2026/10/26	是	是			2015/12/01
	9296769	2032/08/15	是	是	U-257		2016/04/22
	9891239	2029/09/03		是	U-257		2018/02/27

与本品相关的市场独占权保护信息

关联产品号	独占权代码	失效日期	备注
001	NCE	2020/11/05	
	NPP	2020/09/25	
	D-173	2021/12/10	

药品注册申请号：210251
申请类型：NDA（新药申请）
申请人：GILEAD SCIENCES INC
申请人全名：GILEAD SCIENCES INC

产品信息

产品号	商品名	活性成分	剂型 / 给药途径	规格 / 剂量	参比药物 (RLD)	生物等效参考标准 (RS)	治疗等效代码
001	BIKTARVY	bictegravir sodium; emtricitabine; tenofovir alafenamide fumarate	片剂 / 口服	等量 50mg 游离碱；200mg; 等量 25mg 游离碱	是	是	否

与本品相关的专利信息（来自 FDA 橙皮书 Orange Book）

关联产品号	专利号	专利过期日	是否物质专利	是否产品专利	专利用途代码	撤销请求	提交日期
001	10385067	2035/06/19			U-257		2019/08/30
	6642245	2020/11/04			U-257		2018/02/26
	6703396	2021/03/09	是	是			2018/02/26
	7390791	2022/05/07	是	是			2018/02/26
	7803788	2022/02/02			U-257		2018/02/26
	8754065	2032/08/15	是	是	U-257		2018/02/26
	9216996	2033/12/19	是	是			2018/02/26
	9296769	2032/08/15	是	是	U-257		2018/02/26
	9708342	2035/06/19	是	是			2018/02/26
	9732092	2033/12/19	是	是			2018/02/26

与本品相关的市场独占权保护信息

关联产品号	独占权代码	失效日期	备注
001	NCE	2023/02/07	
	NPP	2022/06/18	
	ODE-256	2026/06/18	

合成路线 1

以下合成路线来源于 Shanghai Steppharm 公司 Zhang 等人 2018 年发表的专利申请书。目标化合物 **5** 以化合物 **1** 和化合物 **2** 为原料，经过 2 步合成反应而得。

1 CAS号 147127-20-6

2 CAS号 62062-65-1

EDC · HCl, Et_3N, H_2O

3 CAS号 851456-00-3

4 CAS号 101-02-0

Et_3N, 4-DMAP, MeCN

5 tenofovir alafenamide CAS号 379270-37-8

原始文献： CN 108623632, 2018.

合成路线 2

以下合成路线来源于 Beijing Meibeita Pharmaceutical Research 公司 Zhong 等人 2014 年发表的专利申请书。目标化合物 **7** 以化合物 **1** 和化合物 **2** 为原料，经过 2 步合成反应而得。

Et_3N, DCC
NMP

1
CAS号 147127-20-6

2
CAS号 108-95-2

3
CAS号 379270-35-6

DCM, Et_3N

4
CAS号 39825-33-7

5
CAS号 379270-36-7

6
CAS号 383365-04-6

7
tenofovir alafenamide
CAS号 379270-37-8

原始文献： WO 2014183462, 2014.

合成路线 3

以下合成路线来源于 Sichuan Haisco Pharmaceutical 公司 Wei 等人 2015 年发表的专利申请书。目标化合物 **9** 以化合物 **1** 为原料，经过 5 步合成反应而得。

$SOCl_2$, MeCN

1
CAS号 147127-20-6

2
CAS号 1630733-52-6

+

3
CAS号 108-95-2

Et_3N, DCM

4
CAS号 342631-41-8

5
CAS号 24424-99-5

4
CAS号 342631-41-8

1. DMAP, Et_3N
2. NH_3
3. HCl

6
CAS号 1819330-65-8

$SOCl_2$

7
CAS号 1819330-66-9

7
CAS号 1819330-66-9

+

8
CAS号 39825-33-7

1. CH_2Cl_2, PhMe,
2. NaH_2PO_4, H_2O

9
tenofovir alafenamide
CAS号 379270-37-8

原始文献： WO 2015161781, 2015.

合成路线 4

以下合成路线来源于 Gilead Sciences 公司 Chapman 等人 2001 年发表的论文。目标化合物 **6** 以化合物 **1** 为原料，经过 3 步合成反应而得。

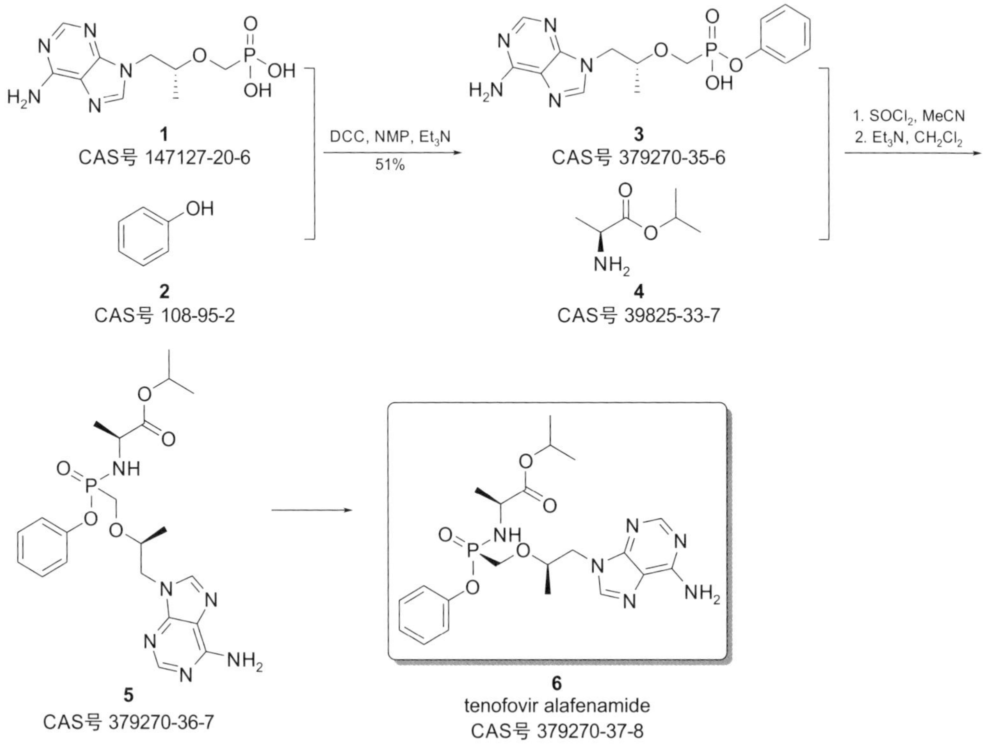

1 CAS号 147127-20-6

2 CAS号 108-95-2

DCC, NMP, Et_3N 51%

3 CAS号 379270-35-6

4 CAS号 39825-33-7

1. $SOCl_2$, MeCN
2. Et_3N, CH_2Cl_2

5 CAS号 379270-36-7

6 tenofovir alafenamide CAS号 379270-37-8

原始文献： Nucleosides Nucleotides Nucleic Acids, 2001, 20(4-7):621-628.

合成路线 5

以下合成路线来源于 Gilead Sciences 公司 Becker 等人 2002 年发表的专利申请书。

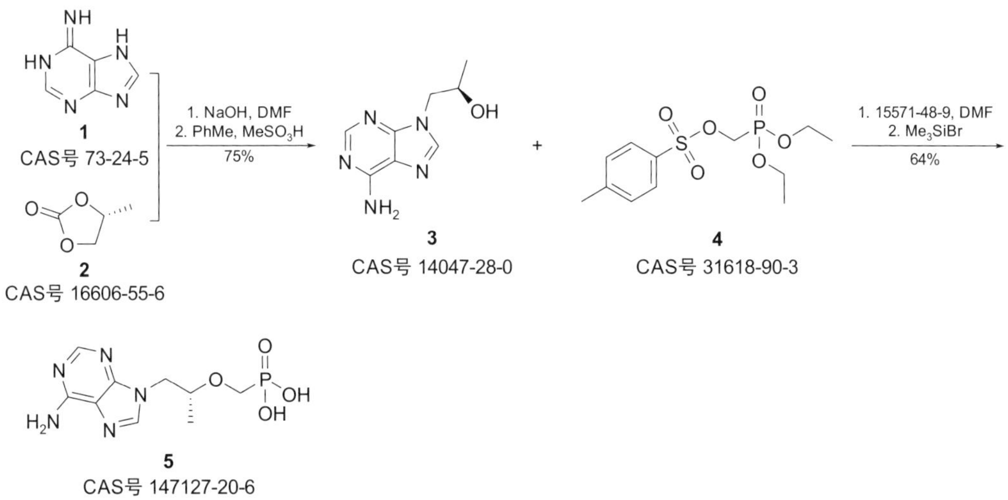

1 CAS号 73-24-5

2 CAS号 16606-55-6

1. NaOH, DMF
2. PhMe, $MeSO_3H$
75%

3 CAS号 14047-28-0

\+

4 CAS号 31618-90-3

1. 15571-48-9, DMF
2. Me_3SiBr
64%

5 CAS号 147127-20-6

5
CAS号 147127-20-6

6
CAS号 1529-17-5

1. $SOCl_2$, DMF
2. Me_2CO
3. KOH, H_2O

7
CAS号 379270-35-6

8
CAS号 110-17-8

9
CAS号 39825-33-7

1. Sulfolane, $SOCl_2$, DMF
2. $EtN(Pr\text{-}i)_2$, CH_2Cl_2
3. MeCN

10
CAS号 390409-17-3

10
CAS号 390409-17-3

K_2CO_3,
H_2O, CH_2Cl_2

11
CAS号 379270-36-7

12
tenofovir alafenamide
CAS号 379270-37-8

原始文献： WO 2002008241 A2, 2002.

参考文献

[1] Tao X, Lu Y, Zhou Y, et al. Efficacy and safety of the regimens containing tenofovir alafenamide versus tenofovir disoproxil fumarate in fixed- dose single-tablet regimens for initial treatment of HIV-1 infection: a meta- analysis of randomized controlled trials. Int J Infect Dis, 2020, 93:108-117.

[2] Mu Y, Pham M, Podany A T, et al. Evaluating emtricitabine + rilpivirine + tenofovir alafenamide in combination for the treatment of HIV-infection. Expert Opin Pharmacother, 2020, 21(4):389-397.

替诺福韦阿拉芬酰胺核磁谱图

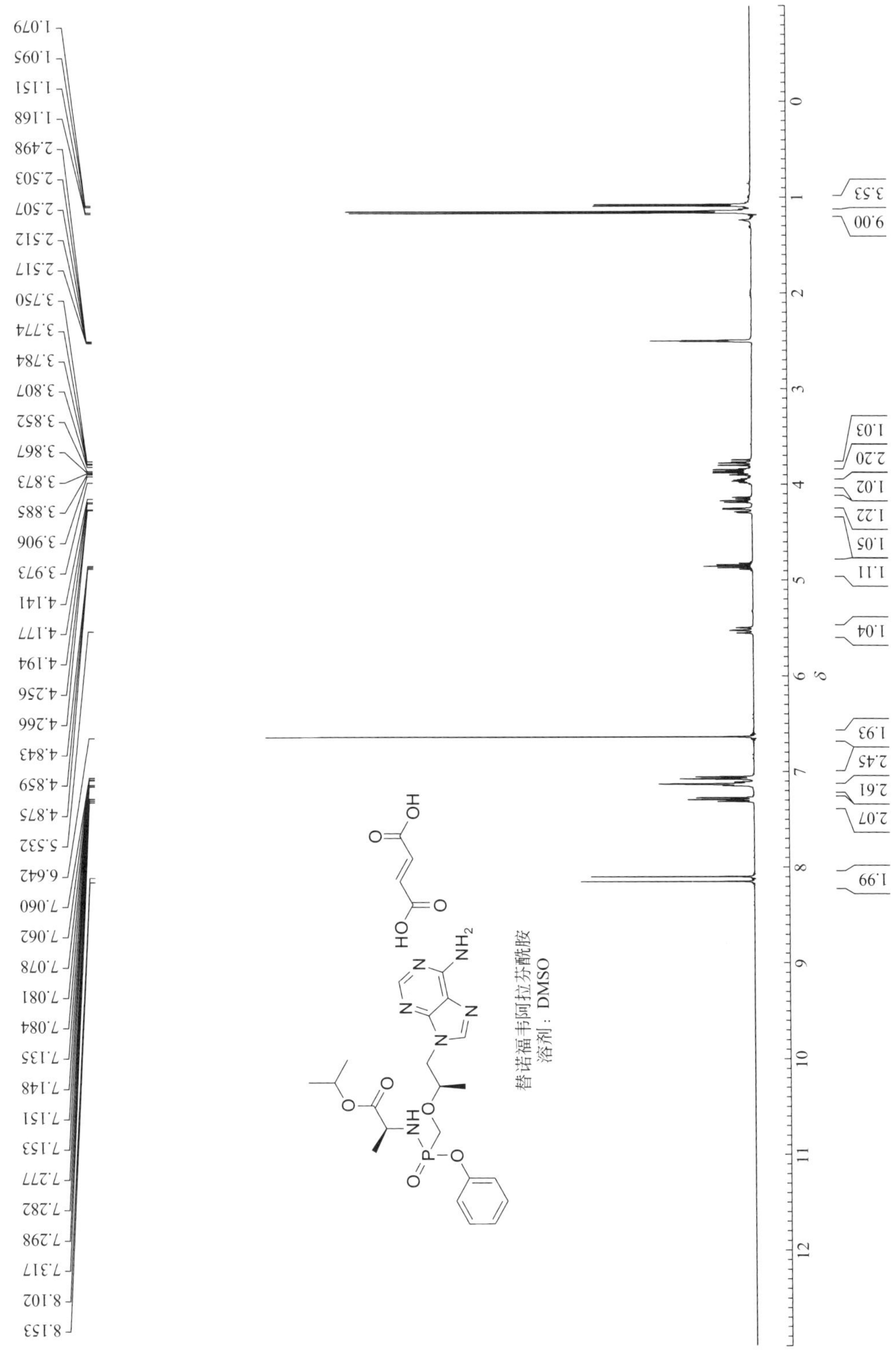

tezacaftor（特扎卡托）

药物基本信息

英文通用名	tezacaftor
英文别名	VX-661; VX661; VX 661
中文通用名	特扎卡托
商品名	Trikafta
CAS登记号	1152311-62-0
FDA 批准日期	10/21/2019
FDA 批准的API	tezacaftor
化学名	(*R*)-1-(2,2-difluorobenzo[d][1,3]dioxol-5-yl)-*N*-(1-(2,3-dihydroxypropyl)-6-fluoro-2-(1-hydroxy-2-methylpropan-2-yl)-1*H*-indol-5-yl) cyclopropanecarboxamide
SMILES代码	O=C(C1(C2=CC=C(OC(F)(F)O3)C3=C2)CC1)NC4=CC5=C(N(C[C@@H](O)CO)C(C(C)(C)CO)=C5)C=C4F

化学结构和理论分析

化学结构	理论分析值
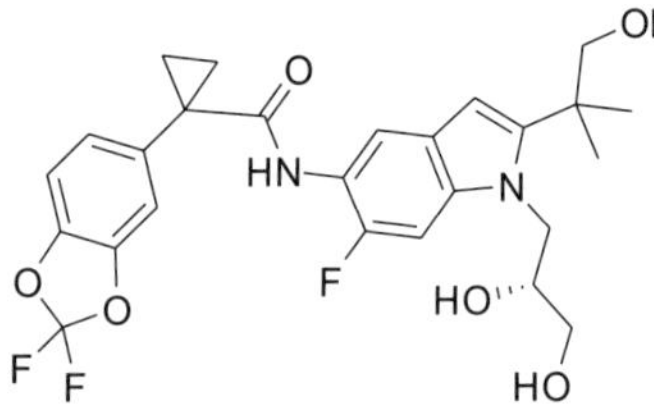	化学式：$C_{26}H_{27}F_3N_2O_6$ 精确分子量：520.1821 分子量：520.51 元素分析：C, 60.00; H, 5.23; F, 10.95; N, 5.38; O, 18.44

药品说明书参考网页

生产厂家产品说明书、美国药品网、美国处方药网页。

药物简介

TRIKAFTA 有 2 种包装形式：一种是含有 elexacaftor、tezacaftor 和 ivacaftor 固定剂量的组合片剂，另一种是与 ivacaftor 片剂的联合包装。两种片剂均用于口服。

Elexacaftor、tezacaftor 和 ivacaftor 片剂为橙色、胶囊状、薄膜包衣的固定剂量组合片剂，其中包含 100mg elexacaftor、50mg tezacaftor、75mg ivacaftor 和以下非活性成分：羟丙甲纤维素，羟丙甲纤维素琥珀酸乙酸酯，十二烷基硫酸钠，羧甲基纤维素钠，微晶纤维素和硬脂酸镁。片剂薄膜衣包含羟丙甲纤维素、羟丙基纤维素、二氧化钛、滑石粉、氧化铁黄和氧化铁红。

Ivacaftor 片剂为浅蓝色胶囊状薄膜衣片，其中包含 150mg 的 ivacaftor 和以下非活性成分：胶体二氧化硅，交联羧甲基纤维素钠，醋酸羟丙甲纤维素琥珀酸酯，乳糖一水合物，硬脂酸镁，微晶纤维素和月桂基硫酸钠。片剂薄膜衣包含巴西棕榈蜡、FD & C 蓝色 2 号、PEG 3350、聚乙烯醇、滑石粉和二氧化钛。印刷油墨包含氢氧化铵、氧化铁黑、丙二醇和紫胶。

TRIKAFTA 的活性成分如下所述：elexacaftor 是一种白色结晶固体，几乎不溶于水（<1mg/mL）。Tezacaftor 是一种白色至类白色粉末，几乎不溶于水（<5μg/ mL）。Ivacaftor 是一种白色至类白色粉末，几乎不溶于水（<0.05μg /mL）。药理上它是 CFTR 增强剂。

TRIKAFTA 可用于治疗 12 岁及以上且囊性纤维化跨膜电导调节剂（CFTR）基因中至少有一个 F508del 突变的患者。如果患者的基因型未知，则应使用 FDA 批准的 CF 突变测试来确认是否存在至少一个 F508del 突变。

药品上市申报信息

该药物目前有 2 种产品上市。

药品注册申请号：210491
申请类型：NDA（新药申请）
申请人：VERTEX PHARMS INC
申请人全名：VERTEX PHARMACEUTICALS INC

产品信息

产品号	商品名	活性成分	剂型 / 给药途径	规格 / 剂量	参比药物 (RLD)	生物等效参考标准 (RS)	治疗等效代码
002	SYMDEKO (COPACKAGED)	elexacaftor; ivacaftor, tezacaftor	TABLET, 片剂 / 口服	75mg,N/A; 75mg, 50mg	是	否	否

与本品相关的专利信息（来自 FDA 橙皮书 Orange Book）

关联产品号	专利号	专利过期日	是否物质专利	是否产品专利	专利用途代码	撤销请求	提交日期
002	10022352	2027/04/09		是	U-2573 U-2343		2019/07/17
	10058546	2033/07/15			U-2572 U-2399		2019/07/17
	10081621	2031/03/25		是	U-2571 U-2420		2019/07/17
	10206877	2035/04/14		是	U-2570 U-2498		2019/07/17
	10239867	2027/04/09	是	是	U-2569 U-2512		2019/07/17
	7495103	2027/05/20	是	是			2019/07/17
	7645789	2027/05/01	是	是			2019/07/17
	7776905	2027/06/03	是	是			2019/07/17
	8324242	2027/08/05			U-2246		2019/07/17
	8410274	2026/12/28		是			2019/07/17
	8415387	2027/11/12			U-2246		2019/07/17
	8598181	2027/05/01			U-2246		2019/07/17

续表

关联产品号	专利号	专利过期日	是否物质专利	是否产品专利	专利用途代码	撤销请求	提交日期
002	8623905	2027/05/01	是	是			2019/07/17
	8629162	2025/06/24			U-2247		2019/07/17
	8754224	2026/12/28	是	是			2019/07/17
	9012496	2033/07/15			U-2248		2019/07/17
	9670163	2026/12/28		是	U-2246		2019/07/17
	9931334	2026/12/28		是	U-2575 U-2275		2019/07/17
	9974781	2027/04/09		是	U-2318 U-2574		2019/07/17

与本品相关的市场独占权保护信息

关联产品号	独占权代码	失效日期	备注
002	ODE-247	2026/06/21	
	NCE	2023/02/12	
	ODE-173	2025/02/12	
	NPP	2022/06/21	

药品注册申请号: 212273

申请类型: NDA (新药申请)

申请人: VERTEX PHARMS INC

申请人全名: VERTEX PHARMACEUTICALS INC

产品信息

产品号	商品名	活性成分	剂型 / 给药途径	规格 / 剂量	参比药物 (RLD)	生物等效参考标准 (RS)	治疗等效代码
001	TRIKAFTA (COPACKAGED)	elexacaftor, ivacaftor, tezacaftor; ivacaftor	TABLET, 片剂 / 口服	100mg,75mg,50mg; N/A,150mg,N/A	是	是	否

与本品相关的市场独占权保护信息

关联产品号	独占权代码	失效日期	备注
001	NCE	2023/02/12	
	NCE	2024/10/21	

合成路线 1

以下合成路线来源于 Vertex Pharmaceuticals 公司 Dhamankar 等人 2019 年发表的专利申请书。目标化合物 **10** 以化合物 **1** 和化合物 **2** 为原料，经过 6 步合成反应而得。

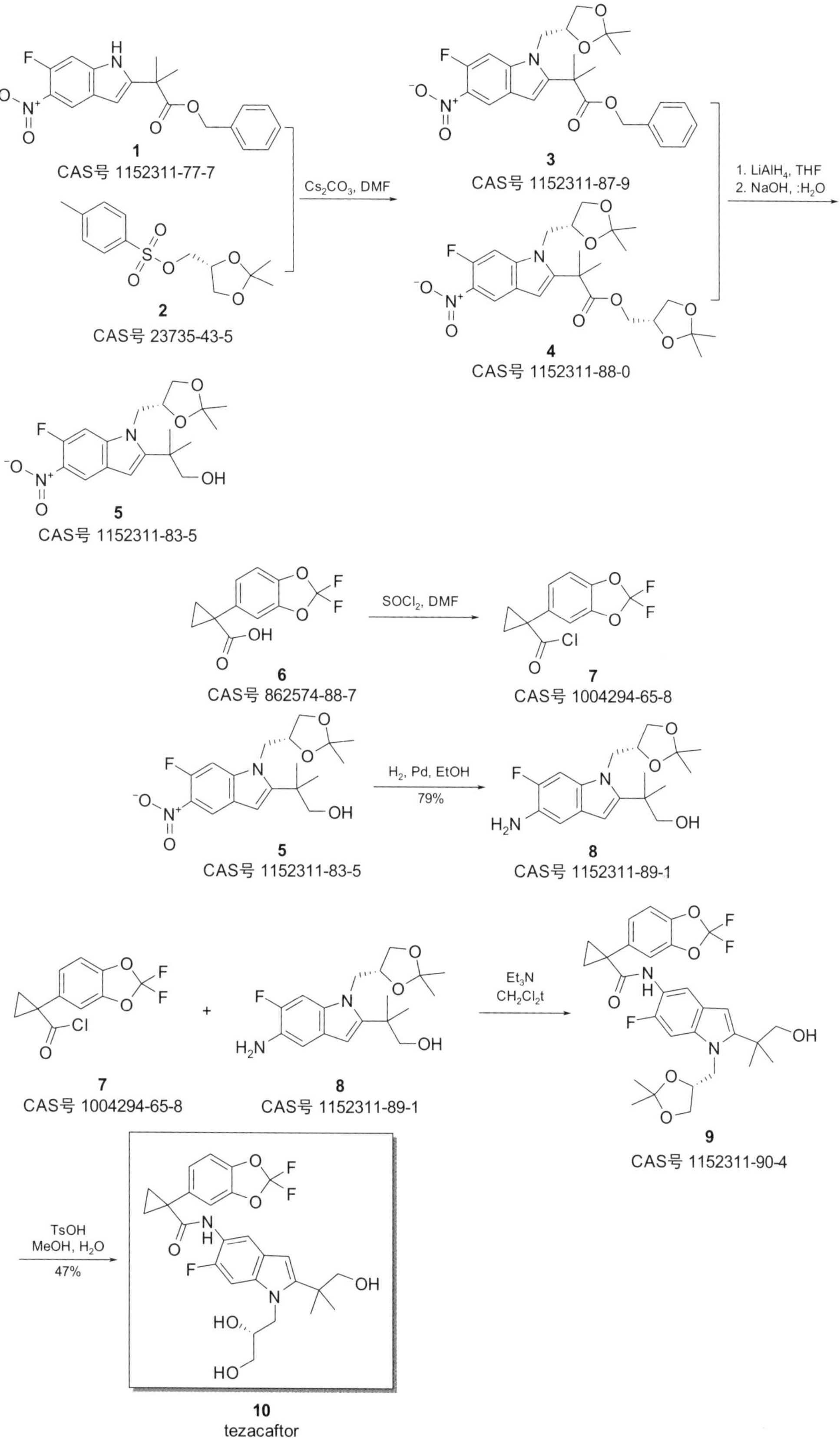
1
CAS号 1152311-77-7
2
CAS号 23735-43-5
Cs2CO3, DMF
3
CAS号 1152311-87-9
4
CAS号 1152311-88-0
1. LiAlH4, THF
2. NaOH, :H2O
5
CAS号 1152311-83-5
6
CAS号 862574-88-7
SOCl2, DMF
7
CAS号 1004294-65-8
5
CAS号 1152311-83-5
H2, Pd, EtOH
79%
8
CAS号 1152311-89-1
7
CAS号 1004294-65-8
8
CAS号 1152311-89-1
Et3N
CH2Cl2t
9
CAS号 1152311-90-4
TsOH
MeOH, H2O
47%
10
tezacaftor
CAS号 1152311-62-0

原始文献： WO 2019079760, 2019.

合成路线 2

以下合成路线来源于 Vertex Pharmaceuticals 公司 Haseltine 等人 2019 年发表的专利申请书。目标化合物 **16** 以化合物 **1** 和化合物 **2** 为原料，经过 10 步合成反应而得。

1 CAS号 33070-32-5 + **2** CAS号 105-56-6 —(Na_3PO_4, *t*-Bu_3P, $Pd(dba)_2$)→ **3** CAS号 1335233-51-6 —(HCl, DMSO)→ **4** CAS号 68119-31-3

4 + **5** CAS号 107-04-0 —(KOH)→ **6** CAS号 862574-87-6 —(NaOH)→ **7** CAS号 862574-88-7 —($SOCl_2$, DMF)→ **8** CAS号 1004294-65-8

9 CAS号 1152311-77-7 + **10** CAS号 23735-43-5 —(Cs_2CO_3, DMF)→ **11** CAS号 1152311-87-9 + **12** CAS号 1152311-92-6 —(1. $LiAlH_4$, THF; 2. NaOH, H_2O)→ **13** CAS号 1152311-83-5 —(H_2, Pd, EtOH; 79%)→ **14**

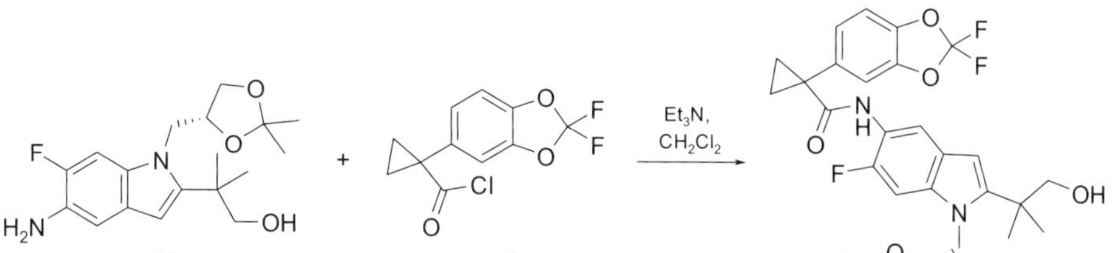

Et$_3$N, CH$_2$Cl$_2$

14
CAS号 1152311-89-1

8
CAS号 1004294-65-8

15
CAS号 1152311-90-4

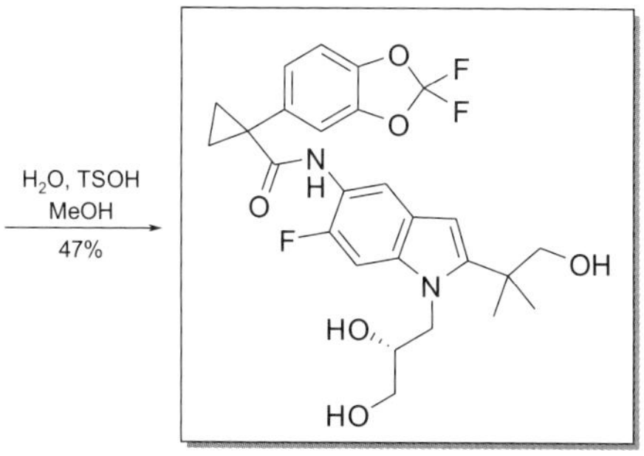

H$_2$O, TSOH
MeOH
47%

16
tezacaftor
CAS号 1152311-62-0

原始文献： WO 2019018395, 2019.

合成路线 3

以下合成路线来源于 Vertex Pharmaceuticals 公司 Hadida-Ruah 等人 2016 年发表的专利申请书。目标化合物 **16** 以化合物 **1** 为原料，经过 10 步合成反应而得。

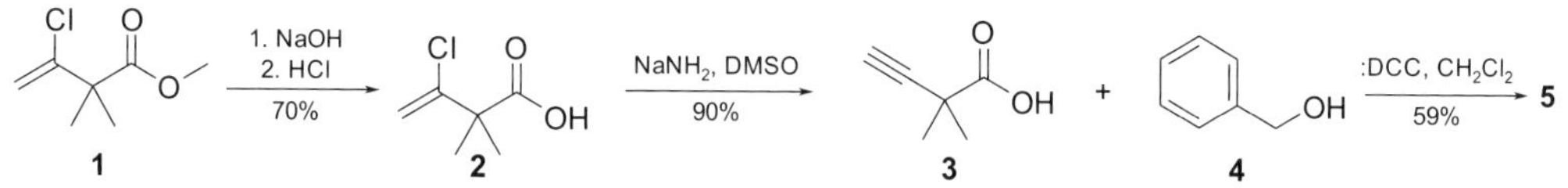

1. NaOH
2. HCl
70%

1
CAS号 56663-74-2

2
CAS号 56663-75-3

NaNH$_2$, DMSO
90%

3
CAS号 56663-76-4

4
CAS号 100-51-6

:DCC, CH$_2$Cl$_2$
59%
→ **5**

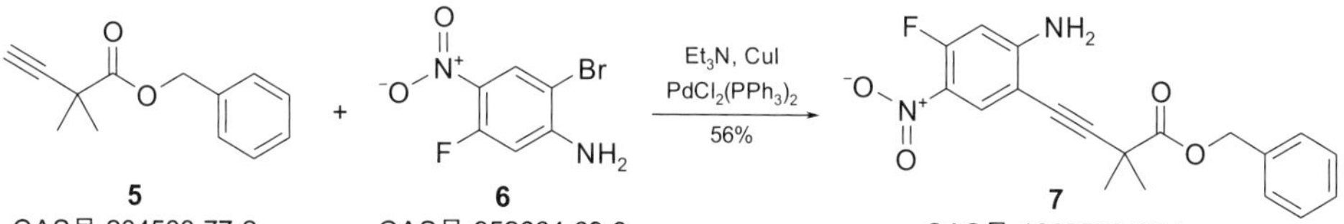

5
CAS号 204588-77-2

6
CAS号 952664-69-6

Et$_3$N, CuI
PdCl$_2$(PPh$_3$)$_2$
56%

7
CAS号 1225589-66-1

PdCl$_2$,
MeCN
90%

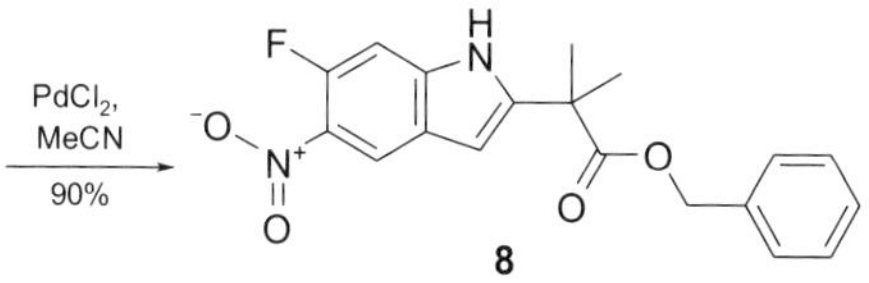

8
CAS号 1152311-77-7

8
CAS号 1152311-77-7

9
CAS号 23735-43-5

Cs_2CO_3, DMF

10
CAS号 1152311-87-9

11
CAS号 1152311-88-0

(1) R:$LiAlH_4$, S:THF
(2) R:NaOH, S:H_2O

12
CAS号 1152311-83-5

12
CAS号 1152311-83-5

H_2, Pd, EtOH
79%

13
CAS号 1152311-89-1

14
CAS号 1004294-65-8

Et_3N, CH_2Cl_2

15
CAS号 1152311-90-4

TsOH, MeOH
47%

16
tezacaftor
CAS号 1152311-62-0

原始文献： US 20160271105, 2016.

合成路线 4

以下合成路线来源于 Auspex Pharmaceuticals 公司 Zhang 等人 2016 年发表的专利申请书。目标化合物 **12** 以化合物 **1** 为原料，经过 7 步合成反应而得。

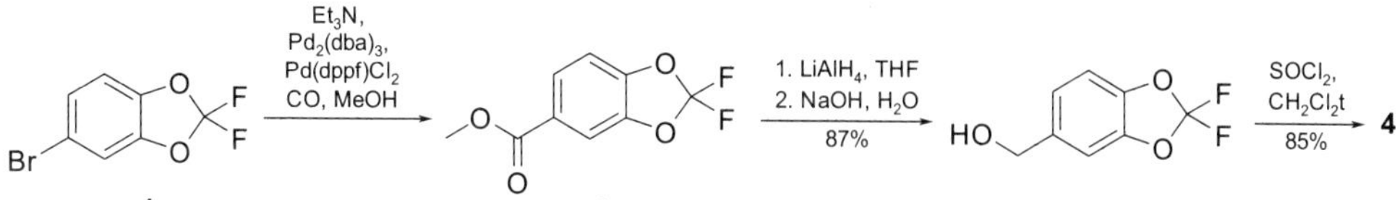

Et_3N, $Pd_2(dba)_3$, $Pd(dppf)Cl_2$, CO, MeOH

1. $LiAlH_4$, THF
2. NaOH, H_2O
87%

$SOCl_2$, CH_2Cl_2t
85%
→ **4**

1
CAS号 33070-32-5

2
CAS号 773873-95-3

3
CAS号 72768-97-9

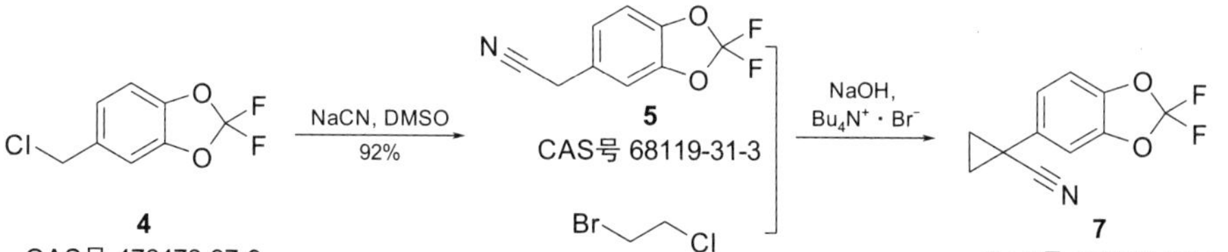

NaCN, DMSO
92%

NaOH, $Bu_4N^+ \cdot Br^-$

4
CAS号 476473-97-9

5
CAS号 68119-31-3

6
CAS号 107-04-0

7
CAS号 862574-87-6

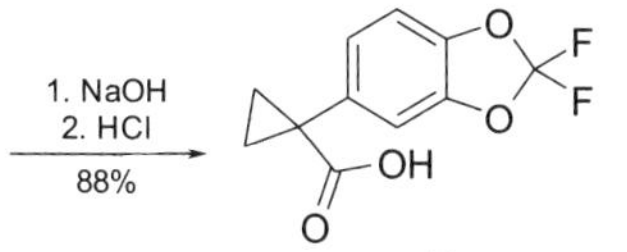

1. NaOH
2. HCl
88%

8
CAS号 862574-88-7

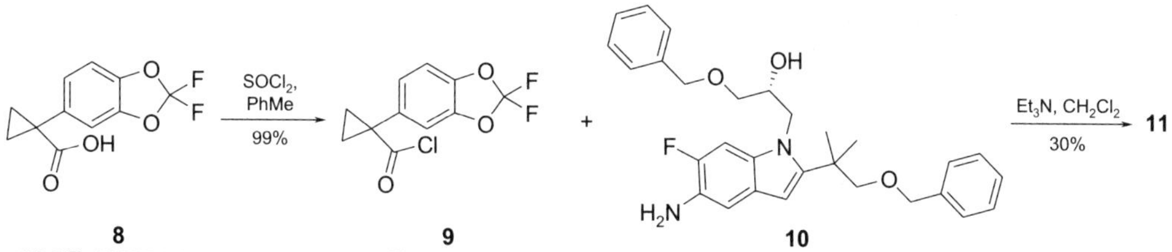

$SOCl_2$, PhMe
99%

Et_3N, CH_2Cl_2
30%
→ **11**

8
CAS号 862574-88-7

9
CAS号 1004294-65-8

10
CAS号 1294504-67-8

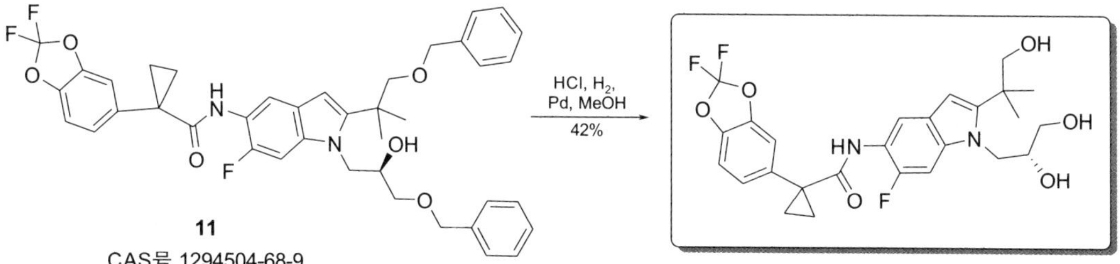

HCl, H_2, Pd, MeOH
42%

11
CAS号 1294504-68-9

12
tezacaftor
CAS号 1152311-62-0

原始文献： WO 2016109362, 2016.

合成路线 5

以下合成路线来源于 Vertex Pharmaceuticals 公司 Phenix 等人 2015 年发表的专利申请书。目标化合物 **16** 以化合物 **1** 为原料，经过 11 步合成反应而得。

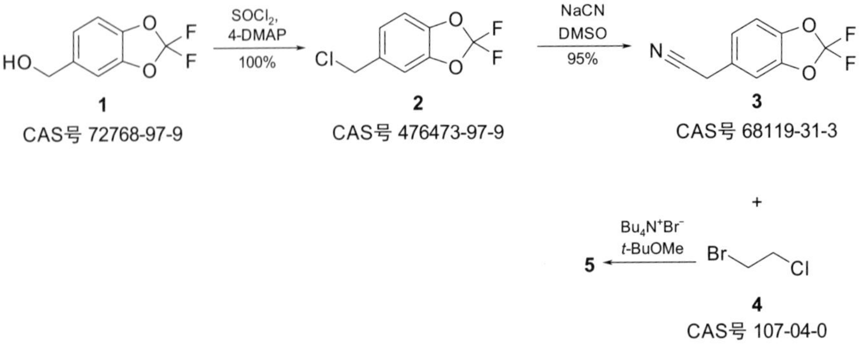

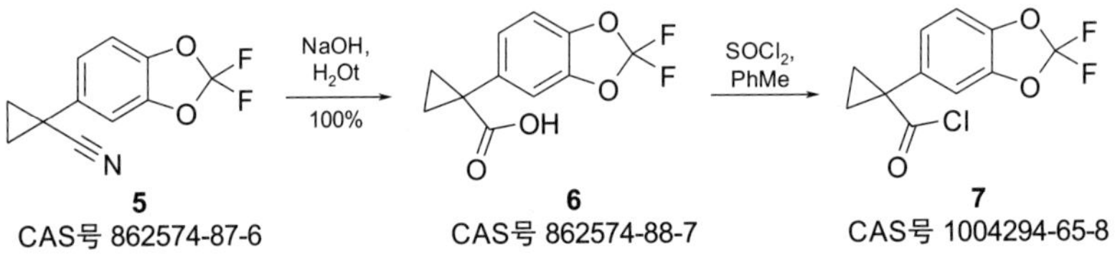

$SOCl_2$, 4-DMAP, 100%
NaCN, DMSO, 95%

1 CAS号 72768-97-9
2 CAS号 476473-97-9
3 CAS号 68119-31-3

+ **4** CAS号 107-04-0

$Bu_4N^+Br^-$, *t*-BuOMe → **5**

NaOH, H_2Ot, 100%
$SOCl_2$, PhMe

5 CAS号 862574-87-6
6 CAS号 862574-88-7
7 CAS号 1004294-65-8

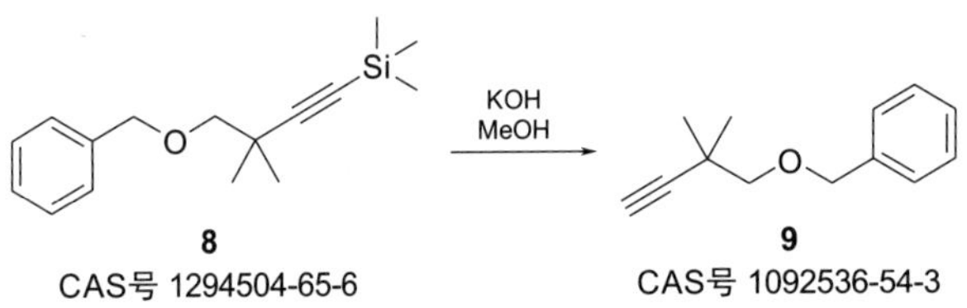

KOH, MeOH

8 CAS号 1294504-65-6
9 CAS号 1092536-54-3

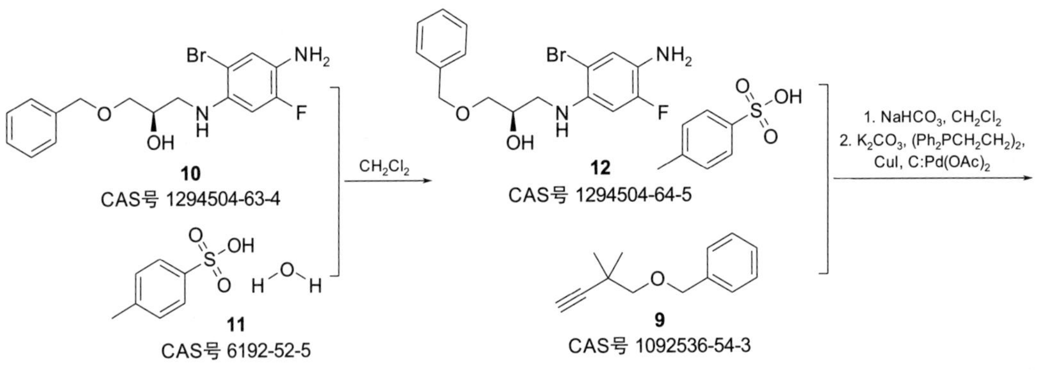

CH_2Cl_2

10 CAS号 1294504-63-4
11 CAS号 6192-52-5
12 CAS号 1294504-64-5
9 CAS号 1092536-54-3

1. $NaHCO_3$, CH_2Cl_2
2. K_2CO_3, $(Ph_2PCH_2CH_2)_2$, CuI, C:$Pd(OAc)_2$

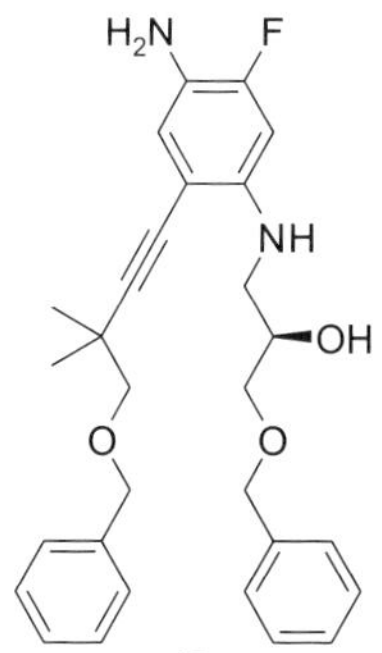

13

CAS号 1294504-66-7

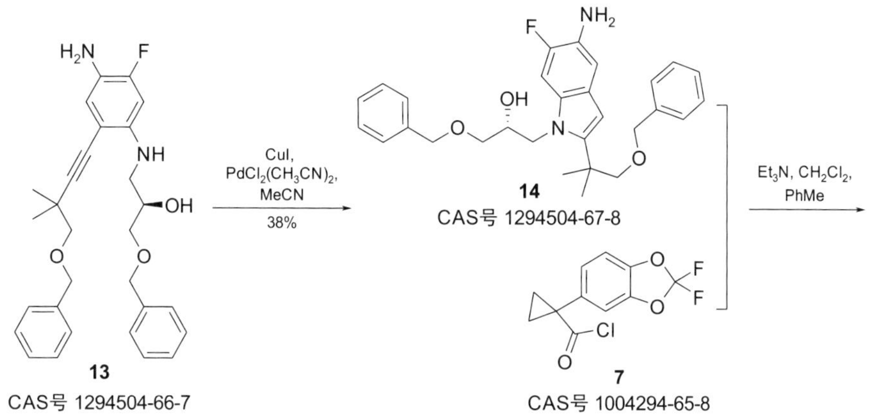

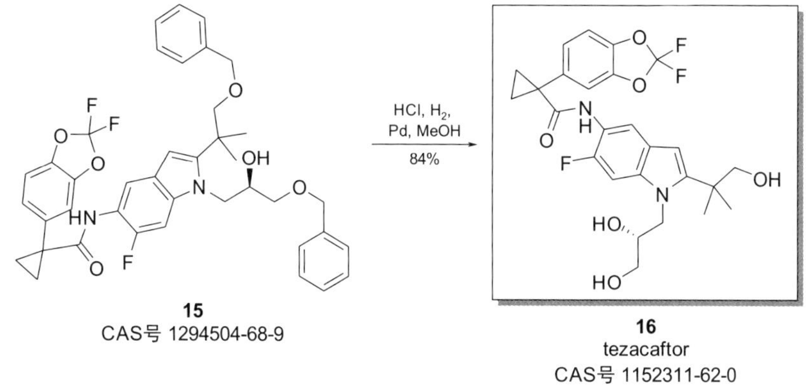

13

CAS号 1294504-66-7

CuI, $PdCl_2(CH_3CN)_2$, MeCN; 38%

14

CAS号 1294504-67-8

7

CAS号 1004294-65-8

Et_3N, CH_2Cl_2, PhMe

15

CAS号 1294504-68-9

HCl, H_2, Pd, MeOH; 84%

16

tezacaftor

CAS号 1152311-62-0

原始文献： WO 2015160787, 2015.

合成路线 6

以下合成路线来源于 Vertex Pharmaceuticals 公司 Alargova 等人 2014 年发表的专利申请书。目标化合物 **16** 以化合物 **1** 和化合物 **2** 为原料，经过 10 步合成反应而得。

1

CAS号 68119-31-3

2

CAS号 107-04-0

1. NaOH, $Bu_4N^+ \cdot Br^-$
2.HCl, CH_2Cl_2
79%

3

CAS号 862574-88-7

4

CAS号 2369-13-3

NBS
AcOEt
50%

5

CAS号 952664-69-6

6

CAS号 14618-80-5

1. $Zn(ClO_4)_2$
TsOH
2. H_2, Pt

7

8

HCl,
H_2O
90%

9

CAS号 18387-63-8

10

CAS号 3587-60-8

Mg, THF

11

CAS号 1294504-65-6

KOH, MeOH

12

CAS号 1092536-54-3

7

CAS号 1294504-64-5

+

12

CAS号 1092536-54-3

1. $NaHCO_3$, AcOEt, H_2O
2. K_2CO_3, :$Pd(OAc)_2$,
$(Ph_2PCH_2CH_2)_2$, MeCN

13

CAS号 1294504-66-7

$PdCl_2(CH_3CN)_2$
MeCN

14

CAS号 1294504-67-8

$SOCl_2$, PhMe

3

CAS号 862574-88-7

H_2, Pd

15

CAS号 1294504-68-9

16

tezacaftor

CAS号 1152311-62-0

原始文献： WO 2014014841, 2014.

参考文献

[1] Guerra L, Favia M, Di Gioia S, et al. The preclinical discovery and development of the combination of ivacaftor + tezacaftor used to treat cystic fibrosis. Expert Opin Drug Discov, 2020, 15:1-19.

[2] Ridley K, Condren M. Elexacaftor-tezacaftor-ivacaftor: the first triple- combination cystic fibrosis transmembrane conductance regulator modulating therapy. J Pediatr Pharmacol Ther, 2020, 25(3):192-197.

特扎卡托核磁谱图

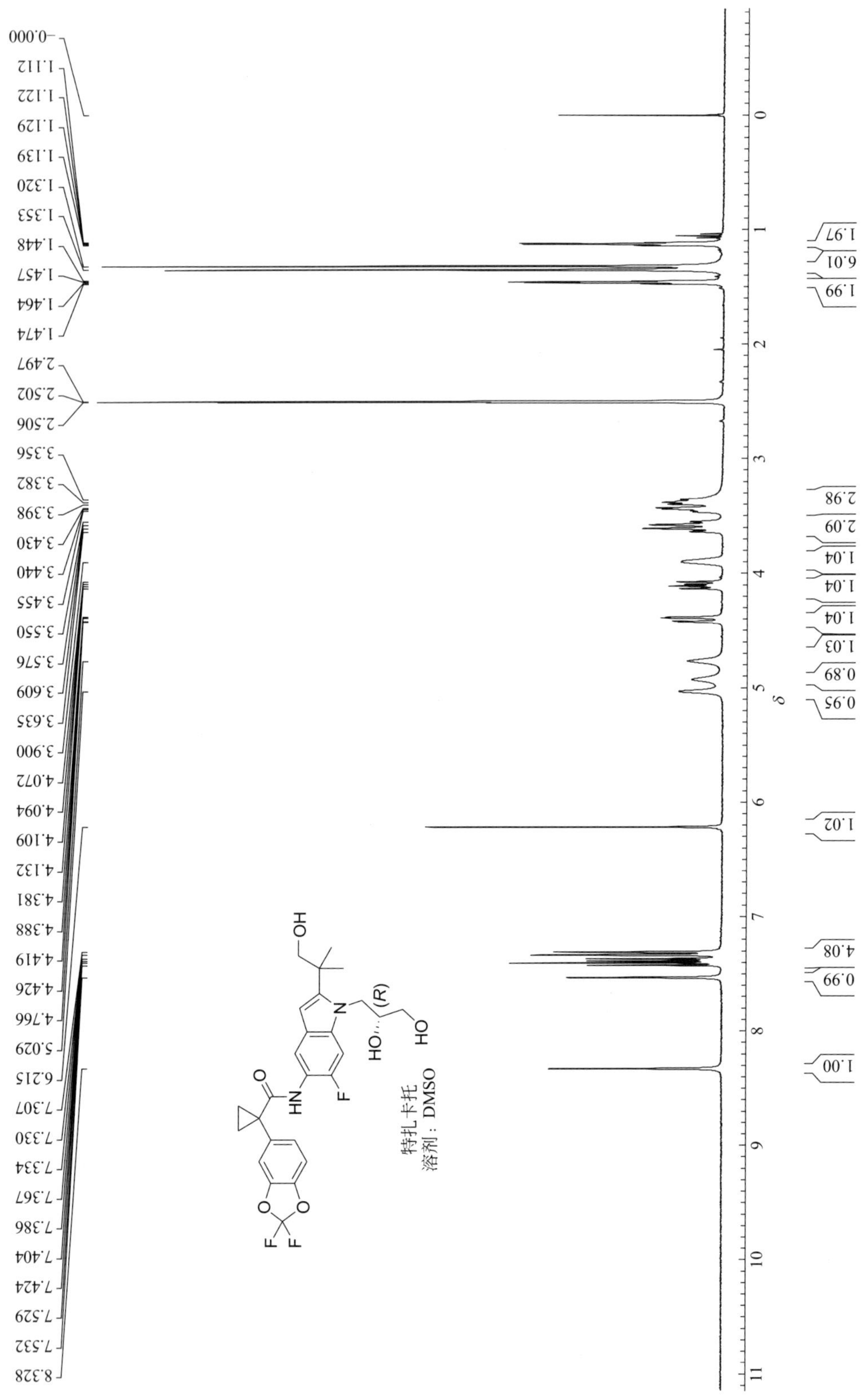

-0.000
1.112
1.122
1.129
1.139
1.320
1.353
1.448
1.457
1.464
1.474
2.497
2.502
2.506
3.356
3.382
3.398
3.430
3.440
3.455
3.550
3.576
3.609
3.635
3.900
4.072
4.094
4.109
4.132
4.381
4.388
4.419
4.426
4.766
5.029
6.215
7.307
7.330
7.334
7.367
7.386
7.404
7.424
7.529
7.532
8.328
1.97
6.01
1.99
2.98
2.09
1.04
1.04
1.04
1.03
0.89
0.95
1.02
4.08
0.99
1.00
δ
特扎卡托
溶剂：DMSO

tipiracil（替匹嘧啶）

药物基本信息

英文通用名	tipiracil
英文别名	TAS-1-462; MA-1; 5-CIMU
中文通用名	替匹嘧啶
商品名	Lonsurf
CAS登记号	183204-72-0（盐酸盐），183204-74-2（游离碱）
FDA 批准日期	9/22/2015
FDA 批准的API	tipiracil hydrochloride
化学名	5-chloro-6-((2-iminopyrrolidin-1-yl)methyl)pyrimidine-2,4(1*H*,3*H*)-dione hydrochloride
SMILES代码	O=C1NC(C(Cl)=C(CN2C(CCC2)=N)N1)=O.[H]Cl

化学结构和理论分析

化学结构	理论分析值
O, Cl, HN, O, N H, H—Cl, HN, N	化学式：$C_9H_{12}Cl_2N_4O_2$ 精确分子量：N/A 分子量：279.12 元素分析：C, 38.73; H, 4.33; Cl, 25.40; N, 20.07; O, 11.46

药品说明书参考网页

生产厂家产品说明书、美国药品网、美国处方药网页。

药物简介

LONSURF 含有 trifluridine 和 tipiracil hydrochloride，摩尔比为 1：0.5。

Trifluridine（三氟吡啶）是抗肿瘤的基于胸腺嘧啶核苷的核苷类似物。三氟吡啶为白色结晶性粉末，易溶于水、乙醇、0.01mol/L 盐酸、0.01mol/L 氢氧化钠溶液，易溶于甲醇、丙酮；微溶于2-丙醇、乙腈，微溶于乙醚，几乎不溶于异丙醚。

Tipiracil hydrochloride 是一种胸苷磷酸化酶抑制剂。外观为白色结晶性粉末，易溶于水、0.01mol/L 盐酸和 0.01mol/L 氢氧化钠，微溶于甲醇，极微溶于乙醇，几乎不溶于乙腈、2- 丙醇、丙酮、二异丙醚和乙醚。

LONSURF 片剂（15mg trifluridine 和 6.14mg tipiracil）：口服使用的每片 LONSURF 薄膜衣片均含有 15mg 三氟吡啶和 6.14mg tipiracil，相当于 7.065mg tipiracil hydrochloride 作为有效成分。LONSURF 片剂包含以下非活性成分：乳糖一水合物，预胶化淀粉，硬脂酸，羟丙甲纤维素，聚乙二醇，二氧化钛和硬脂酸镁。

LONSURF 片剂（20mg trifluridine 和 8.19mg tipiracil）：口服使用的每片 LONSURF 薄膜衣片均含有 20mg 三氟吡啶和 8.19mg 的 tipiracil，相当于 9.420mg Tipiracil hydrochloride 作为活性成分。LONSURF 片剂包含以下非活性成分：乳糖一水合物，预胶化淀粉，硬脂酸，羟丙甲纤维素，聚乙二醇，二氧化钛，三氧化二铁和硬脂酸镁。

两种薄膜包衣片剂（LONSURF 15mg/6.14mg 和 20mg/8.19 mg）均用含有虫胶、氧化铁红、氧化铁黄、二氧化钛、FD & C 蓝色 2 号铝色淀、巴西棕榈蜡和滑石粉的油墨压印。

LONSURF 适应证：①转移性结直肠癌。LONSURF 可用于治疗成年转移性结直肠癌的患者，该患者先前曾接受过基于氟嘧啶、奥沙利铂和伊立替康的化学疗法，抗 VEGF 生物疗法以及 RAS 野生。②转移性胃癌。LONSURF 适用于治疗成年转移性胃或胃食管交界处腺癌的成年患者，先前曾接受过至少两种化学疗法治疗，包括氟嘧啶、铂、紫杉烷或伊立替康、HER2/neu 靶向治疗。

LONSURF 由基于胸苷的核苷类似物三氟吡啶和胸苷磷酸化酶抑制剂 tipiracil 组成，摩尔比为 1：0.5（质量比为 1：0.471）。Tipiracil 可通过抑制胸苷磷酸化酶的代谢而增强三氟吡啶的活性。

摄入癌细胞后，三氟吡啶被掺入 DNA 中，干扰 DNA 合成并抑制细胞增殖。Trifluridine / tipiracil 在小鼠中表现出针对 KRAS 野生型和突变人结肠直肠癌异种移植物的抗肿瘤活性。

药品上市申报信息

该药物目前有 1 种产品上市。

药品注册申请号：207981
申请类型：NDA（新药申请）
申请人：TAIHO ONCOLOGY
申请人全名：TAIHO ONCOLOGY INC

产品信息

产品号	商品名	活性成分	剂型 / 给药途径	规格 / 剂量	参比药物 (RLD)	生物等效参考标准 (RS)	治疗等效代码
002	LONSURF	tipiracil hydrochloride; trifluridine	片剂 / 口服	等量 8.19mg 游离碱 ;20mg	是	是	否

与本品相关的专利信息（来自 FDA 橙皮书 Orange Book）

关联产品号	专利号	专利过期日	是否物质专利	是否产品专利	专利用途代码	撤销请求	提交日期
002	10456399	2037/02/03			U-2642		2019/11/08
	10457666	2034/06/17	是	是			2019/11/08
	6479500	2020/03/16			U-1751		2015/10/21
	9527833	2034/06/17	是	是			2017/01/27
	RE46284	2026/12/16			U-2503 U-1751		2017/02/07

与本品相关的市场独占权保护信息

关联产品号	独占权代码	失效日期	备注
002	NCE	2020/09/22	
	I-794	2022/02/22	
	ODE-229	2026/02/22	

合成路线 1

以下合成路线来源于 Amneal Pharmaceuticals 公司 Maheta 等人 2019 年发表的专利申请书。目标化合物 **8** 以化合物 **1** 和化合物 **2** 为原料，经过 5 步合成反应而得。

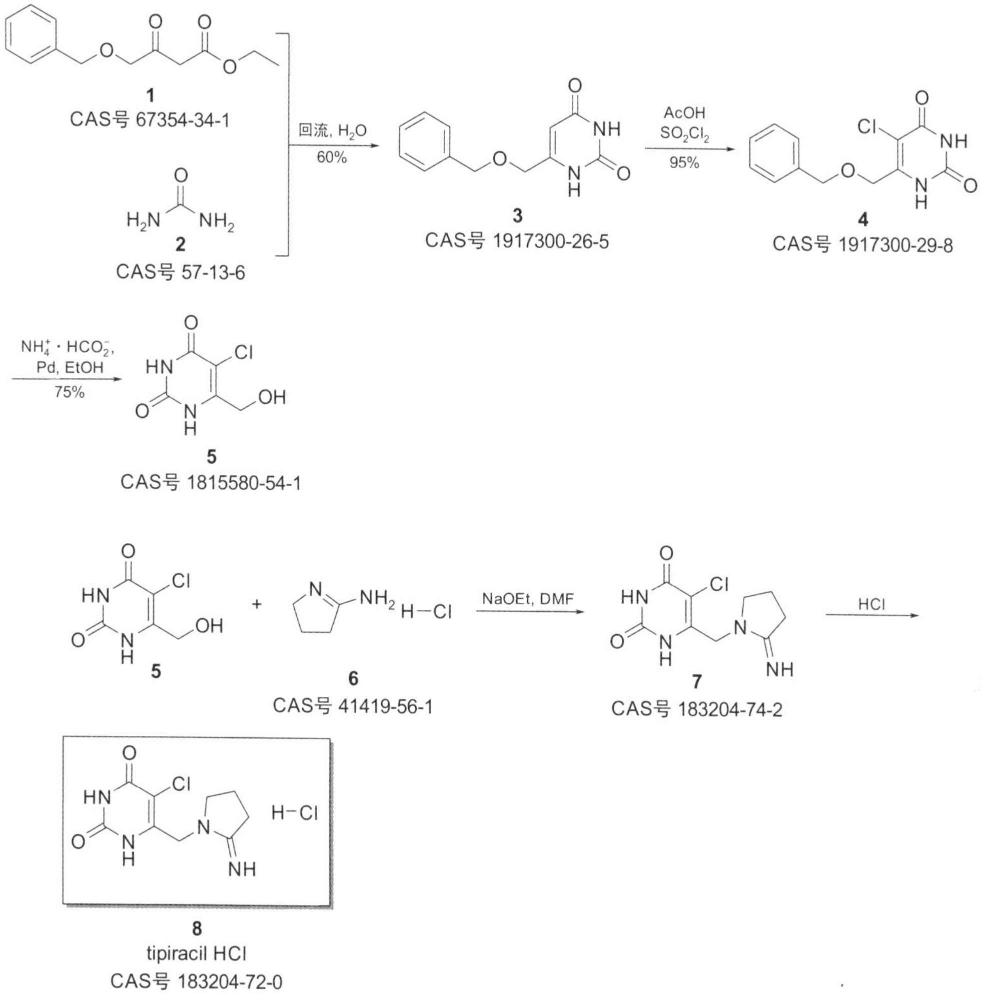

1
CAS号 67354-34-1

2
CAS号 57-13-6

回流，H_2O
60%

3
CAS号 1917300-26-5

AcOH
SO_2Cl_2
95%

4
CAS号 1917300-29-8

$NH_4^+ \cdot HCO_2^-$,
Pd, EtOH
75%

5
CAS号 1815580-54-1

5 + **6**

6
CAS号 41419-56-1

NaOEt, DMF

7
CAS号 183204-74-2

HCl

8
tipiracil HCl
CAS号 183204-72-0

原始文献：WO 2019002407, 2019.

合成路线 2

以下合成路线来源于 Qilu Tianhe Pharmaceutical 公司 Gao Dalong 等人 2017 年发表的专利申请书。目标化合物 **6** 以化合物 **1** 为原料，经过 4 步合成反应而得。

N-氯代琥珀酰亚胺, DMF, 92%; BuLi, 89%; NH_3, H_2O, DMF, 95%; HCl

1 CAS号 18592-13-7

2 CAS号 73742-45-7

3 CAS号 616-45-5

4 CAS号 2101241-71-6

5 CAS号 183204-74-2

6 tipiracil HCl CAS号 183204-72-0

原始文献： CN 106749194, 2017.

合成路线 3

以下合成路线来源于 Sinopharm A-Think Pharmaceutical 公司 Wang 等人 2017 年发表的专利申请书。目标化合物 **8** 以化合物 **1** 为原料，经过 6 步合成反应而得。

1. O_2, CuO, AcOH 2. HCl, H_2O, 37%; 1. $NaBH_4$, THF 2. HCl, H_2O, 96%; $SOCl_2$, DMF, CH_2Cl_2, 56%; SO_2Cl_2, AcOH

1 CAS号 626-48-2

2 CAS号 36327-91-0

3 CAS号 22126-44-9

4 CAS号 18592-13-7

5 CAS号 73742-45-7

DMF, NaOEt; HCl

5 CAS号 73742-45-7

6 CAS号 7544-75-4

7 CAS号 183204-74-2

8 tipiracil HCl CAS号 183204-72-0

原始文献： CN 106892902, 2017.

参考文献

[1] Siebenhüner A, De Dosso S, Meisel A, et al. Metastatic colorectal carcinoma after second progression and the role of trifluridine- tipiracil (TAS-102) in Switzerland. Oncol Res Treat, 2020, 43(5):237-244.

[2] Kang C, Dhillon S, Deeks E D. Trifluridine/tipiracil: a review in metastatic gastric cancer. Drugs, 2019, 79(14):1583-1590.

替匹嘧啶核磁谱图

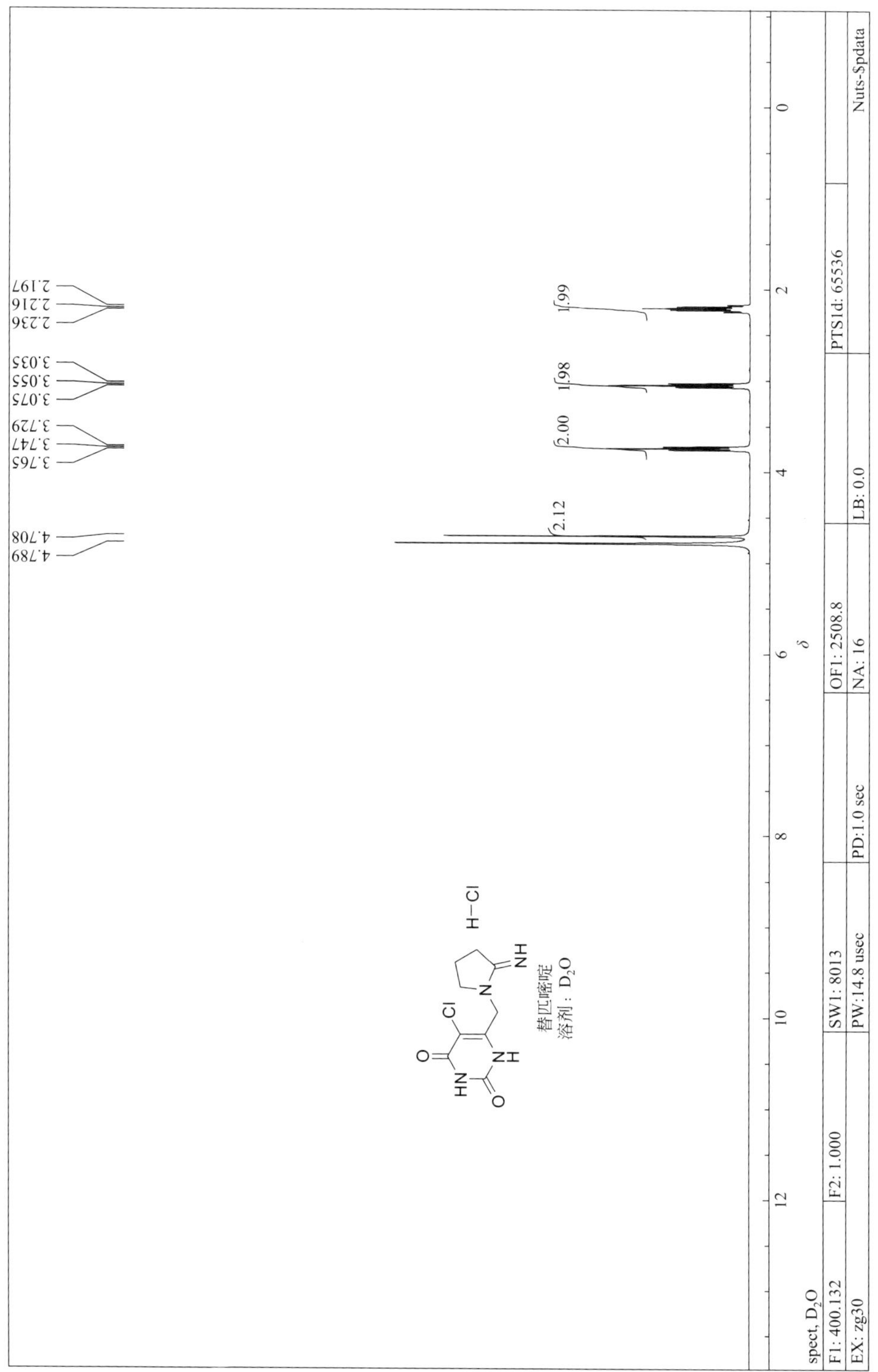

triclabendazole（三氯苯哒唑）

药物基本信息

英文通用名	triclabendazole
英文别名	EGA230B; EGA-230B; EGA 230B;fasinex; NVP-EGA230; NVP-EGA 230; NVP-EGA-230; CGA 89317; CGA-89317; CGA89317
中文通用名	三氯苯哒唑
商品名	Egaten
CAS登记号	68786-66-3
FDA 批准日期	2/13/2019
FDA 批准的API	triclabendazole
化学名	6-Chloro-5-(2,3-dichlorophenoxy)-2-methylsulfanyl-1*H*-benzimidazole
SMILES代码	CSC1=NC2=CC(OC3=CC=CC(Cl)=C3Cl)=C(Cl)C=C2N1

化学结构和理论分析

化学结构	理论分析值
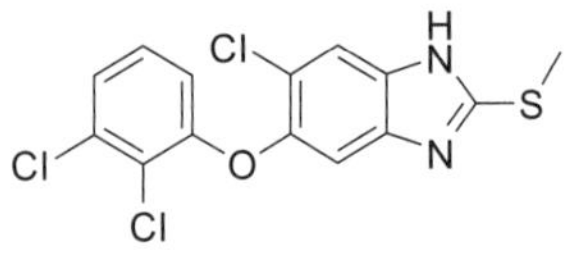	化学式：$C_{14}H_9Cl_3N_2OS$ 精确分子量：357.9501 分子量：359.65 元素分析：C, 46.76; H, 2.52; Cl, 29.57; N, 7.79; O, 4.45; S, 8.91

药品说明书参考网页

美国药品网、美国处方药网页。

药物简介

EGATEN 的活性成分是三氯苯哒唑。EGATEN 片剂是一种口服驱虫药，可立即释放。三氯苯哒唑的外观为白色或几乎白色的结晶性粉末。

EGATEN 片剂为淡红色，有斑点，胶囊状的双凸片剂，一侧印有“ EG EG”字样，两侧均刻有功能刻痕。每片含有 250mg 三氯苯哒唑。

非活性成分：胶体二氧化硅，氧化铁红，乳糖一水合物，玉米淀粉，硬脂酸镁，甲基羟乙基纤维素。

EGATEN 可用于治疗 6 岁及以上的筋膜松弛症。

三氯苯哒唑对 Fasciola 菌类的抑制作用机理尚未完全阐明。体外和/或受感染动物的研究表明，未成熟和成熟蠕虫的外皮会吸收三氯苯哒唑及其活性代谢物（亚砜和砜），从而降低静息膜电位，抑制微管蛋白功能以及蛋白质和酶的合成而发挥作用。

药品上市申报信息

该药物目前有 1 种产品上市。

药品注册申请号：208711
申请类型：NDA（新药申请）
申请人：NOVARTIS
申请人全名：NOVARTIS PHARMACEUTICALS CORP

产品信息

产品号	商品名	活性成分	剂型 / 给药途径	规格 / 剂量	参比药物(RLD)	生物等效参考标准(RS)	治疗等效代码
001	EGATEN	triclabendazole	片剂 / 口服	250mg	是	是	否

与本品相关的市场独占权保护信息

关联产品号	独占权代码	失效日期	备注
001	ODE-228	2026/02/13	
	NCE	2024/02/13	

合成路线 1

以下合成路线来源于 Iddon 等人 1992 年发表的论文。目标化合物 **7** 以化合物 **1** 和化合物 **2** 为原料，经过 4 步合成反应而得。

1 CAS号 576-24-9 + **2** CAS号 117644-38-9 —(NaOMe, MeOH, 62%)→ **3** CAS号 145770-86-1 —($Na_2S_2O_4$, H_2O, MeOH, 85%)→ **4** CAS号 139369-42-9

4 CAS号 139369-42-9 + **5** CAS号 75-15-0 —(DMF, 90%)→ **6** CAS号 68828-69-3 —(KOH, MeI, EtOH, H_2O, 92%)→ **7** triclabendazole CAS号 68786-66-3

原始文献： J. Chem. Soc. Perkin Trans. 1: Org. Bio-Org. Chem, 1992, 22: 3129-3134.

合成路线 2

以下合成路线来源于 Wu 等人 2001 年发表的论文。目标化合物 **9** 以化合物 **1** 为原料，经过 6 步合成反应而得。

HNO_3, H_2SO_4 84%; NH_3, H_2O, EtOH 45%; KOH, H_2O 94%

1 CAS号 120-82-1 **2** CAS号 89-69-0 **3** CAS号 6641-64-1 **4** CAS号 576-24-9 **5** CAS号 118353-04-1

5 Fe, AcOH, H_2O 65%; KOH, EtOH 90%; KOH, MeI, EtOH, H_2O 98%

6 CAS号 139369-42-9 **7** CAS号 75-15-0 **8** CAS号 68828-69-3

9 triclabendazole CAS号 68786-66-3

原始文献： Zhongguo Yiyao Gongye Zazhi, 2001, 32 (9): 396-398.

合成路线 3

以下合成路线来源于 Lianyungang City Yahui Pharmaceutical Chemical 公司 Zhu 等人 2014 年发表的专利申请书。目标化合物 **10** 以化合物 **1** 和化合物 **2** 为原料，经过 6 步合成反应而得。

AcOH 92%; H_2SO_4, AcOH, HNO_3 87%

1 CAS号 95-76-1 **2** CAS号 108-24-7 **3** CAS号 2150-93-8 **4**

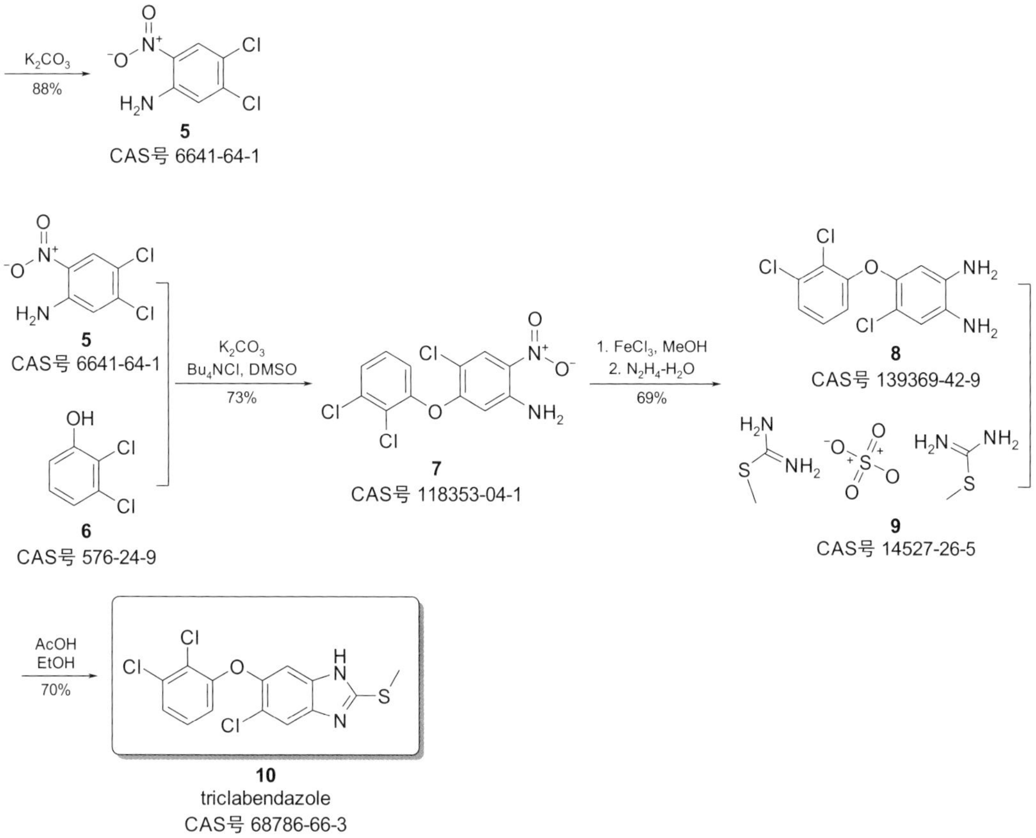

原始文献：CN 104230815, 2014.

合成路线 4

以下合成路线来源于 Yangzhou Tianhe Pharmaceutical 公司 Li 等人 2009 年发表的专利申请书。目标化合物 **12** 以化合物 **1** 和化合物 **2** 为原料，经过 7 步合成反应而得。

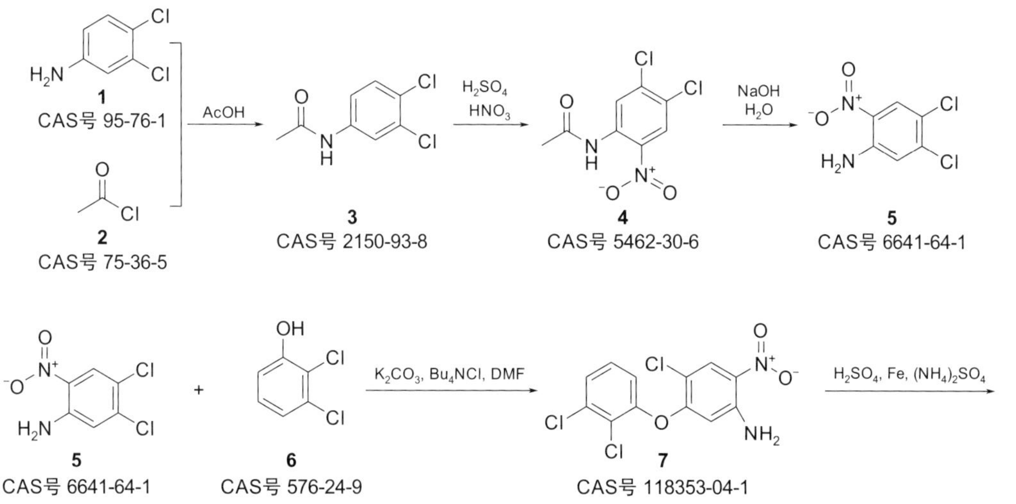

8

CAS号 139369-42-9

8 CAS号 139369-42-9; 9 CAS号 75-15-0; DMF; 10 CAS号 68828-69-3; 11 CAS号 77-78-1; K_2CO_3, :EtOH; 12 triclabendazole CAS号 68786-66-3

原始文献： CN 101555231, 2009.

参考文献

[1] Gandhi P, Schmitt E K, Chen C W, et al. Triclabendazole in the treatment of human fascioliasis: a review. Trans R Soc Trop Med Hyg, 2019, 113(12):797-804.

[2] Mollinedo S, Gutierrez P, Azurduy R, et al. Mass drug administration of triclabendazole for fasciola hepatica in Bolivia. Am J Trop Med Hyg, 2019, 100(6):1494-1497.

trifarotene（三法罗汀）

药物基本信息

英文通用名	trifarotene
英文别名	CD5789; CD-5789; CD 5789
中文通用名	三法罗汀
商品名	Aklief
CAS登记号	895542-09-3
FDA 批准日期	10/4/2019
FDA 批准的API	trifarotene
化学名	3″-(tert-butyl)-4′-(2-hydroxyethoxy)-4″-(pyrrolidin-1-yl)-[1,1′:3′,1″-terphenyl]-4-carboxylic acid
SMILES代码	O=C(C1=CC=C(C2=CC=C(OCCO)C(C3=CC=C(N4CCCC4)C(C(C)(C)C)=C3)=C2)C=C1)O

化学结构和理论分析

化学结构	理论分析值
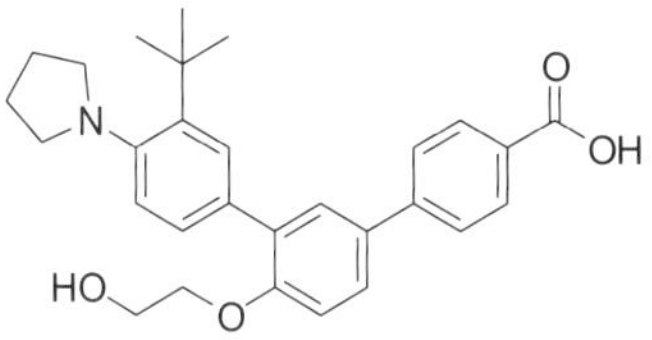	化学式：$C_{29}H_{33}NO_4$ 精确分子量：459.2410 分子量：459.59 元素分析：C, 75.79; H, 7.24; N, 3.05; O, 13.92

药品说明书参考网页

生产厂家产品说明书、美国药品网、美国处方药网页。

药物简介

Aklief 是一种用于局部给药的面霜，含有 0.005%（50μg/g）的 trifarotene。Trifarotene 是三苯甲酸衍生物，是类视黄醇。Trifarotene 外观为白色至类白色至浅黄色粉末，熔点为 245℃，基本上不溶于水，pK_{a1}=5.69，pK_{a2}=4.55。

0.005% 的 AKLIEF（trifarotene）乳膏包含以下惰性成分：尿囊素（allantoin），丙烯酰胺和丙烯酰基二甲基牛磺酸钠的共聚物，在异十六烷中的 40% 分散体，环甲硅油，5% 乙醇，中链甘油三酸酯，苯氧乙醇，丙二醇，纯净水。

AKLIEF 霜是一种类维生素 A，适用于 9 岁及以上患者的寻常痤疮局部治疗。

Trifarotene 是一种视黄酸受体（RAR）的激动剂，对 RAR 的亚型具有特别的活性。RAR 的刺激导致靶基因的调节，该靶基因与各种过程有关，包括细胞分化和炎症的介导。Trifarotene 改善痤疮的确切过程尚不清楚。

药品上市申报信息

该药物目前有 1 种产品上市。

药品注册申请号：211527
申请类型：NDA（新药申请）
申请人：GALDERMA R AND D
申请人全名：GALDERMA RESEARCH AND DEVELOPMENT INC

产品信息

产品号	商品名	活性成分	剂型 / 给药途径	规格 / 剂量	参比药物 (RLD)	生物等效参考标准 (RS)	治疗等效代码
001	AKLIEF	trifarotene	乳膏 / 局部外用	0.005%	是	是	否

与本品相关的专利信息（来自 FDA 橙皮书 Orange Book）

关联产品号	专利号	专利过期日	是否物质专利	是否产品专利	专利用途代码	撤销请求	提交日期
001	7807708	2026/10/01	是	是			2019/10/31
	8227507	2025/12/21			U-818		2019/10/31

续表

关联产品号	专利号	专利过期日	是否物质专利	是否产品专利	专利用途代码	撤销请求	提交日期
001	8470871	2025/12/21			U-2639		2019/10/31
	9084778	2033/05/30		是	U-134		2019/10/31

与本品相关的市场独占权保护信息

关联产品号	独占权代码	失效日期	备注
001	NCE	2024/10/04	

合成路线

以下合成路线来源于 Galderma Research & Development 公司 Biadatti 等人 2016 年发表的专利申请书。目标化合物 **10** 以化合物 **1** 和化合物 **2** 为原料，经过 6 步合成反应而得。

Br HO O O
1
CAS号 895542-84-4

O O Br
2
CAS号 927-68-4

NaH, DMF
95%

O Br O O O O O
3
CAS号 895542-96-8

NH_2
4
CAS号 6310-21-0

$Bu_4N^+ \cdot Br_3^-$
100%

NH_2 Br
5
CAS号 850012-44-1

NH_2 Br
5
CAS号 850012-44-1

+

Br Br
6
CAS号 110-52-1

NaH, DMSO
52%

N Br
7
CAS号 850012-53-2

1. BuLi
2. 硼酸三异丙酯
3. HCl
66%

N HO B OH
8
CAS号 895543-00-7

HO B OH 8 CAS号 895543-00-7

K_2CO_3, $Pd(PPh_3)_4$, PhMe 47%

Br 3 CAS号 895542-96-8

9 CAS号 895543-08-5

NaOH, H_2O 55%

10 trifarotene CAS号 895542-09-3

原始文献： WO 2006066978, 2016.

参考文献

[1] Trifarotene (aklief)-a new topical retinoid for acne. JAMA, 2020, 323(13):1310-1311.

[2] Tan J, Miklas M. A novel topical retinoid for acne: trifarotene 50 μ g/g cream. Skin Therapy Lett, 2020, 25(2):1-2.

trifluridine（三氟吡啶）

药物基本信息

英文通用名	trifluridine
英文别名	FTD ; NSC 529182; NSC-529182; NSC529182; NSC 75520; NSC-75520; NSC75520; trifluorothymidine; viroptic; 2-Deoxy-5-trifluoromethyluridine
中文通用名	三氟吡啶
商品名	Lonsurf
CAS登记号	70-00-8
FDA 批准日期	9/22/2015
FDA 批准的API	trifluridine

化学名	1-((2*R*,4*S*,5*R*)-4-hydroxy-5-(hydroxymethyl)tetrahydrofuran-2-yl)-5-(trifluoromethyl)pyrimidine-2,4(1H,3H)-dione.
SMILES 代码	O=C1NC(C(C(F)(F)F)=CN1[C@@H]2O[C@H](CO)[C@@H](O)C2)=O

化学结构和理论分析

化学结构	理论分析值
	化学式：$C_{10}H_{11}F_3N_2O_5$ 精确分子量：296.0620 分子量：296.20 元素分析：C, 40.55; H, 3.74; F, 19.24; N, 9.46; O, 27.01

药品说明书参考网页

生产厂家产品说明书、美国药品网、美国处方药网页。

药物简介

LONSURF 含有 trifluridine 和 tipiracil hydrochloride，摩尔比为 1：0.5。

Trifluridine（三氟吡啶）是一种具有抗肿瘤活性的胸腺嘧啶核苷类似物。三氟吡啶为白色结晶性粉末，易溶于水、乙醇、0.01mol/L 盐酸、0.01mol/L 氢氧化钠溶液，易溶于甲醇、丙酮；微溶于 2- 丙醇、乙腈；微溶于乙醚；几乎不溶于异丙醚。

Tipiracil hydrochloride 是一种胸苷磷酸化酶抑制剂。 Tipiracil hydrochloride 外观为白色结晶性粉末，易溶于水、0.01mol/L 盐酸和 0.01mol/L 氢氧化钠；微溶于甲醇；极微溶于乙醇；几乎不溶于乙腈、2- 丙醇、丙酮、二异丙醚和乙醚。

LONSURF 片剂（15mg trifluridine 和 6.14mg tipiracil ）：口服使用的每片 LONSURF 薄膜衣片均含有 15mg 的三氟吡啶和 6.14mg 的 tipiracil，相当于 7.065mg 的 tipiracil hydrochloride 作为有效成分。 LONSURF 片剂包含以下非活性成分：乳糖一水合物，预胶化淀粉，硬脂酸，羟丙甲纤维素，聚乙二醇，二氧化钛和硬脂酸镁。

LONSURF 片剂（20mg trifluridine 和 8.19mg tipiracil）：口服使用的每片 LONSURF 薄膜衣片均含有 20mg 的三氟吡啶和 8.19mg 的 tipiracil，相当于 9.420mg 的 tipiracil hydrochloride 作为活性成分。 LONSURF 片剂包含以下非活性成分：乳糖一水合物，预胶化淀粉，硬脂酸，羟丙甲纤维素，聚乙二醇，二氧化钛，三氧化二铁和硬脂酸镁。

两种薄膜包衣片剂（LONSURF 15mg/6.14mg 和 20mg/8.19mg）均用含有虫胶、氧化铁红、氧化铁黄、二氧化钛、FD & C 蓝色 2 号铝色淀、巴西棕榈蜡和滑石粉的油墨压印。

LONSURF 适应证：①转移性结直肠癌。 LONSURF 可用于治疗成年转移性结直肠癌的患者，该患者先前曾接受过基于氟嘧啶、奥沙利铂和伊立替康的化学疗法，抗 VEGF 生物疗法以及 RAS 野生。②转移性胃癌。LONSURF 适用于治疗成年转移性胃或胃食管交界处腺癌的成年患者，先前曾接受过至少两种化学疗法治疗，包括氟嘧啶、铂、紫杉烷或伊立替康、HER2/neu 靶向治疗。

LONSURF 由基于胸苷的核苷类似物三氟吡啶和胸苷磷酸化酶抑制剂 tipiracil 组成，摩尔比为 1∶0.5（质量比为 1∶0.471）。Tipiracil 可通过抑制胸苷磷酸化酶的代谢而增强三氟吡啶的活性。

摄入癌细胞后，三氟吡啶被掺入 DNA 中，干扰 DNA 合成并抑制细胞增殖。Trifluridine / tipiracil 在小鼠中表现出针对 KRAS 野生型和突变人结肠直肠癌异种移植物的抗肿瘤活性。

药品上市申报信息

该药物目前有 1 种产品上市。

药品注册申请号: 207981
申请类型: NDA (新药申请)
申请人: TAIHO ONCOLOGY
申请人全名: TAIHO ONCOLOGY INC

产品信息

产品号	商品名	活性成分	剂型 / 给药途径	规格 / 剂量	参比药物 (RLD)	生物等效参考标准 (RS)	治疗等效代码
002	LONSURF	tipiracil hydrochloride; trifluridine	片剂 / 口服	等量 8.19mg 游离碱 ;20mg	是	是	否

与本品相关的专利信息 (来自 FDA 橙皮书 Orange Book)

关联产品号	专利号	专利过期日	是否物质专利	是否产品专利	专利用途代码	撤销请求	提交日期
002	10456399	2037/02/03			U-2642		2019/11/08
	10457666	2034/06/17	是	是			2019/11/08
	6479500	2020/03/16			U-1751		2015/10/21
	9527833	2034/06/17	是	是			2017/01/27
	re46284	2026/12/16			U-2503 U-1751		2017/02/07

与本品相关的市场独占权保护信息

关联产品号	独占权代码	失效日期	备注
002	NCE	2020/09/22	
	I-794	2022/02/22	
	ODE-229	2026/02/22	

合成路线 1

以下合成路线来源于 Universidad Complutense de Madrid, Fernández-Lucas 等人 2011 年发表的论文。目标化合物 **9** 以化合物 **1** 和化合物 **2** 为原料，经过 4 步合成反应而得。

1
CAS号 50-89-5

2
CAS号 73-24-5

DRTase I

3
CAS号 958-09-8

4
CAS号 68-94-0

DRTase I

5
CAS号 890-38-0

5
CAS号 890-38-0

6
CAS号 66-22-8

DRTase I

7
CAS号 951-78-0

8
CAS号 54-20-6

DRTase I

9
trifluridine
CAS号 70-00-8

原始文献： Appl Microbiol Biotechnol, 2011, 91(2):317-327.

合成路线 2

以下合成路线来源于 The Barcelona Institute of Science and Technology, Mestre 等人 2018 年发表的论文。目标化合物 **4** 以化合物 **1** 为原料，经过 2 步合成反应而得。

1. *t*-BuOK, CuCl, DMF
2. $Et_3N \cdot 3HF$, DMF

DMF
65%

1
CAS号 75-46-7

2
CAS号 77152-08-0

3
CAS号 54-42-2

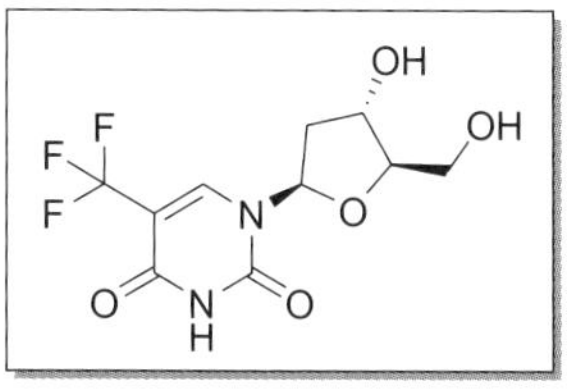

4
triflridine
CAS号 70-00-8

原始文献： J. Org. Chem, 2018, 83(15): 8150-8160.

合成路线 3

以下合成路线来源于 Sumitomo Chemical 公司 Tanabe 等人 1988 年发表的论文。目标化合物 **4** 以化合物 **1** 为原料，经过 2 步合成反应而得。

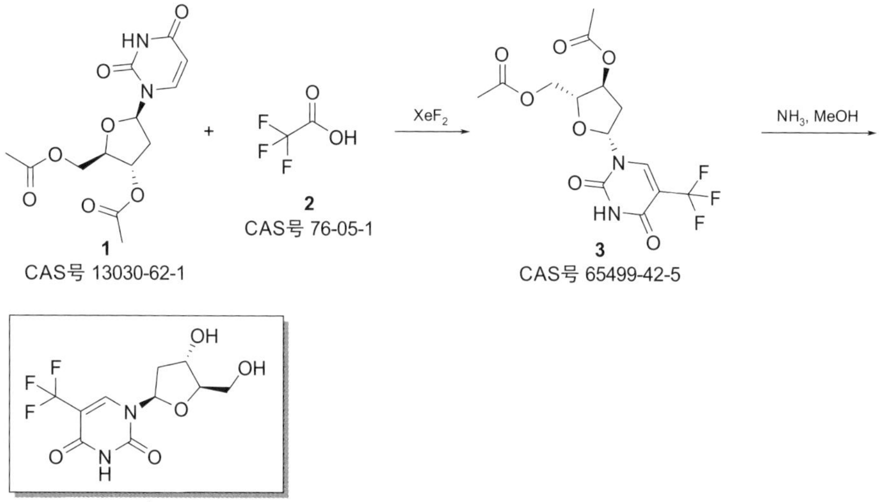

1
CAS号 13030-62-1

2
CAS号 76-05-1

XeF_2

3
CAS号 65499-42-5

NH_3, MeOH

4
trifluridine
CAS号 70-00-8

原始文献： J. Org. Chem,1988: 53(19): 4582-4585.

合成路线 4

以下合成路线来源于 Mitsui Chemicals 公司 Komatsu 等人 2002 年发表的论文。目标化合物 **7** 以化合物 **1** 和化合物 **2** 为原料，经过 5 步合成反应而得。该合成路线属于中试规模的工艺，有较高的参考价值。

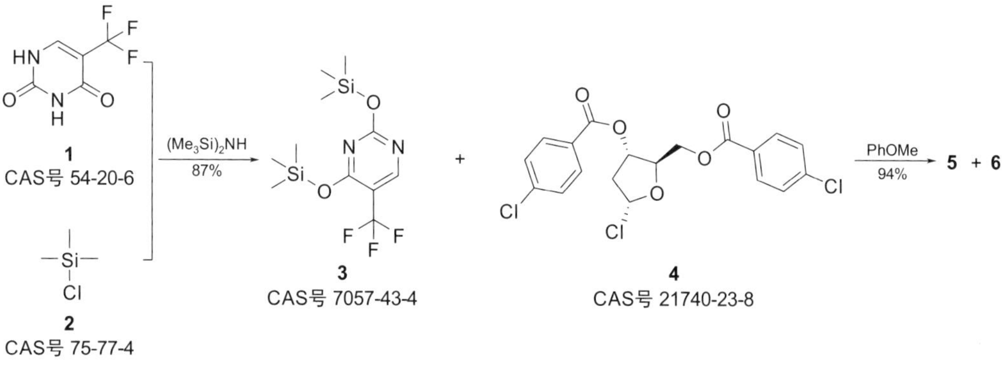

1
CAS号 54-20-6

2
CAS号 75-77-4

$(Me_3Si)_2NH$
87%

3
CAS号 7057-43-4

4
CAS号 21740-23-8

PhOMe
94%

5 + **6**

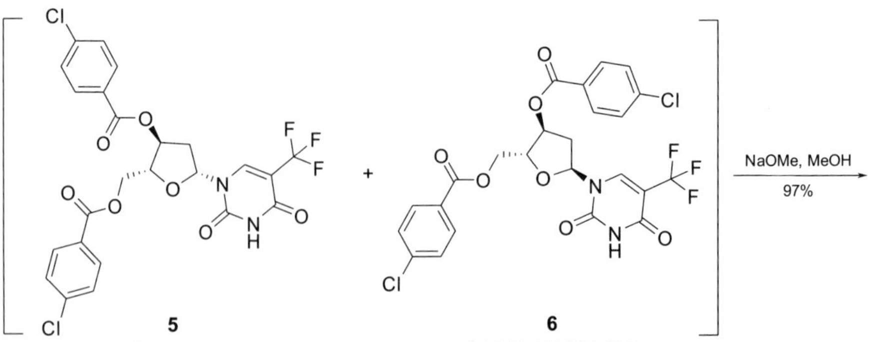

5
CAS号 129664-47-7

6
CAS号 129664-48-8

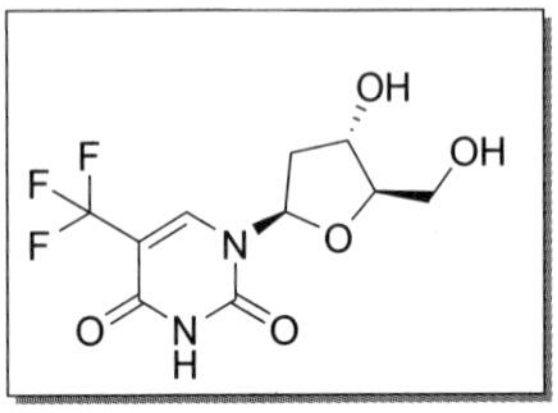

NaOMe, MeOH
97%

7
trifluridine
CAS号 70-00-8

原始文献： Org. Proc. Res. Dev, 2002: 6(6): 847-850.

合成路线 5

以下合成路线来源于 McGill University 化学系 Liu 等人 2007 年发表的论文。目标化合物 **5** 以化合物 **1** 和化合物 **2** 为原料，经过 2 步合成反应而得。

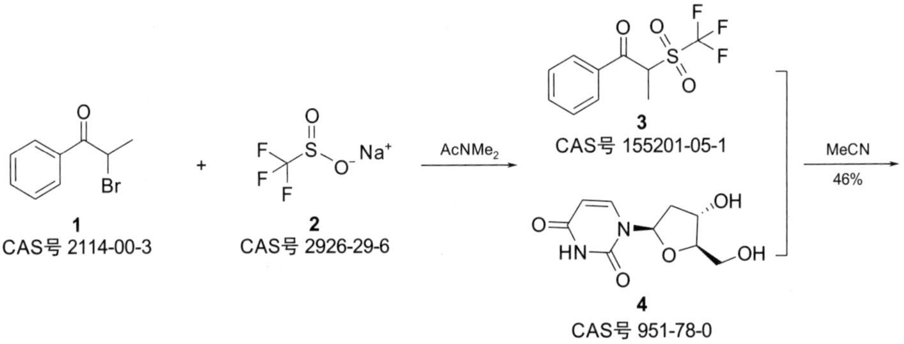

1
CAS号 2114-00-3

2
CAS号 2926-29-6

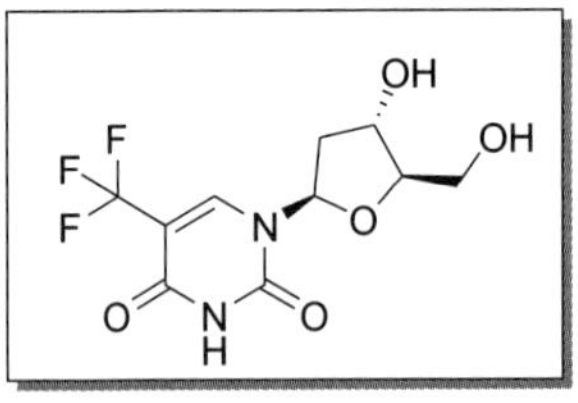

$AcNMe_2$

3
CAS号 155201-05-1

4
CAS号 951-78-0

MeCN
46%

5
trifluridine
CAS号 70-00-8

原始文献： J. Am. Chem. Soc, 2017, 139(40):14315-14321.

合成路线 6

以下合成路线来源于 Hongene Biotechnology 公司 Wang 等人 2018 年发表的专利申请书。目标化合物 **7** 以化合物 **1** 和化合物 **2** 为原料，经过 4 步合成反应而得。

1 CAS号 58-96-8

2 CAS号 75-36-5

Et_3N, HF, 98%

3 CAS号 10190-39-3

AIBI, O=PH_2OH, :Et_3N, $CaCO_3$, H_2O, DMF, 90%

4 CAS号 13030-62-1

\+ **5** CAS号 2926-29-6 → **6**

6 CAS号 65499-42-5

1. NaOH, EtOH 2. NH_4Cl, H_2O, 85%

7 trifluridine CAS号 70-00-8

原始文献： CN 107652341, 2018.

参考文献

[1] Siebenhüner A, De Dosso S, Meisel A, et al. Metastatic colorectal carcinoma after second progression and the role of trifluridine- tipiracil (TAS-102) in Switzerland. Oncol Res Treat, 2020, 43(5):237-244.

[2] Kang C, Dhillon S, Deeks E D. Trifluridine/tipiracil: a review in metastatic gastric cancer. Drugs, 2019, 79(14):1583-1590.

三氟吡啶核磁谱图

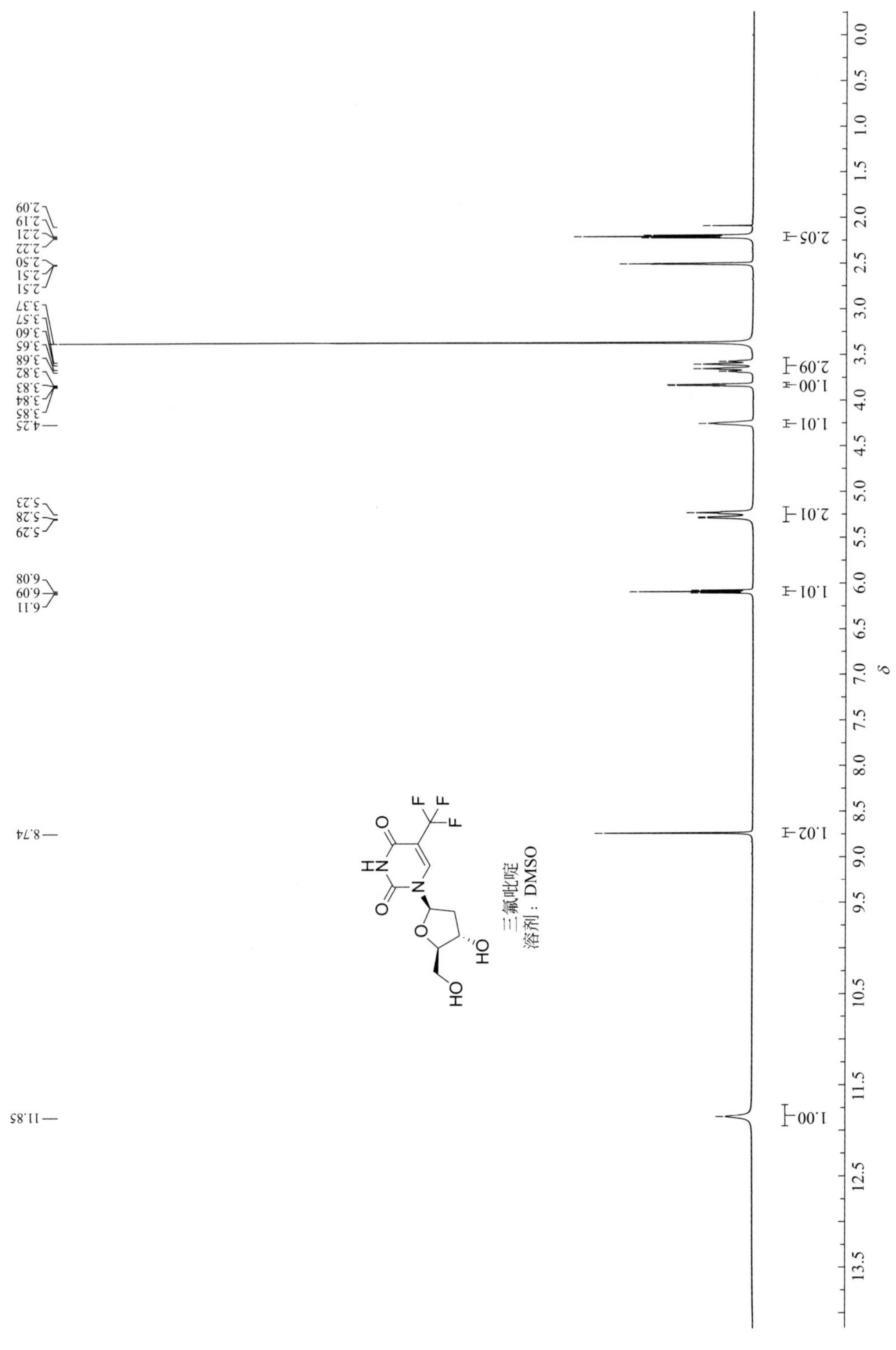

2.09
2.19
2.21
2.22
2.50
2.51
2.51
3.37
3.57
3.60
3.65
3.68
3.82
3.83
3.84
3.85
4.25
5.23
5.28
5.29
6.08
6.09
6.11
8.74
11.85
2.05
2.09
1.00
1.01
2.01
1.01
1.02
1.00
三氟吡啶
溶剂：DMSO
δ

ubrogepant（乌布格番）

药物基本信息

英文通用名	ubrogepant
英文别名	MK-1602, MK 1602, MK1602
中文通用名	乌布格番
商品名	Ubrelvy
CAS登记号	1374248-77-7
FDA 批准日期	12/23/2019
FDA 批准的API	ubrogepant
化学名	(*S*)-*N*-((3*S*,5*S*,6*R*)-6-methyl-2-oxo-5-phenyl-1-(2,2,2-trifluoroethyl)piperidin-3-yl)-2′-oxo-1′,2′,5,7-tetrahydrospiro[cyclopenta[b]pyridine-6,3′-pyrrolo[2,3-b]pyridine]-3-carboxamide
SMILES代码	O=C(C1=CN=C2C(C[C@@]3(C4=CC=CN=C4NC3=O)C2)=C1)N[C@@H]5C(N(CC(F)(F)F)[C@H](C)[C@H](C6=CC=CC=C6)C5)=O

化学结构和理论分析

化学结构	理论分析值
	化学式：$C_{29}H_{26}F_3N_5O_3$ 精确分子量：549.1988 分子量：549.55 元素分析：C, 63.38; H, 4.77; F, 10.37; N, 12.74; O, 8.73

药品说明书参考网页

生产厂家产品说明书、美国药品网、美国处方药网页。

药物简介

UBRELVY 的活性成分是 ubrogepant，是一种降钙素基因相关肽（CGRP）受体拮抗剂。Ubrogepant 外观为白色至类白色粉末，可自由溶于乙醇、甲醇、丙酮和乙腈，几乎不溶于水。

UBRELVY 为开发片剂。目前有 2 种剂量规格：50mg 或 100mg ubrogepant。非活性成分包括：胶体二氧化硅，交联羧甲基纤维素钠，甘露醇，微晶纤维素，聚乙烯吡咯烷酮 - 乙酸乙烯酯共聚物，氯化钠，硬脂富马酸钠和维生素 E，聚乙二醇琥珀酸酯。

UBRELVY 可用于成人偏头痛的急性治疗，无论有无先兆。

药品上市申报信息

该药物目前有 1 种产品上市。

药品注册申请号: 211765
申请类型: NDA (新药申请)
申请人: ALLERGAN

产品信息

产品号	商品名	活性成分	剂型 / 给药途径	规格 / 剂量	参比药物 (RLD)	生物等效参考标准 (RS)	治疗等效代码
002	UBRELVY	ubrogepant	片剂 / 口服	10mg	待定		否

合成路线 1

以下合成路线来源于 Merck Sharp & Dohme 公司 Belyk 等人 2013 年发表的专利申请书。目标化合物 **37** 以化合物 **1** 和化合物 **2** 为原料，经过 19 步合成反应而得。

1. MeMgCl, THF
2. 柠檬酸, H_2O
t-BuOMe

1. LiN(Pr-i)$_2$, PhMe
2. HCl, H_2O, PhMe

1 CAS号 1235305-63-1
2 CAS号 79-22-1
3 CAS号 1260403-56-2
4 CAS号 1455358-06-1

THF

$NaBH_4$, MeOH

5 CAS号 137628-17-2
6 CAS号 68-12-2
7 CAS号 745038-86-2
8 CAS号 1227605-52-8
9 CAS号 1227585-65-0

PdCl$_2$(dppf)

MeOH, CO
1H-咪唑
CH_2Cl_2

9 CAS号 1227585-65-0
10 CAS号 72287-26-4
11 CAS号 80522-42-5
12 CAS号 1456803-65-8

1. $NaBH_4$, MeOH,
2. $SOCl_2$, DMF
CH_2Cl_2

13 CAS号 1456803-67-0

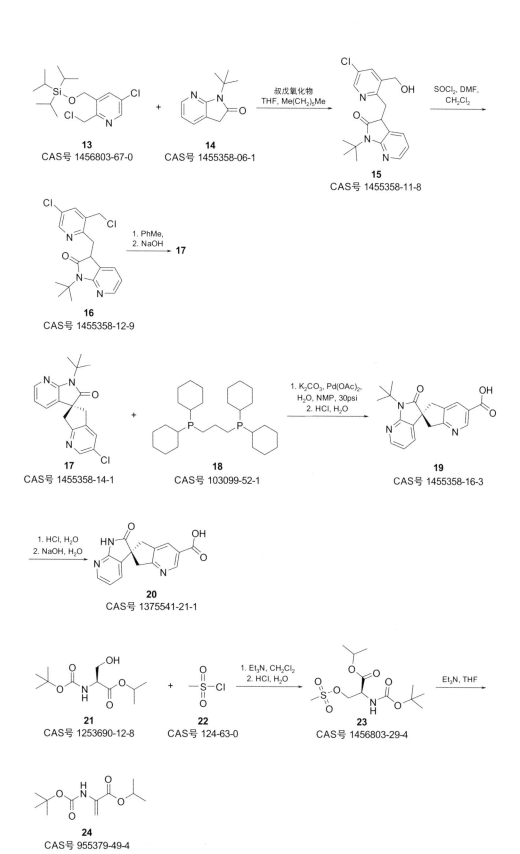

13
CAS号 1456803-67-0

+

14
CAS号 1455358-06-1

叔戊氧化物
THF, $Me(CH_2)_5Me$

15
CAS号 1455358-11-8

$SOCl_2$, DMF,
CH_2Cl_2

16
CAS号 1455358-12-9

1. PhMe,
2. NaOH
→ 17

17
CAS号 1455358-14-1

+

18
CAS号 103099-52-1

1. K_2CO_3, $Pd(OAc)_2$,
H_2O, NMP, 30psi
2. HCl, H_2O

19
CAS号 1455358-16-3

1. HCl, H_2O
2. NaOH, H_2O

20
CAS号 1375541-21-1

21
CAS号 1253690-12-8

+

22
CAS号 124-63-0

1. Et_3N, CH_2Cl_2
2. HCl, H_2O

23
CAS号 1456803-29-4

Et_3N, THF

24
CAS号 955379-49-4

24
CAS号 955379-49-4

25
CAS号 103-79-7

Cs_2CO_3, DMSO

26
CAS号 1456803-33-0

1. $Na_2B_4O_7$, *i*-$PrNH_2$
2. 磷酸吡哆醛
3. DMSO
4. *i*-$PrNH_2$

27
CAS号 1426935-94-5

\+

28
CAS号 1375541-78-8

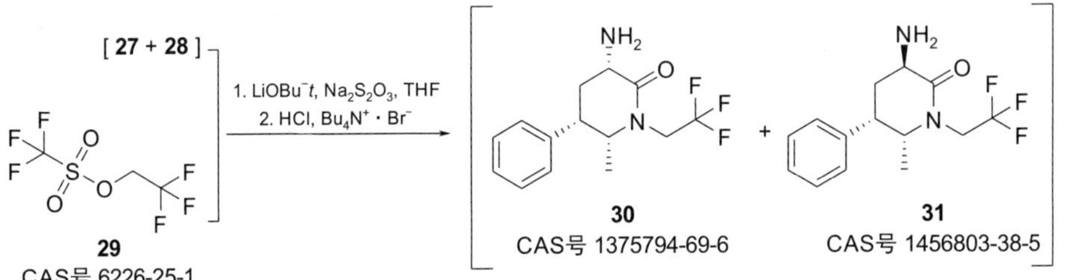

32
CAS号 99-94-5

33
CAS号 90-60-8

34
CAS号 1456803-39-6

34 HCl, H_2O, *t*-BuOMe

H—Cl

35
CAS号 1375470-88-4

\+

20
CAS号 1375541-21-1

36
CAS号 13161-30-3
EDC-HCl

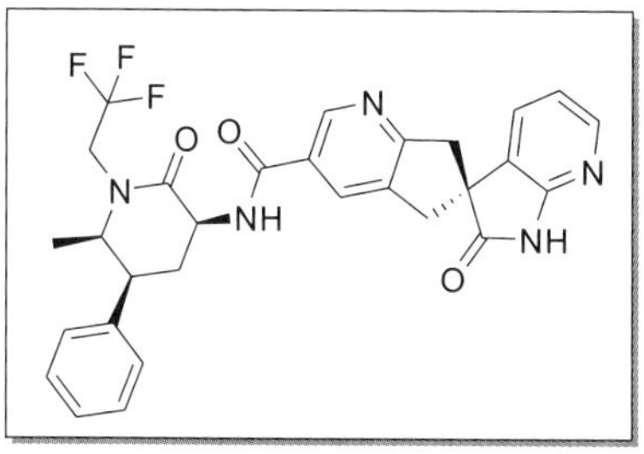

37
ubrogepant
CAS号 1374248-77-7

原始文献： WO 2013138418,2013.

合成路线 2

以下合成路线来源于 Merck Sharp & Dohme 公司 Bell 等人 2012 年发表的专利申请书。目标化合物 **20** 以化合物 **1** 和化合物 **2** 为原料，经过 10 步合成反应而得。

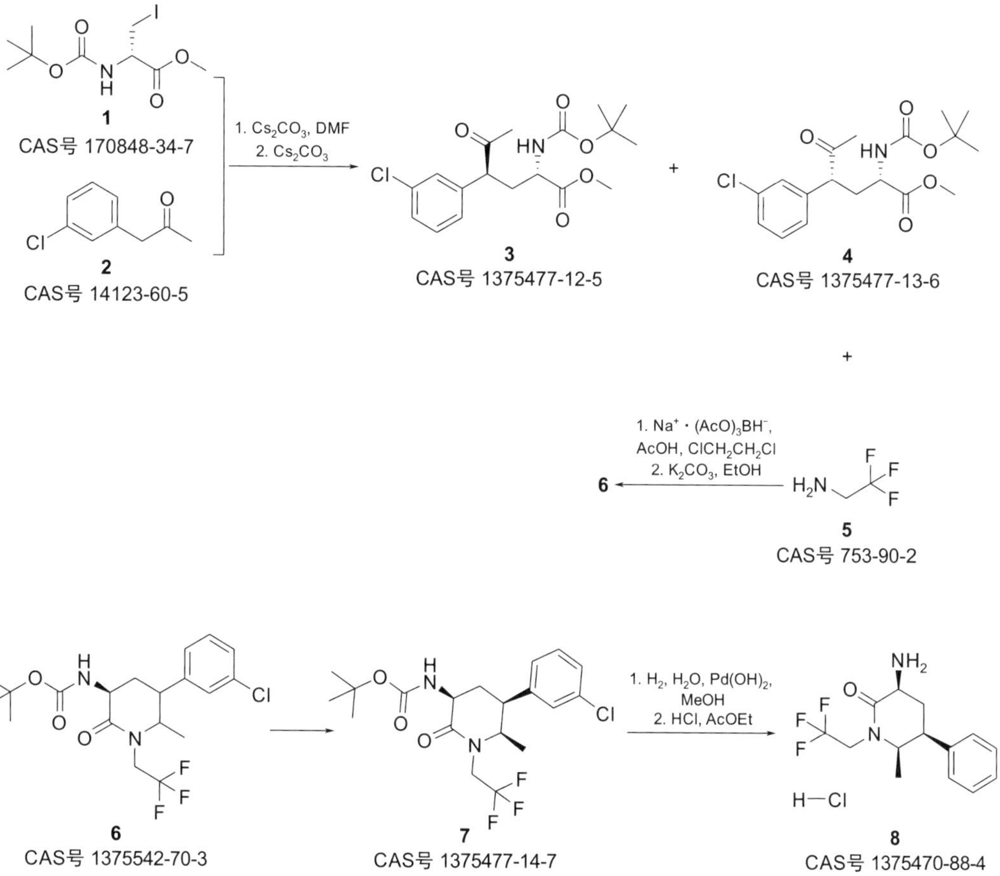

1 CAS号 170848-34-7

2 CAS号 14123-60-5

1. Cs_2CO_3, DMF
2. Cs_2CO_3

3 CAS号 1375477-12-5 + **4** CAS号 1375477-13-6

\+

5 CAS号 753-90-2

1. $Na^+ \cdot (AcO)_3BH^-$, AcOH, $ClCH_2CH_2Cl$
2. K_2CO_3, EtOH

→ **6**

6 CAS号 1375542-70-3

7 CAS号 1375477-14-7

1. H_2, H_2O, $Pd(OH)_2$, MeOH
2. HCl, AcOEt

8 CAS号 1375470-88-4

9
CAS号 89-00-9

1. MeOH, H_2SO_4
2. Br_2

10
CAS号 521980-82-5

$NaBH_4$, EtOH

HO HO N Br H−Cl

11
CAS号 1356108-96-7

+

12
CAS号 7143-01-3

Et_3N, THF

13

13
CAS号 1375541-27-7

+

14
CAS号 879132-48-6

Cs_2CO_3, EtOH

15
CAS号 1318253-26-7

+

$PdCl_2(dppf) \cdot CH_2Cl_2$

16
CAS号 95464-05-4

MeOH, CO
AcONa, 300psi

17

17
CAS号 1375541-30-2

18
CAS号 1375542-65-6

1. HCl, MeOH
2. NaOH, H_2O

19
CAS号 1375541-21-1

H−Cl

8
CAS号 1375470-88-4

BOP, EtN(Pr-*i*)$_2$,
DMF

20
ubrogepant
CAS号 1374248-77-7

原始文献： WO 2012064910, 2012.

参考文献

[1] Yang Y, Chen M, Sun Y, et al. Safety and efficacy of ubrogepant for the acute treatment of episodic migraine: a meta-analysis of randomized clinical trials. CNS Drugs, 2020, 34(5):463-471.

[2] Dodick D W, Lipton R B, Ailani J, et al. Ubrogepant, an acute treatment for migraine, improved patient-reported functional disability and satisfaction in 2 single-attack phase 3 randomized trials, ACHIEVE Ⅰ and Ⅱ. Headache, 2020, 60(4):686-700.

upadacitinib（乌帕替尼）

药物基本信息

英文通用名	upadacitinib
英文别名	ABT-494, ABT 494, ABT494
中文通用名	乌帕替尼
商品名	Rinvoq
CAS登记号	1310726-60-3（游离碱）, 1607431-21-9（酒石酸盐）
FDA 批准日期	8/16/2019
FDA 批准的API	upadacitinib tartrate
化学名	(3*S*,4*R*)-3-ethyl-4-(3*H*-imidazo[1,2-a]pyrrolo[2,3-e]pyrazin-8-yl)-*N*-(2,2,2-trifluoroethyl)pyrrolidine-1-carboxamide
SMILES代码	O=C(N1C[C@@H](CC)[C@@H](C2=CN=C3C=NC(NC=C4)=C4N32)C1)NCC(F)(F)F.O=C(O)[C@H](O)[C@@H](O)C(O)=O

化学结构和理论分析

化学结构	理论分析值
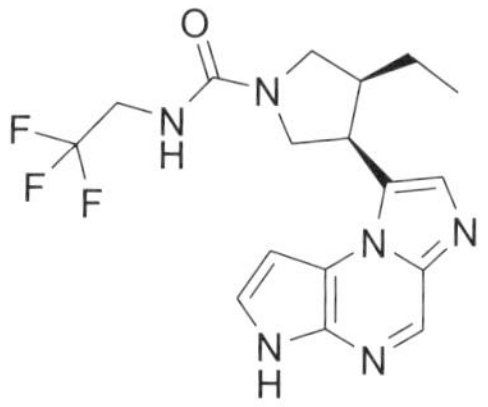 O, N, F, F, F, N H, N, N, N H, N	化学式：$C_{17}H_{19}F_3N_6O$ 精确分子量：380.1572 分子量：380.38 元素分析：C, 53.68; H, 5.04; F, 14.98; N, 22.09; O, 4.21

药品说明书参考网页

生产厂家产品说明书、美国药品网、美国处方药网页。

药物简介

RINVOQ 的活性成分是 upadacitinib，是一种 JAK 抑制剂。

RINVOQ 缓释片剂为紫色，双凸长方形，尺寸为 14mm × 8mm，在一侧凹陷刻有“a15”字样，含有 15mg upadacitinib。每片含有以下非活性成分：微晶纤维素，羟丙甲纤维素，甘露醇，酒石酸，胶体二氧化硅，硬脂酸镁，聚乙烯醇，聚乙二醇，滑石粉，二氧化钛，四氧化三铁和氧化铁红。

RINVOQ 可用于治疗对甲氨蝶呤反应不足或耐受不良的中度至重度活动性类风湿关节炎的成年人。

Upadacitinib 是 Janus 激酶（JAK）抑制剂。JAK 是细胞内酶，可在细胞膜上传递由细胞因子或生长因子 - 受体相互作用产生的信号，以影响造血作用和免疫细胞功能。在信号传导途径中，JAK 磷酸化并激活信号转导子和转录激活子（STATs），后者调节细胞内活性，包括基因表达。Upadacitinib 可以调节 JAKs 信号通路，从而防止 STATs 磷酸化和激活。

JAK 酶通过它们的配对（例如 JAK1 / JAK2，JAK1 / JAK3，JAK1 / TYK2，JAK2 / JAK2，JAK2 / TYK2）传输细胞因子信号。在无细胞分离酶试验中，相对于 JAK3 和 TYK2，upadacitinib 对 JAK1 和 JAK2 具有更大的抑制作用。在人白细胞测定中，与 JAK2 / JAK2 介导的 STAT 磷酸化相比，upadacitinib 抑制 JAK1 和 JAK1 / JAK3 介导的细胞因子诱导的 STAT 磷酸化。

药品上市申报信息

该药物目前有 1 种产品上市。

药品注册申请号: 211675
申请类型: NDA (新药申请)
申请人: ABBVIE INC
申请人全名: ABBVIE INC

产品信息

产品号	商品名	活性成分	剂型 / 给药途径	规格 / 剂量	参比药物 (RLD)	生物等效参考标准 (RS)	治疗等效代码
001	RINVOQ	upadacitinib	缓释片剂 / 口服	15mg	是	是	否

与本品相关的专利信息（来自 FDA 橙皮书 Orange Book）

关联产品号	专利号	专利过期日	是否物质专利	是否产品专利	专利用途代码	撤销请求	提交日期
001	8962629	2031/01/15	是		U-2616		2019/09/13
	9951080	2036/10/17	是	是			2019/09/13
	9963459	2036/10/17		是			2019/09/13
	RE47221	2030/12/01	是				2019/09/13

与本品相关的市场独占权保护信息

关联产品号	独占权代码	失效日期	备注
001	NCE	2024/08/16	

合成路线 1

以下合成路线来源于 AbbVie 公司 Pangan 等人 2018 年发表的专利申请书。目标化合物 **13** 以化合物 **1** 和化合物 **2** 为原料，经过 7 步合成反应而得。

Br

1

CAS号 1201186-54-0

H_2N

2

CAS号 51-79-6

1. :K_2CO_3, $Pd(OAc)_2$ Xantphost
2. L-半胱氨酸, $NaHCO_3$

83%

3

CAS号 1869118-24-0

NH_2

4

CAS号 1428243-25-7

1. H_3PO_4, H_2O, *t*-BuOMe
2. 二咪唑酮
3. *t*-BuOK

5

CAS号 5034-06-0

82%

6

CAS号 2050038-78-1

6

CAS号 2050038-78-1

TsOH

Br

7

CAS号 1428243-26-8

3

1. :LiO-Bu-*t*, S:$AcNMe_2$
2. $AcNMe_2$
3. AcOH

8

CAS号 2050038-81-6

1. C_5H_5N, $O[C(=O)CF_3]_2$
2. NaOH

92%

9

9

CAS号 2095311-51-4

1. H_2, $Pd(OH)_2$, EtOH
2. HCl, H_2O

83%

H—Cl

H—Cl

10

CAS号 2050038-84-9

\+

11

CAS号 530-62-1

\+

H_2N

12

CAS号 753-90-2

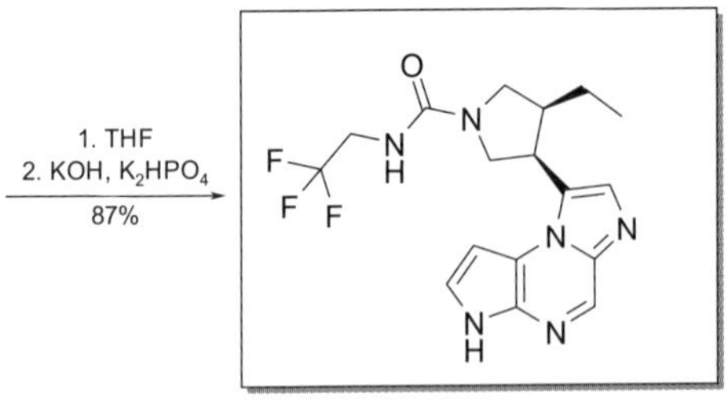

1. THF
2. KOH, K_2HPO_4
87%

13
upadacitinib
CAS号 1310726-60-3

原始文献： US 20180298016, 2018.

合成路线 2

以下合成路线来源于 Abbott Laboratories 公司 Wishart 等人 2011 年发表的专利申请书。目标化合物 **16** 以化合物 **1** 和化合物 **2** 为原料，经过 6 步合成反应而得。

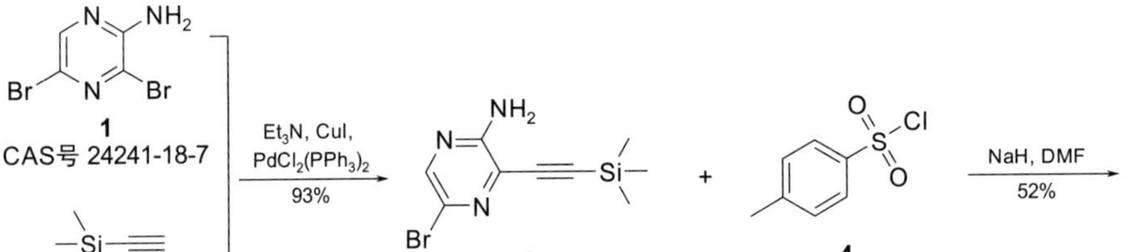

1
CAS号 24241-18-7

2
CAS号 1066-54-2

Et_3N, CuI, $PdCl_2(PPh_3)_2$
93%

3
CAS号 875781-41-2

4
CAS号 98-59-9

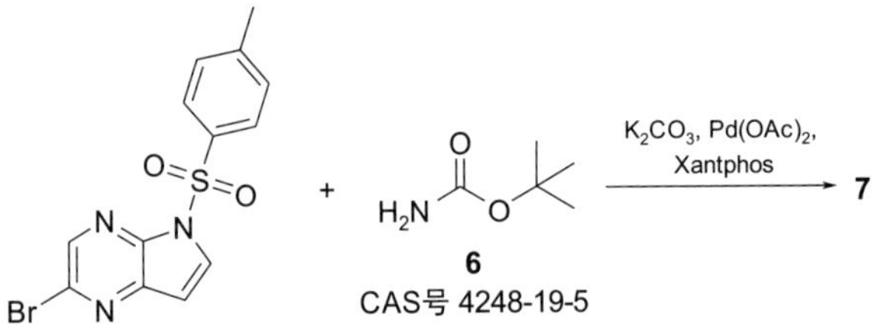

NaH, DMF
52%

5
CAS号 1201186-54-0

6
CAS号 4248-19-5

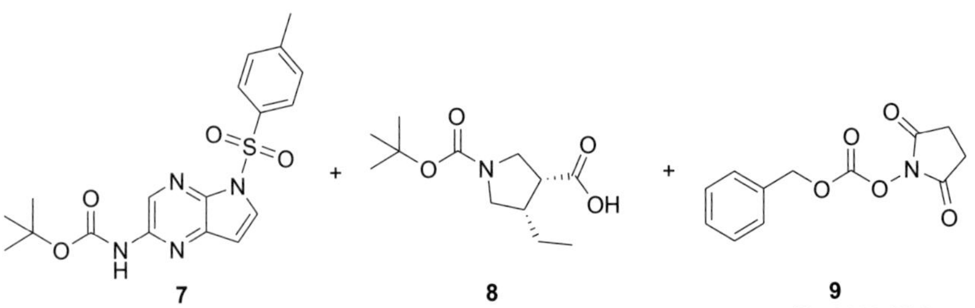

K_2CO_3, $Pd(OAc)_2$, Xantphos → **7**

7
CAS号 1201187-44-1

8
CAS号 1310731-87-3

9
CAS号 13139-17-8

1. Cl(O=)CC(=O)Cl, DMF, CH_2Cl_2, 2. 劳氏试剂

11 ←

10
CAS号 18107-18-1

HBr, AcOH
61%

11
CAS号 1338209-27-0

12
CAS号 1310730-13-2

13
CAS号 530-62-1

14
CAS号 753-90-2

Et_3N

15
CAS号 1310726-59-0

16
upadacitinib
CAS号 1310726-60-3

原始文献： US 2011031147, 2011.

参考文献

[1] Mohamed M F, Klünder B, Othman A A. Clinical pharmacokinetics of upadacitinib: review of data relevant to the rheumatoid arthritis indication. Clin Pharmacokinet, 2020, 59(5):531-544.

[2] Montilla A M, Gómez-García F, Gómez-Arias P J, et al. Scoping review on the use of drugs targeting JAK/STAT pathway in atopic dermatitis, vitiligo, and alopecia areata. Dermatol Ther (Heidelb), 2019, 9(4):655-683.

乌帕替尼核磁谱图

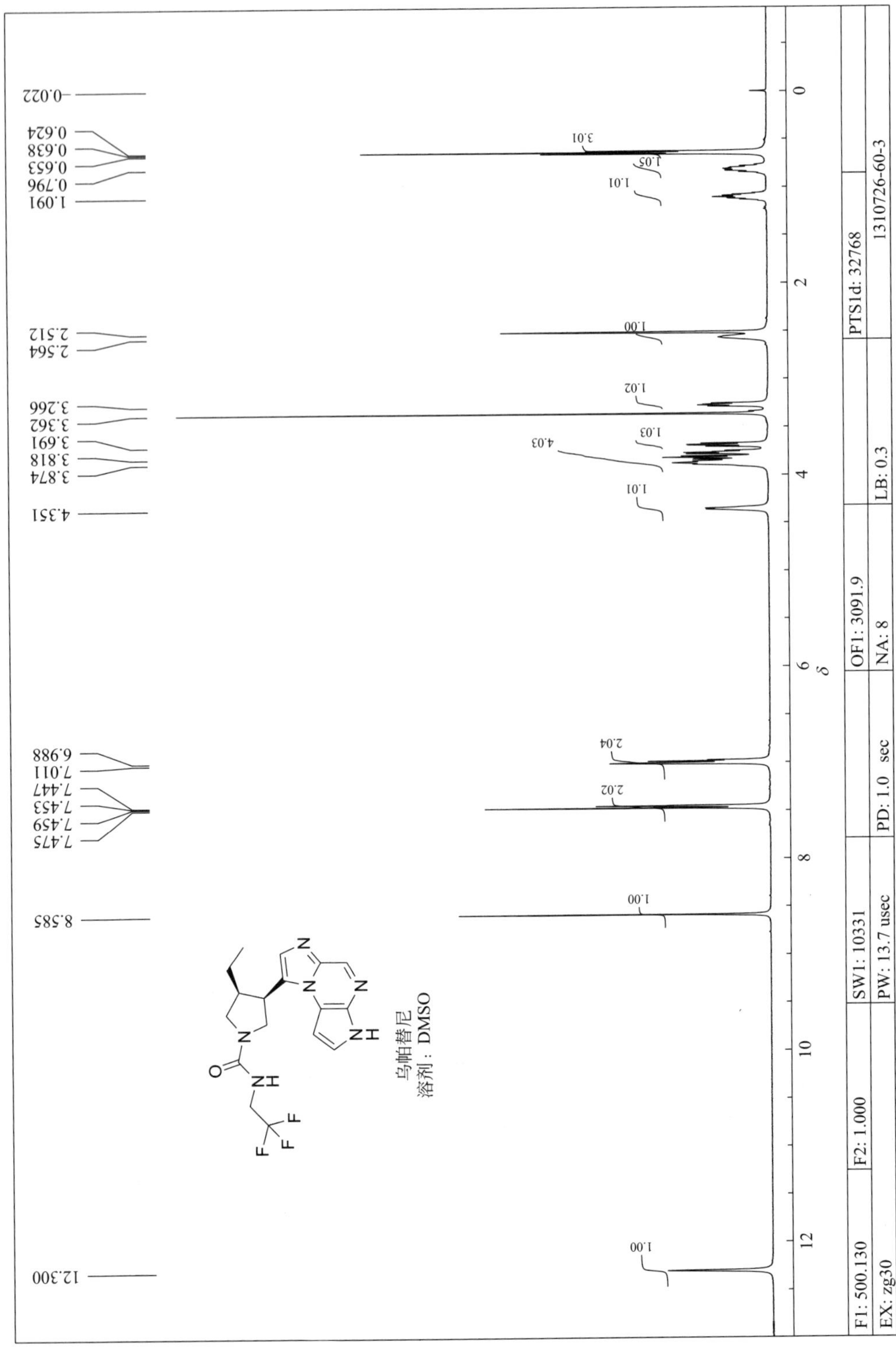

uridine triacetate（三乙酸尿苷）

药物基本信息

英文通用名	uridine triacetate
英文别名	PN401; PN 401; PN-401; RG 2133; RG2133; RG-2133; tri-O-acetyluridine; triacetyluridine; vistogard; vistonuridine.
中文通用名	三乙酸尿苷
商品名	Xuriden
CAS登记号	4105-38-8
FDA 批准日期	9/4/2015
FDA 批准的 API	uridine triacetate
化学名	(2*R*,3*R*,4*R*,5*R*)-2-(acetoxymethyl)-5-(2,4-dioxo-3,4-dihydropyrimidin-1(2*H*)-yl)tetrahydrofuran-3,4-diyl diacetate
SMILES代码	O=C(C=CN1[C@H]2[C@H](OC(C)=O)[C@H](OC(C)=O)[C@@H](COC(C)=O)O2)NC1=O

化学结构和理论分析

化学结构	理论分析值
	化学式：$C_{15}H_{18}N_2O_9$ 精确分子量：370.1012 分子量：370.31 元素分析：C, 48.65; H, 4.90; N, 7.56; O, 38.88

药品说明书参考网页

生产厂家产品说明书、美国药品网、美国处方药网页。

药物简介

XURIDEN 的活性成分是 uridine triacetate，是一种口服颗粒药物，可用于尿苷替代疗法。

每包 2g 装的 XURIDEN 橙味口服颗粒，均含 2g uridine triacetate 和以下非活性成分：乙基纤维素（0.062g），opadry clear [羟丙基甲基纤维素和 macrogol 的专有分散体]（ 0.015g）和天然橙汁香精（0.026g）。

XURIDEN® 适用于治疗遗传性尿酸尿症。

Uridine triacetate 口服后，通过全身存在的非特异性酯酶脱乙酰化，在循环中产生尿苷，为遗传性尿酸尿症患者的全身循环中提供尿苷，这些患者由于尿苷核苷酸合成中的遗传缺陷而无法合成足量的尿苷。

药品上市申报信息

该药物目前有 2 种产品上市。

药品注册申请号：208169
申请类型：NDA（新药申请）
申请人：WELLSTAT THERAP
申请人全名：WELLSTAT THERAPEUTICS CORP

产品信息

产品号	商品名	活性成分	剂型 / 给药途径	规格 / 剂量	参比药物 (RLD)	生物等效参考标准 (RS)	治疗等效代码
001	XURIDEN	uridine triacetate	颗粒剂 / 口服	2 g/ 袋	是	是	否

与本品相关的专利信息（来自 FDA 橙皮书 Orange Book）

关联产品号	专利号	专利过期日	是否物质专利	是否产品专利	专利用途代码	撤销请求	提交日期
001	6258795	2023/07/10		是			2015/10/22

与本品相关的市场独占权保护信息

关联产品号	独占权代码	失效日期	备注
001	ODE-98	2022/09/04	
	NCE	2020/09/04	

药品注册申请号：208159
申请类型：NDA（新药申请）
申请人：WELLSTAT THERAP
申请人全名：WELLSTAT THERAPEUTICS CORP

产品信息

产品号	商品名	活性成分	剂型 / 给药途径	规格 / 剂量	参比药物 (RLD)	生物等效参考标准 (RS)	治疗等效代码
001	VISTOGARD	uridine triacetate	颗粒剂 / 口服	10g/ 袋	是	是	否

与本品相关的专利信息（来自 FDA 橙皮书 Orange Book）

关联产品号	专利号	专利过期日	是否物质专利	是否产品专利	专利用途代码	撤销请求	提交日期
001	6258795	2023/07/10		是			2015/12/16
	7776838	2027/08/17			U-1791		2015/12/16

与本品相关的市场独占权保护信息

关联产品号	独占权代码	失效日期	备注
001	NCE	2020/09/04	
	ODE-104	2022/12/11	

合成路线 1

以下合成路线来源于 University of Uppsala 生物有机化学系 Zhou 等人 1986 年发表的论文。目标化合物 **6** 以化合物 **1** 和化合物 **2** 为原料，经过 3 步合成反应而得。

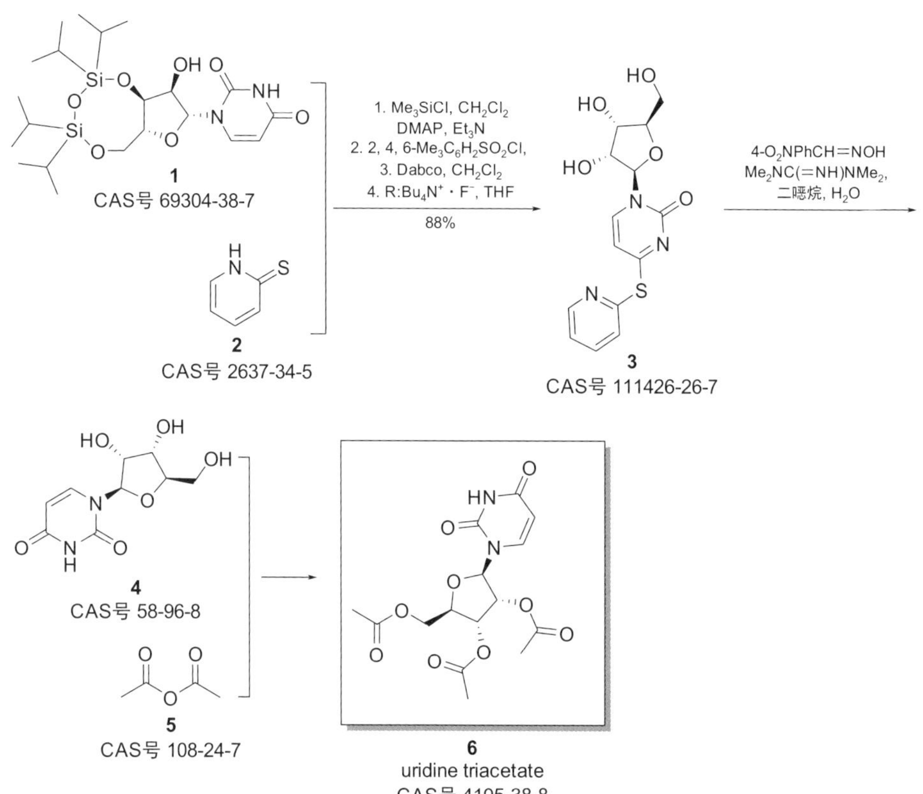

原始文献： Acta Chem. Scan. Series B: Org. Chem. Biochem, 1986, B40(10): 806-816.

合成路线 2

以下合成路线来源于 Beijing Normal University 化学系 Liu 等人 2015 年发表的论文。目标化合物 **6** 以化合物 **1** 和化合物 **2** 为原料，经过 2 步合成反应而得。

1
CAS号 66-22-8
2
CAS号 999-97-3
$(NH_4)_2SO_4$
$(Me_3Si)_2NH$
3
CAS号 10457-14-4
4
CAS号 817197-67-4
5
$O(SO_2CF_3)_2$
81%

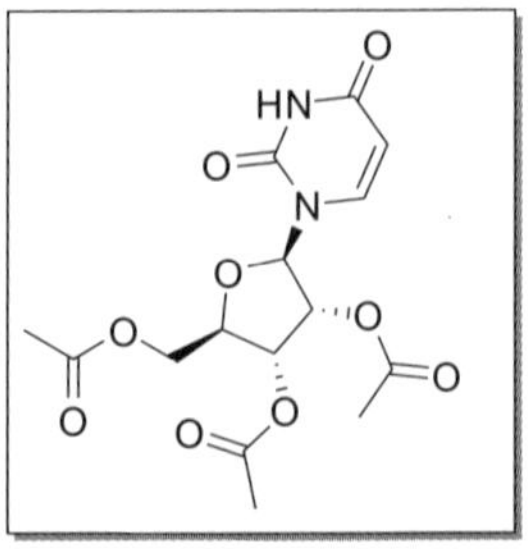

6
uridine triacetate
CAS号 4105-38-8

原始文献： Chem. Comm, 2015, 51(64): 12803-12806.

合成路线 3

以下合成路线来源于 Shanghai Institute of Organic Chemistry Zhang 等人 2011 年发表的论文。目标化合物 **6** 以化合物 **1** 和化合物 **2** 为原料，经过 2 步合成反应而得。

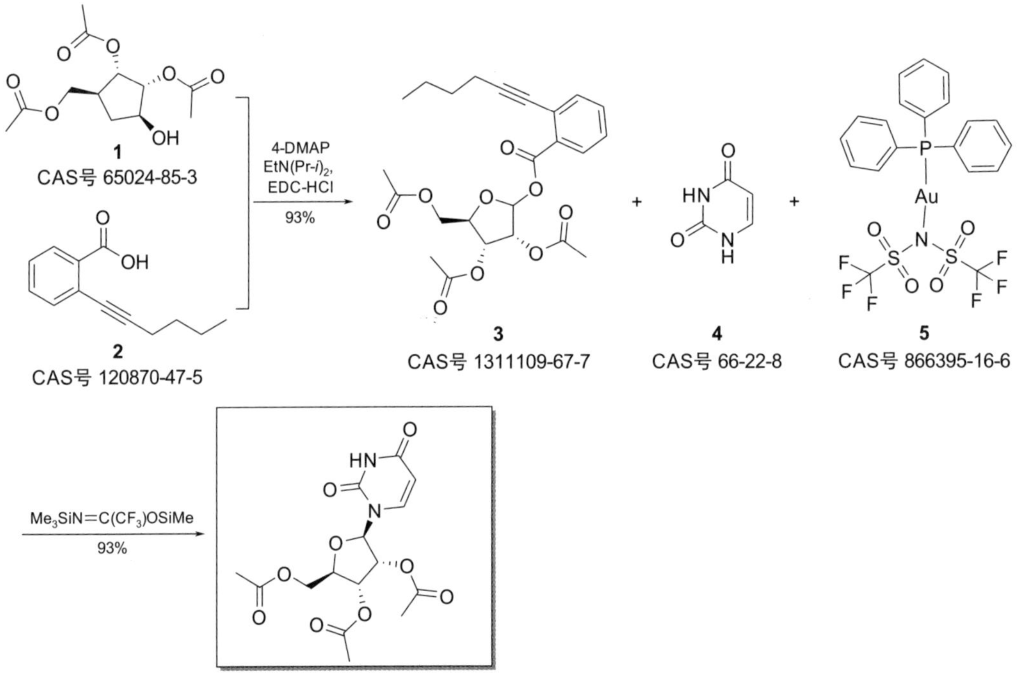

1
CAS号 65024-85-3

2
CAS号 120870-47-5

4-DMAP
EtN(Pr-*i*)$_2$,
EDC-HCl
93%

3
CAS号 1311109-67-7

4
CAS号 66-22-8

5
CAS号 866395-16-6

$Me_3SiN{=}C(CF_3)OSiMe$
93%

6
uridine triacetate
CAS号 4105-38-8

原始文献： Angew. Chem, Int. Ed, 2011, 50(21): 4933-4936.

参考文献

[1] Lampropoulou D I, Laschos K, Amylidi A L, et al. Fluoropyrimidine-induced toxicity and DPD deficiency. A case report of early onset, lethal capecitabine-induced toxicity and mini review of the literature. uridine triacetate: efficacy and safety as an antidote. Is it accessible outside USA. J Oncol Pharm Pract, 2020, 26(3):747-753.

[2] Garcia R A G, Saydoff J A, Bamat M K, et al. Prompt treatment with uridine triacetate improves survival and reduces toxicity due to fluorouracil and capecitabine overdose or dihydropyrimidine dehydrogenase deficiency. Toxicol Appl Pharmacol, 2018, 353:67-73.

vaborbactam（法硼巴坦）

药物基本信息

英文通用名	vaborbactam
英文别名	RPX-7009; RPX7009; RPX 7009; MP-7009; MP7009; MP 7009; REBO-07; REBO07; REBO 07; MP-7; MP 7; MP7
中文通用名	法硼巴坦
商品名	Vabomere
CAS登记号	1360457-46-0
FDA 批准日期	8/29/2017
FDA 批准的 API	vaborbactam
化学名	2-((3*R*,6*S*)-2-hydroxy-3-(2-(thiophen-2-yl)acetamido)-1,2-oxaborinan-6-yl) acetic acid
SMILES代码	O=C(O)C[C@@H]1CC[C@H](NC(CC2=CC=CS2)=O)B(O)O1

化学结构和理论分析

化学结构	理论分析值
H N S O HO B O O OH	化学式：$C_{12}H_{16}BNO_5S$ 精确分子量：297.0842 分子量：297.13 元素分析：C, 48.51; H, 5.43; B, 3.64; N, 4.71; O, 26.92; S, 10.79

药品说明书参考网页

生产厂家产品说明书、美国药品网、美国处方药网页。

药物简介

注射用 VABOMERE 是一种组合药物制剂，包含 meropenem trihydrate（一种合成的青霉素抗菌药物）和 vaborbactam（一种环状硼酸 β- 内酰胺酶抑制剂），用于静脉内给药。

Meropenem trihydrate 是一种白色至浅黄色的结晶性粉末。 Vaborbactam 是一种白色至类白色粉末。

VABOMERE 药品是一种白色至浅黄色无菌粉末制剂。每个 50mL 玻璃小瓶包含 1g meropenem（相当于 1.14g meropenem trihydrate）、1g vaborbactam 和 0.575g 碳酸钠。混合物的总钠含量约为 0.25g（10.9mEq）/ 小瓶。

每个小瓶里的药物已经配好，用 0.9% 氯化钠注射液（USP）进一步稀释就可使用。最后稀释好的溶液和用于静脉输注的稀释溶液均应为无色至浅黄色溶液。

VABOMERE 适用于治疗 18 岁及以上的复杂尿路感染（cUTI）的患者，包括以下易感微生物引起的肾盂肾炎：大肠杆菌，肺炎克雷伯菌和阴沟肠杆菌种复合物。

Meropenem 是一种青霉菌抗菌药物。Meropenem 的杀菌作用源于细胞壁合成的抑制。Meropenem 穿透大多数革兰氏阳性和革兰氏阴性细菌的细胞壁，以结合青霉素结合蛋白（PBP）靶标。Meropenem 对大多数 β- 内酰胺酶都具有稳定的水解作用，包括革兰氏阴性和革兰氏阳性细菌产生的青霉菌酶和头孢菌素酶，碳青霉烯水解 β- 内酰胺酶除外。

Vaborbactam 成分是一种非自杀性 β- 内酰胺酶抑制剂，可保护 meropenem 免受某些丝氨酸 β- 内酰胺酶（如肺炎克雷伯菌）（KPC）的降解。Vaborbactam 不具有任何抗菌活性。Vaborbactam 不会降低 meropenem 对易感 meropenem 的生物的活性。

药品上市申报信息

该药物目前有 1 种产品上市。

药品注册申请号：209776

申请类型：NDA（新药申请）

申请人：REMPEX PHARMS

申请人全名：REMPEX PHARMACEUTICALS A WHOLLY OWNED SUB OF MELINTA THERAPEUTICS INC

产品信息

产品号	商品名	活性成分	剂型 / 给药途径	规格 / 剂量	参比药物 (RLD)	生物等效参考标准 (RS)	治疗等效代码
001	VABOMERE	meropenem; vaborbactam	粉末剂 / 静脉注射	1g/ 瓶 ;1g/ 瓶	是	是	否

与本品相关的专利信息（来自 FDA 橙皮书 Orange Book）

关联产品号	专利号	专利过期日	是否物质专利	是否产品专利	专利用途代码	撤销请求	提交日期
001	10172874	2031/08/08		是			2019/02/21
	10183034	2031/08/08			U-2490		2019/02/21
	8680136	2031/08/17	是	是			2017/09/27
	9694025	2031/08/08			U-2120		2017/09/27

合成路线 1

以下合成路线来源于 Rempex Pharmaceuticals 公司 Hecker 等人 2015 年发表的论文。目标化合物 **13** 以化合物 **1** 和化合物 **2** 为原料，经过 6 步合成反应而得。

1
CAS号 220861-37-0

2
CAS号 18162-48-6

1*H*-咪唑
CH_2Cl_2
94%

3
CAS号 220861-59-6

4
CAS号 25015-63-8

5
CAS号 501666-28-0

6
CAS号 12112-67-3

7
96%

7
CAS号 1681053-94-0

8
CAS号 18680-27-8

THF
91%

9
CAS号 1681053-95-1

CH_2Cl_2, BuLi,
$ZnCl_2$, THF
88%

10
CAS号 1681053-96-2

10

11
CAS号 1918-77-0

1. $(Me_3Si)_2NH \cdot Li$, THF,
2. $EtN{=}C{=}N(CH_2)_3NMe_2 \cdot HCl$,
1-羟基苯并三唑, CH_2Cl_2,
3. *N*-甲基吗啉, CH_2Cl_2
70%

12
CAS号 1681053-97-3

HCl, H_2O,
二噁烷
64%

13
vaborbactam
CAS号 1360457-46-0

原始文献： J Med Chem, 2015, 58(9):3682-3692.

合成路线 2

以下合成路线来源于 Rempex Pharmaceuticals 公司 Hecker 等人 2015 年发表的专利申请书。目标化合物 **15** 以化合物 **1** 和化合物 **2** 为原料，经过 9 步合成反应而得。

1 CAS号 220861-37-0

2 CAS号 75-77-4

Et_3N, CH_2Cl_2, 95%

3 CAS号 1821147-89-0 + **4** CAS号 25015-63-8 + **5** CAS号 12112-67-3

$Ph_2PCH_2CH_2PPh_2$, 95%

6 CAS号 1821147-90-3

6 1. HCl, H_2O, Me_2CO 2. $NaIO_4$, H_2O → **7** CAS号 1821147-91-4

8 CAS号 141-43-5

MeCN, *t*-BuOMe

9 CAS号 1821147-92-5 + **10** CAS号 18680-27-8 → *t*-BuOMe → **11**

11 CAS号 1821147-93-6 + **12** CAS号 18162-48-6

1. 1*H*-咪唑, CH_2Cl_2 2. Me_3SiCl

13 CAS号 1681053-95-1

1. BuLi, THF, $Me(CH_2)_4Me$ 2. $ZnCl_2$, Et_2O 3. HCl, H_2O 100%

14 CAS号 1681053-96-2

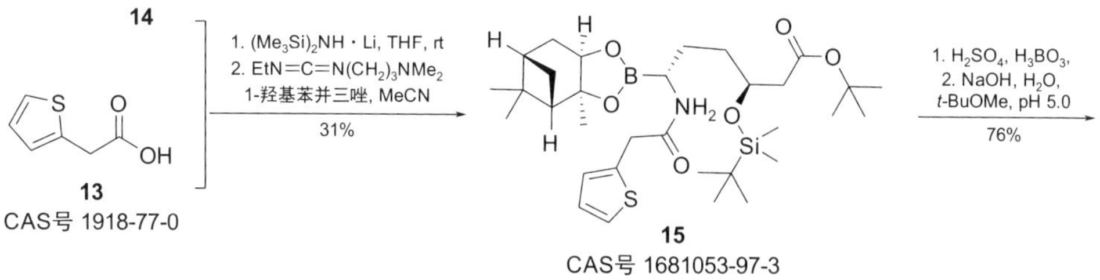

CAS号 1918-77-0

CAS号 1681053-97-3

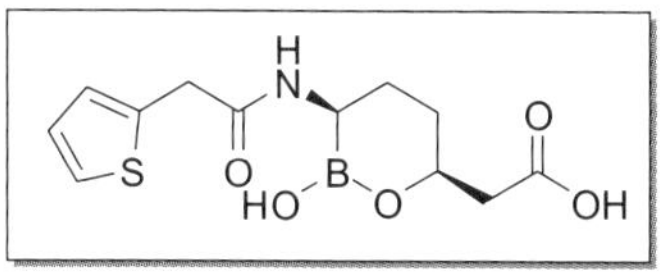

16
vaborbactam
CAS号 1360457-46-0

原始文献：WO 2015171430, 2015.

参考文献

[1] Shoulders B R, Casapao A M, Venugopalan V. An update on existing and emerging data for meropenem-vaborbactam. Clin Ther, 2020, 42(4):692-702.

[2] Gibson B. A brief review of a new antibiotic: meropenem-vaborbactam. Sr Care Pharm, 2019, 34(3):187-191.

valbenazine（缬苯那嗪）

药物基本信息

英文通用名	valbenazine
英文别名	valbenazine tosylate; NBI-98854; NBI 98854; NBI98854; MT-5199; MT 5199; MT5199; NBI-98854 ditosylate; valbenazine ditosylate; valbenazine tosylate; ingrezza
中文通用名	缬苯那嗪
商品名	Ingrezza
CAS登记号	1025504-45-3 (游离碱), 1639208-54-0 (对甲苯磺酸盐), 1639208-51-7 (盐酸盐)
FDA 批准日期	4/11/2017
FDA 批准的API	valbenazine tosylate
化学名	(2*R*,3*R*,11b*R*)-3-isobutyl-9,10-dimethoxy-1,3,4,6,7,11b-hexahydro-2*H*-pyrido[2,1-a]isoquinolin-2-yl L-valinate di(4-methylbenzenesulfonate)
SMILES代码	O=S(C1=CC=C(C)C=C1)(O)=O.O=S(C2=CC=C(C)C=C2)(O)=O.N[C@@H](C(C)C)C(O[C@@H]([C@H](CC(C)C)C3)C[C@@]4([H])N3CCC5=C4C=C(OC)C(OC)=C5)=O

化学结构和理论分析

化学结构	理论分析值
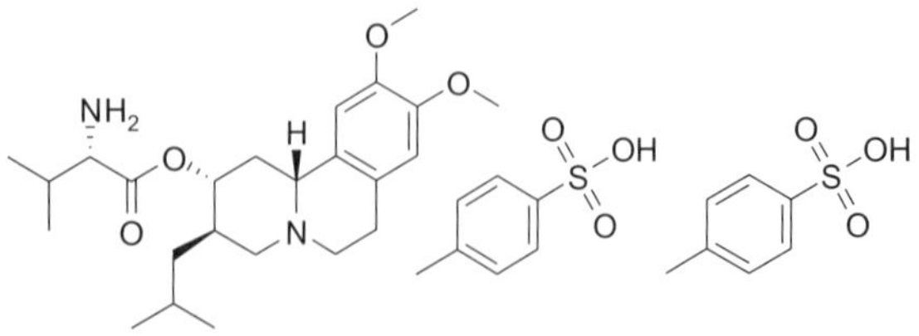	化学式：$C_{38}H_{54}N_2O_{10}S_2$ 精确分子量：N/A 分子量：762.97 元素分析：C, 59.82; H, 7.13; N, 3.67; O, 20.97; S, 8.40

药品说明书参考网页

生产厂家产品说明书、美国药品网、美国处方药网页。

药物简介

INGREZZA 的活性成分是 valbenazine tosylate。后者是一种囊泡单胺转运蛋白 2（a vesicular monoamine transporter 2，VMAT2）抑制剂。Valbenazine tosylate 微溶于水。

INGREZZA 胶囊仅供口服。每个胶囊包含分别相当于 40mg 或 80mg valbenazine 游离碱（分别相当于 73mg 或 146mg valbenazine tosylate）。40mg 胶囊含有以下非活性成分：胶体二氧化硅，硬脂酸镁，甘露醇和预糊化淀粉。80mg 胶囊含有以下非活性成分：羟丙甲纤维素，异麦芽酮糖醇，硬脂酸镁，预胶化淀粉和硅化微晶纤维素。胶囊壳中含有坎杜林细银粉、FD & C 蓝色 1 号、FD & C 红色 40 号和明胶。

INGREZZA 用于治疗迟发性运动障碍的成年人。

Valbenazine 在治疗迟发性运动障碍中的作用机理尚不清楚，但据认为是通过可逆性抑制囊泡单胺转运蛋白 2（VMAT2）介导的，该转运蛋白可调节从细胞质到突触小泡过程中单胺的储存和释放。

药品上市申报信息

该药物目前有 1 种产品上市。

药品注册申请号：209241
申请类型：NDA（新药申请）
申请人：NEUROCRINE
申请人全名：NEUROCRINE BIOSCIENCES INC

产品信息

产品号	商品名	活性成分	剂型 / 给药途径	规格 / 剂量	参比药物 (RLD)	生物等效参考标准 (RS)	治疗等效代码
001	INGREZZA	valbenazine tosylate	胶囊 / 口服	等量 40mg 游离碱	是	否	否
002	INGREZZA	valbenazine tosylate	胶囊 / 口服	等量 80mg 游离碱	是	是	否

与本品相关的专利信息（来自 FDA 橙皮书 Orange Book）

关联产品号	专利号	专利过期日	是否物质专利	是否产品专利	专利用途代码	撤销请求	提交日期
001	10065952	2036/10/28	是	是	U-1995		2018/09/26
	8039627	2029/10/06	是	是			2017/04/26
	8357697	2027/11/08			U-1995		2017/04/26
002	10065952	2036/10/28	是	是	U-1995		2018/09/26
	8039627	2029/10/06	是	是			2017/10/27
	8357697	2027/11/08			U-1995		2017/10/27

与本品相关的市场独占权保护信息

关联产品号	独占权代码	失效日期	备注
001	NCE	2022/04/11	
002	NCE	2022/04/11	

合成路线

以下合成路线来源于 Neurocrine Biosciences 公司 Gano 等人 2008 年发表的专利申请书。目标化合物 **12** 以化合物 **1** 和化合物 **2** 为原料，经过 7 步合成反应而得。

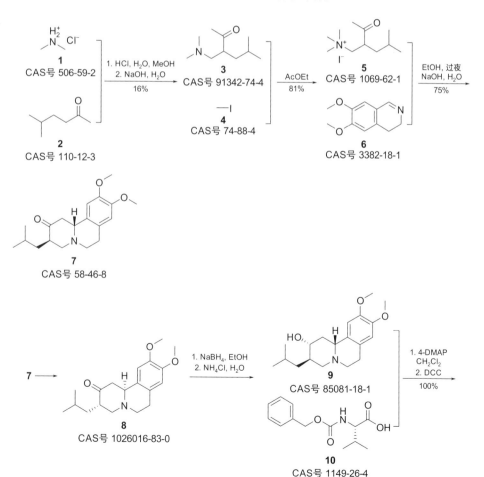

1 CAS号 506-59-2
2 CAS号 110-12-3
1. HCl, H_2O, MeOH 2. NaOH, H_2O 16%
3 CAS号 91342-74-4
4 CAS号 74-88-4
AcOEt 81%
5 CAS号 1069-62-1
6 CAS号 3382-18-1
EtOH, 过夜 NaOH, H_2O 75%
7 CAS号 58-46-8

7 →
8 CAS号 1026016-83-0
1. $NaBH_4$, EtOH 2. NH_4Cl, H_2O
9 CAS号 85081-18-1
10 CAS号 1149-26-4
1. 4-DMAP CH_2Cl_2 2. DCC 100%

Pd, H_2
MeOH
85%

11
CAS号 924854-60-4

12
valbenazine
CAS号 1025504-45-3

原始文献： WO 2008058261, 2008.

参考文献

[1] Lindenmayer J P, Verghese C, Marder S R, et al. A long-term, open-label study of valbenazine for tardive dyskinesia. CNS Spectr, 2020: 1-9.

[2] Akbar U, Kim D S, Friedman J H. Valbenazine-induced parkinsonism. Parkinsonism Relat Disord, 2020, 70:13-14.

velpatasvir（维帕他韦）

药物基本信息

英文通用名	velpatasvir
英文别名	GS5816; GS-5816; GS 5816
中文通用名	维帕他韦
商品名	Vosevi
CAS登记号	1377049-84-7
FDA 批准日期	7/18/2017
FDA 批准的API	velpatasvir
化学名	methyl ((*R*)-2-((2*S*,4*S*)-2-(5-(2-((2*S*,5*S*)-1-((methoxycarbonyl)-L-valyl)-5-methylpyrrolidin-2-yl)-1,11-dihydroisochromeno[4′,3′:6,7]naphtho[1,2-d]imidazol-9-yl)-1H-imidazol-2-yl)-4-(methoxymethyl)pyrrolidin-1-yl)-2-oxo-1-phenylethyl)carbamate
SMILES代码	O=C(OC)N[C@H](C1=CC=CC=C1)C(N2[C@H](C3=NC=C(C4=CC5=C(C6=CC7=CC=C8C(NC([C@H]9N(C([C@H](C(C)C)NC(OC)=O)=O)[C@@H](C)CC9)=N8)=C7C=C6OC5)C=C4)N3)C[C@H](COC)C2)=O

化学结构和理论分析

化学结构	理论分析值
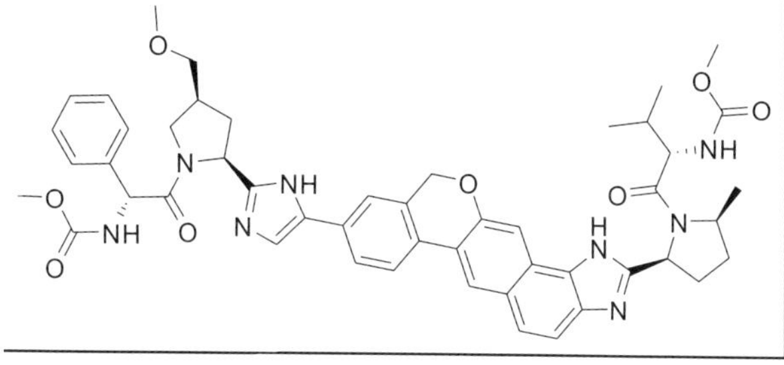	化学式：$C_{49}H_{54}N_8O_8$ 精确分子量：882.4065 分子量：883.02 元素分析：C, 66.65; H, 6.16; N, 12.69; O, 14.49

药品说明书参考网页

生产厂家产品说明书、美国药品网、美国处方药网页。

药物简介

VOSEVI 是一种固定剂量组合片剂。活性成分是 sofosbuvir、velpatasvir 和 voxilaprevir。Sofosbuvir 是核苷酸类似物 HCV NS5B 聚合酶抑制剂，velpatasvir 是 NS5A 抑制剂，voxilaprevir 是 NS3 / 4A 蛋白酶抑制剂。

每片 VOSEVI 含有 400mg sofosbuvir、100mg velpatasvir 和 100mg voxilaprevir。片剂包含以下非活性成分：胶体二氧化硅，共聚维酮，交联羧甲基纤维素钠，乳糖一水合物，硬脂酸镁和微晶纤维素。所述片剂用包含以下非活性成分的包衣材料进行膜包衣：氧化亚铁，氧化铁红，氧化铁黄，聚乙二醇，聚乙烯醇，滑石粉和二氧化钛。

Sofosbuvir 外观为白色至类白色结晶固体，在 37℃的 pH 范围（2 ～ 7.7）下溶解度至少为 2mg/mL，微溶于水。Velpatasvir 在高于 pH 5 时几乎不溶（小于 0.1mg/mL），在 pH 2 时微溶（3.6mg/mL），在 pH=1.2 时可溶（大于 36mg/mL）。Voxilaprevir 是白色至浅棕色固体。它略有吸湿性。Voxilaprevir 在 pH=6.8 以下几乎不溶（小于 0.1mg/mL）。

VOSEVI 适用于治疗无肝硬化或代偿性肝硬化（Child-Pugh A）的慢性丙型肝炎病毒（HCV）感染的成年患者，这些患者：①基因型 1、2、3、4、5 或 6 感染，并且先前已用含有 NS5A 抑制剂的 HCV 方案进行过治疗；②基因型 1a 或 3 感染，并且先前已用含 sofosbuvir 且不含 NS5A 抑制剂的 HCV 方案治疗。

Sofosbuvir 是一种病毒复制所需的 HCV NS5B RNA 依赖性 RNA 聚合酶的抑制剂。Sofosbuvir 是一种核苷酸前药，它会在细胞内代谢，形成具有药理活性的尿苷类似物三磷酸酯（GS-461203），可通过 NS5B 聚合酶将其掺入 HCV RNA 中并充当链终止剂。在生化分析中，GS-461203 抑制了重组 NS5B 的 HCV 基因型 1b、2a、3a 和 4a 的聚合酶活性，IC_{50} 值为 0.36 ～ 3.3μmol/L。GS-461203 既不是人类 DNA 和 RNA 聚合酶的抑制剂，也不是线粒体 RNA 聚合酶的抑制剂。

Velpatasvir 是一种 HCV NS5A 蛋白抑制剂。细胞培养中的抗性选择和交叉抗性研究表明，velpatasvir 可靶向作用于 NS5A。

Voxilaprevir 是 NS3 / 4A 蛋白酶的非共价可逆抑制剂。NS3 / 4A 蛋白酶对于 HCV 编码的多蛋白（转化为 NS3、NS4A、NS4B、NS5A 和 NS5B 蛋白的成熟形式）进行蛋白水解切割是必需的，并且对病毒复制至关重要。在一种生化抑制测定中，Voxilaprevir 可抑制来自临床分离的 HCV 基因型 1b 和 3a 重组 NS3 / 4A 酶的蛋白水解活性，其 K_i 值分别为 38pmol/L 和 66pmol/L。

抗病毒活性：在 HCV 复制子测定中，sofosbuvir 相对于全长或嵌合实验室分离株以及亚型 1a、1b、2a、2b、3a、4a、4d、5a 和 6a 的临床分离株的 EC_{50} 值中位数为 15 ～ 110nmol/L。Velpatasvir 对全长或嵌合实验室分离株和亚型 1a、1b、2a、2b、3a、4a、4d、4r、5a、6a 和 6e 的临床分离株和临床分离株的中值 EC_{50} 值为 0.002 ～ 0.13nmol/L。相对于全长或嵌合实验室分离株和亚型 1a、1b、2a、2b、3a、4a、4d、4r、5a、6a、6e 和 6n 的全长或嵌合实验室分离株和临床分离株，voxilaprevir 的 EC_{50} 值中位数为 0.2 ～ 6.6nmol/L。

药品上市申报信息

该药物目前有 2 种产品上市。

药品注册申请号：208341
申请类型：NDA（新药申请）
申请人：GILEAD SCIENCES INC
申请人全名：GILEAD SCIENCES INC

产品信息

产品号	商品名	活性成分	剂型 / 给药途径	规格 / 剂量	参比药物 (RLD)	生物等效参考标准 (RS)	治疗等效代码
001	EPCLUSA	sofosbuvir; velpatasvir	片剂 / 口服	400mg;100mg	是	是	否

与本品相关的专利信息（来自 FDA 橙皮书 Orange Book）

关联产品号	专利号	专利过期日	是否物质专利	是否产品专利	专利用途代码	撤销请求	提交日期
001	10086011	2034/01/30			U-1470		2018/10/23
	7964580	2029/03/26	是	是	U-1470		2016/07/15
	7964580*PED	2029/09/26					
	8334270	2028/03/21	是	是	U-1470		2016/07/15
	8334270*PED	2028/09/21					
	8575135	2032/11/16	是	是	U-1470		2016/07/15
	8580765	2028/03/21	是	是	U-1470		2016/07/15
	8580765*PED	2028/09/21					
	8618076	2030/12/11	是	是	U-1470		2016/07/15
	8618076*PED	2031/06/11					
	8633309	2029/03/26	是	是	U-1470		2016/07/15
	8633309*PED	2029/09/26					
	8735372	2028/03/21			U-1470		2016/07/15
	8889159	2029/03/26		是	U-1470		2016/07/15
	8889159*PED	2029/09/26					

续表

关联产品号	专利号	专利过期日	是否物质专利	是否产品专利	专利用途代码	撤销请求	提交日期
001	8921341	2032/11/16	是	是	U-1470		2016/07/15
	8940718	2032/11/16	是	是	U-1470		2016/07/15
	9085573	2028/03/21	是	是	U-1470		2016/07/15
	9085573*PED	2028/09/21					
	9284342	2030/09/13	是	是	U-1470		2016/07/15
	9284342*PED	2031/03/13					
	9757406	2034/01/30		是			2017/09/26

与本品相关的市场独占权保护信息

关联产品号	独占权代码	失效日期	备注
001	NCE	2021/06/28	
	NPP	2020/08/01	

药品注册申请号: 209195

申请类型: NDA(新药申请)

申请人: GILEAD SCIENCES INC

申请人全名: GILEAD SCIENCES INC

产品信息

产品号	商品名	活性成分	剂型/给药途径	规格/剂量	参比药物(RLD)	生物等效参考标准(RS)	治疗等效代码
001	VOSEVI	sofosbuvir; velpatasvir; voxilaprevir	片剂/口服	400mg; 100mg; 100mg	是	是	否

与本品相关的专利信息(来自 FDA 橙皮书 Orange Book)

关联产品号	专利号	专利过期日	是否物质专利	是否产品专利	专利用途代码	撤销请求	提交日期
001	7964580	2029/03/26	是	是	U-2039 U-2040		2017/07/28
	7964580*PED	2029/09/26					
	8334270	2028/03/21	是	是	U-2039 U-2040		2017/07/28
	8334270*PED	2028/09/21					
	8575135	2033/11/05	是	是	U-2040 U-2039		2017/07/28
	8580765	2028/03/21	是	是	U-2040 U-2039		2017/07/28
	8580765*PED	2028/09/21					
	8618076	2030/12/11	是	是	U-2039 U-2040		2017/07/28
	8618076*PED	2031/06/11					
	8633309	2029/03/26	是	是	U-2039 U-2040		2017/07/28

续表

关联产品号	专利号	专利过期日	是否物质专利	是否产品专利	专利用途代码	撤销请求	提交日期
001	8633309*PED	2029/09/26					
	8735372	2028/03/21	是	是	U-2039 U-2040		2017/07/28
	8889159	2029/03/26	是	是	U-2040 U-2039		2017/07/28
	8889159*PED	2029/09/26					
	8921341	2032/11/16	是	是	U-2040 U-2039		2017/07/28
	8940718	2032/11/16	是	是	U-2040 U-2039		2017/07/28
	9085573	2028/03/21	是	是	U-2040 U-2039		2017/07/28
	9085573*PED	2028/09/21					
	9284342	2030/09/13	是	是	U-2040 U-2039		2017/07/28
	9284342*PED	2031/03/13					
	9296782	2034/07/17	是	是			2017/07/28
	9585906	2028/03/21	是	是	U-2039 U-2040		2017/07/28
	9868745	2032/11/16	是	是			2018/02/06

与本品相关的市场独占权保护信息

关联产品号	独占权代码	失效日期	备注
001	NCE	2022/07/18	

合成路线 1

以下合成路线来源于 Hetero Research Foundation Reddy 等人 2018 年的专利申请书。目标化合物 **11** 以化合物 **1** 为原料，经过 7 步合成反应而得。

5
CAS号 1965253-64-8

6
CAS号 1438383-89-1

K_2CO_3, CH_2Cl_2

7
CAS号 1965253-63-7

+

Cs_2CO_3, THF

9
CAS号 2241777-56-8

8
CAS号 1335316-40-9

NH_4OAc
Me_2CHOH
PhMe

9
CAS号 2241777-56-8

10
CAS号 1377604-63-1

1. DDQ, AcOH
2. KOH, H_2O

11
velpatasvir
CAS号 1377049-84-7

原始文献： IN 201641022433, 2018.

合成路线 2

以下合成路线来源于 Shanghai ForeFront Pharmceutical 公司 Fu 等人 2018 年的专利申请书。目标化合物 **13** 以化合物 **1** 和化合物 **2** 为原料，经过 9 步合成反应而得。

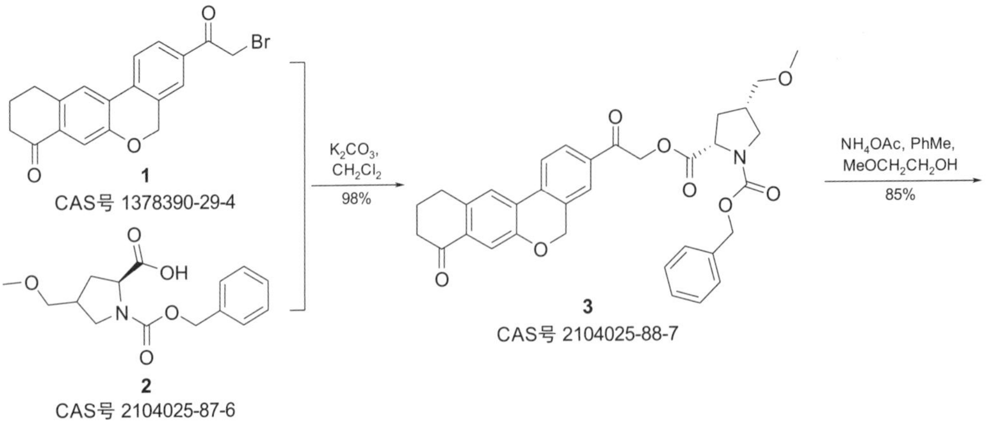

1
CAS号 1378390-29-4

2
CAS号 2104025-87-6

K_2CO_3, CH_2Cl_2, 98%

3
CAS号 2104025-88-7

NH_4OAc, PhMe, $MeOCH_2CH_2OH$, 85%

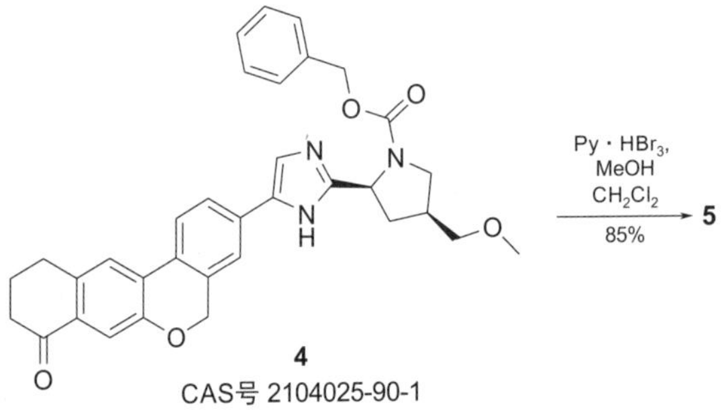

4
CAS号 2104025-90-1

Py · HBr_3, MeOH, CH_2Cl_2, 85% → **5**

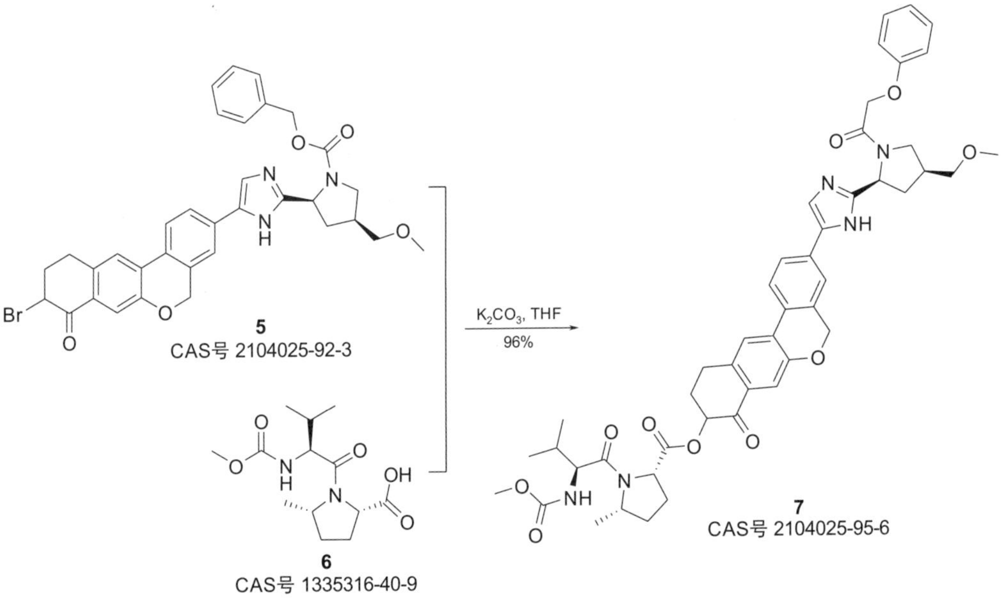

5
CAS号 2104025-92-3

6
CAS号 1335316-40-9

K_2CO_3, THF, 96%

7
CAS号 2104025-95-6

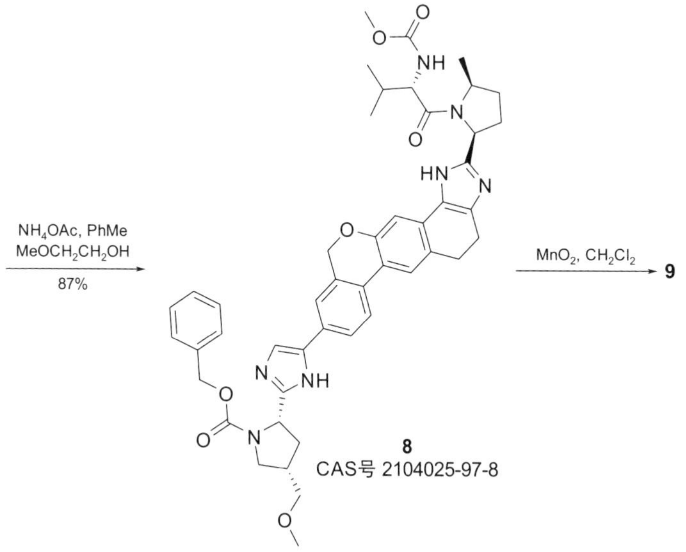

NH$_4$OAc, PhMe
MeOCH$_2$CH$_2$OH
87%

8
CAS号 2104025-97-8

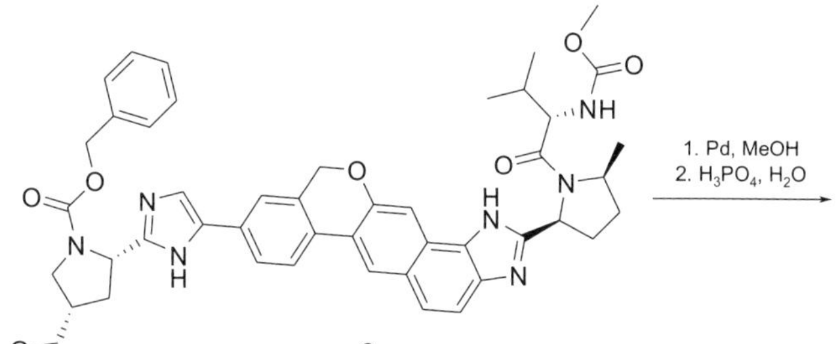

MnO$_2$, CH$_2$Cl$_2$ → **9**

1. Pd, MeOH
2. H$_3$PO$_4$, H$_2$O

9
CAS号 2156617-70-6

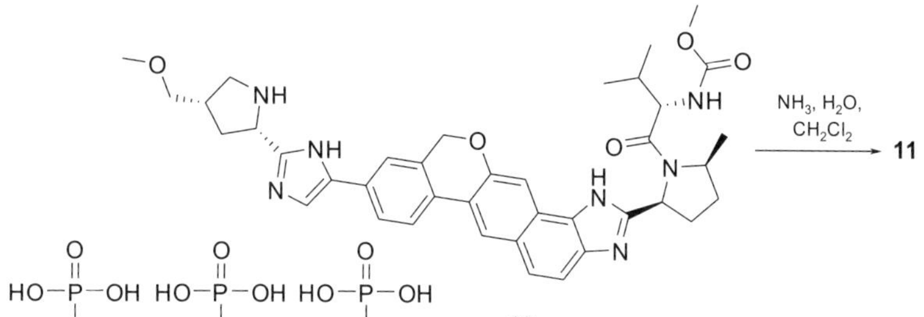

NH$_3$, H$_2$O, CH$_2$Cl$_2$ → **11**

10
CAS号 1844064-97-6

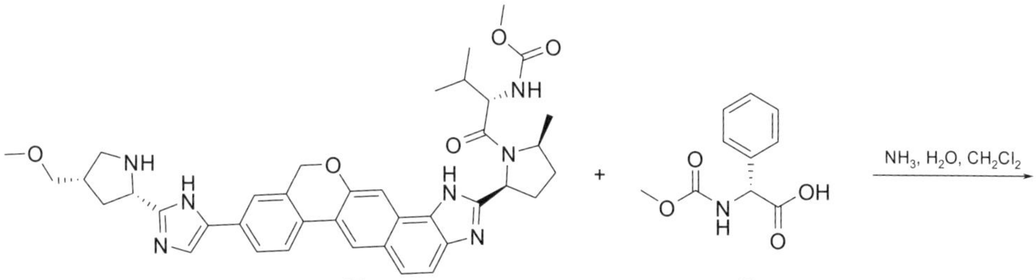

+

NH$_3$, H$_2$O, CH$_2$Cl$_2$

11
CAS号 1844064-96-5

12
CAS号 50890-96-5

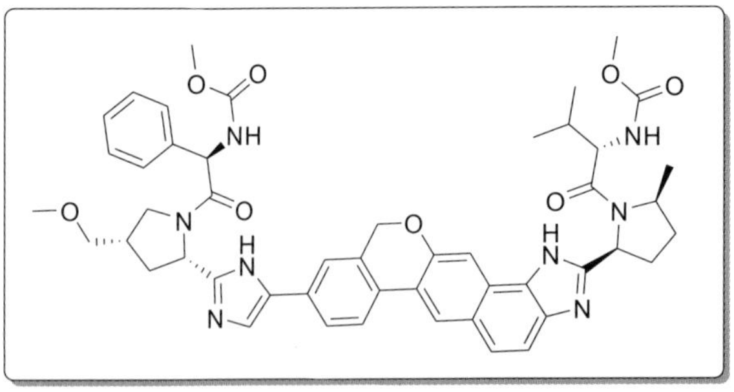

13
velpatasvir
CAS号 1377049-84-7

原始文献： WO 2018153380, 2018.

合成路线 3

以下合成路线来源于 Beijing Meibeita Pharmaceutical Research 公司 Wang 等人 2018 年的专利申请书。目标化合物 **11** 以化合物 **1** 为原料，经过 6 步合成反应而得。

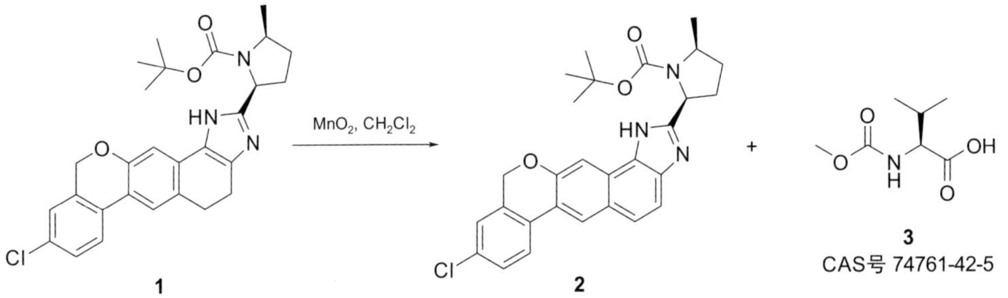

MnO_2, CH_2Cl_2

1
CAS号 1378392-93-8

2
CAS号 1378392-94-9

3
CAS号 74761-42-5

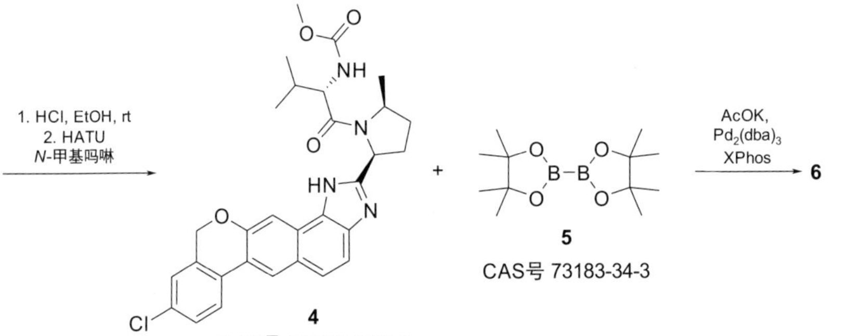

1. HCl, EtOH, rt
2. HATU
N-甲基吗啉

AcOK, $Pd_2(dba)_3$, XPhos → **6**

4
CAS号 1378392-96-1

5
CAS号 73183-34-3

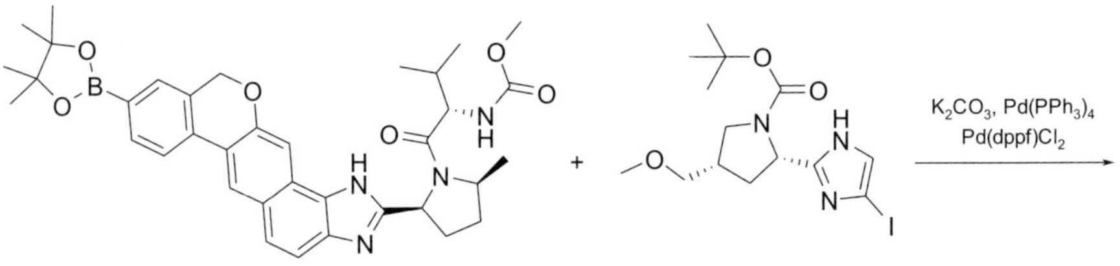

K_2CO_3, $Pd(PPh_3)_4$
$Pd(dppf)Cl_2$

6
CAS号 1378392-97-2

7
CAS号 1378391-86-6

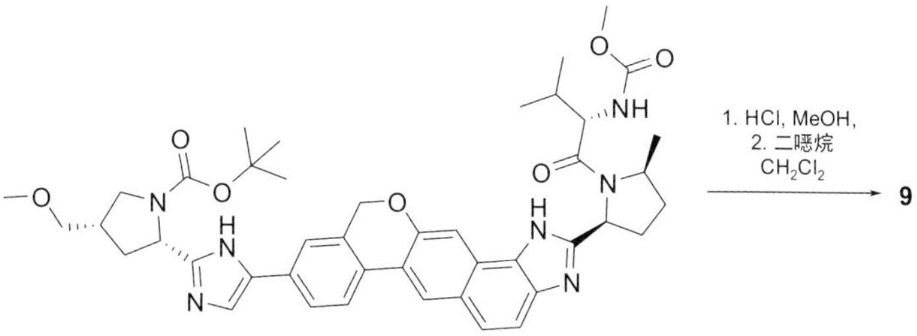

1. HCl, MeOH,
2. 二噁烷
CH_2Cl_2

8
CAS号 1378391-45-7

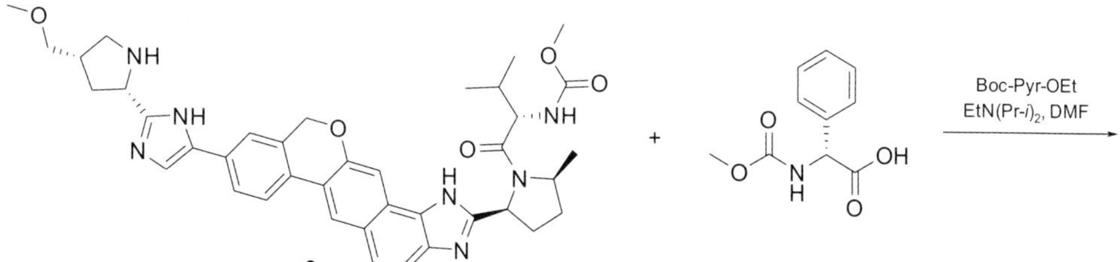

Boc-Pyr-OEt
$EtN(Pr\text{-}i)_2$, DMF

9
CAS号 1844064-96-5

10
CAS号 50890-96-5

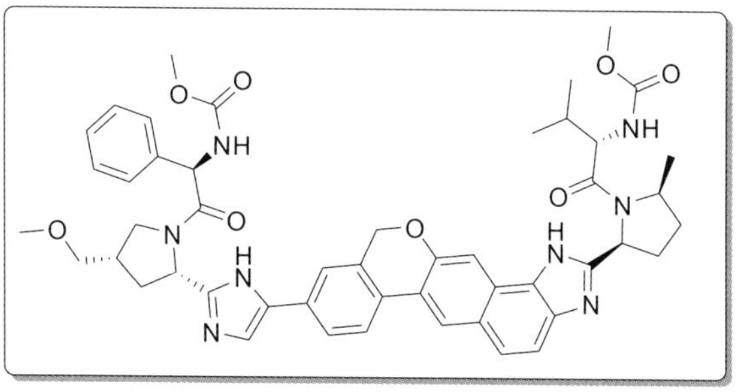

11
velpatisvir
CAS号 1377049-84-7

原始文献： CN 107540679, 2018.

参考文献

[1] Childs-Kean L M, Brumwell N A, Lodl E F. Profile of sofosbuvir/velpatasvir/voxilaprevir in the treatment of hepatitis C. Infect Drug Resist, 2019, 12:2259-2268.

[2] Zignego A L, Monti M, Gragnani L. Sofosbuvir/velpatasvir for the treatment of hepatitis C virus infection. Acta Biomed, 2018, 89(3):321-331.

维帕他韦核磁谱图

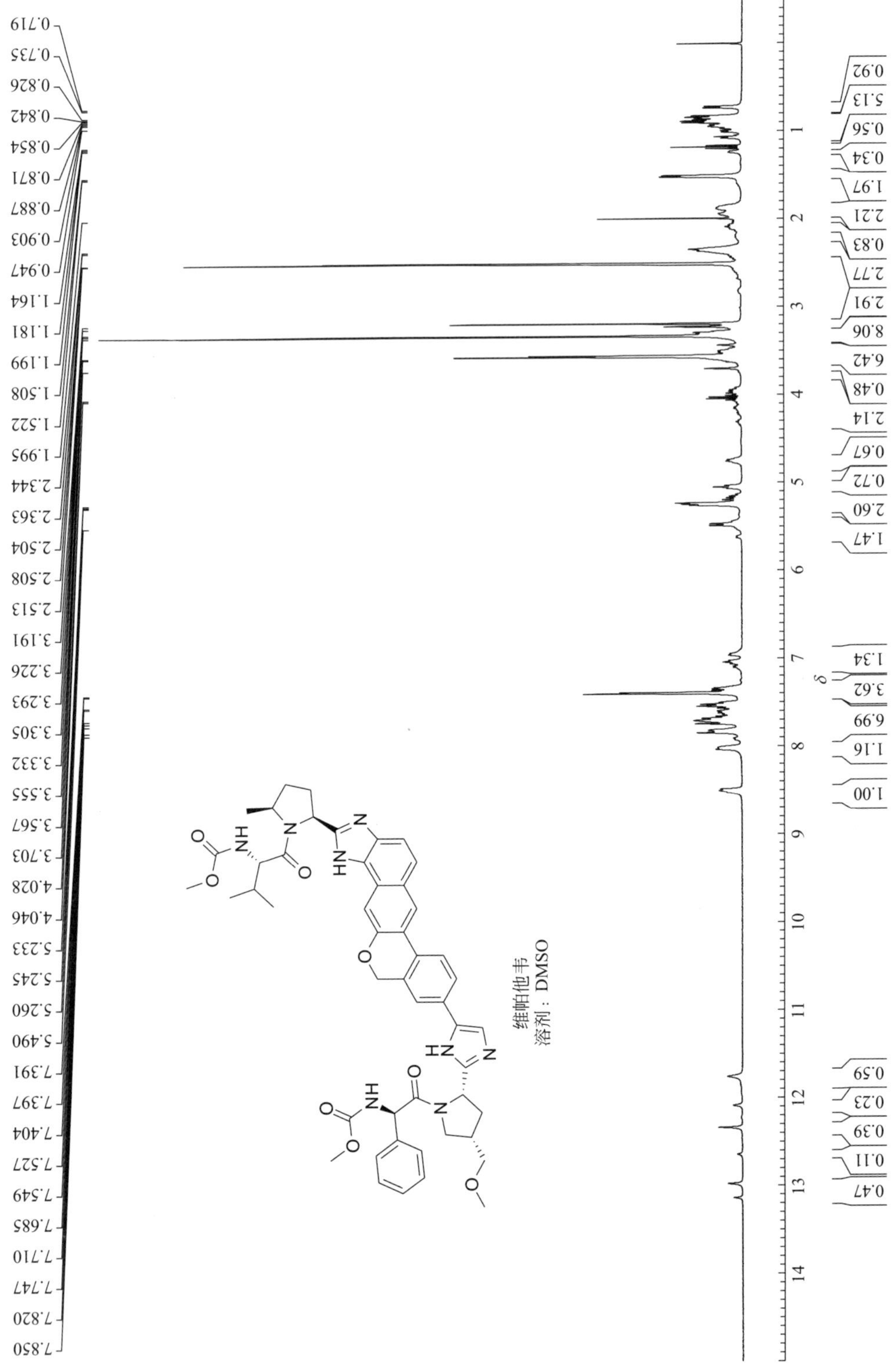

venetoclax（维尼托克）

药物基本信息

英文通用名	venetoclax
英文别名	ABT199; ABT-199; ABT 199; GDC0199; GDC0199; GDC 0199; RG7601; RG7601; RG 7601
中文通用名	维尼托克
商品名	Venclexta
CAS登记号	1257044-40-8
FDA 批准日期	4/11/2016
FDA 批准的API	venetoclax
化 学名	4-(4-{[2-(4-chlorophenyl)-4,4-dimethylcyclohex-1-en-1-yl]methyl}piperazin-1-yl)-*N*-({3-nitro-4-[(tetrahydro-2*H*-pyran-4-ylmethyl)amino]phenyl}sulfonyl)-2-(1*H*-pyrrolo[2,3-b]pyridin-5-yloxy)benzamide
SMILES代码	O=C(NS(=O)(C1=CC=C(NCC2CCOCC2)C([N+]([O-])=O)=C1)=O)C3=CC=C(N4CCN(CC5=C(C6=CC=C(Cl)C=C6)CC(C)(C)CC5)CC4)C=C3OC7=CN=C(NC=C8)C8=C7

化学结构和理论分析

化学结构	理论分析值
Cl, O⁻, O=N⁺, O, O, HN, S, NH, O, N, N, O, N, NH	化学式：$C_{45}H_{50}ClN_7O_7S$ 精确分子量：867.3181 分子量：868.45 元素分析：C, 62.24; H, 5.80; Cl, 4.08; N, 11.29; O, 12.90; S, 3.69

药品说明书参考网页

生产厂家产品说明书、美国药品网、美国处方药网页。

药物简介

Venetoclax 是 BCL-2 蛋白的选择性抑制剂，外观为浅黄色至深黄色固体。Venetoclax 具有非常低的水溶性。

口服的 VENCLEXTA 片剂为淡黄色或米色片剂。目前有 3 种剂量规格，分别含有 10mg、50mg 或 100mg Venetoclax 作为活性成分。每片还含有以下非活性成分：共聚维酮，胶体二氧化硅，聚山梨酯 80，硬脂富马酸钠和磷酸氢钙。此外，10mg 和 100mg 的包衣片剂包括：氧化铁黄，聚乙烯醇，聚乙二醇，滑石粉和二氧化钛。50mg 包衣片剂还包括：氧化铁黄，氧化铁红，氧化铁黑，聚乙烯醇，滑石粉，聚乙二醇和二氧化钛。每个平板的凹坑上刻有“V”，另一侧刻有“10”“50”或“100”。

VENCLEXTA 可用于治疗患有 17p 缺失的慢性淋巴细胞性白血病（CLL）或小淋巴细胞性淋巴瘤（SLL）的患者，这些患者先前至少已接受一种的治疗方案。

Venetoclax 是一种口服有效 BCL-2（一种抗凋亡蛋白）选择性抑制剂。Venetoclax 通过直接与 BCL-2 蛋白结合，置换促凋亡蛋白（如 BIM），触发线粒体外膜通透性和胱天蛋白酶的活化来帮助恢复凋亡过程。非临床研究发现，venetoclax 对过量表达 BCL-2 的肿瘤细胞具有细胞毒活性。

药品上市申报信息

该药物目前有 3 种产品上市。

药品注册申请号: 208573
申请类型: NDA(新药申请)
申请人: ABBVIE INC
申请人全名: ABBVIE INC

产品信息

产品号	商品名	活性成分	剂型 / 给药途径	规格 / 剂量	参比药物 (RLD)	生物等效参考标准 (RS)	治疗等效代码
001	VENCLEXTA	venetoclax	片剂 / 口服	10mg	是	否	否
002	VENCLEXTA	venetoclax	片剂 / 口服	50mg	是	否	否
003	VENCLEXTA	venetoclax	片剂 / 口服	100mg	是	是	否

与本品相关的专利信息（来自 FDA 橙皮书 Orange Book）

关联产品号	专利号	专利过期日	是否物质专利	是否产品专利	专利用途代码	撤销请求	提交日期
001	8546399	2031/06/27	是	是			2016/05/04
	9174982	2030/05/26			U-2537 U-2445 U-2446 U-2323		2016/05/04
	9539251	2033/09/06			U-2538		2019/06/13
002	8546399	2031/06/27	是	是			2016/05/04
	9174982	2030/05/26			U-2323 U-2537 U-2445 U-2446		2016/05/04
	9539251	2033/09/06			U-2538		2019/06/13
003	8546399	2031/06/27	是	是			2016/05/04
	9174982	2030/05/26			U-2537 U-2445 U-2323 U-2446		2016/05/04
	9539251	2033/09/06			U-2538		2019/06/13

与本品相关的市场独占权保护信息

关联产品号	独占权代码	失效日期	备注
001	NCE	2021/04/11	
	ODE-114	2023/04/11	
	M-228	2021/06/08	
	I-782	2021/06/08	
	ODE-185	2025/06/08	
	I-789	2021/11/21	
	ODE-211	2025/11/21	
	I-795	2022/05/15	
	ODE-239	2026/05/15	
002	NCE	2021/04/11	
	ODE-114	2023/04/11	
	M-228	2021/06/08	
	I-782	2021/06/08	
	ODE-185	2025/06/08	
	I-789	2021/11/21	
	ODE-211	2025/11/21	
	I-795	2022/05/15	
	ODE-239	2026/05/15	
003	NCE	2021/04/11	
	ODE-114	2023/04/11	
	M-228	2021/06/08	
	I-782	2021/06/08	
	ODE-185	2025/06/08	
	I-789	2021/11/21	
	ODE-211	2025/11/21	
	I-795	2022/05/15	
	ODE-239	2026/05/15	

合成路线 1

以下合成路线来源于 Abbive 公司 Ku 等人 2019 年发表的论文。目标化合物 **16** 以化合物 **1** 和化合物 **2** 为原料，经过 9 步合成反应而得。

1
CAS号 2979-19-3

2
CAS号 616-38-6

NaH, HF, 回流
95%

3
CAS号 32767-46-7

+

4
CAS号 358-23-6

NaH, CH_2Cl_2
95%

5
CAS号 228780-46-8

+

6
CAS号 1679-18-1

CsF, $Pd(PPh_3)_4$
70%
→ **7**

7
CAS号 1228780-49-1

$LiBH_4$, MeOH
Et_2O, rt
80%

8
CAS号 1228780-51-5

Martin's 试剂
CH_2Cl_2
85%

9
CAS号 1228837-05-5

10
CAS号 1235865-75-4

+

11
CAS号 110-85-0

DMSO
89%

12
CAS号 1257044-57-7

+

9
CAS号 1228837-05-5

$Na^+ \cdot (AcO)_3BH$, HF, rt
82%

13
CAS号 1235865-76-5

13

LiOH, H_2O
EtOH, THF
90%

14
CAS号 1235865-77-6

+

15
CAS号 1228779-96-1

1. Et_3N, 4-DMAP
$EtN{=}C{=}N(CH_2)_3NMe_2 \cdot HCl$,
2. :DMEDA

16
venetoclax
CAS号 1257044-40-8

原始文献： J. Org. Chem, 2019, 84(8):4814-4829.

合成路线 2

以下合成路线来源于 Chongqing Sansheng Industrial 公司 Peng 等人 2019 年发表的专利申请书。目标化合物 **5** 以化合物 **1** 和化合物 **2** 为原料，经过 2 步合成反应而得。

1
CAS号 1235865-77-6

2
CAS号 406233-31-6

EtN=C=N(CH$_2$)$_3$NMe$_2$ · HCl, 4-DMAP, CH$_2$Cl$_2$, rt
96%

3
CAS号 2096507-59-2

4
CAS号 130290-79-8

EtN(Pr-*i*)$_2$, MeCN, rt
88%

5
venetoclax
CAS号 1257044-40-8

原始文献： CN 109438441, 2019.

合成路线 3

以下合成路线来源于 Nanjing Youjie Pharmatech 公司 Ge 等人 2015 年发表的专利申请书。目标化合物 **9** 以化合物 **1** 和化合物 **2** 为原料，经过 4 步合成反应而得。

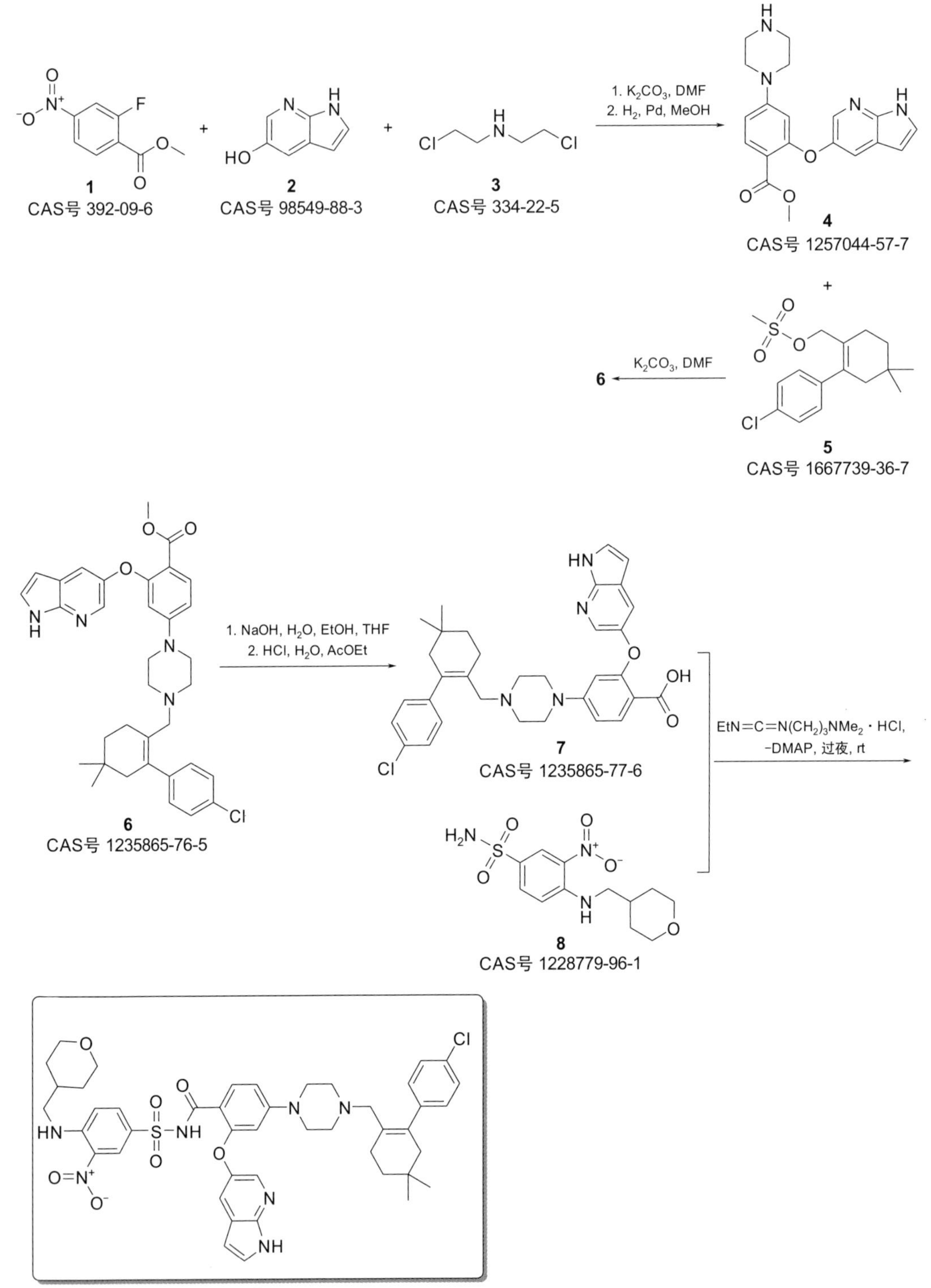

1 CAS号 392-09-6 + **2** CAS号 98549-88-3 + **3** CAS号 334-22-5 → (1. K_2CO_3, DMF; 2. H_2, Pd, MeOH) → **4** CAS号 1257044-57-7

4 + **5** CAS号 1667739-36-7 → (K_2CO_3, DMF) → **6**

6 CAS号 1235865-76-5 → (1. NaOH, H_2O, EtOH, THF; 2. HCl, H_2O, AcOEt) → **7** CAS号 1235865-77-6

7 + **8** CAS号 1228779-96-1 → ($EtN{=}C{=}N(CH_2)_3NMe_2 \cdot HCl$, -DMAP, 过夜, rt) → **9**

9
venetoclax
CAS号 1257044-40-8

原始文献： CN 104370905, 2015.

参考文献

[1] Choi J H, Bogenberger J M, Tibes R. Targeting apoptosis in acute myeloid leukemia: current status and future directions of BCL-2 inhibition with venetoclax and beyond. Target Oncol, 2020, 15(2):147-162.

[2] Garcia J S. Prospects for venetoclax in myelodysplastic syndromes. Hematol Oncol Clin North Am, 2020, 34(2):441-448.

维尼托克核磁谱图

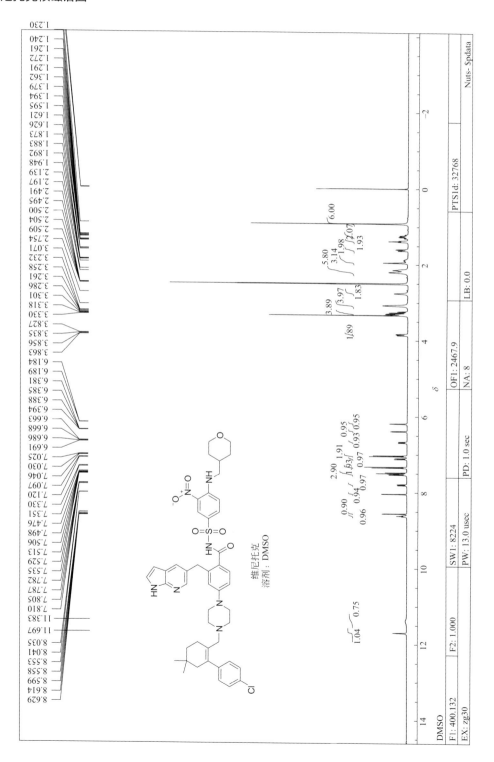

维尼托克
溶剂：DMSO

voxelotor（伏克络托）

药物基本信息

英文通用名	voxelotor
英文别名	GBT-440, GBT 440, GBT440, GTx-011, GTx011, GTx 011
中文通用名	伏克络托
商品名	Oxbryta
CAS登记号	1446321-46-5
FDA 批准日期	11/25/2019
FDA 批准的API	voxelotor
化学名	2-hydroxy-6-({2-[1-(propan-2-yl)-1*H*-pyrazol-5-yl]pyridin-3-yl}methoxy)benzaldehyde
SMILES代码	O=CC1=C(OCC2=CC=CN=C2C3=CC=NN3C(C)C)C=CC=C1O

化学结构和理论分析

化学结构	理论分析值
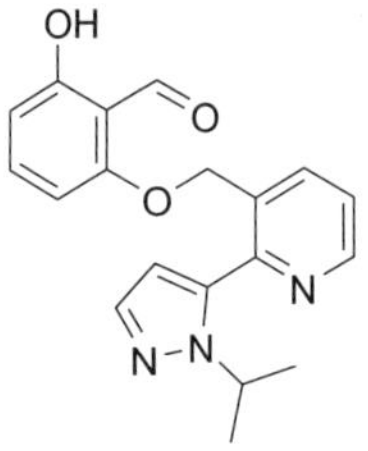 OH O O N N-N	化学式：$C_{19}H_{19}N_3O_3$ 精确分子量：337.1426 分子量：337.38 元素分析：C, 67.64; H, 5.68; N, 12.46; O, 14.23

药品说明书参考网页

生产厂家产品说明书、美国药品网、美国处方药网页。

药物简介

OXBRYTA 的活性成分是 voxelotor。后者是一种血红蛋白 S 聚合抑制剂。活性药物 voxelotor 是一种白色到黄色到米黄色的化合物，在丙酮和甲苯等常见有机溶剂中高度可溶，在水中不溶（约 0.03mg/mL）。

每个口服的 OXBRYTA 薄膜衣片包含 500mg 的 voxelotor 和以下非活性成分：胶体二氧化硅，交联羧甲基纤维素钠，硬脂酸镁，微晶纤维素和月桂基硫酸钠。此外，薄膜涂层还包含：聚乙二醇 3350，聚乙烯醇，滑石粉，二氧化钛和黄色氧化铁。

OXBRYTA 适用于成人和 12 岁以上儿童患者的镰状细胞疾病（SCD）。

Voxelotor 是一种血红蛋白 S（HbS）聚合抑制剂，可与 HbS 结合，其化学计量比为 1：1，并优先分配给红细胞（RBC）。通过增加 Hb 对氧气的亲和力，voxelotor 对 HbS 聚合的抑制呈剂量依赖关系。非临床研究表明，voxelotor 可抑制 RBC 细胞的镰刀化，改善 RBC 变形能力并降低全血黏度。

药品上市申报信息

该药物目前有 1 种产品上市。

药品注册申请号：213137
申请类型：NDA（新药申请）
申请人：GLOBAL BLOOD THERAPS
申请人全名：GLOBAL BLOOD THERAPEUTICS INC

产品信息

产品号	商品名	活性成分	剂型 / 给药途径	规格 / 剂量	参比药物 (RLD)	生物等效参考标准 (RS)	治疗等效代码
001	OXBRYTA	voxelotor	片剂 / 口服	500mg	是	是	否

与本品相关的市场独占权保护信息

关联产品号	独占权代码	失效日期	备注
001	NCE	2024/11/25	

合成路线 1

以下合成路线来源于 Global Blood Therapeutics 公司 Metcalf 等人 2017 年发表的论文。目标化合物 **21** 以化合物 **1** 和化合物 **2** 为原料，经过 12 步合成而得。

1 CAS号 6751-75-3 + **2** CAS号 107-30-2 —— $EtN(Pr\text{-}i)_2$, CH_2Cl_2, 90% → **3** CAS号 637329-14-7

3 + **4** CAS号 68-12-2 —— 1. BuLi, THF 2. NH_4Cl, H_2O, 94% → **5** CAS号 79834-12-1

—— :HCl, H_2O, THF, 84% → **6** CAS号 84290-49-3

7 CAS号 35905-85-2 —— 1. Et_3N, $ClCO_2Bu\text{-}i$, THF 2. $NaBH_4$, H_2O, 90% → **8** CAS号 131747-54-1

8 + **9** CAS号 18162-48-6 —— 1*H*-咪唑, DMF, 94% →

10
CAS号 524019-50-9

11
CAS号 557-21-1

$Pd(PPh_3)_4$, DMF, 82% → 12

12
CAS号 210037-84-6

13
CAS号 75-16-1

1. Et_2O, THF
2. 柠檬酸, H_2O
59%

14
CAS号 1446321-91-0

15
CAS号 4637-24-5

16
CAS号 1446321-92-1

17
CAS号 16726-41-3

1. EtOH
2. HCl, H_2O
71% → 18

18
CAS号 1446321-93-2

$SOCl_2$, CH_2Cl_2, rt, 100%

19
CAS号 1446395-78-3

6
CAS号 84290-49-3

Na_2CO_3, DMF, 81%

20
CAS号 1667717-42-1

HCl, THF, 96%

21
voxelotor
CAS号 1446321-46-5

原始文献： ACS Med Chem Lett, 2017, 8(3):321-326.

合成路线 2

以下合成路线来源于 Global Blood Therapeutics 公司 Li 等人 2017 年发表的专利申请书。目标化合物 **11** 以化合物 **1** 和化合物 **2** 为原料，经过 6 步合成而得。

N Cl OH + N-N O-B O

1.$NaHCO_3$, Pd(dppf)Cl_2,
2. NaOH, H_2O

1. $NaHCO_3$, H_2O
2. $SOCl_2$, CH_2Cl_2
3. HCl, 二噁烷

H—Cl
H—Cl

1
CAS号 42330-59-6

2
CAS号 1282518-60-8

3
CAS号 1446321-93-2

4
CAS号 2152677-40-0

Py · *p*-MePhSO_3H
100%

5
CAS号 108-46-3

6
CAS号 109-92-2

7
CAS号 70160-46-2

8
CAS号 68-12-2

1. BuLi, THF, Me$(CH_2)_5$Me
2. HCl, AcOEt

9
CAS号 2152677-39-7

HCl, H_2O
67%

NaHCO$_3$, NaI, NMP

9
CAS号 2152677-39-7

10
CAS号 387-46-2

4
CAS号 2152677-40-0

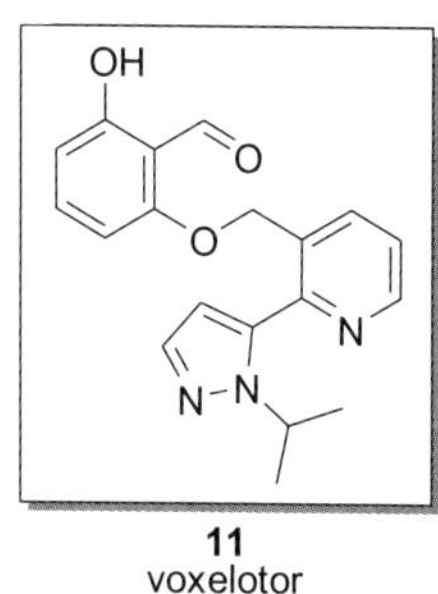

11
voxelotor
CAS号 1446321-46-5

原始文献： WO 2017197083, 2017

参考文献

[1] Blair H A. Voxelotor: first approval. Drugs, 2020, 80(2):209-215.

[2] Vichinsky E, Hoppe C C, Ataga K I, et al. HOPE trial investigators. a phase 3 randomized trial of voxelotor in sickle cell disease. N Engl J Med, 2019, 381(6):509-519.

伏克络托核磁谱图

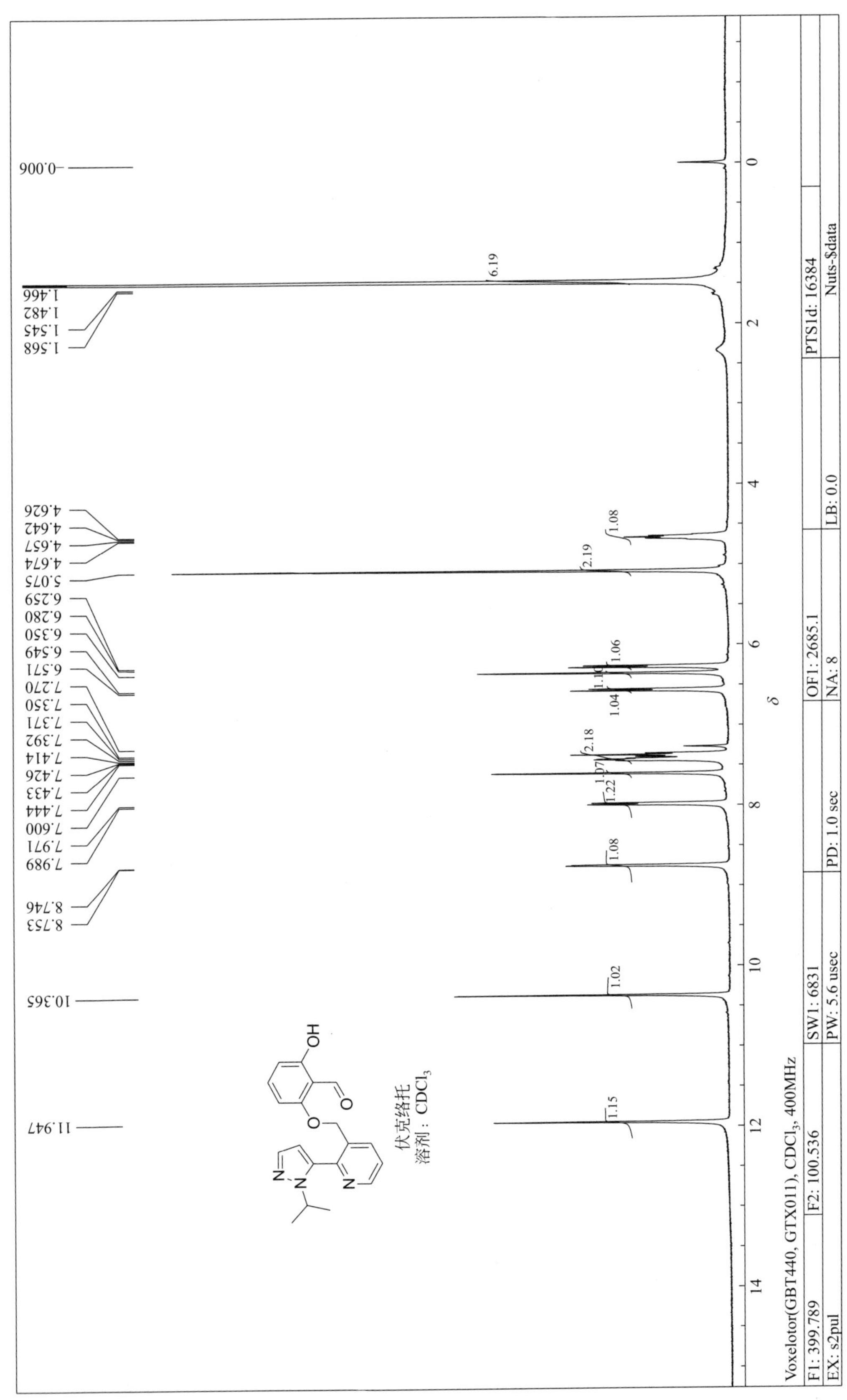

-0.006
1.466
1.482
1.545
1.568
4.626
4.642
4.657
4.674
5.075
6.259
6.280
6.350
6.549
6.571
7.270
7.350
7.371
7.392
7.414
7.426
7.433
7.444
7.600
7.971
7.989
8.746
8.753
10.365
11.947
伏克络托
溶剂：CDCl3
Voxelotor(GBT440, GTX011), CDCl3, 400MHz
F1: 399.789
F2: 100.536
SW1: 6831
OF1: 2685.1
PTS1d: 16384
EX: s2pul
PW: 5.6 usec
PD: 1.0 sec
NA: 8
LB: 0.0
Nuts-$data
δ

voxilaprevir（伏西瑞韦）

药物基本信息

英文通用名	voxilaprevir
英文别名	GS-9857; GS 9857; GS9857
中文通用名	伏西瑞韦
商品名	Vosevi
CAS登记号	1535212-07-7
FDA 批准日期	7/18/2017
FDA 批准的API	voxilaprevir
化学名	(33*R*,34*S*,35*S*,91*R*,92*R*,5*S*)-5-(tert-butyl)-*N*-((1*R*,2*R*)-2-(difluoromethyl)-1-(((1-methylcyclopropyl)sulfonyl)carbamoyl)cyclopropyl)-34-ethyl-14,14-difluoro-17-methoxy-4,7-dioxo-2,8-dioxa-6-aza-1(2,3)-quinoxalina-3(3,1)-pyrrolidina-9(1,2)-cyclopropanacyclotetradecaphane-35-carboxamide
SMILES代码	CC[C@@H]1[C@@H]2CN(C([C@H](C(C)(C)C)NC(O[C@@H]3C[C@H]3CCCCC(F)(C4=C(O2)N=C5C=C(OC)C=CC5=N4)F)=O)=O)[C@@H]1C(N[C@]6(C(NS(=O)(C7(CC7)C)=O)=O)C[C@H]6C(F)F)=O

化学结构和理论分析

化学结构	理论分析值
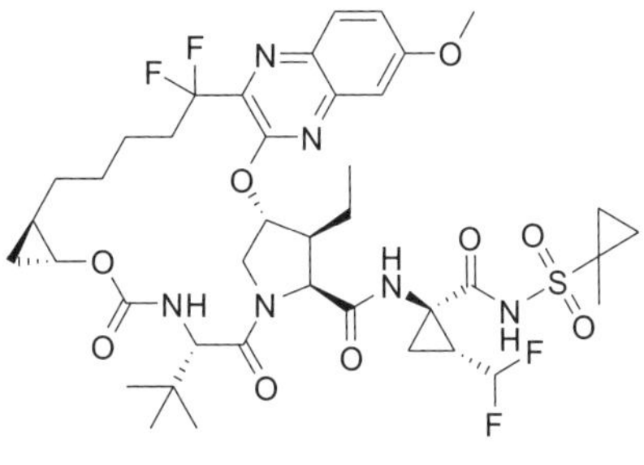	化学式：$C_{40}H_{52}F_4N_6O_9S$ 精确分子量：868.3453 分子量：868.94 元素分析：C, 55.29; H, 6.03; F, 8.75; N, 9.67; O, 16.57; S, 3.69

药品说明书参考网页

生产厂家产品说明书、美国药品网、美国处方药网页。

药物简介

VOSEVI 是一种固定剂量组合片剂。活性成分是 sofosbuvir、velpatasvir 和 voxilaprevir。Sofosbuvir 是核苷酸类似物 HCV NS5B 聚合酶抑制剂，velpatasvir 是 NS5A 抑制剂，voxilaprevir 是 NS3 / 4A 蛋白酶抑制剂。

每片 VOSEVI 含有 400mg sofosbuvir、100mg velpatasvir 和 100mg voxilaprevir。片剂包含以下非活性成分：胶体二氧化硅，共聚维酮，交联羧甲基纤维素钠，乳糖一水合物，硬脂酸镁和微晶纤维素。所述片剂用包含以下非活性成分的包衣材料进行膜包衣：氧化亚铁，氧化铁红，氧化铁黄，聚乙二醇，聚乙烯醇，滑石粉和二氧化钛。

Sofosbuvir 外观为白色至类白色结晶固体，在 37℃的 pH 值范围（2 ～ 7.7）下溶解度至少为 2mg/mL，微溶于水。Velpatasvir 在高于 pH 5 时几乎不溶（小于 0.1mg/mL），在 pH 2 时微溶（3.6mg/mL），在 pH 1.2 时可溶（大于 36mg/mL）。Voxilaprevir 是白色至浅棕色固体。它略有吸湿性。Voxilaprevir 在 pH 6.8 以下几乎不溶（小于 0.1mg/mL）。

VOSEVI 适用于治疗无肝硬化或代偿性肝硬化（Child-Pugh A）的慢性丙型肝炎病毒（HCV）感染的成年患者，这些患者：①基因型 1、2、3、4、5 或 6 感染，并且先前已用含有 NS5A 抑制剂的 HCV 方案进行过治疗；②基因型 1a 或 3 感染，并且先前已用含 sofosbuvir 且不含 NS5A 抑制剂的 HCV 方案治疗。

Sofosbuvir 是一种病毒复制所需的 HCV NS5B RNA 依赖性 RNA 聚合酶的抑制剂。Sofosbuvir 是一种核苷酸前药，它会在细胞内代谢，形成具有药理活性的尿苷类似物三磷酸酯（GS-461203），可通过 NS5B 聚合酶将其掺入 HCV RNA 中并充当链终止剂。在生化分析中，GS-461203 抑制了重组 NS5B 的 HCV 基因型 1b、2a、3a 和 4a 的聚合酶活性，IC_{50} 值为 0.36 ～ 3.3μmol/L。GS-461203 既不是人类 DNA 和 RNA 聚合酶的抑制剂，也不是线粒体 RNA 聚合酶的抑制剂。

Velpatasvir 是一种 HCV NS5A 蛋白抑制剂。细胞培养中的抗性选择和交叉抗性研究表明，velpatasvir 可靶向作用于 NS5A。

Voxilaprevir 是 NS3 / 4A 蛋白酶的非共价可逆抑制剂。NS3 / 4A 蛋白酶对于 HCV 编码的多蛋白（转化为 NS3、NS4A、NS4B、NS5A 和 NS5B 蛋白的成熟形式）进行蛋白水解切割是必需的，并且对病毒复制至关重要。在一种生化抑制测定中，voxilaprevir 可抑制来自临床分离的 HCV 基因型 1b 和 3a 重组 NS3/4A 酶的蛋白水解活性，其 K_i 值分别为 38pmol/L 和 66pmol/L。

抗病毒活性：在 HCV 复制子测定中，sofosbuvir 相对于全长或嵌合实验室分离株以及亚型 1a、1b、2a、2b、3a、4a、4d、5a 和 6a 的临床分离株的 EC_{50} 值中位数为 15 ～ 110nmol/L。Velpatasvir 对全长或嵌合实验室分离株和亚型 1a、1b、2a、2b、3a、4a、4d、4r、5a、6a 和 6e 的临床分离株和临床分离株的中值 EC_{50} 值为 0.002 ～ 0.13nmol/L。相对于全长或嵌合实验室分离株和亚型 1a、1b、2a、2b、3a、4a、4d、4r、5a、6a、6e 和 6n 的全长或嵌合实验室分离株和临床分离株，voxilaprevir 的 EC_{50} 值中位数为 0.2 ～ 6.6nmol/L。

药品上市申报信息

该药物目前有 1 种产品上市。

药品注册申请号：209195
申请类型：NDA（新药申请）
申请人：GILEAD SCIENCES INC
申请人全名：GILEAD SCIENCES INC

产品信息

产品号	商品名	活性成分	剂型 / 给药途径	规格 / 剂量	参比药物 (RLD)	生物等效参考标准 (RS)	治疗等效代码
001	VOSEVI	sofosbuvir; velpatasvir; voxilaprevir	片剂 / 口服	400mg; 100mg; 100mg	是	是	否

与本品相关的专利信息（来自 FDA 橙皮书 Orange Book）

关联产品号	专利号	专利过期日	是否物质专利	是否产品专利	专利用途代码	撤销请求	提交日期
001	7964580	2029/03/26	是	是	U-2039 U-2040		2017/07/28
	7964580*PED	2029/09/26					
	8334270	2028/03/21	是	是	U-2039 U-2040		2017/07/28
	8334270*PED	2028/09/21					
	8575135	2033/11/05	是	是	U-2040 U-2039		2017/07/28
	8580765	2028/03/21	是	是	U-2040 U-2039		2017/07/28
	8580765*PED	2028/09/21					
	8618076	2030/12/11	是	是	U-2039 U-2040		2017/07/28
	8618076*PED	2031/06/11					
	8633309	2029/03/26	是	是	U-2039 U-2040		2017/07/28
	8633309*PED	2029/09/26					
	8735372	2028/03/21	是	是	U-2039 U-2040		2017/07/28
	8889159	2029/03/26	是	是	U-2040 U-2039		2017/07/28
	8889159*PED	2029/09/26					
	8921341	2032/11/16	是	是	U-2040 U-2039		2017/07/28
	8940718	2032/11/16	是	是	U-2040 U-2039		2017/07/28
	9085573	2028/03/21	是	是	U-2040 U-2039		2017/07/28
	9085573*PED	2028/09/21					
	9284342	2030/09/13	是	是	U-2040 U-2039		2017/07/28
	9284342*PED	2031/03/13					
	9296782	2034/07/17	是	是			2017/07/28
	9585906	2028/03/21	是	是	U-2039 U-2040		2017/07/28
	9868745	2032/11/16	是	是			2018/02/06

与本品相关的市场独占权保护信息

关联产品号	独占权代码	失效日期	备注
001	NCE	2022/07/18	

合成路线 1

以下合成路线来源于 Gilead Sciences 公司 Cagulada 等人 2015 年发表的专利申请书。目标化合物 **5** 以化合物 **1** 为原料，经过 3 步合成而得。

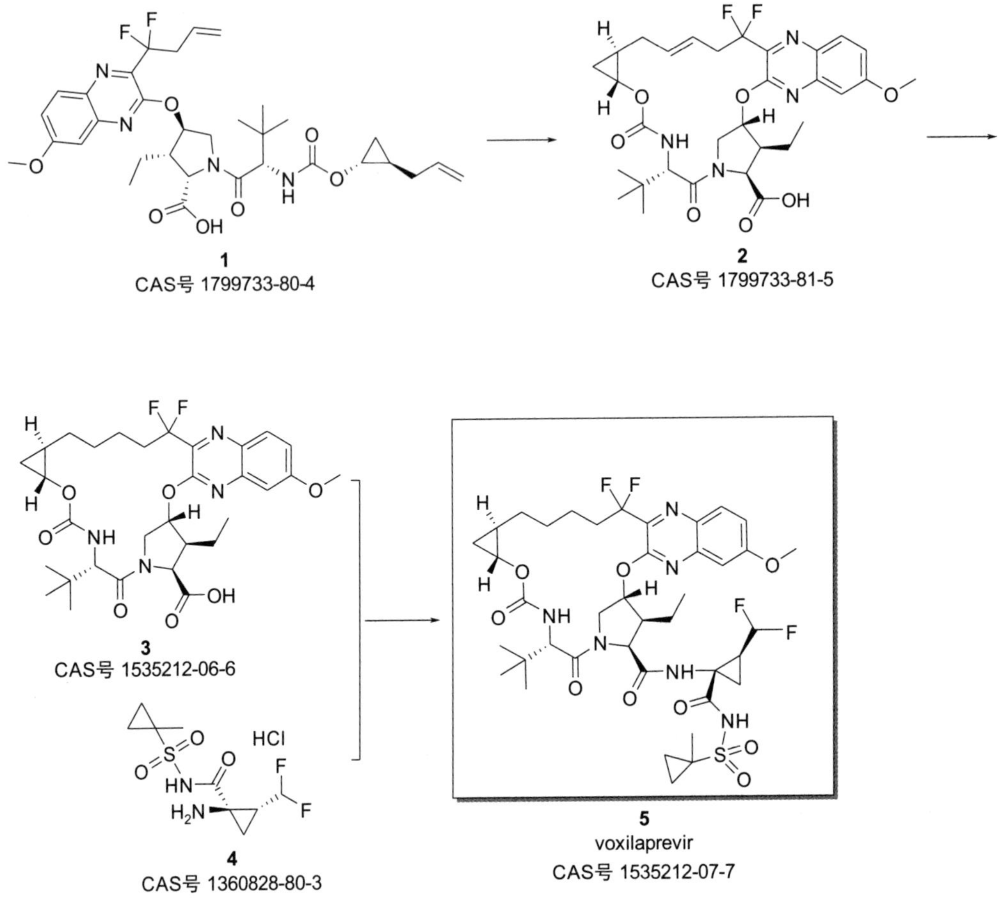

1
CAS号 1799733-80-4

2
CAS号 1799733-81-5

3
CAS号 1535212-06-6

HCl

4
CAS号 1360828-80-3

5
voxilaprevir
CAS号 1535212-07-7

原始文献： US 20150175626, 2015.

合成路线 2

以下合成路线来源于 Gilead Sciences 公司 Bringley 等人 2015 年发表的专利申请书。目标化合物 **15** 以化合物 **1** 和化合物 **2** 为原料，经过 9 步合成而得。

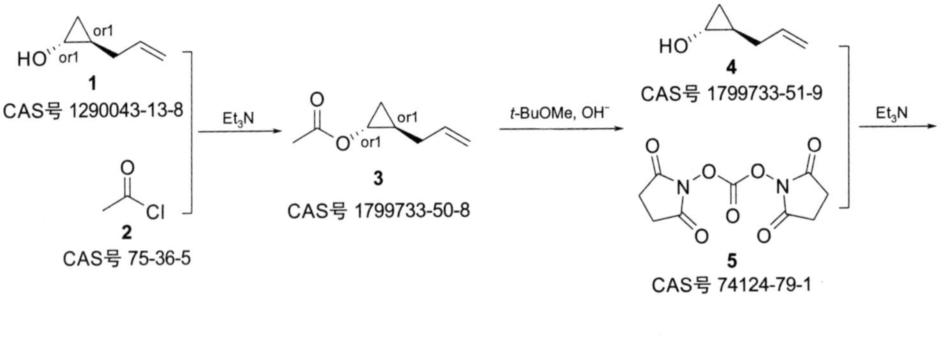

1
CAS号 1290043-13-8

2
CAS号 75-36-5

Et_3N

3
CAS号 1799733-50-8

t-BuOMe, OH^-

4
CAS号 1799733-51-9

5
CAS号 74124-79-1

Et_3N

6
CAS号 1799733-52-0

7
CAS号 20859-02-3

1. K_3PO_4, rt
2. HCl, H_2O
3. NaOH, H_2O

→ **8**

8
CAS号 1799733-53-1

9
CAS号 1799733-71-3

HOBt
N-甲基吗啉,
EtN=C=N$(CH_2)_3$NMe_2 · HCl,
DMF, rt

10
CAS号 1799733-73-5

Zhan Catalyst-1B
PhMe

11
CAS号 1799733-74-6

11 H_2, Pt →

12
CAS号 1799733-75-7

1. LiOH, H_2O, Me_2CHOH,rt
2. HCl, H_2O, *t*-BuOMe, rt, pH

13
CAS号 1535212-06-6

HCl

14
CAS号 1360828-80-3

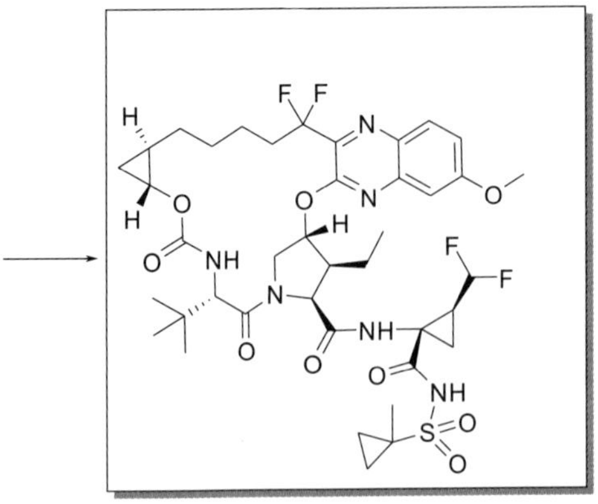

15
voxilaprevir
CAS号 1535212-07-7

原始文献： US 20150175625, 2015.

合成路线 3

以下合成路线来源于 Gilead Sciences 公司 Bjornson 等人 2014 年发表的专利申请书。目标化合物 **9** 以化合物 **1** 为原料，经过 6 步合成而得。

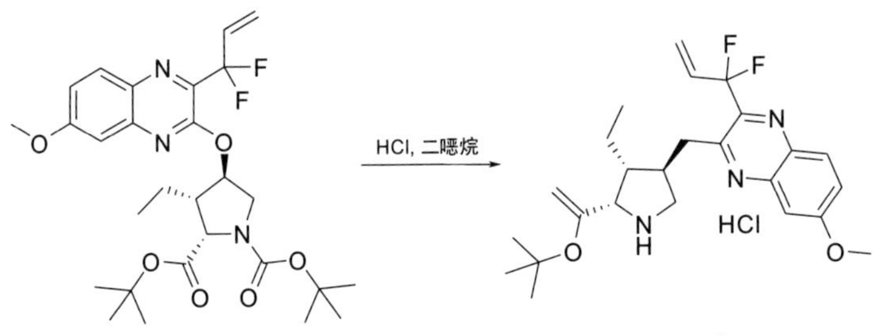

HCl, 二噁烷

1
CAS号 1535212-01-1

2
CAS号 1535212-02-2

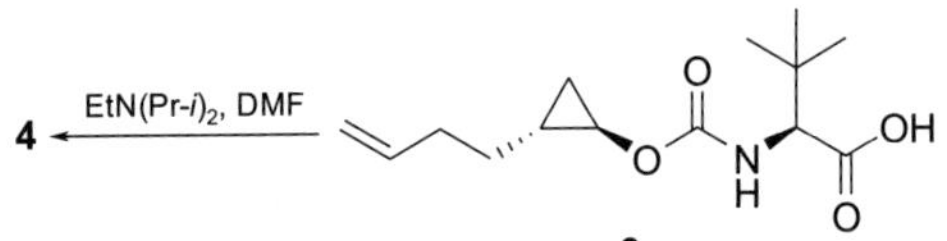

HCl

+

$EtN(Pr\text{-}i)_2$, DMF

4

3
CAS号 1535210-61-7

Zhan Catalyst-1B
$ClCH_2CH_2Cl$

H_2, Pd,
EtOH, rt, 1 atm

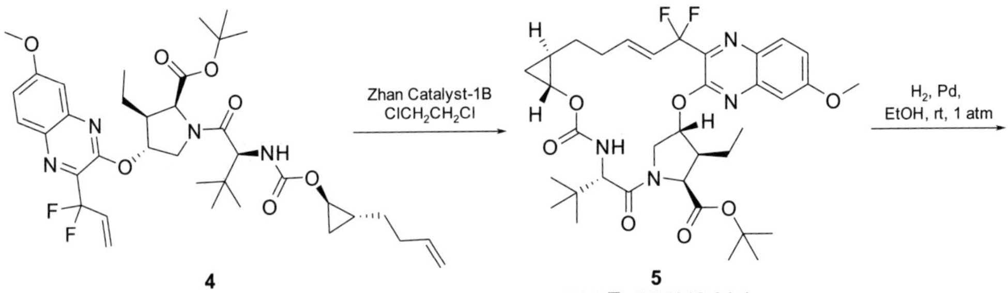

4
CAS号 1535212-03-3

5
CAS号 1535212-04-4

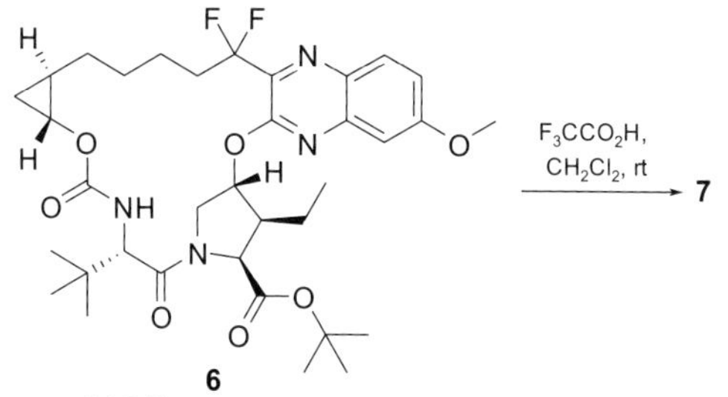

F_3CCO_2H, CH_2Cl_2, rt → **7**

6
CAS号 1535212-05-5

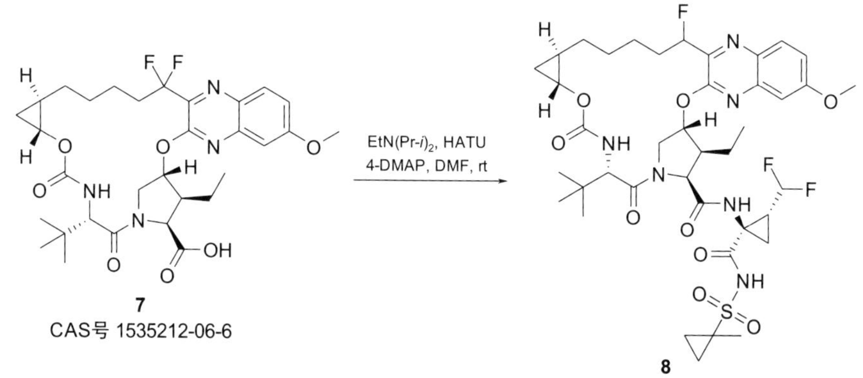

$EtN(Pr\text{-}i)_2$, HATU
4-DMAP, DMF, rt

7
CAS号 1535212-06-6

8
CAS号 1535215-14-5

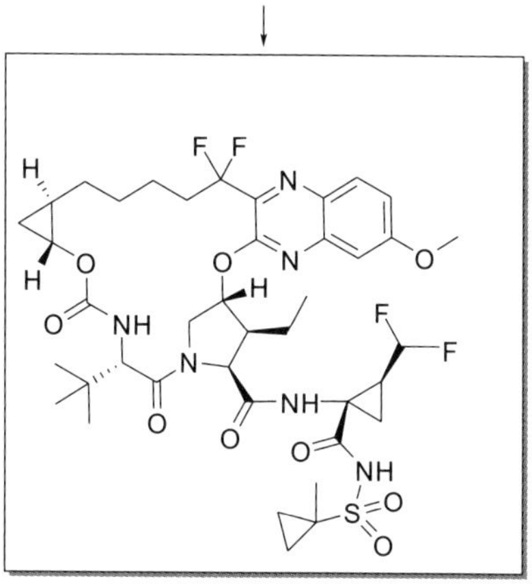

9
voxilaprevir
CAS号 1535212-07-7

原始文献： WO 2014008285, 2014.

参考文献

[1] Degasperi E, Spinetti A, Lombardi A, et al. Real-life effectiveness and safety of sofosbuvir/velpatasvir/voxilaprevir in hepatitis C patients with previous DAA failure. J Hepatol, 2019, 71(6):1106-1115.

[2] Childs-Kean L M, Brumwell N A, Lodl E F. Profile of sofosbuvir/velpatasvir/voxilaprevir in the treatment of hepatitis C. Infect Drug Resist, 2019, 12:2259-2268.

zanubrutinib（赞布替尼）

药物基本信息

英文通用名	zanubrutinib
英文别名	BGB-3111; BGB 3111; BGB3111
中文通用名	赞布替尼
商品名	Brukinsa
CAS登记号	1691249-45-2
FDA 批准日期	11/14/2019
FDA 批准的API	zanubrutinib
化学名	(7*S*)-4,5,6,7-Tetrahydro-7-[1-(1-oxo-2-propen-1-yl)-4-piperidinyl]-2-(4-phenoxyphenyl)pyrazolo[1,5-a]pyrimidine-3-carboxamide
SMILES代码	O=C(C1=C2NCC[C@@H](C3CCN(C(C=C)=O)CC3)N2N=C1C4=CC=C(OC5=CC=CC=C5)C=C4)N

化学结构和理论分析

化学结构	理论分析值
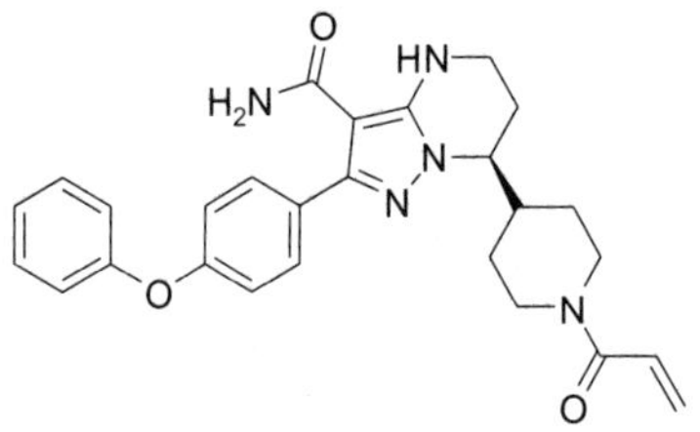	化学式：$C_{27}H_{29}N_5O_3$ 精确分子量：471.2270 分子量：471.56 元素分析：C, 68.77; H, 6.20; N, 14.85; O, 10.18

药品说明书参考网页

生产厂家产品说明书、美国药品网、美国处方药网页。

药物简介

BRUKINSA 的活性成分是 zanubrutinib。后者是一种布鲁顿酪氨酸激酶（BTK）抑制剂。Zanubrutinib 外观为白色至类白色粉末，在饱和溶液中的 pH=7.8。Zanubrutinib 的水溶性取决于 pH 值，从极微溶到几乎不溶。

每个口服的 BRUKINSA 胶囊均包含 80mg zanubrutinib 和以下非活性成分：胶体二氧化硅，交联羧甲基纤维素钠，硬脂酸镁，微晶纤维素和月桂基硫酸钠。胶囊壳包含可食用的黑色墨水、明胶和二氧化钛。

BRUKINSA 适用于治疗已接受至少一种先前治疗的成年患有套细胞淋巴瘤（MCL）的患者。

Zanubrutinib 是 BTK 的小分子抑制剂。 Zanubrutinib 与 BTK 活性位点的半胱氨酸残基形成共价键，从而抑制 BTK 活性。 BTK 是 B 细胞抗原受体（BCR）和细胞因子受体途径的信号传导分子。 在 B 细胞中，BTK 信号传导是激活 B 细胞增殖、运输、趋化性和黏附必需的途径。 在非临床研究中，zanubrutinib 可抑制恶性 B 细胞增殖并减少肿瘤生长。

药品上市申报信息

该药物目前有 1 种产品上市。

药品注册申请号: 213217
申请类型: NDA (新药申请)
申请人: BEIGENE
申请人全名: BEIGENE USA INC

产品信息

产品号	商品名	活性成分	剂型 / 给药途径	规格 / 剂量	参比药物 (RLD)	生物等效参考标准(RS)	治疗等效代码
001	BRUKINSA	zanubrutinib	胶囊 / 口服	80mg	是	是	否

与本品相关的专利信息（来自 FDA 橙皮书 Orange Book）

关联产品号	专利号	专利过期日	是否物质专利	是否产品专利	专利用途代码	撤销请求	提交日期
001	9447106	2034/04/22	是	是	U-2145		2019/11/20

与本品相关的市场独占权保护信息

关联产品号	独占权代码	失效日期	备注
001	NCE	2024/11/14	

合成路线 1

以下合成路线来源于 Beigene Switzerland 公司 Hilger 等人 2018 年发表的专利申请书。目标化合物 **15** 以化合物 **1** 和化合物 **2** 为原料，经过 10 步合成反应而得。

DMF

1 CAS号 206989-61-9　**2** CAS号 4637-24-5　**3** CAS号 960201-86-9　**4** CAS号 330792-70-6

PhMe, AcOH, rt

5 CAS号 2190506-55-7

5 + 6 → (H_2, Pd, THF; 95%) → 7 → (HCl, EtOH, CH_2Cl_2, rt) → 8

6
CAS号 17026-42-5

7
CAS号 2190506-56-8

8 → (NaOH, H_2O, rt) → 9

8
CAS号 2190506-58-0

9 + 6 → (H_2O, EtOH, AcOH; 38%) → 10

9
CAS号 2190506-57-9

6
CAS号 17026-42-5

10 → (1. KOH, H_2O, CH_2Cl_2; 2. HCl, H_2O; 100%) → 11

10
CAS号 2190506-60-4

11 → (1. $MeSO_3H$; 2. NaOH; 95%) → 12

11
CAS号 2190506-61-5

12 + 13 → (H_2O, MeOH; 75%)

12
CAS号 1633352-71-2

13
CAS号 2743-38-6

14
CAS号 2190507-22-1

$ClCOCHCH_2$, $NaHCO_3$, MeCN, H_2O

15
zanubrutinib
CAS号 1691249-45-2

原始文献：WO 2019108795, 2019.

合成路线 2

以下合成路线来源于 Beigene 公司 Hu Nan 等人 2018 年发表的专利申请书。目标化合物 **13** 以化合物 **1** 为原料，经过 9 步合成反应而得。

N_2H_4-H_2O, EtOH

1
CAS号 330792-69-3

2
CAS号 330792-70-6

3
CAS号 960201-86-9

AcOH, PhMe

H_2, Pd, THF, 95% → **5**

4
CAS号 2190506-55-7

HCl, H_2O, EtOH

H−Cl
H−Cl

NaOH, H_2O, rt

5
CAS号 2190506-56-8

6
CAS号 2190506-58-0

AcOH, H_2O, EtOH 38%

7
CAS号 2190506-57-9

8
CAS号 2743-38-6

KOH, :H_2O, CH_2Cl_2 HCl, H_2O 100%

MeSO$_3$H 95%

9
CAS号 2190506-60-4

10
CAS号 2190506-61-5

H_2O, MeCN

11
CAS号 1633352-71-2

12
CAS号 814-68-6

13
zanubrutinib
CAS号 1691249-45-2

原始文献： WO 2018033135, 2018.

合成路线 3

以下合成路线来源于 Beigene 公司 Guo 等人 2014 年发表的专利申请书。目标化合物 **14** 以化合物 **1** 为原料，经过 8 步合成反应而得。

$SOCl_2$ 93%

EtN(Pr-*i*)$_2$ 93%

1
CAS号 2215-77-2

2
CAS号 1623-95-6

3
CAS号 109-77-3

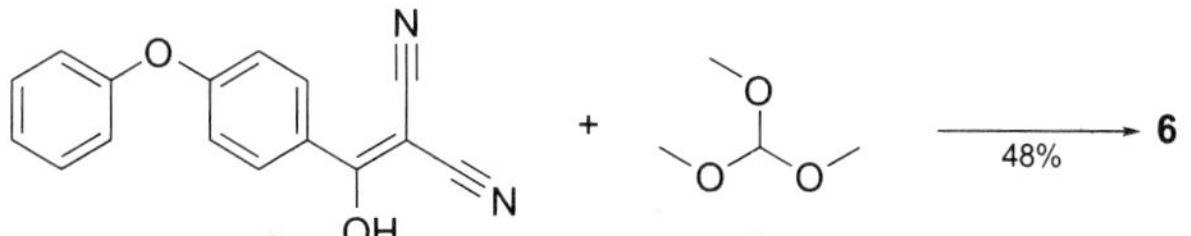

N
OH
4
CAS号 330792-68-2
+
O
O O
5
CAS号 149-73-5 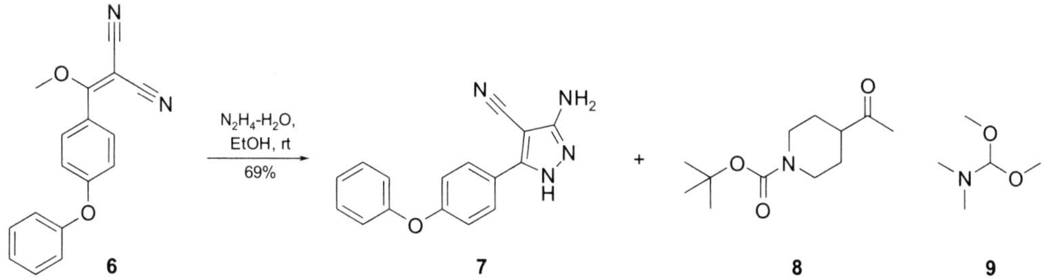
48%
6

N
O
N
6
CAS号 330792-69-3
N_2H_4-H_2O,
EtOH, rt
69%
N NH_2
N
N
H
O
7
CAS号 330792-70-6
+
O
O
N
O
8
CAS号 206989-61-9
O
N O
9
CAS号 4637-24-5

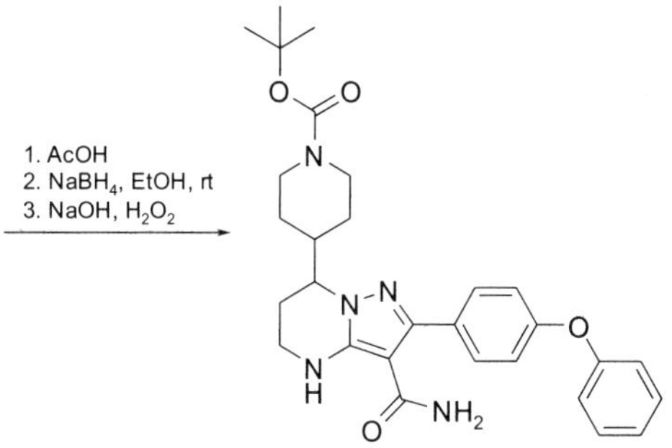

1. AcOH
2. $NaBH_4$, EtOH, rt
3. NaOH, H_2O_2
O
O
N
N-N
N
H
O NH_2
O
10
CAS号 1633350-03-4

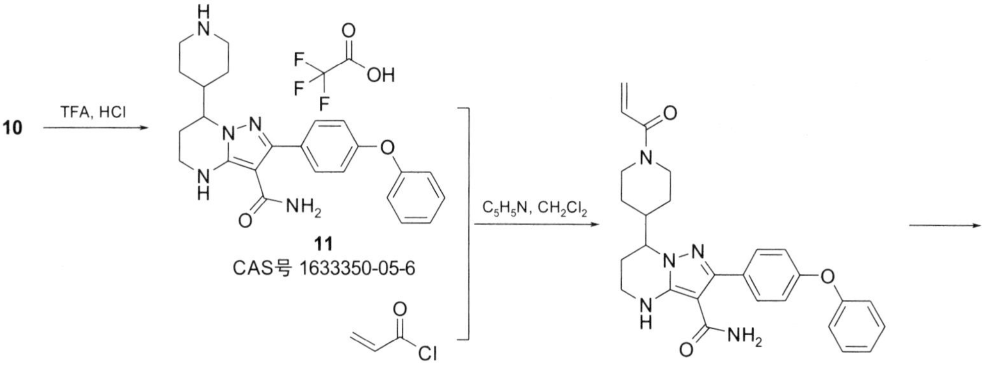

10
TFA, HCl
H
N
F O
F OH
F
N-N
N
H
O NH_2
O
11
CAS号 1633350-05-6
O
Cl
12
CAS号 814-68-6
C_5H_5N, CH_2Cl_2
O
N
N-N
N
H
O NH_2
O
13
CAS号 1633350-06-7

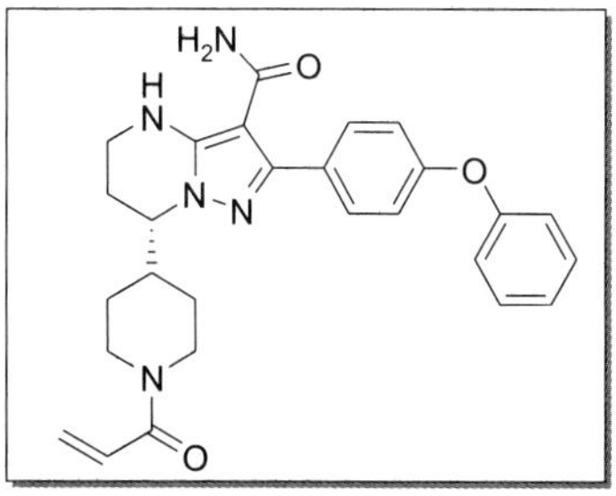

H_2N
O
H
N
N-N
O
N
O
14
zanubrutinib
CAS号 1691249-45-2

原始文献： WO 2014173289, 2014.

参考文献

[1] Hillmen P, Brown J R, Eichhorst B F, et al. ALPINE: zanubrutinib versus ibrutinib in relapsed/refractory chronic lymphocytic leukemia/small lymphocytic lymphoma. Future Oncol, 2020, 16(10):517-523.

[2] Ou Y C, Preston R A, Marbury T C, et al. A phase 1, open-label, single-dose study of the pharmacokinetics of zanubrutinib in subjects with varying degrees of hepatic impairment. Leuk Lymphoma, 2020: 1-9.

赞布替尼核磁谱图

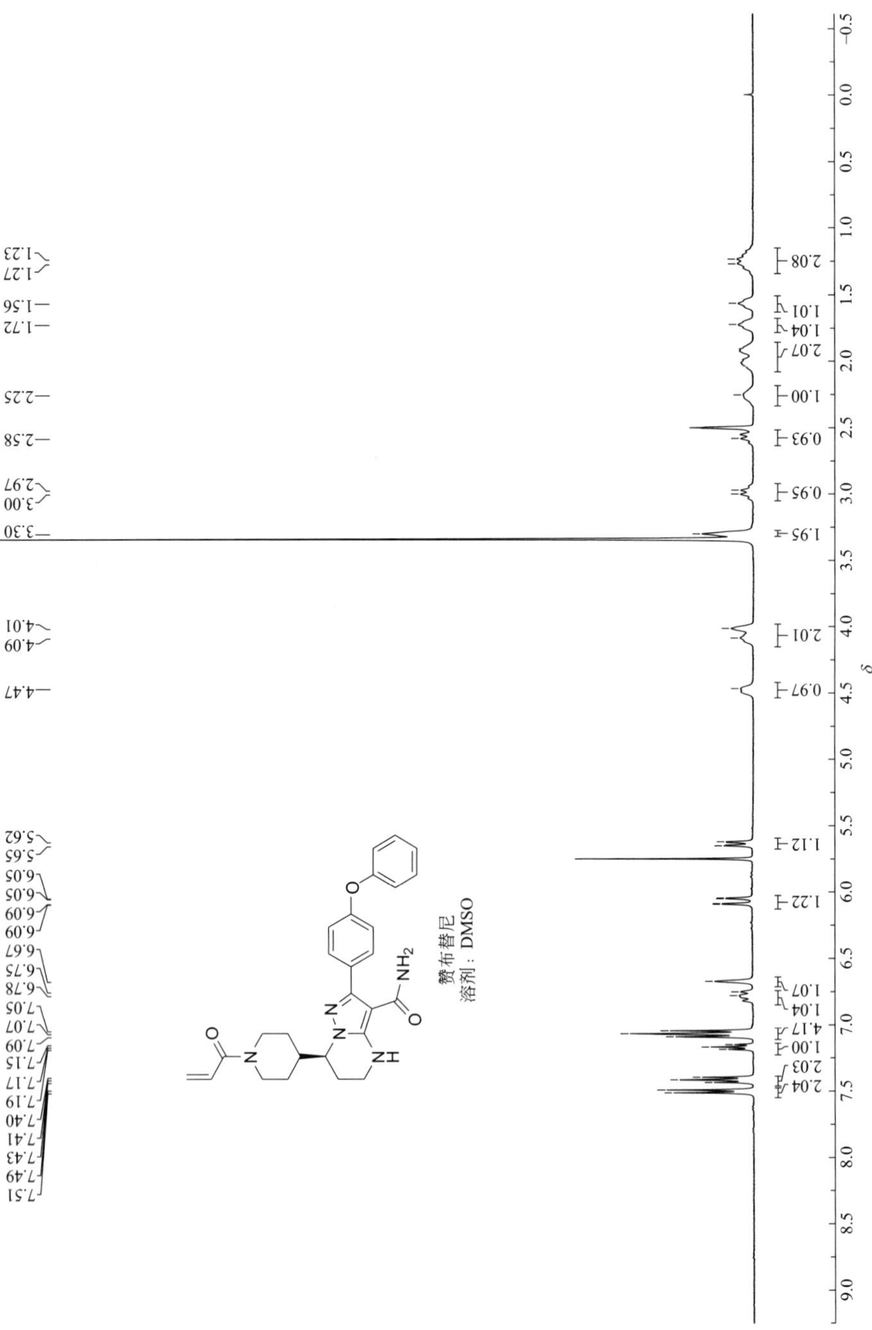

中文通用名索引

M

N

P

R

S

T

W

X

Y

Z

英文商品名索引

CAS 登记号索引

TOTAL
SYNTHESIS
OF
NEW
DRUGS

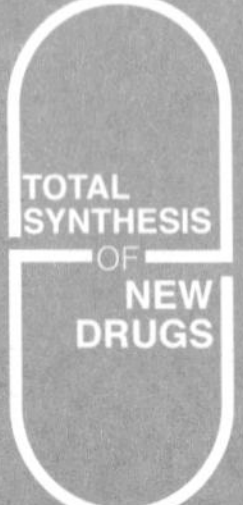
TOTAL
SYNTHESIS
OF
NEW
DRUGS